Authorized adaptation from the United States edition, entitled Signals, Systems, and Transforms, Fifth Edition, ISBN 9781292015286, by Charles L. Phillips, John M. Parr, and Eve A. Riskin, published by Pearson Education, Inc. © 2014

KOREAN language edition published by HANTEE MEDIA © 2019

제 5 판

신호 및 시스템과 변환

Signals, Systems, and Transforms

Charles L. Phillips • John M. Parr • Eve A. Riskin

김광수 옮김

한티미디어

역자 소개

김광수 kskim@hanbat.ac.kr
한밭대학교 전자제어공학과 교수

신호 및 시스템과 변환 제5판

발행일 2019년 2월 20일 초판 1쇄
지은이 Charles L. Phillips • John M. Parr • Eve A. Riskin
옮긴이 김광수
발행인 김준호
발행처 한티미디어 | **주 소** 서울시 마포구 연남동 570-20
등 록 제15-571호 2006년 5월 15일
전 화 02) 332-7993~4 | **팩 스** 02) 332-7995
ISBN 978-89-6421-371-1 (93560)
정 가 33,000원

마케팅 박재인 최상욱 김원국 | **관 리** 김지영
편 집 김은수 유채원

이 책에 대한 의견이나 잘못된 내용에 대한 수정정보는 한티미디어 홈페이지나 이메일로 알려주십시오.
독자님의 의견을 충분히 반영하도록 늘 노력하겠습니다.

홈페이지 www.hanteemedia.co.kr | **이메일** hantee@hanteemedia.co.kr

---

저자 서문

*Signals, Systems, and Transforms*의 이전 판에서의 기본적인 구조와 철학은 그대로 이번 5판에서도 유지되고 있다. 새로운 판에서는 각 장의 마지막 부분에 나오는 연습문제들을 수정하고 새로운 문제들을 첨가하였다. 새로 첨가된 문제들 중 몇몇 문제들은 디지털 통신, 필터링, 제어 이론 분야에서의 실제 개념들을 보여주는 문제들이다. 또한 각 장의 연습 문제들은 다수의 유사한 문제들이 제공되도록 구성되어 있다. 각 유사 문제들 중 최소한 하나의 문제에 대한 해답을 부록 H에 제공하였다. 학생들이 이 해답을 통하여 새로운 내용과 개념을 어느 정도나 이해하였는지 즉각적인 피드백을 받음으로써 자신감을 갖게 될 것이다. 모든 MATLAB 예들은 R2012의 Student Version과 호환되도록 업데이트되었다. 이번 5판에서는 다음과 같은 점들이 바뀌었다.

- 5장에서 푸리에 변환의 성질에 대해 설명하는 내용을 수정하고 순서를 재조정하였다.
- 6장에서 능동 필터의 분석 및 설계에 대한 절을 새로 추가하였다.
- 6장에서 연속-시간 신호를 샘플링하는 것과 샘플링된 데이터로부터 신호를 복원하는 내용을 나란히 배치하였다.
- 6장에서 양자화 오차에 대한 내용을 새로 추가하였다.
- 7장에서 라플라스 변환을 이용하여 시스템의 계단 응답을 계산하고 분석하는 절을 새로 추가하였다.
- 11장에서 z-변환을 이용하여 시스템의 주파수 응납을 계산하고 분석하는 절을 새로 추가하였다.
- 12장에서 이산-시간 푸리에 변환(DTFT)를 이용하여 유한 임펄스 응답(FIR) 필터의 주파수 응답 분석을 보여주는 새로운 예제를 추가하였다.
- 12장에서 이산 푸리에 변환(DFT)를 이용한 FIR 필터의 구현을 보여주는 새로운 예제를 추가하였다.
- 몇몇 새로운 예제들과 MATLAB 응용을 추가하였다.
- 각 장의 모든 연습 문제들을 수정하였다. 이제 연습 문제들을 해당하는 각 절마다 그룹지었다.

이 책에 대한 안내 웹사이트인 *http://www.ee.washington.edu/class/SST_textbook/ textbook.html*에는 참고 실험, 1~7장과 9~12장에 대한 강의 노트, 추가적인 MATLAB 파일뿐만 아니라 교재에 나오는 MATLAB 예제에 대한 파일들이 들어 있다. 이 사이트에는 두 번째 웹사이트인 *http://www.ee.washington.edu/class/235dl/* 링크도 포함되어 있는데, 여기에는 1~7장까지의 대화형 강의노트가 포함되어 있다. 여기서 학생들과 교수는 강의 노트에 있는 모든 문제들에 대한 해답과 연속-시간 신호의 변환, 연속-시간 시스템의 성질들, 컨볼루션, 샘플링, 주파수 중복 등의 다양한 개념들에 대한 동영상 데모를 볼 수 있다. 이산-시간 신호 및 시스템에 대한 추가적인 예제들은 추후 만들어지는 대로 추가될 것이다.

이 책은 실제 현장의 엔지니어가 혼자 공부하거나 공학 관련 교과 과정에서 3학년 학생들을 대상으로 하는 교과서를 목표로 집필되었다. 독자들이 신호 모델, 시스템 모델, (예를 들면 회로 교과목과 수학 관련 교과목에서 다루는 정도의) 미분 방정식 그리고 물리적 시스템을 다루는 몇 가지 실험을 접해 본 적이 있다고 가정하였다.

이 책의 저자들은 일관적으로 신호 및 시스템의 모델과 물리적인 신호 및 시스템을 구분하고자 하는 노력하였다. 이러한 구분을 정말 이해하기 위해서는 경험이 필요하지만, 물리적인 시스템과 이 시스템에 대한 수학적인 모델 사이의 성능에는 일반적으로 큰 차이가 있다는 것만은 숙지하고 있어야 한다.

수학적인 결과를 독자들이 익숙할만한 물리적인 시스템(예: 단진자) 또는 쉽게 상상할 수 있는 물리적 시스템(예: TV에서의 PIP 기능)과 연결 짓기 위해 노력하였다. 이러한 시스템에 대한 1장에서의 소개는 절대로 완전한 설명은 아니다. 단지 수학적인 절차를 실제 응용에서 어떻게 활용하는지 보여주기 위한 목적으로 이 시스템들을 간단히 소개하였다.

일반적으로, 실제 엔지니어들은 그들이 하는 작업을 어떤 의미에서 검증해야 한다. 검증이라는 주제를 알려주기 위해, 예제의 결과들을 실용적인 다른 과정을 통해 검증한다. 또한 수많은 숙제 문제들에서 결과들을 검증하도록 하였다. 따라서 학생들은 그들 자신이 한 작업의 결과들을 검증하는 과정에 익숙해질 것이다.

소프트웨어 도구인 MATLAB은 두 가지 방식으로 교재에 녹아들어가 있다. 첫 번째로, 적당한 예제들에서 계산의 결과를 검증하는 MATLAB 프로그램을 제공한다. 그런 다음 적당한 숙제 문제들에서 MATLAB을 사용하여 계산을 검증하도록 학생들에게 요구한다. 연습 문제들과 비슷한 예제들에서 주어진 MATLAB 프로그램을 활용 가능하기 때문에 이 검증이 어려우면 안 된다. 따라서 검증을 위한 또 하나의 절차를 제시한다. 즉, 예제들에 나오는 MATLAB 프로그램을 *http://www.ee.washington.edu/class/SST_textbook/textbook.html*에서 다운로드할 수 있다. 이 프로그램을 각 장의 끝에 나오는 연습 문제에 적용하기 위해서는 이 프로그램 안의 데이터 선언문들만 수정하면 된다. 이렇게 주어진 코드를 약간만 수정함으로써 프로그래밍 오류를 최소화 시킬 수 있을 것이다. 그러나 강의자나 학생이 원한다면 MATLAB을 참조하지 않고 생략하여도 무방하다.

라플라스 변환은 7장에서 다루고 z-변환은 11장에서 다룬다. 많은 학교에서 신호 및 시스템 교과목을 듣기 전에 이 중 하나 또는 두 가지 변환 모두를 사전에 배우고 있다. 이 내용을 신호 및 시스템 교과목 내에서 어디에서든 다룰 수 있거나, 꼭 참고가 필요할 때를 제외하고 아예 전체 내용을 생략할 수 있게끔 7장과 11장을 집필하였다.

좀 더 고급 내용들은 가능하다면 각 장의 끝부분에 배치하였다. 따라서 이 내용들은 원한다면 생략하여도 무방하다. 예를 들어, 3.7, 3.8, 4.6, 5.4, 7.9, 10.7, 12.6, 12.7절은 생략하여도 진행하는 데에 무리가 없다. 또한 상태-공간 내용을 학부 수준에서는 다루고 싶지 않을 때에는 8장과 13장을 생략하여도 된다.

이 책의 내용은 연속-시간 신호 및 시스템과 이산-시간 신호 및 시스템으로 크게 두 영역으로 구성되어 있다. 이 주제 중 하나를 먼저 다루고 나중에 다른 하나를 다루기를 원할 수도 있고, 연속-시간 내용과 이산-시간 내용을 동시에 다루기를 원할 수도 있다. 저자들은 2~8장에서 연속-시간 내용을 다루고 9~13장에서 이산-시간 내용을 다루는 첫 번째 접근 방법을 택하여 왔다. 9~13장에서 다루고 있는 이산-시간 개념에 대한 내용들은 본질적으로 연속-시간 개념과 독립적이므로 이산-시간 내용을 먼저 공부하고자 한다면 2~8장보다 먼저 9~11장과 13장을 다룰 수도 있다. 또한 이 내용들을 연속-시간 내용과 이산-시간 내용이 서로 섞이도록 배열할 수도 있다. 예를 들어, 2장과 9장을 동시에 다루고 3장과 10장을 동시에 다룰 수도 있다.

1장에서는 신호 및 시스템에 대해 간략히 소개하고 뒤이어 몇 가지 물리적인 연속-시간 시스템과 이산-시간 시스템에 대해 간략하게 설명한다. 또한 이 시스템에서 볼 수 있는 몇 가지 신호들에 대해서도 설명한다. 그리고 MATLAB을 간단히 소개한다.

2장에서는 연속-시간 신호 및 시스템의 기초가 되는 일반적인 내용을 소개한다. 이산-시간 신호 및 시스템에서 이와 동일한 내용은 9장에 나와 있다. 그러나 위에서 언급하였듯이 9장을 2장보다 먼저 다룰 수도 있고 2장과 동시에 다룰 수도 있다. 3장은 이러한 기초적인 내용을 연속-시간 선형 시불변 시스템으로 확장하고 10장은 이산-시간 선형 시불변 시스템으로 확장한다.

4장, 5장, 6장에서는 푸리에 급수와 연속-시간 신호 및 시스템에 대한 푸리에 변환에 대해 소개한다. 그런 다음 7장에서 라플라스 변환을 다룬다. 연속-시간 시스템에 대한 상태 변수는 8장에서 다루는데, 여기에서 라플라스 변환을 사용한다.

z-변환은 11장에서 다루고 이산-시간 푸리에 변환과 이산 푸리에 변환은 12장에서 소개한다. 그러나 12장을 11장보다 먼저 다룰 수도 있다. 12장에서 이산-시간 푸리에 변환과 이산 푸리에 변환에 대해 설명할 때 독자들이 푸리에 변환에 대해 잘 안다고 가정한다. 이산-시간 시스템에 대한 상태 변수는 13장에서 소개한다. 이 장의 내용은 8장의 연속-시간 시스템에 대한 상태 변수와 독립적이다.

부록 A에서는 몇 가지 유용한 적분 및 삼각함수 공식을 요약하였다. 일반적으로 이 책에서는 부분 적분을 이용하기 보다는 적분표를 사용하고 있다. 적분을 미분하기 위한 라이프니츠 법칙과 중간 형태를 위한 로피달 정리를 부록 B에 요약하고 책에서 이 법칙들이 필요할 때 참조하도록 하였다. 부록 C는 몇 가지 급수 형태에 대한 합공식을 요약하였다. 이 식들은 이산-시간 신호 및 시스템을 다룰 때 유용하게 쓰인다. 부록 D에서는 복소수에 대해 복습하고 오일러 관계식을 소개한다. 부록 E에서는 계수가 상수인 선형 미분 방정식의 해를 구하는 과정을 그리고 부록 F에서는 부분-분수 전개에 대해 소개한다. 행렬에 대한 내용은 부록 G에 요약되어 있는데, 이 내용들은 8장과 13장의 상태-변수를 다룰 때에 필요하다. 행렬 연산에 대해 정의하면서 각 연산에 대한 MATLAB 명령어도 함께 소개한다. 부록 H는 학생들이 독자적으로 문제 풀이 결과를 확인해볼 수 있도록 각 장의 몇몇 연습 문제에 대한 해답을 제시한다. 부록 I에는 장별로 책 전체에서 참조하고 있는 참고문헌을 제시한다.

이 책은 일주일에 세 시간씩 두 학기 과정이나 이에 상응하는 네 학기 과정이라면 전체를 모두 다룰 수 있다. 몇몇 내용은 생략한다면 조금 더 낮은 시수의 교과목으로 나머지 내용들을 다룰 수도 있다. 예를 들어, 2, 3, 4, 5, 6, 8, 9, 10, 11, 12장을 네 시간씩 한 학기에 다룬 경험도 있다. 이 때 수강생들은 이미 선형-시스템 분석과 라플라스 변환에 대해 어느 정도 익숙해져 있는 상태였다.

저자들은 이 책이 나올 수 있도록 해준 Auburn University, University of Evansville, University of Washington의 학생들과 동료 교수들에게 감사의 말씀을 전하고 싶다. 특히, 첫 번째 저자는 이 책의 주제에 대해 활기 넘친 논의를 함께 해준 Auburn University의 Charles M. Gross, Martial A. Honnell, Charles L. Rogers 교수에게 감사하며 Georgia Institute of Technology에서 신호 및 시스템 과목을 가르칠 수 있는 기회를 준 데에 대해 Georgia Tech.의 School of Electrical Engineering 학과장이신 Roger Webb 교수에게 감사의 말씀을 드리고 싶다. 두 번째 저자는 이 책이 나올 수 있도록 격려하고 지원해주신 Dick Blandford 교수 및 William Thayer 교수와 이 과목의 내용에 대해 열띤 토론을 함께 해준 David Mitchell 교수에게 감사의 말을 전하고 싶다. 세 번째 저자는 이 책과 대화형 웹사이트에 대해 코멘트 해준 여러 교수님들과 University of Washington의 EE235와 EE341 강좌 수강생들에게 감사의 말을 전하고 싶다. 특히, Mari Ostendorf, Mani Soma, Eddy Ferre, Wai Shan Lau, Bee Ngo, Sanaz Namdar, Jessica Tsao, Anna Margolis 교수에게 더욱 깊은 감사의 말씀을 전하고자 한다. 저자들은 소중한 코멘트와 제안을 해주신 여러 감수자들에게 감사한다. 이번 5판에서는 University of Texas, San Antonio의 Sos Agaian, Santa Clara University의 Tokunbo Ogunfunmi, Washington State University의 K. Sivakumar가 감수자로 참여하여 주셨다. 대화형 웹사이트는 U.S. Department of Education의 the Fund of the Improvement of Postsencondary Education (FIPSE)의 지원을 받아 개발되었다.

CHARLES L. PHILLIPS
Auburn University

JOHN M. PARR
University of Evansville

EVE A. RISKIN
University of Washington

역자 서문

이 책은 Phillips 교수의 "Signals, Systems, and Transforms" 제5판을 번역한 것이다. '디지털 제어' 교과목의 교재로 널리 쓰이고 있는 Phillips 교수의 또 다른 책인 "Digital Control System Analysis and Design"에서와 마찬가지로 이 책 또한 구성이 한눈에 들어오게끔 잘 짜여 있고 수식 전개와 내용 설명이 깔끔하며 예제와 연습문제들도 핵심적인 내용을 습득할 수 있도록 간결하게 만들어져 있다.

역자는 몇 년간 대학에서 '신호 및 시스템' 교과목을 강의하면서 (1) 연속-시간과 이산-시간의 두 영역이 분리되어 있으면서 (2) 필요한 내용이 빠지지 않으면서도 Oppenheim이나 Haykin의 교재보다 더 간결하고 (3) 대부분의 국내서와 다르게 충분히 많은 연습문제가 실린 교재를 찾던 중 이 책이 적절하다고 판단되었다. 몇 학기 동안 강의 교재로 활용하면서 영어에 불편함을 호소하는 수강생들을 위해 틈틈이 원서를 번역하다가 그 결과물을 이렇게 엮어서 발간하게 되었다.

역자가 생각하는 본서의 특징을 요약하면 다음과 같다.

- 연속-시간과 이산-시간의 내용이 전반부와 후반부로 분리되어 있다. 연속-시간 신호 및 시스템만을 다루고 싶을 때나 두 영역을 모두 다루고 싶을 때 어느 경우나 효과적으로 사용할 수 있다.
- 계산 위주가 아닌 개념 위주의 적당한 난이도의 연습문제들이 절 단위로 충분히 제공된다.
- 각 장과 절마다 학습했던 내용들을 요약해주고 핵심적인 주요 식들이 표로 잘 정리되어 제시되어 있다.
- 주요 개념들을 확인해볼 수 있는 MATLAB 코드들이 제시되어 있다.

번역은 저자의 의도가 훼손되지 않는 범위 안에서 직역보다는 자연스러운 의역을 하기 위해 노력하였다. 또한 옮기는 과정에서 원서의 명백한 오류로 판단된 것들은 자세하게 검토한 후 본 역서에서는 바로잡도록 노력하였다. 전문용어의 선택은 전기전자 분야에서 권위를 가진 통일된 용어집을 찾지 못하여 검색을 통해 가장 많이 쓰이는 용어를 선택하려고 노력하였다. 그리고 강의자들의 강의 준비를 돕기 위해 한글로 작성한 강의 슬라이드와 몇몇 연습문제에 대한 자세한 해답을 별도로 마련하여 제공할 예정이다. 하지만, 역자의 짧은 지식과 부족한 능력으로 혹시나 원서의 내용이 잘못 전달된 것들이 있다면 이는 모두 역자의 잘못이고 출판 뒤 발견된 오류들은 기회가 있을 때마다 정정하고 출판사 홈페이지를 통하여서도 공지하고자 한다.

마지막으로 본 역서가 출판될 수 있도록 해주신 한티미디어의 김준호 사장님, 수많은 오류를 꼼꼼하게 잡아주신 장미향 선생님, 그리고 본 책의 제작에 수많은 노력을 아끼지 않아주신 한티미디어의 디자인팀과 김은수 팀장님께 감사드린다.

2019년 2월
김광수

차례

12 이산-시간 신호의 푸리에 변환 561

13 이산-시간 시스템에 대한 상태 변수 637

부록

1 서론

Introduction

이 책에서는 공학과 관련된 신호 및 시스템의 다양한 주제들을 다룬다. 물리적 신호를 함수로 *모델링*하고 물리적 시스템을 방정식으로 *모델링*한 다음, 함수로 시스템을 활성화시키는 경우 방정식의 해를 구하는 것도 이러한 주제 중 하나다.

1.1 모델링

공학자들은 두 개의 구별되는 물리적 현상을 모델링해야만 한다. 그 첫 번째 현상은 *수학방정식*으로 모델링되는 *물리적 시스템*이다. 이때, 샘플링을 포함하지 않는 연속-시간(continuous-time) 또는 아날로그(analog) 시스템의 경우에 수학방정식으로 계수가 상수인 상미분방정식(ordinary differential equation)을 선호하는데, 그 이유는 이러한 형태로 된 시스템을 분석하거나 설계하는데 얻을 수 있는 정보가 풍부하기 때문이다. 당연히 이 방정식이 대상인 물리적 시스템을 정확하게 모델링해야만 한다. 다음 식은 그림 1.1의 선형 전기-회로에 대한 물리적 시스템 모델의 한 예다.

$$L\frac{di(t)}{dt} + Ri(t) + \frac{1}{C}\int_{-\infty}^{t} i(\tau)d\tau = v(t) \tag{1.1}$$

또 하나의 예는 다음 식과 같이 표현되는 뉴턴 제2법칙인데, 이 식은 질량 M인 물체에 힘 $f(t)$가 가해질 때 질량체의 변위 $x(t)$와 이들 사이의 관계를 모델링한 것이다.

$$f(t) = M\frac{d^2x(t)}{dt^2} \tag{1.2}$$

모델링하고자 하는 두 번째 *물리적 현상*은 *신호*라고 부르는 것인데, *수학적 함수*로 물리적 신호를 모델링한다. 라디오의 스피커에 인가되는 전압은 물리적 신호의 한 예다. 또 다른 예는 어

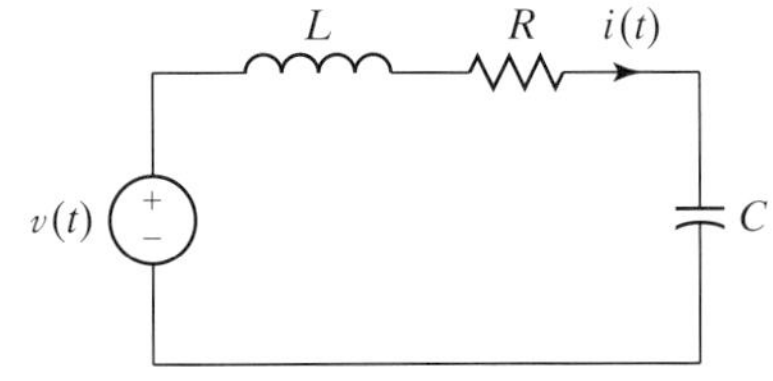

그림 1.1 회로 예

떤 특정한 방 안의 지정된 장소에서의 온도다. 온도는 시간에 따라 변하기 때문에 이 신호는 시간의 함수이고 다음과 같이 표현할 수 있다.

$$\text{한 지점에서의 온도} = \theta(t) \tag{1.3}$$

여기서 $\theta(t)$의 단위는 예를 들어 섭씨가 될 수 있다.

다시 뉴턴 제2법칙을 생각해보자. 식 (1.2)는 어떤 한 물리적 시스템의 *모델*이고 $f(t)$와 $x(t)$는 물리적 신호들의 *모델*들이다. 신호(함수) $f(t)$가 주어졌을 때, 우리는 모델(방정식) 식 (1.2)를 풀어서 신호(함수) $x(t)$를 구한다. 물리적 시스템을 분석할 때, 수학을 적용하는 대상은 물리적 시스템과 신호가 아니고, 시스템과 신호의 *모델*이다. 이렇게 해서 얻어낸 결과가 얼마나 유용한가는 모델이 얼마나 정확한지 여부에 달려 있다.

이 책에서는 독립 변수가 하나인 신호만을 다루는데, 이 독립 변수를 시간 t로 생각하기로 한다. 신호들은 이 독립 변수의 성격에 따라 두 개의 자연스러운 유형으로 나뉜다. 첫 번째 유형은 *연속-시간 신호*, 간단하게는 *연속 신호*다. 이러한 형태의 신호는 시간의 모든 값에 대해서 정의된다. 연속-시간 신호는 또한 *아날로그 신호*라고도 한다. 그림 1.2(a)는 연속-시간 신호의 한 예를 보여준다.

신호의 두 번째 유형은 *이산-시간*(discrete-time) *신호*, 간단하게는 *이산 신호*다. 이산 신호는 *시간*의 특정한 순간에서만 정의된다. 예를 들어, 디지털 컴퓨터에 의해 처리될 신호 $f(t)$를 생각해보자. [이러한 처리를 *디지털 신호처리*(digital signal processing; DSP)라 한다.] 컴퓨터는 숫자만을 다룰 수 있고 연속된 물리량은 다룰 수 없기 때문에, 샘플링(sampling)에 의해 연속 신호를 일련의 숫자들로 변환해야만 한다. $n = \ldots, -2, -1, 0, 1, 2, \ldots$와 같은 정수일 때, 매 T초마다 신호 $f(t)$를 샘플링하여 얻어낸 시퀀스 $f(nT)$는 컴퓨터에서 사용할 수 있다. 이 시퀀스를 *이산-시간 신호*라 한다. 컴퓨터 입장에서는 정수가 아닌 n에 대해서는 $f(nT)$의 값은 존재하지 않는다(또는 n이 정수가 아닐 때에는 $f(nT)$의 값을 이용할 수 없다). 그림 1.2(b)는 이산-시간 신호

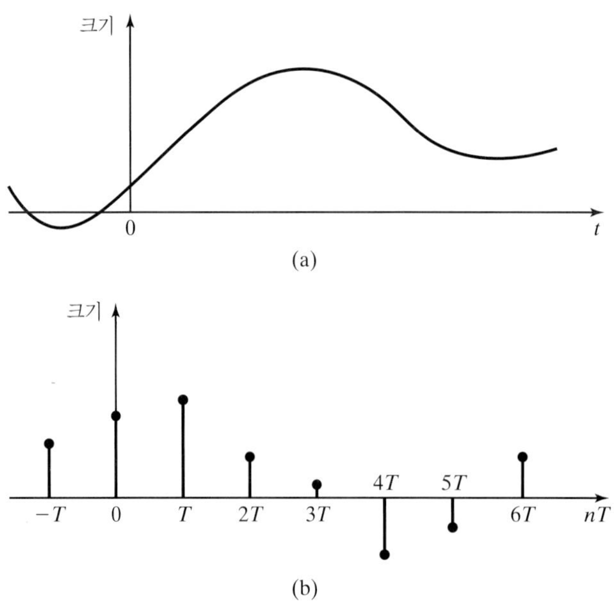

그림 1.2 (a) 연속-시간 신호 (b) 이산-시간 신호

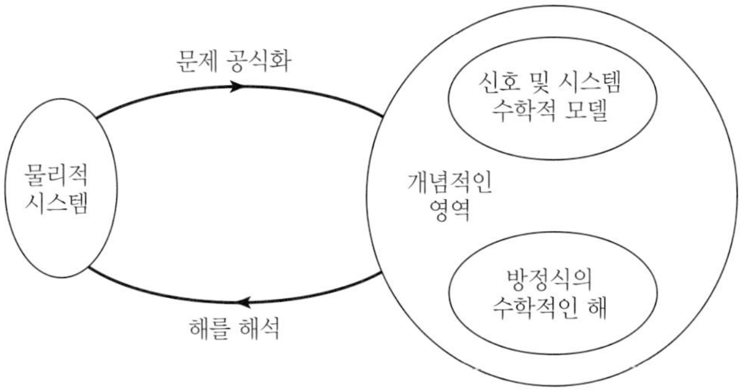

그림 1.3 물리적 시스템의 수학적 분석

의 한 예를 보여준다.

어떤 시스템 내부의 모든 신호들이 연속 신호인 시스템을 *연속-시간 시스템*이라고 정의하고, 어떤 시스템 내부의 모든 신호들이 이산 신호인 시스템을 *이산-시간 시스템*이라고 정의한다. 어떤 물리적 시스템에는 연속-시간 신호와 이산-시간 신호가 모두 나타날 수 있는데, 이러한 시스템을 *하이브리드 시스템*(hybrid system) 또는 *샘플값 시스템*(sampled-data system)이라 한다. 샘플값 시스템의 한 예가 비행기의 자동 착륙 시스템인데, 이 시스템에서는 각종 제어 기능들이 디지털 컴퓨터에서 구현되어 있다.

물리적 시스템을 수학적으로 분석하는 과정을 그림 1.3에 나타내었다[1]. 먼저 관련된 물리적 시스템과 신호들의 수학적 모델을 구하는데, 이러한 과정의 한 예가 식 (1.1)에서와 같이 물리 법칙을 이용하는 것이다. 모델이 얻어지고 나면, 특정한 활성 함수에 대해 방정식의 해를 구한다. 활성 함수와 동일한 활성 신호를 물리적 시스템에 인가했을 경우 얻는 응답과 이 모델로부터 얻은 해를 비교한다. 이 두 응답이 근사적으로 동일하다면 이 모델은 분석과 설계 과정에서 사용할 수 있다. 만일 그렇지 않다면, 모델을 더 개선시켜야 한다.

시스템의 수학적 모델을 개선하다 보면 모델이 좀 더 복잡해지고 이러한 작업은 한 번으로 끝나는 단순한 작업이 아니다. 적절한 정확도를 갖는 모델을 얻을 때까지 그림 1.3과 같은 과정을 몇 번씩 반복하는 것이 필요하다. 어떤 간단한 시스템에 대해서는 모델링 작업이 수 시간 안에 끝날 수도 있고, 매우 복잡한 시스템에 대해서는 모델링 작업이 몇 년이 걸릴 수도 있다. 복잡한 모델링의 한 예가 NASA의 우주선에 대한 모델링이다. 이 모델은 엔진 추력, 바람, 제어면(예를 들어 항공기의 방향키)의 위치 등과 우주선의 위치 및 자세와의 관계를 나타낸다. 덧붙이자면, 이러한 형태의 복잡한 모델은 오직 컴퓨터를 이용해야만 해를 구할 수 있다.

이 책은 (1) 연속-시간 신호 및 시스템과 (2) 이산-시간 신호 및 시스템이라는 두 가지 중요한 주제를 담고 있다. 2장부터 8장까지는 연속-시간 신호와 시스템을 다루고 9장부터 13장까지는 이산-시간 신호와 시스템을 다룬다. 교재의 내용을 연속-시간 주제와 이산-시간 주제로 별도로 다루면서 순서대로 나아갈 수도 있고, 다른 방법으로는 2장과 9장을 동시에 다루고, 다음 3장과 10장을 동시에 다루는 방식으로 두 주제의 기본적인 내용들을 혼합할 수도 있다.

1.2 연속-시간 물리적 시스템

이번 절에서는 몇 가지 연속-시간 물리적 시스템에 대해 살펴본다. 여기에서는 설명을 간단히 하고 더 자세한 설명이 포함된 참고문헌을 제시할 것이다. 이 절과 다음 절에서 설명한 시스템은 이 책의 나머지 부분에서 계속하여 예제로 활용될 것이다.

우리는 이미 저항이 없는 환경에서 강체 질량 M에 대한 모델을 다음 식으로 나타내었다.

$$f(t) = M\frac{d^2x(t)}{dt^2} \qquad \text{(식 1.2)}$$

여기서 $f(t)$는 질량에 가해지는 힘이고 $x(t)$는 이 힘이 가해진 결과로 나타나는 질량체의 변위다. 이 모델은 *계수가 상수인 이차 선형 미분방정식*이다.

선형성(linearity)은 2.7절에서 정의한다. 나중에 다시 보겠지만, 방정식(또는 시스템)은 중첩의 원리(principle of superposition)가 성립하면 *선형*(linear)이고, 중첩의 원리가 성립하지 않으면 *비선형*(nonlinear)이다.

다음으로 몇 가지 물리적 시스템을 살펴보자.

전기 회로

이 절에서는 세 가지 전기-회로 소자의 모델을 제시한다[2]. 첫 번째 모델은 다음 식과 같은 *저항*(resistance) 모델이다.

$$v(t) = Ri(t), \quad \text{또는} \quad i(t) = \frac{1}{R}v(t) \tag{1.4}$$

여기서 전압 $v(t)$의 단위는 볼트(V), 전류 $i(t)$의 단위는 암페어(A), 저항 R의 단위는 옴(Ω)이다. 그림 1.4과 같은 표준적인 회로 기호를 이용하여 이 모델을 표현한다. 이 그림에서 점선은 이 소자들이 회로의 일부분임을 나타낸다. 예를 들어, 저항은 반드시 어떤 회로의 일부분이어야 하고, 그렇지 않으면 $v(t)$는 항상 0이다.

인덕턴스(inductance)의 모델은 다음과 같다.

$$v(t) = L\frac{di(t)}{dt}, \quad \text{또는} \quad i(t) = \frac{1}{L}\int_{-\infty}^{t} v(\tau)d\tau \tag{1.5}$$

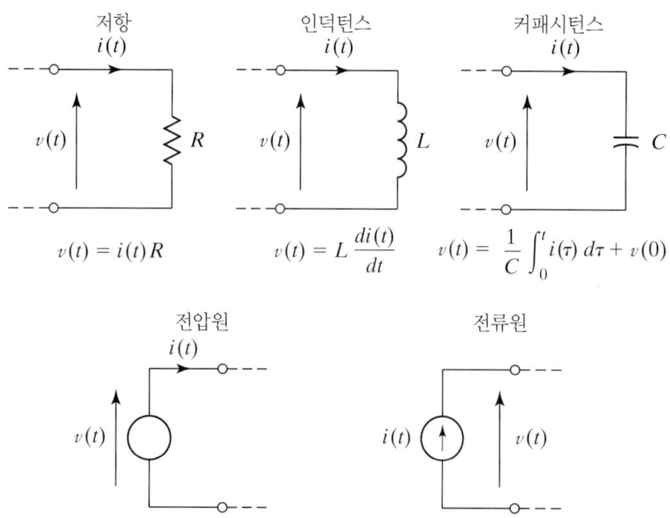

그림 1.4 전기-회로 소자들 (C. L. Phillips and R. D. Harbor, *Feedback Control Systems*, 3rd ed., Prentice Hall, Upper Saddle River, NJ, 1995에서 인용)

여기서 $v(t)$와 $i(t)$는 앞에서 정의한 것과 같고, L은 헨리(Henry) 단위의 인덕턴스다. *커패시턴트*(capacitance)의 모델은 다음과 같다.

$$v(t) = \frac{1}{C}\int_{-\infty}^{t} i(\tau)\,d\tau, \quad \text{또는} \quad i(t) = C\frac{dv(t)}{dt} \tag{1.6}$$

여기서 C는 패럿(farad) 단위의 커패시턴트다. 그림 1.4는 인덕턴스와 커패시턴트에 대한 기호도 보여주고 있다.

그림 1.4에서 이상적인 전압원 양단에 걸리는 전압은 이 양단에 연결되는 회로와 상관없이 $v(t)$다. 전압원을 관통하여 흐르는 전류 $i(t)$는 이 전압원에 연결되는 회로에 의해 결정된다. 같은 그림에서 이상적인 전류원을 관통하여 흐르는 전류 $i(t)$는 전류원에 연결되는 회로에 상관없이 $i(t)$다. 이 전류원 양단에 나타나는 전압 $v(t)$는 양단에 연결되는 회로에 의해 결정된다.

이제 그림 1.4에 나오는 소자들을 서로 연결한 회로를 살펴보자. 회로 방정식은 이 그림에 나오는 소자의 모델과 함께 키르히호프(Kirchhoff) 전압 및 전류 법칙을 사용하여 작성한다. 키르히호프 전압 법칙은 다음과 같다.

> 전기 회로에서 모든 폐루프의 전압 강하의 합은 0이다.

키르히호프 전류 법칙은 다음과 같다.

> 전기 회로에서 모든 교차점으로 들어오는 전류의 대수적인 합은 0이다.

연산 증폭기 회로

연산 증폭기(operational amplifier) 또는 *op-앰프*라고 부르는 소자는 흔히 아날로그 전기 신호를 처리하는 회로에서 자주 사용된다[3]. 여기에서는 이 증폭기의 내부 구조는 자세히 다루지 않고 대신 외부 단자에서의 특징에 대해서만 언급한다.

연산 증폭기는 그림 1.5(a)와 같은 회로 기호로 나타낸다. 조그마한 원은 증폭기의 단자를 나타내고, 점선은 증폭기 외부로 다른 소자들이 연결된다는 점을 나타낸다. 신호-입력 단자에 함께 표기되어 있는 마이너스 부호는 *반전 입력 단자*를, 플러스 부호는 *비반전 입력 단자*를 나타낸다. 전원-공급 단자에 표기되어 있는 V^+는 양의 직류 전압을, V^-는 음의 직류 전압을 표시한다. op 앰프는 그림 1.5(b)에서와 같이 전원-공급 단자가 생략된 채 표시된다. 이 회로에서 $v_d(t)$는 증폭될 입력 전압이고 $v_o(t)$는 증폭된 출력 전압이다.

연산 증폭기는 입력 임피던스가 매우 높아 그림 1.5(b)에서 입력 전류 $i^-(t)$와 $i^+(t)$가 매우 작게끔 설계되고 제작된다. 또한 증폭 이득($v_o(t)/v_d(t)$)이 (10^5 단위 또는 그 이상 정도로) 매우 크다. 증폭기가 선형 영역에서 동작한다면(즉, 포화되지 않는다면), 이렇게 큰 이득으로 인해 매우 작은 입력 전압도 가능하다.

이 점을 좀 더 살펴보기 위해, 증폭기가 이상적이라고 가정하자. 이 가정은 대부분의 경우에 충분히 정확한 가정이다. 이상적인 연산 증폭기는 입력 전류가 0이다[$i^-(t) = i^+(t) = 0$]. 또한 이상적인 증폭기는 무한대의 이득을 가지고 선형 영역에서 동작하여 입력 전압 $v_d(t)$가 0이 된다.

op 앰프가 매우 고이득의 소자이기 때문에, 안정화를 위해 흔히 피드백이 첨가된다. 출력 단자로부터 반전 입력 단자(마이너스 단자)로 피드백이 연결된다. 이렇게 연결함으로써 음의 피드백(negative feedback) 또는 안정화 피드백이 되어 op 앰프가 포화되는 것을 방지하는 경향이 있다.

그림 1.6은 실제 op 앰프 회로의 한 예다. 이 회로에서 $v_i(t)$는 회로의 입력 전압이고 $v_o(t)$

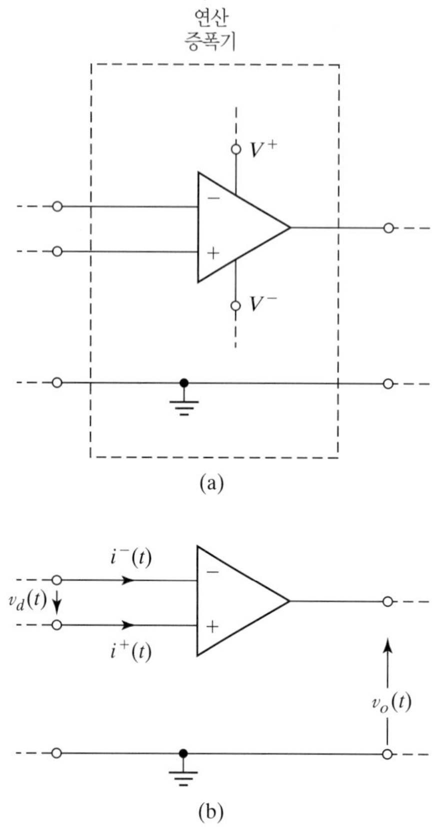

그림 1.5 연산 증폭기

는 회로의 출력 전압이다. 그림 1.5(b)에서 $v_d(t)$는 0이라고 가정하므로, 그림 1.6의 입력 루프에 대한 방정식은 다음과 같다.

$$v_i(t) - i(t)R_i = 0 \Rightarrow i(t) = \frac{v_i(t)}{R_i} \tag{1.7}$$

또한 그림 1.5(b)에서 $i^-(t)$는 0이므로, 그림 1.6에서 R_f에 흐르는 전류는 R_i에 흐르는 전류와 같다. 그러면 바깥쪽 루프에 대한 방정식은

$$v_i(t) - i(t)R_i - i(t)R_f - v_o(t) = 0$$

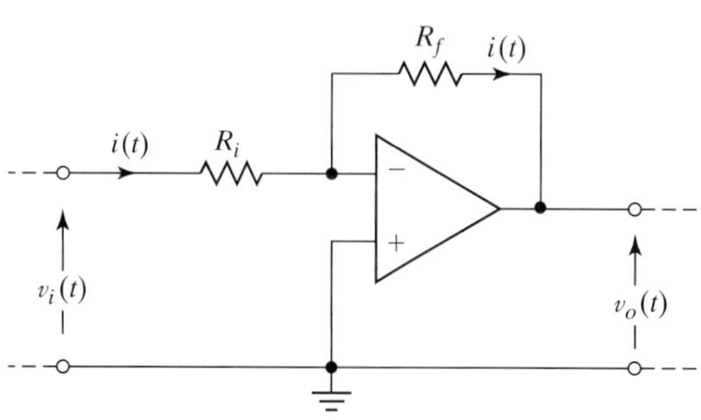

그림 1.6 실제적인 전압 증폭기

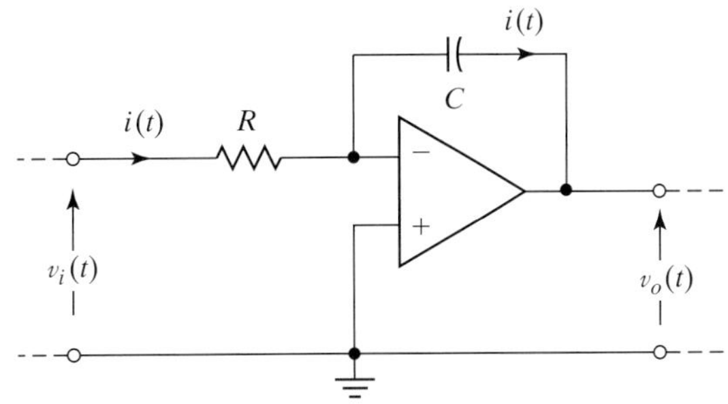

그림 1.7 적분 증폭기

이다. 식 (1.7)을 이용하여 이 식을 다음과 같이 나타낸다.

$$v_i(t) - v_i(t) - \frac{v_i(t)}{R_i}R_f - v_o(t) = 0 \Rightarrow \frac{v_o(t)}{v_i(t)} = -\frac{R_f}{R_i} \tag{1.8}$$

따라서 이 회로는 *전압 증폭기*(voltage amplifier)임을 알 수 있다. R_f/R_i는 양의 실수이므로, 증폭기의 전압 이득 $v_o(t)/v_i(t)$는 음의 실수다. 모델 식 (1.8)은 *선형 대수 방정식*임에 유의한다.

그림 1.7은 실제 op 앰프 회로의 두 번째 예다. 앞에서와 동일한 과정을 적용하여 이 회로를 분석해보자. 입력 루프는 변화가 없기 때문에 $R_i = R$로 하고 식 (1.7)을 적용한다. 바깥쪽 루프의 방정식은 다음과 같다.

$$v_i(t) - i(t)R - \frac{1}{C}\int_{-\infty}^{t} i(\tau)d\tau - v_o(t) = 0 \tag{1.9}$$

식 (1.7)을 식 (1.9)에 대입하면 다음 식을 얻는다.

$$v_i(t) - v_i(t) - \frac{1}{RC}\int_{-\infty}^{t} v_i(\tau)d\tau - v_o(t) = 0 \tag{1.10}$$

그러므로, 이 회로에 대한 방정식은 다음과 같다.

$$v_0(t) = -\frac{1}{RC}\int_{-\infty}^{t} v_i(\tau)d\tau \tag{1.11}$$

이 회로는 *적분기*(integrator) 또는 *적분 증폭기*라고 부른다. 왜냐하면 출력 전압이 입력 전압에 음의 상수 ($-1/RC$)를 곱하고 적분한 값이기 때문이다. 이 증폭기는 아날로그 신호처리에서 흔히 사용되는 회로이고 이 책의 몇몇 예제에서도 사용된다.

그림 1.7에서의 저항과 커패시턴트의 자리를 서로 바꾸면, 그림 1.8과 같은 op 앰프 회로를 얻게 된다. 이 회로에 대한 방정식은 다음과 같다.

$$v_o(t) = -RC\frac{dv_i(t)}{dt} \tag{1.12}$$

(앞과 같은 과정을 통해 이 결과를 보일 수 있다.) 이 회로는 *미분기*(differentiator) 또는 *미분 증폭기*라고 부른다. 왜냐하면 출력 전압이 입력 전압에 음의 상수 ($-RC$)를 곱하고 미분한 값이기 때문이다. 변화가 심한 신호의 미분값은 크기 때문에 이 미분기는 아날로그 신호처리에서 제한된 곳에서만 사용된다. 미분기는 $v_i(t)$에 포함되어 있는 고주파 노이즈를 증폭시키기 때문이다. 그러

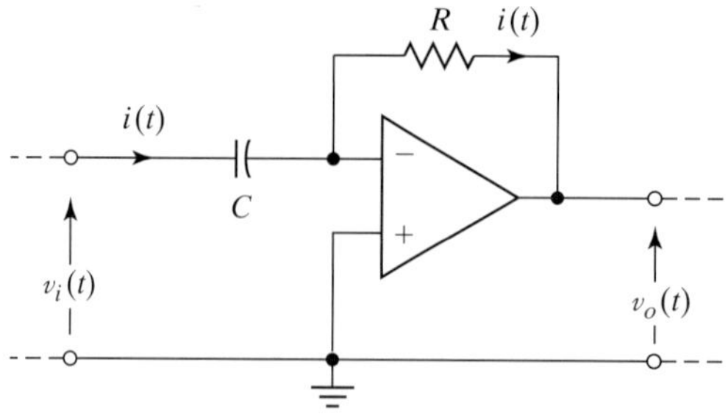

그림 1.8 미분 증폭기

나 몇몇 실제 응용 회로에서 미분기를 사용할 필요가 있다. 이러한 응용 회로에서는 고주파 노이즈를 줄이기 위해 미분을 하기 전에 고주파 성분을 걸러내는 것이 필수적이다.

단진자

이제 그림 1.9와 같은 단진자에 대한 미분방정식 모델을 생각해보자. 진자의 각도를 θ, 추의 무게를 M, 회전축으로부터 추의 중심까지의 길이를 L이라고 하자.

그림 1.9에서와 같이 중력가속도를 g라고 할 때, 진자의 추에 가해지는 힘은 Mg다. 물리 시간에 다루겠지만, 단진자에 대한 움직임 방정식은 다음과 같다.

$$ML\frac{d^2\theta(t)}{dt^2} = -Mg\sin\theta(t) \tag{1.13}$$

이 모델은 $\sin\theta(t)$가 비선형이기 때문에, 이 모델은 *이차 비선형 미분방정식*이다.

비선형 미분방정식은 풀기가 매우 어렵다. 그러나 식 (1.13)을 *선형화*시킬 수 있다. $\sin\theta$의 멱급수 전개는 다음과 같다 (부록 D).

$$\sin\theta = \theta - \frac{\theta^3}{3!} + \frac{\theta^5}{5!} - \cdots \tag{1.14}$$

θ값이 작으면, 첫 항을 제외하고 나머지 항은 무시할 수 있다. θ의 단위가 라디안(radian)이면 $\sin\theta \approx \theta$가 된다. 이렇게 근사시킬 때 발생하는 오차는 $\theta = 45°(\pi/4$ radian)일 때 10퍼센트 이하이고, $\theta = 14°(0.244$ radian)일 때는 1퍼센트 이하이며 θ가 작아질수록 오차도 감소한다. 따라서 식 (1.13)과 식 (1.14)로부터 θ값이 작을 때, 진자의 모델을 다음과 같이 쓸 수 있다.

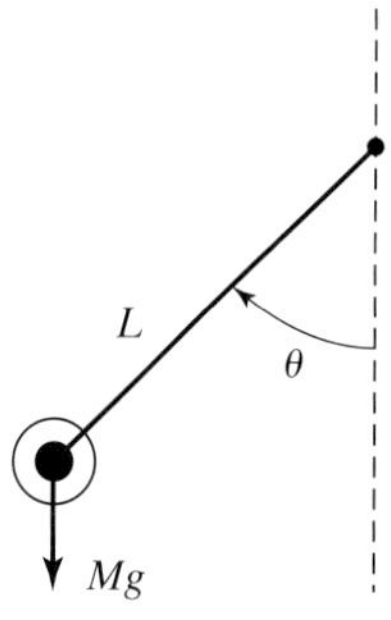

그림 1.9 단진자

$$\frac{d^2\theta(t)}{dt^2} + \frac{g}{L}\theta(t) = 0 \tag{1.15}$$

이 모델은 *계수가 상수인 이차 선형 미분방정식*이다.

이 식을 유도하면서 선형 모델 식 (1.15)와 비선형 모델 식 (1.13), 그리고 비선형 모델을 선형화시키는 과정을 볼 수 있다. 모델 식 (1.13)과 식 (1.15)는 마찰력을 고려하지 않았기 때문에 특이한 성질을 가지고 있다. 즉, 추를 어떤 위치로 움직여놓음으로써 전달된 에너지가 사라질 수 없기 때문에, 추가 일단 움직이기 시작하면 추는 이 운동을 계속 유지할 것이다. 이러한 특성은 물리적인 디바이스가 아니라 진자의 모델에 관련된 것임에 유의해야 한다. 만일 물리적인 진자를 좀 더 정확하게 모델링하고자 한다면, 최소한 마찰력에 대한 항을 식 (1.13)과 식 (1.15)에 포함시켜야 한다.

DC 전원 공급 장치

교류 전압(사인파 전압)을 직류 전압(일정한 전압)으로 변환시키는 전원 공급 장치는 거의 모든 전자 장치에 필요하다[3]. 직류 전원 공급 장치에서 교류 전압을 음이 아닌 전압으로 변환한 전압 파형이 그림 1.10에 나타나 있다.

그림 1.10(a)의 전압을 *반파 정류 신호*(half-wave rectified signal)라 한다. 이 신호는 사인파 신호로부터 반주기 동안의 사인파의 음의 값을 0으로 대체하여 생성된 신호다. 양의 값을 갖는 반주기 동안의 사인파의 값은 변하지 않는다. 이 그림에서 T_0는 파형의 주기다(한 사이클의 시간).

그림 1.10(b)의 신호를 *전파 정류 신호*(full-wave rectified signal)라 한다. 이 신호는 사인파 신호로부터 반주기 동안의 사인파의 음의 값을 부호를 반전시켜 생성한 신호다. 양의 값을 갖는 반주기 동안의 사인파의 값은 변하지 않는다. 이 신호의 주기 T_0는 사인파 주기의 반에 해당하고 따라서 반파 정류 신호 주기의 반에 해당함을 알 수 있다.

일반적으로 이 파형들은 다이오드(diode)를 사용하여 생성한다. 다이오드를 나타내는 회로 기호가 그림 1.11(a)에 나와 있다. 이상적인 다이오드는 그림 1.11(b)의 굵은 선과 같은 전압-전

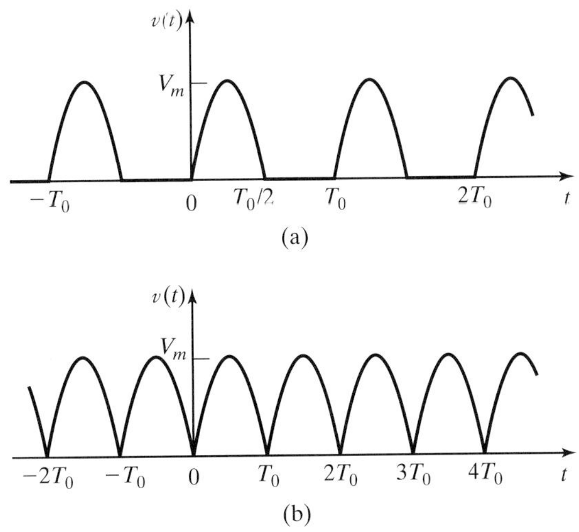

그림 1.10 정류된 신호 (a) 반파 정류 (b) 전파 정류

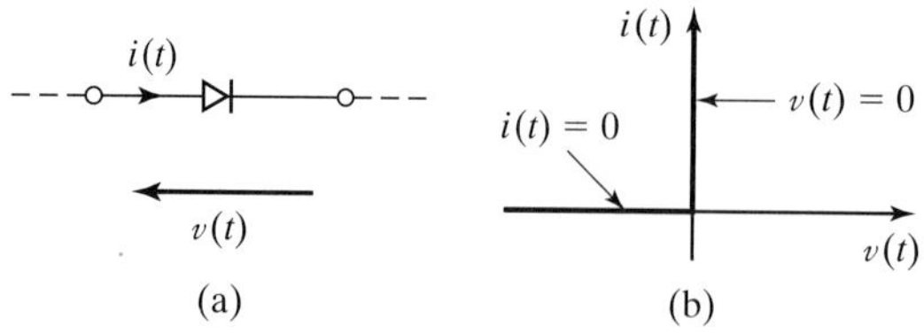

그림 1.11 (a) 다이오드 (b) 이상적인 다이오드 특성

류 특성을 갖는다. 다이오드는 기호에서 화살표 방향으로는 전류가 전혀 방해받지 않고 흐르게 하고 반대 방향으로는 전류의 흐름을 막는다. 그렇기 때문에 이상적인 다이오드는 화살표 방향으로는 [$v(t)$가 양수일 때] 전류의 흐름에 대해 단락 회로이고, 반대 방향으로는 [$v(t)$가 음수일 때] 전류의 흐름에 대해 개방 회로다. 다이오드는 비선형 소자다. 그렇기 때문에 다이오드를 포함하는 많은 회로들은 비선형 회로다.

그림 1.12(a)는 전원 공급 장치를 위한 회로를 보여준다. 공급-전원의 부하는 저항 R_L로 표기되어 있고 이 부하 양단의 전압은 그림 1.12(b)의 반파 정류 신호다. 부하 전류 $i_L(t)$은 부하 전압 $v_L(t)$을 R_L로 나눈 값이고 그림 1.12(b)에 함께 표시되어 있다. 부하 양단의 전압은 단방향이지만, 이 전압이 일정하지 않음을 볼 수 있다.

그림 1.13은 실제적인 직류 전원 공급 장치를 보여준다. 인덕터-커패시터(LC) 회로가 하나의 저주파 통과 필터를 형성하고 있고, 이 필터는 부하 전압 $v_L(t)$이 근사적으로 일정한 값이 되도록 전압의 변동을 걸러내기 위해 이 회로에 덧붙여 있다.

그림 1.14는 네 개의 다이오드를 사용하여 전파 정류 신호를 생성하는 회로다. 다이오드 A와 D는 소스 전압이 양수일 때 도통하고, 다이오드 B와 C는 소스 전압이 음수일 때 도통한다. 그러나 그림에 나타낸 것처럼 부하 저항 R_L을 흐르는 전류는 단방향이다. 그렇기 때문에 부하 양단의 전압은 그림 1.10(b)에 보이는 것과 같은 전파 정류 신호다. 그림 1.13의 반파 정류의 경우에서와 같이, 부하 전압을 근사적으로 일정하게 만들기 위해 일반적으로 필터를 덧붙인다.

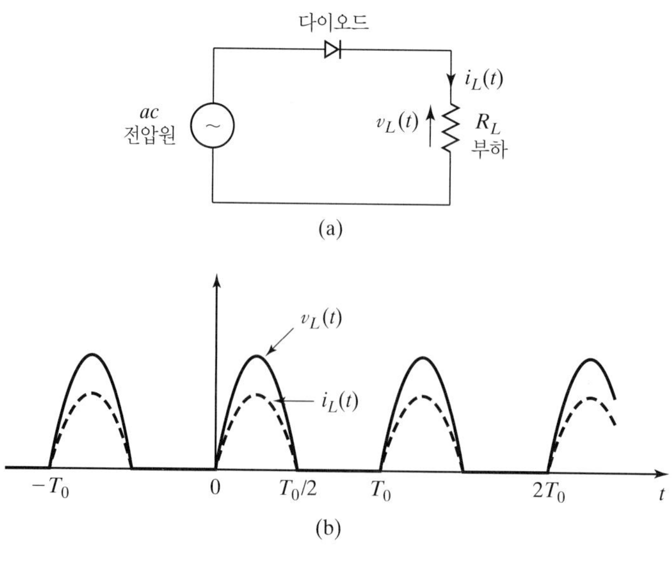

그림 1.12 반파 정류기

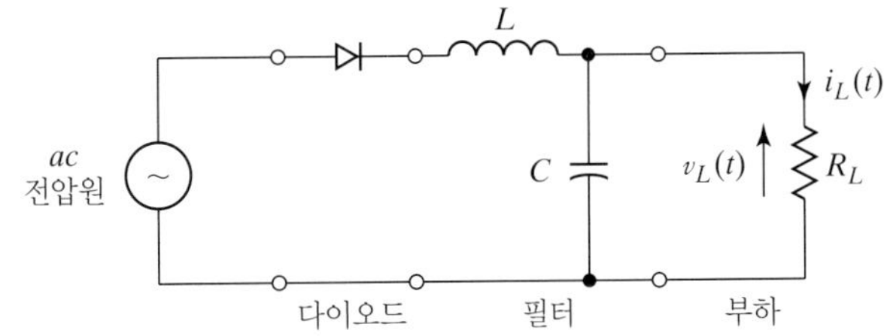

그림 1.13 실제적인 dc 전원 공급기

유사 시스템

두 개의 예로 유사 시스템(analogous system)을 소개하고자 한다. 마찰이 없는 환경에서 강체 질량 M의 모델은 식 (1.2)와 같다.

$$M\frac{d^2x(t)}{dt^2} = f(t) \tag{1.16}$$

여기서 $f(t)$는 질량체에 가해지는 힘이고 $x(t)$는 가해지는 힘에 의해 나타나는 질량체의 변위다. 이 시스템을 그림 1.15(a)와 같이 표현한다.

다음으로 전압 $v(t)$가 인덕턴스에 가해지는 그림 1.15(b)의 회로를 생각하자. 루프 방정식은 다음과 같다.

$$L\frac{di(t)}{dt} = v(t) \tag{1.17}$$

$i(t) = dq(t)/dt$라는 사실을 떠올리면, 루프 방정식 (1.17)을 다음과 같이 쓸 수 있다.

$$L\frac{d^2q(t)}{dt^2} = v(t) \tag{1.18}$$

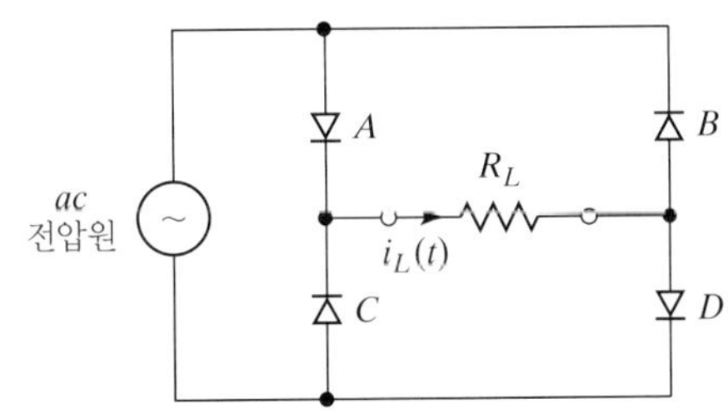

그림 1.14 전파 정류기

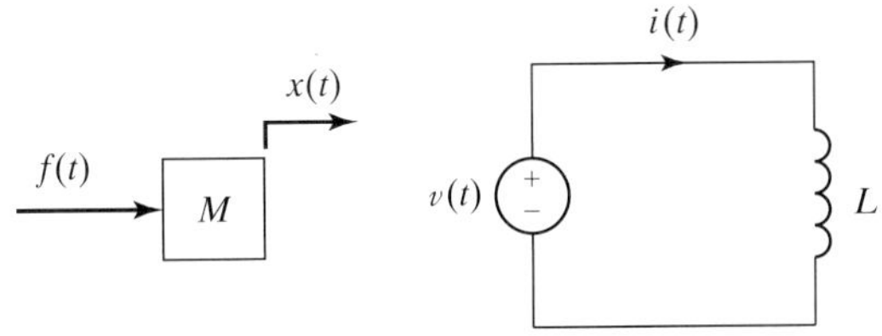

(a) (b)

그림 1.15 유사 시스템

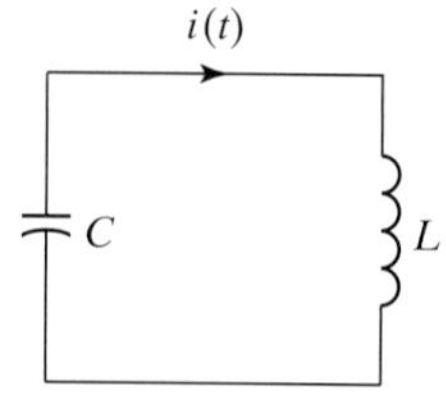

그림 1.16 *LC* 회로

식 (1.16)에서의 질량에 대한 모델과 식 (1.18)에서의 회로에 대한 모델이 수학적으로 동일한 형태임을 알 수 있다. 이 두 시스템을 유사 시스템이라 하는데, 유사 시스템이란 수학적으로 동일한 형태의 방정식으로 모델링되는 시스템으로 정의된다.

두 번째 예로, 그림 1.16의 초기 조건에 의해 여기되고 있는 LC 회로를 생각해보자. 이 회로의 루프 방정식은 다음과 같다.

$$L\frac{di(t)}{dt} + \frac{1}{C}\int_{-\infty}^{t} i(\tau)d\tau = 0 \tag{1.19}$$

이 방정식을 전류 $i(t)$ 대신 전하 $q(t)$의 함수로 나타내면 다음과 같다.

$$\frac{d^2q(t)}{dt^2} + \frac{1}{LC}q(t) = 0 \tag{1.20}$$

단진자에 대한 선형화된 방정식이 다음과 같았음을 떠올려보자.

[식 (1.15)]
$$\frac{d^2\theta(t)}{dt^2} + \frac{g}{L}\theta(t) = 0$$

마지막 두 식을 비교하면, 단진자와 LC 회로가 유사 시스템임을 알 수 있다.

앞의 두 예에서, 하나의 기계 시스템에 대한 두 개의 유사 전기 회로를 찾았는데, 유사 온도 시스템, 유사 유체 시스템 등도 찾을 수 있다. LC 회로와 단진자 시스템이 유사 시스템이므로, LC 회로의 특성을 안다면, 단진자의 특성도 아는 것이다. 즉, 회로의 특성에 대해 알고 있는 것들을 다른 형태의 물리적 시스템을 이해하는 것으로 변환할 수 있다. 이러한 과정은 좀 더 일반화시킬 수 있어서, 예를 들어 우리는 계수가 상수인 이차 선형 미분방정식의 특성에 대해 탐구하는데, 수많은 서로 다른 물리적 시스템들이 계수가 상수인 이차 선형 미분방정식의 특성을 가지고 있다는 것을 알고 있기 때문이다.

1.3 샘플기와 이산-시간 물리적 시스템

이제 물리적인 샘플기(sampler)와 몇 가지 이산-시간 물리적 시스템에 대해 설명하고자 한다. 많은 응용 분야에서 연속-시간 신호를 이산-시간 시스템에 인가하고자 하는데, 그렇게 하기 위해서는 연속-시간 신호를 샘플링해야 한다. 먼저 일종의 물리적인 샘플링 장치인 아날로그-디지털 변환기(analog-digital converter)를 살펴볼 텐데, 이것은 신호를 처리하거나 저장할 목적으로 연속-시간 물리적 신호를 디지털 컴퓨터에 인가할 때 폭넓게 이용되는 장치다.

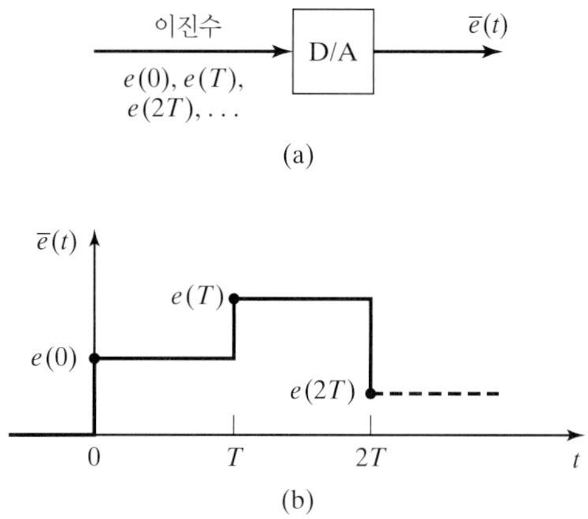

그림 1.17 디지털-아날로그 변환기

아날로그-디지털 변환기

디지털-아날로그 변환기(D/A 또는 DAC)는 일반적으로 *아날로그-디지털 변환기*(A/D 또는 ADC)의 한 부분이므로, 디지털-아날로그 변환기에 대해 먼저 설명한다. 예를 들면 D/A가 디지털 컴퓨터로부터 매 T초마다 하나의 이진수를 받는다고 하자. D/A는 다음 이진수가 입력단에 나타나기 전까지 가장 최근에 들어온 이진수를 그 값에 해당하는 일정한 전압으로 변환하고 출력을 유지한다. D/A를 그림 1.17(a)와 같은 블록 다이어그램으로 나타내며 그림 1.17(b)는 일반적인 D/A의 응답을 보여준다. 여기서는 D/A의 내부적인 동작 원리를 더 깊게 살펴보지는 않을 것이다.

다음으로 A/D의 또 한 부분인 비교기(comparator)를 설명한다. 비교기와 비교기의 입출력 특성을 그림 1.18에 나타내었다. 비교기는 입력 전압 $v_i(t)$를 기준 전압 $v_r(t)$와 비교하여 $v_i(t)$가 $v_r(t)$보다 크면 논리 1을 출력한다. 예를 들어, 논리 1은 TTL(transistor-to-transistor logic)에서 약 5 V에 해당한다. 만일 $v_i(t)$가 $v_r(t)$보다 작으면, 비교기는 논리 0을 출력하고, 논리 0은 TTL에서는 1 V 이하의 전압에 해당한다. 흔히 비교기를 나타낼 때 그림 1.18에 나와 있는 접지는 생략하는데, 그렇더라도 모든 전압은 이 접지를 기준으로 상대적으로 정의된다.

몇 가지 서로 다른 회로를 이용하여 아날로그-디지털 변환기를 구현하는데, 각 회로가 서로 다른 특성을 갖는다. 그중 특정한 한 회로의 내부 동작에 대해 설명하고자 한다. 그림 1.19(a)는 *카운터-램프*(counter-ramp) *A/D*이고, 이 소자의 신호들을 그림 1.19(b)에 나타내었다[4]. 제어장치(예를 들면, 디지털 컴퓨터)로부터 변환 시작(start-of-conversion, SOC) 펄스가 도착하면 n-비트 카운터가 0부터 카운트를 시작한다. 카운트 값은 펄스가 도착할 때마다 하나씩 증가한다.

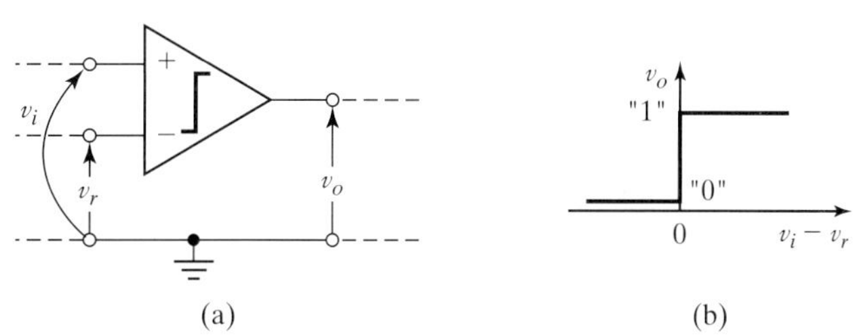

그림 1.18 비교기

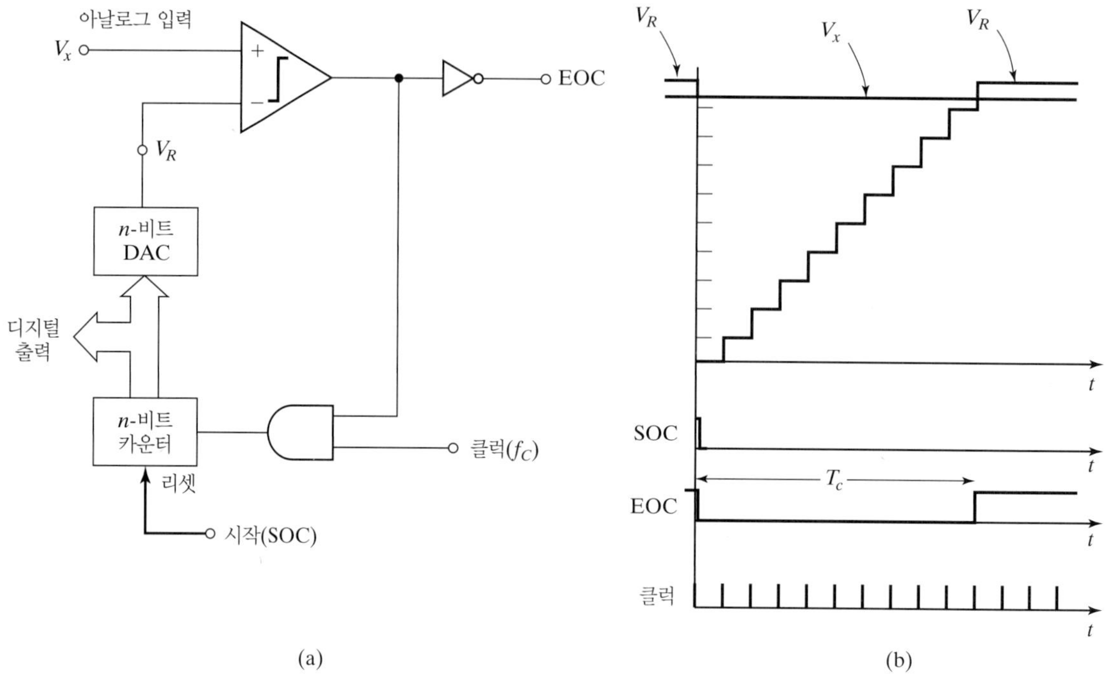

그림 1.19 카운터-램프 아날로그-디지털 변환기 (C. L. Phillips and H. T. Nagle, *Digital Control Systems Analysis and Design*, 3rd ed., Prentice Hall, Upper Saddle River, NJ, 1995에서 인용)

n-비트 D/A 변환기는 이 카운트 값을 전압 V_R로 변환한다.

이진수로 바뀌게 될 아날로그 입력 전압 V_x는 V_R과 비교되면서 V_R이 V_x보다 커지게 되면, 비교기는 논리 0을 출력하고 AND 게이트를 통해 클럭 입력을 정지시킨다. 그러면 변환 끝(end-of-conversion, EOC) 펄스가 제어 장치로 신호를 보내 변환이 완료되었음을 알린다. 이 순간, 제어 장치는 아날로그 입력 V_x의 근삿값인 카운터의 이진수 출력값을 읽는다. 이 변환기의 장단점에 대해서는 참고문헌 4에 자세하게 나와 있다.

수치 적분

1.2절에서는 연산 증폭기 회로에 의해 전압 신호를 적분하는 것에 대해 살펴보았다. 여기에서는 디지털 컴퓨터를 사용하여 물리적 신호를 적분하는 *수치 적분*(numerical integration)에 대해 살펴보자.

전압 신호 $x(t)$를 수치적으로 적분하고 싶다고 하자. 디지털 컴퓨터로 적분하기 위해서는 수치 알고리즘을 사용해야 한다. 일반적으로 수치 알고리즘은 아직 적분값을 모르는 신호를 적분값을 아는 신호로 근사시키는 것에 기반을 두고 있다. 그렇기 때문에 모든 수치 적분 알고리즘은 특성상 근사적일 수밖에 없다.

그림 1.20의 그림을 이용하여 오일러 방법(Euler's rule)에 의한 수치 적분에 대해 설명하고자 한다. 오일러 방법은 곡선 $x(t)$의 아래쪽 영역을 그림에 나와 있는 것처럼 직사각형의 면적의 합으로 근사시킨다. 이 그림에서 스텝 크기 H(각 직사각형의 너비)를 *수치-적분 증분*(numerical-integration increment)이라 한다. 이 알고리즘을 구현하기 위해서는 $x(t)$를 매 H초마다 샘

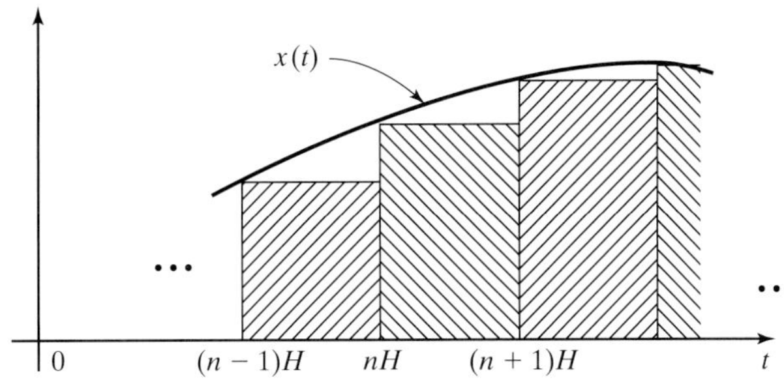

그림 1.20 오일러 적분 방법

플링하여 n이 정수일 때, 숫자열 $x(nH)$를 얻어낼 필요가 있다. 일반적으로 이러한 샘플링은 아날로그-디지털 변환기를 사용하여 수행한다.

다음과 같은 관계식이 주어졌다고 하자.

$$y(t) = \int_0^t x(\tau)d\tau \tag{1.21}$$

그림 1.20에서 $t = 0$부터 $t = nH$까지 $x(t)$의 적분을 $t = 0$부터 $t = (n - 1)H$까지의 적분 더하기 $(n - 1)H$부터 nH까지의 적분으로 나타낼 수 있다. 그러므로 식 (1.21)에서 다음과 같이 쓸 수 있다.

$$\begin{aligned} y(t)|_{t=nH} = y(nH) &= \int_0^{nH} x(\tau)d\tau \\ &= \int_0^{(n-1)H} x(\tau)d\tau + \int_{(n-1)H}^{nH} x(\tau)d\tau \\ &\approx y[(n-1)H] + Hx[(n-1)H] \end{aligned} \tag{1.22}$$

이 식이 근사식이라는 사실을 잠시 무시하면, 이 식을 다음과 같이 나타낼 수 있다.

$$y(nH) = y[(n-1)H] + Hx[(n-1)H] \tag{1.23}$$

그러나 $y(nH)$는 $t = nH$에서의 $x(t)$의 적분에 대한 근삿값에 불과하다. 식 (1.23)을 계수가 상수인 *일차 선형 차분방정식*(difference equation)이라 한다. 일반적으로 식 (1.23)에서 독립 변수 n에 곱해져 있는 인수 H를 생략하고 다음 식과 같이 쓴다.

$$y[n] - y[n-1] = Hx[n-1] \tag{1.24}$$

수치 적분기를 입력이 $x[n]$이고 출력이 $y[n]$이며 차분방정식 모델 식 (1.24)를 갖는 하나의 시스템으로 간주할 수 있다. 차분방정식으로 표현되는 시스템을 *이산-시간 시스템*이라 한다.

수치 적분을 하는 데에 많은 알고리즘들이 사용 가능하다[5]. 이 알고리즘들의 대부분은 식 (1.23) 형태의 차분방정식을 갖는다. 어떤 알고리즘들은 좀 더 복잡하고 딱 하나의 차분방정식으로 표현되지 않을 수도 있다. 오일러 방법이 단순하기 때문에 여기에 소개하였지만, 오일러 방법보다 더 빠르고 더 정확한 수치 적분 알고리즘들을 사용할 수 있기 때문에 실제로 오일러 방법은 거의 사용되지는 않는다.

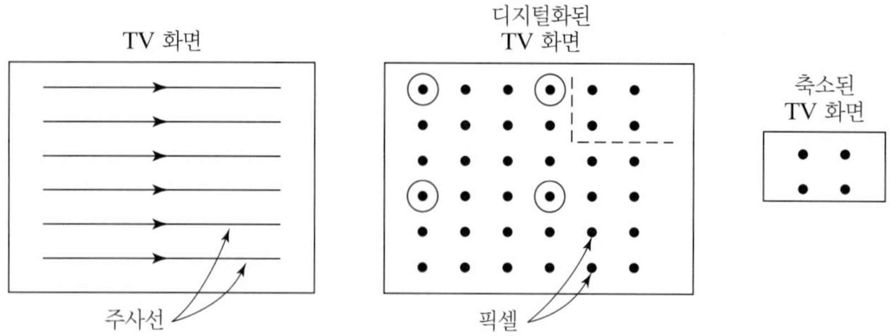

그림 1.21 한 화면 속 다른 TV 화면

영상 안의 영상(Picture in a picture)

이제 *PIP*(Picture in a picture) 기능을 만들어내는 텔레비전의 한 시스템에 대해 생각해보자[6]. 이 시스템은 두 개의 프레임을 동시에 보여주기 위해 텔레비전에서 사용되는데, 더 작은 영상 하나가 더 큰 영상 위에 겹쳐서 보인다. 그림 1.21을 보면 아날로그 TV 영상이 여섯 줄의 주사선을 가진 것으로 표현되어 있다(실제 주사선은 500개 이상이다). 이 영상의 크기를 1/3로 줄여 두 번째 영상의 오른쪽 위편에 삽입한다고 가정하자.

먼저, 영상의 주사선을 디지털화한다(샘플링한다). 그림 1.21에서는 각 주사선마다 여섯 개의 샘플이 생성되는데(실제 샘플 수는 2000 이상이다), 이 샘플들을 *픽셀*(pxel)이라 한다. 영상의 크기를 줄이기 위해서는 주사선의 개수뿐만 아니라 주사선당 샘플의 수를 1/3로 줄여야만 한다. 그림 1.21의 네 개의 원으로 표현된 샘플들이 축소된 영상에 포함되는 샘플이라고 가정하자(실제의 경우에는, 축소된 영상에 포함되는 총 픽셀의 수는 100,000보다 클 것이다).

이제 그림 1.21에서 디지털화된 전체 영상의 화면이 바뀌어 다른 장면을 보여준다고 하자. 그러면 축소된 영상의 네 개의 픽셀은 전체 영상의 오른쪽 위편의 네 개의 픽셀을 교체하게 된다. 삽입된 영상을 점선으로 표시하였다.

영상 안에 영상을 생성하는 것은 여기에서 설명한 것보다 훨씬 복잡하지만, 어떤 하나의 주어진 주사선에서 샘플의 수를 줄여야 할 필요성은 알 수 있다. 정보들(샘플들)이 버려졌기 때문에 신호의 정보량은 줄어들었다는 사실에 유의한다. 샘플링을 통해 연속-시간 신호를 이산-시간 신호로 변환하는 과정에 대한 수학적 모델을 개발하고 나서야 이러한 정보의 감소에 대해 탐구해볼 수 있다. 그림 1.21에 나타낸 것과 같은 이러한 샘플 수의 감소를 *시간 스케일링*(time scaling)이라고 하고 이 내용은 9.2절에서 다룬다. 샘플링이 신호의 정보량에 대해 미치는 영향에 대해서는 6장에서 논의한다.

콤팩트디스크

다음으로 콤팩트디스크(CD)에 대해 살펴보자. 이 디스크는 많은 양의 데이터를 샘플링된 형태로 저장한다. 일단 오디오 콤팩트디스크에 대해 살펴보자[7]. 오디오 CD는 샘플링의 강조점을 음성 신호의 음질을 유지하는 것에 두는 실제적인 시스템의 하나의 좋은 예다. 먼저 CD에 저장될 연속-시간 신호가 주파수 대역이 5에서 20,000 Hz인 아날로그 주파수 중복 방지(anti-aliasing) 대역통과 필터를 통과하도록 한다. 이것은 인간이 일반적으로 20 kHz까지의 주파수만 들을 수 있기 때문이다. 20 kHz 이상의 모든 주파수 성분은 대부분의 사람들에게 들리지 않고 그렇기 때문에 눈에 띄는 음질의 저하 없이 신호로부터 제거할 수 있다. 그런 다음 이렇게 걸러진 신호는 아날로그-디지털 변환기에 의해 f_s = 44,100 Hz의 빠르기로 샘플링된다. 그러므로 $f_s/2$ = 22,050 Hz다. 이 샘플링된 데이터의 저장에 사용되는 데이터 포맷은 에러-수정(error-correcting) 비트들을 포함하고 있고 이것에 대해서는 여기에서 더 깊게 논의하지 않는다.

오디오 CD는 74분의 재생 시간에 해당하는 데이터를 저장할 수 있다. 스테레오 음악의 경우에는 두 개의 채널(신호)이 저장되어야 한다. 디스크는 650 MB의 데이터를 저장하는데, 이 데이터들은 바깥 방향으로 나선형으로 이루어진 연속된 트랙에 저장된다. CD로부터 데이터를 일정한 속도로 읽기 위해서는, 일정한 선속도를 유지하도록 디스크를 구동해야 하고 그렇기 때문에 모터의 각속도는 트랙의 반지름이 증가할수록 감소해야만 한다. 모터의 속도는 200 rpm에서 50 rpm까지 변한다.

비교를 하자면, 컴퓨터의 하드디스크도 원형 형태의 트랙에 데이터를 저장한다. 이 디스크들은 일정한 속도로 회전하는데 흔히 3600 rpm 정도다. 그렇기 때문에 현재 읽고 있는 트랙의 반지름에 따라 데이터 전송 속도가 변한다. 고속 CD-ROM 드라이브는 12,000 rpm 정도의 매우 빠른 각속도를 사용한다.

CD에 저장된 데이터는 에러-수정 비트들을 포함하기 때문에 CD 플레이어는 원본 샘플을 재생하기 위해 이 데이터들을 처리해야만 한다. 이 처리 과정은 꽤 복잡하고 여기에서 논의하지는 않는다.

오디오 CD 플레이어는 세 개의 서보(폐루프 제어 시스템)를 내장하고 있다. 한 서보는 초당 44,100 샘플의 빠르기로 디스크를 읽어오도록 디스크 회전 모터의 속도를 제어한다. 두 번째 서보는 CD 위의 요구받은 위치에 레이저 빔을 조준하고, 세 번째 서보는 레이저 빔이 이 위치에서 초점을 유지하도록 해준다.

디지털 비디오 디스크(DVD)는 영화나 텔레비전 프로그램을 보기 위해 널리 사용되는 미디어다. DVD는 샘플링된 비디오와 오디오를 저장하고 고화질의 재생이 가능하도록 한다. 두 시간 이상 분량의 비디오를 한 장의 DVD에 저장할 수 있다. DVD는 이렇게 큰 용량의 데이터를 한 장의 디스크에 집어넣기 위해 *영상 압축*(video compression) *기법*을 사용한다(영상 압축 알고리즘에 사용되는 몇 가지 수학적 내용에 대해서는 12장에서 설명한다).

전화 시스템에서 샘플링

이 절에서는 전화 신호의 샘플링에 대해 살펴본다[8]. 이 샘플링 시스템에서 중요한 것은 음질이 떨어지더라도 필요한 샘플의 수를 줄이는 것이다. 전화 신호는 흔히 f_s = 8000 Hz의 빠르기로 샘플링된다. 이 정도의 샘플링이면 다음에 설명하는 것처럼 단일선상(또는 단일 통신 채널)에서 수많은 전화 신호들을 동시에 전송할 수 있다.

전화 신호는 샘플링하기 전에 통과 주파수 영역이 200 Hz에서 3200 Hz인 아날로그 주파수 중복 방지 필터를 거치게 된다. 교류 전원 시스템으로부터 전화 회로로 커플링된 60 Hz의 잡음을 줄이기 위해, 200 Hz보다 작은 주파수들은 이 필터에 의해 감쇄된다. 필터의 3200 Hz 차단 주파수는 $f_s/2$ = 4000 Hz이기 때문에 심각한 주파수 중복 현상이 발생하지 않도록 보장한다[1]. 그러나 이 대역통과 필터는 전화 통화에서 음질을 심각하게 훼손시킨다. 이렇게 음질이 떨어지는 것을 전화 통화에서 확실히 느낄 수 있다.

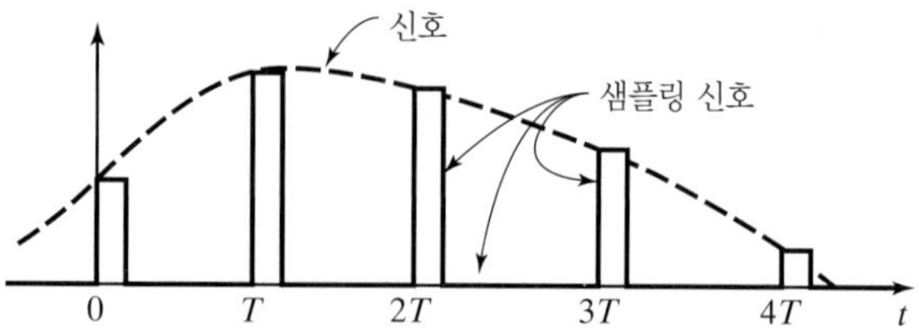

그림 1.22 펄스-진폭 변조

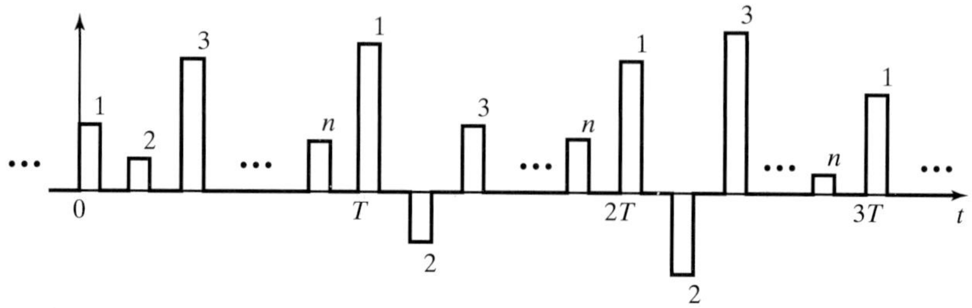

그림 1.23 시간-분할 멀티플렉싱

그림 1.22는 전화 신호의 샘플링을 보여준다. 펄스의 폭은 일정하고, 각 펄스의 진폭(amplitude)은 각 순간의 전화 신호의 값과 동일하다. 이러한 과정을 *펄스-진폭 변조*(pulse-amplitude modulation)라 한다. 여기에서는 정보가 펄스의 진폭에 담겨 있다.

펄스-진폭 방식으로 변조된 몇 개의 신호들을 그림 1.23에서와 같이 단일 채널을 통해 동시에 전송할 수 있다. 이 그림에서 숫자 1로 표시된 것은 첫 번째 전화 신호의 샘플들을 나타내고, 숫자 2로 표시된 것은 두 번째 전화 신호의 샘플들을 나타낸다. 그림 1.23에서 신호들이 시간 영역에서 분리되어 있기 때문에, 이 과정을 *시분할 멀티플렉싱*(time-division multiplexing)이라 한다. 이 그림은 약간 단순화되어 있는데, 수신 회로가 펄스를 올바른 신호에 할당할 수 있도록 해주는 정보를 전화 신호들과 함께 포함시켜야 한다. 이러한 과정을 *동기화*(synchronization)라 한다.

아날로그-디지털 변환기로 샘플링을 수행한다면, 얻어진 샘플 값은 이진수로 표현되고 이 과정을 *펄스-코드 변조*(pulse-code modulation)라 한다. 그림 1.24는 시분할 멀티플렉스 전화

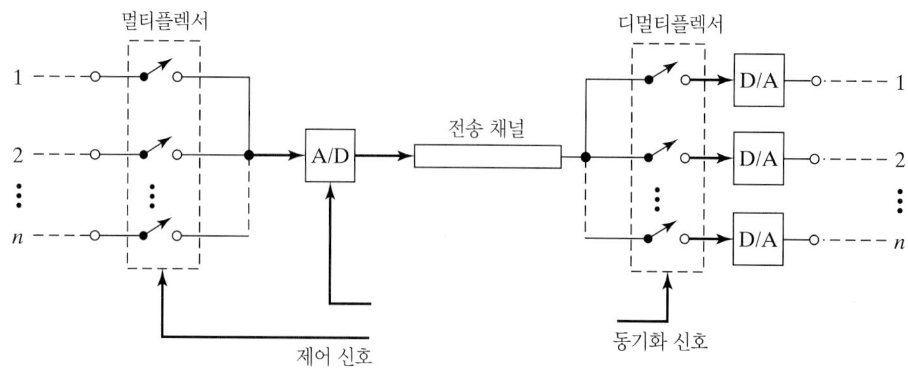

그림 1.24 시분할 멀티플렉싱 펄스-코드 변조 전화 전송 시스템

시스템의 하드웨어를 그림으로 나타낸 것이다. 제어 신호는 각 전화 신호들을 차례대로 아날로그-디지털 변환기로 스위칭시키고 A/D에게 샘플링하라는 명령을 내린다. 수신 회로는 동기화 정보를 분리하고 차례대로 펄스들을 올바른 디지털-아날로그 변환기로 스위칭한다.

펄스-폭 변조(pulse-width modulation)에서는, 샘플링 과정에서 크기가 일정하고 폭이 가변인 사각파 펄스들을 생성한다. 이때 펄스의 폭은 신호 크기에 비례한다. *델타 변조*(Δ modulation)에서는, 샘플링 과정의 출력이 현재의 샘플과 직전 샘플 사이의 차다. 지금까지의 네 가지 샘플링 과정이 모두 전화 통신에서 사용된다.

데이터-취득 시스템

*데이터-취득 시스템*은 측정 작업이 컴퓨터에 의해 자동으로 제어되는 계측 시스템이다. 대표적인 예가 그림 1.25에 나와 있다. 이 그림에서 n개의 서로 다른 센서로부터의 측정값이 컴퓨터 메모리에 저장된다고 가정하였다. 컴퓨터는 멀티플렉서를 제어하여 어떤 순간에 어떤 측정값이 저장될지 결정한다. 몇몇의 대규모 데이터-취득 시스템에서는 이러한 센서의 수가 1000개가 넘는다.

그림 1.25의 입력 멀티플렉서에서 스위칭이 발생할 때의 과도 회로(transient circuit)를 그림 1.26(a)와 같이 종종 모델링한다. 센서는 (일정한) 소스 전압 V_s와 소스 저항 R_s를 갖는 하나의 테브낭(Thévenin) 등가 회로로 모델링된다[9]. 전압 $v_{ad}(t)$는 아날로그-디지털 변환기 내부에서 이진수로 변환되는 전압이다(그림 1.19 참조). 저항 R_a는 입력단으로부터 전압 $v_{ad}(t)$까지에 대한 회로의 등가 저항이고, C_a는 회로의 부유 커패시턴스(stray capacitance)를 나타낸다. 일반적으로, 전압 $v_{ad}(t)$에서 회로의 나머지 저항들은 무시할 수 있을 정도로 충분히 크다.

전압 $v_{ad}(t)$는 그림 1.26(b)에서와 같이 센서의 일정한 전압 V_s로 지수적으로 접근한다. 그림 1.26(b)에서는 $v_{ad}(t)$의 초깃값(스위칭이 발생하는 순간의 전압)이 표시되어 있지만, 일반적으로 $v_{ad}(t)$의 초깃값은 알 수 없다. $v_{ad}(t)$의 과도 응답 항은 $Ve^{-t/\tau}$와 같은 형태다. 여기서 V는 일정한 값이고 시상수(time constant) τ는 $(R_s + R_a)C_a$다(시상수에 대해서는 2.3절에서 설명한다). 이론적으로는 이 항은 절대 0이 될 수 없고 시스템은 절대 정상 상태에 도달하지 않는다. 멀티플렉서에서의 스위칭과 A/D에 의한 변환 사이의 경과 시간 길이가 측정값의 정확도에 영향을 끼친다는 것을 알 수 있다. 저장된 측정값의 정확도를 올리기 위해 어떤 시스템에서는 회로가 스위칭된 후 변환까지 시상수의 9배(9τ)만큼 지연시키기도 한다. 그러면 과도 응답 항이 $Ve^{-9} = 0.000123V$로 줄어든다. 즉, 초깃값의 약 0.01퍼센트의 값으로 줄어들게 된다.

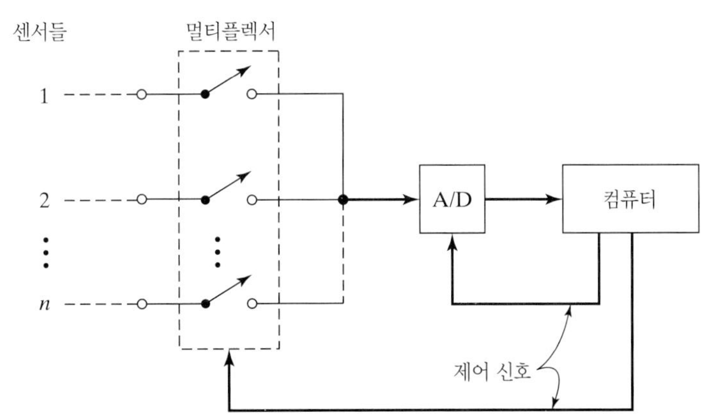

그림 1.25 데이터-취득 시스템

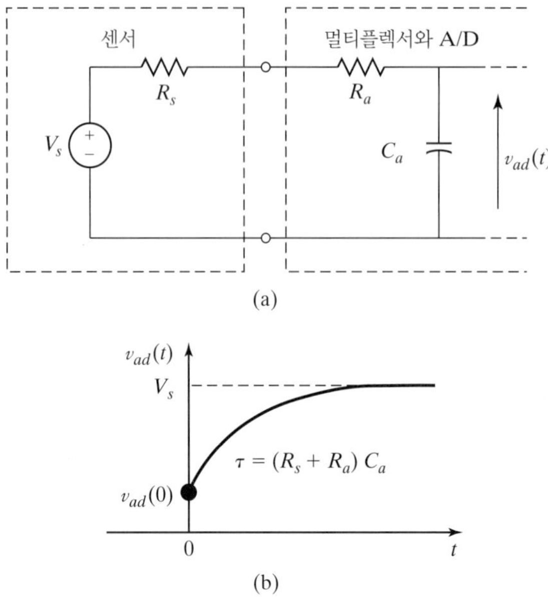

그림 1.26 과도 회로

1.4 Matlab과 Simulink

수치 해석 프로그램인 MATLAB® [10]과 관련 시뮬레이션 프로그램인 SIMULINK® [11]가 계산 과정과 시뮬레이션에서 컴퓨터 프로그램을 사용할 수 있음을 보여주기 위해 책 전반에서 널리 사용된다. 이 프로그램의 사용법은 이 책의 범위를 벗어나므로 프로그램 사용법은 이 책에 나와 있지 않다. 이 프로그램에 관심 있는 독자는 사용법과 관련된 도서나 온라인상의 도움말들을 찾아보면 된다. 이 프로그램들을 능숙하게 사용하기 위해서는 많은 경험이 필요하다. 그러나 익히고 나면 노력의 대가는 매우 크다. 공학 분야에서 어떠한 실무적인 계산을 하든 이러한 프로그램을 사용하는 것이 필수적이기 때문이다.

또한 MATLAB의 Symbolic Math Toolbox를 사용한 프로그램들도 포함되어 있는데, Symbolic Math Toolbox는 매우 강력하므로 이것을 익히는 노력을 들일 만한 가치가 있다. 예를 들어, 라플라스, 푸리에, z-변환들과 그 역변환들을 계산할 수 있다.

이 책의 많은 예제에서 MATLAB 및 SIMULINK용 프로그램과 이 프로그램으로 얻은 다이어그램들을 제공하고 있다. 어떤 예제에서는 프로그램 실행 결과도 제공하는데 이 결과들은 프로그램들이 실제 보여주는 방식과는 다를 수 있다.

학생들은 많은 문제에 대한 결과를 MATLAB으로 확인해보길 바란다. 이때 필요한 프로그램들은 적절한 예제들에서 주어져 있기 때문에 일반적으로 학생들이 새로운 프로그램을 작성할 필요는 없다.

2 연속-시간 신호 및 시스템

Continuous-Time Signals and Systems

1장에서 언급한 대로, 공학자는 두 개의 구별되는 물리적 현상을 모델링해야만 한다. 첫 번째 현상은 물리적 *시스템*인데 수학적인 *방정식*에 의해 모델링된다. 예를 들어, 연속-시간 또는 아날로그 시스템(샘플링을 전혀 하지 않은 시스템)은 계수가 상수인 상미분방정식으로 모델링할 수 있다. 그러한 시스템의 한 예가 선형 전기 회로다. 물론 이러한 수학적 모델은 모델마다 정확도가 다를 수 있음을 명심해야 한다.

모델의 대상이 되는 두 번째 물리적 현상은 *신호*라고 부르는 현상이다. *물리적 신호*는 *수학적 함수*로 모델링된다. 물리적 신호의 한 예가 라디오의 스피커에 인가되는 전압이다. 또 하나의 예는 특정한 방 안에서 지정된 위치의 온도다. 이 신호는 온도가 시간에 따라 변하기 때문에 시간의 함수이고, 다음과 같이 표현할 수 있다.

$$\text{어느 한 지점에서의 온도} = \theta(t) \tag{2.1}$$

여기서 $\theta(t)$의 단위는 예를 들어 섭씨가 될 수 있다. 이 예에서 좀 더 정확하게 모델링하기 위해 어떤 방 안에서의 온도가 시간과 공간의 함수라고 생각해보자. 방 안의 한 지점을 직교좌표계의 좌표 x, y, z로 지정할 수 있다. 그러면 식 (2.1)을 다음과 같이 쓸 수 있다.

$$\text{방 안에서의 온도} = \theta(x, y, z, t) \tag{2.2}$$

여기서 방 안의 한 지점이 세 개의 공간 좌표 x, y, z로 식별된다. 식 (2.1)에서의 신호는 한 개의 독립 변수에 대한 함수인 반면에, 식 (2.2)에서의 신호는 네 개의 독립 변수에 대한 함수다.

이 책에서는, 독립 변수가 하나인 신호들로 한정한다(이차원 함수인 영상에 대해 논의하는 12.7절에서만 예외다). 일반적으로 이 독립 변수는 시간 t가 될 것이다. 신호는 자연스러운 두 개의 유형으로 구분된다. 첫 번째 유형은 *연속-시간 신호* 또는 간단히 *연속 신호*다. 이 형태의 신호는 시간의 모든 값에 대해서 정의된다. 연속-시간 신호는 또한 *아날로그 신호*라고도 한다. *연속-시간 시스템*은 시스템 내에 오직 연속-시간 신호만이 보이는 시스템이다.

두 가지 종류의 연속-시간 신호가 있다. $x(t)$는 시간에 따라 변하는 크기 값이 어떠한 값이든 될 수 있는 *연속-진폭 신호*(continuous-amplitude signal)일 수 있고, 또는 어떤 미리 정의된 몇 가지 크기만을 갖는 *이산-진폭 신호*(discrete-amplitude signal)가 될 수도 있다. 이산-진폭 연속-시간 신호의 한 예가 디지털-아날로그 변환기의 출력이다(그림 1.17 참조). 예를 들어, 디지털-아날로그 변환기로 들어가는 이진 신호가 8비트로 표현된다면, 출력 신호의 크기는 단지 $2^8 = 256$개의 서로 다른 값만을 갖는다.

신호의 두 번째 유형은 *이산-시간 신호* 또는 간단히 *이산 신호*다. 이산 신호는 어떠한 특정 순간에만 정의된다. 예를 들어, 신호 $f(t)$가 디지털 컴퓨터에 의해 처리된다고 가정하자[이러한 처리를 *디지털 신호처리*(DSP)라 한다]. 컴퓨터는 단지 숫자만을 처리할 수 있고 연속된 변량은 처리할 수 없기 때문에, 연속 신호는 샘플링에 의해 하나의 시퀀스로 변환되어야 한다. 이 시퀀스를 이산-시간 신호라 한다. 연속-시간 신호처럼 *이산-시간 신호*도 연속 진폭 또는 이산 진폭 신호가 될 수 있다. 이 신호들은 9장에서 자세하게 다룬다. 이산-시간 시스템은 시스템 내에 오직 이산-시간 신호들만이 나타나는 시스템이다.

어떤 물리적 시스템에서는 연속-시간 신호와 이산-시간 신호가 모두 나타날 수 있다. 이러한 시스템을 하이브리드 또는 샘플값 시스템이라고 한다. 한 예가 자동 비행 착륙 시스템인데, 이 시스템에서는 디지털 컴퓨터가 비행기를 제어하는 데 필요한 신호들을 계산한다. 이 책에서 하이브리드 시스템은 다루지 않는다. 이 장에서는 연속-시간 신호와 시스템을 다루고, 이산-시간 신호와 시스템은 9장에서 다룬다.

2.1 연속-시간 신호의 변환

이 장에서는, $x(t)$와 같이 독립 변수 시간 t의 함수들을 생각한다. 여기서 시간 변수의 범위는 모든 실수다. 즉, $-\infty < t < \infty$다. 나중에 $x(t)$가 복소수가 될 수 있으나, 이때에도 역시 시간 t는 항상 실수다.

먼저 $x(t)$로 표현되는 실변수 실숫값 함수에 대한 여섯 가지 변환을 살펴보는 것으로 시작한다. 첫 번째 세 개의 변환은 시간 영역에서의 변환이고, 두 번째 세 개의 변환은 신호의 진폭에 대한 변환이다. 이 변환들은 4장에서의 푸리에 급수와 그 후에 나오는 푸리에 변환, z-변환, 그리고 라플라스 변환에서 유용하게 이용된다.

시간 변환

먼저 *시간 역전*(time reversal)을 살펴보자.

시간 역전

시간 역전에서는 원래 신호 $x(t)$에서 t를 $-t$로 바꾸어 새롭게 변환된 신호 $y(t)$를 생성한다. 그러므로

$$y(t) = x(-t) \tag{2.3}$$

이고, 여기서 $y(t)$가 변환된 신호다. 이 시간-역전 변환의 결과는 모든 특정 시각 $t = t_0$에 대해, $y(t_0) = x(-t_0)$이고 $y(-t_0) = x(t_0)$이다.

그림 2.1은 시간 역전의 한 예를 보여준다. 시간 역전된 신호 $y(t)$는 원래 신호 $x(t)$를 수직축에 대해 반전시킨 거울상(mirror image)에 해당한다. 3장에서는 임의의 입력 신호에 대한 시스템의 응답을 계산하는 컨볼루션(convolution)을 다루는데, 이때 시간 역전을 이용한다.

시간 역전을 실제 상황에서 볼 수 있는 예는 CD상의 음악을 거꾸로 듣는 것이다. 많은 사람들이 유명한 노래들을 거꾸로 재생하여 듣기도 하고, 비틀스부터 핑크 플로이드, 프랭크 자파 등 수많은 음악가들도 그들의 음반에 거꾸로 재생되는 트랙을 포함시켜왔다.

일반적으로 공학에서는 분석 또는 설계 결과를 검증해야만 한다. 시간 역전에 대해서는 다

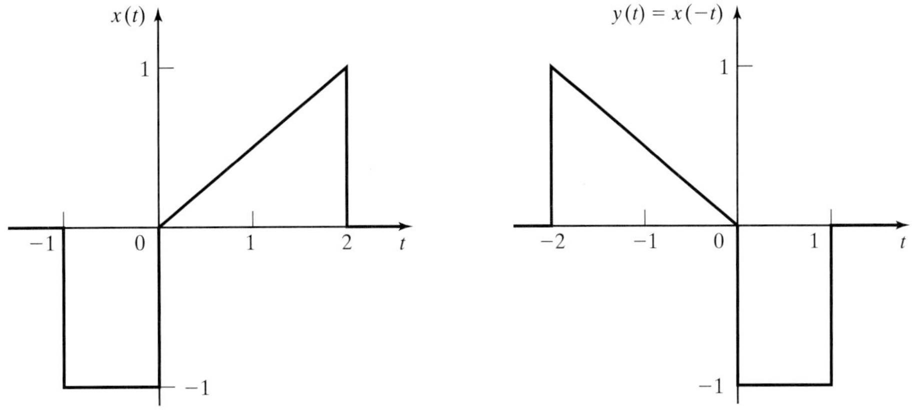

그림 2.1 신호의 시간 역전

음과 같이 검증할 수 있다. t_0를 고정된 한 시각의 값이라고 할 때, $t = t_0$로 두고 $y(t_0)$를 구한다. 다음으로 $t = -t_0$로 두고 $x(-t_0)$를 구한다. 만일 시간 역전이 제대로 되었다면, $y(t_0)$는 $x(-t_0)$와 같아야 한다. 그림 2.1에서 몇몇 값들을 이런 방법으로 테스트해보면 예제의 결과들을 검증할 수 있다.

다음으로 시간 스케일링(time scaling)을 생각해보자.

> **시간 스케일링**
> 신호 $x(t)$가 주어졌을 때, 이 신호의 시간-스케일된 버전은
> $$y(t) = x(at) \tag{2.4}$$
> 이다. 여기서 a는 실수인 상수다.

그림 2.2(a)는 어떤 한 신호 $x(t)$를 나타낸다. 시간 스케일링의 예로써, $y_1(t) = x(2t)$와 $y_2(t) = x(0.1t)$의 그래프를 그려보고자 한다.

그림 2.2(b)는 변환된 신호 $y_1(t)$의 그래프다. $x(t)$와 $y_1(t)$의 그래프를 비교해보면, 모든 특정 시각 $t = t_0$에 대해, $y_1(t_0) = x(2t_0)$이고 $x(t_0) = y_1(^{t_0}/_2)$임을 알 수 있다. $y_1(t)$는 $x(t)$의 시간-축약 버전(빨라진 버전)임을 알 수 있다.

그림 2.2(c)는 두 번째 변환된 신호 $y_2(t) = x(0.1t)$의 그래프다. $x(t)$와 $y_2(t)$의 그래프를 비교해보면, 모든 특정 시각 $t = t_0$에 대해, $y_2(t_0) = x(0.1t_0)$이고 $x(t_0) = y_2(10t_0)$임을 알 수 있다. $y_2(t)$는 $x(t)$의 시간-늘림 버전(느려진 버전)임을 알 수 있다.

방금 설명으로부터 시간-스케일링된 신호 $x(at)$는 $|a| > 1$이면 $x(t)$ 대비 시간상 축약되고, $|a| < 1$이면 시간상 늘어난 것임을 알 수 있다. 어떤 필터들을 설계할 때 (시간) 독립 변수 스케일링을 이용하는데, 이것에 대한 내용은 6장에서 다룬다.

> 신호처리 분야에서 최신 연구 분야인 웨이블릿(wavelet) 변환은 시간 영역과 주파수 영역에서 신호들을 동시에 분석하기 위해 시간-스케일링을 사용한다. 영상 압축의 새로운 표준인 JPEG2000의 기초가 되는 것이 바로 이 웨이블릿 변환이다. 더 자세한 정보는 *www.jpeg.org*를 참조하길 바란다.

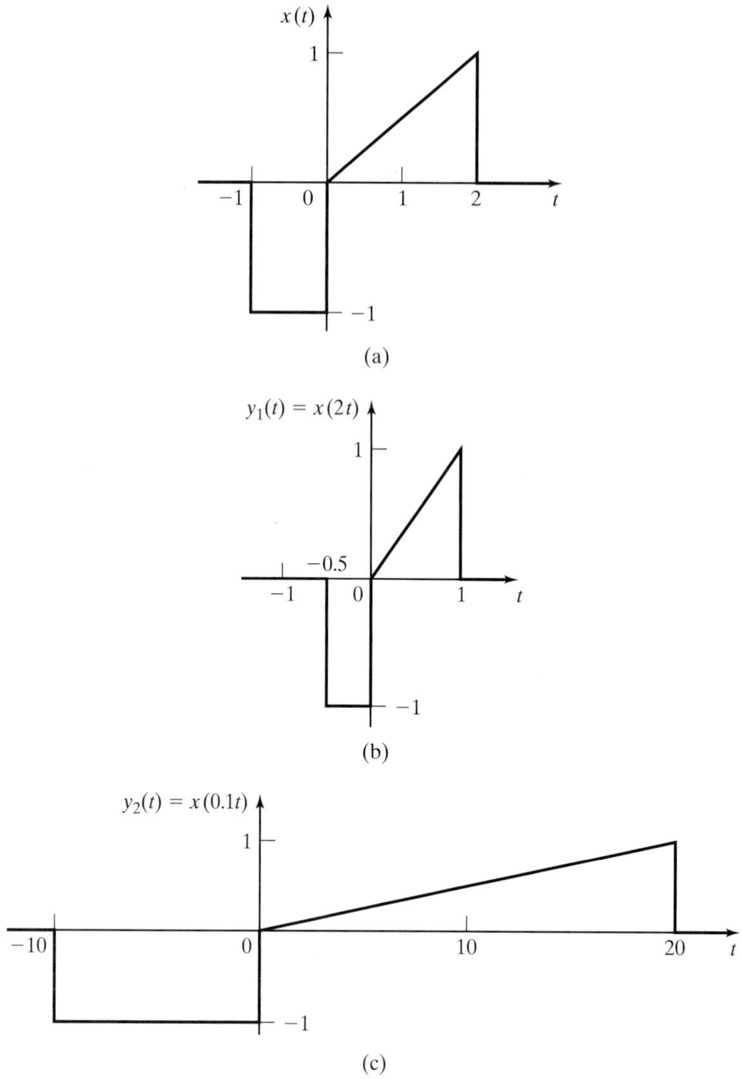

그림 2.2 신호의 시간 스케일링

실생활에서 볼 수 있는 시간 스케일링에 대한 한 예는 자동응답기의 메시지를 빨리 감아 듣는 것이다. 이렇게 하는 것은 시간 영역에서 신호를 빠르게 하는 것에 해당하고 그 결과 스피커 소리의 주파수 성분인 피치를 증가시킨다. 두 번째 예는 45 rpm 아날로그 녹음 음성을 33 rpm으로 재생하는 것이다. 이렇게 하는 것은 시간 영역에서 신호를 느리게 하는 것에 해당하고 신호의 피치를 감소시킨다. 역으로 33 rpm 녹음을 45 rpm으로 재생하면 신호를 빠르게 하는 것이고 음성의 피치를 증가시킬 것이다.

다음으로 시간 이동(time shifting)을 살펴보자.

시간 이동

신호 $x(t)$가 주어졌을 때, 이 신호의 시간-이동된 버전은 다음과 같다.

$$y(t) = x(t - t_0) \tag{2.5}$$

여기서 t_0는 상수다.

$y(t_0) = x(0)$임에 유의한다. 그렇기 때문에 t_0가 양수이면, 이동된 신호 $y(t)$는 시간상 지연된 신호다[$x(t)$보다 오른쪽으로 이동된다]. t_0가 음수이면, $y(t)$는 시간상 앞선 신호가 된다[$x(t)$보다 왼쪽으로 이동된다]. 그림 2.3(a)와 같은 신호에 대해, 시간 지연된 신호들인 $y_1(t) = x(t-2)$와 $y_2(t) = x(t+1)$의 그래프를 그려본다. 그림 2.3(b)와 (c)가 이 변환된 신호들을 나타낸다.

시간 이동의 두 번째 예로써, 다음 신호에 대해

$$x(t) = e^{-t}\cos(3t - {}^{\pi}/_{2})$$

t_0만큼 시간 이동된 신호는 다음과 같다.

$$y(t) = x(t - t_0) = e^{-(t-t_0)}\cos(3(t - t_0) - {}^{\pi}/_{2}) = e^{t_0}e^{-t}\cos(3t - 3t_0 - {}^{\pi}/_{2})$$

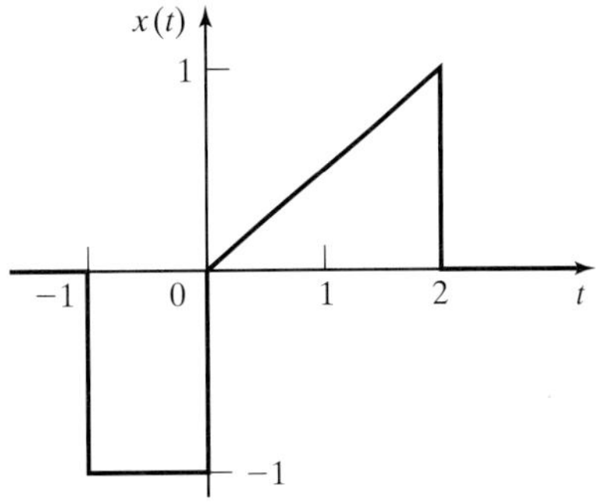

(a)

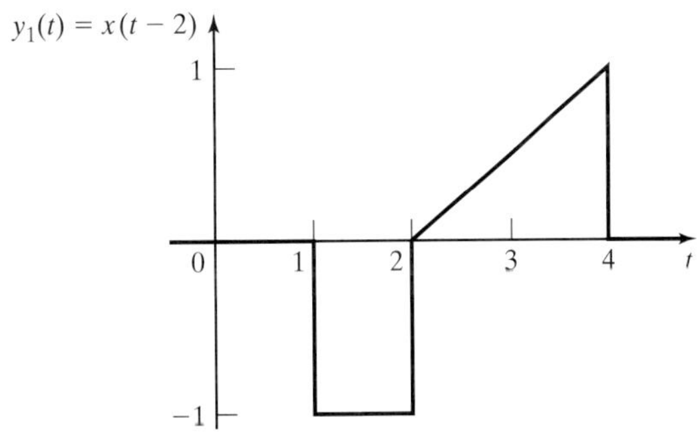

(b)

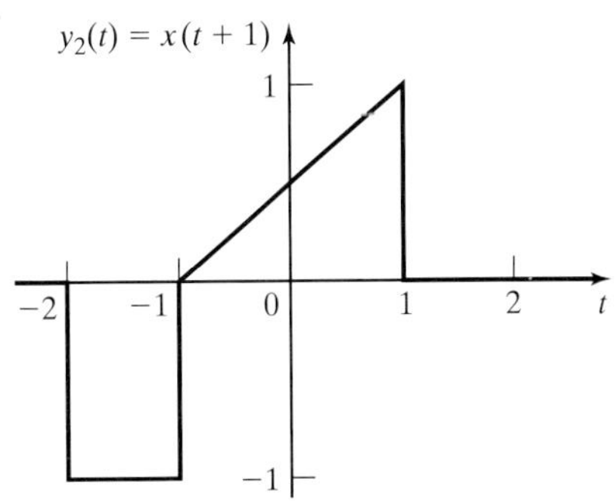

(c)

그림 2.3 신호의 시간 이동

나중에 보겠지만, 입력 신호에 대한 시스템의 응답을 계산할 때 시간 이동을 이용한다.

이제 독립 변수 변환에 대한 일반적인 접근 방식을 살펴보자. 방금 살펴본 시간 영역에서 세 가지 변환은 다음과 같은 일반화된 형태를 갖는다.

$$y(t) = x(at + b) \tag{2.6}$$

이 식에서, a와 b는 실수인 상수다. 혼동이 없도록 τ를 원래 신호에서의 시간을 나타낸다고 하자. 변환된 t-축에 대한 식은 다음으로부터 구할 수 있다.

$$\tau = at + b \Rightarrow t = \frac{\tau}{a} - \frac{b}{a} \tag{2.7}$$

예를 들어,

$$y(t) = x(-2t + 3)$$

이라고 하자. 값 $a = -2$에 의해 시간 역전(마이너스 부호)과 시간 스케일링($|a| = 2$) 변환이 된다. 값 $b = 3$은 시간 이동이 되게 한다. 이 예에 대한 변환된 t-축에서의 식은 식 (2.7)로부터 다음과 같이 구한다.

$$\tau = -2t + 3 \Rightarrow t = -\frac{\tau}{2} + \frac{3}{2}$$

다음 예제는 식 (2.6)과 식 (2.7)의 변환 예다.

예제 2.1 신호의 시간 변환

그림 2.4(a)와 같은 신호 $x(\tau)$에 대해, 다음과 같이 변환된 신호의 그래프를 그리고자 한다.

$$y(t) = x\left(1 - \frac{t}{2}\right)$$

이 변환은 시간 역전, 시간 스케일링, 시간 이동을 모두 포함하고 있다. 먼저 이 변환을 다음과 같이 변수 t에 대해 정리한다.

$$\tau = 1 - \frac{t}{2} \Rightarrow t = 2 - 2\tau$$

그런 다음 그림 2.4(a)와 같이 시간축 아래에 t-축을 표시한다. 그러면 그림 2.4(b)와 같이 변환된 신호의 그래프를 그릴 수 있다. 항상 그렇듯이 결과를 체크해봐야 한다. 임의의 특정 시각 $t = t_0$에 대해, 식 (2.7)로부터 다음과 같이 쓸 수 있다.

$$y(t_0) = x(at_0 + b) \text{ 그리고 } x(t_0) = y\left(\frac{t_0}{a} - \frac{b}{a}\right)$$

그림 2.4(a)에서 $x(t)$의 값을 쉽게 찾을 수 있는 점으로 $t_0 = 1$을 선택하면 다음과 같이 계산된다.

$$x(1) = y(2 - 2(1)) = y(0)$$

다시 $t_0 = 1$로 선택하면 다음과 같이 계산된다.

$$y(1) = x\left(1 - \frac{1}{2}\right) = x\left(\frac{1}{2}\right)$$

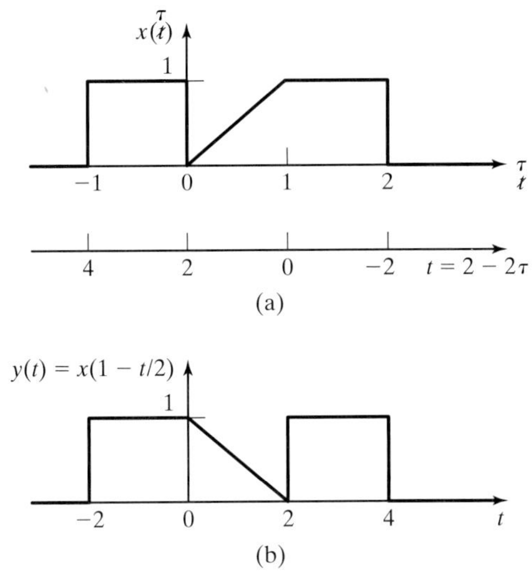

그림 2.4 예제 2.1의 신호

계산된 두 점 모두 올바른 변환을 했음을 확인시켜준다. ■

독립 변수에 대한 변환된 신호의 그래프를 그리는 일반적인 절차는 다음과 같다.

1. 원신호의 그래프에서 t를 τ로 대체한다.
2. $\tau = at + b$와 같이 시간 변환이 주어지면, $t = \dfrac{\tau}{a} - \dfrac{b}{a}$와 같이 t에 대해 정리한다.
3. τ-축 바로 아래 변환된 t-축을 그린다.
4. t-축에 대해 $y(t)$의 그래프를 그린다.

세 종류의 시간에 대한 변환(독립 변수에 대한 변환)을 설명하였고, 이제 세 종류의 신호의 진폭(종속 변수)에 대한 변환을 설명할 차례다.

진폭 변환

신호-진폭 변환을 응용하는 한 예는 신호를 증폭하는 물리적 증폭기다. 몇몇 증폭기는 신호를 증폭할 뿐만 아니라 상수값(직류값)을 더하거나 빼기도 한다. 진폭 변환을 이용하는 두 번째 예는 푸리에 변환을 다루는 4장에서 볼 수 있다. 진폭 변환은 시간 변환에서와 동일한 규칙을 따른다.

진폭에 대한 세 가지 변환은 다음과 같은 일반적인 형태를 갖는다.

$$y(t) = Ax(t) + B \tag{2.8}$$

여기서 A와 B는 상수다. 예를 들어, $y(t) = -3x(t) - 5$를 생각해보자. $A = -3$이라는 값은 진폭을 역전시키면서(마이너스 부호) 스케일링($|A| = 3$)시키고, $B = -5$라는 값은 신호의 진폭을 이동시킨다. 많은 물리적 증폭기는 입력 신호를 증폭시킬 뿐만 아니라 역전시킨다(이때 이득은 음수다). 다음 예제에서 진폭 스케일링에 대한 예를 볼 수 있다.

예제 2.2 신호의 진폭 변환

그림 2.5(a)에 다시 나타낸 예제 2.1에서의 신호를 생각하자. 그림 2.5(b)와 같이 이득이 3이고 −1만큼 바이어스(직류값)를 갖는 증폭기에 이 신호를 인가한다고 하자. 다음과 같이 주어지는 증폭기 출력 신호의 그래프를 그리고자 한다.

$$y(t) = 3x(t) - 1$$

먼저 그림 2.5(a)에서와 같이 변환된 진폭 축을 그린다. 예를 들어, $x(t) = 1$일 때 $y(t) = 2$다. 그림 2.5(c)는 그리고자 했던 변환된 신호 $y(t)$의 그래프를 보여준다. ■

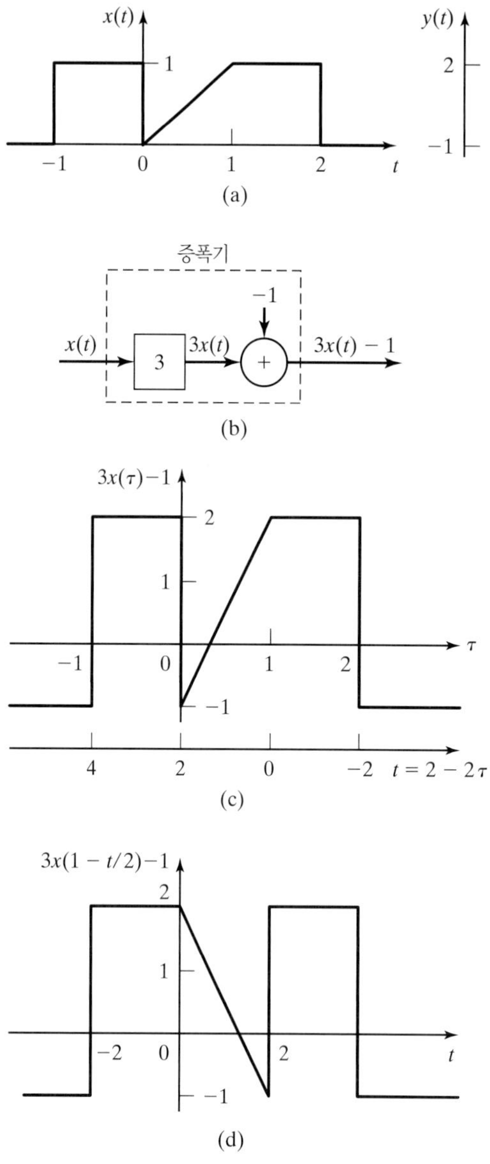

그림 2.5 예제 2.2와 예제 2.3의 신호

표 2.1 신호의 변환

변환 이름	$y(t)$
시간 역전	$x(-t)$
시간 스케일링	$x(at)$
시간 이동	$x(t - t_0)$
진폭 역전	$-x(t)$
진폭 스케일링	$Ax(t)$
진폭 이동	$x(t) + B$

예제 2.3 신호의 시간 및 진폭 변환

다음과 같은 신호를 생각하자.

$$y(t) = 3x\left(1 - \frac{t}{2}\right) - 1$$

이 신호는 (1) 예제 2.1과 그림 2.4의 시간 변환과 (2) 예제 2.2와 그림 2.5(c)의 진폭 변환을 모두 포함하고 있다. 이 변환된 신호의 그래프를 그리기 위해서는 먼저 그림 2.5(c)에 보이는 것과 같이 진폭 축을 변환한다. 시간 변환을 쉽게 하기 위해 그림 2.4(a)의 t-축을 그림 2.5(c)에 다시 그린다.

$$\tau = 1 - \frac{t}{2} \Rightarrow t = 2 - 2\tau$$

그리고 그림 2.5(d)에서 보이는 것처럼 t-축에 신호를 그린다. 한 점에 대해 결과를 검증해보기 위해 $t = 1$이라 하자. 그림 2.5(d)에서 $y(1) = 0.5$다. 그림 2.5(a)에서

$$3x(1 - t/2) - 1\Big|_{t=1} = 3(0.5) - 1 = 0.5$$

이고 이 점에서 결과가 검증되었다. ■

요약하자면, 이번 절에서 정의된 여섯 가지의 변환은 표 2.1에 정리한 것과 같이 (a) 시간에 대한 역선, 스케일링, 이농과 (b) 진폭에 대한 역전, 스케일링, 이동이다. 신호 및 시스템의 분석 과정에서 이 여섯 가지 변환을 모두 응용하게 된다.

2.2 신호의 특성들

이 절에서는 연속-시간 신호의 몇 가지 특성에 대해 정의한다. 이 특성들은 추후 신호와 시스템을 분석하는 여러 곳에서 필요하다.

짝함수와 홀함수

먼저 *짝함수*(even function)와 *홀함수*(odd function) 특징을 갖는 신호를 정의한다. 다음 식을 만족하는 함수(신호)를 *짝함수 신호*라고 정의한다.

$$x_e(t) = x_e(-t) \tag{2.9}$$

짝함수 신호는 수직축에 대해 대칭성을 갖는다. 즉, $t < 0$에서의 신호는 $t > 0$에서의 신호의 거울

상이다. 함수 $x(t) = \cos \omega t$는 $\cos \omega t = \cos(-\omega t)$이므로 짝함수다. 짝함수 신호의 또 하나의 예는 그림 2.6과 같은 그래프를 갖는 함수다.

다음 식을 만족하는 함수(신호)를 *홀함수 신호*라고 정의한다.

$$x_o(t) = -x_o(-t) \tag{2.10}$$

홀함수 신호는 원점에 대해 대칭성을 갖는다. 함수 $x(t) = \sin \omega t$는 $\sin \omega t = -\sin(-\omega t)$이므로 홀함수다. 홀함수 신호의 또 하나의 예는 그림 2.7과 같은 그래프를 갖는 함수다.

모든 신호는 다음과 같이 짝함수 부분과 홀함수 부분의 합으로 표현할 수 있다.

$$x(t) = x_e(t) + x_o(t) \tag{2.11}$$

여기서 $x_e(t)$는 짝함수 신호고 $x_o(t)$는 홀함수 신호다. 이 식에서 t 대신 $-t$를 쓰면 식 (2.9)와 식 (2.10)으로부터 다음과 같은 결과를 얻는다.

$$x(-t) = x_e(-t) + x_o(-t) = x_e(t) - x_o(t) \tag{2.12}$$

식 (2.11)과 식 (2.12)를 더하고 2로 나누면 다음 식을 얻는다.

$$x_e(t) = \tfrac{1}{2}[x(t) + x(-t)] \tag{2.13}$$

이 식은 함수 $x(t)$의 짝함수 부분을 구할 때 사용한다. 식 (2.11)로부터 식 (2.12)를 빼고 2로 나누면 다음 식을 얻는다.

$$x_o(t) = \tfrac{1}{2}[x(t) - x(-t)] \tag{2.14}$$

이 식은 함수의 홀함수 부분을 구할 때 사용한다.

신호 $x(t)$의 *평균값* A_x를 다음과 같이 정의한다.

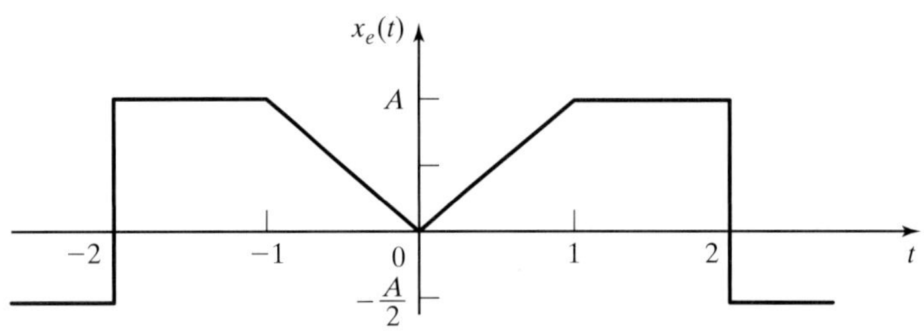

그림 2.6 짝함수 신호

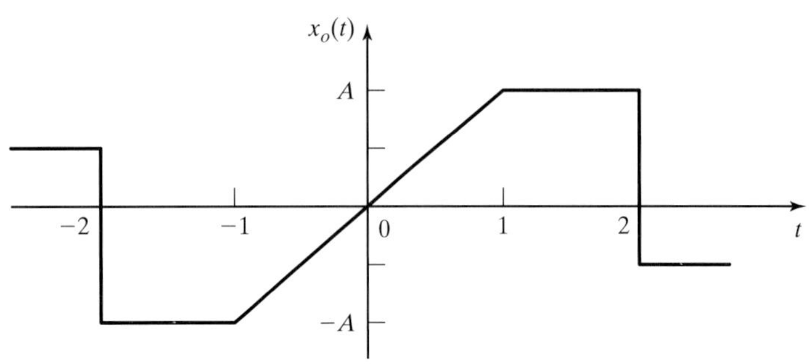

그림 2.7 홀함수 신호

$$A_x = \lim_{T \to \infty} \frac{1}{2T} \int_{-T}^{T} x(t)\, dt$$

신호의 평균값은 짝함수 부분에만 포함되어 있다. 왜냐하면 유한한 홀함수 신호의 평균값은 0이기 때문이다.

짝함수 신호와 홀함수 신호는 다음과 같은 특성을 갖는다.

1. 두 짝함수 신호의 합은 짝함수 신호다.
2. 두 홀함수 신호의 합은 홀함수 신호다.
3. 짝함수 신호와 홀함수 신호의 합은 짝함수 신호도 아니고 홀함수 신호도 아니다.
4. 두 짝함수 신호의 곱은 짝함수 신호다.
5. 두 홀함수 신호의 곱은 짝함수 신호다.
6. 짝함수 신호와 홀함수 신호의 곱은 홀함수 신호다.

이 성질들은 쉽게 증명할 수 있다. 이 절에서 논의했던 내용들을 다음 예에서 볼 수 있다.

예제 2.4 짝함수 신호와 홀함수 신호

예제 2.1에서 살펴본 신호를 생각하자. 이 신호의 그래프를 그림 2.8에 다시 나타내었다. 시간-역전 신호 $x(-t)$는 그림 2.8(a)에 나타내었다. 이 두 신호를 더하고 0.5만큼 진폭 스케일링하면 식 (2.13)의 짝함수 신호 $x_e(t)$를 얻는다. 이 짝함수 신호를 그림 2.8(b)에 나타내었다. 다음으로 $x(t)$로부터 $x(-t)$를 빼고 그 결과를 0.5만큼 진폭 스케일링하면 식 (2.14)의 홀함수 신호 $x_o(t)$를 얻는다. 이 홀함수 신호를 그림 2.8(c)에 나타내었다. 검증해보기 위해 $x_e(t)$와 $x_o(t)$를 더하면 $x(t)$가 되는 것을 알 수 있다. ■

5장과 그 이후의 장에서 보이겠지만, 짝함수와 홀함수의 성질들은 푸리에 변환을 이해하고 신호와 시스템 분석에 푸리에 변환을 적용할 때 도움이 된다. 이 성질들은 연속-시간 푸리에 변환과 이산-시간 푸리에 변환 모두에서 유용하며, 또한 이 성질들은 4장에서 볼 수 있듯이 푸리에 급수를 응용하거나 유도할 때도 유용하다.

주기 신호

다음으로 중요한 주제인 주기함수를 살펴보자. 연속-시간 신호 $x(t)$가 모든 t에 대해 다음 식을 만족하면 *이 신호를 주기*(periodic) 신호라고 정의한다.

$$x(t) = x(t + T),\ T > 0 \tag{2.15}$$

여기서 상수 T가 주기다. 주기 신호가 아닌 신호를 *비주기*(aperiodic) 신호라 한다. 식 (2.15)에서 t를 $t + T$로 대체하면, 다음과 같은 식을 얻는다.

$$x(t + T) = x(t + 2T)$$

식 (2.15)로부터 이 식도 또한 $x(t)$와 동일하다. 이러한 과정을 반복하면 주기 신호 n이 정수일 때, 다음 식을 만족함을 알 수 있다.

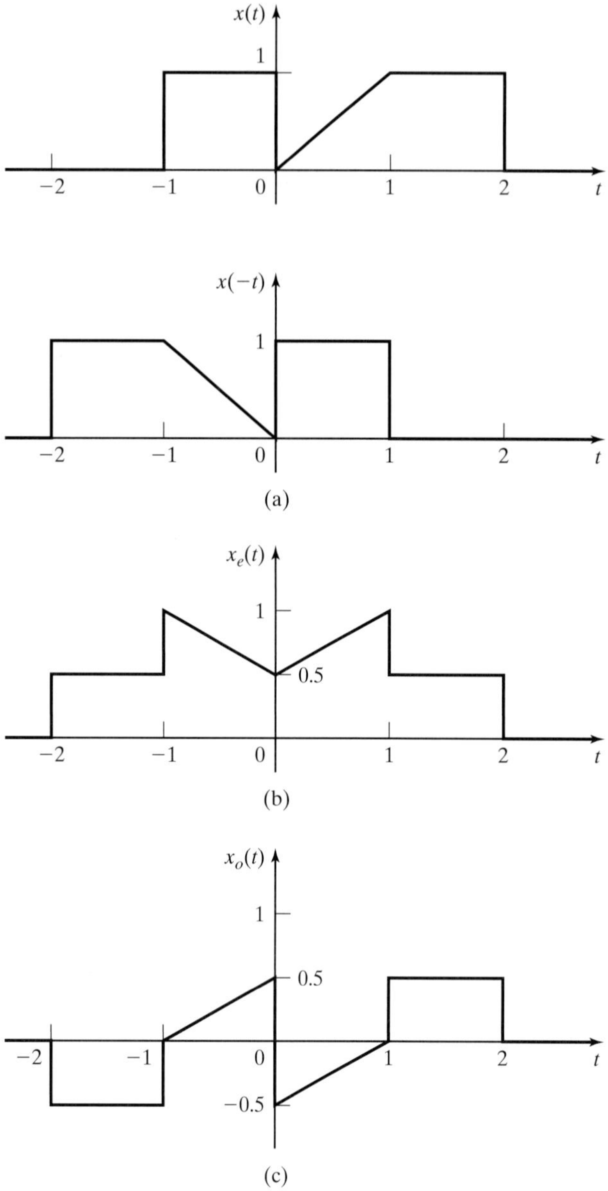

그림 2.8 예제 2.4의 신호

$$x(t) = x(t + nT)$$

그러므로 주기가 $T > 0$인 주기 신호는 주기가 nT인 주기 신호이기도 하다.

주기 신호의 정의 $x(t) = x(t + T)$를 만족하는 주기 $T > 0$의 최솟값을 신호의 *기본 주기*(fundamental period)라 하고 T_0로 나타낸다. T_0의 단위가 초일 때, 헤르츠 단위의 기본 주파수와 rad/s 단위의 기본 주파수는 각각 다음과 같다.

$$f_0 = \frac{1}{T_0}\text{ Hz}, \quad \omega_0 = 2\pi f_0 = \frac{2\pi}{T_0}\text{ rad/s} \tag{2.16}$$

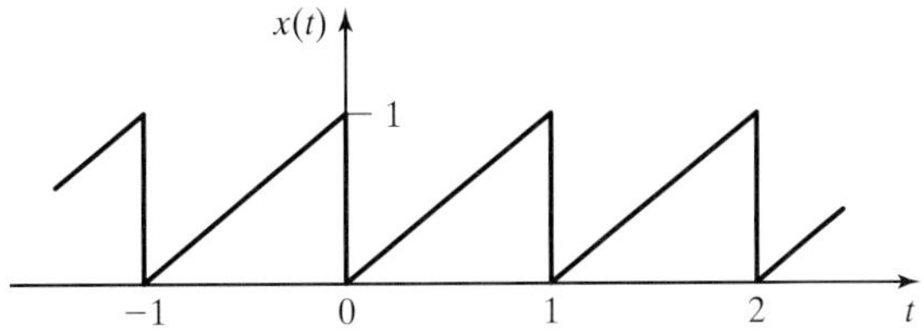

그림 2.9 톱니파

주기 신호의 예는 사인 함수 $x_c(t) = \cos \omega t$와 $x_s(t) = \sin \omega t$다. 배전 시스템에서 사용되는 전압과 마찬가지로 시계의 진자 움직임도 주기적이다. 두 신호 모두 정확하지 않지만 사인 함수로 *모델링*된다. 지구의 움직임도 주기적인데 주기가(근사적으로) 하루와 일 년 정도다. 일출 시간과 평균 기온과 같이 지구의 움직임에 따라 변하는 대부분의 물리적 신호들은 일반적으로 사인 함수로 모델링된다.

그림 2.9는 세 번째 주기 신호의 예를 보여준다. *톱니파*(sawtooth wave)라고 하는 이 신호는 음극관(cathode ray tube, CRT) 화면에 전자 빔들이 훑고 지나가도록 하는 데에 유용하다. 만일 전자 빔이 훑고 지나가도록 하는 데에 CRT가 전기장을 사용한다면 그림 2.9의 신호는 전압을 나타내고, 자기장을 사용한다면 이 신호는 전류를 나타낸다.

주기 신호의 특이한 경우가 $x(t)$가 상수인 경우다. 상수 신호 $x(t)$는 모든 T에 대해 정의 $x(t) = x(t + T)$를 만족한다. 따라서 가장 작은 T가 존재하지 않기 때문에, 상수 신호에 대한 기본 주파수는 정의되지 않는다. 그러나 때때로 상수 신호 A를 ω가 0으로 다가갈 때 삼각함수 $x(t) = A \cos \omega t$의 극한으로 생각하면 편리할 때가 있다. 이 경우에 주기 T는 무한대다.

다음 두 예제는 주기 신호에 대한 예다.

예제 2.5 주기 신호

이 예에서는 두 함수의 주기성을 테스트한다. 첫 번째 함수 $x(t) = e^{\sin t}$는 주기함수다. 왜냐하면

$$x(t + T) = e^{\sin(t+T)} = e^{\sin t} = x(t)$$

이기 때문이다. 여기서 $T = 2\pi$일 때, $\sin(t + T) = \sin t$이다. 하지만, 두 번째 함수 $x(t) = te^{\sin t}$는 주기함수가 아니다. 왜냐하면 $T = 2\pi$에 대해

$$x(t + T) = (t + T)e^{\sin(t+T)} = (t + T)e^{\sin t} \neq x(t)$$

이기 때문이다. 두 번째 함수의 한 인수($e^{\sin t}$)가 주기적이더라도 함수 자체는 비주기적이다. ■

예제 2.6 전원 공급 장치의 주기 신호

교류 전압(사인파 전압)을 직류 전압(상수 전압)으로 변환하는 전원 공급 장치는 배터리를 사용하지 않는 거의 모든 전자 장비에서 필수적이다. 몇몇의 전원 공급 장치 내에서 볼 수 있는 전압의 파형이 그림 2.10에 나와 있다(1.2절 참조).

그림 2.10(a)와 같은 전압을 *반파 정류 신호*라 한다. 이 신호는 사인파에서 음의 값이 되는 사이클에서의 전압을 0 V로 대체함으로써 얻을 수 있다. 사인파의 값이 양수인 나머지 사이클에서의 전압은 변하지 않는다.

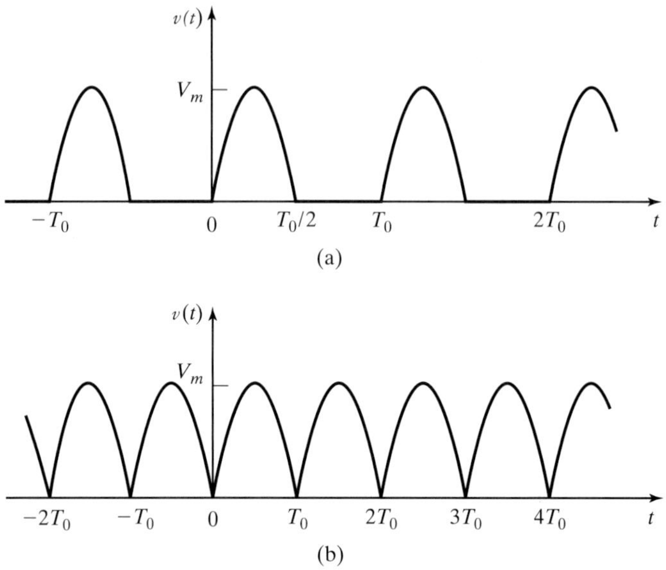

그림 2.10 (a) 반파 정류 신호 (b) 전파 정류 신호 ■

그림 2.10(b)와 같은 전압을 *전파 정류 신호*라 한다. 이 신호는 사인파에서 음의 값이 되는 사이클에서 진폭 역전 변환을 수행함으로써 얻을 수 있다. 사인파의 값이 양수인 나머지 사이클에서의 전압은 변하지 않는다. 전파 정류 신호의 주기는 원래 사인파 신호의 절반이 되고, 또한 반파 정류 신호의 절반과 같다.

전원 공급 장치를 분석하고 설계하는 데에 이러한 신호들을 수학적 함수 형태로 표현하는 것이 필요하다. 이 수학적 함수들은 몇 가지 추가적인 신호들을 정의하고 나서 소개한다.

연속-시간 주기 신호의 합

연속-시간 주기 신호들을 더하여 만들어진 신호는 개별적인 신호들의 주기의 비율이 정수배이면 주기적이며, 그 역 또한 성립한다. N개의 주기 신호를 더한 신호가 주기적이라면, 기본 주기는 다음과 같이 구할 수 있다[1]:

1. T_{01}가 첫 번째 신호의 주기라고 하고 T_{0i}가 나머지 $N-1$개 신호의 주기라고 할 때, 모든 주기의 비율을 정수비로 바꾼다. 즉, $2 \le i \le \text{N}$일 때, ${}^{T_{01}}\!/_{T_{0i}}$을 계산한다. 이 값 중 하나 이상이 유리수가 아니면 신호들의 합은 비주기적이다.
2. 각 정수비를 기약분수로 고친다.
3. k_0를 기약분수 분모들의 최소공배수라고 할 때, N개의 주기 신호를 더한 신호의 기본 주기 $T_0 = k_0 T_{01}$이다.

예제 2.7 주기 신호의 합

세 개의 주기 신호 $\left[x_1(t) = \cos(3.5t),\ x_2(t) = \sin(2t),\ x_3(t) = 2\cos\left(\frac{7t}{6}\right)\right]$를 합하여 $v(t)$를 만든다. 그림 2.11(a)에 신호 $v(t)$의 그래프를 나타내었다. $v(t)$가 주기 신호인지 여부를 판별하기 위해 $x_1(t)$, $x_2(t)$, $x_3(t)$의 주기의 비가 정수배인지 아닌지 봐야만 한다. $x_1(t)$, $x_2(t)$, $x_3(t)$의 주기는 다음과 같다.

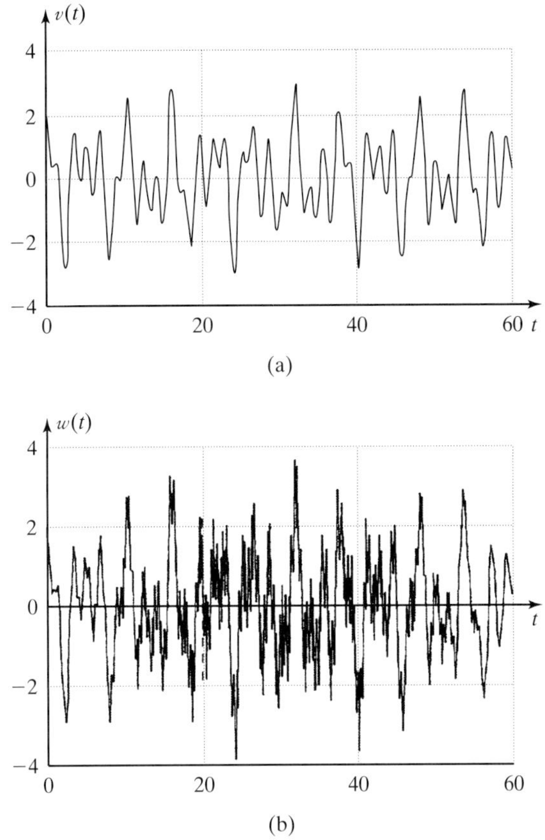

그림 2.11 (a) 세 개의 주기 신호의 합 (b) 네 개의 주기 신호의 합

$$T_{01} = \frac{2\pi}{\omega_1} = \frac{2\pi}{3.5}, \quad T_{02} = \frac{2\pi}{\omega_2} = \frac{2\pi}{2}, \text{ and } T_{03} = \frac{2\pi}{\omega_3} = \frac{2\pi}{7/6}$$

따라서 주기의 비는

$$\frac{T_{01}}{T_{02}} = \frac{2\pi/3.5}{2\pi/2} = \frac{2}{3.5} = \frac{4}{7} \text{ and } \frac{T_{01}}{T_{03}} = \frac{2\pi/3.5}{2\pi/(7/6)} = \frac{7/6}{3.5} = \frac{7}{21}$$

이고, 이 값이 모두 정수비이므로 $v(t)$는 주기 신호다.

$v(t)$의 주기를 구하기 위해, 모든 신호의 비에서 분자와 분모에서 공통인수를 약분하여 기약분수로 먼저 고친다. 이 경우에는 T_{01}/T_{02}는 분자와 분모에 더 이상의 공통인수가 없고, T_{01}/T_{03}은 7이 공통인수다. 이 공통인수를 약분하고 나면 $T_{01}/T_{03} = 1/3$이다.

다음 단계는 기약분수로 고쳐진 정수비에서 분모들의 최소공배수를 찾는 것이다. 이 경우에는 최소공배수가 $n_1 = 3 \times 7 = 21$이다.

따라서, $v(t)$의 기본 주기는 $T_0 = n_1 T_{01} = 21 \times \dfrac{2\pi}{3.5} = 12\pi(s)$다. 이 주기 값은 그림 2.11(a)를 살펴보면 확인할 수 있다.

다른 신호 $x_4(t) = 3\sin(5\pi t)$를 $v(t)$에 더하여 $\omega(t) = x_1(t) + x_2(t) + x_3(t) + x_4(t)$가 되었다고 하자.

이 네 개의 주기 신호의 합의 그래프를 그림 2.11(b)에 나타내었다. 새로 만들어진 신호 $w(t)$의 주기성 여부는 앞서 $v(t)$의 주기성을 판별한 방법과 동일한 방법으로 판별해야 한다. $x_4(t)$를 더하면, 주기의 비는 다음과 같다.

$$\frac{T_{01}}{T_{04}} = \frac{2\pi/3.5}{2\pi/5\pi} = \frac{5\pi}{3.5}$$

π가 무리수이기 때문에, 이 비는 유리수가 아니다. 그러므로 신호 $w(t)$는 주기 신호가 아니다. ■

이 절에서는, 짝함수, 홀함수 그리고 주기성에 대한 특성들을 정의하였다. 다음 절에서는 물리적 시스템을 모델링할 때 자주 나타나는 몇 가지 신호들을 살펴본다.

2.3 공학에서 자주 사용되는 신호들

이 절에서는 매우 폭넓은 물리적 시스템에서 나타나는 신호들의 모델에 대해 소개한다. 그러한 신호 중 하나인 사인파 함수는 이미 2.2절에서 설명하였다.

하나의 예로 이 절을 시작하고자 한다. 우리는 가능하면 연속-시간 물리적 시스템을 계수가 상수인 상미분방정식으로 모델링하는 것을 선호한다(단, 이 모델이 충분히 정확해야 한다). 이러한 모델에서 자주 나타나는 신호가 시간에 대한 변화율이 신호 자체에 직접적으로 비례하는 신호다. 이러한 종류의 신호의 예가 다음 미분방정식이다.

$$\frac{dx(t)}{dt} = ax(t) \tag{2.17}$$

여기서 a는 상수다. 이 방정식의 해는 모든 $t \geq 0$에 대해, 지수함수 $x(t) = x(0)e^{at}$인데, 식 (2.17)에 직접 대입해보면 이 함수가 해임을 확인할 수 있다. 이런 형태에 대한 한 예가 그림 2.12와 같은 저항-인덕턴스 (RL) 회로에서의 전류다.

$$L\frac{di(t)}{dt} + Ri(t) = 0 \Rightarrow \frac{di(t)}{dt} = -\frac{R}{L}i(t)$$

식 (2.17)과 비교하면, 이 회로에서 $a = -R/L$이다. 그러면 $i(0)$가 초기 전류일 때 전류는 $i(t) = i(0)e^{-Rt/L}$이다.

RL 회로에서 $i(0)$, R, L은 모두 실수다. 때때로 다음과 같은 지수함수 형태에서

$$x(t) = Ce^{at} \tag{2.18}$$

파라미터 C와 a가 복소수가 될 수 있는 경우를 고려해보는 것이 편리하다. 복소수 신호는 물리적 시스템에서는 나타날 수 없다. 그러나 복소수 신호가 입력 항과 해에 나타날 수 있다고 가정함으로써 많은 미분방정식의 해를 간략하게 할 수 있다. 그런 다음, 그 결과를 물리적 시스템으로 돌려서 해석할 때에는 복소수 해의 실수 부분이나 또는 허수 부분만 사용한다.

복소 지수함수를 포함하는 분석 과정에서 자주 사용되는 중요한 관계식이 다음과 같은 *오일러 관계식*(Euler's relation)이다.

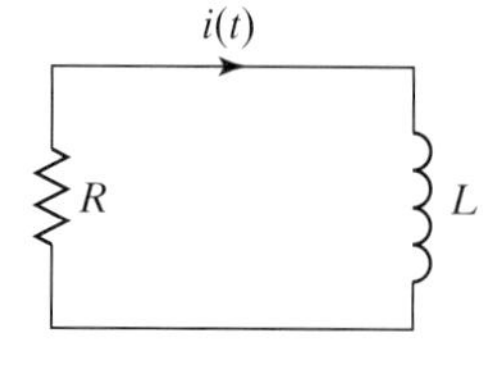

그림 2.12 RL 회로

$$e^{j\theta} = \cos\theta + j\sin\theta \tag{2.19}$$

(부록 D 참조) 식 (2.19)에서 θ를 $-\theta$로 바꾸면 다음 식을 얻는다.

$$e^{-j\theta} = \cos(-\theta) + j\sin(-\theta) = \cos\theta - j\sin\theta \tag{2.20}$$

여기서 코사인 함수는 짝함수이고 사인 함수는 홀함수임에 주의한다. 식 (2.19)와 식 (2.20)을 더하면 다음 식을 얻는다.

$$\cos\theta = \frac{e^{j\theta} + e^{-j\theta}}{2} \tag{2.21}$$

그리고 식 (2.19)와 식 (2.20)의 차로부터 다음 식을 얻는다.

$$\sin\theta = \frac{e^{j\theta} - e^{-j\theta}}{2j} \tag{2.22}$$

식 (2.19)부터 식 (2.22)까지의 네 개의 관계식은 신호와 시스템의 분석에서 매우 중요하므로 꼭 기억해야 한다.

식 (2.19)에서 복소 지수함수를 다음과 같이 극형식으로 표현할 수 있다.

$$e^{j\theta} = 1\angle\theta \tag{2.23}$$

여기서 기호 $R\angle\theta$는 각 θ에서 크기 R인 복소함수를 강조한 것이다. 식 (2.23)을 증명하기 위해 식 (2.19)로부터 다음 관계식을 생각해보자.

$$|e^{j\theta}| = [\cos^2\theta + \sin^2\theta]^{1/2} = 1$$

그리고

$$\arg e^{j\theta} = \tan^{-1}\left[\frac{\sin\theta}{\cos\theta}\right] = \theta \tag{2.24}$$

여기서 arg(·)는 (·)의 각을 나타낸다. 이제 복소함수의 세 가지 경우를 차례로 살펴볼 것이다.

CASE 1

C와 a가 모두 실수

첫 번째 경우는 $x(t) = Ce^{at}$에서 C와 a가 모두 실수인 경우다. at는 단위가 없으므로 a의 단위는 t의 단위의 역수다. C의 단위는 $x(t)$의 단위와 같다.

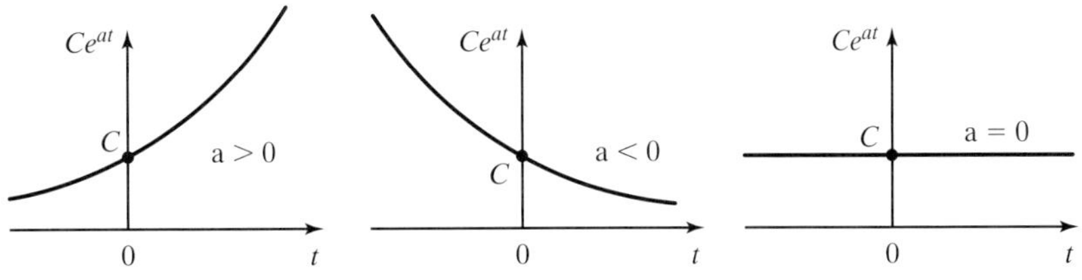

그림 2.13 지수 신호

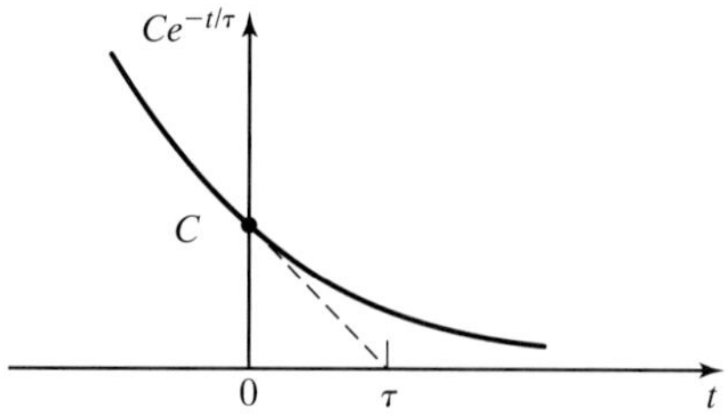

그림 2.14 시상수를 보여주는 신호

신호 $x(t) = Ce^{at}$의 그래프를 $C < 0$이고 $a > 0$인 경우와 $a < 0$인 경우에 대해 그림 2.13에 나타내었다. $a > 0$이면, 신호의 크기는 시간이 지남에 따라 무한정 단조 증가한다. $a < 0$이면, 신호의 크기는 시간이 지남에 따라 0을 향해 단조 감소한다. $a = 0$이면, 신호는 일정하다.

$a < 0$일 때, 신호가 0을 향해 줄어들기는 하지만, 유한 시간 안에 0에 도달하지는 않는다. 서로 다른 비율로 줄어드는 복소함수들끼리 구별하는 데에 도움이 되도록, $a < 0$인 경우에 복소함수를 다음과 같이 나타낸다.

$$x(t) = Ce^{at} = Ce^{-t/t}, \quad \tau > 0 \tag{2.25}$$

상수 파라미터 τ를 지수함수의 *시상수*(time constant)라 한다.

예를 들어, t의 단위가 초일 때 $x(t) = Ce^{-2t}$이면 시상수 $\tau = 0.5\ s$다. 시상수에 대한 두 번째 예는 어떤 약이 체내에 흡수되는 것을 모델링하는 것인데, 시상수가 수 시간 또는 심지어 며칠인 지수함수로 모델링한다. 세 번째 예로써 마이크로 회로에서는 전압과 전류의 시상수가 나노 초 단위가 될 수 있다.

복소수 신호의 시상수를 그림 2.14에 나타내었다. 식 (2.25)에서 $x(t)$의 $t = 0$에서의 미분값은 다음과 같다.

$$\left.\frac{dx(t)}{dt}\right|_{t=0} = \left.-\frac{C}{\tau}e^{-t/\tau}\right|_{t=0} = -\frac{C}{\tau}$$

만일 신호가 $t = 0$인 순간부터 꾸준히 이 비율로 줄어든다면, $t = \tau$인 순간 이 신호는 0이 될 것이다. 실제로는 $t = \tau$일 때 이 신호의 값은 0.368 C다. 즉, 신호는 τ초 후에 크기가 36.8퍼센트로 줄어든다. 이 결과는 일반적인데, 시각 $t_1 + \tau$에서 신호 $x(t) = Ce^{-t/\tau}$의 값은 $0.368Ce^{-t_1/\tau}$, 즉 $0.368x(t_1)$이다. 관심 있는 독자는 이 결과를 직접 보일 수 있을 것이다.

표 2.2는 시상수 τ의 함수로 지수함수가 줄어드는 정도를 보여준다. 지수함수의 값이 0으로

표 2.2 지수 감소

τ	$e^{-t/\tau}$
0	1.0
τ	0.3679
2τ	0.1353
3τ	0.0498
4τ	0.0183
5τ	0.0067

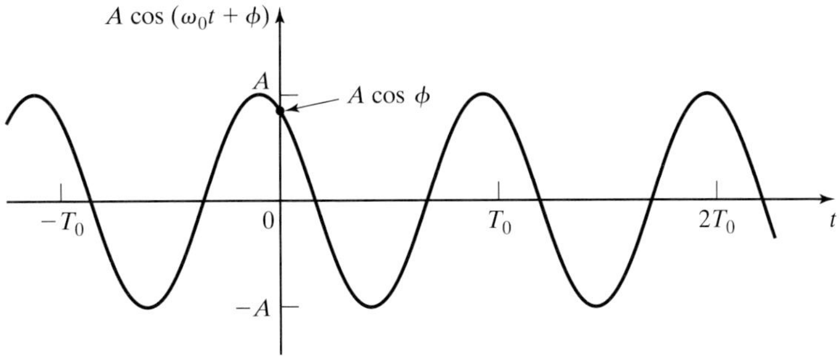

그림 2.15 사인파 신호

줄어드는 데까지는 무한대의 시간이 필요하지만, 4τ 시간 단위에는 크기가 2퍼센트 이하로 줄어들고 5τ 시간 단위에는 1퍼센트 이하까지 줄어든다.

대부분의 응용 현장에서는 실제적인 의미에서 시상수의 네 배 또는 다섯 배 이후의 지수 신호를 무시할 수 있다. 물리적 현상의 모델들은 정확할 수 없다는 사실을 떠올려보면, 많은 상황에서 시스템 모델의 파라미터나 신호의 크기에서 너무 높은 정확도는 불필요하다.

CASE 2

C는 복소수, a는 허수

다음으로 C가 복소수이고 a는 허수인 경우를 생각해보자. 즉,

$$x(t) = Ce^{at}; \quad C = Ae^{j\phi} = A\angle\phi, \quad a = j\omega_0 \tag{2.26}$$

여기서 A, ϕ, ω_0는 실수인 상수다. 식 (2.19)의 오일러 관계식으로부터 복소 지수 신호 $x(t)$를 다음과 같이 쓸 수 있다.

$$\begin{aligned} x(t) &= Ae^{j\phi}e^{j\omega_0 t} = Ae^{j(\omega_0 t+\phi)} \\ &= A\cos(\omega_0 t + \phi) + jA\sin(\omega_0 t + \phi) \end{aligned} \tag{2.27}$$

식 (2.27)에서 물론 $j = \sqrt{-1}$을 제외하고 모든 인수는 실수다. 사인파는 주파수가 ω_0이고 주기가 $T_0 = 2\pi/\omega_0$인 주기함수다. 그렇기 때문에 복소 지수함수 또한 주기함수다(연습문제 2.12 참조). 식 (2.27)의 실수 부분의 그래프를 그림 2.15에 나타내었다.

식 (2.27)에 대해 다음과 같은 정의를 한다.

> **고조파 복소 지수함수 집합**
> 고조파 복소 지수함수 집합은 정수배의 주파수를 갖는 다음과 같은 형태를 갖는 함수들의 집합이다.
>
> $$x_k(t) = A_k e^{jk\omega_0 t}, \quad k = \pm 1, \pm 2, \ldots . \tag{2.28}$$

나중에 주기 신호의 푸리에 급수 전개식을 배울 때 이 고조파 복소 지수함수 집합을 폭넓게 이용할 것이다.

CASE 3

C와 a가 모두 복소수

이 경우에 복소 지수함수 $x(t) = Ce^{at}$는 다음과 같은 파라미터들을 갖는다.

$$x(t) = Ce^{at}; \quad C = Ae^{j\phi}; \quad a = \sigma_0 + j\omega_0 \tag{2.29}$$

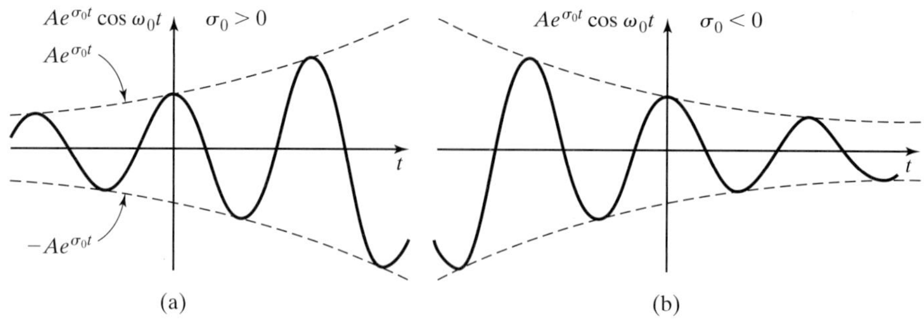

그림 2.16 복소 지수 신호의 실수 부분

여기서 A, ϕ, σ, ω_0는 실수인 상수다. 그러면 복소 지수 신호를 다음과 같이 쓸 수 있다.

$$\begin{aligned} x(t) &= Ae^{j\phi}e^{(\sigma_0+j\omega_0)t} = Ae^{\sigma_0 t}e^{j(\omega_0 t+\phi)} \\ &= Ae^{\sigma_0 t}\cos(\omega_0 t+\phi) + jAe^{\sigma_0 t}\sin(\omega_0 t+\phi) \\ &= x_r(t) + jx_i(t) \end{aligned} \tag{2.30}$$

이 식에서 $x_r(t) = \text{Re}[x(t)]$, $x_i(t) = \text{Im}[x(t)]$는 모두 실수다. 기호 $\text{Re}[\cdot]$는 실수 부분을 나타내고 $\text{Im}[\cdot]$는 허수 부분을 나타낸다. $\phi = 0$일 때, 식 (2.30)의 실수 부분에 대한 그래프를 그림 2.16에 나타내었다. 그림 2.16(a)는 $\sigma_0 > 0$인 경우를 보여주고 그림 2.16(b)는 $\sigma_0 < 0$인 경우를 보여준다. 이 신호는 *미흡 감쇠*(underdamped) *사인파*라 한다. 그림 2.15에서와 같이 $\sigma_0 = 0$인 경우 이 신호는 *비감쇠*(undamped) *사인파*라 한다.

그림 2.16(a)에서 정의상 이 신호의 *포락선*(envelope)은 $\pm Ae^{\sigma_0 t}$다. 코사인 함수와 사인 함수 모두 1보다 작거나 같은 크기를 갖기 때문에 식 (2.30)에서

$$-Ae^{\sigma_0 t} \leqq x_r(t) \leqq Ae^{\sigma_0 t}, \quad -Ae^{\sigma_0 t} \leqq x_i(t) \leqq Ae^{\sigma_0 t} \tag{2.31}$$

이다. 감쇠(damped) 사인파인 경우 ($\sigma_0 < 0$) 포락선은 $\pm Ae^{-t/\tau}$와 같이 표현할 수 있다. 이 경우 이 감쇠 사인파가 τ초의 시상수를 갖는다고 말한다.

이 절에서 정의된 신호들은 매우 넓은 종류의 물리적 시스템의 응답에서 나타난다. 회로 분석에서 CASE 1의 실수 지수함수는 RL과 RC 회로의 과도 응답 또는 자연 응답에서 볼 수 있다. CASE 2의 비감쇠 사인파는 (저항이 없는) LC 회로의 과도 응답에서 나타나고 CASE 3의 미흡 감쇠 사인파는 RLC 회로의 과도 응답에서 나타날 수 있다.

물리적 회로는 언제나 저항 성분이 있다. 그렇기 때문에 각 사이클마다 저항에서 사라지는 에너지를 채워주도록 회로가 설계되었을 때에만 회로의 자연 응답에서 비감쇠 사인파를 볼 수 있다. 이러한 동작은 또한 진자 시계에서도 볼 수 있는데 진자가 왕복할 때마다 저항으로 사라지는 에너지를 주태엽(main spring)이 정확하게 채워주게 된다.

예제 2.8 시상수와 데이터-취득 시스템

데이터-취득 시스템은 측정값 취득을 컴퓨터가 자동으로 제어하는 계측 시스템이다(1.3절 참조). 이 시스템에서는 자주 실제 측정을 하기 전에 컴퓨터로부터의 명령에 따라 센서 회로를 스위칭해줄 필요가 있다. 스위칭이 일어날 때 측정 과정에 사용되는 회로는 값을 읽기 전에 정상 상태로 안정화되어야만 한다. 일반적으로 이 회로들에서 과도 항들은 C와 τ가 실수일 때 $Ce^{-t/\tau}$와 같은 형태의 지수 신호다. 측정의 정확도를 높이기 위해 어떤 시스템에서는 스위치가 스위칭된 후 시상수의 아홉 배까지 측정을 지연시킨다. 그러면 과도 항이 $Ce^{-9} = 0.000123C$ 즉 초깃값의 약 0.01퍼센트까지 줄어든다. ■

2.4 특이 함수

이 절에서는 *특이 함수*(singularity function)라고 부르는 함수들에 대해 살펴본다. 임펄스 함수를 먼저 정의하고 다른 특이 함수들을 이 임펄스 함수와 연관 지어 정의한다. 이 절에서 특히 강조하는 두 개의 특이 함수는 단위 계단 함수와 단위 임펄스 함수다.

단위 계단 함수

$u(t)$로 표기하는 *단위 계단 함수*는 다른 신호들을 on 또는 off로 스위칭시키는 데 흔히 사용된다. 단위 계단 함수는 다음과 같이 정의된다.

$$u(\tau) = \begin{cases} 1, & \tau > 0 \\ 0, & \tau < 0 \end{cases} \tag{2.32}$$

여기서 독립 변수를 τ로 표기하였다. 신호에 대해 학습할 때 우리는 독립 변수가 시간의 선형 함수가 되도록 선택한다. 예를 들어 $\tau = (t - 5)$이면 단위 계단 함수는 다음과 같이 표현된다.

$$u(t - 5) = \begin{cases} 1, & t - 5 > 0 \Rightarrow t > 5 \\ 0, & t - 5 < 0 \Rightarrow t < 5 \end{cases}$$

이 단위 계단 함수는 $t > 5$에서 값이 1이고 $t < 5$에서는 값이 0이다. 일반적인 단위 계단 함수는 $u(t - t_0)$와 같이 쓰고 다음과 같이 정의된다.

$$u(t - t_0) = \begin{cases} 1, & t > t_0 \\ 0, & t < t_0 \end{cases}$$

$t_0 > 0$일 때 $u(t - t_0)$의 그래프를 그림 2.17에 나타내었다.

단위 계단 함수는 k가 임의의 양의 정수일 때 다음 성질을 갖는다.

$$u(t - t_0) = [u(t - t_0)]^2 = [u(t - t_0)]^k \tag{2.33}$$

이 성질은 $k = 1, 2, \ldots$ 일 때 $(0)^k = 0$이고 $(1)^k = 1$인 관계식에 기반을 둔 것이다. 두 번째 성질은 다음과 같이 시간 스케일링과 관련된다.

$$u(at - t_0) = u(t - t_0/a), a \neq 0 \tag{2..34}$$

(연습문제 2.21 참조)

우리는 아직 계단이 발생한 지점에서 단위 계단 함수의 값을 정의하지 않았음에 유의한다. 불행하게도 이 값을 어떻게 정의할지에 대한 표준적인 약속은 없다. 어떤 저자는 이 값을 0으로 정

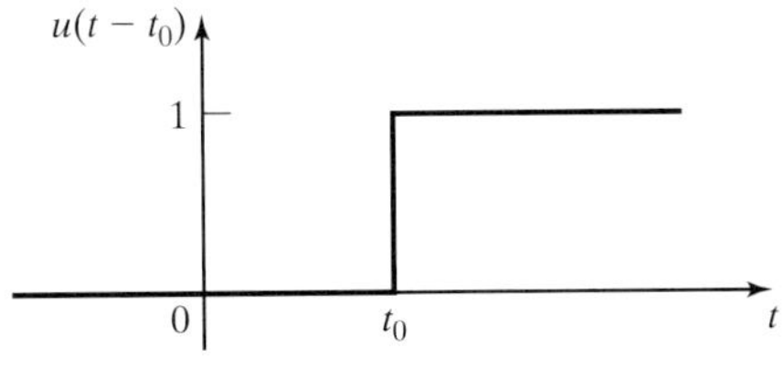

그림 2.17 단위 계단 함수

의하고, 또 어떤 저자는 $\frac{1}{2}$로 정의하고 또 다른 사람들은 1로 정의하는데, 우리는 이 값을 정의되지 않은 채로 그냥 두고자 한다.

앞에서 언급하였듯이 단위 계단 함수는 함수들을 스위칭하는 데에 종종 사용된다. 한 예는 다음과 같다.

$$\cos \omega t\, u(t) = \begin{cases} \cos \omega t, & t > 0 \\ 0, & t < 0 \end{cases}$$

단위 계단 함수는 수학적으로 이 사인파 함수를 $t = 0$인 순간에 스위칭되도록 해준다. 다른 예는 $v(t) = 12u(t)$ V인데, 이 함수는 $t < 0$일 때는 0 V이고 $t > 0$일 때는 12 V인 것과 동일하다. 이 경우에 단위 계단 함수는 12 V 전원을 스위칭하는 데에 사용된다.

또 하나의 유용한 스위칭 함수가 다음과 같이 *정의*되는 단위 사각 펄스, rect(t/T)다.

$$\text{rect}(t/T) = \begin{cases} 1, & -T/2 < t < T/2 \\ 0, & \text{나머지 구간} \end{cases}$$

이 함수의 그래프를 그림 2.18(a)에 나타내었다. 이 함수는 다음과 같이 세 개의 서로 다른 단위 계단 신호들의 함수들로 나타낼 수 있다.

$$\text{rect}(t/T) = \begin{cases} u(t + T/2) - u(t - T/2) \\ u(T/2 - t) - u(-T/2 - t) \\ u(t + T/2)u(T/2 - t) \end{cases} \tag{2.35}$$

그림 2.18(b), (c), (d)에 이 함수들을 나타내었다.

시간-이동된 사각 펄스 함수는 다음과 같이 주어진다.

$$\text{rect}[(t - t_0)/T] = \begin{cases} 1, & t_0 - T/2 < t < t_0 + T/2 \\ 0, & \text{나머지 구간} \end{cases} \tag{2.36}$$

그림 2.19에 이 함수의 그래프를 나타내었다. 식 (2.35)와 식 (2.36) 모두에서 사각 펄스는 T초 동안 유지되고 있음에 주의한다.

단위 사각 펄스는 신호의 일부분을 추출해내는 데에 유용하다. 예를 들어 신호 $x(t) = \cos t$의 주기는 $T_0 = 2\pi/\omega = 2\pi$다. $t = 0$부터 시작하여 한 주기 안에는 이 코사인 함수의 성분을 갖고 나머지 시간에서는 0으로 이루어진 신호를 생각해보자. 이 신호는 다음과 같이 표현할 수 있다.

$$x(t) = (\cos t)[u(t) - u(t - 2\pi)] = \begin{cases} \cos t, & 0 < t < 2\pi \\ 0, & \text{나머지 구간} \end{cases}$$

사각 펄스 기호를 쓰면 다음과 같이 쓸 수 있다.

$$x(t) = \cos t\, \text{rect}[(t - \pi)/2\pi]$$

그림 2.20에 이 사인파 펄스의 개형을 나타내었다. 다음 예제는 단위 계단 함수를 이용하여 한 신호의 수식을 작성하는 예를 보여준다.

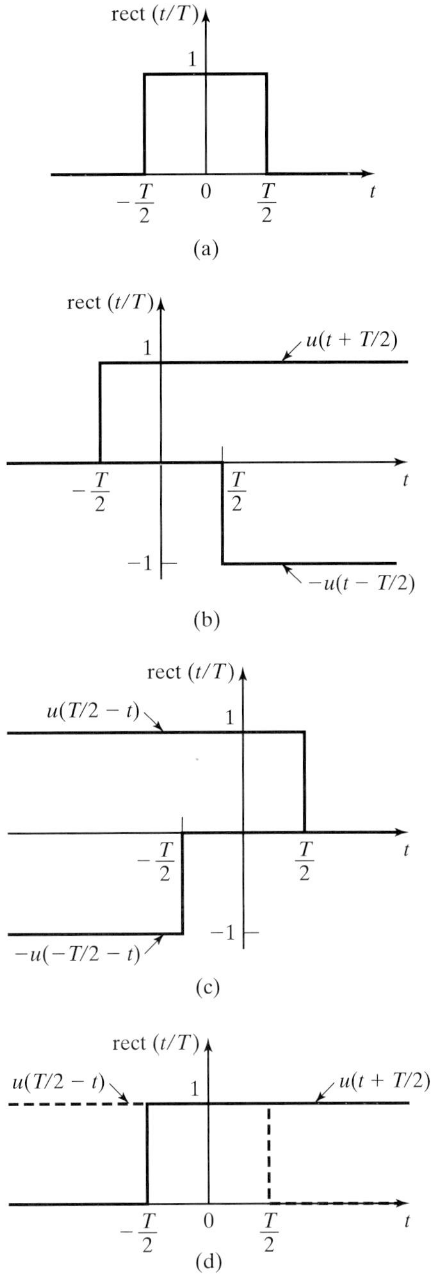

그림 2.18 단위 사각 펄스

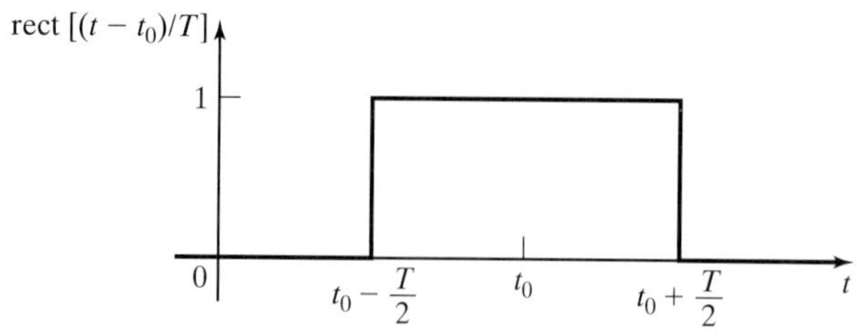

그림 2.19 시간 이동된 사각 펄스

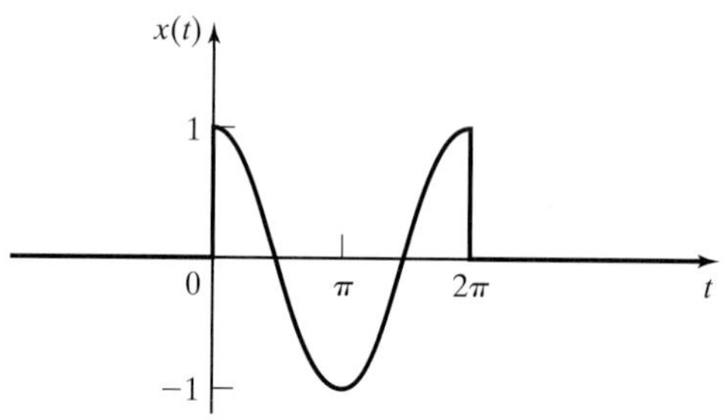

그림 2.20 함수 $x(t) = \cos t \,\text{rect}[(t - \pi)/2\pi]$

예제 2.9 반파 정류 신호의 수식

1.2절과 예제 2.6에서 설명하였던 반파 정류 신호를 다시 한번 생각해보자. 그림 2.21에 이 신호를 $v(t)$로 하여 다시 나타내었다. 이 예에서는 $t < 0$일 때 $v(t)$가 0이라고 가정하자. 이 신호를 포함하는 시스템을 분석하거나 설계하고자 한다면, 이 신호를 수학적인 식으로 표현해야만 한다. 그림 2.21에서 $0 \leqq t \leqq T_0$에서 이 신호를 다음과 같이 쓸 수 있다.

$$\begin{aligned} v_1(t) &= (V_m \sin \omega_0 t)[u(t) - u(t - T_0/2)] \\ &= V_m \sin(\omega_0 t)\text{rect}[(t - T_0/4)/(T_0/2)] \end{aligned}$$

여기서 $T_0 = 2\pi/\omega_0$다. 신호 $v_1(t)$는 구간 $0 \leqq t \leqq T_0$에서 반파 정류 신호와 동일하고 나머지 구간에서는 0이다. 그렇기 때문에 반파 정류 신호를 $v_1(t)$의 시간 이동된 신호들의 합으로 다음과 같이 표현할 수 있다.

$$\begin{aligned} v(t) &= v_1(t) + v_1(t - T_0) + v_1(t - 2T_0) + \ldots \\ &= \sum_{k=0}^{\infty} v_1(t - kT_0) \end{aligned} \tag{2.37}$$

$v_1(t - T_0)$는 $v_1(t)$를 한 주기만큼 지연시킨 것이고, $v_1(t - 2T_0)$는 $v_1(t)$를 두 주기만큼 이동시킨 것 등이기 때문에 위와 같은 식으로 나타낼 수 있다. 반파 정류 신호가 모든 시간에서 주기함수라면, 식 (2.37)의 합 기호의 아래 부분이 $k = 0$에서 $k = -\infty$로 바뀐다. 이 예제에서 볼 수 있듯이 하나의 주기 신호를 수학적인 함수로 표현하기 위해서는 무한이 많은 항을 더해야 할 필요가 있다. ■

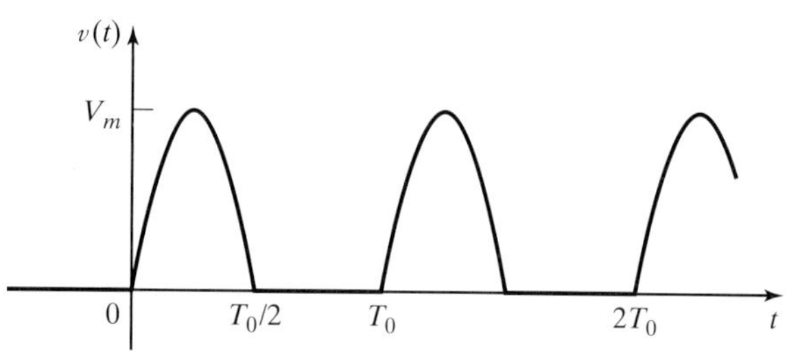

그림 2.21 반파 정류 신호

단위 임펄스 함수

공학자들은 실수가 아닌 데다가 자연 현상에서는 나타날 수 없음에도 불구하고 $j = \sqrt{-1}$의 커다란 유용성을 발견하였다. 전기 공학 분야에서는 분석 및 설계 과정에서 j를 매우 폭넓게 사용한다. 같은 방식으로 공학자들은 자연 현상에서는 나타날 수 없음에도 불구하고 *단위 임펄스 함수* $\delta(t)$의 커다란 유용성을 발견하였다. 사실 임펄스 함수는 일반적인 의미에서 수학적인 함수는 아니다[2]. 단위 임펄스 함수는 또한 *디랙 델타 함수*(Dirac delta function)라고 하기도 한다. 임펄스 함수는 노벨상을 수상한 물리학자인 폴 디랙(Paul Dirac)에 의해 도입되었다.

임펄스 함수를 소개하기 위해 먼저 단위 계단 함수의 적분에서 출발해보자. 단위 계단 함수의 적분 결과는 다음과 같이 단위 램프 함수다.

$$f(t) = \int_0^t u(\tau - t_0)d\tau = \int_{t_0}^t d\tau = \tau\Big|_{t_0}^{t} = [t - t_0]u(t - t_0) \qquad (2.38)$$

여기서 $[t - t_0]u(t - t_0)$가 *단위 램프 함수*(unit ramp function)로 정의되는 함수다. 식 (2.38)에서 $t < t_0$에서 적분값이 0이어야 하기 때문에 인수 $u(t - t_0)$가 꼭 필요하다. 단위 계단 함수와 단위 램프 함수를 그림 2.22에 나타내었다.

그림 2.22와 식 (2.38)에서 단위 계단 함수는 단위 램프 함수의 미분임에 주목한다. 식 (2.38) 또는 식 (2.38)의 미분은 수학적으로 어떠한 문제도 없지만, 식 (2.38)을 두 번 미분하려고 할 때 문제가 발생한다. 이제 이 단위 계단 함수 $u(t - t_0)$의 미분에 대해 생각해보자.

단위 계단 함수 $u(t - t_0)$를 미분한 결과는 일반적인 수학적인 의미에서 함수가 아니다. 이 미분은 유일하게 $t = t_0$에서 정의되지 않는데 이 지점에서 미분이 0은 아니다(그림 2.22 참조). 그러나 분포에 대한 엄밀한 수학적 이론에 의해 이 미분은 시스템을 모델링하고 분석하는 데에 매우 유용하다는 사실이 밝혀졌다[2-6]. 이제 이 미분을 어떤 한 미분의 극한으로 간주하고자 한다.

물리적 시스템에서는 어떠한 신호도 급작스럽게 바뀔 수 없다. 왜냐하면 이러한 급작스러운 변화는 일반적으로 에너지가 순간적으로 전달되어야 함을 의미하기 때문이다. 그러므로 그림 2.23(a)에서의 함수 $f(t)$를 물리적 계단 함수에 대한 좀 더 정확한 모델로 간주할 수 있다. 이 함수

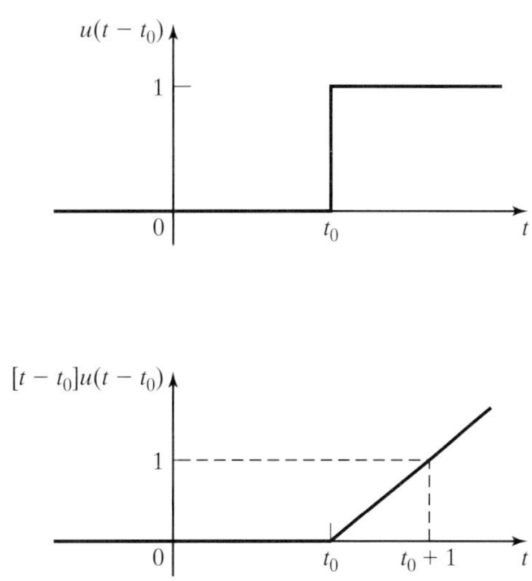

그림 2.22 단위 계단 함수의 적분

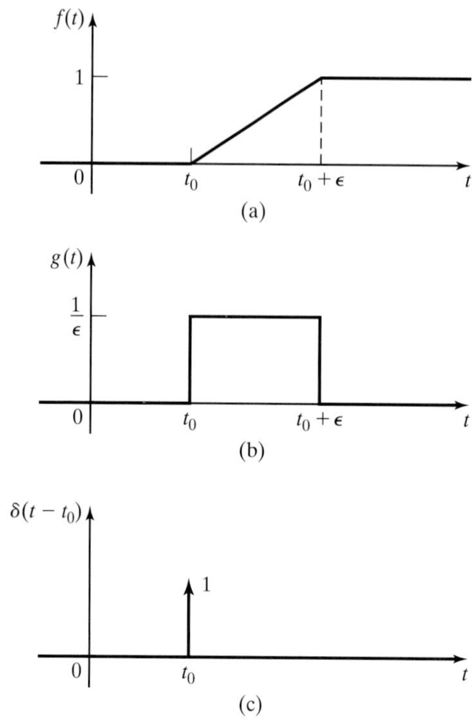

그림 2.23 임펄스 함수의 생성

는 미분할 수 있고 그 결과는 그림 2.23(b)의 사각 펄스 $g(t)$다. 즉,

$$g(t) = \frac{df(t)}{dt}$$

이다. 그림 2.23(a)에서의 실제적인 함수 $f(t)$는 ϵ이 0으로 다가가면 단위 계단 함수 $u(t - t_0)$로 다가간다. 이 경우에 $g(t)$의 폭은 0으로 다가가고 크기는 무한히 커진다. 그러나 $g(t)$ 아래쪽의 면적은 펄스의 폭 ϵ과 무관하기 때문에 항상 1을 유지한다.

ϵ이 0으로 다가갈 때 그림 2.23(b)의 $g(t)$의 극한을 단위 임펄스 함수라 한다. 그러므로 *단위 임펄스 함수*를 나타내는 기호로 $\delta(t - t_0)$를 사용할 때, 단위 임펄스 함수의 상상 속의 이미지를 전달하기 위해 다음 개념을 도입할 수 있다.

$$\lim_{\epsilon \to 0} g(t) = \delta(t - t_0) \tag{2.39}$$

그러나 임펄스 함수는 일반적인 의미에서 함수가 아니다. 왜냐하면 t_0를 제외하고는 모두 0이고 이 지점에서의 함숫값은 무한대이기 때문이다. 그러나 단위 임펄스 함수 아래쪽의 면적은 잘 정의되고 그 값은 1이다. 이러한 성질에 바탕을 두고 단위 임펄스 함수를 다음 관계식으로 *정의한다*.

$$\delta(t - t_0) = 0, \quad t \neq t_0;$$
$$\int_{-\infty}^{\infty} \delta(t - t_0)\,dt = 1 \tag{2.40}$$

임펄스 함수는 그림 2.23(c)와 같이 수직 방향의 화살표로 나타내는데, 화살표 옆의 숫자는 단위 임펄스 함수의 상수배를 나타낸다. 예를 들어 $5\delta(t - t_0)$인 경우 상수배는 5이다. 이 상수배는 임펄스의 *가중치*(weight)라고 한다. $t = t_0$일 때 임펄스 함수의 크기는 무한대인 반면에 상수배(가중치)는 임펄스 함수 아래쪽의 *넓이*로 유한한 값이다.

식 (2.40)의 임펄스 함수의 정의는 수학적으로 엄밀하진 않다[3]. 이제 엄밀한 정의를 내려보자. $t = t_0$에서 연속인 임의의 함수 $f(t)$에 대해 $\delta(t - t_0)$는 다음과 같이 적분에 의해 *정의된다*.

$$\int_{-\infty}^{\infty} f(t)\delta(t - t_0)dt = f(t_0) \tag{2.41}$$

임펄스 함수는 함수의 *값*이 아니라 함수의 *성질*에 의해 정의된다. 임펄스 함수에 대한 두 가지 정의인 식 (2.40)과 식 (2.41)은 정확하게 동치는 아니다. 임펄스 함수를 정의하는 데 사각 펄스를 사용하는 것은 수학적으로 엄밀하지 않고 주의해서 사용해야만 한다[4]. 그러나 식 (2.40)은 식 (2.41)로 정의되는 임펄스 함수의 몇 가지 성질을 엄밀하진 않지만 간단한 방식으로 유도할 수 있도록 해준다. 게다가 식 (2.40)은 신호와 시스템의 분석에 임펄스 함수를 적용할 때 유용하다.

우리는 임펄스 함수 $\delta(t - t_0)$가 $t = t_0$에서 "발생했다"고 말하는데 이러한 개념이 매우 유용하기 때문이다. 인용부호를 쓴 이유는 (1) 임펄스 함수가 일반적인 함수가 아니기 때문이며 (2) 오직 식 (2.41)과 같은 적분 아래에서만 엄밀하게 정의되기 때문이다. 식 (2.41)에서의 연산은 종종 한 단계 더 나아가 $f(t)$가 $t = t_0$에서 연속이라면 다음 관계식을 만족한다.

$$f(t)\delta(t - t_0) = f(t_0)\delta(t - t_0) \tag{2.42}$$

연속-시간 함수 $f(t)$와 $\delta(t - t_0)$의 곱은 임펄스가 발생하는 시각 t_0에서의 $f(t)$의 함숫값과 동일한 가중치를 갖는 임펄스다. 식 (2.41)과 식 (2.42)를 때때로 임펄스 함수의 *여과*(sifting) 성질이라 한다. 이 결과는 임펄스 함수가 $t = t_0$을 제외하고 0의 값을 갖는다고 간주함으로써 합리화시킬 수 있다. 그렇기 때문에 곱 $f(t)\ \delta(t - t_0)$에서 중요한 유일한 $f(t)$의 값은 $t = t_0$에서의 값 $f(t_0)$다.

식 (2.41)로 정의되는 임펄스 함수를 실제적으로 이용하는 하나의 예는 샘플링 동작을 모델링할 때다. 왜냐하면 샘플링의 결과가 특정한 시각에 함수의 값들을 선택하는 것이기 때문이다. 아날로그-디지털 변환기(이에 대한 하드웨어 소자를 1.2절에서 설명함)에 의해 신호의 샘플들을 디지털 컴퓨터가 처리할 수 있도록 하거나 디지털 컴퓨터의 메모리에 저장할 수 있도록 하는 시간 신호의 샘플링은 종종 식 (2.41)에서와 같이 모델링된다. 샘플링의 모델이 임펄스 함수에 기반을 두고 있다면 이 샘플링을 *이상적인 샘플링*이라고 한다. 왜냐하면 임펄스 함수는 물리적 시스템에서는 나타나지 않기 때문이다. 그러나 나중에 보게 되듯이 이상적인 샘플링은 많은 응용 분야에서 물리적인 샘플링을 *정확하게* 모델링한다.

표 2.3에 단위 임펄스 함수의 정의와 몇 가지 성질을 정리하였다. 이 성질들에 대한 엄밀한 증명을 알고 싶다면 참고문헌 2부터 6까지를 찾아보면 된다. 표 2.3에 나열된 성질들은 추후에 다루게 될 신호와 시스템의 분석에서 매우 유용하다.

표 2.3 단위 임펄스 함수의 성질들

1. $\int_{-\infty}^{\infty} f(t)\delta(t-t_0)dt = f(t_0)$, $t = t_0$에서 $f(t)$는 연속
2. $\int_{-\infty}^{\infty} f(t-t_0)\delta(t)dt = f(-t_0)$, $t = t_0$에서 $f(t)$는 연속
3. $f(t)\delta(t-t_0) = f(t_0)\delta(t-t_0)$, $t = t_0$에서 $f(t)$는 연속
4. $\delta(t-t_0) = \frac{d}{dt}u(t-t_0)$
5. $u(t-t_0) = \int_{-\infty}^{t} \delta(\tau-t_0)d\tau = \begin{cases} 1, & t > t_0 \\ 0, & t < t_0 \end{cases}$
6. $\int_{-\infty}^{\infty} \delta(at-t_0)dt = \frac{1}{|a|}\int_{-\infty}^{\infty} \delta\left(t-\frac{t_0}{a}\right)dt$
7. $\delta(-t) = \delta(t)$

예제 2.10 임펄스 함수의 적분 계산

이 예제에서는 그림 2.24(a)의 함수 $f(t)$에 대해 임펄스 함수를 포함하는 몇 가지 적분 계산을 표 2.3을 이용하여 어떻게 수행하는지 보여주고자 한다. 먼저 표 2.3의 성질 1에 의해 $t_0 = 0$일 때,

$$\int_{-\infty}^{\infty} f(t)\delta(t)dt = f(0) = 2$$

이고, 적분값은 임펄스 함수가 발생하는 시점의 $f(t)$의 값과 같다. 다음으로 그림 2.24(b)에 대해 표 2.3의 성질 2로부터

$$\int_{-\infty}^{\infty} f(t-1)\delta(t)dt = f(-1) = 3$$

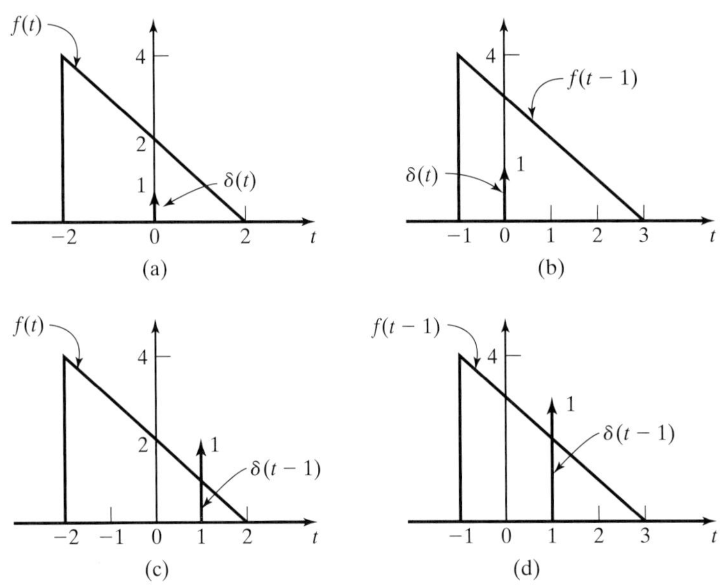

그림 2.24 예제 2.10의 신호

이다. 세 번째 예로, 그림 2.24(c)에 대해 표 2.3의 성질 1로부터

$$\int_{-\infty}^{\infty} f(t)\delta(t-1)dt = f(1) = 1$$

이다. 그림 2.24(d)에 대해 표 2.3의 성질 1로부터

$$\int_{-\infty}^{\infty} f(t-1)\delta(t-1)dt = f(0) = 2$$

이다. 위 예에서 함수를 지연시키는 모든 가능한 조합을 고려하였다. 각 경우에 적분값은 임펄스가 발생하는 시점의 $f(t)$의 값이다.

마지막 예로써, 임펄스 함수를 시간 스케일링 시킨 효과를 생각해보자. 표 2.3의 성질 6으로부터

$$\int_{-\infty}^{\infty} f(t)\delta(4t)dt = \frac{1}{4}\int_{-\infty}^{\infty} f(t)\delta(t)dt = \frac{f(0)}{4} = \frac{1}{2}$$

이다. ■

성질 6은 연습문제 2.20에서 더 상세하게 살펴본다.

이 절에서는 신호 및 시스템 분석에서 폭넓게 이용되는 두 개의 신호인, 계단 함수와 임펄스 함수를 정의하였다. 이 신호들은 *특이 함수*라고 하는 부류에 속한다. 특이 함수는 임펄스 함수(또는 계단 함수)를 미분하거나 적분함으로써 얻게 되는 함수들의 집합이다.

2.5 신호에 대한 수학적 함수들

예제 2.9에서 단위 계단 함수를 이용하여 반파 정류 신호에 대한 수식을 작성하였다. 이 주제를 이번 절에서 좀 더 깊게 살펴보자. 예를 먼저 보자.

예제 2.11 신호 파형 그리기

다음과 같은 수식으로 주어진 신호를 생각하자:

$$f(t) = 3u(t) + tu(t) - [t-1]u(t-1) - 5u(t-2) \tag{2.43}$$

$f(t)$의 각 항들을 그림 2.25(a)에 나타내었고 $f(t)$를 그림 2.25(b)에 나타내었다. 이제 이 그래프를 검증해보자. $f(t)$의 네 개 항은 각각 다음과 같은 값을 갖는다.

$$3u(t) = \begin{cases} 3, & t > 0 \\ 0, & t < 0 \end{cases};$$

$$tu(t) = \begin{cases} t, & t > 0 \\ 0, & t < 0 \end{cases};$$

$$(t-1)u(t-1) = \begin{cases} t-1, & t > 1 \\ 0, & t < 1 \end{cases};$$

$$5u(t-2) = \begin{cases} 5, & t > 2 \\ 0, & t < 2 \end{cases}$$

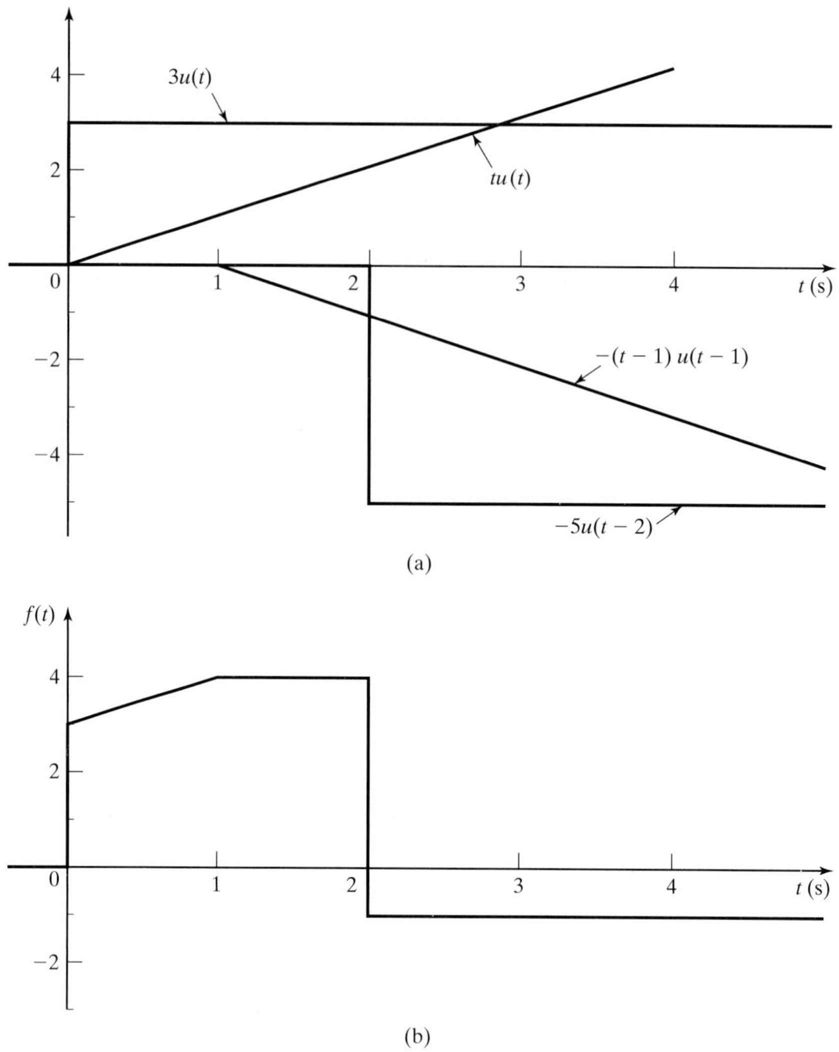

그림 2.25 예제 2.11의 신호

이 함수들과 식 (2.43)을 이용하면, 각각 다른 구간에서 (네 항의 합으로 주어진) $f(t)$에 대한 수식을 작성할 수 있다.

$$
\begin{aligned}
t < 0, \quad & f(t) = 0 + 0 - 0 - 0 = 0; \\
0 < t < 1, \quad & f(t) = 3 + t - 0 - 0 = 3 + t; \\
0 < t < 2, \quad & f(t) = 3 + t - (t - 1) - 0 = 4; \\
2 < t, \quad & f(t) = 3 + t - (t - 1) - 5 = -1
\end{aligned}
$$

따라서 그림 2.25(b)에 나타낸 $f(t)$의 그래프가 올바름을 알 수 있다. ■

예제 2.11은 선분만으로 이루어진 파형을 만드는 과정을 보여준다. 직선의 일반적인 식은 다음과 같다.

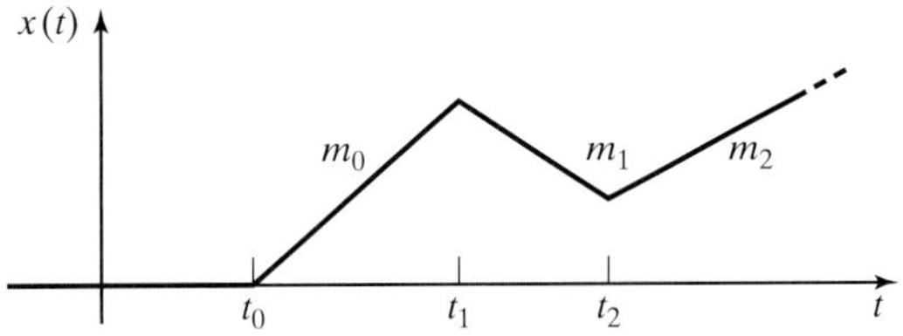

그림 2.26 구간별 직선 신호 예

$$y - y_0 = m[x - x_0] \tag{2.44}$$

이 식에서, y는 세로축이고, x는 가로축, m은 기울기로써 dy/dx와 같고, (x_0, y_0)은 직선 위의 임의의 점이다.

이제 선분으로 이루어진 함수에 대한 방정식을 작성하는 방법에 대해 설명하고자 한다. 선분으로 이루어진 함수의 하나의 예가 그림 2.26에 나와 있다. 그림에서 각 선분들의 기울기는 m_i로 표시되어 있다. $t < t_0$인 구간에서는 신호가 0이다. $t < t_1$인 구간에서 신호의 방정식 $x_0(t)$는 다음과 같다.

$$x_0(t) = m_0[t - t_0]u(t - t_0); \quad t < t_1 \tag{2.45}$$

여기서 $t < t_1$인 구간에서는 $x_0(t) = x(t)$다.

$t < t_2$인 구간에서의 신호의 방정식을 작성하기 위해, 먼저 기울기 m_0을 빼서 기울기를 0으로 만든다.

$$x_1(t) = x_0(t) - m_0[t - t_1]u(t - t_1) \tag{2.46}$$

그리고 기울기가 m_1이 되도록 필요한 항을 더한다.

$$x_2(t) = x_1(t) + m_1[t - t_1]u(t - t_1) \tag{2.47}$$

여기서 $t < t_2$인 구간에서 $x_2(t) = x(t)$다. 그러면, $t < t_2$인 구간에서 마지막 세 식으로부터

$$\begin{aligned} x_2(t) &= m_0[t - t_0]u(t - t_0) - m_0[t - t_1]u(t - t_1) + m_1[t - t_1]u(t - t_1) \\ &= m_0[t - t_0]u(t - t_0) + [m_1 - m_0][t - t_1]u(t - t_1); \quad t < t_2 \end{aligned} \tag{2.48}$$

이다. 이 결과는 일반적이다. 신호의 기울기가 변하며 하나의 램프 함수가 이 기울기가 바뀐 지점에 더해지고, 이때 더해지는 램프 함수의 기울기는 새로운 기울기 빼기 이전 기울기인 $(m_1 - m_0)$이다. 신호에서 계단 모양의 변화가 발생하는 지점에는 계단 함수가 더해진다. 이러한 과정을 다음 예제에서 확인해 보자.

예제 2.12 선분으로 이루어진 신호에 대한 방정식

그림 2.27과 같은 신호에 대한 수식을 작성해보자. $t = -2$인 지점에서 시작하여 기울기가 3만큼 변하여 신호의 기울기가 0에서 3으로 변한다. $t = -1$인 지점에서 기울기가 -6만큼 변하여 기울기가 3에서 -3으로 변한다. $t = 1$일 때, 3만큼의 기울기가 변하여 기울기가 0이 된다. $t = 3$에서 크기가 3만큼 변하여 -3에서 0으로 뛰어오른다. 그러므로 $x(t)$에 대한 식은 다음과 같다.

$$x(t) = 3[t + 2]u(t + 2) - 6[t + 1]u(t + 1) + 3[t - 1]u(t - 1) + 3u(t - 3)$$

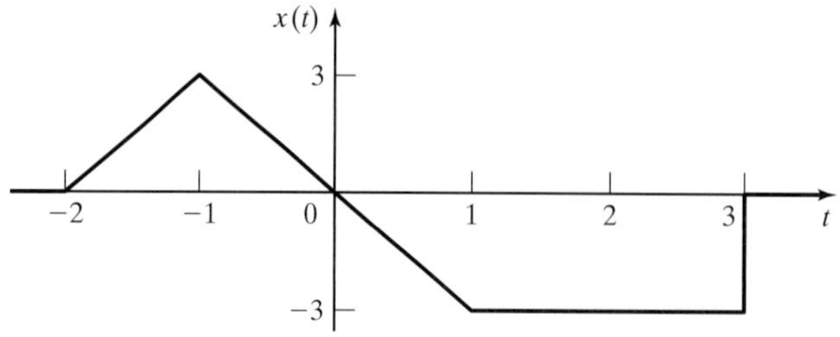

그림 2.27 예제 2.12의 신호

이 결과를 검증하기 위해, 예제 2.11에서 보여준 것과 같은 방식을 사용하여 신호의 각 구간별 방정식을 써 본다.

$$\begin{aligned}
t < -2,&\quad f(t) = 0 - 0 + 0 + 0 = 0;\\
-2 < t < -1,&\quad f(t) = 3[t+2] - 0 + 0 + 0 = 3[t+2];\\
-1 < t < 1,&\quad f(t) = 3[t+2] - 6[t+1] + 0 + 0 = -3t;\\
1 < t < 3,&\quad f(t) = [-3t] + 3[t-1] + 0 = -3;\\
3 < t,&\quad f(t) = [-3] + 3 = 0
\end{aligned}$$

따라서, 위의 식이 올바르다는 사실을 알 수 있다. ■

다음으로, 실제적인 주기 파형의 식을 작성하는 예를 보여주고자 한다. 아날로그 오실로스코프, 컴퓨터 모니터, 텔레비전에서 사용되는 것처럼 음극관(cathoderay tube, CRT)을 동작시키는 회로를 설계할 때 하나의 문제는 전자 빔이 CRT의 화면을 쓸고 지나갈 때, 전자 빔의 일정한 수평 속도를 만들어내는 것이다. 이 문제는 2.2절에서 언급하였다. 전자 빔은 (전압에 의해 만들어지는) 전기장 또는 (전류에 의해 만들어지는) 전자장에 의해 제어할 수 있다. 어느 경우든, 그림 2.28에 보이는 것과 같이 선형 파형을 만들어내야 한다. 전기장 굴절인 경우, 그림 2.28은 전압의 파형이고 다음 예제가 이 경우에 해당한다.

예제 2.13 톱니 파형에 대한 수식

그림 2.28에 보이는 톱니 파형에 대한 수식을 작성하고 싶다고 하자. T는 0 V부터 최대 전압까지 전자 빔을 쓸고 지나가게 하는 데 필요한 시간이다. 식 (2.44)로부터

$$v(t) = \frac{V}{T}t, \quad 0 < t < T$$

이다. 나머지 시간 구간에서는 $v(t)$를 0으로 만들기 위하여 이 펄스에 단위 사각 펄스를 곱하면 다음 결과를 얻는다.

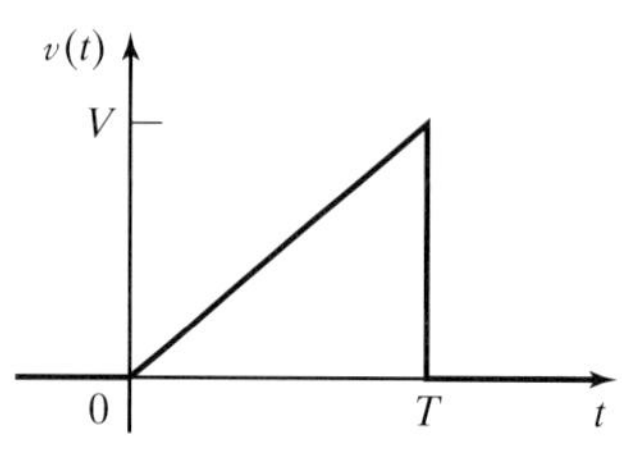

그림 2.28 쓸고 지나가는 선형 전압

$$v(t) = \frac{V}{T}t[u(t) - u(t - T)] = \frac{V}{T}t\,\text{rect}\left[\left(t - \frac{T}{2}\right)\Big/ T\right] \tag{2.49}$$

식 (2.35)에서 사각 펄스를 또한 단위 계단 신호의 다른 함수로도 표현할 수 있었음을 기억하길 바란다. ■

예제 2.14 톱니 파형에 대한 수식

이 예제는 예제 2.13의 연속으로서 예제 2.13의 결과를 이용하여 그림 2.29의 주기 파형에 대한 방정식을 작성한다. 이 파형은 파형의 모양 때문에 *톱니파*(sawtooth wave)라 하고 전자 빔이 CRT 화면을 반복적으로 쓸고 지나가도록 하는 데에 사용된다. 예제 2.13으로부터 $0 < t < T$인 구간에서 톱니 펄스의 식은 다음과 같다.

[식 (2.49)]
$$v_1(t) = \frac{V}{T}t[u(t) - u(t - T)] = \frac{V}{T}t\,\text{rect}\left[\left(t - \frac{T}{2}\right)\Big/ T\right]$$

이 펄스를 $v_1(t)$으로 나타내었다. 예제 2.9의 반파 정류 신호의 경우와 식 (2.37)에서와 같이 $T < t < 2T$인 구간에서의 펄스는 $v_1(t - T)$다.

$$\begin{aligned} v_1(t - T) &= \frac{V}{T}[t - T][u(t - T) - u(t - 2T)] \\ &= \frac{V}{T}[t - T]\,\text{rect}\left[\left(t - \frac{3T}{2}\right)\Big/ T\right] \end{aligned}$$

관심 있는 독자는 이 식이 맞는지 보기 위해 이 함수의 그래프를 그려보면 된다. 비슷한 방식으로 $kT < t < (k + 1)T$인 구간에서의 펄스는 $v_1(t - kT)$다.

$$v_1(t - kT) = \frac{V}{T}[t - kT][u(t - kT) - u(t - kT - T)] \tag{2.50}$$

이 식은 k가 음수이든 양수이든 모두 적용된다. 그러므로 그림 2.29의 톱니 파형에 대한 식은 다음과 같다.

$$v(t) = \sum_{k=-\infty}^{\infty} v_1(t - kT)$$

여기서 $v_1(t - kT)$는 식 (2.50)에 정의되어 있다. ■

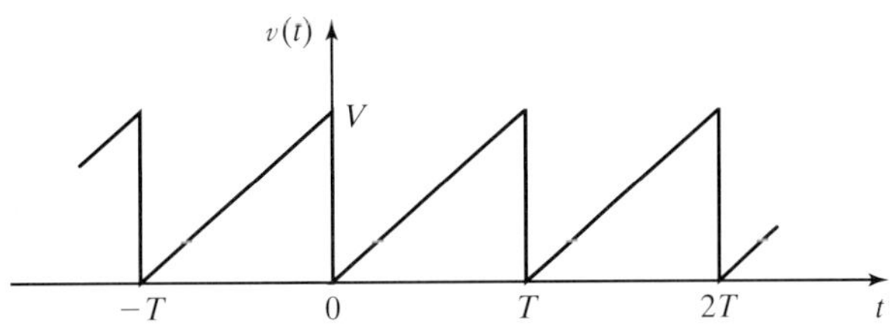

그림 2.29 톱니파

이 절은 선분으로만 이루어진 신호에 특히 중점을 두어 이러한 신호에 대한 방정식을 작성하는 과정에 대해 제시하였다. 많은 물리적 신호들이 이러한 방식으로 모델링되기 때문에 이 과정은 실용적이다.

2.6 연속-시간 시스템

이 절에서는 연속-시간 시스템의 몇 가지 특성에 대해 설명한다. 앞서 연속-시간 시스템은 내부에 어떠한 샘플링된 신호(이산-시간 신호)도 보이지 않는 시스템으로 정의하였다.

이 책에 적합한 시스템에 대한 정의는 다음과 같다.

> **시스템**
> *시스템*은 원인-결과 관계가 존재하는 하나의 프로세스다.

우리에게는 원인은 시스템의 입력 신호이고 결과는 신호의 출력 신호이며 관계는 방정식(시스템 모델)으로 표현된다. 종종 입력 신호와 출력 신호를 간단하게 각각 입력과 출력이라고 한다.

물리적 시스템에 대한 하나의 예가 전기 히터다. 예를 들어, 전기 히터는 화학 공정 산업현장에서 매우 폭넓게 쓰인다. 입력 신호는 히터에 가해지는 교류 전압 $v(t)$이고, 출력 신호는 히터 가까이 있는 공간에서의 어떤 점의 온도 $\theta(t)$를 고려할 수 있다. 이 시스템을 표현하는 한 가지 방법은 그림 2.30과 같은 *블록 다이어그램*(block diagram)이다. 입력의 단위는 볼트이고 출력의 단위는 섭씨다. 입력 신호는 사인파다. 시스템이 정상 상태에 도달하면 출력 신호(온도)는 (근사적으로) 상수다.

물리적 시스템의 두 번째 예는 확성 장치에 사용되는 것과 같은 전압 증폭기다. 증폭기의 입력 신호는 말소리나 음악 등을 나타내는 전압이다. 우리는 출력 신호의 파형이 정확하게 동일하면서도 더 높은 전압으로(더 높은 에너지 레벨로) 크기가 스케일링되는 것을 원한다. 그러나 모든 물리적 시스템은 신호를 바꾸기(왜곡시키기) 마련이다. 이 왜곡이 무시할 수준이라면, 이 증폭기의 출력 신호는 단순히 입력 신호에 상수를 곱한 것으로 간주한다. 왜곡을 전혀 만들지 않는 증폭기를 *이상적인 증폭기*라 한다. 그림 2.31의 블록 다이어그램은 이득이 10인 이상적인 증폭기를 나타낸다.

일반적인 시스템을 표현하는 하나의 방법은 그림 2.32와 같이 블록 다이어그램을 이용하는 것이다. 입력 신호는 $x(t)$이고 출력 신호는 $y(t)$다. 시스템은 다음과 같은 방정식으로 주어진다.

$$y(t) = T[x(t)] \tag{2.51}$$

여기서 기호 $T[\cdot]$는 *변환*(transformation)을 가리킨다. 이 기호가 함수를 가리키는 것은 아니다. 즉, $T[x(t)]$는 $x(t)$를 대입하면 바로 $y(t)$를 계산해주는 수학적인 함수가 아닐 수 있다. 입력 $x(t)$와 출력 $y(t)$를 연관시켜주는 방정식의 모음을 이 시스템의 *수학적 모델*, 간단하게는 그냥 모델이라고 한다. 입력 $x(t)$가 주어졌을 때, $y(t)$를 얻어내기 위해서는 이 연립 방정식을 풀어야만 한다. 연속-시간 시스템에 대해 이 모델은 흔히 여러 *미분방정식*의 집합이다.

자주 우리는 아무 생각 없이 시스템이라는 단어를 사용한다. 일반적으로 *시스템*이라는 단어를 사용할 때, 우리는 물리적 시스템 자체가 아닌 시스템의 수학적인 모델을 의미한다. 이것이 시

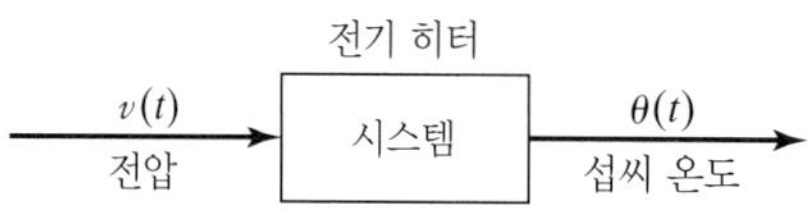

그림 2.30 시스템의 블록 다이어그램 표현 예

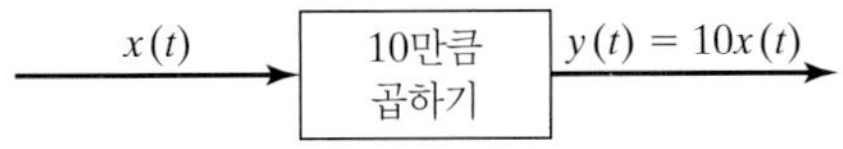

그림 2.31 이상적인 증폭기

그림 2.32 일반적인 신호의 표현

스템이라는 단어를 사용하는 일반적인 방법이고 이 책에서도 그런 의미로 사용한다. 만일 물리적 시스템을 의미한다면 혼란이 발생하지 않도록 물리적 시스템이라고 말할 것이다. 다음 예제는 시스템에 대한 예다.

예제 2.15 회로에 대한 변환 기호

그림 2.33과 같은 회로를 생각해보자. 시스템 입력으로 전압 소스 $v(t)$, 시스템 출력으로 인덕터 전압 $v_L(t)$를 정의한다. 이 시스템에 대한 *변환 기호*는 다음과 같다.

$$v_L(t) = T[v(t)] \tag{2.52}$$

이 시스템을 모델링한 식은 다음과 같다.

$$L\frac{di(t)}{dt} + Ri(t) = v(t)$$

그리고

$$v_L(t) = L\frac{di(t)}{dt} \tag{2.53}$$

그러므로 식 (2.52)의 변환 기호는 식 (2.53)의 양함수 식을 나타낸다. 모델인 식 (2.53)은 두 개의 방정식으로 이루어져 있고, 이때 첫 번째 식은 계수가 상수인 (L과 R이 상수) 일차 선형 미분방정식이다. ■

이제 물리적 시스템과 시스템의 모델 사이의 차이점을 좀 더 살펴보자. 인덕터, 저항, 그리고 몇 가지 종류의 전압 소스들이 직렬로 연결되어 있는 회로를 가정하자. 식 (2.53)은 이 물리적 시스템에 대한 정확한 모델일 수도 있고 아닐 수도 있다. 물리적 시스템에 대한 정확한 모델을 개발하는 것은 공학자들에게 어렵고 시간이 많이 소요되는 작업 중 하나일 수 있다. 예를 들어, 1970년대 NASA 우주 프로그램에서 엔진의 추력으로부터 Saturn V 로켓 부스터 단계의 자세(피치각)까지 관련시킨 모델은 27차 미분방정식이었다.

마지막으로 그림 2.33의 회로도를 다시 고려해보자. 공학자들은 이러한 종류의 다이어그램에 무신경할 수 있다. 이 다이어그램은 다음 둘 중 하나를 의미할 것이다.

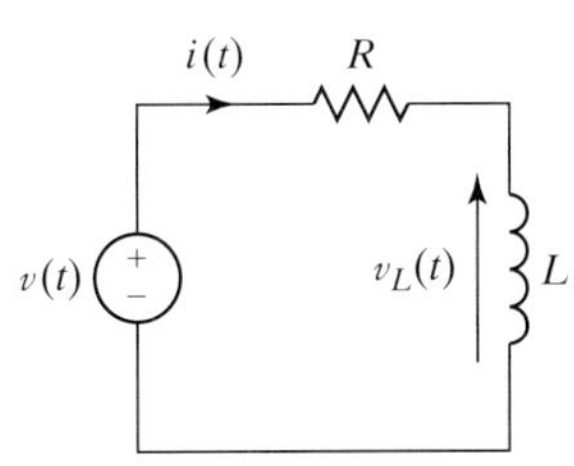

그림 2.33 *RL* 회로

1. 전원 공급 장치, 코일, 그리고 저항의 물리적인 상호 연결, 또는
2. (꼭 세 개가 아니라) *몇 개든* 물리적인 소자들을 포함하고 있는 물리적 시스템의 회로 모델

그러므로, 종종 물리적 소자들의 연결도를 그리는 것과 회로 모델을 그리는 것을 구별하지 않는데, 이런 구별에 무신경하여 심지어 숙련된 공학자들조차도 혼란스러워질 때가 있다.

상호 연결된 시스템

이 절에서는 시스템의 상호 연결을 나타내는 데 식 (2.51)의 시스템-변환 기호를 사용할 것이다. 먼저 세 개의 블록 다이어그램 요소를 정의한다. 첫 번째 요소는 그림 2.34(a)와 같은 블록이다. 이 블록은 식 (2.51)에 의해 기술되는 시스템을 그림으로 나타낸 것이다. 두 번째 요소는 그림 2.34(b)와 같은 더하기 교차점을 나타내는 원이다. 교차점의 출력 신호는 입력 신호들의 합으로 정의된다. 세 번째 요소는 그림 2.34(c)와 같은 곱하기로 교차됨을 나타내는 원이다. 이 교차점의 출력은 입력 신호들의 곱으로 정의된다.

다음으로 두 개의 기본적인 시스템의 연결을 정의한다. 첫 번째는 *병렬*(parallel) 연결이고 그림 2.35(a)에 나타내었다. 시스템 1의 출력을 $y_1(t)$라 하고 시스템 2의 출력을 $y_2(t)$라 하자. 전체 시스템의 출력 신호는 다음과 같다.

$$y(t) = y_1(t) + y_2(t) = T_1[x(t)] + T_2[x(t)] = T[x(t)] \tag{2.54}$$

전체 시스템에 대한 기호는 $y(t) = T[x(t)]$다.

그림 2.35(b)는 두 번째 기본적인 시스템의 연결을 보여준다. 이러한 연결을 *직렬*(series) 또는 *폭포식*(cascade) *연결*이라고 한다. 이 그림에서 첫 번째 시스템의 출력 신호는 $y_1(t) = T_1[x(t)]$이고 전체 시스템의 출력 신호는

$$y(t) = T_2[y_1(t)] = T_2(T_1[x(t)]) = T[x(t)] \tag{2.55}$$

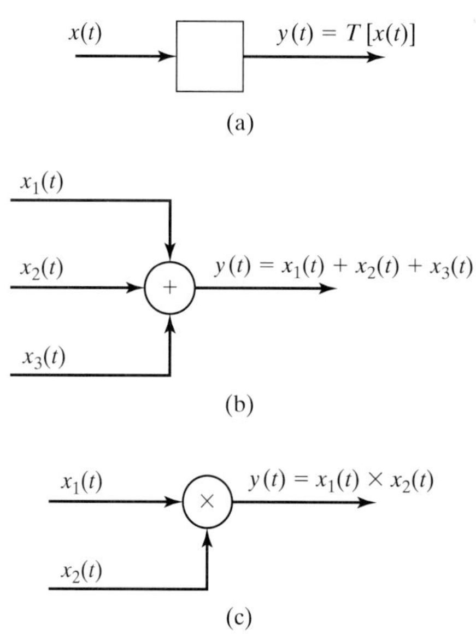

그림 2.34 블록-다이어그램 구성 요소

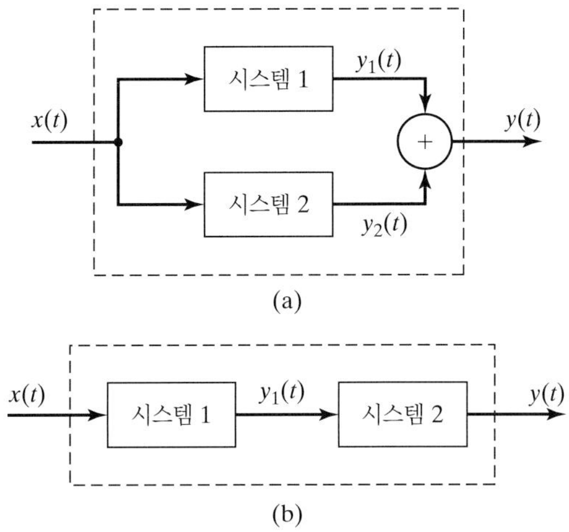

그림 2.35 기본적인 시스템 연결

이다. 식 (2.54)와 식 (2.55)의 시스템 방정식은 두 시스템에 대한 수학적인 모델을 알기 전까지는 더 이상 간략화시킬 수 없다.

앞선 내용은 시스템을 상호 연결하더라도 시스템들의 특성은 변하지 않는다는 가정 아래에서 분석한 것이다. 이러한 사실을 그림 2.36의 두 개의 RL 회로가 직렬로 연결된 회로에서 볼 수 있다. 격리 증폭기(isolation amplifier)가 매우 높은 입력 임피던스를 갖는다면 (일반적으로 타당한 근사다) 첫 번째 회로에서 전류 $i(t)$에 대한 식은 두 번째 회로에 독립적이다. 이 경우에 증폭기의 입력단으로 들어가는 전류는 $i(t)$와 비교할 때 무시할 만큼 작고 첫 번째 회로의 시스템 특성은 두 번째 회로가 존재하더라도 영향을 받지 않는다. 격리 증폭기가 제거되면 R_2와 L_2가 L_1 양단의 전압에 영향을 끼치고 $v(t)$의 함수로서 $v_1(t)$에 대한 시스템 모델도 변한다. 그림 2.34와 그림 2.35에서처럼 시스템이 상호 연결되는 것을 그릴 때, 모든 시스템들의 특성이 다른 시스템이 존재하더라도 영향을 받지 않는다는 암묵적인 가정을 한다.

다음 예제는 시스템의 상호 연결에 대한 예다.

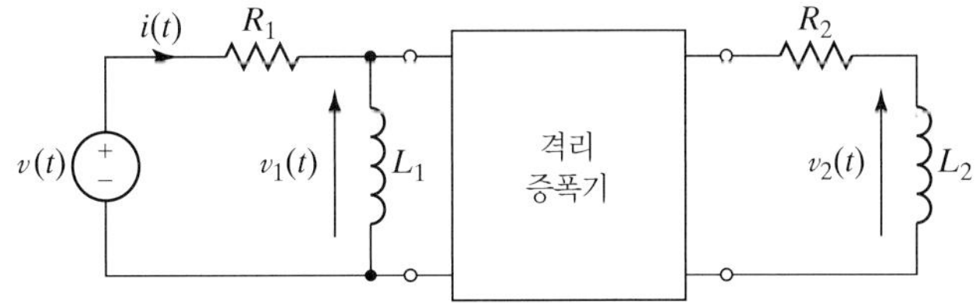

그림 2.36 두 회로의 직렬 연결

예제 2.16 시스템의 상호 연결

그림 2.37의 시스템을 생각해보자. 각 블록은 하나의 시스템을 나타내고 시스템들을 구별하기 위해 숫자를 부여하였다. × 기호가 있는 원은 두 개의 입력 신호의 곱을 나타낸다. 이 시스템에 대해 다음과 같은 식을 쓸 수 있다.

$$y_3(t) = y_1(t) + y_2(t) = T_1[x(t)] + T_2[x(t)]$$

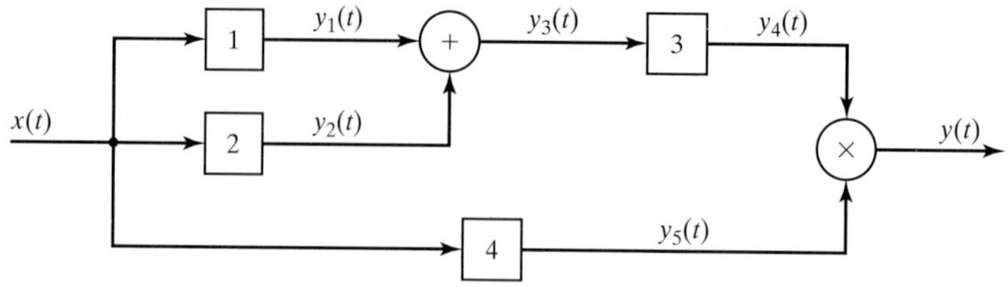

그림 2.37 예제 2.16의 시스템

그리고

$$y_4(t) = T_3[y_3(t)] = T_3(T_1[x(t)] + T_2[x(t)])$$

그러므로

$$y(t) = y_4(t) \times y_5(t) = [T_3(T_1[x(t)] + T_2[x(t)])]T_4[x(t)] \quad (2.56)$$

이다. 이 방정식은 단지 시스템의 상호 연결만을 나타낸다. 전체 시스템의 수학적인 모델은 개별 시스템들의 수학적인 모델에 따라 달라진다. ■

피드백 시스템

이제 자동 제어에서 사용되는 *피드백-제어 시스템*(feedback-control system)이라고 하는 중요한 시스템 연결에 대해 살펴보자. *자동 제어*라는 용어는 인간의 개입이 없는 제어를 의미한다. 자동 제어 시스템의 한 예는 가정이나 사무실의 온도-제어 시스템이다. 두 번째 예는 공항에 (조종사의 개입 없이) 자동으로 비행기를 착륙시키는 시스템이다.

피드백-제어 시스템의 기본적인 구조가 그림 2.38에 나와 있다. *플랜트*(plant)는 제어 대상이 되는 물리적 시스템이다. *제어기*(controller)는 전체 시스템이 어떤 원하는 특성을 갖도록 설계 엔지니어가 집어넣은 물리적 시스템이다. *센서*(sensor)는 제어하고자 하는 신호를 측정하는데, 센서의 입력 신호가 바로 제어하고자 하는 출력 신호다. 오차 신호 $e(t)$는 $x(t)$로 모델링된 원하는 출력과 실제 출력 $y(t)$를 측정한 값 사이의 차다. 이 시스템에 대해 다음과 같은 방정식을 세운다.

$$e(t) = x(t) - T_3[y(t)]$$

그리고

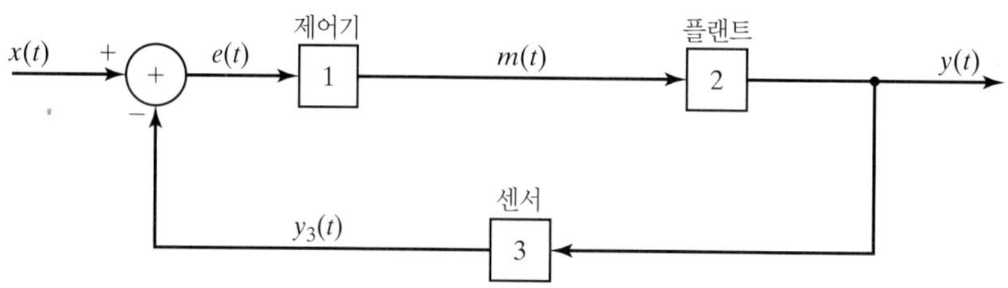

그림 2.38 피드백-제어 시스템

$$y(t) = T_2[m(t)] = T_2(T_1[e(t)]) \tag{2.57}$$

그러므로 출력 신호를 다음과 같이 쓸 수 있다.

$$y(t) = T_2[T_1(x(t) - T_3[y(t)])] \tag{2.58}$$

피드백 시스템의 경우에는 항상 그렇듯이 시스템의 출력은 시스템의 입력과 시스템의 출력의 함수로 표현된다. 식 (2.58)은 세 개의 하위 시스템(subsystem)인 제어기와 플랜트 그리고 센서의 수학적 모델을 모르고서는 더 이상 간략하게 할 수 없다.

다음 예제는 피드백 제어 시스템의 모델에 대한 하나의 간단한 예다.

예제 2.17 피드백 시스템의 상호 연결

그림 2.38의 피드백-제어 시스템에서 제어기와 센서가 단순 이득(크기 스케일링)으로 모델링될 수 있다고 가정하자. 이러한 모델은 몇몇의 물리적 제어 시스템에서 적당한 모델이다. 그러므로

$$m(t) = T_1[e(t)] = K_1 e(t)$$

그리고

$$y_3(t) = T_3[y(t)] = K_3 y(t)$$

이다. 여기서 K_1과 K_3는 실수인 상수다. 이제

$$e(t) = x(t) - K_3 y(t)$$

이다. 그러므로

$$m(t) = K_1 e(t) = K_1 x(t) - K_1 K_3 y(t)$$

이다. 또한 플랜트가 다음과 같이 일차 미분기로 모델링된다고 가정하자.

$$y(t) = T_2[m(t)] = \frac{dm(t)}{dt}$$

그러므로

$$y(t) = \frac{d}{dt}[K_1 x(t) - K_1 K_3 y(t)] = K_1 \frac{dx(t)}{dt} - K_1 K_3 \frac{dy(t)}{dt}$$

이다. 이 방정식이 시스템의 모델이고 다음과 같이 쓸 수 있다.

$$K_1 K_3 \frac{dy(t)}{dt} + y(t) = K_1 \frac{dx(t)}{dt}$$

즉, 이 시스템은 계수가 상수인 일차 선형 미분방정식으로 모델링된다. ■

이 절에서는 시스템의 상호 연결을 표현하는 일반적인 과정에 대해 다루었다. 추가로 두 가지의 수학적 모델을 세웠다.

예제 2.17에서 선형이라는 용어를 정의하기도 전에 미리 사용하였는데, 선형성은 시스템이 가질 수 있는 가장 중요한 특성 중 하나다. 선형성에 대한 정의는 다른 여러 시스템의 성질들과 함께 다음 절에서 제시한다.

2.7 연속-시간 시스템의 특성들

2.6절에서 연속-시간 시스템을 소개하였다. 이 절에서는 이러한 시스템들의 몇 가지 성질 또는 특성들을 정의한다. 이 정의들에 기반하여 시스템을 수학적으로 표현한 식을 테스트함으로써 시스템이 어떤 성질들을 가지고 있는지 결정할 수 있다.

한 시스템이 어떤 성질을 가지고 있는지 여부를 테스트할 때, 흔히 시스템이 관심 있는 어떤 한 특정한 성질을 가지고 있지 않다는 것을 증명하는 것이 그 성질을 가지고 있다는 것을 증명하는 것보다 훨씬 더 쉽다. 어떤 시스템이 특정한 한 성질을 가지고 있지 않다는 것을 증명하기 위해서는 단지 하나의 반례(counterexample)만 보이면 된다. 반면에 어떤 시스템이 그 성질을 가지고 있다는 것을 증명하기 위해서는 임의의 입력에 대해 성립함을 보이는 분석적인 논리를 제시해야 하므로 훨씬 더 어렵다.

다음 관계식에서 $x(t)$는 시스템의 입력 신호를 나타내고 $y(t)$는 출력 신호를 나타낸다.

$$x(t) \rightarrow y(t) \tag{2.59}$$

이 기호를 "$x(t)$가 $y(t)$를 생성해낸다"고 읽는다. 이것은 그림 2.32의 블록 다이어그램 및 다음 변환 기호와 동일한 의미를 갖는다.

[식 (2.51)] $$y(t) = T[x(t)]$$

다음으로 연속-시간 시스템이 가질 수 있는 여섯 가지 성질들을 차례로 소개한다.

메모리

시각 t_0에서의 시스템의 출력, $y(t_0)$가 $x(t_0)$ 이외의 다른 입력 값에 의해서 결정되면, 이 시스템은 메모리를 갖는다. 그렇지 않으면 이 시스템은 메모리가 없다.

메모리를 갖는 시스템을 또한 *동적 시스템*(dynamic system)이라 한다. 메모리를 갖는 시스템의 한 예는 다음과 같이 정의되는 *적분 증폭기*다(1.2절 참조).

$$y(t) = K\int_{-\infty}^{t} x(\tau)d\tau \tag{2.60}$$

출력 전압 $y(t)$는 적분 구간을 보면 알 수 있듯이 입력 전압 $x(t)$의 과거의 모든 전압 값에 의해 결정된다. 다음 식과 같이 커패시터의 전류를 입력으로 정의하고 전압을 출력으로 정의하면 커패시터 또한 메모리를 갖는 시스템이다.

$$v(t) = \frac{1}{C}\int_{-\infty}^{t} i(\tau)d\tau$$

$t = t_0$일 때 커패시터 양단의 전압은 t_0 이전의 모든 시간의 전류 $i(t)$에 의해 결정된다. 그러므로 이 시스템은 메모리를 갖는다.

메모리가 없는 시스템을 또한 *정적 시스템*(static system)이라 한다. 메모리가 없는 시스템의 한 예는 이전에 정의된 이상적인 증폭기다. $x(t)$를 입력으로 하고 $y(t)$를 출력으로 할 때, 이득이 K인 이상적인 증폭기의 모델은 다음과 같다.

$$y(t) = Kx(t)$$

메모리가 없는 시스템의 두 번째 예는 $v(t) = Ri(t)$로 기술되는 저항이고, 세 번째 예는 다음과 같은 제곱 시스템이다.

$$y(t) = x^2(t) \tag{2.61}$$

명확하게 시스템 $y_1(t) = 5x(t)$는 메모리가 없는 시스템이다. 반면에 두 번째 시스템 $y_2(t) = x(t + 5)$는 메모리를 갖는다. 왜냐하면 $y_2(t_0)$가 t_0보다 다섯 시간 단위 전의 $x(t_0 + 5)$의 값에 의해 결정되기 때문이다.

> **가역성**
> 서로 다른 시스템의 입력에 대해 시스템의 출력이 서로 다를 때, 이 시스템을 가역(invertible) 시스템이라 한다.

가역 시스템은 시스템의 출력으로부터 시스템의 입력을 유일하게 결정할 수 있다. 예로써, 앞에서 언급한 다음과 같이 표현되는 제곱 시스템을 생각해보자.

$$y(t) = x^2(t) \Rightarrow x(t) = \pm\sqrt{y(t)} \tag{2.62}$$

이 회로의 출력이 4 V로 일정하다고 하자. 이 경우 입력이 +2 V 또는 −2 V가 될 수 있다. 그러므로 이 시스템은 가역 시스템이 아니다. 가역 시스템의 하나의 예는 이득이 K인 이상적인 증폭기다.

$$y(t) = Kx(t) \Rightarrow x(t) = \frac{1}{K}y(t) \tag{2.63}$$

가역성과 관련하여 또 하나 정의할 수 있는 것은 시스템의 *역*(inverse)이다. 시스템의 역에 대한 정의를 내리기 전에, *항등 시스템*(identity system)을 먼저 정의하자. 항등 시스템은 출력이 입력과 항상 동일한 시스템이다. 항등 시스템의 한 예는 이득이 1인 이상적인 증폭기다. 이제 시스템의 역을 정의하자.

> **시스템의 역**
> (T로 표기한) 한 시스템의 역은 T와 직렬로 연결하여 전체 시스템을 항등 시스템이 되게 하는 (T_i으로 표기한) 또 하나의 시스템이다.

역변화에 대한 기호는 다음과 같다.

$$y(t) = T[x(t)] \Rightarrow x(t) = T_i[y(t)] \tag{2.64}$$

그러므로 $T_i[\cdot]$는 역변환을 나타낸다. 어떤 시스템이 가역 시스템이면, 식 (2.64)에서 모든 $y(t)$에 대한 유일한 $x(t)$를 찾을 수 있다. 그림 2.39는 가역 시스템을 나타낸다. 이 그림에서

$$z(t) = T_2[y(t)] = T_{i1}(T_1[x(t)]) = x(t) \tag{2.65}$$

이다. 여기서 $T_2(\cdot) = T_{i1}(\cdot)$이고, T_{i1}은 시스템 $T_1(\cdot)$의 역이다.

시스템의 역에 대한 간단한 예는 이득이 5인 이상적인 증폭기다. 다음과 같이 $x(t)$를 $y(t)$에

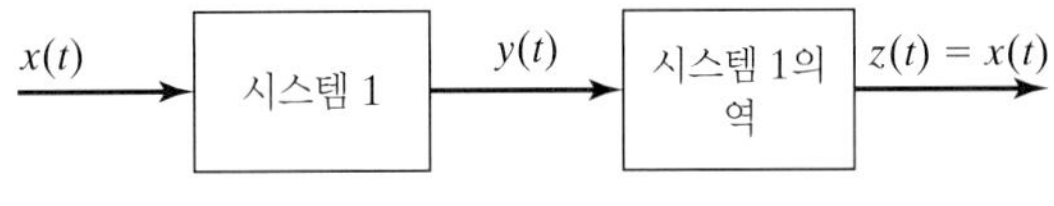

그림 2.39 역시스템

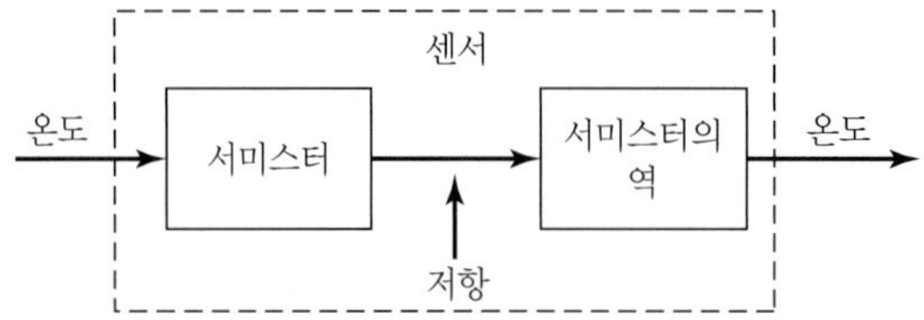

그림 2.40 온도 센서

대해 풀어서 역시스템을 구할 수 있음에 주목한다.

$$y(t) = T[x(t)] = 5x(t) \Rightarrow x(t) = T_i[y(t)] = 0.2y(t) \tag{2.66}$$

그러므로 역시스템은 이득이 0.2인 이상적인 증폭기다.

트랜스듀서(transducer)는 물리적인 변수의 값을 측정할 때 사용하는 물리적 소자다. 예를 들어 트랜스듀서의 한 종류인 *서미스터*(thermistor, *온도-감응 저항*)는 온도를 측정할 때 사용하는 소자다. 서미스터의 저항을 측정한 다음 이미 알고 있는 서미스터의 온도-저항 특성을 사용하여 온도를 결정한다.

앞 문단에서 서미스터를 예로 들어 설명한 내용은 일반적인 트랜스듀서에 적용된다. 물리량(신호)을 측정할 때, 물리량이 트랜스듀서에 미치는 *영향*을 측정한다. 트랜스듀서의 출력(물리량의 영향)을 측정함으로써 트랜스듀서의 입력(물리량)을 결정할 수 있어야만 한다. 이러한 원인-영향 관계식은 가역적이어야 한다. *센서*는 어떤 시스템의 역시스템이 뒤따라 나오는 하나의 트랜스듀서이고 그림 2.40에 이를 도시하였다.

> 유리 막대 온도계는 트랜스듀서의 두 번째 예다. 유리 막대는 시스템이고 막대에 달려 있는 눈금은 역시스템이다. 온도의 변화는 막대 안의 액체의 밀도를 변화시킨다. 그 결과 액체가 담겨 있는 관의 수면 위치가 변한다. 그런 다음 눈금이 표시되어 있는 자로부터 액체의 수면 위치를 온도 단위로 변환한다.

역시스템 출력 신호의 단위는 시스템 입력 신호의 단위와 대부분의 경우 동일하지 않다. 그러나 두 신호의 진폭은 동일하다.

> **인과성**
> 임의의 시각 t_0에서의 시스템의 출력이 $t \leq t_0$의 입력에 의해서만 결정될 때 이 시스템을 인과(causal) 시스템이라 한다.

인과 시스템은 또한 *비예측*(nonanticipatory) *시스템*이라고도 한다. *모든 물리적 시스템은 인과 시스템이다.*

> *필터*(filter)는 신호로부터 원하지 않는 성분을 제거하기 위한 물리적 디바이스(시스템)다. 우리가 신호의 과거의 모든 값과 미래의 모든 값을 이용할 수 있다면 훨씬 더 좋은 필터를 설계할 수 있다. 실시간으로는 (물리적 시스템에서 신호가 발생하는 것과 같이) 우리는 신호의 미래 값을 절대 알 수 없다. 그러나 신호를 기록한 다음 필터링한다면 신호의 "미래" 값들을 이용할 수 있다. 그러므로 필터를 단지 기록되어 있는 신호에 대해서만 적용한다면 우리는 더 나은 필터를 설계할 수 있다. 물론 이때 필터링은 실시간으로 수행되지 않는다.

t가 초 단위의 시간일 때, 다음과 같이 표현되는 시스템은 인과 시스템이다.

$$y(t) = x(t-2) \tag{2.67}$$

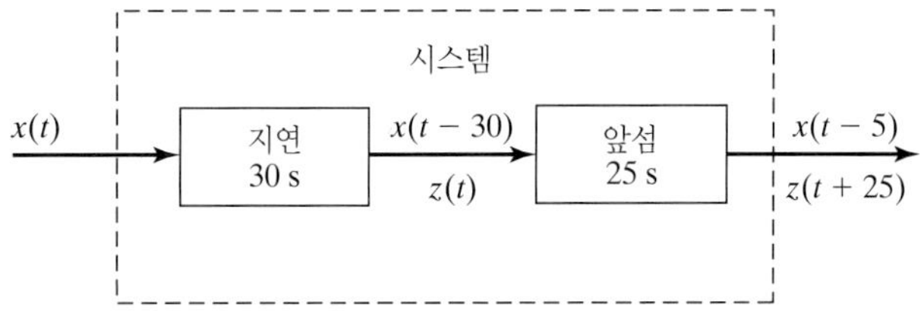

그림 2.41 비인과 구성 요소를 가진 인과 시스템

왜냐하면 현재의 출력이 2초 전의 입력과 같기 때문이다. 예를 들어, 신호 $x(t)$를 자기 테이프에 저장하고 재생 헤드를 녹음 헤드로부터 2초 뒤의 위치에 놓는 식으로 이 시스템을 구현할 수 있다. 식 (2.67)과 같이 표현되는 시스템을 *이상적인 시간 지연*(delay)이라 한다. 신호의 형태는 바뀌지 않고, 단지 신호가 지연될 뿐이다.

다음과 같이 표현되는 시스템은 인과 시스템이 아니다.

$$y(t) = x(t + 2) \tag{2.68}$$

왜냐하면 예를 들어 $t = 0$일 때의 출력이 2초일 때의 입력과 동일하기 때문이다. 이 시스템은 *이상적인 시간 앞섬*(advance)인데, 물리적으로 구현은 불가능하다.

인과 시스템의 또 다른 예가 그림 2.41과 같은 시스템이다. 이 시스템에서 30초만큼의 시간 지연 후에 25초만큼의 시간 앞섬이 뒤따른다. 그렇기 때문에 전체 시스템은 인과 시스템이고 물리적으로 구현 가능하다. 시스템의 시간 앞섬 부분은 인과 시스템이 아니지만 최소 25초의 시간 지연이 앞에 있다면 구현 가능하다. 앞에서 언급한 비실시간 필터링은 이러한 종류의 시스템의 한 예다.

안정성

이제 *안정성*을 정의한다. 시스템의 안정성에 대한 수많은 정의가 존재하는데, 그중에 *유계-입력-유계-출력*(bounded-input-bounded-output, BIBO) 안정성에 대한 정의를 소개한다.

> **BIBO 안정성**
> 시스템의 출력이 임의의 유계인 입력에 대해 유한할 때 이 시스템은 안정하다.

정의에 의해, 다음 식을 만족하는 수 M이 존재하면 신호 $x(t)$는 유계다.

$$\text{모든 시간 } t\text{에 대해 } |x(t)| \leq M \tag{2.69}$$

그러므로 식 (2.69)를 만족시키는 *모든* $x(t)$에 대해 다음 식을 만족하는 수 R이 존재하면, 이 시스템은 BIBO 안정하다.

$$\text{모든 시간 } t\text{에 대해 } |y(t)| \leq R \tag{2.70}$$

그림 2.42는 유계인 $x(t)$와 $y(t)$를 나타낸다. 주어진 시스템의 BIBO 안정성을 판별하기 위해서는 식 (2.69)에서의 임의의 값 M이 주어질 때 식 (2.70)을 만족하는 (일반적으로 M의 함수인) R 값을 찾아야 한다.

BIBO 안정성을 판별하는 데 있어서 수많은 흔한 오해가 있다. 첫째로 유한이어야 하는 것은 입력 신호와 출력 신호의 *크기*뿐임을 지적하고자 한다. 두 신호 모두 모든 시간에서 정의되기 때문에 시간 인덱스 t의 범위는 $-\infty$에서 ∞까지다. 두 번째로 $x(t)$가 유계가 아니면, 심지어 BIBO 시스템이더라도 출력은 유계가 되지 않을 수 있다. 어떤 의미에서 BIBO 안정성은 시스템이 적절

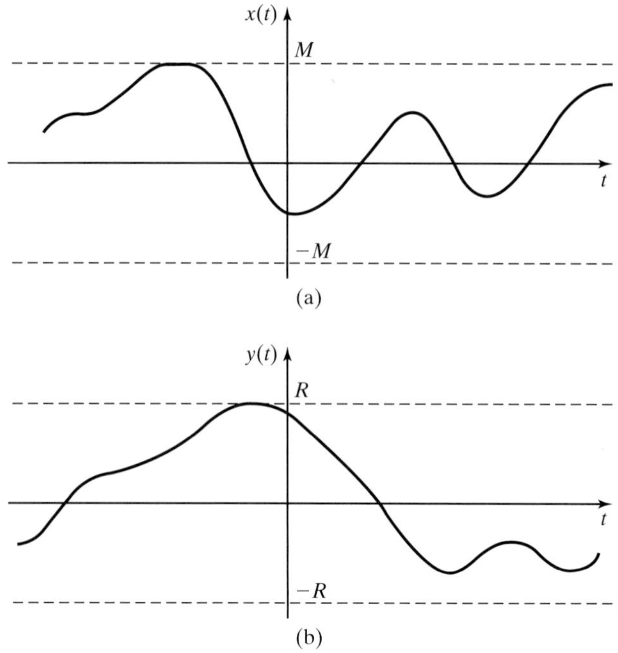

그림 2.42 유계 함수

하게 사용된다면 (즉, 입력이 유계인) 시스템이 예측 가능하게 동작할 것임을 (즉, 발산하지 않음을) 의미한다. 3장의 식 (3.45)에서 BIBO 안정성에 대한 간단한 테스트 방법을 보게 될 것이다.

그림 2.31에 보이는 $y(t) = 10x(t)$인 이상적인 증폭기는 안정한데 왜냐하면 식 (2.69)와 식 (2.70)에서

$$|y(t)| \leq R = 10M$$

이기 때문이다. 이 시스템에서 $x(t)$가 유계이면, $y(t)$는 $x(t)$값의 10배보다 클 수 없다. 그렇기 때문에 이 시스템은 BIBO 안정하다.

다음과 같은 제곱 시스템은 안정한데

$$y(t) = x^2(t) \tag{2.71}$$

왜냐하면 임의의 유계인 입력에 대해 $y(t)$가 유계이기 때문이다. 식 (2.69)와 식 (2.70)에서

$$|y(t)| \leq R = M^2$$

이다. 저항이 $R = 0$인 그림 2.33과 같은 회로로 모델링되는 시스템을 생각해보자. 이상적인 전압 소스 $v(t)$를 입력으로 간주하고 회로에 흐르는 전류 $i(t)$를 출력으로 생각하면, 출력은 다음 식으로 표현된다.

$$i(t) = \frac{1}{L}\int_{-\infty}^{t} v(\tau)d\tau \tag{2.72}$$

입력이 단위 계단 함수인 $v(t) = u(t)$라고 한다면, 출력은 램프 함수인 $i(t) = \frac{1}{L}tu(t)$이고, 이것은 유계가 아니다. 이 예에서 식 (2.69)에서 요구하는 대로 입력은 유계이지만, 다음 식과 같이 출

력은 유계가 아니므로 식 (2.70)으로 주어지는 BIBO 안정성 조건을 만족하지 않는다.

$$\lim_{t\to\infty} y(t) = \lim_{t\to\infty} \frac{1}{L}t = \infty$$

그러므로, 이 회로는 BIBO 안정하지 않다. 그러나 회로에 대한 입력이 그림 2.43(a)와 같이 차츰 줄어드는 지수함수라면, 즉,

$$v(t) = e^{-at}u(t), \quad a > 0$$

이면,

$$i(t) = \frac{1}{aL}(1 - e^{-at})u(t)$$

이고, 이 식의 그래프는 ($aL = 1$인 특정한 경우에 대해) 그림 2.43(b)와 같고, 모든 시간에서 유계다. 그렇기 때문에 시스템 응답은 어떤 입력에 대해서는 유계이고 또 다른 어떤 입력에 대해서는 유계가 아니다. 이런 특성을 갖는 시스템은 BIBO *안정하다고 하지 않고*, 때때로 *경계 안정*(marginally stable)하다고 한다.

안정성은 거의 모든 물리적 시스템에 요구되는 기본적인 성질이다. 일반적으로 안정하지 않는 시스템은 제어할 수 없고 아무 쓸모가 없다. 불안정한 시스템의 한 예는 갑자기 소리가 커지는 공공 장소의 확성 장치다. 이때 이 시스템의 출력은 입력과 아무 관련이 없다. 불안정한 시스템의 두 번째 예는 텔레비전 뉴스에서 몇 번 봤을 수도 있는 장면으로, 제어가 불가능해지고 파괴되어버릴 수밖에 없었던 우주선 추진 장치 또는 미사일이다.

시불변

입력 신호의 시간 이동이 출력 신호의 시간 이동 *결과로만* 나타날 때 시스템은 시불변(time invariant)이라고 한다.

입력 $x(t)$가 출력 $y(t)$를 생성하는 시불변 시스템, $y(t) = T[x(t)]$에 대해, 모든 t_0에서 $x(t - t_0)$

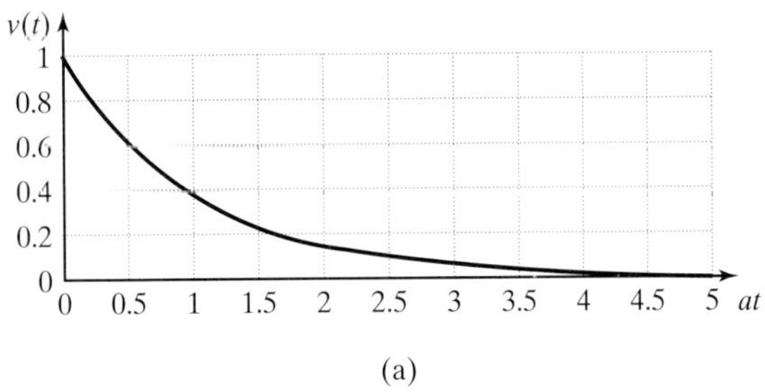

(a)

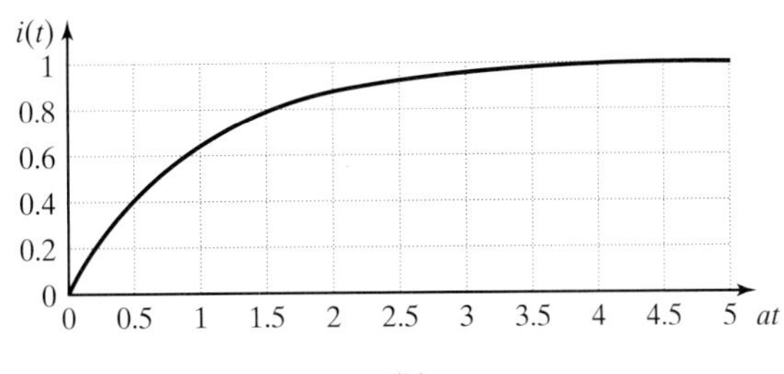

(b)

그림 2.43 (a) 시스템 입력 신호 (b) 유계 출력 신호

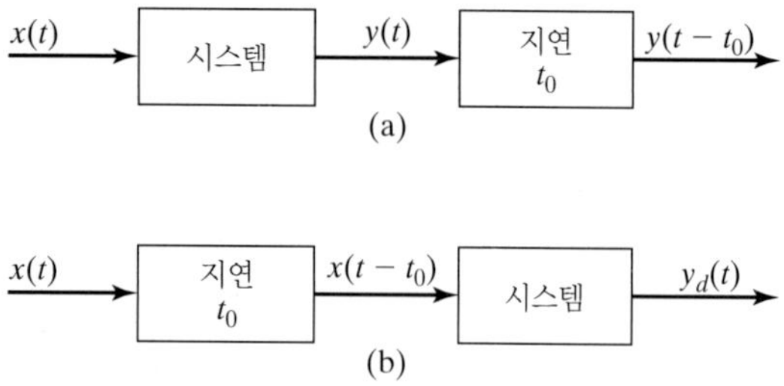

그림 2.44 시불변성 테스트

는 $y(t - t_0)$을 생성한다. 즉,

$$y(t - t_0) = T[x(t - t_0)] \tag{2.73}$$

이다. 여기서 $T[x(t - t_0)]$는 시스템의 입력-출력 관련성을 기술하는 변환을 가리킨다. 즉, 시불변 시스템은 시간에 따라 변하지 않는다. 어떤 시스템이 오늘 동작한다면, 이 시스템은 다음 주 또는 내년에도 동일한 방식으로 동작할 것이다. 시불변 시스템을 또한 *고정 시스템*(fixed system)이라 한다.

시불변성을 테스트하는 방법이 그림 2.44에 나와 있다. 그림 2.44(a)에서 신호 $y(t - t_0)$는 $y(t)$를 t_0초만큼 지연시켜 얻는다. 그림 2.44(b)에서 지연된 입력 $x(t - t_0)$에 대한 시스템의 출력을 $y_d(t)$로 정의한다.

$$y_d(t) = T[x(t - t_0)]$$

그림 2.44의 시스템은 다음 식을 만족한다면 시불변이다.

$$y(t - t_0) = y_d(t) \tag{2.74}$$

시불변이 아닌 시스템은 시변(time varying) 시스템이다.

시불변의 한 예로써, 다음 시스템을 생각하자.

$$y(t) = e^{x(t)}$$

식 (2.73)과 식 (2.74)로부터

$$y_d(t) = y(t)\Big|_{x(t-t_0),} = e^{x(t-t_0)} = y(t)\Big|_{t-t_0}$$

이고, 이 시스템은 시불변이다.

다음으로 다음과 같은 시스템을 고려하자.

$$y(t) = e^{-t}x(t)$$

식 (2.73)과 식 (2.74)에서

$$y_d(t) = y(t)\Big|_{x(t-t_0)} = e^{-t}x(t - t_0)$$

이고,

$$y(t)\Big|_{t-t_0} = e^{-(t-t_0)}x(t - t_0)$$

이다. 마지막 두 개의 식은 동일하지 않다. 그러므로 식 (2.74)가 만족하지 않고, 이 시스템은 시변이다.

예제 2.18 시불변 테스트

그림 2.45(a)는 입력 신호를 시간 역전시키는 시스템에 대해 시불변성을 정의하는 식 (2.73)을 테스트하는 모습을 보여준다. 테스트를 위해 선택한 입력 신호는 단위 계단 함수 $x(t) = u(t)$다. 그림 2.45(a)의 갈라진 윗부분에서 먼저 $u(t)$를 역전시켜 $y(t) = u(-t)$를 얻고 그런 다음 1초만큼 지연시켜 $y(t-1) = u(-(t-1)) = u(1-t)$를 만든다. 그림의 갈라진 아랫부분에서 먼저 입력 신호를 1초만큼 지연시켜서 $u(t-1)$을 만들고 그런 다음 시간 역전을 시켜 $y_d(t) = u(-t-1)$를 만든다. 이 시스템에 대한 신호들을 그림 2.45(b)에 나타내었다. $y_d(t) \neq y(t-1)$이므로 시간-역전 연산은 시불변이 아니다. 상식적으로도 이것은 이치에 맞는데 왜냐하면 시간 역전 전에 오른쪽으로 시간 이동시키면 시간 역전 후에 왼쪽으로 시간 이동시킨 결과가 될 것이기 때문이다. ■

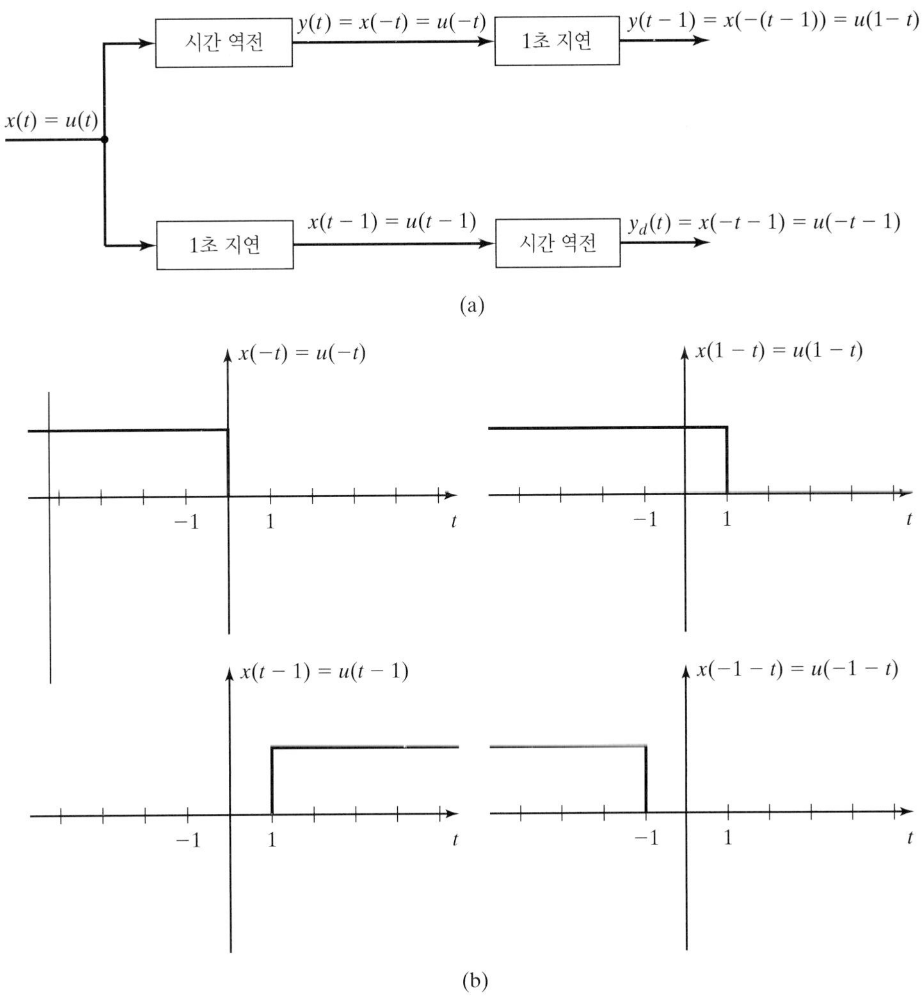

그림 2.45 예제 2.18의 시불변성 테스트

시변 시스템은 시간에 따라 변하는 특성을 갖는다. 이러한 종류의 시스템이 특정한 입력에 대해 반응하는 방식은 입력이 가해지는 시각에 따라 달라진다.

> 시변 물리적 시스템의 한 예는 NASA 우주왕복선의 부스터단(booster)이다. 우주선에 뉴턴 제2 법칙을 적용하면 다음 식을 얻는다.
>
> $$f_z(t) = M(t)\frac{d^2z(t)}{dt^2}$$
>
> 여기서 힘 $f_z(t)$는 연료를 태워 만들어내는 z-축 방향으로의 엔진 추력이고, $M(t)$는 우주왕복선의 질량, $z(t)$는 z-축 방향으로의 위치다. 질량은 엔진을 태울수록 줄어들기 때문에 따라서 시간의 함수다.

> 자동 제어 시스템의 제어기를 설계할 때, 때때로 시스템의 특성을 개선시키기 위해 의도적으로 시변 이득을 사용한다. 물론 시변 이득은 시변 시스템이 되게 한다. 예를 들어, 미 해군 항공기 캐리어에 자동으로 항공기를 착륙시키는 제어 시스템은 시변 이득을 사용한다[7]. 시변 이득은 착지 시간(time-to-touchdown)에 기반하고 있고, 착지 시간이 감소할수록 이득은 증가한다. 이러한 이득의 증가는 기체의 비행 궤도에서 오차를 수정할 때 응답 시간을 줄이는 결과를 얻게 한다.

선형성

선형성 성질은 우리가 고려할 중요한 성질 중 하나다. 다시 한번 시스템의 입력 신호를 $x(t)$라 하고 출력 신호를 $y(t)$라고 하자.

> **선형 시스템**
> 시스템이 다음 두 기준을 만족하면 시스템은 선형(linear)이다.
>
> **1.** 가산성(Additivity): $x_1(t) \to y_1(t)$이고 $x_2(t) \to y_2(t)$이면,
>
> $$x_1(t) + x_2(t) \to y_1(t) + y_2(t) \tag{2.75}$$
>
> **2.** 등질성(Homogeneity): $x_1(t) \to y_1(t)$이면,
>
> $$ax_1(t) \to ay_1(t) \tag{2.76}$$
>
> 여기서 a는 상수다. 이 기준들은 모든 $x_1(t)$와 $x_2(t)$ 그리고 모든 a에 대해서 성립해야 한다.

이 두 기준을 하나로 합치면 *중첩의 원리*(principle of superposition)가 된다. 방금 위에서 정의한 입력과 출력에 대해, 만일 다음 식을 만족하면 시스템이 중첩의 원리를 만족한다고 한다.

$$a_1x_1(t) + a_2x_2(t) \to a_1y_1(t) + a_2y_2(t) \tag{2.77}$$

여기서 a_1과 a_2는 상수다. 시스템이 이 중첩의 원리를 만족시키면 시스템은 선형이다.

어떠한 물리적 시스템도 모든 동작 조건에서 선형일 수 없다. 그러나 어떤 물리적 시스템을 식 (2.77)을 이용하여 테스트함으로써 이 시스템이 근사적으로 선형인 동작 범위를 결정할 수 있다.

선형 시스템의 예는 $y(t) = Kx(t)$로 기술되는 이상적인 증폭기다. 비선형 시스템의 예는 다음과 같이 앞서 언급한 제곱 시스템이다.

$$y(t) = x^2(t)$$

입력 $x_1(t)$와 $x_2(t)$에 대해 출력은 각각

$$x_1(t) \rightarrow x_1^2(t) = y_1(t)$$

그리고

$$x_2(t) \rightarrow x_2^2(t) = y_2(t) \tag{2.78}$$

이다. 그러나 입력 $[x_1(t) + x_2(t)]$에 대한 출력은 다음과 같고,

$$\begin{aligned} x_1(t) + x_2(t) \rightarrow [x_1(t) + x_2(t)]^2 &= x_1^2(t) + 2x_1(t)x_2(t) \\ + x_2^2(t) &= y_1(t) + y_2(t) + 2x_1(t)x_2(t) \end{aligned} \tag{2.79}$$

입력 $[x_1(t) + x_2(t)]$에 대한 출력은 $[y_1(t) + y_2(t)]$가 아니다. 그러므로 제곱 시스템은 비선형이다.

선형 시불변(LTI) 시스템은 선형이면서 또한 시불변인 시스템이다. LTI 시스템은 연속-시간 시스템과 이산-시간 시스템에서 모두 이 책에서 강조하는 타입의 시스템이다.

연속-시간 LTI 시스템의 한 중요한 종류는 계수가 상수인 선형 미분방정식으로 모델링이 가능한 시스템들의 집합이다. 이러한 종류에 속하는 시스템에 대한 한 예는 그림 2.33의 RL 회로이고 다음과 같이 모델링된다.

[식 (2.53)]
$$L\frac{di(t)}{dt} + Ri(t) = v(t)$$

이러한 종류의 시스템에 대해 3장에서 더 자세하게 논의할 것이다.

예제 2.19 특정 시스템의 특성 판별

다음과 같은 시스템의 특성들을 이제 살펴보자.

$$y(t) = \sin(2t)x(t)$$

이 시스템은 이득이 시간에 따라 -1에서 1 사이의 값을 가지면서 변하는 하나의 증폭기로 간주할 수 있다는 점에 주목한다. 즉, 이득 $K(t) = \sin 2t$이고 $y(t) = \mathrm{K}(t)\, x(t)$다. 이 시스템이 가지는 성질들은 다음과 같다.

1. 이 시스템은 *메모리가 없다.* 왜냐하면 출력이 단지 현재 시각 입력의 함수이기 때문이다.
2. 이 시스템은 *가역시스템이 아니다.* 왜냐하면 예를 들어 어떤 입력이 들어오더라도 $y(\pi) = 0$이기 때문이다. 그러므로 이 시스템은 역을 가지지 않는다.
3. 이 시스템은 *인과시스템이다.* 왜냐하면 출력이 미래 시간에서의 입력 값에 의해 결정되지 않기 때문이다.
4. 이 시스템은 *안정하다.* 즉, 모든 유계인 입력에 대해 출력이 유계다. 왜냐하면 입력에 곱해지는 항 $\sin(2t)$는 최댓값 1을 갖기 때문이다. 만일 $|x(t)| \leqq M$이면 $|y(t)| \leqq M$이다.
5. 이 시스템은 *시변이다.* 식 (2.73)과 식 (2.74)로부터

$$y_d(t) = y(t)\Big|_{x(t-t_0)} = \sin 2t\, x(t - t_0)$$

이고

$$y(t)\Big|_{t-t_0} = \sin 2(t - t_0)x(t - t_0)$$

이다.

6. 이 시스템은 *선형이다*. 왜냐하면

$$a_1x_1(t) + a_2x_2(t) \rightarrow \sin 2t[a_1x_1(t) + a_2x_2(t)] = a_1 \sin 2tx_1(t) + a_2 \sin 2tx_2(t)$$
$$= a_1y_1(t) + a_2y_2(t)$$

이기 때문이다. ■

예제 2.20 중첩을 이용하여 선형성 테스트하기

마지막 예로써, 식 $y(t) = 3x(t)$로 기술되는 시스템인 선형 증폭기를 생각해보자. 이 시스템은 중첩성을 이용하면 쉽게 선형임을 보일 수 있다. 그러나 직류 성분을 더하는 증폭기인 $y(t) = [3x(t) + 1.5]$는 비선형이다. 중첩에 의해

$$y(t) = 3[a_1x_1(t) + a_2x_2(t)] + 1.5 \neq a_1y_1(t) + a_2y_2(t)$$

이므로 이 시스템은 선형이 아니다. 왜냐하면 출력 신호의 일부분이 입력 신호와 무관하기 때문이다. ■

예제 2.20에서의 방법과 비슷하게 분석해보면, 0이 아닌 초기 조건을 갖는 시스템은 선형이 아니다. 0이 아닌 초기 조건이 시스템의 입력으로 간주되는 경우에만 선형 시스템으로 분석할 수 있다.

이 절에서는, 몇 가지 중요한 연속-시간 시스템의 성질들을 정의하였다. 이 성질들을 이용하여 시스템들을 분류할 수 있다. 예를 들어, 아마도 가장 중요한 일반적인 시스템 특성은 선형성과 시불변성인데, LTI 시스템에 대한 분석 및 설계 절차가 가장 간단하고 적용하기 쉽기 때문이다. 이 책의 나머지 부분에서 이러한 일반적인 시스템의 특성을 계속하여 언급할 것이다.

결론

이 장에서는, 신호의 모델링과 시스템의 특성에 중점을 두고 연속-시간 신호와 시스템을 소개하였다.

먼저, 시간 역전, 스케일링, 이동을 포함한 독립 변수 시간에 대한 세 가지 변환을 정의하였다. 다음으로 동일한 세 가지의 변환을 신호의 진폭에 대해 정의하였다. 이 여섯 가지의 모든 변환을 다루는 일반적인 과정을 보여주었다. 이 변환들은 시간 신호에 대해서도 물론 중요하지만, 5장에서 보게 되듯이, 주파수에서의 변환에서도 이와 똑같이 중요하다.

그다음으로 짝함수, 홀함수, 주기성의 신호 특성을 정의하였다. 이 세 가지 특성은 신호 및 시스템을 학습하는 과정에서 자주 나타난다.

그다음으로 물리적 시스템에서 나타나는 일반적인 신호의 모델들을 정의하였다. 고려된 신호는 지수 신호와 진폭이 지수적으로 변하는 사인파다. 특이 함수들을 정의하였는데, 단위 계단 함수와 단위 임펄스 함수를 강조하였다. 이 두 함수는 시간 영역에서뿐만 아니라 주파수 영역에서도 중요하다는 점을 곧 알게 될 것이다.

표 2.4 2장의 주요 식들

수식 제목	수식 기호	수식
독립-변수 변환	(2.6)	$y(t) = x(at + b)$
신호-진폭 변환	(2.8)	$y(t) = Ax(t) + B$
신호의 짝함수 부분	(2.13)	$x_e(t) = \frac{1}{2}[x(t) + x(-t)]$
신호의 홀함수 부분	(2.14)	$x_o(t) = \frac{1}{2}[x(t) - x(-t)]$
주기성 정의	(2.15)	$x(t) = x(t + T), \quad T > 0$
헤르츠 단위와 rad/sec 단위의 기본 주파수	(2.16)	$f_0 = \dfrac{1}{T_0}\text{ Hz}, \quad \omega_0 = 2\pi f_0 = \dfrac{2\pi}{T_0}\text{ rad/s}$
지수함수	(2.18)	$x(t) = Ce^{at}$
오일러 관계식	(2.19)	$e^{j\theta} = \cos\theta + j\sin\theta$
코사인 방정식	(2.21)	$\cos\theta = \dfrac{e^{j\theta} + e^{-j\theta}}{2}$
사인 방정식	(2.22)	$\sin\theta = \dfrac{e^{j\theta} - e^{-j\theta}}{2j}$
극형식으로 표현한 복소 지수	(2.23)과 (2.24)	$e^{j\theta} = 1\angle\theta$ 그리고 $\arg e^{j\theta} = \tan^{-1}\left[\dfrac{\sin\theta}{\cos\theta}\right] = \theta$
단위 계단 함수	(2.32)	$u(\tau) = \begin{cases} 1, & \tau > 0 \\ 0, & \tau < 0 \end{cases}$
단위 임펄스 함수	(2.40)	$\delta(t - t_0) = 0, \quad t \neq t_0;$
		$\int_{-\infty}^{\infty} \delta(t - t_0)dt = 1$
단위 임펄스 함수의 여과 성질	(2.41)	$\int_{-\infty}^{\infty} f(t)\delta(t - t_0)dt = f(t_0)$
단위 임펄스 함수의 곱셈 성질	(2.42)	$f(t)\delta(t - t_0) = f(t_0)\delta(t - t_0)$
시불변성 테스트	(2.73)	$y(t)\Big\|_{t-t_0} = y(t)\Big\|_{x(t-t_0)}$
선형성 테스트	(2.77)	$a_1x_1(t) + a_2x_2(t) \rightarrow a_1y_1(t) + a_2y_2(t)$

어떤 종류의 신호를 수학적 함수로 표현하는 과정을 설명하였다. 사인파가 아닌 주기 신호를 소개하였고 이러한 주기 신호에 대한 식을 작성하는 기법을 소개하였다.

시스템들이 상호 연결되어 있는 연속-시간 시스템의 출력을 표현하는 일반적인 방법을 제시하였고 피드백 제어 시스템의 한 예를 보였다. 그리고 몇몇 시스템의 중요한 성질들을 정의하고 주어진 어떤 시스템이 이 성질들을 가지고 있는지 여부를 결정하는 과정을 소개하였다.

이 장 전체 내용은 모두 연속-시간 신호 및 시스템에 할애하였다. 9장에서는 이 장의 내용과 동일한 주제에 내해 이산-시간 신호 및 시스템과 관련을 지어 논의할 것이다. 많은 주제가 동일하지만, 몇몇 경우에는 커다란 차이점도 존재한다(표 2.4 참조).

연습문제

2.1절

2.1. 그림 P2.1의 신호들은 그림에 표시된 것 외에는 0인 신호들이다.

(a) 그림 P2.1(a)의 신호 $x(t)$에 대해 다음 신호의 그래프를 그려라.

(i) $x(-t/3)$ **(ii)** $x(3t - 6)$

(iii) $x(3 + t)$ **(iv)** $x(2 - t)$

최소한 두 개의 점에서 체크하여 결과를 검증하여라.

(b) 그림 P2.1(b)의 신호 $x(t)$에 대해 (a)의 내용을 반복하여라.

(c) 그림 P2.1(c)의 신호 $x(t)$에 대해 (a)의 내용을 반복하여라.

2.2. 그림 P2.1의 신호들은 그림에 표시된 것 외에는 0인 신호들이다.

(a) 그림 P2.1(a)의 신호 $x(t)$에 대해 다음 신호의 그래프를 그려라.

(i) $4x(t) - 2$ **(ii)** $2x(t) + 2$

(iii) $2x(2t) + 2$ **(iv)** $-4x(t) + 2$

최소한 두 개의 점에서 체크하여 결과를 검증하여라.

(b) 그림 P2.1(b)의 신호 $x(t)$에 대해 (a)의 내용을 반복하여라.

(c) 그림 P2.1(c)의 신호 $x(t)$에 대해 (a)의 내용을 반복하여라.

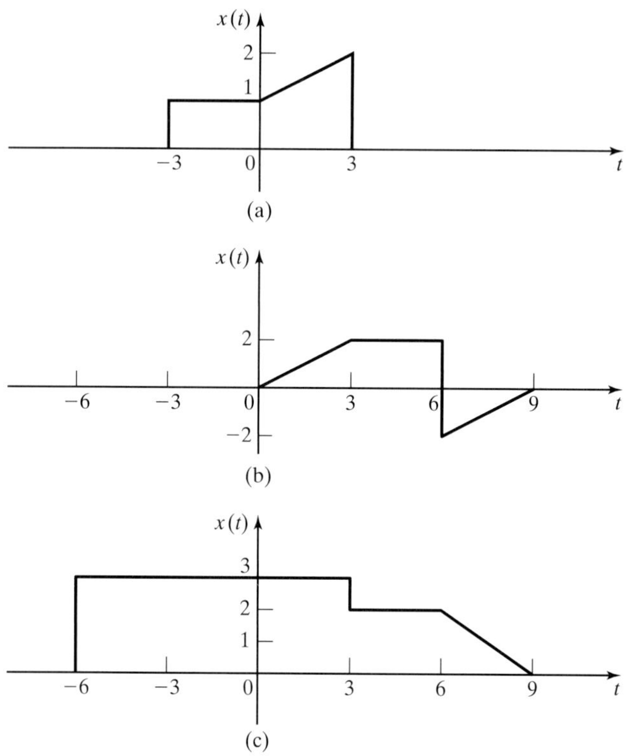

그림 P2.1

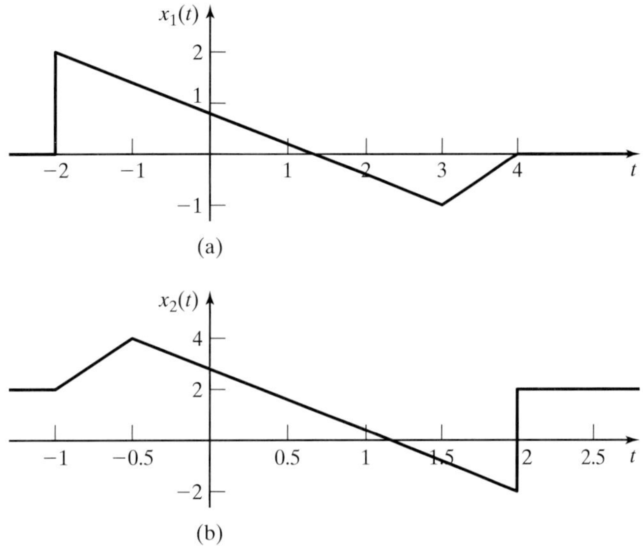

그림 P2.3

2.3. 그림 P2.3에 두 개의 신호가 주어져 있다.

(a) $x_1(t)$를 $x_2(t)$의 함수로 표현하여라.

(b) 최소한 서로 다른 세 점의 시각에서 체크하여 결과를 검증하여라.

2.4. 그림 P2.4에 신호 $x(t)$와 $y(t)$가 주어져 있다.

(a) $y(t)$를 $x(t)$의 함수로 표현하여라.

(b) 최소한 서로 다른 세 점의 시각에서 체크하여 결과를 검증하여라.

(c) $x(t)$를 $y(t)$의 함수로 표현하여라.

(d) 최소한 서로 다른 세 점의 시각에서 체크하여 (c)의 결과를 검증하여라.

2.2절

2.5. 다음 신호의 짝함수 부분과 홀함수 부분의 그래프를 그려라.

(a) 그림 P2.1(a)

(b) 그림 P2.1(b)

(c) 그림 P2.1(c)

(d) 그림 P2.4(a)

(e) 위 결과를 식 (2.11)을 이용하여 검증하여라.

2.6. 다음 각 주어진 신호에 대해, 신호가 짝함수 신호인지, 홀함수 신호인지 또는 아무것도 해당하지 않는지를 판단하여라.

(a) $x(t) = -2t$

(b) $x(t) = e^{-|4t|}$

(c) $x(t) = 5\cos 6t$

(d) $x(t) = u(-t) - u(t)$

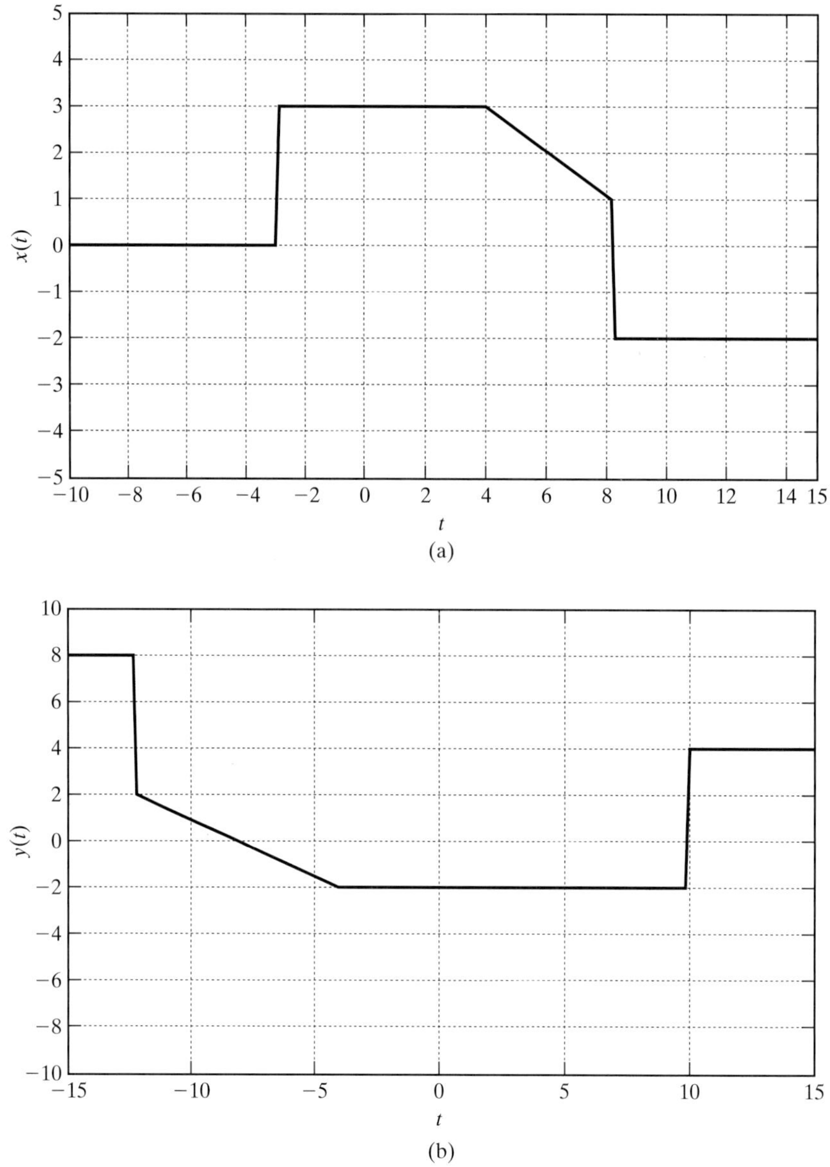

그림 P2.4

(e) $x(t) = \sin\left(6t - \frac{\pi}{2}\right)$

(f) $x(t) = u(-t) + u(t)$

2.7. 어떤 신호 $x(t)$의 평균값 A_x가 다음과 같다.

$$A_x = \lim_{T \to \infty} \frac{1}{2T} \int_{-T}^{T} x(t)dt$$

$x_e(t)$를 $x(t)$의 짝함수 부분, $x_o(t)$를 홀함수 부분이라고 하자.

(a) 다음 식이 만족함을 보여라.

$$\lim_{T \to \infty} \frac{1}{2T} \int_{-T}^{T} x_o(t)\,dt = 0$$

(b) 다음 식이 만족함을 보여라.

$$\lim_{T \to \infty} \frac{1}{2T} \int_{-T}^{T} x_e(t)\,dt = A_x$$

(c) $x_o(0) = 0$이고 $x_e(0) = x(0)$임을 보여라.

2.8. 짝함수 신호 $x(t) = t$와 홀함수 신호 $x(t) = -t$를 생각해보자. 다음을 증명하여라.

(a) 두 짝함수 신호의 합은 짝함수 신호다.

(b) 두 홀함수 신호의 합은 홀함수 신호다.

(c) 짝함수 신호와 홀함수 신호의 합은 짝함수 신호도 아니고 홀함수 신호도 아니다.

(d) 두 짝함수 신호의 곱은 짝함수 신호다.

(e) 두 홀함수 신호의 곱은 짝함수 신호다.

(f) 짝함수 신호와 홀함수 신호의 곱은 홀함수 신호다.

2.9. $x(t)$의 일부분과 홀함수 부분 $x_0(t)$가 $t \geq 0$인 구간에서만 그림 P2.9와 같이 주어져 있다. 즉, $x(t)$와 $x_0(t)$가 $t < 0$인 구간은 주어져 있지 않다. $x(t)$와 $x_0(t)$의 그래프를 완성하고 $x(t)$의 짝함수 부분인 $x_e(t)$의 그래프를 그려라. 신호의 각 부분들을 그릴 때 사용한 방정식도 제시하여라.

2.10. 주어진 신호들이 주기 신호임을 수학적으로 증명하여라. 각 신호에 대해, 기본 주기 T_0와 기본 주파수 ω_0를 구하여라.

(a) $x(t) = 2\cos(7t/6)$

(b) $x(t) = 7\sin t$

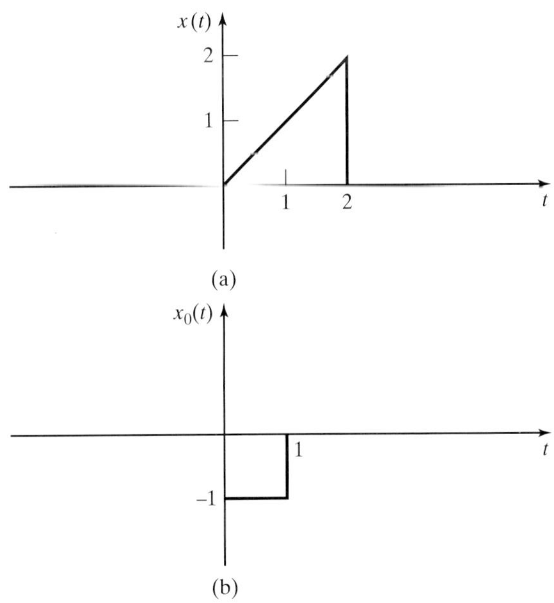

그림 P2.9

(c) $x(t) = e^{j4t}$

(d) $x(t) = \cos(t) + \sin(2t)$

(e) $x(t) = e^{j(5t+\pi)}$

(f) $x(t) = e^{-j10t} + e^{j15t}$

2.11. 각 주어진 신호에 대해, 신호가 주기 신호이면 기본 주기 T_0와 기본 주파수 ω_0를 구하여라. 만일 주기 신호가 아니면, 주기 신호가 아님을 증명하여라.

(a) $x(t) = \cos 3t + \sin 5t$

(b) $x(t) = \cos t + \sin \pi t$

(c) $x(t) = \cos(3t) + \sin(9t)$

(d) $x(t) = \cos(3\pi t) + \sin(4\pi t) + \cos(5t)$

(e) $x(t) = \cos(4\pi t) + \sin(6\pi t) + e^{j5\pi\tau}$

(f) $x(t) = \cos(3t + 30°) + e^{j2t} + \sin(3\pi t)$

2.12. (a) 다음과 같은 신호를 생각하자.

$$5 \sin(15t - 60°) + 2 \sin(7t)$$

이 신호가 주기 신호이면, 기본 주기 T_0와 기본 주파수 ω_0를 구하여라. 만일 주기 신호가 아니면, 주기 신호가 아님을 증명하여라.

(b) 다음 신호에 대해 (a)와 동일한 질문에 대해 답하여라.

$$x(t) = \cos(\pi t) + 5\mathrm{e}^{-j1.5t} + \sin(7t)$$

(c) 신호 $x(t) = \sin(\pi t) + \cos(3t)$에 대해 (a)와 동일한 질문에 대해 답하여라.

(d) $x_1(t), x_2(t), x_3(t)$가 다음과 같을 때, 신호 $x_4(t) = x_1(t) + x_2(t) + x_3(t)$에 대해 (a)와 동일한 질문에 대해 답하여라.

$$x_1(t) = \cos(4\pi t),\ x_2(t) = \sum_{n=-\infty}^{\infty} rect\left(\frac{t + {}^{n}/_{2}}{0.2}\right),\ \text{그리고}\ x_3(t) = 4\sin\left(\frac{5\pi}{7} - \frac{\pi}{4}\right)$$

2.13. $x_1(t)$가 주기가 5인 주기 신호이고, $x_2(t)$가 주기가 10인 주기 신호라고 가정하자.

(a) 두 신호의 합인 다음 신호에 대해,

$$x(t) = x_1(t) + x_2(t)$$

T_1/T_2가 두 개의 정수의 비 k_2/k_1와 같을 때, $x(t)$가 주기 신호임을 보여라.

(b) 만일 $T_1/T_2 = k_2/k_1$일 때, $x(t)$의 기본 주기 T_0를 구하여라.

2.3절

2.14. $x(t)$가 다음과 같을 때 MATLAB을 이용하여 $x(t)$의 그래프를 그려라.

(a) $5e^{-t/2}$

(b) $5e^{-2t}$

(c) $5e^{t/2}$

(d) $5(1 - e^{-t/2})$

(e) $5(1 - e^{-2t})$

(f) $5(e^{j2t} - e^{-j2t})$

(g) $5e^{-2t}(e^{j2t} - e^{-j2t})$

(h) $5e^{-0.5t}(e^{j2t} - e^{-j2t})$

2.15. 오일러 관계식을 이용하여 다음 식이 성립함을 보여라.

(a) $\cos(\theta + \phi) = \cos\theta \cos\phi - \sin\theta \sin\phi$

(b) $\sin(\theta + \phi) = \cos\theta \sin\phi + \sin\theta \cos\phi$

(c) $\cos\theta \cos\phi = \frac{1}{2}[\cos(\theta + \phi) + \cos(\theta - \phi)]$

(d) $\sin\theta \cos\phi = \frac{1}{2}[\sin(\theta + \phi) + \sin(\theta - \phi)]$

2.16. 오일러 관계식을 이용하여 다음 함수들을 $x(t) = A\cos(\omega_0 t + \phi)$ 형태로 고쳐라.

(a) $x(t) = 3\cos(2t) + \sin(2t)$

(b) $x(t) = 4\cos(4\pi t) + 3\sin(4\pi t)$

(c) $x(t) = A\cos(\omega_0 t) + B\sin(\omega_0 t)$

2.4절

2.17. 적분 $\int_{-\infty}^{\infty} \delta(bt - a)\cos^2(t - c)dt$를 구하여라. (힌트: 변수 치환을 사용하라.)

2.18. 다음 식을 $x(t)$로 정리하여 써라.

(a) $y(t) = \int_{-\infty}^{\infty} x(\tau)[\delta(\tau + 5) - \delta(\tau - 5)]d\tau$

(b) $y(t) = \int_{-\infty}^{\infty} x(t)e^{j\pi t/2}\delta(2t - 3)dt$

2.19. **(a)** 표 2.3에서의 시간-스케일링 관계식을 증명하여라.

$$\int_{-\infty}^{\infty} \delta(at)dt = \frac{1}{|a|}\int_{-\infty}^{\infty} \delta(t)dt$$

(힌트: 변수 치환을 사용하라.)

(b) 표 2.3에 나오는 다음 관계식을 증명하여라.

$$u(t - t_0) = \int_{-\infty}^{t} \delta(\tau - t_0)d\tau$$

(c) 다음 적분을 구하여라.

(i) $\int_{-\infty}^{\infty} \cos(2t)\delta(t)dt$

(ii) $\int_{-\infty}^{\infty} \cos[2(t - \pi/4)]\delta(t - \pi/4)dt$

(iii) $\int_{-\infty}^{\infty} \sin(2t)\delta(t - \pi/6)dt$

(iv) $\int_{-\infty}^{\infty} \sin[(t - \pi/4)]\delta(t - \pi/2)dt$

(v) $\int_{-\infty}^{\infty} \sin[(t - \pi/6)]\delta(2t - 2\pi/3)dt$

2.20. 다음 함수들을 단위 계단 함수의 일반적인 형태 $u(\pm t - t_0)$로 표현하여라.

(a) $u(2t + 6)$

(b) $u(-3t + 6)$

(c) $u(t/3 + 1)$

(d) $u(t/3 - 1/2)$

각 경우에 대해, 함수의 그래프를 그려라.

2.21. 다음 신호들을 $u(t - t_0)$로 나타내고 얻어진 결과의 그래프를 그려라.

(a) $u(-t)$

(b) $tu(-t)$

(c) $u(-t + 2)$

(d) $(t - 2)u(-t + 2)$

(e) $(2 - t)u(-t + 2)$

2.5절

2.22. 다음과 같은 신호가 있다고 하자.

$$x(t) = u(t - 1) - u(t - 2) + u(2 - t) - u(3 - t) + u(t - 3) - u(t - 4)$$

(a) $x(t)$의 그래프를 그려라.

(b) 신호가 계단 형태로 변하는 곳에서의 값들을 계산하여라.

2.23. 다음과 같은 신호가 주어졌다고 하자.

$$x(t) = 3u(t) + tu(t) - [t - 1]u(t - 1) - 5u(t - 2)$$

(a) $x(t)$의 그래프를 그려라.

(b) 신호가 계단 형태로 변하는 곳에서의 값들을 계산하여라.

2.24. 그림 P2.24에 보이는 신호 $x(t)$의 수학적 모델 식을 써라.

2.25. 그림 P2.25(a)와 같은 삼각 펄스 신호를 생각하자.

(a) 이 파형에 대한 수학적인 함수식을 작성하여라.

(b) 예제 2.12에 나오는 과정을 이용하여 (a)의 결과가 맞음을 보여라.

(c) (a)의 결과를 이용하여, 그림 P2.25(b)와 같은 삼각 파형에 대한 수학적인 함수식을 작성하여라.

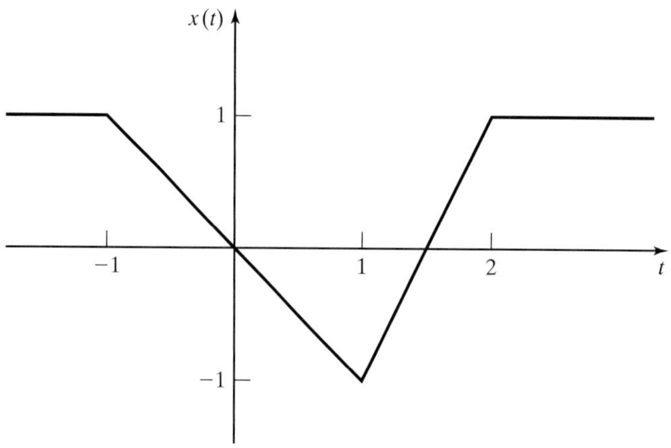

그림 P2.24

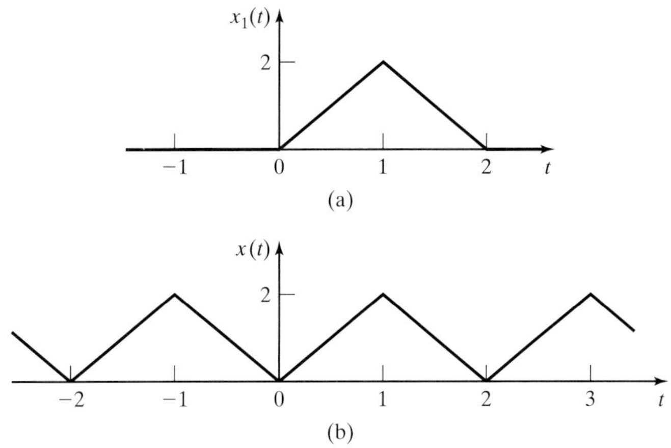

그림 P2.25

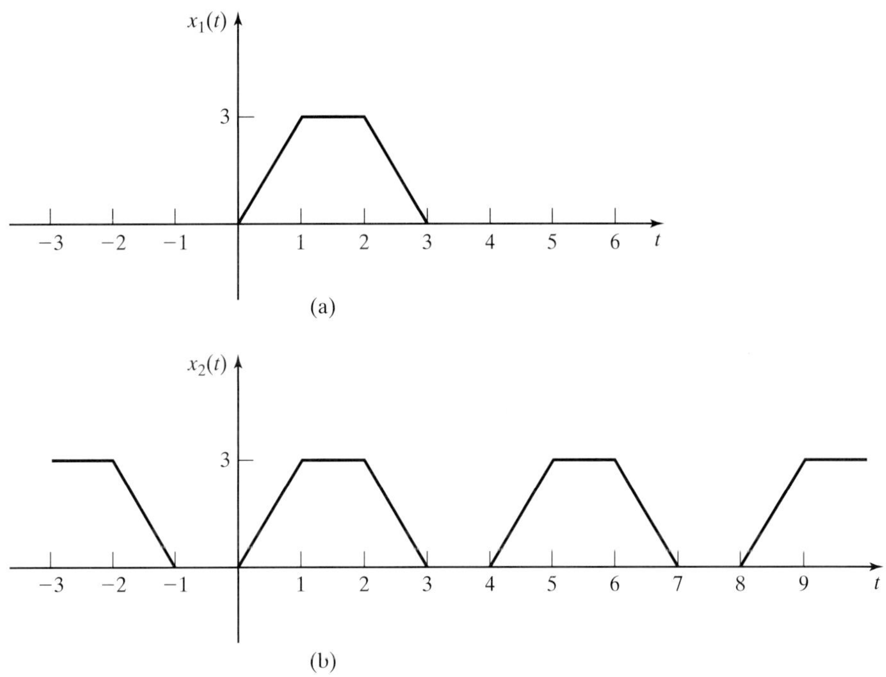

그림 P2.26

2.26. 그림 P2.26(a)와 같은 사다리꼴 펄스 신호를 생각하자.

(a) 이 파형에 대한 수학적인 함수식을 작성하여라.

(b) 예제 2.12에 나오는 과정을 이용하여 (a)의 결과가 맞음을 보여라.

(c) (a)의 결과를 이용하여, 그림 P2.26(b)와 같은 삼각 파형에 대한 수학적인 함수식을 작성하여라.

2.6절

2.27. **(a)** 그림 P2.27(a)의 시스템에 대해, 식 (2.56)과 같은 형태로 출력 $y(t)$를 입력과 시스템 변환의 함수로 나타내어라.

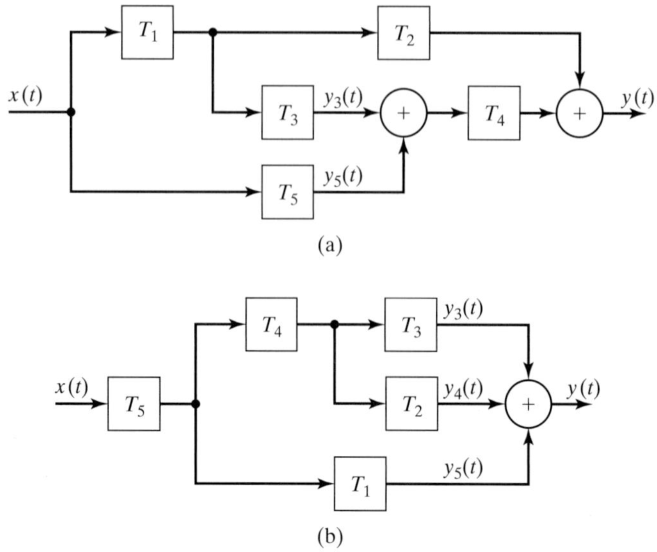

그림 P2.27

(b) 입력 $y_3(t)$와 $y_5(t)$의 합 교차점을 두 신호의 곱이 출력되는 곱 교차점으로 바꾸고 (a)와 동일한 질문에 대해 답하여라.

(c) 그림 P2.27(b)의 시스템에 대해 (a)와 동일한 질문에 대해 답하여라.

(d) 입력 $y_3(t)$, $y_4(t)$, $y_5(t)$의 합 교차점을 세 신호의 곱이 출력되는 곱 교차점으로 바꾸고 (b)와 동일한 질문에 대해 답하여라.

2.28. 그림 P2.28의 피드백 시스템에 대해, 식 (2.58)과 같은 형태로 출력 $y(t)$를 입력 $x(t)$의 변환에 대한 함수로 나타내어라.

2.29. 그림 P2.29의 피드백 시스템에 대해, 식 (2.58)과 같은 형태로 출력 $y(t)$를 입력 $x(t)$의 변환에 대한 함수로 나타내어라. 합 교차점에서 마이너스 부호는 신호를 뺀다는 사실을 나타낸다.

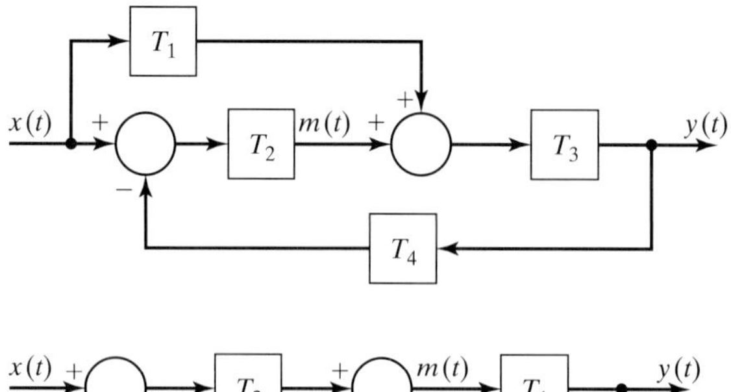

그림 P2.28

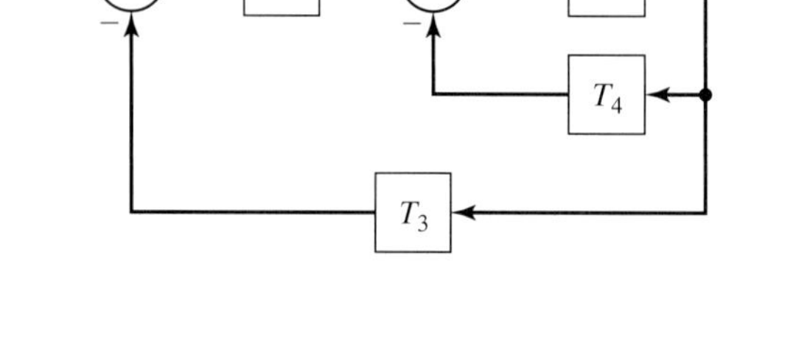

그림 P2.29

2.7절

2.30. **(a)** 다음 관계식으로 기술되는 시스템이 아래 성질들을 만족하는지 여부를 판단하여라.

$$y(t) = \int_{1}^{2} x(\tau - 2)d\tau$$

(i) 메모리가 없음 **(ii)** 가역성

(iii) 안정성 **(iv)** 시불변성

(v) 선형성

(b) 이 시스템은 인과 시스템인가? 만일 그렇다면 이유를 설명하여라.

2.31. **(a)** 다음 관계식으로 기술되는 시스템이 아래 성질들을 만족하는지 여부를 판단하여라.

$$y(t) = \cos[x(t - 2)]$$

(i) 메모리가 없음 **(ii)** 가역성

(iii) 안정성 **(iv)** 시불변성

(v) 선형성

(b) $y(t) = 3x(3t + 3)$인 시스템에 대해 (a)와 동일한 질문에 대해 답하여라.

(c) $y(t) = \ln[x(t)]$인 시스템에 대해 (a)와 동일한 질문에 대해 답하여라.

(d) $y(t) = e^{tx(t)}$인 시스템에 대해 (a)와 동일한 질문에 대해 답하여라.

(e) $y(t) = 5x(t) - 3$인 시스템에 대해 (a)와 동일한 질문에 대해 답하여라.

(f) $y(t) = \int_{-\infty}^{t} x(2\tau)d\tau$인 시스템에 대해 (a)와 동일한 질문에 대해 답하여라.

(g) $y(t) = \int_{-\infty}^{\infty} x(t)e^{-j\omega t}dt$인 시스템에 대해 (a)와 동일한 질문에 대해 답하여라.

(h) $y(t) = \int_{t-1}^{t} x(\tau)d\tau$인 시스템에 대해 (a)와 동일한 질문에 대해 답하여라.

2.32. **(a)** 어떤 LTI 시스템이 있다고 하자. 입력 $x_1(t) = 2u(t) - 2u(t - 1)$에 대한 이 시스템의 응답은 함수 $y_1(t)$다. 그림 P2.32와 같은 입력 $x_2(t)$에 대한 이 시스템의 응답을 $y_1(t)$의 식으로 구하여라.

(b) 어떤 LTI 시스템이 있다고 하자. 입력 $x_1(t) = 2u(t) + 2u(t - 1) - 4u(t - 2)$에 대한 이 시스템의 응답은 함수 $y_1(t)$일 때, 그림 P2.32와 $x_2(t)$에 대한 이 시스템의 응답 $y_2(t)$를 $y_1(t)$의 식으로 구하여라.

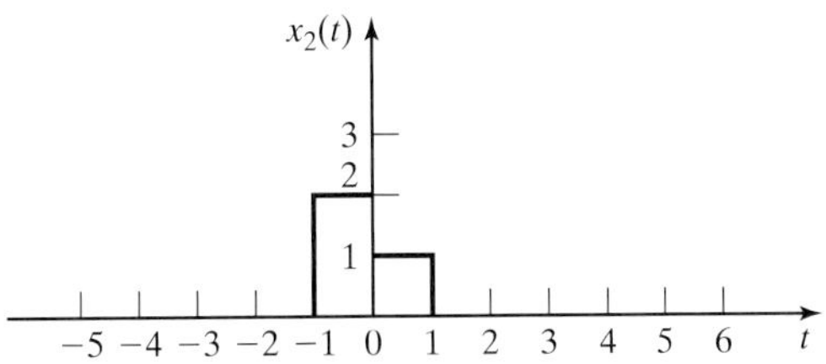

그림 P2.32

2.33. *이상적인 시간 지연 시스템* $y(t) = x(t-1)$가 다음 성질들을 만족하는지 판별하여라.

(i) 메모리가 없음 **(ii)** 가역성
(iii) 인과성 **(iv)** 안정성
(v) 시불변성 **(vi)** 선형성

2.34. 입력 신호가 단위 임펄스 함수 $\delta(t)$일 때 시스템의 응답을 $h(t)$로 나타내자. $t > 0$일 때, 어떤 인과 시스템에 대한 $h(t)$의 짝함수 부분이 다음과 같다고 가정하자.

$$h_e(t) = t[u(t) - u(t-1)] + 2u(t-2),\ t > 0$$

전체 시간에서 $h(t)$를 수학적인 함수 형태로 구하여라.

2.35. **(a)** 시스템 $y(t) = |x(t)|$에 대해 x에 대한 y의 그래프를 그려라. 그리고 이 시스템이 다음 성질을 만족하는지 여부를 판별하여라.

(i) 메모리가 없음 **(ii)** 가역성
(iii) 인과성 **(iv)** 안정성
(v) 시불변성 **(vi)** 선형성

(b) 다음 시스템에 대해 (a)와 동일한 질문에 대해 답하여라.

$$y(t) = \begin{cases} x(t), & x \geq 0 \\ 0, & x < 0 \end{cases}$$

(c) 다음 시스템에 대해 (a)와 동일한 질문에 대해 답하여라.

$$y(t) = \begin{cases} 1 & x(t) < -1 \\ x(t), & |x(t) \leq 1 \\ -1, & x(t) > 1 \end{cases}$$

(d) 다음 시스템에 대해 (a)와 동일한 질문에 대해 답하여라.

$$y(t) = \begin{cases} 4, & x > 2 \\ 3, & 1 < x \leq 1 \\ 2, & 0 < x \leq 1 \\ 1, & -1 < x \leq 0 \\ 0, & x \leq -1 \end{cases}$$

3 연속-시간 선형 시불변 시스템

Continuous-Time Linear Time-Invariant Systems

2장에서 연속-시간 시스템의 몇 가지 성질들을 정의하였다. 이 장에서는 이 성질들 중 시불변성과 선형성, 두 가지의 성질을 다시 언급한 후 이 두 성질을 모두 갖는 시스템에 대해 폭넓게 살펴본다.

다음과 같이 기술되는 시스템을 생각하자.

$$x(t) \to y(t) \tag{3.1}$$

시간 이동된 입력이 가해지면 같은 양의 시간 이동된 출력이 나타날 때, 이 시스템을 *시불변*(time invariant)이라 한다. 즉, t_0가 임의의 상수일 때, 다음을 만족하면 이 시스템은 시불변이다.

$$x(t - t_0) \to y(t - t_0) \tag{3.2}$$

식 (3.1)의 시스템에 대해, 다음을 가정하자.

$$x_1(t) \to y_1(t), \quad x_2(t) \to y_2(t) \tag{3.3}$$

다음과 같이 중첩의 원리가 적용되면 이 시스템은 *선형*(linear)이다.

$$a_1x_1(t) + a_2x_2(t) \to a_1y_1(t) + a_2y_2(t) \tag{3.4}$$

이 성질은 임의의 상수 a_1, a_2와 임의의 신호 $x_1(t)$, $x_2(t)$에 대해 성립한다.

이 장에서는 선형이면서 시불변인 연속-시간 시스템을 고려한다. 이러한 시스템을 연속-시간 LTI(linear time-invariant) 시스템이라고 할 것이다. 이 시스템을 강조하는 몇 가지 이유가 있다.

1. 많은 물리적 시스템들을 LTI 시스템으로 정확하게 모델링할 수 있다. 예를 들면 저항, 인덕터, 커패시터의 기본적인 전기-회로 모델은 LTI 모델이다.
2. 연속-시간과 이산-시간에서 LTI 시스템 모델의 해를 수학적으로 구할 수 있다. LTI 시스템이 아닌 방정식에 대해서는 수학적인 해를 구하는 일반적인 방법은 존재하지 않는다.
3. LTI 시스템을 분석하고 설계하는 데에 사용할 수 있는 많은 정보를 얻을 수 있다. 이것은 특히 시스템을 설계할 때 더욱 두드러진다. 사실, LTI가 아닌 물리적 시스템을 설계할 때 초기 단계에서 종종 설계의 시작점으로 삼기 위해 물리적 시스템에 LTI 모델을 맞추곤 한다. LTI 모델이 그렇게까지 정확하진 않을 수 있지만, LTI 모델을 사용하면 표준적인 설계 기법으로 설계 과정을 시작할 수 있다.

4. 우리는 때때로 일반적인 신호 $x(t)$를 다음과 같이 여러 함수들의 합으로 모델링할 수 있다.

$$x(t) = x_1(t) + x_2(t) + \cdots$$

$x(t)$에 대한 LTI 시스템 응답을 직접 구하는 것보다 표준적인 함수들 $x_1(t), x_2(t), \ldots$에 대한 LTI 시스템 응답을 구하는 것이 훨씬 더 쉽다고 하자. 그러면 $x(t)$에 대한 시스템 응답은 이 표준 함수들에 대한 응답의 합이 된다. 즉, $y_i(t)$를 $x_i(t)$, $i = 1, 2, \ldots$에 대한 시스템 응답이라고 할 때,

$$y(t) = y_1(t) + y_2(t) + \cdots$$

이다. 이 성질이 4장에서 푸리에 분석을 다룰 때 사용되는 선형 시불변 함수의 가장 핵심적인 특성이다.

3.1 연속-시간 신호의 임펄스 표현

이 절에서는 일반적인 신호 $x(t)$를 임펄스 신호의 함수로써 표현하는 관계식에 대해 살펴본다. 이 관계식은 연속-시간 선형 시불변 시스템의 일반적인 성질들을 유도하는 데에 유용하다.

2.4절에서 임펄스 함수에 대한 두 가지의 정의를 내렸다. 첫 번째 정의는 식 (2.40)으로부터

$$\int_{-\infty}^{\infty} \delta(t - t_0)dt = 1 \tag{3.5}$$

이고, 두 번째 정의는 식 (2.41)로부터

$$\int_{-\infty}^{\infty} x(t)\delta(t - t_0)dt = x(t_0) \tag{3.6}$$

이다. 두 번째 정의에서는 $x(t)$가 $t = t_0$에서 연속이어야 한다. 식 (3.6)에 따라, $x(t)$가 $t = t_0$에서 연속이면, 식 (2.42)의 임펄스 함수의 여과(sifting) 성질을 다음과 같이 쓸 수 있다.

$$x(t)\delta(t - t_0) = x(t_0)\delta(t - t_0) \tag{3.7}$$

이제 찾고자 하는 관계식을 구해보자. 식 (3.7)로부터 $t_0 = \tau$로 두면,

$$x(t)\delta(t - \tau) = x(\tau)\delta(t - \tau)$$

이다. 식 (3.5)로부터 앞의 결과를 이용하여 다음과 같이 $x(t)$를 임펄스 함수를 포함하는 적분으로 표현한다.

$$\begin{aligned}\int_{-\infty}^{\infty} x(\tau)\delta(t - \tau)d\tau &= \int_{-\infty}^{\infty} x(t)\delta(t - \tau)d\tau \\ &= x(t)\int_{-\infty}^{\infty} \delta(t - \tau)d\tau = x(t)\end{aligned}$$

이 식을 다음과 같이 다시 쓸 수 있다.

$$x(t) = \int_{-\infty}^{\infty} x(\tau)\delta(t-\tau)d\tau \tag{3.8}$$

이 식이 유도하고자 했던 관계식으로서 일반적인 신호 $x(t)$가 임펄스 신호의 함수로 표현되어 있다. 다음 절에서 $x(t)$에 대한 이러한 표현식을 사용할 것이다.

3.2 연속-시간 LTI 시스템에서의 컨볼루션

이 절에서는 연속-시간 LTI 시스템의 입력과 출력 사이를 연결하는 식을 구하고자 한다. 먼저 다음 식과 그림 3.1에 나타낸 것과 같이 입력이 $x(t)$일 때 출력이 $y(t)$인 시스템들을 고려한다.

$$x(t) \rightarrow y(t)$$

단위 임펄스 함수 $\delta(t)$를 시스템의 입력으로 가한다. 단위 임펄스 함수는 식 (3.5)와 같이 표현되고, 신호가 무한대인 $t = 0$을 제외하고 모든 시간에서의 값이 0이다.

그림 3.1에서, 임펄스 함수를 입력으로 할 때 LTI 시스템의 응답을 $h(t)$라고 표시한다. 즉,

$$\delta(t) \rightarrow h(t) \tag{3.9}$$

이다. 이 시스템이 시불변이기 때문에, 시간-지연된 임펄스 함수 $\delta(t - t_0)$에 대한 응답은 다음과 같이 주어진다.

$$\delta(t - t_0) \rightarrow h(t - t_0)$$

앞으로 *언제나* 기호 $h(\cdot)$는 *단위 임펄스 응답*(unit impulse response)을 나타낼 것이다.

이제 LTI 시스템의 출력을 식 (3.9)의 단위 임펄스 응답의 식으로 표현하는 식을 구해보자.

임의의 입력 신호 $x(t)$에 대한 시스템의 응답은 입력 함수와 이 시스템의 임펄스 응답 함수 $h(t)$만을 포함하는 적분으로 표현됨을 보이고자 한다. 입력 신호와 임펄스 응답 함수 사이의 이러한 상호작용을 *컨볼루션*(convolution)이라 한다.

컨볼루션은 중첩 성질을 확장하여 응용한 것으로 볼 수도 있다. LTI 시스템에 대해 임펄스 입력에 대한 시스템의 응답은 임펄스가 가해지는 시점과 무관하게 언제나 같은 형태다. 그림 3.1에

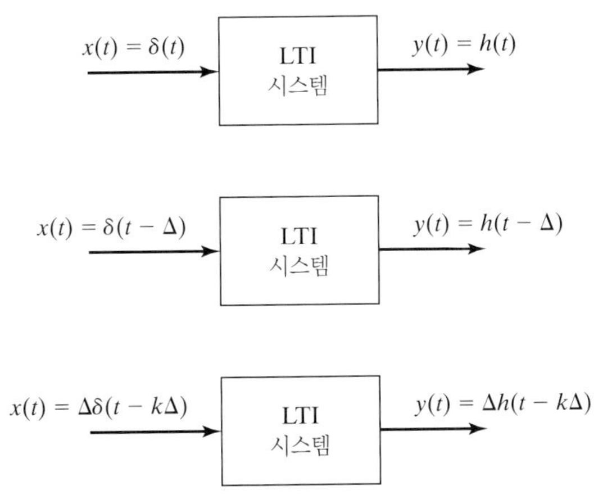

그림 3.1 LTI 시스템의 임펄스 응답

보이는 것과 같이, 임펄스 응답은 임펄스 입력이 가해지는 시간에 맞추어 Δ초만큼 시간 영역에서 지연된다.

중첩의 원리에 따라 LTI 시스템의 입력의 합에 대한 총 응답은 각각 개별적인 입력에 대한 응답들의 합이다. 만일 입력이 다음과 같이 가중치가 적용되고 시간-지연된 임펄스들의 합이라면

$$x(t) = \sum_{k=0}^{\infty} \Delta\delta(t - k\Delta) \tag{3.10}$$

출력 신호도 다음과 같이 가중치가 적용되고 시간-지연된 임펄스들의 합이다.

$$y(t) = \sum_{k=0}^{\infty} \Delta h(t - k\Delta) \tag{3.11}$$

예제 3.1 임펄스 응답의 합

임펄스 응답이 그림 3.2(a)와 같이 $h(t) = e^{-t}u(t)$인 시스템을 생각해보자. 입력 $x(t) = \delta(t - 1)$에 대한 이 시스템의 응답은 그림 3.2(b)와 같이 $y(t) = h(t - 1) = e^{-(t-1)}u(t - 1)$일 것이다. 입력 신호가 만일 그림 3.2(c)와 같이 가중치가 적용되고 $\Delta = 0.1$초만큼씩 떨어져 있는 식 (3.10)으로 표현되는 임펄스들의 합이어서 다음과 같이 주어진다면

$$x(t) = \sum_{k=0}^{\infty} 0.1\delta(t - 0.1k)$$

식 (3.11)에 따라 출력은 다음과 같다.

$$y(t) = \sum_{k=0}^{\infty} 0.1h(t - 0.1k) = 0.1\sum_{k=0}^{\infty} e^{-(t-0.1k)}u(t - 0.1k)$$

그림 3.2(d)는 이 출력 신호를 그래프로 나타낸 것이다.

이제 입력 함수의 임펄스들의 가중치가 다음과 같이 시간의 함수로서 변하는 값이라고 하자.

$$x(t) = \sum_{k=-\infty}^{\infty} v(k\Delta)\delta(t - k\Delta)\Delta$$

스칼라 곱의 선형 성질을 적용하면, 이 입력에 대한 응답으로써 출력 신호는 다음과 같다.

$$y(t) = \sum_{k=-\infty}^{\infty} v(k\Delta)h(t - k\Delta)\Delta$$

만일 임펄스들 사이의 시간 간격이 0으로 접근한다면, 이산 시간 변수 $k\Delta$는 연속-시간 변수가 되고 (이것을 τ라고 표시한다) 시간 증분 Δ는 시간-미분소 $d\tau$가 되고 합은 적분이 되어, 출력은 다음과 같다[1].

$$y(t) = \lim_{\Delta\to 0}\sum_{k=-\infty}^{\infty} v(k\Delta)h(t - k\Delta)\Delta = \int_{-\infty}^{\infty} v(\tau)h(t - \tau)d\tau$$

게다가, 입력 신호도 다음과 같이 된다.

$$x(t) = \lim_{\Delta\to 0}\sum_{k=-\infty}^{\infty} v(k\Delta)\delta(t - k\Delta)\Delta = \int_{-\infty}^{\infty} v(\tau)\delta(t - \tau)d\tau \tag{3.12}$$

우리는 또한 여과 성질을 이용하여 이 입력 신호를 다음과 같이 쓸 수 있다.

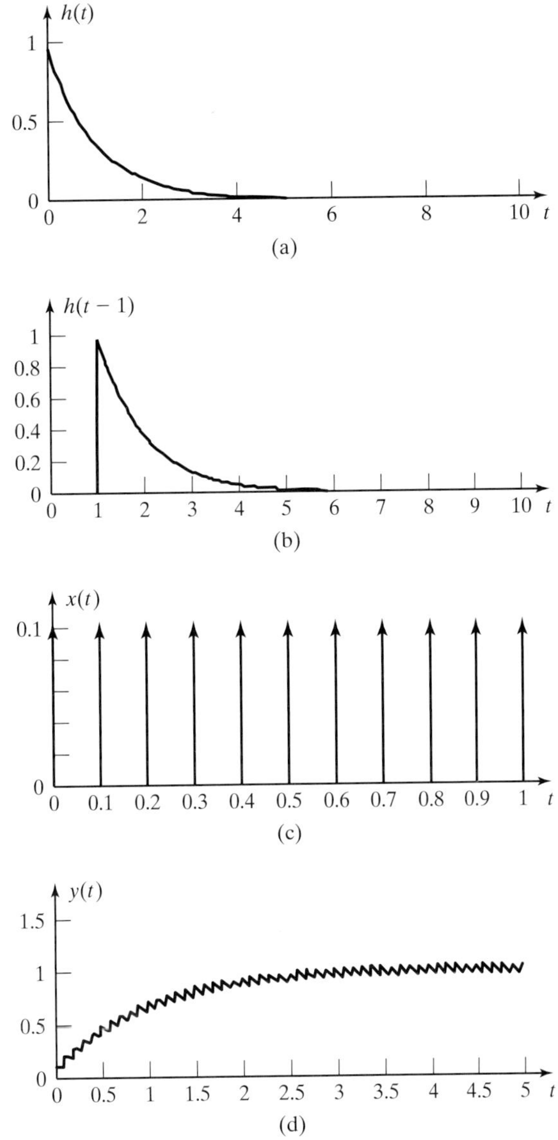

그림 3.2 예제 3.1의 시스템의 임펄스 응답

$$x(t) = \int_{-\infty}^{\infty} v(\tau)\delta(t-\tau)d\tau = v(t)$$

그러므로 출력을 다음과 같이 쓸 수 있고

$$y(t) = \int_{-\infty}^{\infty} x(\tau)h(t-\tau)d\tau \tag{3.13}$$

이것이 우리가 찾던 결과다. ■

이 결과는 LTI 시스템을 연구하는 데에 근본적인 식이며 그 중요성은 이루 말할 수 없다. 임의의 입력 $x(t)$에 대한 이 시스템의 응답은 오직 입력함수와 임펄스 함수에 대한 시스템의 응답

$h(t)$만을 포함하는 적분이다. 이러한 결과로부터, LTI 시스템을 파악하는 데 임펄스 함수가 중요한 역할을 한다는 것을 알 수 있다.

식 (3.13)에서의 결과를 *컨볼루션 적분*(convolution integral)이라고 한다. 우리는 이 적분을 다음 기호에서처럼 별표로 나타낸다.

$$y(t) = \int_{-\infty}^{\infty} x(\tau)h(t - \tau)d\tau = x(t)*h(t) \tag{3.14}$$

다음으로 식 (3.13)의 변수들을 치환하여 컨볼루션 적분의 중요한 성질을 유도해보자. $s = (t - \tau)$라고 하자. 그러면 $\tau = t - s$이고 $d\tau = -ds$다. 식 (3.13)은 다음과 같이 된다.

$$y(t) = \int_{-\infty}^{\infty} x(\tau)h(t - \tau)d\tau = \int_{\infty}^{-\infty} x(t - s)h(s)[-ds]$$
$$= \int_{-\infty}^{\infty} x(t - s)h(s)ds$$

다음으로 마지막 적분에서 s를 τ로 바꾸면 컨볼루션을 또한 다음과 같이 표현할 수 있다.

$$y(t) = \int_{-\infty}^{\infty} x(\tau)h(t - \tau)d\tau = \int_{-\infty}^{\infty} x(t - \tau)h(\tau)d\tau \tag{3.15}$$

이 컨볼루션 적분은 입력 신호 $x(t)$와 임펄스 응답 $h(t)$에 대해 대칭적이고 다음 성질을 만족한다.

$$y(t) = x(t)*h(t) = h(t)*x(t) \tag{3.16}$$

단위 임펄스 입력에 대한 컨볼루션 적분을 생각해봄으로써 컨볼루션 적분의 또 다른 성질을 유도해보자. 즉, $x(t) = \delta(t)$에 대해 출력은 다음과 같다.

$$y(t) = \delta(t)*h(t)$$

임펄스 응답의 정의로부터, 이 출력은 임펄스 응답 $h(t)$와 같다.

$$y(t) = \delta(t)*h(t) = h(t) \tag{3.17}$$

이 성질은 $h(t)$의 함수 형태와는 무관하다. 그러므로 임의의 함수 $g(t)$와 단위 임펄스 함수와의 컨볼루션 결과는 함수 $g(t)$다. 시불변 성질 덕분에 식 (3.17)의 일반적인 형태는 다음과 같이 쓸 수 있다.

$$y(t - t_0) = \delta(t - t_0)*h(t) = h(t - t_0)$$

이 일반 성질을 함수 $g(t)$의 식으로 나타내면 다음과 같다.

$$\delta(t)*g(t) = g(t)$$

그리고

$$\delta(t - t_0)*g(t) = g(t - t_0)*\delta(t) = g(t - t_0) \tag{3.18}$$

두 번째 등호는 식 (3.16)에 의해 성립한다.

컨볼루션을 곱과 혼동하면 안 된다. 참고로 표 2.3으로부터 임펄스 함수의 곱 성질(여과 성질)은 다음과 같다.

$$\delta(t - t_0)g(t) = g(t_0)\delta(t - t_0)$$

그리고

$$g(t - t_0)\delta(t) = g(-t_0)\delta(t)$$

컨볼루션 적분은 LTI 시스템의 임펄스 응답 $h(t)$가 시스템의 입력-출력을 완전하게 기술한다는 점을 뚜렷하게 보여준다. 이 임펄스 응답을 안다면, 임의의 입력에 대한 시스템 응답은 식 (3.16)을 사용하여 구할 수 있다.

지금까지의 결과를 정리하면 다음과 같다.

1. 일반적인 신호 $x(t)$는 임펄스 함수의 함수로써 표현할 수 있다.

[식 (3.8)] $$x(t) = \int_{-\infty}^{\infty} x(\tau)\delta(t - \tau)d\tau$$

2. 임펄스 응답의 정의로부터 연속-시간 LTI 시스템에 대해

$$\delta(t) \rightarrow h(t) \tag{3.19}$$

이다. 일반적인 입력 신호 $x(t)$에 대한 시스템 응답 $y(t)$는 다음과 같이 표현할 수 있다.

[식 (3.15)] $$\begin{aligned} y(t) &= \int_{-\infty}^{\infty} x(\tau)h(t - \tau)d\tau \\ &= \int_{-\infty}^{\infty} x(t - \tau)h(\tau)d\tau \end{aligned}$$

예제들을 통해 몇몇 종류의 시스템에 대한 컨볼루션 적분을 살펴보자.

예제 3.2 적분기의 임펄스 응답

그림 3.3의 시스템을 생각해보자. 이 시스템은 다음과 같이 출력이 입력의 적분인 적분기다.

$$y(t) = \int_{-\infty}^{t} x(\tau)d\tau \tag{3.20}$$

이 식은 시스템에 대한 수학적 모델이다. 블록 안에 적분 기호를 써서 이 시스템이 적분기임을 나타낸다. 이 시스템은 실제로 많이 사용되며 1.2절에서 설명한 것처럼 연산 증폭기, 저항, 커패시터로 이루어진 전자회로로 구현할 수 있다. 이러한 형태의 적분 증폭기는 아날로그 신호처리와 폐루프 제어 시스템에서 널리 쓰인다.

이 시스템의 임펄스 응답은 단위 임펄스 함수의 적분이고 이것은 단위 계단 함수임을 알고 있다.

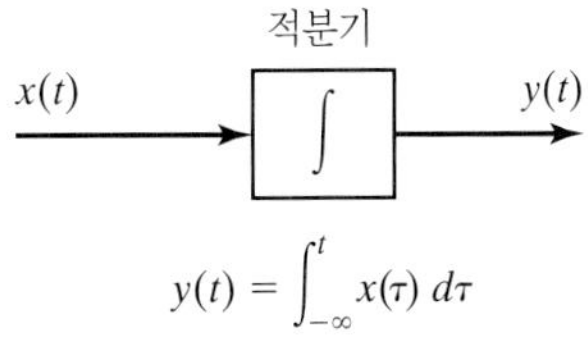

그림 3.3 예제 3.2의 시스템

$$h(t) = \int_{-\infty}^{t} \delta(\tau)d\tau = u(t) = \begin{cases} 0, & t < 0 \\ 1, & t > 0 \end{cases}$$

이제 단위 램프 함수 $x(t) = tu(t)$에 대한 이 시스템의 응답을 구하기 위해 컨볼루션 적분을 사용할 것이다. 식 (3.14)로부터

$$y(t) = x(t)*h(t) = tu(t)*u(t) = \int_{-\infty}^{\infty} \tau u(\tau)u(t-\tau)d\tau$$

이다. 이 적분에서, t는 상수로 간주한다. 단위 계단 함수 $u(t)$는 $\tau < 0$에서 0이다. 그러므로 적분의 아래끝은 0이 되고 $u(t)$를 피적분함수에서 제거할 수 있다.

$$y(t) = \int_{0}^{\infty} \tau u(t-\tau)d\tau$$

그리고 단위 계단 함수 $u(\mathrm{t}-\tau)$는 다음과 같이 정의된다.

$$u(t-\tau) = \begin{cases} 0, & \tau > t \\ 1, & \tau < t \end{cases}$$

그러므로 적분의 위끝은 t로 줄어들 수 있고, 그러므로

$$y(t) = \int_{0}^{t} \tau d\tau = \frac{\tau^2}{2}\bigg|_0^t = \frac{t^2}{2}u(t)$$

이다. 이 결과는 시스템 방정식 (3.20)으로부터 쉽게 검증할 수 있다.

$$y(t) = \int_{-\infty}^{t} x(\tau)d\tau = \int_{-\infty}^{t} \tau u(\tau)d\tau = \int_{0}^{t} \tau d\tau = \frac{t^2}{2}u(t)$$ ■

예제 3.2는 입력이 주어지면 컨볼루션 적분을 사용하여 LTI 시스템의 응답을 구할 수 있음을 보여준다. 이 예제는 또한 실제적인 문제로 시스템의 응답을 구할 때는 컨볼루션 적분이 아닌 다른 방법을 사용한다는 것도 보여준다. 대체적으로 컨볼루션 적분은 시스템의 응답을 구하는 가장 효율적인 방법은 아니다. 일반적으로 컨볼루션 적분은 시스템의 응답을 구하는 것보다는 LTI 시스템의 성질들을 유도해내고 LTI 시스템의 사용을 포함한 수식 전개에 사용한다. 실제로 시스템 응답을 구하기 위해서는 *시스템 시뮬레이션*(system simulation)이라고 하는 컴퓨터를 이용한 시스템 방정식의 해를 사용한다. 추가적으로 컨볼루션 적분에 대한 예를 살펴보자.

예제 3.3 예제 3.1의 시스템에 대한 컨볼루션

예제 3.1의 시스템에 대해 임펄스들 사이의 시간 증분이 0으로 다가가는 경우를 생각해보자. $\Delta = 0.1$이라고 하면 예제 3.1에서 입력 신호는 다음과 같이 쓸 수 있다.

$$x(t) = \sum_{k=0}^{\infty} 0.1\delta(t-0.1k) = \sum_{k=-\infty}^{\infty} u(k\Delta)\delta(t-k\Delta)(\Delta)$$

왜냐하면 $k < 0$일 때, $u(k\Delta) = 0$이고 $k \geq 1$일 때 $u(k\Delta) = 1$이기 때문이다. 식 (3.12)로부터 $\Delta \to 0$일 때, 입력 신호는 다음과 같다.

$$x(t) = \int_{-\infty}^{\infty} u(\tau)\delta(t-\tau)d\tau = u(t)$$

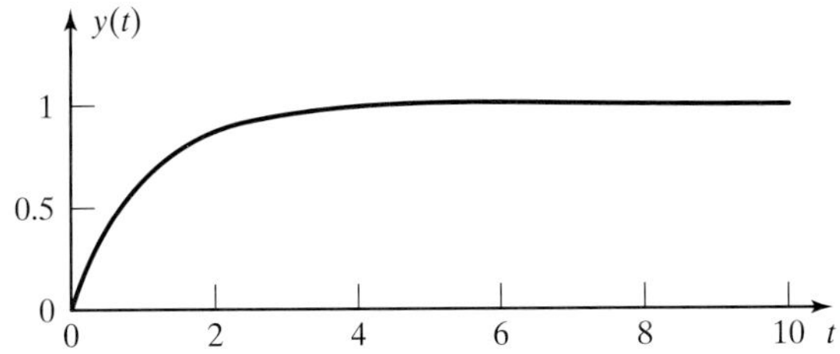

그림 3.4 예제 3.3의 시스템 출력 신호 ■

식 (3.18)로부터 출력 신호는 다음 식으로부터 계산된다.

$$y(t) = \int_{-\infty}^{\infty} x(\tau)h(t-\tau)d\tau = \int_{-\infty}^{\infty} u(\tau)e^{-(t-\tau)}u(t-\tau)d\tau$$

$\tau < 0$일 때 $u(t) = 0$이고 $\tau > t$일 때 $u(t-\tau) = 0$이므로, 이 컨볼루션 적분은 다음과 같이 다시 쓸 수 있다.

$$y(t) = \int_0^t e^{-(t-\tau)}d\tau = e^{-t}\int_0^t e^{\tau}d\tau = (1 - e^{-t})u(t)$$

출력 신호의 그래프를 그림 3.4에 나타내었다. 이 결과를 그림 3.2(d)의 합을 이용한 결과와 비교하여보길 바란다.

예제 3.4 그래프를 이용한 적분기 응답 계산

이 예제는 예제 3.2의 연장이다. 이 시스템(적분기)의 출력을 그래프를 이용하여 구하고자 한다. 그래프로 구한 해로부터 몇 가지 중요한 컨볼루션의 성질을 볼 수 있다. 예제 3.2에서 시스템의 임펄스 응답은 단위 계단 함수임을 보았다. 즉, $h(t) = u(t)$다. 시스템의 출력을 구하기 위해 다음과 같은 컨볼루션 적분을 계산한다.

$$y(t) = \int_{-\infty}^{\infty} x(\tau)h(t-\tau)d\tau$$

이 적분에서 적분 상수는 τ인 점에 주의한다. 그러므로 적분을 할 때 t는 상수로 간주한다. 또한 임펄스 응답이 시간 역전되어 $h(-\tau)$가 되고 이것이 다시 시간 지연되어 $h(t-\tau)$가 된다는 점에 유의한다. 이러한 신호의 변환을 그림 3.5에 나타내었다.

함수 $h(t-\tau)$는 또한 2.1절의 변수-변환에 의해 직접적으로 구할 수도 있다. $h(t-\tau)$를 구하기 위해 먼저 그림 3.5(a)와 같이 임펄스 응답의 변수를 s로 바꾸어 $h(s)$를 얻는다(변수 t와 τ를 이미 사용하였기 때문에 변수 s를 사용한다). 그런 다음 τ에 대한 식을 구한다.

$$t - \tau = s \Rightarrow \tau = t - s$$

τ-축을 그림 3.5(a)에 나타내었고 이 축은 그림 3.5(c)에서 $h(t-\tau)$의 축과 동일하다.

그림 3.6(a)에 나타낸 것은 컨볼루션 적분 $x(t) = \tau u(t)$의 첫 번째 항이다. 그림 3.6(b)는 $t < 0$일 때 적분의 두 번째 항 $h(t-\tau)$를 나타낸다. 이 두 함수의 곱은 0이다. 그러므로 $t < 0$일 때, 이 적분의 값(또한 $y(t)$의 값)은 0이다. 그림 3.6(c)는 $t > 0$일 때 두 번째 항을 나타내고 그림 3.6(d)는 그림 3.6(a)와 그림 3.6(c)의 함수들의 곱 $x(t)h(t-\tau)$를 나타낸다. 그렇기 때문에 컨볼루션 적분으로부터 $y(t)$는 그림 3.6(d)의 함수 아래쪽의 면적이다. 이 함수의 곱은 삼각형이므로 면적은 밑변 곱하기 높이의 $\frac{1}{2}$이다.

$$y(t) = \frac{1}{2}(t)(t) = \frac{t^2}{2}, \quad t > 0$$

이 값은 예제 3.2에서 구한 결과와 일치한다. ■

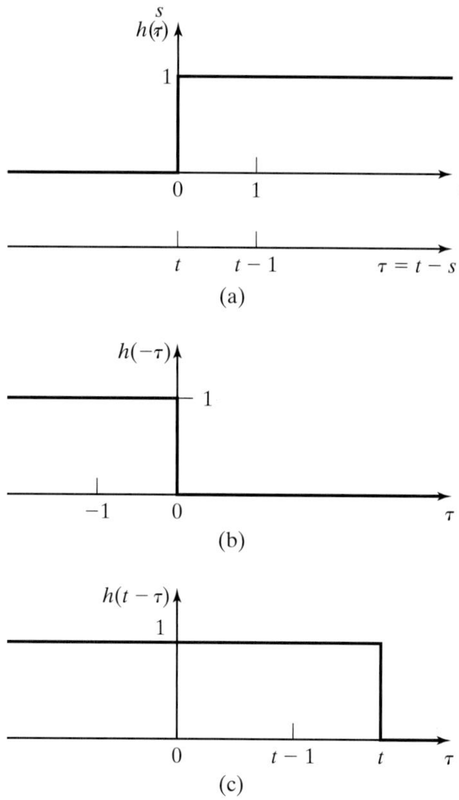

그림 3.5 컨볼루션 계산을 위한 임펄스 응답 항

예제 3.5 사각 펄스 형태의 임펄스 응답을 갖는 시스템

세 번째 예로써, 어떤 LTI 시스템의 임펄스 응답이 그림 3.7과 같이 사각 펄스라고 하자. 이 시스템은 나중에 연속-시간 신호의 어떤 종류의 샘플링에 대해 학습할 때 이용된다. 또한 이 시스템은 디지털-아날로그 변환기의 모델링에도 사용된다. 이 시스템을 구현하는 한 가지 방법은 그림 3.8과 같이 적분기 하나, 시간 지연 하나, 합 교차점 하나를 이용하는 것이다. 독자들은 이 시스템의 임펄스 응답이 그림 3.7의 사각 펄스임을 보일 수 있을 것이다.

이 시스템에 대한 입력이 다음과 같이 주어진다.

$$
\begin{aligned}
x(t) &= \delta(t+3) + 3e^{-0.5t}u(t) \\
&= x_1(t) + x_2(t)
\end{aligned}
$$

그림 3.7은 입력 신호의 그래프다. 이 입력을 두 함수의 합으로 표현하였는데, 선형성에 의해 응답은 각 입력 함수들의 응답의 합이다. 그렇기 때문에

$$
\left.\begin{aligned} x_1(t) &\rightarrow y_1(t) \\ x_2(t) &\rightarrow y_2(t) \end{aligned}\right\}, \quad x(t) \rightarrow y_1(t) + y_2(t)
$$

이다.

임펄스 함수에 대한 시스템 응답은 식 (3.18)로부터 다음과 같이 얻는다.

$$
y_1(t) = h(t)*\delta(t+3) = h(t+3) = u(t+3) - u(t+1)
$$

$x_2(t)$에 대한 응답을 결정하기 위해 그림 3.9(a)에 나타낸 것과 같이 $h(t-\tau)$를 그린다. 이 그림은 시간 역전과 시간 이동에 의해 얻는다. 컨볼루션 적분을 계산하기 위해 t의 범위에 따라 세 개의 다른 적분을 계산해야만 한다.

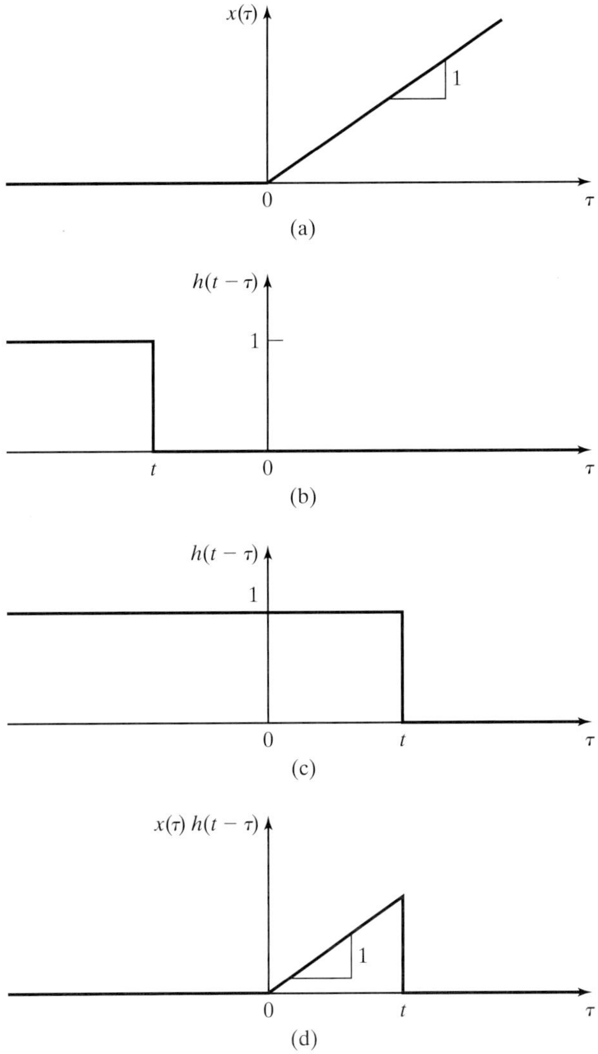

그림 3.6 예제 3.4의 컨볼루션

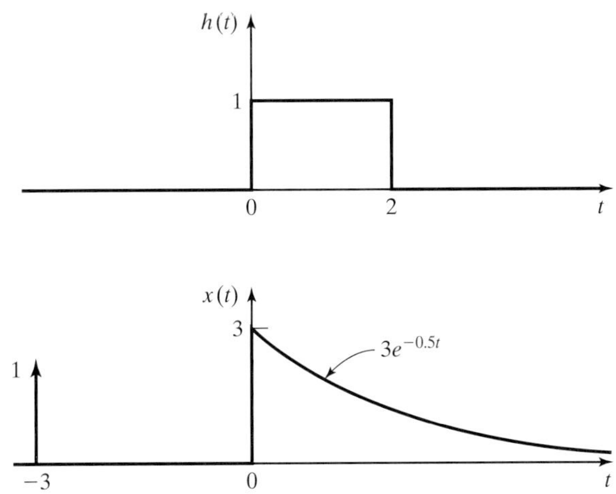

그림 3.7 예제 3.5의 입력 신호와 임펄스 응답

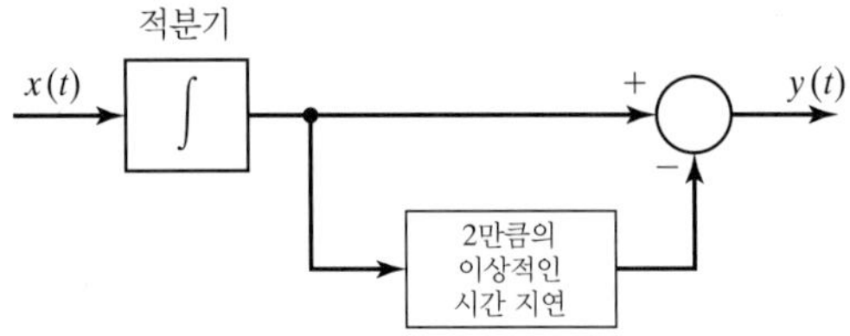

그림 3.8 예제 3.5의 시스템

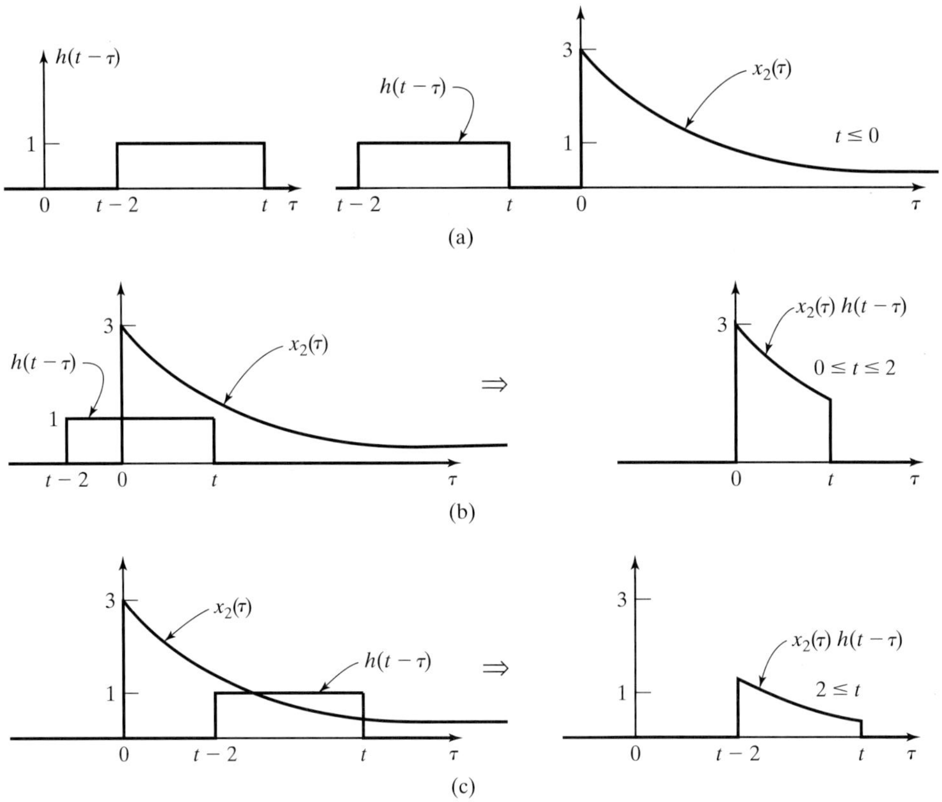

그림 3.9 예제 3.5의 신호들

1. 첫 번째 적분은 $t \le 0$일 때 그림 3.9(a)와 같은 상황이 되고, 적분은 다음과 같다.

$$y_2(t) = \int_{-\infty}^{\infty} x_2(\tau)h(t-\tau)d\tau = \int_{-\infty}^{0}(0)h(t-\tau)d\tau + \int_{0}^{\infty} x_2(\tau)\,(0)d\tau = 0, \quad t \leqq 0$$

2. 두 번째 적분은 $0 \le t \le 2$일 때 그림 3.9(b)와 같은 상황이 되고, 적분은 다음과 같다.

$$\begin{aligned} y_2(t) &= \int_{-\infty}^{\infty} x_2(\tau)h(t-\tau)d\tau = \int_{-\infty}^{0}(0)h(t-\tau)d\tau \\ &\quad + \int_{0}^{t} 3e^{-0.5\tau}d\tau + \int_{t}^{\infty} x_2(\tau)(0)d\tau \\ &= \left.\frac{3e^{-0.5\tau}}{-0.5}\right|_0^t = 6(1-e^{-0.5t}), \quad 0 \leqq t \leqq 2 \end{aligned}$$

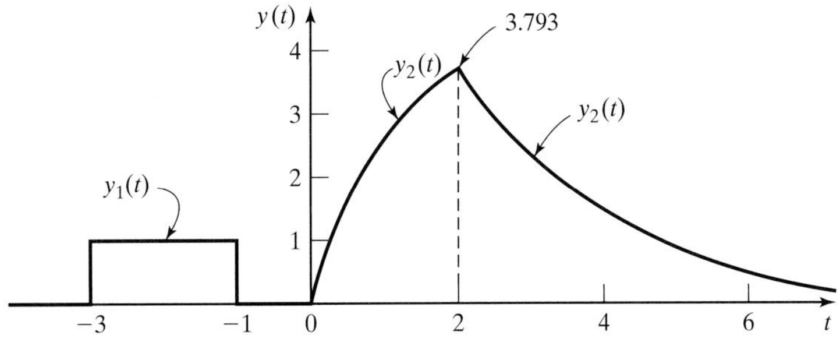

그림 3.10 예제 3.5의 출력 신호

3. 세 번째 적분은 $2 \leqq t \leqq \infty$일 때 그림 3.9(c)와 같은 상황이 되고, 적분은 다음과 같다.

$$y_2(t) = \int_{t-2}^{t} 3e^{-0.5\tau}d\tau = \left.\frac{3e^{-0.5\tau}}{-0.5}\right|_{t-2}^{t} = 6(e^{-0.5(t-2)} - e^{-0.5t})$$
$$= 6e^{-0.5t}(e^1 - 1) = 10.31e^{-0.5t}, \quad 2 \leqq t < \infty$$

그림 3.10은 위 결과를 종합하여 나타낸 출력 $y(t)$의 그래프다. ■

예제 3.5에서 시간 축을 세 개의 구간으로 나누었다. 각 구간에서 컨볼루션 적분은 다음 형태로 줄어들었다.

$$y(t) = \int_{t_a}^{t_b} x(\tau)h(t-\tau)d\tau, \quad t_i \leqq t \leqq t_j \tag{3.21}$$

여기서 적분 구간의 위끝과 아래끝 t_a와 t_b는 상수이거나 또는 t의 함수다. 이 적분은 t_i와 t_j가 상수일 때 $t_i \leqq t \leqq t_j$인 구간에 적용된다. 따라서, 구간을 세 개로 나누었기 때문에 식 (3.21) 형태의 세 개의 다른 적분을 수행하였다.

예제 3.6 시간-지연된 지수함수 형태의 임펄스 응답을 갖는 시스템

임펄스 응답이 $h(t) = e^{-t}u(t-1)$이고 입력이 $x(t) = e^tu(-1-t)$인 시스템을 생각해보자. 그림 3.11(a)와 (b)는 이 시스템의 임펄스 응답과 입력 신호를 나타낸 것이다. 시스템의 출력은 식 (3.16)으로부터 $y(t) = x(t)*h(t)$다.

시스템 출력을 계산하기 위해 준-그래프 방식의 컨볼루션 방법을 사용한다. 먼저 그림 3.11(c)와 같이 시간-역전되고 시간-이동된 임펄스 응답 함수 $h(t-\tau)$를 대강 그린다. 이 그림으로부터 신호 $h(t-\tau)$는 $-\infty < \tau \leq (t-1)$ 구간에서 0이 아니고, 다른 τ 값에서는 $h(t-\tau)$가 0임을 알 수 있다. 입력 신호 $x(t)$는 $\tau > -1$인 구간에서 0이다. 그러므로 함수의 곱 $x(t)h(t-\tau)$는 단지 $t \leq 0$인 구간에서만 0이 아니다. 다음으로 $-\infty < \tau \leq (t-1)$, $t \leq 0$인 시간 구간에서 컨볼루션 적분을 수행한다. 이 구간에 놓여 있는 동안, 두 지수함수는 0이 아니고 출력은 다음과 같다.

$$y(t) = \int_{-\infty}^{t-1} e^{\tau}e^{-(t-\tau)}d\tau = \int_{-\infty}^{t-1} e^{-t}e^{2\tau}d\tau = \frac{e^{-2}e^t}{2}, -\infty < t \leq 0$$

$x(t)$는 $\tau > -1$일 때 0이므로, $t > 0$에서의 출력 신호는 다음과 같다.

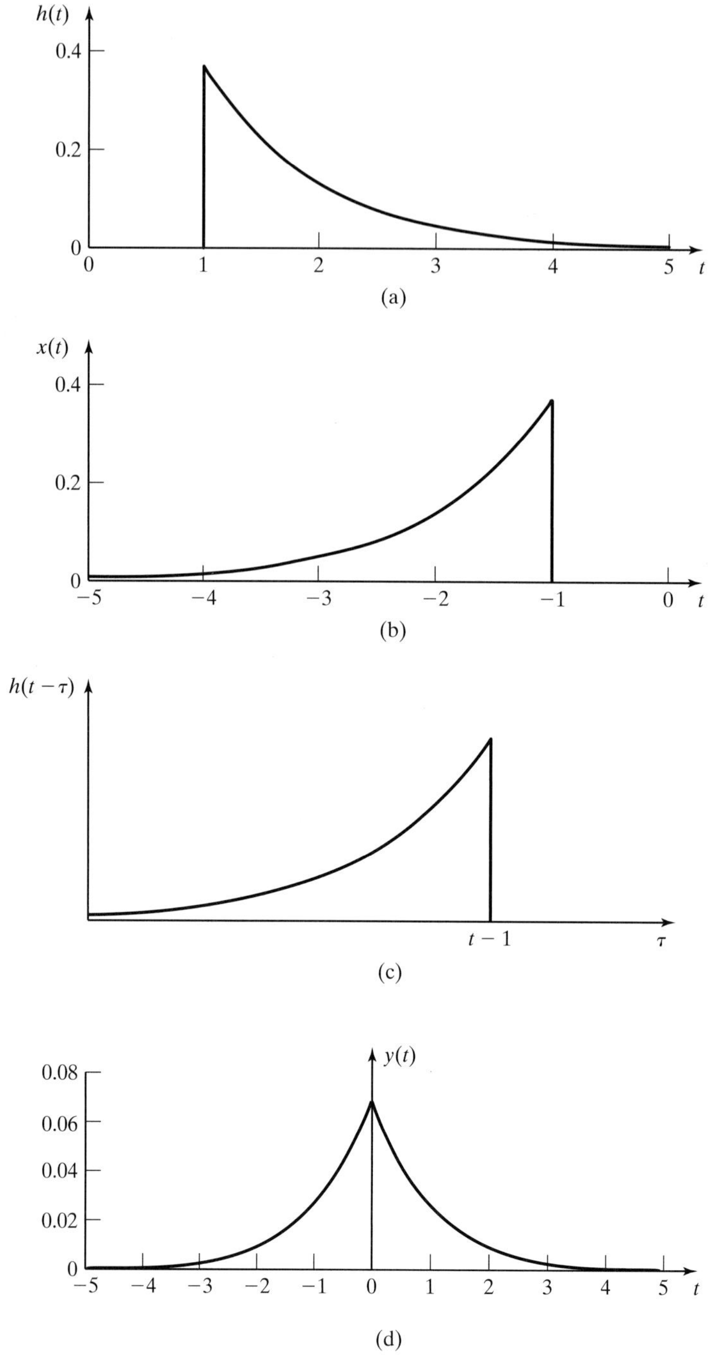

그림 3.11 예제 3.6의 컨볼루션 신호들

$$y(t) = \int_{-\infty}^{-1} e^{\tau} e^{-(t-\tau)} d\tau = e^{-t} \int_{-\infty}^{-1} e^{2\tau} d\tau = \frac{e^{-2} e^{-t}}{2}, t > 0$$

출력 신호 $y(t)$를 그림 3.11(d)에 나타내었다. 이 신호는 짝함수인데, 이 예제에서 $x(t) = h(-t)$이기 때문이다. ■

이 장에서는, 연속-시간 LTI 시스템의 컨볼루션 적분에 대해 살펴보았다. 이 적분은 LTI 시스템을 분석하고 설계하는 데 핵심적인 식이며 LTI 시스템의 일반적인 성질들을 구하는 데 사용한다. 컨볼루션의 계산 과정을 보여주기 위해, 먼저 엄격하게 수학적인 방식으로 계산하는 예를 보여주고, 그다음 준-그래프적인 방법으로 계산하는 예를 보여주었다.

3.3 컨볼루션의 성질

식 (3.14)의 컨볼루션 적분은 다음 세 가지의 중요한 성질을 가지고 있다.

1. *교환 성질*(commtative property): 식 (3.15)에서 언급한 대로 컨볼루션 적분은 $x(t)$와 $h(t)$에 대해 대칭적이다.

$$x(t)*h(t) = h(t)*x(t) \tag{3.22}$$

그림 3.12는 이 성질을 보여주고 있다. 이 그림처럼 일반적으로 LTI 시스템을 임펄스 응답을 포함하는 하나의 블록으로 표현한다. 식 (3.22)로부터, 그림 3.12에서 두 시스템의 출력은 동일하다.

2. *결합 성질*(associative property): 세 개 또는 그 이상의 함수의 컨볼루션 결과는 컨볼루션을 수행하는 순서와 무관하다. 예를 들어

$$[x(t)*h_1(t)]*h_2(t) = x(t)*[h_1(t)*h_2(t)] = x(t)*[h_2(t)*h_1(t)] \tag{3.23}$$

이다. 이 성질을 증명하기 위해서는 적분식을 쓰고 변수 치환을 해야 한다(연습문제 3.8 참조). 이 성질은 그림 3.13(a)에서의 두 개의 직렬 연결된 시스템으로 보일 수 있다. 직렬 연결된 LTI 시스템에 대해, 시스템의 임펄스 응답(입력-출력 특성)에 영향을 주지 않으면서 연결의 순서를 바꿀 수 있다. 그림 3.13(b)의 두 개의 직렬 연결된 시스템은 식 (3.22)와 식 (3.23)으로부터 다음과 같은 임펄스 응답을 가진 하나의 시스템으로 교체될 수 있음에 유의한다.

$$h(t) = h_1(t)*h_2(t) = h_2(t)*h_1(t) \tag{3.24}$$

m개의 시스댐이 직렬로 연결된 경우, 전체 시스템의 인펄스 응답은 다음과 같다.

그림 3.12 교환 법칙

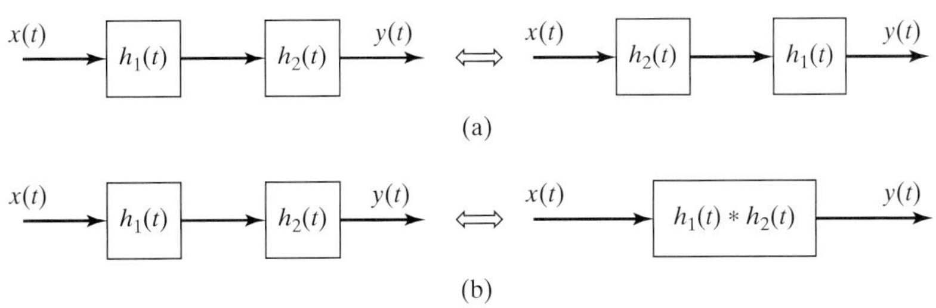

그림 3.13 결합 법칙

$$h(t) = h_1(t)*h_2(t)*\cdots *h_m(t) \tag{3.25}$$

3. *분배 성질*(distributive property): 컨볼루션 적분은 다음 관계식을 만족한다.

$$x(t)*h_1(t) + x(t)*h_2(t) = x(t)*[h_1(t) + h_2(t)] \tag{3.26}$$

이 성질은 컨볼루션 적분식 (3.14)로부터 직접 유도해낼 수 있다.

$$\begin{aligned} x(t)*h_1(t) + x(t)*h_2(t) &= \int_{-\infty}^{\infty} x(\tau)h_1(t-\tau)d\tau + \int_{-\infty}^{\infty} x(\tau)h_2(t-\tau)d\tau \\ &= \int_{-\infty}^{\infty} x(\tau)[h_1(t-\tau) + h_2(t-\tau)]d\tau \\ &= x(t)*[h_1(t) + h_2(t)] \end{aligned} \tag{3.27}$$

그림 3.14의 병렬 연결된 두 시스템이 이 성질을 보여준다. 그림에서 출력은 다음과 같다.

$$y(t) = x(t)*h_1(t) + x(t)*h_2(t) = x(t)*[h_1(t) + h_2(t)] \tag{3.28}$$

그러므로 전체 시스템의 임펄스 응답은 개별 시스템의 임펄스 응답들의 합이다.

$$h(t) = h_1(t) + h_2(t) \tag{3.29}$$

요약하면,

1. 임펄스 응답은 연속-시간 LTI 시스템의 입력-출력 특성을 완전하게 기술하고,
2. 교환, 결합, 분배 성질은 LTI 시스템들이 상호 연결된 시스템의 임펄스 응답을 결정하는 규칙을 제공한다.

이 장에서의 모든 결과는 오직 LTI 시스템에 대해서만 증명된다는 사실에 유념한다. 이 성질을 이용하는 예제들을 살펴보자.

예제 3.7 상호 연결된 시스템의 임펄스 응답

그림 3.15(a)의 시스템에 대한 임펄스 응답을 네 개의 하위 시스템의 임펄스 응답으로 나타내고 싶다고 하자. 먼저, 식 (3.29)로부터 병렬 연결되어 있는 시스템 1과 시스템 2의 임펄스 응답은 그림 3.15(b)처럼 다음과 같다.

$$h_a(t) = h_1(t) + h_2(t)$$

식 (3.24)로부터 시스템 a와 시스템 3을 직렬로 연결하는 효과는 그림 3.15(c)처럼 다음과 같다.

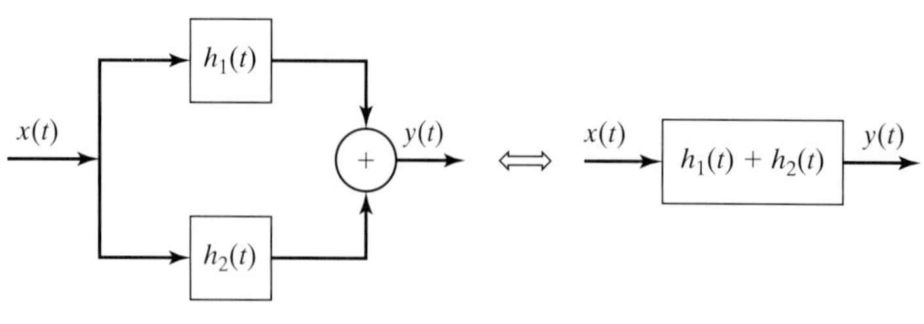

그림 3.14 분배 법칙

$$h_b(t) = h_a(t)*h_3(t) = [h_1(t) + h_2(t)]*h_3(t)$$

시스템 4를 병렬로 연결하는 효과를 여기에 더하여 그림 3.15(d)에 나타낸 것과 같은 전체 시스템의 임펄스 응답을 얻는다.

$$h(t) = h_b(t) + h_4(t) = [h_1(t) + h_2(t)]*h_3(t) + h_4(t)$$ ■

이 장에서는 컨볼루션의 세 가지 성질을 소개하였다. 이 성질에 바탕을 두고 하위 시스템들의 임펄스 응답이 알려져 있을 때, 이 하위 시스템들로 이루어진 LTI 시스템의 임펄스 응답을 계산하는 과정을 소개하였다. 이 과정은 오직 LTI 시스템에만 적용된다. 전체 시스템의 임펄스 응답을 하위 시스템들의 임펄스 응답으로 구하는 효율적이고 좀 더 간단한 방법이 전달-함수 방법이다. 이 장의 뒷부분에서 전달-함수 방법을 소개하고 5장과 6장의 푸리에 변환과 7장의 라플라스 변환을 응용할 때 이 방법을 좀 더 일반화시킨다.

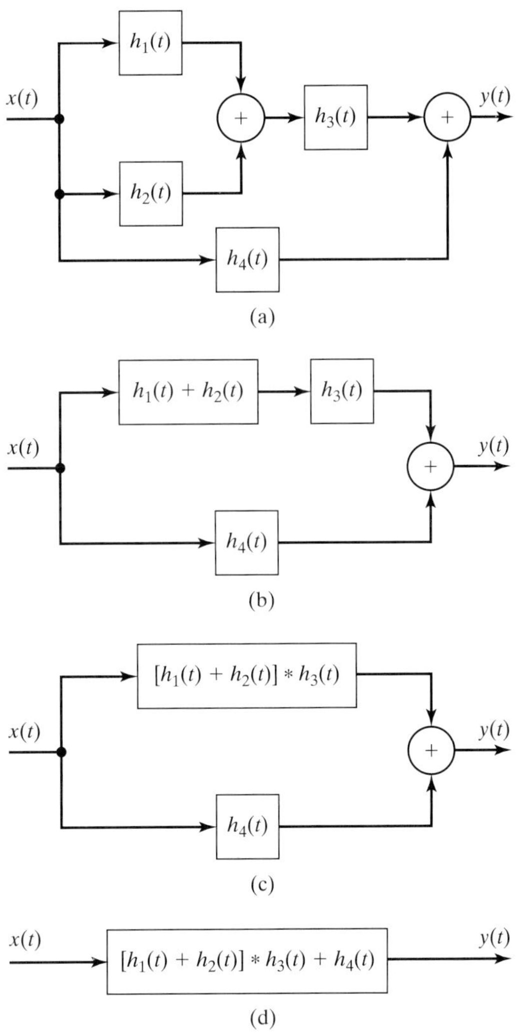

그림 3.15 예제 3.7의 시스템

3.4 연속-시간 LTI 시스템의 성질들

2.7절에서 연속-시간 시스템의 몇 가지 성질을 정의하였다. 이 장에서는 이 성질들을 선형 시불변 시스템과 관련지어 좀 더 살펴보자.

연속-시간 LTI 시스템의 입력-출력 특성은 임펄스 응답 $h(t)$로 완전하게 표현된다. 그렇기 때문에 시스템의 모든 성질은 $h(t)$로부터 판별할 수 있다. 식 (3.15)로부터 입력 신호 $x(t)$에 대해, 출력 신호 $y(t)$는 다음과 같다.

$$y(t) = \int_{-\infty}^{\infty} x(\tau)h(t-\tau)d\tau \tag{3.30}$$

LTI 시스템의 몇 가지 성질들을 유도하는 데에 이 식을 사용할 것이다. 메모리 성질부터 먼저 살펴보자.

메모리가 없는 시스템

메모리가 없는(정적) 시스템은 출력의 현재 값이 입력의 현재 값에 의해서만 결정되는 시스템이라는 사실을 떠올려보자. 즉, 출력의 현재 값은 입력의 과거 또는 미래의 값에 의존하지 않는다. 현재 시각을 t_1라고 하자. 그러면 식 (3.30)으로부터

$$y(t_1) = \int_{-\infty}^{\infty} x(\tau)h(t_1-\tau)d\tau \tag{3.31}$$

이다. 이 식을 단위 임펄스 함수의 정의인 식 (3.6)과 비교해보자.

[식 (3.6)]
$$\int_{-\infty}^{\infty} x(t)\delta(t-t_0)dt = x(t_0)$$

이 식은 $\delta(t-t_0)$를 $\delta(t_0-t)$로 바꾸어도 변하지 않는다(표 2.3 참조).

$$\int_{-\infty}^{\infty} x(t)\delta(t_0-t)dt = x(t_0)$$

이 식을 식 (3.31)과 비교하면, K가 상수일 때, $h(t)$가 임펄스 함수 $K\delta(t)$와 동일해야 한다는 것을 알 수 있다. 그 결과

$$y(t_1) = \int_{-\infty}^{\infty} x(\tau)K\delta(t_1-\tau)d\tau = Kx(t_1)$$

이다. 그러므로 LTI 시스템은 $h(t) = K\delta(t)$일 때, 즉 $y = Kx(t)$일 때 메모리가 없는 시스템이다. 메모리가 없는 LTI 시스템은 $y(t) = Kx(t)$인 이상적인 증폭기로 볼 수 있다. 이득이 1이면 $(K = 1)$ 이 시스템은 단위 시스템이 된다.

가역성

임펄스 응답이 $h(t)$인 연속-시간 LTI 시스템은 입력을 출력에 의해 결정할 수 있으면 가역 시스템이다. 가역 LTI 시스템을 그림 3.16에 도시하였다. 이 시스템에 대해

$$x(t)*h(t)*h_i(t) = x(t) \tag{3.32}$$

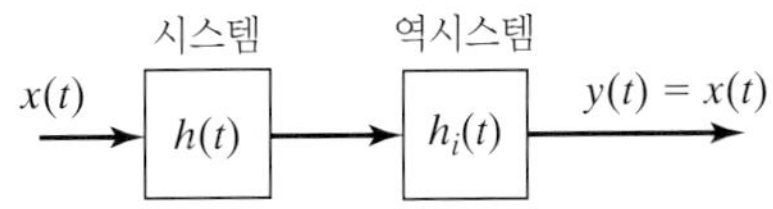

그림 3.16 LTI 가역 시스템

이고, 여기서 $h_i(t)$는 역시스템의 임펄스 응답이다. 식 (3.17)로부터

$$x(t)*\delta(t) = x(t) \tag{3.33}$$

이다. 그러므로 식 (3.32)와 식 (3.33)으로부터

$$h(t)*h_i(t) = \delta(t) \tag{3.34}$$

이다. 그렇기 때문에 임펄스 응답이 $h(t)$인 LTI 시스템은 식 (3.34)를 만족시키는 함수 $h_i(t)$를 찾을 수 있을 때에만 가역 시스템이다. 그러면 역시스템의 임펄스 응답은 $h_i(t)$다.

$h(t)$가 주어졌을 때, $h_i(t)$를 찾는 과정을 여기에서는 제시하지 않는다. 5장의 푸리에 변환 또는 7장의 라플라스 변환을 이용하면 좀 더 효율적으로 $h_i(t)$를 찾을 수 있다.

인과성

연속-시간 LTI 시스템은 출력의 현재 값이 입력의 현재와 과거 값에 의해서만 결정될 때 인과 시스템이다. 단위 임펄스 함수 $\delta(t)$는 $t = 0$에서 발생하기 때문에 인과 시스템의 임펄스 응답 $h(t)$는 $t < 0$일 때 *0이어야만 한다*. 또한 $t < 0$일 때 0인 신호를 *인과 신호*라고 한다. 그러므로 인과적인 LTI 시스템에 대한 컨볼루션 적분은 다음과 같이 표현할 수 있다.

$$y(t) = \int_{-\infty}^{\infty} x(t-\tau)h(\tau)d\tau = \int_{0}^{\infty} x(t-\tau)h(\tau)d\tau \tag{3.35}$$

임펄스 응답을 $h(t-\tau)$와 같이 쓴다면, $t-\tau < 0$, 즉 $\tau > t$일 때 이 함수는 0이다. 컨볼루션 적분의 두 번째 형식은 그러므로 다음과 같이 쓸 수 있다.

$$y(t) = \int_{-\infty}^{\infty} x(\tau)h(t-\tau)d\tau = \int_{-\infty}^{t} x(\tau)h(t-\tau)d\tau \tag{3.36}$$

식 (3.36)은 인과 시스템의 출력 $y(t)$가 현재 시간 t까지의 입력 값에만 의존하고 미래의 값에는 의존하지 않는다는 사실을 명확하게 해준다.

정리하면, 연속-시간 LTI 인과 시스템에 대해 컨볼루션 적분을 다음 두 가지 형태로 나타낼 수 있다.

$$y(t) = \int_{0}^{\infty} x(t-\tau)h(\tau)d\tau = \int_{-\infty}^{t} x(\tau)h(t-\tau)d\tau \tag{3.37}$$

안정성

유계인 입력에 대해 출력이 유계인 상태로 머물러 있으면 그 시스템은 유계-입력-유계-출력(BIBO) 안정하다는 사실을 상기해보자. 입력의 유계인 성질은 다음처럼 표현할 수 있다.

$$\text{모든 시간 } t\text{에 대해 } |x(t)| < M$$

여기서 M은 실수인 상수다. 그러면 식 (3.15)로부터 다음과 같이 쓸 수 있다.

$$\begin{aligned} |y(t)| &= \left|\int_{-\infty}^{\infty} x(t-\tau)h(\tau)d\tau\right| \leqq \int_{-\infty}^{\infty} |x(t-\tau)h(\tau)|d\tau \\ &= \int_{-\infty}^{\infty} |x(t-\tau)||h(\tau)|d\tau \\ &\leqq \int_{-\infty}^{\infty} M|h(\tau)|d\tau = M\int_{-\infty}^{\infty} |h(\tau)|d\tau \end{aligned} \tag{3.38}$$

왜냐하면

$$\left|\int_{-\infty}^{\infty} x_1(t)x_2(t)dt\right| \leqq \int_{-\infty}^{\infty} |x_1(t)x_2(t)|dt$$

이기 때문이다. 그렇기 때문에, M이 유한하므로, 다음을 만족하면 $y(t)$는 유계다.

$$\int_{-\infty}^{\infty} |h(t)|dt < \infty \tag{3.39}$$

만일 $h(t)$가 이 조건을 만족하면, $h(t)$는 *절대적분가능*(absolutely integrable)하다고 한다. 이 요구 사항은 또한 충분조건임을 보일 수 있다(연습문제 3.15 참조). 그렇기 때문에 LTI 시스템이 BIBO 안정하기 위해서는 임펄스 응답 $h(t)$가 식 (3.39)에서처럼 절대적분가능해야만 한다. *인과적인* LTI 시스템에 대해서는 이 기준이 다음과 같이 줄어든다.

$$\int_{0}^{\infty} |h(t)|dt < \infty \tag{3.40}$$

예제 3.8 LTI 시스템의 안정성 유도

다음과 같은 임펄스 응답을 갖는 인과적인 LTI 시스템의 안정성을 판별하고자 한다.

$$h(t) = e^{-3t}u(t)$$

식 (3.40)에서

$$\int_{-\infty}^{\infty} |h(t)|dt = \int_{0}^{\infty} e^{-3t}\,dt = \left.\frac{e^{-3t}}{-3}\right|_0^{\infty} = \frac{1}{3} < \infty$$

이고, 이 시스템은 안정하다. $h(t) = e^{3t}u(t)$인 경우에는

$$\int_{-\infty}^{\infty} |h(t)|dt = \int_{0}^{\infty} e^{3t}dt = \left.\frac{e^{3t}}{3}\right|_0^{\infty}$$

이고, 이 값은 유계가 아니다. 따라서 이 시스템은 안정하지 않다. ■

예제 3.9 적분기의 안정성

두 번째 예로써, $h(t) = u(t)$인 LTI 시스템을 생각해보자. 예제 3.2로부터 이 시스템은 다음과 같이 출력이 입력의 적분인 적분기다.

$$y(t) = \int_{-\infty}^{t} x(\tau)d\tau$$

이 시스템은 인과 시스템이므로 식 (3.40)으로부터 이 시스템의 안정성을 판별한다.

$$\int_{0}^{\infty} |h(t)|dt = \int_{0}^{\infty} dt = t\Big|_{0}^{\infty}$$

이 함수는 유계가 아니다. 따라서 이 시스템은 BIBO 안정하지 않다. ■

단위 계단 응답

몇 번 언급하였듯이 시스템의 임펄스 응답 $h(t)$는 주어진 시스템의 입력-출력 특성을 완전하게 명시한다. 즉, 다음과 같은 컨볼루션 적분으로

[식 (3.30)]
$$y(t) = \int_{-\infty}^{\infty} x(\tau)h(t-\tau)d\tau$$

임의의 입력 신호 $x(t)$에 대한 출력 신호 $y(t)$를 계산할 수 있다.

시스템의 입력이 단위 계단 함수 $u(t)$라고 가정하자. 식 (3.30)으로부터 $s(t)$를 단위 계단 응답이라고 할 때, 다음 식이 성립한다.

$$s(t) = \int_{-\infty}^{\infty} u(\tau)h(t-\tau)d\tau = \int_{0}^{\infty} h(t-\tau)d\tau \tag{3.41}$$

왜냐하면 $u(t)$는 $\tau < 0$인 구간에서 0이기 때문이다. 시스템이 인과 시스템이라면, $h(t-\tau)$는 $(t-\tau) < 0$, 즉 $\tau > t$인 구간에서 0이고, 따라서

$$s(t) = \int_{0}^{t} h(\tau)d\tau \tag{3.42}$$

이다. 그러면 단위 계단 응답을 식 (3.41) 또는 식 (3.42)를 사용하여 단위 임펄스 응답으로부터 직접 계산할 수 있음을 알 수 있다.

만일 식 (3.41)과 식 (3.42)가 미분가능하다면 (부록 B의 라이프니츠의 공식 참조) 다음 관계식을 얻는다.

$$h(t) = \frac{ds(t)}{dt} \tag{3.43}$$

그렇기 때문에, 단위 임펄스 응답을 단위 계단 응답으로부터 직접 계산할 수 있고 단위 계단 응답 또한 LTI 시스템의 입력-출력 특성을 완전하게 기술한다는 것을 알 수 있다.

예제 3.10 임펄스 응답으로부터 계단 응답 구하기

임펄스 응답이 다음과 같은 예제 3.8의 시스템을 생각해보자.

$$h(t) = e^{-3t}u(t)$$

이 시스템은 인과 시스템이라는 점에 유의한다. 식 (3.42)로부터 단위 계단 응답은 다음과 같다.

$$s(t) = \int_0^t h(\tau)d\tau = \int_0^t e^{-3\tau}\, d\tau = \frac{e^{-3t}}{-3}\bigg|_0^t = \frac{1}{3}(1 - e^{-3t})u(t)$$

우리는 $s(t)$를 미분하여 임펄스 응답을 얻음으로써 이 결과를 검증할 수 있다. 식 (3.43)으로부터 다음 식을 얻는다.

$$\begin{aligned} h(t) &= \frac{ds(t)}{dt} = \frac{1}{3}(1 - e^{-3t})\delta(t) + \frac{1}{3}(-e^{-3t})(-3)u(t) \\ &= e^{-3t}u(t) \end{aligned}$$

위 식에서 $(1 - e^{-3t})\delta(t) = 0$이다. [왜 일까? 식 (2.42) 참조] ■

이 절에서는 LTI 시스템의 메모리, 가역성, 인과성, 그리고 안정성의 성질들을 살펴보았다. 물론 정의상 이 시스템은 선형이면서 시불변이다. 하나의 중요한 결과는 BIBO 안정성을 식 (3.39)에 의해 시스템의 임펄스 응답으로부터 항상 판별할 수 있다는 점이다. 그리고 LTI 시스템의 임펄스 응답을 시스템의 계단 응답으로부터 구할 수 있음을 보였다.

3.5 미분방정식 모델

지금까지 이 장의 전반부에서는 연속-시간 LTI 시스템의 몇 가지 성질을 이 시스템들을 모델링하는 데에 사용된 실제 방정식을 거의 참조하지 않으면서 소개하였다. 이제 LTI 시스템의 가장 널리 쓰이는 모델에 대해 살펴보자. 연속-시간 LTI 시스템은 일반적으로 *계수가 상수인 선형 상미분방정식*으로 모델링된다. 물리적 시스템 자체가 아니라 물리적 시스템의 *모델*을 고려하고 있음을 다시 한번 강조한다.

2.3절에서 다음과 같이 모델링되는 시스템을 살펴보았다.

$$\frac{dy(t)}{dt} = ay(t) \tag{3.44}$$

여기서 a는 상수다. 시스템 입력 $x(t)$는 일반적으로 다음과 같은 형태로 이 모델에 포함된다.

$$\frac{dy(t)}{dt} - ay(t) = bx(t) \tag{3.45}$$

여기서 a와 b는 상수이고 $y(t)$는 시스템 출력 신호다. 시스템의 차수는 이 시스템을 모델링하는 미분방정식의 차수다. 그러므로 식 (3.45)는 일차 시스템이다.

식 (3.45)는 계수가 상수인 선형 상미분방정식이다. 이 방정식이 상미분방정식인 이유는 편미분이 포함되어 있지 않기 때문이다. 이 방정식이 선형 방정식인 이유는 종속 변수와 종속 변수의 일차 미분까지만 포함되어 있기 때문이다. 방정식에서 계수 중 하나는 1이고, 또 하나는 $-a$이고, 다른 하나는 b다. 따라서 이 방정식의 계수는 상수다.

이제 중첩을 이용하여 식 (3.45)의 선형성을 테스트해보자. $i = 1, 2$일 때, $y_i(t)$를 입력 $x_i(t)$에 대한 (3.45)의 해라고 하자. 즉, 다음을 의미한다.

$$\frac{dy_i(t)}{dt} - ay_i(t) = bx_i(t), \quad i = 1, 2 \tag{3.46}$$

이제 식 (3.45)에 직접 대입해봄으로써, 해 $[a_1y_1(t) + a_2y_2(t)]$가 입력이 $[a_1x_1(t) + a_2x_2(t)]$일 때, 식 (3.45)를 만족함을 보인다.

$$\frac{d}{dt}[a_1y_1(t) + a_2y_2(t)] - a[a_1y_1(t) + a_2y_2(t)] = b[a_1x_1(t) + a_2x_2(t)]$$

이 방정식을 정리하면 다음과 같이 쓸 수 있다.

$$a_1\left[\frac{dy_1(t)}{dt} - ay_1(t) - bx_1(t)\right] + a_2\left[\frac{dy_2(t)}{dt} - ay_2(t) - bx_2(t)\right] = 0 \tag{3.47}$$

식 (3.46)으로부터 각 항들은 0이기 때문에, 이 미분방정식은 중첩의 원리를 만족하고 그러므로 선형이다.

다음으로, 모델의 시불변성을 테스트해보자. 식 (3.45)에서 t를 $t - t_0$로 대체하면 다음 방정식을 얻는다.

$$\frac{dy(t - t_0)}{dt} - ay(t - t_0) = bx(t - t_0) \tag{3.48}$$

입력을 t_0만큼 지연시키면 해를 동일한 양만큼 지연시킨다. 그러므로 이 시스템은 시불변이다.

계수가 상수인 선형 상미분방정식의 한 예는 다음과 같은 일차 미분방정식이다.

$$\frac{dy(t)}{dt} + 2y(t) = x(t) \tag{3.49}$$

이 방정식은 그림 3.17과 같은 RL 회로를 모델링한 것일 수 있는데, 그림 3.17의 회로 방정식은

$$L\frac{di(t)}{dt} + Ri(t) = v(t)$$

이고, 이때 $L = 1$ H, $R = 2\Omega$, $i(t) = y(t)$, $v(t) = x(t)$이면 식 (3.49)가 되기 때문이다.

계수가 상수인 n차 선형 미분방정식의 일반적인 형태는 다음과 같다.

$$a_n\frac{d^ny(t)}{dt^n} + a_{n-1}\frac{d^{n-1}y(t)}{dt^{n-1}} + \cdots + a_1\frac{dy(t)}{dt} + a_0y(t) = b_m\frac{d^mx(t)}{dt^m} + b_{m-1}\frac{d^{m-1}x(t)}{dt^{m-1}} + \cdots + b_1\frac{dx(t)}{dt} + b_0x(t)$$

여기서 $a_0, \ldots, a_n$과 $b_0, \ldots, b_m$은 상수이고 $a_n \neq 0$이며, 여기서는 이 상수들이 실수인 경우만 생각한다. 이 방정식은 다음과 같이 좀 더 간결한 형태로 쓸 수 있다.

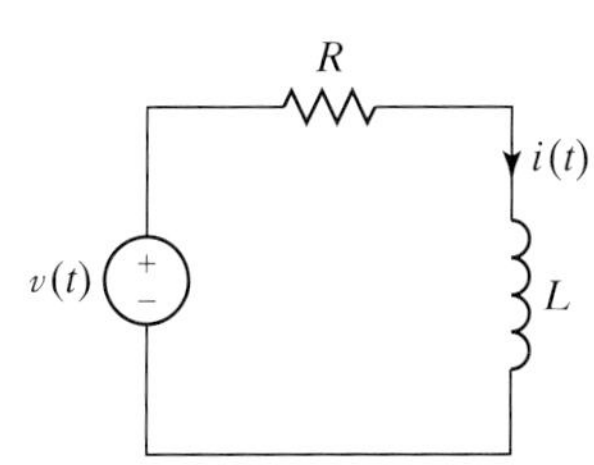

그림 3.17 RL 회로

$$\sum_{k=0}^{n} a_k \frac{d^k y(t)}{dt^k} = \sum_{k=0}^{m} b_k \frac{d^k x(t)}{dt^k} \tag{3.50}$$

앞서 보여주었던 방법으로 이 방정식이 선형이면서 동시에 시불변임을 쉽게 보일 수 있다. 식 (3.50)의 해를 구하는 많은 방법이 존재하지만, 이 절에서는 고전적인 방법 하나만을 복습하기로 한다. 이후의 장에서는 변환 기법을 이용하여 해를 구하는 방법들을 소개할 것이다.

미분방정식의 해

여기에서 소개하는 식 (3.50)의 해를 구하는 방법은 *미정계수법*(method of undetermined coefficients)이라고 하고, 일반해 $y(t)$를 다음과 같이 두 함수의 합으로 표현해야 한다[2].

$$y(t) = y_c(t) + y_p(t) \tag{3.51}$$

이 식에서 $y_c(t)$를 *여함수*(complementary function), $y_p(t)$를 *특수해*(particular solution)라 한다. 미분방정식이 시스템을 모델링하는 경우, 이 여함수는 흔히 *자연 응답*(natural response)이라 하고 특수해는 *인가 응답*(forced response)이라 하며 앞으로 우리는 이 용어를 사용할 것이다. 여기서는 미정계수법의 대략적인 과정만을 설명하기 때문에, 좀 더 상세한 내용은 부록 E를 참조하길 바란다. 해를 구하는 과정은 다음 세 단계로 이루어진다.

1. *자연 응답*. $y_c(t) = Ce^{st}$가 제차 방정식(homogeneous equation)의 해라고 가정하자. 이 해를 제차 방정식(식 (3.50)에서 우변을 0으로 둔 방정식)에 대입하여 필요한 s값을 구한다.
2. *인가 응답*. $y_p(t)$를 $x(t)$와 $x(t)$의 미분 형태의 선형합으로 가정하자. 예를 들어, $x(t)$의 형태에 따라 다음과 같이 $y_p(t)$의 형태를 가정한다.

$$x(t) = 5 \Rightarrow y_p(t) = P;$$
$$x(t) = 5e^{-7t} \Rightarrow y_p(t) = Pe^{-7t};$$
$$x(t) = 2\cos 3t \Rightarrow y_p(t) = P_1 \cos 3t + P_2 \sin 3t$$

   이렇게 해를 구하는 방법은 $y_p(t)$가 유한한 개수의 항을 포함할 때만 사용할 수 있다.
3. *계수 계산*. $y_p(t)$를 미분방정식 (3.50)에 대입하여 아직 정해지지 않은 인가 응답의 계수 P_i를 구한다. 그런 다음 일반해 식 (3.51)과 초기 조건을 이용하여 아직 정해지지 않은 자연 응답의 계수 C_i를 구한다.

예제 3.11 일차 LTI 시스템의 시스템 응답

이 절의 앞부분에서 다루었던 미분방정식에서 $x(t)$가 상수인 경우를 생각해보자. 즉, $t \geq 0$인 구간에서

$$\frac{dy(t)}{dt} + 2y(t) = 2$$

이고 $y(0) = 4$이다. 1단계에서 자연 응답 $y_c(t) = Ce^{st}$를 가정한다. 그리고 $y_c(t)$를 제차 방정식에 대입하면,

$$\frac{dy_c(t)}{dt} + 2y_c(t) = 0 \Rightarrow (s+2)Ce^{st} = 0 \Rightarrow s = -2$$

이다. 그러면 자연 응답은 $y_c(t) = Ce^{-2t}$이고 C는 아직 정해지지 않았다.

인가 함수가 상수이고 상수의 미분은 0이기 때문에 2단계에서 인가 응답을 다음과 같이 가정한다.

$$y_p(t) = P$$

여기서 P는 아직 정해지지 않은 상수다. 이 인가 응답 $y_p(t)$를 미분방정식에 대입하면 다음을 얻는다.

$$\frac{dP}{dt} + 2P = 0 + 2P = 2$$

즉, $y_p(t) = P = 1$이다. 식 (3.51)로부터 일반해는 다음과 같다.

$$y(t) = y_c(t) + y_p(t) = Ce^{-2t} + 1$$

이제 주어진 초기 조건 $y(0) = 4$를 이용하여 상수 C를 구한다. $t = 0$에서 계산한 일반해 $y(t)$로부터 다음 식을 얻는다.

$$\begin{aligned} y(0) &= y_c(0) + y_p(0) = [Ce^{-2t} + 1]\Big|_{t=0} \\ &= C + 1 = 4 \Rightarrow C = 3. \end{aligned}$$

그러면 전체 해는

$$y(t) = 1 + 3e^{-2t}$$

이다. 이 해는 다음과 같은 MATLAB 프로그램으로 확인해볼 수 있다.

```
dsolve('Dy+2*y=2, y(0)=4')
ezplot(y)
```

이 MATLAB 예제 코드가 잘 이해가 안 된다면 부록 E를 참고하길 바란다. ■

예제 3.12 예제 3.11의 응답을 검증하기

이제 예제 3.11에서 구한 해를 미분방정식에 대입하여 해가 맞는지 검증해보자. 해를 대입하면,

$$\frac{dy(t)}{dt} + 2y(t)\Big|_{y=1+3e^{-2t}} = -6e^{-2t} + 2(1 + 3e^{-2t}) = 2$$

이고, 따라서 해가 되는 것을 확인할 수 있다. 또한

$$y(0) = (1 + 3e^{-2t})\Big|_{t=0} = 1 + 3 = 4$$

이므로 초기 조건도 확인되었다. 따라서 이 해는 검증되었다. ■

일반적인 경우

다음과 같은 n차 시스템의 자연 응답을 생각해보자.

[식 (3.50)]
$$\sum_{k=0}^{n} a_k \frac{d^k y(t)}{dt^k} = \sum_{k=0}^{m} b_k \frac{d^k x(t)}{dt^k}$$

이 식의 우변을 0으로 두면 제차 방정식을 얻는다. 즉, 제차 방정식은

$$a_n \frac{d^n y(t)}{dt^n} + a_{n-1} \frac{d^{n-1} y(t)}{dt^{n-1}} + \cdots + a_1 \frac{dy(t)}{dt} + a_0 y(t) = 0 \tag{3.52}$$

이다. 여기서 $a_n \neq 0$이다. 자연 응답 $y_c(t)$는 이 제차 방정식을 만족해야만 한다.

제차 방정식의 해의 형태로 $y_c(t) = Ce^{st}$를 가정한다. 그러면 식 (3.52)에서 각 항들은 다음과 같다.

$$\begin{aligned} y_c(t) &= Ce^{st}; \\ \frac{dy_c(t)}{dt} &= Cse^{st}; \\ \frac{d^2 y_c(t)}{dt^2} &= Cs^2 e^{st}; \\ &\vdots; \\ \frac{d^n y_c(t)}{dt^n} &= Cs^n e^{st} \end{aligned} \tag{3.53}$$

이 항들을 식 (3.52)에 대입하면 다음 식을 얻는다.

$$(a_n s^n + a_{n-1} s^{n-1} + \cdots + a_1 s + a_0) Ce^{st} = 0 \tag{3.54}$$

여기서 해 $y_c(t) = Ce^{st}$가 자명하지 않다면(nontrivial) ($C \neq 0$) 식 (3.54)로부터 다음 식이 성립한다.

$$a_n s^n + a_{n-1} s^{n-1} + \cdots + a_1 s + a_0 = 0 \tag{3.55}$$

이 방정식을 미분방정식 (3.50)의 *특성방정식*(characteristic equation) 또는 *보조방정식*(auxiliary equation)이라 한다. 이 다항식은 다음과 같이 인수분해할 수 있다.

$$\begin{aligned} a_n s^n &+ a_{n-1} s^{n-1} + \cdots + a_1 s + a_0 \\ &= a_n (s - s_1)(s - s_2) \cdots (s - s_n) = 0 \end{aligned} \tag{3.56}$$

그렇기 때문에, s_i, $1 \leq i \leq n$으로 나타낸 n개의 s값이 이 방정식을 만족한다. 즉, 식 (3.56)의 n개의 값 s_i에 대해 $y_{ci}(t) = C_i e^{s_i t}$는 제차 방정식 (3.52)를 만족한다. 미분방정식이 선형이기 때문에, 이 n개의 해의 합 또한 해가 된다. 중근이 없는 경우에, 식 (3.52)의 제차 방정식의 해는 다음과 같이 표현된다.

$$y_c(t) = C_1 e^{s_1 t} + C_2 e^{s_2 t} + \cdots + C_n e^{s_n t} \tag{3.57}$$

특성방정식이 중근을 갖는 경우는 부록 E를 참조하기 바란다.

물리적 시스템과의 관련성

이제 미분방정식 모델의 일반해와 물리적 시스템의 응답 사이의 관계를 알아보자. 물론 물리적 시스템의 미분방정식 모델이 충분히 정확하다고 가정한다.

앞의 해를 구하는 과정으로부터, 계수가 상수인 선형 미분방정식의 일반해의 자연-응답 부분은 인가 함수 $x(t)$와 무관하다는 것을 알 수 있다. 자연 응답은 오직 시스템의 구조[식 (3.50)의 좌변]에 의해서만 결정되고 그렇기 때문에 자연 응답이라는 용어를 사용한다. 이것은 또한 *비인가*

응답(unforced response) 또는 *영-입력 응답*(zero-input response)이라고도 한다. 물리 시스템의 응답에서 이와 같은 자연 응답은 어떤 방식으로 시스템을 여기시키는가와 상관없이 항상 존재하는 요소다. 그러나 이 항의 크기 C_i는 초기 조건과 인가 입력에 따라 달라진다. 자연 응답에서 인수 $e^{s_i t}$를 시스템의 *모드*(mode)라고 한다.

식 (3.51)의 인가 응답, $y_p(t)$를 또한 시스템의 *영-상태 응답*(0-state response)이라고 한다. 여기에서 영-상태는 초기 조건이 0임을 의미한다. 인가 응답은 시스템의 구조와 입력 신호에 따라 달라지지만, 초기 조건과는 무관하다.

대부분의 모든 물리적 시스템의 LTI 모델에 대해, 자연 응답은 시간이 지날수록 0으로 다가가고, 응답 중 인가 응답 부분만 남는다(이러한 일이 발생하려면 시스템이 BIBO 안정해야 한다). 이러한 이유로, 우리는 때때로 자연 응답을 *과도 응답*(transient response)이라고 하고 인가 응답을 *정상-상태 응답*(steady-state response)이라고 한다. 우리가 어떤 안정한 LTI 시스템의 정상-상태를 언급할 때는 시스템 미분방정식의 인가 응답을 말하고 있는 것이다. 안정된 시스템에 대해 정상-상태 응답은 입력 신호가 오랜 시간 동안 가해지고 있는 경우의 시스템 응답이다.

예제 3.13 예제 3.11의 시스템에 대한 시상수

예제 3.11의 일차 시스템에 대해, 해는 다음과 같았다.

$$y(t) = y_c(t) + y_p(t) = 3e^{-2t} + 1$$

자연 응답은 $3e^{-2t}$이고 이 시스템의 모드는 e^{-2t} 하나다. 정상-상태 응답은 1이다. 이 시스템의 응답을 그림 3.18에 나타내었다. 이 응답에서 시상수는 $\tau = \frac{1}{2} = 0.5$다(2.3절 참조). 그렇기 때문에 4τ만큼의 시간이 지난 후에는 자연 응답은 무시할 수 있고, 오직 정상-상태 응답만 남는다(2.3절 참조). ■

이 절에서는, 계수가 상수인 선형 미분방정식으로 모델링되는 시스템들을 살펴보았다. 그리고 이 방정식의 해를 구하는 하나의 고전적인 방법을 복습하였다. 해를 이루는 각 요소들은 물리적 시스템의 응답의 특성들과 관련되어 있다.

3.6 자연 응답에서의 항들

이제 연속-시간 LTI 시스템의 자연 응답(어함수)의 항들을 2.3절에서 다루었던 신호들과 관련지어 보자. 자연 응답 항들의 수학적인 형태는 다음 특성방정식의 근에 의해 결정된다.

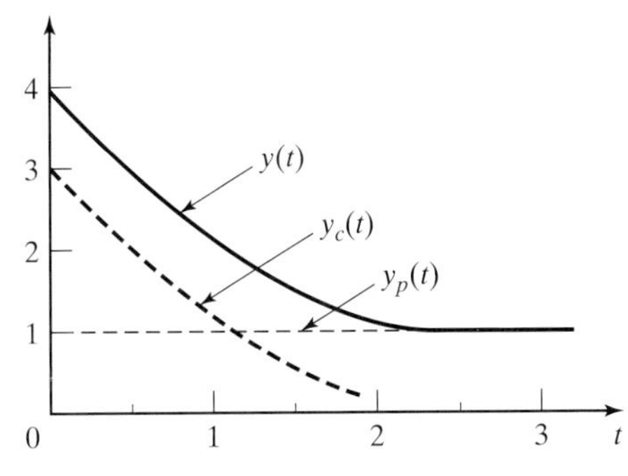

그림 3.18 일차 시스템의 응답

[식 (3.56)]

$$a_n s^n + a_{n-1}s^{n-1} + \cdots + a_1 s + a_0 = a_n(s - s_1)(s - s_2)\cdots(s - s_n) = 0$$

근이 모두 서로 다르다면, 자연 응답은 다음 식으로 주어진다.

[식 (3.57)]

$$y_c(t) = C_1 e^{s_1 t} + C_2 e^{s_2 t} + \cdots + C_n e^{s_n t}$$

그렇기 때문에, 일반항이 $C_i e^{s_i t}$이고 여기서 $e^{s_i t}$를 시스템 모드라고 한다. 특성방정식의 근 s_i는 실수일 수도 있고 복소수일 수도 있다. 그러나 특성방정식의 계수들이 실수이기 때문에 복소수 근은 반드시 켤레여야 한다. 이제 자연 응답에서 나타날 수 있는 몇 가지 다른 모드의 형태들을 살펴보자.

s_i가 실수

s_i가 실수이면, 자연 응답에서의 각 항은 지수 형태를 갖는다.

s_i가 복소수

s_i가 복소수이면, 다음과 같이 썼을 때,

$$s_i = \sigma_i + j\omega_i$$

모드는 다음과 같다.

$$C_i e^{s_i t} = C_i e^{(\sigma_i + j\omega_i)t} = C_i e^{\sigma_i t} e^{j\omega_i t} \tag{3.58}$$

자연 응답 $y_c(t)$는 실수여야 하므로 $y_c(t)$의 다음 두 항은 오일러 관계식에 의해 $C_i = |C_i|e^{j\theta_i}$라고 할 때 다음과 같이 쓸 수 있다.

$$\begin{aligned} C_i e^{s_i t} + (C_i e^{s_i t})^* &= |C_i| e^{j\theta_i} e^{\sigma_i t} e^{j\omega_i t} + |C_i| e^{-j\theta_i} e^{\sigma_i t} e^{-j\omega_i t} \\ &= |C_i| e^{\sigma_i t} e^{j(\omega_i t + \theta_i)} + |C_i| e^{\sigma_i t} e^{-j(\omega_i t + \theta_i)} \\ &= 2|C_i| e^{\sigma_i t} \cos(\omega_i t + \theta_i) \end{aligned} \tag{3.59}$$

σ_i가 0이면, 이 함수는 무감쇠(undamped) 사인파다. σ_i가 음수면, 식 (3.59)의 함수는 감쇠(damped) 사인파이고 t가 무한대로 갈수록 0으로 다가간다. 함수의 포락선은 $2|C_i|e^{\sigma_i t}$다. σ_i가 양수면, 이 함수는 t가 무한대로 갈수록 포락선 $2|C_i|e^{\sigma_i t}$를 따라 무한히 커진다.

특성방정식의 실근은 자연 응답에서 실수인 지수 항을 만들고 반면에 복소수 근은 사인파 항을 만든다. 이 관련성이 그림 3.19에 나타나 있는데, 기호 ×는 특성방정식의 근의 위치를 나타낸다.

그러면 2.3절에서 논의하였던 항들을 LTI 시스템의 자연 응답에서 볼 수 있다는 것을 알 수 있다. 위에서 언급했다시피, 이 항들은 시스템에 인가되는 입력의 종류와 무관하다.

안정성

이제 인과적인 연속-시간 LTI 시스템의 안정성을 생각해보자. 앞에서 언급했듯이 자연 응답의 일반적인 항은 $C_i e^{s_i t}$의 형태이고 여기서 s_i는 시스템의 특성방정식의 근이다. 이 항의 크기는 식 (3.59)로부터 $|C_i||e^{\sigma_i t}|$이다. σ_i가 음수면, 이 항의 크기는 t가 무한대가 될수록 0으로 다가간다. 그러나 σ_i가 양수면, 이 항의 크기는 t가 무한대가 될수록 무한히 커지게 된다. 그러므로 $\sigma_i > 0$은 시스템이 불안정하다는 것을 의미한다.

계수가 상수인 선형 미분방정식의 전체 해는 다음과 같이 주어졌다.

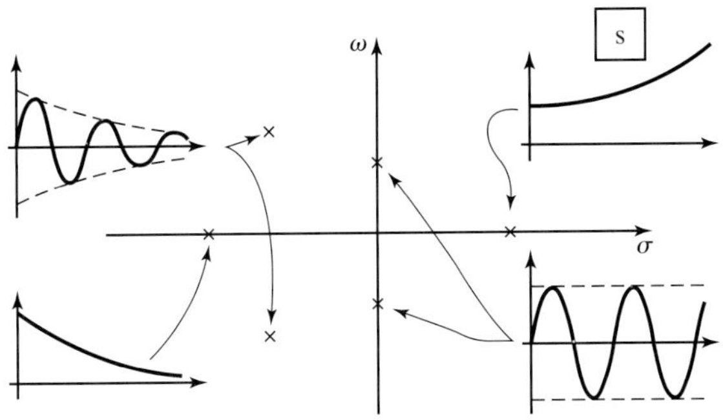

그림 3.19 특성방정식의 근의 위치

[식 (3.51)] $$y(t) = y_c(t) + y_p(t)$$

또한 안정한 시스템에 대해 인가 응답 $y_p(t)$는 입력 신호 $x(t)$와 수학적으로 동일한 형태다. 그러므로 $x(t)$가 유계이면, $y_p(t)$ 또한 유계다. 만일 특성방정식의 모든 근들의 실수 부분이 $\sigma_i < 0$인 관계를 만족시키면, 자연 응답의 각 항들 또한 유계다. 결론적으로 인과적인 연속-시간 LTI 시스템이 BIBO 안정할 필요충분조건은 시스템의 특성방정식의 근들의 실수부가 모두 음수인 것이다. 그림 3.19에서 나타냈듯이, 안정한 시스템의 자연 응답은 시간이 증가할수록 0으로 다가갈 것이다.

예제 3.14 RL 회로의 안정성

그림 3.17과 같은 RL 회로를 생각해보자. 이 회로에 대한 미분방정식 모델은 다음과 같다.

$$L\frac{di(t)}{dt} + Ri(t) = v(t)$$

이 시스템 모델의 특성방정식은 $s + R/L = 0$이다. 그러므로 특성방정식의 근은 $s = -R/L$이고 시스템 모드는 $e^{-\frac{R}{L}t}$이다. 시스템 모드로부터(또는 특성방정식의 근으로부터) $R > 0$에 대해 이 시스템이 안정하다는 것을 알 수 있다. $R = 0$이면 $\sigma = 0$이고, 이 시스템 모드는 시간이 시나너라도 0으로 다가가지지 않는다. 따라서 이 시스템은 안정하지 않다. 시스템의 특성방정식의 근이 0이면, 이 시스템은 *경계 안정*(marginally stable)하다고 한다. 경계 안정적인 시스템의 응답은 어떤 입력에 대해 무한히 커질 수 있다. 이러한 경계 안정한 시스템의 한 모델은 다음과 같고

$$L\frac{di(t)}{dt} = v(t)$$

이 방정식의 해는 다음과 같다.

$$i(t) = \frac{1}{L}\int_{-\infty}^{t} v(\tau)d\tau$$

이 결과로부터 경계 안정한 이 시스템의 다양한 종류의 입력에 대한 응답을 살펴보면, 만일 입력 전압이 임펄스 함수일 때는 응답은 상수인 전류가 되고 입력 전압이 사인파일 때는 응답 또한 사인파인 전류가 된다. 따라서 안정한 시스템인 것 같지만, 만일 입력 전압이 단위 계단 함수이면 응답은 시간이 지날수록 무한히 커지는 전류가 되어 불안정한 시스템이다. 다음 예제에서 안정성을 판별하는 예를 하나 더 살펴보자. ■

예제 3.15 이차 LTI 시스템의 모드

어떤 인과 시스템이 다음과 같은 미분방정식으로 표현된다고 하자.

$$\frac{d^2y(t)}{dt^2} + 1.25\frac{dy(t)}{dt} + 0.375y(t) = x(t)$$

식 (3.52)와 식 (3.55)로부터 이 시스템의 특성방정식은 다음과 같다.

$$s^2 + 1.25s + 0.375 = (s + 0.75)(s + 0.5) = 0$$

두 개의 근이 −0.75와 −0.5로써 모두 음의 실수이므로 이 시스템은 안정하며, 자연 응답은 다음과 같다.

$$y_c(t) = C_1e^{-0.75t} + C_2e^{-0.5t}$$

이 함수는 t가 무한대로 갈수록 0으로 다가가는 것을 알 수 있다.

다음과 같은 미분방정식으로 기술되는 두 번째 인과 시스템을 생각하자.

$$\frac{d^2y(t)}{dt^2} + 0.25\frac{dy(t)}{dt} - 0.375y(t) = x(t)$$

이 시스템의 특성방정식은 다음과 같다.

$$s^2 + 0.25s - 0.375 = (s + 0.75)(s - 0.5) = 0$$

근 중 하나가 $s = 0.5$로써 양의 실수이므로 이 시스템은 불안정하다. 자연 응답은 다음과 같은데,

$$y_c(t) = C_1e^{-0.75t} + C_2e^{0.5t}$$

모드 $e^{0.5t}$에서 불안정성이 명확히 나타남을 알 수 있다. 이 모드는 t가 증가할수록 무한히 증가할 것이다. ■

시스템의 특성방정식에 담겨 있는 정보에 주목하도록 한다. 예제 3.15의 첫 번째 시스템의 두 시상수는 $\tau_1 = 1/0.75 = 1.33$, $\tau_2 = 1/0.5 = 2$이고, 과도 응답에서 진동이 전혀 없다(복소수 근이 없다). 더 큰 시상수는 τ_2이고, 시스템의 과도 응답은 약 $4\tau_2 = 8$ 정도의 시간이 지나면 거의 사라진다. 예제 3.15의 두 번째 시스템의 특성방정식으로부터는 이 시스템이 불안정하다는 것을 바로 알 수 있다.

고차 시스템의 경우에는, 시스템의 특성방정식의 근을 구하기 위해 컴퓨터를 사용해야만 한다. 예를 들어, 한 시스템의 특정 방정식이 다음과 같이 주어졌다고 하자.

$$s^3 + 7s^2 + 14s + 8 = 0$$

이 방정식의 근을 구하는 MATLAB 프로그램은 다음과 같다.

```
n = [1 7 14 8];
r = roots (n)
result: r =-4 -2 -1
```

그러므로, 이 시스템은 안정하고 세 개의 시상수는 각각 0.25 s, 0.5 s, 1 s이다.

두 번째 예는 다음과 같은 특성방정식이다.

$$s^3 + s^2 + 2s + 8 = 0$$

그러면 이 시스템에 대한 MATLAB 프로그램은 다음과 같다.

```
n = [1 1 2 8];
r = roots (n)
result: r = -20.5 + 1.9365i0.5 - 1.9365i
```

이 시스템은 불안정한데, 왜냐하면 두 개의 근 $s = 0.5 \pm j1.9365$의 실수 부분이 양수이기 때문이다.

이 절에서는 LTI 시스템의 자연 응답의 항들을 2.3절에서 다루었던 신호들의 형태로 보이고, 과도 응답과 BIBO 안정성을 특성방정식의 근의 위치와 관련지어 설명하였다.

3.7 복수-지수 입력에 대한 시스템 응답

먼저 이 절에서는, 시스템의 선형성에 대해 더욱 깊게 살펴본다. 그런 다음 어떤 특정한 부류의 입력 신호에 대한 연속-시간 LTI 시스템의 응답을 유도해내고자 한다.

선형성

그림 3.20에 나타낸 연속-시간 LTI 시스템을 생각해보자. 이 시스템을 다음과 같이 표현한다.

$$x(t) \rightarrow y(t) \tag{3.60}$$

LTI 시스템에 대해 식 (3.60)은 다음과 같은 컨볼루션 적분으로 표현할 수 있다.

$$y(t) = \int_{-\infty}^{\infty} x(t-\tau)h(\tau)d\tau \tag{3.61}$$

함수 $x(t)$, $y(t)$, $h(t)$는 모두 물리적 시스템 모델에 대한 실함수들이다.

이제 두 개의 실수 입력 $x_i(t)$, $i = 1, 2$를 가정하자. 그러면 식 (3.60)에서

$$x_i(t) \rightarrow y_i(t), \quad i = 1, 2 \tag{3.62}$$

이다. 그렇기 때문에 $y_i(t)$, $i = 1, 2$는 식 (3.61)로부터 실함수다. 식 (3.60)의 시스템은 선형이기 때문에, 중첩의 원리가 적용되고 그러므로 다음 관계가 성립한다.

$$a_1x_1(t) + a_2x_2(t) \rightarrow a_1y_1(t) + a_2y_2(t) \tag{3.63}$$

식 (3.63)에서 상수 a_1과 a_2에 대해서는 어떠한 제약 조건도 없다. 그러므로 이 상수를 복소수로 선택할 수 있다. 이러한 논리 전개를 따라, 이 상수들을 다음과 같이 선택하자.

$$a_1 = 1, \quad a_2 = j = \sqrt{-1}$$

이렇게 상수를 선택하면 식 (3.63)의 중첩 성질은 다음과 같이 된다.

$$x_1(t) + jx_2(t) \rightarrow y_1(t) + jy_2(t) \tag{3.64}$$

이 결과에 대해 다음과 같이 말할 수 있다. 복소수 입력 신호를 갖는 선형 시스템 모델에 대해, 입력의 실수 부분은 출력의 실수 부분을 생성하고, 입력의 허수 부분은 출력의 허수 부분을 생성해낸다.

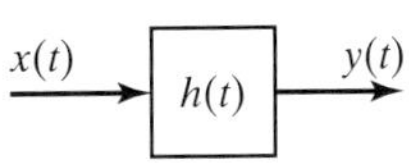

그림 3.20 LTI 시스템

LTI 시스템에 대한 복소수 입력

이제 다음과 같은 복소 지수 입력에 대한 LTI 시스템의 응답을 살펴보자.

$$x(t) = Xe^{st} \tag{3.65}$$

일반적인 경우에 X와 s는 모두 복소수다. 식 (3.61)로 주어지거나 그림 3.20과 같이 표현되는 시스템의 한 중요한 경우로서, 이 시스템이 안정하고 계수가 상수인 n-차 선형 미분방정식으로 모델링되는 경우를 살펴보자. 식 (3.65)와 같은 지수 입력이 모든 시간 영역에서 지속적으로 인가된다고 가정하고, 시스템의 정상-상태 응답을 구할 것이다. 즉, 복소 지수 입력 신호에 대해 계수가 상수인 미분방정식의 인가 응답을 구할 것이다.

n-차 LTI 시스템에 대한 미분방정식 모델은 다음과 같다.

[식 (3.50)]
$$\sum_{k=0}^{n} a_k \frac{d^k y(t)}{dt^k} = \sum_{k=0}^{m} b_k \frac{d^k x(t)}{dt^k}$$

여기서 모든 a_i와 b_i는 실수이고 $a_n \neq 0$이다. 식 (3.65)의 복소-지수 입력에 대해 식 (3.50)의 인가 응답(정상-상태 응답)의 수학적 형태는 입력 신호와 동일하다는 것을 3.5절에서 언급하였다. 그러므로

$$y_{ss}(t) = Ye^{st} \tag{3.66}$$

이다. 여기서 $y_{ss}(t)$는 정상-상태 응답이고 Y는 정해야 할 복소수 상수다. [s는 식 (3.65)로부터 알고 있다.] 명확하게 하기 위해, 인가 응답을 $y_p(t)$ 대신 $y_{ss}(t)$로 나타내자. 식 (3.65)와 식 (3.66)으로부터 식 (3.50)의 항들은 다음과 같이 된다.

$$\begin{aligned}
a_o y_{ss}(t) &= a_0 Ye^{st} & b_0 x(t) &= b_0 Xe^{st} \\
a_1 \frac{dy_{ss}(t)}{dt} &= a_1 sYe^{st} & b_1 \frac{dx(t)}{dt} &= b_1 sXe^{st} \\
a_2 \frac{d^2 y_{ss}(t)}{dt^2} &= a_2 s^2 Ye^{st} & b_2 \frac{d^2 x(t)}{dt^2} &= b_2 s^2 Xe^{st} \\
&\vdots & &\vdots \\
a_n \frac{d^n y_{ss}(t)}{dt^n} &= a_n s^n Ye^{st} & b_m \frac{d^m x(t)}{dt^m} &= b_m s^m Xe^{st}
\end{aligned} \tag{3.67}$$

이 항들을 식 (3.50)에 대입하면 다음 방정식을 얻는다.

$$\begin{aligned}
&(a_n s^n + a_{n-1} s^{n-1} + \cdots + a_1 s + a_0) Ye^{st} \\
&\quad = (b_m s^m + b_{m-1} s^{m-1} + \cdots + b_1 s + b_0) Xe^{st}
\end{aligned} \tag{3.68}$$

식 (3.66)의 정상-상태 응답 $y_{ss}(t)$에서 모르는 것은 Y뿐이다. 식 (3.68)에서 인수 e^{st}를 약분하면 Y는 다음과 같다.

$$Y = \left[\frac{b_m s^m + b_{m-1} s^{m-1} + \cdots + b_1 s + b_0}{a_n s^n + a_{n-1} s^{n-1} + \cdots + a_1 s + a_0} \right] X = H(s)\mathrm{X} \tag{3.69}$$

이 식에 보이는 다항식의 비를 다음과 같이 흔히 표기한다.

$$H(s) = \frac{b_m s^m + b_{m-1}s^{m-1} + \cdots + b_1 s + b_0}{a_n s^n + a_{n-1}s^{n-1} + \cdots + a_1 s + a_0} \tag{3.70}$$

나중에는 이 함수가 임펄스 응답 $h(t)$와 관련이 있음을 보일 것이다. 이 함수 H(s)를 *전달함수*(transfer function)라 하고 분모의 차수와 동일하게 n-차 전달함수라 한다. 전달함수의 차수는 전달함수를 도출한 미분방정식의 차수와 동일하다.

지금까지의 내용을 정리하자. 식 (3.69)와 식 (3.70)과 같은 전달함수 H(s)를 갖는 LTI 시스템을 생각하자. 시스템 입력이 복소 지수함수 $Xe^{s_1 t}$이면, 정상-상태 응답은 식 (3.66)과 식 (3.69)로부터 다음과 같다.

$$x(t) = Xe^{s_1 t} \rightarrow y_{ss}(t) = XH(s_1)e^{s_1 t} \tag{3.71}$$

식 (3.71)의 복소-지수 해는 입력이 사인파인 특수한 경우에도 또한 적용된다. 식 (3.71)에서 ϕ와 ω_1이 실수일 때 $X = |X|e^{j\phi}$이고 $s_1 = j\omega_1$이라고 가정하자. 그러면

$$\begin{aligned} x(t) &= Xe^{s_1 t} = |X|e^{j\phi}e^{j\omega_1 t} = |X|e^{j(\omega_1 t + \phi)} \\ &= |X|\cos(\omega_1 t + \phi) + j|X|\sin(\omega_1 t + \phi) \end{aligned} \tag{3.72}$$

이다. 일반적으로 $H(j\omega_1)$도 또한 복소수이므로 $H(j\omega_1) = |H(j\omega_1)|e^{j\theta_H}$라고 하자. 식 (3.71)의 우변은 다음과 같이 표현할 수 있다.

$$\begin{aligned} y_{ss}(t) &= XH(j\omega_1)e^{j\omega_1 t} = |X||H(j\omega_1)|e^{j(\omega_1 t + \phi + \theta_H)} \\ &= |X||H(j\omega_1)|[\cos[\omega_1 t + \phi + \angle H(j\omega_1)] + j\sin[\omega_1 t + \phi + \angle H(j\omega_1)]] \end{aligned}$$

여기서 $\theta_H = \angle H(j\omega_1)$이다. 식 (3.64)로부터 입력 신호의 실수 부분은 출력 신호의 실수 부분을 생성하므로

$$|X|\cos(\omega_1 t + \phi) \rightarrow |X||H(j\omega_1)|\cos[\omega_1 t + \phi + \angle H(j\omega_1)] \tag{3.73}$$

이다. 이 결과는 LTI 시스템에 대한 일반적인 결과이고 입력이 주기 신호인 LTI 시스템을 분석하는 데에 핵심적인 식이다. 그 중요성은 아무리 강소해도 지나치지 않다.

어떤 시스템이 시스템의 전달함수 H(s)로 명시된다고 하자. 이 시스템에 대한 미분방정식을 얻기 위해서는 식 (3.67)부터 식 (3.70)까지의 단계를 역으로 수행하면 된다. 사실 H(s)에서 분자의 계수 b_i는 $d^i x(t)/dt^i$의 계수이고, 분모의 계수 a_i는 $d^i y(t)/dt^i$의 계수다. 우리는 전달함수를 미분방정식에 대한 간단한 표기로 간주할 수 있다. 그렇기 때문에, 시스템의 미분방정식을 전달함수 H(s)로부터 바로 작성할 수 있다. 결과적으로 H(s)는 *입력 함수와 상관없이 한 시스템의 입력-출력 특성을 완전하게 기술한다*. 이러한 이유로 LTI 시스템을 그림 3.21과 같이 블록 안에 전달함수를 나타낸 블록 다이어그램으로 나타낼 수 있다. LTI 시스템을 이런 식으로 명시하는 것은 공학에서 흔히 사용하는 방식이다.

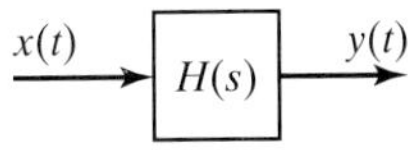

그림 3.21 LTI 시스템

식 (3.70)에서 다항식의 비로 주어지는 전달함수의 형태를 *유리함수*(rational function)라고 한다. 식 (3.50)에서와 같이 계수가 상수인 선형 미분방정식으로 기술되는 연속-시간 LTI 시스템의 전달함수는 언제나 유리함수다.

앞의 논의에 대한 두 개의 예를 살펴보자.

예제 3.16 서보 모터의 전달함수

이 예에서는 물리적 디바이스에 대한 전달함수를 보여주고자 한다. 대상 디바이스는 서보 모터인데 위치 제어 시스템에서 사용되는 직류 모터다. 물리적인 위치-제어 시스템의 한 예는 컴퓨터 하드 디스크에서 읽기/쓰기 헤드의 위치를 제어하는 시스템이다. 또한 오디오 콤팩트디스크(CD)도 세 개의 위치-제어 시스템을 내장하고 있다(1.3절 참조).

서보 모터의 입력 신호는 전기자(armature) 전압 $e(t)$이고 출력 신호는 모터-샤프트 각 $\theta(t)$다. 서보 모터에 흔히 사용되는 전달함수는 이차이고 다음과 같다[3].

$$H(s) = \frac{K}{s^2 + as}$$

여기서 K와 a는 모터의 파라미터이고 이 값은 모터 설계 단계에서 결정된다. 이 모터는 그림 3.22와 같은 블록 다이어그램으로 나타낼 수 있고 모터의 미분방정식은 다음과 같다.

$$\frac{d^2\theta(t)}{dt^2} + a\frac{d\theta(t)}{dt} = Ke(t)$$

이 서보 모터의 일반적인 모델은 이차이고 대부분의 응용에서 적당한 정확도를 갖는다. 그러나 좀 더 정확한 모델이 필요하다면, 모델의 차수를 일반적으로 하나 더 증가시킨다[3]. 이차 모델은 전기자 회로에서의 인덕턴스를 무시하는 반면, 삼차 모델은 이 인덕턴스를 모델에 포함시킨다.

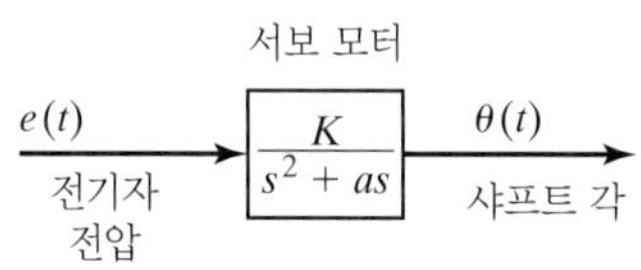

그림 3.22 예제 3.16의 시스템 ■

예제 3.17 LTI 시스템의 사인파 응답

이 예에서는 사인파 입력에 대한 LTI 시스템의 시스템 응답을 살펴본다. 다음과 같이 이차 미분방정식으로 기술되는 시스템을 생각하자.

$$\frac{d^2y(t)}{dt^2} + 3\frac{dy(t)}{dt} + 2y(t) = 10x(t)$$

식 (3.70)으로부터 전달함수는 다음과 같다.

$$H(s) = \frac{10}{s^2 + 3s + 2}$$

이 시스템에 사인파 신호 $x(t) = 5\cos(2t + 40°)$가 인가된다고 가정하자. 식 (3.73)에서,

$$H(s)\bigg|_{s=j2} X = \frac{10}{s^2 + 3s + 2}\bigg|_{s=j2}(5\angle 40°) = \frac{50\angle 40°}{-4 + j6 + 2}$$

$$= \frac{50\angle 40°}{-2 + j6} = \frac{50\angle 40°}{6.325\angle 108.4°} = 7.905e^{-j68.4°}$$

이다. 그러므로 식 (3.73)으로부터 시스템 응답은 다음과 같다.

$$y_{ss}(t) = 7.905\cos(2t - 68.4°)$$

여기에서 다음과 같은 계산이 필요함에 유의한다.

$$H(j2) = \frac{10}{(j2)^2 + 3(j2) + 2} = 1.581\angle -108.4°$$

식 (3.73)으로부터, 정상-상태 응답을 전달함수로 계산된 값으로부터 바로 다음과 같이 쓸 수 있다.

$$y_{ss}(t) = (1.581)(5)\cos(2t + 40° - 108.4°)$$
$$= 7.905\cos(2t - 68.4°)$$

■

이 예제의 계산에 필요한 MATLAB 프로그램은 다음과 같다.

```
n = [0 0 10];d = [1 3 2];
h = polyval (n,2*j) / polyval (d,2*j);
ymag = 5*abs (h)
yphase = 40 + angle (h)*180/pi
results: ymag = 7.9057 yphase = -68.4349
```

이제 입력 함수가 다음과 같이 복소 지수함수의 합인 경우를 생각해보자.

$$x(t) = \sum_{k=1}^{N} X_k e^{s_k t} \tag{3.74}$$

중첩에 의해, 식 (3.71)로부터 전달함수가 $H(s)$인 LTI 시스템의 응답은 다음과 같다.

$$y_{ss}(t) = \sum_{k=1}^{N} X_k H(s_k) e^{s_k t} \tag{3.75}$$

이 결과에 대한 한 예를 살펴보자.

예제 3.18 LTI 시스템 응답을 계산하는 데 사용된 전달함수

전달함수가 $H(s)$인 그림 3.21에서의 LTI 시스템에 대한 입력이 다음과 같다고 가정하자.

$$x(t) = 8 - 5e^{-6t} + 3\cos(4t + 30°)$$

복소-지수 입력 Xe^{st}의 입장에서 보면, 합에서 첫 번째 항은 상수고($s = 0$), 두 번째 항은 실수 지수고($s = -6$), 세 번째 항은 식 (3.72)로부터 $s = j4$인 복소 지수 신호의 실수 부분이다. 식 (3.75)로부터 정상-상태 응답은 다음과 같다.

$$y_{ss}(t) = 8H(0) - 5H(-6)e^{-6t} + 3\text{Re}[H(j4)e^{j(4t+30°)}]$$

사인파-응답 항은 또한 식 (3.73)으로부터 약간 더 간략하게 할 수 있고, 그 결과 출력은 다음과 같다.

$$y_{ss}(t) = 8H(0) - 5H(-6)e^{-6t} + 3|H(j4)|\cos[4t + 30° + \angle H(j4)]$$

이 표현식은 전달함수가 $H(s)$인 미분방정식(시스템)에 대한 인가 응답이다. 미분방정식의 차수가 커지더라도 이 과정이 그다지 많이 복잡해지지는 않는다는 점에 유의한다. 주어진 s값에서 $H(s)$의 값을 계산하는 것이 고차 시스템의 경우에 약간 더 어렵다는 정도뿐이다. ■

임펄스 응답

LTI 시스템의 임펄스 응답을 소개할 때, 임펄스 응답을 위해 기호 $h(\cdot)$를 사용하였다. 식 (3.71)에서 기호 $H(\cdot)$는 LTI 시스템의 전달함수를 나타내는 데 사용하였다. 이제 전달함수 $H(s)$가 직접적으로 임펄스 응답 $h(t)$와 관련이 있고 $H(s)$를 $h(t)$로부터 직접 계산할 수 있음을 보이고자 한다.

컨볼루션 적분 식 (3.15)에 의해, 입력 $x(t) = e^{st}$에 대한 시스템 응답은 다음과 같다.

$$\begin{aligned} y(t) &= \int_{-\infty}^{\infty} h(\tau)x(t-\tau)d\tau = \int_{-\infty}^{\infty} h(\tau)e^{s(t-\tau)}d\tau \\ &= e^{st}\int_{-\infty}^{\infty} h(\tau)e^{-s\tau}d\tau \end{aligned} \tag{3.76}$$

식 (3.71)에서 s_1의 값에 대해서는 어떠한 제한도 두지 않았으므로 변수 s_1을 변수 s로 간주할 수 있다. 식 (3.71)과 식 (3.76)으로부터

$$y(t) = e^{st}\int_{-\infty}^{\infty} h(\tau)e^{-s\tau}d\tau = H(s)e^{st}$$

이고, 다음 식에 의해 연속-시간 LTI 시스템의 임펄스 응답과 전달함수가 관련되어 있음을 알 수 있다.

$$H(s) = \int_{-\infty}^{\infty} h(t)e^{-st}dt \tag{3.77}$$

표 3.1에 이 절에서 나왔던 결과들을 정리하였다.

이 결과들을 다음과 같이 시스템 표기 방법으로 나타낼 수 있다.

$$e^{st} \rightarrow H(s)e^{st} \tag{3.78}$$

복소 지수 입력 신호는 복소 지수 출력 신호를 생성함을 알 수 있다.

실제에서는 LTI 시스템을 임펄스 응답 $h(t)$보다는 전달함수 $H(s)$로 표현하는 것이 더욱 일반적이다. 그러나 $H(s)$와 $h(t)$가 식 (3.77)에 의해 서로 관련되어 있고, 그림 3.23의 두 개의 블록 다이어그램 중 어느 것이든 LTI 시스템을 나타낼 수 있다.

양방향 라플라스 변환에 익숙한 독자라면 식 (3.77)에서의 $H(s)$가 $h(t)$의 라플라스 변환임을 바로 알아챌 것이다. 또한 $s = j\omega$이면 식 (3.77)에서 $H(j\omega)$는 $h(t)$의 푸리에 변환이다. (7장에

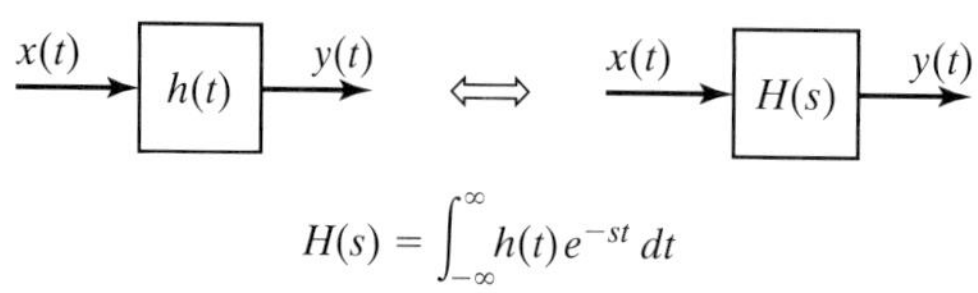

그림 3.23 LTI 시스템

표 3.1 LTI 시스템의 입력-출력 함수들

$$H(s) = \int_{-\infty}^{\infty} h(t)e^{-st}dt$$

$$Xe^{s_1 t} \rightarrow XH(s_1)e^{s_1 t}; \quad X = |X|e^{j\phi}$$

$$|X|\cos(\omega_1 t + \phi) \rightarrow |X||H(j\omega_1)|\cos[\omega_1 t + \phi + \underline{/H(j\omega_1)}]$$

서 다루게 될) 라플라스 변환과 (5장에서 다루게 될) 푸리에 변환이 모두 자연스럽게 LTI 시스템을 다루는 데에 나타나고 있음을 알 수 있다.

이번 절에서는 복소-지수 입력에 대한 LTI 시스템의 응답을 살펴보았고, 그 결과 전달함수의 개념으로 나아가게 되었다. 전달함수 접근 방법을 사용하면, 우리는 상수, 실수 지수, 사인파 입력에 대한 응답을 쉽게 구할 수 있다. 마지막으로 시스템의 전달함수와 임펄스 응답 사이의 관계식을 유도하였다.

3.8 블록 다이어그램

그림 3.23은 시스템을 두 가지의 블록 다이어그램으로 표현한 것을 보여준다. 이 절에서는 세 번째의 블록 다이어그램 표현에 대해 생각해본다. 이 블록 다이어그램의 목적은 그림 3.23의 일반적인 입력-출력 묘사뿐만 아니라 시스템의 내부 구조를 보여주는 것이다. 이 블록 다이어그램은 우리가 출력 신호뿐만 아니라 시스템의 내부 동작에 대해 관심이 있는 경우에 사용된다. 이 블록 다이어그램은 또한 아날로그 필터를 물리적으로 구현할 때에도 유용하다.

시스템을 모델링한 미분방정식을 블록 다이어그램으로 표현하기 위해서는 적분을 나타내는 블록이 필요하다. 이것을 위해 예제 3.2에서 했던 것처럼 그림 3.24에 나타낸 것과 같이 적분 기호를 포함하는 블록을 사용한다. 이 블록의 입력-출력 관계는 다음과 같다.

$$x(t) \rightarrow y(t) = \int_{\infty}^{t} x(\tau)d\tau \tag{3.79}$$

이 절에서 제시하는 과정을 따르게 되면, 주어진 미분방정식을 만족하는 블록 다이어그램을 적분기를 포함한 몇몇 정의된 요소들로 구성할 수 있게 된다. 먼저 이러한 과정의 한 예를 보여주고, 그런 다음 일반적인 과정을 설명할 것이다.

예제 3.19 일차 LTI 시스템을 위한 시뮬레이션 다이어그램

이 장의 전반부에서 다음과 같은 미분방정식으로 기술되는 연속-시간 시스템을 살펴보았다.

$$\frac{dy(t)}{dt} + 2y(t) = x(t)$$

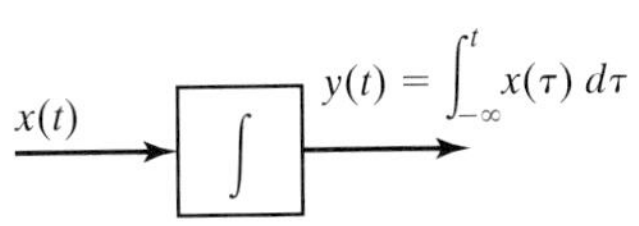

그림 3.24 적분의 표현

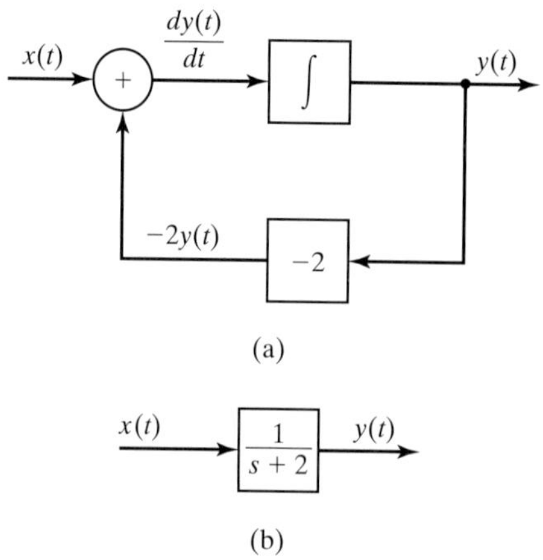

그림 3.25 예제 3.19의 시스템

이 시스템의 전달함수는 다음과 같다.

$$H(s) = \frac{1}{s+2}$$

이 미분방정식을 만족하는 블록 다이어그램을 구축하려고 한다. 먼저, 이 미분방정식을 다음과 같이 쓴다.

$$\frac{dy(t)}{dt} = -2y(t) + x(t) \tag{3.80}$$

적분기의 출력이 $y(t)$라면 입력은 반드시 $dy(t)/dt$여야 한다. 그런 다음 식 (3.80)의 우변이 적분기의 입력이 되도록 적분기를 포함한 블록 다이어그램을 그린다. 그러면 적분기의 출력은 $y(t)$다. 이 결과가 그림 3.25(a)다. 그러므로 이 블록 다이어그램은 식 (3.80)을 만족시킨다. 그림 3.25(a)의 블록 다이어그램은 시스템의 입력-출력 모델과 내부 모델을 모두 보여주는 반면에 그림 3.25(b)의 블록 다이어그램은 동일한 시스템에 대해 오직 입력-출력 모델만을 보여준다. 실제 현장에서는 두 가지 표현 방법을 모두 사용한다. ■

예제 3.19에서, 일차 미분방정식에 대한 블록 다이어그램을 적분기에 기반을 두고 구축하였다. 그림 3.25(a)는 이러한 종류의 블록 다이어그램을 구축하는 데 사용되는 다음과 같은 세 가지 요소를 보여준다.

1. 적분기
2. 더하기 소자 (원)
3. 이득 (이득 −2를 갖는 블록)

그림 3.25(a)는 또한 아날로그 필터를 구현하는 데에 유용하다. 만일 어떤 아날로그 필터를 설계하였는데, 그 필터의 전달함수가 $H(s) = 1/(s + 2)$라면, 그림 3.25(a)에 보인 것과 같이 하나의 적분기와 증폭기들(가산 증폭기를 포함하여)을 사용하여 이 필터를 물리적 디바이스로 구현할 수 있다.

*아날로그 컴퓨터*는 (1) 신호를 적분하고 (2) 신호를 더하고, 그리고 (3) 신호를 증폭(또는 감쇄)시키는 전자회로들을 상호 연결함으로써 미분방정식을 푸는 전자 장치다. 그림 3.25(a)의 시스템을 아날로그 컴퓨터상에서 바로 프로그램할 수 있고, 이 프로그램의 실행 결과는 인가되는 전압

입력 함수 $x(t)$에 대한 시스템 미분방정식의 해가 될 것이다. *시뮬레이션*(simulation)은 시스템을 모델링하는 방정식의 해를 기계를 이용하여 구한 것이다. 아날로그 컴퓨터는 연속-시간 시스템의 *아날로그 시뮬레이션*에 사용된다.

그림 3.25(a)의 적분기를 수치적인 적분기로 대체하여 얻어낸 방정식을 디지털 컴퓨터상에서 프로그램할 수 있고, 이 프로그램은 미분방정식에 대한 수치적인 해를 구하게 된다. 이 경우에 우리는 *디지털 시뮬레이션*이라고 하는 미분방정식 모델의 해를 기계적으로 구하게 된다. 이러한 이유로 그림 3.25(a)와 같은 종류의 블록 다이어그램을 때때로 *시뮬레이션 다이어그램*이라고 한다. 어떤 시스템의 아날로그 시뮬레이션 또는 디지털 시뮬레이션을 구축하는 한 가지 절차는 먼저 적분기에 기반을 둔 시뮬레이션 다이어그램을 그리는 것이다.

일반적으로 우리는 적분기를 사용하여 시뮬레이션 다이어그램을 작성하지만, 또한 *미분기*(differentiator)를 이용하여 이 다이어그램을 작성할 수도 있다. 그러나 시스템 시뮬레이션을 구축할 때 일반적으로 미분기를 잘 사용하지 않는다. 미분기는 시뮬레이션에 내재하는 고주파 잡음을 증폭시키는 반면에, 적분기는 저주파 잡음을 증폭시킨다. 일반적으로 고주파 잡음이 저주파 잡음보다 더 문제가 된다. 이러한 특성은 5장에서 푸리에 변환을 다룰 때 더 명확해질 것이다.

이제 시뮬레이션 다이어그램을 작성하는 하나의 특별한 절차를 소개할 것인데, 먼저 하나의 미분방정식에 대한 시뮬레이션 다이어그램이 유일하지는 않다는 점을 언급하고자 한다. 즉, 하나의 주어진 미분방정식에 대해 무한 개의 시뮬레이션 다이어그램을 작성할 수 있음을 보일 수 있다. 여기에서는 단지 두 개의 표준적인 형태의 시뮬레이션 다이어그램만을 제시하고, 이 주제에 대해서는 8장에서 더 자세하게 살펴볼 것이다.

3.7절에서 언급한 대로 계수가 상수인 n차 선형 미분방정식을 다음과 같이 표현할 수 있다.

[식 (3.50)]

$$\sum_{k=0}^{n} a_k \frac{d^k y(t)}{dt^k} = \sum_{k=0}^{m} b_k \frac{d^k x(t)}{dt^k}$$

여기서 $x(t)$는 입력이고, $y(t)$는 응답이며, $a_0, \ldots, a_n$과 $b_0, \ldots, b_m$은 상수이고, $a_n \neq 0$이다.

먼저 간단한 예로써 이차 미분방정식에 대한 시뮬레이션 다이어그램의 두 가지 표준 형태를 설명한 다음, 이를 일반화시켜 식 (3.50)의 n차 미분방정식에 대한 표준 형태를 보이고자 한다.

다음과 같은 형태의 이차 미분방정식을 생각해보자.

$$a_2 \frac{d^2 y(t)}{dt^2} + a_1 \frac{dy(t)}{dt} + a_0 y(t) = b_2 \frac{d^2 x(t)}{dt^2} + b_2 \frac{dx(t)}{dt} + b_0 x(t) \tag{3.81}$$

시뮬레이션 다이어그램을 얻어내기 위해서는, $y(t)$의 이차 미분을 시간에 대해 이중 적분하면 $y(t)$라는 사실에 유의한다. 이러한 이중 적분을 다음과 같이 쓴다.

$$y_{(2-2)}(t) = \int_{-\infty}^{t} \left[\int_{-\infty}^{\tau} \frac{d^2 y(\sigma)}{d\sigma^2} d\sigma \right] d\tau = y(t)$$

여기서 기호 $y_{(k-n)}(t)$는 $y(t)$의 k-차 미분의 n차 적분을 나타낸다. 이 기호를 이용하여 식 (3.81)의 좌변에 있는 세 항에 대한 이중 적분을 다음과 같이 쓸 수 있다.

$$y_{(2-2)}(t) = y_{(0)}(t) = \int_{-\infty}^{t}\int_{-\infty}^{\tau}\frac{d^2y(\sigma)}{d\sigma^2}d\sigma\,d\tau = y(t);$$
$$y_{(1-2)}(t) = y_{(-1)}(t) = \int_{-\infty}^{t}\int_{-\infty}^{\tau}\frac{dy(\sigma)}{d\sigma}d\sigma\,d\tau = \int_{-\infty}^{t}y(\tau)d\tau;$$
$$y_{(0-2)}(t) = y_{(-2)}(t) = \int_{-\infty}^{t}\int_{-\infty}^{\tau}y(\sigma)d\sigma\,d\tau$$

$y_{(-i)}(t)$는 $y(t)$의 i차 적분임에 유의하라.

직접 형태 I

식 (3.81)의 미분방정식에 이중 적분을 수행하면 다음 식을 얻는다.

$$a_2y(t) + a_1y_{(-1)}(t) + a_0y_{(-2)}(t) = b_2x(t) + b_1x_{(-1)}(t) + b_0x_{(-2)}(t) \tag{3.82}$$

이 방정식의 우변을 $w(t)$로 나타낸다.

$$w(t) = b_2x(t) + b_1x_{(-1)}(t) + b_0x_{(-2)}(t)$$

$w(t)$를 그림 3.26(a)에 나타낸 것과 같이 블록 다이어그램으로 구현한다. 그러면 식 (3.82)는 다음 식이 된다.

$$a_2y(t) + a_1y_{(-1)}(t) + a_0y_{(-2)}(t) = w(t)$$

이 식을 $y(t)$에 대해 풀면

$$y(t) = \frac{1}{a_2}[w(t) - a_1y_{(-1)}(t) - a_0y_{(-2)}(t)] \tag{3.83}$$

이다. 이 방정식은 그림 3.26(b)의 시스템으로 구현된다. 전체 구현은 그림 3.26(c)에 나타나 있듯이 그림 3.26(a)와 (b)의 시스템을 직렬 연결한 것이다. 이 시뮬레이션 다이어그램이 식 (3.81)을 구현한 것이고 *직접 형태 I 구현*(direct form I realization) 또는 *직접 형태 I 시뮬레이션 다이어그램*(direct form I simlation diagram)이라고 한다.

직접 형태 II

그림 3.26(c)에 보이는 직접 형태 I을 바꾸어서 적분기를 가지고 미분방정식을 구현하는 두 번째 표준 형태를 유도한다. 이 시스템은 두 개의 직렬 연결된 시스템으로 볼 수 있는데, 한 시스템은 $w(t)$를 구현하고 다른 시스템은 $y(t)$를 $w(t)$의 함수로써 구현하고 있다. 이 시스템은 선형이기 때문에, 입력-출력 특성에 영향을 주지 않고서(그림 3.13 참조) 이 두 시스템의 순서를 바꿀 수 있다. 이 순서를 바꾼 결과가 그림 3.27(a)다. 이 그림에서 동일한 신호가 직렬 연결된 두 집합의 적분기에 의해 적분된다. 그러므로 1로 나타낸 적분기들의 출력들은 2로 나타낸 적분기들의 출력들과 동일하다. 그러므로 직렬 연결된 적분기의 한 집합은 제거할 수 있다. 최종적인 시스템이 그림 3.27(b)이고 단지 두 개의 적분기만이 포함되어 있다. 이 시뮬레이션 다이어그램 형태를 *직접 형태 II* 구현이라고 한다.

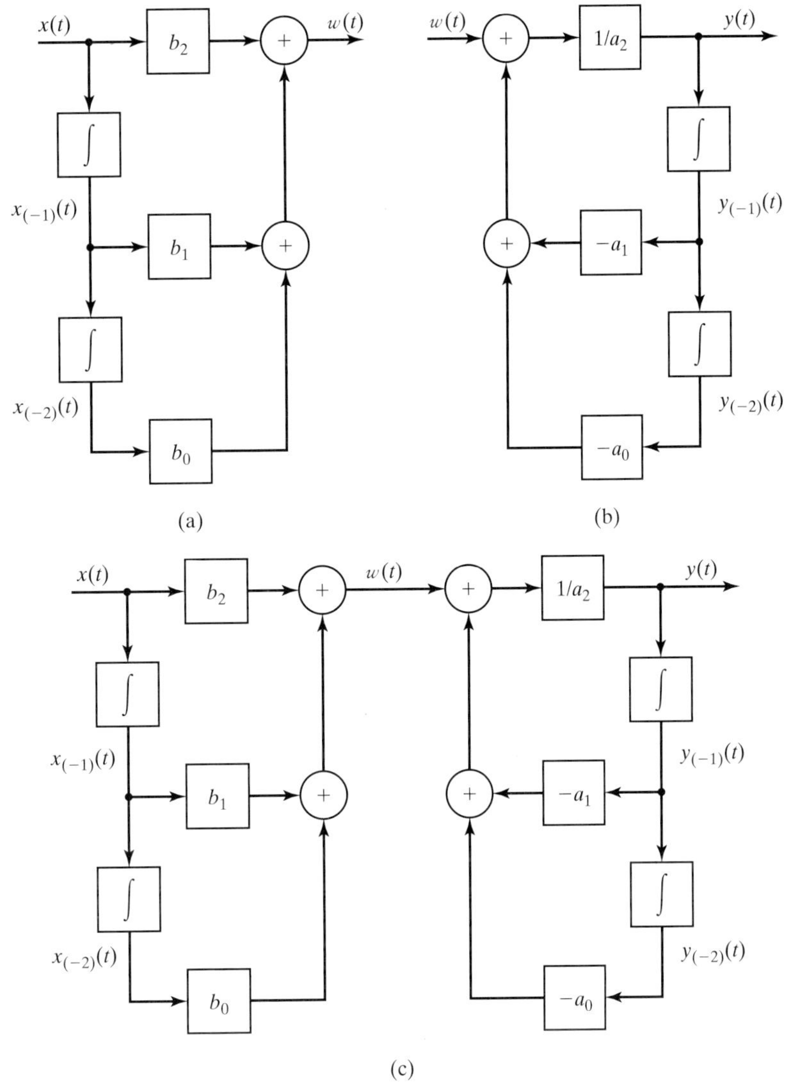

그림 3.26 이차 시스템의 직접 형태 I 구현

*n*차 구현

다시 다음과 같은 n차 미분방정식을 생각하자.

[식 (3.50)] $$\sum_{k=0}^{n} a_k \frac{d^k y(t)}{dt^k} = \sum_{k=0}^{m} b_k \frac{d^k x(t)}{dt^k}$$

시뮬레이션 다이어그램의 적분 형태를 유도하기 위해, 양변을 n번 적분하면 다음 방정식을 얻는다.

$$\sum_{k=0}^{n} a_k y_{(k-n)}(t) = \sum_{k=0}^{m} b_k x_{(k-n)}(t)$$

이 방정식을 $y(t)$에 대해 풀면 다음 식을 얻는다.

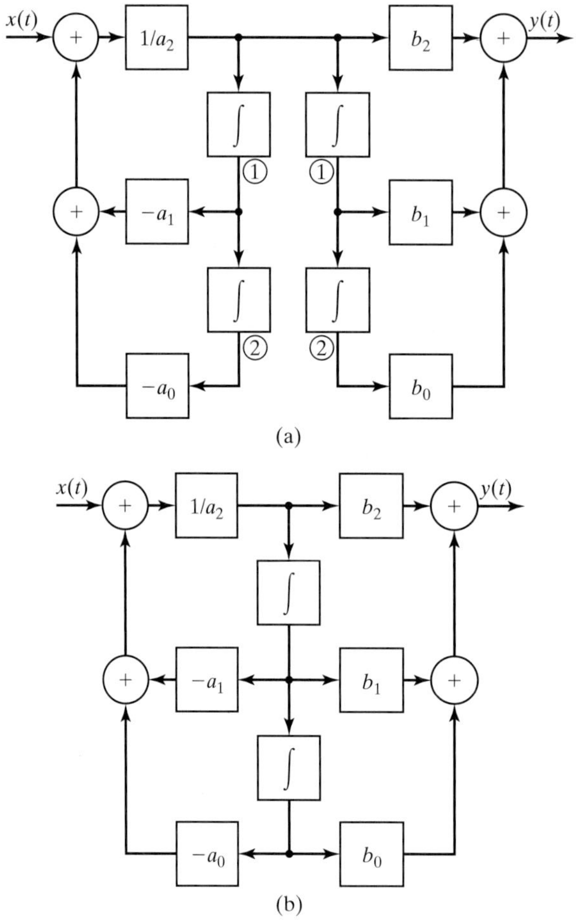

그림 3.27 이차 시스템의 직접 형태 II 구현

$$y(t) = \frac{1}{a_n}\left[\sum_{k=0}^{m} b_x x_{(k-n)}(t) - \sum_{k=0}^{n-1} a_k y_{(k-n)}(t)\right] \tag{3.84}$$

이차 시스템에서 보여준 절차를 이용하여 $m = n$일 때, 직접 형태 I과 직접 형태 II에 대한 시뮬레이션 다이어그램을 각각 그림 3.28과 그림 3.29와 같이 그린다.

n차 미분방정식을 구현하기 위해서는 최소한 n개의 적분기가 필요하다는 것을 보일 수 있다. 만일 어떤 구현이 n개의 적분기를 갖는다면, 이 구현은 *최소*(minimal) 구현이다. 그렇지 않으면 이 구현은 *비최소*(nonminimal) 구현이다. 직접 형태 I은 비최소 구현이고 직접 형태 II는 최소 구현이다.

실제적인 고려 사항

이제 실제적인 고려 사항에 대해 논의해보자. 예를 들어 그림 3.26(c)의 형태 I 시뮬레이션 다이어그램이 이차 기계 시스템에 대해 구축된 것이고 $y(t)$는 위치 변수라고 가정하자. 그러면 속도는 $dy(t)/dt$이고 가속도는 $d^2y(t)/dt^2$이다. 일반적으로, 시뮬레이션 내에서 이 변수들에 대한 값들을 구해야 하는데 두 개의 적분기의 출력이 그러한 변수들이 되게끔 하여 필요한 정보를 얻어낸다. 그

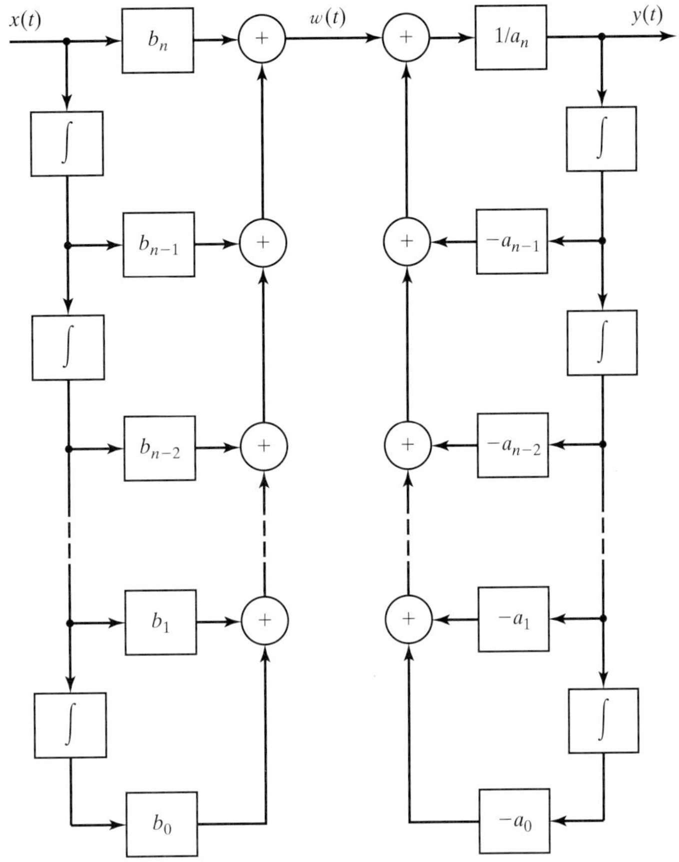

그림 3.28 n-차 시스템의 직접 형태 I 구현

러나 형태 I 또는 형태 II 어느 것도 이러한 요구 사항을 만족시키지 않는다. 형태 I과 형태 II는 일반적인 시스템에 대해 개념적으로는 유용하지만, 실제에서는 시스템의 시뮬레이션 프로그램을 작성할 때 이 두 형태는 거의 사용되지 않는다. 대신에, 되도록이면 각 적분기의 출력이 하나의 물리적 변수가 되도록 시뮬레이션을 구축한다. 이 주제는 예제 3.20과 8장에서 더 깊게 논의한다.

예제 3.20 미분방정식 모델로부터 시스템의 시뮬레이션 다이어그램 그리기

이차 LTI 시스템이 다음과 같은 미분방정식으로 기술된다고 하자.

$$\frac{d^2y(t)}{dt^2} + 6\frac{dy(t)}{dt} + 36y(t) = 20x(t)$$

여기서 $y(t)$, $\frac{dy(t)}{dt}$, $\frac{d^2y(t)}{dt^2}$은 각각 회전 기계 요소의 위치, 속도, 가속도를 나타내고, $x(t)$는 시스템의 입력을 나타낸다. 식 (3.50)으로부터 $a_0 = 36$, $a_1 = 6$, $a_2 = 1$, $b_0 = 20$, $b_1 = 0$, $b_2 = 0$으로 정의할 수 있다. 이 값과 그림 3.29를 이용하여 그림 3.30(a)와 같은 직접 형태 II의 시스템 블록 다이어그램을 그린다.

그림 3.30(a)에서, 적분기들의 출력은 직접적으로 위치, 속도, 가속도를 나타내지 않는다. 그러나 이 시뮬레이션 다이어그램을 적분기의 출력이 위치, 속도, 가속도를 나타내도록 그림 3.30(b)와 같은 표준 형태로 다시 그릴 수 있다. ■

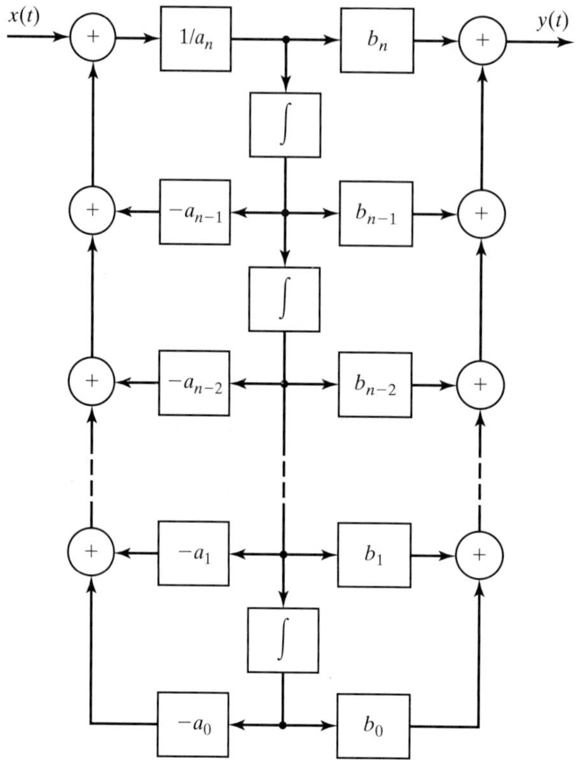

그림 3.29 n-차 시스템의 직접 형태 II 구현

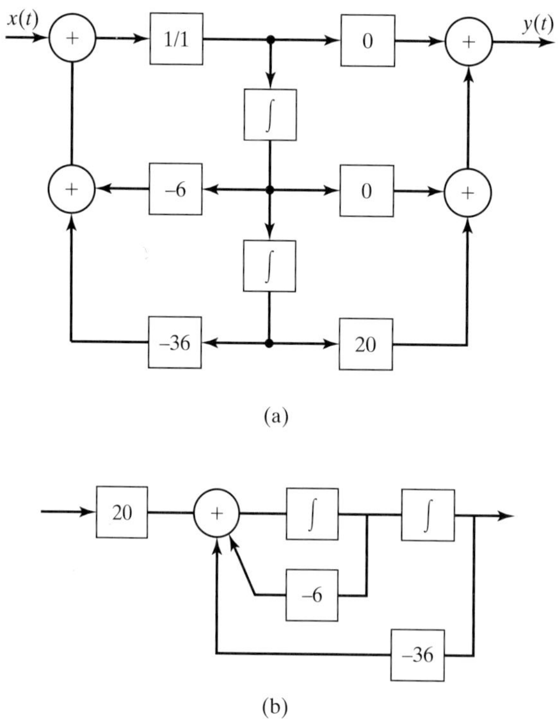

그림 3.30 예제 3.20의 시뮬레이션 다이어그램

두 번째의 중요한 실제적인 고려 사항은 이 절의 앞부분에서 이미 언급하였다. 미분기 또는 적분기 또는 이 둘을 혼합하여 시뮬레이션을 구축할 수 있다. 그러나 적분기는 고주파 잡음을 감쇄시키는 반면에 미분기는 고주파 잡음을 증폭시킨다. 그러므로 이러한 잡음 문제로 인해 전자회로 또는 수치 알고리즘에서 적분기를 대부분 사용하며, 물리적 시스템에 적용할 때에도 미분기의 사용은 가급적 피하려고 한다. 그러나 때때로 미분기의 사용을 피할 수 없는 경우가 있고 이러한 시스템은 일반적으로 잡음 문제를 가지게 된다.

시스템의 입력–출력 관계가 기술되었을 때, 이 시스템의 내부 모델을 표현하는 두 가지 절차를 이번 절에서 제시하였다. 이 모델들은 아날로그 필터를 구현할 때와 시스템의 아날로그 및 디지털 시뮬레이션을 구축할 때 유용하다. 그러나 시스템을 시뮬레이션할 때, 우리는 가능한 한 적분기들의 출력이 물리적인 변수를 나타내도록 하는 내부 모델을 선호한다.

결론

이 장에서는, 연속–시간 선형 시불변(LTI) 시스템을 다루었다. 먼저, 연속–시간 신호를 임펄스 함수의 함수로 나타낼 수 있음을 보였다. 이 표현식은 적분의 형태를 띠고 있고 이 식을 이용하면 LTI 시스템의 입력–출력 특성을 임펄스 응답으로 기술할 수 있게 된다.

시스템을 임펄스 응답으로 기술하는 것은 LTI 시스템의 분석 및 설계의 기초이며, 임펄스 응답은 LTI 시스템의 입력–출력 관계를 완전하게 기술한다. 즉, 입력 $x(t)$, 임펄스 응답 $h(t)$, 그리고 출력 $y(t)$가 다음 컨볼루션 적분에 의해 서로 관련되어 있음을 보였다.

$$y(t) = \int_{-\infty}^{\infty} x(\tau)h(t-\tau)d\tau = \int_{-\infty}^{\infty} x(t-\tau)h(\tau)dt$$

LTI 시스템의 임펄스 응답의 중요성은 아무리 강조해도 지나치지 않다. 또한 LTI 시스템의 임펄스 응답을 시스템의 계단 응답으로부터 유도해낼 수 있음도 보였다. 그러므로 시스템의 입력–출력을 계단 응답으로도 또한 기술할 수 있다.

다음으로, LTI 시스템의 일반적인 시스템 성질들을 살펴보았다. 이 성질들에는 메모리, 가역성, 인과성, 그리고 안정성이 포함된다.

계수가 상수인 선형 미분방정식을 푸는 일반적인 과정에 대해 복습하였다. 이 과정의 결과로써 인과적인 LTI 시스템의 BIBO 안정성을 판별하는 테스트 방법을 얻어낼 수 있다.

LTI 시스템을 모델링하는 가장 흔한 방법은 계수가 상수인 선형 상미분방정식으로 모델링하는 것이다. 많은 물리적 시스템들을 이 방정식으로 정확하게 모델링할 수 있다. 이렇게 모델링된 미분방정식에 기반하여 시스템을 시뮬레이션 다이어그램으로 표현하는 개념을 소개하고, 두 개의 표준 형태인 직접 형태 I과 직접 형태 II를 보였다. 그러나 하나의 주어진 LTI 시스템에 대해 무한히 많은 수의 시뮬레이션 다이어그램이 존재한다는 점에 주의해야 하며, 이 주제는 8장에서 좀 더 심도 있게 다룬다.

미분방정식으로 모델링된 LTI 시스템의 응답을 구하는 과정을 입력 신호가 복소 지수함수인 경우에 대해 보여주었다. 이러한 신호가 물리적인 시스템에서 나타날 수는 없지만, 응답을 구하는 과정은 물리적 시스템의 모델들에서 매우 폭넓게 응용된다.

표 3.2 3장의 주요 식들

수식 제목	수식 기호	수식
단위 임펄스 응답	(3.9)	$\delta(t) \to h(t)$
컨볼루션 적분	(3.15)	$y(t) = \int_{-\infty}^{\infty} x(\tau)h(t-\tau)d\tau = \int_{-\infty}^{\infty} x(t-\tau)h(\tau)d\tau$
단위 임펄스 함수와의 컨볼루션	(3.18)	$\delta(t)*g(t) = g(t)$
역시스템의 컨볼루션 적분	(3.32)	$x(t)*h(t)*h_i(t) = x(t)$
인과 시스템의 컨볼루션 적분	(3.37)	$y(t) = \int_{0}^{\infty} x(\tau)h(t-\tau)d\tau = \int_{-\infty}^{t} x(\tau)h(t-\tau)d\tau$
BIBO 안정하기 위한 임펄스 응답의 조건	(3.39)	$\int_{-\infty}^{\infty} \lvert h(t) \rvert dt < \infty$
임펄스 응답으로부터 임펄스 응답 구하기	(3.41)	$s(t) = \int_{-\infty}^{\infty} u(\tau)h(t-\tau)d\tau = \int_{0}^{\infty} h(t-\tau)d\tau$
계단 응답으로부터 임펄스 응답 구하기	(3.43)	$h(t) = \frac{ds(t)}{dt}$
계수가 상수인 선형 미분방정식	(3.50)	$\sum_{k=0}^{n} \frac{d^k y(t)}{dt^k} = \sum_{k=0}^{m} b_k \frac{d^k x(t)}{dt^k}$
특성방정식	(3.55)	$a_n s^n + a_{n-1}s^{n-1} + \cdots + a_1 s + a_0 = 0$
제차 미분방정식의 해	(3.57)	$y_c(t) = C_1 e^{s_1 t} + C_2 e^{s_2 t} + \cdots + C_n e^{s_n t}$
전달함수	(3.70)	$H(s) = \frac{b_m s^m + b_{m-1}s^{m-1} + \cdots + b_1 s + b_0}{a_n s^n + a_{n-1}s^{n-1} + \cdots + a_1 s + a_0}$
복소 지수 입력에 대한 정상-상태 응답	(3.71)	$x(t) = Xe^{s_1 t} \to y_{ss}(t) = XH(s_1)e^{s_1 t}$
사인파 입력에 대한 정상-상태 응답	(3.73)	$\lvert X \rvert \cos(\omega_1 t + \phi) \to \lvert X \rvert \lvert H(j\omega_1) \rvert \cos[\omega_1 t + \phi + \angle H(j\omega_1)]$
복소 지수함수의 합으로 표현한 입력	(3.74)	$x(t) = \sum_{k=1}^{N} X_k e^{s_k t}$
복소 지수함수의 합으로 표현한 출력	(3.75)	$y_{ss}(t) = \sum_{k=1}^{N} X_k H(s_k) e^{s_k t}$
임펄스 응답의 적분으로 표현한 전달함수	(3.77)	$H(s) = \int_{-\infty}^{\infty} h(t)e^{-st}dt$

연습문제

3.2절

3.1 그림 P3.1의 적분기를 생각하자. 이 시스템은 예제 3.1에서 다룬 적이 있고 시스템의 임펄스 응답은 $h(t) = u(t)$다.

(a) 컨볼루션 적분을 사용하여 입력 신호 $x(t)$가 다음과 같을 때 시스템의 응답을 구하여라.

(i) $u(t-2)$ **(ii)** $e^{-2t}u(t)$

(iii) $tu(t)$ **(iv)** $(t+1)u(t+1)$

(v) $\begin{cases} e^{-2t}, & t \geq 0 \\ e^{2t}, & t < 0 \end{cases}$ **(vi)** $t^2u(t)$

(vii) $(t-1)u(t-1)$ **(viii)** $u(t) - u(t-5)$

(b) 다음과 같은 시스템 방정식을 이용하여 (a)의 결과를 검증하여라.

$$y(t) = \int_{-\infty}^{t} x(\tau)d\tau$$

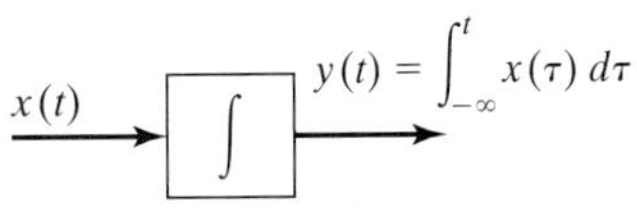

그림 P3.1

3.2 그림 P3.2(a)의 LTI 시스템에 대해, 입력 신호는 $x(t)$이고 임펄스 응답은 $h(t)$이다. 아래의 각 경우에 대해 컨볼루션 적분을 이용하여 출력 $y(t)$를 구하여라. 각 신호 파형은 그림 P3.2(b)부터 (g)에 나타나 있다.

(a) $x(t)$는 (b)이고, $h(t)$는 (d)이다. **(b)** $x(t)$는 (b)이고, $h(t)$는 (f)이다.

(c) $x(t)$는 (b)이고, $h(t)$는 (e)이다. **(d)** $x(t)$는 (e)이고, $h(t)$는 (c)이다.

(e) $x(t)$는 (e)이고, $h(t)$는 (d)이다. **(f)** $x(t)$는 (f)이고, $h(t)$는 (e)이다.

(g) $x(t)$는 (b)이고, $h(t)$는 (g)이다. **(h)** $x(t)$는 (g)이고, $h(t)$는 (f)이다.

3.3 **(a)** 그림 P3.2(a)의 시스템의 임펄스 응답 $h(t)$가 그림 P3.3(a)와 같이 주어졌다고 하자. 시스템의 입력은 단위 계단 함수다. 즉, $x(t) = u(t)$이다. 시스템의 출력 $y(t)$를 구하고 그 개형을 그려라.

(b) 시스댐의 입력 $x(t)$가 그림 P3.3(b)와 같을 때 (a)와 동일한 질문에 대해 답하여라.

(c) 시스템의 입력 $x(t)$가 그림 P3.3(c)와 같을 때 (a)와 동일한 질문에 대해 답하여라.

3.4 그림 P3.2(a)의 시스템에 대해, $t_1 > t_0$일 때, $x(t) = u(t-t_0)$이고 $h(t) = u(t-t_1)$이라고 하자. 시스템의 출력 $y(t)$를 구하고 그 개형을 그려라.

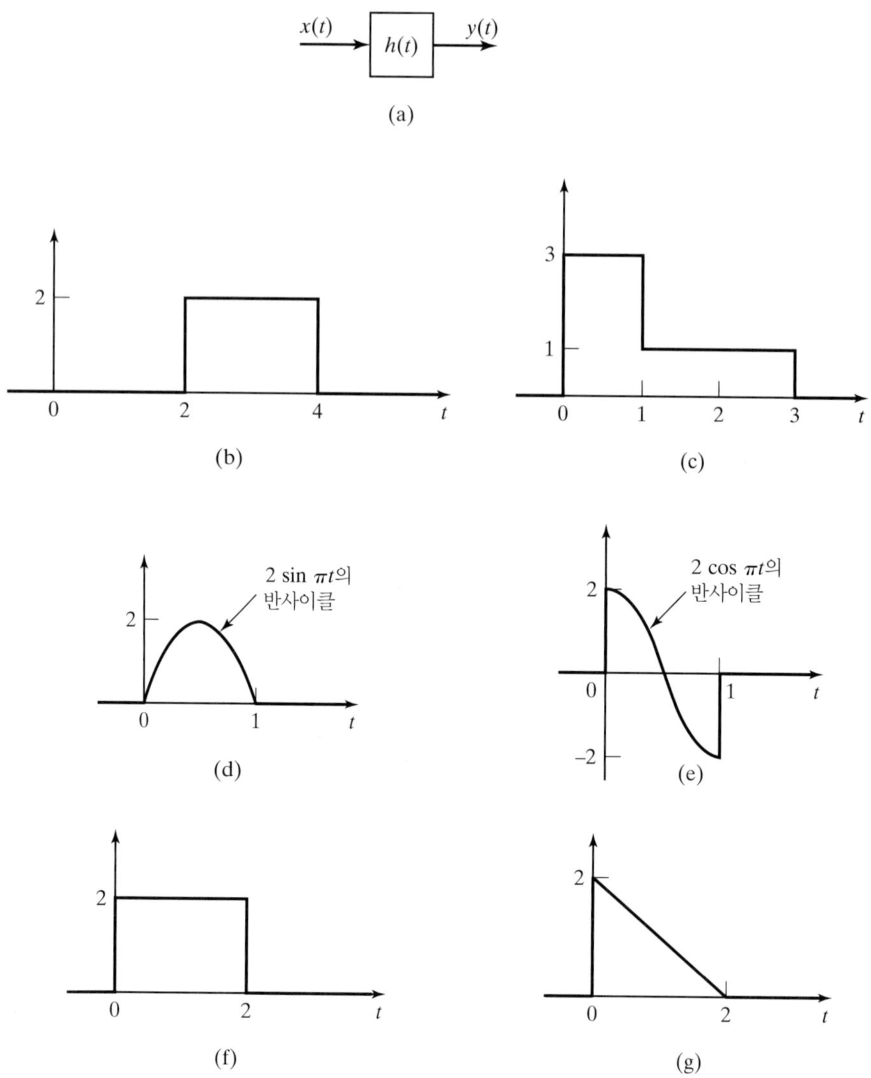

그림 P3.2

3.5 그림 P3.2(a)의 시스템에서 입력 신호는 $x(t)$, 출력 신호는 $y(t)$, 임펄스 응답은 $h(t)$이다. 다음 각 경우에 대해, 출력 $y(t)$를 구하고 그 개형을 그려라. 각 신호 파형은 그림 P3.3에 나타나 있다.

(a) $x(t)$는 (a)이고, $h(t)$는 (b)이다.

(b) $x(t)$는 (a)이고, $h(t)$는 (c)이다.

(c) $x(t)$는 (a)이고, $h(t)$는 (a)이다.

(d) $x(t)$는 (b)이고, $h(t)$는 (b)이다.

(e) $x(t)$는 (b)이고, $h(t)$는 (c)이다.

(f) $x(t)$는 (c)이고, $h(t)$는 (c)이다.

(g) $x(t)$는 (α)이고, $h(t)$는 (β)이다. 여기서 α와 β는 강의자가 선택

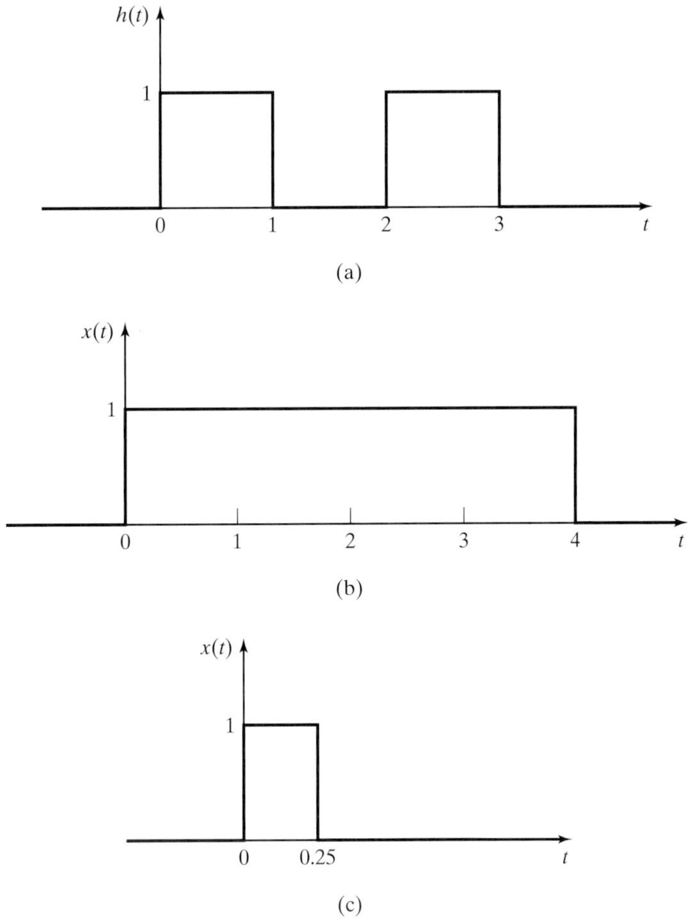

그림 P3.3

3.6 그림 P3.2(a)의 시스템에 대해, 입력 $x(t)$와 출력 $h(t)$가 모두 그림 P3.6과 같이 동일한 함수라고 하자.

(a) $t = 0, 1, 2, 2.667$인 순간에서만 출력 $y(t)$를 구하여라. 이 문제는 수식 전개가 아닌 식관으로 풀어라.

(b) 모든 시간에서의 출력 $y(t)$를 구하고 그래프를 그려서 (a)에서 구한 답을 확인하여라.

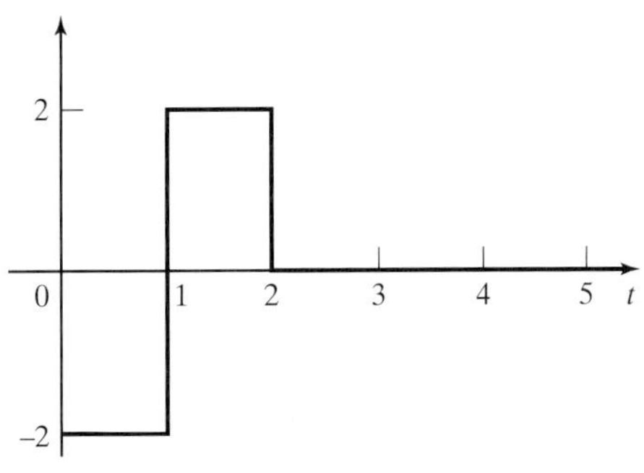

그림 P3.6

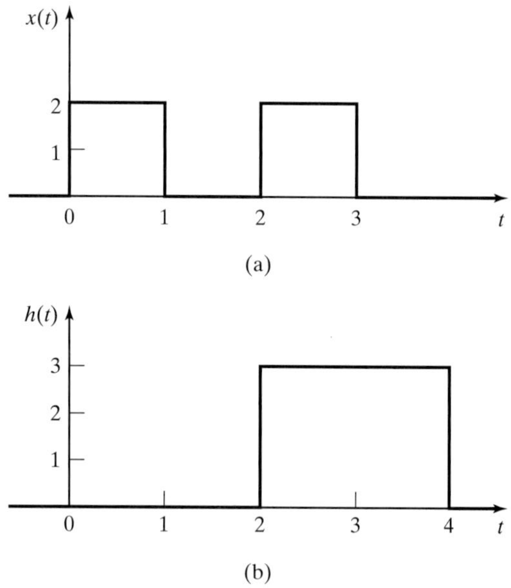

그림 P3.7

3.7 어떤 연속-시간 LTI 시스템의 입력 $x(t)$와 임펄스 응답 $h(t)$가 그림 P3.7과 같다고 하자. $h(t)$가 지연된 함수임에 주의하여라.

(a) $4 \leq t \leq 5$에 대해서만 시스템의 출력 $y(t)$를 구하여라.

(b) 출력의 최댓값을 구하여라.

(c) 출력이 최대가 되는 시간 구간을 구하여라.

(d) 모든 시간에서의 출력 $y(t)$를 구하고 그래프를 그려서 위에서 구한 답을 확인하여라.

3.8 그림 P3.2(a)의 시스템에 대해, 입력 신호는 $x(t)$이고, 출력 신호는 $y(t)$이며 임펄스 응답은 $h(t)$이다. 아래와 같은 각각의 경우에 대해 $y(t)$를 구하여라.

(a) $x(t) = e^{t}u(-t)$이고 $h(t) = 2u(t) - u(t-1)\text{-}u(t-2)$

(b) $x(t) = u(1-t)$이고 $h(t) = e^{-t}u(t-1)$

(c) $x(t) = u(-t)$이고 $h(t) = e^{-t}[u(t) - u(t-400)]$

(d) $x(t) = e^{-t}u(t)$이고 $h(t) = u(t-1) - u(t-3)$

(e) $x(t) = e^{-at}[u(t) - u(t-2)]$이고 $h(t) = u(t-2)$

(f) $x(t) = e^{t}u(-t)$이고 $h(t) = 2u(1-\mathrm{t})$

3.9 $x_1(t)$와 $x_2(t)$가 다음과 같을 때,

$$x_1(t) = 2u(t+2) - 2u(t-2)$$

그리고

$$x_2(t) = \begin{cases} 0, & t < -4 \\ e^{-|t|}, & -4 \leq t \leq 4 \\ 0, & t > 4 \end{cases}$$

$x_1(t)*x_2(t)$를 구하여라.

3.3절

3.10 다음 식이 성립함을 보임으로써 두 신호의 컨볼루션은 어떤 순서로 하더라도 동일함을 보여라.

$$[x(t)*y(t)] = [y(t)*x(t)]$$

(힌트: 컨볼루션 계산에 필요한 신호들을 만들고 변수 치환을 사용하여라. 이 문제를 접근하는 하나의 방법으로 다음 신호

$$u(\tau - 8) \text{ 그리고 } u(t - \tau)$$

를 사용할 수 있다.)

3.11 **(a)** 그림 P3.11과 같이 두 개의 LTI 시스템이 직렬로 연결된 것을 생각하자. 두 시스템의 임펄스 응답은 $h_1(t) = h_2(t) = 2e^{-t}u(t)$로써 동일하다. 전체 시스템의 임펄스 응답을 구하여라.

(b) $h_1(t) = h_2(t) = 2\delta(t)$로 바꾸고 (a)의 질문에 답하여라.

(c) $h_1(t) = h_2(t) = 2\delta(t - 3)$으로 바꾸고 (a)의 질문에 답하여라.

(d) $h_1(t) = h_2(t) = u(t - 1) - u(t - 5)$로 바꾸고 (a)의 질문에 답하여라.

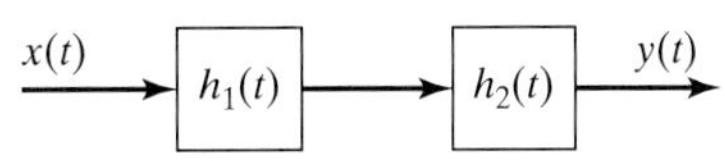

그림 P3.11

3.12 그림 P3.12와 같은 LTI 시스템을 생각하자.

(a) 전체 시스템의 임펄스 응답을 하위 시스템들의 임펄스 응답의 함수로 표현하여라.

(b) 각 하위 시스템들의 임펄스 응답이 다음과 같을 때,

$$h_1(t) = h_4(t) = u(t),\ h_2(t) = h_3(t) = 5\delta(t),\ h_5(t) = e^{-2t}u(t)$$

전체 시스템의 임펄스 응답을 구하여라.

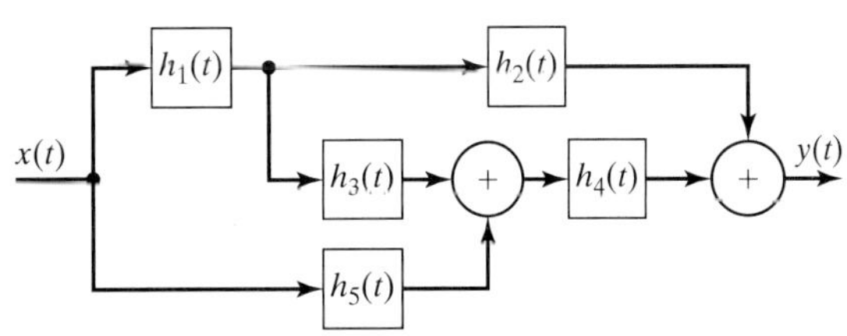

그림 P3.12

3.13 그림 P3.13과 같은 LTI 시스템을 생각하자.

(a) 전체 시스템의 임펄스 응답을 하위 시스템들의 임펄스 응답의 함수로 표현하여라.

(b) 각 하위 시스템들의 임펄스 응답이 다음과 같을 때,

$$h_1(t) = h_3(t) = 2\delta(t),\ h_2(t) = h_4(t) = u(t),\ h_5(t) = 2u(t)$$

전체 시스템의 임펄스 응답을 구하여라.

(c) 그림 P3.13에 보이는 각 하위 시스템들의 특성을 묘사하여라. 예를 들면, 1번 블록은 이득이 2인 증폭기다.

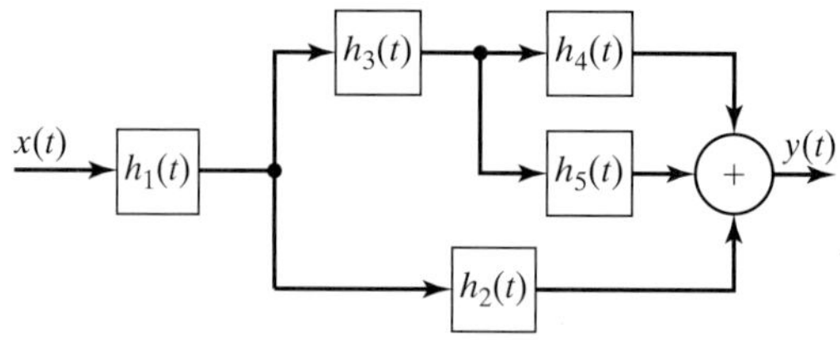

그림 P3.13

(d) $x(t) = \delta(t)$라고 하자. 각 블록들의 출력에 나타나는 시간의 함수식을 구하여라.

(e) (b)의 결과를 이용하여 (d)의 결과를 확인하여라.

3.14 그림 P3.2(a)의 시스템이 아래와 같이 각각 기술된다고 가정하자. 각각의 경우에 대해, $x(t) = \delta(t)$라고 하고 $y(t) = h(t)$를 구하여 시스템의 임펄스 응답을 구하여라.

(a) $y(t) = x(t - 7)$

(b) $y(t) = \int_{-\infty}^{t} x(\tau - 7)d\tau$

(c) $y(t) = \int_{-\infty}^{t}\left[\int_{-\infty}^{\sigma} x(\tau - 7)d\tau\right]d\sigma$

3.4절

3.15 3.4절에서 연속-시간 LTI 시스템이 유계-입력 유계-출력 안정하기 위한 필요조건은 임펄스 응답 $h(t)$가 절대적분가능함을 보였다. 즉, 다음을 만족해야 한다.

$$\int_{-\infty}^{\infty} |h(t)|dt < \infty$$

이 조건을 만족하지 못하는 모든 시스템은 BIBO 안정하지 않음을 보여라. 즉, 이 조건이 또한 충분조건임을 보여라. (힌트: 다음과 같은 유계인 입력을 가정한다.)

$$x(t - \tau) = \begin{cases} 1, & h(\tau) > 0 \\ -1, & h(\tau) < 0 \end{cases}$$

3.16 다음과 같이 각각 기술되는 시스템에서 입력 $x(t) = \delta(t)$로 두고 $y(t) = h(t)$를 구함으로써 시스템의 임펄스 응답을 구하여라.

(a) $y(t) = x(t - 9)$

(b) $y(t) = \int_{-\infty}^{t} x(\tau - 9)d\tau$

(c) $y(t) = \int_{-\infty}^{t}\left[\int_{-\infty}^{\sigma} x(\tau - 9)d\tau\right]d\sigma$

(d) $y(t) = x(t + 9)$

3.17 다음 방정식으로 기술되는 시스템을 생각하자.

$$y(t) = \sin(4t)x(t)$$

(a) 이 시스템은 선형인가?

(b) 이 시스템은 시불변인가?

(c) 입력 $\delta(t)$에 대한 응답을 구하여라.

(d) 입력 $\delta(t - \pi/2)$에 대한 응답을 구하여라.

3.18 다음과 같은 임펄스 응답을 갖는 시스템의 선형성과 인과성 여부를 판단하여라.

(a) $h(t) = e^{-4t}u(t - 4)$
(b) $h(t) = e^{(t-4)}u(t - 4)$
(c) $h(t) = e^{t}\sin(-6t)u(-t)$
(d) $h(t) = e^{t}u(t - 7)$
(e) $h(t) = e^{(4-t)}u(4 - t)$
(f) $h(t) = e^{-t}\sin(-6t)u(t)$
(g) $h(t) = \cos(6t)u(t)$
(h) $h(t) = te^{-4t}u(t)$

3.19 입력과 출력이 다음 식으로 관련된 LTI 시스템을 생각하자.

$$y(t) = \int_{-\infty}^{t} e^{\tau-t}x(\tau)d\tau$$

(a) $x(t) = \delta(t)$로 두고 임펄스 응답 $h(t)$를 구하여라.

(b) 이 시스템은 인과 시스템인가? 근거와 함께 답하여라.

(c) 그림 P3.19(a)와 같은 입력 $x(t)$에 대한 시스템 응답 $y(t)$를 구하여라.

(d) 그림 P3.19(b)와 같이 여러 개의 LTI 시스템이 상호 연결된 시스템을 생각하자. 여기서 $h(t)$는 (a)에서 구한 임펄스 응답이다. 전체 시스템의 임펄스 응답을 구하여라.

(e) 다음과 같은 방법을 이용하여 그림 P3.19(a)와 같은 입력에 대해 그림 P3.19(b)와 같은 시스템의 응답을 구하여라.

(i) (c)의 결과를 사용하여라. 이 경우에는 식을 풀지 않고도 바로 출력을 결정할 수 있다.

(ii) (d)의 결과를 사용하여라. 이 경우에는 컨볼루션 적분을 수행한다.

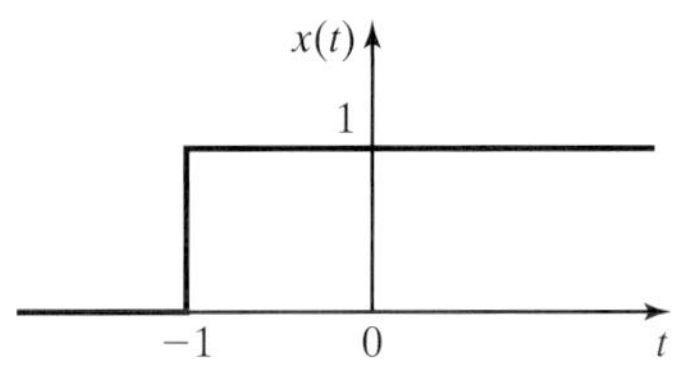

(a)

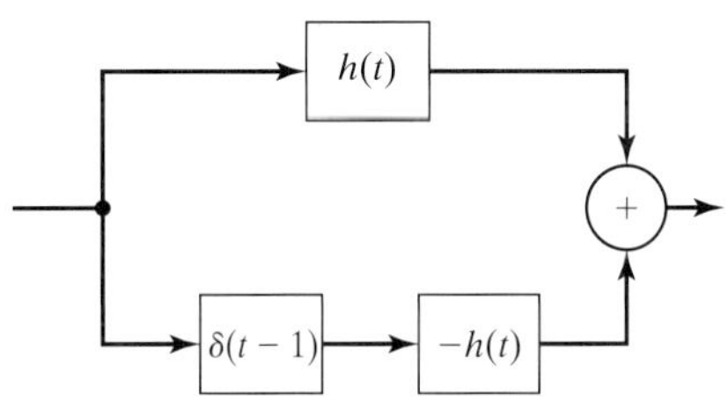

(b)

그림 P3.19

3.20 (a) 출력이 다음과 같은 식에 의해 결정되는 LTI 시스템을 생각하자.

$$y(t) = \int_{-\infty}^{t} e^{-4(t-\tau)}x(\tau - 1)d\tau$$

(i) $x(t) = \delta(t)$로 두고 시스템의 임펄스 응답을 구하여라.

(ii) 이 시스템은 인과 시스템인가?

(iii) 이 시스템은 안정한가?

(b) 출력이 다음과 같은 식에 의해 결정될 때, (a)의 질문에 대해 답하여라.

$$y(t) = \int_{-\infty}^{t} e^{-2(t+\tau)} x(\tau + 1) d\tau$$

(c) 출력이 다음과 같은 식에 의해 결정될 때, (a)의 질문에 대해 답하여라.

$$y(t) = \int_{-\infty}^{\infty} e^{-2(t-\tau)} x(\tau - 1) d\tau$$

3.21 어떤 LTI 시스템의 임펄스 응답이 다음과 같다고 하자.

$$h(t) = u(t + 7) - u(t - 8)$$

(a) 이 시스템이 인과 시스템인지 여부를 판단하여라.

(b) 이 시스템은 안정한지 여부를 판단하여라.

(c) 다음 입력에 대한 시스템의 응답을 구하여라.

$$x(t) = \delta(t - 2) - 2\delta(t + 2)$$

3.22 어떤 LTI 시스템의 임펄스 응답이 다음과 같다고 하자.

$$h(t) = u(t - 1) - 2u(t - 2) + u(t - 3)$$

(a) 이 시스템이 인과 시스템인지 여부를 판단하여라.

(b) 이 시스템은 안정한지 여부를 판단하여라.

(c) 다음 입력에 대한 시스템의 응답을 구하여라.

$$x(t) = \delta(t - 3) - 2\delta(t - 5)$$

3.23 어떤 LTI 시스템의 임펄스 응답이 다음과 같다고 하자.

$$h(t) = t[u(t - t_1) + u(t + t_2)]$$

(a) t_1과 t_2가 어떤 값일 때 이 시스템이 인과 시스템인가?

(b) t_1과 t_2가 어떤 값일 때 이 시스템이 안정한가?

3.24 어떤 LTI 시스템의 임펄스 응답이 다음과 같다고 하자.

$$h(t) = e^{-4t}u(t - 7)$$

(a) 이 시스템이 인과 시스템인지 여부를 판단하여라.

(b) 이 시스템은 안정한지 여부를 판단하여라.

(c) $h(t) = e^{-4t}u(t + 9)$일 때, (a)와 (b)의 질문에 대해 답하여라.

3.5절

3.25 초기 조건이 주어진 다음 각 미분방정식으로 기술되는 시스템의 응답을 구하여라. 이렇게 구한 응답이 미분방정식을 만족하고 또한 초기 조건도 만족함을 보여라.

(i) $\dfrac{dy(t)}{dt} + 3y(t) = 3u(t), \quad y(0) = -1$

(ii) $\dfrac{dy(t)}{dt} + 3y(t) = 3e^{-2t}u(t), \quad y(0) = 2$

(iii) $\dfrac{dy(t)}{dt} + 10y(t) = e^{-t}u(t), \quad y(0) = 2$

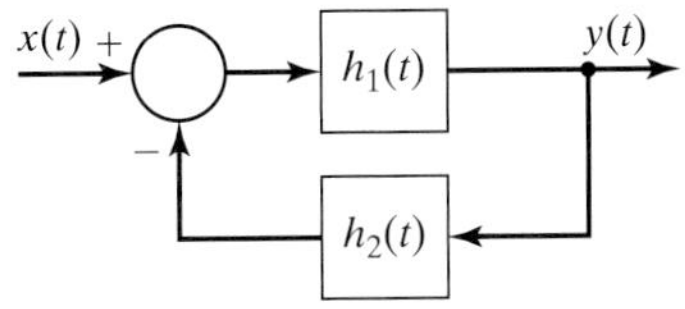

그림 P3.26

(iv) $\frac{d^2y(t)}{dt^2} + 6\frac{dy(t)}{dt} + 5y(t) = 10u(t), \quad y(0) = -1, \frac{dy(t)}{dt}\bigg|_{t=0} = 0$

(v) $-.7\frac{d}{dt}y(t) + y(t) = 3e^{3t}, \quad y(0) = -1$

(vi) $-10\frac{dy(t)}{dt} + 10y(t) = 20\cos(t)u(t), \quad y(0) = -10$

(vii) $\frac{d^2y(t)}{dt^2} + \frac{dy(t)}{dt} + 2y(t) = 3u(t), \quad y(0) = 2, \frac{dy(t)}{dt}\bigg|_{t=0} = 1$

3.26 그림 P3.26과 같은 LTI 시스템을 생각하자. 여기서

$$h_1(t) = 2u(t), \quad h_2(t) = 0.5\delta(t)$$

이다. 즉, 시스템 1은 적분기이고 시스템 2는 이득이 0.5인 증폭기다. 컨볼루션을 사용하여 이 시스템의 미분방정식 모델을 구하여라.

3.27 다음 각 미분방정식은 물리적 시스템의 모델이라고 하자. 각 시스템의 모드(mode)를 구하여라. 각 시스템은 안정한가?

(a) $\frac{d^2}{dt^2}y(t) - 2.5\frac{d}{dt}y(t) + y(t) = x(t)$

(b) $\frac{d^2y(t)}{dt^2} + 9y(t) = x(t)$

(c) $\frac{d^2y(t)}{dt^2} + 3.5\frac{dy(t)}{dt} - 2y(t) = 3x(t) + 2\frac{dx(t)}{dt}$

(d) $\frac{d^3y(t)}{dt^3} + 5\frac{d^2y(t)}{dt^2} + 4\frac{dy(t)}{dt} + 3y(t) = x(t)$

(e) $\frac{d^3y(t)}{dt^3} + 2\frac{d^2y(t)}{dt^2} + 4\frac{dy(t)}{dt} + 8y(t) = 17x(t)$

(f) $\frac{d^3y(t)}{dt^3} + 2\frac{d^2y(t)}{dt^2} + 4\frac{dy(t)}{dt} + 16y(t) = 32x(t)$

3.7절

3.28 다음 LTI 시스템의 전달함수가 안정한지 여부를 판별하여라.

(a) $H(s) = \frac{10(s+3)}{(s+1)(s+2)(s+4)} = \frac{10s+30}{s^3 + 7s^2 + 14s + 8}$

(b) $H(s) = \frac{1}{s^2 + 1.5s - 1}$

(c) $H(s) = \dfrac{10}{s^2 + 2s}$

(d) $H(s) = \dfrac{s + 16}{s^3 + 2s^2 + 8s + 32}$

(e) $H(s) = \dfrac{s + 16}{s^3 + 2s^2 + 8s + 16}$

(f) $H(s) = \dfrac{s + 8}{s^3 + 2s^2 + 4s + 8}$

3.29 연습문제 3.25에서의 미분방정식들이 물리적 시스템의 모델이라고 하자.

(a) 각 시스템에 대해, 시스템의 모드를 구하라.

(b) 각 시스템에 대해, 시스템 모드의 시상수를 구하여라.

(c) 각 시스템에 단위 계단 신호 $u(t)$를 인가한다. 얼마 후에야 시스템의 출력이 근사적으로 일정해질 것인가? 근거와 함께 답하여라.

(d) 연습문제 3.27(b)의 전달함수에 대해 (a), (b), (c)의 질문에 대해 답하여라.

3.30 어떤 시스템의 전달함수가 다음과 같다.

$$H(s) = \frac{1}{0.01s^2 + 1}$$

(a) 시스템의 모드를 구하여라. 시스템이 물리적 시스템의 모델이긴 하지만 이 모드들은 실수가 아님에 주의한다.

(b) (a)에서 구한 모드들의 합과 실수 함수로 자연 응답을 표현하여라.

(c) 초기에 안정된 상태인 시스템에(초기 조건이 0) 입력 $e^{-t}u(t)$를 인가할 때, 시스템의 출력식을 구하여라.

(d) (c)에서 구한 결과가 시스템의 미분방정식과 초기 조건을 만족함을 보여라.

3.31 (a) 그림 P3.31의 시스템을 생각하자. $t = 0$일 때 입력 신호 $x(t) = 3$이 인가된다. 전달함수가 다음과 같을 때 입력이 인가된 뒤 오랜 시간이 지난 후 $y(t)$의 값을 구하여라.

(i) $H(s) = \dfrac{10}{s + 4}$

(ii) $H(s) = \dfrac{2s + 5}{s^2 + 2s + 10}$

(b) 입력 신호가 $x(t) = 3e^{4t}u(t)$일 때, (a)의 질문에 대해 답하여라.

(c) 입력 신호가 $x(t) = 3\cos 4t$일 때, (a)의 질문에 대해 답하여라. MATLAB을 사용하여 계산 결과를 확인하여라.

(d) 입력 신호가 $x(t) = 3e^{j4t}$일 때, (a)의 질문에 대해 답하여라.

(e) 입력 신호가 $x(t) = 3\sin 4t$일 때, (a)의 질문에 대해 답하여라. MATLAB을 사용하여 계산 결과를 확인하여라.

(f) (c)에서의 응답과 (e)에서의 응답은 어떻게 관련되는가?

(g) **(i)** (a)에서의 두 시스템의 시상수를 구하여라.

(ii) 이 문제에서, "매우 긴 시간 후"를 정량화하여라.

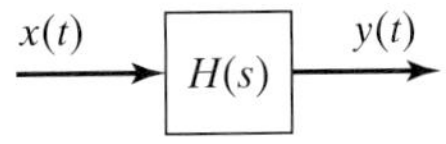

그림 P3.31

3.32 그림 P3.31의 시스템에 대해, 전달함수가 다음과 같은 형태인 것으로 알려져 있다.

$$H(s) = \frac{K}{s + a}$$

$x(t) \rightarrow y(t)$의 기호를 사용할 때, 다음과 같은 정상-상태 응답이 측정되었다.

$$2\cos 4t \rightarrow 5\cos(4t - 45°)$$

(a) 전달함수에서의 파라미터 K와 a를 구하여라.

(b) MATLAB을 사용하여 (a)의 결과를 검증하여라.

(c) 입력-출력 결과가 다음과 같을 때 (a)와 (b)의 질문에 대해 답하여라.

$$2\cos 3t \rightarrow 2.222\cos(3t - 56.31°)$$

3.33 다음과 같은 각각의 시스템 방정식에 대해 직접 형태 I과 직접 형태 II를 작성하여라.

(a) $5\dfrac{dy(t)}{dt} + 3y(t) = 2x(t)$

(b) $\dfrac{d^2y}{dt^2} = 2\dfrac{d^2x}{dt^2} + \dfrac{dx}{dt} + 3y$

(c) $\dfrac{d^2y(t)}{dt^2} = 2\dfrac{d^2x(t)}{dt^2} - 0.5\dfrac{dy(t)}{dt} - 0.01y(t)$

(d) $\dfrac{d^3y(t)}{dt^3} - 2\dfrac{d^2y(t)}{dt^2} - 3.5\dfrac{dy(t)}{dt} - 4.25y(t) = 2\dfrac{d^3x(t)}{dt^3} + 5\dfrac{d^2x(t)}{dt^2} + 6\dfrac{dx(t)}{dt} + 9x(t)$

3.34 그림 P3.34의 시뮬레이션 다이어그램을 생각하자. 이 그림은 자동 제어 분야에서 사용되는 시뮬레이션-다이어그램 형태를 보여준다.

(a) 이 시스템의 미분방정식을 구하여라.

(b) 이 시뮬레이션 다이어그램은 3.8절에서 제시한 두 가지 형태 중 하나인가? 만일 그렇다면, 어떤 형태인가?

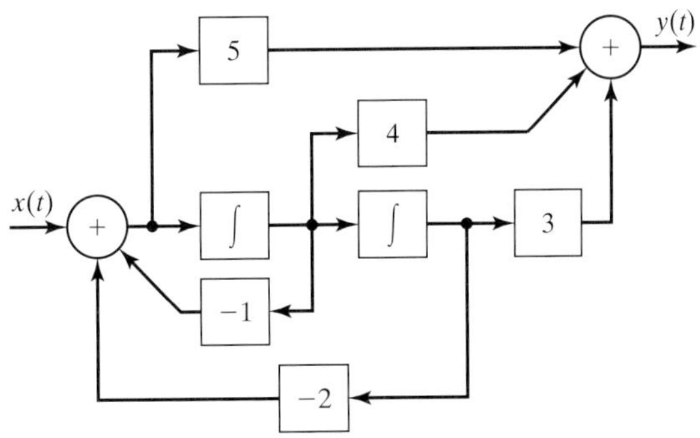

그림 P3.34

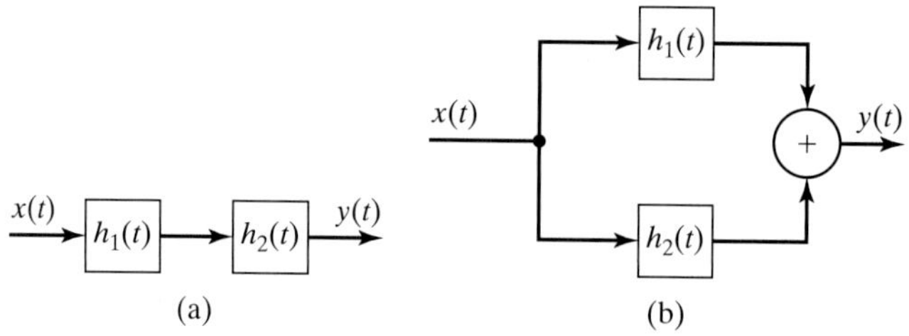

그림 P3.35

3.35 **(a)** 그림 P3.35(a)의 LTI 시스템에 대해, 시스템 전달함수 $H(s)$가 다음과 같음을 보여라.

$$H(s) = H_1(s)H_2(s)$$

여기서 전달함수는 식 (3.77)과 같이 정의된다.

(b) 그림 P3.35(b)의 LTI 시스템에 대해, 시스템 전달함수 $H(s)$가 다음과 같음을 보여라.

$$H(s) = H_1(s) + H_2(s)$$

여기서 전달함수는 식 (3.77)과 같이 정의된다.

3.36 연습문제 3.35의 결과를 이용하여 다음 물음에 답하여라.

(a) 그림 P3.12의 시스템에 대한 전달함수를 구하여라.

(b) 그림 P3.13의 시스템에 대한 전달함수를 구하여라.

(c) 그림 P3.26의 시스템에 대한 전달함수를 구하여라.

3.37 여러 LTI 시스템이 연관된 시스템을 생각하자. i번째 시스템의 임펄스 응답을 $h_i(t)$라고 하자. 연습문제 3.35의 결과를 이용하여 다음 물음에 답하여라.

(a) 그림 P2.28의 시스템에 대한 전달함수를 구하여라.

(b) 그림 P2.29의 시스템에 대한 전달함수를 구하여라.

4 푸리에 급수
Fourier Series

공학 분야의 분석 과정에서 흔히 쓰이는 기법 중 하나가 복잡한 문제를 단순한 문제들로 쪼개는 것이다. 이렇게 해서 더 간단해진 문제를 푼 다음 이 해들의 합이 전체 해가 되도록 한다. 한 예가 테일러 급수(Taylor's series) 전개인데, 함수 $f(t)$를 다음과 같이 상수 더하기 램프 함수 더하기 이차 함수 등등으로 나타낸다.

$$f(t) = f(0) + f'(0)t + f''(0)\frac{t^2}{2!} + \cdots \tag{4.1}$$

이 식에서

$$f'(0) = \left.\frac{df(t)}{dt}\right|_{t=0}; \quad f''(0) = \left.\frac{d^2f(t)}{dt^2}\right|_{t=0}$$

이다. 먼저 오직 상수만 고려하여 $f(t)$를 포함하는 문제를 풀고 그다음으로 램프 함수만을 고려하여 문제를 풀고 그다음은 이차 함수만을 고려하여 풀고 등등 차례대로 하나의 항만 고려하여 문제를 푼다. 그리고 최종적인 해는 이렇게 구한 해들의 합이다.

앞에서 말한 해가 유효하면서도 유용하기 위해서는 *세 가지* 조건을 만족해야 한다. 첫째는 문제를 더 간단한 문제로 표현할 수 있어야 한다. 다음으로 여러 함수들을 더한 함수에 대한 해가 한 번에 단지 하나의 함수만을 고려할 때의 해들의 합과 같도록 문제가 *선형*이어야 한다.

마지막으로 더 간단한 해들의 합에서 단지 몇 개의 항만을 고려한 후 남은 해들이 전체 해에 미치는 영향은 무시할 만큼 작아져야 한다. 그렇지 않고 비록 간단하더라도 매우 많은 수의 해들이 필요하다면 장점이 사라질 수 있다.

하나의 복잡한 문제를 더 간단한 문제들로 쪼개는 이러한 방법은 때때로 부수적인 장점도 있다. 더 간단한 문제들에 대한 어떤 통찰을 가지고 있다면 복잡한 문제에 대한 통찰 또한 얻을 수 있다. 몇몇 경우에는 더 간단한 해들을 실제로는 만들어낼 수 없더라도 이렇게 얻게 되는 통찰에만 관심이 있을 수도 있다.

한 예로써, 다시 테일러 급수 전개를 생각해보자. 선형 모델로 모델링되는 물리적 시스템에 대한 입력 신호가 그 응답을 계산하기 어려운 하나의 복잡한 함수라고 가정하자. 그런데, *적절한 정확도*를 가지고 입력 함수를 테일러 급수의 상수 더하기 램프 함수로 간주할 수 있고 상수 입력과 램프 입력에 대해서는 시스템 응답을 꽤 쉽게 계산할 수 있을지도 모른다. 그러면 우리는 복잡한 입력에 대한 근사적인 시스템 응답을 얻게 된다. 예를 들어, 피드백-제어 시스템에서 정상-상태 오차를 살펴보는 데에 방금 언급한 방법을 사용한다[1].

앞 문단에서 *적절한 정확도*라는 용어를 사용하였다. 엔지니어로서, 우리가 사용하고 있는 수학은 목적을 위한 수단이지 목적 그 자체가 아니라는 사실을 받아들여야 한다. 엔지니어들은 물리적 시스템을 분석하고 설계하는 데에 수학적인 과정들을 적용한다. 물리적 시스템은 정확하게 모델링될 수 없다. 그러므로 물리적 시스템을 모델링한 수학적 방정식을 정확하게 푼다 하더라도, 이 결과는 주어진 물리적 시스템에 대해서는 오직 근사적일 뿐이다. 수학에서 근사적인 식들을 이용할 때 충분히 주의하기만 한다면, 그 결과는 물리적 시스템에 응용할 때 유용할 뿐만 아니라 정확하다.

이 장에서는 신호 및 선형 시불변(LTI) 시스템 분석에서 가장 중요한 과정 중 하나를 살펴볼 것이다. 이 과정은 복잡한 주기 신호를 더 간단한 신호의 합으로 표현하는 데에 사용되는데, 여기서 더 간단한 신호들은 대개의 경우 사인파인 직교함수(orthogonal function)들이고 이 신호의 합을 *푸리에 급수*(Fourier series) 또는 *푸리에 전개*(Fourier expansion)라 한다. 이제 곧 보게 되겠지만, 5장에서 신호의 주기성에 대한 요구 사항이 완화되면 푸리에 급수가 수정되어 푸리에 변환이 된다.

4.1 주기함수 근사시키기

푸리에 급수를 학습할 때, 함수의 독립 변수를 시간과 관련된 것으로 간주한다. 예를 들어 변수 t가 시간을 나타낼 때 함수 $x(t)$를 고려한다. 그러나 이 장에서 설명하는 모든 과정들은 독립 변수가 꼭 시간이 아닌 다른 어떤 것의 함수에 대해서도 똑같이 적용할 수 있다.

이 절에서는 두 가지 주제를 다룬다. 먼저 주기함수에 대해 좀 더 세밀하게 살펴보고, 다음으로 사인파가 아닌 주기함수를 사인파로 근사시키는 것에 대해 살펴본다.

주기함수

관계식 $x(t) = x(t + T)$가 모든 t에 대해 만족하면, 함수 $x(t)$를 *주기*(periodic) *함수*라고 정의하고 이때 주기가 T다. 예를 들어, 함수 $\cos \omega t$는 주기함수다($\omega = 2\pi f = 2\pi/T$). 왜냐하면

$$\cos\omega(t + T) = \cos(\omega t + \omega T) = \cos(\omega t + 2\pi) = \cos\omega t$$

이기 때문이다. 또 하나의 예는 그림 4.1과 같은 함수인데, 이 함수는 서로 연결되어 있는 선분들로 이루어져 있는 주기함수다. 주기함수는 다음 성질을 갖는다(2.2절 참조):

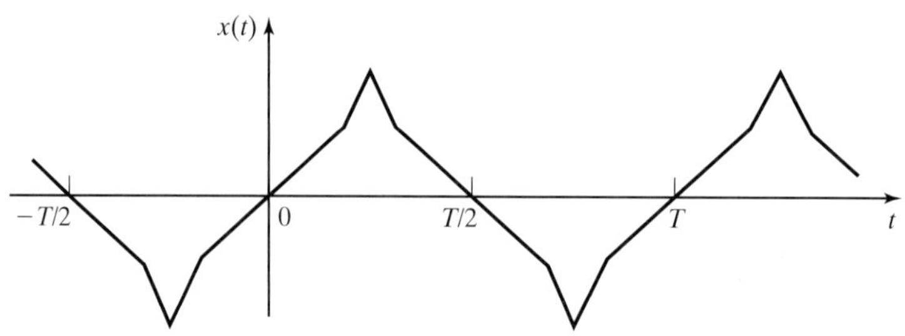

그림 4.1 주기함수

1. 주기함수는 모든 시간 영역에서 정의된다고 가정한다. 식 $x(t) = x(t + T)$에서 t의 구간을 한정하지 않는다.
2. 주기 T인 주기함수는 또한 n이 임의의 정수일 때, 주기가 nT인 주기함수다. 그러므로 주기함수에 대해, n이 임의의 정수일 때,
$$x(t) = x(t + T) = x(t + nT) \tag{4.2}$$
이 성립한다.
3. $x(t) = x(t + T)$를 만족하는 주기 $T > 0$의 최솟값을 *기본 주기*(fundamental period) T_0로 정의한다. *기본 주파수*(fundamental frequency)는 $\omega_0 = 2\pi f_0 = 2\pi/T_0$로 정의한다. T_0의 단위가 초(second)이면, ω_0의 단위는 초당 라디안(rad/s)이고 f_0의 단위는 헤르츠(Hz)다.

두 번째 성질은 그림 4.1의 함수에서 볼 수 있고, 또한 $\cos \omega t$에서도 볼 수 있다. 왜냐하면

$$\cos \omega(t + nT) = \cos(\omega t + n\omega T) = \cos(\omega t + n2\pi) = \cos \omega t$$

이기 때문이다. 일반적으로 주기 T를 기본 주기 T_0로 선택하지만, n이 정수일 때, 임의의 값 nT_0도 주기성의 정의를 만족한다.

주기함수 근사시키기

다시 그림 4.1의 주기 신호를 생각해보자. 이 함수가 안정한 LTI 시스템의 입력일 때 정상-상태 응답을 구하고 싶다고 가정하자. 이 신호의 수학적인 표현식은 램프 함수들의 합이기 때문에, 이 입력 신호에 대한 정확한 정상-상태 응답을 구하는 것은 꽤나 어렵다. 그러나 *적절한 정확도*를 가지고 그림 4.2에 보이는 것과 같이 이 신호를 사인파로 근사시킬 수도 있다. 그러면 이 근사시킨 사인파의 응답은 선형 시스템의 사인파 정상-상태 응답이 될 것이고, 이것은 상대적으로 계산하기가 쉽다[식 (3.73) 참조].

일반적으로, 방금 논의한 종류의 근사화를 할 때 어떤 의미에서 "최상"인 사인파 함수를 선택한다. 최상이라는 단어에 인용부호가 붙은 이유는 무엇이 최상인지 결정하는 기준을 자유롭게 정의할 수 있기 때문이다. 최상의 근사를 선택하기 위한 하나의 흔한 과정은 원래 신호와 근사시킨 신호 사이의 차의 함수를 최소화하는 것이다. 즉, 근사 과정에서의 오차를 최소로 하는 것이다. 그림 4.2의 $x(t)$를 신호 $B_1 \sin \omega_0 t$로 근사시킬 때, 근사화 오차를 다음과 같이 정의하고,

$$e(t) = x(t) - B_1 \sin \omega_0 t \tag{4.3}$$

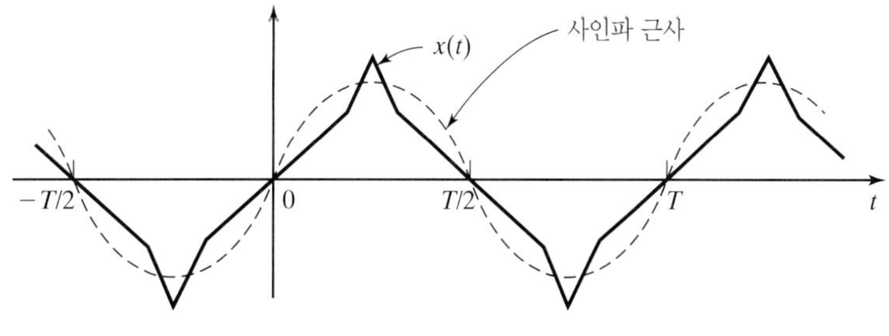

그림 4.2 주기함수의 사인파 근사

이 오차의 어떤 함수가 최소가 되도록 B_1을 선택한다.

최소로 하려고 하는 오차 함수를 $J[e(t)]$로 표기한다. 최소화에 사용되는 가장 일반적인 함수는 *평균-제곱 오차*(mean-square error)다. 식 (4.3)의 오차의 평균-제곱을 최소가 되게 하는 것은 다음 함수를 최소화시키는 것으로 정의된다.

$$J[e(t)] = \frac{1}{T_0}\int_0^{T_0} e^2(t)dt = \frac{1}{T_0}\int_0^{T_0}[x(t) - B_1 \sin \omega_0 t]^2 dt \tag{4.4}$$

그리고 최소화 과정을 통해 $J[e(t)]$가 최소가 되도록 하는 B_1의 값을 선택한다. 함수 $J[e(t)]$를 *비용 함수*(cost function) 또는 간단히 *비용*(cost)이라 한다. 이 최소화의 결과로 얻는 B_1*이 아닌 어떤* B_1*의 값도* 오차 함수 (4.4)를 더 작게 만들지 못한다.

$J[e(t)]$가 최소가 되는 B_1의 값을 찾기 위해, 부록 B의 라이프니츠 법칙을 이용하여 다음과 같이 식 (4.4)를 미분한 결과를 0으로 놓는다.

$$\frac{\partial J[e(t)]}{\partial B_1} = 0 = \frac{1}{T_0}\int_0^{T_0} 2[x(t) - B_1 \sin \omega_0 t](-\sin \omega_0 t)dt \tag{4.5}$$

이 식을 다시 정리하면

$$\begin{aligned}\int_0^{T_0} x(t) \sin \omega_0 t\,dt &= B_1\int_0^{T_0} \sin^2\omega_0 t\,dt \\ &= B_1\int_0^{T_0} \tfrac{1}{2}(1 - \cos 2\omega_0 t)dt = \frac{B_1}{2}\int_0^{T_0} dt = \frac{B_1 T_0}{2}\end{aligned} \tag{4.6}$$

과 같다. 왜냐하면 주기의 정수배인 구간에서 사인파를 적분하면 0이기 때문이다. 식 (4.6)에서 다음과 같은 부록 A의 삼각함수 공식을 사용하였다.

$$\sin^2\alpha = \tfrac{1}{2}(1 - \cos 2\alpha)$$

식 (4.5)로부터 비용 함수의 이차 도함수는 다음과 같다.

$$\frac{\partial^2 J[e(t)]}{\partial B_1^2} = \frac{2}{T_0}\int_0^{T_0} \sin^2 \omega_0 t\,dt > 0 \tag{4.7}$$

이 이차 도함수는 양수다. 그러므로 식 (4.6)을 만족한다면, 평균-제곱 오차는 (최대가 아니고) 최소가 된다.

식 (4.6)을 B_1에 대하여 풀면

$$B_1 = \frac{2}{T_0}\int_0^{T_0} x(t) \sin \omega_0 t\,dt \tag{4.8}$$

이다. 이 값은 평균-제곱 오차를 최소로 만든다. 이 결과는 $x(t)$의 함수 형태와 무관하게 일반적이라는 사실에 유의한다. 즉, 주기가 T_0인 어떤 주기함수 $x(t)$가 주어졌을 때, 평균-제곱 오차 관점에서 임의의 주기함수 $x(t)$를 사인파 $B_1 \sin \omega_0 t$로 근사시키는 최상의 근사는 식 (4.8)을 만족하도록 B_1을 선택하는 것이다. 여기서 $\omega_0 = 2\pi/T_0$다. 예제를 하나 살펴보자.

예제 4.1 평균-제곱 최소화

평균-제곱의 의미에서 그림 4.3(a)의 사각파를 사인파로 가장 잘 근사시켜보자. 식 (4.8)로부터

$$B_1 = \frac{2}{T_0}\int_0^{T_0} x(t)\sin\omega_0 t\,dt$$
$$= \frac{2}{T_0}\int_0^{T_0/2}(1)\sin\omega_0 t\,dt + \frac{2}{T_0}\int_{T_0/2}^{T_0}(-1)\sin\omega_0 t\,dt$$

이다. 왜냐하면

$$x(t) = \begin{cases} 1, & 0 < t < T_0/2 \\ -1, & T_0/2 < t < T_0 \end{cases}$$

이기 때문이다. 그러므로

$$B_1 = \frac{2}{T_0}\left[\frac{-\cos\omega_0 t}{\omega_0}\bigg|_0^{T_0/2} + \frac{\cos\omega_0 t}{\omega_0}\bigg|_{T_0/2}^{T_0}\right]$$
$$= \frac{1}{\pi}(-\cos\pi + \cos 0 + \cos 2\pi - \cos\pi) = \frac{4}{\pi}$$

이다. 왜냐하면

$$\omega_0 t\bigg|_{t=T_0/2} = \left(\frac{2\pi}{T_0}\right)\left(\frac{T_0}{2}\right) = \pi, \quad \omega_0 T_0 = 2\pi$$

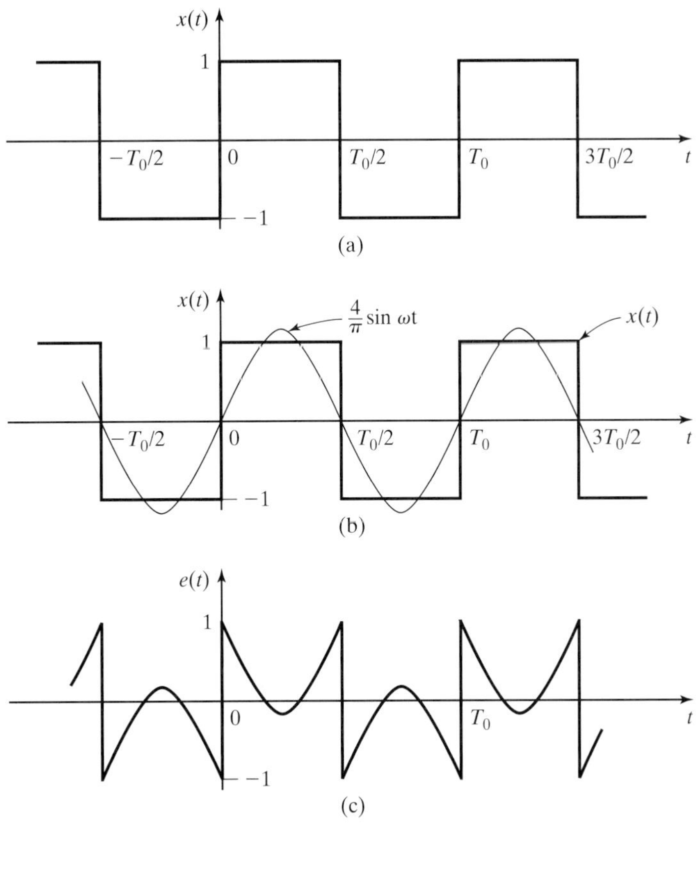

그림 4.3 예제 4.1의 함수들

이기 때문이다. 그러므로 $B_1 \sin \omega_0 t$로 단위 크기의 사각파를 근사시키는 최상의 근사는 $B_1 = 4/\pi$를 선택하는 것이다. 여기서 최상을 위한 기준으로 최소 평균-제곱 오차를 사용하였다. 사각파와 근사시키는 사인파를 그림 4.3(b)에 나타내었고, 그림 4.3(c)는 근사화 오차를 보여준다. 이 오차는 다음 식과 같다.

$$e(t) = x(t) - \frac{4}{\pi}\sin \omega_0 t = \begin{cases} 1 - \frac{4}{\pi}\sin \omega_0 t, & 0 < t < T_0/2 \\ -1 - \frac{4}{\pi}\sin \omega_0 t, & T_0/2 < t < T_0 \end{cases}$$

■

그림 4.3(c)는 왜 평균 오차 대신 평균 제곱 오차를 최소화시키는지 잘 보여준다. 이 그림에서 이 근사화가 그다지 좋지 않으면서도 평균 오차는 0인 것을 볼 수 있다. 게다가 B_1의 값을 임의로 선택해도 매우 큰 음의 오차가 매우 큰 양의 오차를 상쇄시키면서 평균 오차는 0이 될 것이다. 그러나 제곱 오차는 음이 아닌 함수이고 이러한 상쇄효과가 전혀 일어나지 않는다.

최소화 과정에서 다른 오차 함수를 사용해도 그럴듯한 결과를 얻을 수 있다. 한 예가 다음과 같은 $e(t)$의 크기의 평균값이다.

$$J_m[e(t)] = \frac{1}{T_0}\int_0^{T_0} |e(t)|\, dt$$

그러나 우리는 평균-제곱 오차를 사용하기로 한다. 이 평균-제곱 오차는 수학적으로 충분히 풀 수 있을 만하며 또한 이것으로부터 다음 절에서 정의하는 푸리에 급수를 유도할 수 있다.

4.2 푸리에 급수

푸리에 급수를 소개하기 위한 한 예로써, 다음과 같은 사인파의 합으로 이루어진 신호를 생각해보자.

$$x(t) = 10 + 3\cos \omega_0 t + 5\cos(2\omega_0 t + 30°) + 4\sin 3\omega_0 t \tag{4.9}$$

이 신호는 주기가 $T_0 = 2\pi/\omega_0$인 주기 신호임을 쉽게 확인할 수 있다. 이 신호를 부록 D의 오일러 관계식을 이용하여 다음과 같이 다른 형태로 약간 바꾸어서 표현한다.

$$\begin{aligned} x(t) &= 10 + \frac{3}{2}[e^{j\omega_0 t} + e^{-j\omega_0 t}] \\ &\quad + \frac{5}{2}[e^{j(2\omega_0 t + 30°)} + e^{-j(2\omega_0 t + 30°)}] + \frac{4}{2j}[e^{j3\omega_0 t} - e^{-j3\omega_0 t}] \end{aligned}$$

즉,

$$\begin{aligned} x(t) &= (2e^{j\pi/2})e^{-j3\omega_0 t} + (2.5e^{-j\pi/6})e^{-j2\omega_0 t} + 1.5e^{-j\omega_0 t} \\ &\quad + 10 + 1.5e^{j\omega_0 t} + (2.5e^{j\pi/6})e^{j2\omega_0 t} + (2e^{-j\pi/2})e^{j3\omega_0 t} \end{aligned} \tag{4.10}$$

이 식은 다음과 같이 간결한 형태로 표현할 수 있다.

$$\begin{aligned} x(t) &= C_{-3}e^{-j3\omega_0 t} + C_{-2}e^{-j2\omega_0 t} + C_{-1}e^{-j\omega_0 t} + C_0 + C_1 e^{j\omega_0 t} + C_2 e^{j2\omega_0 t} + C_3 e^{j3\omega_0 t} \\ &= \sum_{k=-3}^{3} C_k e^{jk\omega_0 t} \end{aligned}$$

이 복소 지수함수의 급수에서 몇 개의 k값에 대한 계수 C_k의 값을 표 4.1에 정리하였다. 위첨자의

표 4.1 예제 4.2의 계수들

K	C_k	C_{-k}
0	10	–
1	1.5	1.5
2	$2.5\angle 30°$	$2.5\angle -30°$
3	$2\angle -90°$	$2\angle 90°$

별표가 켤레 복소수를 나타낼 때, $C_k = C_{-k}^*$임에 유의한다.

이제 사인파 함수들의 합을 복소 지수함수들의 합으로 바꿀 수 있음을 알게 되었다. 몇몇 항들이 복소수이지만, 합은 실수임에 유의한다. 다음에 보게 되듯이 식 (4.10)은 푸리에 급수의 한 형태다.

푸리에 급수

실수 주기 신호 $x(t)$가 주어졌을 때, 이 신호에 대한 *고조파*(harmonic) *급수*는 다음과 같이 정의된다.

$$x(t) = \sum_{k=-\infty}^{\infty} C_k e^{jk\omega_0 t}; \quad C_k = C_{-k}^* \tag{4.11}$$

주파수 ω_0는 *기본 주파수* 또는 *1차 고조파*라 하고, $k\omega_0$는 k차 고조파라 한다. 계수 C_k와 식 (4.11)의 신호 $x(t)$가 나중에 보이게 될 어떤 식에 의해 서로 관련될 때, 이 고조파 급수가 푸리에 급수다. 이 경우에 식 (4.11)의 합을 푸리에 급수의 복소 지수 형태 또는 간단히 지수 형태라 하고 계수 C_k를 푸리에 계수라 한다. 식 (4.10)이 지수 형태로 표현된 푸리에 급수의 한 예이다. 다음으로 푸리에 급수의 두 번째 형태를 유도해보자.

식 (4.11)에서 계수 C_k는 복소수인데 모든 k에 대해 표 4.1에 보인 것과 같이 C_{-k}가 C_k의 켤레 복소수다. 계수 C_k를 $-\infty < k < \infty$에 대해 다음과 같이 표현할 수 있다.

$$C_k = |C_k| e^{j\theta_k}$$

$C_{-k} = C_k^*$이므로 $\theta_{-k} = -\theta_k$이다. 어떤 주어진 k값에 대해, 식 (4.11)에서 주파수가 $k\omega_0$로 동일한 두 항의 합은 다음과 같다.

$$\begin{aligned} C_{-k}e^{-jk\omega_0 t} + C_k e^{jk\omega_0 t} &= |C_k| e^{-j\theta_k} e^{-jk\omega_0 t} + |C_k| e^{j\theta_k} e^{jk\omega_0 t} \\ &= |C_k| [e^{-j(k\omega_0 t + \theta_k)} + e^{j(k\omega_0 t + \theta_k)}] \\ &= 2|C_k| \cos(k\omega_0 t + \theta_k) \end{aligned} \tag{4.12}$$

그러므로 푸리에 계수 C_k가 주어지면 쉽게 다음과 같은 푸리에 급수의 *결합된 삼각함수 형태*(combined trigonometric form)를 찾을 수 있다.

$$x(t) = C_0 + \sum_{k=1}^{\infty} 2|C_k| \cos(k\omega_0 t + \theta_k) \tag{4.13}$$

푸리에 급수의 세 번째 형태는 식 (4.13)으로부터 유도할 수 있다. 부록 A로부터 다음 삼각함수 공식이 성립한다.

$$\cos(a+b) = \cos a \cos b - \sin a \sin b \tag{4.14}$$

이 공식을 식 (4.13)과 함께 사용하면

$$\begin{aligned} x(t) &= C_0 + \sum_{k=1}^{\infty} 2|C_k|\cos(k\omega_0 t + \theta_k) \\ &= C_0 + \sum_{k=1}^{\infty} [2|C_k|\cos\theta_k \cos k\omega_0 t - 2|C_k| \sin\theta_k \sin k\omega_0 t] \end{aligned} \tag{4.15}$$

가 된다. 오일러 관계식으로부터 계수 A_k와 B_k를 다음 식을 통하여 정의한다.

$$\begin{aligned} 2C_k &= 2|C_k|e^{j\theta_k} \\ &= 2|C_k|\cos\theta_k + j2|C_k| \sin\theta_k = A_k - jB_k \end{aligned} \tag{4.16}$$

여기서 A_k와 B_k는 실수다. 식 (4.16)을 식 (4.15)에 대입하면 다음과 같이 $A_0 = C_0$인 푸리에 급수의 삼각함수 형태(trigonometric form)을 얻는다.

$$x(t) = A_0 + \sum_{k=1}^{\infty} [A_k \cos k\omega_0 t + B_k \sin k\omega_0 t] \tag{4.17}$$

푸리에 급수의 창시자인 조제프 푸리에(Joseph Fourier, 1768-1830)의 원작에서는 바로 이 삼각함수 형태의 급수를 다루었다.

푸리에 급수의 세 가지 형태[식 (4.11), (4.13), (4.17)]를 표 4.2에 정리하였다. 또한 계수들을 계산하는 식도 제시하였는데 이 식은 추후에 유도할 것이다. 식 (4.16)으로부터 세 형태의 계수들끼리는 다음과 같이 관련되어 있다.

$$2C_k = A_k - jB_k; \quad C_k = |C_k|e^{j\theta_k}; \quad C_0 = A_0 \tag{4.18}$$

A_k와 B_k는 실수이고 일반적으로 C_k는 복소수다.

푸리에 계수

다음으로, $x(t)$가 주어졌을 때 푸리에 계수 C_k를 어떻게 계산할지 생각해보자. C_k에 대한 식을 유도하는 몇 가지의 접근 방법을 적용할 수 있는데, 여기서는 푸리에 급수의 복소-지수 형태가 유효

표 4.2 푸리에 급수의 형태

이름	수식
지수 형태	$\sum_{k=-\infty}^{\infty} C_k e^{jk\omega_0 t};\quad C_k = \lvert C_k\rvert e^{j\theta_k}, C_{-k} = C_k^*$
결합된 삼각함수 형태	$C_0 + \sum_{k=1}^{\infty} 2\lvert C_k\rvert\cos(k\omega_0 t + \theta_k)$
삼각함수 형태	$A_0 + \sum_{k=1}^{\infty} (A_k \cos k\omega_0 t + B_k \sin k\omega_0 t)$ $2C_k = A_k - jB_k, C_0 = A_0$
푸리에 계수	$C_k = \frac{1}{T_0}\int_{T_0} x(t)e^{-jk\omega_0 t}dt$

하다고 가정하는 접근 방법을 선택한다. 즉, 다음 식을 만족하는 계수 C_k를 찾을 수 있다고 가정한다.

[식 (4.11)] $$x(t) = \sum_{k=-\infty}^{\infty} C_k e^{jk\omega_0 t}$$

여기서 $x(t)$는 기본 주파수가 ω_0인 주기함수다. 식 (4.11)의 우변의 수렴성은 다음 절에서 고려한다. 먼저 식 (4.11)의 양변에 n이 정수일 때, $e^{-jn\omega_0 t}$를 곱하고 $t = 0$부터 $t = T_0$까지 적분하면

$$\int_0^{T_0} x(t)e^{-jn\omega_0 t}\,dt = \int_0^{T_0}\left[\sum_{k=-\infty}^{\infty} C_k e^{jk\omega_0 t}\right]e^{-jn\omega_0 t}\,dt$$

와 같다. 우변에서 적분과 합의 순서를 바꾸면 다음 식을 얻는다.

$$\int_0^{T_0} x(t)e^{-jn\omega_0 t}\,dt = \sum_{k=-\infty}^{\infty} C_k\left[\int_0^{T_0} e^{j(k-n)\omega_0 t}\,dt\right] \tag{4.19}$$

오일러 관계식을 이용하면, 우변의 일반항을 다음과 같이 표현할 수 있다.

$$C_k\int_0^{T_0} e^{j(k-n)\omega_0 t}\,dt = C_k\int_0^{T_0} \cos(k-n)\omega_0 t\,dt + jC_k\int_0^{T_0} \sin(k-n)\omega_0 t\,dt \tag{4.20}$$

이 식의 우변의 두 번째 항은 0이다. 왜냐하면 사인 함수를 주기의 정수배 구간에서 적분하면 0이기 때문이다. 우변의 첫 번째 항도 $k = n$일 때만 제외하고 역시 0이다. $k = n$일 때,

$$C_k\int_0^{T_0} \cos(k-n)\omega_0 t\,dt\Big|_{k=n} = C_n\int_0^{T_0} dt = C_n T_0 \tag{4.21}$$

이다. 그러므로 식 (4.19)의 우변은 $C_n T_0$이고 식 (4.19)를 다음과 같이 쓸 수 있다.

$$\int_0^{T_0} x(t)e^{-jn\omega_0 t}\,dt = C_n T_0$$

이 식을 C_n에 대하여 풀면

$$C_n = \frac{1}{T_0}\int_0^{T_0} x(t)e^{-jn\omega_0 t}\,dt \tag{4.22}$$

를 얻는다. 이 식이 구하고자 하는 $x(t)$와 푸리에 계수 C_n 사이의 관계식이다. 이 식이 4.1절에서 정의된 평균-제곱 오차를 최소로 함을 보일 수도 있다[2].

푸리에 계수를 구하는 식이 간단한 이유는 식 (4.19)에서 다음 식이 성립하기 때문이다.

$$C_k\int_0^{T_0} e^{jk\omega_0 t}e^{-jn\omega_0 t}\,dt = 0, \quad k \neq n$$

이 두 개의 복소-지수함수가 구간 $(0,\ T_0)$에서 *직교*(orthogonal)한다고 말한다. 일반적으로 두 함수 $f(t)$와 $g(t)$가 다음 식을 만족하면 구간 (a, b)에서 직교한다.

$$\int_a^b f(t)g(t)\,dt = 0$$

복소 지수함수 이외에도 또 다른 직교함수들이 존재하고 식 (4.11)과 식 (4.22)에서 사용되는 방법과 비슷한 방법으로 이런 직교함수들을 사용하여 어떤 일반적인 함수를 급수로 표현할 수 있다[2]. 이러한 일반적인 주제에 대해서는 여기에서 더 이상 다루지는 않는다.

식 (4.22)가 바로 찾고자 했던 결과이고 이 식을 이용하여 푸리에 급수의 계수를 주기 신호 $x(t)$의 함수로써 계산할 수 있다. 푸리에 급수의 두 개의 삼각함수 형태에 대한 계수는 표 4.2에 주어져 있다. 식 (4.22)에서 피적분함수가 기본 주기 T_0를 갖는 주기함수이므로, 이 적분의 적분 구간을 t_1이 임의의 값일 때, t_1부터 $t_1 + T_0$까지로 일반화시킬 수 있다. 적분의 아래끝 부분에 T_0를 쓰고 위끝은 비워둠으로써 이러한 사실을 나타낸다.

$$C_k = \frac{1}{T_0}\int_{T_0} x(t)e^{-jk\omega_0 t}\,dt \tag{4.23}$$

이제 계수 C_0을 살펴보자. 식 (4.23)으로부터

$$C_0 = \frac{1}{T_0}\int_{T_0} x(t)\,dt$$

이다. 그러므로 C_0는 신호 $x(t)$의 평균값이다. 이 평균값은 또한 회로 분석에서 가져온 용어로써 직류값이라고 하기도 한다. 어떤 파형은 이 직류값을 계산하지 않고 바로 알 수도 있다.

푸리에 급수의 지수 형태와 결합된 삼각함수 형태가 아마 가장 많이 사용되는 형태일 것이다. 지수 형태의 계수가 가장 계산이 편한 반면에, 결합된 삼각함수 형태에서는 고조파들의 크기를 바로 얻어낼 수 있다. 여기에서는 식 (4.23)으로부터 C_k를 계산하고, 만일 고조파들의 크기가 필요하면, 직류값인 C_0를 제외하고 이 값을 $2|C_k|$로 계산하여 얻는다.

이번 절에서는 주기함수에 대한 푸리에 급수를 정의하고 푸리에 계수를 계산하는 식을 유도하였다. 표 4.2에는 푸리에 급수의 세 가지 형태를 요약하였다. 푸리에 계수를 계산하는 예는 다음 절에 나온다.

4.3 푸리에 급수와 주파수 스펙트럼

이 절에서는 푸리에 급수에 대한 세 개의 예제를 보여준다. 이 예제들을 통해 주기 신호의 *주파수 스펙트럼*(frequency spectra)이라는 중요한 개념으로 나아간다. 그런 다음 자주 사용하는 몇몇 신호들에 대한 푸리에 급수를 표로 요약할 것이다.

예제 4.2 사각파의 푸리에 급수

그림 4.4와 같은 사각파를 생각해보자. 이 신호는 물리적 시스템에서 자주 나타난다. 예를 들어, 사인파를 생성하는 중간 단계로서 수많은 전자 오실레이터에서 이 신호를 볼 수 있다..

이제 이 사각파의 푸리에 계수를 계산해보자. $x(t)$는 다음 식과 같기 때문에

$$x(t) = \begin{cases} V, & 0 < t < T_0/2 \\ -V, & T_0/2 < t < T_0 \end{cases}$$

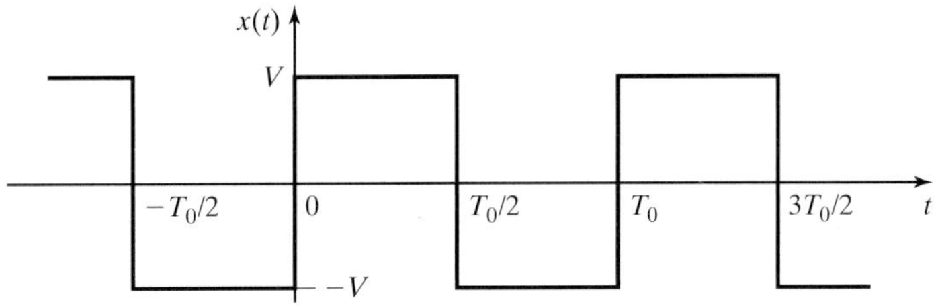

그림 4.4 크기가 V인 정사각파

식 (4.23)으로부터 C_k를 계산하면 다음과 같다.

$$\begin{aligned} C_k &= \frac{1}{T_0}\int_{T_0} x(t)e^{-jk\omega_0 t}\,dt \\ &= \frac{V}{T_0}\int_0^{T_0/2} e^{-jk\omega_0 t}\,dt - \frac{V}{T_0}\int_{T_0/2}^{T_0} e^{-jk\omega_0 t}\,dt \\ &= \frac{V}{T_0(-jk\omega_0)}\left[e^{-jk\omega_0 t}\Big|_0^{T_0/2} - e^{-jk\omega_0 t}\Big|_{T_0/2}^{T_0}\right] \end{aligned}$$

적분 구간의 양끝에서 값을 계산할 때 다음 식이 도움이 된다.

$$\omega_0 t\Big|_{t=T_0/2} = \frac{2\pi}{T_0}\frac{T_0}{2} = \pi;\ \omega_0 T_0 = 2\pi$$

그러므로

$$\begin{aligned} C_k &= \frac{jV}{2\pi k}(e^{-jk\pi} - e^{-j0} - e^{-jk2\pi} + e^{-jk\pi}) \\ &= \begin{cases} -\dfrac{2jV}{k\pi} = \dfrac{2V}{k\pi}\angle -90^\circ, & k\text{는 홀수} \\ 0, & k\text{는 짝수} \end{cases} \end{aligned} \tag{4.24}$$

이고 $C_0 = 0$이다. C_0의 값은 계산하지 않고도 알 수 있는데, 사각파의 평균이 0이기 때문이다. 또한 식 (4.24)로부터 부록 B의 로피탈 정리를 이용하면 C_0를 계산할 수도 있다.

그러면 사각파의 푸리에 급수의 지수 형태는 다음과 같다.

$$x(t) = \sum_{\substack{k=-\infty \\ k\,\text{odd}}}^{\infty} \frac{2V}{k\pi}e^{-j\pi/2}e^{jk\omega_0 t} \tag{4.25}$$

결합된 삼각함수 형태는 식 (4.13)으로부터 다음 식과 같다.

$$x(t) = \sum_{\substack{k=1 \\ k\,\text{odd}}}^{\infty} \frac{4V}{k\pi}\cos(k\omega_0 t - 90^\circ) \tag{4.26}$$

그러므로 1차 고조파의 크기는 $4V/\pi$이고, 3차 고조파의 크기는 $4V/3\pi$고, 5차 고조파의 크기는 $4V/5\pi$ 등등이다. C_1의 계산 결과는 다음 MATLAB 프로그램으로 확인할 수 있다.

```
syms C1 ker t
w0=2*pi; k=1;
ker=exp (-j*k*w0*t);
C1=int (ker, 0, 0.5) +int (-ker, 0.5, 1)
double (C1)
```

식 (4.26)은 $\cos(a - 90°) = \sin a$이기 때문에 다음과 같이 쉽게 삼각함수 형태로 바꿀 수 있다.

$$x(t) = \sum_{\substack{k=1 \\ k\,\text{odd}}}^{\infty} \frac{4V}{k\pi} \sin k\omega_0 t$$

■

주파수 스펙트럼

사각파에서, 고조파들의 크기는 k가 고조파의 번호일 때, $1/k$의 비율로 줄어든다. 주파수 신호의 고조파 성분들을 그래프 형태로 나타내기 위해 신호의 주파수 스펙트럼을 그린다. 일반적으로 주파수 스펙트럼은 어떤 방식으로 주기 신호의 고조파 항들의 크기($2|C_k|$)와 위상($\arg C_k$)를 보여주는 그래프다. 그림 4.5는 예제 4.2의 사각파에 대해 주파수 대비 $2C_k = 2|C_k|e^{j\theta_k}$의 크기 그래프(*크기 스펙트럼*)와 위상 그래프(*위상 스펙트럼*)를 보여주는 주파수 스펙트럼이다. 크기와 위상을 수직인 직선들로 나타내었기 때문에 이 그래프를 *선 스펙트럼*(line spectra)이라고 한다.

주기 신호의 주파수 성분을 보여주는 두 번째 방법은 푸리에 계수 C_k의 그래프다. 이 그래프는 $|C_k|$와 θ_k를 양의 주파수와 음의 주파수 모두에서 주파수 대비 선 스펙트럼으로 보여준다. 그림 4.6은 예제 4.2의 사각파에 대한 선 스펙트럼이다. 그림 4.5와 그림 4.6의 그래프가 다르긴 하지만, 보여주는 정보는 동일하다. 양의 주파수와 음의 주파수에서 고조파를 모두 보여준다면, 이 그래프들은 복소 지수의 계수 C_k를 그려야만 한다. 그런데 만일 양의 주파수에 대해서만 고조파를 나타낸다면, 이 그래프는 사인파의 계수 $2C_k$에 대한 그래프다.

주파수 스펙트럼의 유용성은 그림 4.5의 사각파 스펙트럼으로부터 뚜렷하게 볼 수 있다. 예제 4.2에서 몇몇 전자 오실레이터가 사인파를 생성해내는 중간 단계로서 사각파를 발생시킨다는 것을 언급하였다. 이제 예를 통해 이러한 경우를 살펴보자.

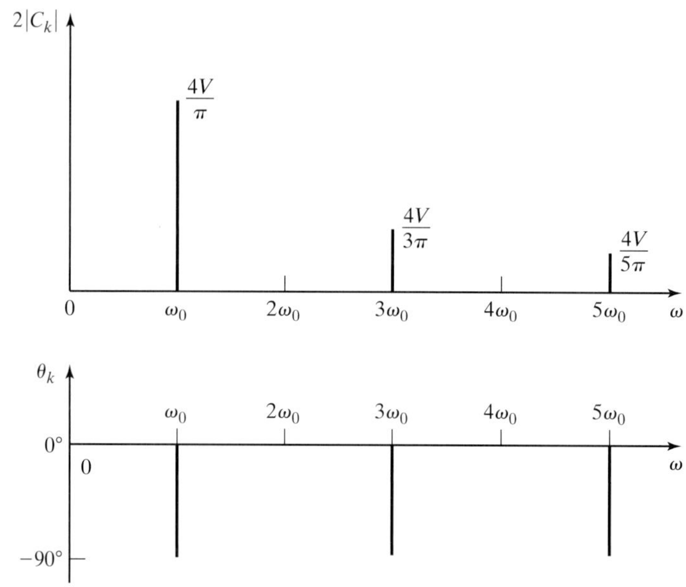

그림 4.5 정사각파의 주파수 스펙트럼

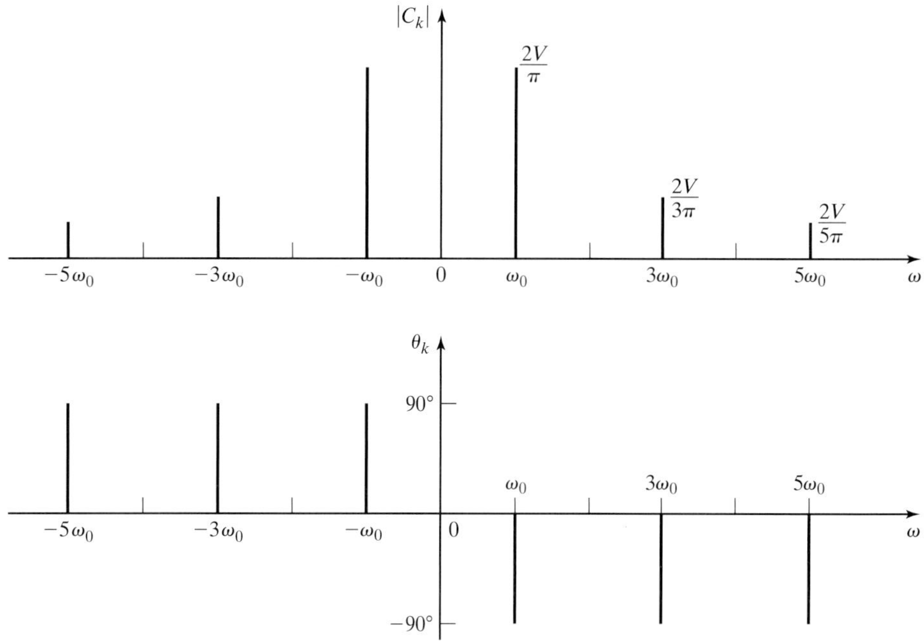

그림 4.6 정사각파의 주파수 스펙트럼

예제 4.3 전자 오실레이터에 대한 필터링

그림 4.5로부터 주파수 ω_0 성분의 사인파가 사각파에 존재한다는 것을 알 수 있다. 그러므로 오실레이터에서 주파수 ω_0 성분의 사인파를 생성하기 위해서는 $3\omega_0$, $5\omega_0$, $7\omega_0$ 성분 등을 제거해야(걸러내야) 한다.

전자 오실레이터를 그림 4.7과 같은 시스템으로 나타낼 수 있다. 필터에 대한 입력 신호는 사각파이고 출력 신호는 동일한 주파수의 사인파다. 그림 4.7의 오실레이터를 설계하는 엔지니어는 (1) 사각파 생성기와 (2) 필터, 이 두 개를 설계해야 한다. 필터 설계는 6장에서 소개한다. 그림 4.7의 시스템은 많은 오실레이터에서 사용되는데 사각파가 생성하기 쉽고 높은 영역의 주파수 성분을 걸러내는 것이 어렵지 않기 때문이다. 높은 영역의 주파수를 걸러내는 데 필요한 이러한 종류의 필터를 4.5절에서 수학적으로 분석할 것이다. ■

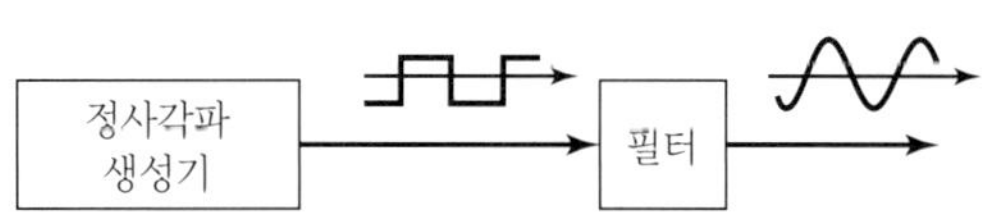

그림 4.7 전자 오실레이터

주파수 스펙트럼을 보여주는 두 번째 물리적 시스템에 대해 살펴보자.

예제 4.4 진자 시계에서 필터링

진자 시계를 살펴보자. 그림 4.8(a)에 진자를 나타내었는데, 진자에 대해 1.2절에서 논의한 적이 있다. 물리학을 동원하면 단진자의 움직임 $\theta(t)$은 그림 4.8(b)에 나와 있는 것과 같이 사인파로 근사된다. 4.8(a)에 나타낸 것과 같이 진자가 가장 높이 올라오는 시점마다 시계의 주태엽(mainspring)은 주기적인 펄스 형태의 힘을 가한다. 이 힘을 그림 4.8(c)의 신호 $f(t)$로 근사시킬 수 있다. 이 힘은 주기 신호이므로 푸리에 급수가 존

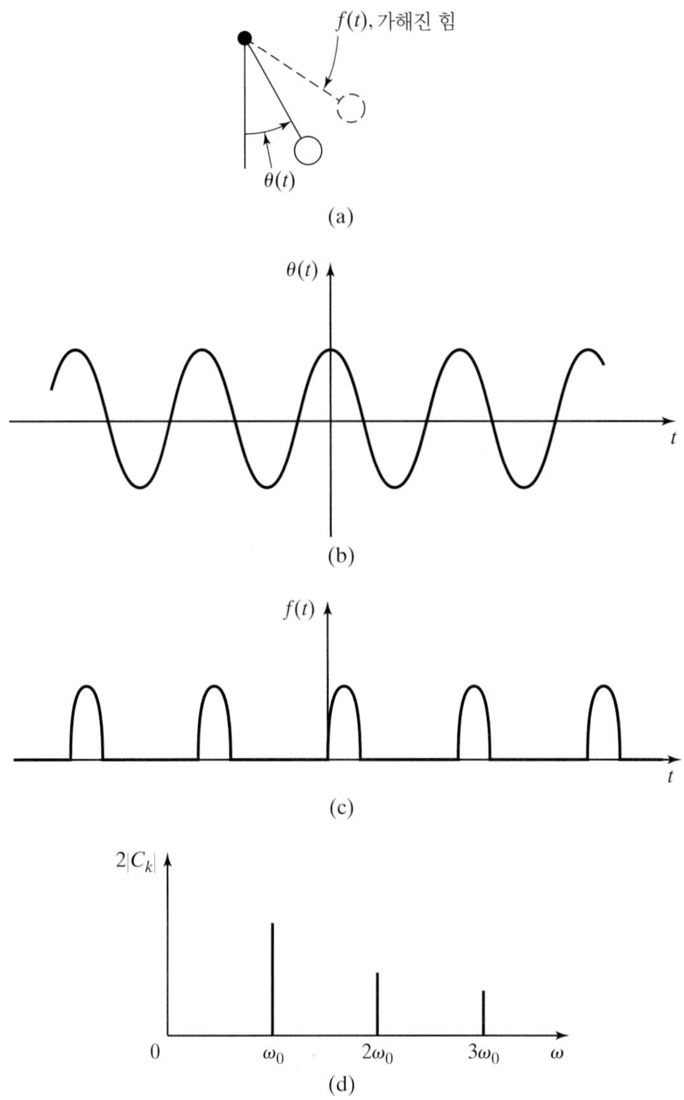

그림 4.8 진자 시계의 동작

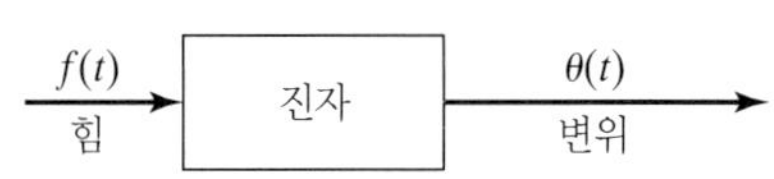

그림 4.9 시스템으로 본 진자

재하고, 그림 4.8(d)는 이 신호의 스펙트럼을 나타낸다.

이제 진자를 그림 4.9에 나와 있듯이 입력이 $f(t)$이고 출력이 $\theta(t)$인 하나의 시스템으로 생각하자. 이 시스템이 주파수가 ω_0인 사인파를 만들어내기 위해, 인가되는 신호의 주파수보다 더 높은 주파수의 고조파는 걸러낸다는 점은 명확하다. 예제 4.3의 전자 오실레이터에서는 더 높은 주파수 성분을 걸러내기 위해 필터를 사용하였다. 이 진자 시계에서는 진자 자체가 더 높은 주파수를 걸러내는 기계식 필터다. ■

진자에 대해 논의할 때, 시계의 동작을 이해하는 데에 모델을 유도하거나 시스템에 어떤 숫자들을 부여하지 않고 주파수 스펙트럼 개념만을 이용하였음에 유의하자. 공학 분야에서 개념의 중요성을 알 수 있는 예다. 물론 설계를 하기 위해서는 수학적인 모델이 있어야 하고 모델의 파라미터에 대한 값들도 있어야만 한다.

그림 4.8(c)와 같은 형태의 주기 신호가 입력되는 시스템을 분석할 때, 각 펄스의 면적이 각 임펄스 함수의 가중치가 되도록 하여 이 펄스들을 임펄스 함수들로 근사시킬 수 있다. 푸리에 계수를 계산하는 두 번째 예로써, 임펄스 함수열(train)을 생각해보자.

예제 4.5 임펄스열(impulse train)에 대한 푸리에 급수

그림 4.10에 보이는 임펄스열에 대한 푸리에 급수를 계산해보자. 식 (4.23)으로부터

$$C_k = \frac{1}{T_0}\int_{T_0} x(t)e^{-jk\omega_0 t}dt$$

$$= \frac{1}{T_0}\int_{-T_0/2}^{T_0/2}\delta(t)e^{-jk\omega_0 t}\,dt = \frac{1}{T_0}e^{-jk\omega_0 t}\bigg|_{t=0} = \frac{1}{T_0}$$

이다. 이 결과는 $f(t)$가 $t = t_0$에서 연속일 때, 다음과 같은 임펄스 함수의 성질에 바탕을 둔 것이다.

[식 (2.41)] $$\int_{-\infty}^{\infty} f(t)\delta(t-t_0)dt = f(t_0)$$

푸리에 급수의 지수 형태는 다음과 같다.

$$x(t) = \sum_{k=-\infty}^{\infty}\frac{1}{T_0}e^{jk\omega_0 t} \tag{4.27}$$

이 함수에 대한 선 스펙트럼을 그림 4.11에 나타내었다. 푸리에 계수들이 실수이기 때문에 위상 그래프는 나타내지 않았다. 식 (4.13)으로부터 임펄스열에 대한 결합된 삼각함수 형태는 다음과 같다.

$$x(t) = \frac{1}{T_0} + \sum_{k=1}^{\infty}\frac{2}{T_0}\cos k\omega_0 t$$ ■

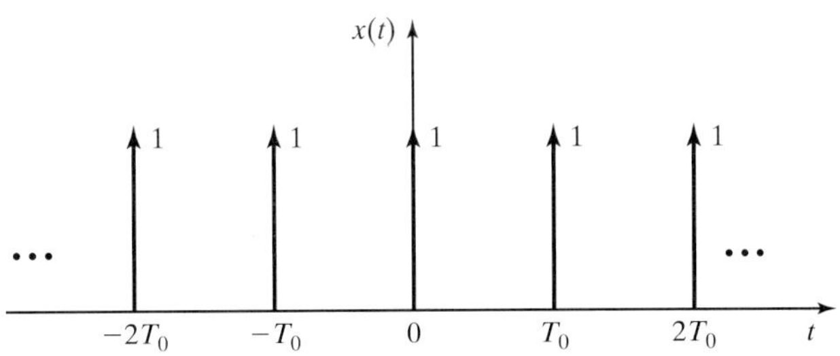

그림 4.10 임펄스열

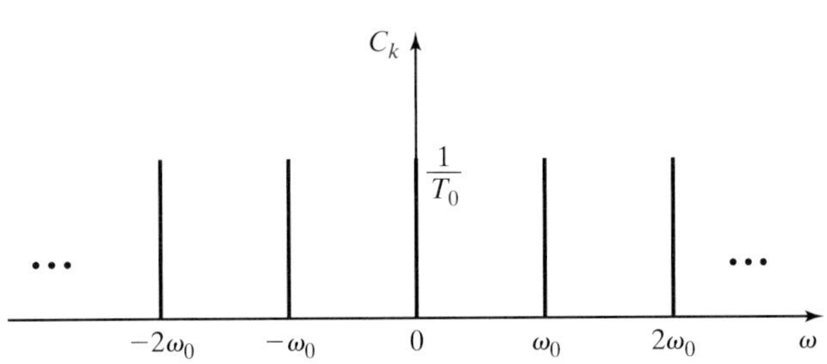

그림 4.11 임펄스열의 주파수 스펙트럼

이 결합된 삼각함수 형태는 또한 삼각함수 형태임에 주의한다.

사각파의 주파수 스펙트럼(그림 4.6)을 임펄스 함수열의 주파수 스펙트럼(그림 4.11)과 비교해보면, 임펄스 함수의 한 가지 중요한 성질을 볼 수 있다. 사각파에 대해 고조파들의 크기는 k가 고조파의 번호일 때 $1/k$ 비율로 줄어든다. 그러므로 더 높은 주파수의 고조파들은 대부분의 경우에 무시할 수 있고 흔히 유한 개의 고조파를 더하기만 하여도 사각파를 표현하는 데에 충분할 것이라고 짐작할 수 있다. 그런데 이러한 짐작은 임펄스열에는 적용되지 않는다. 왜냐하면 고조파들의 크기가 모든 고조파의 주파수에서 일정한 상수로 동일하므로 임펄스열에 대해서는 모든 고조파들을 고려해야만 하기 때문이다. 이 점에 대해서는 다음 절에서 좀 더 살펴본다.

공학 응용에서 중요한 일곱 가지의 주기 신호에 대한 푸리에 계수를 표 4.3에 정리하였다. 계수 C_0는 신호의 평균 또는 직류 성분이기 때문에, 이 값은 주기 신호가 어떤 한 특정한 형태이더라도 달라질 수 있다. 예를 들어, 톱니 신호에 상수값을 추가하더라도 그 결과는 여전히 톱니 신호다. 단지 평균값 C_0만 변한다. 이 점에 대해서는 4.6절에서 더 자세하게 다룰 것이다.

표 4.3에서 삼각파의 첫 세 개의 계수를 확인할 수 있는 MATLAB 프로그램은 아래와 같다.

```
syms Ck ker t
for k=1 : 3
   w0=2*pi;
   ker=exp (-j*k*w0*t);
   Ck=int (2*t*ker, 0, 0.5) + int (2* (1 - t) * ker, 0.5, 1);
   simplify (Ck)
end
```

이 프로그램은 또한 일반적인 변수 k로 작성할 수 있는데, 결과는 반드시 단순화시켜야 한다. 표 4.3의 나머지 신호의 계수들도 이 프로그램을 적당하게 수정하여 얻어낼 수 있다.

이 절에서 마지막 예로써, 중요한 경우인 사각 펄스열에 대해 살펴보자.

예제 4.6 사각 펄스열의 주파수 스펙트럼

이 예제에서, 그림 4.12의 사각 펄스열에 대한 주파수 스펙트럼을 그릴 것이다. 사각 펄스열 파형은 공학에서 매우 흔히 볼 수 있다. 디지털 컴퓨터에서 클럭 신호는 이러한 형태의 사각 펄스열이다. 또한 통신 분야에서 변조(modulation)의 한 방법은 전송될 정보에 따라 사각 펄스열의 각 펄스들의 진폭을 바꾼다. 펄스-진폭 변조라고 부르는 이 변조 방법은 1.3절과 6.6절에서 설명하고 있다.

표 4.3으로부터 이 신호의 푸리에 급수는 다음과 같다.

$$x(t) = \sum_{k=-\infty}^{\infty} \frac{TX_0}{T_0} \operatorname{sinc} \frac{Tk\omega_0}{2} e^{jk\omega_0 t} \tag{4.28}$$

여기서 T는 사각 펄스의 폭이고 sinc 함수 x는 다음과 같이 정의되는 함수다.

$$\operatorname{sinc} x = \frac{\sin x}{x} \tag{4.29}$$

푸리에 급수의 결합된 삼각함수 형태의 계수는 다음과 같다.

$$2|C_k| = \frac{2TX_0}{T_0}\left|\operatorname{sinc}\frac{Tk\omega_0}{2}\right|, \quad \theta_k = \begin{cases} 0, & \operatorname{sinc} Tk\omega_0/2 > 0 \\ 180^\circ, & \operatorname{sinc} Tk\omega_0/2 < 0 \end{cases}$$

$k\omega_0$를 ω로 바꿈으로써 다음과 같은 크기 특성 그래프의 *포락선*(envelope)을 얻는다.

표 4.3 자주 쓰는 신호의 푸리에 급수

이름	파형	C_0	$C_k, k \neq 0$	비고
1. 정사각파	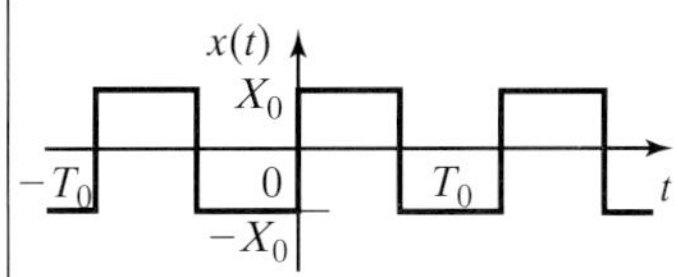	0	$-j\dfrac{2X_0}{\pi k}$	$C_k = 0$, k는 짝수
2. 톱니파	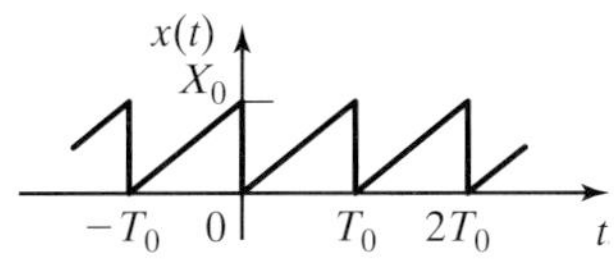	$\dfrac{X_0}{2}$	$j\dfrac{X_0}{2\pi k}$	
3. 삼각파	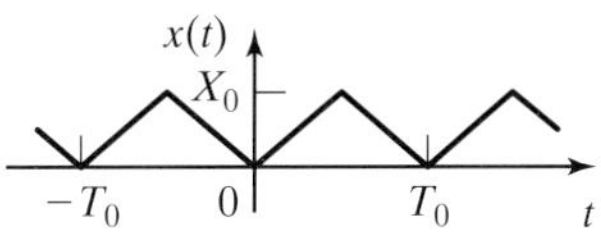	$\dfrac{X_0}{2}$	$\dfrac{-2X_0}{(\pi k)^2}$	$C_k = 0$, k는 짝수
4. 전파 정류	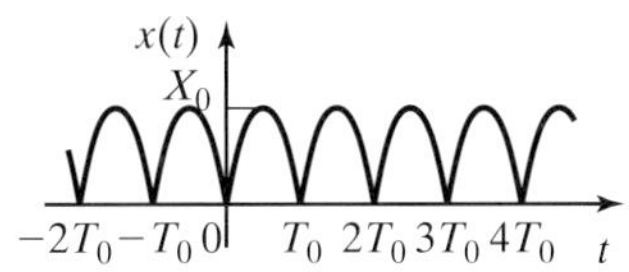	$\dfrac{2X_0}{\pi}$	$\dfrac{-2X_0}{\pi(4k^2-1)}$	
5. 반파 정류	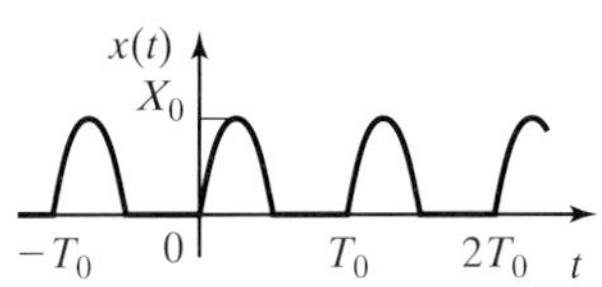	$\dfrac{X_0}{\pi}$	$\dfrac{-X_0}{\pi(k^2-1)}$	$C_k = 0$, k는 홀수, 단 다음을 제외하고 $C_1 = -j\dfrac{X_0}{4}$ 그리고 $C_{-1} = j\dfrac{X_0}{4}$
6. 사각파	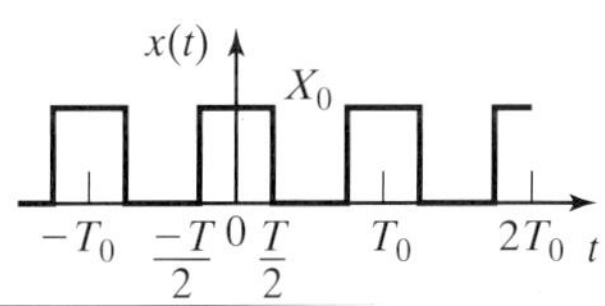	$\dfrac{TX_0}{T_0}$	$\dfrac{TX_0}{T_0}\,\text{sinc}\,\dfrac{Tk\omega_0}{2}$	$\dfrac{Tk\omega_0}{2} = \dfrac{\pi Tk}{T_0}$
7. 임펄스열	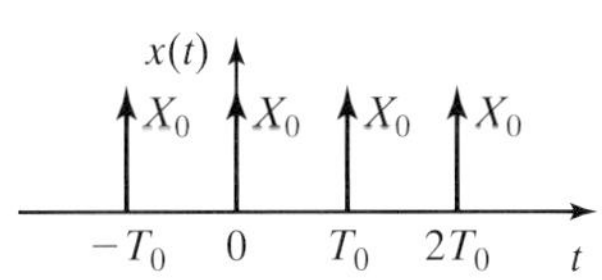	$\dfrac{X_0}{T_0}$	$\dfrac{X_0}{T_0}$	

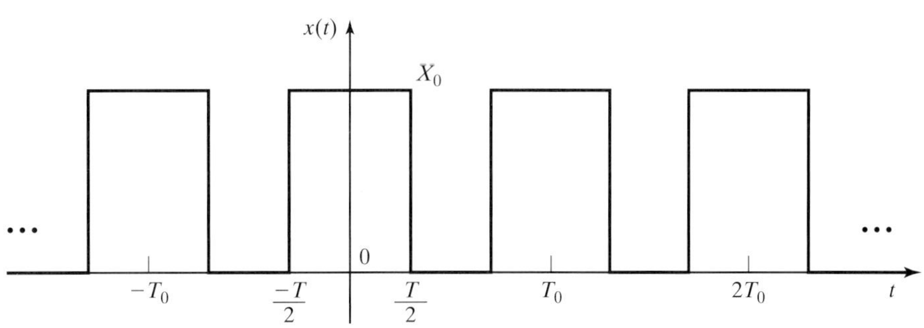

그림 4.12 사각 펄스열

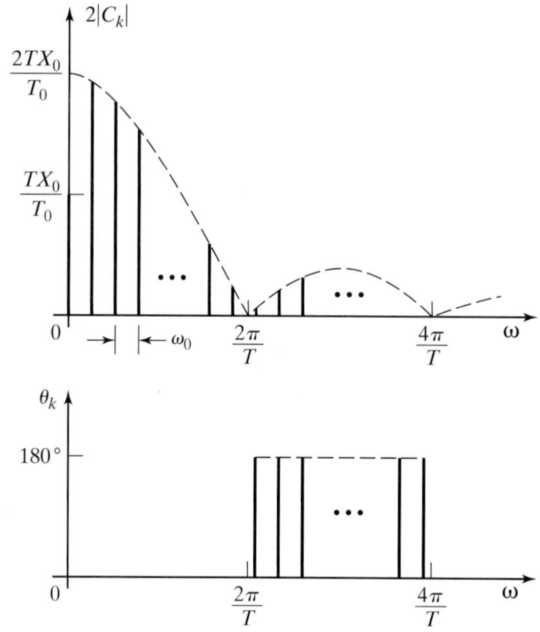

그림 4.13 사각 펄스열의 주파수 스펙트럼

$$\text{포락선} = \frac{2TX_0}{T_0}\left|\text{sinc}\,\frac{T\omega}{2}\right|$$

로피탈 정리에 의해 $\lim_{x\to 0} \text{sinc}\, x = 1$임에 유의한다. 포락선이 처음으로 0이 되는 점은

$$\sin T\omega/2 = \sin \pi$$

즉 $\omega = 2\pi/T$다. 이 ω값이 반드시 고조파의 주파수일 필요는 없다. 이 펄스열의 주파수 스펙트럼을 그림 4.13에 나타내었다. ■

함수 sinc x는 신호 및 시스템 분석에서 자주 등장한다. 이 함수에 대해서 좀 더 살펴보자. 다음과 같은 sinc x 함수의 정의

$$\text{sinc}\, x = \frac{\sin x}{x} \tag{4.30}$$

는 표준적인 것은 아니지만, 수학자들이 일반적으로 이 정의를 사용한다. [공학에서는 sinc x = sin $(\pi x)/\pi x$로도 정의하여 사용한다. MATLAB은 바로 이 정의를 사용한다.] 위에서 언급하였듯이, sinc x 함수는 $x = 0$에서 값이 1이다. $x \neq 0$에 대해서는 sinc x는 sin x가 0인 지점, 즉 $x = \pm\pi, \pm 2\pi, \ldots$ 에서 0이 된다. sinc x의 크기와 각 특성을 그림 4.14에 나타내었다.

예제 4.7 MATLAB에서 sinc 함수

MATLAB에서 sinc (x) 함수는 $\sin(\pi x)/\pi x$를 계산한다. 그러므로 MATLAB에서 식 (4.30)에서 정의된 것과 같은 sinc 함수를 적용하기 위해서는 sinc(x/π) 명령어를 사용해야 원하는 $\sin(x)/x$의 값을 얻을 수 있다. ■

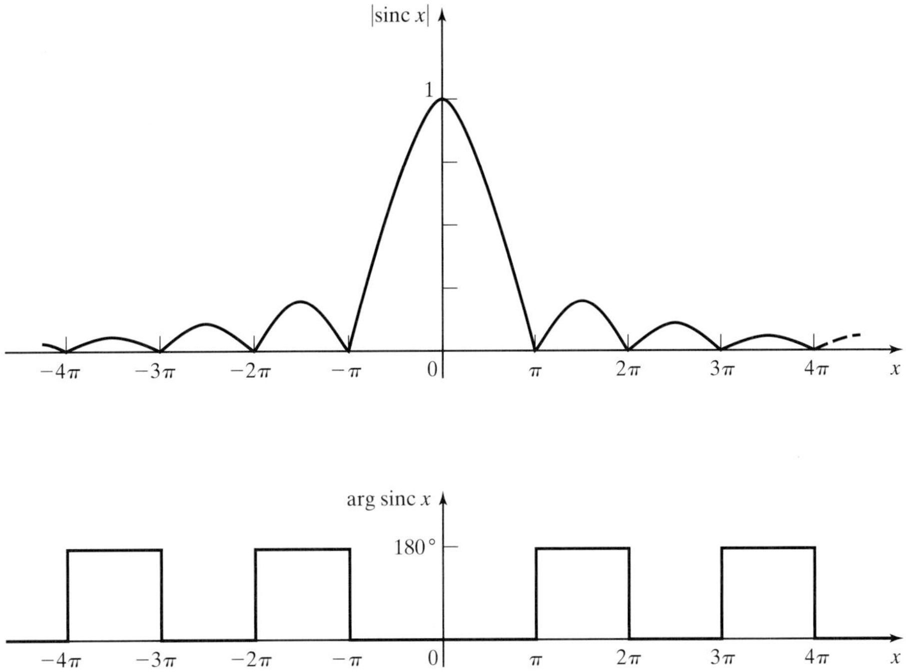

그림 4.14 sinc x의 그래프

그림 4.14에서 C_k의 각은 sinc x의 값이 양수일 때 0이고 sinc x의 값이 음수일 때 180°(또는 −180°)이다. 표 4.4는 $|x| < 5\pi$인 구간에서, 각 반사이클 안에서 크기 특성의 최댓값을 보여준다. x가 크면, sin x의 최대 크기가 1이므로, sinc x의 최대 크기는 약 $1/x$이다. 예를 들어, $x = 25$ 근방에서 sinc x의 최대 크기는 약 $1/25 = 0.04$다. $1/x$의 값들도 또한 표 4.4에 함께 나타내었다.

이 절에서는, 신호 및 시스템 공학의 가장 기초적인 개념 중 하나인 주파수 스펙트럼을 소개하였다. 신호 및 시스템 분야에서 많은 분석 및 설계 과정이 바로 이 개념에 기반을 두고 있다. 이 장의 나머지에서 이 개념을 좀 더 확장시키고 5장에서는 비주기 신호로 이 개념을 확장할 것이다.

표 4.4 sinc x의 피크값

x	$\lvert$sinc x$\rvert$	$1/x$
0.0	1.0	–
4.493	0.2172	0.2226
7.725	0.1284	0.1294
10.90	0.0913	0.0917
14.07	0.0709	0.0711

4.4 푸리에 급수의 성질

이 절에서는 푸리에 급수의 몇 가지 성질들에 대해 언급한다. 먼저 푸리에 급수의 성질들에 대해 논의하고 예를 통해 이 성질들을 확인해보도록 한다.

디리클레(Dirichlet) 조건을 만족하는 임의의 주기 신호 $x(t)$는 푸리에 급수로 전개 가능하다. 디리클레 조건은 다음과 같다[2].

1. $x(t)$는 한 주기 안에서 기껏해야 유한한 개수의 불연속점만 갖는다.

2. $x(t)$는 한 주기 안에서 기껏해야 유한한 개수의 최대점과 최소점을 갖는다.

3. $x(t)$는 유계다.

세 번째 조건은 특이 함수들을 포함하도록 확장되었고 다음과 같이 말하기도 한다[3].

3a. $\int_{T_0} |x(t)|\,dt < \infty$

물리 시스템에 나타나는 모든 시간 함수는 이 조건들을 만족한다.

이제 푸리에 급수의 몇 가지 성질들을 제시하려고 한다. 이 성질들을 증명하는 데에 관심이 있는 독자들은 참고문헌 2, 4, 5를 참조하길 바란다. 디리클레 조건 1, 2, 3을 만족하는 $x(t)$에 대해 다음 명제들은 모두 참이다.

1. 푸리에 급수는 $x(t)$가 좌미분계수와 우미분계수를 갖는 모든 연속점에서 $x(t)$의 값으로 수렴한다. 좌미분계수의 값과 우미분계수의 값이 다르더라도 상관없다. $t = t_a$에서 $x(t)$의 우미분계수는 t가 오른쪽으로부터 t_a로 다가갈 때의 미분으로 정의되고 좌미분계수는 t가 왼쪽으로부터 t_a로 다가갈 때의 미분으로 정의된다.

2. $x(t)$가 어떤 한 점에서 불연속일 때, 푸리에 급수는 $x(t)$의 우극한과 좌극한의 평균값으로 수렴한다. 즉, 모든 점 t_a에서

$$\sum_{k=-\infty}^{\infty} C_k e^{jk\omega_0 t_a} = \frac{x(t_a^-) + x(t_a^+)}{2} \tag{4.31}$$

이다. 여기서 $x(t_a^-)$는 t가 왼쪽으로부터 t_a로 다가갈 때 $x(t)$의 극한값이고 $x(t_a^+)$은 t가 오른쪽으로부터 t_a로 다가갈 때 $x(t)$의 극한값이다. 식 (4.31)은 또한 t_a가 연속인 지점에서도 만족한다. $x(t)$가 계단 함수처럼 점프를 포함하고 있으면, 이것은 푸리에 급수가 이 변화량의 가운데 값으로 수렴한다는 것을 의미한다.

3. 주기가 T_0인 거의 모든 *연속 함수* $x(t)$는 미리 지정된 정확도를 가지고 푸리에 급수의 부분합으로 균등하게(uniformly) 근사시킬 수 있다. 여기서 푸리에 급수의 부분합은 다음 식과 같다.

$$x_N(t) = \sum_{k=-N}^{N} C_k e^{jk\omega_0 t} = C_0 + \sum_{k=1}^{N} 2|C_k|\cos(k\omega_0 t + \theta_k) \tag{4.32}$$

이 성질은 공학 실무에서 만날 수 있는 거의 모든 연속 주기함수에 대해 적용된다. 식 (4.32)의 급수의 부분합에 의한 근사화 오차를 다음과 같이 정의한다.

$$e(t) = x(t) - x_N(t) \tag{4.33}$$

이 성질은 오차의 크기인 $|e(t)|$를 N값을 충분히 크게 함으로써 0이 아닌 어떤 값으로 한정 지을 수 있다는 것을 의미한다.

4. 계수가 식 (4.23)으로 주어질 때, 식 (4.33)의 근사화 오차를 좀 더 살펴보자. 식 (4.23)

의 계수는 다음과 같이 정의되는 평균-제곱 오차를 최소화시킨다.

$$\text{평균-제곱 오차} = \frac{1}{T_0}\int_{T_0} e^2(t)\,dt \tag{4.34}$$

즉, 식 (4.32)의 고조파 급수에서 어떤 다른 계수를 선택하더라도 식 (4.34)의 평균-제곱 오차를 더 작게 만들지 않는다. 이 성질은 4.2절에서 논의한 적이 있다.

5. $\omega_0 t$를 인자로 갖는 삼각함수들은 주기함수고 이들 함수의 합은 그 자체로 푸리에 급수다.

6. $x(t)$의 k차 고조파의 푸리에 계수는 k가 충분히 크면 그 크기가 최소 $1/k$만큼 빠르게 줄어든다. 만일 $x(t)$가 한 주기 안에 하나 이상의 불연속점을 가지고 있으면, 이 계수들은 이것보다 더 빠르게 줄어들지 않는다. $x(t)$의 n차 미분이 불연속을 갖는 첫 번째 미분이고, n차 미분까지의 모든 미분들이 디리클레 조건을 만족한다면, 푸리에 계수는 충분히 큰 k에 대해 $1/k^{n+1}$의 비율로 0으로 다가간다.

7. 주기함수의 합은 주기 신호이고 이 합의 푸리에 급수는 각 함수들의 푸리에 급수의 합과 같다. 물론 주기함수들의 합은 주기함수여야 한다. 그렇지 않으면 이 합에 대한 푸리에 급수는 없다.

표 4.3의 삼각파는 첫 번째 성질을 아주 잘 보여준다. 각 사이클마다 두 개의 점에서 (예를 들어 $t = 0$과 $t = T_0/2$에서) 좌미분계수와 우미분계수가 같지 않음에도 불구하고, 삼각파의 푸리에 급수는 모든 t의 값에서 $x(t)$로 수렴한다.

예제 4.2와 표 4.3의 사각파는 두 번째 성질을 잘 보여준다. 예제 4.2에서 푸리에 급수는 다음과 같이 계산된다.

$$x(t) = \sum_{\substack{k=1\\k\text{ odd}}}^{\infty} \frac{4V}{k\pi}\cos(k\omega_0 t - 90^\circ) = \sum_{\substack{k=1\\k\text{ odd}}}^{\infty} \frac{4V}{k\pi}\sin k\omega_0 t \tag{4.35}$$

n이 임의의 정수일 때 $t = nT_0/2$에서, 모든 k에 대해 $\sin k\omega_0 t = \sin kn\pi = 0$이다. 그러므로 $t = nT_0/2$에서 푸리에 급수는 0과 같고 이것은 이 점들에서의 불연속 값들의 평균이다.

세 번째 성질은 중요한데, 왜냐하면 대부분의 모든 연속 주기함수를 임의의 정확도로 푸리에 급수의 부분합으로 근사시킬 수 있다는 것을 말해주고 있기 때문이다.

그림 4.15는 식 (4.35)의 사각파에 대한 근사화의 오차를 보여준다. 그림은 사각파가 양의 값을 갖는 반주기의 시각피의 (a) 1차 고조파, (b) 1차와 3차 고조파의 합, 그리고 (c) 1차부터 9차 고조파까지의 합을 보여준다. 좀 더 높은 고조파를 더함으로써 오차가 줄어드는 것이 명확하게 보인다.

그림 4.15는 또한 *깁스 현상*(Gibbs phenomenon)을 보여준다. 급수에서 사용하는 항수가 커질수록 파형에서 물결이 점점 좁아지지만, 각 불연속점 근방에서의 물결의 크기는 0으로 다가가지 않고 대신 불연속 높이의 약 9퍼센트 정도로 다가간다[2].

다음 함수를 예로써 다섯 번째 성질을 보이고자 한다.

$$x(t) = \cos 2t + 3\cos 4t$$

이 함수는 주기 함수이고 따라서 푸리에 급수가 존재한다. 성질 5는 고조파 사인파의 합인 이 함수가 그 자체로 푸리에 급수라는 점을 말하고 있다. 식 (4.23)을 이용하여 $x(t)$에 대한 푸리에 계수

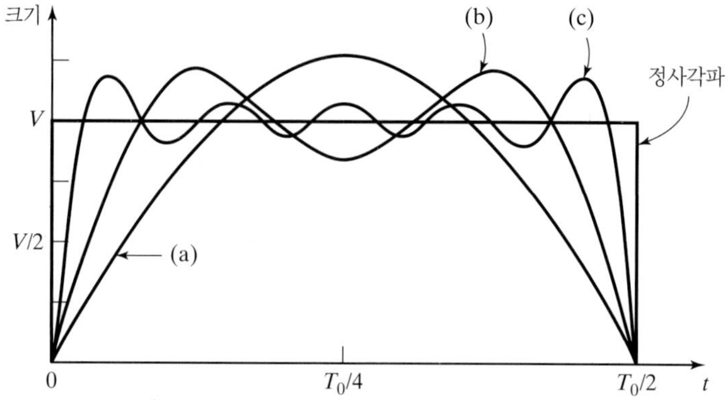

그림 4.15 반사이클의 정사각파에 대한 부분합

를 계산하면 $C_1 = C_{-1} = 0.5$, $C_2 = C_{-2} = 1.5$, 그리고 나머지 모든 k에 대해서는 $C_k = 0$임을 알게 된다(연습문제 4.1 참조).

표 4.3의 사각파와 푸리에 계수가 다음과 같은 예제 4.2는 여섯 번째 성질을 잘 보여준다.

$$C_k = \begin{cases} \dfrac{2V}{j\pi k}, & k\text{는 홀수} \\ 0, & k\text{는 짝수} \end{cases}$$

사각파는 불연속점을 가지고 있고, 고조파는 k가 무한대로 다가갈수록 $1/k$만큼 0으로 다가간다.

그러나 예제 4.5와 표 4.3의 임펄스 함수열에 대한 푸리에 계수는 여섯 번째 성질을 만족하지 않는다. 이 함수열에 대한 계수는 예제 4.5에서 계산한 적이 있는데 모든 k에 대해 $C_k = 1/T_0$이고 k가 무한대로 커지더라도 0으로 다가가지 않는다. 이것은 놀라운 사실이 아닌데 왜냐하면 임펄스 함수가 유계가 아니기 때문이다. 그러므로 디리클레 조건 3을 어기게 되고 이러한 주기함수에는 여섯 번째 성질이 적용되지 않는다.

이 절에서는 푸리에 급수의 일곱 가지 성질들을 증명 없이 제시하였다. 이 성질들은 신호 및 시스템의 분석 및 설계 과정에서 푸리에 급수를 응용할 때 유용하다.

4.5 시스템 분석

이 절에서는 입력이 주기 신호일 때, 안정한 LTI 시스템의 정상-상태 응답을 분석해본다. 입력 신호의 푸리에 급수 전개식에서 사인파 성분은 모든 시간에서 주기적이고, 초기 입력이 시간 $t \to -\infty$에서 가해졌다고 가정한다. 그러므로 과도 응답은 정상-상태에 도달하였다고 가정한다. 그리고 시스템이 안정하기 때문에 자연 응답은 무시할 수 있고 오직 정상-상태 응답만 남게 된다.

시스템이 선형이므로 중첩의 원리를 이용할 수 있다. 주기 입력 신호를 복소 지수함수들의 합으로 표현할 수 있기 때문에 시스템 응답은 이러한 복소 지수함수들에 대한 정상-상태 응답들의 합으로 표현할 수 있다. 또한 주기 입력 신호를 사인 함수들의 합으로도 표현할 수 있고, 이때의 시스템 응답은 여러 사인파에 대한 정상-상태 응답의 합이다. 어느 경우이든, 주파수에 따라 시스템의 사인파 응답이 어떻게 변하는지를 고려해야만 한다는 것을 알게 될 것이다. 이 변화를 시스템

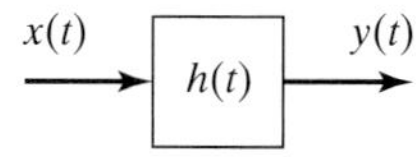

그림 4.16 LTI 시스템

주파수 응답(system frequency response)이라 한다. 이번 절에서 소개하는 분석 방법은 시간의 함수로서 정상-상태 응답의 그래프를 보여주지는 않는다. 그 대신에 주파수 함수로서 출력 신호의 주파수 스펙트럼을 얻을 수 있게 해준다.

그림 4.16의 LTI 시스템을 생각해보자. 다음과 같은 표준적인 시스템 기호를 사용한다.

$$x(t) \rightarrow y(t) \tag{4.36}$$

3.7절의 표 3.1은 전달함수가 $H(s)$인 LTI 시스템에 복소-지수 입력이나 사인파 입력을 인가하는 경우 정상-상태의 입력-출력 함수를 보여준다. 이 함수들을 표 4.5에 다시 나타내었다.

표 4.5로부터 복소-지수 입력인 경우 입력-출력 함수는 다음과 같다.

$$Xe^{s_1 t} \rightarrow XH(s_1)e^{s_1 t} \tag{4.37}$$

여기서 s_1과 X는 복소수다. 입력 신호 $x(t)$가 주기 신호인 경우, $x(t)$를 지수 형태의 푸리에 급수로 표현할 수 있다. 식 (4.37)로부터 $s_1 = jk\omega_0$이면 식 (4.36)의 시스템 표현은 다음과 같이 된다.

$$x(t) = \sum_{k=-\infty}^{\infty} C_{kx} e^{jk\omega_0 t} \rightarrow y_{ss}(t) = \sum_{k=-\infty}^{\infty} H(jk\omega_0) C_{kx} e^{jk\omega_0 t} \tag{4.38}$$

여기서 $y_{ss}(t)$는 정상-상태 출력 신호다. 일반적으로 C_{kx}와 $H(jk\omega_0)$ 모두 복소수다. 그렇기 때문에 주기적인 출력 신호는 다음과 같이 푸리에 급수로 표현될 수 있다.

$$y_{ss}(t) = \sum_{k=-\infty}^{\infty} C_{ky} e^{jk\omega_0 t}, \quad C_{ky} = H(jk\omega_0) C_{kx} \tag{4.39}$$

이 식은 출력 신호 $y(t)$의 푸리에 계수를 입력 신호 $x(t)$의 푸리에 계수와 시스템 전달함수 $H(j\omega)$의 함수로 나타내고 있다. $H(j\omega)$는 또한 시스템 주파수 응답이라고 한다.

식 (4.13)으로부터 입력 신호에 대한 푸리에 급수의 결합된 삼각함수 형태는 다음과 같다.

$$x(t) = C_{0x} + \sum_{k=1}^{\infty} 2|C_{kx}|\cos(k\omega_0 t + \theta_{kx}) \tag{4.40}$$

표 4.5로부터 LTI 시스템의 정상-상태 사인파 응답은 다음과 같이 표현된다.

$$|X|\cos(\omega_1 t + \phi) \rightarrow |X||H(j\omega_1)|\cos[\omega_1 t + \phi + \angle H(j\omega_1)] \tag{4.41}$$

표 4.5 LTI 시스템의 입력-출력 함수들

$H(s) = \int_{-\infty}^{\infty} h(t)e^{-st}dt$
$Xe^{s_1 t} \rightarrow XH(s_1)e^{s_1 t}; \quad X = \|X\|e^{j\phi}$
$\|X\|\cos(\omega_1 t + \phi) \rightarrow \|X\|\|H(j\omega_1)\|\cos[\omega_1 t + \phi + \angle H(j\omega_1)]$

그러므로 중첩에 의해, 주기적인 입력 신호 식 (4.40)에 대한 정상-상태 시스템 출력은 다음과 같다.

$$y_{ss}(t) = C_{0y} + \sum_{k=1}^{\infty} 2|C_{ky}|\cos(k\omega_0 t + \theta_{ky}) \tag{4.42}$$

여기서, 식 (4.40)과 식 (4.41)로부터

$$C_{ky} = |C_{ky}|\angle\theta_{ky} = H(jk\omega_0)C_{kx} \tag{4.43}$$

이다. 이 식은 식 (4.39)와 동일한데, 두 식으로부터 모두 C_{ky}를 얻을 수 있기 때문이다. 이러한 관계식을 보여주는 예를 하나 살펴보자.

예제 4.8 사각파 입력에 대한 LTI 시스템 응답

그림 4.16의 LTI 시스템에 대해 임펄스 응답과 전달함수가 다음과 같다고 가정하자.

$$h(t) = e^{-t}u(t) \Leftrightarrow H(s) = \frac{1}{s+1}$$

예를 들어, 그림 4.17의 회로가 $x(t) = v_i(t)$이고 $y(t) = v_o(t)$일 때, 이러한 전달함수를 갖는다는 것을 보일 수 있다. 입력 신호 $x(t)$가 그림 4.18의 사각파라고 가정하자. 여기서 t의 단위는 초다. 기본 주기가 $T_0 = 2\pi$이므로 기본 주파수는 $\omega_0 = 2\pi/T_0 = 1$ rad/s이고 $k\omega_0 = k$다. 표 4.3으로부터 $x(t)$의 푸리에 급수는 다음과 같다.

$$x(t) = C_{0x} + \sum_{\substack{k=-\infty \\ k\neq 0}}^{\infty} C_{kx}e^{jk\omega_0 t} = 2 + \sum_{\substack{k=-\infty \\ k \text{ odd}}}^{\infty} \frac{4}{\pi k}e^{-j\pi/2}e^{jkt}$$

이제,

$$H(jk\omega_0)|_{\omega_0=1} = \frac{1}{1+jk} = \frac{1}{\sqrt{1+k^2}}\angle\tan^{-1}(-k)$$

이고, 홀수인 k에 대해, 식 (4.39)로부터

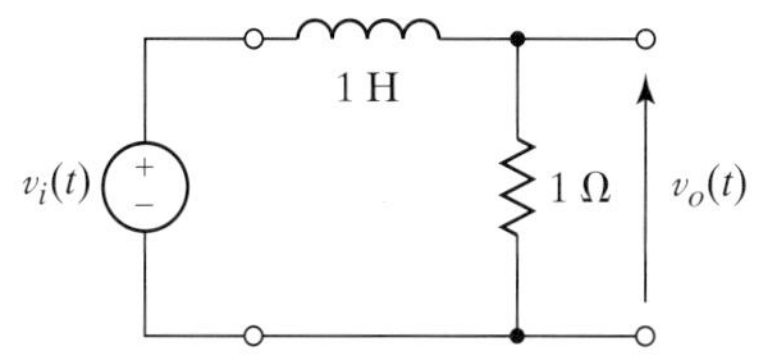

그림 4.17 RL 회로

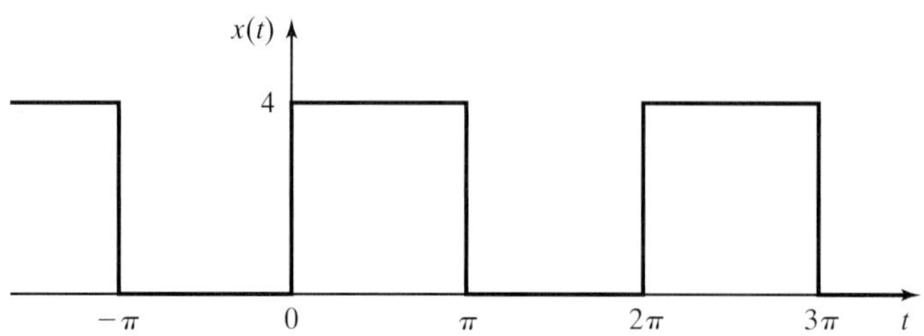

그림 4.18 예제 4.8의 입력 신호

표 4.6 예제 4.8의 푸리에 계수

k	$\mathbf{H}(jk\omega_0)$	$\mathbf{C_{kx}}$	$\mathbf{C_{ky}}$	$\lvert\mathbf{C_{kx}}\rvert$	$\lvert\mathbf{C_{ky}}\rvert$
0	1	2	2	2	2
1	$\frac{1}{\sqrt{2}}\angle -45°$	$\frac{4}{\pi}\angle -90°$	$\frac{4}{\pi\sqrt{2}}\angle -135°$	1.273	0.900
3	$\frac{1}{\sqrt{10}}\angle -71.6°$	$\frac{4}{3\pi}\angle -90°$	$\frac{4}{3\pi\sqrt{10}}\angle -161.6°$	0.424	0.134
5	$\frac{1}{\sqrt{26}}\angle -78.7°$	$\frac{4}{5\pi}\angle -90°$	$\frac{4}{5\pi\sqrt{26}}\angle -168.7°$	0.255	0.050

$$C_{ky} = H(jk\omega_0)C_{kx} = \frac{1}{\sqrt{1+k^2}}\left[\frac{4}{\pi k}\right]\angle -\pi/2 - \tan^{-1}(k)$$

이고,

$$C_{0y} = H(j0)C_{0x} = (1)(2) = 2$$

이다.

표 4.6은 출력 $y(t)$의 0이 아닌 첫 네 개의 푸리에 계수를 보여준다. 출력 신호에 대한 푸리에 계수는 k가 커질 때, 크기가 $1/k^2$만큼씩 줄어든다. 왜냐하면 이 경우에 $|C_{kx}|$와 $|H(jk\omega_0)|$가 모두 $1/k$만큼씩 감소하기 때문이다. 그러므로 이 시스템은 낮은 고조파에 비해 높은 고조파를 더 많이 감쇄시킨다. 이러한 특성을 갖는 시스템을 저주파-통과 시스템(low-pass system)이라 한다.

표 4.6에 나오는 복잡한 계산은 다음 MATLAB 프로그램으로 계산하였다.

```
n = [0 1];
d = [1 1];
w = 1:2:5;
h = freqs (n, d, w);
ckx = 4 ./ (pi*w) .* exp(-j*pi/2);
cky = h .* ckx;
ckymag = abs(cky);
ckyphase = angle(cky)*180/pi;
results: ckymag = 0.9003 0.1342 0.0499
ckyphase = -135.0000 -161.5651 -168.6901
```

수학 연산자 다음에 나오는 마침표 기호는 이 연산을 두 개의 배열에 대해 원소별로 적용함을 나타낸다. 이 기호의 양옆은 띄어쓰기로 둘러싸야 한다. ■

예제 4.8에서의 시스템 전달함수는 $H(s) = 1/(s+1)$이고 저주파 통과 시스템이다. 고조파 주파수 $k\omega_0 = k$에서 전달함수의 크기는, 예제 4.8로부터

$$H(jk\omega_0)\big|_{\omega_0=1} = \frac{1}{\sqrt{1+k^2}}\angle\tan^{-1}(-k) \tag{4.44}$$

이다. 이 식의 그래프를 나타낸 그림 4.19는 시스템 주파수 응답을 도표로 보여준다. 이 그림은 다음 MATLAB 프로그램으로 확인할 수 있다.

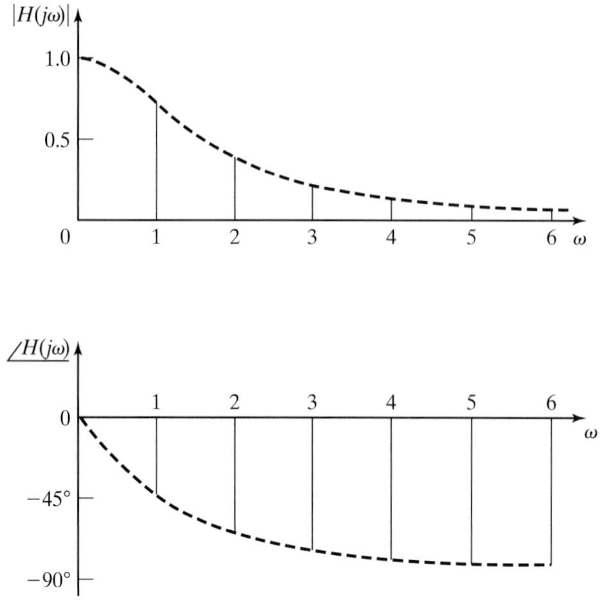

그림 4.19 예제 4.8의 주파수 응답

```
n = [0 1];
d = [1 1];
w = 0:0.25:5;
h = freqs(n, d, w);
hmag = abs(h);
hphase = angle(h)*180/pi;
plot(w, hmag)
plot(w, hphase)
[w', hmag', hphase']
```

가장 마지막 명령문이 주파수와 주파수 응답의 크기, 그리고 위상에 대한 표를 만든다.

시스템의 저주파 통과 성격은 그림 4.19로부터 확실히 드러난다. 왜냐하면 $|H(jk\omega_0)|$ (주파수 $k\omega_0$에서의 시스템 이득이라고 한다)가 $k\omega_0$가 무한대로 다가갈수록 0으로 다가가기 때문이다. 그림 4.19에서 볼 수 있는 것처럼 주기 입력에 대해서는 오직 떨어져 있는 점들(주파수들)만이 의미를 갖는다. 그러나 5장과 6장에서 보게 되듯이 비주기 입력에 대해서는 모든 주파수에서 주파수 응답이 의미를 갖는다. 표 4.7은 MATLAB 프로그램에 의해 계산된 예제 4.8의 시스템에 대한 주파수 응답을 보여준다.

예제 4.9 예제 4.8에 대한 응답 그래프

이 예제에서는 예제 4.8의 시스템의 시간 응답을 그리고자 한다. 예제 4.8과 표 4.6으로부터, 사각파 입력에 대한 5차 고조파까지의 응답 $y(t)$는 다음과 같이 구해진다. 이 함수의 그래프를 다음 MATLAB 프로그램으로 그린다.

$$y(t) = 2 + 1.800\cos(t - 135°) + 0.268\cos(3t - 161.6°) + 0.100\cos(5t - 168.7°)$$

(MATLAB은 코사인 함수의 인자가 라디안으로 주어지도록 요구한다). 이 결과를 그림 4.20에 나타내었다.

표 4.7 예제 4.8의 주파수 응답

ω	$\lvert \mathbf{H}(j\omega) \rvert$	$\angle \mathbf{H}(j\omega)$
0	1.0000	0
0.2500	0.9701	−14.0362
0.5000	0.8944	−26.5651
0.7500	0.8000	−36.8699
1.0000	0.7071	−45.0000
1.2500	0.6247	−51.3402
1.5000	0.5547	−56.3099
1.7500	0.4961	−60.2551
2.0000	0.4472	−63.4349
2.2500	0.4061	−66.0375
2.5000	0.3714	−68.1986
2.7500	0.3417	−70.0169
3.0000	0.3162	−71.5651
3.2500	0.2941	−72.8973
3.5000	0.2747	−74.0546
3.7500	0.2577	−75.0686
4.0000	0.2425	−75.9638
4.2500	0.2290	−76.7595
4.5000	0.2169	−77.4712
4.7500	0.2060	−78.1113
5.0000	0.1961	−78.6901

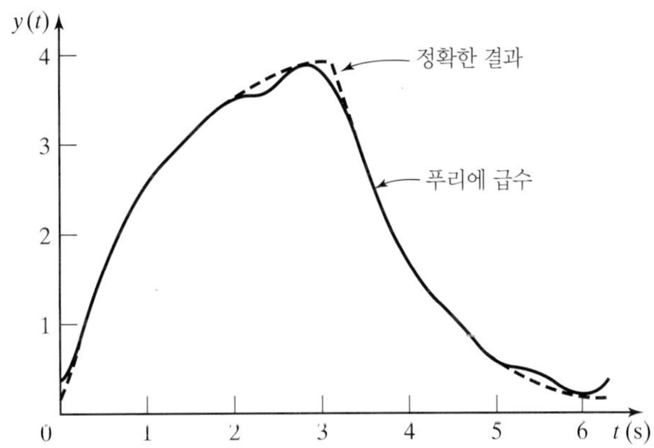

그림 4.20 예제 4.8의 시스템의 정상-상태 응답

```
t = 0:.1:7;
y = 2 + 1.8*cos(t - 2.356) + .268*cos(3*t - 2.82) ...
                           + .1*cos(5*t - 2.944);
plot(t, y)
```

점선으로 표시된 곡선에 대해서는 나중에 설명한다. 이 함수의 형태를 푸리에 급수로부터 바로 알아보기는 어렵다는 점에 주목한다.

예제 4.8과 예제 4.9에서의 분석으로부터 시스템의 근사적인 정상-상태 응답을 얻는다. 시스템의 시상수 τ (2.3절 참조)는 다음 식으로부터 결정된다.

$$h(t) = e^{-t}u(t) = e^{-t/\tau}u(t) \tag{4.45}$$

그러므로 $\tau = 1$ s이고 시스템은 약 $4\tau = 4$ s 정도에 정상-상태에 근사적으로 도달한다. 그림 4.18과 같은 사각파의 주기가 2π초이기 때문에, 이 시스템은 사각파가 인가된 후 한 주기보다 더 짧은 시간에 근사적으로 정상-상태에 도달한다. ■

이제 예제 4.8의 시스템에 대한 근사적이 아닌 정확한 응답을 생각해보자. 시스템의 특성방정식은 전달함수의 분모이고, 이 식을 0으로 놓으면

$$s + 1 = 0 \Rightarrow s = -1$$

이다. 그러므로 식 (3.61)로부터 시스템의 자연 응답은 다음과 같다.

$$y_c(t) = Ce^{st}\Big|_{s=-1} = Ce^{-t} \tag{4.46}$$

그림 4.18의 사각파가 인가되면, 반주기 동안의 입력 신호는 상수이거나(상수 4) 0이다. 그러므로 3.5절로부터 임의의 반주기 동안의 전체 응답은 다음 형태를 갖는다.

$$y(t) = y_c(t) + y_p(t) = Ce^{-t} + P \tag{4.47}$$

여기서 $y(t)$의 초깃값은 앞 반주기가 끝나는 시점에서의 $y(t)$의 값이고 P는 4 또는 0이다. 그러면 이 응답의 형태는 그림 4.21에 보이는 것과 같다. 여기서 $Y_{\max}$는 정상-상태의 최댓값이고 $Y_{\min}$은 정상-상태의 최솟값이다. 사각파가 $t = 0$에서 인가되었다고 가정하므로 이 응답에는 과도 응답이 포함되어 있다. 이 시스템을 시뮬레이션한 다음, 정상-상태에 대한 시뮬레이션 결과와 푸리에 급수에 의해 얻어낸 예제 4.8에서의 정상-상태 출력을 그림 4.20에 함께 나타내었다. 그림 4.20으로부터 이 예제에 대한 푸리에 급수에 포함되어 있는 더 높은 고조파들을 무시한 효과를 볼 수 있다.

예제 4.9와 관련하여 세 가지 사실을 지적하고자 한다.

1. 푸리에 급수 접근 방법으로 출력 신호를 구성하는 사인파의 크기와 위상(주파수 스펙트럼)을 얻을 수 있다. 그러나 예제에서 본 것처럼, 시간에 따른 출력 신호의 변화는 이러한 접근 방법으로는 명확하게 확인할 수 없다.
2. 심지어 이렇게 간단한 시스템에 대해서도 수치 적분(시스템 시뮬레이션)이 시스템의 응답을 시간의 함수로 구하는 가장 간단한 방법이다. 더군다나 복잡한 시스템에 대해서는 시스템의 시간 응답을 구하는 데에 거의 항상 시뮬레이션을 사용할 것이다.

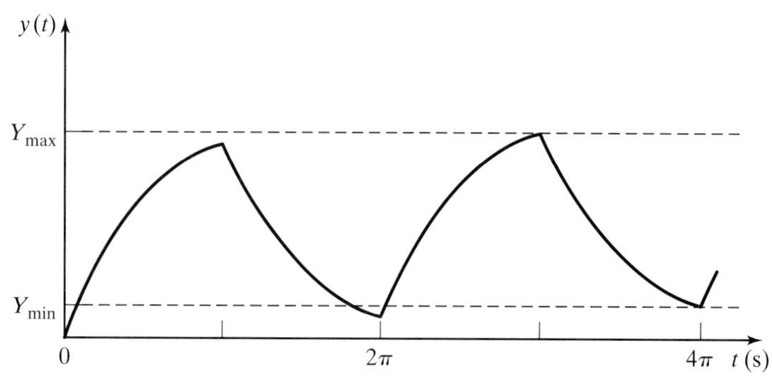

그림 4.21 예제 4.8의 시스템의 전체 응답

3. 어떤 물리적 신호에 대해, 이 신호의 스펙트럼을 구하는 데에 스펙트럼 분석기(spectrum analyzer)를 사용할 수 있다. 스펙트럼 분석기는 신호의 스펙트럼을 얻기 위해 고안된 전자 장비다.

이 절에서는 입력이 주기신호일 때, LTI 시스템의 정상-상태 응답을 분석하는 과정을 소개하였다. 이 과정으로 시간 응답의 그래프를 얻지는 못하지만, 대신 출력의 주파수 스펙트럼을 계산할 수 있다.

이 분석 과정을 통해 LTI 시스템의 주파수 응답으로 나아가는데, 이것은 LTI 시스템 분석 및 설계의 가장 중요한 개념 중 하나다. 주파수-응답 개념은 5장과 6장에서 비주기 신호로 확장된다.

4.6 푸리에 급수의 변환

표 4.3은 일곱 개의 일반적인 신호에 대한 푸리에 계수를 보여준다. 여기에서는 이 표의 유용성을 확장해주는 두 개의 과정을 소개한다. 이 과정을 전개할 때 다음과 같은 식 (4.38)의 기호를 사용할 것이다.

$$x(t) = \sum_{k=-\infty}^{\infty} C_{kx} e^{jk\omega_0 t}$$

진폭 변환

앞에서 언급한 것처럼 주기함수의 진폭에서 상수 오프셋은 오직 푸리에 급수의 계수 C_0에만 영향을 준다. 예를 들어, 표 4.3의 삼각파에 대한 푸리에 급수는 다음과 같다.

$$x(t) = \frac{X_0}{2} + \sum_{\substack{k=-\infty \\ k \text{ odd}}}^{\infty} \frac{-2X_0}{(\pi k)^2} e^{jk\omega_0 t} \tag{4.48}$$

이 삼각파를 $X_0/2$만큼 아래쪽으로 평행 이동시킨 결과를 그림 4.22에 나타내었다. 이 신호를 $y(t)$라고 하면 $y(t)$의 푸리에 급수는 다음과 같다.

$$y(t) = x(t) - \frac{X_0}{2} = \sum_{\substack{k=-\infty \\ k \text{ odd}}}^{\infty} \frac{-2X_0}{(\pi k)^2} e^{jk\omega_0 t} \tag{4.49}$$

이 신호의 평균값은 0이다. 이것은 그림 4.22를 보면 확인할 수 있다.

표 4.3에서의 신호의 진폭이 어떤 상수 크기만큼 오프셋되면, 오프셋된 신호의 푸리에 계수는 표 4.3에 주어진 계수들과 같고 C_0만 오프셋 값만큼 조정된다.

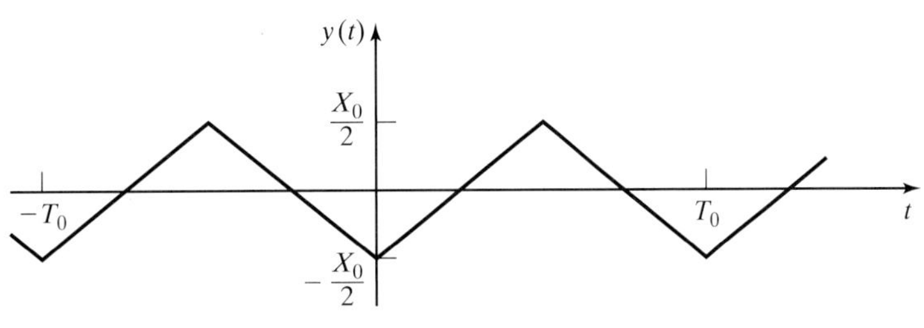

그림 4.22 삼각파

2.1절로부터 신호 $x(t)$의 일반적인 진폭 변환은 식 (2.8)로부터 다음과 같다.

$$y(t) = Ax(t) + B \tag{4.50}$$

여기서 A와 B는 상수고 $y(t)$는 변환된 신호다. 앞에서 지적하였듯이 푸리에 급수에서 B는 평균값 C_0에만 영향을 준다. 상수 A는 모든 계수에 영향을 준다. 왜냐하면 $x(t)$에 대한 푸리에 급수를 식 (4.50)에 대입하면 다음과 같기 때문이다.

$$\begin{aligned} y(t) &= C_{0y} + \sum_{\substack{k=-\infty \\ k\neq 0}}^{\infty} C_{ky}e^{jk\omega_0 t} \\ &= A\left[C_{0x} + \sum_{\substack{k=-\infty \\ k\neq 0}}^{\infty} C_{kx}e^{jk\omega_0 t}\right] + B = (AC_{0x} + B) + \sum_{\substack{k=-\infty \\ k\neq 0}}^{\infty} AC_{kx}e^{jk\omega_0 t} \end{aligned} \tag{4.51}$$

여기서 C_{kx}는 $x(t)$의 푸리에 계수를 가리키고 C_{ky}는 $y(t)$의 푸리에 계수를 가리킨다. 그렇기 때문에

$$C_{0y} = AC_{0x} + B$$

그리고

$$C_{ky} = AC_{kx}, \quad k \neq 0 \tag{4.52}$$

이고 식 (4.50)의 진폭 변환의 영향은 식 (4.52)로 주어진다. 진폭 변환을 보여주는 예를 하나 살펴보자.

예제 4.10 푸리에 급수의 진폭 변환

그림 4.23(a)의 톱니 신호를 생각해보자. 표 4.3으로부터 푸리에 급수는 다음과 같다.

$$x(t) = \frac{X_0}{2} + \sum_{\substack{k=-\infty \\ k\neq 0}}^{\infty} \frac{X_0}{2\pi k}e^{j\pi/2}e^{jk\omega_0 t}$$

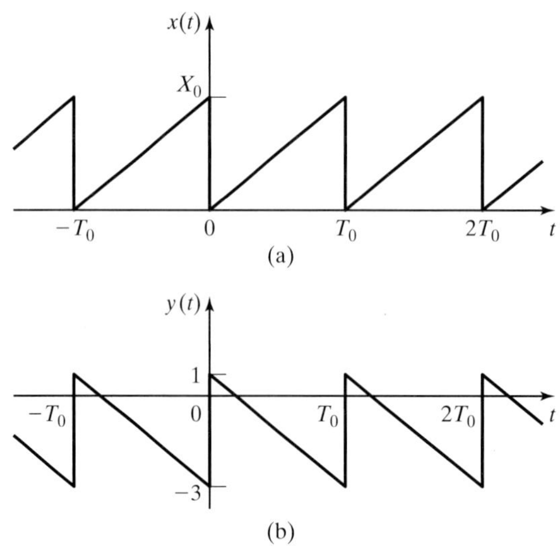

그림 4.23 톱니파

그림 4.23(b)의 톱니 신호 $y(t)$에 대한 푸리에 급수를 구하고 싶다고 하자. 먼저, $x(t)$의 전체 진폭의 변동폭은(최댓값 빼기 최솟값) X_0인 데 반해 $y(t)$의 변동폭은 4임에 주목한다. 또한 $y(t)$를 얻기 위해 $x(t)$를 역전시키고 그 결과인 식 (4.50)에서 $A = -4/X_0$임에 주목한다(X_0로 나누게 되면 진폭의 변동폭을 1로 정규화시키게 된다). 또한 $x(t)$에 $-4/X_0$만큼 곱하고 이 신호를 1만큼 위로 올려야 $y(t)$를 얻어낸다. 그러므로 식 (4.50)에서

$$y(t) = Ax(t) + B = -\frac{4}{X_0}x(t) + 1$$

이다. $x(t)$의 몇 개의 값에 대해 테스트해봄으로써 이 결과를 확인해볼 수 있다. 그러면 식 (4.52)로부터

$$C_{0y} = AC_{0x} + B = \left(-\frac{4}{X_0}\right)\frac{X_0}{2} + 1 = -1$$

이고

$$C_{ky} = AC_{kx} = \left(-\frac{4}{X_0}\right)\frac{X_0}{2\pi k}\, e^{j\pi/2} = \frac{2}{\pi k}\, e^{-j\pi/2}, \quad k \neq 0$$

이다. C_{0y}의 값은 신호의 대칭성에 의해 그래프로부터 바로 체크할 수 있음에 유의한다. ■

시간 변환

다음으로 어떤 시간 변환이 푸리에 계수에 미치는 영향에 대해 살펴본다. 이 절에서는 표 4.3에 나타낸 것처럼 원래 신호의 시간을 나타내는 데에 τ 기호를 사용한다. t는 변환된 신호의 시간을 나타내기 위해 아껴둔다. 그러면 원래 신호는 $x(\tau)$로 표기되고 변환된 신호는 $y(t)$로 표기된다. 식 (2.6)으로부터 일반적인 신호 변환은 다음 식과 같다.

$$\tau = at + b \tag{4.53}$$

여기서 a와 b는 상수다. 그러면

$$y(t) = x(at + b) \tag{4.54}$$

이다. 이 일반적인 변환은 연습문제 4.28에서 다루도록 하고 여기에서는 $a = -1$, $b = 0$인 경우와 $a = 1$, $b = -t_0$인 두 가지 경우만을 생각한다.

$a = -1$, $b = 0$인 경우에, $y(t) = x(-t)$, 즉 시간 역전이다. 그러면

$$\begin{aligned} y(t) &= \sum_{k=-\infty}^{\infty} C_{ky}e^{jk\omega_0 t} = x(-t) \\ &= \sum_{k=-\infty}^{\infty} C_{kx}e^{-jk\omega_0 t} \end{aligned} \tag{4.55}$$

이다. 이 급수를 표준적인 형태로 표현하기 위해 $-k$ 대신 k를 쓰면 다음 식을 얻는다.

$$y(t) = \sum_{k=-\infty}^{\infty} C_{-kx}e^{jk\omega_0 t} = \sum_{k=-\infty}^{\infty} C_{kx}^{*}e^{jk\omega_0 t} \tag{4.56}$$

왜냐하면 $C_{-k} = C_k^*$이기 때문이다. 그러므로 시간 역전은 다음 식과 같이 푸리에 계수의 위상에만 영향을 미친다.

$$C_{ky} = C_{kx}^* \tag{4.57}$$

식 (4.54)에서 $a = 1, b = -t_0$인 경우는 시간 이동 결과가 된다. $t_0 > 0$에 대해서는 시간 지연이고 $t_0 < 0$에 대해서는 시간 앞섬이다. 이제,

$$\begin{aligned} y(t) &= x(t - t_0) = x(\tau)\Big|_{\tau=t-t_0} = \sum_{k=-\infty}^{\infty} C_{kx}e^{jk\omega_0\tau}\Big|_{\tau=t-t_0} \\ &= \sum_{k=-\infty}^{\infty} C_{kx}e^{jk\omega_0(t-t_0)} = \sum_{k=-\infty}^{\infty} (C_{kx}e^{-jk\omega_0 t_0})e^{jk\omega_0 t} \end{aligned} \tag{4.58}$$

이다. 그러므로 시간 지연 t_0가 푸리에 계수에 미치는 영향은 다음과 같다.

$$C_{ky} = C_{kx}e^{-jk\omega_0 t_0} \tag{4.59}$$

시간 이동의 효과는 푸리에 계수의 위상을 바꾸는 것이다. 이 결과는 예상된 것인데 사인파를 시간 이동시키는 것은 위상에만 영향을 주기 때문이다.

진폭 변환과 시간 변환이 푸리에 계수에 미치는 영향을 표 4.8에 정리하였다. 이 표에서 푸리에 계수 C_{kx}는 알고 있고 C_{ky}가 변환된 신호의 푸리에 계수다. 이제 예를 하나 들어보자.

예제 4.11 푸리에 계수에 대한 진폭 및 시간 변환

다시 예제 4.10과 그림 4.23의 톱니파 신호를 생각한다. 그러므로 $x(t)$는 다음과 같다.

$$x(t) = \frac{X_0}{2} + \sum_{\substack{k=-\infty \\ k\neq 0}}^{\infty} \frac{X_0}{2\pi k}e^{j\pi/2}\, e^{jk\omega_0 t}$$

먼저 진폭 변환을 무시하고 그림 4.23(b)에서 $y(t)$를 시간 역전시킨 신호로 생각하면 $y_1(t) = x(-t)$가 된다. 그러므로 표 4.8로부터

$$C_{ky1} = C_{kx}^* = \frac{X_0}{2\pi k}\, e^{-j\pi/2}, \quad k \neq 0$$

이다. $k = 0$인 경우에, $C_{0y1} = C_{0x} = X_0/2$이다. $y_1(t)$의 진폭 스케일링은 다음과 같이 표현한다.

$$y(t) = \frac{4}{X_0}y_1(t) - 3 = Ay_1(t) + B$$

몇 개의 서로 다른 시각에서 이 신호를 테스트함으로써 이 결과를 확인해볼 수 있다. 그러면 표 4.8로부터

$$C_{0y} = AC_{0y1} + B = \left(\frac{4}{X_0}\right)\frac{X_0}{2} - 3 = -1$$

표 4.8 크기 및 시간 변환

크기	$y(t) = Ax(t) + B$
	$C_{0y} = AC_{0x} + B$
	$C_{ky} = AC_{kx}, k \neq 0$
시간	$\tau = -t \Rightarrow C_{ky} = C_{kx}^*$
	$\tau = t - t_0 \Rightarrow C_{ky} = C_{kx}e^{-jk\omega_0 t_0}$

이고

$$C_{ky} = AC_{ky1} = \frac{4}{X_0}\frac{X_0}{2\pi k}e^{-j\pi/2} = \frac{2}{\pi k}e^{-j\pi/2}, \quad k \neq 0$$

이다.

이 결과는 예제 4.10의 결과를 확인시켜주는데, 예제 4.10에서는 이 계수들을 진폭-역전 접근방식만을 사용하여 계산하였다. ■

이 절에서는 표 4.3의 결과를 확장하기 위해, 주기 신호의 진폭 및 시간 변환을 살펴보았다. 이 표의 유용성을 확장하기 위한 두 번째 과정은 4.4절에서 언급했다. 즉, 주기 신호의 합에 대한 푸리에 급수는 각 신호들의 푸리에 급수의 합과 동일하다. 이 푸리에 급수의 합이 주기적일 때 그렇고, 만일 주기적이지 않으면 이 신호에 대한 푸리에 급수는 존재하지 않는다.

결론

이 장에서는 푸리에 급수를 소개하였는데, 이것은 주기 신호를 고조파인 사인파의 무한 합으로 표현하는 식이다. 푸리에 급수는 지수 형태, 결합된 삼각함수 형태, 그리고 삼각함수 형태의 세 가지 형태로 표현된다.

푸리에 급수가 주기 신호와 급수 사이의 평균-제곱 오차를 최소로 한다는 성질을 이용하여 푸리에 급수를 소개하였고, 푸리에 급수의 몇 가지 성질들을 살펴보았다.

공학 실무에서 자주 나타나는 일곱 개의 주기함수에 대한 푸리에 급수를 표 4.3에 제시하였다. 이 표의 유용성을 확장하기 위해 2장에서 논의하였던 독립 변수 변환과 진폭 변환을 적용하였다.

표 4.9 4장의 주요 식들

수식 제목	수식 기호	수식
지수 형태의 푸리에 급수	(4.11)	$x(t) = \sum_{k=-\infty}^{\infty} C_k e^{jk\omega_0 t}; \quad C_k = C_{-k}^*$
결합된 삼각함수 형태의 푸리에 급수	(4.13)	$x(t) = C_0 + \sum_{k=1}^{\infty} 2\lvert C_k\rvert \cos(k\omega_0 t + \theta_k)$
삼각함수 형태의 푸리에 급수	(4.17)	$x(t) = A_0 + \sum_{k=1}^{\infty}[A_k \cos k\omega_0 t + B_k \sin k\omega_0 t]$
서로 다른 형태의 푸리에 계수 관계식	(4.18)	$2C_k = A_k - jB_k;\ C_k = \lvert C_k\rvert e^{j\theta_k};\ C_0 = A_0$
푸리에 계수 공식	(4.23)	$C_k = \frac{1}{T_0}\int_{T_0} x(t)e^{-jk\omega_0 t}\,dt$
sinc 함수	(4.29)	$\text{sinc}\, x = \frac{\sin x}{x}$
푸리에 급수로 표현한 정상-상태 출력	(4.38)	$x(t) = \sum_{k=-\infty}^{\infty} C_{kx}e^{jk\omega_0 t} \rightarrow y_{ss}(t) = \sum_{k=-\infty}^{\infty} H(jk\omega_0)C_{kx}e^{jk\omega_0 t}$
출력 신호의 푸리에 계수	(4.39)	$y_{ss}(t) = \sum_{k=-\infty}^{\infty} C_{ky}e^{jk\omega_0 t}, \quad C_{ky} = H(jk\omega_0)C_{kx}$

주파수 스펙트럼은 푸리에 급수를 도표로 보여준다. 이 스펙트럼은 푸리에 급수의 지수 형태 또는 결합된 삼각함수 형태의 계수를 주파수 대비 그래프로 그림으로써 얻어진다. 결합된 삼각함수 형태의 그래프는 사인파 형태의 고조파 구성 요소들의 크기를 직접적으로 보여준다.

마지막 주제로서, 주기 신호를 입력으로 갖는 선형 시불변 시스템의 분석에 대해 소개하였다. 이 분석의 기초가 되는 것은 시스템의 사인파 정상-상태 응답이다. 이 시스템 응답은 중첩에 의해 각 고조파들의 응답의 합에 해당한다. 이러한 분석 과정을 통해 출력 신호의 주파수 스펙트럼을 얻는다. 그러나 이 과정은 출력 신호의 시간 함수로서의 개형은 잘 보여주지 않는다. 표 4.9를 참조한다.

연습문제

4.2절

4.1 실수인 주기 신호 $x(t)$에 대해, 푸리에 급수의 삼각함수 형태는 다음과 같다.

$$x(t) = A_0 + \sum_{k=1}^{\infty}[A_k \cos k\omega_o t + B_k \sin k\omega_o t]$$

지수 형태의 푸리에 계수인 C_k를 A_k와 B_k의 식으로 나타내어라.

4.2 다음 각 함수들의 푸리에 계수를 구하여라.

(i) $f(t) = \dfrac{2A}{\pi}t\left(-\dfrac{\pi}{2} < t < \dfrac{\pi}{2}\right)$ 그리고 $\dfrac{2A}{\pi}(\pi - t)\left(\dfrac{\pi}{2} < t < \dfrac{3\pi}{2}\right)$

(ii) $f(x) = x^2, [-\pi, \pi]$

(iii) $x(t) = \cos(t) + \cos(2.5t)$

(iv) $x(t) = \cos(2\pi t) + \cos(3\pi t)$

(v) $x(t) = |\cos(2\pi f_o t)|$

(vi) $x(t) = \cos(2\pi f_o t) + |\cos(2\pi f_o t)|$

(vii) $x(t) = |\cos(2\pi f_o t)| + \cos(2\pi f_o t)$

(a) 크기가 4인 $-\pi < t < \pi$에서의 삼각파의 푸리에 급수를 구하여라.

(b) 위 (a)의 삼각파에 대한 푸리에 급수의 그래프를 그려라.

4.3 (a) 다음 함수들이 푸리에 급수로 표현이 가능한지의 여부를 판별하여라.

(i) $x(t) = \cos(5t) + \sin(3t)$

(ii) $x(t) = \cos(6t) + \sin(\pi t)$

(iii) $x(t) = \cos(6t) + \sin(8t) + e^{j2t}$

(iv) $x(t) = 5\cos(6t + 30°) - 2\cos(4t - 45°)$

(v) $x(t) = \sin\left(\dfrac{\pi t}{6}\right) + \sin\left(\dfrac{\pi t}{3}\right)$

(b) (a)의 함수들 중 푸리에 급수 전개가 가능한 신호들에 대해, 지수 형태로 표현된 모든 고조파의 계수들을 구하여라.

4.4 이 문제는 지수함수의 직교성(orthogonality)을 보여줄 것이다. 다음 적분을 계산하여라.

(a) $\int_0^{2\pi} \cos^2(t)\,dt$

(b) $\int_0^{2\pi} \cos^2(2t)\,dt$

(c) $\int_0^{2\pi} \cos^2(t)\cos^2(2t)\,dt$

(d) (a), (b), (c)의 결과들이 어떻게 지수함수의 직교성을 보여주는지 설명하여라.

4.5 (a) 파형이 반주기마다 번갈아가면서 모양은 동일하나 부호가 반대이면 회전 대칭이 존재한다. 이러한 경우에 푸리에 계수를 계산하여라.

(b) 전파 정류 코사인 함수의 삼각함수 푸리에 급수를 계산하여라. 주기는 π라고 가정한다($\omega_0 = 2\pi/T = 2\pi/\pi = 2$).

(c) 이 문제는 신호의 합성에 대한 예다. 다음과 같은 푸리에 계수를 갖는 신호 $x(t)$를 구하여라.
$\omega_0 = \pi,\ C_0 = 2,\ C_2 = 1,\ C_4 = \frac{1}{2}e^{j\frac{\pi}{8}},\ C_{-4} = \frac{1}{2}e^{-j\frac{\pi}{8}}$

4.6 식 (4.23)을 사용하여 그림 P4.6의 신호에 대한 지수 형태의 푸리에 계수를 계산하여라. 각 파형에 대해 C_0를 계산하고 파형으로부터 이 값을 직접 검증하여라. 몇몇 경우에는 로피탈 정리가 유용할 것이다.

4.7 식 (4.23)을 사용하여 그림 P4.7의 신호에 대한 지수 형태의 푸리에 계수를 계산하여라.

4.8 그림 P4.6에서의 파형 $x_c(t)$와 $x_d(t)$를 생각하자. 이 두 신호의 합을 $x_s(t)$라고 하자. 그러면 $x_s(t)$는 평균값만 제외하고 예제 4.2에서의 파형과 동일하다. $x_s(t)$의 푸리에 계수는 평균값만 제외하고 예제 4.2에서의 $x(t)$의 푸리에 계수와 동일함을 보여라.

4.9 $x(t - T_0/2) = -x(t)$를 만족하면 이 신호는 반파 대칭성(half-wave symmetry)이 있다고 한다. 예를 들어, $\sin \omega_0 t$는 반파 대칭성이 있고 그림 P4.7(a)의 삼각파도 반파 대칭성이 있다. 반파 대칭성을 갖는 신호는 짝수 고조파가 없음을 보여라. 즉, $C_k = 0,\ k = 0, 2, 4, 6, \ldots$ 임을 보여라.

4.10 주기 신호 $x(t) = \sum_{\substack{n=-\infty \\ n\ \text{odd}}}^{\infty} [u(t-2n) - u(t-2n-1)]$가 있다.

(a) 기본 주파수를 구하여라.

(b) 지수 형태의 푸리에 계수를 구하여라.

4.3절

4.11 표 4.3에 나오는 다음 파형들의 혼합된 삼각함수 형태의 푸리에 급수를 구하여라.

(a) 정사각파

(b) 톱니파

(c) 삼각파

(d) 사각파

(e) 전파 정류파

(f) 반파 정류파

(g) 임펄스열

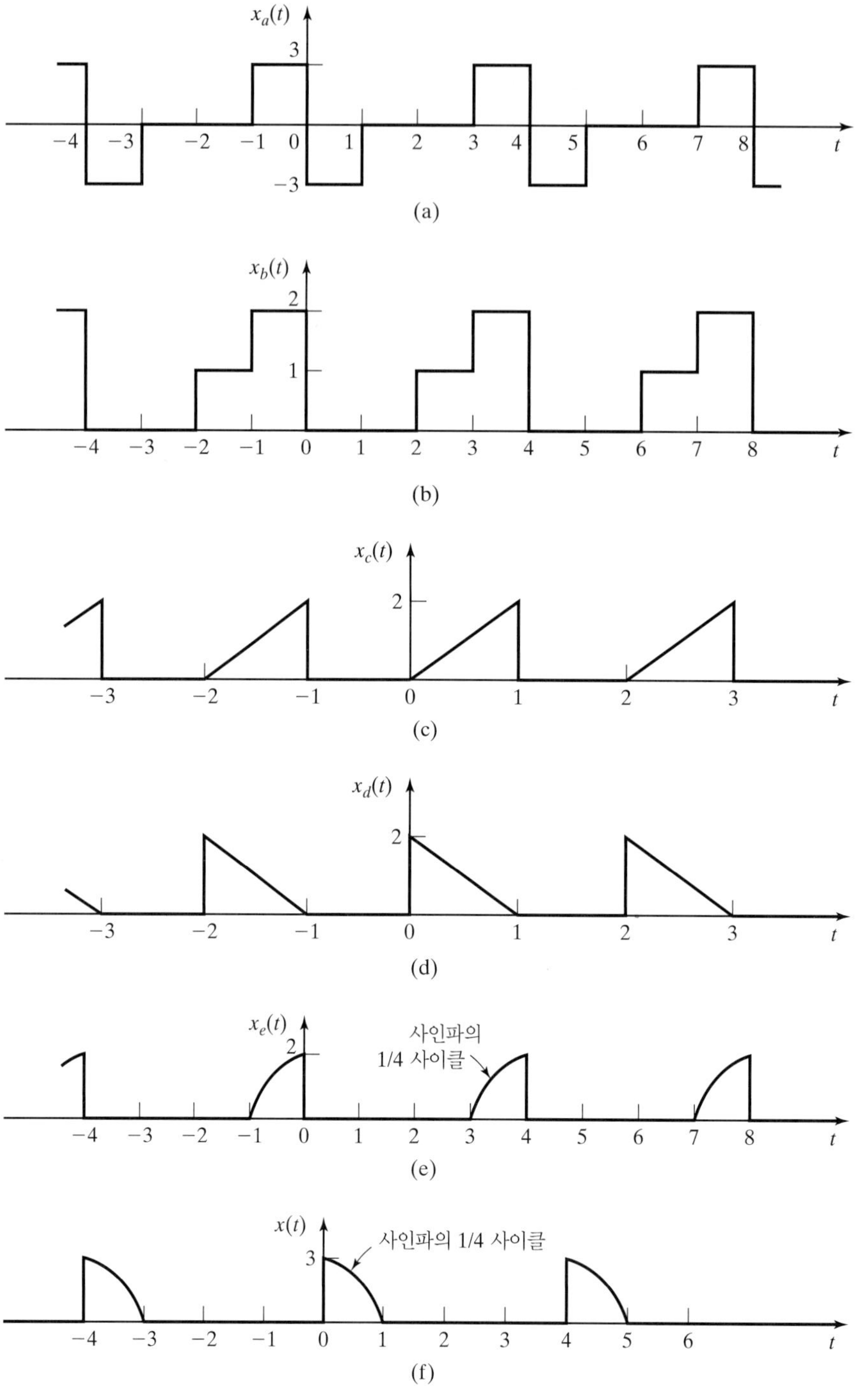

그림 P4.6

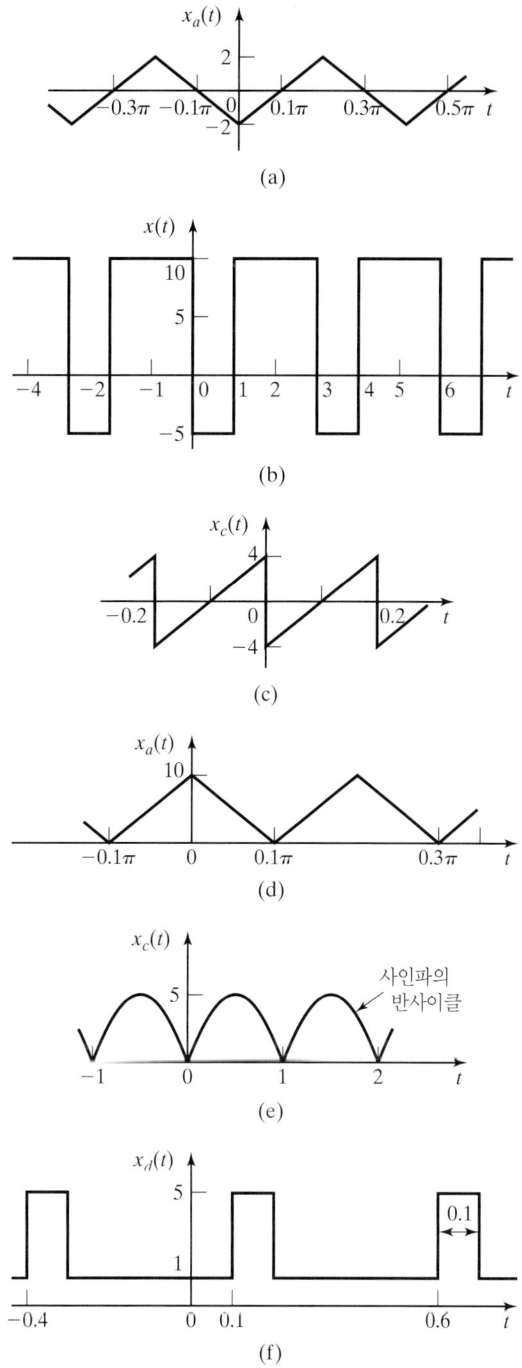

$x_a(t)$
2
−2
−0.3π −0.1π 0 0.1π 0.3π 0.5π t
(a)
$x(t)$
10
5
−5
−4 −2 −1 0 1 2 3 4 5 6 t
(b)
$x_c(t)$
4
−4
−0.2 0 0.2 t
(c)
$x_a(t)$
10
−0.1π 0 0.1π 0.3π t
(d)
$x_c(t)$
5
사인파의
반사이클
−1 0 1 2 t
(e)
$x_d(t)$
5
1
0.1
−0.4 0 0.1 0.6 t
(f)

그림 P4.7

4.12 식 (4.23)과 부록 A에서의 적분표를 사용하여 표 4.3에 나오는 다음 신호들의 푸리에 계수들을 검증하여라.

- **(a)** 정사각파
- **(b)** 톱니파
- **(c)** 삼각파
- **(d)** 사각파
- **(e)** 전파 정류파
- **(f)** 반파 정류파
- **(g)** 임펄스열

4.12 식 (4.23)과 부록 A에서의 적분표를 사용하여 표 4.3에 나오는 다음 신호들의 푸리에 계수들을 검증하여라.

- **(a)** 정사각파
- **(b)** 톱니파
- **(c)** 삼각파
- **(d)** 사각파
- **(e)** 전파 정류파
- **(f)** 반파 정류파
- **(g)** 임펄스열

앞의 결과를 MATLAB의 Symbolic Math Toolbox를 이용하여 검증하여라. 각 표현식을 표 4.3과 일치하도록 단순화하여라.

- **(h)** (a)와 (b)의 결과를 사용하여 (c)에서의 $x(t)$의 모든 푸리에 계수는 $C_0 = A$만을 제외하고 모두 0임을 보여라.

4.13 표 4.3을 이용하여 그림 P4.7에 나오는 신호들의 지수 형태의 푸리에 계수를 계산하여라.

4.14 **(a)** 표 4.3을 이용하여 그림 P4.14의 임펄스열의 지수 형태의 푸리에 급수를 구하여라. 각 임펄스 함수의 가중치의 크기는 모두 1이고 가중치의 부호는 번갈아가며 바뀐다.

- **(b)** 식 (4.23)을 이용하여 푸리에 계수를 계산함으로써 (a)의 결과를 검증하여라.

4.15 **(a)** $X_0 = 10$일 때, 표 4.3의 정사각파에 대한 주파수 스펙트럼의 개형을 그려라.

- **(b)** 톱니파에 대해 (a)의 질문에 답하여라.
- **(c)** 삼각파에 대해 (a)의 질문에 답하여라.

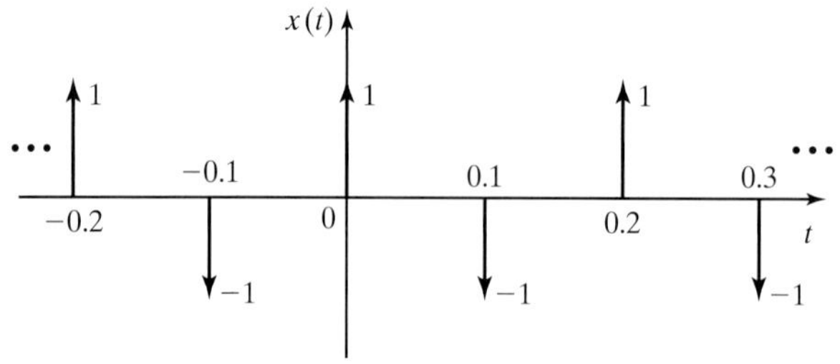

그림 P4.14

(d) 전파 정류파에 대해 (a)의 질문에 답하여라.

(e) 반파 정류파에 대해 (a)의 질문에 답하여라.

(f) 사각파에 대해 (a)의 질문에 답하여라.

(g) 임펄스열에 대해 (a)의 질문에 답하여라.

4.16 **(a)** dc 성분과 첫 네 개의 고조파가 보이도록 그림 P4.6(a)의 신호들에 대한 주파수 스펙트럼 개형을 그려라.

(b) 그림 P4.6(b)의 신호에 대해 (a)의 질문에 답하여라.

(c) 그림 P4.6(c)의 신호에 대해 (a)의 질문에 답하여라.

(d) 그림 P4.6(d)의 신호에 대해 (a)의 질문에 답하여라.

(e) 그림 P4.6(e)의 신호에 대해 (a)의 질문에 답하여라.

(f) 그림 P4.6(f)의 신호에 대해 (a)의 질문에 답하여라.

4.17 **(a)** dc 성분과 첫 네 개의 고조파가 보이도록 그림 P4.7(a)의 신호들에 대한 주파수 스펙트럼 개형을 그려라.

(b) 그림 P4.7(b)의 신호에 대해 (a)의 질문에 답하여라.

(c) 그림 P4.7(c)의 신호에 대해 (a)의 질문에 답하여라.

4.18 $\omega_0 = \pi$이고 푸리에 계수들이 $C_0 = 2$, $C_1 = 1$, $C_3 = \frac{1}{2}e^{\frac{j\pi}{4}}$, $C_{-3} = \frac{1}{2}e^{\frac{-j\pi}{4}}$인 신호 $x(t)$를 구하여라. 이 문제는 신호 합성에 대한 예다.

4.19 $x(t) = \Sigma_{k=-\infty,\, k\ \text{even}}^{\infty}[u(t-k) - u(t-1-k)]$의 푸리에 계수를 구하여라.

4.4절

4.20 그림 P4.7의 신호들을 생각하자. 충분히 큰 k에 대해, k차 고조파의 푸리에 계수는 $1/k^m$의 비율로 크기가 줄어든다. 4.4절에서의 성질들을 이용하여 다음 그림들에 나오는 신호들에 대해 m값을 구하여라.

(a) 그림 P4.7(a)

(b) 그림 P4.7(b)

(c) 그림 P4.7(c)

(d) 그림 P4.7(d)

(e) 그림 P4.7(e)

(f) 그림 P4.7(f)

표 4.3을 이용하여 위 결과를 체크하여라.

4.5절

4.21 전달함수가 다음과 같은 그림 P4.21의 시스템을 생각하자.

$$H(s) = \frac{10}{s+5}$$

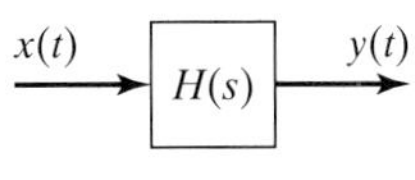

그림 P4.21

(a) 입력 $x(t)$는 표 4.3에서 $X_0 = 20$, $T_0 = 3$인 정사각파다. 출력 $y(t)$에 대해, 결합된 삼각함수 형태의 푸리에 급수의 dc 성분과 1차, 2차, 3차 고조파의 값을 구하여라.

(b) (a)의 결과를 MATLAB을 사용하여 검증하여라.

(c) 표 4.3의 톱니파에 대해 (a)와 (b)의 질문에 답하여라.

(d) 표 4.3의 삼각파에 대해 (a)와 (b)의 질문에 답하여라.

(e) 표 4.3의 전파 정류파에 대해 (a)와 (b)의 질문에 답하여라.

(f) 표 4.3의 반파 정류파에 대해 (a)와 (b)의 질문에 답하여라.

(g) 표 4.3의 사각파에 대해 (a)와 (b)의 질문에 답하여라. 펄스의 폭은 1, 즉 $w = 1$로 가정한다.

(h) 표 4.3의 임펄스열에 대해 (a)와 (b)의 질문에 답하여라.

4.22 전달함수가 다음과 같은 그림 P4.21의 시스템을 생각하자.

$$H(s) = \frac{12}{s + 6}$$

(a) $T_0 = 2$ s인 표 4.3의 톱니파를 이 시스템에 인가한다. 출력 신호의 1차 고조파의 크기와 입력 신호의 1차 고조파의 크기의 비를 출력의 1차 고조파의 크기를 실제로 계산하지 않고 구하여라.

(b) 출력 신호의 1차 고조파와 2차 고조파를 실제로 계산하지 않고, 1차 고조파와 2차 고조파의 비를 구하여라.

(c) 위의 결과를 MATLAB을 이용하여 검증하여라.

(d) $T_0 = 0.2$ s인 톱니파에 대해 (a), (b), (c)의 질문에 답하여라.

(e) $T_0 = 20$ s인 톱니파에 대해 (a), (b), (c)의 질문에 답하여라.

(f) (a), (b), (c)에서의 결과와 (d), (e)에서의 결과의 차이에 대해 설명하여라.

4.23 그림 P4.23의 *RC* 회로를 생각하자.

(a) $T_0 = 2\pi$ s이고 $X_0 = 10$ V인 표 4.3의 정사각파를 이 회로의 입력으로 인가한다. 출력 신호의 주파수 스펙트럼을 구하여라. 0이 아닌 첫 세 개의 사인 고조파의 크기와 위상값을 계산하여라.

(b) (a)의 결과를 MATLAB을 이용하여 검증하여라.

(c) (a)에서와 같이 회로에 입력을 인가하는데 이번에는 20 V의 직류 전압이 정사각파에 더해진 신호가 인가된다고 하자. 출력 신호의 주파수 스펙트럼을 구하여라. 0이 아닌 첫 세 개의 사인 고조파의 크기와 위상값을 계산하여라.

(d) 이 회로는 저주파 통과 필터인가? 근거와 함께 답하여라.

(e) 정사각파의 주기를 $T_0 = 2\pi$로 바꾸었을 때 (a)와 (c)의 질문에 대한 답에 미치는 효과를 다시 문제를 풀지 말고 직관적으로 서술하여라. 답에 대한 근거를 함께 제시하여라.

4.24 그림 P4.24의 *RL* 회로를 생각하자.

(a) $T_0 = {}^{\pi}/_{2}$ s이고 $X_0 = 10$V인 표 4.3의 정사각파를 이 회로의 입력으로 인가한다. 출력 신호의 주파수 스펙트럼을 구하여라. 0이 아닌 첫 세 개의 사인 고조파의 크기와 위상값을 계산하여라.

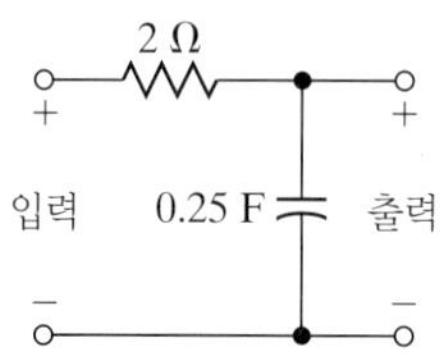

그림 P4.23

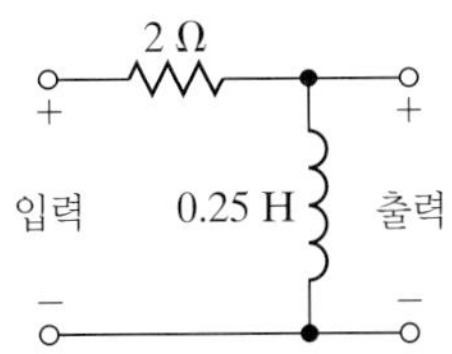

그림 P4.24

(b) (a)의 결과를 MATLAB을 이용하여 검증하여라.

(c) (a)에서와 같이 회로에 입력을 인가하는데 이번에는 20V의 직류 전압이 정사각파에 더해진 신호가 인가된다고 하자. 출력 신호의 주파수 스펙트럼을 구하여라. 0이 아닌 첫 세 개의 사인 고조파의 크기와 위상값을 계산하여라.

(d) 이 회로는 저주파 통과 필터인가? 근거와 함께 답하여라.

(e) 정사각파의 주기를 $T_0 = 2\pi$로 바꾸었을 때 (a)와 (c)의 질문에 대한 답에 미치는 효과를 다시 문제를 풀지 말고 직관적으로 서술하여라. 답에 대한 근거를 함께 제시하여라.

4.25 임펄스 응답이 $h(t) = e^{-\alpha t}u(t)$인 그림 P4.25의 시스템을 생각하자.

(a) 이 시스템이 BIBO 안정하기 위한 α의 값을 구하여라.

(b) 이 시스템이 BIBO 안정하다고 가정하자. 입력 신호가 $x(t) = \sin t + \cos 3t$일 때, 출력 $y(t)$를 구하여라.

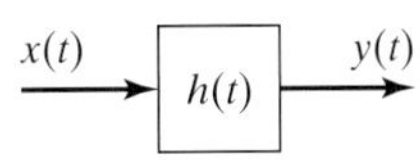

그림 P4.25

4.26 $a > 0$이고 임펄스 응답이 $h(t) = ae^{-at}u(t)$인 그림 P4.25의 시스템을 생각하자. 이 시스템은 저주파-통과 시스템이다.

(a) 입력 신호가 $x(t) = \sin^2(2t)$일 때, 출력 $y(t)$를 구하여라. 더 높은 주파수 성분이 더 낮은 주파수 성분보다 더 많이 감쇄된다는 점에 유의한다.

(b) $a = 2$이고 $x(t) = 10 + 5\cos(2t) + 5\cos(8t)$일 때, (a)의 질문에 답하여라. 가장 높은 주파수 성분이 더 낮은 주파수 성분에 비해 얼마나 더 많이 감쇄되는가?

4.27 $a > 0$이고 임펄스 응답이 $h(t) = e^{-at}u(t)$인 그림 P4.25의 시스템을 생각하자. 입력 신호가 $x(t) = \sum_{k=1}^{\infty}\cos(kt)$일 때, 출력 $y(t)$를 구하여라.

4.28 $1125 \le f \le 1450$ Hz 대역에서 이득 값이 2이고 다른 주파수 대역에서는 이득 값이 0인 이상적인 대역통과 필터에 그림 P4.28에 보이는 것과 같은 신호가 인가된다. 이 필터의 출력 신호의 주파수 스펙트럼에 대한 수학적인 표현식을 작성하여라.

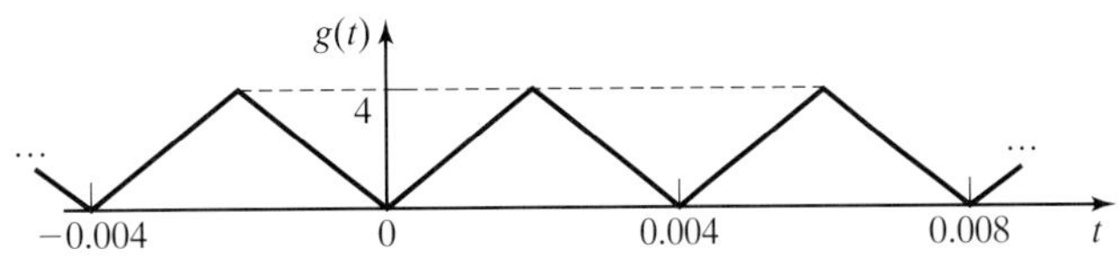

그림 P4.28

4.6절

4.29 어떤 주기 신호 $x(t)$가 다음과 같이 지수 형태의 푸리에 급수로 표현된다.

$$x(t) = \sum_{k=-\infty}^{\infty} C_k e^{jk\omega_0 t}$$

신호 $\hat{x}(t) = x(t = t_0)$에 대한 푸리에 급수는 다음과 같음을 보여라.

$$\hat{x}(t) = \sum_{k=-\infty}^{\infty} \hat{C}_k e^{jk\omega_0 t}$$

여기서

$$|\hat{C}_k| = |C_k| \text{ and } \angle\hat{C}_k = \angle C_k - k\omega_0 t_0$$

이다.

4.30 다음과 같은 일반적인 시간 변환을 생각하자.

$$y(t) = x(at + b)$$

신호 $y(t)$에 대한 푸리에 계수가 다음과 같음을 보여라.

$$C_{ky} = \begin{cases} C_{kx}\, e^{jkw_0 b}, & a > 0 \\ [C_{kx}\, e^{jkw_0 b}]^*, & a < 0 \end{cases}$$

여기서 C_{kx}는 $x(t)$에 대한 푸리에 계수다.

4.31 **(a)** 표 4.3의 전파 정류 신호를 $x(t)$라고 할 때, $y(t) = x(-t)$에 대한 푸리에 계수는 $x(t)$의 푸리에 계수와 동일함을 증명하여라.

(b) 표 4.3의 전파 정류 신호를 $x(t)$라고 할 때, $y(t) = x(t - T_0/2)$에 대한 푸리에 계수를 구하여라.

4.32 표 4.3을 이용하여 그림 P4.7과 같은 신호에 대한 지수 형태의 푸리에 계수를 구하여라.

4.33 그림 P4.7(a)와 (d)의 신호를 생각하자.

(a) $x_a(t)$의 주기를 $T_0 = 0.2\,\pi$로 바꾼다. 표 4.3을 이용하여 이 신호에 대한 지수 형태의 푸리에 계수를 구하여라.

(b) 표 4.3을 이용하여 $x_d(t)$에 대한 지수 형태의 푸리에 계수를 구하여라.

(c) 다음 신호를 생각하자.

$$x(t) = a_1 x_a(t) + b_1 x_d(t - \tau)$$

여기서 $x_a(t)$는 (a)에서 정의된 신호다. 그림 P4.7(a)와 (d)를 살펴보고 $x(t)$가 모든 시간에서 상수가 되는, 즉 A가 상수일 때, $x(t) = A$가 되는 a_1, b_1, τ의 값을 구하여라. 또한 이때 A의 값도 구하여라.

4.34 표 4.3에서 반파 정류 신호를 $x_a(t)$라고 하자. $x_b(t)$는 동일한 신호를 $T_0/2$만큼 지연시킨 신호다.

(a) $x_b(t)$에 대한 지수 형태의 푸리에 계수를 구하여라. (힌트: 시간 지연을 고려하라.)

(b) $[x_a(t) + x_b(t)]$에 대한 푸리에 계수는 표 4.3의 전파 정류 신호의 푸리에 계수임을 보여라.

4.35 그림 P4.35에 보이는 신호에 대한 복소 지수 형태의 푸리에 급수를 구하여라.

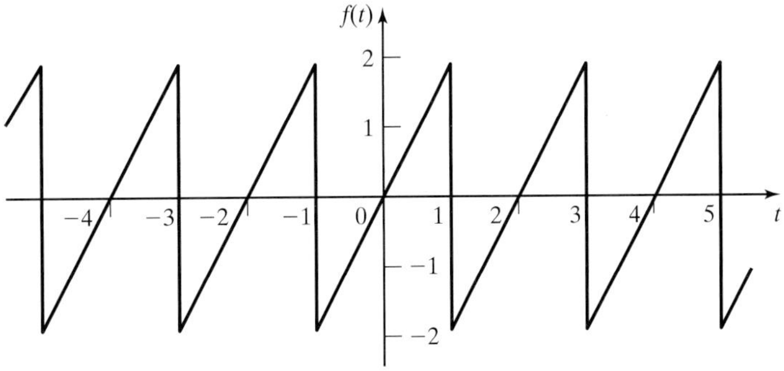

그림 P4.35

4.36 그림 P4.36에 보이는 신호에 대한 복소 지수 형태의 푸리에 급수를 구하여라.

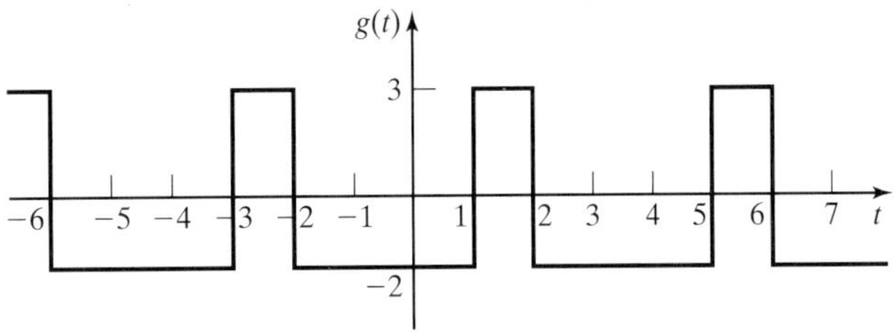

그림 P4.36

5 푸리에 변환

The Fourier Transform

푸리에 변환은 주파수 영역에서 신호 및 시스템의 수학적인 모델을 표현하는 한 방법이다. 푸리에 급수를 이용하여 시간-영역의 주기 신호를 고조파의 주파수 성분들로 표현하면서 주파수 영역에서 시스템의 수학적 모델을 표현하는 과정에 대한 힌트를 얻게 된다. 푸리에 변환은 이 개념을 확장한 것이다.

엔지니어들은 신호 및 시스템의 수학적 분석을 단순화하고 또한 물리적 현상들을 수학적으로 설명하기 위해 푸리에 변환을 사용한다. 푸리에 변환은 전기공학, 특히 전자 통신 분야의 신호 및 시스템 연구에서 폭넓게 사용된다. 이러한 이유로 전기공학을 공부하는 모든 학생들은 이 푸리에 변환과 그 응용에 익숙해져야 한다.

이 장에서는 푸리에 변환의 소개를 통해 학생들이 푸리에 변환의 수학적인 근거를 이해하고, 선형 신호 및 시스템의 분석과 설계에서 푸리에 변환이 어떻게 유용하게 활용되는지 잠깐 살펴볼 수 있을 것이다. 푸리에 변환에 대해 독자들에게 직관적인 느낌을 주기 위한 목적으로 푸리에 변환과 푸리에 급수 사이의 관련성에 대해서도 소개할 것이며, 푸리에 변환의 수학적인 성질은 형식적이고 수학적인 증명보다는 그 성질의 응용에 중점을 두고 설명할 것이다.

5.1 푸리에 변환의 정의

먼저 4장에서 설명한 푸리에 급수를 살펴봄으로써 푸리에 변환의 정의에 다가가고자 한다. 푸리에 급수는 지수 형태로 다음과 같이 정의된다.

[식 (4.11)]
$$f(t) = \sum_{k=-\infty}^{\infty} C_k e^{jk\omega_0 t}$$

여기서

[식 (4.23)]
$$C_k = \frac{1}{T_0}\int_{T_0} f(t)e^{-jk\omega_0 t}dt$$

이다.

앞 장에서, 일반적인 연속-시간 신호를 $x(t)$로 나타내었다. 엔지니어들이 다양한 기호를 가지고 작업할 수 있어야 한다는 점은 중요하다. 그렇기 때문에 변화를 주어, 이번 장에서는 일반적인 신호를 $f(t)$로 나타낸다.

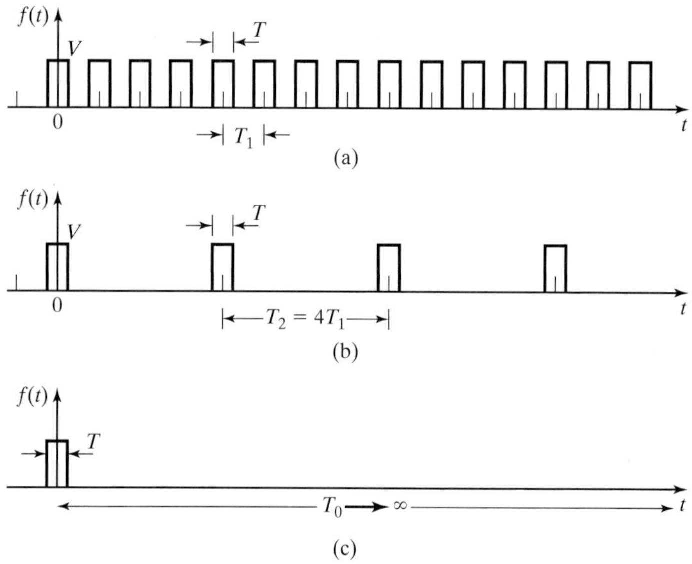

그림 5.1 사각 펄스열

이전에 우리는 그림 5.1(a)에 보이는 것과 같은 주기 신호가 푸리에 급수에서 어떻게 고조파 성분들로 표현될 수 있는지 살펴보았다. 이제 그림 5.1(b)와 (c)에서처럼 주기 신호의 주기를 늘리는 효과를 살펴본다. 그림 5.1에 나타냈듯이 우리가 살펴보는 과정은 마침내 그 주기가 무한대가 되어 그림 5.1(c)와 같이 파형이 다시 반복되지 않을 때까지 단지 주기를 점점 더 길게 만들어가는 것이다.

식 (4.23)의 피적분함수에 포함되어 있는 지수함수의 지수 부분을 살펴보자. $k\omega_0$는 k가 증가할수록 ω_0만큼씩 증가한다. 이 주파수의 증가량을 다음과 같이 정의하자.

$$\Delta\omega = (k + 1)\omega_0 - k\omega_0 = \omega_0$$

$\omega_0 = 2\pi/T_0$이므로, 파형의 주기 T_0가 커질수록 이 주파수의 증가량은 점점 더 작아진다. T_0가 무한대가 되는 극한에서는 주파수의 차 $\Delta\omega$는 주파수 미분소 $d\omega$가 된다.

$$\lim_{T_0 \to \infty} \frac{2\pi}{T_0} = d\omega$$

또한 $k\omega_0 = 2\pi k/T_0$는 T_0가 무한대로 가까워질수록 $kd\omega$로 다가간다. k가 정수값에 걸쳐 무한하게 변하는 값이기 때문에, 곱 $kd\omega$는 연속 주파수 변수 ω가 된다. 이제 식 (4.23)을 다음과 같이 쓸 수 있다.

$$\begin{aligned} C_{k\infty} &= \lim_{T_0 \to \infty} \frac{1}{2\pi} \frac{2\pi}{T_0} \int_{-T_0/2}^{T_0/2} f(t) e^{-(jk2\pi/T_0)t}\, dt \\ &= \frac{1}{2\pi} \left[\int_{-\infty}^{\infty} f(t) e^{-j\omega t}\, dt \right] d\omega \end{aligned}$$

위 방정식에서 괄호 안의 함수를 *푸리에 변환*(Fourier transform)으로 정의하고 다음과 같이 쓴다.

$$\mathscr{F}\{f(t)\} = F(\omega) = \int_{-\infty}^{\infty} f(t)e^{-j\omega t}\,dt \tag{5.1}$$

$C_{k\infty} = (1/2\pi)F(\omega)d\omega$로 쓸 수 있고, 그러므로 식 (4.11)로부터

$$f(t) = \sum_{k=-\infty}^{\infty} \frac{1}{2\pi} F(\omega)\,d\omega e^{jk\omega_0 t} = \frac{1}{2\pi} \sum_{k=-\infty}^{\infty} F(\omega)e^{jk\omega_0 t}d\omega$$

이다. 이러한 조건하에, 합은 적분이 되고 $f(t)$에 대한 식은 다음과 같이 다시 쓸 수 있다.

$$f(t) = \frac{1}{2\pi}\int_{-\infty}^{\infty} F(\omega)e^{j\omega t}\,d\omega = F^{-1}\{F(\omega)\} \tag{5.2}$$

여기서 이전의 $\lim_{T_0 \to \infty} k\omega_0 = \omega$ 관계식을 사용한다.

식 (5.1)과 식 (5.2)는 각각 *푸리에 변환*과 *역푸리에 변환*을 정의한다.

[식 (5.1)]
$$\mathscr{F}\{f(t)\} = F(\omega) = \int_{-\infty}^{\infty} f(t)e^{-j\omega t}\,dt$$

그리고

[식 (5.2)]
$$\mathscr{F}^{-1}\{F(\omega)\} = f(t) = \frac{1}{2\pi}\int_{-\infty}^{\infty} F(\omega)e^{j\omega t}\,d\omega$$

이 둘을 함께 *변환 쌍*(transform pair)이라고 하고 이들 사이의 관계를 다음과 같은 수학적인 기호로 표현한다.

$$f(t) \xleftrightarrow{\mathscr{F}} F(\omega)$$

예제 5.1 푸리에 변환의 물리적인 의미

식 (5.1)과 식 (5.2)의 푸리에 변환 쌍의 유도가 갖는 물리적인 의미를 이해하기 위해, 그림 5.1의 사각 펄스열을 생각해보자. 예제 4.6에서 이 주기 신호의 복소수 푸리에 급수 표현식을 살펴보았다

$$f(t) = \sum_{k=-\infty}^{\infty} C_k e^{jk\omega_0 t} = \sum_{k=-\infty}^{\infty} \frac{T}{T_0} V \operatorname{sinc}\left(\frac{Tk\omega_0}{2}\right)e^{jk\omega_0 t} \tag{5.3}$$

여기서 $\operatorname{sinc}(x) = \sin(x)/x$다. 주파수 ω 대비 T_0C_k의 그래프를 나타낸 그림 5.2(a)에 보이는 것처럼 각 고조파의 크기는 sinc 함수에 따라 변하는 것이 보인다. T_0C_k의 그래프를 그린 이유는 나중에 드러날 것이다.

이제 신호의 주기를 $T_0 = T_1$으로부터 $T_0 = T_2 = 4T_1$으로 증가시키는 효과를 생각해보자. $\omega_0 = 2\pi/T_0$이므로, 스펙트럼의 성분들은 주기가 증가할수록 주파수축을 따라 좀 더 서로서로 가까워진다. 그렇기 때문에 $\Delta\omega = \omega_0$는 감소한다. 그림 5.2(b)은 이러한 사실을 잘 보여준다.

$T_0 \to \infty$일 때, 성분들 사이의 간격은 매우 작아진다. 즉, $\Delta\omega$가 $d\omega$가 된다. 그렇기 때문에 식 (5.3)에서의 합이 적분이 되고 주파수 스펙트럼은 연속인 곡선이 된다.

주파수 스펙트럼에서 각 고조파의 복소수 계수는

$$C_k = \frac{T}{T_0} V \operatorname{sinc}\left(\frac{Tk\omega_0}{2}\right)$$

이다. 각 계수의 크기는 신호의 주기에 반비례한다. 주기가 무한대로 다가갈수록, 각 고조파의 크기는 0으로

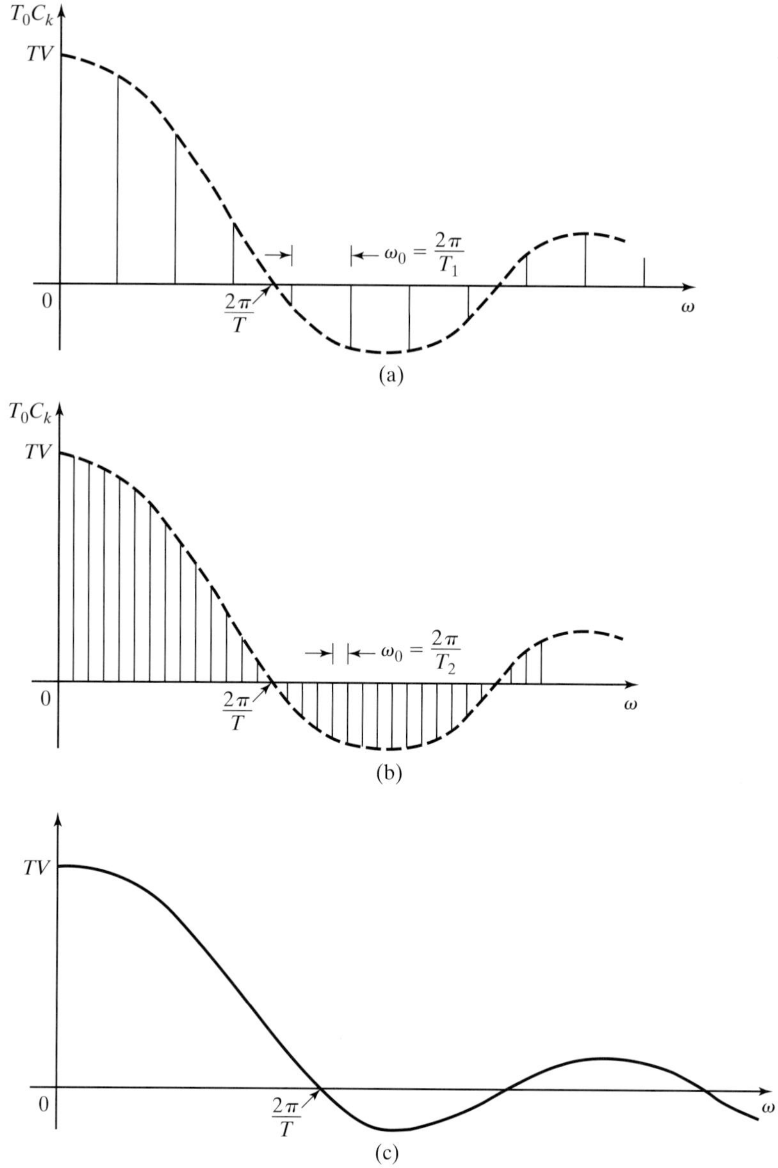

그림 5.2 사각 펄스열의 주파수 스펙트럼

다가갈 것이다. 그러나 보이는 각 신호들에 대해, 고조파들의 상대적인 크기는 sinc 함수에 의해 결정된다. 이것을 좀 더 명확하게 보여주기 위해, 그림 5.2는 실제 신호의 주파수 스펙트럼 대신 ω ($\omega \geqq 0$) 대비 다음 식의 그래프를 보여주고 있다.

$$T_0C_k = TV\,\mathrm{sinc}\left(\frac{Tk\omega_0}{2}\right)$$

그림 5.2에서 모든 그래프들의 포락선은 모두 동일하다는 점에 유의한다. 이 그래프들은 주기가 증가하면서 점점 더 서로 가까워지는 신호들의 주파수 성분들에 의해서만 달라진다. sinc $(kT\omega/2)$는 sinc 함수의 인자가 π의 정수배일 때에만 0이 된다는 점에 유의해야 한다. 그렇기 때문에 포락선은 T_0의 값과 무관하게 n = 1, 2,

3, . . . 일 때 $\omega = 2\pi n/T$인 곳에서 0인 지점을 지난다. ■

그림 5.3에 보이는 것과 같은 연속된 주파수 스펙트럼은 진폭이 V이고 유지 시간이 T인 하나의 사각 펄스(이것 또한 무한대 주기를 갖는 주기 펄스로 생각할 수 있다)의 푸리에 변환을 시각적으로 표현한 것이다. 이 푸리에 변환의 수학식은 식 (5.1)에 의해 구한다. 사각 펄스는 수학적으로 다음과 같이 두 개의 계단 함수의 합으로 쓸 수 있다.

$$f(t) = Vu(t + T/2) - Vu(t - T/2)$$

식 (5.1)에서의 적분을 간단히 하기 위해, $f(t)$가 $-T/2 < t < +T/2$에서는 V이고 나머지 시간에서는 0임에 주목할 필요가 있다. 그러면

$$\begin{aligned} F(\omega) &= \int_{-T/2}^{+T/2} Ve^{-j\omega t}\,dt = V\left[\frac{e^{-j\omega t}}{-j\omega}\bigg|_{-T/2}^{+T/2}\right] \\ &= V\left[\frac{e^{-jT\omega/2} - e^{+jT\omega/2}}{-j\omega}\right] = \frac{TV}{\omega T/2}\left[\frac{e^{jT\omega/2} - e^{-jT\omega/2}}{j2}\right] \\ &= TV\left[\frac{\sin(T\omega/2)}{T\omega/2}\right] = TV\,\mathrm{sinc}(T\omega/2) \end{aligned}$$

이고, 첫 번째 푸리에 변환을 다음과 같이 유도하게 된다.

$$\mathcal{F}\{V[u(t + T/2) - u(t - T/2)]\} = TV\,\mathrm{sinc}(T\omega/2)$$

비주기적인 사각 펄스의 푸리에 변환이 예제 4.6과 표 4.3에서 유도된 주기적인 사각 펄스열함수에 대한 푸리에 급수 표현식의 포락선과 동일한 형태를 갖는다는 점에 주목하자.

예제 5.1의 파형인 사각 펄스와 sinc 함수는 신호를 표현하고 분석할 때 중요한 역할을 한다. 디지털 "1" 또는 레이더 펄스와 같이 수많은 중요한 파형들을 이 예제에서 사용한 것과 비슷한 사각 펄스로 근사시킬 수 있다. 통신 신호 연구에서 사각 펄스를 자주 사용하기 때문에 이것은 종종 다음과 같이 특별한 함수 이름으로 정의된다.

$$\mathrm{rect}(t/T) = [u(t + T/2) - u(t - T/2)]$$

그렇기 때문에 변환 쌍을 정리한 표에 그림 5.3에서 보이는 변환 쌍을 나타낼 때 다음과 같이 표시할 것이다.

$$\mathrm{rect}(t/T) \overset{\mathcal{F}}{\longleftrightarrow} T\,\mathrm{sinc}(T\omega/2) \tag{5.4}$$

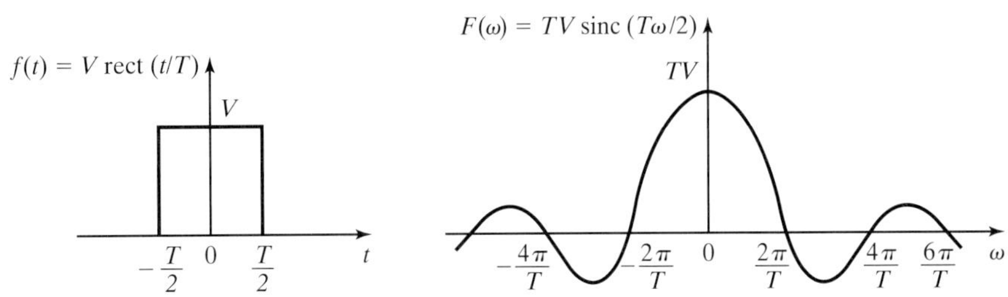

그림 5.3 사각 펄스와 푸리에 변환

예제 5.2 사각 펄스를 생성하고 푸리에 변환을 얻는 MATLAB 프로그램

```
MATLAB program for new example in Section 5.1
>> syms t w
% Create and plot x(t) = rect(t/2).
>> x=4*(heaviside(1-t)-heaviside(-1-t))
>> ezplot(x,-4,4)
% Compute and plot X(ω), the Fourier transform of x(t) = rect(t/2).
>> X=fourier(x)
>> figure(2), ezplot(X,-6,6),hold
```
■

어떤 파형은 푸리에 변환이 존재하지 않을 수도 있다는 사실을 아직 고려하지 않았음에도 불구하고 변환 쌍 식 (5.4)는 유효하다.

푸리에 변환이 존재하기 위한 충분조건은 푸리에 급수에서 주어졌던 조건들과 비슷하다. 그 조건은 다음의 *디리클레 조건*이다.

1. 임의의 유한한 구간에서:
   a. $f(t)$가 유계다.
   b. $f(t)$는 유한한 개수의 최대점과 최소점을 갖고
   c. $f(t)$는 유한한 개수의 불연속점을 갖는다.
2. $f(t)$는 절대적분가능(absolutely integrable)하다. 즉,

$$\int_{-\infty}^{\infty} |f(t)|\, dt < \infty$$

   이다.

이 조건들은 충분조건일 뿐이고 필요조건은 아니라는 점에 유의한다. 만일 이 조건들이 필요조건이라면 수많은 유용한 신호를 분석하는 데에 푸리에 변환을 사용하는 것이 불가능했을 것이다.

다음 조건을 만족하는 임의의 유용한 신호 $f(t)$를 절대적분가능하다고 한다.

$$E = \int_{-\infty}^{\infty} |f(t)|^2\, dt < \infty \tag{5.5}$$

식 (5.5)에서 $f(t)$를 1Ω 저항 양단에 걸리는 전압으로 생각하면 E는 이 신호와 연관된 에너지다. 그러면 $f(t)$에 의해 전달되는 파워(power)는

$$p(t) = |f(t)|^2/R = |f(t)|^2$$

이고, 시간에 대해 이 파워를 적분한 것이 에너지다.

유한한 에너지를 포함해야 한다는 조건을 만족하는 신호를 *에너지 신호*(energy signal)라고 한다. 에너지 신호는 (몇 예제에서 다루었던 사각 함수와 같이) 일반적으로 유한한 시간 구간을 갖는 비주기 신호이고, t가 무한대로 다가갈 때 $f(t)$가 0으로 다가갈 수 있도록 점근적으로(asymptotically) 0으로 접근하는 신호다.

디리클레의 절대적분가능 조건을 만족시키지 못해 푸리에 변환이 존재하지 않는 신호의 한 예가 $f(t) = e^{-t}$다. 그러나 자주 만나게 되는 신호 $f(t) = e^{-t}u(t)$는 디리클레 조건을 만족하고 따라서 푸리에 변환이 존재한다.

디리클레 조건을 만족시키지 못하는 유용한 신호들의 푸리에 변환을 이용하는 것에 대해 언급한 적이 있다. 전기공학 엔지니어들이 관심을 갖는 수많은 신호들이 에너지 신호가 아니고 따라서 절대적분가능하지 않다. 단위 계단 함수, 부호 함수, 그리고 모든 주기 신호들이 이러한 신호에 포함된다. 에너지가 무한하지만 파워는 유한하면서 디리클레 조건을 만족하는 신호들에 대해 유효한 푸리에 변환이 존재한다는 것을 보일 수 있다[1-3].

다음 조건을 만족하는 신호를 *파워 신호*(power signal)라 한다.

$$P = \lim_{T\to\infty} \frac{1}{T}\int_{-T/2}^{T/2} |f(t)|^2\, dt < \infty \tag{5.6}$$

식 (5.6)에 의해 계산되는 파워를 *정규화된 평균 파워*(normalized average power)라 한다. 전기 신호 분석에서, 정규화된 파워는 1Ω의 부하에 신호가 전달하는 파워로 정의된다. 정규화된 파워의 정의에 의해, 식 (5.6)에서의 신호 $f(t)$는 전기 신호로써 전압 또는 전류를 나타낼 수 있다. 왜냐하면

$$P = V_{\text{rms}}^2 = I_{\text{rms}}^2 \quad \text{여기서} \quad R = 1\Omega$$

이기 때문이다.

절대적분가능 조건을 제외한 나머지 디리클레 조건을 만족하는 계단 함수, 부호 함수, 그리고 주기함수는 파워 신호들이다. 파워 신호에 대해 유도한 푸리에 변환은 주파수 영역에서 임펄스 함수를 포함한다는 것을 알게 될 것이다. 이것은 파워 신호의 일반적인 특성이고 파워 신호의 주파수 스펙트럼을 에너지 신호의 주파수 스펙트럼과 구분해주는 역할을 한다.

엔지니어들을 위한 실제적인 목적을 위해, 분석하고자 하는 신호 또는 함수의 파형 $f(t)$의 그래프를 그릴 수 있다면 이 신호의 푸리에 변환이 존재한다는 규칙을 따라도 된다. 사실 (임펄스 함수와 같이) 정확하게 그래프를 그릴 수 없는 몇몇 파형도 푸리에 변환이 존재한다. 물리적으로 구현 가능한 모든 신호는 푸리에 변환이 존재한다.

사실 임펄스 함수는 좀 더 중요한 몇몇 변환 쌍에 대한 기초적인 구성 요소로 작용한다. 다음 파형을 생각하자.

$$f(t) = A\delta(t - t_0)$$

이것은 그림 5.4(a)에 보인 것과 같이 $t - t_0$에서만 0이 아니고 가중치가 A인 임펄스 함수를 나타낸다(2.4절 참소). 이 파형의 푸리에 변환은 다음과 같다.

$$F(\omega) = \mathscr{F}\{A\delta(t - t_0)\} = \int_{-\infty}^{\infty} A\delta(t - t_0)e^{-j\omega t}\, dt$$

식 (2.41)로 주어지는 임펄스 함수의 여과(sifting) 성질, 즉 $t = t_0$에서 연속인 함수 $f(t)$에 대해 다음 식을 떠올려보자.

$$\int_{-\infty}^{\infty} f(t)\delta(t - t_0)dt = f(t_0)$$

푸리에 변환 적분을 계산하기 위해 임펄스 함수의 이러한 성질을 이용하면 다음을 알 수 있다.

$$\mathscr{F}\{A\delta(t - t_0)\} = Ae^{-j\omega t_0} \tag{5.7}$$

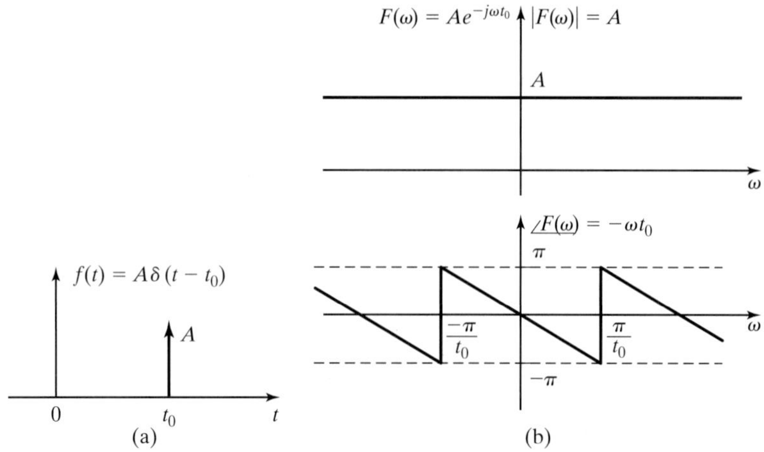

그림 5.4 임펄스 함수와 주파수 스펙트럼

이 변환 쌍을 그림 5.4에 나타내었다. 여기서 $F(\omega)$의 크기는 모든 주파수에서 상수인 A이고 위상각은 기울기가 $-t_0$인 주파수의 선형 함수인 것을 볼 수 있다. 위상 그래프의 톱니 형태는 위상각을 2π를 법으로 하여 그린 결과다(즉, 임의의 정수 n에 대해 $-\omega t_0 = -\omega t_0 + 2\pi n$).

앞서 고려했던 임펄스 함수의 특별한 한 경우가 $t = 0$에서 발생하는 단위 임펄스 함수다.

$$f(t) = \delta(t)$$

식 (5.7)로부터 $A = 1$, $t_0 = 0$으로 두면, 다음을 알 수 있다.

$$\delta(t) \xleftrightarrow{\mathscr{F}} 1 \tag{5.8}$$

임펄스 함수를 다루면서, 주파수 영역의 임펄스 함수도 생각해보자. 식 (2.40)과 같은 방식으로 다음과 같이 정의되는 $\delta(t)|_{t=\omega}$ 함수를 생각하자.

$$F(\omega) = \delta(\omega - \omega_0)$$

그러므로 $\delta(\omega)$는 다음과 같이 2.4절에서 설명했던 $\delta(t)$와 동일한 성질들을 갖는다.

$$\delta(\omega - \omega_0) = \begin{cases} \text{정의되지 않음}, & \omega = \omega_0 \\ 0, & \omega \neq \omega_0 \end{cases}$$

$$\int_{-\infty}^{\infty} \delta(\omega - \omega_0)d\omega = 1$$

$$F(\omega)\delta(\omega - \omega_0) = F(\omega_0)\delta(\omega - \omega_0)$$

$$\int_{-\infty}^{\infty} F(\omega)\delta(\omega - \omega_0)d\omega = F(\omega_0), \text{ 등등}$$

이 임펄스 함수의 역푸리에 변환은 식 (5.2)로부터 구한다.

$$f(t) = \mathscr{F}^{-1}\{F(\omega)\} = \mathscr{F}^{-1}\{\delta(\omega - \omega_0)\} = \frac{1}{2\pi}\int_{-\infty}^{\infty} \delta(\omega - \omega_0)e^{j\omega t}d\omega$$

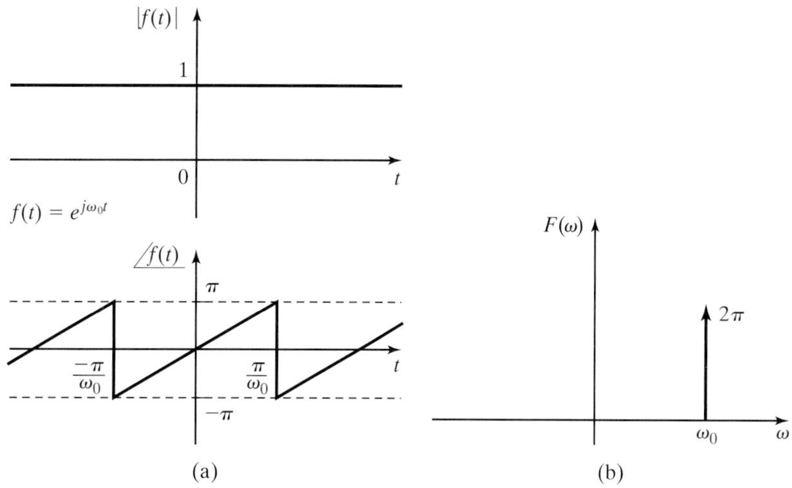

그림 5.5 $e^{j\omega_0 t}$의 시간 영역 그래프와 주파수 스펙트럼

임펄스 함수의 여과 성질을 적용하면,

$$f(t) = \mathscr{F}^{-1}\{\delta(\omega - \omega_0)\} = \frac{1}{2\pi} e^{j\omega_0 t}$$

이고, 이것은 크기는 일정하고 위상은 ω_0 rad/s의 주파수로 회전하는 복소수 페이저(phasor)임을 알 수 있다.

그림 5.5는 다음 푸리에 변환 쌍을 보여준다.

$$e^{j\omega_0 t} \overset{\mathscr{F}}{\longleftrightarrow} 2\pi\delta(\omega - \omega_0) \tag{5.9}$$

여기서 시간 영역에서 회전하는 페이저를 크기와 위상각을 따로 그려 그림 5.5(a)에 나타내었다.

나중에 사용하기 위해, 추가 변환 쌍으로서 식 (5.7), (5.8), (5.9)를 식 (5.4)의 변환 쌍과 함께 푸리에 변환표에 배치한다. 추가 변환 쌍들은 이미 알려져 있는 이들 변환 쌍을 이용하면 좀 더 쉽게 유도할 수 있다. 변환표에 들어갈 추가적인 변환 쌍을 더 유도하기 전에, 푸리에 변환의 몇 가지 특별한 성질들을 살펴볼 것이다.

5.2 푸리에 변환의 성질들

푸리에 변환을 신호 및 시스템 분석에서 매우 간단하게 사용될 수 있도록 해주는 몇 가지 푸리에 변환의 성질들이 있다. 표 5.1은 엔지니어들이 자주 사용하는 푸리에 변환의 성질들을 나열하고 있다. 이 절에서는 이 중에서 몇 가지 성질들에 대해 설명한다.

푸리에 변환의 성질들을 설명할 때, 주로 이 성질들을 사용하는 예를 소개하고 더 깊은 증명은 제시하지 않는다. 몇 개의 성질들에 대한 증명은 이 장의 끝부분의 연습문제에 나와 있다. 임의의 또는 모든 성질들에 대한 엄밀한 수학적 증명이 궁금한 독자는 참고문헌 3부터 9까지를 참고하길 바란다.

표 5.1 푸리에 변환 성질들

연산	시간 함수	푸리에 변환
선형성	$af_1(t) + bf_2(t)$	$aF_1(\omega) + bF_2(\omega)$
시간 이동	$f(t - t_0)$	$F(\omega)e^{-j\omega t_0}$
시간 역전	$f(-t)$	$F(-\omega)$
시간 스케일링	$f(at)$	$\frac{1}{\|a\|}F\left(\frac{\omega}{a}\right)$
시간 변환	$f(at - t_0)$	$\frac{1}{\|a\|}F\left(\frac{\omega}{a}\right)e^{-j\omega t_0/a}$
쌍대성	$F(t)$	$2\pi f(-\omega)$
주파수 이동	$f(t)e^{j\omega_0 t}$	$F(\omega-\omega_0)$
컨볼루션	$f_1(t)*f_2(t)$	$F_1(\omega)F_2(\omega)$
변조(곱셈)	$f_1(t)f_2(t)$	$\frac{1}{2\pi}F_1(\omega)*F_2(\omega)$
적분	$\int_{-\infty}^{t} f(\tau)d\tau$	$\frac{1}{j\omega}F(\omega) + \pi F(0)\delta(\omega)$
시간에 대한 미분	$\frac{d^n[f(t)]}{dt^n}$	$(j\omega)^n F(\omega)$
주파수에 대한 미분	$(-jt)^n f(t)$	$\frac{d^n[F(\omega)]}{d\omega^n}$
대칭성	$f(t)$가 실함수	$F(-\omega) = F^*(\omega)$

선형성

식 (5.1)의 푸리에 변환은 $f(t)$의 적분이고 역변환식 (5.2)는 $F(\omega)$의 적분이다. 그리고 적분은 선형 연산이므로 푸리에 변환도 선형 연산일 것임을 충분히 추측해볼 수 있다. 푸리에 변환의 선형성은 다음과 같은 푸리에 변환 쌍이 주어지면,

$$f_1(t) \overset{\mathcal{F}}{\longleftrightarrow} F_1(\omega) \quad \text{and} \quad f_2(t) \overset{\mathcal{F}}{\longleftrightarrow} F_2(\omega)$$

다음 변환 쌍 관계가 성립함을 의미한다.

$$[af_1(t) + bf_2(t)] \overset{\mathcal{F}}{\longleftrightarrow} [aF_1(\omega) + bF_2(\omega)] \tag{5.10}$$

여기서 a와 b는 상수다. 즉, 중첩의 원리가 푸리에 변환에 적용된다.

예제 5.3 푸리에 변환의 선형성

몇몇 형태의 파형에 대한 푸리에 변환을 구하는 데에 선형 성질을 사용할 수 있다. 예를 들어 다음 신호를 생각해보자.

$$f(t) = B\cos\omega_0 t$$

오일러 관계식을 이용하면

$$\cos\alpha = \frac{e^{j\alpha} + e^{-j\alpha}}{2}$$

이고, $f(t)$의 식을 다음과 같이 다시 쓸 수 있다.

$$f(t) = \frac{B}{2}[e^{j\omega_0 t} + e^{-j\omega_0 t}] = \frac{B}{2}e^{j\omega_0 t} + \frac{B}{2}e^{-j\omega_0 t}$$

이제 $f(t)$는 두 개의 회전하는 페이저의 합임을 알 수 있다. 식 (5.9)는 회전하는 페이저에 대한 푸리에 변환 쌍을 제공한다. 그러므로 식 (5.9)와 선형성을 이용하면 다음을 구할 수 있다.

$$\begin{aligned}\mathscr{F}\{B\cos\omega_0 t\} &= \frac{B}{2}F\{e^{j\omega_0 t}\} + \frac{B}{2}F\{e^{-j\omega_0 t}\}\\ &= \pi B\delta(\omega - \omega_0) + \pi B\delta(\omega + \omega_0)\end{aligned}$$

즉,

$$B\cos\omega_0 t \overset{\mathscr{F}}{\longleftrightarrow} \pi B[\delta(\omega - \omega_0) + \delta(\omega + \omega_0)] \tag{5.11}$$

이고, 이것은 푸리에 변환 쌍 리스트에 또 하나의 항목으로 추가된다. ■

시간 스케일링

시간-스케일링 성질은 만일 다음 푸리에 변환 쌍이 있을 때,

$$f(t) \overset{\mathscr{F}}{\longleftrightarrow} F(\omega)$$

상수 스케일링 인자 a에 대해, 다음 변환 쌍이 성립함을 의미한다.

$$f(at) \overset{\mathscr{F}}{\longleftrightarrow} \frac{1}{|a|}F\left(\frac{\omega}{a}\right) \tag{5.12}$$

푸리에 변환 정의 식 (5.1)에서 적당한 변수 치환을 하여 이 결과를 증명한다.

$$\mathscr{F}\{f(at)\} = \int_{-\infty}^{\infty} f(at)e^{-j\omega t}\,dt$$

$a > 0$일 때 $\tau = at$로 치환하면 $d\tau = a\,dt$이고 이 식은 다음과 같이 다시 쓸 수 있다.

$$\mathscr{F}\{f(\tau)\} = \frac{1}{a}\int_{-\infty}^{\infty} f(\tau)e^{-j(\omega/a)\tau}\,d\tau$$

이 결과를 식 (5.1)과 비교하면 다음을 얻는다.

$$\mathscr{F}\{f(at)\} = \frac{1}{a}F(\omega/a)$$

스케일링 인자 a에 절댓값 부호를 쓰면 식 (5.12)를 a가 양수이거나 음수인 경우에 모두 적용할 수 있다(연습문제 5.13 참조).

예제 5.4 푸리에 변환의 시간-스케일링 성질

이제 다음과 같은 사각 파형의 푸리에 변환을 구해본다.

$$g(t) = \text{rect}(2t/T_1)$$

예제 5.1의 다음과 같은 결과로부터

[식 (5.4)] $$V\,\mathrm{rect}\,(t/T) \overset{\mathscr{F}}{\longleftrightarrow} TV\,\mathrm{sinc}\,(T\omega/2)$$

$g(t)$는 그림 5.6(a)에서 볼 수 있는 것처럼 단순히 $T = T_1$, 시간-스케일링 인자는 $a = 2$, 그리고 $V = 1$인 특별한 경우임을 알 수 있다. 이 시간-스케일링 성질을 식 (5.4)에서 얻은 변환 쌍에 적용하면 다음 결과를 얻는다.

$$g(t) = f(2t)$$

여기서

$$f(t) = \mathrm{rect}\,(t/T_1)$$

이다. 그러므로 식 (5.12)로부터

$$G(\omega) = \frac{1}{2}F(\omega/2) = \frac{T_1}{2}\,\mathrm{sinc}\left(\frac{\omega T_1}{4}\right)$$

이다. 그림 5.6(b)는 이 결과를 보여준다.

다음 MATLAB 프로그램으로 유지 시간과 대역폭 사이의 관련성을 볼 수 있다.

```
% This program displays the relationship of the magnitude frequency
spectra of two
% rectangular pulses to illustrate the time-scaling property
syms t w
% Create a rectangular pulse with amplitude and pulse-width=1.
T=0.5;
x1=(heaviside (T-t)-heaviside(-T-t));
% Plot the rectangular pulse, x1(t).
figure(1), ezplot(x1, [-3,3]), grid, title('x1=rect (t/1)')
%
% Create and plot a rectangular pulse with amplitude=1 and pulse-
% width = 0.2.
T=0.1
x2=(heaviside(T-t)-heaviside(-T-t));
figure (2), ezplot (x2, [-1,1]), grid, title ('x2 = rect (t/0.2)')
%
% Compute and plot the Fourier transforms of the two rectangular pulses.
X1=fourier(x1);
X2=fourier(x2);
ezplot (X1,-20,20), grid, title ('X1=F(x1)')
ezplot (X2,-100,100), grid, title ('X2=F(x2)')
```
■

예제 5.4와 그림 5.6에 보이는 파형으로부터 시간 영역과 주파수 영역 사이의 중요한 물리적 관련성에 대한 통찰을 얻을 수 있는데, 이것은 시간-스케일링 성질에 내포되어 있다. 시간-영역의 파형이 압축될수록 이 신호의 주파수 스펙트럼이 어떻게 퍼지는지 주목한다. 이것은 더 긴 유지시간을 갖는 펄스보다 더 짧은 유지 시간을 갖는 펄스가 더 넓은 영역에서 의미 있는 크기의 주파수 성분을 포함하고 있음을 의미한다. 통신 시스템 분야에서, 시간 영역의 파형과 주파수 스펙트럼 사이의 이러한 반비례 관련성은 중요한 고려 사항이다. 이것은 *유지 시간-대역폭*(duration-bandwidth) 관련성으로 알려져 있고 6장에서 더 자세하게 논의한다.

시간 이동

시간 이동 성질은 그때는 알아채지 못했겠지만, 이미 5.1절에서 임펄스 함수의 푸리에 변환식 (5.7)을 유도할 때 나온 적이 있다. 이 성질은 수학적으로 다음과 같이 말할 수 있다.

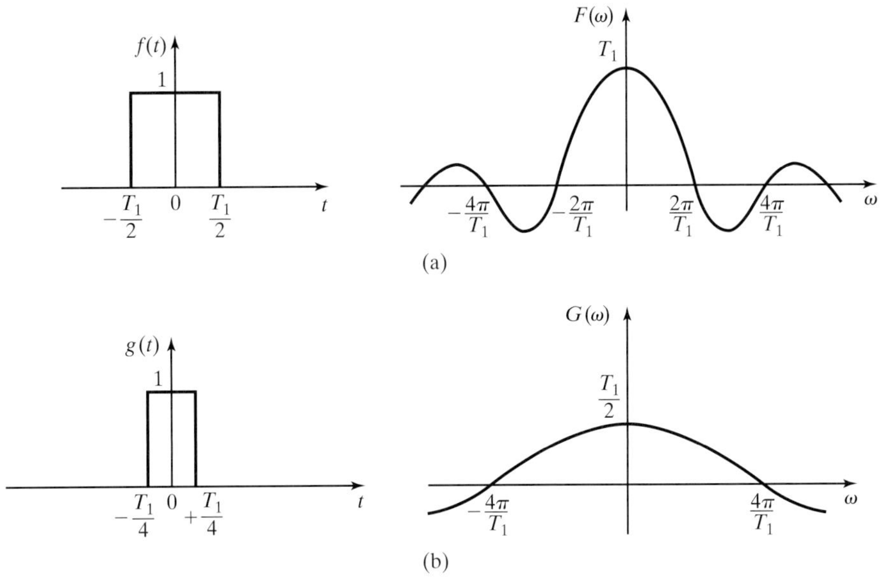

그림 5.6 사각 펄스와 주파수 스펙트럼

$$f(t - t_0) \stackrel{\mathcal{F}}{\longleftrightarrow} F(\omega)e^{-j\omega t_0} \tag{5.13}$$

여기서 기호 t_0는 시간상 이동한 양을 나타낸다.

예제 5.5 푸리에 변환의 시간-이동 성질

시간 0에서 발생한 임펄스 함수의 푸리에 변환을 구해보자. 식 (5.8)로부터

$$\mathcal{F}\{\delta(t)\} = \int_{-\infty}^{\infty} \delta(t)e^{-j\omega t}dt = e^{-j\omega t}\Big|_{t=0} = 1$$

이다. 만일 임펄스 함수가 $t = 0$ 대신 t_0에서 발생하도록 시간상 이동하게 되면, 시간-이동 성질 식 (5.13)으로부터 다음을 알 수 있다.

$$\mathcal{F}\{\delta(t - t_0)\} = (1)e^{-j\omega t_0} - e^{-j\omega t_0}$$

이것은 식 (5.7)에서 얻는 결과와 동일하다. ■

예제 5.6 시간-지연된 사인파 신호의 푸리에 변환

주파수 $\omega = 200\pi$인 코사인파를 전송하면서 시간이 1.25 ms만큼 지연된 다음과 같은 코사인파를 생각하자.

$$x(t) = 10\cos[200\pi(t - 1.25 \times 10^{-3})]$$

이 신호는 위상 전이의 양이 $\pi/4$ 라디안인 위상-전이 코사인파로 볼 수 있다.

$$x(t) = 10\cos(200\pi t - \pi/4)$$

선형성과 시간-지연 성질을 이용하면 이 지연된 코사인파의 푸리에 변환은 다음과 같이 구할 수 있다.

$$\begin{aligned}\mathscr{F}\{x(t)\} = X(\omega) &= 10\mathscr{F}\{\cos(200\pi t)\}e^{-j.00125\omega}\\ &= 10\pi[\delta(\omega - 200\pi) + \delta(\omega + 200\pi)]e^{-j.00125\omega}\\ &= 10\pi[\delta(\omega - 200\pi)e^{-j\pi/4} + \delta(\omega + 200\pi)e^{j\pi/4}]\end{aligned}$$

회전하는 페이저 $e^{-j.00125\omega}$는 마지막 식에서 볼 수 있듯이 두 개의 고정된 페이저로 줄어든다. 왜냐하면 주파수 스펙트럼이 $\omega = 200\pi$와 $\omega = -200\pi$를 제외하고는 크기가 0이기 때문이다. 표 2.3으로부터 다음을 떠올려보자.

$$F(\omega)\delta(\omega - \omega_0) = F(\omega_0)\delta(\omega - \omega_0)$$

코사인파의 전송에서 1.25 ms의 시간-지연의 결과로 나타난 $-\pi/4$ 라디안의 위상-전이가 주파수 스펙트럼에서 명확하게 보인다는 점에 주목하자. ■

시간 역전

시간 역전 성질은 시간 스케일링 성질에서 $a = -1$로 두면 바로 유도된다.

$$f(-t) = \frac{1}{|-1|}F\left(\frac{\omega}{-1}\right) = F(-\omega) \tag{5.14}$$

예제 5.7 시간-역전된 함수의 푸리에 변환

다음과 같이 시간-지연된 임펄스 함수를 생각하자.

$$g(t) = \delta(-t - t_0)$$

예제 5.6으로부터 $f(t) = \delta(t - t_0)$이면, $F(\omega) = e^{-j\omega t_0}$인 것을 알 수 있다. 또한 다음 식이 성립하는 것도 알 수 있다.

$$g(t) = f(-t)$$

그러므로 시간 역전 성질을 적용하여 다음과 같이 푸리에 변환을 구할 수 있다.

$$G(\omega) = e^{j\omega t_0}$$

■

시간 변환

시간 스케일링과 시간 이동 성질을 하나의 좀 더 일반적인 시간 변환 성질로 합칠 수 있다. 시간 변환 성질에 대한 개념은 2.2절에서 소개하였고, 4.6절에서 푸리에 급수에 대한 시간 변환 성질도 소개하였다.

다음과 같이 가정하자.

$$\tau = at - t_0$$

여기서 a는 스케일링 인자고 t_0는 시간 이동이다. 시간-스케일링 성질 식 (5.12)를 적용하면 다음과 같다.

$$f(at) \stackrel{\mathscr{F}}{\longleftrightarrow} \frac{1}{|a|}F\left(\frac{\omega}{a}\right)$$

시간-이동 성질 식 (5.13)을 이 시간-스케일링된 함수에 적용하면 시간-변환 성질을 다음과 같이 유도해내게 된다.

$$f(at - t_0) \overset{\mathscr{F}}{\longleftrightarrow} \frac{1}{|a|}F\left(\frac{\omega}{a}\right)e^{-jt_0(\omega/a)} \tag{5.15}$$

예제 5.8 푸리에 변환의 시간-변환 성질

그림 5.7(a)에 보이는 것과 같은 사각 펄스를 생각해보자. 이미 알려져 있는 푸리에 변환과 시간-변환 성질을 이용하여 이 함수에 대한 푸리에 변환을 구하려고 한다. 그림 5.7(b)의 사각 펄스가 주어졌을 때, 식 (5.4)로부터 쉽게 다음과 같이 푸리에 변환을 구할 수 있다.

$$F(\omega) = \text{sinc}(\omega/2)$$

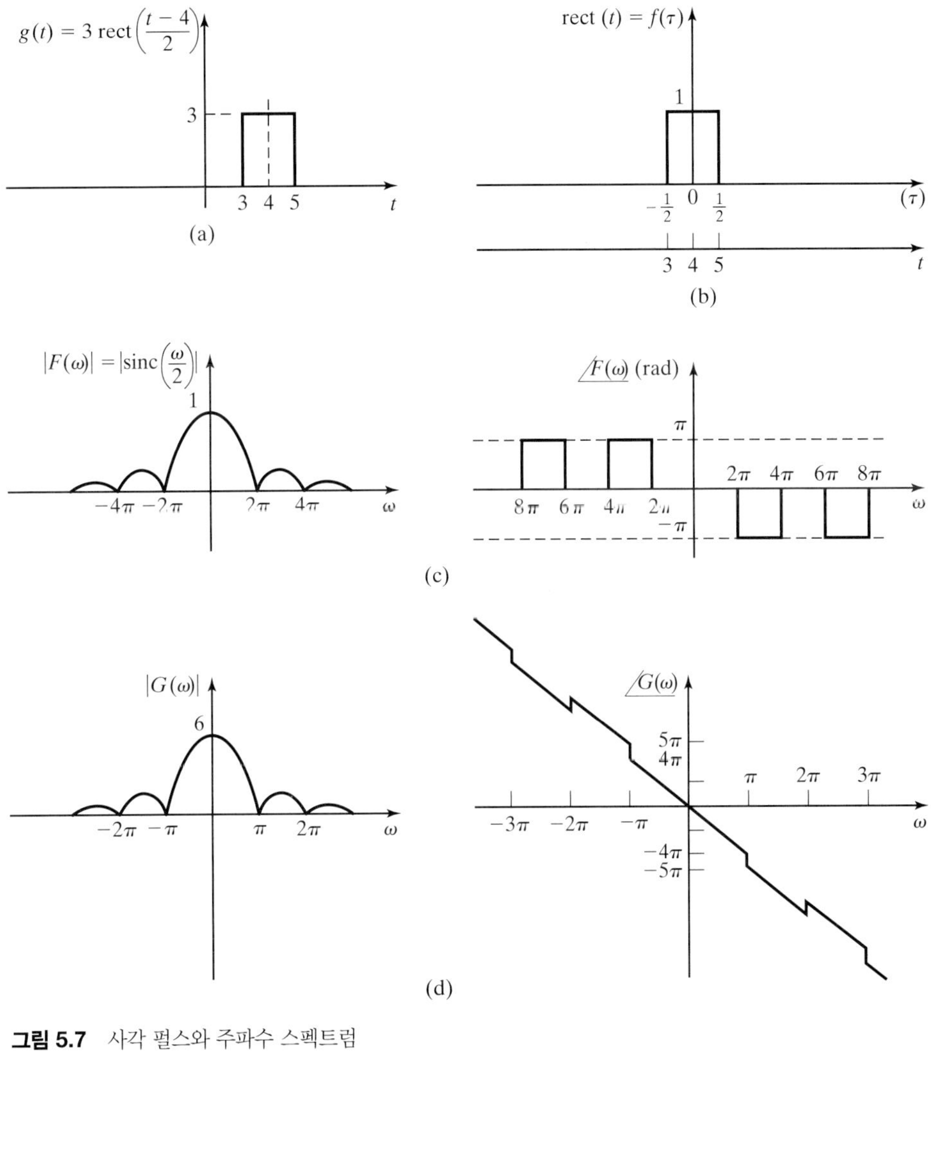

그림 5.7 사각 펄스와 주파수 스펙트럼

$F(\omega)$의 크기 그래프와 위상 그래프를 그림 5.7(c)에 별도로 나타내었다. 그림 5.7(a)와 (b)로부터 다음과 같이 쓴다.

$$g(t) = 3\,\mathrm{rect}\,[(t-4)/2] = 3f(0.5t-2)$$

그러면, $a = 0.5$, $t_0 = 2$로 두고 시간-변환 성질 식 (5.15)와 크기 스케일링을 설명해주는 선형 성질을 이용하여, 다음과 같이 쓸 수 있다.

$$G(\omega) = 6\,\mathrm{sinc}(\omega)e^{-j4\omega}$$

$G(\omega)$의 크기와 위상 그림을 $F(\omega)$와 비교해보기 위해 그림 5.7(d)에 나타내었다. 시간 이동이 $G(\omega)$의 위상에 미치는 영향에 유의한다. π에서 위상이 계단 모양으로 변하는 것은 sinc 함수의 대수적인 기호가 변하기 때문이다. ■

주파수에 따라 연속적으로 변하는 위상각을 갖는 예제 5.8에서의 $G(\omega)$와 같은 신호에 대해서는 푸리에 변환의 크기와 위상 그래프를 별도로 그리는 것이 일반적으로 바람직하다. 이 그림들의 스케치는 간단하고 해석이 더 쉬운 방식으로 정보들을 보여준다. 이 별도의 그림들을 각각 신호의 크기 스펙트럼과 위상 스펙트럼이라 한다.

쌍대성(Duality)

푸리에 변환과 역변환의 t와 ω에 대한 대칭성은 식 (5.1)과 식 (5.2)를 살펴보면 알 수 있다.

[식 (5.1)] $$\mathscr{F}\{f(t)\} = F(\omega) = \int_{-\infty}^{\infty} f(t)e^{-j\omega t}\,dt;$$

[식 (5.2)] $$\mathscr{F}^{-1}\{F(\omega)\} = f(t) = \frac{1}{2\pi}\int_{-\infty}^{\infty} F(\omega)e^{j\omega t}d\omega$$

때때로 대칭성 성질이라고 알려져 있는 쌍대성 성질은 다음과 같다.

$$f(t) \overset{\mathscr{F}}{\longleftrightarrow} F(\omega) \quad \text{일 때} \quad F(t) \overset{\mathscr{F}}{\longleftrightarrow} 2\pi f(-\omega) \tag{5.16}$$

이 성질은 만일 수학적인 함수 $f(t)$의 푸리에 변환이 $F(\omega)$이고, 다음과 같은 시간 함수가 존재한다면

$$F(t) = F(\omega)\Big|_{\omega=t}$$

$\mathscr{F}\{F(t)\} = 2\pi f(-\omega)$가 되는 것을 말한다. 여기서 $f(-\omega) = f(t)\Big|_{t=-\omega}$ 다.

예제 5.9 푸리에 변환의 쌍대성

예제 5.1에서 유도한 변환 쌍을 이용하여 이제 그림 5.8(a)에 보이는 파형의 푸리에 역변환을 구해보자. 그림 5.8(a)는 시간 영역이 아니고 주파수 주파수 영역에서의 사각 파형이다.

이제 해야 할 일은 이러한 형태의 주파수 스펙트럼을 갖는 시간-영역에서의 파형을 찾는 것이다. 그림 5.8(a)의 파형은 다음과 같이 표현할 수 있다.

$$F(\omega) = A[u(\omega+\beta) - u(\omega-\beta)]$$

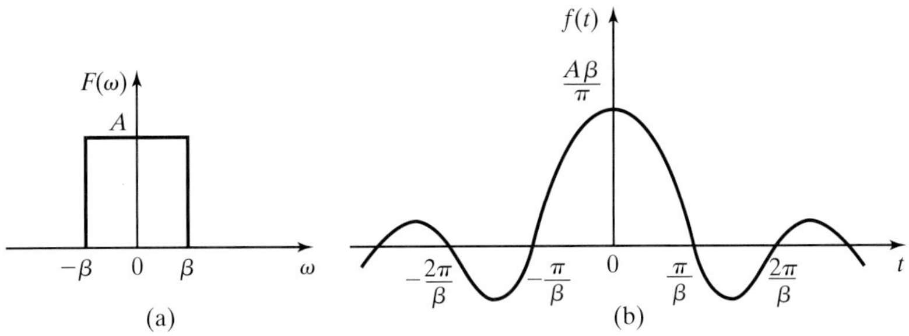

그림 5.8 사각 펄스와 주파수 스펙트럼

즉,

$$F(\omega) = A\ \text{rect}(\omega/2\beta)$$

이 파형의 표현식을 변환 쌍 (5.4)와 비교한다.

$$V\ \text{rect}(t/T) \stackrel{\mathscr{F}}{\longleftrightarrow} TV\ \text{sinc}(\omega T/2)$$

쌍대성 성질에 따라, 다음과 같이 쓴다.

$$TV\ \text{sinc}(Tt/2) \stackrel{\mathscr{F}}{\longleftrightarrow} 2\pi V\ \text{rect}(-\omega/T)$$

파형은 짝함수인 주파수의 함수이므로, 즉 $F(-\omega) = F(\omega)$이므로, 파형을 표현하는 수식을 다음과 같이 다시 쓸 수 있다.

$$2\pi f(-\omega) = 2\pi A\ \text{rect}(\omega/2\beta)$$

여기서 $T = 2\beta$와 $V = \text{A}$를 대입하였다. 이 값들을 식 (5.4)에 대입하고 쌍대성 성질을 이용하면 최종적으로 다음 식을 얻는다.

$$F(t) = 2\beta A\ \text{sinc}(\beta t)$$

다음 변환 쌍을

$$\frac{A\beta}{\pi}\text{sinc}\ (\beta t) \stackrel{\mathscr{F}}{\longleftrightarrow} \text{A}\ \text{rect}(\omega/2\beta)$$

그림 5.8(a)와 (b)에 각각 나타내었다. ■

쌍대성 성질은 다음 MATLAB 프로그램으로 보일 수 있다.

```
% Duality Property Example
syms t w
x=4* (heaviside (1-t) -heaviside (-1-t))
X=fourier (x)
ezplot (x,-4,4),pause
ezplot (X,-7,7),pause
Y=(heaviside (1-w) -heaviside (-1-w))
y=ifourier (Y)
ezplot (Y,-4,4),pause
ezplot (y,-7,7)
```

쌍대성 성질은 예제 5.9에서 보여준 것처럼 이미 만들어진 변환 쌍에 대한 지식을 기반으로 새로운 변환 쌍을 유도해낼 때 꽤나 유용하다.

컨볼루션

컨볼루션 성질은 만일 다음과 같은 변환 쌍이 있다면,

$$f_1(t) \overset{\mathscr{F}}{\longleftrightarrow} F_1(\omega) \quad \text{and} \quad f_2 \overset{\mathscr{F}}{\longleftrightarrow} F_2(\omega)$$

시간-영역 파형의 컨볼루션은 주파수-영역에서 각 파형과 대응 관계를 갖는 두 함수를 곱하는 효과가 있음을 말한다. 그러므로

$$f_1(t)*f_2(t) \overset{\mathscr{F}}{\longleftrightarrow} F_1(\omega)F_2(\omega) \tag{5.17}$$

이고, 여기서

$$f_1(t)*f_2(t) = \int_{-\infty}^{\infty} f_1(\tau)f_2(t-\tau)d\tau = \int_{-\infty}^{\infty} f_1(t-\tau)f_2(\tau)d\tau$$

이다. 또한 식 (5.17)에 쌍대성 성질을 적용함으로써 시간-영역 파형의 곱은 주파수-영역의 표현식을 컨볼루션하는 효과가 있음을 보일 수 있다. 이것은 때때로 *변조 성질*(modulation property) 또는 *곱셈 성질*(multiplication property)이라 한다. 즉,

$$f_1(t)f_2(t) \overset{\mathscr{F}}{\longleftrightarrow} \frac{1}{2\pi}F_1(\omega)*F_2(\omega) \tag{5.18}$$

이고, 여기서

$$F_1(\omega)*F_2(\omega) = \int_{-\infty}^{\infty} F_1(\lambda)F_2(\omega-\lambda)d\lambda = \int_{-\infty}^{\infty} F_1(\omega-\lambda)F_2(\lambda)d\lambda$$

이다. 엔지니어들은 신호 및 시스템의 상호 작용을 분석할 때 자주 이 컨볼루션 성질을 사용한다.

예제 5.10 푸리에 변환의 시간-컨볼루션 성질

3장에서는 입력 신호에 대한 선형 시불변 시스템의 응답에 대해 논의하였다. 선형 시스템의 블록 다이어그램을 그림 5.9(a)에 나타내었다. 임펄스 함수에 대한 이 시스템의 출력을 $h(t)$라고 한다면, $h(t)$를 이 시스템의 임펄스 응답이라고 한다. 그러면 임의의 입력 신호에 대한 이 시스템의 출력은 이 임펄스 응답 $h(t)$와 입력 신호 $x(t)$의 컨볼루션으로 구할 수 있다.

$$y(t) = x(t)*h(t) = \int_{-\infty}^{\infty} x(\tau)h(t-\tau)d\tau$$

푸리에 변환의 컨볼루션 성질을 이용하면 다음으로부터 출력 신호의 푸리에 변환을 구할 수 있다.

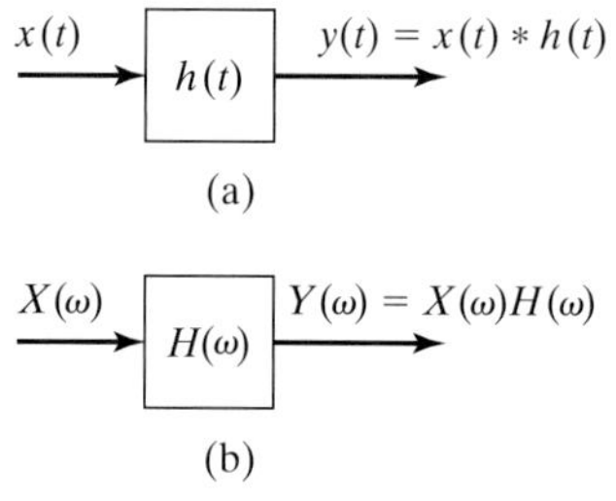

그림 5.9 선형 시불변 시스템

$$Y(\omega) = X(\omega)H(\omega)$$

여기서

$$h(t) \overset{\mathscr{F}}{\longleftrightarrow} H(\omega), x(t) \overset{\mathscr{F}}{\longleftrightarrow} X(\omega), \text{ 그리고 } y(t) \overset{\mathscr{F}}{\longleftrightarrow} Y(\omega)$$

이다.

함수 $H(\omega)$는 4.5절에서 논의했던 시스템 전달함수다. 주파수 영역에서 신호/시스템 관련성에 대한 블록 다이어그램을 그림 5.9(b)에 나타내었다. ■

예제 5.10에서 설명한 컨볼루션의 응용과 또 다른 응용들에 대해 6장에서 좀 더 폭넓게 고찰할 것이다.

주파수 이동

주파수 이동 성질은 다음과 같이 수학적으로 나타낼 수 있다.

$$x(t)e^{j\omega_0 t} \overset{\mathscr{F}}{\longleftrightarrow} X(\omega - \omega_0) \tag{5.19}$$

이 성질은 인지하지 못했겠지만 식 (5.9)를 유도할 때 이미 보였다.

예제 5.11 푸리에 변환의 변조 성질

다음과 같은 두 신호를 생각하자.

$$g_1(t) = 2\cos(200\pi t) \quad \text{그리고} \quad g_2(t) = 5\cos(1000\pi t)$$

이 두 신호의 곱은 다음과 같다.

$$g_3(t) = g_1(t)g_2(t) = 10\cos(200\pi t)\cos(1000\pi t)$$

변조(곱셈) 성질을 적용하면 다음을 구할 수 있다.

$$G_3(\omega) = \frac{1}{2\pi} G_1(\omega) * G_2(\omega)$$

식 (5.11)을 적용하여 다음을 구한다.

$$\begin{aligned} G_1(\omega) &= 2\pi[\delta(\omega - 200\pi) + \delta(\omega + 200\pi)] \text{ and} \\ G_2(\omega) &= 5\pi[\delta(\omega - 1000\pi) + \delta(\omega + 1000\pi)] \end{aligned}$$

그러면

$$\begin{aligned} G_3(\omega) &= 5\pi[\delta(\omega - 200\pi) + \delta(\omega + 200\pi)] * [\delta(\omega - 1000\pi) + \delta(\omega + 1000\pi)] \\ &= 5\pi \begin{bmatrix} \delta(\omega - 200\pi) * \delta(\omega - 1000\pi) + \delta(\omega + 200\pi) * \delta(\omega - 1000\pi) \\ + \delta(\omega - 200\pi) * \delta(\omega + 1000\pi) + \delta(\omega + 200\pi) * \delta(\omega + 1000\pi) \end{bmatrix} \end{aligned}$$

이다. 이 식에서 각 컨볼루션 항들은 다음과 같은 일반적인 형태를 띠고 있다.

$$\delta(\omega + \omega_1) * \delta(\omega + \omega_2) = \int_{-\infty}^{\infty} \delta(\lambda + \omega_1)\delta(\lambda - \omega - \omega_2)d\lambda$$

컨볼루션 적분 내의 두 번째 임펄스 함수는 $\lambda = \omega + \omega_2$일 때에만 0이 아니므로 다음을 알 수 있다.

$$\delta(\omega + \omega_1) * \delta(\omega + \omega_2) = \delta(\omega + \omega_1 + \omega_2) \int_{-\infty}^{\infty} \delta(\lambda - \omega - \omega_2)d\lambda = \delta(\omega + \omega_1 + \omega_2)$$

이 결과를 $G_3(\omega)$의 계산식에 포함되어 있는 각 컨볼루션 항에 적용하면 다음을 얻는다.

$$G_3(\omega) = 5\pi[\delta(\omega - 800\pi) + \delta(\omega - 800\pi) + \delta(\omega - 1200\pi) + \delta(\omega - 1200\pi)]$$

식 (5.11)을 다시 참조하면 다음을 알 수 있다.

$$g_3(t) = 5\cos(800\pi t) + 5\cos(1200\pi t)$$

■

예제 5.12 푸리에 변환의 주파수-이동 성질

다음과 같은 두 신호를 생각해보자.

$$g_1(t) = 2\cos(200\pi t) \text{ 그리고 } g_2(t) = 5\cos(1000\pi t)$$

통신 신호를 생성할 때, 종종 위의 두 신호를 곱하여 새로운 신호를 얻는다.

$$g_3(t) = g_1(t)g_2(t) = 10\cos(200\pi t)\cos(1000\pi t)$$

주파수-이동 성질을 이용하면 $g_3(t)$의 주파수 스펙트럼을 구할 수 있다. 두 번째 코사인 함수에 대해 오일러 관계식을 적용하면 $g_3(t)$를 다음과 같이 다시 쓸 수 있다.

$$\begin{aligned} g_3(t) &= 10\cos(200\pi t)\frac{e^{j1000\pi t} + e^{-j1000\pi t}}{2} \\ &= 5\cos(200\pi t)e^{j1000\pi t} + 5\cos(200\pi t)e^{-j1000\pi t} \end{aligned}$$

이 식의 푸리에 변환은 선형성 식 (5.10), 주파수 이동 식 (5.19), 그리고 cos $(\omega_0 t)$의 변환에 대한 식 (5.11)로부터 다음과 같이 구한다.

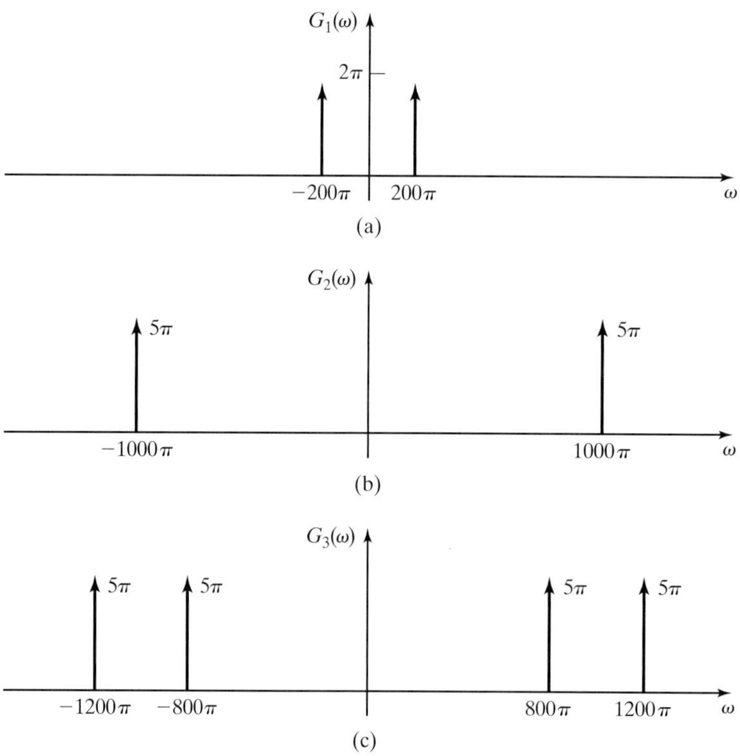

그림 5.10 $10\cos(200\pi t)\cos(1000\pi t)$의 주파수 스펙트럼

$$G_3(\omega) = 5\pi[\delta(\omega - 200\pi - 1000\pi) + \delta(\omega + 200\pi - 1000\pi)] \\ + 5\pi[\delta(\omega - 200\pi + 1000\pi) + \delta(\omega + 200\pi + 1000\pi)]$$

다시 정리하면,

$$G_3(\omega) = 5\pi[\delta(\omega - 1200\pi) + \delta(\omega - 800\pi) + \delta(\omega + 800\pi) + \delta(\omega + 1200\pi)]$$

이다. $g_1(t)$, $g_2(t)$, $g_3(t)$의 주파수 스펙트럼을 그림 5.10에 나타내었다.

$G_3(\omega)$의 역푸리에 변환이 다음과 같다는 사실은 엔지니어에게 흥미롭다.

$$g_3(t) = \mathscr{F}^{-1}\{5\pi[\delta(\omega - 1200\pi) + \delta(\omega + 1200\pi)]\} \\ + \mathscr{F}^{-1}\{5\pi[\delta(\omega - 800\pi) + \delta(\omega + 800\pi)]\} \\ = 5\cos 1200\pi t + 5\cos 800\pi t$$

두 사인파 신호의 곱이 두 사인파 신호의 합을 만들어냈다(이것은 삼각함수 공식으로도 알 수 있다). 한 사인파의 주파수는 원래 두 신호의 주파수의 합이고 다른 하나의 사인파의 주파수는 원래 두 신호의 주파수의 차다. 이러한 특성은 종종 통신 시스템의 신호를 생성하는 과정과 레이더와 초음파와 같은 응용에서 사용된다.

이 결과는 다음 MATLAB 프로그램으로 확인할 수 있다.

```
% This MATLAB program finds the Fourier transform of the product
% of two sinusoidal signals using the symbolic math function
% "fourier".
%
syms t
g1=2*cos(200*pi*t)
g2=5*cos(1000*pi*t)
% Multiply the two sinusoidal signals,'g3 = g1*g2='
g3=g1*g2
% Compute the Fourier transform,'G3=fourier(g3)'
G3=fourier(g3)
```

■

시간 영역에서 적분

만일

$$f(t) \overset{\mathscr{F}}{\longleftrightarrow} F(\omega)$$

이면,

$$g(t) = \int_{-\infty}^{t} f(\tau)d\tau \overset{\mathscr{F}}{\longleftrightarrow} \frac{F(\omega)}{j\omega} + \pi F(0)\delta(\omega) = G(\omega) \tag{5.20}$$

이다. 여기서 식 (5.1)로부터

$$F(0) = F(\omega)\Big|_{\omega=0} = \int_{-\infty}^{\infty} f(t)dt$$

이다. $f(t)$가 0이 아닌 시간-평균값(직류값)을 갖는다면, $F(0) \neq 0$이다.

푸리에 변환의 시간-적분 성질을 증명해보자. 일반적인 파형 $f(t)$와 단위 계단 함수의 컨볼루션을 생각해보자.

$$f(t)*u(t) = \int_{-\infty}^{\infty} f(\tau)u(t-\tau)d\tau$$

단위 계단 함수 $u(t - \tau)$의 값은 $t < \tau$일 때 0이고 $t > \tau$일 때 1이다. 이것을 다음과 같이 표현할 수 있다.

$$u(t-\tau) = \begin{cases} 1, & \tau < t \\ 0, & \tau > t \end{cases}$$

그러므로

$$f(t)*u(t) = \int_{-\infty}^{t} f(\tau)d\tau \tag{5.21}$$

이다. 적분 성질에 의해 다음 결과를 얻는다.

$$\int_{-\infty}^{t} f(\tau)d\tau \overset{\mathscr{F}}{\longleftrightarrow} \frac{F(\omega)}{j\omega} + \pi F(0)\delta(\omega)$$

우변의 두 번째 항의 인수 $F(0)$는 임펄스 함수의 여과 성질인 식 (2.42)로부터 온 것이다.

예제 5.13 푸리에 변환의 시간-적분 성질

그림 5.11(a)는 적분기로 이루어진 선형 시스템을 보여준다. 1.2절에서 논의했듯이 이 시스템은 연산증폭기, 저항, 커패시터를 혼합한 전자회로로 물리적으로 구현이 가능하다. 입력 신호는 그림 5.11(b)에 나와 있는 것과 같은 한 쌍의 사각 펄스다. 시간 영역에서 적분을 하면 출력 신호가 그림 5.11(c)와 같이 삼각 파형이 될 것임을 알 수 있다. 이 출력 신호의 주파수 스펙트럼을 알고 싶다고 하자. 우리는 아직 삼각 파형에 대한 푸리에 변환을 구한 적이 없다. 그러나 이 시스템의 입력에 보이는 사각 펄스에 대한 푸리에 변환은 알고 있다. 선형성과 시간 이동 성질을 이용하여, 입력 신호를 다음과 같이 쓸 수 있다.

$$x(t) = A\,\text{rect}\left[\frac{t + t_1/2}{t_1}\right] - A\,\text{rect}\left[\frac{t - t_1/2}{t_1}\right]$$

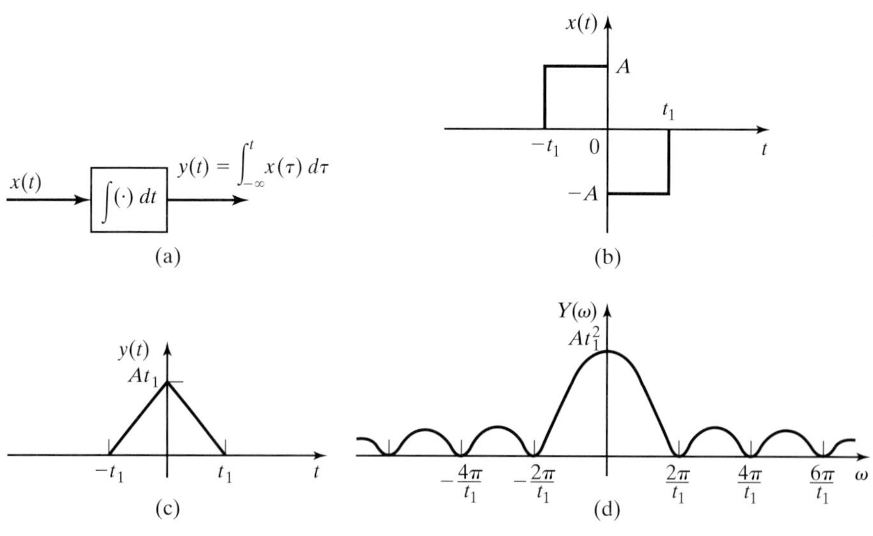

그림 5.11 예제 5.13의 시스템과 파형

그리고

$$y(t) = \int_{-\infty}^{t} x(\tau)d\tau$$

이다. $x(t)$의 푸리에 변환은 다음과 같다.

$$\begin{aligned} X(\omega) &= At_1 \operatorname{sinc}(t_1\omega/2)[e^{j\omega t_1/2} - e^{-j\omega t_1/2}] \\ &= 2jAt_1 \operatorname{sinc}(t_1\omega/2) \sin(t_1\omega/2) \\ &= j\omega A t_1^2 \operatorname{sinc}(t_1\omega/2)\left[\frac{\sin(t_1\omega/2)}{t_1\omega/2}\right] \\ &= j\omega A t_1^2 \operatorname{sinc}^2(t_1\omega/2) \end{aligned}$$

다음으로 시간-적분 성질을 이용하면 다음을 구할 수 있다.

$$Y(\omega) = \frac{1}{j\omega}X(\omega) + \pi X(0)\delta(\omega)$$

$x(t)$의 파형을 보고 $X(0) = 0$로 한다. 그러므로 출력 신호의 푸리에 변환은 다음과 같다.

$$Y(\omega) = At_1^2 \operatorname{sinc}^2(t_1\omega/2)$$

이 주파수 스펙트럼의 개형을 그림 5.11(d)에 나타내었다. ■

때때로 그림 5.11(c)와 같은 삼각 파형을 일반화시켜 함수 이름을 붙이기도 하는데, 이 삼각 파형에 대한 널리 공인된 함수 이름은 아직 없다. 우리는 삼각 펄스를 다음과 같이 정의한다.

$$\operatorname{tri}(t/T) = \begin{cases} 1 - \dfrac{|t|}{T}, & |t| < T \\ 0, & |t| \geq T \end{cases}$$

그러므로 그림 5.11(c)에 보이는 삼각 펄스는 $At_1 \operatorname{tri}(t/t_1)$로 쓸 수 있다.

사각 펄스 $\operatorname{rect}(t/T)$는 T초 동안의 유지 시간을 갖는 반면에, 삼각 펄스 $\operatorname{tri}(t/T)$는 $2T$초 동안의 유지 시간을 갖는다는 점에 주의한다. 예제 5.13의 결과로부터 다음과 같이 또 하나의 푸리에 변환 쌍을 쓸 수 있다.

$$\operatorname{tri}(t/T) \overset{\mathscr{F}}{\longleftrightarrow} T \operatorname{sinc}^2(T\omega/2) \tag{5.22}$$

시간 영역에서 미분

만일

$$f(t) \overset{\mathscr{F}}{\longleftrightarrow} F(\omega)$$

라면,

$$\frac{d[f(t)]}{dt} \overset{\mathscr{F}}{\longleftrightarrow} j\omega F(\omega) \tag{5.23}$$

이다. 미분 성질은 n차 미분에 대해 좀 더 일반적으로 다음과 같이 말할 수 있다.

$$\frac{d^n[f(t)]}{dt^n} \stackrel{\mathcal{F}}{\longleftrightarrow} (j\omega)^n F(\omega) \tag{5.24}$$

이 성질은 식 (5.2)의 양변을 시간에 대해 미분함으로써 쉽게 증명할 수 있다. 이 증명은 연습문제 5.4(e)로 남겨둔다.

예제 5.14 부호 함수의 푸리에 변환

그림 5.12(a)에 나타낸 부호 함수의 푸리에 변환을 구해보자.

$$f(t) = \text{sgn}(t)$$

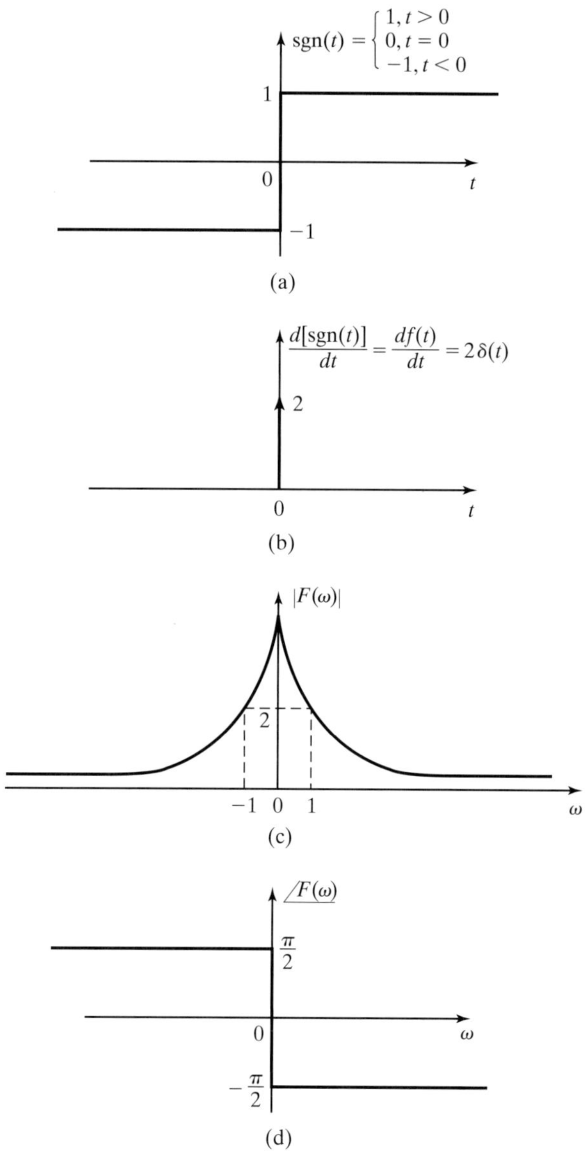

그림 5.12 부호 함수의 주파수 스펙트럼 구하기

$F(\omega)$의 유도는 미분 성질에 의해 간단해진다. $\operatorname{sgn}(t)$의 시간 미분은 그림 5.12(b)에 나와 있고 다음과 같다.

$$\frac{d[f(t)]}{dt} = 2\delta(t)$$

식 (5.8)에서 $\delta(t) \overset{\mathscr{F}}{\longleftrightarrow} 1$이므로

$$j\omega F(\omega) = 2$$

이다. 이 결과로부터 다음을 얻는다.

$$F(\omega) = \frac{2}{j\omega} + k\delta(\omega)$$

여기서 항 $k\delta(\omega)$는 $\omega = 0$일 때에만 0이 아니고 $f(t)$의 시간-평균값을 반영한다. 일반적인 경우에 이 항은 반드시 포함되어야 한다. 그렇지 않으면 $j\omega F(\omega)$ 식에 의해 내포된 시간-미분 연산이 $f(t)$의 시간-평균값에 대한 이 정보를 잃어버리는 결과를 초래할 것이다. 특별한 경우로 이 예제에서는 $\operatorname{sgn}(t)$의 시간-평균값이 0이므로 $\operatorname{sgn}(t)$의 푸리에 변환식에서 $k = 0$이다. 이 결과를 푸리에 변환표에 또 하나의 변환 쌍으로 추가한다.

$$\operatorname{sgn}(t) \overset{\mathscr{F}}{\longleftrightarrow} \frac{2}{j\omega} \tag{5.25}$$

그림 5.12(c)와 (d)는 각각 부호 함수의 크기와 위상 주파수 스펙트럼의 개형을 나타낸다. ■

예제 5.15 푸리에 변환의 시간-미분 성질

그림 5.13(a)와 같은 신호에 대한 주파수 스펙트럼을 구하고자 한다. 이 그림의 파형 $w(t)$에 대해서는 아직까지 푸리에 변환을 구한 적이 없다. 푸리에 변환의 미분 성질을 이용하면 푸리에 변환을 구하는 과정을 간단하게 할 수 있다. 그림 5.13(b)는 $w(t)$의 시간에 대한 일차 미분인 $x(t)$를 보여준다. 이 파형은 세 개의 사각 펄스의 집합으로 기술할 수 있다. 그러나 시간에 대해 이차 미분을 취하여 $y(t)$를 얻어내면 문제가 더 간단해진다. 그림 5.13(c)는 $y(t)$의 개형을 보여준다. 이 파형에 대한 방정식은 쉽게 다음과 같이 쓸 수 있다.

$$\begin{aligned} y(t) &= \frac{A}{b-a}\delta(t+b) - \frac{bA}{a(b-a)}\delta(t+a) \\ &\quad + \frac{bA}{a(b-a)}\delta(t-a) - \frac{A}{(b-a)}\delta(t-b) \end{aligned}$$

그리고 이 파형의 푸리에 변환은 표 5.2로부터 다음과 같이 구할 수 있다.

$$\begin{aligned} Y(\omega) &= \frac{A}{b-a}e^{j\omega b} - \frac{A}{b-a}e^{-j\omega b} \\ &\quad - \frac{bA}{a(b-a)}e^{j\omega a} + \frac{bA}{a(b-a)}e^{-j\omega a} \end{aligned}$$

오일러 관계식을 이용하면 이 식을 다음과 같이 다시 쓸 수 있다.

$$\begin{aligned} Y(\omega) &= \frac{j2A}{b-a}\sin(b\omega) - \frac{j2bA}{a(b-a)}\sin(a\omega) \\ &= \frac{j\omega 2Ab}{b-a}\frac{\sin(b\omega)}{b\omega} - \frac{j\omega 2bA}{b-a}\frac{\sin(a\omega)}{a\omega} \end{aligned}$$

$x(t) = \int_{-\infty}^{t} y(\tau)\,d\tau$이므로 시간 적분 성질로부터

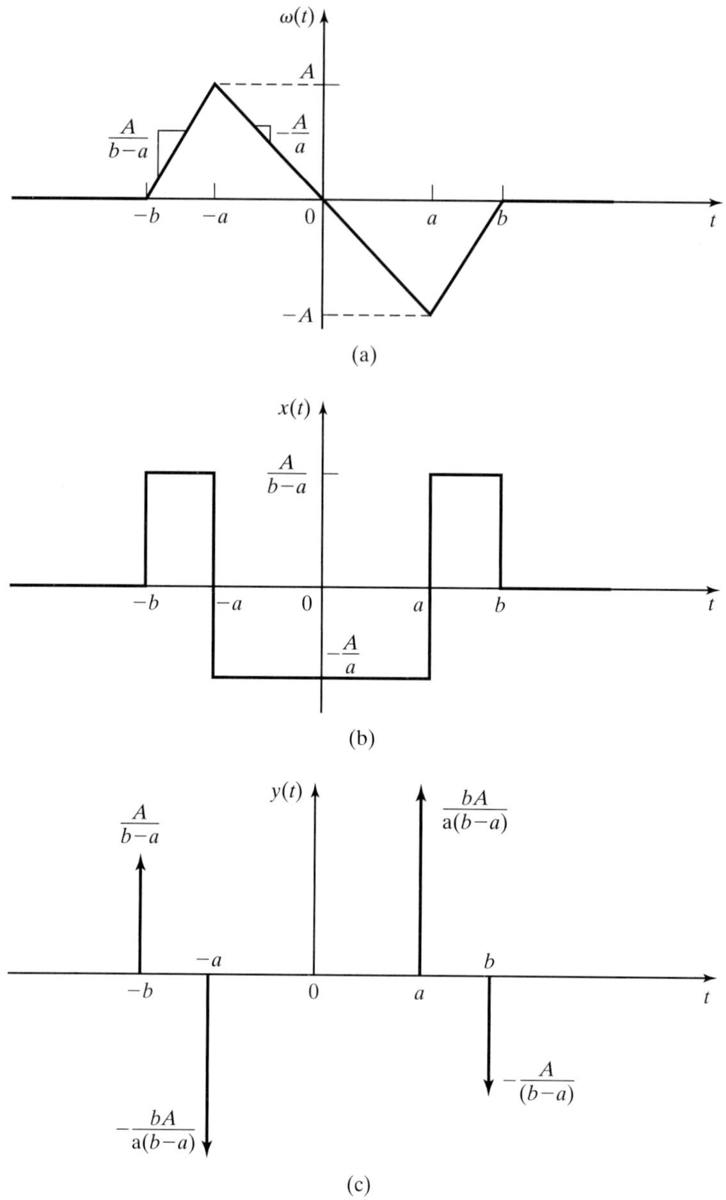

그림 5.13 파형 $\omega(t)$와 파형의 미분

$$Y(\omega) = j\omega X(\omega)$$

즉,

$$X(\omega) = \frac{1}{j\omega} Y(\omega) + k\delta(\omega) \tag{5.26}$$

을 얻는다. 여기서 $x(t)$의 시간-평균값은 그래프의 개형으로부터 0인 것을 알 수 있으므로 $k = 0$이다. 그러므로

표 5.2 푸리에 변환 쌍

시간 영역 신호	푸리에 변환
$f(t)$	$\int_{-\infty}^{\infty} f(t)e^{-j\omega t}dt$
$\frac{1}{2\pi}\int_{-\infty}^{\infty} F(\omega)e^{j\omega t}d\omega$	$F(\omega)$
$\delta(t)$	1
$A\delta(t - t_0)$	$Ae^{-j\omega t_0}$
$u(t)$	$\pi\delta(\omega) + \frac{1}{j\omega}$
1	$2\pi\delta(\omega)$
K	$2\pi K\delta(\omega)$
$\text{sgn}(t)$	$\frac{2}{j\omega}$
$e^{j\omega_0 t}$	$2\pi\delta(\omega - \omega_0)$
$\cos\omega_0 t$	$\pi[\delta(\omega - \omega_0) + \delta(\omega + \omega_0)]$
$\sin\omega_0 t$	$\frac{\pi}{j}[\delta(\omega - \omega_0) - \delta(\omega + \omega_0)]$
$\text{rect}(t/T)$	$T\text{sinc}\,(\omega T/2)$
$\cos\,(\omega_0 t)u(t)$	$\frac{\pi}{2}[\delta(\omega - \omega_0) + \delta(\omega + \omega_0)] + \frac{j\omega}{\omega_0^2 - \omega^2}$
$\sin(\omega_0 t)u(t)$	$\frac{\pi}{2j}[\delta(\omega - \omega_0) - \delta(\omega + \omega_0)] + \frac{\omega_0}{\omega_0^2 - \omega^2}$
$\text{rect}(t/T)\cos(\omega_0 t)$	$\frac{T}{2}\left[\text{sinc}\left(\frac{(\omega - \omega_0)T}{2}\right) + \text{sinc}\left(\frac{(\omega + \omega_0)T}{2}\right)\right]$
$\frac{\beta}{\pi}\text{sinc}(\beta t)$	$\text{rect}(\omega/2\beta)$
$\text{tri}(t/T)$	$T\,\text{sinc}^2(T\,\omega/2)$
$\text{sinc}^2(Tt/2)$	$\frac{2\pi}{T}\text{tri}(\omega/T)$
$e^{-at}u(t), \text{Re}\{a\} > 0$	$\frac{1}{a + j\omega}$
$te^{-at}u(t), \text{Re}\{a\} > 0$	$\left(\frac{1}{a + j\omega}\right)^2$
$t^{n-1}e^{-at}u(t), \text{Re}\{a\} > 0$	$\frac{(n-1)!}{(a + j\omega)^n}$
$e^{-a\|t\|}, \text{Re}\{a\} > 0$	$\frac{2a}{a^2 + \omega^2}$
$\sum_{n=-\infty}^{\infty} g(t - nT_0)$	$\sum_{n=-\infty}^{\infty} \omega_0 G(n\omega_0)\delta(\omega - n\omega_0),\ \omega_0 = \frac{2\pi}{T_0}$
$\sum_{n=-\infty}^{\infty} g(t - nT_0) = \sum_{k=-\infty}^{\infty} C_k e^{jk\omega_0 t}$	$2\pi\sum_{n=-\infty}^{\infty} C_n\delta(\omega - n\omega_0),\ \omega_0 = \frac{2\pi}{T_0}$
$\delta_T(t)$	$\sum_{k=-\infty}^{\infty} \omega_0\delta(\omega - k\omega_0)$

$$X(\omega) = \frac{2Ab}{b - a}[\text{sinc}(b\omega) - \text{sinc}(a\omega)]$$

이다. 이와 비슷하게,

$$W(\omega) = \frac{1}{j\omega}X(\omega) + k\delta(\omega) \tag{5.27}$$

인데, 여기서 다시 $x(t)$에 대해 시간-평균값이 0이다. 그러므로 $X(0) = 0$이고

$$W(\omega) = \frac{2Ab}{j\omega(a - b)}[\text{sinc}(a\omega) - \text{sinc}(b\omega)]$$
$$= \frac{2Ab}{\omega(a - b)}[\text{sinc}(a\omega) - \text{sinc}(b\omega)]e^{-j\pi/2}$$

이다. ■

예제 5.15에서와 같이 시간-미분 성질을 이용할 때에는 주의를 기울여야 한다. 파형 $w(t)$에 0이 아닌 직류 레벨(시간-평균값)이 들어 있다고 해보자. 이 파형의 시간에 대한 미분은 그림 5.13(b)에 보이는 것과 정확하게 동일하다. 일단 미분을 하고 나면 $w(t)$의 시간-평균값에 대한 정보가 전혀 남지 않기 때문에 원래 신호의 시간-평균값을 고려하는 데에 주의를 기울이지 않으면 앞서 썼던 방법은 잘못된 결과를 낼 수도 있다. 이 문제는 나중에 더 자세히 살펴본다.

예제 5.15에서 사용한 접근 방법은 실제 존재하는 물리적 파형에 대한 방정식을 선분들로 근사시켜 작성할 수 있는 한 방법을 보여준다. 이러한 방법으로 근사시킨 방정식에 대해 푸리에 변환과 그 성질들을 적용함으로써 물리적 파형의 주파수 스펙트럼에 대한 정보를 얻어낼 수 있다.

주파수 영역에서 미분

식 (5.24)로 주어지는 시간-미분 성질은 주파수 영역에서 미분하는 경우에 대해 쌍대성을 갖는다. 만일

$$f(t) \overset{\mathcal{F}}{\longleftrightarrow} F(\omega)$$

이면,

$$(-jt)^n f(t) \overset{\mathcal{F}}{\longleftrightarrow} \frac{d^n F(\omega)}{d\omega^n} \tag{5.28}$$

이다. 이것은 푸리에 변환을 정의하는 식 (5.1)의 양변을 ω에 대해 미분함으로써 쉽게 보일 수 있다.

$$\frac{dF(\omega)}{d\omega} = \int_{-\infty}^{\infty}[(-jt)f(t)]e^{-j\omega t}\,dt$$

그러면 이 식은 다음과 같은 푸리에 변환 쌍을 정의하게 되고,

$$(-jt)f(\text{t}) \overset{\mathcal{F}}{\longleftrightarrow} \frac{d[F(\omega)]}{d\omega}$$

이 결과는 쉽게 확장되어 식 (5.28)을 얻어낼 수 있다.

대칭성

푸리에 변환의 대칭성은 푸리에 변환이 존재하고 함숫값이 실수인 시간의 함수에 적용된다. 대칭 성질은 다음 식으로 기술된다.

$$\text{실숫값 함수 } f(t)\text{에 대해, } F(-\omega) = F^*(\omega) \tag{5.29}$$

이 성질은 때때로 켤레 성질(conjugate property)이라고 한다. 이 성질은 다음과 같은 푸리에 변환 적분의 켤레 복소수를 구함으로써 증명할 수 있다.

$$F^*(\omega) = \int_{-\infty}^{\infty} [f(t)e^{-j\omega t}]^* dt = \int_{-\infty}^{\infty} f^*(t)e^{j\omega t}dt$$

$f(t)$가 실수이므로 $f^*(t) = f(t)$이고 그러므로

$$F^*(\omega) = \int_{-\infty}^{\infty} f(t)e^{j\omega t}dt = F(-\omega)$$

이다.

물리적 시스템에서 존재하는 신호들은 일반적으로 실수값이기 때문에 공학 응용분야에서 이 대칭 성질은 흔히 적용 가능하다.

예제 5.16 푸리에 변환의 대칭 성질

$x(t) = e^{2t}u(-t)$의 푸리에 변환을 유도해보자.

표 5.2에서 다음 변환 쌍을 찾을 수 있다.

$$e^{-at}u(t),\ a > 0 = f(t) \overset{\mathscr{F}}{\longleftrightarrow} F(\omega) = \frac{1}{a + j\omega}$$

$x(t) = f(-t)$이고 $a = 2$이며 $f(t)$는 실수값 함수임을 알 수 있다. 그러므로 대칭 성질을 적용하면 다음을 얻는다.

$$X(\omega) = F^*(\omega) = F(-\omega) = \frac{1}{2 - j\omega}$$

이 결과는 또한 다음과 같이 푸리에 적분을 이용하여도 쉽게 유도할 수 있다.

$$X(\omega) = \int_{-\infty}^{\infty} e^{2t}u(-t)e^{-j\omega t}dt = \int_{-\infty}^{0} e^{(2-j\omega)t}dt = \frac{1}{2 - j\omega}$$ ■

요약

푸리에 변환의 유용하고 핵심적인 몇 가지 성질들을 설명하고 이 성질들을 이용하는 예제들을 보였다. 시간-영역 신호들에 대한 푸리에 변환을 유도하는 데에 이러한 성질들을 사용할 수 있기 때문에, 바로 다음 절에서 이 성질들을 적용하여 추가적으로 몇 가지 시간-영역 신호들의 푸리에 변환쌍을 유도하는 예제들을 보여줄 것이다.

표 5.1에 푸리에 변환 성질들을 간략하게 정리하였다. 이 성질들에 대한 증명과 푸리에 변환의 다른 성질들은 3번부터 9번까지의 참고문헌에서 찾아볼 수 있다.

5.3 시간 함수의 푸리에 변환

5.1절과 5.2절에서는 푸리에 변환과 역푸리에 변환을 정의하였다. 또한 푸리에 변환의 중요한 몇 가지 성질들을 설명하면서 이를 응용하였고 이 과정에서 몇 가지 시간-영역 신호들의 푸리에 변환을 유도하였다. 이 절에서는 나중에 참고할 목적으로 푸리에 변환 쌍을 추가적으로 유도한다.

DC 레벨

식 (5.9)의 변환 쌍을 여기에 다시 옮겨 적는다.

$$e^{j\omega_0 t} \overset{\mathscr{F}}{\longleftrightarrow} 2\pi\delta(\omega - \omega_0)$$

$\omega_0 = 0$이어도 괜찮다면,

$$1 \overset{\mathscr{F}}{\longleftrightarrow} 2\pi\delta(\omega) \tag{5.30}$$

이고, 이 식과 선형 성질에 의해 다음과 같이 임의의 크기의 직류 신호에 대한 푸리에 변환식을 쓸 수 있다.

$$K \overset{\mathscr{F}}{\longleftrightarrow} 2\pi K\delta(\omega) \tag{5.31}$$

이 변환 쌍과 다음과 같은 시간 영역의 임펄스 함수에 대한 변환 쌍을 비교하면

[식 (5.8)] $$\delta(t) \overset{\mathscr{F}}{\longleftrightarrow} 1$$

쌍대성 성질 식 (5.16)의 또 하나의 예를 볼 수 있다.

단위 계단 함수

단위 계단 함수의 푸리에 변환은 식 (5.25)에서 유도된 부호 함수의 푸리에 변환을 고려하면 쉽게 유도할 수 있다.

[식 (5.25)] $$\text{sgn}(t) \overset{\mathscr{F}}{\longleftrightarrow} \frac{2}{j\omega}$$

그림 5.14에서 보여주듯이, 단위 계단 함수는 다음과 같이 부호 함수를 이용하여 쓸 수 있다.

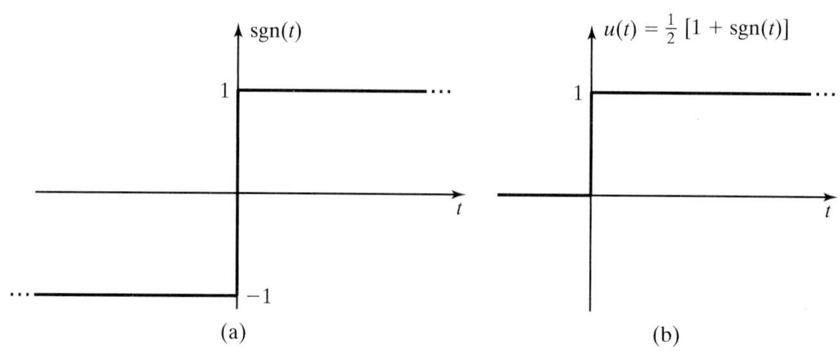

그림 5.14 부호 함수와 단위 계단 함수

$$u(t) = \tfrac{1}{2}[1 + \text{sgn}(t)]$$

식 (5.25) 및 식 (5.31)을 선형 성질과 함께 결합하면 다음 변환 쌍을 얻는다.

$$u(t) \overset{\mathcal{F}}{\longleftrightarrow} \pi\delta(\omega) + \frac{1}{j\omega} \tag{5.32}$$

스위칭된 코사인

스위칭된 코사인은 그림 5.15에서 보듯이, 단순히 $t = 0$인 순간에 스위칭된 코사인 함수다. 수학적으로 이 파형은 ($-\infty < t < \infty$인 모든 시간에 대해 존재하는) 코사인 함수와 ($t > 0$인 구간에서만 0이 아닌) 단위 계단 함수의 곱으로 표현할 수 있다.

$$f(t) = \cos(\omega_0 t)u(t)$$

오일러 관계식을 적용하면 이 함수를 다음과 같이 다시 쓸 수 있다.

$$f(t) = \frac{e^{j\omega_0 t} + e^{-j\omega_0 t}}{2}u(t) = \tfrac{1}{2}e^{j\omega_0 t}u(t) + \tfrac{1}{2}e^{-j\omega_0 t}u(t)$$

이제 선형 성질 식 (5.10)과 주파수 이동 성질 식 (5.19)를 단위 계단 함수에 적용하면 다음을 얻는다.

$$\cos(\omega_0 t)u(t) \overset{\mathcal{F}}{\longleftrightarrow} \frac{\pi}{2}[\delta(\omega - \omega_0) + \delta(\omega + \omega_0)] + \frac{j\omega}{\omega_0^2 - \omega^2} \tag{5.33}$$

펄스화된 코사인

그림 5.16은 펄스화된 코사인을 나타낸다. 이 파형은 다양한 전자 통신 시스템과 레이더와 초음파와 같은 검지 시스템에서 마주치게 된다. 이 신호는 다음과 같이 사각 함수와 코사인 함수의 곱으로 표현할 수 있다.

$$f(t) = \text{rect}(t/T)\cos(\omega_0 t)$$

여기서 rect(t/T)를 그림 5.16(a)에 점선으로 표시하였다.

이 신호에 대한 푸리에 변환 쌍을 유도하는 것은 주파수 이동 성질을 이용했던 스위칭된 코사인에 대한 푸리에 변환 쌍을 유도한 것과 비슷하게 할 수도 있을 것이다. 그러나 다양한 방법을

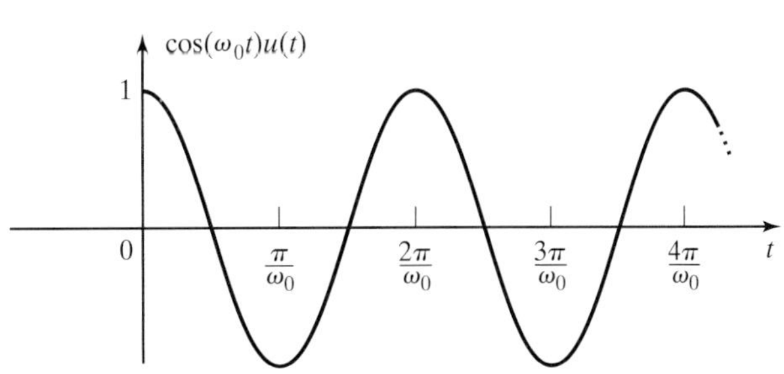

그림 5.15 스위칭된 코사인 파형

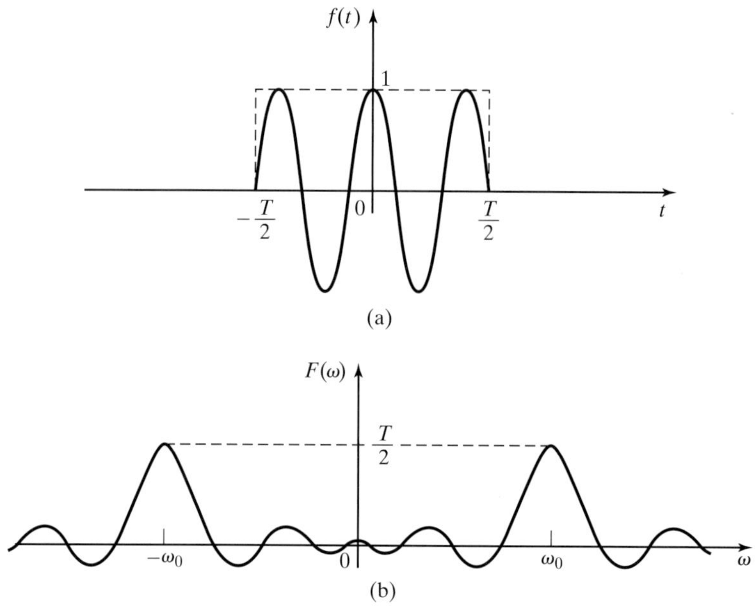

그림 5.16 펄스화된 코사인 파형과 주파수 스펙트럼

연습하기 위해 이 신호에 대해서는 다른 접근 방법을 사용할 것이다. 이 시간-영역의 신호는 푸리에 변환을 이미 알고 있는 두 신호의 곱으로 표현되기 때문에, 컨볼루션 성질을 사용하여 우리가 찾고자 하는 변환을 구할 수 있다.

식 (5.4)로부터

$$\operatorname{rect}(t/T) \overset{\mathscr{F}}{\longleftrightarrow} T\operatorname{sinc}(\omega T/2)$$

이고 식 (5.11)로부터

$$\cos(\omega_0 t) \overset{\mathscr{F}}{\longleftrightarrow} \pi[\delta(\omega - \omega_0) + \delta(\omega + \omega_0)]$$

이다. 그런 다음 컨볼루션 방정식 (5.18)을 적용하면 다음을 얻는다.

$$F(\omega) = \frac{T}{2}\int_{-\infty}^{\infty}[\delta(\omega - \lambda - \omega_0) + \delta(\omega - \lambda + \omega_0)]\operatorname{sinc}(\lambda T/2)\,d\lambda$$

식 (2.41)의 임펄스 함수의 여과 성질 때문에, 피적분함수는 $\lambda = \omega - \omega_0$와 $\lambda = \omega + \omega_0$에서만 0이 아닌 값을 갖는다. 그러므로 컨볼루션 적분을 쉽게 할 수 있고 다음 변환 쌍을 얻는다.

$$\operatorname{rect}(t/T)\cos(\omega_0 t) \overset{\mathscr{F}}{\longleftrightarrow} \frac{T}{2}\left[\operatorname{sinc}\frac{(\omega - \omega_0)T}{2} + \operatorname{sinc}\frac{(\omega + \omega_0)T}{2}\right] \tag{5.34}$$

이 신호의 주파수 스펙트럼을 그림 5.16(b)에 나타내었다. 사각 펄스에 의해 생성된 sinc 파형들이 한 sinc 펄스는 중심이 ω_0가 되고 다른 하나는 중심이 $-\omega_0$가 되도록 주파수 영역에서 이동하였다. 각 sinc 펄스의 크기는 rect(t/T)의 푸리에 변환을 나타내는 하나의 sinc 함수 크기의 $\frac{1}{2}$이다. 각 sinc 파형은 전체 주파수 영역에서 0이 아닌 주파수 성분을 갖기 때문에, $F(\omega)$에는 이 두

sinc 파형이 겹치는 주파수 영역이 존재할 것이다. 그러나 $\omega_0 >> 2\pi/T$이면 이 겹침 효과는 실제 응용에서는 일반적으로 무시할 만하다. sinc 파형의 대역폭은 시간-영역의 사각 펄스의 유지 시간에 반비례함에 유의한다.

지수 펄스

그림 5.17(a)는 신호 $f(t) = e^{-at}u(t),\ a > 0$을 나타내고 있다. 이 신호의 푸리에 변환은 다음과 같이 푸리에 변환 정의 식 (5.1)로부터 직접 유도할 수 있다.

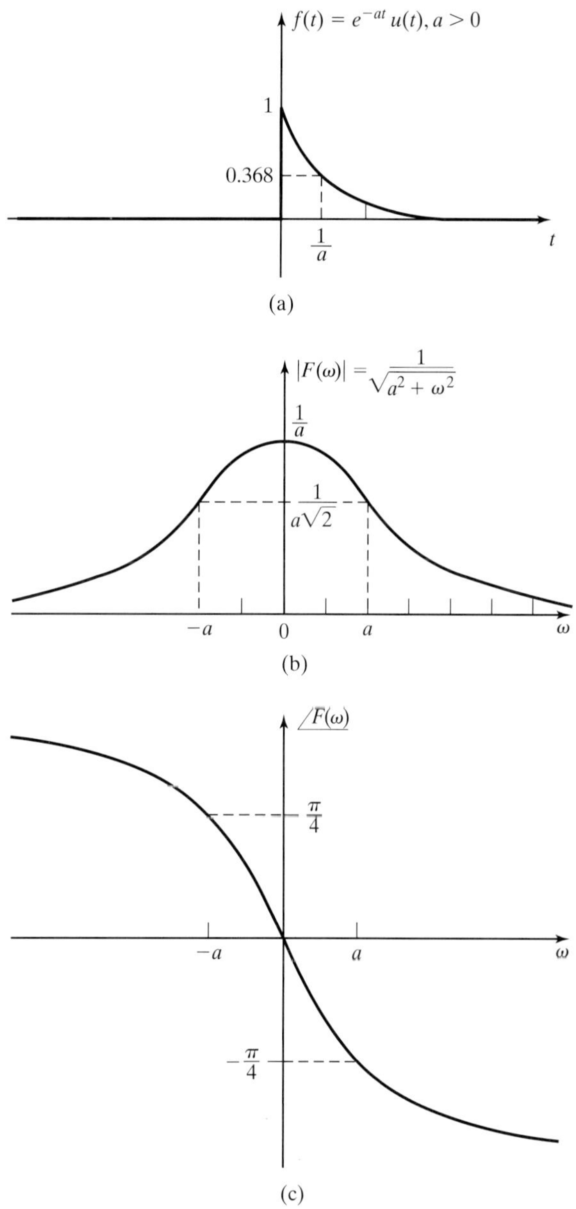

그림 5.17 지수 파형과 주파수 스펙트럼

$$F(\omega) = \int_{-\infty}^{\infty} e^{-at}u(t)e^{-j\omega t}dt = \int_{0}^{\infty} e^{-(a+j\omega)t}dt = \frac{1}{a + j\omega}$$

이 신호의 주파수 스펙트럼을 그림 5.17(b)와 (c)에 나타내었다.

이 식의 유도는 a가 실수부가 양수인 복소수일 때도 적용할 수 있음을 보일 수 있다. 그러므로 변환 쌍은 다음과 같다.

$$e^{-at}u(t), \quad \mathrm{Re}\{a\} > 0 \overset{\mathcal{F}}{\longleftrightarrow} \frac{1}{a + j\omega} \tag{5.35}$$

주기함수의 푸리에 변환

4장에서, 시간 영역에서 주기 신호를 다음과 같은 푸리에 급수로 표현하였다.

[식 (4.11)] $$f(t) = \sum_{k=-\infty}^{\infty} C_k e^{jk\omega_0 t}$$

여기서

[식 (4.23)] $$C_k = \frac{1}{T_0}\int_{T_0} f(t)e^{-jk\omega_0 t}dt$$

이다. 이제 주기 신호의 푸리에 변환을 결정하는 방법을 유도해보자.

식 (5.1)에 의해 식 (4.11)의 푸리에 변환은 다음과 같다.

$$F(\omega) = \int_{-\infty}^{\infty}\left[\sum_{k=-\infty}^{\infty} C_k e^{jk\omega_0 t}\right]e^{-j\omega t}dt = \sum_{k=-\infty}^{\infty} C_k \int_{-\infty}^{\infty}(e^{jk\omega_0 t})e^{-j\omega t}dt$$

식 (5.9)와 식 (5.10)으로부터

$$\sum_{k=-\infty}^{\infty} C_k e^{jk\omega_0 t} \overset{\mathcal{F}}{\longleftrightarrow} 2\pi \sum_{k=-\infty}^{\infty} C_k \delta(\omega - k\omega_0) \tag{5.36}$$

이다.

주기 신호의 주파수 스펙트럼은 주파수 영역에서 임펄스 함수의 급수라는 중요한 결과를 이 식이 보여준다. 각 임펄스 함수는 주기 파형의 기본 주파수의 정수배(harmonics)에 위치한다. 또한 임펄스 함수의 가중치는 푸리에 급수에서 각 고조파의 복소수 계수에 2π를 곱한 값이다.

식 (5.36)을 이제 다른 형태로 표현해보자. 주기함수 $f(t)$에 대한 복소수 계수 C_k를 결정하는 데에 푸리에 변환을 사용할 수 있음을 알게 된다.

먼저, 또 다른 함수를 하나 정의한다. 이 함수는 다음과 같은 *생성 함수*(generating function)라고 부르는 함수다.

$$g(t) = \begin{cases} f(t), & -T_0/2 \leqq t \leqq T_0/2 \\ 0, & \text{나머지 구간} \end{cases} \tag{5.37}$$

여기서 $T_0 = 2\pi/\omega_0$는 파형의 기본 주기다. 즉, $g(t)$는 $t = 0$을 중심으로 하는 파형의 한 주기에서는 $f(t)$와 동일하지만 주기 신호처럼 반복되지는 않는다. 이 함수를 사용하면 주기함수 $f(t)$를 다음과 같이 시간-이동된 생성 함수 $g(t)$의 무한급수로 표현할 수 있다.

$$f(t) = \sum_{n=-\infty}^{\infty} g(t - nT_0) \tag{5.38}$$

식 (3.18)로부터

$$g(t)*\delta(t - t_0) = g(t - t_0)$$

이기 때문에, 식 (5.38)은 다음과 같이 표현할 수 있다.

$$f(t) = \sum_{n=-\infty}^{\infty} g(t)*\delta(t - nT_0) = g(t)*\sum_{n=-\infty}^{\infty} \delta(t - nT_0)$$

임펄스 함수열은 다음과 같이 푸리에 급수로 표현된다.

$$\sum_{n=-\infty}^{\infty} \delta(t - nT_0) = \sum_{n=-\infty}^{\infty} C_n e^{jn\omega_0 t}$$

여기서

$$C_n = \frac{1}{T_0}\int_{-T_0/2}^{T_0/2}\left[\sum_{m=-\infty}^{\infty} \delta(t - mT_0)\right]e^{-jn\omega_0 t}dt$$

이다. 적분 구간 안에서 임펄스 함수는 $m = 0$일 때에만 0이 아니다. 그러므로

$$C_n = \frac{1}{T_0}\int_{-T_0/2}^{T_0/2}\delta(t)dt = \frac{1}{T_0}$$

이다. 그렇기 때문에 푸리에 변환의 컨볼루션 성질 식 (5.17)에 의해

$$F(\omega) = G(\omega)\mathscr{F}\left\{\frac{1}{T_0}\sum_{n=-\infty}^{\infty} e^{jn\omega_0 t}\right\} = \frac{2\pi}{T_0}G(\omega)\sum_{n=-\infty}^{\infty} \delta(\omega - n\omega_0)$$

이다. 여기서 $G(\omega)$는 식 (5.37)로 기술되는 생성 함수의 푸리에 변환이다. 임펄스 함수의 여과 성질 때문에 $F(\omega)$는 다음과 같이 ω가 주기 신호의 기본 주파수의 정수배일 때에만 0이 아닌 값을 갖는다.

$$\omega = n\omega_0, \quad n = 0, \pm 1, \pm 2, \ldots.$$

그렇기 때문에 주기 신호

$$f(t) = \sum_{n=-\infty}^{\infty} g(t - nT_0)$$

의 푸리에 변환식을 다음과 같이 다시 쓸 수 있다.

$$F(\omega) = \sum_{n=-\infty}^{\infty} \omega_0 G(n\omega_0)\delta(\omega - n\omega_0) \tag{5.39}$$

주기 신호의 주파수 스펙트럼이 신호의 기본 주파수의 정수배에서 발생하는 임펄스들의 형태를 갖는 이산적인 주파수 성분들로 이루어져 있음을 보았다. 각 임펄스의 가중치를 고조파 주파수에서 계산된 생성 함수의 푸리에 변환과 주기 신호의 기본 주파수를 곱하여 찾아낸다. 그러므로 주기 신호의 푸리에 변환은 식 (5.36)과 식 (5.39)와 같다.

예제 5.17 주기 신호의 푸리에 변환

이제 그림 5.18(a)에 나타낸 주기적인 사각 펄스열의 푸리에 변환을 구해보자. 이 경우에 생성 함수는 다음과 같이 이전 예제에서 이미 봤던 함수인 것을 알 수 있다.

$$g(t) = A\,\mathrm{rect}(t/T)$$

식 (5.4)로부터

$$G(\omega) = AT\,\mathrm{sinc}(T\omega/2)$$

이다. 이 식을 식 (5.39)에 대입하면 다음과 같이 주기적인 사각 펄스열의 푸리에 변환을 얻는다.

$$F(\omega) = \sum_{k=-\infty}^{\infty} AT\omega_0\,\mathrm{sinc}(k\omega_0 T/2)\,\delta(\omega - k\omega_0)$$

이 신호의 주파수 스펙트럼 개형을 그림 5.18(b)에 나타내었다. 점선으로 된 곡선은 임펄스 함수들의 가중치들을 나타낸다. 주파수 영역의 임펄스들의 분포에서 그림 5.18(b)는 $T_0 = 4T$인 특별한 한 경우를 보여주고 있음에 유의한다. ■

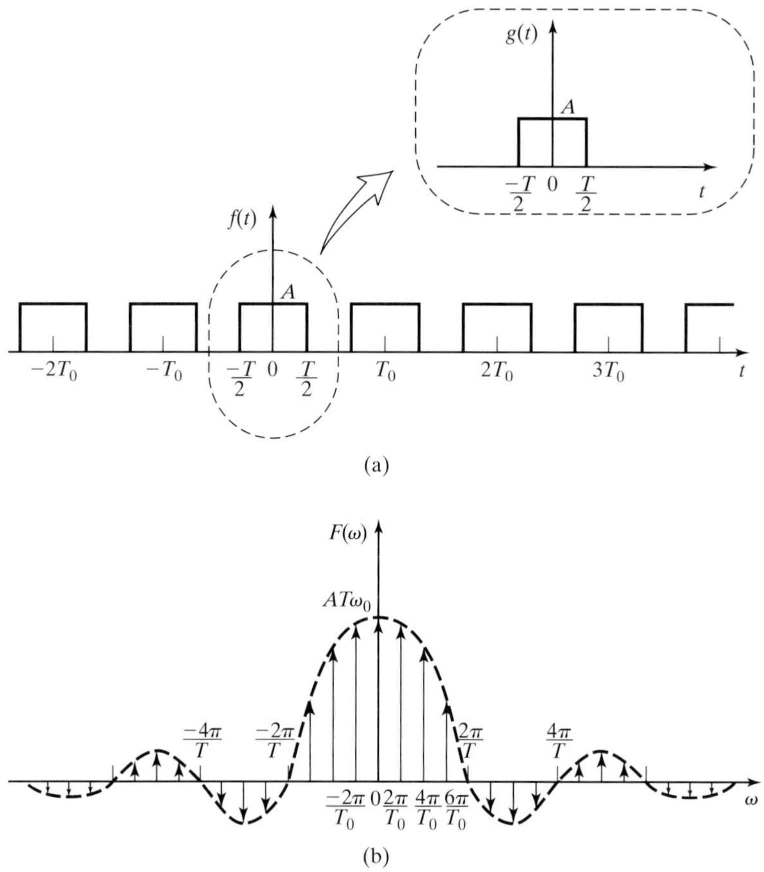

그림 5.18 주기 신호와 주파수 스펙트럼

예제 5.18 주기 임펄스 신호의 푸리에 변환

그림 5.19(a)에 보이는 임펄스열의 주파수 스펙트럼을 구해보자. 이 신호는 수학적으로 다음과 같이 표현된다.

$$f(t) = \sum_{n=-\infty}^{\infty} \delta(t - nT_0)$$

생성 함수는

$$g(t) = \delta(t)$$

이고, 그러므로

$$G(\omega) = 1$$

이다. 이 식을 식 (5.39)에 대입하면 다음을 얻는다.

$$F(\omega) = \sum_{n=-\infty}^{\infty} \omega_0 \delta\left(\omega - n\omega_0\right) = \sum_{n=-\infty}^{\infty} \frac{2\pi}{T_0} \delta\left(\omega - \frac{2\pi n}{T_0}\right)$$

이 결과는 그림 5.19(b)에 보이는 것처럼 주파수 영역에서도 또한 임펄스열이다.

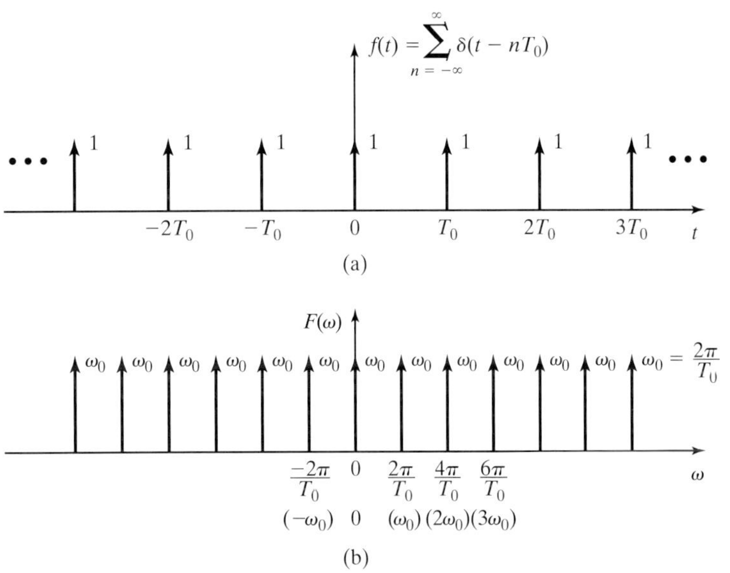

그림 5.19 임펄스열과 주파수 스펙트럼 ■

요약

이번 절에서는 몇몇 시간 함수들의 푸리에 변환을 계산하였다. 여기에서 유도한 결과와 공학실무에서 만나게 되는 다른 시간 함수들에 대한 푸리에 변환을 표 5.2에 정리하였다.

5.4 푸리에 변환의 응용

선형 시스템의 주파수 응답

푸리에 변환은 입력 신호에 대한 선형 시스템의 응답을 계산하는 과정을 간단하게 하는 데에 사용될 수 있다. 예를 들어, 푸리에 변환을 이용하면 선형 시불변 미분방정식으로 기술되는 시스템을 대수 방정식을 이용하여 분석할 수 있다.

그림 5.20(a)에 나타낸 간단한 회로를 생각해보자. 여기서 $v_1(t)$는 입력 신호이고 $v_2(t)$는 출력 신호다. 이 회로는 다음과 같이 미분방정식으로 기술할 수 있다.

$$v_1(t) = Ri(t) + L\frac{di(t)}{dt} \text{ 그리고 } v_2(t) = L\frac{di(t)}{dt}$$

각 방정식에 선형성과 시간 미분 성질을 이용하여 푸리에 변환을 취하면 다음 식을 얻는다.

$$V_1(\omega) = RI(\omega) + j\omega LI(\omega) \text{ 그리고 } V_2(\omega) = j\omega LI(\omega)$$

첫 번째 방정식으로부터 $I(\omega)$를 다음과 같이 대수적으로 구한다.

$$I(\omega) = \frac{1}{R + j\omega L}V_1(\omega)$$

이 결과를 두 번째 방정식에 대입하면 다음을 얻는다.

$$V_2(\omega) = \frac{j\omega L}{R + j\omega L}V_1(\omega)$$

이 식은 시스템의 출력 전압을 입력 전압과 결부시킨다.

다음처럼 함수를 정의하고

$$H(\omega) = \frac{j\omega L}{R + j\omega L} \tag{5.40}$$

시스템의 입력-출력 관계를 다음과 같이 쓴다.

$$V_2(\omega) = H(\omega)V_1(\omega) \tag{5.41}$$

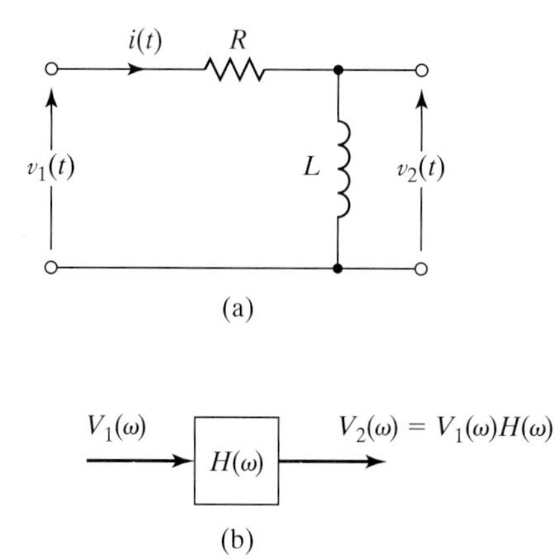

그림 5.20 전기 회로와 블록 다이어그램

또는

$$H(\omega) = \frac{V_2(\omega)}{V_1(\omega)} \tag{5.42}$$

$H(\omega)$는 임의의 주어진 신호에 대해 회로의 출력을 결정하여 주기 때문에 이것을 시스템의 *전달함수*(transfer function)라 한다. 그림 5.20(b)는 이 관계식을 보여준다.

식 (5.40)에서 함수 $H(\omega)$는 주파수에 따른 함수의 입력–출력 관계의 변화를 수학적으로 알려준다. 따라서 $H(\omega)$는 또한 시스템의 *주파수 응답 함수*(frequency response function)라고도 한다.

$j\omega$ 대신 s를 쓰면 주파수 응답 함수 $H(\omega)$는 식 (3.75)의 전달함수와 동일하다.

주파수 응답은 회로에 사인파 입력을 인가하고 입력과 출력 신호의 크기와 위상을 측정함으로써 다소 귀찮기는 하지만 실험적으로 결정할 수 있다. 매우 넓은 주파수 영역에 걸쳐 많은 양의 측정값을 얻을 수 있도록 서로 다른 주파수에 대해 이 과정을 반복한다. 식 (5.42)를 다음과 같이 극형식으로 표현할 수 있으므로,

$$H(\omega) = |H(\omega)|\angle\phi(\omega) = \frac{|V_2(\omega)|\angle V_2}{|V_1(\omega)|\angle V_1} = \frac{|V_2(\omega)|}{|V_1(\omega)|}\angle V_2 - V_1$$

입력과 출력 신호의 크기비 $|V_2(\omega)|/|V_1(\omega)|$를 주파수 대비 그린 그래프는 $|H(\omega)|$에 대한 그래프가 된다. 기록된 위상각 사이의 차($\angle V_2 - \angle V_1$)를 주파수 대비 그린 그래프는 $\phi(\omega)$의 그래프가 된다.

예제 5.19 시스템의 주파수 응답

한 공대 교수가 학생에게 그림 5.21(a)에 보이는 회로의 주파수 응답을 구하라고 지시했다고 하자. 이 학생은 그림 5.21(b)에 보이는 실험 시스템을 사용하여 데이터를 모으면서 실험실에서 시간을 보내기로 맘먹었다. 이 학생은 그림 5.21(c)에 보이는 것과 같은 이중–추적(dual-trace) 오실로스코프를 가지고 입력 신호와 출력 신호를 측정하면서 이 작업을 진행하였다. 입력 신호를 생성하는 함수 발생기의 주파수 세팅에 따라 일련의 측성을 하였다. 각 수파수 세팅에 대해 이 학생은 $v_1(t)$의 크기를 1V로 고정하였다. 그렇기 때문에 각 주파수 세팅 ω_x에서 입력 파형은 다음과 같이 쓸 수 있다.

$$v_1(t) = \cos \omega_x t$$

그런 다음 이 학생은 오실로스코프를 이용하여 $v_2(t)$의 크기를 측정하고 기록하였다. 선형 시스템의 사인파 입력은 동일한 주파수의 그러나 위상과 크기가 다른 사인파 출력이 나오도록 하기 때문에 이 학생은 출력 신호가 다음 형태와 같다는 것을 안다.

$$v_2(t) = A_2 \cos(\omega_x t + \phi_2)$$

그러므로 입력과 출력 사이의 크기비를 다음 식으로 결정하였다.

$$|H(\omega_x)| = \frac{|V_2(\omega_x)|}{|V_1(\omega_x)|} = A_2$$

출력 신호의 값이 0을 지나는 지점과 입력 신호의 값이 0을 지나는 지점 사이의 시간 지연을 측정하고 기록함으로써 이 학생은 다음 식을 이용하여 위상차를 계산할 수 있었다.

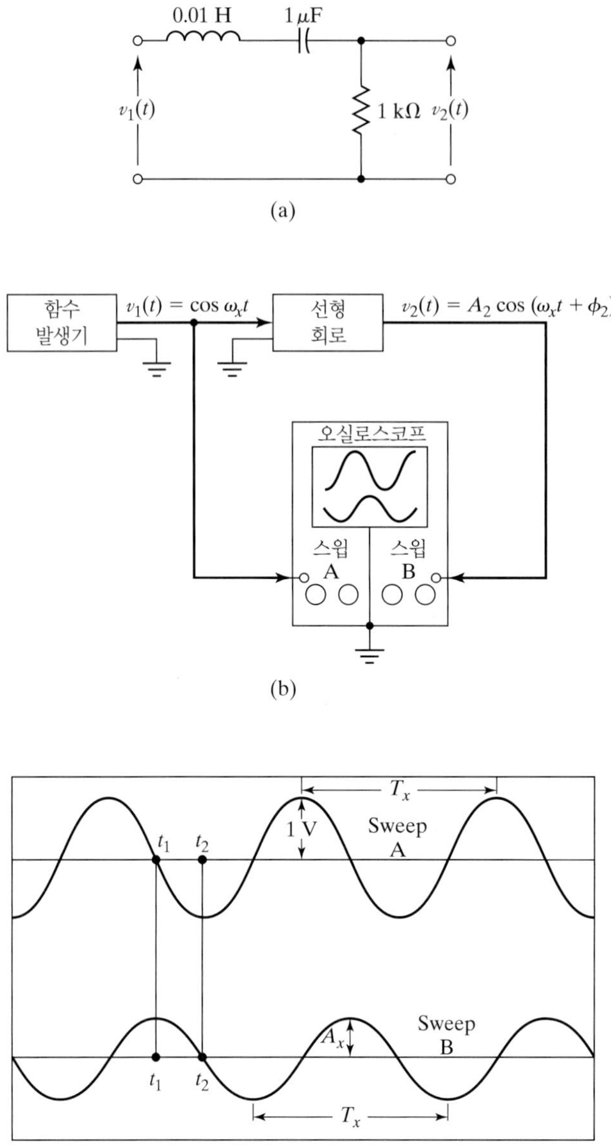

(c)

그림 5.21 예제 5.19에 대한 설명

$$\phi_2 = \frac{t_1 - t_2}{T_x} \times 360°$$

그림 5.21(c)에 보인 것과 같이 t_1과 t_2는 각각 입력과 출력 파형이 0을 지날 때의 시간이고 T_x는 현재 사용되고 있는 주파수에서 파형의 주기다.

데이터가 맞는지 확인하기 위해 이 학생은 회로 분석 수업 시간에 작성했던 노트를 복습하고 사인파–정상–상태 회로 분석 기법을 응용하여 이 회로의 전달함수를 다음과 같이 유도하였다.

$$H(\omega) = \frac{R}{R + j\omega L + 1/j\omega C} = \frac{j(R/L)\omega}{-\omega^2 + 1/LC + j(R/L)\omega}$$

$$= \frac{j10^4\omega}{-\omega^2 + 10^8 + j10^4\omega}$$

$$= \frac{1}{1 + j(\omega^2 - 10^8)/10^4\omega}$$

이 학생은 다음과 같이 이 전달함수를 극형식으로 썼다.

$$H(\omega) = |H(\omega)|e^{j\phi(\omega)}$$

여기서

$$|H(\omega)| = \frac{1}{[1 + [(\omega^2 - 10^8)/10^4\omega]^2]^{1/2}}$$

이고

$$\phi(\omega) = -\tan^{-1}[(\omega^2 - 10^8)/10^4\omega]$$

이다. 이 학생은 그런 다음 그림 5.22와 같이 주파수 대비 크기와 위상 그래프를 그렸다.

물리적 시스템에서 얻은 실험 데이터는 이 계산 데이터와 비교적 잘 맞아떨어졌지만 그림 5.22에 보이는 그래프와 정확하게 일치하지는 않았다. 이것은 충분히 예측된 것인데 왜냐하면 데이터를 계산하는 데 사용

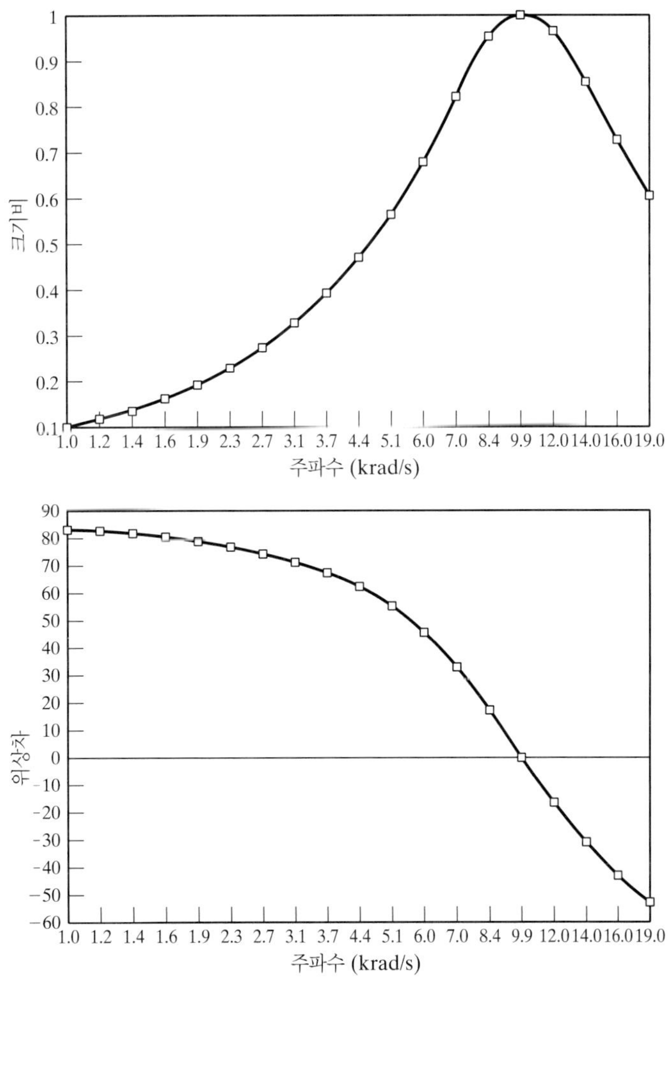

그림 5.22 크기비와 위상차 그래프

된 수학적인 모델은 물리적 시스템을 완전하게 묘사할 수 없기 때문이다. ■

시스템의 주파수 응답을 도식화하는 가장 널리 사용되는 기법은 보드도(Bode plot)다. 보드도는 반-로그스케일의 (데시벨 단위의) 크기 주파수 응답 그래프와 별도의 반-로그스케일의(도 단위의) 위상 주파수 응답 그래프로 구성되는데, 두 그래프 모두 $\log_{10}$ 스케일의 주파수에 대해 그린다.

예제 5.20 시스템 주파수 응답의 보드도

예제 5.19에서 사용된 주파수 응답 함수를 다음과 같이 쓸 수 있다.

$$H(\omega) = \frac{10^4(j\omega)}{(j\omega)^2 + 10^4(j\omega) + 10^8}$$

$H(\omega)$를 이와 같은 형식으로 쓰면, MATLAB으로 주파수 응답을 계산하는 데 쓰기 위한 분수와 분모의 계수 벡터는 다음과 같다.

num = [10^4 0] 그리고 **den = [1 10^4 10^8]**

전달함수는 MATLAB에서 다음 명령어로 생성한다.

```
H = tf(num, den)
```

예제 5.19의 결과를 이용하여 $10^3 \le \omega \le 10^5$ (*rad/s*) 구간의 주파수 영역에서 주파수 응답을 계산하기로 한다.

다음 MATLAB 명령어로

```
bode(H,{1e3,1e5})
```

그림 5.23에 나타낸 보드도를 그릴 수 있다. ■

선형 시스템의 출력은 다음과 같이 주파수 영역에서 시스템의 전달함수와 입력 신호의 푸리에 변환의 곱으로 쓸 수 있음을 보였다.

[식 (5.41)] $$V_2(\omega) = H(\omega)V_1(\omega)$$

이제 입력이 임펄스 함수 $v_1(t) = \delta(t)$일 때 결과를 살펴보자. 이 경우에는 $V_1(\omega) = 1$이고 그러므로 $V_2(\omega) = H(\omega)$이다. 즉, 입력이 임펄스일 때, 출력의 푸리에 변환이 정확하게 전달함수와 같다. 이 점을 고려하여 전달함수의 역푸리에 변환을 $h(t)$로 나타내고 임펄스 응답이라 한다. 그러므로 다음 변환 쌍이 성립한다.

$$h(t) \overset{\mathcal{F}}{\longleftrightarrow} H(\omega)$$

식 (5.41)의 역푸리에 변환을 구하기 위해 컨볼루션 성질을 이용하면 다음 결과를 얻는다.

$$v_2(t) = v_1(t)*h(t) = \int_{-\infty}^{\infty} v_1(\tau)h(t-\tau)d\tau \tag{5.43}$$

물론 이 식은 식 (3.13)에서의 컨볼루션 적분과 일치한다.

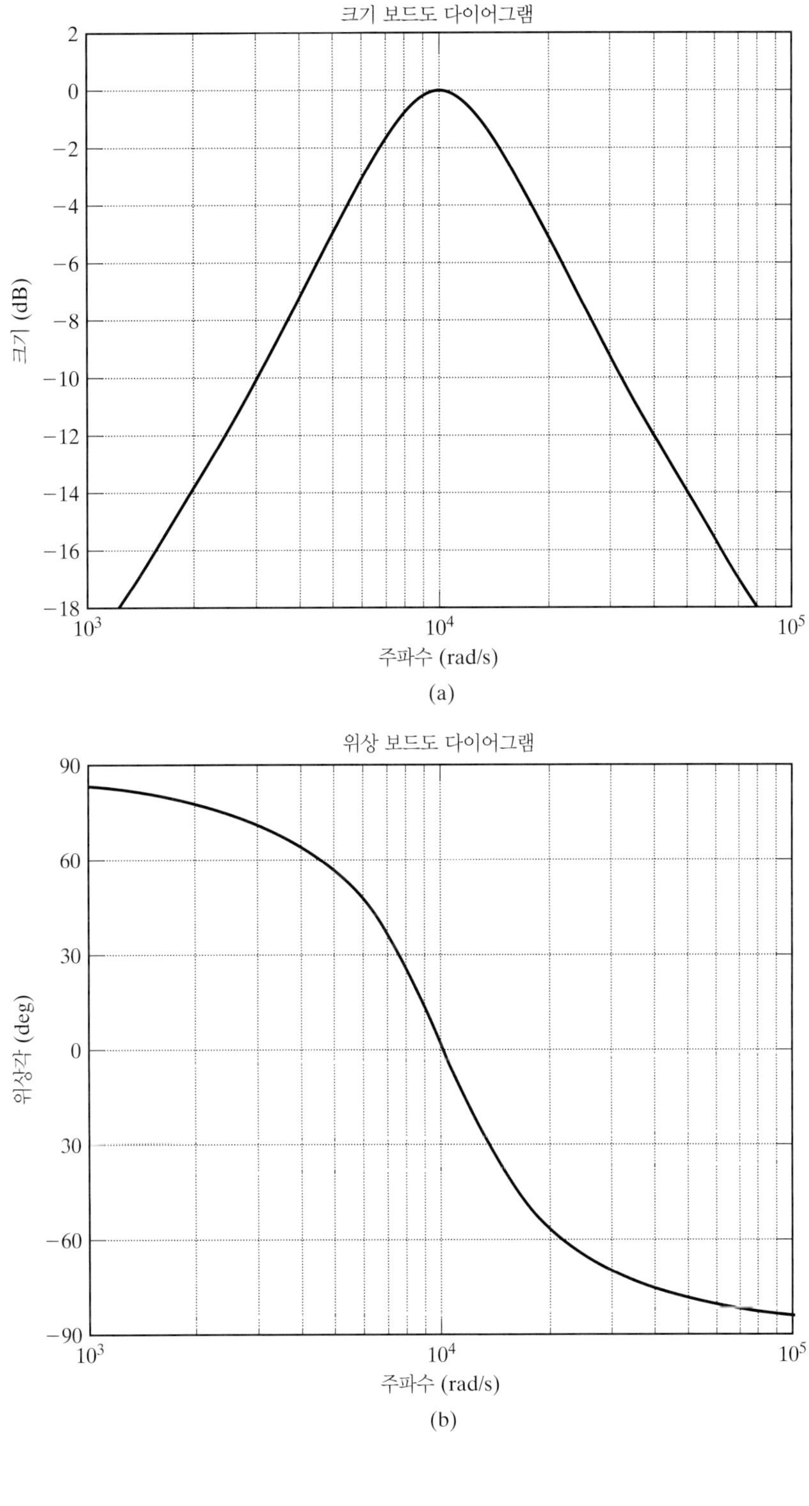

그림 5.23 예제 5.20의 보드도 다이어그램

만일 선형 시스템의 임펄스 응답이나 임펄스 응답의 푸리에 변환인 전달함수를 안다면, 식 (5.41) 또는 식 (5.43)을 계산하여 임의의 주어진 입력에 대한 출력을 구할 수 있다.

예제 5.21 푸리에 변환을 이용하여 입력 신호에 대한 시스템의 응답 구하기

그림 5.24(a)와 같은 시스템을 생각하자. 전기 회로의 입력이 임펄스 전압 $x(t) = \delta(t)$일 때 출력은 그림 5.24(b)에 나타낸 것과 같이 $h(t) = (1/RC)e^{-t/RC}u(t)$라고 하자. 계단 함수 형태의 전압 입력에 대해 이 시스템의 출력의 주파수 스펙트럼을 구하고자 한다. 그러므로 그림 5.24(c)에 나타낸 것과 같이 $x(t) = Vu(t)$다. 이 선형 네트워크의 임펄스 응답을 알고 있기 때문에, 임의의 입력에 대한 출력 응답을 다음과 같은 컨볼루션 적분을 계산하여 결정할 수 있다.

$$y(t) = x(t)*h(t) = \int_{-\infty}^{\infty} x(\tau)h(t-\tau)d\tau$$

이것은 아주 힘든 일처럼 보이지만, 푸리에 변환의 컨볼루션 성질이 그러한 부담을 줄여준다. 식 (5.17)로부터

$$Y(\omega) = \mathscr{F}\{x(t)*h(t)\} = X(\omega)H(\omega)$$

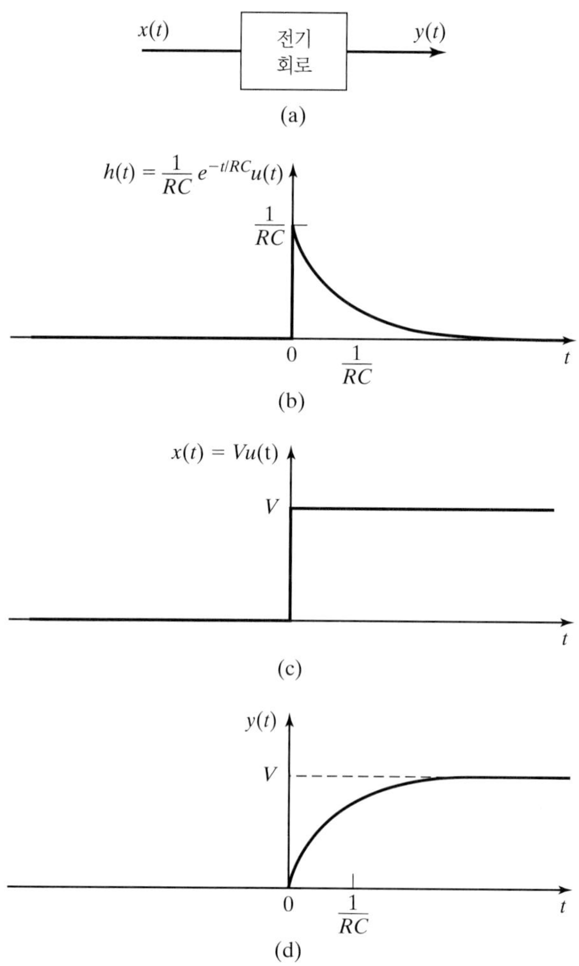

그림 5.24 예제 5.21에 대한 설명

이다. 표 5.2로부터 $h(t)$와 $x(t)$의 푸리에 변환은 다음과 같이 구할 수 있다.

$$H(\omega) = \mathscr{F}\{(1/RC)e^{-t/RC}u(t)\} = \frac{1}{1 + j\omega RC}$$

그리고,

$$X(\omega) = \mathscr{F}\{Vu(t)\} = V\left[\frac{1}{j\omega} + \pi\delta(\omega)\right]$$

그러므로,

$$Y(\omega) = V\left[\frac{1}{1 + j\omega RC}\right]\left[\frac{1}{j\omega} + \pi\delta(\omega)\right] = V\left[\frac{1}{j\omega(1 + j\omega RC)} + \frac{\pi\delta(\omega)}{1 + j\omega RC}\right]$$

이다. 괄호 안의 첫 번째 항을 부분 분수 분해하면 (부록 F 참조) 다음 식을 얻는다.

$$Y(\omega) = V\left[\frac{-RC}{1 + j\omega RC} + \frac{1}{j\omega} + \frac{\pi\delta(\omega)}{1 + j\omega RC}\right]$$

괄호 안의 세 번째 항에서 임펄스 함수의 값은 $\omega = 0$에서만 0이 아니다. $\omega = 0$에서 분모의 값은 1이다. 그러므로 이 식은 다음과 같이 더 간단하게 쓸 수 있다.

$$Y(\omega) = V\left[\frac{-RC}{1 + j\omega RC} + \frac{1}{j\omega} + \pi\delta(\omega)\right]$$

이 식은 입력이 크기가 V인 계단 함수일 때 회로의 출력 신호의 주파수 스펙트럼을 기술한다.

이제 시간-영역에서 출력의 식을 다음과 같이 구할 수 있다.

$$y(t) = \mathscr{F}^{-1}\{Y(\omega)\} = V\left[\mathscr{F}^{-1}\left\{\frac{1}{j\omega} + \pi\delta(\omega)\right\} - \mathscr{F}^{-1}\left\{\frac{1}{(1/RC) + j\omega}\right\}\right]$$

표 5.2에 나와 있는 변환 쌍들로부터 다음을 알 수 있다.

$$u(t) \overset{\mathscr{F}}{\longleftrightarrow} \frac{1}{j\omega} + \pi\delta(\omega) \quad \text{그리고} \quad e^{-t/RC}u(t) \overset{\mathscr{F}}{\longleftrightarrow} \frac{1}{(1/RC) + j\omega}$$

그러므로 시간-영역에서 전기 회로의 출력에 대한 식은 다음과 같다.

$$y(t) = V(1 - e^{-t/RC})u(t)$$

그림 5.24(d)는 이 출력의 파형을 나타낸다.

전기 회로 분석을 이미 학습한 독자라면 아마도 이 결과가 익숙할 것이다. 이 예제는 시스템 분석에서 컨볼루션 성질이 매우 유용함을 잘 보여준다. ■

신호의 주파수 스펙트럼

푸리에 변환은 수학적으로 기술할 수 있는 임의의 물리적 신호의 주파수 스펙트럼을 분석하는 데에 사용할 수 있다. 다음 예제는 전자 시스템에서 자주 나타나는 신호의 주파수 스펙트럼을 분석하는 과정을 보여준다.

예제 5.22 정류된 사인파 신호의 주파수 스펙트럼

그림 5.25는 1.2절에서 설명한 반파 정류기를 나타낸 것이다. 이 정류회로는 비선형시스템이고 그렇기 때문에 주파수 응답 함수로 기술할 수 없다. 그러나 그림 5.26(c)에 보이는 정류기의 출력단에서의 신호는 푸리에 변환으로 기술할 수 있다.

그림 5.26(c)에 보이는 반파 정류 신호 $v_1(t)$는 그림 5.26(a)에 보이는 전체 코사인 파형과 그림 5.26(b)에 보이는 사각 펄스열 $f(t)$의 곱으로 기술할 수 있다.

상대적으로 간단한 몇 가지 대수적인 조작을 한 후에 푸리에 변환의 주파수 이동과 선형 성질을 이용하여 $V_1(\omega)$를 구한다.

$$v_1(t) = f(t)B\cos(\omega_1 t) = f(t)\frac{B}{2}[e^{j\omega_1 t} + e^{-j\omega_1 t}]$$
$$= \frac{B}{2}f(t)e^{j\omega_1 t} + \frac{B}{2}f(t)e^{-j\omega_1 t}$$

표 5.1을 이용하면 다음을 알 수 있다.

$$V_1(\omega) = \frac{B}{2}F(\omega - \omega_1) + \frac{B}{2}F(\omega + \omega_1)$$

예제 5.16에서 $f(t)$와 같은 사각 펄스열의 푸리에 변환을 다음과 같이 구했었다.

$$F(\omega) = \sum_{n=-\infty}^{\infty} AT\omega_0 \operatorname{sinc}(nT\omega_0/2)\delta(\omega - n\omega_0)$$

여기서 고려하고 있는 특정 신호는 $A = 1$, $T = T_1/2$ 그리고 $\omega_0 = \omega_1 = 2\pi/T_1$이므로

$$F(\omega) = \sum_{n=-\infty}^{\infty} \pi \operatorname{sinc}(n\pi/2)\delta(\omega - n\omega_1)$$

이다. 따라서

$$V_1(\omega) = \frac{B\pi}{2}\sum_{n=-\infty}^{\infty} \operatorname{sinc}(n\pi/2)[\delta(\omega - \omega_1 - n\omega_1) + \delta(\omega + \omega_1 - n\omega_1)]$$

이다. 그림 5.27은 반파 정류 신호의 주파수 스펙트럼을 보여준다. ■

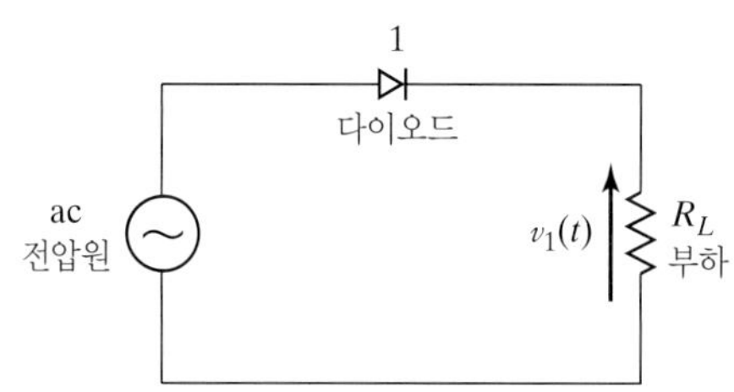

그림 5.25 반파 정류기

앞 예제에서 이상적인 정류기를 가정하였다는 점에 주의한다. 실제 회로로부터 측정한 전압이 예제 5.22의 결과와 정확하게 들어맞을 것으로 기대하기는 어렵다.

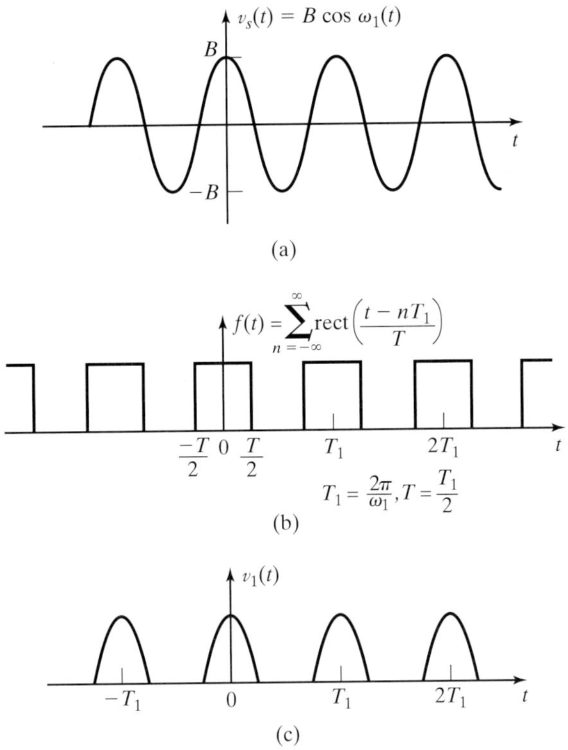

그림 5.26 예제 5.22의 파형

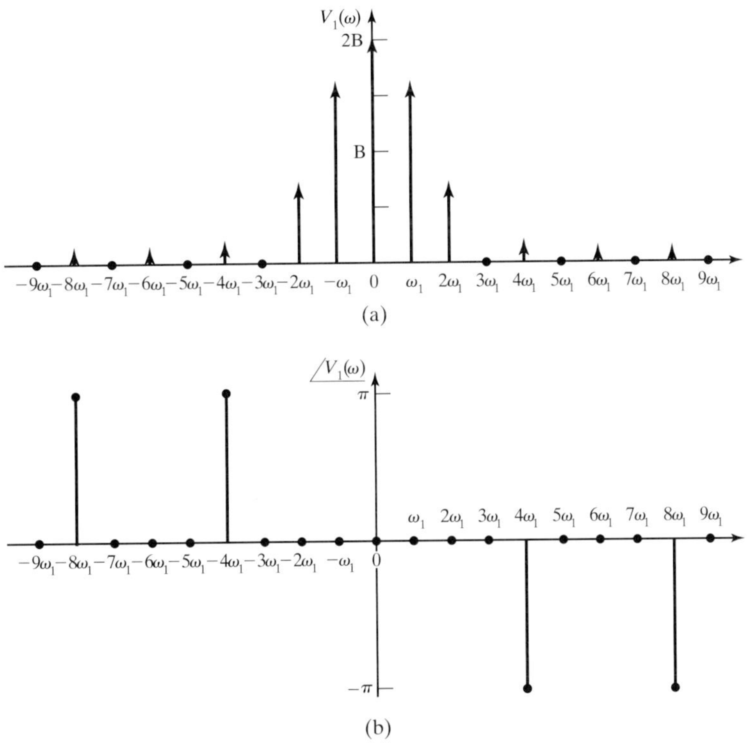

그림 5.27 예제 5.22의 주파수 스펙트럼

요약

이 절에서는 푸리에 변환의 수많은 공학적 응용 중 두 가지를 살펴보았다. 시스템의 주파수 응답을 임펄스 응답의 푸리에 변환으로 정의하였다. 또한 시스템 주파수 응답 함수에 대한 또 다른 이름으로서 전달함수라는 용어를 사용하였다. 왜냐하면 전달함수가 주파수 영역에서 시스템의 입력 신호와 출력 신호 사이의 관련성을 기술하기 때문이다. 푸리에 변환의 응용에 대한 논의는 6장에서 좀 더 추가적으로 하도록 한다.

5.5 에너지 및 파워 스펙트럼 밀도

이 절에서는 *에너지 스펙트럼 밀도 함수*(energy spectral density function)와 *파워 스펙트럼 밀도 함수*(power spectral density function)를 정의하고 그 응용을 보여준다. 이 두 함수는 주파수 영역에서 에너지 신호의 에너지 분포를 결정하거나 파워 신호의 파워 분포를 결정하는 데에 사용된다. 어떤 신호의 에너지 또는 파워 분포는 예를 들어 통신 시스템을 분석하고 설계하는 데에 매우 귀중한 정보가 될 수 있다.

에너지 스펙트럼 밀도

에너지 신호는 다음 식을 만족하는 파형 $f(t)$로 5.1절에서 정의하였다.

[식 (5.5)]
$$E = \int_{-\infty}^{\infty} |f(t)|^2\, dt < \infty$$

여기서 E는 신호와 연관된 에너지다. 5.1절에서 에너지 신호는 일반적으로 유한한 유지 시간을 갖는 비주기 신호와 t가 무한대로 다가갈 때 점근적으로 0으로 다가가는 신호들을 포함한다는 점에 주목한다.

신호를 다음과 같은 푸리에 변환으로 쓴다면,

$$f(t) = \frac{1}{2\pi}\int_{-\infty}^{\infty} F(\omega)e^{j\omega t}d\omega$$

이 신호의 에너지 방정식은 다음과 같이 다시 쓸 수 있다.

$$E = \int_{-\infty}^{\infty} f(t)\left[\frac{1}{2\pi}\int_{-\infty}^{\infty} F(\omega)e^{j\omega t}d\omega\right]dt$$

적분의 순서를 바꾸면

$$E = \frac{1}{2\pi}\int_{-\infty}^{\infty} F(\omega)\left[\int_{-\infty}^{\infty} f(t)e^{j\omega t}dt\right]d\omega$$

이다. 괄호 안의 항은 푸리에 변환에 대한 정의 식 (5.1)과 유사하다. 차이는 지수의 부호다. 푸리에 변환식에서 ω 대신 $-\omega$를 대입하면 다음 식이 된다.

$$F(-\omega) = \int_{-\infty}^{\infty} f(t)e^{j\omega t}dt$$

이 결과를 에너지 정의 식 (5.5)에 대입하면 다음 식이 된다.

$$E = \frac{1}{2\pi}\int_{-\infty}^{\infty} F(\omega)F(-\omega)d\omega$$

실수값을 갖는 신호 $f(t)$(물리적인 회로가 생성할 수 있는 모든 전압과 전류 파형을 포함한다)에 대해 다음 식이 성립한다.

$$F(-\omega) = F^*(\omega)$$

여기서 $F^*(\omega)$는 함수 $F(\omega)$의 켤레 복소수다. 그러므로

$$E = \frac{1}{2\pi}\int_{-\infty}^{\infty} F(\omega)F^*(\omega)d\omega = \frac{1}{2\pi}\int_{-\infty}^{\infty} |F(\omega)|^2 d\omega$$

이다. 마지막으로 우리가 받아들이고자 하는 중요한 결과는

$$E = \int_{-\infty}^{\infty} |f(t)|^2\, dt = \frac{1}{2\pi}\int_{-\infty}^{\infty} |F(\omega)|^2 d\omega \tag{5.44}$$

이다.

식 (5.44)로 기술되는 이 관계는 *파르세발의 정리*(Parseval's theorem)로 알려져 있다. 식 (5.44)는 실수값을 갖는 함수와 복소수 값을 갖는 함수 모두에서 유효함을 보일 수 있다.

함수 $|F(\omega)|^2$은 실수이고 짝함수인 주파수의 함수이므로 주파수 스펙트럼으로 표현된 에너지 방정식을 다음과 같이 다시 쓸 수 있다.

$$E = \frac{1}{2\pi}\int_{-\infty}^{\infty} |F(\omega)|^2\, d\omega = \frac{1}{\pi}\int_{0}^{\infty} |F(\omega)|^2 d\omega$$

신호 $f(t)$의 에너지 스펙트럼 밀도 함수는 다음과 같이 정의되고,

$$\mathscr{E}_f(\omega) \equiv \frac{1}{\pi}|F(\omega)|^2 = \frac{1}{\pi}F(\omega)F(\omega)^* \tag{5.45}$$

주파수 스펙트럼에 걸쳐 신호 에너지의 분포를 기술한다. 에너지 밀도 함수가 이렇게 정의되면, 에너지 방정식 (5.44)는 다음과 같이 다시 쓸 수 있다.

$$E = \int_{0}^{\infty} \mathscr{E}_f(\omega)d\omega \tag{5.46}$$

예제 5.23 사각 펄스의 에너지 스펙트럼 밀도

우리는 앞에서 그림 5.28(a)에 보이는 사각 파형에 대한 주파수 스펙트럼이 그림 5.28(b)에 보이는 것과 같이 sinc 함수로 기술됨을 본 적이 있다. 이제 이 신호의 에너지 스펙트럼 밀도를 구해보자. 그림 5.28(b)의 곡선의 크기를 제곱하고 2π로 나누면 식 (5.44)로부터 에너지의 주파수 스펙트럼을 얻는다. 그림 5.28(c)는 그 결과를 나타낸 것이다. 다음으로 에너지 주파수 스펙트럼을 $\omega = 0$ 축에 대해 접어서 겹치는 주파수 성분을 더해보자. 그 결과를 그림 5.28(d)에 나타내었고, 이 그림은 사각 파형의 에너지 스펙트럼 밀도, $\mathscr{E}_f(\omega)$의 그래프가 된다.

특별히 관심 있는 특정 주파수 밴드에서 에너지 스펙트럼 곡선 아래의 면적을 구하면 그 주파수 밴드에

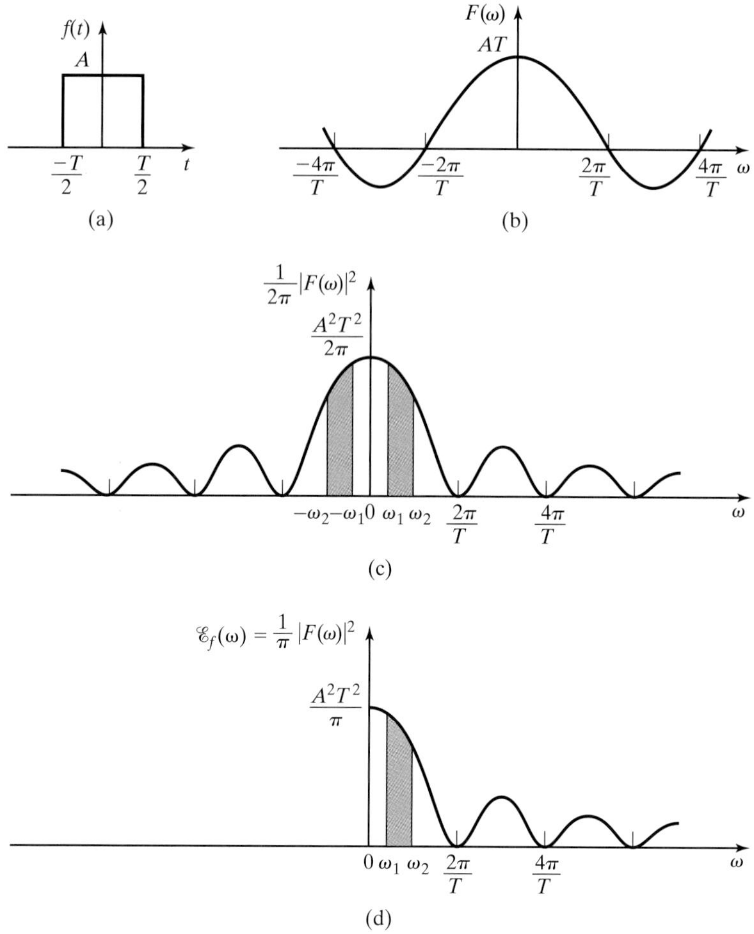

그림 5.28 사각 전압 펄스와 에너지 스펙트럼

담겨 있는 에너지를 구할 수 있다. 예를 들어, 그림 5.28(d)에서 ω_1과 ω_2 사이의 주파수 밴드에 담겨 있는 에너지의 양은 곡선 아래 부분의 색깔로 칠한 부분의 면적이다. 이 에너지의 양은 다음을 계산하여 수학적으로 구할 수 있다.

$$E_B = \int_{\omega_1}^{\omega_2} \mathscr{E}_f(\omega)\,d\omega$$

■

파워 스펙트럼 밀도

다음으로, 에너지는 무한하지만 유한한 양의 파워를 갖는 신호를 생각해보자. 이러한 신호는 다음과 같은 정규화된 평균 신호 파워가 유한하다.

$$P = \lim_{T\to\infty} \frac{1}{T} \int_{-\frac{T}{2}}^{\frac{T}{2}} |f(t)|^2 dt < \infty \tag{5.47}$$

이런 신호를 파워 신호라 한다.

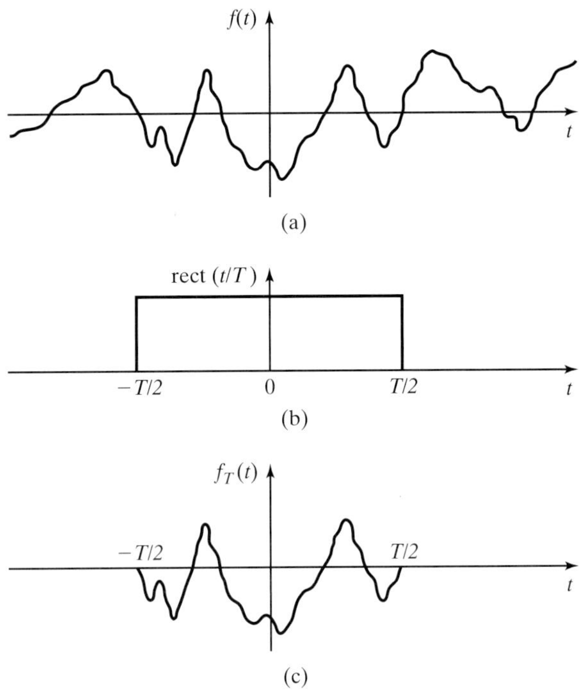

그림 5.29 파워 신호의 시간 영역 잘라내기

계단 함수, 부호 함수, 그리고 모든 주기함수가 파워 신호의 예다. 이미 짐작한 독자도 있겠지만, 수많은 물리적 시스템들이 주기적인 파형을 사용하기 때문에 파워 신호는 실생활에서 자주 사용되고 있다.

파워 신호를 주파수 영역에서 다루는 데에 한 가지 문제는 파워 신호가 무한한 에너지를 가지고 따라서 푸리에 변환을 갖지 못한다는 사실에서 기인한다. 이러한 문제를 극복하기 위해, 시간 영역에서 잘라낸 버전의 신호를 도입한다. 그림 5.29(c)에 보이는 신호 $f_T(t)$는 신호 $f(t)$를 잘라낸 버전이다. 잘라내는 과정은 그림 5.29(a)에 보이는 것과 같은 신호 $f(t)$에 그림 5.29(b)에 보이는 것과 같은 크기가 1이고 유지 시간이 T인 사각 펄스를 곱하는 것이다. 잘라낸 신호

$$f_T(t) = f(t)\ \mathrm{rect}(t/T)$$

는 유한한 에너지를 갖는다. 이 신호는 다른 디리클레 조건들을 만족하고 따라서 푸리에 변환을 갖는다.

$$f_T(t) \overset{\mathscr{F}}{\longleftrightarrow} F_T(\omega)$$

파워 신호를 다룰 때, 신호의 전체 파워가 어떻게 주파수 스펙트럼에서 분포되어 있는지 아는 것이 종종 바람직하다. 이러한 일은 앞서 살펴보았던 에너지 스펙트럼 밀도 함수와 비슷한 파워 스펙트럼 밀도 함수를 만들어봄으로써 알 수 있다. 먼저 다음과 같이 잘라낸 신호로 파워 방정식을 쓴다.

$$P = \lim_{T\to\infty} \frac{1}{T} \int_{-\infty}^{\infty} |f_T(t)|^2\, dt$$

적분의 위끝과 아래끝이 식 (5.47)에서 달라졌다는 사실에 주목한다. 이것은 $f_T(t)$가 $|t| > T/2$인 구간에서 크기가 0이기 때문에 정당화된다.

$f_T(t)$는 유한한 에너지를 갖기 때문에, 적분항은 다음과 같이 잘라낸 신호 안에 담겨 있는 에너지로 볼 수 있다.

$$E = \int_{-\infty}^{\infty} |f_T(t)|^2 \, dt$$

식 (5.44)의 파르세발의 정리에 의해, 이 에너지는 $F_T(\omega)$로 쓸 수 있다.

$$E = \int_{-\infty}^{\infty} |f_T(t)|^2 dt = \frac{1}{2\pi} \int_{-\infty}^{\infty} |F_T(\omega)|^2 \, d\omega$$

이렇게 신호의 에너지를 주파수 영역에서 표현한 식을 파워 방정식에 대입하면 다음과 같이 된다.

$$P = \lim_{T \to \infty} \frac{1}{2\pi T} \int_{-\infty}^{\infty} |F_T(\omega)|^2 \, d\omega \tag{5.48}$$

사각 펄스의 유지 시간이 증가할수록, 신호의 에너지도 또한 증가할 것이다. T가 무한대로 가는 극한에서 이 에너지 또한 무한대로 증가할 것이다. 신호의 평균 파워가 유한한 값으로 머무르기 위해서는 신호의 에너지가 신호의 유지 시간 T가 증가하는 것과 동일한 비율로 증가해야만 한다. 이러한 조건 아래에서 T에 대해 극한을 취하는 것과 ω에 대해서 적분을 수행하는 순서를 서로 바꾸는 것이 가능하다.

$$P = \frac{1}{2\pi} \int_{-\infty}^{\infty} \lim_{T \to \infty} \frac{1}{T} |F_T(\omega)|^2 d\omega$$

이러한 형태의 평균 파워 방정식에서 피적분함수를 파워 스펙트럼 밀도라 하고 다음과 같이 표기한다.

$$\mathcal{P}_f(\omega) \equiv \lim_{T \to \infty} \frac{1}{T} |F_T(\omega)|^2 \tag{5.49}$$

파워 스펙트럼 밀도함수를 이용한 정규화된 평균 신호 파워에 대한 식은 다음과 같다.

$$P = \frac{1}{2\pi} \int_{-\infty}^{\infty} \mathcal{P}_f(\omega) d\omega = \frac{1}{\pi} \int_{0}^{\infty} \mathcal{P}_f(\omega) d\omega \tag{5.50}$$

왜냐하면 $\mathcal{P}_f(\omega)$가 짝함수이기 때문이다.

주기 신호에 대해, 정규화된 평균 파워는 다음과 같이 푸리에 급수로부터 얻을 수 있다.

$$P = \sum_{k=-\infty}^{\infty} |C_k|^2 = C_0^2 + 2\sum_{k=1}^{\infty} |C_k|^2 \tag{5.51}$$

식 (5.36)에 보이는 관계식을 이용하면

$$|F(k\omega_0)| = 2\pi |C_k|$$

이다. 신호 $f(t)$의 정규화된 평균 파워를 다음처럼 푸리에 변환으로 쓴다.

$$P = \left(\frac{1}{2\pi}\right)^2 \sum_{k=-\infty}^{\infty} |F(k\omega_0)|^2 = \frac{1}{4\pi^2}|F(0)|^2 + \frac{1}{2\pi^2}\sum_{k=1}^{\infty}|F(k\omega_0)|^2 \tag{5.52}$$

주기 신호에 대해 임의의 주파수 대역에 대한 파워 분포를 신호의 푸리에 변환으로부터 결정할 수 있음을 알 수 있다.

예제 5.24 주기 신호의 파워 스펙트럼 밀도

어떤 주기 신호의 크기 주파수 스펙트럼이 그림 5.30(a)에 나타나 있다. 식 (5.52)에 의해, 각 이산적인 주파수 성분들의 크기를 제곱하고 $4\pi^2$으로 나누어서 파워 스펙트럼 밀도를 구할 수 있다. 그림 5.30(b)는 이 결과를 나타낸다. 1000 rad/s 이상의 주파수에서 스펙트럼 성분의 값이 작기는 하지만 그림 5.30(b)에서 보이듯이 0은 아니라는 사실에 유의한다.

주파수 대역 $|\omega| \leq 1000$ rad/s에서의 정규화된 평균 파워는 이 영역 안의 이산적인 주파수 성분들의 파워를 더함으로써 구한다.

$$116.7 + 2(72.0 + 13.0) = 286.7 \text{ W}$$

■

파워 및 에너지 전달

다음과 같은 시스템의 입력-출력 관련성

$$G(\omega) = H(\omega)F(\omega) \tag{5.53}$$

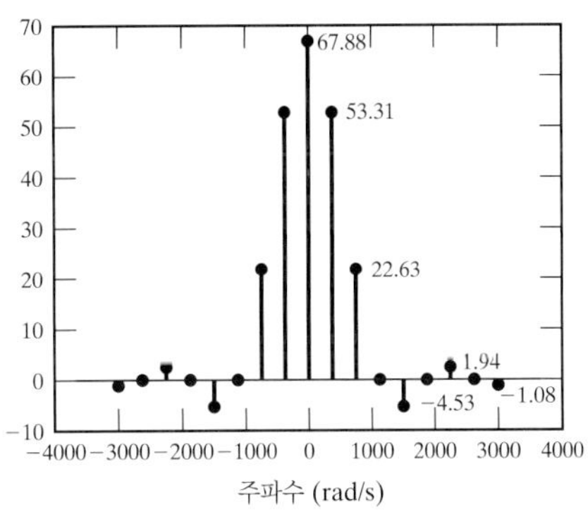

(a)

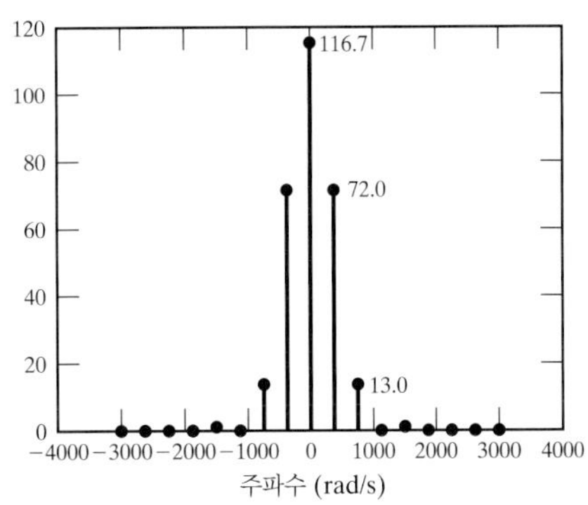

(b)

그림 5.30 주기 신호의 파워 스펙트럼 밀도

은 입력 및 출력 신호의 에너지 또는 파워 스펙트럼 밀도로도 표현할 수 있다. 먼저, 식 (5.53) 양변을 켤레를 취하면

$$G^*(\omega) = [H(\omega)F(\omega)]^* = H^*(\omega)F^*(\omega)$$

이다. 식 (5.53)의 양변에 이 식을 곱하면

$$G(\omega)G^*(\omega) = H(\omega)H^*(\omega)F(\omega)F^*(\omega)$$

즉,

$$|G(\omega)|^2 = |H(\omega)|^2|F(\omega)|^2 \tag{5.54}$$

이다.

이 식의 양변을 π로 나누면, 선형 시스템을 통해 전달되는 에너지를 기술하는 다음과 같은 표현식을 얻는다.

$$\mathscr{E}_g(\omega) = |H(\omega)|^2\mathscr{E}_f(\omega) \tag{5.55}$$

신호의 입력이 파워 신호인 경우에, 시간-평균 연산을 식 (5.54) 양변에 적용할 수 있다.

$$\lim_{T\to\infty}\frac{1}{T}|G_T(\omega)|^2 = |H(\omega)|^2\lim_{T\to\infty}\frac{1}{T}|F_T(\omega)|^2$$

그러면 식 (5.49)로부터

$$\mathscr{P}_g(\omega) = |H(\omega)|^2\mathscr{P}_f(\omega) \tag{5.56}$$

이다.

일반적으로 통신 시스템에서 정보 신호의 정확한 내용은 미리 예측할 수 없지만, 파워 스펙트럼 밀도는 통계적으로 결정할 수 있다. 그러므로 식 (5.54)는 종종 이러한 시스템의 분석과 설계에서 사용된다.

예제 5.25 시스템 출력 신호의 파워 스펙트럼 밀도

그림 5.31(a)에 보이는 파워 스펙트럼 밀도를 갖는 신호 $x(t)$가 그림 5.31(b)에 나타낸 주파수 응답을 갖는 신호의 입력이다. 출력 신호 $y(t)$의 파워 스펙트럼 밀도는 식 (5.56)을 적용하여 구한다.

입력 신호의 파워 스펙트럼 밀도가 이산-주파수 함수이므로

$$\mathscr{P}_y(\omega) = \mathscr{P}_x(\omega)|H(\omega)|^2$$

는 $x(t)$의 파워 스펙트럼 밀도가 0이 아닌 주파수들에서만 이 식의 값을 구하여 결정할 수 있다. 예를 들어 $\omega = 60$ (rad/s)인 출력 신호에 담겨 있는 파워 밀도를 결정하기 위해, 선형 시스템의 주파수 응답으로부터 $|H(60)| = 0.7071$을 구한다. 따라서 $|H(60)|^2 = 0.5$다. 그림 5.31(a)로부터 $\mathscr{P}_x(60) = 7.84$다. $\mathscr{P}_y(\omega) = 3.92$를 계산한다. 이러한 계산을 관심 있는 모든 주파수에서 수행한다.

출력 신호의 파워 스펙트럼 밀도를 그림 5.31(c)에 나타내었다. ■

요약

이 절에서는 다음 식으로 에너지 스펙트럼 밀도 함수를 정의하였다.

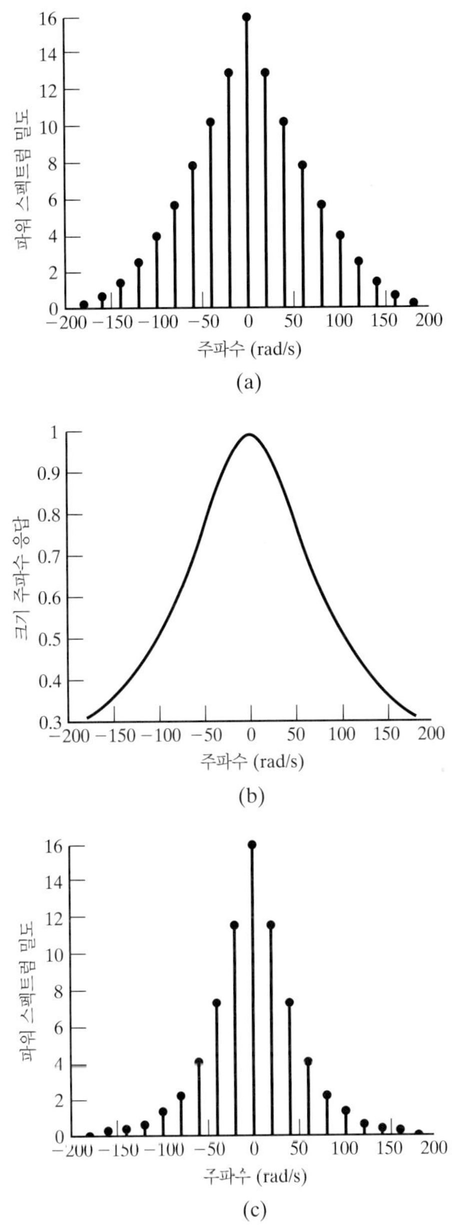

그림 5.31 예제 5.25의 그래프

[식 (5.45)]
$$\mathscr{E}_f(\omega) \equiv \frac{1}{\pi}|F(\omega)|^2$$

이것은 주파수 스펙트럼에서 에너지 신호에 담겨 있는 에너지의 분포를 기술한다. 또한 파워 스펙트럼 밀도 함수를 다음과 같이 정의하였다.

[식 (5.49)]
$$\mathscr{P}_f(\omega) \equiv \lim_{T\to\infty} \frac{1}{T}|F_T(\omega)|^2$$

이것은 주파수 스펙트럼에서 *파워 신호*에 담겨 있는 파워의 분포를 기술한다.

선형 시스템을 통해 전달되는 *에너지 신호*에 대한 입력-출력 관계는 다음 식으로 결정된다.

[식 (5.55)]
$$\mathscr{E}_g(\omega) = |H(\omega)|^2 \mathscr{E}_f(\omega)$$

여기서 $\mathscr{E}_f(\omega)$는 입력 신호의 에너지 스펙트럼 밀도이고 $\mathscr{E}_g(\omega)$는 출력 신호의 에너지 스펙트럼 밀도다.

선형 시스템을 통해 전달되는 파워 신호에 대한 입력-출력 관계는 다음 식으로 결정된다.

[식 (5.56)]
$$\mathscr{P}_g(\omega) = |H(\omega)|^2 \mathscr{P}_f(\omega)$$

여기서 $\mathscr{P}_f(\omega)$는 입력 신호의 파워 스펙트럼 밀도이고 $\mathscr{P}_g(\omega)$는 출력 신호의 파워 스펙트럼 밀도다.

결론

이 장에서는 푸리에 변환식 (5.1)과 역푸리에 변환식 (5.2)를 정의하였다.

식 (5.1)의 적분이 존재하기 위한 조건을 디리클레 조건이라 한다. 일반적으로 신호 $f(t)$가 충분히 좋은 성질들을 가지고 있고(well behaved) (이 함수의 그래프를 그릴 수 있고) 절대적분 가능하면, 이 신호의 푸리에 변환이 존재한다. 이 조건은 충분조건이고 필요조건은 아니다. 이 조건을 만족하지 않는 수많은 실제 신호들에 대한 푸리에 변환이 존재함을 보일 수 있다.

시간-영역 신호의 푸리에 변환을 이 신호의 주파수 스펙트럼이라 한다. 주파수 스펙트럼은 종종 두 개의 부분으로 그래프를 그리는데, 크기 스펙트럼으로서 $|F(\omega)|$를 그리고 위상 스펙트럼으로서 $\arg[F(\omega)]$를 그린다. 주파수 스펙트럼을 나타내는 세 번째 표현방법은 $|F(\omega)|^2$를 도시화하는 것인데, 이것은 에너지 스펙트럼이라 한다.

푸리에 변환의 몇 가지 유용한 성질들을 소개하고 이것들을 표 5.1에 정리하였다. 몇 가지 시간-영역 함수들의 푸리에 변환을 유도하고 이것들을 표 5.2에 정리하였다.

선형 시스템의 임펄스 응답의 푸리에 변환이 이 시스템의 주파수 응답이 되는 것을 보였고, 이것은 또는 주파수 영역에서 이 시스템의 전달함수다. 이것은 전달함수 $H(\omega)$인 시스템의 입력 신호가 $X(\omega)$라면 출력 신호의 푸리에 변환 $Y(\omega)$는 전달함수와 입력 함수의 푸리에 변환의 곱이 된다는 중요한 사실로 이끈다.

에너지와 파워 스펙트럼 밀도를 식 (5.45)와 식 (5.49)에 의해 각각 정의하였다.

시스템과 신호 분석에서 에너지 및 파워 스펙트럼 밀도 함수의 유용성에 대해 논의하였다. 한 가지 중요한 응용은 선형 시스템을 통한 파워-신호 전달에 대한 연구다. 이 경우에 출력 신호의 파워 스펙트럼 밀도에 대한 식은 시스템의 전달함수와 입력 신호의 파워 스펙트럼 밀도의 식으로 주어진다.

푸리에 변환의 몇 가지 추가적인 응용에 대해 6장에서 논의한다. 표 5.3을 참조한다.

표 5.3 5장의 주요 식들

수식 제목	수식 기호	수식
푸리에 변환	(5.1)	$\mathcal{F}\{f(t)\} = F(\omega) = \int_{-\infty}^{\infty} f(t)e^{-j\omega t}dt$
역푸리에 변환	(5.2)	$f(t) = \frac{1}{2\pi}\int_{-\infty}^{\infty} F(\omega)e^{j\omega t}d\omega = F^{-1}\{F(\omega)\}$
선형성	(5.10)	$af_1(t) + bf_2(t) \overset{\mathcal{F}}{\longleftrightarrow} aF_1(\omega) + bF_2(\omega)$
시간-변환 성질	(5.15)	$f(at - t_0) \overset{\mathcal{F}}{\longleftrightarrow} \frac{1}{\|a\|}F\left(\frac{\omega}{a}\right)e^{-jt_0(\omega/a)}$
쌍대성	(5.16)	$F(t) \overset{\mathcal{F}}{\longleftrightarrow} 2\pi f(-\omega)$ when $f(t) \overset{\mathcal{F}}{\longleftrightarrow} F(\omega)$
컨볼루션 성질	(5.17)	$f_1(t)*f_2(t) \overset{\mathcal{F}}{\longleftrightarrow} F_1(\omega)F_2(\omega)$
곱의 성질	(5.18)	$f_1(t)f_2(t) \overset{\mathcal{F}}{\longleftrightarrow} \frac{1}{2\pi}F_1(\omega)*F_2(\omega)$
주파수 이동 성질	(5.19)	$x(t)e^{j\omega_0 t} \overset{\mathcal{F}}{\longleftrightarrow} X(\omega - \omega_0)$
주기 신호의 푸리에 변환	(5.36)	$\sum_{k=-\infty}^{\infty} C_k e^{jk\omega_0 t} \overset{\mathcal{F}}{\longleftrightarrow} 2\pi \sum_{k=-\infty}^{\infty} C_k\delta(\omega - k\omega_0)$ or
		$\sum_{k=-\infty}^{\infty} g(t - kT_0) \overset{\mathcal{F}}{\longleftrightarrow} \omega_0 \sum_{k=-\infty}^{\infty} G(n\omega_0)\delta(\omega - k\omega_0), \omega_0 = \frac{2\pi}{T_0}$
주파수 응답 함수	(5.43)	$H(\omega) = \mathbb{F}\{h(t)\},\ H(\omega) = \frac{Y(\omega)}{X(\omega)}$
에너지 스펙트럼 밀도	(5.45)	$\mathcal{E}_f(\omega) = \frac{1}{\pi}\|F(\omega)\|^2 = \frac{1}{\pi}F(\omega)F^*(\omega)$
신호 에너지	(5.46)	$E = \int_0^{\infty} \mathcal{E}_f(\omega)d\omega$
파워 스펙트럼 밀도	(5.49)	$\mathcal{P}_f(\omega) = \lim_{T\to\infty}\frac{1}{T}\|F_T(\omega)\|^2$
신호 파워	(5.50)	$P = \frac{1}{\pi}\int_0^{\infty} \mathcal{P}_f(\omega)d\omega$
에너지 전달	(5.55)	$\mathcal{E}_g(\omega) = \|H(\omega)\|^2\mathcal{E}_f(\omega)$
파워 전달	(5.56)	$\mathcal{P}_g(\omega) = \|H(\omega)\|^2\mathcal{P}_f(\omega)$

연습문제

5.1절

5.1 푸리에 변환을 정의한 식 (5.1)을 이용하여 다음 신호들의 푸리에 변환을 구하여라.

(a) $f(t) = (1 - e^{-bt})u(t)$

(b) $f(t) = A\cos(\omega_0 t + \phi)$

(c) $f(t) = e^{at}u(-t), a > 0$

(d) $f(t) = C\delta(t + t_0)$

5.2 푸리에 적분을 이용하여 다음 각 신호들의 푸리에 변환을 구하여라.

(a) $x(t) = A[u(t) - u(t - b)]$

(b) $x(t) = e^{-t}[u(t) - u(t - 5)]$

(c) $x(t) = At[u(t) - u(t - b)]$

(d) $x(t) = 3\cos(3\pi t)\ \text{rect}\ (t/3)$

5.2절

5.3 푸리에 변환 표(표 5.2)와 푸리에 변환의 성질 표(표 5.1)를 이용하여 연습문제 5.1의 각 신호들의 푸리에 변환을 구하여라. 푸리에 적분 식 (5.1)을 사용하지 말라.

5.4 푸리에 변환 표(표 5.2)와 푸리에 변환의 성질 표(표 5.1)를 이용하여 연습문제 5.2의 각 신호들의 푸리에 변환을 구하여라.

5.5 $B\cos(\omega_0 t)$의 푸리에 변환은 식 (5.11)과 같다. 다음 성질을 이용하여 $2\sin(10t)$의 푸리에 변환을 유도하여라.

(a) 미분 성질

(b) 시간-이동 성질

5.6 표 5.1에 기술되어 있는 다음 푸리에 변환의 성질들을 수학적으로 증명하여라.

(a) 선형성

(b) 시간 이동

(c) 쌍대성

(d) 주파수 이동

(e) 시간 미분

(f) 시간 컨볼루션

(g) 시간-스케일링 성질

5.7 다음 신호들의 푸리에 변환을 구하여라.

(a) 부호 함수

(b) $u(t)\cos\omega_c t$

(c) $u(t)\sin\omega_c t$

(d) $e^{\frac{-t^2}{2\sigma^2}}$

5.8 푸리에 변환 정리를 이용하여 지수함수와 단위 계단 함수로 이루어진 다음 함수의 푸리에 변환을 구하여라.

$$e^{-3t}[u(t+2) + u(t-3)]$$

5.3절

5.9 다음 시간 영역 신호들의 푸리에 변환을 구하여라.

(a) 단위 계단 함수 $u(t)$, 즉, $t > 0$이면 $u(t) = 1$이고 $t < 0$이면 $u(t) = 0$

(b) $\cos\omega_c t$

(c) $\sin \omega_c t$

(d) $e^{j\omega ct}$

(e) $\delta(t)$

(f) A

(g) $\delta(t - t_0)$

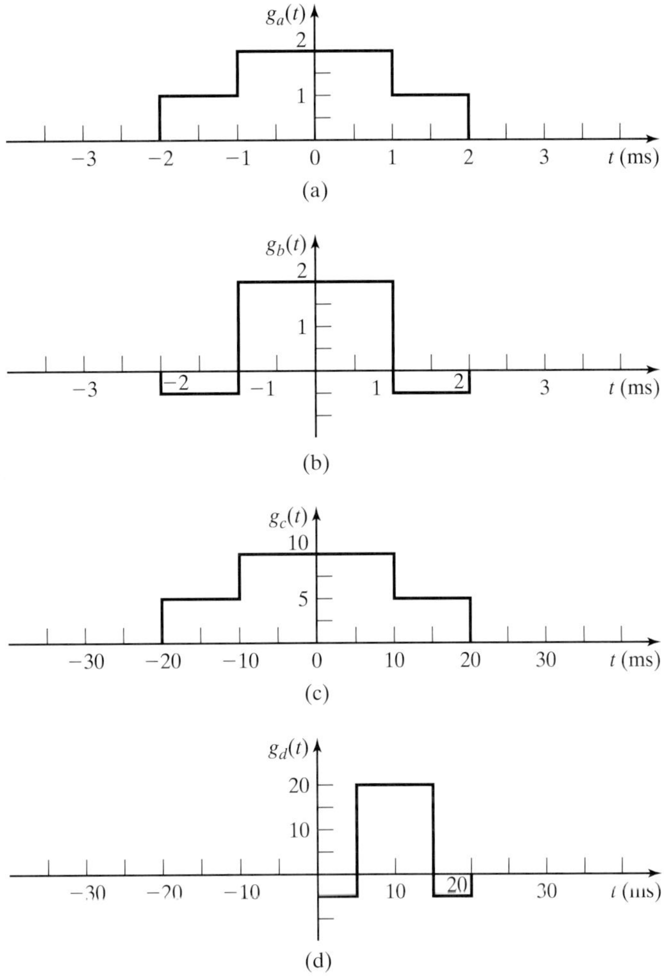

그림 P5.10

5.10 그림 P5.10에 보이는 신호들의 주파수 스펙트럼을 구하여라.

5.11 $x(t)$와 $h(t)$가 다음과 같다고 하자.

$$x(t) = u(t-3) - u(t-5) \text{ 그리고 } h(t) = e^{-3t}u(t)$$

다음 함수를 계산하여라.

(a) $y(t) = x(t)*h(t)$

(b) $g(t) = \left(\dfrac{dx(t)}{dt}\right)*h(t)$

(c) $g(t)$는 $y(t)$와 어떻게 관련되는가?

5.12 **(a)** 그림 P5.10(a)와 (c)에 각각 보이는 신호 $g_a(t)$와 $g_c(t)$의 주파수 스펙트럼을 구하고 서로 비교하여라.

(b) 그림 P5.10(b)와 (d)에 각각 보이는 신호 $g_b(t)$와 $g_d(t)$의 주파수 스펙트럼을 구하고 서로 비교하여라.

5.13 **(a)** 시간-미분 및 선형 성질을 이용하여 그림 P5.13(a)에 보이는 삼각파의 푸리에 변환을 구하여라.

(b) 시간-미분 및 선형 성질을 이용하여 그림 P5.13(b)에 보이는 사다리꼴 형태의 신호에 대한 푸리에 변환을 구하여라.

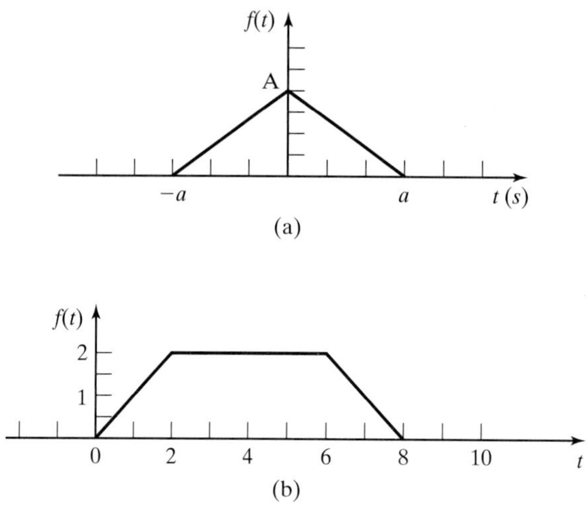

그림 P5.13

5.14 다음 주기 신호의 주파수 스펙트럼 (이산적인 크기 스펙트럼)의 개형을 그려라.

$$x(t) = 2\sin(100\pi t) + 0.5\cos(200\pi t) - \cos(300\pi t)$$

5.15 직렬로 연결된 RC 회로에서 $R = 0.5\ \Omega$, $C = 1\ F$이다. 저항 양단에 걸리는 전압을 출력 전압 $V_o(t)$라고 하자.

(a) 이 회로에 전압 $e^{-t}u(t)$를 인가할 때, 컨볼루션을 이용하여 $V_o(t)$를 구하여라.

(b) 다음 각 신호가 입력으로 인가될 때, 전송 왜곡이 가장 덜하거나 가장 심한 경우는 어떤 신호인가?

(i) $\cos(48\pi t) + 5\cos(126\pi t)$

(ii) $\cos(126\pi t) + 0.5\cos(170\pi t)$

(iii) $\cos(126\pi t) + 3\cos(144\pi t)$

5.16 입력 신호 $x(t) = \text{sinc}(t)$에 대한 LTI 시스템의 응답이 $y(t) = \text{sinc}^2(t)$가 될 수 있는가? 근거와 함께 답하여라.

5.17 그림 P5.17에 보이는 신호에 대한 푸리에 변환을 구하여라. (푸리에 변환의 성질에 관한 표를 사용하여도 된다.)

5.18 그림 P5.18에 보이는 주파수 스펙트럼을 갖는 시간-영역 함수를 구하여라.

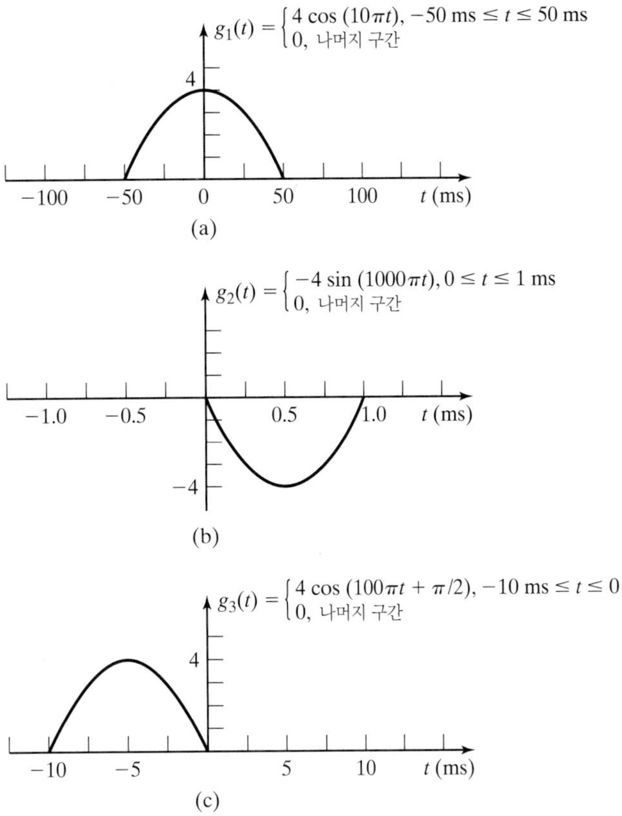

그림 P5.17

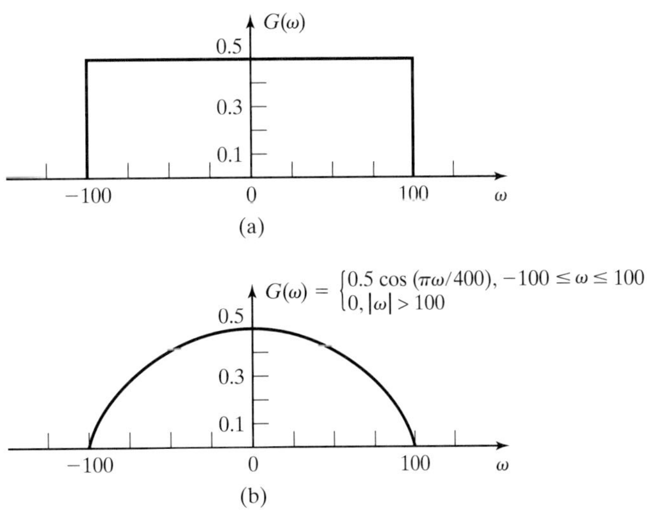

그림 P5.18

5.19 신호 $g(t)$의 푸리에 변환이 다음과 같다고 하자.

$$G(\omega) = \frac{j\omega}{-\omega^2 + 5j\omega + 6}$$

다음 함수들의 푸리에 변환을 구하여라.

(a) $g(2t)$

(b) $\dfrac{dg(t)}{dt}$

(c) $g(3t - 6)$

(d) $g(-t)$

(e) $e^{-j100t}g(t)$

(f) $\displaystyle\int_{-\infty}^{t} g(\tau)d\tau$

5.20 **(a)** 그림 P5.20(a)에 보이는 반파 정류 코사인 파형의 주파수 스펙트럼을 구하고 그 개형을 그려라.

(b) 그림 P5.20(b)에 보이는 반파 정류 코사인 파형의 주파수 스펙트럼을 구하고 그 개형을 그려라.

(c) (a)와 (b)의 결과를 비교하여라.

(d) (a)와 (b)의 파형의 주기가 반으로 줄어들면 주파수 스펙트럼은 어떻게 변할까?

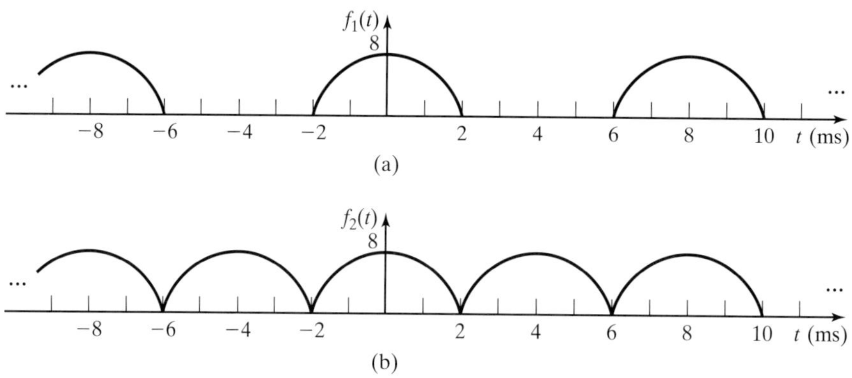

그림 P5.20

5.21 **(a)** 그림 P5.21은 어떤 주기 신호 $g_p(t)$를 나타낸 것이다. $G_p(\omega)$를 구하고 그 개형을 그려라.

(b) 주어진 파형의 주기가 두 배로 늘어나면 주파수 스펙트럼은 어떻게 변할까?

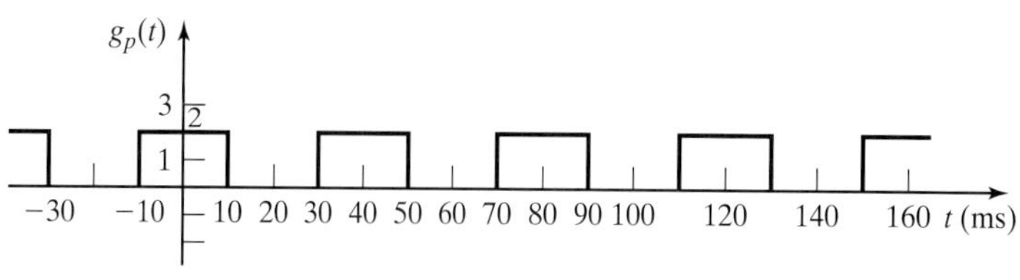

그림 P5.21

5.22 $p_1(t) = \sin(8\pi t)\pi\left(\frac{t}{2}\right)$ 식으로 주어지는 펄스의 푸리에 변환 $P_1(f)$를 구하여라. 여기서 함수 $\pi(t)$는 다음과 같다.

$$\pi(t) = \begin{cases} 1, & |t| \le \frac{1}{2} \\ 0, & \text{나머지 구간} \end{cases}$$

5.4절

5.23 **(a)** 그림 P5.23(a)의 전기 회로에 대해, 다음 물음에 답하여라.

(i) 주파수 응답 함수를 구하여라.

(ii) 주파수 응답의 크기와 위상 그래프를 그려라.

(iii) 이 회로의 임펄스 응답 함수를 구하여라.

(b) 그림 P5.23(b)의 회로에 대해, (a)의 질문에 답하여라.

(c) 그림 P5.23(c)의 회로에 대해, (a)의 질문에 답하여라.

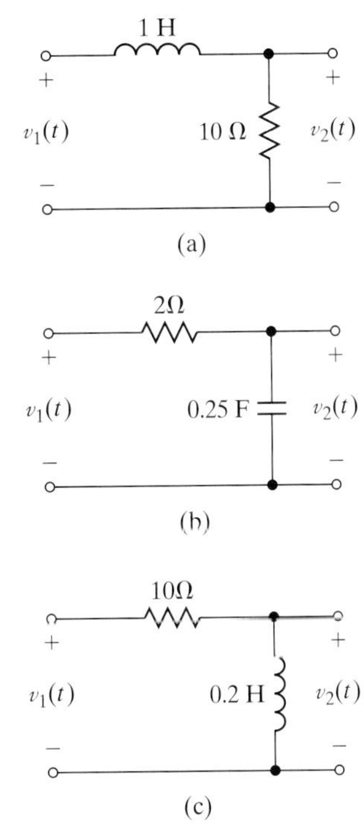

그림 P5.23

5.24 다음 각 회로에 대해, 입력단에 $v_1(t) = \sin(50t)$의 전압을 인가할 때, 출력단에서 생성되는 신호 $v_2(t)$의 주파수 스펙트럼을 구하여라.

(a) 그림 P5.23(a)

(b) 그림 P5.23(b)

(c) 그림 P5.23(c)

6 푸리에 변환의 응용

Applications of the Fourier Transform

이 장에서는 공학 분야에서 푸리에 변환을 응용하는 몇 가지 사례에 대해 살펴본다. 푸리에 변환의 수학적인 기초와 몇 가지 성질들에 대해서는 5장에서 다루었다. 이 장에서는 푸리에 변환과 일반적으로 주파수 영역이 신호 및 시스템의 분석과 설계를 쉽게 할 수 있도록 어떻게 사용될 수 있는지 추가적인 예들을 보이고자 한다. 이 장에서 특별히 중요한 설명은 샘플링과 데이터 복원에 대한 주파수 영역에서의 분석이다.

6.1 이상적인 필터

시스템 분석에 푸리에 변환을 응용하는 방식들 중 하나인 다음과 같은 전달함수의 개념을 5장에서 소개하였다.

[식 (5.42)]
$$H(\omega) = \frac{V_2(\omega)}{V_1(\omega)}$$

여기서 $V_1(\omega)$은 시스템에 대한 입력 신호의 푸리에 변환이고 $V_2(\omega)$는 출력 신호의 푸리에 변환이다. 이러한 개념을 생각하게 되면 어떤 특수한 목적을 위한 전달함수를 만든다는 아이디어로 자연스럽게 나아가게 된다. 필터링은 이러한 특수 목적 중 하나로서 전자 신호처리에서 자주 사용된다. 그림 6.1은 네 가지 기본 필터 형태의 주파수-응답 특성을 보여주고 있다. 네 가지 기본 필터 형태는 *이상적인 저주파-통과 필터*(ideal low-pass filter), *이상적인 고주파 통과 필터*(ideal high-pass filter), *이상적인 대역-통과 필터*(ideal bandpass filter), 그리고 *이상적인 대역-차단 필터*(ideal bandstop filter)다.

이러한 *이상적인* 필터들의 전달함수는 *통과대역* 안에 놓이는 입력 신호의 주파수 성분들이 그대로 출력으로 통과되어 나타나고 *차단대역* 안에 놓인 입력의 주파수 성분은 출력 신호에서 제거되도록 한다.

그림 6.1(a)에 보이는 것과 같은 주파수 응답을 생각해보자. 이것은 *이상적인 저주파-통과 필터*의 크기 주파수 스펙트럼이다. 이 그림에서 볼 수 있듯이, 이 필터는 $|\omega| \leq \omega_c$인 주파수 성분에 대해서는 주파수 응답의 크기가 1이고 $|\omega| > \omega_c$에 대해서는 주파수 응답의 크기가 0이다. 주파수 영역 $|\omega| \leq \omega_c$를 필터의 통과대역(passband)이라고 하고, 주파수 영역 $|\omega| > \omega_c$를 차단대역(stopband)이라고 한다. 이 필터의 출력은 통과대역 내의 입력 신호의 주파수 성분으로만 이루어져 있다. 그림 6.2는 입력 신호가 저주파-통과 필터를 통과할 때 나타나는 효과를 보여준다.

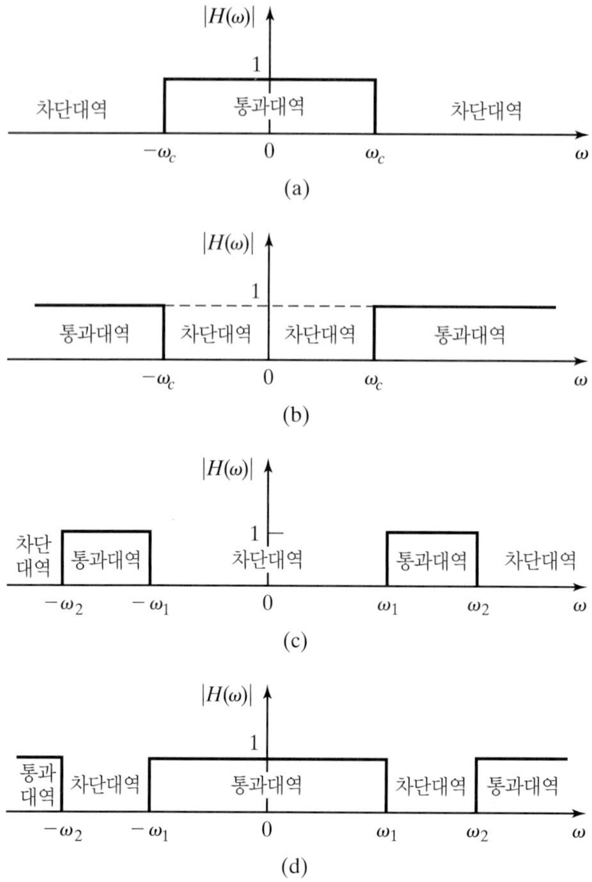

그림 6.1 네 종류의 이상적인 필터의 주파수 응답

신호의 원하지 않는 성분을 제거하는 데에 필터를 사용한다. 예를 들어, 그림 6.2(b)의 $V_1(\omega)$에 존재하는 것으로 보이는 고주파 잡음은 통과대역 바깥쪽(*차단대역* 내)에 놓여 있다. 그렇기 때문에 이 잡음은 이 필터를 통과하여 $V_2(\omega)$로 전달되지 않고 신호의 원하는 부분만 필터에 의해 손상되지 않고 전달된다. 이러한 필터링 과정을 그림 6.2(c)와 (d)에 나타내었다.

위에서 설명한 필터들은 이상적인 필터임에 주의해야 한다. 이상적이라고 부르는 대부분의 것들과 마찬가지로, 이것들은 물리적으로는 구현할 수 없다. 그러나 *이상적인* 필터의 개념은 선형 시스템의 동작을 분석하는 데에 큰 도움이 된다. 왜냐하면 이 과정을 묘사하는 데 필요한 수학이 매우 간단하기 때문이다.

이상적인 저주파-통과 필터의 주파수 응답을 다시 생각해보면 이상적인 필터를 물리적으로 구현하기 불가능하다는 점을 알 수 있다. 이 저주파-통과 필터의 전달함수는 다음과 같이 쓸 수 있다.

$$H(\omega) = \text{rect}(\omega/2\omega_c)$$

그렇기 때문에 표 5.2로부터 이 필터의 임펄스 응답은

$$h(t) = F^{-1}\{H(\omega)\} = (\omega_c/\pi)\,\text{sinc}(\omega_c t)$$

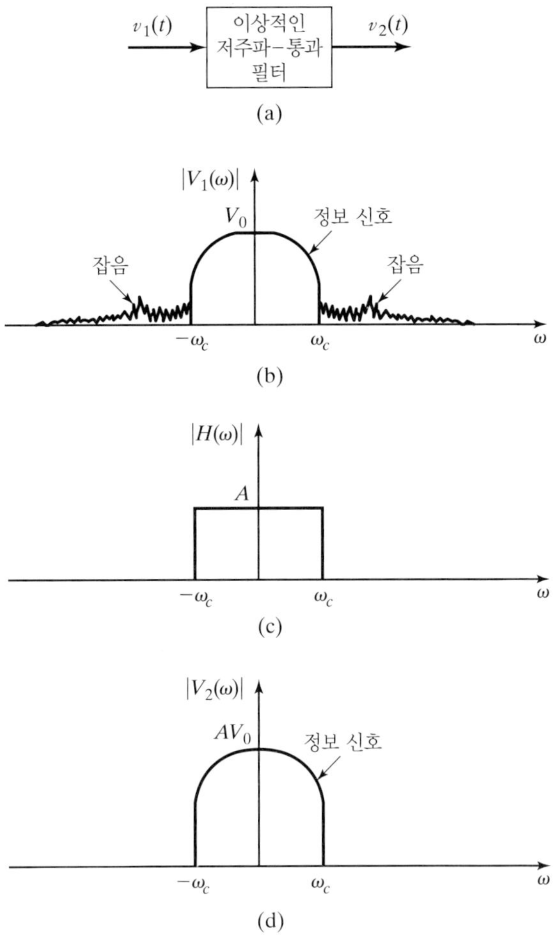

그림 6.2 잡음 제거에 사용되는 이상적인 저주파–통과 필터

이다. 이 임펄스 응답의 개형을 그림 6.3에 나타내었다. 이 이상적인 필터의 임펄스 응답은 임펄스가 $t = 0$에서 발생하기 오래전부터 (그러므로 $t = -\infty$에서) 시작한다는 사실을 알 수 있다. 이러한 시스템은 2장과 3장에서 논의하였듯이, 입력이 가해지기 전에 입력에 응답하게 되는데, 이러한

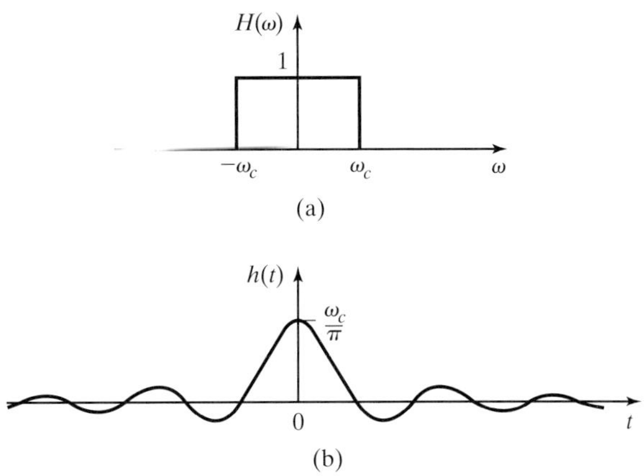

그림 6.3 이상적인 저주파–통과 필터의 임펄스 응답

시스템을 *비인과 시스템*(noncausal system)이라 한다. 그러나 이상적인 필터와 마찬가지로 비인과 시스템 개념은 분석 또는 설계를 하려는 초기 단계에서 유용할 수 있다. 다음 예제들은 *이상적인 필터* 개념을 응용하는 몇 가지 예를 보여준다.

예제 6.1 이상적인 고주파-통과 필터

다음 두 개의 신호가

$$g_1(t) = 2\cos(200\pi t) \quad \text{그리고} \quad g_2(t) = 5\cos(1000\pi t)$$

예제 5.9에서 기술한 것과 같이 서로 곱해졌다. 그 곱의 결과는 다음 신호다.

$$g_3(t) = 5\cos(1200\pi t) + 5\cos(800\pi t)$$

어떤 응용에서 다음과 같은 신호가 필요하다고 가정하자.

$$g_4(t) = 3\cos(1200\pi t)$$

이 신호는 $g_3(t)$를 고주파-통과 필터로 통과시켜 얻을 수 있다. $g_4(t)$의 푸리에 변환을 표 5.2로부터 찾으면 다음과 같다.

$$G_4(\omega) = 3\pi[\delta(\omega - 1200\pi) + \delta(\omega + 1200\pi)]$$

비슷하게, $g_3(t)$의 푸리에 변환을 표 5.2와 선형 성질을 이용하여 찾으면 다음과 같다.

$$G_3(\omega) = 5\pi[\delta(\omega - 800\pi) + \delta(\omega + 800\pi)] + 5\pi[\delta(\omega - 1200\pi) + \delta(\omega + 1200\pi)]$$

그림 6.4(a)와 (b)는 각각 $g_4(t)$와 $g_3(t)$의 주파수 스펙트럼이다. $\omega = \pm 1200\pi$에서의 $G_3(\omega)$의 주파수 성분에 0.6을 곱하고 $\omega = \pm 800\pi$에서의 주파수 성분에 0을 곱하면 그 결과가 원하는 신호 $G_4(\omega)$가 될 것이다. 그림 6.4(c)는 이러한 작업을 해줄 이상적인 고주파-통과 필터를 나타내고 있다. 이 필터링 과정은 다음과 같이 수학적으로 쓸 수 있다.

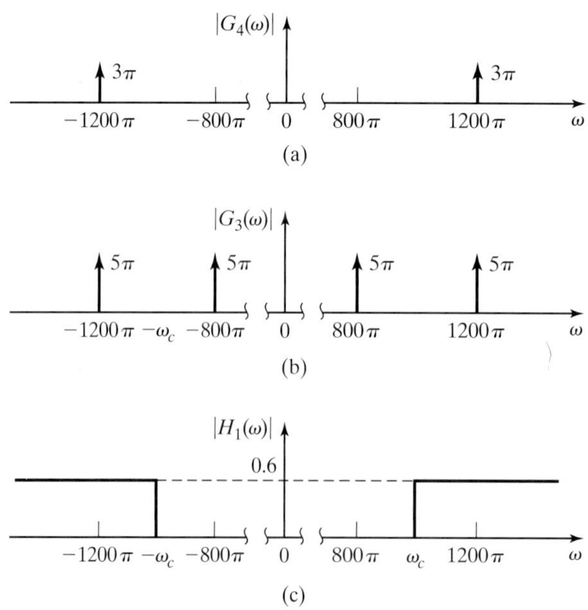

그림 6.4 예제 6.1을 위한 그림

$$G_4(\omega) = G_3(\omega)H_1(\omega)$$

여기서

$$H_1(\omega) = 0.6[1 - \text{rect}(\omega/2\omega_c)], \quad 800\pi < \omega_c < 1200\pi$$

이다. ■

예제 6.2 이상적인 저주파-통과 필터의 응용

예제 6.1의 신호를 다시 이용한다. 이번에는 어떤 응용에서 다음 신호를 필요로 한다고 가정하자.

$$g_5(t) = 4\cos(800\pi t)$$

이 신호는 $g_3(t)$를 저주파-통과 필터로 통과시켜 얻을 수 있다. $g_5(t)$의 푸리에 변환은

$$G_5(\omega) = 4\pi[\delta(\omega - 800\pi) + \delta(\omega + 800\pi)]$$

이다. 그림 6.5는 $g_5(t)$의 주파수 스펙트럼이다. $\omega = \pm 800\pi$에서의 $G_3(\omega)$의 주파수 성분을 통과시키고 출력의 크기가 4π가 되게 하기 위해서는 그림 6.6에 나타낸 것과 같이 이득이 0.8인 이상적인 저주파-통과 필터가 필요하다. 다시 한번 이 필터링 과정을 다음과 같이 쓴다.

$$G_5(\omega) = G_3(\omega)H_2(\omega)$$

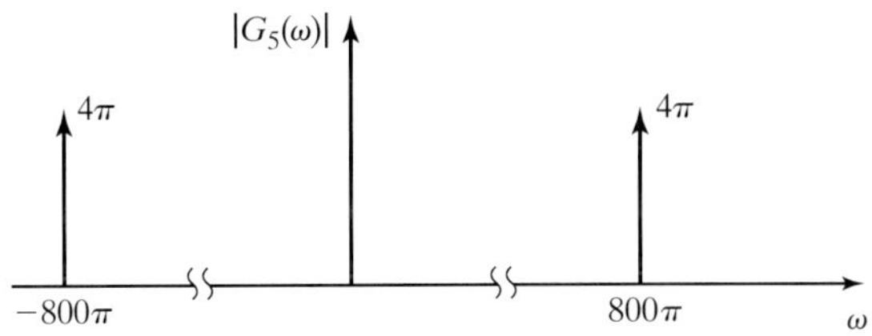

그림 6.5 예제 6.2의 주파수 스펙트럼

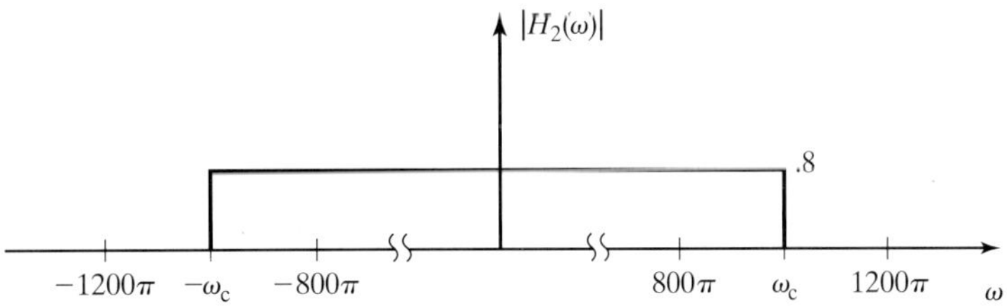

그림 6.6 예제 6.2의 필터의 주파수 응답

여기서

$$H_2(\omega) = .8\,\text{rect}(\omega/2\omega_c), \omega_c > 800\pi$$

이다. ■

예제 6.3 두 신호의 곱

예제 6.1과 예제 6.2에서 고려했던 것처럼 두 신호를 곱하는 것은 수학적으로 간단한 개념이고 이러한 기능을 해내는 집적회로 디바이스도 존재한다. 기초적인 전자 소자를 이용하여 두 신호의 곱을 만들어내는 한 방법을 그림 6.7에 나타내었다. 그림 6.7에 보이는 *제곱법 소자*(square-law device)를 이용하면 포화 레벨 근처로 바이어스된 증폭기와 같은 비선형 소자에 신호를 통과시킨 효과를 근사시킬 수 있다[1]. 제곱법 소자의 출력은 입력 신호의 제곱이다. 그림에 나타낸 시스템에서 소자의 입력은 다음과 같다.

$$w(t) = C_1 \cos(\omega_1 t) + C_2 \cos(\omega_2 t)$$

그렇기 때문에 출력 신호는 다음과 같다.

$$x(t) = w^2(t) = C_1^2 \cos^2(\omega_1 t) + 2C_1 C_2 \cos(\omega_1 t)\cos(\omega_2 t) + C_2^2 \cos^2(\omega_2 t)$$

부록 A의 다음과 같은 삼각함수 정리를 이용하면,

$$\cos^2\phi = \tfrac{1}{2}[1 + \cos 2\phi]$$

제곱법 소자의 출력을 다음과 같이 다시 쓸 수 있다.

$$x(t) = \tfrac{1}{2}C_1^2[1 + \cos(2\omega_1 t)] + 2C_1C_2\cos(\omega_1 t)\cos(\omega_2 t) \\ + \tfrac{1}{2}C_2^2[1 + \cos(2\omega_2 t)]$$

예제 5.9에서 보인 것과 같이 [또는 또 다른 삼각함수의 정리, $2\cos\alpha\cos\beta = \cos(\alpha - \beta) + \cos(\alpha + \beta)$를 이용하면] 이 식의 두 번째 항을 다음과 같이 다시 쓸 수 있다.

$$2C_1C_2\cos(\omega_1 t)\cos(\omega_2 t) = C_1C_2\cos[(\omega_1 + \omega_2)t] + C_1C_2\cos[(\omega_1 - \omega_2)t]$$

그러므로 제곱법 소자의 출력은 다음과 같다.

$$x(t) = \tfrac{1}{2}[C_1^2 + C_2^2] + \tfrac{1}{2}C_1^2\cos(2\omega_1 t) + \tfrac{1}{2}C_2^2\cos(2\omega_2 t) \\ + C_1C_2\cos[(\omega_1 + \omega_2)t] + C_1C_2\cos[(\omega_1 - \omega_2)t]$$

이 신호의 푸리에 변환은 표 5.2와 선형 성질로부터 다음과 같이 구한다.

$$X(\omega) = \pi[C_1^2 + C_2^2]\delta(\omega) + \frac{\pi}{2}C_1^2[\delta(\omega - 2\omega_1) + \delta(\omega) + 2\omega_1] \\ + \frac{\pi}{2}C_2^2[\delta(\omega - 2\omega_2) + \delta(\omega + 2\omega_2)] \\ + C_1C_2\pi[\delta(\omega - \omega_1 + \omega_2) + \delta(\omega + \omega_1 - \omega_2)] \\ + C_1C_2\pi[\delta(\omega - \omega_1 - \omega_2) + \delta(\omega + \omega_1 + \omega_2)]$$

예제 6.1에서 고려했던 신호를 함께 더하여 그림 6.7의 시스템에 대한 입력을 만들면,

$$w(t) = g_1(t) + g_2(t) = 2\cos(200\pi t) + 5\cos(1000\pi t)$$

이고

$$x(t) = 4\cos^2(200\pi t) + 20\cos(200\pi t)\cos(1000\pi t) + 25\cos^2(1000\pi t)$$

이다. 신호 $x(t)$의 푸리에 변환은

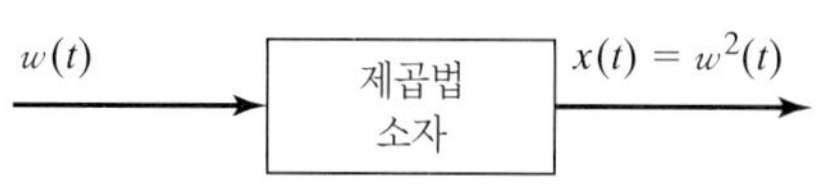

그림 6.7 제곱법 소자의 블록 다이어그램

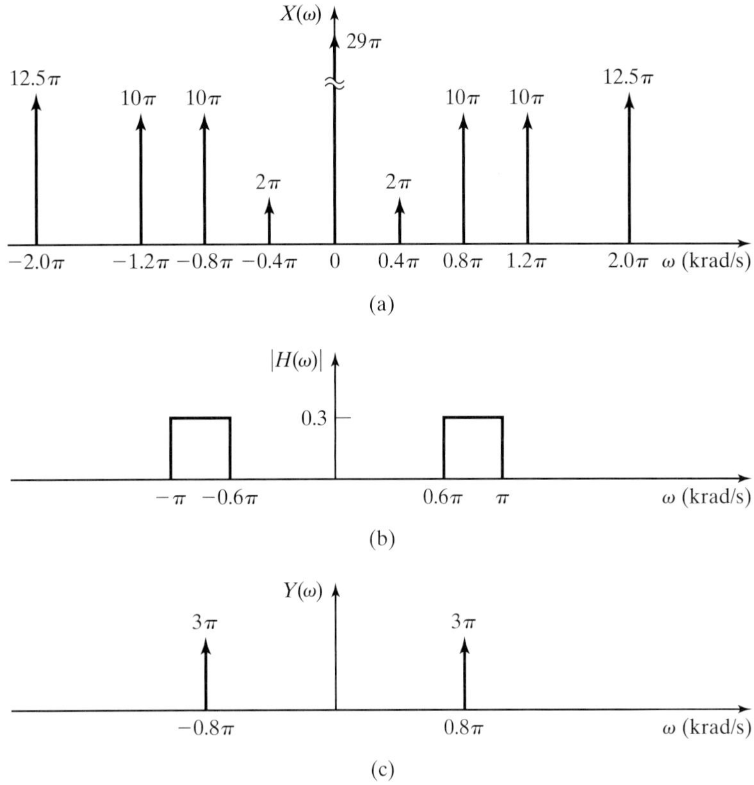

그림 6.8 예제 6.3을 위한 그림

$$
\begin{aligned}
X(\omega) = 29\pi(\omega) &+ 2\pi[\delta(\omega - 400\pi) + \delta(\omega + 400\pi)] \\
&+ 12.5\pi[\delta(\omega - 2000\pi) + \delta(\omega + 2000\pi)] \\
&+ 10\pi[\delta(\omega - 800\pi) + \delta(\omega + 800\pi)] \\
&+ 10\pi[\delta(\omega - 1200\pi) + \delta(\omega + 1200\pi)]
\end{aligned}
$$

이다. $x(t)$의 주파수 스펙트럼을 그림 6.8(a)에 나타내었다.

만일 시스템의 출력이 예제 6.1에서와 같이 다음처럼 되길 원한다면

$$y(t) = 3\cos(800\pi t)$$

출력의 푸리에 변환은 다음과 같아야 한다.

$$Y(\omega) = 3\pi[\delta(\omega - 800\pi) + \delta(\omega + 800\pi)]$$

이 결과는 $400\pi < \omega < 1200\pi$와 $-1200\pi < \omega < -400\pi$ 구간의 주파수 성분에는 0.3을, 이외의 구간의 주파수 성분에는 0을 곱하도록 하는 전달함수 $H(\omega)$에 $X(\omega)$를 곱하여 얻을 수 있다. 그림 6.8(b)는 이러한 곱 연산을 수행하는 이상적인 대역통과 필터의 주파수 응답이다. 그림 6.8(c)는 이 시스템의 출력 신호의 주파수 스펙트럼을 보여준다. ■

예제 6.1과 6.2는 필터를 적용하여 신호를 수정한다는 개념을 보여준다. 이 절에서 고려된 필터들은 이상적인 필터들이다. *이상적인 필터*들은 물리적으로 구현이 불가능하다는 것도 보였다.

그러므로 이 예들에서 보인 결과들은 물리적 시스템으로 얻어낼 수 없다. 그러나 이 결과들을 물리적 시스템으로 근사시킬 수는 있고, 이상적인 필터의 개념은 분석 및 설계 과정을 단순하게 만드는 데에 유용하다.

6.2 실제적인 필터

6.1절에서 설명한 필터들은 물리적으로 구현이 불가능하다. 이상적인 저주파-통과 필터의 주파수 응답에 대한 역푸리에 변환을 살펴봄으로써 이러한 사실을 보였다. 이상적인 저주파-통과 필터의 임펄스 응답은 이 필터가 비인과 시스템임을 의미한다. 이상적인 대역-통과 필터, 이상적인 고주파-통과 필터, 이상적인 대역-차단 필터도 모두 물리적으로 구현이 불가능함을 유사한 분석을 통하여 보일 수 있다.

RC 저주파-통과 필터

그림 6.9는 *RC* 저주파-통과 필터의 회로도를 보여준다. 이 전기 회로에 대한 주파수 응답 함수를 구하고 이것이 이상적인 저주파-통과 필터를 근사시킨 것임을 보이고자 한다.

주파수-응답 함수를 구하기 위해, 회로에서 전압과 전류를 기술하는 미분방정식을 먼저 쓴다.

$$v_i(t) = Ri(t) + \frac{1}{C}\int_{-\infty}^{t} i(\tau)d\tau; \quad v_o(t) = \frac{1}{C}\int_{-\infty}^{t} i(\tau)d\tau$$

각 방정식의 푸리에 변환을 구하면,

$$V_i(\omega) = RI(\omega) + \frac{1}{j\omega C}I(\omega), V_o(\omega) = \frac{1}{j\omega C}I(\omega)$$

이므로 입력 전압 $v_i(t)$와 출력 전압 $v_o(t)$ 사이의 관계를 주파수 영역에서 기술하는 주파수-응답 함수는

$$H(\omega) = \frac{V_o(\omega)}{V_i(\omega)} = \frac{1}{1 + j\omega RC}$$

이다. 이 간단한 필터의 *차단 주파수*(cutoff frequency)를 다음과 같이 정의하면,

$$\omega_c = \frac{1}{RC}$$

주파수-응답 함수는 다음과 같이 쓸 수 있다.

$$H(\omega) = \frac{1}{1 + j\omega/\omega_c} = |H(\omega)|e^{j\Phi(\omega)} \tag{6.1}$$

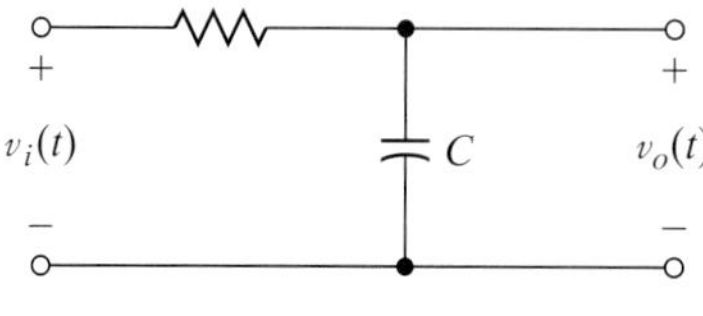

그림 6.9 RC 저주파-통과 필터

이 필터의 크기 및 위상 주파수 스펙트럼의 식은 각각 다음과 같다.

$$|H(\omega)| = \frac{1}{\sqrt{1 + (\omega/\omega_c)^2}} \quad \text{그리고} \quad \Phi(\omega) = -\arctan(\omega/\omega_c)$$

그림 6.10은 이 필터의 크기 주파수 스펙트럼을 나타낸 것이다.

주파수 $\omega = \omega_c$에서 입력과 출력 사이의 크기비는

$$|H(\omega_c)| = \frac{|V_o(\omega_c)|}{|V_i(\omega_c)|} = \frac{1}{\sqrt{2}}$$

라는 점에 유의해야 한다. 입력 신호와 출력 신호의 정규화된 파워비(정규화된 평균 파워는 5.1절에서 정의했다)는 다음과 같이 주어진다.

$$|H(\omega_c)|^2 = \frac{|V_o(\omega_c)|^2}{|V_i(\omega_c)|^2} = \frac{1}{2}$$

이 관계식 때문에 이런 종류의 필터의 *차단 주파수*를 또한 *반-파워 주파수*(half-power frequency)라 한다.

식 (6.1)의 $H(\omega)$의 극형식과 다음과 같은 시간-이동된 함수의 푸리에 변환을 비교해보자.

[식 (5.13)] $$f(t - t_0) \stackrel{\mathscr{F}}{\longleftrightarrow} F(\omega)e^{-j\omega t_0}$$

위상각 $\Phi(\omega)$와 회로가 이 신호를 처리하면서 야기된 시간 이동이 어떻게든 관련 있을 것 같다는 짐작을 할 수 있는데, 실제로 이러한 짐작은 사실이고, 이 시간 이동을 *위상 지연*(phase delay)이라 한다. 이 위상 지연은 신호 주파수의 함수임에 주의한다. 이 시간 지연(또는 주파수-영역에서

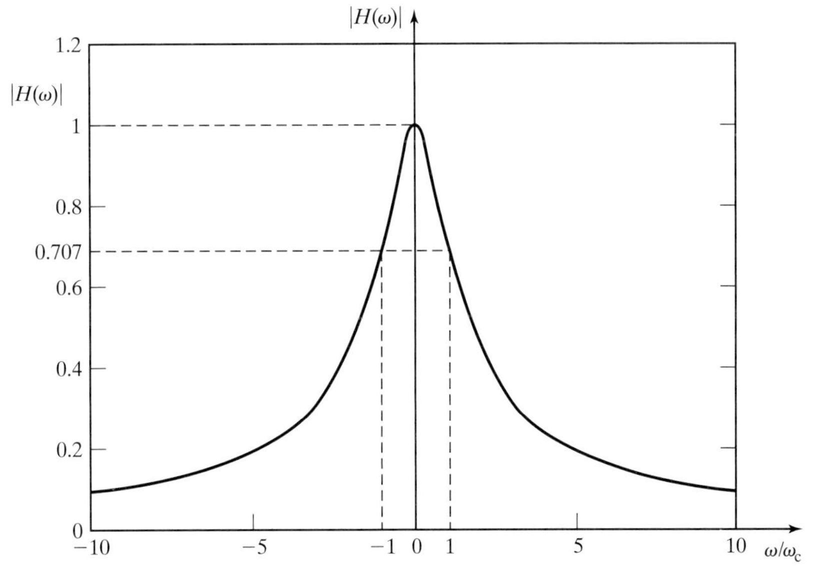

그림 6.10 RC 저주파-통과 필터의 주파수 스펙트럼

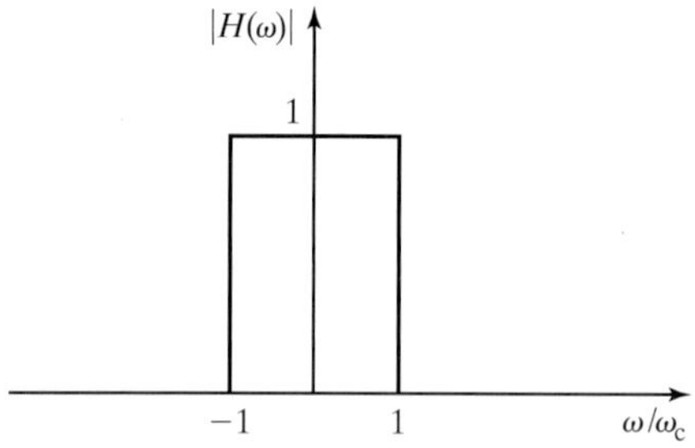

그림 6.11 이상적인 저주파-통과 필터의 주파수 스펙트럼

나타나는 것을 생각한다면 위상 이동)은 모든 물리적으로 구현 가능한 필터들이 가지고 있는 한 특징이다. 일반적으로 물리적 필터가 이상적인 필터를 더 가깝게 근사시킬수록, 더 많은 시간 지연(음의 위상 이동)이 출력 신호에 나타나게 된다.

그림 6.10에 보이는 *RC* 저주파-통과 필터의 크기 주파수 스펙트럼과 그림 6.11에 보이는 이상적인 저주파-통과 필터의 크기 주파수 스펙트럼을 비교해보면 *RC* 저주파-통과 필터가 이상적인 저주파-통과 필터를 상대적으로 조잡하게 근사한 것임을 확연히 볼 수 있다. *RC* 저주파-통과 필터의 크기비는 $0 \le \omega \le \omega_c$에서 평평하게 유지하는 대신 주파수가 증가할수록 점점 줄어든다. 또한 $\omega > \omega_c$에서도 이 크기비가 0이 아닌 유한한 값이다. 아날로그 전자 필터를 설계하는 엔지니어는 통과-대역에서는 "충분히 평평한" 주파수 응답을 가지고 차단 주파수에서는 "충분히 급한 경사로" 떨어지도록 설계함으로써 이상적인 필터를 "꽤 충분하게" 근사시키도록 노력한다. 이러한 기준을 만족시키는 자주 사용되는 필터 설계 중 하나가 *버터워스*(Butterworth) 필터다.

버터워스 필터

버터워스 필터의 크기 주파수-응답의 일반적인 형태는 다음과 같다.

$$|H(\omega)| = \frac{1}{\sqrt{1 + (\omega/\omega_c)^{2N}}} \tag{6.2}$$

여기서 N은 필터의 "차수"라고 한다. 즉, N은 시간 영역에서 이 필터의 동적 특성을 기술하는 데 필요한 미분방정식의 차수다. 식 (6.1)과 식 (6.2)를 비교해보면 *RC* 저주파-통과 필터는 일차 버터워스 필터인 것을 알 수 있다.

그림 6.12(a)와 (b)는 각각 이차 버터워스 필터와 삼차 버터워스 필터의 *RLC* 구현을 보여준다. 소자들의 값들은 그림에 나와 있는 원하는 차단 주파수, ω_c에 의해 결정된다. 그림 6.12의 회로의 크기 스펙트럼이 식 (6.2)로 기술되는 것을 확인하는 것은 연습문제로 남긴다.

그림 6.13에는 다양한 차수의 저주파-통과 버터워스 필터에 대한 크기 스펙트럼이 나와 있다. 그림에서 보면 각 N값에 대한 크기 스펙트럼에서 차단 주파수 ω_c가 모두 동일하다는 사실을 알 수 있다.

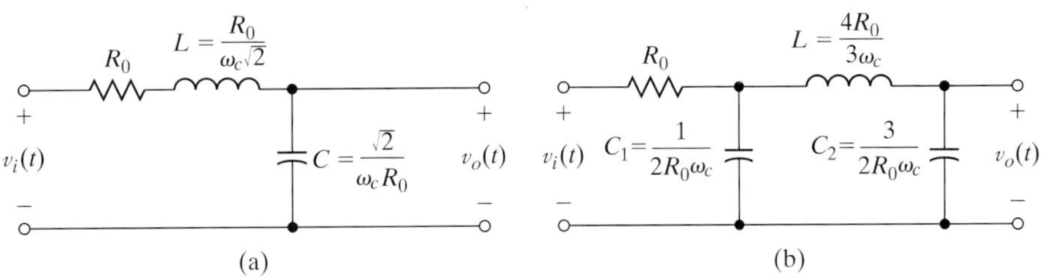

그림 6.12 버터워스 필터

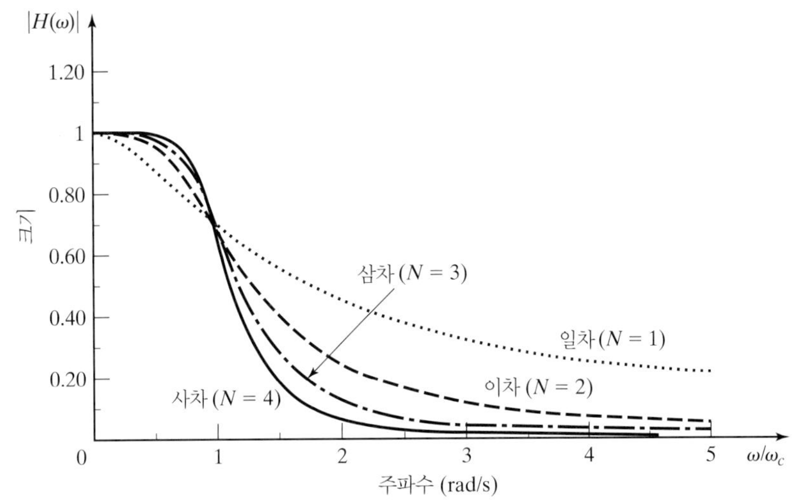

그림 6.13 버터워스 필터의 주파수 스펙트럼

예제 6.4 버터워스 필터의 주파수 응답을 보여주는 MATLAB 프로그램

다양한 차수의 정규화된 버터워스 필터의 주파수 응답을 다음 MATLAB 프로그램으로 만들 수 있다.

```
% This MATLAB program generates a Butterworth filter of
% specified order and displays the Bode plot of the
% magnitude frequency response.
N=input('Specify the order of the filter:')
z_p_k='The zeros, poles and multiplying constant.'
[z,p,k]=buttap(N), pause
num_den='The numerator and denominator coefficients.'
[num,den]=zp2tf(z,p,k),pause
[mag,phase,w]=bode(num,den);
plot(w,mag)
title([Magnitude Bode plot ',num2str(N),...
   'th order Butterworth filter'])
xlabel('omega')
ylabel('Magnitude')
```

■

예제 6.5 이차 버터워스 필터 설계

그림 6.14에 나타낸 필터 회로에 대한 입력 신호 $v_i(t)$는 최댓값이 33.94 V이고 주파수가 377 rad/s인 정류된 코사인파 전압 신호다. 예제 5.18의 결과를 사용하면 반파 정류된 코사인 신호의 주파수 스펙트럼은 다음과 같음을 알 수 있다.

$$V_1(\omega) = 53.31 \sum_{n=-\infty}^{\infty} \text{sinc}(n\pi/2)[\delta(\omega - (n+1)377) + \delta(\omega - (n-1)377)]$$

그림 6.15(a)는 정류된 코사인 출력 신호의 주파수 스펙트럼이다. 이제 $\omega = 0$에서의 직류 성분을 제외하고 모든 주파수 성분을 최소화시키는 물리적으로 구현 가능한 필터를 설계해보자. 그림 6.14에 보이는 필터와 부하 회로를 차단 주파수가 100 rad/s인 이차 버터워스 필터로 설계할 것이다. 물리적으로 구현 가능한 전기 회로로 구현되는 필터를 다루고 있기 때문에, 필터를 직접 정류 회로에 연결하면 필터의 임피던스는 정류된 코사인 신호를 왜곡할 것이다. 다음의 논의를 간단히 하기 위해, 필터 회로에 대한 입력단에서의 정류된 코사인 신호는 2.6절에서 언급하였고 그림 2.36에서 보였듯이 격리 증폭기의 출력이라고 가정한다.

이차 버터워스 필터의 크기 주파수 응답은 다음과 같다.

$$|H(\omega)| = \frac{1}{\sqrt{1 + (\omega/\omega_c)^4}} = \frac{\omega_c^2}{\sqrt{\omega^4 + \omega_c^4}} \tag{6.3}$$

이 필터회로의 주파수 응답 함수는

$$H(\omega) = \frac{1}{1 - \omega^2 LC + j\omega L/R}$$

이고, 크기 주파수 응답은

$$|H(\omega)| = \frac{1/LC}{\sqrt{\omega^4 + (1/LC)^2 + \omega^2\left[(1/RC)^2 - \dfrac{2}{LC}\right]}} \tag{6.4}$$

이다. 식 (6.3)과 식 (6.4)를 비교해보면 다음과 같이 선택할 때, RLC 필터가 버터워스 형태와 일치한다는 것을 알 수 있다.

$$\omega_c = \sqrt{\frac{1}{LC}} \quad \text{그리고} \quad L = 2R^2C$$

부하 저항이

$$\text{R} = 1\,\text{k}\Omega$$

라고 하고 차단 주파수가 100 rad/s가 되도록 인덕터와 커패시터의 값들을 계산하면,

$$L = 14.14\,\text{H} \quad \text{그리고} \quad C = 7.07\,\mu\text{F}$$

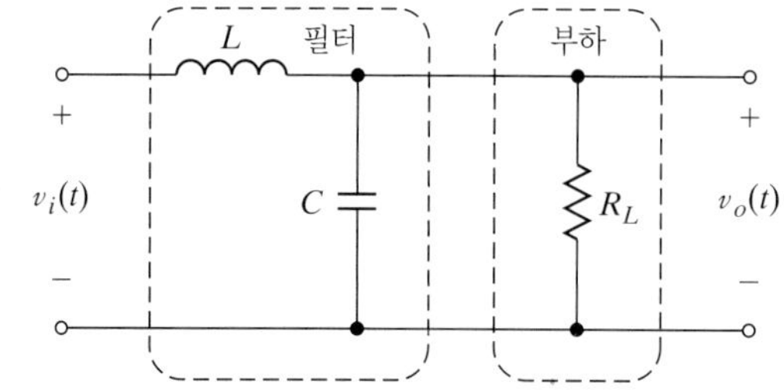

그림 6.14 실제적인 필터

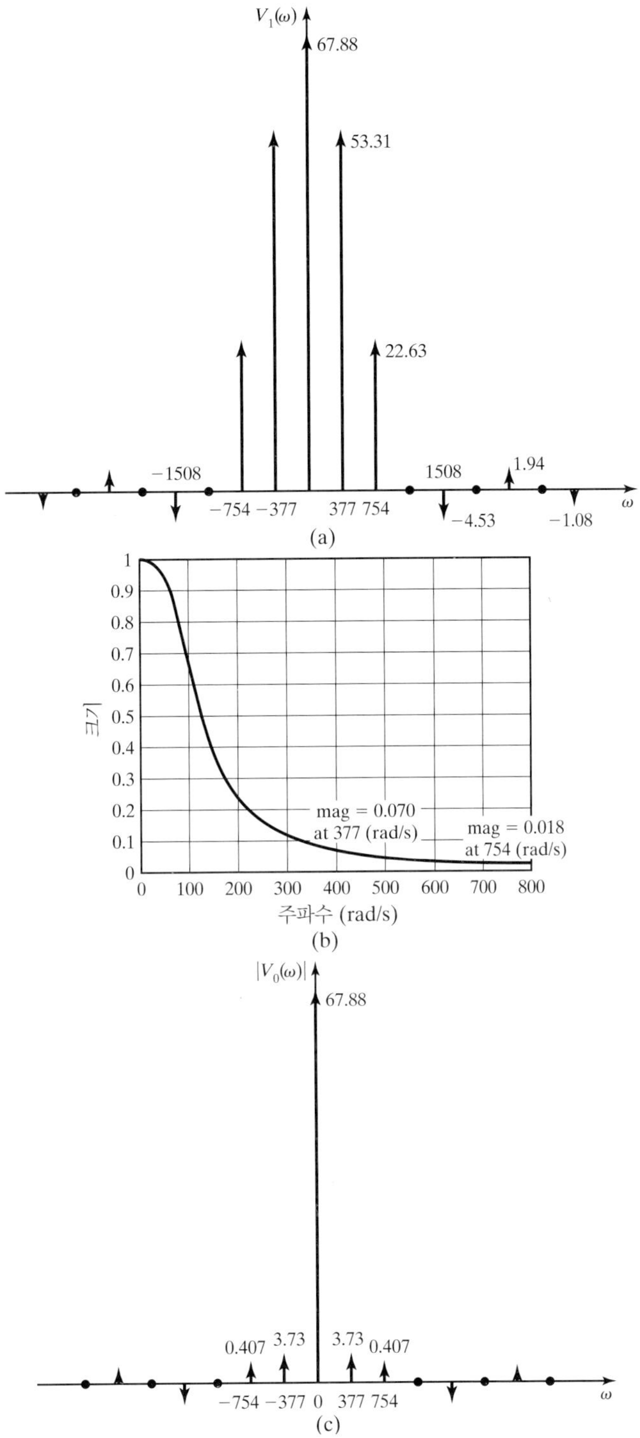

그림 6.15 예제 6.5를 위한 그림

를 얻는다. 그림 6.15(b)는 이 필터의 주파수 응답을 보여준다. 이 필터의 출력의 크기 주파수 응답은 다음과 같이 계산되며 그림 6.15(c)는 그 결과를 보여준다.

$$|V_o(\omega)| = |H(\omega)||V_1(\omega)|$$

직류가 아닌 성분들이 버터워스 필터에 의해 그 크기가 줄어들었음을 볼 수 있다. 하지만 이상적인 필터를 사용하였다면 완전히 없어졌을 테지만, 그렇지 않다는 것도 볼 수 있다(예제 6.1의 결과 참조). ■

예제 6.6 버터워스 필터 시뮬레이션

그림 6.16(a)는 간단한 시스템의 SIMULINK 시뮬레이션 다이어그램이다. 여기에서 신호 발생기 블록은 크기가 1 V이고 기본 주파수가 100 rad/s인 정사각파를 생성하도록 세팅되고, 아날로그 버터워스 필터 블록은 차단 주파수가 150 rad/s인 사차 저주파–통과 버터워스 필터를 시뮬레이션하도록 세팅된다. 이 필터의 전달함수는 MATLAB 명령어 **butter(N, Wn, 's')**에 의해 얻을 수 있다. 여기서 N = 4, Wn = 150이다.

Scope 2는 필터의 입력 신호를 디스플레이하고, Scope 1은 필터의 출력 신호를 디스플레이한다. 그림 6.16(b)와 (c)는 Scope2와 Scope1에 디스플레이되는 필터 입력과 출력 신호를 보여준다.

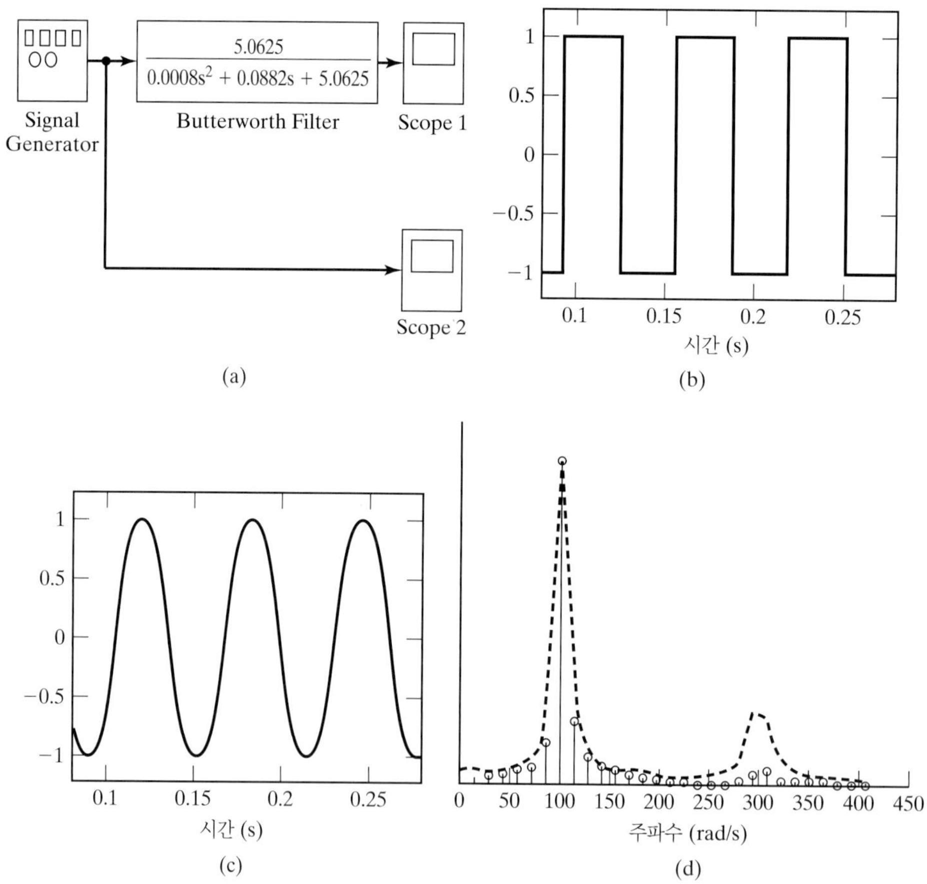

그림 6.16 예제 6.6의 SIMULINK 다이어그램과 그래프

그림 6.16(d)는 필터 입력과 출력의 크기 주파수 스펙트럼을 근사적으로 나타낸 것이다. 이 줄기 도형(stem plot)은 출력 신호의 크기 주파수 스펙트럼을 나타내고, 점선으로 된 곡선은 입력 신호의 크기 주파수 스펙트럼을 나타낸다. 그림 6.16(d)의 그림으로부터 출력의 고주파 성분 ($\omega > 200$ rad/s)이 필터에 의해 그 크기가 줄어든 것을 알 수 있다. ■

지금까지 설명한 각 저주파–통과 버터워스 필터에서 모든 커패시터를 다음 식을 만족하는 인덕터로 교체하고

$$L_i = \frac{1}{C_i \omega_c^2} \tag{6.5}$$

또한 모든 인덕터를 다음 식을 만족하는 커패시터로 교체하면

$$C_j = \frac{1}{L_j \omega_c^2} \tag{6.6}$$

동일한 차단 주파수를 갖는 고주파–통과 버터워스 필터로 바꿀 수 있음을 확인할 수 있다.

예제 6.7 삼차 고주파–통과 버터워스 필터 설계

삼차 버터워스 필터를 사용하여 부하 저항이 1 kΩ이고 차단 주파수가 2 kHz인 고주파–통과 필터를 설계하고자 한다. 그림 6.12(b)의 회로를 식 (6.5)와 식 (6.6)으로 주어진 소자 교체를 통하여 삼차 버터워스 고주파–통과 필터로 바꿀 수 있다. 부하 저항과 차단 주파수에 대해 명시된 값들을 회로 소자 표현식 (6.5)와 (6.6)에 대입하면, 다음을 구할 수 있다.

$$L_1 = 2R_0/\omega_c = 0.159\,\text{H}, \quad L_2 = 2R_0/3\omega_c = 0.053\,\text{H}, \quad \text{그리고} \quad C_1 = 3/4\, R_0\omega_c = 60\,\text{nF}$$

앞에서 언급하였듯이 소자를 바꾸고 값을 대입하면 그림 6.17에 보이는 것과 같이 원하는 고주파–통과 필터 회로를 얻는다.

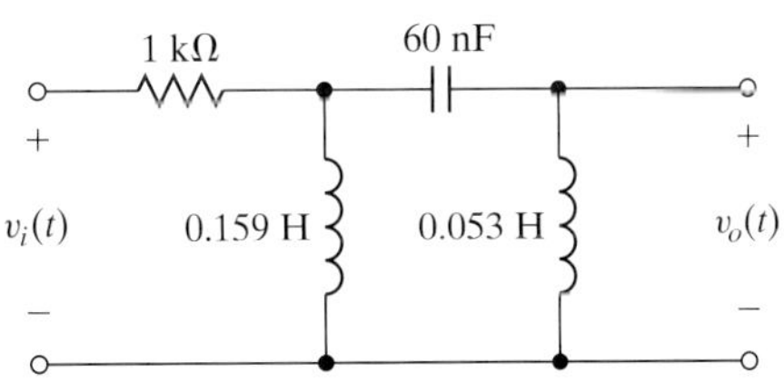

그림 6.17 예제 6.7의 필터 ■

대역통과 필터

지금까지 살펴본 필터들은 주로 저주파–통과 필터로 기술되었다. 비선형 주파수 변환을 이용하면 저주파–통과 필터를 대역통과 필터로 변환할 수 있다[2]. 대역통과 필터의 주파수–응답 함수는 다음 식으로부터 구할 수 있다.

$$H_B(\omega) = H_L(\omega_L)\Big|_{\omega_L = \omega_c(\omega^2 - \omega_u\omega_l)/\omega(\omega_u - \omega_l)} \tag{6.7}$$

여기서 $H_L(\omega_L)$은 변환될 저주파–통과 필터의 주파수 응답 함수다. 저주파–통과 필터의 주파수

변수를 ω_L로 표기하였고 ω_c는 저주파-통과 필터의 차단 주파수다. 대역통과 필터의 위쪽과 아래쪽의 차단 주파수를 각각 ω_u와 ω_l로 표기하였다.

예제 6.8 저주파-통과 버터워스 필터를 대역통과 필터로 변환하기

이제 위쪽 차단 주파수가 4 krad/s, 아래쪽 차단 주파수가 100 rad/s인 대역통과 필터 설계에 식 (6.7)을 적용하여보자. 일차 버터워스 (RC 저주파-통과) 필터를 변환할 것이다. 식 (6.1)로부터

$$H_L(\omega) = \frac{1}{1 + j\omega_L/\omega_c}$$

이다. 그러므로 식 (6.7)로부터

$$H_B(\omega) = \frac{1}{1 + j(\omega^2 - \omega_u\omega_l)/\omega(\omega_u - \omega_l)} = \frac{1}{1 + j(\omega^2 - 4 \times 10^5)/\omega(3.9 \times 10^3)}$$

이다. 식을 정리하면 전달함수를 다음과 같이 쓸 수 있다.

$$H_B(\omega) = \frac{1}{1 + j(2.56 \times 10^{-4})\omega + 1/j(9.75 \times 10^{-3})\omega}$$

그림 6.18에 보이는 RLC 회로는 $H_B(\omega)$ 형태의 주파수 응답 함수를 갖는다. 이 회로에 대해

$$H(\omega) = \frac{V_2(\omega)}{V_1(\omega)} = \frac{R}{R + j\omega L + 1/j\omega C} = \frac{1}{1 + j\omega L/R + 1/j\omega RC}$$

이다. 이제 $H(\omega)$의 분모가 $H_B(\omega)$의 분모의 각 항들과 일치하도록 R, L, C값을 적당히 선정하여 대역통과 필터를 구현할 수 있음을 알 수 있다. 예를 들어, $L = 1\text{H}$로 선택하면, 다른 소자들의 값은 다음과 같이 계산할 수 있다.

$$R = 3.9\ \text{k}\Omega \quad \text{그리고} \quad C = 2.5\,\mu\text{F}$$

■

능동 필터

아날로그 필터는 이 절의 앞부분에서 설명한 것과 같은 수동 회로보다는 연산 증폭기를 사용하여 더 자주 구현한다. 그림 6.19(a)는 하나의 능동 필터회로를 보여준다(전원-공급 연결은 그림을 간단히 하기 위해 생략하였다). 피드백 경로에서 병렬로 연결된 저항 R_f와 커패시터 C_f는 주파수 선택 기능을 제공한다. 이 회로는 반전 증폭기 형태이고 그러므로 회로의 주파수 응답은 다음과 같다.

$$H(\omega) = \frac{v_o}{v_i} = \frac{Z_f}{Z_i} \tag{6.8}$$

여기서

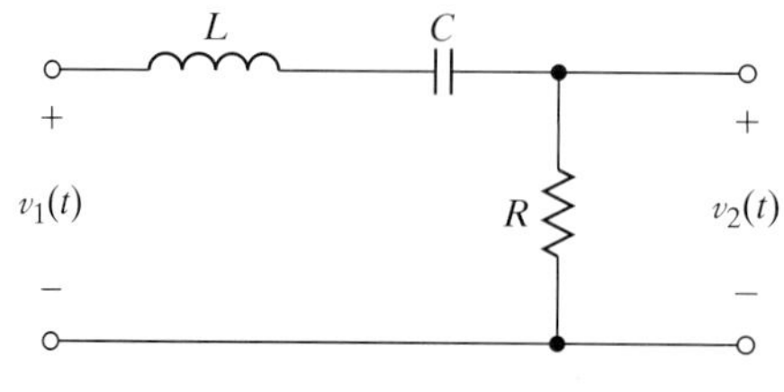

그림 6.18 예제 6.8을 위한 그림

$$Z_f = \frac{1}{1/R_f + j\omega C_f} = \frac{R_f}{1 + j\omega R_f C_f} \text{ 그리고 } Z_i = R_i$$

그러므로,

$$H(\omega) = -\frac{R_f/R_i}{1 + j\omega R_f C_f} = \frac{R_f/R_i}{\sqrt{1 + (\omega R_f C_f)^2}} \angle(\pi - \tan^{-1}(R_f C_f)) \tag{6.9}$$

이다.

만일 $R_i = R_f$이면 식 (6.9)를 식 (6.1)과 비교함으로써 반전된 이득에 의한 추가적인 위상각을 제외하고는 이 능동 필터가 그림 6.9의 차단 주파수를 $\omega_c = 1/R_f C_f$로 갖는 간단한 RC 저주파-통과 필터와 동등함을 알 수 있다. 식 (6.9)와 식 (6.2)를 비교하면, 이 회로는 또한 일차 버터워스 필터인 것도 알 수 있다.

그림 6.19(b)는 능동 이차 저주파-통과 버터워스 필터 회로이고, 그림 6.19(c)는 능동 이차

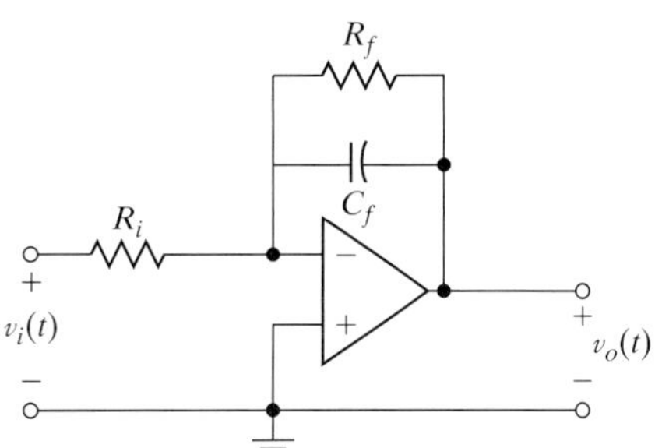

(a) 일차 역전 저주파-통과 필터

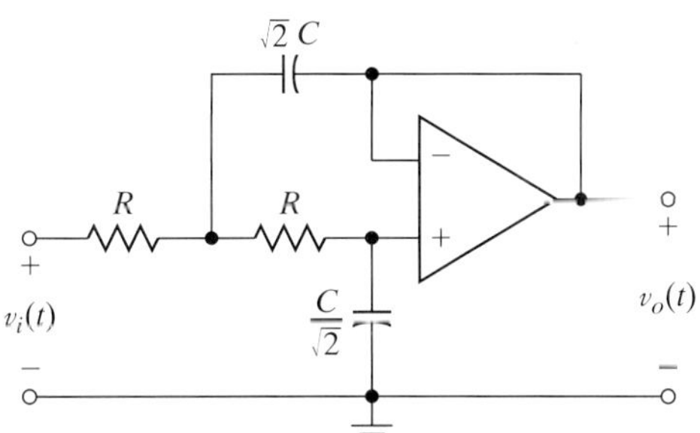

(b) 이차 저주파-통과 버터워스 필터

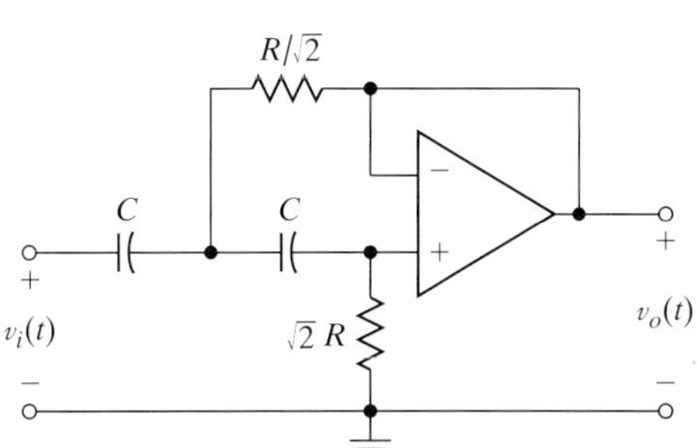

(c) 이차 고주파-통과 버터워스 필터

그림 6.19

고주파-통과 버터워스 필터다. 각 회로에 대해, 차단 주파수는 $\omega_c = 1/RC$로 정해진다. 여기서 선택된 R과 C의 값들은 회로에서 사용될 소자들의 값들을 정하는 데에 사용된다. 부록 H는 버터워스 필터의 설계에 대해 설명하고 있다.

키르히호프(Kirchhoff)의 전류 법칙과 노드 분석을 그림 6.19(b)의 회로에 적용하면 다음을 보일 수 있다.

$$H(\omega) = \frac{V_o(\omega)}{V_i(\omega)} = \frac{1}{1 + j\omega\sqrt{2}RC - (\omega RC)^2} \tag{6.10}$$

그러므로

$$|H(\omega)| = \frac{1}{\sqrt{1 + (\omega RC)^4}} \tag{6.11}$$

이다.

식 (6.11)과 식 (6.2)를 비교하면 이 회로는 다음과 같은 반-파워 주파수를 갖는 이차 버터워스 저주파-통과 필터임을 알 수 있다.

$$\omega_c = 1/RC \tag{6.12}$$

예제 6.9 능동 버터워스 저주파-통과 필터 설계

차단 주파수가 ω_c = 40 krad/s인 능동 이차 저주파-통과 필터를 설계하자.

식 (6.12)로부터 다음을 알 수 있다.

$$RC = \frac{1}{40{,}000} = 25 \times 10^{-6} \Rightarrow C = \frac{25 \times 10^{-6}}{R}$$

만일 R = 10 kΩ을 선택하면 C = 2.5 nF이다. 설계를 완성하기 위해 이제 필터에 사용될 커패시터 소자의 값을 계산할 수 있다. 피드백 경로에서 필터는 다음 값을 가져야 한다.

$$C_f = \sqrt{2} \times 2.5 \times 10^{-9} \approx 3.5 \text{ nF}$$

접지에 연결되어 있는 커패시터는 다음 값을 가져야 한다.

$$C_g = \frac{2.5 \times 10^{-9}}{\sqrt{2}} \approx 1.8 \text{ nF}$$

C_f와 C_g의 값은 소수점 첫째 자리에서 반올림한 값임을 알아야 한다. 또한 설계자는 이 값들이 물리적인 커패시터와 정확하게 일치하는 것은 근본적으로 불가능하다는 점도 알고 있어야 한다. 그렇기 때문에 본 설계에 기반을 둔 물리적인 필터의 차단 주파수는 정확하게 40 k rad/s가 되리라고 기대할 수는 없다. ■

요약

6.1절에서 다룬 이상적인 필터는 물리적으로는 구현할 수 없다. 그러나 이상적인 필터 개념은 시스템 분석과 설계의 초기 단계에서 유용하다.

필터 설계과정은 이상적인 필터의 주파수 응답을 물리적인 시스템으로 근사시키고자 하는 노력으로 볼 수 있다. 이러한 근사화를 달성하는 두 가지의 표준방법이 버터워스와 체비셰프(Chebyschev) 필터 설계다.

물리적으로 구현 가능한 시스템은 반드시 인과 시스템이어야 한다. 즉, 이 시스템의 임펄스 응답은 임펄스가 발생하기 전에 시작할 수 없다. 이상적인(*비인과*) 필터의 크기 주파수 응답을 근사시키기 위해서는, 시간 영역에서 지연되더라도, 물리적인 필터의 임펄스 응답이 이상적인 필터의 임펄스 응답과 비슷해야만 한다. 이 시간 지연은 물리적인 필터의 주파수 응답에서 위상 이동 결과로 나타난다.

6.3 대역폭 관계

전자 시스템을 설계하는 엔지니어의 관심 사항 중 하나는 주파수 대역폭(bandwidth) 요구 사항이다. 푸리에 변환은 신호와 시스템의 대역폭을 결정하는 하나의 방법을 제공한다. 가끔씩 신호의 푸리에 변환을 주파수 스펙트럼으로 불렀다는 것을 기억할 것이다. 어떤 신호의 주파수 스펙트럼을 살펴봄으로써 대역폭을 결정할 수 있다. 그러나 몇 가지의 대역폭에 대한 정의가 존재하고 이 중에서 선택해야 한다. 여기에서는 우리의 학습에 유용한 세 가지의 정의를 소개할 것이다. 이 정의들은 모두 똑같이 유효하므로 각각의 특정한 응용에 가장 잘 맞게끔 어느 것이든 사용할 수 있다.

절대 대역폭(absolute bandwidth)은 그림 6.20에 나타냈듯이 $B = \omega_2 - \omega_1$이다. 주파수 스펙트럼이 오직 주파수 대역 $\omega_1 \leqq \omega \leqq \omega_2$에서만 0이 아니다. 그림 6.20(a)에서 *대역통과* 신호에 대해 ω_1과 ω_2를 양의 주파수로만 선택한 점에 주의한다. 그림 6.20(b)에 보이는 *베이스밴드*(baseband) 신호에서는 $\omega_1 = 0$이다. 그렇기 때문에 대역통과 신호와 베이스밴드 신호 모두에 대해 대역폭은 신호의 주파수 스펙트럼이 0이 아닌 양의 주파수 구간으로 정의된다. 주파수 스펙트럼을 앞서 유도할 때 보았듯이 절대 대역폭은 몇몇 신호에는 적당하지 않다. 왜냐하면 몇몇 신호들은 무한대의 주파수 영역에서 0이 아니기 때문이다. 예를 들어, 사각 펄스의 푸리에 변환은 주파수 스펙트럼 전체 영역에 걸쳐서 0이 아닌 값을 갖는다.

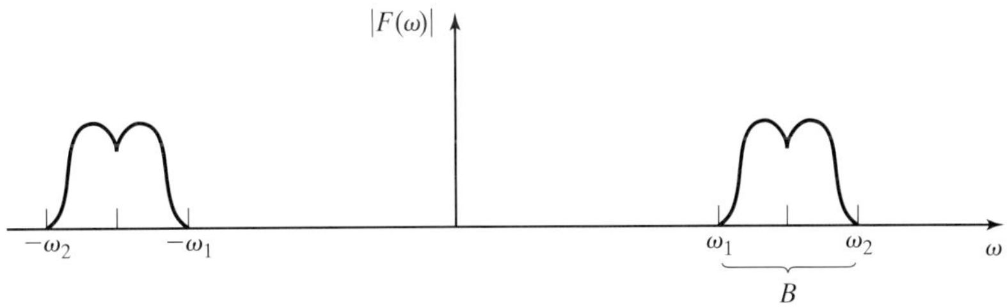

(a)

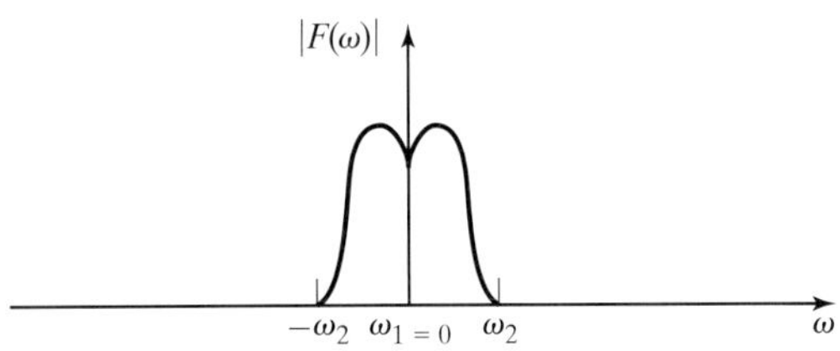

(b)

그림 6.20 신호의 절대 대역폭

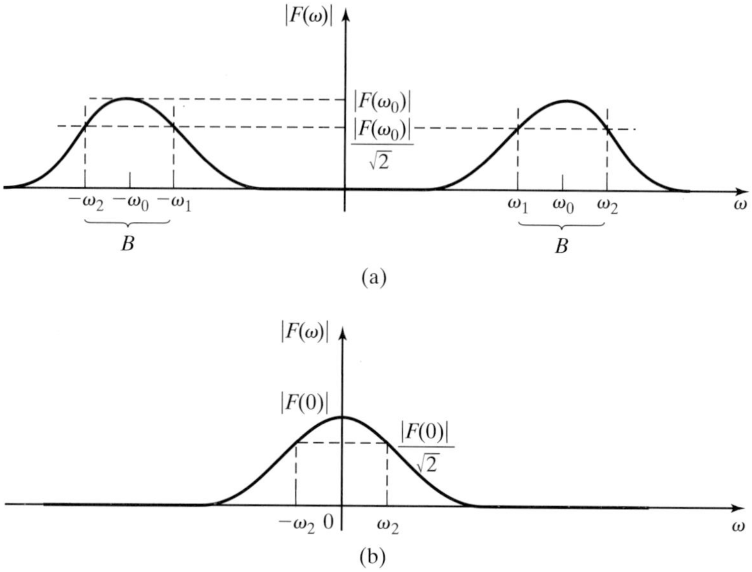

그림 6.21 3-dB 또는 반-파워 대역폭

그림 6.21에 나타낸 것은 *3-dB 대역폭*(3-dB bandwidth), 또는 *반-파워 대역폭*(half-power bandwidth)이다. 이 대역폭은 주파수 스펙트럼의 크기가 영역 안의 최댓값의 $1/\sqrt{2}$배보다 작지 않은 주파수 영역으로 정의된다. 3-dB 대역폭이라는 용어는 다음 관계식으로부터 온 것이다.

$$20\log_{10}\left(\frac{1}{\sqrt{2}}\right) = -3\text{ dB}$$

여기서 dB는 데시벨(decibel)의 약자다. *반-파워*라는 용어는 전압 또는 전류를 $\sqrt{2}$로 나누면 이 신호에 의해 부하에 전달되는 파워가 반이 된다는 사실을 가리킨다. 왜냐하면

$$P = \frac{V_{\text{rms}}^2}{R} = I_{\text{rms}}^2 R$$

이기 때문이다. 3-dB 대역폭은 널리 쓰이는 대역폭의 정의이고 대부분의 전기공학 분야의 학생들은 회로 분석 수업을 통해 친숙해지는 정의다.

그림 6.22는 *영점-대-영점 대역폭*(null-to-null bandwidth), 또는 *영점-통과 대역폭*(zero-crossing bandwidth)을 나타낸다. 그림에서와 같이 대역통과 신호에 대해 ω_m을 스펙트럼의 크기가 최대인 주파수라고 할 때, ω_m 너머에서 맨 처음으로 0이 되는 (크기가 0이 되는) 주파수를 ω_2, ω_m 아래에서 맨 처음으로 0이 되는 주파수를 ω_1이라고 하면, *영점-대-영점* 대역폭은 주파수 영역 $B = \omega_2 - \omega_1$으로 정의된다. 그림 6.22(b)에 보이는 것과 같은 베이스밴드 신호에 대해서는 $\omega_1 = 0$이다. 베이스밴드 신호에 대해, 이 대역폭 정의는 때때로 *최초-영점 대역폭*(first-null bandwidth)이라고 한다.

영점-대-영점 대역폭은 크기 주파수 스펙트럼에 명확하게 0값이 존재하는 경우에 대해서만 적용 가능하다. 따라서 적용되는 신호가 한정되어 있기는 하지만 유용한 정의이기도 한데, 그

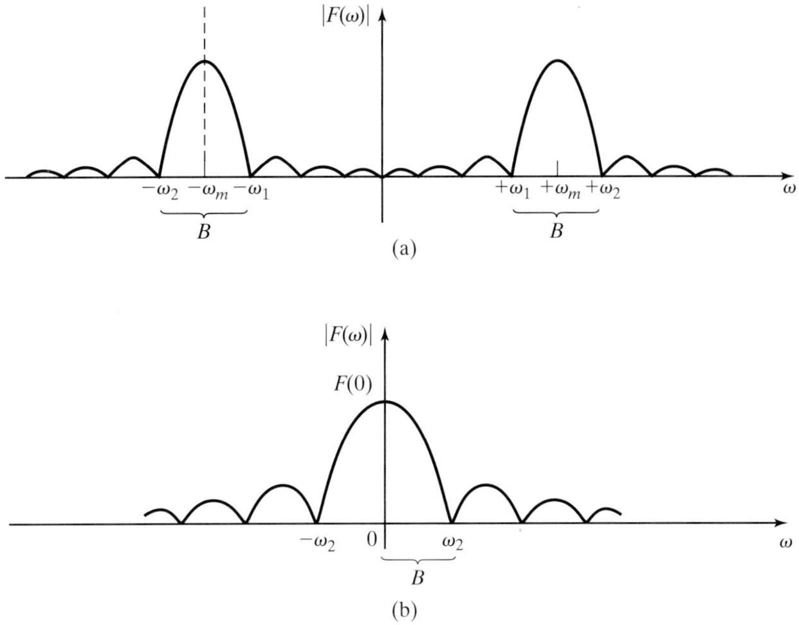

그림 6.22 영점-대-영점 대역폭과 최초-영점 대역폭

이유는 예를 들어 사각 펄스와 같이 몇몇 널리 쓰이는 파형의 주파수 스펙트럼에서 값이 0이 되는 주파수들이 존재하기 때문이다.

예제 6.10 사각 펄스의 대역폭

그림 6.23(a)에 보이는 사각 펄스의 대역폭을 결정해보자. 첫 번째 단계는 푸리에 변환을 적용하여 주파수 스펙트럼을 구하는 것이다. 그림 6.23(b)에 보이는 것과 같은 주파수 스펙트럼을 보면 앞에서 설명한 *절대 대역폭*은 이 파형에 대해 적용할 수 없다는 것을 바로 알 수 있다. 그러나 일관되게 사용하고 어떤 정의를 사용하고 있는지 잘 기억하기만 한다면, 이 신호를 기술하는 데에 절대 대역폭 내신 *반-파워 대역폭* 또는 *영점-대-영점 대역폭*을 선택할 수도 있다. 그림 6.23(c)는 다음과 같이 주어지는 이 신호에 대한 반-파워 대역폭과 영점-대-영점 대역폭을 보여준다.

$$B_{\text{null}} = \omega_2 = 2\pi/\text{T};$$
$$B_{3\text{dB}} = \omega_1$$

■

예제 6.10에서 어떤 대역폭의 정의를 사용하든 사각 펄스의 유지 시간이 줄어들수록 대역폭은 늘어난다는 점에 주목한다. 즉, 이 신호의 대역폭은 유지 시간에 대해 반비례 함수다. 이것은 일반적으로 참이고 공학도들이 기억해야 할 핵심 사항이다. *어떤 신호의 유지 시간과 이 신호의 주파수 대역폭은 서로 반비례 관계다.* 또한 시간 영역에서 신호의 크기가 바뀌는 모든 시각에서 이 신호는 주파수 영역에서 넓은 대역폭을 갖는다. 반대로, 어떤 신호의 대역폭이 좁아야 한다면, 이 신호의 값은 시간 영역에서 부드럽게 변해야만 한다. 이 원리의 양극단을 보여주는 두 개의 신호는 유지 시간이 0인 임펄스 함수와 시간 영역에서 매우 부드럽고 점진적으로 변하며 (모든 미분이 존재하는) 단 하나의 주파수 성분만을 갖는 (대역폭이 0인) 사인파다.

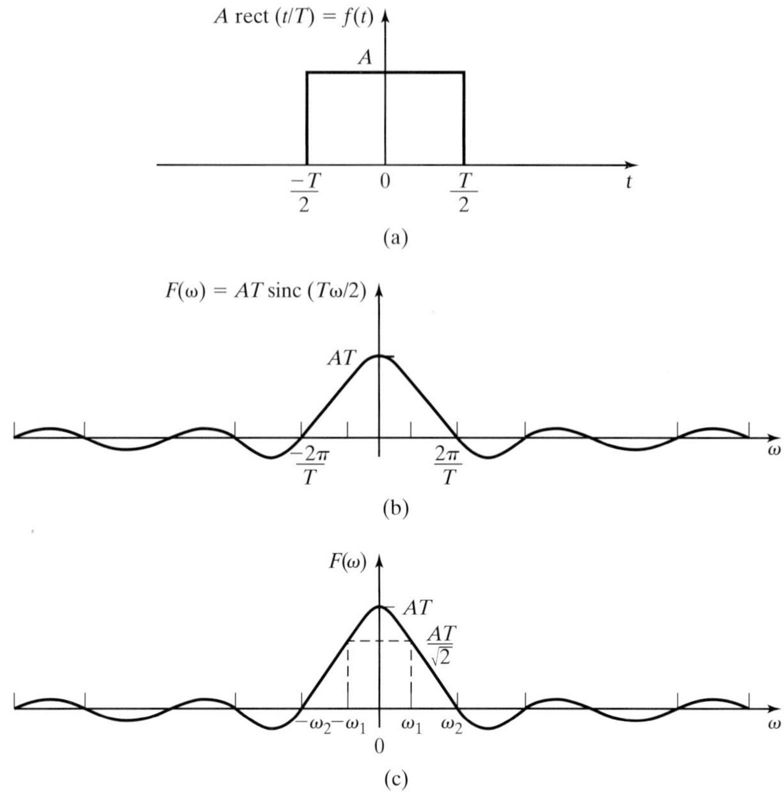

그림 6.23 사각 펄스의 주파수 스펙트럼

6.4 연속-시간 신호 샘플링

연속-시간 신호의 샘플링은 중요한 주제다. 디지털 통신 시스템, 디지털 제어기 등을 분석 및 설계하기 위해서는 샘플링 과정과 그 결과에 대한 이해가 필요하다.

연속-시간 신호 $f(t)$를 생각해보자. 우리는 샘플링을 지정된 시각에서 $f(t)$의 값을 취함으로써 순서가 있는 시퀀스를 생성하는 것으로 정의한다. 그러므로 샘플링은 시퀀스 $f(t_1)$, $f(t_2)$, $f(t_3)$, . . . , 등을 만들어낸다. 여기서 t_m은 샘플링이 발생하는 시각이다. 시간상에서 고정된 점들에서만 $f(t)$를 고려하고 있음에 유의한다.

샘플링 작업의 좋은 물리적인 예는 아날로그-디지털 변환기(A/D 또는 ADC)를 이용하여 하드웨어적으로 구현한 샘플링이다. 아날로그-디지털 변환기는 물리적인 전압 신호를 샘플링하는 데에 사용되는 전자 소자다. 디지털 컴퓨터에서 신호를 처리하기 위해 아날로그 신호를 샘플링할 때 아날로그-디지털 변환기를 흔히 사용한다.

그림 6.24에 A/D를 나타내었다. 컴퓨터는 A/D에 펄스 형태의 제어 신호를 전송함으로써 샘플링 과정을 시작한다. 입력 신호 $f(t)$는 펄스가 도착하는 시각 t_m에서 샘플링되고 이 샘플은 하나의 이진수로 변환된다. 그러므로 연속-시간 신호 $f(t)$는 이제 이산-시간 이진 코드로 표현된다. 신호처리를 위해 이 코드가 컴퓨터로 전달된다.

대부분의 경우에 연속-시간 신호는 동일한 시간 간격으로 샘플링된다. *샘플링 주기*라고 하

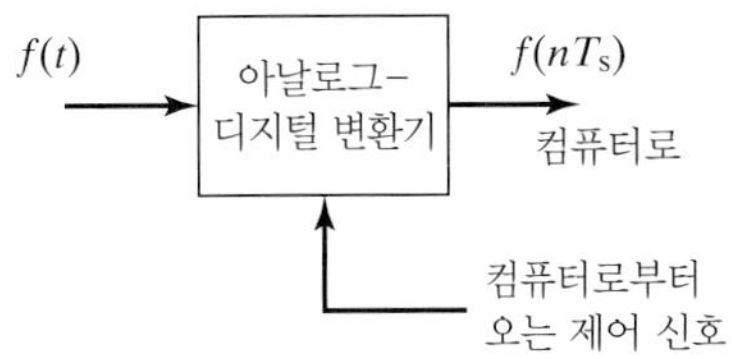

그림 6.24 아날로그-디지털 변환기

는 이 시간 간격을 일반적으로 T_s로 나타낸다. 그러므로 컴퓨터에서 사용할 수 있는 샘플링된 신호 값들은 n이 정수일 때, $f(nT_s)$이다.

임펄스 샘플링

그림 6.25는 *이상적인 임펄스 샘플링*(ideal impulse sampling) 과정을 모델링하고 있고, 이 과정은 하나의 변조(modulation) 과정으로 볼 수 있다(변조에 대해서는 6.7절에서 논의함). 여기서 반송파(carrier signal) $\delta_T(t)$는 다음과 같은 임펄수 함수열로 정의된다.

$$\delta_T(t) = \sum_{n=-\infty}^{\infty} \delta(t - nT_S) \tag{6.13}$$

$\delta_T(t)$를 도식화하면 그림 5.19(a)와 같다. 이 그림에서 T_0를 T_s로 바꿔서 생각한다(이 모델의 타당성은 뒤에서 다시 논의한다). $f_s(t)$로 나타낸 변조기의 출력은 다음 식으로 주어진다.

$$f_s(t) = f(t)\delta_T(t) = f(t)\sum_{n=-\infty}^{\infty} \delta(t - nT_S) = \sum_{n=-\infty}^{\infty} f(nT_S)\delta(t - nT_S) \tag{6.14}$$

그림 6.26은 이상적인 샘플링 과정을 보여준다. 그림 6.26(a)와 (b)는 연속-시간 신호 $f(t)$와 이상적인 샘플링 함수 $\delta_T(t)$를 각각 보여준다. 그림 6.26(c)는 샘플링된 신호 $f_s(t)$를 나타내는데 여기서 임펄스의 가중치가 변하는 것을 그래프적으로 나타내기 위해 임펄스의 높이가 달라져 있다. 실제로 모든 임펄스의 크기는 무한대이지만, 샘플링된 신호에서 각 임펄스의 가중치는 임펄스가 발생하는 순간의 $f(t)$의 값에 따라 결정된다.

우리는 여기서 $f_s(t)$와 관련하여 두 가지 관찰을 할 수 있다. 첫 번째는 임펄스 함수가 이 신호에 나타나기 때문에 이것은 물리적 신호의 정확한 모델은 아니다. 두 번째 관찰은 수학적인 샘플링 작용은 임펄스열의 가중치로써 원하는 샘플링된 시퀀스 $f(nT_s)$를 정확하게 만들어낸다는 점이다. $f_s(t)$가 실제 물리적 시스템에서 나타날 수 없다 하더라도 임펄스 함수를 사용한 샘플링 동작의 모델링이 수학적으로 여전히 유효하다는 것을 6.6절에서 보일 것이다.

그림 6.25와 식 (6.14)에서의 샘플링 동작의 특성을 파악하기 위해 $f_s(t)$에 대한 푸리에 변환을 먼저 취한다. 표 5.2로부터

$$\delta_T(t) = \sum_{n=-\infty}^{\infty} \delta(t - nT_S) \overset{\mathscr{F}}{\longleftrightarrow} \omega_S \sum_{k=-\infty}^{\infty} \delta(\omega - k\omega_S) \tag{6.15}$$

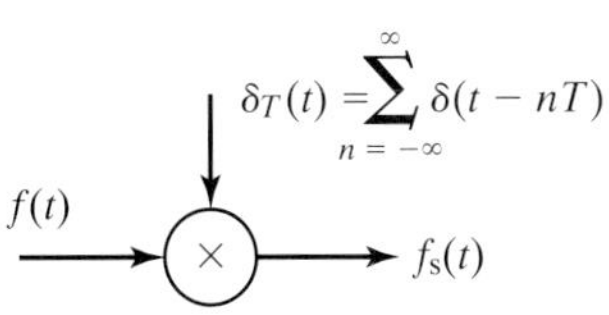

그림 6.25 임펄스 샘플링

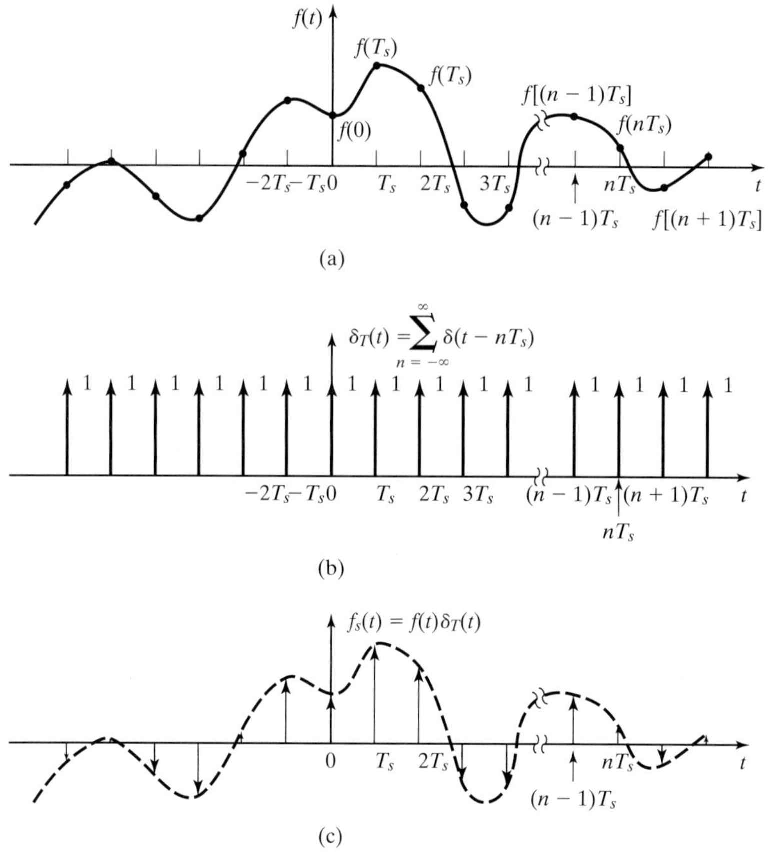

그림 6.26 샘플값 신호 생성

이다. 여기서 $\omega_s = 2\pi/T_s$는 rad/sec 단위의 샘플링 주파수다. Hertz 단위의 샘플링 주파수는 $f_s = 1/T_s$다. 그러므로 $\omega_s = 2\pi f_s$다.

시간 영역의 임펄스 함수의 푸리에 변환은 주파수 영역에서는 임펄스 함수가 아니라는 점을 떠올려보자. 그러나 임의의 주기 신호에 대한 푸리에 변환은 주파수 영역에서 임펄스열인 것과 마찬가지로, 시간 영역에서 주기적인 임펄스 함수열의 푸리에 변환은 주파수 영역에서 임펄스 함수열이다.

표 5.1로부터 시간 영역에서 곱셈은 주파수 영역에서 컨볼루션이 된다. 그러면 식 (6.14)와 식 (6.15)로부터

$$F_s(\omega) = \frac{1}{2\pi} F(\omega) * \left[\omega_s \sum_{k=-\infty}^{\infty} \delta(\omega - k\omega_S) \right] = \frac{1}{T_s} \sum_{k=-\infty}^{\infty} F(\omega) * \delta(\omega - k\omega_S) \quad (6.16)$$

이다. 임펄스 함수의 컨볼루션 성질 때문에[식 (3.23) 참조]

$$F(\omega) * \delta(\omega - k\omega_S) = F(\omega - k\omega_S)$$

이다. 그렇기 때문에 임펄스-변조된 신호 식 (6.14)의 푸리에 변환은 다음과 같다.

$$F_s(\omega) = \frac{1}{T_s} \sum_{k=-\infty}^{\infty} F(\omega - k\omega_S) \quad (6.17)$$

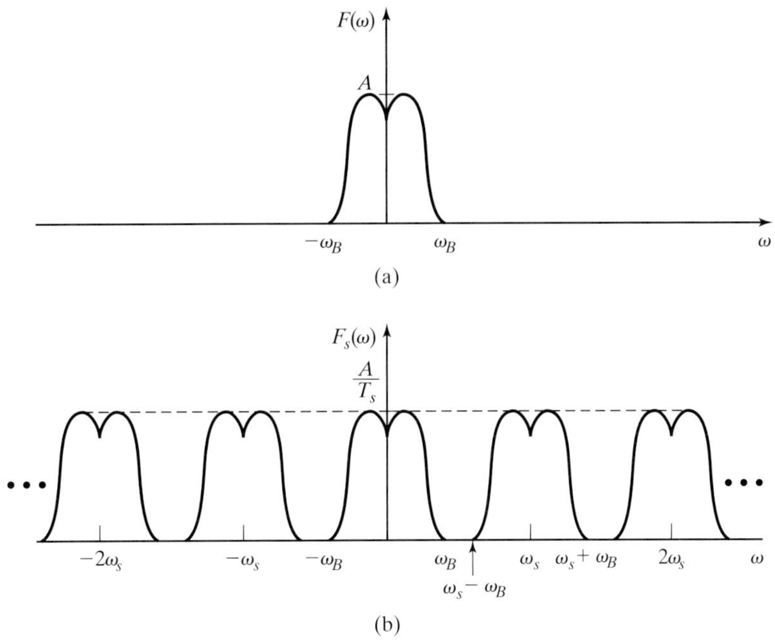

그림 6.27 샘플값 신호의 주파수 스펙트럼

샘플링 동작의 주파수 영역에서의 특징을 이 결과로부터 유도해낸다.

먼저 $|\omega| > \omega_B$인 영역에서 $F(\omega) = 0$이 되도록 신호 $f(t)$의 주파수 스펙트럼이 한정되도록 한다[이것을 그림 6.27(a)에 나타내었다]. $F(\omega)$에서의 가장 높은 주파수 성분이 샘플링 주파수보다 작다고 가정한다. 즉, $\omega_B < \omega_S/2$라고 가정한다. 식 (6.17)로부터 $f(t)$를 샘플링한 효과는 $k = \pm 1, \pm 2, \pm 3, \ldots$ 일 때, 주파수 $k\omega_S$ 주변으로 $F(\omega)$의 주파수 스펙트럼을 복사하는 것이다. 그림 6.27(a)의 신호를 샘플링했을 때, 주파수 영역에서의 결과를 그림 6.27(b)에 나타내었다. 이 경우에, 이론적으로는 이상적인 저주파-통과 필터를 사용하여 샘플로부터 신호 $f(t)$를 완벽하게 복원해낼 수 있다. 신호의 샘플로부터 이렇게 원래의 신호를 복원하는 것을 *데이터 복원*(data reconstruction)이라 한다. 데이터 복원은 또 하나의 푸리에 변환의 응용으로서, 6.5절에서 다룰 것이다.

주파수 $\omega_S/2$를 *나이퀴스트 주파수*(Nyquist frequency)라 한다. 샘플링에서 요구되는 조건 중 하나는 ω_M이 샘플링 대상 신호의 주파수 스펙트럼에서 가장 높은 주파수일 때, 샘플링 주파수가 $\omega_S > 2\omega_M$이 되도록 선택해야 한다는 것이다. 이것을 정리한 것이 섀넌(Shannon)의 샘플링 정리다[1].

섀넌의 샘플링 정리

f_M Hz보다 작은 주파수 성분만을 가지고 있는 시간 함수 $f(t)$는 $T_M/2(T_M = 1/f_M)$초만큼씩 떨어져 있는 임의의 점들에서의 $f(t)$의 값으로 유일하게 결정된다. 섀넌의 샘플링 정리에 의하면 $f(t)$의 가장 높은 주파수 성분의 한 사이클당 최소한 두 개의 샘플을 얻어야만 한다.

그림 6.28로부터 샘플링 주파수를 적당하게 선택해야 한다는 요구사항이 지켜지지 않는 경우 어떠한 결과를 얻게 되는지 볼 수 있다. 그림 6.28의 실선으로 표시된 사인파는 신호 $f(t) =$

$\sin(0.9\pi t)$를 나타내고, 줄기 끝에 검은 점들은 샘플링 주기 $T_S = 2.5$초로 신호를 샘플링함으로써 얻어낸 샘플 값들을 나타낸다. 그러므로 $\omega_S = 2\pi/2.5 = 0.8\pi$ rad/s이다. 이때 $\omega_S < 2\ \omega_M$임에 주의한다. 점선으로 표시된 사인파 $g(t) = \sin(0.3\pi t)$는 샘플링된 데이터로부터 복원이 된다면 얻게 될 신호를 나타낸다. 나이퀴스트 주파수보다 더 낮은 샘플링 주파수로 신호가 샘플링되었기 때문에($\omega_S < 2\omega_M$) 샘플링된 데이터로부터 복원된 신호는 원래 신호와 다르다는 점을 알 수 있다. 즉, 샘플링 데이터부터 복원된 신호 $g(t)$는 원래 신호 $f(t)$ 대신, 원래 신호의 한 부분조차 아니었던 어떤 신호가 복원된 것이다.

샘플링 주파수가 너무 낮아 샘플링된 데이터로부터 잘못된 신호가 복원되는 이러한 현상을 *주파수 중복*(aliasing)이라 한다. 주파수 중복의 친숙한 한 예는 영화나 TV 프로그램의 영상에서 높은 속도로 이동 중인 차의 바퀴가 실제 속도보다 더 낮은 속도로 도는 것처럼 보이는 것이다. 이것은 차바퀴의 회전 주파수에 비해 카메라의 샘플링 주파수가 상대적으로 낮기 때문이다.

실제적인 샘플링

섀넌의 정리를 실제 상황에 바로 적용할 수는 없는데, 왜냐하면 과거와 미래를 포함하여 모든 시간에서 신호의 샘플이 필요하기 때문이다. 실제 경우에서는 일반적으로 샘플링 주기 T_S를 $T_M/2$보다 훨씬 작게끔 선정한다($\omega_S >> 2\omega_M$).

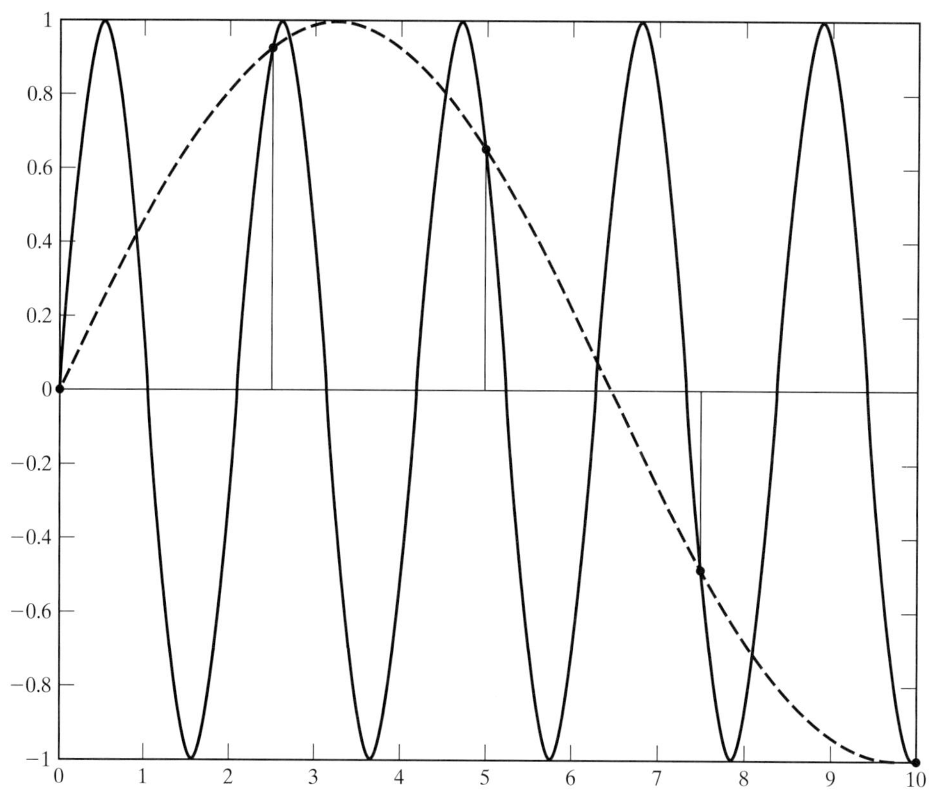

그림 6.28 주파수 중복 설명

주파수 영역에서 한정된 신호는 시간 영역에서 한정될 수 없다. 따라서 그림 6.27(a)에 보이는 것처럼 어떤 신호가 주파수 영역에서 한정되면, 이 신호는 모든 시간 영역에서 존재해야 하는데, *물리적* 신호는 그럴 수 없다. 그러므로 물리적 신호는 주파수 영역에서 그림 6.27(a)와 같이 한정될 수 없다. 그러나 물리적 신호의 주파수 스펙트럼은 어떤 주파수 이상에서는 그 크기가 매우 작아 이 주파수 이상의 성분은 무시할 수 있다. 그러므로 한 신호를 샘플링하기 위한 실제적인 요구 사항은 신호의 주파수 스펙트럼의 크기가 $\omega_S/2$보다 큰 주파수에서는 무시할 수 있을 만큼 작아야 한다는 것이다.

샘플링의 특성을 결정하는 데에 푸리에 변환이 매우 중요하다는 점에 주목한다. 한 신호를 샘플링한 효과와 샘플링된 데이터로부터 신호를 복원하기 위해 샘플링 주파수를 어떻게 선택해야 하는지를 푸리에 변환의 영역인 주파수 영역에서 명확하게 볼 수 있다.

6.5 샘플링된 데이터로부터 신호 복원

수많은 시스템에서, 5.4절에서 언급했던 것과 같이 연속-시간 신호를 디지털 시스템에서 사용할 목적으로 샘플링하여 이산-시간 값들의 시퀀스를 만들어낸다. 많은 응용에서 또한 이산-시간 샘플링된 데이터를 연속-시간 신호로 변환해야 할 필요도 있다. 예를 들어, 1장에서 얘기한 것처럼 오디오 콤팩트디스크(CD) 플레이어는 CD에 저장되어 있는 이진 데이터를 스피커를 구동하기 위한 연속-시간 신호로 변환한다. 샘플링된 이산-시간 데이터를 연속-시간 신호로 변환하는 과정을 *신호 복원*(signal reconstruction)이라 한다.

이상적인 샘플링 함수를 이용하여 아날로그 신호를 샘플링했을 때 주파수 영역에서의 샘플링 결과에 대해 6.4절에서 논의하였다. 만일 그림 6.29(a)에 보이는 것과 같은 주파수 스펙트럼 $F(\omega)$를 갖는 연속-시간 신호를 이상적인 샘플링 함수식 (5.39)와 곱하여 샘플링한다면, 샘플링된 데이터 신호의 주파수 스펙트럼은 그림 6.29(b)에 보이는 것과 같다. 그림 6.29(b)에 보이는 것처럼 샘플링된 신호의 주파수 스펙트럼은 원래의 연속 시간 주파수 스펙트럼을 크기만 바꿔 무한히 복사한 것들로 이루어져 있기 때문에, 이상적인 저주파-통과 필터를 이용하여 샘플링된 데이터 신호 $f_S(t)$로부터 원래 신호에 담겨 있던 정보를 복원할 수 있다. 그러한 필터의 주파수 응답을 그림 6.29(c)에 나타내었다. 이 필터의 효과는 이 필터의 통과대역 안에 놓이는 입력 신호의 주파수 성분에 T_S만큼 곱하고 통과대역의 바깥에 놓이는 주파수 성분은 제거하는 것이다. 이 필터의 출력은 원래 신호의 모든 정보를 담고 있는 베이스밴드 연속 신호가 된다.

보간 함수

그림 6.29(c)에 보이는 주파수 스펙트럼을 갖는 이상적인 저주파-통과 필터의 주파수 응답 함수는

$$H(\omega) = T_s \operatorname{rect}(\omega/\omega_s)$$

이다. 표 5.2를 사용하면, 이 필터의 임펄스 응답은 다음과 같이 구한다.

$$h(t) = \operatorname{sinc}(\omega_s t/2)$$

함수 $\operatorname{sinc}(\omega_s t/2)$를 이상적인 *보간 함수*(interpolating function)라 한다. 이 이상적인 보간 함수와 다음과 같은 임펄스 샘플을 컨볼루션하면

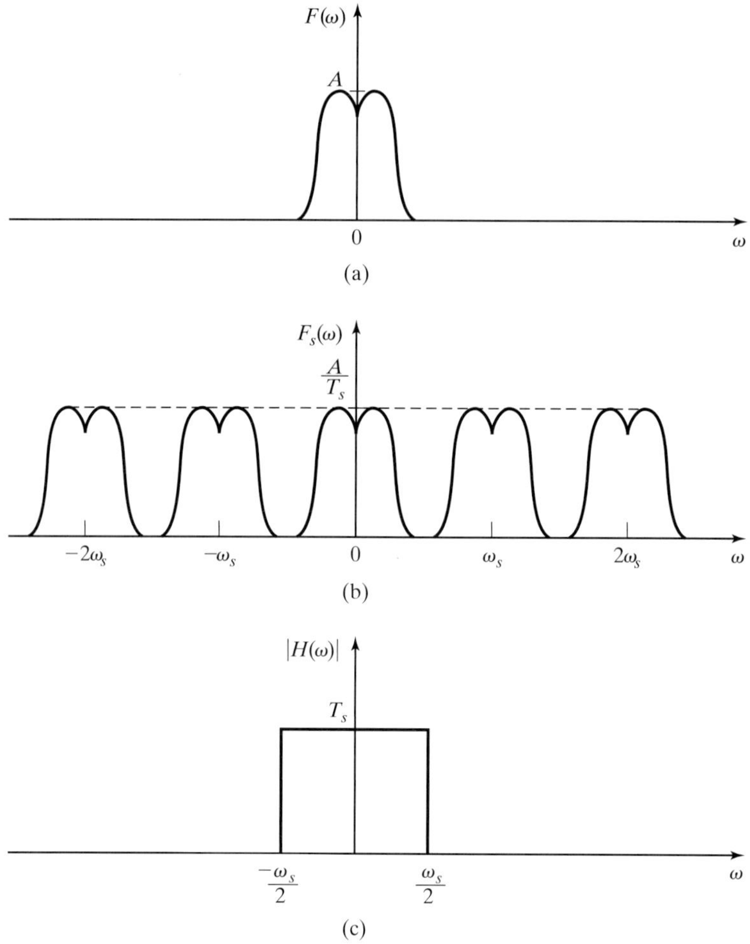

그림 6.29 샘플값 신호의 주파수 스펙트럼

[식 (5.40)] $$x_S(t) = \sum_{n=-\infty}^{\infty} x(nT_s)\delta(t - nT_s)$$

원래의 연속-시간 신호를 완벽하게 복원해낸다.

$$x(t) = x_S(t)*\text{sinc}(\omega_s t/2) = \sum_{n=-\infty}^{\infty} x(nT_S)\text{sinc}(\omega_S(t - nT_s)/2)$$

그림 6.30은 샘플링 주기 $T_S = 1$초로 $x(t) = (1 - e^{-t/10})u(t)$를 샘플링한 신호로부터 부분적으로 복원한 것을 보여준다. 첫 다섯 개의 보간 함수가 나타나 있고, 굵은 선은 첫 20개의 보간 함수의 합을 그린 것이다. 함께 더해질 보간 함수의 수가 커지면 커질수록 굵은 선은 $x(t)$의 곡선에 점점 다가갈 것이다.

6.1절에서 논의한 대로 이상적인 저주파-통과 필터는 비인과 시스템이고 이 필터의 임펄스 응답은 무한 시간 동안 유지된다. 그렇기 때문에 이것은 물리적으로 구현이 불가능하다. 따라서 이상적인 보간 함수를 임펄스 응답으로 갖는 시스템은 물리적으로 구현이 불가능하다. 그러나 이상적인 필터처럼 이상적인 보간 함수를 물리적 시스템으로 근사시킬 수는 있다.

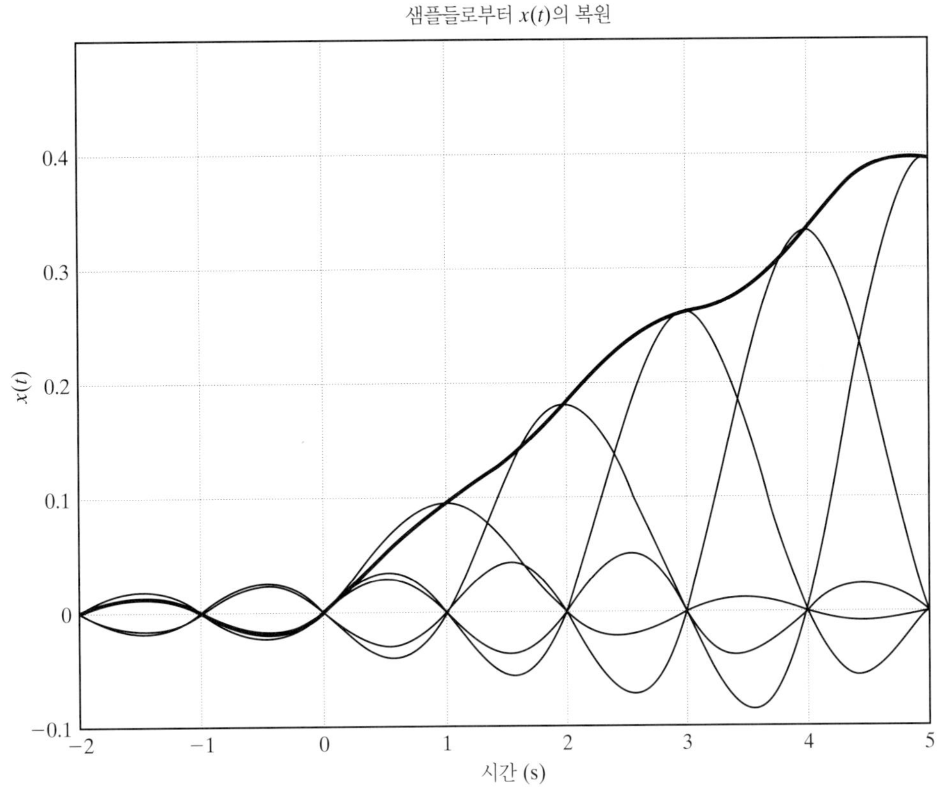

그림 6.30 보간 함수를 사용한 신호 복원

이상적인 저주파-통과 필터(또는 이상적인 보간 함수)를 사용하여 샘플링된 데이터로부터 정보를 복원하는 개념은 그림 6.31(b)에 나타낸 것과 같이 샘플링된 신호의 주파수 스펙트럼

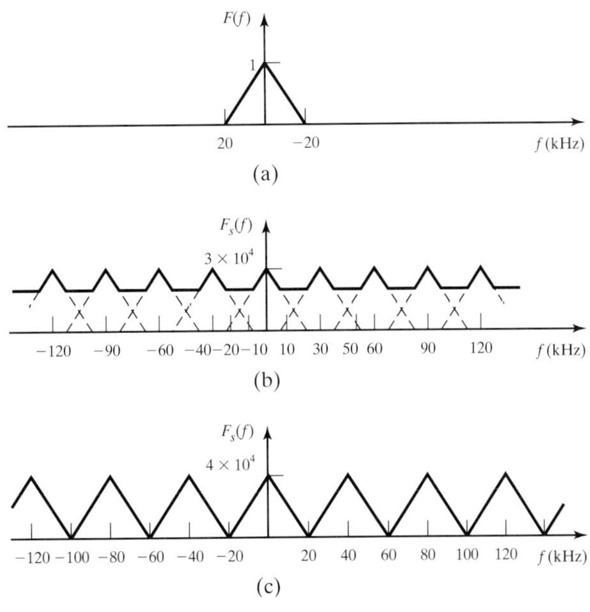

그림 6.31 예제 6.11의 주파수 스펙트럼

이 겹치지 않는다는 조건 아래에서만 유효하다. 만일 주파수가 중복되면, 몇몇 스펙트럼 성분이 원래 신호에 더해져서 원래 신호가 왜곡될 것이고, 저주파-통과 필터를 사용하여 연속-시간 신호를 복원할 수는 있지만 원래 신호를 그대로 다시 만들어내지 못하고, 원래 신호에는 담겨 있지 않았던 기타 다른 주파수 성분이 복원된 신호에 포함될 것이다. 겹치는 주파수 성분에 의해 야기되는 이러한 잘못된 정보를 *주파수 중복*(aliasing)이라 한다. 주파수 중복에 대해서는 6.4절에서 논의하였다.

예제 6.11 샘플링 주파수 선택

어떤 전자 신호를 이산-시간 값으로 저장하였다가 추후에 복원하여 분석하기 위해 먼저 샘플링하려고 한다. 이 신호에 존재할 수 있는 가장 높은 주파수 성분은 20,000 Hz라고 알려져 있다고 하자.

먼저 30 kHz의 샘플링 주파수를 선택하고 샘플링된 데이터를 저장하였다. 차단 주파수가 20 kHz인 이상적인 저주파-통과 필터를 사용하여 신호를 복원하려고 시도하였다. 그런데, 복원된 신호에 예기치 않게 강한 고주파 성분에 의해 야기된 왜곡이 포함되어 있음을 발견하였다.

이 문제는 그림 6.31(a)에 스케치한 주파수 스펙트럼을 사용하여 설명할 수 있다. 이 신호가 샘플링 주파수 30 kHz로 샘플링될 때, 샘플링된 데이터 신호의 푸리에 변환은 그림 6.31(b)와 같다. 10 kHz와 20 kHz 사이의 주파수 성분들이 겹치고 더해져서 이 주파수 대역의 주파수 스펙트럼의 크기를 증가시킨다. 동일한 현상을 40 kHz와 50 kHz 사이, −10 kHz와 −20 kHz 사이 등에서도 볼 수 있다.

샘플링 주파수를 신호의 가장 높은 주파수 성분의 두 배인 40 kHz로 올리면, 샘플링된 데이터 신호의 주파수 스펙트럼에서 이러한 "겹침"이 사라진다. 그림 6.31(c)에 보이는 패턴은 샘플링 주파수가 40 kHz 이상일 때 원래의 연속적인 신호의 스펙트럼 형태가 샘플링 주파수의 각 정수 배마다 반복되는 것을 보여준다. 이제는 겹치는 것이 없기 때문에, 원래 신호를 이상적인 저주파-통과 필터를 사용하여 정확하게 복원할 수 있다(1.3절에서 언급한 대로, 콤팩트디스크에 저장하는 음악 신호에 대한 샘플링 주파수는 44.1 kHz다). ■

섀넌의 샘플링 정리에 따라 주파수 중복을 피하고 연속 신호를 완벽하게 복원하기 위해서는 샘플링 주파수가 샘플링되는 신호의 가장 높은 주파수 성분인 ω_M의 두 배보다 커야 한다. 즉, $\omega_S > 2\omega_M$이어야 한다. 이 주파수 $2\omega_M$은 나이퀴스트 주파수로 알려져 있다.

디지털-아날로그 변환

그림 6.32(a)와 (b)와 같은 신호 복원 과정에서, 디지털-아날로그 변환기의 출력에 대한 식을 다음과 같이 쓸 수 있다.

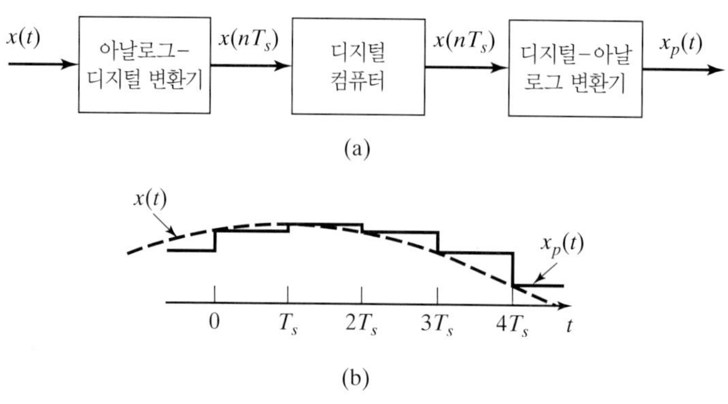

그림 6.32 샘플값 시스템 및 신호

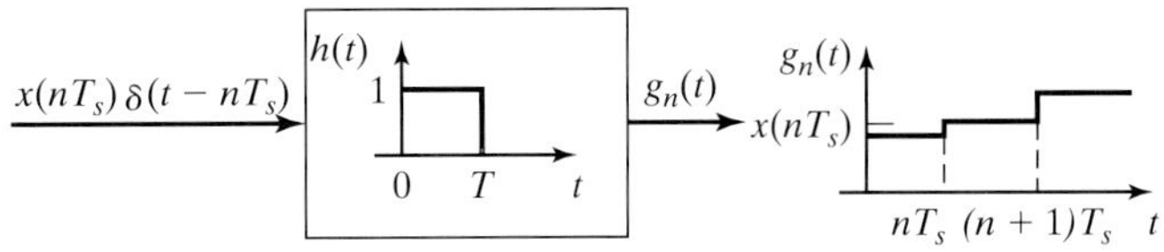

그림 6.33 신호 복원

$$x_p(t) = \ldots + x(0)[u(t) - u(t - T_S)] + x(T_S)[u(t - T_S) - u(t - 2T_S)] + x(2T_S)[u(t - 2T_S) - u(t - 3T_S)] + \ldots. \tag{6.18}$$

이 신호는 다음과 같이 합기호로 쓸 수 있다.

$$x_p(t) = \sum_{n=-\infty}^{\infty} x(nT_S)[u(t - nT_S) - u(t - (n+1)T_S)] \tag{6.19}$$

다음과 같은 $x_p(t)$의 일반항 $g_n(t)$ 함수를 살펴보자.

$$g_n(t) = x(nT_S)[u(t - nT_S) - u(t - (n+1)T_S)] \tag{6.20}$$

이 신호는 그림 6.33과 같은 시스템의 출력으로 구현된다. 여기서 이 시스템의 임펄스 응답은 다음과 같다.

$$h(t) = u(t) - u(t - T_S) \tag{6.21}$$

그림 6.33의 시스템에 대해 입력 신호는 임펄스 함수 $x(nT_S)\delta(t - nT_S)$이고 출력은 식 (6.20)과 같은 $g_n(t)$이다. 만일 입력 신호가 다음과 같이 샘플링된 데이터 신호라고 한다면,

$$x_S(t) = \sum_{n=-\infty}^{\infty} x(nT_S)\delta(t - nT_S)$$

이 시스템의 출력은 중첩에 의해 식 (6.19)가 된다. 그러므로 그림 6.34(a)의 시스템은 그림 6.34(b)에 보이는 것과 같이 임펄스 응답이 식 (6.21)과 같은 시스템과 임펄스 변조기를 직렬로 연결한 것으로 모델링할 수 있다. 이 그림의 신호-복원 시스템을 *영차 홀드*(zero-order hold)라 한다.

그림 6.34(b)의 시스템은 그림 6.34(a)의 시스템의 정확한 모델이지만, 임펄스 변조기가 A/D를 정확하게 모델링하거나 영차 홀드가 D/A를 정확하게 모델링하는 것은 아니다. 이 점에 대해서는 추후에 더 자세하게 논의한다.

마지막으로 다음과 같은 임펄스 변조기의 출력을 생각해보자.

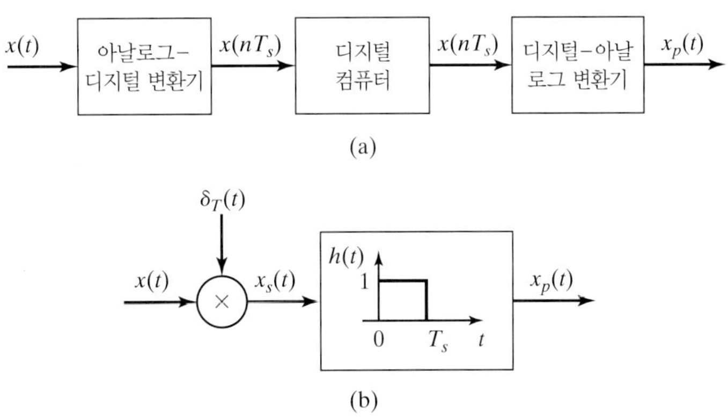

그림 6.34 샘플기와 데이터 홀드 모델

$$x_S(t) = \sum_{n=-\infty}^{\infty} x(nT_S)\delta(t - nT_S)$$

표 5.2로부터 시간-이동된 임펄스 함수의 푸리에 변환은

$$\delta(t - t_0) \overset{\mathscr{F}}{\longleftrightarrow} e^{-j\omega t_0}$$

이다. 그러므로 푸리에 변환의 선형 성질을 이용하면, $x_S(t)$의 푸리에 변환을 다음과 같이 구할 수 있다.

$$X_S(\omega) = \sum_{n=-\infty}^{\infty} x(nT_S)e^{-jnT_S\omega} \tag{6.22}$$

여기서 식 (6.22)는 식 (5.43)과 동일한 푸리에 변환을 다르게 표현한 또 하나의 표현식임에 주목한다. $X_S(\omega)$의 두 가지 형태에서 식 (6.22)와 식 (5.43)과의 관련성은 시간 영역에서 푸리에 급수와 시간 영역에서 주기 신호와의 관련성과 같다.

그림 6.34(b)의 영차 홀드의 임펄스 응답은 식 (6.21)과 같다. 푸리에 변환의 시간-이동 성질을 이용하면, 영차 홀드의 주파수 응답 함수를 다음과 같이 구할 수 있다.

$$H(\omega) = \frac{1 - e^{-jT_S\omega}}{j\omega} \tag{6.23}$$

오일러 관계식을 사용하여 수식을 정리하면 식 (6.23)을 다음과 같이 다시 쓸 수 있다.

$$H(\omega) = T_S \operatorname{sinc}(\pi\omega/\omega_S)e^{-j\pi\omega/\omega_S}$$

그러면 샘플기(sampler)와 데이터-홀드(data-hold)의 출력은 그림 6.34(b)로부터

$$X_p(\omega) = X_S(\omega)H(\omega) = \sum_{n=-\infty}^{\infty} x(nT_S)e^{-jnT_S\omega} \cdot T_S \operatorname{sinc}(\pi\omega/\omega_S)e^{-j\pi\omega/\omega_S} \tag{6.24}$$

이다. 영차 홀드의 크기 주파수 응답 그래프를 그림 6.35에 나타내었다. 식 (6.23)과 그림 6.35로부터 영차 홀드는 이상적인 저주파-통과 필터와 가까운 근사가 아님을 알 수 있다. $\omega_S/2$보다 높은 $X_S(\omega)$의 주파수 성분이 영차 홀드에 의해 줄어들 것이긴 하지만, 완전히 제거되지는 않는다. $x_p(t)$를 $x(t)$에 더 가깝게 근사시키기 위해 추가적으로 저주파-통과 필터를 사용할 수도 있다.

샘플기와 영차 홀드는 그림 6.36에 보이는 것과 같이 모델링할 수 있다. 스위치로 보이는 디바이스는 이상적인 샘플기라고 한다. 이상적인 샘플기의 출력은 임펄스 함수열 $x_S(t)$이므로 물리적인 신호는 아니다. 그러나 전체 시스템의 입력 $x(t)$와 출력 $x_p(t)$는 물리적인 신호이고 전체 시스템은 정확하게 물리적인 하드웨어를 모델링한다.

양자화 오차

그림 6.34(a)에 보이는 것과 같은 시스템에서 $x(nT_S)$로 표기된 신호의 각 샘플값은 디지털 컴퓨터가 처리할 수 있도록 이진수로 변환되어야만 한다. 샘플값을 이진수 표현으로 변환하는 과정에서 일반적으로 오차가 발생하는데 이것은 이진수가 연속된 값이 아닌 띄엄띄엄한 값을 가진 수만을 표현할 수 있기 때문이다. 만일 각 샘플값을 표현하는 데에 N비트의 이진수를 사용한다면, 이 이진수는 2^N개의 이산값 중 하나여야 한다. 이러한 변환에 의한 오차를 *양자화 오차*(quantization error)라 한다. 예를 들어, 아날로그-디지털 변환기의 이진 신호가 8비트로 표현될 때, 출력 신호 크기는 $2^8 = 256$개의 서로 다른 값만을 가질 수 있다. 그림 6.37은 3비트를 사용하여 샘플

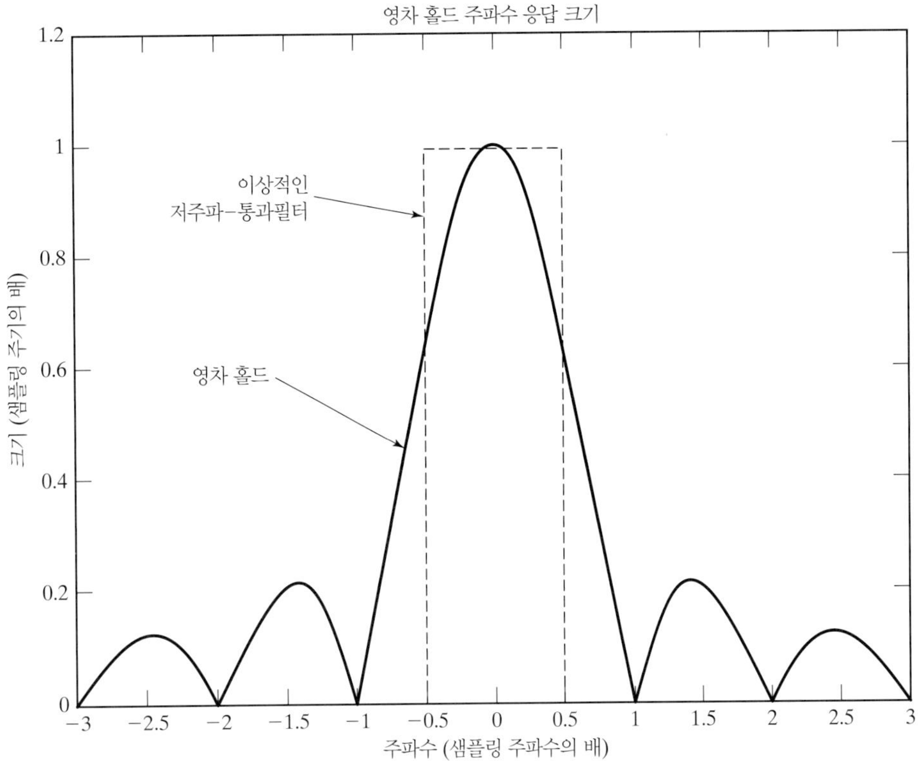

그림 6.35 영차 홀드의 크기 주파수 응답

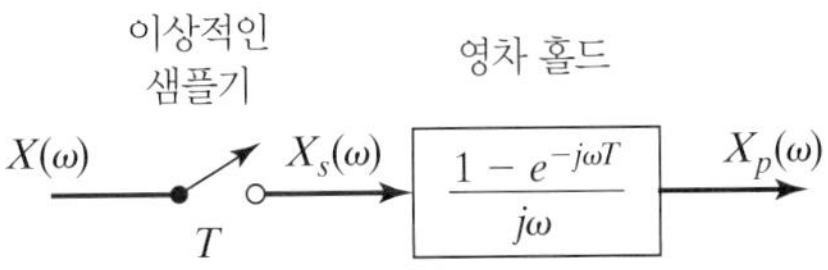

그림 6.36 샘플기와 데이터 홀드의 변환 모델

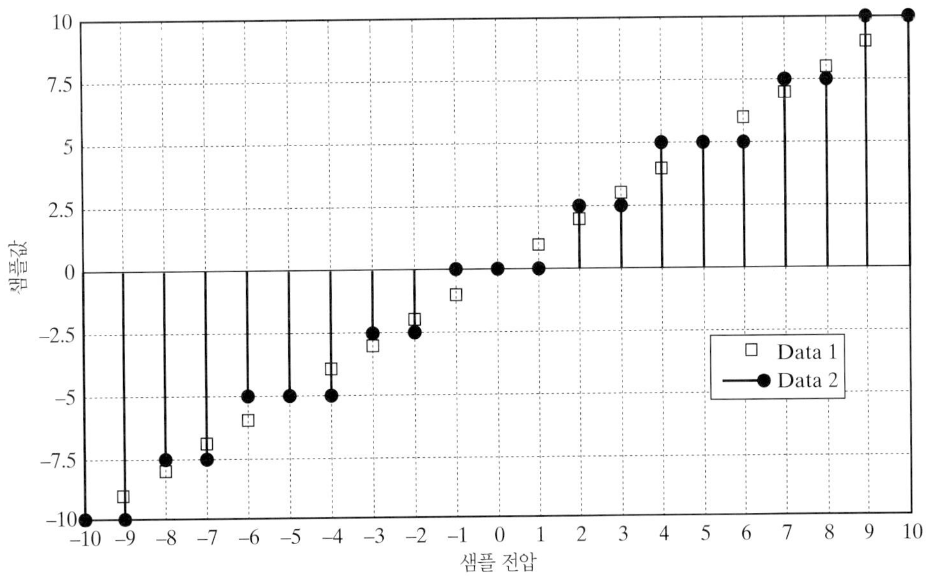

그림 6.37 샘플값과 이진값의 비교

값을 이진수로 변환하는 효과를 보여주는데 $2^3 = 8$개의 서로 다른 레벨을 사용하여 10 V부터 -10 V 사이의 샘플값들을 표현한다. 이 샘플값의 전압 영역이 20 V이므로, 이진 신호는 $20/8 = 2.5$ V의 정수배인 값으로만 이루어져 있다. 그림 6.37에서 보이는 그림에서, *Data 1*은 샘플링된 값을 나타내고 *Data 2*는 이 측정된 데이터를 3비트의 이진수로 표현한 이산적인 크기를 갖는 시퀀스를 나타낸다.

일반적으로 다루고자 하는 개념들을 간단히 소개하기 위해, 양자화 오차를 고려하지 않을 것이다. 양자화 오차 또는 양자화 잡음은 디지털 시스템 설계에서 중요한 요소이지만 이 책의 범위를 벗어난다.

결론적으로, 물리적인 샘플링의 표현과 그림 6.33(b)와 식 (6.34)의 모델에 의한 그림 6.34(a)의 신호-복원 시스템은 수학적으로 유효하다. 그러므로 샘플링 결과로 시퀀스 $x(nT_S)$, $n = 0, \pm1, \pm2, \pm3, \ldots$ 을 얻을 때, 물리적 신호의 샘플링에 대해 임펄스 모델을 사용할 수 있다. 또한 샘플링 신호로부터 원래 신호를 그림 6.32(b)에 보이는 것과 같이 복원할 수 있고, 이런 식으로 샘플링된 신호를 복원하는 디바이스를 영차 홀드라 한다. 이것과 다른 형태의 데이터 홀드를 구현할 수도 있고 모두 똑같이 모델링 과정은 유효하다[2]. 이때 그림 6.36에서 바뀌는 부분은 단지 데이터 홀드 블록의 전달함수뿐이다. 이러한 데이터 홀드에 대해 더 논의하는 것은 이 책의 범위를 벗어나므로 생략하기로 한다.

6.6 사인파 진폭 변조

변조는 정보 신호의 주파수가 원하는 주파수 대역에 들어가도록 하기 위해 정보 신호의 주파수를 움직이게 하는 데에 사용하는 과정이다. 이렇게 하는 것이 왜 중요한지에 대한 몇 가지 이유가 있다. 한 가지 이유는 인간의 목소리는 1 kHz보다 작은 주파수 성분이 지배적이라는 것이다. 우리가 만일 인간의 목소리 신호를 전자기파 방사를 통해 전달하고자 한다면, 몇 가지 문제점에 부딪힌다. 명확한 두 가지 문제는 다음과 같다.

1. *안테나 길이 요구 사항*. 효율적인 방사를 위해, 안테나는 $\lambda/10$보다 길어야만 한다. 여기서 λ는 방사하고자 하는 신호의 파장이고 다음 식으로 주어진다.

$$\lambda = c/f_c$$

여기서 c는 빛의 속도이고 f_c는 신호의 주파수다. 1 kHz의 신호에 대해서는

$$\lambda = 3 \times 10^8 (\text{m/s})/1 \times 10^3 (1/\text{s}) = 300 \text{ km}$$

이다. 그렇기 때문에 이 시스템의 안테나는 30 km보다 길어야 한다. 파장 공식을 살펴보면, 신호의 주파수를 높임으로써 필요한 안테나의 길이를 줄일 수 있음이 명확해진다.

2. *다른 신호로부터의 간섭*. 만일 통신을 하고자 하는 두 명이 베이스밴드 주파수를 사용하여 동일한 지역 안에서 동시에 메시지를 보내고자 한다면, 이 두 신호 사이에 간섭이 존재할 것이다. 이것을 피하기 위해 이 두 신호의 소스는 각 정보 신호를 부여된 주파수 대역으로 옮김으로써 주파수상에서 서로 떨어져 있게 할 수 있다. 미국에서는 연방통신위원회(Federal Comμnications Commission, FCC)가 이러한 주파수 대역 할당을 조정한다. 표 6.1은 몇 가지 FCC 주파수 대역 할당을 보여준다.

표 6.1 FCC 주파수 대역 할당

주파수 밴드	명칭	일반적인 사용
3–30 kHz	Very low frequency (VLF)	원거리 내비게이션
30–300 kHz	Low frequency (LF)	해상 통신
300–3000 kHz	Medium frequency (MF)	AM 라디오 방송
3–30 MHz	High frequency (HF)	아마추어 무선; 전화
30–300 MHz	Very high frequency (VHF)	VHF 텔레비전; FM 라디오
0.3–3 GHz	Ultrahigh frequency (UHF)	UHF 텔레비전; 레이더
3–30 GHz	Superhigh frequency (SHF)	위성 통신

이러한 두 문제점들에 대한 해결책 중 하나는 정보 신호의 주파수를 전파 전송을 위해 할당된 좀 더 높은 주파수로 옮기는 것임을 알 수 있다. 이러한 과정을 *변조*(modulation)라 한다.

몇 가지 흔히 사용되는 변조 방법을 살펴본다. 아마 개념상 가장 간단한 방법은 이중-사이드밴드, 압축-캐리어, 진폭-변조(DSB/SC-AM)일 것이므로, 이 방법을 먼저 살펴본다.

DSB/SC-AM은 정보(메시지) 신호 $m(t)$를 반송파(carrier signal)라고 하는 사인파 신호 $c(t)$와 곱함으로써 변조 과정을 수행한다. 여기서 반송파는 효율적인 전파 전송에 바람직한 주파수에 놓여 있다. 이 과정을 그림 6.38에 나타내었으며, 그림 6.38(d)는 곱셈 회로로부터 나오는 신호를 보여준다. 이 신호는 단지 주파수는 $c(t)$의 주파수와 동일하고 진폭은 정보 신호 $m(t)$에 따라 비례적으로 변하는 코사인파다.

$$x(t) = m(t)c(t) = m(t)\cos(\omega_c t)$$

코사인파에 대해 오일러 관계식을 사용하면, 이것을 다음과 같이 쓸 수 있다.

$$\begin{aligned} x(t) &= m(t) \times \tfrac{1}{2}[e^{j\omega_c t} + e^{-j\omega_c t}] \\ &= \tfrac{1}{2}m(t)e^{j\omega_c t} + \tfrac{1}{2}m(t)e^{-j\omega_c t} \end{aligned}$$

푸리에 변환의 주파수-이동 정리 식 (5.18)을 사용하면, 변조된 신호의 주파수 스펙트럼을 다음과 같이 쓸 수 있다.

$$X(\omega) = \tfrac{1}{2}[M(\omega - \omega_c) + M(\omega + \omega_c)] \tag{6.25}$$

그림 6.39는 $m(t)$와 $x(t)$의 크기 주파수 스펙트럼을 나타낸다. $X(\omega)$는 $M(\omega)$의 스펙트럼 분포를 포함하고 있음을 알 수 있는데, 단지 크기가 2로 나누어져 있고 $\omega = 0$ 주변에 모여 있는 대신 ω_c와 $-\omega_c$ 주변에 모여 있다는 점만 다르다.

예제 6.12 DSB/SC-AM 신호와 푸리에 변환을 생성하는 MATLAB 프로그램

다음 MATLAB 프로그램은 DSB/SC-AM 신호와 그 푸리에 변환을 생성해낸다.

```
% This MATLAB program generates a DSB/SC-AM signal and
% its Fourier transform using symbolic math.
%
% Define symbolic variables to be used.
syms t w
% generate the message signal m(t)=2cos(20pit)+sin(4pit)
'The message signal is:'
m= 2*cos(20*pi*t) + sin(4*pi*t)
```

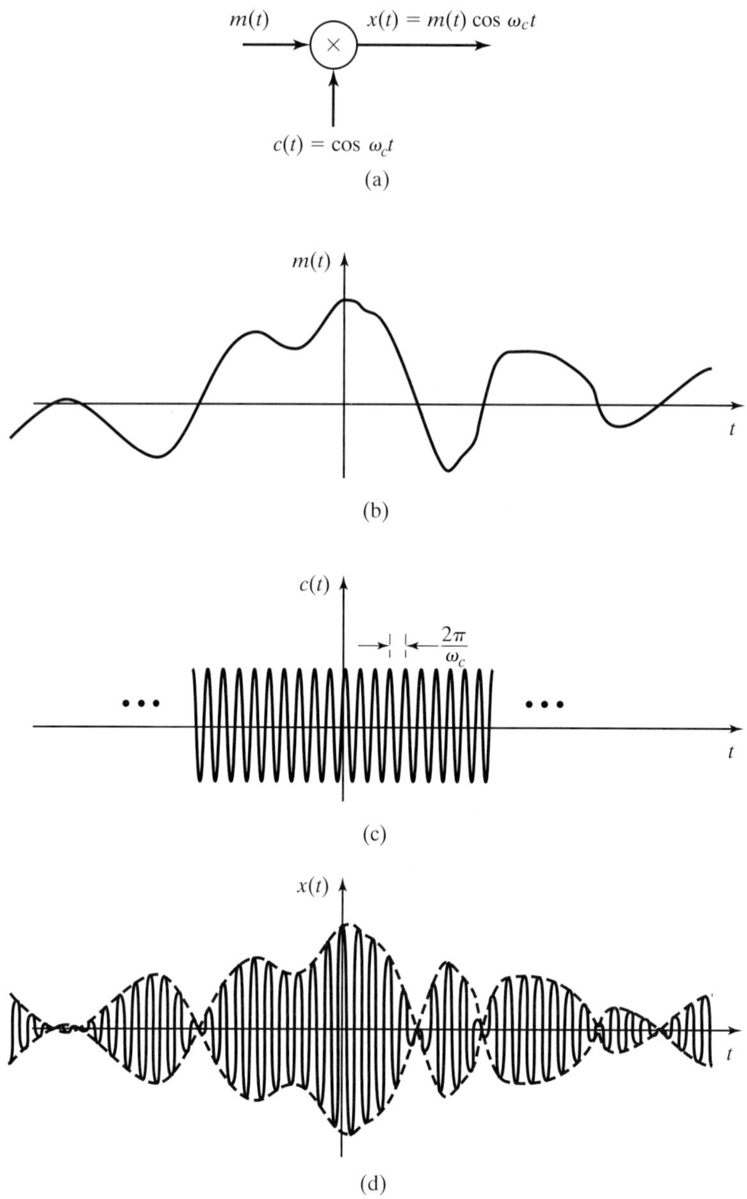

그림 6.38 DSB/SC-AM 변조

```
% modulate a carrier signal, cos(200pit), with m(t).
'The DSB/SC modulated signal at carrier frequency 100pi (rad/s) is:'
c = m.*cos(100*pi*t)
% use the symbolic "fourier" function to calculate the Fourier
% transform of the modulated signal.
'The Fourier transform of the DSB/SC signal is:'
Cw = fourier(c)
```

다음 MATLAB 프로그램은 DSB/SC-AM 신호와 주파수 스펙트럼을 수치적으로 생성하고 그 그래프를 생성한다.

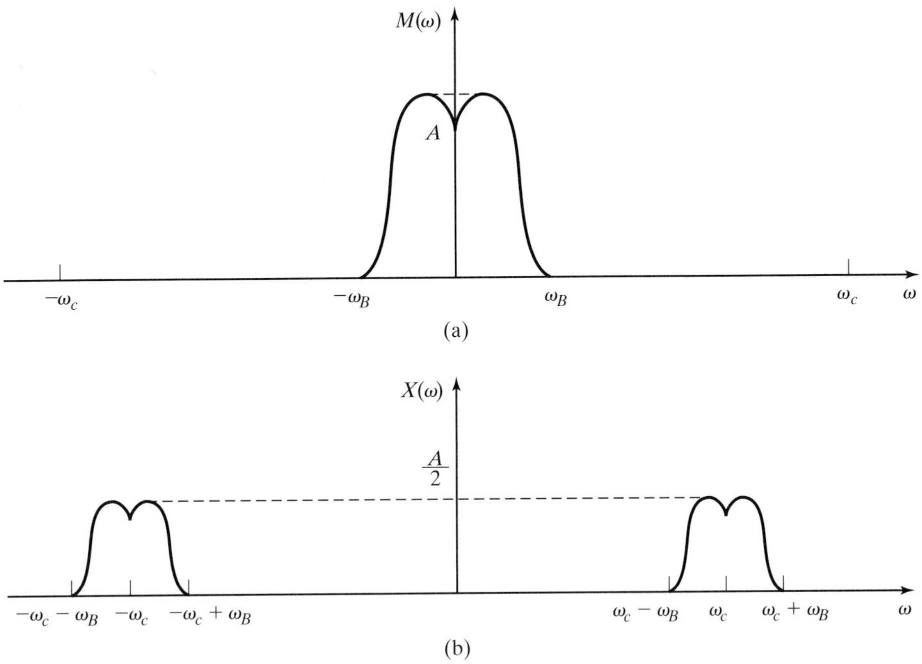

그림 6.39 DSB/SC-AM 신호의 주파수 스펙트럼

```
% This MATLAB program generates and plots a DSB/SC-AM signal and
% its frequency spectrum numerically.
% generate a time vector of 256 elements in .01s steps.
t = .01*(1:256);
% generate the message signal m(t)=2cos(20pit)+sin(4pit)
m= 2*cos(20*pi*t) + sin(4*pi*t);
%Display the message signal
subplot(3,1,1), plot(t,m), title('The message signal m(t)'),grid
% modulate a carrier signal, cos(200pit), with m(t).
c = m.*cos(100*pi*t);
%Display the message signal
subplot(3,1,2), plot(t,c), title('DSB/SC-AM Signal'), grid
% use the fft function to approximate the Fourier
% transform of the modulated signal.
CF = fft(c,256);
%generate a frequency vector of 256 elements.
f = 2*pi*(1:256)/(256*.01);
% plot the magnitude spectrum of the modulated signal
%Display the message signal
subplot(3,1,3), plot(f, abs(CF)), title('DSB/SC-AM Frequency
Spectrum'), grid, grid
```
■

통신 링크의 수신단에서 인간의 귀에 적절한 메시지를 만들기 위해서는, 이 변조 과정을 역으로 해야만 한다. 이 과정을 복조(demodulation)라 한다.

"복조"는 변조가 되는 과정과 비슷한 방식으로 수행된다. 먼저 수신된 신호가 전송된 신호 $x(t)$와 동일하다고 가정하고, 이 수신된 신호에 "로컬 오실레이터" 신호를 곱한다. 로컬 오실레이터는 전송기에서의 반송파와 동일한 주파수를 갖는 사인파를 생성하도록 튜닝된다. 반송파 주파수에 로컬 오실레이터의 주파수를 매칭시켜야 한다는 이러한 요구 사항 때문에 이러한 복조 방법을 *동기 검출*(synchronous detection) 방법으로 분류한다. 로컬 오실레이터가 곱해진 신호는 6.40(a)에 보이는 것처럼

$$y(t) = x(t)\cos(\omega_c t)$$

이다. 다시 오일러 관계식과 푸리에 변환의 주파수-이동 성질을 이용하면 다음을 알 수 있다.

$$Y(\omega) = \tfrac{1}{2}[X(\omega - \omega_c) + X(\omega + \omega_c)]$$

식 (6.25)로부터 $M(\omega)$로 표현된 $X(\omega)$의 식을 대입하면 다음과 같다.

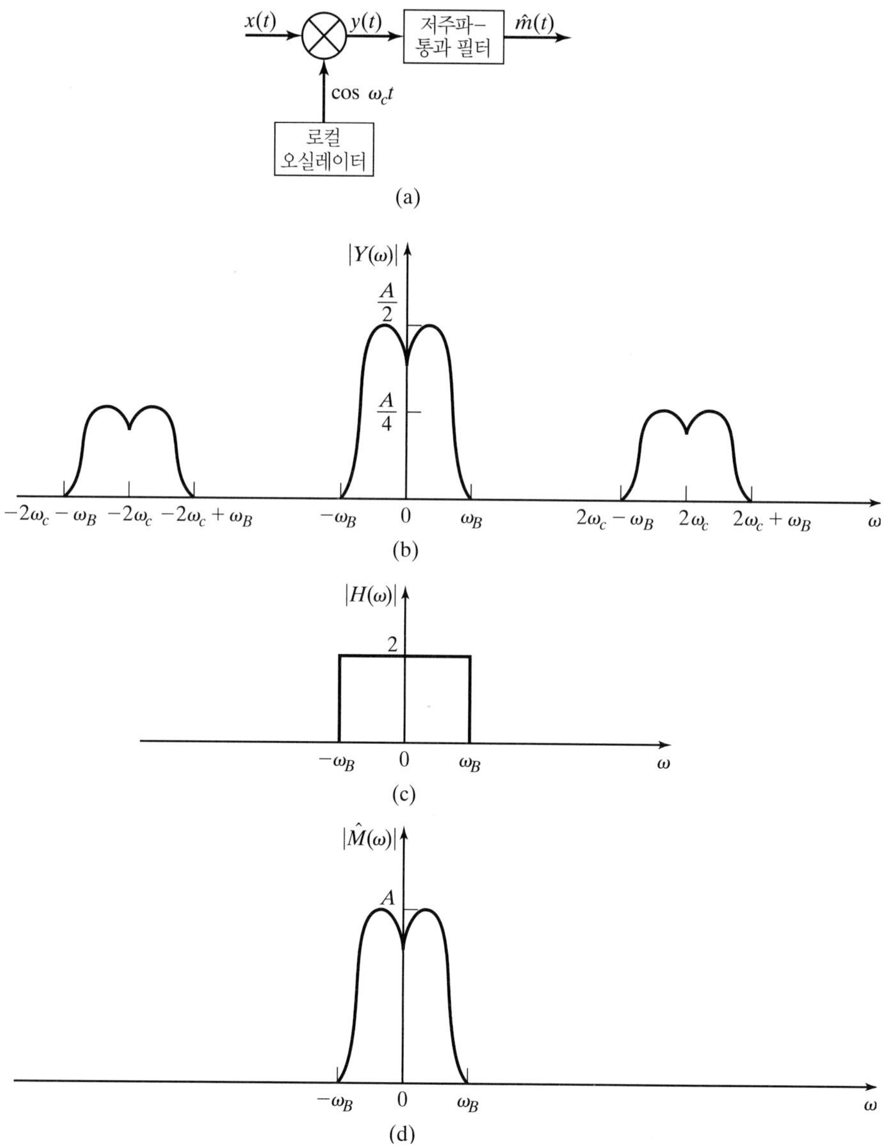

그림 6.40 동기 복조기

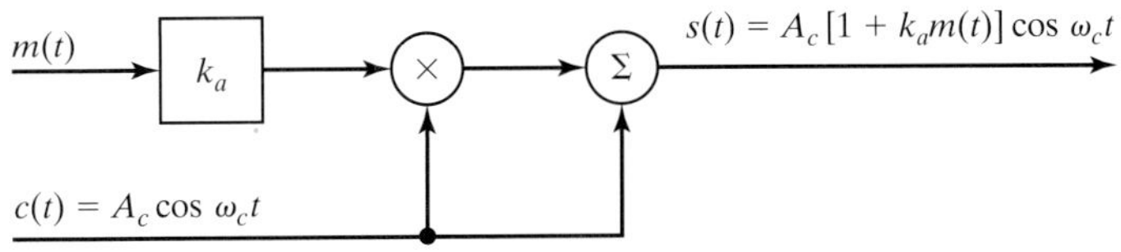

그림 6.41 진폭 변조를 위한 시스템

$$Y(\omega) = \tfrac{1}{2}M(\omega) + \tfrac{1}{4}M(\omega - 2\omega_c) + \tfrac{1}{4}M(\omega + 2\omega_c)$$

이 식에 대한 그래프를 그림 6.40(b)에 나타내었다. 복조 과정의 나머지는 $y(t)$를 그림 6.40(c)에 보이는 것과 같은 주파수 응답을 갖는 이상적인 저주파-통과 필터로 통과시킴으로써 완료된다. 이 필터의 효과는 필터의 통과대역인 $-\omega_B \leqq \omega \leqq \omega_B$ 안에 놓여 있는 입력 신호의 주파수 성분의 크기를 두 배로 하고 이 통과대역 바깥쪽의 모든 주파수 성분은 제거하는 것이다. 이 필터의 출력은 이론적으로는 정보 신호 $m(t)$를 정확하게 복원한다. 이것은 그림 6.39(a)에 보이는 $M(\omega)$와 그림 6.40(d)에 보이는 복조된 신호의 주파수 스펙트럼인 $\hat{M}(\omega)$와 비교해봄으로써 알 수 있다.

또 하나 좀 더 자주 마주치게 될 형태의 진폭 변조는 그림 6.41에 나타낸 것과 같이 변조된 신호의 주파수 스펙트럼에 반송파 성분을 갖는 이중-사이드 밴드 변조(DSB/WC) 방법이다. 상용 AM 라디오 방송은 이 방법을 사용한다. 이 방법에서, 변조된 신호는 다음과 같이 수학적으로 기술된다.

$$s(t) = [1 + k_a m(t)]c(t) \tag{6.26}$$

여기서 $m(t)$는 메시지 신호이고 $c(t)$는 다음과 같은 반송파 신호다.

$$c(t) = A_c \cos(\omega_c t)$$

진폭 민감도(amplitude sensitivity), k_a는 모든 시간에서 다음을 만족하도록 선택한다.

$$1 + k_a m(t) > 0$$

변조된 신호는 다음과 같이 다시 쓸 수 있다.

$$s(t) = A_c \cos(\omega_c t) + k_a A_c m(t) \cos(\omega_c t)$$

그리고 이 신호의 푸리에 스펙트럼은 다음과 같다.

$$\begin{aligned} S(\omega) = {} & A_c \pi[\delta(\omega - \omega_c) + \delta(\omega + \omega_c)] \\ & + \frac{k_a A_c}{2}[M(\omega - \omega_c) + M(\omega + \omega_c)] \end{aligned} \tag{6.27}$$

그림 6.42로부터 변조된 신호는 메시지 신호 $m(t)$의 크기에 따라 시간 영역에서 그 크기가 따라 변하는 사인파 신호임을 알 수 있다.

식 (6.27)과 그림 6.42(d)로부터 변조된 신호의 주파수 스펙트럼은 주파수-이동된 메시지 신호에 더해서 반송파-신호의 주파수 성분을 담고 있음을 알 수 있다. 그러므로 이러한 변조 방식에 대한 용어가 *이중-사이드 밴드*, *캐리어-포함*, *진폭 변조*(Double-sideband, width-carrier, amplitude modulation, DSB/WC-AM)다. 이 방식이 널리 사용되기 때문에, 좀 덜 정확하긴 하지만 줄여서 간단히 AM이라 한다.

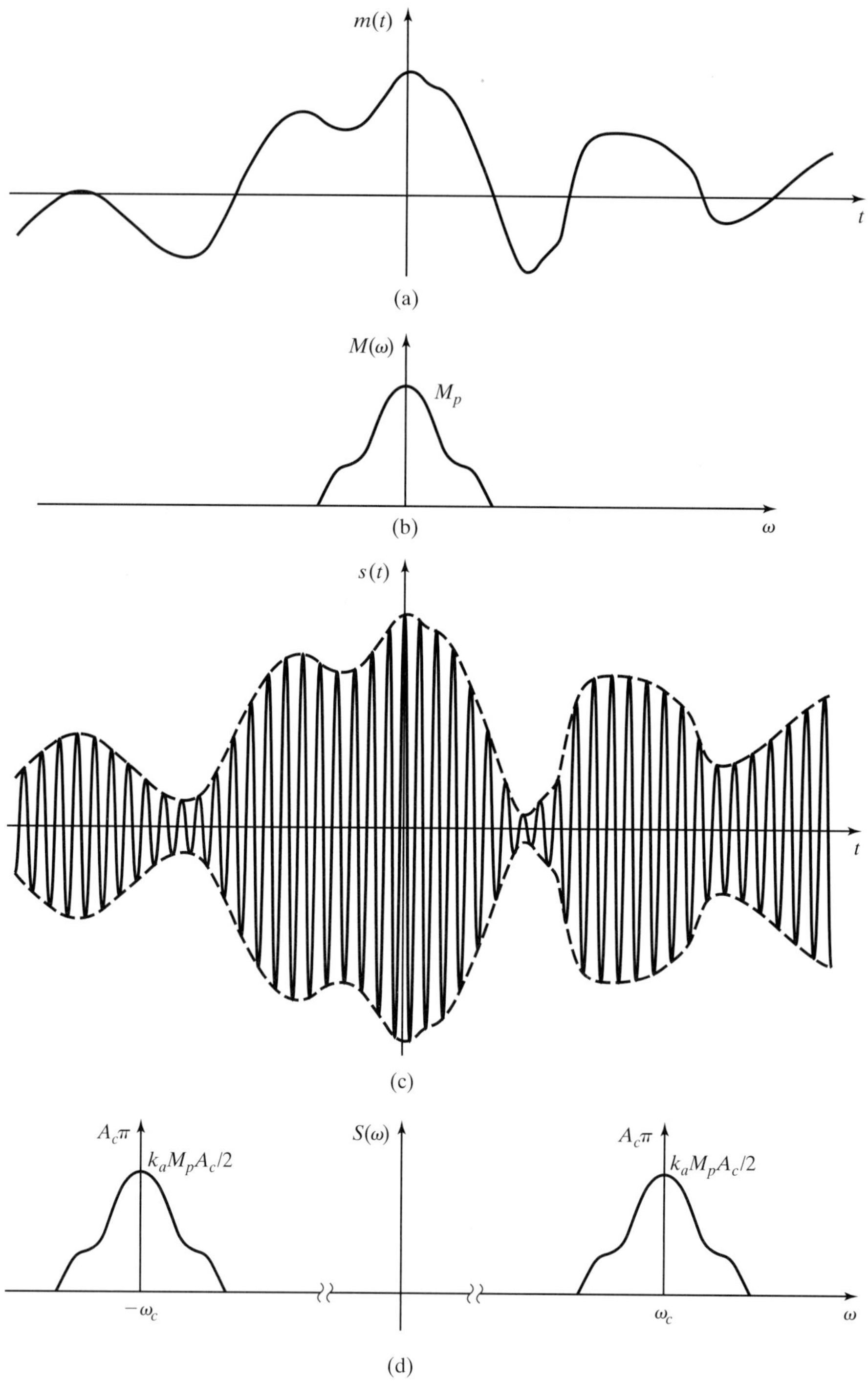

그림 6.42 진폭 변조 신호와 스펙트럼

AM 신호에서, 반송파 주파수에서 뚜렷히 보이는 주파수 성분은 아무런 정보를 담고 있지 않으므로 전송되는 신호에서 파워를 낭비하는 것으로 간주될 수 있다. 그러나 이러한 반송파 주파수 성분이 존재하기 때문에 DSB/SC-AM에 대해서 설명했던 것처럼 반송파 주파수를 생성하기 위한 수신기 쪽의 "로컬 오실레이터" 없이도 복조가 가능하여 메시지 신호 $m(t)$를 복원해낼 수 있다.

예제 6.13 DSB/WC-AM 신호와 푸리에 스펙트럼을 생성해내는 MATLAB 프로그램

다음 MATLAB 프로그램은 DSB/WC-AM 신호와 그 신호의 주파수 스펙트럼을 만들어낸다.

```
This MATLAB program generates a DSB/WC-AM signal and displays it
in both the time and frequency domain.
% First, generate a time vector of N discrete times.
N=159;
dt=0.0001*2*pi;
t=dt*(1:N);
% Generate the message signal m(t)=3sin(500t)
m=3*sin(500*t);
%Display the message signal
subplot (2,2,1), plot(t,m), title ('The message signal m(t)'),grid
%Generate the carrier signal c(t)=1cos(1500t)
c=cos(1500*t);
% Generate the amplitude modulated signal, x(t)=[1+km(t)]c(t),
% using a modulation index of ka=0.3
ka = 0.3;
x=(1+ka*m).*c;
%Plot the DSB/WC-AM signal
subplot(2,2,2), plot(t,x), title('DSB/WC-AM Signal'),grid
% Use the fft function (explained in Chapter 12) to approximate
% the Fourier transform of the signals.
Mw=fft(m);
Cw=fft(c);
Xw=fft(x);
%Generate a frequency vector.
limw = 20;
w=2*pi*(0:2*limw)/(N*dt);
%
% Prepare the frequency spectra data for plotting (the magnitude
% is adjusted to approximate the weight of the impulses in the
% Fourier transform)
M=zeros(size(w));
X=zeros(size(w));
for n=1:length(w)
        M(n)=2/N*pi*abs(Mw(n));
        X(n)=2/N*pi*abs(Xw(n));
end

% Display the magnitude frequency spectrum of m(t).
subplot(2,2,3), stem(w,M), xlabel('Frequency Spectrum of
m(t)'),grid
% Display the magnitude frequency spectrum of x(t).
subplot(2,2,4), stem(w,X), xlabel('Frequency Spectrum
of x(t)'),grid
```

■

주파수-분할 멀티플렉싱

앞에서 언급했듯이, 상용 AM 라디오는 사인파 진폭 변조의 한 예다. 이것은 또한 주파수-분할 멀티플렉싱(frequency division mltiplexing)의 한 예다. 주파수-분할 멀티플렉싱은 신호를 주파수별로 나눔으로써 단일 미디어를 통해 다수의 신호를 전송할 수 있도록 해준다.

그림 6.43은 *주파수-분할 멀티플렉싱*에 대해 보여주고 있는데, 이 그림에서 각각 DSB/SC 진폭 변조 방식으로 변조된 세 개의 신호를 가지는 세 개의 대역이 표시되어 있다.

각 전송 신호 $Y_i(\omega)$, $i = 1, 2, 3$에 대한 반송파는 신호들끼리 주파수 영역에서 서로 겹치는 것을 막기 위해 옆 반송파 주파수와 충분히 떨어져 있게끔 할당된 것으로 가정한다.

그림 6.43에서는 반송파 주파수가 ω_{c1}, ω_{c2}, ω_{c3}인 세 개의 변조된 신호를 볼 수 있고, 각 신호는 서로 명확하게 구분되는 신호임을 나타내기 위해 서로 다른 주파수 스펙트럼으로 표현되어 있다. 이 변조 시스템을 그림 6.44와 같이 나타낼 수 있는데, 여기서 세 개의 변조 중인 신호를 $x_1(t)$, $x_2(t)$, $x_3(t)$로 나타내고 변조된 신호는 $y_1(t)$, $y_2(t)$, $y_3(t)$로 표시하였고, 변조된 세 신호의 주파수 스펙트럼이 그림 6.43에 나타낸 $Y_1(\omega)$, $Y_2(\omega)$, $Y_3(\omega)$이다. *이 세 신호는 신호영역에서는 동시에 나타나지만, 주파수 영역에서는 서로 떨어져 있다.*

수신단에서는 대역통과 필터를 사용하여 정보 신호를 복원한다. 첫 번째 신호 $x_1(t)$는 중심 주파수가 ω_{c1}이고 $\hat{y}_1(t)$를 복원할 만큼 *충분히 넓으면서도* 다른 신호는 거부할 만큼 *충분히 좁은* 대역폭을 갖는 대역통과 필터가 필요하다. 그림 6.45의 $H_1(\omega)$이 이러한 필터링을 수행하는데, (이상적인 필터링이 아닌) 실제적인 필터링을 거치면 $\hat{y}_1(t)$는 근사적으로 $y_1(t)$라 할 수 있다. 수신단에서 이 세 개의 신호를 분리한 다음, 정보 신호는 앞에서 언급한 동기 복조 방법으로 복원할 수 있다. 그림 6.45에 이러한 동기 복조가 묘사되어 있다. 이 그림에서 $\hat{x}_1(t)$는 근사적으로 $x_1(t)$와 같은데, 만일 이상적인 필터링이라면 정확하게 $\hat{y}_1(t) = y_1(t)$이고 $\hat{x}_1(t) = x_1(t)$이다.

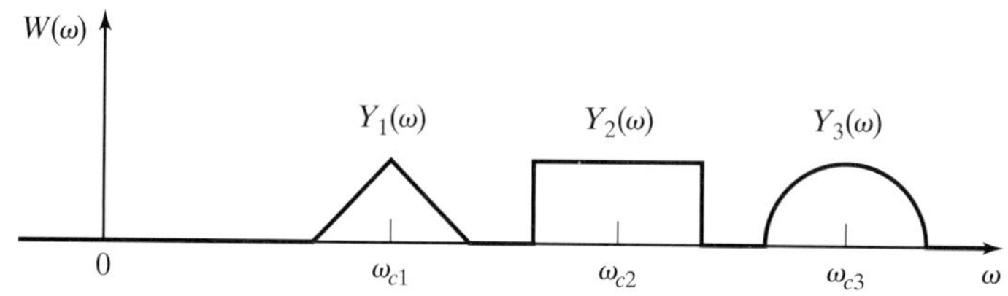

그림 6.43 주파수-분할 멀티플렉스 신호

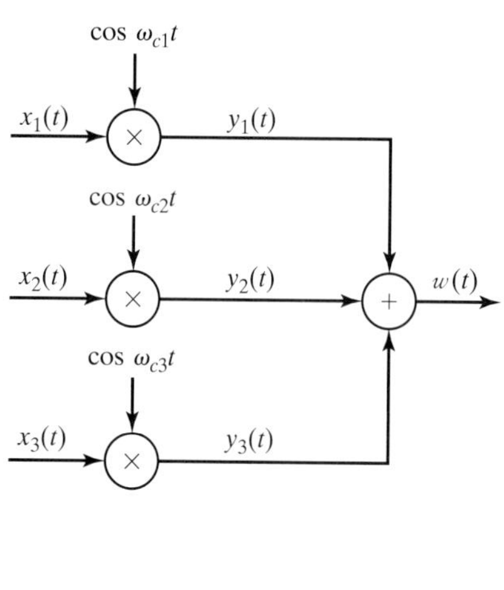

그림 6.44 주파수-분할 멀티플렉싱을 위한 시스템

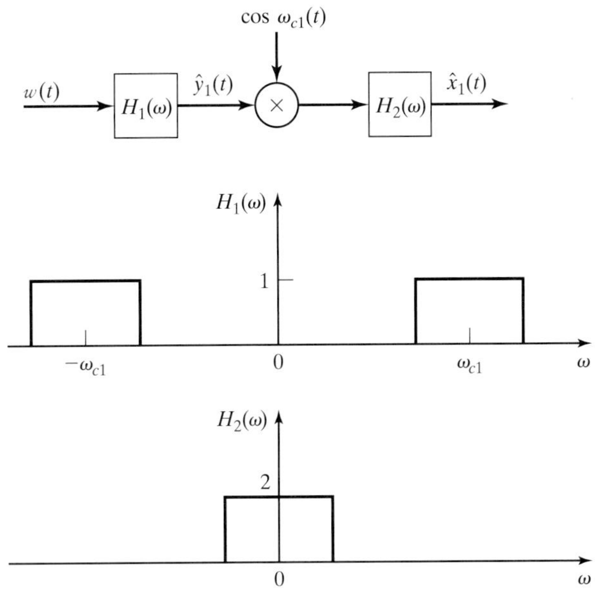

그림 6.45 FDM 신호의 복조를 위한 시스템

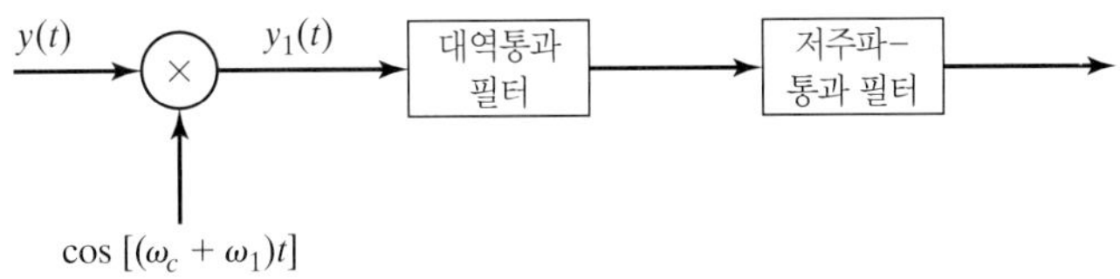

그림 6.46 슈퍼헤테로다인 복조기

수신기가 몇 개의 주파수-멀티플렉싱된 신호에서 하나의 신호를 직접 골라낼 수 있게 하기 위해서는 튜닝할 수 있는(중심주파수를 바꿀 수 있는) 대역통과 필터가 필요하다는 것을 알 수 있다. 튜닝이 가능한 대역통과 필터는 구현이 어렵다. 상용 AM 라디오 수신기는 *슈퍼헤테로다인*(superheterodyne)으로 이 문제를 비껴간다. 슈퍼헤테로다인 수신기의 원리를 그림 6.46에 나타내었다. 튜닝이 가능한 대역통과 필터 대신에, 튜닝이 가능한 오실레이터를 사용하여 정보 신호를 반송파 주파수로부터 선택된 일정한 주파수 $\omega_i(t) = 2\pi f_i$로 옮긴다. 이 주파수를 *중간주파수*(intermediate frequency)라 한다. 상용 AM 라디오에 대해, 표준 중간주파수는 $f_i = 455$ kHz다. 그러면 수신기는 중심주파수가 ω_i로 고정되어 있는 대역통과 필터를 사용할 수 있다. 상용 AM 라디오 수신기에서는, 두 개 이상이 직렬로 연결된 대역통과 필터링을 일반적으로 사용한다. 여기서 각 단계는 이차 버터워스 필터다. 선택된 신호의 반송파 주파수에 상관없이 동일한 주파수 밴드를 갖는 이 중간주파수 신호로부터 정보 신호가 복원된다.

6.7 펄스-진폭 변조

앞 절에서는, 사인파 반송 신호를 갖는 진폭 변조에 대해 살펴보았다. 이 절에서는 다른 형태의 반송파에 기반한 *펄스-진폭 변조*(pulse-amplitude modulation, PAM)라고 부르는 변조 방법에 대해 소개한다. 이 변조 방법에서 반송파는 사인파 대신 사각 펄스열이 된다. 그림 6.47(a)에 나타

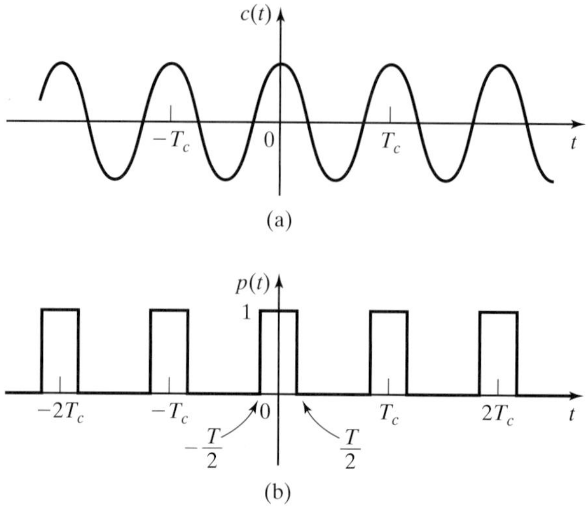

그림 6.47 진폭 변조를 위한 반송파 신호

낸 신호는 6.6절에서 사용된 사인파 반송신호 $c(t)$이고, 그림 6.47(b)에 나타낸 신호는 펄스-진폭 변조에서 사용되는 반송파 주파수가 $f_c = 1/T_c$인 펄스 반송신호 $p(t)$이다.

펄스-진폭 변조를 구현한 시스템을 그림 6.48에 나타내었다. 이 시스템은 사인파 반송신호 $c(t)$ 대신에 펄스 반송신호 $p(t)$가 사용된 점만 제외하고 DSB/SC-AM을 위해 6.6절에서 소개했던 시스템과 동일하다는 점에 유의한다. 일반적인 *자연 샘플링*(natural-top) 펄스-진폭 변조된 신호 $y(t)$를 그림 6.48(b)에 나타내었다. 이 시스템을 분석하기 위해 푸리에 급수와 푸리에 변환을 모두 사용할 것이다.

이 시스템에 대한 분석은 그림 6.47(b)에 보이는 펄스열 $p(t)$에 대한 푸리에 급수부터 살펴보는 것으로 시작한다. 표 4.3으로부터 이 신호에 대한 지수 형태의 푸리에 급수는 다음과 같다.

$$p(t) = \sum_{k=-\infty}^{\infty} C_k e^{jk\omega_c t}, \quad C_k = \frac{T}{T_c}\,\mathrm{sinc}(k\omega_c T/2) \tag{6.28}$$

여기서 $\omega_c = 2\pi/T_c$이다. 또한 이 신호에 대한 결합된 삼각함수 형태의 푸리에 급수는 다음과 같다.

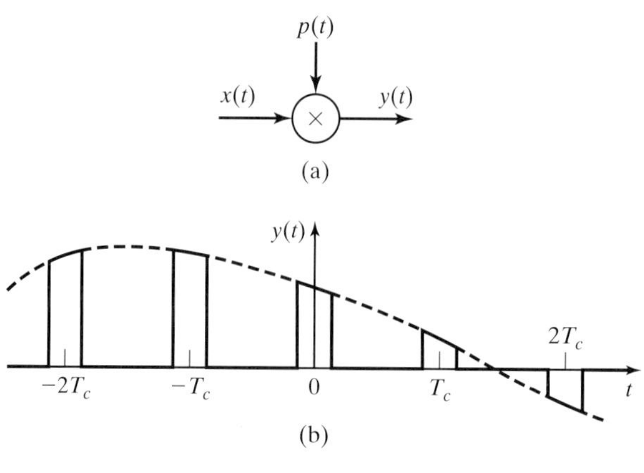

그림 6.48 펄스 진폭 변조

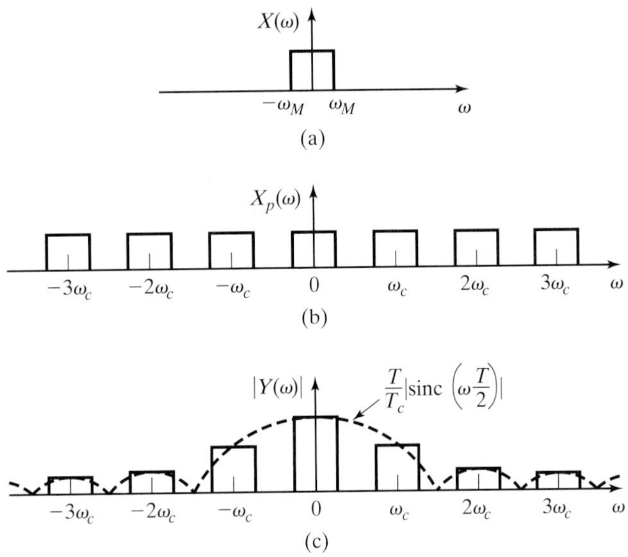

그림 6.49 펄스 진폭 변조의 주파수 스펙트럼

$$p(t) = C_0 + \sum_{k=1}^{\infty} 2|C_k| \cos(k\omega_c t + \theta_k) \tag{6.29}$$

여기서 $\theta_k = arg\ C_k$이다. 식 (6.29)로부터 펄스-진폭 변조는 사인파 진폭 변조의 하나의 변종이고, 단지 반송 신호가 단 하나의 사인파인 대신에 여러 사인파들의 합임을 알 수 있다. 식 (6.29)로부터 그림 6.48에서 변조기의 출력은

$$\begin{aligned} y(t) &= x(t)p(t) = x(t)\left[C_0 + \sum_{k=1}^{\infty} 2|C_k| \cos(k\omega_c t + \theta_k)\right] \\ &= C_0 x(t) + \sum_{k=1}^{\infty} 2|C_k| x(t) \cos(k\omega_c t + \theta_k) \end{aligned} \tag{6.30}$$

이다. 다음으로 $x(t)$가 그림 6.49(a)에 보이는 것처럼 $\omega > \omega_M$인 영역에서는 $X(\omega) = 0$인 대역 제한 신호라고 가정하자. 이렇게 가정하면 명확한 방식으로 펄스-진폭 변조의 특성을 볼 수 있다. DSB/SC-AM에 대해 이전에 보였던 것처럼, 식 (6.30)에서 $\cos(k\omega_c t + \theta_k)$를 곱한 효과는 주파수 스펙트럼 $X(\omega)$를 중심주파수 $\pm k\omega_c$, $k = 1, 2, \ldots$ 주변으로 복사하는 것이다. 이러한 효과를 그림 6.49(b)에 나타내었다. 펄스-진폭 변조된 신호 $y(t)$의 주파수 스펙트럼은 식 (6.28)로 주어진 C_k가 곱해진다. 그러므로 $Y(\omega)$의 주파수 스펙트럼은 그림 6.49(a)의 주파수 스펙트럼에 C_k를 곱한 것이 된다. 최종 결과는 그림 6.49(c)에 나타나 있다. 복사된 각 주파수 스펙트럼은 $X(\omega)$을 왜곡하지 않는다. 왜냐하면 C_k는 각 k에 대해 상수이기 때문이다.

앞 문단의 결과를 수학적으로 유도해보자. 식 (6.28)과 식 (6.29)에 대해 $p(t)$의 푸리에 변환은 다음과 같다.

$$P(\omega) = \sum_{k=-\infty}^{\infty} 2\pi C_k \delta(\omega - k\omega_c), \quad C_k = \frac{T}{T_c}\text{sinc}(k\omega_c T/2) \tag{6.31}$$

변조된 신호는 이제 주파수 영역에서 컨볼루션이므로

$$Y(\omega) = \frac{1}{2\pi}X(\omega)*P(\omega) = \sum_{k=-\infty}^{\infty} C_k X(\omega - k\omega_c) \tag{6.32}$$

이다. 그러면 그림 6.49(b)에서의 각 항에 C_k가 곱해져 있음을 알 수 있고, 그 결과가 그림 6.49(c) 이다.

펄스-진폭 변조는 다음에 소개할 시분할 멀티플렉싱에서 중요하게 응용된다.

시분할 멀티플렉싱

6.6절에서는 다수의 신호가 동일한 채널을 통해 동시에 전송되는 주파수-분할 멀티플렉싱에 대해 살펴보았다. 이 신호들은 주파수 영역에서 떨어져 있지만, 시간 영역에서는 그렇지 않다. 이러한 이유로 이 신호들은 대역통과 필터를 사용하여 복원될 수 있다.

여기서는 멀티플렉싱의 두 번째 방법인 *시분할 멀티플렉싱*(time-division multiplexing), 단순하게는 시간 멀티플렉싱이라고 부르는 기법에 대해 살펴보자. 이 과정에서는, 동일한 채널로 전송되는 다수의 신호들이 시간 영역에서는 서로 구분되어 있지만 주파수 영역에서는 그렇지 않다. 각 신호는 앞에서 설명한 펄스-진폭 변조 방식으로 변조된 신호들이고 시간 영역에서 겹침이 없다.

그림 6.50(a)는 세 개의 신호에 대한 펄스-진폭 변조와 시분할 멀티플렉싱을 위한 간단한 시스템을 보여준다. 순서대로 각각 세 개의 변조된 신호에 대한 회로가 완성되도록 그림 6.50(b)에 그려져 있는 신호들 $s_1(t)$, $s_2(t)$, $s_3(t)$가 전자 스위치를 제어한다. 전송 수신단에서는 또 하나의 전자 스위치가 멀티플렉서의 스위치와 동기화되어 시분할 멀티플렉싱된 신호로부터 세 개의 개별적인 신호를 디멀티플렉싱(분리시키는) 데에 사용된다. 신호 $y_i(t)$는 $x_i(t)$, $i = 1, 2, 3$의 펄스-진폭-변조된 신호다. $y_i(t)$는 그림 6.50(c)에 보이는 것과 같은 저주파-통과 필터에 의해 복조된다. 펄스-진폭 변조 방식으로 변조된 신호의 복조에는 대역통과 필터가 필요하지 않다는 점에 유의한다. 또한 그림 6.49로부터 각 신호들은 $\omega_M < \omega_{c/2}$가 되도록 대역이 제한되어야 한다는 점에 유의한다.

미국에서 전화시스템은 시분할 멀티플렉싱 기법을 사용한다. 그림 6.51에 보이는 것처럼, 각 대화는 8 kHz의 빠르기로 샘플링된다. 음성신호(사람들 사이의 대화)는 대략 20 kHz까지의 스펙트럼을 갖는다. 주파수 영역에서 펄스로 변조된 신호를 적당하게 떨어지게끔 하기 위해서, 이 대화 내용을 아래쪽 차단 주파수가 200 Hz이고 위쪽 차단 주파수가 3.2 kHz인 대역통과 필터를 통과시킨다. 이러한 필터링은 전화 통화의 음질을 떨어트린다. 그러나 이렇게 주파수를 제한함으로써, 상대적으로 긴 주기를 갖는 사각 펄스열의 진폭 변조에 음성 신호의 정보 내용을 사용할 수 있게 된다. 그러면 이 펄스-진폭-변조된 신호는 몇몇 다른 대화로부터 나온 펄스-진폭-변조된 신호들과 단일 통신 회로를 통해 전송되도록 시간 영역에서 인터리브(interleave)될 수 있다.

평탄 샘플링 PAM

지금까지는 사각 펄스열로 이루어진 반송파에 아날로그 메시지 신호를 곱함으로써 펄스-진폭-변조된(PAM) 신호를 생성했다. 이제 PAM 신호를 만들어내는 또 하나의 과정에 대해 살펴보자. 이 경우에는 반송신호를 변조시키는 데에 메시지 신호의 이산적인 샘플링된 값을 사용한다. 그 결과는 *평탄 샘플링*(flat-top) PAM으로 알려져 있는 진폭-변조된 사각 펄스열이 된다. 실제에서는

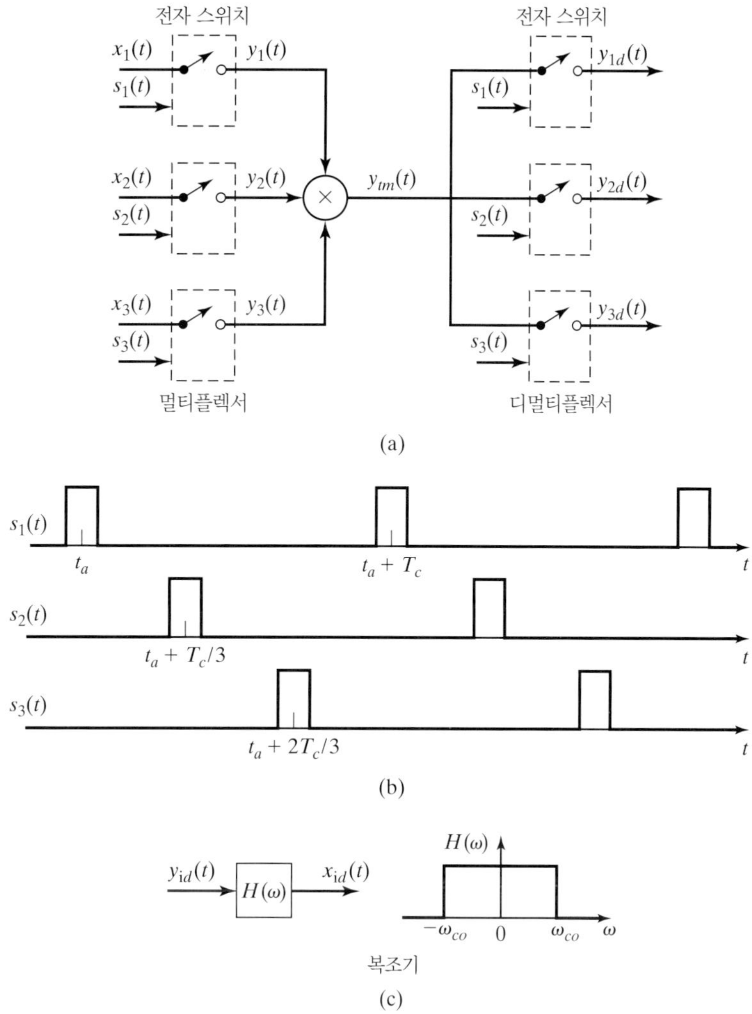

그림 6.50 시분할 멀티플렉싱을 위한 시스템

평탄 샘플링 PAM 신호는 그림 6.52(a)에 보이는 것과 같은 전자 샘플-홀드(sample and hold) 회로에 의해 생성할 수 있다[6].

샘플링할 아날로그 입력 신호를 입력단에 인가한다. 게이트에서 펄스는 FET(전계 효과 트랜지스터, field-effect transistor) *샘플링 스위치*가 매우 짧은 시간 동안 그러나 커패시터가 입력 신호의 전압 레벨로 충전될 정도로는 충분히 길게 동작하도록 한다. 일단 게이트 펄스가 끝나는 시점에서 *샘플링 스위치*는 닫히고, *방전 스위치*가 도통하여 작은-저항값을 가진 방전 경로를 마련할 때까지 커패시터는 일정한 전압 레벨에서 충전 상태를 유지한다. 출력 신호는 그림 6.52(b)에 나타낸 것처럼 사각 펄스열로 근사시킬 수 있다.

평탄 샘플링 PAM 신호 생성에 대한 수학적인 분석을 위해, 그림 6.53에 보이는 임펄스 응답을 갖는 선형 시스템으로 *샘플-홀드* 회로를 모델링할 수 있다.

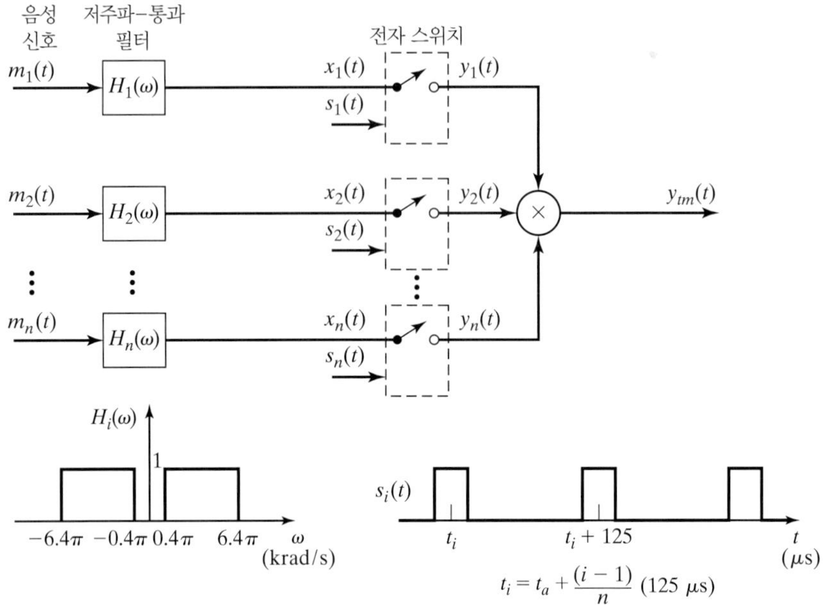

그림 6.51 TDM 방식의 펄스-진폭 변조

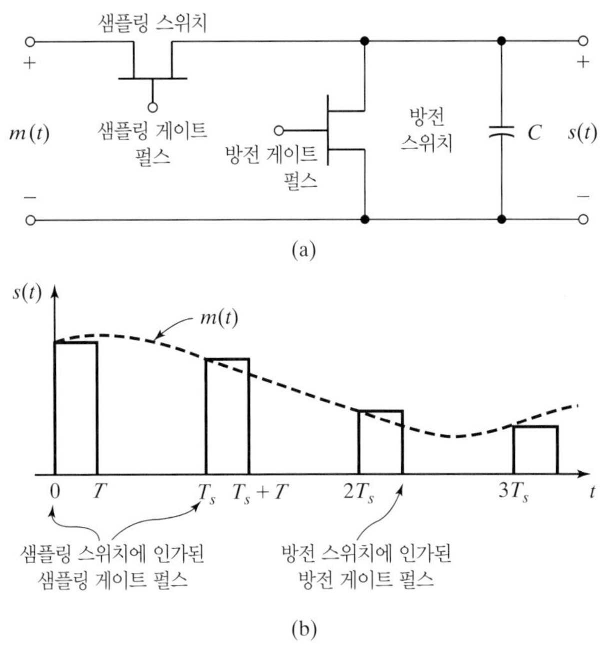

그림 6.52 평탄 펄스-진폭 변조 시스템

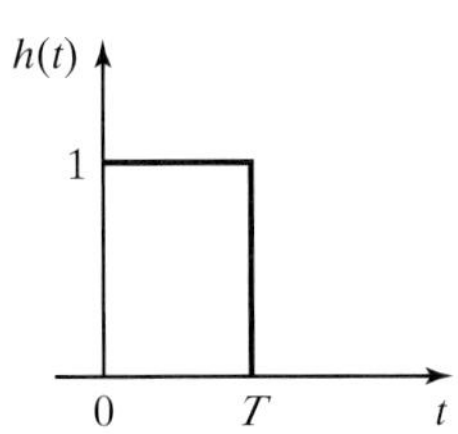

그림 6.53 데이터-홀드 회로의 임펄스 응답

$$h(t) = \text{rect}\left[\frac{t - T/2}{T}\right]$$

그러면 이 선형 시스템에 대한 입력은 다음과 같이 샘플링된 데이터 신호 식 (5.40)으로 모델링된다.

$$m_S(t) = m(t)\delta_T(t) = \sum_{n=-\infty}^{\infty} m(nT_s)\delta(t - nT_s)$$

출력 신호는 다음과 같다.

$$s(t) = h(t) * m_s(t) = h(t) * m(t) \sum_{n=-\infty}^{\infty} \delta(t - nT_s)$$

컨볼루션 성질에 의해 마지막 식에 대한 푸리에 변환을 구함으로써 출력 신호의 주파수 스펙트럼을 결정할 수 있다.

$$\begin{aligned} S(\omega) &= H(\omega)\left[\frac{1}{2\pi} M(\omega) * \sum_{n=-\infty}^{\infty} \omega_s \delta(\omega - n\omega_s)\right] \\ &= \frac{1}{T_S} H(\omega)\left[\sum_{n=-\infty}^{\infty} M(\omega - n\omega_s)\right] \\ &= \frac{T}{T_s} \text{sinc}(\omega T/2)\left[\sum_{n=-\infty}^{\infty} M(\omega - n\omega_s)\right] e^{-j\omega T/2} \end{aligned}$$

그림 6.54는 이 주파수 스펙트럼을 보여준다. 독자들은 이 *평탄 샘플링* PAM 신호의 주파수 스펙트럼을 그림 6.49(c)에 보이는 *자연 샘플링* PAM 신호의 주파수 스펙트럼과 비교해보길 바란다.

차단 주파수가 $\omega_M < \omega_c < \omega_S/2$인 저주파-통과 필터로 샘플링된 신호를 필터링함으로써 원래의 연속-시간 신호가 근사적으로 복원될 수 있음에 주목한다.

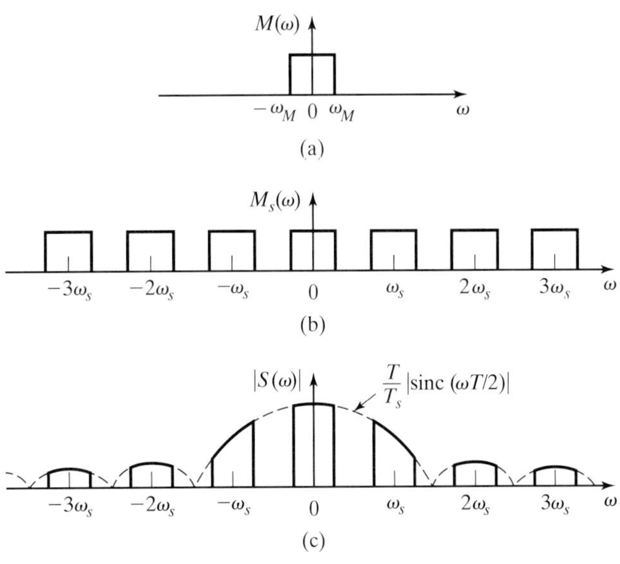

그림 6.54 평평한 마루 PAM의 주파수 스펙트럼

결론

이 장에서는, 푸리에 변환을 신호 및 시스템을 분석하고 설계하는 데에 응용할 수 있는 몇 가지 방식을 들여다보았다. 여기서 고려한 여러 가지 응용들은 푸리에 변환을 분석 도구로 이용하고 있음을 보여준다.

유지 시간-대역폭 관련성에 대해 살펴보았고 신호의 대역폭은 유지 시간과 반비례함을 알게 되었다. 시간 영역에서 매우 빠르게 값이 바뀌는 신호는 주파수 영역에서 넓은 대역폭을 가진다는 점을 알게 되었다.

네 가지 기본적인 형태의 *이상적인 필터*를 소개하였다. *이상적인 저주파-통과*, *이상적인 고주파-통과*, *이상적인 대역통과*, 그리고 *이상적인 대역차단* 필터들의 개념을 이용한 응용들을 보였다. 이러한 이상적인 필터들은 물리적으로 구현이 불가능함에도 불구하고, 이상적인 필터에 대한 개념은 시스템을 분석하고 설계하는 첫 단계의 작업을 간단히 해준다는 것도 보였다.

물리적으로 구현 가능하면서 이상적인 필터들에 근사한 특성을 보이는 표준 필터 설계로서 *버터워스 필터*를 소개하였다. 예제들을 통해 이러한 필터들을 어떻게 전자회로로 구현할 수 있는지 보였다.

필터링의 응용으로써 그리고 보간 함수로 샘플링된 데이터 신호를 컨볼루션하는 과정으로써 신호 복원에 대해 소개하였다.

푸리에 변환을 통신 시스템 및 신호의 연구에 응용하는 것을 보여주기 위해 두 가지의 사인파 변조 기술(DSB/SC-AM과 DSB/WC-AM)과 두 가지 타입의 펄스-진폭 변조(자연 샘플링과 평탄 샘플링)를 소개하였다.

표 6.2를 참조한다.

표 6.2 6장의 주요 식들

수식 제목	수식 기호	수식
샘플값 신호의 푸리에 변환	(6.22)	$X_S(\omega) = \sum_{n=-\infty}^{\infty} x(nT_S)e^{-jnT_S\omega}$
코사인-변조 신호의 주파수 스펙트럼	(6.25)	$X(\omega) = \frac{1}{2}[M(\omega - \omega_c) + M(\omega + \omega_c)]$

연습문제

6.1절

6.1 **(a)** 사각 함수 $rect(t/2)$의 그래프의 개형을 그려라.

(b) 삼각함수 $\Delta(3f/100)$의 그래프의 개형을 그려라.

(c) 사각 함수 $rect((t - 10)/8)$의 그래프의 개형을 그려라.

6.2 그림 P6.2에 나타낸 것과 같이, 그림에 주어진 것과 같은 주파수 스펙트럼을 갖는 이상적인 저주파-통과 필터에 주기적인 정사각파를 입력으로 인가한다. 입력 신호의 주기가 각각 다음과 같을 때 출력 신호를 구하여라.

(a) 40 ms

(b) 20 ms

(c) 30 ms

(d) 15 ms

(e) 10 ms

(f) 7.5 ms

각 출력 신호의 개형을 그려라.

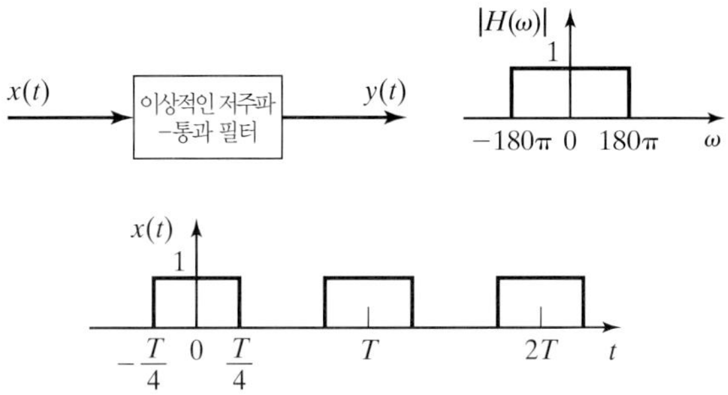

그림 P6.2

6.3 그림 P6.3에 그린 것과 같은 입력 신호 $x(t)$가 있다. 또한 두 개의 서로 다른 필터가 있다. 하나는 저주파–통과 필터고 또 하나는 고주파–통과 필터다. 입력 신호 $x(t)$가 이 두 필터에 의해 필터링되었을 때 두 개의 출력을 그림 P6.3에 나타내었다.

(a) 필터 A는 저주파–통과 필터인가 아니면 고주파–통과 필터인가? 근거와 함께 답하여라.

(b) 필터 B는 저주파–통과 필터인가 아니면 고주파–통과 필터인가? 근거와 함께 답하여라.

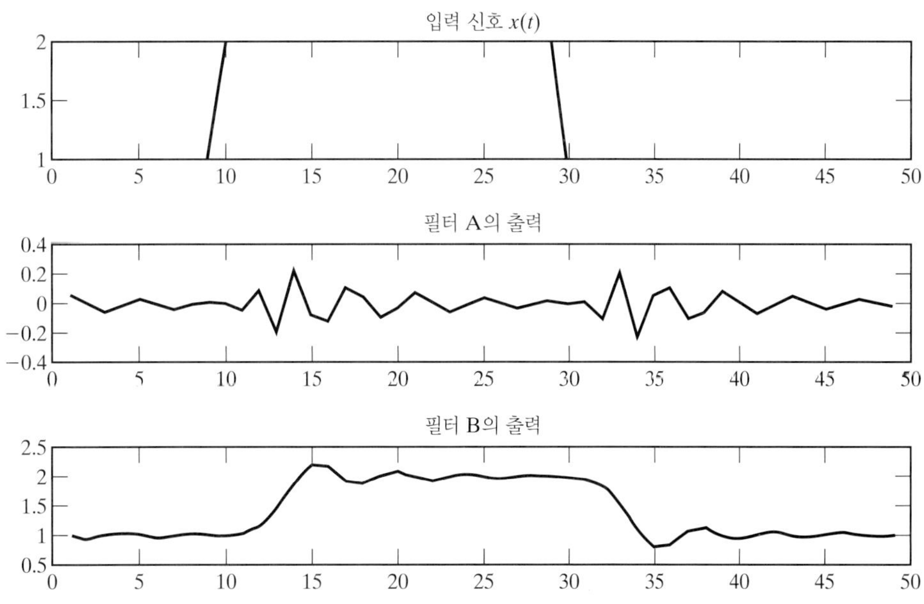

그림 P6.3

6.4 그림 6.8(a)와 같은 신호 $X(\omega)$를 아래쪽 차단 주파수가 $\omega_L = 0.6\pi$ krad/s이고 위쪽 차단 주파수가 $\omega_U = 1.4\pi$ krad/s인 대역통과 필터에 입력으로 주어진다고 하자. 이 필터의 출력 $y(t)$의 수학적인 표현식을 구하여라.

6.2절

6.5 그림 P6.5에 보이는 회로의 주파수 응답을 계산하여라. 여기서 $R = 1\ \Omega$, $L = 0.1$ mH, $C = 4 \times 10^{-3}$ F이다. 이 회로는 어떤 종류의 이상적인 필터를 근사시킨 것인지 판별하여라.

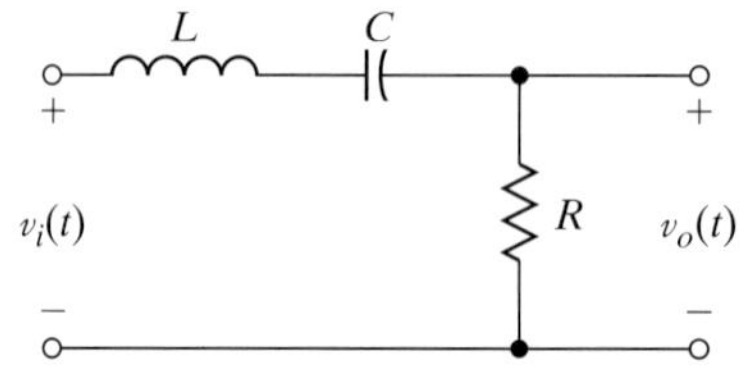

그림 P6.5

6.6 그림 P6.6(a), (b), (c)에 보이는 회로의 주파수 응답을 계산하여라. 여기서 $R = 1\ \Omega$, $L = 0.1$ mH, $C = 4 \times 10^{-3}$ F이다. 각 회로는 어떤 종류의 이상적인 필터를 근사시킨 것인지 판별하여라.

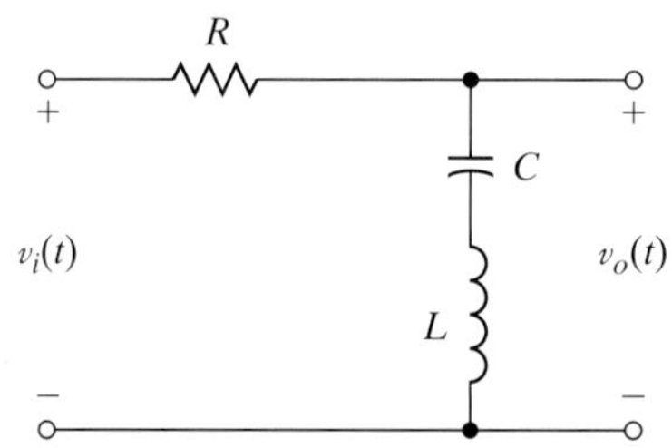

(a)

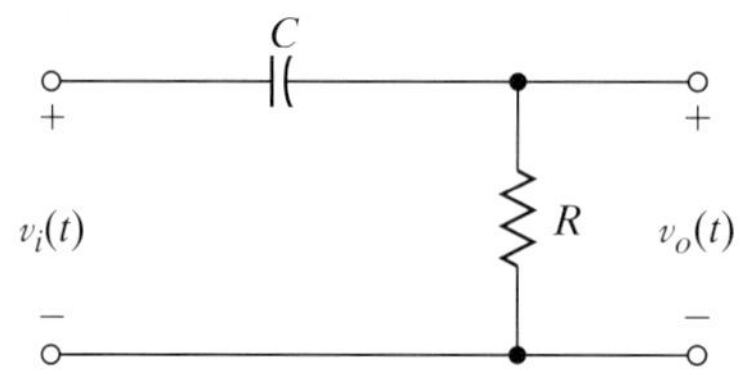

(b)

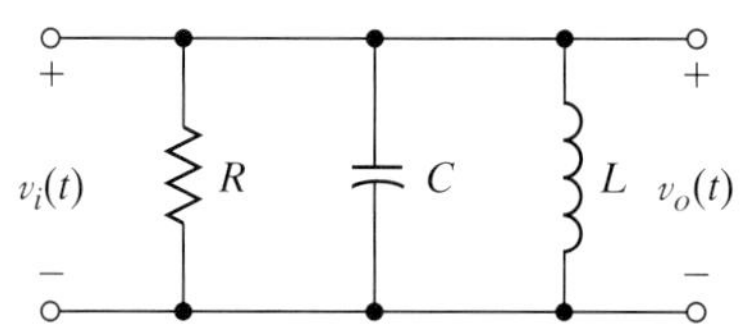

(c)

그림 P6.6

6.7 그림 6.12(a)에 나타낸 회로는 이차 버터워스 필터임을 수학적으로 보여라.

6.8 그림 6.12(a)의 회로가 각각 다음과 같은 3-dB 대역폭을 갖는 버터워스 필터가 되도록 하는 소자들의 값을 구하여라.

(a) 10 kHz

(b) 1 kHz

6.9 그림 6.12(a)의 회로를 수정하여 하위 반파워 주파수가 1 kHz인 고주파-통과 버터워스 필터를 설계하여라.

6.10 그림 P6.10의 회로는 버터워스 필터다.

(a) 이 필터의 차수를 구하여라.

(b) $R = 5\ \text{k}\Omega$이고 $C = 5\ \text{nF}$일 때, 이 필터의 3-dB 대역폭은 얼마인가?

(c) (b)에서의 회로를 수정하여 컷오프 주파수가 1 kHz인 저주파-통과 버터워스 필터를 설계하여라.

(d) 그림 P6.10의 회로를 수정하고 적당한 소자값을 선택하여 차단 주파수가 10 kHz인 고주파-통과 버터워스 필터를 설계하여라.

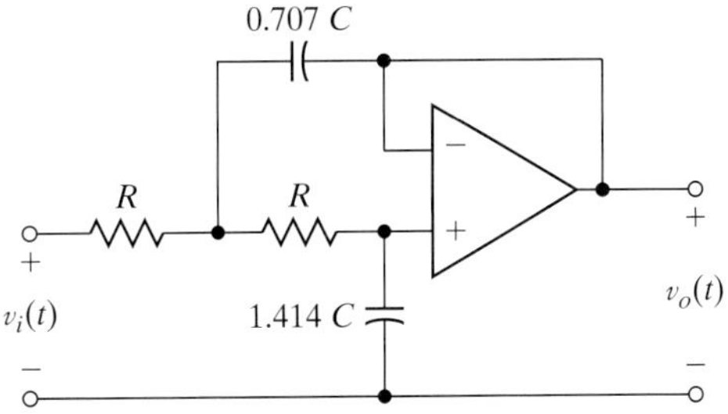

그림 P6.10

6.11 MATLAB과 SIMULINK를 이용하여 연습문제 6.2의 이상적인 저주파-통과 필터를 $\omega_c = 200\pi$인 RC 저주파-통과(일차 버터워스) 필터로 교체했을 때 출력 $y(t)$를 보여라. (예제 6.6을 참고한다.)

6.12 MATLAB과 SIMULINK를 이용하여 전원 공급 장치의 시뮬레이션을 수행하라. 입력 신호를 전파 정류 사인파로서 생성할 수 있다. 전원 공급 장치의 전압은 이 정류된 사인파를 필터링함으로써 생성될 것이다. 그림 P6.12를 참고한다.

(a) $v_S(t) = 110\cos(120\pi t)$이고 이차 버터워스 필터를 사용한다.

(b) $v_S(t) = 110\cos(120\pi t)$이고 사차 버터워스 필터를 사용한다.

(c) (a)와 (b)의 두 필터의 주파수 응답에 대한 보드도를 그려라.

(d) (a)와 (b)의 각 필터의 출력 전압의 개형을 그려라.

(e) (a)와 (b)의 각 필터 출력에서 $\omega = 120\pi(rad/s)$에 대한 주파수 성분의 크기와 위상을 계산하여라.

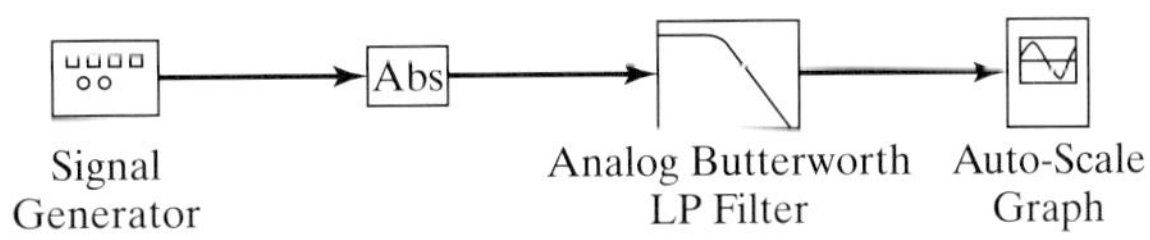

그림 P6.12

6.3절

6.13 (a) 그림 P6.13에 보이는 세 개의 삼각 펄스의 최초-영점 대역폭을 구하고 서로 비교하여라.

(b) 이 신호의 시간-대역폭 관계로부터 어떠한 일반적인 결론을 이끌어낼 수 있을까?

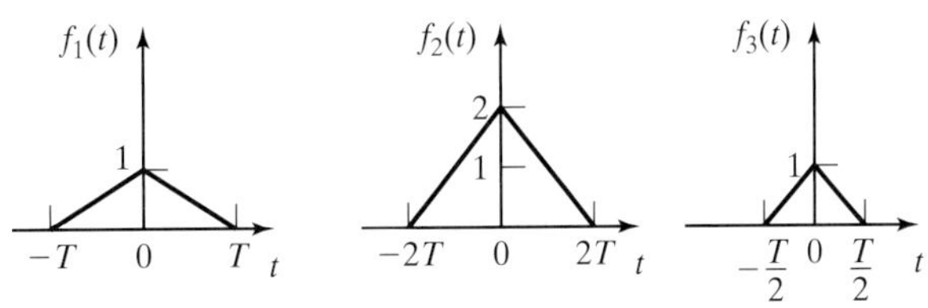

그림 P6.13

6.14 다음 각 신호의 그래프 개형을 그려라.

(a) $u(T/2 - t) - u(-T/2 - t)$

(b) $u(t + T/2) - u(t - T/2)$

(c) $u(t + T/2) \cdot u(T/2 - t)$

(d) $u(t + 1) - u(t - 2)$

6.15 다음 각 신호의 대역폭을 구하고 절대 대역폭, 반-파워 대역폭, 최초-영점 대역폭 또는 영점-대-영점 대역폭 중에서 어떤 대역폭을 기준으로 답하였는지 제시하여라.

(a) $rect(t/200)$

(b) $e^{-10t}u(t)$

(c) $20\ \mathrm{sinc}(20t)$

(d) $20\ \mathrm{sinc}(40\pi)\cos(200\pi t)$

(e) $rect(100\pi t)\cos(2000\pi t)$

6.4절

6.16 다음 각 신호들의 샘플들을 얻기 위해 사용할 수 있는 최소 샘플링 주파수를 구하여라.

(a) $v(t) = \sin(200t)$

(b) $r(t) = rect(200t)$

(c) $w(t) = \sin(400t) - 4\cos(100\pi t) + 30\cos(200\pi t)$

(d) $x(t) = 25\ \mathrm{sinc}(250t)$

(e) $y(t) = 25\ \mathrm{sinc}^2(250t)$

(f) $z(t) = 7\cos(200\pi t)u(t)$

6.17 연속 시간 신호 $m(t) = 2\cos(400\pi t) + 6\cos(900\pi t)$를 이상적인 샘플링 함수를 사용하여 샘플링 한다.

(a) $T_S = 1(ms)$일 때, 샘플링된 신호의 주파수 스펙트럼 개형을 그려라.

(b) $T_S = 0.5(ms)$일 때, 샘플링된 신호의 주파수 스펙트럼 개형을 그려라.

(c) 만족스러운 최소 샘플링 주파수를 결정하여라.

6.18 **(a)** 연습문제 6.16(c)의 신호에 대해, 샘플링 주파수가 50, 150, 250 Hz일 때 이상적으로 샘플링된 신호와 그 주파수 스펙트럼의 개형을 그려라.

(b) 이상적인 시스템에 대해 위의 샘플링 주파수의 적정성에 대해 언급하여라.

(c) 연습문제 6.16(d)의 신호에 대해, (a)와 (b)의 질문에 답하여라.

(d) 연습문제 6.16(e)의 신호에 대해, (a)와 (b)의 질문에 답하여라.

6.19 신호 $x(t) = A\ \mathrm{sinc}(1000t)$를 초당 2000개의 샘플을 얻는 샘플링 주파수로 샘플링한다. 이 샘플로부터 $x(t)$를 완벽하게 복원하기 위한 가장 일반적인 종류의 복원 필터를 결정하여라.

6.20 신호 $x(t)$의 푸리에 변환 $X(\omega)$가 그림 P6.20에 나와 있다. 신호 $x(t)$를 임펄스열 $p(t)$로 샘플링하여 새로운 신호 $\hat{x}(t) = x(t)p(t)$를 생성한다. $p(t)$의 푸리에 변환은 $P(\omega) = 4\Sigma_{k=-\infty}^{\infty}\delta(\omega - 4k)$이다. $\hat{x}(t)$의 푸리에 변환 그래프의 개형을 그려라.

6.21 메시지 신호 $m(t) = \cos(2000\pi t) + 2\sin(2000\pi t)$로 800 kHz의 반송파를 변조하여 SSB (단측

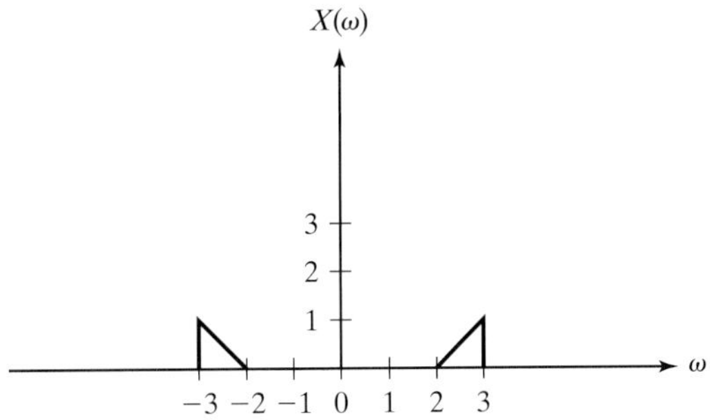

그림 P6.20

밴드) AM 신호를 생성한다. 반송파의 크기는 A = 100이다.

(a) 메시지 신호의 힐버트 변환을 구하여라.

(b) 하위 단측 밴드(LSSB) AM 신호에 대한 시간-영역 표현식을 구하여라.

6.5절

6.22 $x(t)$는 다음과 같은 주기 신호이고, $\hat{x}(t)$는 주기가 $T = 0.2$ s인 임펄스열이다.

$$x(t) = \sum_{k=0}^{5}\left(\frac{1}{2}\right)^{k}\sin(k\pi t)$$

(a) 이 임펄스열 $\hat{x}(t)$로 $x(t)$를 샘플링하면 주파수 중복 현상이 발생하는가?

(b) $\hat{x}(t)$를 차단 주파수가 π/T이고 통과대역에서의 이득이 T인 이상적인 저주파 통과 필터를 통과시킬 때, 출력 신호 $g(t)$를 구하여라.

6.23 그림 P6.23(a)와 (b)와 같은 크기 주파수 스펙트럼을 갖는 두 개의 신호를 이상적인 샘플기를 사용하여 샘플링하고자 한다.

(a) 샘플링 주기가 10, 25, 50 ms일 때 $|\omega| \leq 500\pi$ rad/s에서의 샘플링된 신호의 스펙트럼 개형을 그려라.

(b) 이상적인 저주파-통과 필터를 사용하여 그림 P6.23(a)의 신호를 복원하고자 한다면, 위 세 가지 중 어떤 샘플링 주파수를 사용할 수 있을까?

(c) 이상적인 저주파-통과 필터를 사용하여 그림 P6.23(b)의 신호를 복원하고자 한다면, 위 세 가지 중 어떤 샘플링 주파수를 사용할 수 있을까?

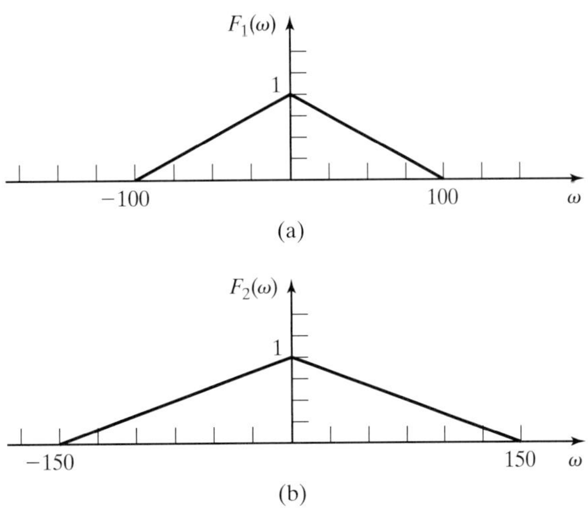

그림 P6.23

6.24 메시지 신호 $m(t) = \cos(2\pi t)$를 생각하자. 반송파의 주파수는 $f_c = 5$ (rad/s)이다.

(a) 변조된 신호의 파워 P_u를 위상차의 함수로 그려라.

(b) 변조 지수 0.5를 이용하여, 변조된 신호의 개형을 그려라.

6.25 변조 시스템을 생각하자. 입력 신호 $x(t)$의 푸리에 변환은 $X(j\omega)$이다. 이 입력 신호의 푸리에 변환은 $|\omega| \geq \omega_m$에서는 0이다. $\omega_c \geq \omega_m$이라고 가정하고 다음 물음에 답하여라.

(a) $x(t)$가 실수 신호이면 출력 신호 $y(t)$는 반드시 실수 신호인가?

(b) $x(t)$를 $y(t)$로부터 복원할 수 있는가?

6.26 입력 신호 $\sin \omega_0 t$를 이상적인 샘플링 함수를 이용하여 샘플링하고 $\omega_c = \omega_s$인 이상적인 저주파-통과 필터를 사용하여 이 샘플로부터 신호를 복원한다. 다음 각 경우에 대해, 복원된 신호는 어떤 성분의 주파수를 갖는가? MATLAB을 사용하여 답을 검증하라.

(a) $f_o = 50$ Hz이고 $f_s = 90$ Hz

(b) $f_o = 50$ Hz이고 $f_s = 120$ Hz

(c) $f_o = 100$ Hz이고 $f_s = 150$ Hz

6.27 그림 P6.27의 시스템을 생각하자.

(a) $x(t)$를 $x_p(t)$로부터 (근사적으로) 복원할 수 있기 위한 $x(t)$와 T에 대한 제약 조건을 제시하여라.

(b) $x(t)$와 T가 (a)의 제약 조건을 만족할 때, $y(t) = x(t)$가 되기 위한 주파수 응답 $H(\omega)$를 제시하여라.

(c) $x(t) = \cos(400\pi t)$라 하자. $T = 0.002$ s일 때, 900 Hz보다 적은 $x_p(t)$의 모든 주파수 성분을 나열하여라.

(d) $x(t) = \cos(2\pi f_x t)$라 하자. (c)에서와 동일한 주파수 성분이 $x_p(t)$에 나타나기 위한 100 Hz가 아닌 f_x의 값을 구하여라.

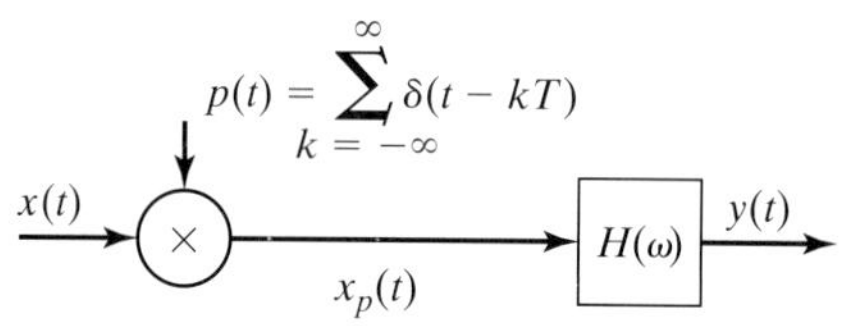

그림 P6.27

6.6절

6.28 그림 P6.28의 시스템에 대해, $A(\omega)$, $B(\omega)$, $C(\omega)$, $Y(\omega)$의 개형을 그려라. 크기와 주파수를 모두 나타내어라.

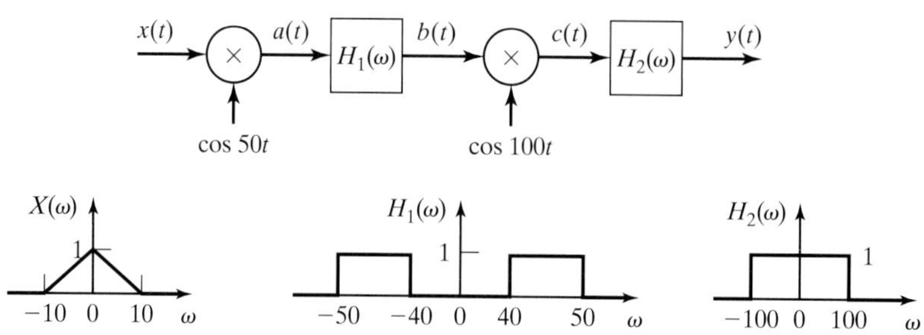

그림 P6.28

6.29 그림 P6.29의 시스템에 대해, $A(\omega)$, $B(\omega)$, $C(\omega)$, $Y(\omega)$의 개형을 그려라. 크기와 주파수를 모두 나타내어라.

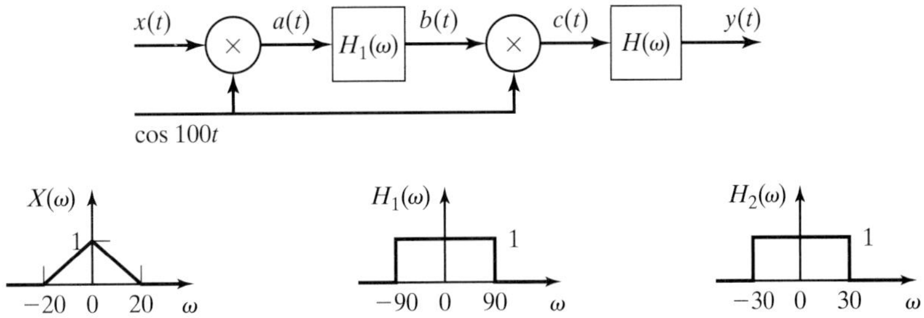

그림 P6.29

6.30 $c_1(t) = c_2(t) = \cos(\omega_c t)$인 그림 P6.30의 시스템에 대해, $Y(\omega)$와 $Z(\omega)$의 개형을 그려라. 중요한 크기와 주파수를 표시하여라.

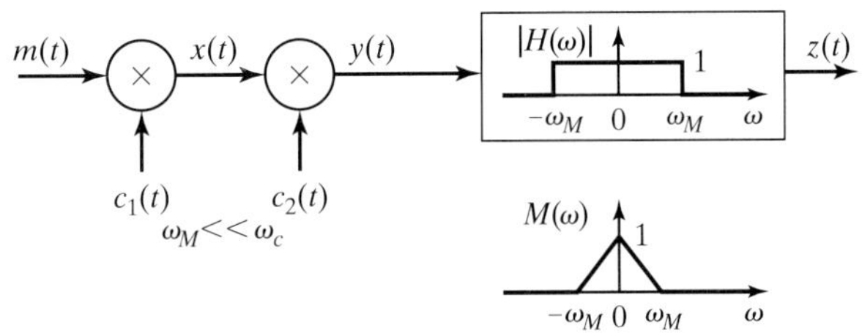

그림 P6.30

6.31 $c_1(t) = \cos(\omega_c t)$이고 $c_2(t) = \sin(\omega_c t)$인 그림 P6.30의 시스템에 대해, $Y(\omega)$와 $Z(\omega)$의 개형을 그려라. 중요한 크기와 주파수를 표시하여라.

6.32 신호 $x(t) = 2W\ \mathrm{sinc}(2Wt)\cos(2\pi ft)$를 생각하자. 푸리에 변환의 성질을 이용하여

(a) 해석 함수인 $x_0(t) = x(t) + j\hat{x}(t)$의 스펙트럼을 구하고 그 개형을 그려라. 여기서 $\hat{x}(t)$는 $x(t)$를 힐버트 변환시킨 신호다.

(b) 복소수 포락선의 스펙트럼을 구하고 그 개형을 그려라.

(c) 복소수 포락선 $\tilde{x}(t)$를 구하여라.

6.33 대역통과 신호 $x(t) = \mathrm{sinc}(2t)\cos(3\pi t)$에 대한 푸리에 변환을 구하고 다음 질문에 답하여라.

(a) 이 신호는 협대역 신호인가 아니면 광대역 신호인가? 근거와 함께 답하여라.

(b) $x(t)$와 등가인 복소수 베이스밴드를 구하여라.

(c) $x(t)$의 힐버트 변환에 대한 표현식을 구하여라.

6.34 그림 P6.34(a)와 같은 주파수 스펙트럼을 갖는 신호를 그림 P6.34(b)와 같은 신호 $p(t)$로 펄스-진폭 변조한다. 변조된 신호의 크기 주파수 스펙트럼의 개형을 그려라.

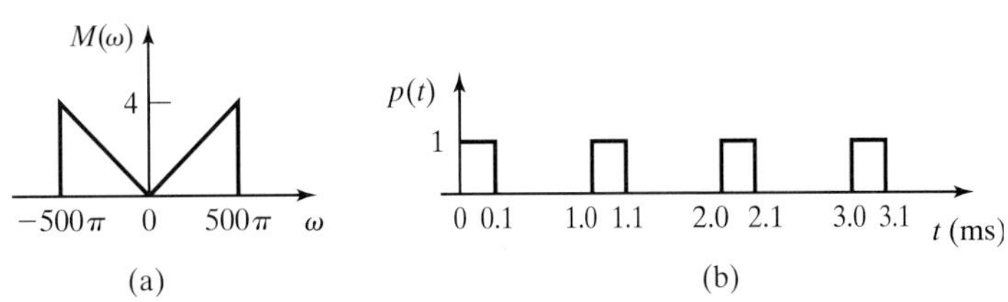

그림 P6.34

6.35 그림 P6.35의 시스템은 다수의 PAM 신호를 시분할 멀티플렉싱하는 데에 사용된다. 펄스들은 최대 주파수 성분이 3,400 Hz인 오디오 신호를 8 kHz의 샘플링 주파수로 샘플링하여 얻어낸다.

(a) 펄스의 유지 시간이 10 μs이면, 몇 개의 PAM 신호를 멀티플렉싱할 수 있을까?

(b) 펄스의 유지 시간이 10 μs이면, TDM 신호의 첫 최초-영점 대역폭은 얼마인가?

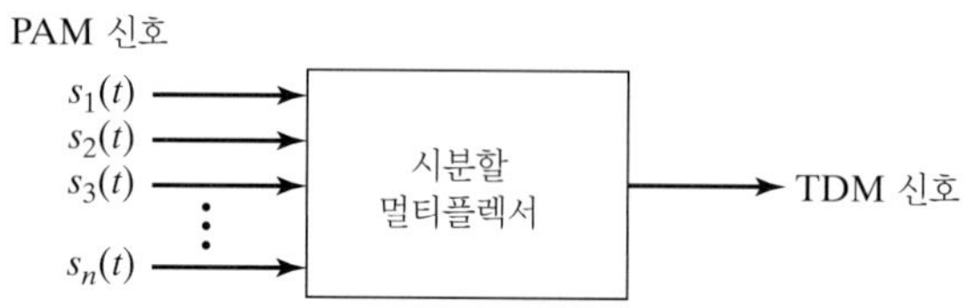

그림 P6.35

6.36 그림 P6.34(b)와 같은 신호 $p(t)$를 신호 $m(t) = 10\ \mathrm{sinc}^2(20\pi t)$로 변조함으로써 얻어진 평탄 샘플링 PAM 신호의 주파수 스펙트럼을 구하고 그 개형을 그려라.

7 라플라스 변환

The Laplace Transform

이번 장에서는 선형 시스템 분석에서 사용되는 몇 가지 중요한 변환 중 하나인 *라플라스 변환*(Laplace transform)을 다룬다. 변환을 하는 목적은 한 종류의 연산을 다른 종류의 연산으로 바꾸는 것이다. 이렇게 서로 다른 형태의 연산은 몇 가지 장점을 가질 수 있다. 예를 들어, 원래의 연산이 가지는 몇몇 특성들이 변환된 연산에서 더욱 두드러질 수 있다. 또 다른 장점은 변환된 연산을 다루기가 더 간단할 수 있다는 점이다.

라플라스 변환은 매우 커다란 장점을 제공한다. 연속-시간 물리적 시스템을 가능하다면 계수가 상수인 선형 미분방정식으로 모델링한다(물론 이 모델이 충분히 정확해야 한다). 이 방정식의 라플라스 변환은 방정식(모델)의 특성을 잘 기술하게 되고 따라서 물리적 시스템의 특성도 잘 기술하게 된다. 게다가 변환된 미분방정식은 대수적이어서 다루기가 더 쉽다. 특히 변환된 방정식의 해를 구하기가 더 쉽다. 미분방정식을 푸는 데에 라플라스 변환을 사용하면 그 해는 시간 변수 t 대신 라플라스 변환 변수 s의 함수다. 그 결과 s의 함수를 다시 t의 함수로 되돌리는 방법이 필요하다. 이 과정을 *역라플라스 변환*(inverse Laplace transform)이라 한다.

이 장에서 라플라스 변환의 몇 가지 중요한 특성들을 유도할 것이다. 엄밀한 수학적인 증명은 하지 않기로 했기 때문에 이러한 유도 과정이 수학적으로 엄밀하지는 않다(참고문헌 1, p.8 참조). 따라서 몇몇 성질들에 대해서는 유도 과정에서 명확하지 않은 어떤 제한 조건들이 적용될 수도 있다. 그러나 이러한 제한 조건들에 대해 빠트리지 않고 언급은 할 것이다. 라플라스 변환과 관련된 모든 엄밀한 수학적 유도를 위해서는 참고문헌 1부터 4까지 참고하기 바란다.

마지막으로 모든 수학적인 과정은 물리적 시스템 자체가 아닌 물리적 시스템의 *모델*에 직접 적용된다는 점을 다시 한번 강조한다. 특정 물리적 시스템에 대한 수학적인 결과의 관련성은 모델의 정확성에 따라 달라진다. 어떠한 모델도 물리적 시스템을 정확하게 모델링하지 않는다. 따라서 충분한 정확성을 가진 모델만을 언급한다. 여기서 '*충분히*'라는 단어의 의미는 어떤 응용인지에 따라 달라진다.

7.1 라플라스 변환의 정의

직접 라플라스 변환과 역라플라스 변환을 정의하면서 시작하기로 한다. 일반적으로 '직접'이라는 용어를 생략하여 *직접* 라플라스 변환을 단순히 라플라스 변환이라고 한다. 정의에 의해, 시간함수 $f(t)$의 (*직접*) *라플라스 변환* $F(s)$는 다음과 같다.

$$\mathscr{L}_b[f(t)] = F_b(s) = \int_{-\infty}^{\infty} f(t)e^{-st}dt \tag{7.1}$$

여기서 $\mathscr{L}_b[\cdot]$는 라플라스 변환을 나타낸다. 정의 식 (7.1)을 양방향(bilateral 또는 two-sided) 라플라스 변환이라 한다. 아래첨자 b는 양방향임을 나타낸다. 양방향 라플라스 변환 적분은 s를 $j\omega$로 대체하면 푸리에 변환이 된다는 점에 주목한다. 라플라스 변환 변수는 복소수다. 즉, $s = \sigma + j\omega$다. 신호 $f(t)$의 양방향 라플라스 변환을 지수함수 $e^{-\sigma t}$가 곱해진 신호의 푸리에 변환임을 보여주기 위해 식 (7.1)을 다음과 같이 다시 쓸 수 있다.

$$F(s) = \int_{\infty}^{\infty} f(t)e^{-(\sigma+j\omega)t}dt = \int_{-\infty}^{\infty} (f(t)e^{-\sigma t})e^{-j\omega}dt$$

역라플라스 변환은 다음과 같다.

$$f(t) = \mathscr{L}^{-1}[F(s)] = \frac{1}{2\pi j}\int_{c-j\infty}^{c+j\infty} F(s)e^{st}\,ds, j = \sqrt{-1} \tag{7.2}$$

여기서 $\mathscr{L}^{-1}[\cdot]$은 역라플라스 변환을 나타낸다. 역변환에서 $F(s)$의 아래첨자를 빠트린 이유는 나중에 설명한다. 식 (7.2)의 적분 구간에서 파라미터 c는 7.3절에서 정의한다. 식 (7.2)를 *복소 변환 적분*(complex conversion integral)이라 한다. 식 (7.1)과 식 (7.2)를 *양방향 라플라스쌍*이라 하고, 양방향 라플라스 변환에 대해서는 7.8절에서 더 자세하게 논의한다.

이제 정의 식 (7.1)을 바꾸어서 많은 응용에서 유용한 라플라스 변환 형태를 구해보자. 먼저 식 (7.1)을 다음과 같이 나타낸다.

$$\mathscr{L}_b[f(t)] = F_b(s) = \int_{-\infty}^{0} f(t)e^{-st}dt + \int_{0}^{\infty} f(t)e^{-st}\,dt \tag{7.3}$$

다음으로 식 (7.3)에서 첫 번째 적분이 0이 되도록 $t < 0$일 때 $f(t)$가 0이라고 정의하자. 그 결과로 얻게 되는 변환은 *단방향*(unilateral 또는 single-sided) *라플라스 변환*이라 하고 다음과 같다.

$$\mathscr{L}[f(t)] = F(s) = \int_{0}^{\infty} f(t)e^{-st}\,dt \tag{7.4}$$

여기서 $\mathscr{L}[\cdot]$은 단방향 라플라스 변환을 나타낸다. 이 변환을 일반적으로 단순하게 라플라스 변환이라고 하고 이 책에서도 이러한 관례를 따른다. 구별하기 위해 식 (7.1)의 변환은 양방향 라플라스 변환이라고 지칭한다. 단방향 라플라스 변환을 양방향 라플라스 변환의 한 특수한 경우로 간주하는 접근방식을 채택하기도 하는데 이러한 접근방식이 반드시 필요한 것은 아니기 때문에, 라플라스의 정의로서 $t < 0$일 때 $f(t) = 0$으로 하는 식 (7.4)에서 출발하기로 한다.

역라플라스 변환에 대한 방정식 (7.2)는 양방향이나 단방향이나 모두 동일하므로 $F(s)$에 아래첨자를 붙이지 않는다. 또한 단방향 라플라스 변환의 역라플라스 변환인 식 (7.4)는 모든 시간에 대해 함수 $f(t)$를 계산해주고 특히 $t < 0$일 때 $f(t) = 0$이 되게 한다[3]. 식 (7.2)와 식 (7.4)가 함께 라플라스 변환 쌍을 이룬다.

라플라스 변환 변수 s는 복소수이므로 실수부를 σ, 허수부를 ω로 나타낸다. 즉,

$$s = \sigma + j\omega$$

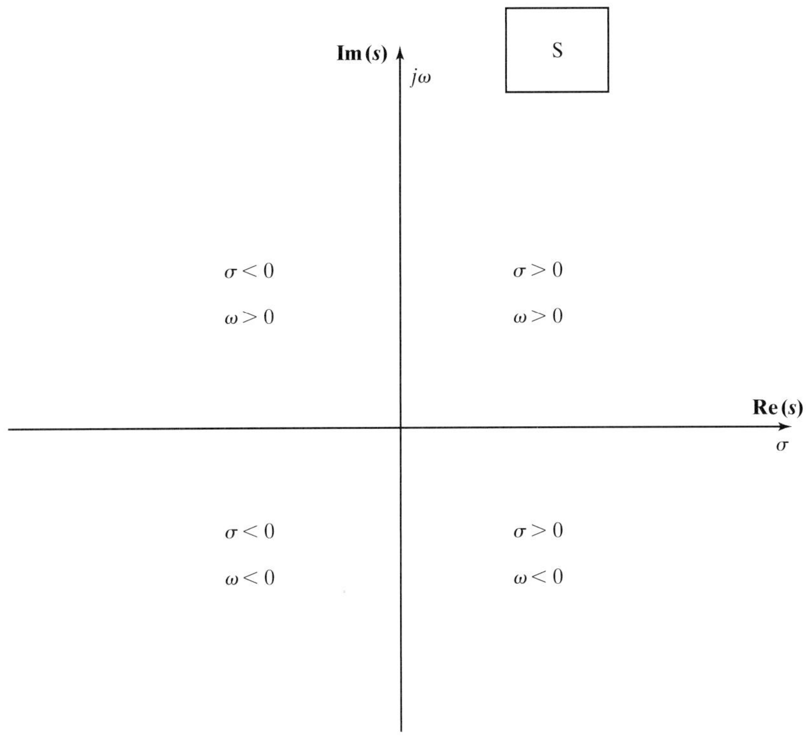

그림 7.1 s-평면

이다. 그림 7.1은 흔히 s-평면이라고 부르는 복소 평면을 보여준다.

$f(t)$가 라플라스 변환이 가능하다면 [식 (7.4)에서 적분이 적분가능하다면] 식 (7.4)를 계산하면 $F(s)$를 얻는다. 복소 역변환 적분 식 (7.2)를 이용하여 $F(s)$를 가지고 역변환을 계산하면 $f(t)$를 얻는다. 이러한 관계를 다음과 같이 나타낸다.

$$f(t) \overset{\mathscr{L}}{\longleftrightarrow} F(s) \tag{7.5}$$

나중에 알게 되겠지만, 역변환을 구할 때 복소 역변환 적분 식 (7.2)는 적분 계산이 어렵기 때문에 거의 사용하지 않는다. 역변환을 구하는 이보다 더 간단한 과정을 7.6절에서 소개한다.

$f(t)$가 $t = t_0$에서 불연속이면, 복소 역변환 적분값은 이 불연속점에서의 평균이다. 즉,

$$f(t_a) = \frac{f(t_a^-) + f(t_a^+)}{2} \tag{7.6}$$

이다. 여기서 $f(t_a^-)$는 t가 왼쪽에서 t_a로 접근할 때의 극한값이고 $f(t_a^+)$은 t가 오른쪽에서 t_a로 접근할 때의 극한값이다. 예를 들어, $f(t)$의 그래프가 그림 7.2에서와 같이 $t = 1$일 때 5에서 10으로 값이 갑자기 변한다고 가정해보자. 그러면 $f(1^-) = 5$이고 $f(1^+) = 10$이다. 그러면 식 (7.6)에서 $f(1)$은 7.5이다.

단방향 라플라스 변환에서는 복소 역변환 적분식 (7.2)를 계산하면 식 (7.6)으로부터 다음을 얻는다.

여기서 Re(·)는 (·)의 실수부를 나타낸다. 그러면 다음과 같은 변환 쌍을 얻는다.

$$u(t) \overset{\mathscr{L}}{\longleftrightarrow} \frac{1}{s} \tag{7.13}$$

■

예제 7.2 지수함수의 라플라스 변환

다음으로 지수함수 $f(t) = e^{-at}$의 라플라스 변환을 유도한다. 식 (7.4)로부터

$$F(s) = \int_0^\infty e^{-at}e^{-st}dt = \int_0^\infty e^{-(s+a)t}dt$$
$$= \frac{e^{-(s+a)t}}{-(s+a)}\bigg|_0^\infty = \frac{-1}{s+a}\left[\lim_{t\to\infty} e^{-(s+a)t} - 1\right]$$

이다. 이 변환은 $\text{Re}(s + a)$가 양수일 때에만 존재한다. 따라서

$$\mathscr{L}[e^{-at}] = \frac{1}{s+a}, \quad \text{Re}(s+a) > 0$$

이고 다음과 같은 라플라스 변환 쌍을 얻는다.

$$e^{-at} \overset{\mathscr{L}}{\longleftrightarrow} \frac{1}{s+a} \tag{7.14}$$

이 변환은 다음 MATLAB 프로그램으로 확인할 수 있다.

```
syms f t a
f = exp (-a*t)
laplace (f)
```

■

예제 7.1과 예제 7.2에서 본 것처럼, 지수함수 e^{-at}와 단위 계단 함수 $u(t)$의 라플라스 변환이 존재하기 위한 조건이 필요하다. $F(s)$로 나타낸 임의의 함수에 대한 라플라스 변환도 일반적으로 이와 비슷하게 변환이 존재하기 위한 조건들을 필요로 한다. 라플라스 변환이 존재하기 위한 조건은 *수렴 영역*(region of convergence, ROC)이라고 하는 s-평면상에 어떤 영역을 지정한다. 역변환 적분식 (7.2)에서 파라미터 c는 식 (7.2)를 위한 적분 경로가 ROC 내부에 놓이도록 선택하여야 한다. 그러나 식 (7.2)를 실제로 사용하지는 않기 때문에 일반적으로 ROC에 대한 언급을 생략한다. 게다가 다음에 나올 변환식 유도에서 적분이 존재하기 위한 조건을 일반적으로 따로 언급하지는 않는다. 이 조건들은 유도 과정에서 자명하기 때문이다. 그러나 7.8절에서 양방향 라플라스 변환을 소개할 때에는 이 변환 수렴 영역을 반드시 고려해야 한다.

예제 7.1과 예제 7.2로부터 얻은 라플라스 변환 결과를 표 7.1에 정리하였다. 여기서 함수 $f(t)$

표 7.1 두 신호의 라플라스 변환

$f(t), t > 0$	$F(s)$
$u(t)$	$\frac{1}{s}$
e^{-at}	$\frac{1}{s+a}$

가 $t > 0$일 때에만 유효하다는 점에 유의한다. 복소 역변환 적분식 (7.2)로부터 $F(s)$의 역라플라스 변환은 $t < 0$일 때 0으로 수렴한다.

일반적으로, 역라플라스를 구할 때 역변환 적분식 (7.2)를 사용하는 대신 라플라스 변환표를 사용한다. $f(t)$가 주어졌을 때, 임의의 변환 쌍에서

$$f(t) \xleftrightarrow{\mathscr{L}} F(s)$$

라플라스 변환은 $F(s)$다. $F(s)$가 주어졌을 때, 역변환은 $f(t)$다. 이러한 과정이 유효하기 위해서는 어느 방향이로든 변환이 유일해야 한다. [유일성에 대한 매우 드문 (그리고 중요하지 않은) 예외에 대해서는 참고문헌 3을 참조한다.] 예를 들어, 식 (7.14)에서

[식 (7.14)]
$$e^{-at} \xleftrightarrow{\mathscr{L}} \frac{1}{s+a}$$

e^{-at}의 라플라스 변환은 $1/(s + a)$이고 $1/(s + a)$의 역변환은 $t > 0$일 때 e^{-at}다. 역라플라스 변환을 구할 때 표를 사용하는 과정은 7.3절에서 설명한다.

이제 라플라스 변환을 이용하여 간단한 회로를 해석해보자. 먼저 라플라스 변환에 대한 연산 중 미분에 대한 연산을 유도해야만 한다. 함수 $f(t)$에 대한 라플라스 변환식으로부터 출발한다.

[식 (7.4)]
$$\mathscr{L}[f(t)] = \int_0^\infty f(t)e^{-st}\,dt$$

다음과 같은 식으로 부분 적분을 수행한다[부록 A 참조].

$$u = f(t), \quad dv = e^{-st}\,dt$$

그러면,

$$du = \frac{df(t)}{dt}dt, \quad v = \frac{e^{-st}}{-s}$$

이다. 따라서 식 (7.4)에서

$$\begin{aligned}\mathscr{L}[f(t)] = F(s) &= -\frac{1}{s}f(t)e^{-st}\Big|_0^\infty + \int_0^\infty \frac{df(t)}{dt}\frac{e^{-st}}{s}\,dt \\ &= \frac{1}{s}[-0 + f(0)] + \frac{1}{s}\int_0^\infty \frac{df(t)}{dt}e^{-st}dt\end{aligned}$$

이다. 이 식의 우변의 두 번째 항은 인자로서 $f(t)$의 미분에 대한 라플라스 변환을 포함하고 있고 이것을 풀면 다음을 얻는다.

$$\mathscr{L}\left[\frac{df(t)}{dt}\right] = sF(s) - f(0)$$

일반적으로 $\mathscr{L}^{-1}[F(s)] = f(t)$는 $t = 0$에서 불연속임을 떠올리자[식 (7.7) 참조]. 또한 $f(0)$의 값 (이 한 점에서의 값)은 라플라스 변환에 영향을 줄 수 없다. 이러한 이유로 위의 미분에 관한 라플라스 변환의 식은 다음과 같이 $f(0^+)$ 항으로 표현해야만 한다(이 점에 대한 구체적인 논의는 참고문헌 3을 참조).

$$\mathscr{L}\left[\frac{df(t)}{dt}\right] = sF(s) - f(0^+) \tag{7.15}$$

이제 라플라스 변환을 사용하여 전기 회로의 전류를 구하는 과정을 보여주고자 한다. 그림 7.4의 RL 회로를 생각해보자. 여기서 V는 상수다. 이 회로에 대한 루프방정식은 다음과 같다.

$$L\frac{di(t)}{dt} + Ri(t) = Vu(t), \quad t > 0$$

$t > 0$인 이유는 스위치가 $t = 0$인 순간 닫히기 때문이다. 이 방정식에 라플라스 변환을 취하면 식 (7.15)와 표 7.1로부터 V가 상수이고 $L[Vu(t)] = VL[u(t)]$이기 때문에 다음 식을 얻는다.

$$L[sI(s) - i(0^+)] + RI(s) = \frac{V}{s} \tag{7.16}$$

식 (7.16)을 유도할 때 식 (7.10)으로 주어지는 라플라스 변환의 선형 성질을 이용하였음에 유의한다. 초기 조건 $i(0^+)$는 0이라는 사실을 알고 있다. 왜냐하면 $t < 0$일 때에는 스위치가 열려 있었으므로, 음의 시간에서는 $i(t)$는 0이었고 인덕터에 흐르는 전류는 순간적으로 바뀔 수 없기 때문이다.

식 (7.16)의 루프방정식을 $I(s)$에 대하여 풀면 다음 식을 얻는다.

$$I(s) = \frac{V}{s(Ls + R)} = \frac{V/L}{s(s + R/L)}$$

$I(s)$의 역라플라스 변환이 구하고자 하는 $t > 0$일 때의 $i(t)$이다. 그러나 $I(s)$에 대한 변환식이 표 7.1에 나와 있지 않다. 이러한 경우에는 라플라스 변환을 표에 나와 있는 더 간단한 항들의 합으로 표현하기 위해 부분 분수 분해를 한다(부록 F 참조). $I(s)$를 다음과 같이 쓴다.

$$I(s) = \frac{V/L}{s(s + R/L)} = \frac{a}{s} + \frac{b}{s + R/L}$$

이 식의 우변과 같이 전개하는 것을 부분 분수 분해한다고 하고 a와 b의 값은 방정식을 만족하도록 찾아야 한다. 이 값을 찾기 위해 우변의 항들을 다시 하나의 항으로 모으면 다음과 같다.

$$I(s) = \frac{V/L}{s(s + R/L)} = \frac{as + aR/L + bs}{s(s + R/L)} = \frac{(a + b)s + aR/L}{s(s + R/L)}$$

양변의 분자식이 서로 같도록 놓으면

$$a + b = 0 \qquad \therefore a = -b;$$
$$\frac{aR}{L} = \frac{V}{L} \qquad \therefore a = \frac{V}{R}$$

이다. 그러므로 $I(s)$에 대한 부분 분수 분해는 다음과 같다.

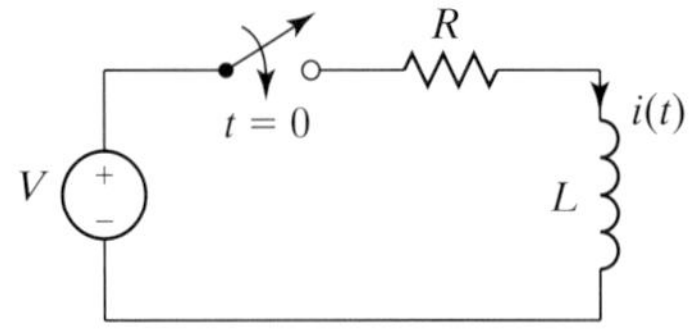

그림 7.4 RL 회로

$$I(s) = \frac{V/R}{s} - \frac{V/R}{s + R/L}$$

항들을 다시 모아보면 이 결과를 확인할 수 있다. 표 7.1로부터 $i(t)$는 다음과 같다.

$$i(t) = \frac{V}{R}(1 - e^{-(R/L)t}), \quad t > 0$$

$i(t)$는 초기 조건 $i(0^+) = 0$을 만족시킨다. 또한 $i(t)$를 미분방정식에 대입하면 식을 만족시킨다. 따라서 라플라스 변환을 통해 일차 미분방정식을 풀었다.

앞 예에서 다음과 같은 점들에 주목한다.

1. 계수가 상수인 미분방정식을 대수 방정식으로 변환하였다.
2. 대수 방정식을 풀어서 라플라스 변환 변수 s의 함수인 $\mathscr{L}[i(t)] = I(s)$를 구하였다.
3. 역변환을 구할 때 역변환 적분식 (7.2)를 직접 사용하는 대신 변환표를 사용하였다.
4. 일반적으로, 복잡한 s의 함수를 라플라스 변환표에 나오는 더 간단한 함수 형태로 전개하기 위해 부분 분수 분해가 필요하다(부록 F 참조).
5. 라플라스 변환으로 미분방정식의 해를 구하는 것은 여함수와 특수해를 따로따로 구할 필요가 없다(부록 E 참조). 일반해가 바로 구해진다.

이 절에서 나온 결과를 다음 절에서 더욱 확장할 것이다.

7.3 함수의 라플라스 변환

단방향 라플라스 변환은 다음과 같이 정의하고

[식 (7.4)]
$$\mathscr{L}[f(t)] = F(s) = \int_0^\infty f(t)e^{-st}\,dt$$

역방향 라플라스 변환은 다음과 같이 정의한다.

[식 (7.2)]
$$f(t) = \frac{1}{2\pi j}\int_{c-j\infty}^{c+j\infty} F(s)e^{st}\,ds$$

식 (7.4)에서 $f_1(t)$가 $F_1(\mathrm{s})$로 계산된다면, 식 (7.2)에서 $F_1(\mathrm{s})$는 동일한 $f_1(t)$를 계산해낸다. 식 (7.2)의 적분 구간에서 c의 값은 실수여야 하고 식 (7.4)의 적분의 수렴 영역 안에 적분 경로가 포함되도록 선정해야 한다. 예를 들어, 예제 7.1은 단위 계단 함수 $u(t)$에 대한 라플라스 변환에 대해, 복소평면에서 수렴 영역이 $Re(s) > 0$이었다. 따라서 식 (7.2)에서 c는 0보다 커야만 한다. 어떤 특정한 변환에 대해 c의 최솟값을 *절대 수렴의 횡좌표*(abscissa of absolute convergence)라 한다[3].

앞에서 언급하였듯이 역변환을 구할 때 식 (7.2)의 적분을 거의 사용하지 않는다. 따라서 수렴 영역은 우리에게 그다지 중요하진 않다. 사실 라플라스 변환을 계산할 때 수렴 영역에 대해서는 거의 언급하지 않는다. 그러나 하나하나의 특정한 라플라스 변환마다 수렴 영역을 가지고 있음을 알고는 있어야 한다.

이제 자주 사용되는 함수들의 라플라스 변환을 유도해보고자 한다. 먼저 2.4절에서 정의하였던 단위 임펄스 함수를 생각해보자. 식 (2.41)로부터 임펄스 함수 $\delta(t)$에 대한 엄밀한 정의는 다음과 같다.

$$\int_{-\infty}^{\infty} f(t)\delta(t-t_0)\,dt = f(t_0) \tag{7.17}$$

여기서 $f(t)$는 $t = t_0$에서 연속이다. 식 (2.40)으로부터 좀 덜 엄밀하지만 훨씬 유용한 단위 임펄스 함수에 대한 정의는 다음과 같다.

$$\int_{-\infty}^{\infty} \delta(t-t_0)dt = 1 \quad \text{with} \quad \delta(t-t_0) = 0, \quad t \neq t_0 \tag{7.18}$$

식 (7.17)로부터 $t_0 \geqq 0$에 대해(참고문헌 3 참조), 단위 임펄스 함수의 라플라스 변환은 다음과 같다.

$$\mathscr{L}[\delta(t-t_0)] = \int_0^{\infty} \delta(t-t_0)e^{-st}dt = e^{-st}\Big|_{t=t_0} = e^{-t_0 s}$$

따라서, 다음과 같은 라플라스 변환 쌍을 얻는다.

$$\delta(t-t_0) \overset{\mathscr{L}}{\longleftrightarrow} e^{-t_0 s} \tag{7.19}$$

$t = 0$에서 발생하는 단위 임펄스 함수($t_0 = 0$)에 대해서는 다음 변환 쌍을 얻는다.

$$\delta(t) \overset{\mathscr{L}}{\longleftrightarrow} 1$$

다음으로, 몇 가지 다른 변환 쌍을 유도해보자. 다음 변환 쌍을 떠올려보자.

[식 (7.14)] $$e^{-at} \overset{\mathscr{L}}{\longleftrightarrow} \frac{1}{s+a}$$

이 변환을 이용하여 사인 함수의 변환을 구해보자. 오일러 관계식으로부터

$$\cos bt = \frac{e^{jbt} + e^{-jbt}}{2}$$

가 성립한다. 따라서 선형 성질 식 (7.10)에 의해

$$\mathscr{L}[\cos bt] = \tfrac{1}{2}[\mathscr{L}[e^{jbt}] + \mathscr{L}[e^{-jbt}]]$$

이다. 그러면 식 (7.14)로부터

$$\mathscr{L}[\cos bt] = \frac{1}{2}\left[\frac{1}{s-jb} + \frac{1}{s+jb}\right] = \frac{s+jb+s-jb}{2(s-jb)(s+jb)} = \frac{s}{s^2+b^2}$$

이다. 동일한 과정으로 $\sin bt = (e^{jbt} - e^{-jbt})/2j$이므로,

$$\begin{aligned}\mathscr{L}[\sin bt] &= \frac{1}{2j}[\mathscr{L}[e^{jbt}] - \mathscr{L}[e^{-jbt}]] = \frac{1}{2j}\left[\frac{1}{s-jb} - \frac{1}{s+jb}\right] \\ &= \frac{s+jb-s+jb}{2j(s-jb)(s+jb)} = \frac{b}{s^2+b^2}\end{aligned}$$

이다.

앞의 과정은 진폭이 지수적으로 변하는 사인 함수에도 사용할 수 있다. 이제

$$e^{-at}\cos bt = e^{-at}\left[\frac{e^{jbt} + e^{-jbt}}{2}\right] = \frac{e^{-(a-jb)t} + e^{-(a+jb)t}}{2}$$

이다. 따라서

$$\mathcal{L}[e^{-at}\cos bt] = \frac{1}{2}\left[\frac{1}{s + a - jb} + \frac{1}{s + a + jb}\right]$$
$$= \frac{s + a + jb + s + a - jb}{2(s + a - jb)(s + a + jb)} = \frac{s + a}{(s + a)^2 + b^2}$$

이다. 다음과 같은 두 개의 변환 쌍을 주목하자.

$$\cos bt \overset{\mathcal{L}}{\longleftrightarrow} \frac{s}{s^2 + b^2}$$

그리고

$$e^{-at}\cos bt \overset{\mathcal{L}}{\longleftrightarrow} \frac{s + a}{(s + a)^2 + b^2}$$

이 두 함수에 대해, 어떤 시간 함수에 지수함수 e^{-at}를 곱하는 효과는 라플라스 변환에서 s를 $(s + a)$로 대체하는 것이다. 이제 이러한 성질이 일반적임을 보인다. 즉,

$$\mathcal{L}[e^{-at}f(t)] = \int_0^\infty e^{-at}f(t)e^{-st}dt = \int_0^\infty f(t)e^{-(s+a)t}dt$$
$$= F(s)\Big|_{s\leftarrow s+a} = F(s + a) \tag{7.20}$$

이다. 여기서 $F(s) = L[f(t)]$이고 기호 $s \leftarrow (s + a)$는 s를 $(s + a)$로 대체한다는 의미다. $\sin bt$와 이 정리를 이용하면 다음을 알 수 있다.

$$\sin bt \overset{\mathcal{L}}{\longleftrightarrow} \frac{b}{s^2 + b^2}$$

따라서,

$$e^{-at}\sin bt \overset{\mathcal{L}}{\longleftrightarrow} \frac{b}{(s + a)^2 + b^2}$$

이다. 바로 위의 변환은 두 시간 함수의 곱에 대한 변환인데, 다음 사실에 유의한다.

$$\mathcal{L}[e^{-at}\sin bt] \neq \mathcal{L}[e^{-at}]\mathcal{L}[\sin bt]$$

그런데 이 결과는 일반적이다. 즉,

$$\mathcal{L}[f_1(t)f_2(t)] \neq \mathcal{L}[f_1(t)]\mathcal{L}[f_2(t)]$$

이다. 함수들의 곱의 라플라스 변환은 변환들의 곱과 같지 않다. 이제 예를 통해 추가적인 변환을 유도해보자.

예제 7.3 단위 램프 함수의 라플라스 변환

이제 단위 램프 함수 $f(t) = t$에 대한 라플라스 변환을 유도해보자.

$$\mathscr{L}[t] = \int_0^\infty te^{-st}dt$$

부록 A의 적분표로부터

$$\int ue^u du = e^u(u - 1) + C$$

이다. 그러면 $u = -st$로 두면 다음 식을 얻는다.

$$\int_0^\infty te^{-st}dt = \frac{1}{(-s)^2}\int_0^\infty (-st)e^{(-st)}\,d(-st) = \frac{1}{s^2}e^{-st}(-st - 1)\bigg|_0^\infty$$

$$= \frac{1}{s^2}[0 - (-1)] = \frac{1}{s^2}, \quad \text{Re}(s) > 0$$

부록 B의 로피탈 정리에 의해 적분 구간의 위끝에서 함숫값이 0이기 때문이다.

$$\lim_{t\to\infty}\frac{t}{e^{st}} = \lim_{t\to\infty}\frac{1}{se^{st}} = 0$$

따라서 이 예에서 다음과 같은 변환 쌍을 유도하였다.

$$t \overset{\mathscr{L}}{\longleftrightarrow} \frac{1}{s^2}$$

이 변환은 다음 MATLAB 프로그램으로 확인해볼 수 있다.

```
syms f t
f=t;
laplace (f)
```

■

이 절에서는 몇 가지 라플라스 변환 쌍을 유도하였다. 이 결과와 다른 몇 가지를 추가한 내용이 표 7.2에 정리되어 있다. 이 표에서 맨 마지막 열은 각 변환의 수렴 영역을 나타낸다. 다음 절에서는 라플라스 변환의 몇 가지 성질에 대해 유도해본다. 그런 다음 이 성질들을 이용하여 추가적인 라플라스 변환 쌍을 쉽게 유도할 수 있음을 보일 것이다. 또한 이 성질들은 계수가 상수인 미분방정식을 푸는 데에 도움을 준다.

7.4 라플라스 변환의 성질들

7.1절부터 7.3절까지에서 라플라스 변환의 두 가지 성질을 유도하였다. 이 성질은

[식 (7.10)] $$\mathscr{L}[a_1f_1(t) + a_2f_2(t)] = a_1F_1(s) + a_2F_2(s)$$

와

[식 (7.20)] $$\mathscr{L}[e^{-at}f(t)] = F(s)\bigg|_{s\leftarrow s+a} = F(s + a)$$

다. 식 (7.10)은 *선형* 성질이고, 식 (7.20)은 *복소수 이동성질*(complex shifting)이라고 하기도 하는데 시간 영역에서 e^{-at}를 곱하면 s-평면 변수에서 a만큼 이동하는 결과가 나타나기 때문이다. 물

표 7.2 라플라스 변환

f(t), t ≧ 0	F(s)	ROC
1. $\delta(t)$	1	All s
2. $u(t)$	$\frac{1}{s}$	$\text{Re}(s) > 0$
3. t	$\frac{1}{s^2}$	$\text{Re}(s) > 0$
4. t^n	$\frac{n!}{s^{n+1}}$	$\text{Re}(s) > 0$
5. e^{-at}	$\frac{1}{s+a}$	$\text{Re}(s) > -a$
6. te^{-at}	$\frac{1}{(s+a)^2}$	$\text{Re}(s) > -a$
7. $t^n e^{-at}$	$\frac{n!}{(s+a)^{n+1}}$	$\text{Re}(s) > -a$
8. $\sin bt$	$\frac{b}{s^2+b^2}$	$\text{Re}(s) > 0$
9. $\cos bt$	$\frac{s}{s^2+b^2}$	$\text{Re}(s) > 0$
10. $e^{-at}\sin bt$	$\frac{b}{(s+a)^2+b^2}$	$\text{Re}(s) > -a$
11. $e^{-at}\cos bt$	$\frac{s+a}{(s+a)^2+b^2}$	$\text{Re}(s) > -a$
12. $t\sin bt$	$\frac{2bs}{(s^2+b^2)^2}$	$\text{Re}(s) > 0$
13. $t\cos bt$	$\frac{s^2-b^2}{(s^2+b^2)^2}$	$\text{Re}(s) > 0$

론 일반적으로 $s = \sigma + j\omega$는 복소수이고 a 또한 복소수가 될 수도 있다.

실수 이동

다음으로 시간 영역에서 이동과 관련된 성질을 유도해보자. 그림 7.5(a)에 보이는 함수 $f(t)$를 생각해보자. 단순한 전개를 위해 $f(t)$를 일단 램프 함수라고 가정하지만, 여기서 얻은 결과는 임의의 함수에 적용된다. 시간 함수를 이동시키는 다양한 방법을 고려해보자.

그림 7.5(b)는 $u(t)$가 단위 계단 함수일 때, $f(t)u(t)$의 그래프다. 따라서

$$f(t)u(t) = \begin{cases} f(t), & t > 0 \\ 0 & t < 0 \end{cases}$$

이다. 그림 7.5(c)는 $f(t - t_0)$의 그래프를 보여주는데 여기서 t_0는 $t_0 > 0$일 때 시간 영역에서 이동한 양이다. 함수 $f(t - t_0)u(t)$의 그래프를 그림 7.5(d)에 나타내었고 $f(t - t_0)u(t - t_0)$의 그래프를 그림 7.5(e)에 나타내었다. 마지막 함수에 대해

$$f(t - t_0)u(t - t_0) = \begin{cases} f(t - t_0), & t > t_0 \\ 0, & t < t_0 \end{cases}$$

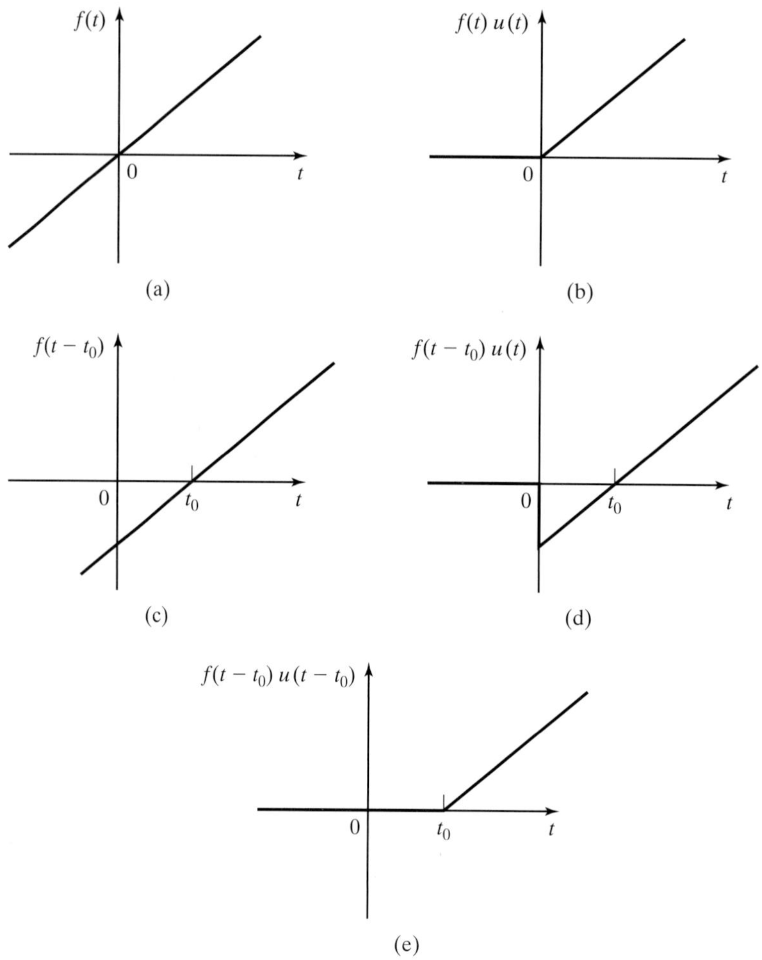

그림 7.5 이동된 함수의 여러 예

이다.

그림 7.5에서 보여주고 있는 함수들 사이의 차이점에 주의 깊게 주목해야 한다. $t \geq 0$에 대해서만 라플라스 변환을 정의하였기 때문에 $f(t)$는 그림 7.5(b)와 같은 함수를 요구한다. 그림 7.5(e)의 함수는 그림 7.5(b)의 함수와 시간 이동한 만큼만 다르다는 점을 눈치챌 수 있다. 이제 그림 7.5(e)의 함수에 대한 라플라스 변환을 그림 7.5(b)의 함수의 라플라스 변환과 관련시키는 성질을 유도해보고자 한다.

그림 7.5(e)의 함수의 라플라스 변환은 다음과 같다.

$$\begin{aligned}\mathcal{L}[f(t-t_0)u(t-t_0)] &= \int_0^{\infty} f(t-t_0)u(t-t_0)e^{-st}\,dt \\ &= \int_{t_0}^{\infty} f(t-t_0)e^{-st}dt\end{aligned}$$

$(t - t_0) = \tau$로 변수를 치환하면 $t = (\tau + t_0)$이고 $dt = d\tau$이므로 위 식은 다음과 같다.

$$\mathcal{L}[f(t - t_0)u(t - t_0)] = \int_0^{\infty} f(\tau)e^{-s(\tau + t_0)}\, d\tau = e^{-t_0 s}\int_0^{\infty} f(\tau)e^{-s\tau}d\tau \tag{7.21}$$

τ는 적분 변수이므로 t로 바꿀 수 있고 그러면 식 (7.21)의 우변의 적분은 $F(s)$다. 따라서 시간 이동된 함수의 라플라스 변환은 다음과 같다.

$$\mathcal{L}[f(t - t_0)u(t - t_0)] = e^{-t_0 s}F(s) \tag{7.22}$$

여기서 $t_0 \geq 0$이고 $\mathcal{L}[f(t)] = F(s)$다. *실수 이동*(real-shifting 또는 real-translation) *성질*이라고 하는 이 관계식은 그림 7.5(e)와 같은 형태의 함수에만 적용된다. 이동시키는 양인 t_0보다 더 작은 시간에 대해서는 이동된 함수가 0일 필요가 있다. 이 성질을 보여주는 세 개의 예를 살펴보자.

예제 7.4 지연된 지수함수의 라플라스 변환

다음 식과 같은 그림 7.6(a)에 보이는 지수함수를 생각해보자.

$$f(t) = 5e^{-0.3t}$$

여기서 t의 단위는 초다. 이 함수를 2초 지연시키고 $u(t - 2)$와 곱한 그래프가 7.6(b)에 나타나 있다. 이 지연된 지수함수에 대한 식은 다음과 같다.

$$f_1(t) = 5e^{-0.3(t-2)}u(t - 2)$$

표 7.2와 식 (7.22)로부터

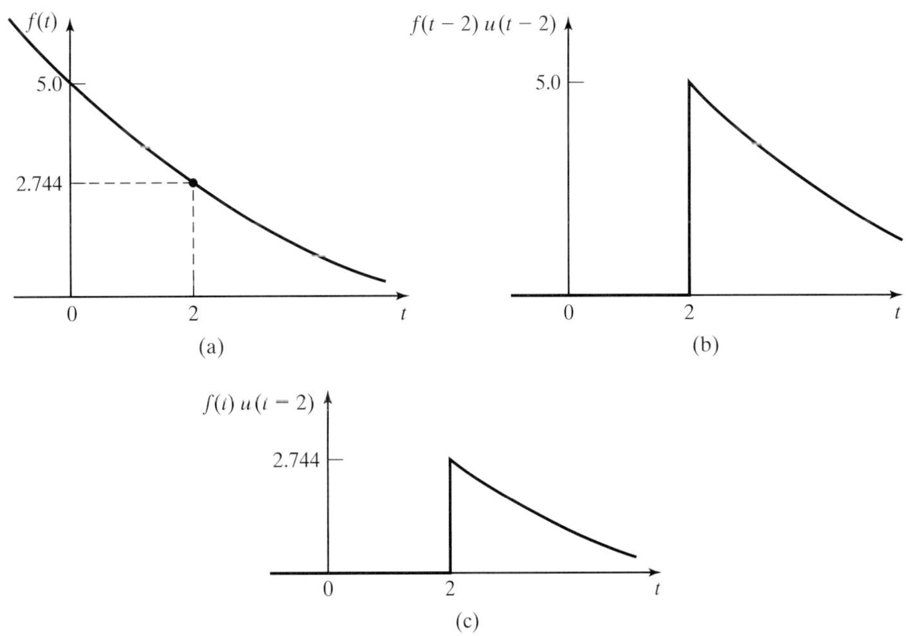

그림 7.6 예제 7.4와 예제 7.5의 이동된 함수

$$\mathscr{L}[f_1(t)] = F_1(s) = e^{-2s}F(s) = \frac{5e^{-2s}}{s + 0.3}$$

이다. ■

예제 7.5 좀 더 복잡한 지연된 함수의 라플라스 변환

이번에는 그림 7.6(c)의 함수를 생각해보자. 이 함수는 지연이 없는 그림 7.6(a)의 지수함수인데 $t < 2$ s일 때 함숫값이 0이다. 이 함수에 대한 식은 다음과 같다.

$$f_2(t) = 5e^{-0.3t}u(t - 2)$$

이 식은 식 (7.22)의 형태가 아니지만, 약간의 조작을 하여 다음과 같이 동일한 형태가 되도록 할 수 있다.

$$\begin{aligned} f_2(t) &= 5e^{-0.3t}u(t - 2)[e^{0.3(2)}e^{-0.3(2)}] \\ &= (5e^{-0.6})e^{-0.3(t-2)}u(t - 2) = 2.744e^{-0.3(t-2)}u(t - 2) \end{aligned}$$

따라서 $f_2(t)$는 식 (7.22)에서 요구되는 형태가 되었고 $F_2(s)$는 다음과 같다.

$$F_2(s) = \mathscr{L}[f_2(t)] = \frac{2.744e^{-2s}}{s + 0.3}$$

■

예제 7.5는 어떤 함수를 조작하여 실수-이동 성질을 적용할 수 있는 식 (7.22) 형태로 바꾸는 것을 보여준다. 다른 방법으로 라플라스 변환을 정의하는 식으로 적분을 수행하여 변환을 구할 수도 있다. 실수-이동 성질을 이용하는 세 번째 예를 보자.

예제 7.6 구간별 직선으로 이루어진 함수의 라플라스 변환

2장에서 논의하였듯이 가끔씩 간단한 파형으로 좀 더 복잡한 파형을 만들 필요가 있다. 한 예로써 그림 7.7과 같이 주어지는 신호의 라플라스 변환을 구해보자. 먼저 2.5절에서의 과정을 사용하여 이 신호에 대한 방정식을 작성한다. 다음과 같은 네 가지 단계로 이 식을 작성하는데 $f_i(t)$, $i = 1, 2, 3$은 각각 첫 세 단계의 결과다.

1. $t = 1$에서 함수의 기울기가 0에서 10으로 변한다.

$$f_1(t) = 10(t - 1)u(t - 1)$$

2. $t = 2$에서 함수의 기울기가 10에서 0으로 변한다.

$$f_2(t) = f_1(t) - 10(t - 2)u(t - 2)$$

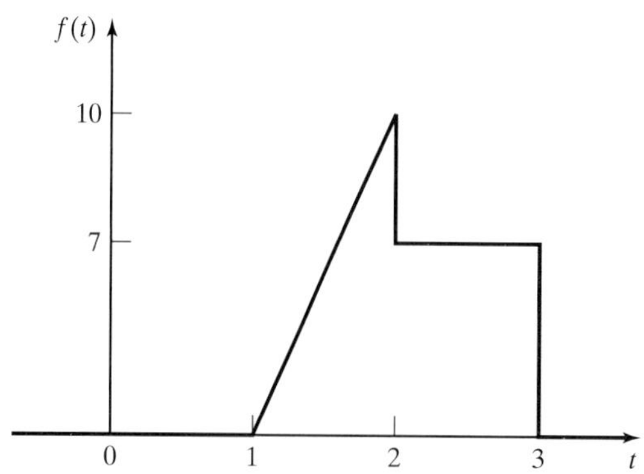

그림 7.7 복잡한 파형

3. $t = 2$에서 함숫값이 -3만큼 뛴다.

$$f_3(t) = f_2(t) - 3(t-2)$$

4. $t = 3$에서 함숫값이 -7만큼 뛴다.

$$\begin{aligned} f(t) &= f_3(t) - 7u(t-3) \\ &= 10(t-1)u(t-1) - 10(t-2)u(t-2) - 3u(t-2) - 7u(t-3) \end{aligned} \tag{7.23}$$

(네 항의 합으로 주어지는) 이 함수를 다음과 같이 검증한다.

$$\begin{aligned} &t < 1, && f(t) = 0 - 0 - 0 - 0 = 0; \\ &1 < t < 2, && f(t) = 10(t-1) - 0 - 0 - 0 = 10(t-1); \\ &2 < t < 3, && f(t) = 10(t-1) - 10(t-2) - 3 - 0 = 7; \\ &3 < t, && f(t) = 7 - 7 = 0 \end{aligned}$$

따라서 이 방정식은 그림과 일치한다. 식 (7.23)에서 $f(t)$의 각 항들은 다음과 같은 실수-이동 성질을 적용할 수 있는 형태로 되어 있다.

[식 (7.22)] $$\mathcal{L}[f(t-t_0)u(t-t_0)] = e^{-t_0 s}F(s)$$

그러면 식 (7.23)과 표 7.2로부터 $f(t)$의 라플라스 변환은

$$F(s) = \frac{10e^{-s}}{s^2} - \frac{10e^{-2s}}{s^2} - \frac{3e^{-2s}}{s} - \frac{7e^{-3s}}{s}$$

이다. 이 항들을 하나로 합치면 다음을 얻는다.

$$F(s) = \frac{10e^{-s} - 10e^{-2s} - 3se^{-2s} - 7se^{-3s}}{s^2}$$ ■

이 예제와 관련하여 두 가지 점을 지적하고자 한다. 첫째, 복잡한 파형에 대해서는 복잡한 형태의 라플라스 변환이 나타날 수 있다. 이러한 종류의 신호에 대해서는 함수 $f(t)$를 실수-이동 성질 식 (7.22)에서 필요한 형태인 여러 항들의 합으로 다시 써야만 한다. 그렇지 않으면 라플라스 변환을 구하기 위해 식 (7.4)를 적분해야 한다.

둘째, 표 7.2로부터 여기에 나오는 모든 변환들은 s에 대한 두 다항식의 비인 *유리함수*(rational function)라는 점에 유의한다. 그러므로 표 7.2에 나오는 신호들의 임의의 합은 일반적으로 더 높은 차수의 유리함수가 된다. 그리고 라플라스 변환에서 s에 대한 지수함수가 나타나는 것은 일반적으로 지연된 시간함수에서 기인한다.

미분

다음으로 라플라스 변환의 가장 유용한 두 가지 성질인 미분과 적분에 관련된 성질을 살펴본다. 미분 성질은 7.2절에서 설명하였고 식 (7.15)로부터 다음과 같다.

$$\mathcal{L}\left[\frac{df(t)}{dt}\right] = sF(s) - f(0^+) \tag{7.24}$$

미분 성질 식 (7.24)를 이제 더 높은 차수의 미분으로 확장한다. $f(t)$의 이차 미분에 대한 라플라스 변환을 다음과 같이 나타낼 수 있다.

$$\mathscr{L}\left[\frac{d^2f(t)}{dt^2}\right] = \mathscr{L}\left[\frac{df'(t)}{dt}\right], \quad f'(t) = \frac{df(t)}{dt} \tag{7.25}$$

그러면 식 (7.24)에서 $f(t)$를 $f'(t)$로 치환하면 식 (7.25)를 다음과 같이 표현할 수 있다.

$$\mathscr{L}\left[\frac{d^2f(t)}{dt^2}\right] = s\mathscr{L}[f'(t)] - f'(0^+)$$

여기서 $f'(0^+)$는 $t \to 0^+$일 때 $df(t)/dt$의 값이다. 식 (7.24)를 마지막 식에 대입하면 함수의 이차 미분에 대한 라플라스 변환식을 얻는다.

$$\mathscr{L}\left[\frac{d^2f(t)}{dt^2}\right] = s[sF(s) - f(0^+)] - f'(0^+) = s^2F(s) - sf(0^+) - f'(0^+) \tag{7.26}$$

동일한 과정으로

$$\mathscr{L}\left[\frac{d^3f(t)}{dt^3}\right] = \mathscr{L}\left[\frac{df''(t)}{dt}\right] = s\mathscr{L}[f''(t)] - f''(0^+) \tag{7.27}$$

여기서 $f''(0^+)$는 $t \to 0^+$일 때 $d^2f(t)/dt^2$의 값이다. 그러면 식 (7.26)과 식 (7.27)로부터

$$\mathscr{L}\left[\frac{d^3f(t)}{dt^3}\right] = s^3F(s) - s^2f(0^+) - sf'(0^+) - f''(0^+) \tag{7.28}$$

이다. 이 과정을 $f(t)$의 n-차 미분으로 확장할 수 있음을 보일 수 있고 그 결과는

$$\begin{aligned}\mathscr{L}\left[\frac{d^nf(t)}{dt^n}\right] &= s^nF(s) - s^{n-1}f(0^+) - s^{n-2}f'(0^+) \\ &\quad - \cdots - sf^{(n-2)}(0^+) - f^{(n-1)}(0^+)\end{aligned} \tag{7.29}$$

이다. 여기서 $f^{(i)}(0^+)$는 $t \to 0^+$일 때 $d^if(t)/dt^i$의 값이다.

식 (7.29)에 대한 엄밀한 증명은 $f'(0), \ldots, f^{(n-1)}(0)$이 존재해야만 하고 $f^{(n)}(t)$도 또한 존재해야만 한다는 것을 보여준다. [$f^{(n-1)}(t)$에서 어떠한 불연속점도 있으면 안 된다.] 특히, 식 (7.29)의 성질은 단위 계단 함수의 미분에 대해서는 적용되지 않는다[3].

초기 조건에 대한 기호가 포함되어 있는 식 (7.29)에서 몇 가지 문제가 있을 수 있다. 이 문제는 초기 조건이 급격하게 변하는 시스템에서 나타난다. 이 경우에는, 식 (7.29)의 초기 조건을 $f^{(i)}(0^-)$로 나타낸다. 이 기호는 급격하게 변하기 바로 직전의 초기 조건을 나타내고, $f^{(i)}(0^+)$는 급격한 변화 바로 직후의 초기 조건을 나타낸다[3]. 일단은 미분 성질을 보여주는 한 예를 보기로 하고, 초기 조건과 관련된 이 주제는 7.6절에서 자세하게 다루도록 한다.

예제 7.7 미분 성질 보여주기

표 7.2로부터 다음과 같은 $\sin bt$의 라플라스 변환을 생각해보자.

$$\mathscr{L}[\sin bt] = \frac{b}{s^2 + b^2}$$

그런데 sin bt를 다음과 같이 나타낼 수 있고, 이 결과를 이용하여 $\mathscr{L}[\sin bt]$를 구해보자.

$$\sin bt = -\frac{1}{b}\frac{d}{dt}(\cos bt)$$

식 (7.24)의 미분 성질과 표 7.2로부터

$$\begin{aligned}\mathscr{L}[\sin bt] &= \mathscr{L}\left[-\frac{1}{b}\frac{d}{dt}(\cos bt)\right]\\ &= -\frac{1}{b}\left[s\mathscr{L}[\cos bt] - \cos bt\Big|_{t\to 0^+}\right]\\ &= -\frac{1}{b}\left[s\frac{s}{s^2+b^2} - 1\right] = \frac{b}{s^2+b^2}\end{aligned}$$

이다. 따라서, 직접 변환식을 이용하거나 미분 성질을 이용하거나 sin bt에 대한 동일한 변환 결과를 얻는다. ■

예제 7.7은 미분 성질을 이용하여 어떤 함수의 변환을 얻을 수 있음을 보여준다. 그러나 이 성질은 주로 나중에 보여주듯이 미분방정식의 분석 및 해를 구하는 과정에서 더 자주 사용된다.

적분

함수 $f(t)$의 적분에 대한 성질을 유도해보자. 함수 $g(t)$가 다음과 같을 때,

$$g(t) = \int_0^t f(\tau)\,d\tau$$

$g(t)$의 라플라스 변환을 $f(t)$의 라플라스 변환식으로 표현하고자 한다. $g(t)$의 변환은 정의에 따라 다음과 같다.

$$\mathscr{L}[g(t)] = \mathscr{L}\left[\int_0^t f(\tau)\,d\tau\right] = \int_0^\infty\left[\int_0^t f(\tau)d\tau\right]e^{-st}\,dt \tag{7.30}$$

다음 식을 이용하여 이 식을 부분 적분한다(부록 A 참조).

$$u = \int_0^t f(\tau)d\tau, \quad dv = e^{-st}dt$$

이 때 부록 B의 라이프니츠(Leibnitz) 규칙을 이용하여 du를 구하면 다음과 같다.

$$du = f(t)dt, \quad v = \frac{e^{-st}}{-s}$$

따라서 식 (7.30)으로부터

$$\begin{aligned}\mathscr{L}\left[\int_0^t f(\tau)d\tau\right] &= \frac{e^{-st}}{-s}\int_0^t f(\tau)\,d\tau\Big|_{t=0}^{\infty} + \frac{1}{s}\int_0^\infty f(t)e^{-st}dt\\ &= -[0-0] + \frac{1}{s}F(s)\end{aligned}$$

이다. 우변의 첫 번째 항에서 지수함수는 적분 구간의 위끝에서 0이고 아래끝에서는 적분값이 0이다. 그러면 $F(s) = \mathscr{L}[f(t)]$일 때, 적분에 대한 성질은 다음과 같다.

$$\mathcal{L}\left[\int_0^t f(\tau)d\tau\right] = \frac{1}{s}F(s) \tag{7.31}$$

다음 예제는 위 적분 성질을 보여준다.

예제 7.8 적분 성질 보여주기

$t > 0$일 때 다음 관계식을 생각해보자.

$$\int_0^t u(\tau)d\tau = \tau\Big|_0^t = t$$

단위 계단 함수의 라플라스 변환은 표 7.2로부터 $1/s$다. 따라서 식 (7.31)로부터

$$\mathcal{L}[t] = \mathcal{L}\left[\int_0^t u(\tau)\,d\tau\right] = \frac{1}{s}\mathcal{L}[u(t)] = \frac{1}{s}\frac{1}{s} = \frac{1}{s^2}$$

이고 이것은 $f(t) = t$의 라플라스 변환이다. 이 과정은 임의의 정수 n에 대해 t^n의 라플라스 변환을 구하는 것으로 확장할 수 있다. ■

지금까지 선형성, 복소수 이동, 실수 이동, 미분과 적분 등 라플라스 변환의 다섯 가지 성질을 유도하였다. 다음 절에서는 추가적으로 몇 가지 성질들을 더 유도한다.

7.5 추가 성질들

이번 절에서는 네 가지의 라플라스 변환의 성질을 추가적으로 유도하고, 앞 절과 이번 절의 성질들을 종합하여 표에 정리할 것이다.

t로 곱하기

첫 번째 추가적인 성질을 유도하기 위해 다음 식을 생각해보자.

$$\mathcal{L}[tf(t)] = \int_0^\infty tf(t)e^{-st}\,dt \tag{7.32}$$

$F(s) = \mathcal{L}[f(t)]$일 때, 라이프니츠 규칙을 이용하여 다음과 같이 쓸 수 있다.

$$-\frac{dF(s)}{ds} = -\frac{d}{ds}\left[\int_0^\infty f(t)e^{-st}\,dt\right] = \int_0^\infty tf(t)e^{-st}\,dt \tag{7.33}$$

식 (7.32)와 식 (7.33)으로부터 다음과 같이 t로 곱하는 성질을 얻는다.

$$\mathcal{L}[tf(t)] = -\frac{dF(s)}{ds} \tag{7.34}$$

다음 예제에서 이 성질을 볼 수 있다.

예제 7.9 t로 곱하기 성질 보여주기

이제 $f(t) = t\cos t$의 라플라스 변환을 유도해보자. 표 7.2로부터

$$\mathscr{L}[\cos bt] = \frac{s}{s^2 + b^2}$$

이다. 그러면 식 (7.34)로부터

$$\begin{aligned}\mathscr{L}(t\cos bt) &= -\frac{d}{ds}\left[\frac{s}{s^2+b^2}\right] \\ &= -\frac{(s^2+b^2)(1) - s(2s)}{(s^2+b^2)^2} \\ &= \frac{s^2-b^2}{(s^2+b^2)^2}\end{aligned}$$

이고, 이것은 표 7.2에 나와 있는 변환과 일치한다. 이 성질의 진가를 알 수 있는 두 가지 추가적인 예는

$$\mathscr{L}[t^2] = -\frac{d}{ds}\mathscr{L}[t] = -\frac{d}{ds}\left[\frac{1}{s^2}\right] = \frac{2}{s^3} = \frac{2!}{s^3}$$

그리고

$$\mathscr{L}[t^3] = -\frac{d}{ds}\left[\frac{2}{s^3}\right] = \frac{2\cdot 3}{s^4} = \frac{3}{s^4}$$

이다. ■

초깃값

$f(t)$의 초기 소건, $f(0^+)$을 t가 오른쏙에서 0으로 다가갈 때 $f(t)$의 극한값으로 정의하였다. 초깃값 성질을 사용하면 역변환 $f(t)$를 먼저 구하지 않고도 $F(s)$로부터 바로 $f(0^+)$을 구할 수 있다. 이 성질을 유도하기 위해 식 (7.24)로부터 $f(t)$의 미분에 대한 라플라스 변환을 생각해보자.

$$\mathscr{L}\left[\frac{df(t)}{dt}\right] = \int_0^\infty \frac{df(t)}{dt}e^{-st}dt = sF(s) - f(0^+) \tag{7.35}$$

s가 양의 실수이면서 무한대로 커질 때, 이 관계식의 극한을 취해보자.

$$\lim_{s\to\infty}\int_0^\infty \frac{df(t)}{dt}e^{-st}dt = \lim_{s\to\infty}[sF(s) - f(0^+)]$$

좌변의 극한을 적분 안으로 넣어서 취할 수 있고 따라서 지수함수 때문에 피적분함수가 0이 된다. 그 결과

$$0 = \lim_{s\to\infty}[sF(s) - f(0^+)]$$

이다. $f(0^+)$는 s와 독립이므로, s가 양의 실수일 때, 다음과 같이 쓸 수 있다[4].

$$f(0^+) = \lim_{s\to\infty} sF(s) \tag{7.36}$$

이 결과가 라플라스 변환의 초깃값 성질이고 선형시스템을 분석할 때 유용하다. 식 (7.36)을 엄밀하게 유도하는 과정에서는 $t \geq 0$일 때, $f(t)$가 임의의 유한한 구간에서 유한한 횟수로 유한한 값만큼 뛰어오르는 경우를 제외하고 연속이어야 한다[4].

최종값

식 (7.35)의 $f(t)$의 미분의 라플라스 변환을 다시 생각해보자. s가 0으로 다가가면 다음 결과를 얻는다.

$$\lim_{s\to 0} \mathscr{L}\left[\frac{df(t)}{dt}\right] = \lim_{s\to 0} \int_0^\infty \frac{df(t)}{dt} e^{-st} dt = \int_0^\infty \frac{df(t)}{dt} dt \\ = \lim_{t\to\infty} [f(t)] - f(0^+) \tag{7.37}$$

여기서 극한 연산이 적분 안에서 수행되고

$$\lim_{s\to 0} e^{-st} = 1$$

이다. 또한 식 (7.35)로부터

$$\lim_{s\to 0} \mathscr{L}\left[\frac{df(t)}{dt}\right] = \lim_{s\to 0} [sF(s) - f(0^+)] \tag{7.38}$$

이다. 식 (7.37)의 우변과 식 (7.38)을 같다고 놓으면 다음 식을 얻는다.

$$\lim_{T\to\infty} f(t) = \lim_{s\to 0} sF(s) \tag{7.39}$$

이것이 최종값 성질이고 엄밀한 증명에서는 $f(t)$의 최종값이 존재해야 하고 $t \geq 0$에서 임의의 유한한 구간에서 유한한 횟수로 유한한 값만큼 뛰어오르는 경우를 제외하고 연속이어야 함을 요구한다[4]. $f(t)$의 최종값이 존재하지 않는다 하더라도 식 (7.39)의 우변은 여전히 유한한 값이 될 수 있지만, 이 값은 틀린 결과가 된다. 따라서 식 (7.39)는 $f(t)$의 최종값이 존재할 때에만 적용하도록 주의해야 한다.

예제 7.10 초깃값 및 최종값 성질 보여주기

초깃값 성질과 최종값 성질에 대한 예를 들어본다. 먼저 단위 계단 함수를 생각한다. 이 함수는 초깃값과 1이라는 최종값이 존재한다. $\mathscr{L}[u(t)] = 1/s$이므로 식 (7.36)으로부터 다음 식을 얻는다.

$$f(0^+) = \lim sF(s) = \lim s\frac{1}{s} = \lim 1 = 1$$

그리고 식 (7.39)로부터

$$\lim_{t\to\infty} f(t) = \lim_{s\to 0} sF(s) = \lim_{s\to 0} 1 = 1$$

이다. 다음으로 함수 $\sin bt$를 생각해보자. 표 7.2로부터

$$\mathscr{L}[\sin bt] = \frac{b}{s^2 + b^2}$$

이다. $\sin bt$의 초깃값은 0이고 최종값은 하나로 결정할 수 없다. 식 (7.36)으로부터 초깃값은

$$f(0^+) = \lim_{s\to\infty} sF(s) = \lim_{s\to\infty} \frac{bs}{s^2 + b^2} = \lim_{s\to\infty} \frac{bs}{s^2} = 0$$

이고 이것은 올바른 값이다. 최종값 성질 식 (7.39)를 적용하면 다음 결과를 얻는다.

$$\lim_{T\to\infty} f(t) = \lim_{s\to 0} sF(s) = \lim_{s\to 0} \frac{bs}{s^2 + b^2} = 0$$

하지만, 이 결과는 맞지 않다. 최종값 성질은 $f(t)$가 최종값을 가질 때에만 적용된다는 사실을 기억하자. 이 예제는 최종값 성질을 적용할 때 주의해야 함을 보여준다. ■

시간 변환

시간 변환에 대해 2.1절에서 소개한 바 있다. 이제 이 시간 변환이 함수의 라플라스 변환에 어떤 영향을 미치는지 살펴보자. 결론부터 먼저 말하면, 그 결과는 *실수 이동*과 *시간 스케일링*을 혼합한 것이 된다.

함수 $f(t)$에 대해, 일반적인 독립 변수의 변환은 $\tau = (at - b)$로 주어지고 다음과 같이 변환된 함수를 만들어낸다.

$$f(at - b) = f(\tau)\Big|_{\tau = at - b} = f_t(t) \tag{7.40}$$

단방향 라플라스 변환을 고려하고 있기 때문에, $a > 0$이고 $b \geqq 0$이어야 한다. 실수 이동 식 (7.22)에서와 마찬가지로 또한 $f(at - b)$에 시간 이동된 단위 계단 함수 $u(at - b)$를 곱해야 한다.

우리가 원하는 것은 $F_t(s)$를 $F(s) = \mathscr{L}[f(t)]$의 함수로 표현하는 것이다. 식 (7.40)으로부터

$$\begin{aligned} F_t(s) &= \mathscr{L}[f(at - b)u(at - b)] \\ &= \int_0^\infty f(at - b)u(at - b)e^{-st}\,dt \end{aligned} \tag{7.41}$$

이다. 이제 다음과 같이 변수 치환을 한다.

$$\tau = at - b \Rightarrow t = \frac{\tau + b}{a};\quad dt = \frac{d\tau}{a}$$

그러면 식 (7.41)로부터

$$\begin{aligned} F_t(s) &= \int_{-b}^\infty f(\tau)u(\tau)e^{-s(\tau+b)/a}\frac{d\tau}{a} \\ &= \frac{e^{-sb/a}}{a}\int_0^\infty f(\tau)e^{-(s/a)\tau}d\tau = \frac{e^{-sb/a}}{a}F\left(\frac{s}{a}\right) \end{aligned}$$

이고, 시간-변환 성질은 다음 변환 쌍으로 나타낸다.

$$f(at - b)u(at - b) \overset{\mathscr{L}}{\longleftrightarrow} \frac{e^{-\frac{bs}{a}}}{a}F(s/a) \tag{7.42}$$

다음 예제를 통해 이 성질을 살펴본다.

예제 7.11 시간 이동 및 시간 변환 보여주기

함수 sin $3t$를 생각해보자. 표 7.2로부터

$$f(t) = \sin 3t \overset{\mathscr{L}}{\longleftrightarrow} \frac{3}{s^2 + 9} = F(s)$$

이다. 다음 함수의 라플라스 변환을 구하고자 한다.

$$f_t(t) = \sin\left[3\left(4t - \frac{\pi}{6}\right)\right]u\left(4t - \frac{\pi}{6}\right)$$

식 (7.40)으로부터 $a = 4$, $b = \pi/6$이다. 그러면 식 (7.42)로부터

$$F_t(s) = \frac{e^{-s\pi/24}}{4}F\left(\frac{s}{4}\right) = \frac{e^{-s\pi/24}}{4}\frac{3}{(s/4)^2 + 9} = \frac{12e^{-s\pi/24}}{s^2 + 144}$$

이다. 이 결과를 검토하기 위해 다음 식을 생각해보자.

$$\sin\left[3\left(4t - \frac{\pi}{6}\right)\right]u\left(4t - \frac{\pi}{6}\right) = \sin\left[12\left(t - \frac{\pi}{24}\right)\right]u\left(t - \frac{\pi}{24}\right)$$

여기서 $u(at - b) = u(t - b/a)$이기 때문이다. 표 7.2와 실수-이동 성질 식 (7.22)로부터

$$\mathscr{L}\left[\sin\left[3\left(4t - \frac{\pi}{6}\right)\right]u\left(4t - \frac{\pi}{6}\right)\right] = \mathscr{L}\left[\sin\left[12\left(t - \frac{\pi}{24}\right)\right]u\left(t - \frac{\pi}{24}\right)\right]$$
$$= e^{-s\pi/24}\mathscr{L}[\sin 12t] = \frac{12e^{-s\pi/24}}{s^2 + 144}$$

이고, 변환이 검증되었다. ■

라플라스 변환의 몇 가지 성질들을 추가적으로 유도하였다. 이 성질들은 라플라스 변환표를 작성하고 계수가 상수인 선형 미분방정식을 푸는 데에 유용하게 사용된다. 연속-시간 물리적 시스템을 계수가 상수인 선형 미분방정식으로 모델링하는 것을 선호하기 때문에, 이 성질들은 선형 시불변 물리적 시스템을 분석하고 설계하는 데에 유용하다. 표 7.3은 라플라스 변환에 대해 유도한 성질들과 몇 가지 추가적인 성질들을 더하여 정리한 것이다. 추가된 성질들에 대한 유도는 이 장 끝의 연습문제로 주어져 있거나 해당 성질을 사용하게 될 때 나중에 유도할 것이다.

7.6 LTI 시스템의 응답

이 절에서는 라플라스 변환을 적용하여 LTI 시스템의 시간 응답을 계산한다. 이 과정은 부분 분수 분해와 변환표로부터 역라플라스 변환을 구하는 것에 바탕을 두고 있다. 독자들이 부분 분수 분해에 익숙하다고 가정하기 때문에, 익숙하지 않은 독자는 이 책의 부록 F를 참고하기 바란다. 7.4절에서 언급했던 초기 조건을 갖는 문제에 대한 예로 시작한다.

초기 조건

그림 7.8(a)의 RL 회로를 생각해보자. $R = 1\Omega$이고 $L = 1\ H$라고 하자. 이 회로에 대한 루프방정식은 다음과 같다.

표 7.3 라플라스 변환 성질들

이름	성질
1. 선형성, (7.10)	$\mathscr{L}[a_1 f_1(t) + a_2 f_2(t)] = a_1 F_1(s) + a_2 F_2(s)$
2. 미분, (7.15)	$\mathscr{L}\left[\dfrac{df(t)}{dt}\right] = sF(s) - f(0^+)$
3. n-차 미분, (7.29)	$\mathscr{L}\left[\dfrac{d^n f(t)}{dt^n}\right] = s^n F(s) - s^{n-1} f(0^+)$ $- \cdots - sf^{(n-2)}(0^+) - f^{(n-1)}(0^+)$
4. 적분, (7.31)	$\mathscr{L}\left[\int_0^t f(\tau)d\tau\right] = \dfrac{F(s)}{s}$
5. 실수 이동, (7.22)	$\mathscr{L}[f(t - t_0)u(t - t_0)] = e^{-t_0 s}F(s)$
6. 복소수 이동, (7.20)	$\mathscr{L}[e^{-at}f(t)] = F(s + a)$
7. 초깃값, (7.36)	$\lim_{t\to 0^+} f(t) = \lim_{s\to\infty} sF(s)$
8. 최종값, (7.39)	$\lim_{t\to\infty} f(t) = \lim_{s\to 0} sF(s)$
9. t 곱하기, (7.34)	$\mathscr{L}[tf(t)] = -\dfrac{dF(s)}{ds}$
10. 시간 변환, (7.42) ($a > 0$; $b \geqq 0$)	$\mathscr{L}[f(at - b)u(at - b)] = \dfrac{e^{-sb/a}}{a} F\left(\dfrac{s}{a}\right)$
11. 컨볼루션	$\mathscr{L}^{-1}[F_1(s)F_2(s)] = \int_0^t f_1(t - \tau)f_2(\tau)\, d\tau$ $= \int_0^t f_1(\tau)f_2(t - \tau)d\tau$
12. 시간 주기성 $[f(t) = f(t + T)], t \geqq 0$	$\mathscr{L}[f(t)] = \dfrac{1}{1 - e^{-sT}} F_1(s)$, 여기서 $F_1(s) = \int_0^T f(t)e^{-st}\, dt$

$$\frac{di(t)}{dt} + i(t) = v(t)$$

이 방정식에 라플라스 변환을 취하면 다음과 같다.

$$sI(s) - i(0^+) + I(s) = V(s) \tag{7.43}$$

여기서 $i(0^+)$는 초기 전류다. 변환된 전류 $I(s)$에 대해 이 식을 풀면 다음 식을 얻는다.

$$I(s) = \frac{V(s) + i(0^+)}{s + 1} \tag{7.44}$$

이제 그림 7.8(a)의 전압 소스를 임펄스 함수 $v(t) = A_0\delta(t)$라고 하자. 그러면 $V(s) = A_0$이고 $t > 0$일 때, 전류 $i(t)$는 다음과 같다.

$$I(s) = \frac{A_0 + i(0^+)}{s + 1} \Rightarrow i(t) = [A_0 + i(0^+)]e^{-t} \tag{7.45}$$

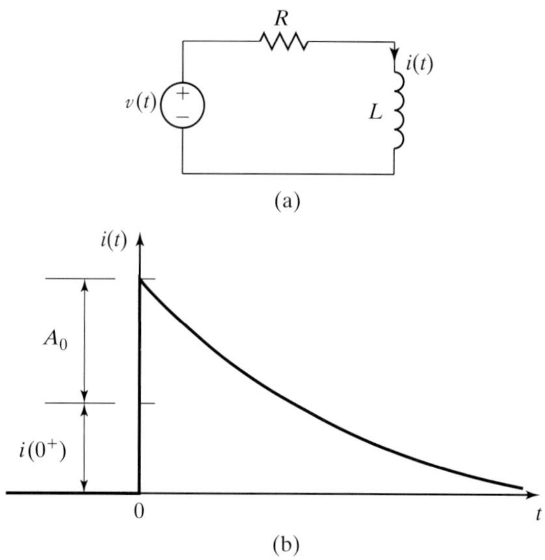

그림 7.8 (a) *RL* 회로 (b) 응답

이 전류의 시간에 대한 개형을 그림 7.8(b)에 나타내었다. $I(s)$의 초깃값 성질 또는 직접적으로 $i(t)$에 대한 식 (7.45)로부터, 전류 $i(0^+)$는 다음과 같다.

$$i(0^+) = A_0 + i(0^+) \tag{7.46}$$

그러면 다음과 같은 점들을 알 수 있다.

1. 식 (7.46)에서 $i(0^+)$로 나타낸 두 개의 값이 동일하지 않기 때문에 불일치가 존재하고,
2. 전류가 급작스럽게 바뀌는 것은 임펄스 함수의 영향이다.

*초기 조건*이라는 용어가 무엇을 의미하는지 정의하는 데에 문제가 있다. 참고문헌 3의 저자는 식 (7.43)에서의 미분 성질에서 초기 조건이 급격하게 바뀌는 경우에는 초기 전류를 $i(0^-)$로 나타낼 것을 제안하였다. 그런 다음 전류 $i(0^+)$의 값을 초기 조건 성질 식 (7.36)으로 구하면 올바른 값이 된다. 물론 초기 조건이 급격하게 바뀌지 않는다면 아무 문제도 없음에 유의한다.

명확하게 하기 위해, 급격한 변화가 발생하기 전 초기 조건을 나타내는 데에 $t = 0^-$ 기호를 사용하면 식 (7.46)의 결과는 다음과 같이 표현된다.

$$i(0^+) = A_0 + i(0^-)$$

급격한 변화가 없다면, 아무런 문제도 없고 모든 초기 조건들을 $t = 0^+$에 발생하는 것으로 나타낸다. 많은 책의 저자들이 미분 성질에서 초기 조건은 모든 경우에 실제로 $t = 0^-$에서 발생한다고 언급하고, 단방향 변환 적분의 적분 구간의 아래끝을 $t = 0^-$로 바꾼다. 그러나 이러한 접근 방식은 또 다른 불일치를 불러 일으킨다. 역변환 공식은 $t < 0$인 모든 값에서 0이 되므로[식 (7/7) 참조], 따라서 라플라스 변환 쌍에 의해 계산되는 임의의 값은 $t = 0^-$에서 0이 되므로 0이 아닌 초기 조건들과 불일치가 발생한다.

다음은 전달함수를 살펴보자.

전달함수

앞에서 언급한 것처럼, 연속-시간 시스템을 계수가 상수인 선형 미분방정식으로 모델링하는 것을 선호한다. 그러면 이 모델은 선형이고 시불변이다(3.5절 참조). n-차 LTI 모델의 일반적인 방정식은 다음과 같다.

$$\sum_{k=0}^{n} a_k \frac{d^k y(t)}{dt^k} = \sum_{k=0}^{n} b_k \frac{d^k x(t)}{dt^k} \tag{7.47}$$

여기서 $x(t)$는 입력 신호이고 $y(t)$는 출력 신호이고 a_k, b_k, n은 시스템의 파라미터다.

이제 식 (7.47)에 대한 전달함수를 유도하자. 식 (7.29)로부터 다음과 같은 미분 성질을 떠올려보자.

$$\mathscr{L}\left[\frac{d^k f(t)}{dt^k}\right] = s^k F(s) - s^{k-1} f(0^+) - \cdots - f^{(k-1)}(0^+)$$

초기 조건들은 전달함수를 유도할 때에는 무시해야 한다. 전달함수는 선형 시스템의 입력 신호와 출력 신호 사이의 관계를 보여주는데, 초기 조건이 0이 아니면 시스템이 선형이 아니기 때문이다. 초기 조건이 모두 0이면 미분 성질은 다음처럼 간단해진다.

$$\mathscr{L}\left[\frac{d^k f(t)}{dt^k}\right] = s^k F(s)$$

이 성질을 이용하여 식 (7.47)에 라플라스 변환을 취하면

$$\sum_{k=0}^{n} a_k s^k Y(s) = \sum_{k=0}^{n} b_k s^k X(s)$$

이다. 이 식을 전개하면 다음과 같다.

$$\begin{aligned}[a_n s^n + a_{n-1} s^{n-1} + \cdots + a_1 s + a_0]Y(s) \\ = [b_n s^n + b_{n-1} s^{n-1} + \cdots + b_1 s + b_0]X(s)\end{aligned} \tag{7.48}$$

시스템 전달함수 $H(s)$는 식 (7.48)에서 비 $Y(s)/X(s)$로 정의되므로 모델 식 (7.47)에 대한 전달함수는 다음과 같다.

$$H(s) = \frac{Y(s)}{X(s)} = \frac{b_n s^n + b_{n-1} s^{n-1} + \cdots + b_1 s + b_0}{a_n s^n + a_{n-1} s^{n-1} + \cdots + a_1 s + a_0} \tag{7.49}$$

이 경우에, 전달함수는 유리함수다(다항식의 비). 이 전달함수는 3장에서 유도했던 전달함수와 동일하다는 점에 유의한다. 그러나 3장에서 유도한 전달함수는 복소-지수 입력 신호에 대해서만 적용되는 반면에, 식 (7.49)의 전달함수는 라플라스 변환을 갖는 임의의 입력에 대해 적용되므로 3장의 전달함수보다 더 일반적이다. 전달함수와 이를 이용한 LTI 시스템의 응답을 구하는 예를 하나 살펴보자.

예제 7.12 라플라스 변환을 이용한 LTI 시스템 응답

다시 그림 7.8의 RL 회로를 생각해보자. $R = 4\Omega$, $L = 0.5\ H$라고 하자. 이 회로에 대한 루프방정식은 다음과 같다.

$$0.5\frac{di(t)}{dt} + 4i(t) = v(t)$$

(초기 조건을 무시하고) 루프방정식의 라플라스 변환은 다음과 같다.

$$(0.5s + 4)I(s) = V(s)$$

회로의 입력을 전압 $v(t)$로 정의하고 출력을 전류 $i(t)$로 정의한다. 그러면 전달함수는

$$H(s) = \frac{I(s)}{V(s)} = \frac{1}{0.5s + 4}$$

이다. 이 전달함수는 식 (7.47)과 식 (7.49)를 보면 루프방정식으로부터 바로 작성할 수도 있음에 유의한다.

이제 $v(t) = 12u(t)$라고 하자. 그러면 변환된 전류는 다음과 같다.

$$I(s) = H(s)V(s) = \frac{1}{0.5s + 4}\frac{12}{s} = \frac{24}{s(s + 8)}$$

$I(s)$를 부분 분수 분해를 하면

$$I(s) = \frac{24}{s(s + 8)} = \frac{k_1}{s} + \frac{k_2}{s + 8}$$

이고, 여기서

$$k_1 = s\left[\frac{24}{s(s + 8)}\right]_{s=0} = \left.\frac{24}{s + 8}\right|_{s=0} = 3$$

이고

$$k_2 = (s + 8)\left[\frac{24}{s(s + 8)}\right]_{s=-8} = \left.\frac{24}{s}\right|_{s=-8} = -3$$

이다. 그러므로

$$I(s) = \frac{24}{s(s + 8)} = \frac{3}{s} + \frac{-3}{s + 8}$$

이고, 표 7.2로부터 $t > 0$일 때 역변환은 다음과 같다.

$$i(t) = 3[1 - e^{-8t}]$$

이 역변환은 다음 MATLAB 프로그램으로 확인할 수 있다.

```
syms F s
F=24 / ( s* (s+8) )
ilaplace (F)
```

회로를 보면 초기 전류가 $i(0) = 0$임을 알 수 있다. 라플라스 변환으로 찾은 해로부터 $i(0^+) = 0$이다. 이 값은 또한 다음과 같이 초깃값 성질로부터 구할 수도 있다.

$$i(0^+) = \lim_{s\to\infty} sI(s) = \lim_{s\to\infty}\frac{24}{s + 8} = 0$$

따라서 전류는 급격하게 변하지 않는다. 또한, $i(t)$를 루프 미분방정식에 대입해보면 여기서 구한 해를 검증할 수 있다.

이 시스템을 SIMUNLINK로 시뮬레이션하였다. 시뮬레이션을 위한 블록다이어그램을 그림 7.9(a)에 나타내었고 응답을 그림 7.9(b)에 나타내었다. 시스템의 시상수가 0.125 s임을 알 수 있다. 따라서 응답의 과

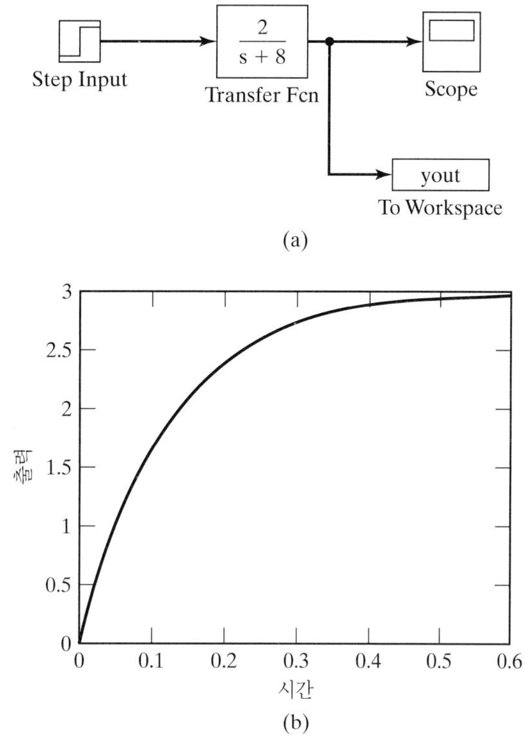

그림 7.9 예제 7.12의 SIMULINK 시뮬레이션

도 부분은 이 시상수의 약 네 배인 0.5 s초 후가 되면 무시할 만하고, 그림 7.9(b)는 이러한 사실을 잘 보여준다. 게다가 $i(t)$의 최종값은 3인데 그림에서 또한 명확하게 볼 수 있다. ■

식 (7.49)의 분자식과 분모식을 인수분해한 형태로 나타낸다면, 전달함수는 다음과 같이 표현된다.

$$H(s) = \frac{K(s - z_1)(s - z_2)\cdots(s - z_m)}{(s - p_1)(s - p_2)\cdots(s - p_n)} \tag{7.50}$$

식 (7.50)에서, $K = b_m/a_n$이고 여기서 b_m은 식 (7.49)에서 볼 수 있듯이 분자 다항식에서 s의 가장 높은 차수의 계수다. 많은 물리적 시스템의 전달함수에서, $m < n$이다[즉, 식 (7.49)를 적용할 때, b_n과 또 다른 몇 개의 b_i들은 0이다]. 이 함수를 $s = z_i$, $1 \le i \le m$에서 값을 계산하면 $H(z_i) = 0$임을 알 수 있다. 따라서 z_i를 전달함수의 영점(zero)이라고 한다. $H(s)$를 $s = p_i$, $1 \le i \le n$에서 값을 계산하면, 0으로 나누게 되어 $H(p_i)$ 값을 정의할 수 없다는 것을 알 수 있다. $H(p_i)$를 정의할 수 없기 때문에, p_i를 전달함수의 *극점*(pole)이라고 한다.

예제 7.13 전달함수의 극점과 영점

전달함수가 다음과 같이 식 (7.49)의 형태로 주어져 있다.

$$H(s) = \frac{4s + 8}{2s^2 + 8s + 6}$$

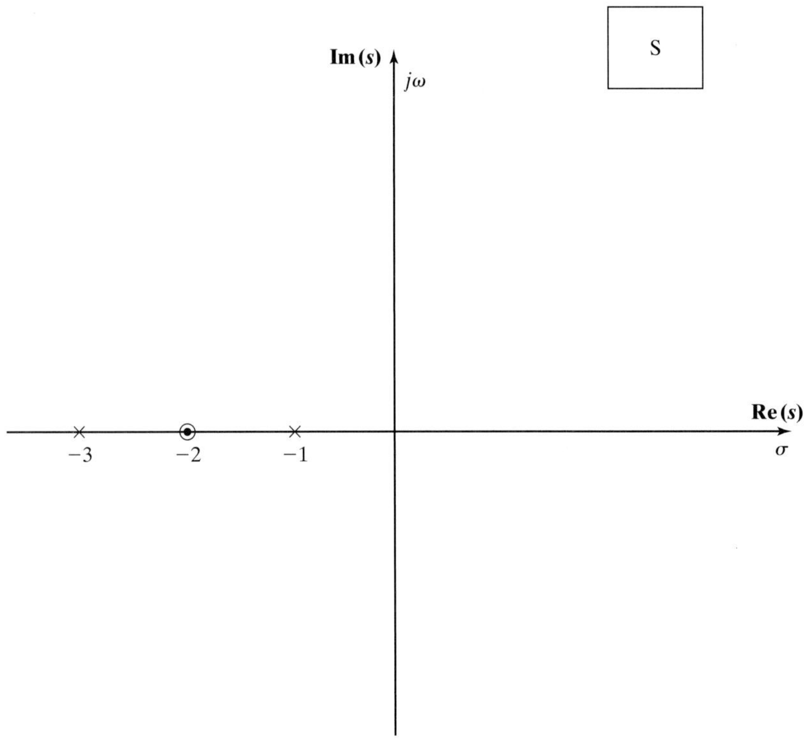

그림 7.10 s-평면에 표시한 극점과 영점

이 전달함수를 다음과 같이 식 (7.50)의 형태로 다시 쓴다.

$$H(s) = \frac{2(s+2)}{(s+1)(s+3)}$$

이제 이 전달함수는 $s = -2$에서 하나의 영점과 $s = -1$과 $s = -3$에서 두 개의 극점을 갖는다는 것을 알 수 있다. 전달함수의 극점과 영점을 s-평면상에 그림 7.10과 같이 나타내었다. 영점은 ⊙로 표시하고 극점은 ×로 표시하는 것이 관례다. ■

컨볼루션

계수가 상수인 n-차 선형 미분방정식으로 기술되는 LTI 시스템의 전달함수를 그 결과가 식 (7.49)인데 이 때 전달함수는 유리함수다. 다음으로 3.2절에서 유도하였던 컨볼루션 적분의 좀 더 일반적인 경우를 살펴보자. 그 결론은 단방향 라플라스 변환의 컨볼루션 성질인데 앞의 표 7.3에 이미 나타내었고, 이제 이 성질을 유도하여 보자.

3.2절로부터 컨볼루션 적분은 다음과 같이 주어진다.

$$y(t) = x(t)*h(t) = \int_{-\infty}^{\infty} x(\tau)h(t-\tau)\,d\tau \tag{7.51}$$

여기서 그림 7.11(a)에 보이는 것과 같이 $x(t)$는 시스템의 입력이고 $y(t)$는 시스템의 출력, 그리고 $h(t)$는 시스템의 임펄스 응답이다. 단방향 라플라스 변환에서, $x(t)$와 $h(t)$는 모두 t가 0보다 작을

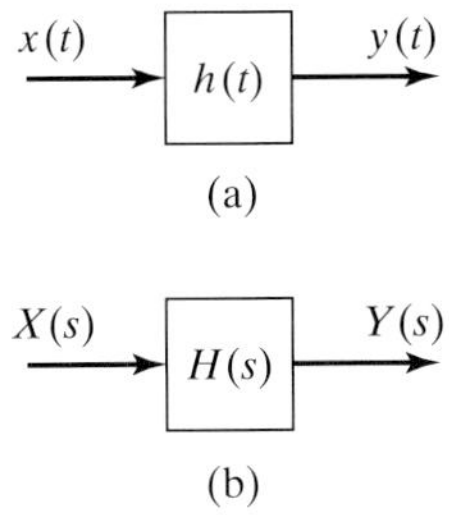

그림 7.11 LTI 시스템

때 0이다. 따라서 우리는 오직 인과 시스템만 고려한다. 이 경우에 컨볼루션 성질은 다음과 같이 나타낼 수 있다.

$$\begin{aligned} x(t)*h(t) &= \int_{-\infty}^{\infty} x(\tau)u(\tau)h(t-\tau)u(t-\tau)\,d\tau \\ &= \int_{0}^{\infty} x(\tau)h(t-\tau)u(t-\tau)\,d\tau \end{aligned} \tag{7.52}$$

이 적분의 라플라스 변환은 다음과 같다.

$$\begin{aligned} \mathcal{L}[x(t)*h(t)] &= \int_{0}^{\infty}\left[\int_{0}^{\infty} x(\tau)h(t-\tau)u(t-\tau)d\tau\right]e^{-st}dt \\ &= \int_{0}^{\infty} x(\tau)\left[\int_{0}^{\infty} h(t-\tau)u(t-\tau)e^{-st}dt\right]d\tau \end{aligned} \tag{7.53}$$

마지막 단계에서 적분의 순서를 바꾸었다. 마지막 식의 괄호 안의 적분은 시간 지연된 함수 $h(t-\tau)\,u(t-\tau)$의 라플라스 변환이다. 즉, 표 7.2로부터

$$\int_{0}^{\infty} h(t-\tau)u(t-\tau)e^{-st}dt = \mathcal{L}[h(t-\tau)u(t-\tau)] = e^{-\tau s}H(s)$$

이다. 그리면 식 (7.53)을 다음과 같이 쓸 수 있다.

$$\begin{aligned} \mathcal{L}[x(t)*h(t)] &= \int_{0}^{\infty} x(\tau)H(s)e^{-s\tau}\,d\tau \\ &= H(s)\int_{0}^{\infty} x(\tau)e^{-s\tau}\,d\tau = H(s)X(s) \end{aligned} \tag{7.54}$$

즉, 시간-영역에서 컨볼루션은 s-영역에서 곱셈으로 변환되는 것을 알 수 있다.

컨볼루션 적분을 이용하면 그림 7.11(a)에 나타낸 것과 같이 LTI 시스템의 응답을 계산할 수 있다. 그런데 이 시스템에 대해 식 (7.54)로부터

$$y(t) = h(t)*x(t) \Rightarrow Y(s) = H(s)X(s) \tag{7.55}$$

이고, 변환된 변수로 표현한 블록 다이어그램이 그림 7.11(b)이다. 즉, 그림 7.11(b)의 블록 다이어그램은 식 (7.55)로 정의된다.

이 결과로부터 전달함수 $H(s)$는 다음과 같이 시스템 임펄스 응답 $h(t)$의 라플라스 변환임을

알 수 있다.

$$H(s) = \int_0^\infty h(t)e^{-st}\,dt \tag{7.56}$$

따라서 시스템 임펄스 함수 $h(t)$는 전달함수 $H(s)$의 역라플라스 변환이다. 결과적으로 LTI 연속-시간 시스템을 다음 세 개의 수학식으로 명시할 수 있다.

1. 식 (7.47)에서와 같은 시스템 미분방정식
2. 시스템 전달함수 $H(s)$
3. 시스템 임펄스 응답 $h(t)$

실제로는 일반적으로 전달함수로 시스템을 명시한다. 그러나 이 세 가지 모델 중 어느 하나가 주어지면, 나머지 두 모델을 계산할 수 있다. 이제 전달함수가 유리함수가 아닌 경우, 전달함수로 LTI 시스템의 시간 응답을 계산하는 예를 살펴보자.

예제 7.14 임펄스 응답으로부터 LTI 시스템의 응답

그림 7.12(a)와 같은 임펄스 응답 $h(t)$를 갖는 LTI 시스템의 단위 계단 응답을 계산하고자 한다. 이 함수는 다음과 같이 표현할 수 있다.

$$h(t) = u(t) - u(t-1)$$

실제로 디지털-아날로그 변환기에서 이러한 전달함수를 갖는 시스템을 이용한 적이 있다.

실수-이동 성질을 이용하면, $h(t)$의 라플라스 변환을 다음과 같이 구할 수 있다.

$$H(s) = \frac{1-e^{-s}}{s}$$

이 전달함수는 유리함수가 아님에 유의한다. 식 (7.55)로부터 시스템의 출력의 라플라스 변환은

$$Y(s) = H(s)X(s) = \frac{1-e^{-s}}{s}\frac{1}{s} = \frac{1}{s^2}[1-e^{-s}]$$

이다. 라플라스 변환표와 실수-이동 성질로부터 시스템의 출력을 다음과 같이 구한다.

$$y(t) = tu(t) - [t-1]u(t-1)$$

이 역변환은 다음 MATLAB 프로그램으로 확인할 수 있다.

```
syms F s
F = ( 1-exp (-s) ) / (s^2)
ilaplace (F)
```

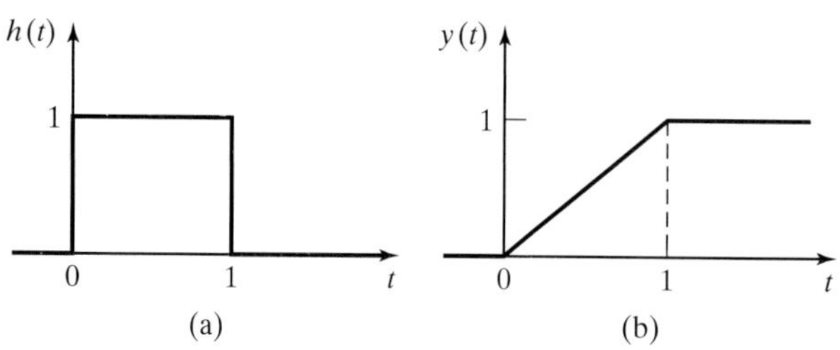

그림 7.12 예제 7.14의 신호들

이 프로그램을 실행한 결과에서 *Heaviside* $(t - 1)$이라는 표현을 볼 수 있는데 이것은 MATLAB에서 사용하는 단위 계단 함수 $u(t - 1)$에 대한 기호다. ■

복소수 극점을 갖는 변환

다음으로 라플라스 변환된 함수가 한 쌍의 복소수 극점을 갖는 경우를 생각해보자. $N(s)$가 다항식일 때, $F(s)$가 다음과 같고

$$F(s) = \frac{N(s)}{(s - p_1)(s - p_2)(s - p_3)\cdots(s - p_n)}$$

분자식의 차수가 분모식의 차수보다 작다고 가정하자. $F(s)$의 한 쌍의 복소수 극점을 $p_1 = a - jb$, $p_2 = a + jb$라고 하고 편의상 나머지 $(n - 2)$개의 극점은 실수라고 가정하면, $F(s)$를 다음과 같이 부분 분수 분해할 수 있다.

$$F(s) = \frac{k_1}{s - a + jb} + \frac{k_2}{s - a - jb} + \frac{k_3}{s - p_3} + \cdots + \frac{k_n}{s - p_n} \tag{7.57}$$

계수 k_1과 k_2는 일반적인 부분 분수 전개로 계산할 수 있는데, 이 계수들은 복소수이고 k_2는 k_1의 켤레복소수다. 따라서 식 (7.57)의 역변환은 복소수인 두 개의 항을 갖게 된다. 그러나 이 두 항의 합은 실수여야 한다. 이 두 항의 합이 편안한 형태는 아니므로, 모든 항들이 실수가 되도록 하는 역변환을 구하는 다른 과정을 소개한다.

식 (7.57)에서 다음 식으로부터 k_1과 k_2를 구한다.

$$k_1 = (s - a + jb)F(s)\Big|_{s=a-jb} = |k_1|e^{j\theta}$$

그리고

$$k_2 = (s - a - jb)F(s)\Big|_{s=a+jb} = |k_1|e^{-j\theta} \tag{7.58}$$

$f_1(t)$를 식 (7.57)의 첫 두 개 항의 역변환을 합한 것이라고 한다면, $f_1(t)$는 다음과 같다.

$$f_1(t) = |k_1|e^{j\theta}e^{(a-jb)t} + |k_1|e^{-j\theta}e^{(a+jb)t}$$

오일러 관계식을 이용하면, 이 식을 다음과 같이 나타낼 수 있다.

$$\begin{aligned} f_1(t) &= 2|k_1|e^{at}\left[\frac{e^{-j(bt-\theta)} + e^{j(bt-\theta)}}{2}\right] \\ &= 2|k_1|e^{at}\cos(bt - \theta) \end{aligned} \tag{7.59}$$

식 (7.59)에서 b가 양수가 되도록 식 (7.58)에서의 b를 양수로 선택해야 한다는 점에 주의한다. 식 (7.59)에서의 사인파 표현식이 복소 지수 함수의 합보다 더 편한 형태다. 이 과정을 다음 예에서 볼 수 있다.

예제 7.15 복소수 극점을 포함하는 역라플라스 변환

이제 입력 $x(t) = e^{-3t}$에 대해 다음과 같은 전달함수를 갖는 시스템의 응답을 구해보자.

$$H(s) = \frac{3s + 1}{s^2 + 2s + 5}$$

출력의 라플라스 변환은 다음과 같고,

$$\begin{aligned} Y(s) = H(s)X(s) &= \frac{3s + 1}{s^2 + 2s + 5}\frac{1}{s + 3} \\ &= \frac{3s + 1}{[(s + 1)^2 + 2^2](s + 3)} \\ &= \frac{k_1}{s + 1 + j2} + \frac{k_2}{s + 1 - j2} + \frac{k_3}{s + 3} \end{aligned}$$

$p_1 = a - jb = -1 - j2, p_2 = -1 + j2$이고 $p_3 = -3$이다. $s = -3$에 위치한 극점에 대해서는

$$k_3 = \left.\frac{3s + 1}{s^2 + 2s + 5}\right|_{s=-3} = \frac{-9 + 1}{9 - 6 + 5} = -1$$

이다. 복소수 극점에 대해서는 식 (7.58)로부터 $p_1 = a - jb = -1 - j2$이다. 따라서 $a = -1, b = 2$이다. 그리고

$$\begin{aligned} k_1 = (s + 1 + j2)Y(s)\Big|_{s=-1-j2} &= \left.\frac{3s + 1}{(s + 1 - j2)(s + 3)}\right|_{s=-1-j2} \\ &= \frac{3(-1 - j2) + 1}{(-1 - j2 + 1 - j2)(-1 - j2 + 3)} = \frac{-2 - j6}{-j4(2 - j2)} \end{aligned}$$

이고, 하나의 극형식으로 표현하면

$$k_1 = \frac{6.325\angle -108.4°}{(4\angle -90°(2.828\angle -45°)} = 0.559\angle 26.6°$$

이다. 그러면 식 (7.59)에서 $2|k_1| = 1.118$, $\theta = 26.6°$이고 $t > 0$일 때,

$$y(t) = 1.118e^{-t}\cos(2t - 26.6°) - e^{-3t}$$

이다. 이 결과의 변환을 구해 위의 식과 비교해 본다면 결과가 맞는지 확인할 수 있다. 부분 분수 전개는 다음 MATLAB 프로그램으로 확인할 수 있다.

```
n = [0 0 3 1];
d1 = [1 2 5];
d2 = [1 3];
d = conv (d1,d2);
[r,p,k] = residue (n,d)
result:     r = -1 0.5-0.25j 0.5+0.25j
            p = -3 -1+2j -1-2j
            k = 0
k1mag = abs ( r(3) )
k1phase = angle ( r(3))*180/pi
result: k1mag = 0.5590 k1phase = 26.5651
```

명령문 $d = conv(d1, d2)$는 두 개 다항식을 곱한다. 그리고 왜 $r(2)$ 대신 $r(3)$를 k_1으로 선택하였을까? 이것은 중요한 문제이므로 잘 생각해 볼 필요가 있다. ■

다음 MATLAB 프로그램은 Symbolic Math Toolbox를 사용하여 $y(t)$를 구한다.

```
syms Y s
Y=(3*s+1)/(((s+1)^2+2^2)*(s+3))
ilaplace(Y)
```

예제 7.15와 관련하여 두 가지 점을 지적하고자 한다. 첫 번째로, 이 예제는 사인파를 포함하는 함수의 역라플라스 변환을 구하는 하나의 과정을 보여준다. 다른 과정들을 사용할 수도 있지만, 앞의 과정이 사인파의 크기와 위상이 명확히 드러난다는 장점이 있다.

두 번째는 전달함수에서의 복소수 극점이 시스템의 자연 응답에서 사인파 항(또는 복소-지수 항)이 된다는 것이다. 물론 전달함수에서의 실수 극점은 시스템 응답에서 실수 지수 항이 된다.

중복 극점을 갖는 함수

다음으로 중복 극점을 갖는 라플라스 변환된 함수의 역변환을 생각해보자.

예제 7.16 중복 극점을 포함하는 역변환

다음과 같은 삼차 전달함수를 갖는 시스템의 단위 계단 함수에 대한 응답을 구하고자 한다.

$$\frac{Y(s)}{X(s)} = H(s) = \frac{4s^2 + 4s + 4}{s^3 + 3s^2 + 2s}$$

따라서 $x(t) = u(t)$이고 $X(s) = 1/s$다. 그러면 시스템의 출력의 라플라스 변환은

$$Y(s) = H(s)X(s) = \frac{4s^2 + 4s + 4}{s^3 + 3s^2 + 2s}\left(\frac{1}{s}\right)$$

이다. 이 함수는 표 7.2에 없기 때문에, 다음과 같이 부분 분수 전개를 해야 한다.

$$Y(s) = \frac{4s^2 + 4s + 4}{s^2(s+1)(s+2)} = \frac{k_1}{s^2} + \frac{k_2}{s} + \frac{k_3}{s+1} + \frac{k_4}{s+2}$$

먼저 k_1, k_3, k_4를 구하면

$$k_1 = \left.\frac{4s^2 + 4s + 4}{(s+1)(s+2)}\right|_{s=0} = \frac{4}{2} = 2;$$

$$k_3 = \left.\frac{4s^2 + 4s + 4}{s^2(s+2)}\right|_{s=-1} = \frac{4 - 4 + 4}{(1)(1)} = 4;$$

$$k_4 = \left.\frac{4s^2 + 4s + 4}{s^2(s+1)}\right|_{s=-1} = \frac{16 - 8 + 4}{(4)(-1)} = -3$$

이다. 부록 F의 식 (F.8)을 이용하여 k_2를 구한다.

$$k_2 = \frac{d}{ds}[s^2Y(s)]_{s=0} = \frac{d}{ds}\left[\frac{4s^2 + 4s + 4}{s^2 + 3s + 2}\right]_{s=0}$$

$$= \left.\frac{(s^2 + 3s + 2)(8s + 4) - (4s^2 + 4s + 4)(2s + 3)}{[s^2 + 3s + 2]^2}\right|_{s=0}$$

$$= \frac{(2)(4) - (4)(3)}{4} = -1$$

따라서 부분 분수 전개식은 다음과 같다.

$$Y(s) = \frac{4s^2 + 4s + 4}{s^2(s^2 + 3s + 2)} = \frac{2}{s^2} + \frac{-1}{s} + \frac{4}{s + 1} + \frac{-3}{s + 2}$$

그 결과 출력 신호는 $t > 0$일 때, 다음과 같다.

$$y(t) = 2t - 1 + 4e^{-t} - 3e^{-2t}$$

다음 MATLAB 프로그램으로 부분 분수 전개식을 확인해 볼 수 있다.

```
n = [0 0 4 4 4];
d = [1 3 2 0 0];
[r,p,k] = residue (n,d)
result: r = -3 4 -1 2
         p = -2 -1 0 0
         k = 0
```

■

Symbolic Math Toolbox를 사용한 다음 MATLAB 프로그램으로 예제 7.16의 결과를 검증할 수 있다.

```
% Syms s t
% The system transfer function:
H=(4*s^2+4*s+4)/(s^3+3*s^2+2*s)
% The Laplace transform of the input signal:
X=1/s
% Calculate the Laplace transform of the system output signal.
Y=H*X
% Determine the time-domain output signal by finding the inverse Laplace
transform.
y=ilaplace(Y)
```

이 절에서는, 라플라스 변환을 이용하여 계수가 상수인 미분방정식의 해를 구하는 방법을 보여주었다. 이 과정은 미분방정식을 대수 방정식으로 변환하고, 이 대수 방정식을 풀어 해를 구한 다음 부분 분수 전개를 사용하여 이 해를 다시 시간 영역으로 되돌리는 변환을 수행한다. 초기 조건을 무시하는 경우에 이렇게 해를 구하는 방법은 LTI 시스템을 전달함수로 표현할 수 있게끔 해준다. 전달함수 접근 방법은 LTI 시스템의 분석 및 설계에서 하나의 표준적인 과정이다. 전달함수를 중요하게 사용하는 한 경우는 LTI 시스템의 특성을 판별할 때다. 예를 들어, 다음 절에서 보여주듯이 전달함수로부터 시스템의 모드를 얻어낼 수 있고 따라서 시스템의 과도 응답의 특성을 얻어낼 수 있다.

7.7 LTI 시스템 특성

이 절에서는 라플라스 변환의 입장에서 LTI 시스템의 인과성, 안정성, 가역성 그리고 주파수 응답 등의 성질들을 살펴본다.

인과성

단방향 라플라스 변환은 $t < 0$일 때 임의의 함수가 0이 되도록 요구한다. 따라서 임펄스 응답 $h(t)$는 음의 시간에 대해 0이어야 한다. 이것은 또한 인과성을 위한 요구조건이기도 하기 때문에, 단방향 변환은 인과 시스템에만 적용할 수 있다. 비인과 시스템에 대해서는 7.8절에서 소개하는 양방향

라플라스 변환을 적용해야만 한다.

안정성

이제 유계-입력 유계-출력(BIBO) 안정성을 전달함수와 관련지어 보자. 먼저 다음과 같은 BIBO 안정성의 정의를 떠올려보자.

> **BIBO 안정성**
> 모든 시간에서 어떤 시스템의 출력이 임의의 유계인 입력에 대해 유계인 상태를 유지하면 이 시스템은 안정하다.

n-차 시스템의 전달함수를 다음과 같이 나타낸다.

[식 (7.49)]
$$H(s) = \frac{Y(s)}{X(s)} = \frac{b_n s^n + b_{n-1}s^{n-1} + \cdots + b_1 s + b_0}{a_n s^n + a_{n-1}s^{n-1} + \cdots + a_1 s + a_0}$$

여기서 $a_n \neq 0$이다. 이 전달함수의 분모식을 다음과 같이 인수분해할 수 있다.

$$a_n s^n + a_{n-1}s^{n-1} + \cdots + a_1 s + a_0 = a_n(s - p_1)(s - p_2)\cdots(s - p_n) \tag{7.60}$$

이 다항식의 영점은 전달함수의 극점이고, 여기서 정의상 함수 $H(s)$의 극점은 $H(s)$의 값이 무한대가 되게 하는 s의 값이다.

식 (7.49)의 출력 $Y(s)$를 다음과 같이 나타낼 수 있다.

$$\begin{aligned} Y(s) &= \frac{b_n s^n + b_{n-1}s^{n-1} + \cdots + b_1 s + b_0}{a_n(s - p_1)(s - p_2)\cdots(s - p_n)}X(s), \\ &= \frac{k_1}{s - p_1} + \frac{k_2}{s - p_2} + \cdots + \frac{k_n}{s - p_n} + Y_x(s) \end{aligned} \tag{7.61}$$

여기서 $Y_x(s)$는 입력 $X(s)$의 극점에서 기인하는 항들을 모두 더한 것이다. 따라서 $Y_x(s)$는 인가 응답이다. 식 (7.61)에서 $H(s)$는 중복 극점이 없다고 가정하였다. 또한 식 (7.61)의 부분 분수 전개식에서 $b_n = 0$이라고 가정하였다. $b_n \neq 0$이면, 상수항 b_n/a_n이 부분 분수 전개식에 나타난다(부록 F 참조). 7.6절에서 논의하였듯이, 많은 물리적 시스템의 모델에서 $b_n = 0$이다.

식 (7.61)의 역변환은 다음과 같다.

$$\begin{aligned} y(t) &= k_1 e^{p_1 t} + k_2 e^{p_2 t} + \cdots + k_n e^{p_n t} + y_x(t) \\ &= y_c(t) + y_x(t) \end{aligned} \tag{7.62}$$

항 $y_c(t)$는 전달함수의 극점에서 기인하였고 시스템의 자연 응답이라고 한다(3.5절 참조). 이 자연 응답은 시스템의 출력에 언제나 존재하고 입력 신호 $x(t)$의 형태와 무관하다. 자연 응답의 각 항인 $e^{p_i t}$를 시스템의 *모드*(mode)라고 한다. 3.5절에서 논의하였던 미분방정식의 고전적인 해법에서, $y_c(t)$를 *여함수*(complementary function), $y_x(t)$를 *특수해*(particular solution)라 한다.

입력 $x(t)$가 유계이면, 인가 응답 $y_x(t)$도 유계로 남아 있다. $y_x(t)$의 함수 형태가 $x(t)$의 함수 형태와 같기 때문이다. 즉, $Y_x(s)$는 $X(s)$와 동일한 극점을 갖는다. 따라서 자연 응답 항, $k_i e^{p_i t}$ 중 최소한 하나가 무한히 커지면 출력이 무한히 커진다. 최소한 하나의 극점 p_i의 실수부가 양수일 때에만 이렇게 무한히 커지는 현상이 발생한다.

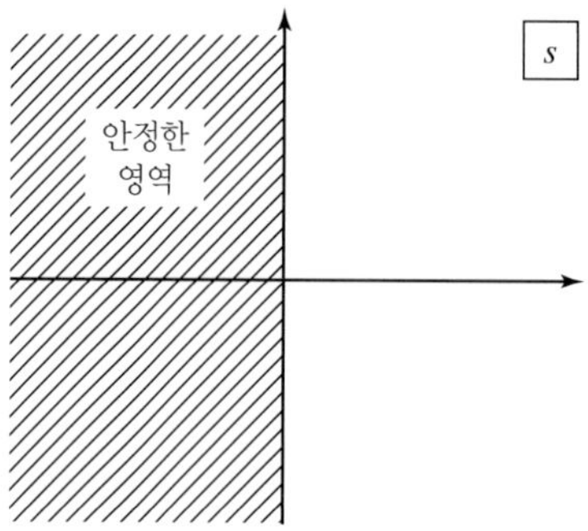

그림 7.13 $H(s)$의 극점의 안정한 영역

앞의 논의로부터 시스템 전달함수의 모든 극점이 s-평면의 왼쪽에 놓일 때, 즉, $Re(p_i) < 0$, $i = 1, 2, \ldots, n$일 때, LTI 시스템이 안정하다는 것을 보았다. 이와 동일한 결론을 3.6절에서는 다른 접근 방법으로 유도했었다. 그림 7.13은 s-평면에서 $H(s)$의 극점에 대한 안정한 영역을 보여준다.

정의에 의해 *시스템의 특성방정식*(system characteristic equation)은 전달함수의 분모식을 0으로 놓은 것이다. 즉, 특정방정식은 식 (7.60)을 0으로 놓은 다음 식이다.

$$a_n s^n + a_{n-1} s^{n-1} + \cdots + a_1 s + a_0 = a_n(s - p_1)(s - p_2)\cdots(s - p_n) = 0 \quad (7.63)$$

따라서 LTI 시스템은 특성방정식의 모든 근이(전달함수의 모든 극점이) 좌평면에 있을 때 안정하다. 예를 통해 시스템의 안정성에 대해 살펴보자.

예제 7.17 LTI 시스템의 안정성

달까지 가는 여정에 사용된 Saturn V 로켓의 부스터단의 간략화된 전달함수는 다음과 같다.

$$H(s) = \frac{0.9402}{s^2 - 0.0297} = \frac{0.9402}{(s + 0.172)(s - 0.172)}$$

여기서 시스템 입력은 엔진 추력이고 시스템의 출력은 수직대비 로켓의 기울기다. 이 시스템의 모드는 $e^{-0.172t}$와 $e^{0.172t}$다. 두 번째 모드는 명확하게 불안정하다. 따라서 제어 시스템을 로켓에 부착하여 전체적인 시스템이 안정하고 수용 가능한 형태로 응답하도록 만든다. ■

가역성

2.7절에서 정의한 시스템의 가역성을 전달함수를 이용하여 다시 한번 반복하면 다음과 같다.

> **시스템의 역**
> LTI 시스템 $H(s)$의 역은 $H(s)$와 직렬로 연결하였을 때, 전체가 항등 시스템(identity system)이 되게 하는 또 다른 시스템 $H_i(s)$이다.

따라서 $H_i(s)$는 다음 식으로 정의된다.

$$H(s)H_i(s) = 1 \Rightarrow H_i(s) = \frac{1}{H(s)} \quad (7.64)$$

이 시스템을 그림 7.14에 나타내었다.

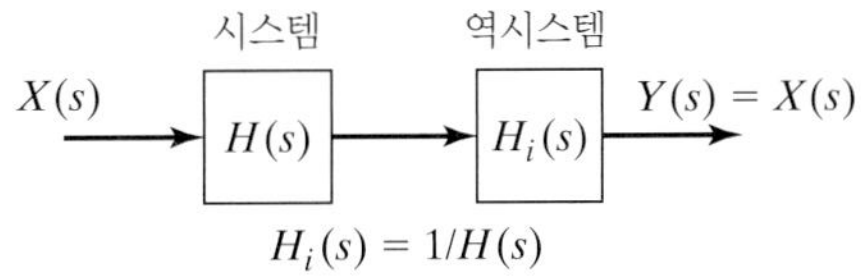

그림 7.14 역시스템과 연결된 시스템

이제 어떤 인과 시스템의 전달함수 $H(s)$를 다음과 같이 나타낼 수 있다고 가정할 때,

$$H(s) = \frac{b_n s^n + b_{n-1}s^{n-1} + \cdots + b_0}{a_n s^n + a_{n-1}s^{n-1} + \cdots + a_0} \tag{7.65}$$

역시스템의 전달함수는 다음과 같다.

$$H_i(s) = \frac{a_n s^n + a_{n-1}s^{n-1} + \cdots + a_0}{b_n s^n + b_{n-1}s^{n-1} + \cdots + b_0} \tag{7.66}$$

식 (7.66)이 단방향 전달함수이기 때문에 이 역시스템 또한 인과 시스템이다. 전달함수의 계수는 시스템의 미분방정식의 계수가 또한 되기 때문에, 이 역시스템에 대한 미분방정식을 식 (7.66)으로부터 바로 작성할 수도 있다(7.6절 참조).

다음으로, 역시스템의 안정성에 대해 살펴보자. 식 (7.65)의 시스템이 안정하기 위해서는, 전달함수 $H(s)$의 극점들이 s-평면의 좌평면에 위치해야만 한다. 식 (7.66)의 역시스템이 안정하기 위해서는, $H_i(s)$의 극점들이[$H(s)$의 영점들이] 또한 좌평면에 위치해야 한다. 따라서, 시스템 전달함수의 극점과 영점이 모두 좌평면에 있을 때, 그 시스템과 역시스템이 모두 안정하다.

주파수 응답

식 (5.1)의 푸리에 변환의 정의를 반복하면 다음과 같다.

$$F(\omega) = \mathscr{F}[f(t)] = \int_{-\infty}^{\infty} f(t)e^{-j\omega t}\,dt \tag{7.67}$$

5.5에서는 푸리에 변환을 사용하여 임펄스 응답이 $h(t)$인 인과 시스템의 주파수 응답을 다음과 같이 구하였다.

$$H_f(\omega) = \mathscr{F}[h(t)] = \int_{0}^{\infty} h(t)e^{-j\omega t}\,dt \tag{7.68}$$

이 전달함수와 라플라스를 기반으로 한 전달함수, 즉

$$H_l(s) = \mathscr{L}[h(t)] = \int_{0}^{\infty} h(t)e^{-st}\,dt \tag{7.69}$$

와 비교하여보면, 이 두 전달함수는 다음과 같이 관련되는 것을 알 수 있다.

$$H_f(\omega) = H_l(s)\Big|_{s=j\omega} = H_l(j\omega) \tag{7.70}$$

여기서 명확하게 하기 위해 전달함수에 아래첨자를 붙여서 푸리에 변환에 기반한 전달함수는 첨자

f를 붙였고, 라플라스 변환에 기반한 전달함수는 첨자 l을 붙였다. 그런데 한 가지 문제점을 볼 수 있다. 전달함수에 아래첨자를 붙이지 않으면 식 (7.70)은 $H(\omega) = H(j\omega)$와 같이 표현된다. 조금도 과장하지 않고 이것은 어딘가 맞지 않다. 그러나 푸리에 변환을 사용할 때는 일반적으로 주파수 응답을 $H(\omega)$로 나타내고, 라플라스 변환을 사용할 때는 흔히 동일한 주파수 응답을 $H(j\omega)$로 나타낸다. 독자들은 이러한 불일치에 주목해야 하는데, 이러한 관례가 쉽게 바뀔 것 같진 않다. 따라서 여기에서도 혼동스럽지만 그대로 동일한 관례를 따르도록 한다.

식 (7.49)의 시스템에 대해, 주파수 응답은 다음과 같다.

$$H(j\omega) = \frac{Y(j\omega)}{X(j\omega)} = \frac{b_n(j\omega)^n + b_{n-1}(j\omega)^{n-1} + \cdots + b_1(j\omega) + b_0}{a_n(j\omega)^n + a_{n-1}(j\omega)^{n-1} + \cdots + a_1(j\omega) + a_0} \tag{7.71}$$

3.7절과 5.5절에서 언급한 것과 같이 안정한 물리적 시스템에 대한 이러한 주파수 응답은 실험을 통해 측정할 수도 있다. 식 (3.73)으로부터 입력이 $x(t) = \cos \omega t$일 때, 정상-상태 출력은 다음과 같다.

$$y_{ss}(t) = |H(j\omega)| \cos (\omega t + \arg H(j\omega)) \tag{7.72}$$

여기서 $\arg H(j\omega)$는 복소함수 $H(j\omega)$의 위상이다. 따라서 사인파 입력 신호에 대한 정상-상태 응답을 측정함으로써 시스템의 주파수 응답을 얻어낼 수 있다.

일반적으로, 물리적 시스템의 입력 주파수가 매우 커지면 주파수 응답은 0으로 다가간다. 그런데 식 (7.71)에서

$$\lim_{\omega \to \infty} H(j\omega) = \frac{b_n}{a_n} \tag{7.73}$$

이다. 따라서 식 (7.71)의 모델이 고주파에서 정확한 모델이 되기 위해서는, $b_n = 0$이고 $H(s)$의 분자식의 차수가 분모식의 차수보다 작아야 한다. 이러한 이유로, 매우 자주 일반적인 전달함수에서 분자식의 차수가 분모식의 차수가 작은 것으로 명시한다.

주파수 응답은 5.5절에서 상세하게 다루었기 때문에, 여기에서 다시 반복하지는 않는다. 이 내용이 익숙하지 않은 독자는 식 (7.70)을 염두에 두면서 다시 5.5절을 복습하길 바란다.

예제 7.18 전달함수로부터 주파수 응답을 그래프로 나타내기

예제 7.15에서 다루었던 다음과 같은 시스템의 주파수 응답에 대한 보드도(Bode plot)를 아래 MATLAB 프로그램으로 계산하여 그릴 수 있다.

$$H(s) = \frac{3s + 1}{s^2 + 2s + 5}$$

```
% This MATLAB program computes the Bode Diagram of the frequency
% response of the system discussed in Examples 7.15 and 7.18.
% H(s)=(3s+1)/(s^2+2s+5)
num=[3 1];
den=[1 2 5];
bode(num,den)
% The resulting plots show the magnitude frequency response of the system
% in decibels (dB) and the phase frequency response in degrees
% both are plotted versus frequency in rad/sec on a logarithmic scale.
```
■

계단 응답

식 (3.42)에서 계단 응답 $s(t)$는 임펄스 응답 $h(t)$의 적분이기 때문에 그리고 물리적인 시스템에 대한 입력으로 임펄스 함수보다는 계단 함수를 좀 더 정확하게 근사시킬 수 있기 때문에, 시스템의 성능을 평가하는 데에 시스템의 계단 응답을 흔히 사용한다. 계단 함수를 입력 신호로 근사화시킬 수 있고 출력 신호를 쉽게 측정할 수 있기 때문에, 이러한 분석 방법은 물리적인 시스템에 적용하기가 상대적으로 쉽다.

시스템의 모델을 구할 수 있다면, 시스템의 계단 응답을 라플라스 변환으로 계산할 수 있다. 또한 라플라스 변환 기반의 전달함수를 구할 수 있다면, 시스템의 계단 응답을 MATLAB으로 계산하고 그릴 수 있다.

예제 7.19 전달함수로부터 계단 응답을 계산하고 그리기

이제 예제 7.15와 예제 7.18에서 다루었던 시스템의 계단 응답을 생각해보자. 이 시스템의 전달함수는 다음과 같다.

$$H(s) = \frac{3s+1}{s^2+2s+5}$$

단위 계단 함수를 시스템의 입력으로 하고 즉, $x(t) = u(t)$로 하고, 컨볼루션 성질을 적용하면, 다음 식을 유도할 수 있다.

$$X(s) = \mathscr{L}\{u(t)\} = 1/s$$

$$Y(s) = X(s)H(s) = \frac{3s+1}{s(s^2+2s+5)}$$

$Y(s)$의 역라플라스 변환을 구하면 시간-영역에서의 계단 응답을 유도해낼 수 있다. 이러한 작업을 부분 분수 전개와 표 5.2를 사용하여 할 수 있다.

$$Y(s) = \frac{k_1}{s} + \frac{k_2}{s+1-j2} + \frac{k_2^*}{s+1+j2}$$

유수(residue) 방법을 이용하여 분자의 상수들을 구하면

$$k_1 = 0.2,\ k_2 = -0.1 - j0.7 = 0.7071e^{-j1.7127},\ \text{그리고}\ k_2^* = -0.1 + j0.7 = 0.7071e^{j1.7127}$$

이다. 그러면 이 시스템의 계단 응답은 다음과 같다.

$$\begin{aligned} y(t) &= \mathscr{L}^{-1}\left\{\frac{0.2}{s} + \frac{0.7071e^{-j1.7127}}{s+1-j2} + \frac{0.7071e^{j1.7127}}{s+1+j2}\right\} \\ &= [0.2 + 0.7071e^{-j1.7127}e^{(-1+j2)t} + 0.7071e^{j1.7127}e^{(-1-j2)t}]u(t) \\ &= 0.2u(t) + 0.7071e^{-t}[e^{j(2t-1.7127)} + e^{-j(2t-1.7127)}]u(t) \\ &= 0.2u(t) + 1.4142e^{-t}\cos(2t - 98.13°)u(t) \end{aligned}$$

다음 MATLAB으로 부분 분수 전개에서 분자의 상수들을 계산하고 확인해볼 수 있다.

```
% This MATLAB program computes values needed for the partial fraction
expansion of the step
% response of the system of Example 7.19.
% enter the numerator and denominator coefficients of the Laplace
transform
```

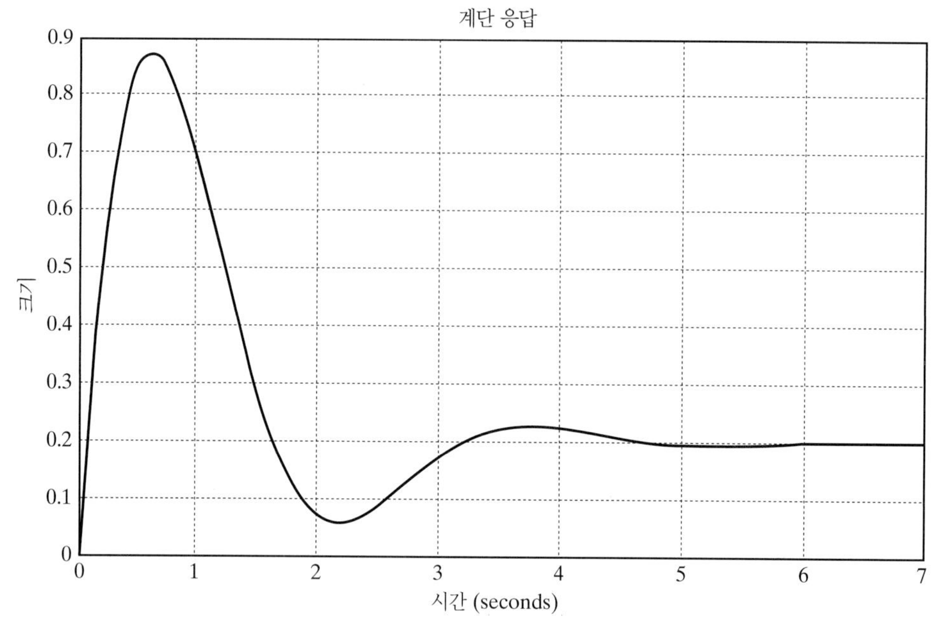

그림 7.15 예제 7.19의 시스템 계단 응답

```
% step response function.
num = [3 1], den=[1 2 5 0]
% Compute the numerator constants and denominator roots using the method
% of residues.
[r, p, k]=residue(num,den)
```

다음 MATLAB 프로그램으로 계단 응답을 계산하고 그릴 수 있다.

```
% This MATLAB program computes and plots the step response
% for Example 7.19.
% enter vectors with the numerator and denominator coefficients of H(s).
num = [3 1], den = [1 2 5]
% Compute and plot the unit-step response of the system.
step(num,den).
```

이렇게 하여 얻어낸 계단 응답 그래프를 그림 7.15에 나타내었다. ■

이 절에서는, LTI 시스템의 인과성, 안정성, 가역성, 주파수 반응의 특성들을 살펴보았다. 계수가 상수인 선형 미분방정식으로 모델링되는 시스템의 안정성을 언제나 판별할 수 있음을 보았는데, 이러한 종류의 시스템은 이 시스템의 전달함수의 극점이 모두 좌평면에 놓여 있다면 안정하다.

7.8 양방향 라플라스 변환

양방향 라플라스 변환의 정의를 떠올려보자.

[식 (7.1)]
$$F_b(s) = \mathscr{L}_b[f(t)] = \int_{-\infty}^{\infty} f(t)e^{-st}\,dt$$

그리고

$$[\text{식 (7.2)}] \qquad f(t) = \mathcal{L}_b^{-1}[F_b(s)] = \frac{1}{2\pi j}\int_{c-j\infty}^{c+j\infty} F_b(s)e^{st}\,ds$$

단방향 변환과 양방향 변환의 차이점은 양방향 변환은 음의 시간을 포함한다는 것이다. 예를 들어, 시스템을 분석할 때, 전기 회로의 스위칭과 같이 어떤 주요한 이벤트가 발생하는 시간을 $t = 0$으로 선택한다. 그런 다음 그 결과 나타나는 $t \geqq 0$에 대한 시스템의 응답을 구한다. 단방향 라플라스 변환은 이러한 경우에 사용된다.

양방향 라플라스 변환은 양의 시간뿐만 아니라 음의 시간에 대해서도 결과가 필요할 때 사용한다. 이 절에서는 양방향 라플라스 변환을 다룬다.

먼저, a가 실수일 때, $f(t) = e^{-at}u(t)$에 대한 양방향 라플라스 변환을 구하는 예를 통해 양방향 라플라스 변환에 대해 소개한다. $a > 0$일 때 이 신호를 그림 7.16(a)에 나타내었다. 물론 $t < 0$일 때, $f(t) = 0$이기 때문에 이 신호의 양방향 변환은 단방향 변환과 동일하다.

$$\begin{aligned} F_b(s) &= \mathcal{L}_b[e^{-at}u(t)] = \int_{-\infty}^{\infty} e^{-at}u(t)e^{-st}\,dt \\ &= \int_{-\infty}^{0} 0e^{-st}\,dt + \int_{0}^{\infty} e^{-at}e^{-st}\,dt = \left.\frac{e^{-(s+a)t}}{-(s+a)}\right|_0^{\infty} \\ &= \frac{1}{s+a}, \quad \text{Re}(s+a) > 0 \text{ 또는 } \text{Re}(s) > -a \end{aligned} \tag{7.74}$$

이 변환은 $\text{Re}(s) > -a$로 정의되는 반평면에 놓여 있는 s에 대해 존재한다. [a가 복소수이면, 이 부등식은 $\text{Re}(s) > \text{Re}(-a)$가 된다.] 앞으로 보게 되듯이, 모든 양방향 라플라스 변환에 대해서

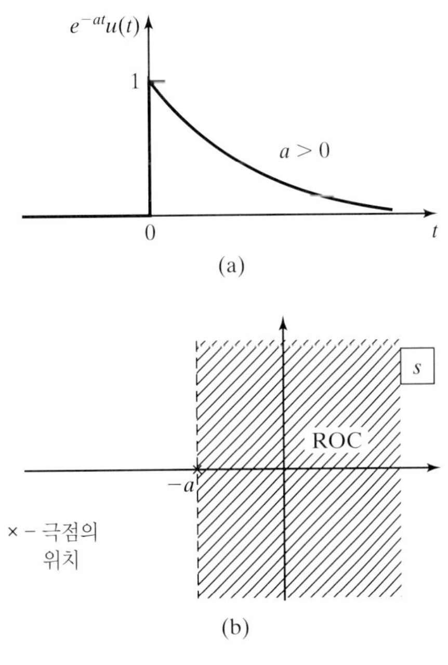

그림 7.16 신호 $e^{-at}u(t)$와 ROC

$$F_{b1}(s) = \mathscr{L}[2e^{-5t}u(t)] = \frac{2}{s+5}, \quad \text{Re}(s) > -5$$
$$F_{b2}(s) = \mathscr{L}[e^{-4t}u(t)] = \frac{1}{s+4}, \quad \text{Re}(s) > -4$$

그리고

$$F_b(s) = \frac{2}{s+5} + \frac{1}{s+4} = \frac{3s+13}{s^2+9s+20}, \quad -4 < \text{Re}(s)$$

이다. ROC를 함수의 극점과 함께 그림 7.19에 나타내었다.

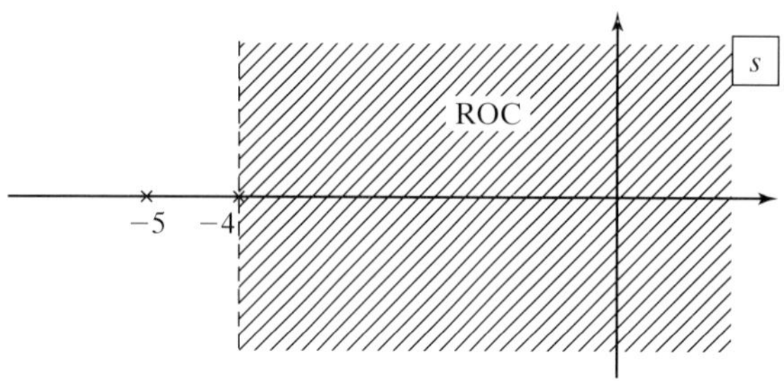

그림 7.19 예제 7.22의 ROC ■

여러 함수들의 합을 생각할 때, 각 함수들의 단방향 라플라스 변환이 존재하면, 이 함수들의 합에 대한 단방향 라플라스 변환도 존재한다. 그러나 예제 7.21은 각 함수들의 변환이 존재하더라도 이 함수들의 합의 양방향 라플라스 변환은 존재하지 않을 수도 있음을 보여준다.

그림 7.16부터 그림 7.19까지를 보면서 라플라스 변환의 극점들은 ROC에 포함되지 않는다는 사실에 주목한다. 이것은 일반적인 특징인데, 정의상 라플라스 적분은 변환의 극점에서 수렴하지 않는다. 따라서 변환의 극점은 항상 ROC의 경계 또는 ROC의 바깥쪽에 놓여 있다.

단방향 표로부터 양방향 변환 구하기

다음으로 표 7.2와 같은 단방향 라플라스 변환표로부터 양방향 라플라스 변환을 구하는 과정을 살펴보자. ROC가 표에 포함되어 있기만 하면 어느 단방향 변화표이든 사용할 수 있다.

먼저 함수들과 관련된 네 개의 정의를 내린다.

1. 함수 $f(t)$는 $t < t_0$일 때 $f(t) = 0$이면 *우측 함수*(right sided)다. 여기서 t_0는 양수일 수도 있고 음수일 수도 있다. 예를 들어 $u(t+10)$은 우측 함수다. 왜냐하면

$$u(t+10) = \begin{cases} 0, & t < -10 \\ 1, & t > -10 \end{cases}$$

이기 때문이다. 두 번째 예는 그림 7.20(a)에 보이는 것과 같은 함수다.

2. 함수 $f(t)$는 $t > t_0$일 때 $f(t) = 0$이면 *좌측 함수*(left sided)다. 여기서 t_0는 양수일 수도 있고 음수일 수도 있다. 예를 들어 $u(-t+10)$은 좌측 함수다. 왜냐하면

$$u(-t+10) = \begin{cases} 1, & t < 10 \\ 0, & t > 10 \end{cases}$$

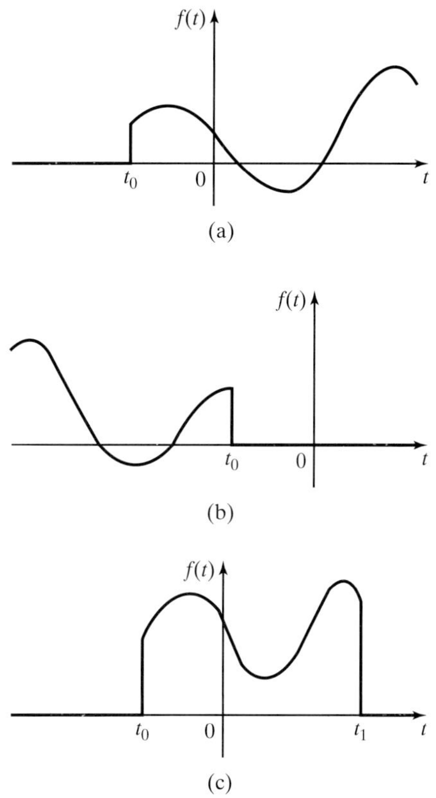

그림 7.20 신호 종류 (a) 우측 신호 (b) 좌측 신호 (c) 유한 지속 신호

이기 때문이다. 두 번째 예는 그림 7.20(b)에 보이는 것과 같은 함수다.

3. 함수 $f(t)$가 좌측 함수도 아니고 우측 함수도 아니면 이 함수는 *양측 함수*(*t*wo sided)다. 예를 들면 cos t는 양측 함수다.
4. 함수 $f(t)$가 좌측 함수이면서 동시에 우측 함수이면 이 함수는 유한 시간 지속 함수다. 예를 들면 $[u(t) - u(t-10)]$은 유한 시간 지속 함수다. 두 번째 예는 그림 7.20(c)에 보이는 것과 같은 함수다.

함수 $f(t)$에 대해 이제 다음과 같이 두 함수를 정의한다.

$$f^{+}(t) = f(t)u(t); \quad f^{-}(t) = f(t)u(-t)$$

따라서 $f^{+}(t)$는 우측 함수고 $f^{-}(t)$는 좌측 함수다. 그러므로 합의 변환이 존재한다면, $f(t)$를 다음과 같이 나타낼 수 있다.

$$f(t) = f^{+}(t) + f^{-}(t) \Rightarrow F_b(s) = F_b^{+}(s) + F_b^{-}(s) \tag{7.76}$$

우측 함수 $f^{+}(t)$에 대한 양방향 변환 $F_b^{+}(s)$는 ROC가 주어진 상태에서 단방향 표에 나온 변환과 같다.

좌측 함수 $f^{-}(t)$에 대해서는, 다음과 같은 변수 치환을 한다.

$$\mathscr{L}_b[f^{-}(t)] = \int_{-\infty}^{0} f^{-}(t)e^{-st}\,dt\Bigg|_{s=-s_c}^{t=-t_c} = \int_{0}^{\infty} f^{-}(-t_c)e^{-s_c t_c}\,dt_c \tag{7.77}$$

따라서 $f^-(t)$의 양방향 변환은 s를 $-s$로 바꾼 $f^-(-t)$의 단방향 변환이다. $f^-(-t)$의 단방향 변환의 ROC가 $\mathrm{Re}(s) > \alpha$이면, $f^-(t)$의 양방향 변환의 ROC는 $\mathrm{Re}(-s) > \alpha$ 즉 $\mathrm{Re}(s) < -\alpha$다. 요약하면, 좌측 함수 $f^-(t)$의 양방향 라플라스 변환을 구하기 위해서는

1. ROC가 $\mathrm{Re}(s) > \alpha$인 $F_{b1}^-(s) = \mathscr{L}[f^-(-t)]$의 단방향 라플라스 변환을 구한다.
2. 그러면 양방향 변환은 다음과 같다.

$$F_b^-(s) = \mathscr{L}_b[f^-(t)u(-t)] = F_{b1}^-(-s), \quad \mathrm{Re}(s) < -\alpha$$

$f(t)$의 양방향 변환은 식 (7.76)으로 주어진 합이다. 이 과정을 예제를 통해서 살펴보자.

예제 7.23 일반적인 방법에 의한 양방향 라플라스 변환

다시 예제 7.20의 함수를 생각해보자.

$$f(t) = 2e^{-5t}u(t) + e^{-4t}u(-t)$$

식 (7.76)으로부터 $f^+(t) = 2e^{-5t}u(t)$이고 표 7.2로부터

$$F_b^+(s) = \mathscr{L}[2e^{-5t}u(t)] = \frac{2}{s+5}, \quad \mathrm{Re}(s) > -5$$

이다. 앞 과정의 1단계로부터 $f^-(-t) = e^{4t}u(t)$이고 표 7.2로부터

$$F_{b1}^-(-s) = \mathscr{L}[e^{4t}u(t)] = \frac{1}{s-4}, \quad \mathrm{Re}(s) > 4$$

이다. 2단계로부터

$$F_b^-(s) = \mathscr{L}_b[e^{-4t}u(-t)] = \frac{1}{-s-4}, \quad \mathrm{Re}(s) < -4$$

이다. 그러면 양방향 변환은 $F_b^+(s) + \mathrm{F}_b^-(s)$다.

$$F_b(s) = \frac{2}{s+5} - \frac{1}{s+4} = \frac{s+3}{s^2+9s+20}, \quad -5 < \mathrm{Re}(s) < -4$$

이것은 적분으로 구한 예제 7.20의 결과와 같다. ■

역양방향 라플라스 변환

이번 절에서 $F_b(s)$의 양방향 변환만을 명시하는 것은 충분하지 않고 ROC 또한 반드시 명시해주어야 한다는 것을 보았다. 역양방향 변환에 대한 복소 역변환 적분은 다음과 같다.

[식 (7.2)]
$$f(t) = \mathscr{L}_b^{-1}[F_b(s)] = \frac{1}{2\pi j}\int_{c-j\infty}^{c+j\infty} F_b(s)e^{st}\,ds$$

적분 구간에서 상수 c는 ROC 내부의 실수값으로 선택한다. 그러나 유도 과정을 제외하고 이 식을 직접 사용하는 경우는 드물다. 단방향 라플라스 변환에서와 마찬가지로, 역양방향 라플라스 변환을 구할 때도 표를 사용한다.

예제 7.23의 함수를 다시 한번 생각하면서 이 과정을 살펴보자. 예제 7.23에서, 우측 함수 $2e^{-5t}u(t)$의 양방향 라플라스 변환을 다음과 같이 구하였다.

$$F_{b1}(s) = \mathscr{L}_b[2e^{-5t}u(t)] = \frac{2}{s+5}, \quad \text{Re}(s) > -5$$

$F_{b1}(s)$는 $s = -5$에서 극점을 갖는데, 이 점은 ROC의 왼편에 있다. 표 7.2의 단방향 라플라스 변환표를 보면 이 표에 있는 모든 s-평면 함수의 극점은 ROC의 왼편에 있다는 사실을 알 수 있다. 그런데 이것은 일반적인 성질이다.

1. 우측 함수에 대한 변환의 극점은 항상 변환의 ROC의 왼편에 있다. 그림 7.21은 우측 함수의 극점과 ROC를 보여준다.

   다음으로 좌측 함수 $e^{-4t}u(-t)$를 생각해보자. 예제 7.23으로부터

$$F_{b2}(s) = \mathscr{L}_b[e^{-4t}u(-t)] = \frac{-1}{s+4}, \quad \text{Re}(s) < -4$$

   이다. $F_{b2}(s)$는 $s = -4$에서 극점을 가진다. 이 점은 ROC의 오른편에 있다. 좌측 함수의 양방향 변환을 구하는 과정은 앞서 예제 7.23에서 보여주었듯이 ROC를 극점의 왼편으로 이동시킨다. 이것은 일반적인 성질이다.

2. 좌측 함수에 대한 변환의 극점은 항상 변환의 ROC의 오른편에 있다. 그림 7.21은 좌측 함수의 극점과 ROC를 보여준다.

요약하면, ROC와 극점을 안다면 부분 분수 전개를 이용하여 함수들의 합으로 양방향 변환을 표현할 수 있다. ROC의 왼편에 놓인 극점들을 가진 항들의 합은 우측 함수를 형성하고 ROC의 오른편에 놓인 극점들을 가진 항들의 합은 좌측 함수를 형성한다. 각 함수들의 합에 대한 역변환은 단방향 변환표로부터 구한다. 예를 들어보자.

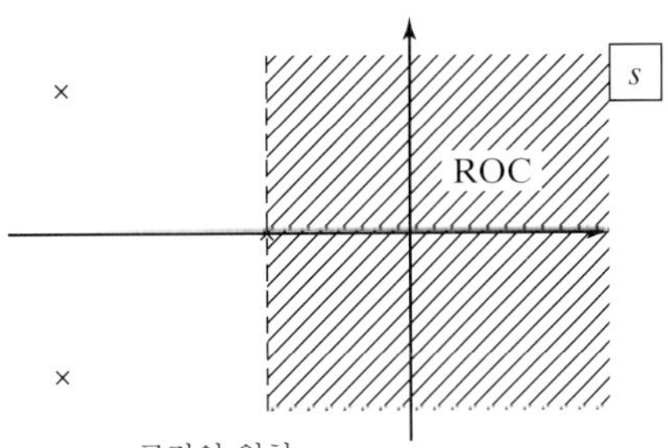

× – 극점의 위치

그림 7.21 우측 함수의 극점 위치

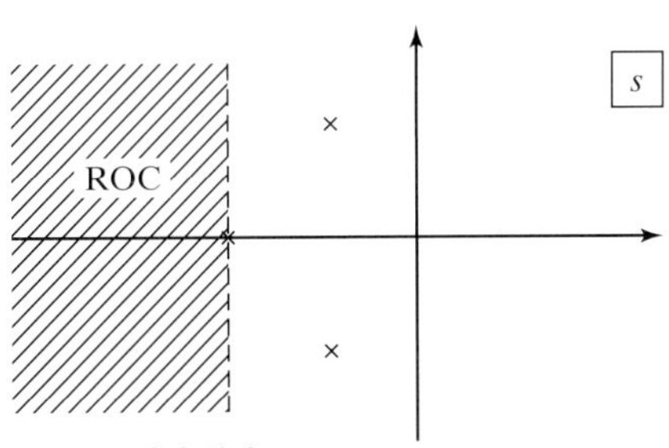

× – 극점의 위치

그림 7.22 좌측 함수의 극점 위치

예제 7.24 역양방향 라플라스 변환

다음과 같은 라플라스 변환을 생각해보자.

$$F_b(s) = \frac{s+4}{s^2+3s+2} = \frac{s+4}{(s+1)(s+2)}, -2 < \text{Re}(s) < -1$$

먼저 $F_b(s)$를 부분 분수 전개한다.

$$F_b(s) = \frac{s+4}{(s+1)(s+2)} = \frac{3}{s+1} + \frac{-2}{s+2}, -2 < \text{Re}(s) < -1$$

극점과 ROC를 그림 7.23에 나타내었다. $s = -1$에 위치한 극점은 ROC의 왼편에 있으므로 좌측 함수 항 $f^{-}(t)$의 변환이다. 따라서

$$f^{-}(t) = \mathcal{L}_b^{-1}\left[\frac{3}{s+1}\right] = -3e^{-t}u(-t)$$

이다. $s = -2$에 위치한 극점은 ROC의 왼편에 있으므로 우측 함수 항 $f^{+}(t)$의 변환이다. 따라서

$$f^{+}(t) = \mathcal{L}_b^{-1}\left[\frac{-2}{s+2}\right] = -2e^{-2t}u(t)$$

이다. 역변환은 이 두 함수의 합이다.

$$f(t) = -3e^{-t}u(-t) - 2e^{-2t}u(t)$$

■

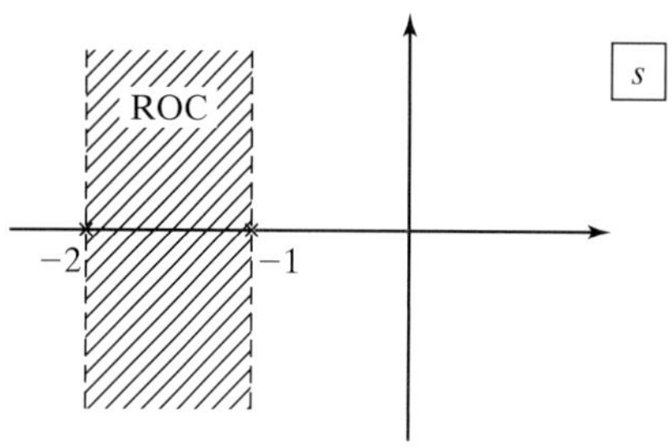

그림 7.23 예제 7.24의 ROC

이 절에서는, 양방향 라플라스 변환을 정의하였다. 그리고 변환 및 역변환에 대한 예들을 보여주었다. 역양방향 변환은 ROC에 따라 달라지므로, 양방향 변환의 ROC는 항상 명시하여야 한다.

7.9 라플라스 변환과 푸리에 변환 사이의 관계

이 절에서는 라플라스 변환과 푸리에 변환 사이에 서로 맞지 않는 기호에 대해 주목한다. 단방향 라플라스 변환은 다음과 같이 정의된다.

[식 (7.4)] $$\mathcal{L}[f(t)] = F(s) = \int_0^{\infty} f(t)e^{-st}\,dt$$

이제 $f(t)$를 $t < 0$일 때 0이라고 하자. 즉, $f(t) = f(t)u(t)$로 쓸 수 있다. 따라서 식 (7.4)를 다음과 같이 나타낼 수 있다.

$$\mathcal{L}[f(t)] = F(s) = \int_{-\infty}^{\infty} f(t)e^{-st}dt \tag{7.78}$$

참고로 이 식은 양방향 라플라스 변환식이다.

푸리에 변환의 정의는 다음과 같다.

[식 (5.4)]
$$\mathscr{F}[f(t)] = F(\omega) = \int_{-\infty}^{\infty} f(t)e^{-j\omega t}\,dt$$

식 (7.78)을 $s = j\omega$에서 계산하면 다음을 얻는다.

$$F(s)\bigg|_{j\omega} = F(j\omega) = \int_{-\infty}^{\infty} f(t)e^{-j\omega t}\,dt \tag{7.79}$$

식 (5.4)와 식 (7.79)의 적분은 같은데, 두 식 사이에 기호가 맞지 않는 점을 볼 수 있다.

$$F(\omega) \stackrel{?}{=} F(j\omega) \tag{7.80}$$

그러나 이렇게 기호가 어긋나는 것은 표준적이므로 독자는 이 사실을 알고 있어야 한다.

두 번째 지적 사항은 식 (7.78)로 정의된 함수 $f(t)$에 대해, 각 변환이 존재한다면, 다음과 같이 쓸 수 있다는 점이다.

$$\mathscr{F}[f(t)u(t)] = \mathscr{L}[f(t)u(t)]\bigg|_{s=j\omega} \tag{7.81}$$

결론

이 장에서는 단방향 라플라스 변환과 양방향 라플라스 변환을 소개하였다. 단방향 라플라스 변환을 양방향 라플라스 변환의 하나의 특별한 경우로 취급하는 접근 방법을 택하였다. 단방향 변환은 인과적인 선형 시불변 연속-시간 시스템의 분석 및 설계에 사용된다. 이 변환은 특히 이 시스템의 특성을 이해하고 설계하는 데에 유용하다.

이 장에서는 단방향 변환을 강조하였다. 단방향 변환의 변환식과 성질들을 정리한 표를 작성하였다. 그리고 단방향 변환을 이용한 시스템 분석 과정을 보여주었다.

양방향 라플라스 변환은 LTI 연속-시간 시스템의 정상-상태 분석과 비인과적인 시스템의 분석 및 설계에 유용하다. 단방향 변환표로부터 양방향 변환을 구하는 과정을 소개하였다. 그리고 양방향 변환이 갖는 몇 가지 성질들을 유도하였다. 표 7.4를 참조한다.

표 7.4 7장의 주요 식들

수식 제목	수식 기호	수식
양방향 라플라스 변환	(7.1)	$\mathscr{L}_b[f(t)] = F_b(s) = \int_{-\infty}^{\infty} f(t)e^{-st}\,dt$
역라플라스 변환	(7.2)	$f(t) = \mathscr{L}^{-1}[F(s)] = \frac{1}{2\pi j}\int_{c-j\infty}^{c+j\infty} F(s)e^{st}\,ds, j = \sqrt{-1}$
단방향 라플라스 변환	(7.4)	$\mathscr{L}[f(t)] = F(s) = \int_{0}^{\infty} f(t)e^{-st}\,dt$
전달함수	(7.49)	$H(s) = \frac{Y(s)}{X(s)} = \frac{b_n s^n + b_{n-1}s^{n-1} + \cdots + b_1 s + b_0}{a_n s^n + a_{n-1}s^{n-1} + \cdots + a_1 s + a_0}$

연습문제

7.2절

7.1 아래 함수의 그래프의 개형을 그려라. 그런 다음 라플라스 변환의 정의인 식 (7.4)와 부록 A의 적분표를 이용하여 각 함수들의 라플라스 변환을 계산하여라.

(a) $5u(t-2)$

(b) $Ku(t-a),\ a>0$

(c) $6[u(t-1)-u(t-3)]$

(d) $6(t-1)u(4-t)$

(e) $Ku(t-a)u(b-t),\ b>a>0$

(f) $6e^{-2t}u(t-1)$

7.2 그림 P7.2와 같은 파형 $f(t)$를 생각하자.

(a) $f(t)$에 대한 수식을 써라.

(b) 라플라스 변환의 정의인 식 (7.4)와 부록 A의 적분표를 이용하여 이 파형의 라플라스 변환을 구하여라.

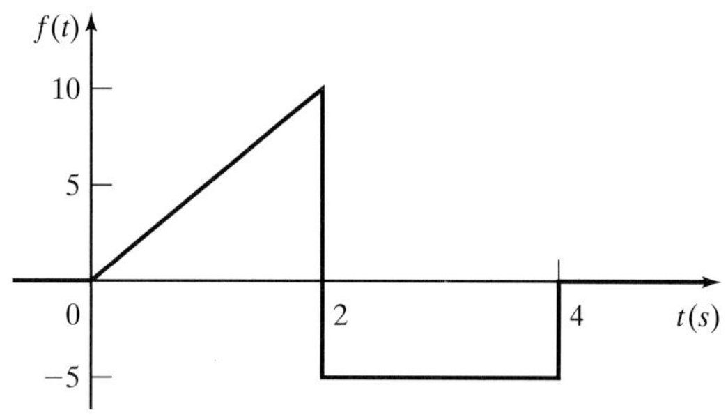

그림 P7.2

7.3 그림 P7.3과 같은 파형 $f(t)$를 생각하자. 이 파형은 $0 \le t \le 6$ s 동안에는 사인파의 한 사이클에 해당하고 나머지 구간에서는 0이다.

(a) $f(t)$에 대한 수식을 써라.

(b) 라플라스 변환의 정의인 식 (7.4)를 이용하여 이 파형의 라플라스 변환을 구하여라.

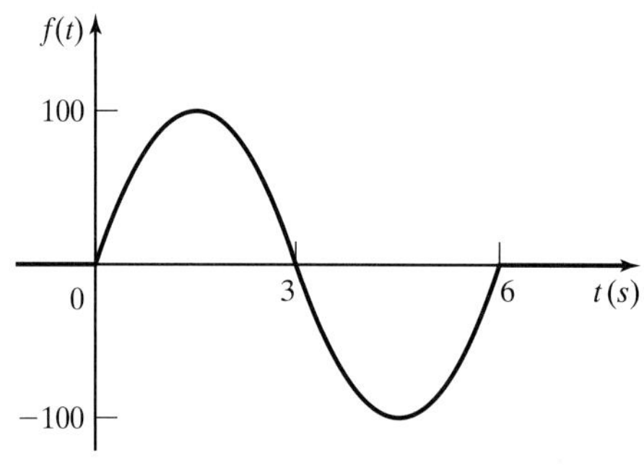

그림 P7.3

7.3절

7.4 라플라스 변환의 정의인 식 (7.4)를 이용하여 다음 라플라스 변환을 검증하여라.

(a) $\mathcal{L}[\sin(bt)] = \dfrac{b}{s^2 + b^2}$

(b) $\mathcal{L}[t \sin bt] = \dfrac{2bs}{(s^2 + b^2)^2}$

(c) $\mathcal{L}[tu(t)] = \dfrac{1}{s^2}$

(d) $\mathcal{L}[te^{at}] = \dfrac{1}{(s - a)^2}$

(e) $\mathcal{L}[e^{-at}\cos(bt)] = \dfrac{s + a}{(s + a)^2 + b^2}$

(f) $\mathcal{L}[e^{at}\sin\,(bt)] = \dfrac{b}{(s - a)^2 + b^2}$

7.5 MATLAB의 Symbolic Math Toolbox를 이용하여 연습문제 7.4의 라플라스 변환을 확인하여라.

7.4절

7.6 **(a)** 라플라스 변환표를 이용하여 $\cos h(at) = (e^{at} + e^{-at})/2$의 라플라스 변환을 구하여라.

(b) $\cos bt$의 라플라스 변환 결과를 이용하여 (a)의 결과를 검증하여라.

(c) $\sin h\ at = (e^{at} - e^{-at})/2$에 대해 (a)와 (b)의 질문에 답하여라.

7.7 그림 P7.3의 파형 $f(t)$를 생각하자. 이 파형은 $0 \le t \le 6$ s 동안에는 사인파의 한 사이클에 해당하고 나머지 구간에서는 0이다.

(a) $f(t)$에 대한 수식을 써라.

(b) 표 7.2와 표 7.3을 이용하여 이 파형의 라플라스 변환을 구하여라.

7.8 그림 P7.2의 파형 $f(t)$를 생각하자.

(a) $f(t)$에 대한 수식을 써라.

(b) 표 7.2와 표 7.3을 이용하여 이 파형의 라플라스 변환을 구하여라.

7.9 **(a)** 다음 함수들의 그래프의 개형을 그려라.

(i) $2e^{-3t}u(t - 5)$

(ii) $-2e^{-3t}u(t - 1)$

(iii) $-5e^{-at}u(t - \mathrm{b})$

(iv) $-Ke^{-c(t-a)}u(t - \mathrm{b})$

(b) 표 7.2와 표 7.3을 이용하여 위 함수들의 라플라스 변환을 구하여라.

7.10 라플라스 변환표와 라플라스 변환의 성질표를 이용하여 다음 각 함수들의 라플라스 변환을 구하여라. 필요하면 함수식을 바꾸도록 한다.

(a) $5u(t - 2)u(3 - \mathrm{t})$

(b) $3tu(t - 2)$

(c) $3u(t - 3)u(t - 2)$

(d) $3t[u(t - 1) - u(t - 3)]$

(e) $3t[u(t-a)-u(t-b)],\ b>a>0$

(f) MATLAB을 사용하여 (a)부터 (d)까지의 결과를 검증하여라.

7.11 그림 P7.11과 같은 삼각파 전압 $v(t)$를 생각하자.

(a) $v(t)$에 대한 수식을 써라.

(b) 실수-이동 성질을 이용하여 $\mathscr{L}\{v(t)\}$를 구하여라.

(c) $v(t)$의 일차 미분의 개형을 그려라.

(d) $v(t)$의 일차 미분의 라플라스 변환을 구하여라.

(e) (d)의 결과와 적분 성질을 이용하여 (b)와 (d)의 결과를 검증하여라.

(f) (b)의 결과와 미분 성질을 이용하여 (b)와 (d)의 결과를 검증하여라.

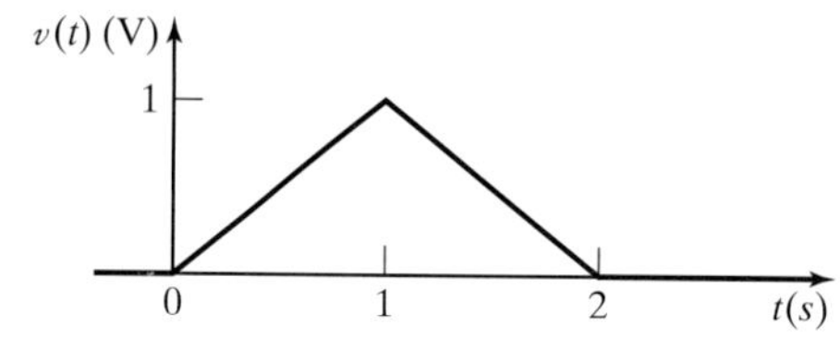

그림 P7.11

7.12 미분 성질을 이용하여 $\mathscr{L}[\cos bt]=s/(s^2+b^2)$로부터 $\mathscr{L}[\sin 2\pi t]$를 구하여라.

7.5절

7.13 (a) $t \geq 0$에서 유계인 임의의 함수 $f(t)$는 지수적으로 유계임을 보여라.

(b) 다음 초기 조건 문제를 풀어라.

$$y''-3y'+2y=e^{-t};\ y(0)=0;\ y'(0)=1$$

7.14 다음 두 함수를 생각하자.

$$f(t)=h(t)h(3-t)$$
$$g(t)=h(t)-h(t-3)$$

(a) 이 두 함수는 동일한 함수인가?

(b) $L[f(t)]=L[g(t)]$임을 보여라.

7.15 다음과 같은 라플라스 변환이 있다.

$$F(s)=\frac{2}{s(s+1)(s+2)(s+2)}$$

(a) $f(t)$의 정상-상태 값을 구하여라.

(b) 음의 실수 부분을 갖는 극점은 몇 개나 존재하는가?

7.16 시간-이동 성질을 이용하여 다음 각 함수들의 라플라스 변환을 구하여라.

(a) $Ku(t-a),\ a>0$

(b) $6e^{-2t}u(t-1)$

(c) $(1-e^{-4t})u(t-2)$

(d) MATLAB을 이용하여 (b)와 (c)의 결과를 검증하여라.

7.6절

7.17 다음 각 함수들의 역라플라스 변환을 구하여라. 모든 삼각함수는 $f(t) = ke^{-at}\cos(bt + \theta)$의 형태로 나타내어라. 모든 부분 분수 분해는 MATLAB를 이용하여 검증하여라.

(a) $F(s) = \dfrac{5}{s(s+2)}$

(b) $F(s) = \dfrac{s+2}{s(s+1)(s+3)}$

(c) $F(s) = \dfrac{5(s+2)}{s^2+25}$

(d) $F(s) = \dfrac{1}{s(s^2+4)}$

(e) $F(s) = \dfrac{6}{s^2(s^2+9)}$

(f) $F(s) = \dfrac{10(s+2)}{s^2+10s+34}$

(g) $F(s) = \dfrac{64}{(s+1)^2(s^2+6s+25)}$

7.18 다음과 같은 라플라스 변환이 있다.

$$F(s) = \frac{2}{s(s-1)(s+2)}$$

(a) 최종값 성질을 이용하여 $f(t)$의 최종값을 구하여라.

(b) 최종값 성질을 사용할 수 없다면, 그 이유를 말하여라.

7.19 다음과 같은 라플라스 변환이 있다.

$$F(s) = \frac{10}{s(s+1)(s^2+2)}$$

(a) 최종값 성질을 이용하여 $f(t)$의 최종값을 구하여라.

(b) 최종값 성질을 사용할 수 없다면, 그 이유를 말하여라.

7.20 다음 함수에 대해 최종값 성질을 이용하여 $f(t)$의 최종값을 구하여라. 최종값 성질을 사용할 수 없다면, 그 이유를 말하어라.

(a) $F(s) = \dfrac{1}{s(s+2)^2(s+4)}$

(b) $F(s) = \dfrac{10}{s^2(s+1)}$

7.21 다음 함수들의 역라플라스 변환을 구하여라.

(a) $F(s) = \dfrac{3s+5}{s^2+7}$

(b) $F(s) = \dfrac{3(s+3)}{s^2+6s+8}$

(c) $F(s) = \dfrac{1}{s(s^2+34.5s+1000)}$

(d) $F(s) = \dfrac{e^{-3s}}{s(s^2 + 3s + 2)}$

7.22 다음 미분방정식으로 기술되는 LTI 시스템들을 생각하자.

(i) $\dfrac{d^2y(t)}{dt^2} + 5\dfrac{dy(t)}{dt} + 4y(t) = 2x(t)$

(ii) $\dfrac{d^2y(t)}{dt^2} + 5\dfrac{dy(t)}{dt} + 6y(t) = 2\dfrac{dx(t)}{dt} + 8x(t)$

(iii) $\dfrac{d^3y(t)}{dt^3} + 6\dfrac{d^2y(t)}{dt^2} + 11\dfrac{dy(t)}{dt} + 6y(t) = 6x(t)$

(iv) $\dfrac{d^3y(t)}{dt^3} - \dfrac{d^2y(t)}{dt^2} + 2y(t) = 2\dfrac{dx(t)}{dt} - 6x(t)$

(v) $\dfrac{d^3y(t)}{dt^3} + 5\dfrac{d^2y(t)}{dt^2} + 5\dfrac{dy(t)}{dt} + y(t) = 2x(t)$

(a) 각 시스템들의 임펄스 응답 $h(t)$를 구하여라.

(b) MATLAB을 이용하여 모든 부분 분수 분해를 검증하여라.

(c) 각 시스템들의 단위 계단 응답 $s(t)$를 구하여라.

(d) 위의 결과들을 검증하기 위해, (a)와 (c)에서 구한 함수들이 임펄스 응답과 단위 계단 응답을 연결하는 다음 방정식을 만족함을 보여라,

$$h(t) = \frac{ds(t)}{dt}$$

7.23 **(a)** 입력 $x(t) = e^{-4t}u(t)$에 대해 출력이 $y(t) = e^{-2t}u(t)$인 선형 시불변(LTI) 시스템이 있다고 하자. 이 시스템의 임펄스 응답을 구하여라.

(b) 입력 $x(t) = u(t)$에 대해 출력이 $y(t) = e^{-2t}\cos(4t)u(t)$인 선형 시불변(LTI) 시스템이 있다고 하자. 이 시스템의 임펄스 응답을 구하여라.

7.24 3장에서 LTI 시스템의 출력을 계산하는 데에 컨볼루션을 사용하였다. 다음 입력과 임펄스 응답에 대해, 라플라스 변환을 이용하여 출력을 구하여라.

(a) 연습문제 3.1(ii)에서 $x(t) = e^{-2t}u(t)$이고 $h(t) = u(t)$

(b) 연습문제 3.8(d)에서 $x(t) = e^{-t}u(t)$이고 $h(t) = u(t-1) - u(t-3)$. 시간-이동 성질이 유용할 수도 있다.

7.7절

7.25 연습문제 7.22의 각 시스템에 대해, 다음 물음에 답하여라.

(a) 시스템은 안정한가? 필요하면 MATLAB을 사용한다.

(b) 시스템의 모드를 구하여라.

(c) 역시스템의 전달함수를 구하여라.

7.26 전달함수가 $H(s)$인 이차 시스템을 생각하자. 각각 다음을 만족하는 전달함수 $H(s)$를 제시하여라.

(a) 시스템이 불안정하다.

(b) 시스템이 안정하다.

(c) 시스템의 자연 응답에 감쇠 사인파가 들어 있지 않다.

(d) 시스템의 자연 응답에 감쇠 사인파가 들어 있다.

(e) 시스템의 자연 응답에 비감쇠 사인파가 들어 있다.

(f) 시스템의 주파수 응답은 매우 높은 주파수에서 상수로 근접한다.

(g) 시스템의 주파수 응답은 매우 높은 주파수에서 0으로 근접한다.

7.27 임펄스 응답이 $h(t) = e^{bt}u(t)$, $b > 0$인 시스템이 있다.

(a) 이 시스템은 유계-입력 유계-출력 안정한가?

(b) 이 시스템을 그림 P7.27과 같이 피드백 시스템이 되도록 연결하였다. 입력 $x(t)$로부터 출력 $y(t)$까지의 새로운 시스템 전달함수를 구하여라.

(c) 이 시스템이 유계-입력 유계-출력 안정하도록 하는 파라미터 A의 범위를 구하여라.

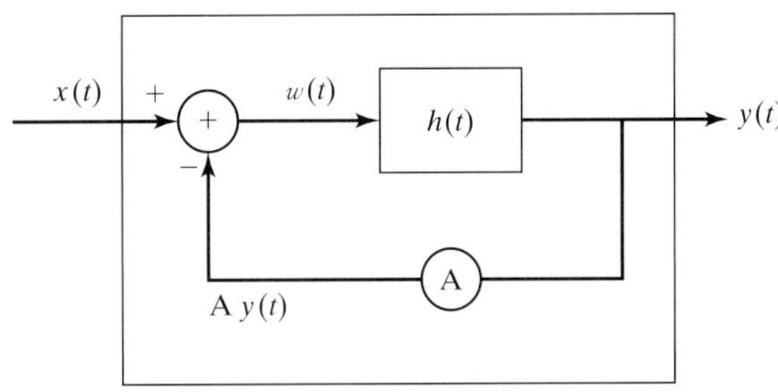

그림 P7.27

7.28 **(a)** MATLAB을 사용하여 연습문제 7.22에 나오는 각 시스템의 임펄스 응답을 구하고 그 개형을 그려라.

(b) MATLAB을 사용하여 연습문제 7.22에 나오는 각 시스템의 단위 계단 응답을 구하고 그 개형을 그려라.

7.8절

7.29 아래 각 함수들의 양방향 라플라스 변환을 구하여라. ROC를 함께 표시하여라.

(a) $e^{-4t}u(t)$

(b) $e^{-4t}u(t-1)$

(c) $-e^{-4t}u(-t)$

(d) $e^{-4t}u(-t-1)$

(e) $e^{-4t}u(t+4)$

(f) $e^{-4t}u(1-t)$

7.30 아래 각 파형의 개형을 그리고 양방향 라플라스 변환을 구하여라. ROC를 함께 표시하여라.

(a) $f(t) = e^{-10t}u(t) + e^{10t}u(-t)$

(b) $f(t) = e^{-t}u(t) + e^{-2t}u(t)$

(c) $f(t) = e^{-10t}u(t) + e^{5t}u(-t)$

(d) $f(t) = \delta(t) - \frac{4}{3}e^{-t}u(t) + \frac{1}{3}e^{2t}u(t)$

7.31 다음 함수를 생각하자.

$$f(t) = \begin{cases} e^{5t} & -1 \le t \le 2 \\ 0 & \text{나머지 구간} \end{cases}$$

(a) 식 (7.1)을 이용하여 이 함수의 양방향 라플라스 변환을 구하고 ROC를 제시하여라.

(b) 이 함수는 다음과 같이 쓸 수 있다.

$$f(t) = e^{5t}[u(t+1) - u(t-2)]$$

표를 이용하여 이 함수의 양방향 라플라스 변환과 ROC를 구하여라.

(c) 이 함수는 다음과 같이 쓸 수 있다.

$$f(t) = e^{5t}[u(2-t) - u(-1-t)]$$

표를 이용하여 이 함수의 양방향 라플라스 변환과 ROC를 구하여라.

7.32 ROC가 각각 다음과 같을 때, 다음 함수의 역라플라스 변환을 구하여라.

$$F(s) = \frac{s+7}{s(s+1)}$$

(a) $\mathrm{Re}(s) < 2$

(b) $\mathrm{Re}(s) > 1$

(c) $-2 < \mathrm{Re}(s) < 1$

(d) (a), (b), (c)의 각 경우에 이 함수의 최종값을 구하여라.

7.33 다음과 같은 라플라스 변환을 생각하자.

$$X(s) = \frac{(s+5)}{(s+1)(s-1)}$$

다음 물음에 답하여라.

(a) 가능한 모든 역양방향 라플라스 변환을 구하여라.

(b) (a)에서의 각 경우에 대해 ROC를 제시하여라.

(c) (a)에서 구한 각 함수가 인과적인지, 양방향 함수인지를 판별하여라.

(d) (a)에서 구한 각 함수가 BIBO 안정한지 여부를 판별하여라.

(e) (a)에서 구한 각 함수의 최종값을 구하여라.

7.34 다음과 같은 양방향 라플라스 변환이 있다.

$$F_b(s) = \frac{2}{s-1} + \frac{4}{s+2} - \frac{1}{s+3}$$

(a) 이 함수에 대해 가능한 모든 ROC 영역을 스케치하고 각 스케치에 $F_b(s)$의 극점을 표시하여라.

(b) 각 ROC에 대해, 역라플라스 변환을 구하여라.

7.35 어떤 시간 함수 $h(t)$의 라플라스 변환인 전달함수가 다음과 같다고 하자.

$$H(s) = \frac{1}{(s+1)(s+2)}$$

(a) $h(t)$가 인과적이라면, 어떤 값의 범위에서 시스템이 BIBO 안정한가? 수렴 영역에 대해 언급하여라.

(b) $h(t)$가 양방향 신호라면, 어떤 값의 범위에서 시스템이 BIBO 안정한가? 수렴 영역에 대해 언급하여라.

(c) $h(t)$가 비인과적이라면, 어떤 값의 범위에서 시스템이 BIBO 안정한가? 수렴 영역에 대해 언급하여라.

7.36 ROC가 $0 < \mathrm{Re}(s) < 1$일 때, 다음 함수의 역라플라스 변환을 구하여라.

$$H(s) = \frac{s^2 - s + 1}{s^2(s-1)}$$

7.37 ROC가 $-4 < \mathrm{Re}(s) < 2$일 때, 다음 함수의 역라플라스 변환을 구하여라.

$$H(s) = \frac{1}{(s+9)(s+4)(s-2)}$$

8 연속-시간 시스템의 상태 변수

State Variables for Continuous-Time Systems

3장에서 연속-시간 시스템을 계수가 상수인 선형 시불변(LTI) 시스템으로 모델링하는 것에 대해 소개하였다. 또한 이 시스템에 대한 형태 I과 형태 II 표현(시뮬레이션 다이어그램)을 고려하였다. 형태 I 표현은 n차 시스템에 대해 $2n$개의 적분기가 필요하고 형태 II 표현은 n개의 적분기가 필요하다.

8장에서는 이 표현 방법을 확장하여 n차 시스템에 대해 n개의 연립 일차 미분방정식으로 이루어진 모델을 얻게 된다. 이 모델을 *상태-변수 모델*(state-variable model) 또는 좀 더 간단하게는 *상태 모델*(state model)이라고 한다.

상태-변수 모델은 몇 가지 장점을 가지고 있다.

1. 입력-출력 모델에 추가적으로 시스템의 내부 구조를 보여준다. 따라서 상태-변수 모델이 전달함수와 같은 입력-출력 모델보다 더 일반적이다.
2. 대부분의 수치-적분 알고리즘은 이러한 종류의 모델에 기반을 두고 있다. 따라서 일반적으로 디지털 컴퓨터로 시스템의 방정식을 수치적으로 풀 때 상태 모델이 필요하다.
3. 상태 변수 방법으로 비선형 시스템을 모델링하는 것은 선형 시스템에 대한 상태-변수 모델을 간단히 확장하면 된다. 그 결과 비선형 미분방정식을 컴퓨터로 적분하는 것은 꽤 쉽게 할 수 있다.
4. 몇몇 시스템 분석 및 설계 과정은 상태-변수 모델을 기초로 하여 개발되었다. 예를 들어, 많은 최적 시스템-설계 과정은 상태 모델이 필요하다.

상태-변수 모델로 분석하고 설계하는 작업은 행렬을 포함한 수학을 이용해야 한다. 이와 관련된 내용은 부록 G에 요약되어 있고 필요한 용어는 이 장에서 사용할 때마다 정의할 것이다.

8.1 상태-변수 모델링

하나의 예를 들어 상태-변수 모델링을 소개하고자 한다. 그림 8.1과 같은 RLC 회로를 생각해보자. 전압 소스 $v_i(t)$를 회로의 입력으로 커패시터 전압 $v_c(t)$를 회로의 출력이라고 생각하자. 이 회로는 다음 두 개의 방정식으로 기술된다.

$$L\frac{di(t)}{dt} + Ri(t) + v_c(t) = v_i(t) \tag{8.1}$$

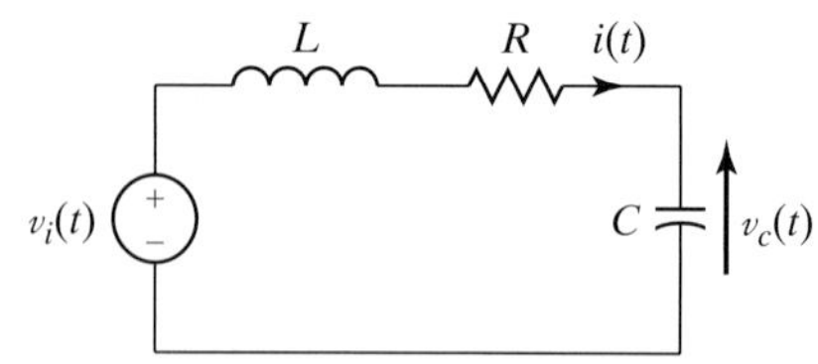

그림 8.1 회로 예

$$v_c(t) = \frac{1}{C}\int_{-\infty}^{t} i(\tau)d\tau \tag{8.2}$$

두 개의 미지의 변수는 $i(t)$와 $v_c(t)$다.

먼저 식 (8.2)를 부록 B의 라이프니츠 규칙을 이용한 미분을 통해 다음과 같은 미분방정식으로 바꾼다.

$$\frac{dv_c(t)}{dt} = \frac{1}{C}i(t) \tag{8.3}$$

다음으로 두 개의 *상태 변수*(state variable) 또는 더 간단하게는 *상태*(state)를 정의한다.

$$x_1(t) = i(t)$$

그리고 (8.4)

$$x_2(t) = v_c(t)$$

여기서 $x_i(t)$는 상태 변수를 나타내는 일반적인 기호다. 이 시스템에 대해서는 회로에서 에너지 저장[$Li^2(t)/2$와 $Cv_c^2(t)/2$]을 나타내는 물리적인 변수를 두 개의 상태 변수로 선택한다. 이것은 시스템의 상태 변수를 선택하는 한 방법일 뿐이고, 또 다른 방법들에 대해서는 추후에 다시 논의한다.

다음으로, 식 (8.4)의 상태 변수들을 시스템 미분방정식 식 (8.1)과 식 (8.3)에 대입하면 다음을 얻는다.

$$L\frac{dx_1(t)}{dt} + Rx_1(t) + x_2(t) = v_i(t)$$

$$\frac{dx_2(t)}{dt} = \frac{1}{C}x_1(t)$$

이 두 개의 방정식을 미분 항에 대하여 다음과 같이 정리한다.

$$\frac{dx_1(t)}{dt} = -\frac{R}{L}x_1(t) - \frac{1}{L}x_2(t) + \frac{1}{L}v_i(t)$$

그리고 (8.5)

$$\frac{dx_2(t)}{dt} = \frac{1}{C}x_1(t)$$

이러한 연립 일차 미분방정식 외에 시스템의 출력과 상태 변수를 연관시키는 방정식이 하나 필요하다. 출력 신호가 커패시터 전압 $v_c(t)$이므로, 출력 방정식은 다음과 같다.

$$y(t) = v_c(t) = x_2(t) \tag{8.6}$$

여기서 시스템의 출력을 일반적인 기호로써 $y(t)$로 나타낸다.

기호를 간단히 하기 위해, 윗점을 사용하여 일차 미분을 나타낸다. 예를 들어, $\dot{x}_1(t) = dx_1(t)/dt$다. 그러면 식 (8.5)는 다음과 같이 표현된다.

$$\dot{x}_1(t) = -\frac{R}{L}x_1(t) - \frac{1}{L}x_2(t) + \frac{1}{L}v_i(t)$$

그리고 (8.7)

$$\dot{x}_2(t) = \frac{1}{C}x_1(t)$$

기호를 좀 더 간단히 하기 위해, 상태 방정식을 벡터-행렬 형태로 쓴다. 식 (8.6)과 식 (8.7)로부터

$$\begin{bmatrix} \dot{x}_1(t) \\ \dot{x}_2(t) \end{bmatrix} = \begin{bmatrix} -\dfrac{R}{L} & -\dfrac{1}{L} \\ \dfrac{1}{C} & 0 \end{bmatrix} \begin{bmatrix} x_1(t) \\ x_2(t) \end{bmatrix} + \begin{bmatrix} \dfrac{1}{L} \\ 0 \end{bmatrix} v_i(t)$$

그리고 (8.8)

$$y(t) = [0 \quad 1]\begin{bmatrix} x_1(t) \\ x_2(t) \end{bmatrix}$$

이다. 그러면 이 식이 그림 8.1의 회로에 대한 상태 방정식이다. 8.6절에서 논의하겠지만, 이 연립 방정식이 유일한 것은 아니다. 즉, 다른 변수를 시스템의 상태로 선택할 수 있다.

연속-시간 LTI 시스템의 상태 방정식의 표준 형태는 다음과 같다.

$$\dot{\mathbf{x}}(t) = \mathbf{A}\mathbf{x}(t) + \mathbf{B}\mathbf{u}(t)$$

그리고 (8.9)

$$\mathbf{y}(t) = \mathbf{C}\mathbf{x}(t) + \mathbf{D}\mathbf{u}(t)$$

여기서 볼드체는 벡터와 행렬을 나타낸다. 벡터 $\dot{\mathbf{x}}(t)$는 벡터 $\mathbf{x}(t)$의 시간에 대한 미분이다. 이 식에서,

$\mathbf{x}(t)$ = n차 시스템의 $(n \times 1)$ 상태 벡터
$\mathbf{u}(t)$ = 시스템의 입력 신호로 이루어진 입력 벡터
$\mathbf{y}(t)$ = 정의된 출력 신호로 이루어진 출력 벡터
$\mathbf{A}$ = $(n \times n)$ 시스템 행렬
$\mathbf{B}$ = $(n \times r)$ 입력 행렬
$\mathbf{C}$ = $(p \times n)$ 출력 행렬
$\mathbf{D}$ = $(p \times r)$ 시스템 입력과 시스템 출력 사이의 직접적인 연결을 나타내는 행렬

식 (8.9)의 벡터들을 전개하면 다음과 같다.

$$\dot{\mathbf{x}}(t) = \begin{bmatrix} \dot{x}_1(t) \\ \dot{x}_2(t) \\ \vdots \\ \dot{x}_n(t) \end{bmatrix}; \quad \mathbf{x}(t) = \begin{bmatrix} x_1(t) \\ x_2(t) \\ \vdots \\ x_n(t) \end{bmatrix}$$
$$\dot{\mathbf{u}}(t) = \begin{bmatrix} u_1(t) \\ u_2(t) \\ \vdots \\ u_r(t) \end{bmatrix}; \quad \mathbf{y}(t) = \begin{bmatrix} y_1(t) \\ y_2(t) \\ \vdots \\ y_p(t) \end{bmatrix} \tag{8.10}$$

입력 함수를 $u_i(t)$로 나타내는 것이 표준적인 기호다. 불행하게도 이 기호는 또한 특이 함수를 나타낼 때에도 사용되어 혼란이 발생할 수 있다.

식 (8.9)의 i번째 상태 방정식은 다음과 같다.

$$\begin{aligned} \dot{x}_1(t) &= a_{i1}x_1(t) + a_{i2}x_2(t) + \cdots + a_{in}x_n(t) \\ &\quad + b_{i1}u_1(t) + \cdots + b_{ir}u_r(t) \end{aligned} \tag{8.11}$$

그리고 식 (8.9)의 i번째 출력 방정식은 다음과 같다.

$$\begin{aligned} y_i(t) &= c_{i1}x_1(t) + c_{i2}x_2(t) + \cdots + c_{in}x_n(t) \\ &\quad + d_{i1}u_1(t) + \cdots + d_{ir}u_r(t) \end{aligned} \tag{8.12}$$

이제 시스템의 *상태*(state)를 다음과 같이 정의한다.

> 임의의 시각 t_0에서 시스템의 상태는 $t \geqq t_0$에서의 모든 입력과 함께 $t \geqq t_0$에서의 시스템의 행동을 결정하는 정보다.

식 (8.9)의 표준 형태에서 상태 벡터 $\mathbf{x}(t)$는 이 정의를 만족한다. 미분방정식에 대해서는 초기 조건이 이러한 정의를 만족한다는 사실에 유의한다.

식 (8.9)의 두 개의 행렬 방정식을 시스템의 *상태 방정식*이라 부른다. 첫 번째 방정식은 미분방정식인데 *상태 방정식*이라 하고, 두 번째 방정식은 대수 방정식인데 *출력 방정식*이라 한다. 상태 방정식은 일차 행렬 미분방정식이고 상태 벡터 $\mathbf{x}(t)$가 해가 된다. $\mathbf{x}(t)$와 입력 벡터 $\mathbf{u}(t)$를 알 때, 출력 방정식은 출력 $\mathbf{y}(t)$를 생성해낸다. 이 출력 방정식은 선형인 대수 행렬 방정식이다.

상태 방정식 (8.9)에서, 오직 상태 변수의 일차 미분만이 방정식의 좌변에 나타나고 우변에는 상태나 입력의 미분이 전혀 나타나지 않는다. 출력 방정식에도 미분은 보이지 않는다. LTI 시스템을 모델링하는 유효한 일차 연립 방정식을 이러한 규칙을 따르지 않고 쓸 수도 있을 것이다. 하지만 그러한 방정식은 표준 형태는 아니다.

상태 방정식의 표준 형태인 식 (8.9)는 하나 이상의 입력과 하나 이상의 출력이 가능하다. 하나 이상의 입력과 하나 이상의 출력을 갖는 시스템을 *다변수 시스템*(mltivariable system)이라 한다. 단일 입력 시스템일 때는, 행렬 $\mathbf{B}$는 $(n \times 1)$ 열벡터이고 입력은 스칼라 $u(t)$이다. 단일 출력 시스템일 때는, 행렬 $\mathbf{C}$는 $(1 \times n)$ 행벡터이고 출력은 스칼라 $y(t)$가 된다. 다변수 시스템을 보여주는 예를 하나 살펴보자.

예제 8.1 이차 시스템의 상태 변수

다음과 같은 연립 미분방정식으로 기술되는 시스템을 생각해보자.

$$\dot{y}_1(t) + 2y_1(t) - 3y_2(t) = 4u_1(t) - u_2t$$

그리고

$$\dot{y}_2(t) + 2y_2(t) + y_1(t) = u_1(t) + 5u_2(t)$$

여기서 $u_1(t)$와 $u_2(t)$는 시스템의 입력이고 $y_1(t)$와 $y_2(t)$는 시스템의 출력이다. 출력을 상태로 정의하면,

$$x_1(t) = y_1(t); \quad x_2(t) = y_2(t)$$

이다. 시스템의 미분방정식으로부터, 상태 방정식을 다음과 같이 쓴다.

$$\dot{x}_1(t) = -2x_1(t) + 3x_2(t) + 4u_1(t) - u_2(t)$$

그리고

$$\dot{x}_2(t) = -x_1(t) - 2x_2(t) + u_1(t) + 5u_2(t)$$

출력 방정식은

$$y_1(t) = x_1(t)$$

그리고

$$y_2(t) = x_2(t)$$

이다. 이 방정식들을 다음과 같이 벡터-행렬 형태로 쓸 수 있다.

$$\dot{\mathbf{x}}(t) = \begin{bmatrix} -2 & 3 \\ -1 & -2 \end{bmatrix}\mathbf{x}(t) + \begin{bmatrix} 4 & -1 \\ 1 & 5 \end{bmatrix}\mathbf{u}(t)$$

그리고

$$\mathbf{y}(t) = \begin{bmatrix} 1 & 0 \\ 0 & 1 \end{bmatrix}\mathbf{x}(t)$$

따라서, 주어진 시스템에 대한 상태 방정식을 유도하였다. ■

예제 8.1에서, 이 방정식이 하나의 기계 시스템을 모델링했다고 가정하자. 또한 $y_1(t)$와 $y_2(t)$가 모두 시스템의 변위(displacement)라고 가정하자. 그러면 상태 변수는 시스템 내부의 물리적인 신호를 나타낸다. 일반적으로 상태 변수가 물리적으로 식별이 가능한 변수이기를 선호하지만, 반드시 그럴 필요는 없다. 이 주제는 8.6절에서 더 자세하게 다룬다.

물리적 시스템의 방정식이 물리 법칙으로부터 얻어낸 것이라면 일반적으로 연립 일차 또는 이차 미분방정식이 된다. 이 상황에서는 흔히 예제 8.1에서 보여준 것과 같이 상태 변수를 선택한다. 즉, 일차 미분방정식 하나당 하나의 상태를 선택하고, 이차 미분방정식 하나당 두 개의 상태 변수가 선택된다. 예를 들어, 세 개의 이차 루프방정식과 두 개의 일차 루프방정식으로 이루어진 총 다섯 개의 루프방정식으로 기술되는 회로가 있다고 가정하면, 이 회로는 세 개의 이차 미분방정식으로부터 여섯 개, 두 개의 일차 미분방정식으로부터 두 개, 총 여덟 개의 상태 변수로 모델링된다.

이번 절에서는 연속-시간 LTI 시스템에 대한 상태 모델의 표준 형태를 소개하였다. 미분방정식으로 기술되는 두 개의 시스템을 가지고 상태 모델에 대해 설명하였다. 다음으로 시스템 전달

함수 $H(s)$로부터 바로 상태 모델을 얻어내는 방법을 살펴볼 것이다. 일반적으로 이러한 방법으로 얻은 상태 모델에서 상태 변수는 반드시 물리적 신호를 나타내는 것은 아니다.

8.2 시뮬레이션 다이어그램

8.1절에서는 시스템 미분방정식으로부터 직접적으로 시스템의 상태 모델을 구하는 두 가지 방법을 소개하였다. 8.1절의 예에서 소개한 방법들은 매우 유용하고 많은 실제 상황에서 적용되고 있다. 만일 시스템 방정식을 물리 법칙으로부터 작성한다면, 그 결과는 일반적으로 예제 8.1에 보여준 형태의 연립 미분방정식이 된다. 즉, 서로 연결된 이차 미분방정식의 집합이 된다. 그러나 *시스템 식별 과정*(system-identification procedure)[1]이라고 하는 물리적 시스템의 모델을 얻어내는 어떤 방법들은 그 결과물로 미분방정식보다는 전달함수를 도출해낸다. 이 절에서는 전달함수로부터 상태 모델을 얻어내는 과정을 소개한다. 전달함수는 단일-입력 단일-출력을 내포하고 있기 때문에, 입력은 스칼라 $u(t)$이고 출력은 스칼라 $y(t)$이다.

여기서 소개하는 과정은 시스템의 형태 II 표현, 또는 형태 II 시뮬레이션 다이어그램을 기반으로 하고 있다. 이 형태는 3.8절에서 설명한 적이 있다. 그림 8.2에 다시 나타낸 이 시뮬레이션 다이어그램은 다음과 같은 전달함수로 n차 시스템을 표현한다.

$$H(s) = \frac{Y(s)}{U(s)} = \frac{b_n s^n + b_{n-1}s^{n-1} + \cdots + b_1 s + b_0}{s^n + a_{n-1}s^{n-1} + \cdots + a_1 s + a_0} \tag{8.13}$$

여기서 $U(s)$는 입력(의 라플라스 변환)이고 $Y(s)$는 출력이다. 분모식에서 계수 a_n은 1로 정규화되어 있다는 점에 주목한다. 이 계수가 전달함수에서 1이 아니면, 분자와 분모를 a_n으로 나누어 식 (8.13)을 얻을 수 있다. 식 (8.13)은 다음과 같이 나타낼 수 있다.

$$\begin{aligned}(s^n + a_{n-1}s^{n-1} + \cdots + a_1 s + a_0)Y(s)\\ = (b_n s^n + b_{n-1}s^{n-1} + \cdots + b_1 s + b_0)U(s)\end{aligned} \tag{8.14}$$

3장에서 소개한 절차를 따르거나 또는 역라플라스 변환을 이용하면, 시스템 방정식을 다음과 같이 쓸 수 있다.

$$\sum_{k=0}^{n} a_k \frac{d^k y(t)}{dt^k} = \sum_{k=0}^{n} b_k \frac{d^k u(t)}{dt^k} \tag{8.15}$$

여기서 $a_n = 1$이다. 따라서 식 (8.13)의 전달함수로 모델링되는 시스템은 식 (8.15)의 미분방정식으로 모델링된다. 식 (8.14)를 유도하기 위해 라플라스 변환을 사용할 때 초기 조건은 무시했음을 상기하자. 따라서 식 (8.14)의 역라플라스 변환을 구할 때 초기 조건은 무시해야 한다.

이제 식 (8.13),식 (8.15) 그리고 그림 8.2의 시스템 상태 모델을 작성하는 과정을 살펴보자. 먼저 그림 8.2에서 각 적분기의 출력에 그림과 같이 상태 변수를 표기한다. 적분기의 출력이 $x_i(t)$이면, 이 적분기의 입력은 그림 8.2에서와 같이 $\dot{x}_i(t)$이어야 한다. 그러면 그림 8.2로부터 적분기의 입력에 대한 방정식을 다음과 같이 쓸 수 있다.

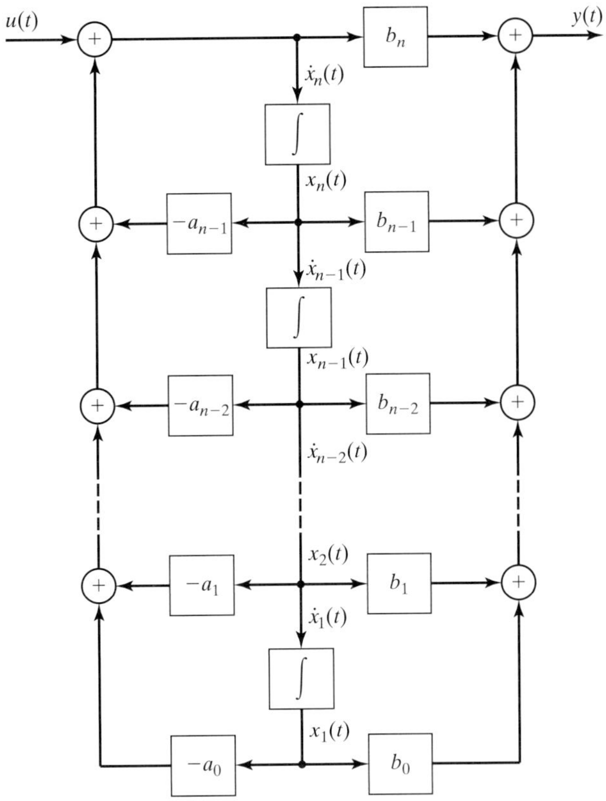

그림 8.2 n-차 시스템의 직접 형태 II

$$\begin{aligned} \dot{x}_1(t) &= x_2(t); \\ \dot{x}_2(t) &= x_3(t); \\ &\vdots \\ \dot{x}_{n-1}(t) &= x_n(t); \\ \dot{x}_n(t) &= -a_0x_1(t) - a_1x_2(t) - \cdots - a_{n-2}x_{n-1}(t) \\ &\quad -a_{n-1}x_n(t) + u(t) \end{aligned} \tag{8.16}$$

출력 신호에 대한 방정식은 그림 8.2로부터

$$\begin{aligned} y(t) &= (b_0 - a_0b_n)x_1(t) + (b_1 - a_1b_n)x_2(t) \\ &\quad + \cdots + (b_{n-1} - a_{n-1}b_n)x_n(t) + b_nu(t) \end{aligned} \tag{8.17}$$

이다. 이제 식 (8.16)과 식 (8.17)을 다음과 같이 행렬 방정식으로 쓴다.

$$\dot{\mathbf{x}}(t) = \begin{bmatrix} 0 & 1 & 0 & \cdots & 0 & 0 \\ 0 & 0 & 1 & \cdots & 0 & 0 \\ \vdots & \vdots & \vdots & & \vdots & \vdots \\ 0 & 0 & 0 & \cdots & 0 & 1 \\ -a_0 & -a_1 & -a_2 & \cdots & -a_{n-2} & -a_{n-1} \end{bmatrix}\mathbf{x}(t) + \begin{bmatrix} 0 \\ 0 \\ \vdots \\ 0 \\ 1 \end{bmatrix}u(t); \tag{8.18}$$

$$\mathbf{y}(t) = [(b_0 - a_0b_n)\ (b_1 - a_1b_n) \cdots (b_{n-1} - a_{n-1}b_n)]\mathbf{x}(t) + b_nu(t)$$

이 상태 방정식은 식 (8.13)의 전달함수 또는 식 (8.15)의 미분방정식으로부터 바로 쓸 수 있음을 알 수 있다. 왜냐하면 계수 a_i와 b_i가 이 두 개의 방정식에 모두 주어져 있기 때문이다. 그러므로 시뮬레이션 다이어그램을 그리는 중간 단계가 필요하진 않다. 이 과정을 사용하는 예를 살펴보자.

예제 8.2 전달함수로부터 상태 방정식

다음과 같은 전달함수를 갖는 단일-입력 단일-출력 시스템을 가정하자.

$$H(s) = \frac{Y(s)}{U(s)} = \frac{5s + 4}{s^2 + 3s + 2} = \frac{b_1 s + b_0}{s^2 + a_1 s + a_0}$$

상태 방정식은 식 (8.18)로부터 다음과 같이 바로 쓸 수 있다.

$$\begin{aligned} \dot{\mathbf{x}}(t) &= \begin{bmatrix} 0 & 1 \\ -2 & -3 \end{bmatrix}\mathbf{x}(t) + \begin{bmatrix} 0 \\ 1 \end{bmatrix}u(t) \\ y(t) &= [4 \quad 5]\mathbf{x}(t) \end{aligned} \tag{8.19}$$

형태 II 시뮬레이션 다이어그램을 파라미터의 값 및 상태 변수와 함께 그림 8.3에 나타내었다. 식 (8.19)의 상태 모델을 이 다이어그램으로부터 직접적으로 검증해볼 수 있다.

시스템 모델을 전달함수로부터 상태 방정식으로 전환하는 데에 MATLAB이 유용하다. 다음 프로그램은

```
num = [5 4], den = [1  3  2]
[A,B,C,D] = tf2ss(num,den)
```

다음과 같은 상태 행렬들을 생성한다.

$$A = \begin{bmatrix} -3 & -2 \\ 1 & 0 \end{bmatrix}, \quad B = \begin{bmatrix} 1 \\ 0 \end{bmatrix}, \quad C = [5 \quad 4], \text{ 그리고 } D = [0]$$

그런데 MATLAB이 보여주는 A, B, C 행렬은 식 (8.19)에서 보이는 행렬들과 다르다는 사실을 알 수 있다. 이러한 결과는 MATLAB이 *tf2ss* 명령어에 대한 프로그램에서 상태 변수를 할당하는 기본 방식에서 기인한다. 상태 변수 x_1와 x_2의 순서를 바꾸면 MATLAB이 계산한 상태 행렬들이 올바르게 된다. 또한 MATLAB에서 계산되는 상태 행렬들을 *상사 변환*(similarity transformation)에 의해 식 (8.19)에 보이는 형태로 변환할 수 있다. 상사 변환에 대해서는 8.6절에서 다룬다. ■

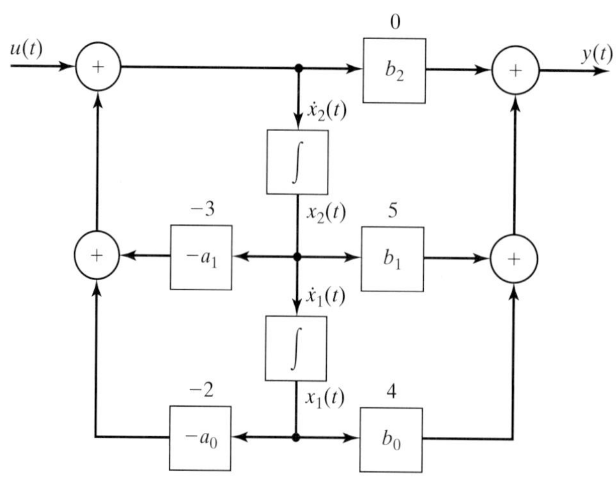

그림 8.3 이차 시스템

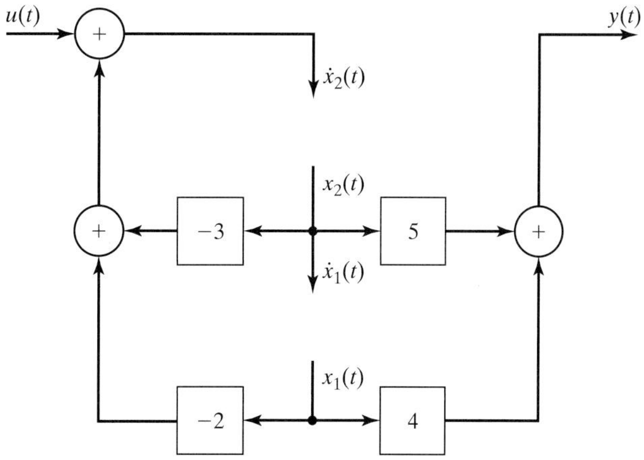

그림 8.4 이차 시스템

식 (8.18)의 상태 모델은 몇몇의 피드백 제어 시스템의 설계 과정에서 필요하다. 식 (8.18)을 그러한 설계 과정에서 응용할 때, 식 (8.18)을 *제어 표준 형태*(control canonical form)라고 한다 [2, 3].

임의의 시스템에 대해 어떤 형태이든 이에 대한 시뮬레이션 다이어그램이 있다면, 방금 사용한 과정을 이용하여 그림 8.2와 같은 시뮬레이션 다이어그램으로부터 식 (8.18)과 같은 상태 방정식을 작성할 수 있다. 즉, 반드시 형태 II 구현만이 필요한 것은 아니다. 임의의 형태의 시뮬레이션 다이어그램으로부터 상태 방정식을 작성하는 과정에서 적분기의 출력을 상태 변수로 선택한다. 따라서 적분기의 입력은 상태변수의 미분이 된다. 그런 다음 적분기의 입력 $\dot{x}_i(t)$에 대한 방정식과 시스템 출력 $y(t)$에 대한 방정식을 시스템 입력 $u(t)$, 적분기 출력 $x_i(t)$ 그리고 시스템 파라미터의 함수로 작성한다. 이 과정을 좀 더 살펴보자.

시뮬레이션 다이어그램에서, 적분기를 통과할 때 신호가 변형된다. 따라서 신호에 대한 표기가 바뀌게 되고, 적분기의 입력은 $\dot{x}_i(t)$로 나타내고 적분기의 출력은 $x_i(t)$로 나타낸다. 다이어그램에서 적분기를 생략하면 상태-방정식 작성 과정을 간단하게 만들 수 있다. 즉, 적분기를 생략하고 남은 다이어그램으로부터 바로 방정식을 작성할 수 있다. 이렇게 적분기를 생략하는 방법은 특히나 복잡한 시뮬레이션 다이어그램에서 유용하다. 그림 8.4는 그림 8.3에 나타낸 시스템에서 이렇게 적분기를 생략하고 나타낸 것이다. 적분기를 생략하였더라도 이 그림에 모든 신호들이 다 나타나 있음에 유의한다. 또한 $x_i(t)$와 $\dot{x}_i(t)$로 표기함으로써 적분기의 효과도 포함되어 있다.

이 과정의 마지막 단계는 다이어그램에서 적분기 입력과 시스템의 출력에 대한 방정식을 시스템의 입력, 적분기의 입력 그리고 시스템의 파라미터의 함수로 작성하는 것이다. 그림 8.4의 결과는 다음과 같다.

$$\begin{aligned}\dot{x}_1(t) &= x_2(t),\\ \dot{x}_2(t) &= -2x_1(t) - 3x_2(t) + u(t)\end{aligned}$$

그리고

$$y(t) = 4x_1(t) + 5x_2(t)$$

식 (8.18)에 의해, 이 방정식들은 예제 8.2에서 얻은 결과를 재확인해준다. 이제 두 번째 예를 보자.

예제 8.3 시뮬레이션 다이어그램으로부터 상태 방정식 작성하기

그림 8.5(a)의 시뮬레이션 다이어그램에 대한 상태 방정식을 작성하여보자. 참고로 이 다이어그램은 3장에서 논의하였던 두 가지의 표준적인 형태가 아니며, 때때로 아날로그 필터를 구현하는 데에 사용되는 형태다. 여기서 적분기는 연산증폭기를 이용하여 구현한다[2].

이 시스템은 두 개의 적분기를 가지고 있고 이차 시스템이다. 먼저, 상태 변수가 보이게 하고 적분기를 생략하여 이 시뮬레이션 다이어그램을 다시 그린다. 그 결과를 그림 8.5(b)에 나타내었다. 이 다이어그램으로부터, 다음과 같이 행렬 형태로 상태 방정식을 작성할 수 있다.

$$\dot{\mathbf{x}}(t) = \begin{bmatrix} -2 & 3 \\ 0 & -4 \end{bmatrix}\mathbf{x}(t) + \begin{bmatrix} 1 \\ 2 \end{bmatrix}u(t);\ y(t) = [5 \quad 6]\mathbf{x}(t)$$ ■

8.1절에서는 미분방정식으로부터 상태 방정식을 작성하는 한 가지 과정을 소개하였다. 이 절에서는 전달함수로부터 상태 방정식을 작성하는 과정을 다루었다. 그런 다음 이 과정을 확장하여 시뮬레이션 다이어그램으로부터 바로 상태 방정식을 작성하였다.

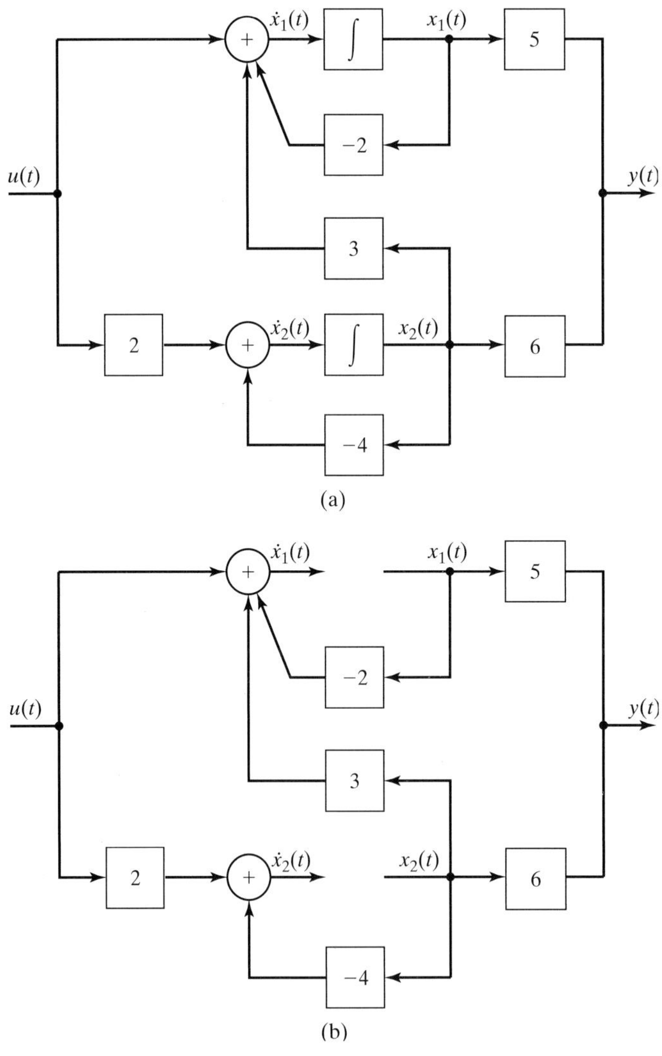

그림 8.5 예제 8.3의 시스템

종합하면, 물리적 시스템에 대한 모델을 다음과 같이 명시할 수 있다.

1. 미분방정식
2. 전달함수
3. 시뮬레이션 다이어그램
4. 상태 방정식

이번 절과 8.1절에서 이 네 가지의 모델을 모두 보여주었다. 8.5절에서는 이 절에서와는 반대로 상태 방정식으로부터 전달함수를 얻는 과정에 대해 설명할 것인데, 그러기 전에 먼저 상태 방정식의 해를 생각해보자.

8.3 상태 방정식의 해

앞 절에서는 시스템의 미분방정식 또는 전달함수 또는 시뮬레이션 다이어그램이 주어졌을 때, LTI 시스템에 대한 상태 방정식을 작성하는 과정을 설명하였다. 이 절에서는 상태 방정식의 해를 구하는 두 가지 방법을 소개한다.

라플라스 변환 해

상태 방정식에 대한 표준 형태는 다음과 같다.

$$\dot{\mathbf{x}} = \mathbf{A}\mathbf{x}(t) + \mathbf{B}\mathbf{u}(t) \tag{8.20}$$

이 방정식을 이제 라플라스 변환을 이용하여 풀고자 한다. 식 (8.20)에서 n개의 스칼라 방정식 중 다음과 같은 식을 생각해보자.

$$\begin{aligned}\dot{x}_1(t) &= a_{11}x_1(t) + a_{12}x_2(t) + \cdots + a_{1n}x_n(t)\\ &\quad + b_{11}u_1(t) + \cdots + b_{1r}u_r(t)\end{aligned} \tag{8.21}$$

여기서 a_{ij}와 b_{ij}는 각각 행렬 $\mathbf{A}$와 $\mathbf{B}$에서의 i번째 행과 j번째 열에 해당하는 원소들이다. 표 7.3으로부터 미분의 라플라스 변환은 다음과 같음을 떠올리자.

$$\mathcal{L}[\dot{x}_1(t)] = sX_1(s) - x_1(0)$$

편의상, $x_1(0)$에서 + 기호를 생략하였음에 유의하라. (이렇게 생략하는 것이 어느 정도 관례다.) 첫 번째 상태 방정식 (8.21)의 라플라스 변환은 다음과 같다.

$$\begin{aligned}sX_1(s) - x_1(0) &= a_{11}X_1(s) + a_{12}X_2(s) + \cdots + a_{1n}X_n(s)\\ &\quad + b_{11}U_1(s) + \cdots + b_{1r}U_r(s)\end{aligned} \tag{8.22}$$

완전한 해를 구하기 위해 초기 조건 $x_1(0)$을 포함시키고 있음에 유의한다. 식 (8.20)에서 두 번째 방정식은 다음과 같다.

$$\dot{x}_2(t) = a_{21}x_1(t) + a_{22}x_2(t) + \cdots + a_{2n}x_n(t) + b_{21}u_1(t) + \cdots + b_{2r}u_r(t)$$

그리고 이 식의 라플라스 변환은

$$\begin{aligned}sX_2(s) - x_2(0) &= a_{21}X_1(s) + a_{22}X_2(s) + \cdots + a_{2n}X_n(s)\\ &\quad + b_{21}U_1(s) + \cdots + b_{2r}U_r(s)\end{aligned} \tag{8.23}$$

이다.

식 (8.20)에서 나머지 $(n - 2)$개의 방정식에 대한 라플라스 변환은 식 (8.22)와 식 (8.23)과 동일한 형태가 된다. 그러면 이 변환된 방정식들을 다음과 같이 행렬의 형태로 쓸 수 있음을 알 수 있다.

$$s\mathbf{X}(s) - \mathbf{x}(0) = \mathbf{AX}(s) + \mathbf{BU}(s)$$

이 방정식을 $\mathbf{X}(s)$에 대하여 풀고자 한다. 이렇게 하기 위해 위 방정식을 다음과 같이 정리한다.

$$s\mathbf{X}(s) - \mathbf{AX}(s) = \mathbf{x}(0) + \mathbf{BU}(s) \tag{8.24}$$

이 방정식을 풀기 위해 좌변에서 하나의 인수로 $\mathbf{X}(s)$를 묶을 필요가 있다. 먼저 $s\mathbf{X}(s)$를 $s\mathbf{IX}(s)$로 써야 한다. 여기서 $\mathbf{I}$는 단위행렬이다(부록 G 참조). 그러면,

$$s\mathbf{IX}(s) - \mathbf{AX}(s) = (s\mathbf{I} - \mathbf{A})\mathbf{X}(s) = \mathbf{x}(0) + \mathbf{BU}(s) \tag{8.25}$$

이 단계가 필요한 이유는 행렬 $\mathbf{A}$ 빼기 스칼라 s를 정의할 수 없기 때문이다. 즉, 인수 $\mathbf{X}(s)$를 식 (8.24)에서 바로 묶어낼 수 없다. 이제 식 (8.25)를 $\mathbf{X}(s)$에 대하여 풀면,

$$\mathbf{X}(s) = (s\mathbf{I} - \mathbf{A})^{-1}\mathbf{x}(0) + (s\mathbf{I} - \mathbf{A})^{-1}\mathbf{BU}(s) \tag{8.26}$$

이다. 상태 벡터 $\mathbf{x}(t)$는 이 식의 역라플라스 변환이다.

해의 일반적인 관련성을 얻어내기 위해, 다음과 같은 *상태 천이 행렬*(state transition matrix) $\mathbf{\Phi}(t)$를 정의한다.

$$\mathbf{\Phi}(t) = \mathscr{L}^{-1}[\mathbf{\Phi}(s)] = \mathscr{L}^{-1}[(s\mathbf{I} - \mathbf{A})^{-1}] \tag{8.27}$$

이 행렬 $\mathbf{\Phi}(t)$는 또한 *기본 행렬*(fundamental matrix)이라고도 한다. 행렬 $\mathbf{\Phi}(s) = (s\mathbf{I} - \mathbf{A})^{-1}$은 $\mathbf{A}$의 *resolvant*라고 한다[3]. n-차 시스템에 대해 이 상태 천이 행렬은 $(n \times n)$ 크기의 행렬임에 유의한다.

식 (8.28)에서와 같이 어떤 행렬의 역라플라스 변환을 행렬의 각 원소들의 역변환으로 정의한다. 식 (8.27)에서 $\mathbf{\Phi}(t)$를 구하는 것은 일반적으로 어렵고 시간이 많이 걸리며 틀리기 또한 쉽다. 상태 벡터 $\mathbf{x}(t)$를 계산하는 좀 더 실제적인 과정은 컴퓨터 시뮬레이션을 이용하는 것이다. 다음으로 식 (8.27)의 계산을 보여주는 예를 소개한다.

예제 8.4 이차 시스템에 대한 상태 천이 행렬

다음 전달함수로 기술되는 예제 8.2의 시스템을 사용한다.

$$H(s) = \frac{Y(s)}{U(s)} = \frac{5s + 4}{s^2 + 3s + 2}$$

예제 8.2로부터 상태 방정식은 다음과 같다.

[식 (8.19)]

$$\dot{\mathbf{x}}(t) = \begin{bmatrix} 0 & 1 \\ -2 & -3 \end{bmatrix}\mathbf{x}(t) + \begin{bmatrix} 0 \\ 1 \end{bmatrix}u(t)$$

$$y(t) = [4 \quad 5]\mathbf{x}(t)$$

상태 천이 행렬을 구하기 위해, 먼저 행렬 $(s\mathbf{I} - \mathbf{A})$를 구한다.

$$s\mathbf{I} - \mathbf{A} = s\begin{bmatrix} 1 & 0 \\ 0 & 1 \end{bmatrix} - \begin{bmatrix} 0 & 1 \\ -2 & -3 \end{bmatrix} = \begin{bmatrix} s & -1 \\ 2 & s+3 \end{bmatrix}$$

다음으로 이 행렬의 수반행렬(adjoint matrix)을 계산한다(부록 G 참조).

$$\text{Adj}(s\mathbf{I} - \mathbf{A}) = \begin{bmatrix} s+3 & 1 \\ -2 & s \end{bmatrix}$$

$(s\mathbf{I} - \mathbf{A})$의 행렬식은 다음과 같다.

$$\begin{aligned} \det(s\mathbf{I} - \mathbf{A}) &= s(s+3) - (-1)(2) \\ &= s^2 + 3s + 2 = (s+1)(s+2) \end{aligned}$$

역행렬은 수반행렬을 행렬식으로 나눈 것이다.

$$\begin{aligned} \mathbf{\Phi}(s) = (s\mathbf{I} - \mathbf{A})^{-1} &= \begin{bmatrix} \dfrac{s+3}{(s+1)(s+2)} & \dfrac{1}{(s+1)(s+2)} \\ \dfrac{-2}{(s+1)(s+2)} & \dfrac{s}{(s+1)(s+2)} \end{bmatrix} \\ &= \begin{bmatrix} \dfrac{2}{s+1} + \dfrac{-1}{s+2} & \dfrac{1}{s+1} + \dfrac{-1}{s+2} \\ \dfrac{-2}{s+1} + \dfrac{2}{s+2} & \dfrac{-1}{s+1} + \dfrac{2}{s+2} \end{bmatrix} \end{aligned}$$

상태 천이 행렬은 이 행렬의 역라플라스 변환이다.

$$\mathbf{\Phi}(t) = \begin{bmatrix} 2e^{-t} - e^{-2t} & e^{-t} - e^{-2t} \\ -2e^{-t} + 2e^{-2t} & -e^{-t} + 2e^{-2t} \end{bmatrix}$$

다음 MATLAB 프로그램은 resolvant를 계산하고 이 예에서의 상태 천이 행렬을 계산한다.

```
% This MATLAB program verifies the calculations of Example 8.4.
%
% Designate the symbolic variables to be used.
syms s t
% Enter the numerator and denominator coefficient arrays.
n=[5 4];
d=[1 3 2];
% Show the transfer function.
Hs=tf(n,d)
% Convert the system into a state-variable model.
[A,B,C,D]=tf2ss(n,d);
% Perform a similarity transformation to put the
% model in control-canonical form.
% (Similarity transformations are discussed in Section 8.6).
T=[0 1;1 0];
[A,B,C,D]=ss2ss(A,B,C,D,T)
% Form the Identity matrix.
I=[1 0;0 1];
% Compute Phi(s).
Phis=inv(s*I-A);
'The resolvant matrix, Phi(s)='
pretty(Phis)
% Compute phi(t), the state-transition matrix.
phit=ilaplace(Phis);
'The state-transition matrix, phi(t)='
pretty(phit).
```

■

3.5절과 7.7절로부터 시스템 특성방정식은 전달함수의 분모식을 0으로 놓은 식임을 떠올려보자. 그러면 예제 8.4의 시스템에 대해, 특성방정식은

$$s^2 + 3s + 2 = (s+1)(s+2) = 0$$

이다. 따라서, 이 시스템의 모드는 e^{-t}와 e^{-2t}다. 이 모드들은 상태 천이 행렬 $\mathbf{\Phi}(t)$에서 확실하게 눈에 띈다. 한 시스템의 모드는 언제나 상태 천이 행렬에 나타난다. 따라서 시스템의 안정성은 $\mathbf{\Phi}(t)$로부터 바로 알 수 있다.

식 (8.26)으로부터 상태 방정식의 완전한 해는 다음과 같다.

$$\begin{aligned}\mathbf{X}(s) &= (s\mathbf{I} - \mathbf{A})^{-1}\mathbf{x}(0) + (s\mathbf{I} - \mathbf{A})^{-1}\mathbf{B}\mathbf{U}(s) \\ &= \mathbf{\Phi}(s)\mathbf{x}(0) + \mathbf{\Phi}(s)\mathbf{B}\mathbf{U}(s)\end{aligned} \tag{8.28}$$

resolvant 행렬 $\mathbf{\Phi}(s)$가 상태 방정식의 해의 기초가 된다는 사실에 주목한다.

한 예를 통해 완전한 해를 구하는 과정을 보여주고 난 다음 다른 형태의 해를 소개하고자 한다.

예제 8.5 이차 상태 방정식의 전체 응답

다시 한번 예제 8.4의 시스템을 생각하자. 이 시스템의 상태 방정식은 다음과 같다.

$$\dot{\mathbf{x}}(t) = \begin{bmatrix} 0 & 1 \\ -2 & -3 \end{bmatrix}\mathbf{x}(t) + \begin{bmatrix} 0 \\ 1 \end{bmatrix}u(t)$$

그리고

$$y(t) = [4 \quad 5]\mathbf{x}(t)$$

resolvant 행렬은 다음과 같다.

$$\mathbf{\Phi}(s) = (s\mathbf{I} - \mathbf{A})^{-1} = \begin{bmatrix} \dfrac{s+3}{(s+1)(s+2)} & \dfrac{1}{(s+1)(s+2)} \\ \dfrac{-2}{(s+1)(s+2)} & \dfrac{s}{(s+1)(s+2)} \end{bmatrix}$$

입력 신호가 단위 계단 함수라고 가정하자. 그러면 $U(s) = 1/s$이고 식 (8.28)의 두 번째 항은 다음과 같이 된다.

$$\begin{aligned}(s\mathbf{I} - \mathbf{A})^{-1}\mathbf{B}U(s) &= \begin{bmatrix} \dfrac{s+3}{(s+1)(s+2)} & \dfrac{1}{(s+1)(s+2)} \\ \dfrac{-2}{(s+1)(s+2)} & \dfrac{s}{(s+1)(s+2)} \end{bmatrix}\begin{bmatrix} 0 \\ 1 \end{bmatrix}1/s \\ &= \begin{bmatrix} \dfrac{1}{s(s+1)(s+2)} \\ \dfrac{1}{(s+1)(s+2)} \end{bmatrix} = \begin{bmatrix} \dfrac{1/2}{s} + \dfrac{-1}{s+1} + \dfrac{1/2}{s+2} \\ \dfrac{1}{s+1} + \dfrac{-1}{s+2} \end{bmatrix}\end{aligned}$$

$t > 0$일 때, 이 벡터의 역라플라스 변환은 다음과 같다.

$$\mathscr{L}^{-1}[(s\mathbf{I} - \mathbf{A})^{-1}\mathbf{B}U(s)] = \begin{bmatrix} \frac{1}{2} - e^{-t} + \frac{1}{2}e^{-2t} \\ e^{-t} - e^{-2t} \end{bmatrix}$$

상태 천이 행렬을 예제 8.4에서 유도하였다. 따라서 식 (8.28)과 예제 8.4로부터 상태 방정식의 완전한 해는

$$\mathbf{x}(t) = \mathbf{\Phi}(t)\mathbf{x}(0) + \mathscr{L}^{-1}[(s\mathbf{I} - \mathbf{A})^{-1}\mathbf{B}U(s)]$$
$$= \begin{bmatrix} 2e^{-t} - e^{-2t} & e^{-t} - e^{-2t} \\ -2e^{-t} + 2e^{-2t} & -e^{-t} + 2e^{-2t} \end{bmatrix} \begin{bmatrix} x_1(0) \\ x_2(0) \end{bmatrix} + \begin{bmatrix} \frac{1}{2} - e^{-t} + \frac{1}{2}e^{-2t} \\ e^{-t} - e^{-2t} \end{bmatrix}$$

이고, 상태 변수는 다음과 같다.

$$x_1(t) = (2e^{-t} - e^{-2t})x_1(0) + (e^{-t} - e^{-2t})x_2(0) + \frac{1}{2}$$
$$- e^{-t} + \frac{1}{2}e^{-2t} = \frac{1}{2} + [2x_1(0) + x_2(0) - 1]e^{-t}$$
$$+ [-x_1(0) - x_2(0) + \frac{1}{2}]e^{-2t}$$

비슷한 식으로,

$$x_2(t) = (-2e^{-t} + 2e^{-2t})x_1(0) + (-e^{-t} + 2e^{-2t})x_2(0)$$
$$+ e^{-t} - e^{-2t} = [-2x_1(0) - x_2(0) + 1]e^{-t} + [2x_1(0) + 2x_2(0) - 1]e^{-2t}$$

이다. 출력은 다음과 같다.

$$y(t) = 4x_1(t) + 5x_2(t) = 2 + [-2x_1(0) - x_2(0) + 1]e^{-t}$$
$$+ [6x_1(0) + 6x_2(0) - 3]e^{-2t}$$

$\mathbf{\Phi}(t)\mathbf{x}(0)$의 첫 번째 행의 원소를 다음 MATLAB 프로그램으로 즉시 확인할 수 있고,

```
S = dsolve('Dx1 = x2,Dx2 = -2*x1-3*x2,x1(0) = x10,x2(0) = x20')
S.x1
S.x2
```

두 번째 행의 원소도 이와 같은 방식으로 계산할 수 있다. ■

심지어 간단한 이차 시스템에 대해서도 상태 방정식의 해를 구하는 과정은 길고 여러 단계를 거쳐야 한다. 그렇기 때문에 디지털-컴퓨터 시뮬레이션과 같은 기계를 이용하여 믿을만한 해를 구하는 과정의 필요성은 명확하다. 대부분의 모든 시스템 분석 및 설계 소프트웨어는 시뮬레이션 기능을 가지고 있고, 이 시뮬레이션은 일반적으로 상태 모델을 기반으로 한다. 하나의 예로써, SIMULINK 시뮬레이션에 대해 살펴보자.

예제 8.6 SIMULINK 시뮬레이션

예제 8.5의 시스템을 SIMULINK로 시뮬레이션하였다. 시뮬레이션으로부터의 블록 다이어그램을 그림 8.6(a)에 나타내었고 응답 $y(t)$는 그림 8.6(b)에 나타내었다. 예제 8.5로부터 두 개의 시스템 시상수는 0.5초와 1초임을 알 수 있다. 따라서 응답의 과도 부분은 더 큰 시상수의 네 배인 약 4초 후에 무시할 만큼 작아지고, 그림 8.6(b)는 이러한 사실을 보여준다. 또한 $y(t)$의 최종값은 2인데 이것 또한 그림에서 뚜렷하게 보인다. ■

컨볼루션 해

상태 방정식의 완전한 해는 다음과 같이 주어진다.

[식 (8.26)] $$\mathbf{X}(s) = (s\mathbf{I} - \mathbf{A})^{-1}\mathbf{x}(0) + (s\mathbf{I} - \mathbf{A})^{-1}\mathbf{B}U(s)$$

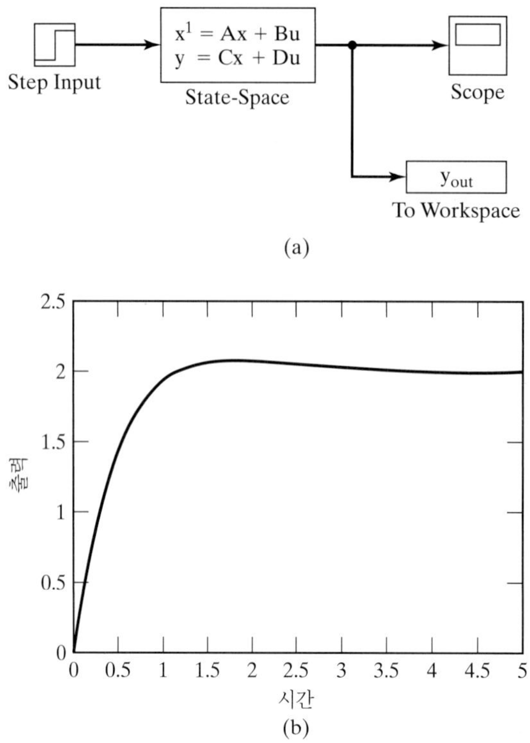

그림 8.6 예제 8.5의 SIMULINK 시뮬레이션

이제 이 해의 두 번째 형태를 설명하고자 한다. 식 (8.26)의 우변에서 두 번째 항은 두 개의 라플라스 변환 s로 된 인수의 곱이다. 따라서 이 항의 역라플라스 변환은 컨볼루션 적분으로 표현할 수 있다(표 7.3 참조). 그러면 식 (8.26)의 역라플라스 변환은

$$\begin{aligned}\mathbf{x}(t) &= \mathbf{\Phi}(t)\mathbf{x}(0) + \int_0^t \mathbf{\Phi}(t-\tau)\mathbf{B}\mathbf{u}(\tau)d\tau \\ &= \mathbf{\Phi}(t)\mathbf{x}(0) + \int_0^t \mathbf{\Phi}(\tau)\mathbf{B}\mathbf{u}(t-\tau)d\tau\end{aligned} \tag{8.29}$$

이다. 이 해는 두 개의 항을 가진다. 첫 번째 항을 *영-입력 항*(zero-input term) 또는 *초기-조건 항*(initial-condition term)이라 하고 두 번째 항을 *영-상태 항*(zero-state term) 또는 *인가 응답*이라고 한다. 식 (8.29)는 때때로 상태 방정식의 *컨볼루션 해*(convolution solution)라고 한다.

식 (8.29)의 해는 매우 간단한 시스템을 제외하고는 특히나 계산하기가 어렵다. 앞 예의 시스템을 이용하여 이 계산 과정을 보여주고자 한다.

예제 8.7 이차 상태 방정식의 컨볼루션 해

예제 8.5에서 입력은 단위 계단 함수였다. 식 (8.29)로부터 $\tau > 0$일 때, $u(t) = 1$이므로 두 번째 항은 다음과 같이 된다.

$$\int_0^t \mathbf{\Phi}(t-\tau)\mathbf{B}\mathbf{u}(\tau)d\tau = \int_0^t \begin{bmatrix} 2e^{-(t-\tau)} - e^{-2(t-\tau)} & e^{-(t-\tau)} - e^{-2(t-\tau)} \\ -2e^{-(t-\tau)} + 2e^{-2(t-\tau)} & -e^{-(t-\tau)} + 2e^{-2(t-\tau)} \end{bmatrix} \begin{bmatrix} 0 \\ 1 \end{bmatrix} d\tau$$

$$= \begin{bmatrix} \displaystyle\int_0^t (e^{-(t-\tau)} - e^{-2(t-\tau)}d\tau \\ \displaystyle\int_0^t \Big(-e^{-(t-\tau)} + 2e^{-2(t-\tau)}d\tau \end{bmatrix} = \begin{bmatrix} (e^{-t}e^{\tau} - \frac{1}{2}e^{-2t}e^{2\tau})_0^t \\ (-e^{-t}e^{\tau} + e^{-2t}e^{2\tau})_0^t \end{bmatrix}$$

$$= \begin{bmatrix} (1 - e^{-t}) - \frac{1}{2}(1 - e^{-2t}) \\ (-1 + e^{-t}) + (1 - e^{-2t}) \end{bmatrix} = \begin{bmatrix} \frac{1}{2} - e^{-t} + \frac{1}{2}e^{-2t} \\ e^{-t} - e^{-2t} \end{bmatrix}$$

이 결과는 예제 8.5의 결과를 확인시켜준다. 여기에서는 단지 인가 응답만 유도하였는데, 해의 초기-조건 항은 식 (8.29)에서 함수 $\boldsymbol{\phi}(t)\mathbf{x}(0)$이고, 예제 8.5에서 계산하였으므로 여기에서는 반복하지 않았다. ■

이번 절에서는 상태 방정식에 대한 완전한 해를 유도하였는데, 이 해는 라플라스 변환을 이용하거나 또는 라플라스 변환과 컨볼루션 적분을 섞어 계산할 수 있다. 각 과정은 길고 시간이 많이 걸리며 틀리기도 쉽다.

무한 급수 해

방금 보여주었듯이 상태 천이 행렬을 라플라스 변환을 이용하여 계산할 수 있다. 이것을 계산할 수 있는 또 하나의 방법을 설명한다.

제차 미분방정식의 해를 구하는 한 가지 방법은 해를 미지의 계수를 가진 무한 멱급수(power series)로 가정하는 것이다. 그런 다음 이 무한급수를 미분방정식에 대입하여 미지의 계수를 찾는다. 이제 이 방법을 사용하여 상태 천이 행렬을 무한급수로써 구하고자 한다.

모든 시스템 입력을 0으로 가정하는 것으로 시작한다. 따라서 식 (8.9)로부터 상태 방정식은 다음과 같이 쓸 수 있다.

$$\dot{\mathbf{x}}(t) = \mathbf{A}\mathbf{x}(t) \tag{8.30}$$

그리고 이 방정식의 해는 식 (8.29)로부터

$$\mathbf{x}(t) = \mathbf{\Phi}(t)\mathbf{x}(0) \tag{8.31}$$

이다.

벡터 $\mathbf{x}(t)$에 대한 해를 구하고 있기 때문에, 상태 천이 행렬을 다음과 같은 형태로 가정하면,

$$\mathbf{\Phi}(t) = \mathbf{K}_0 + \mathbf{K}_1 t + \mathbf{K}_2 t^2 + \mathbf{K}_3 t^3 + \cdots$$

그러면

$$\mathbf{x}(t) = (\mathbf{K}_0 + \mathbf{K}_1 t + \mathbf{K}_2 t^2 + \mathbf{K}_3 t^3 + \cdots)\mathbf{x}(0)$$

$$= \left[\sum_{i=0}^{\infty} \mathbf{K}_i t^i\right]\mathbf{x}(0) = \boldsymbol{\phi}(t)\mathbf{x}(0) \tag{8.32}$$

가 된다. 여기서 $n \times n$ 행렬 $\mathbf{K}_i$는 미지의 행렬이고 t는 스칼라인 시간이다. 이 방정식을 미분하면 다음 식을 얻는다.

$$\dot{\mathbf{x}}(t) = (\mathbf{K}_1 + 2\mathbf{K}_2 t + 3\mathbf{K}_3 t^2 + \cdots)\mathbf{x}(0) \tag{8.33}$$

식 (8.33)과 식 (8.32)를 식 (8.30)에 대입하면 다음 식을 얻는다.

$$\begin{aligned}\dot{\mathbf{x}}(t) &= (\mathbf{K}_1 + 2\mathbf{K}_2 t + 3\mathbf{K}_3 t^2 + \cdots)\mathbf{x}(0) \\ &= \mathbf{A}(\mathbf{K}_0 + \mathbf{K}_1 t + \mathbf{K}_2 t^2 + \mathbf{K}_3 t^3 + \cdots)\mathbf{x}(0)\end{aligned} \tag{8.34}$$

$t = 0$에서 식 (8.32)의 값을 계산하면 $\mathbf{x}(0) = \mathbf{K}_0\mathbf{x}(0)$이다. 따라서 $\mathbf{K}_0 = \mathbf{I}$다. 다음으로 식 (8.34)에서 $i = 0, 1, 2, \ldots$ 에 대해 t^i의 계수를 같다고 놓으면 $\mathbf{K}_0 = \mathbf{I}$이므로 다음 방정식들을 얻는다.

$$\begin{aligned} \mathbf{K}_1 &= \mathbf{A}\mathbf{K}_0 && \Rightarrow \mathbf{K}_1 = \mathbf{A}; \\ 2\mathbf{K}_2 &= \mathbf{A}\mathbf{K}_1 = \mathbf{A}^2 && \Rightarrow \mathbf{K}_2 = \frac{\mathbf{A}^2}{2!}; \\ 3\mathbf{K}_3 &= \mathbf{A}\mathbf{K}_2 = \frac{\mathbf{A}^3}{2!} && \Rightarrow \mathbf{K}_3 = \frac{\mathbf{A}^3}{3!}; \\ &\vdots && \qquad \vdots \end{aligned} \tag{8.35}$$

따라서 식 (8.32)와 식 (8.35)로부터

$$\mathbf{\Phi}(t) = \mathbf{I} + \mathbf{A}(t) + \mathbf{A}^2\frac{t^2}{2!} + \mathbf{A}^3\frac{t^3}{3!} + \cdots \tag{8.36}$$

이다. 이 급수는 수렴함을 보일 수 있다[4].

요약하면, 상태 천이 행렬 $\mathbf{\Phi}(t)$가 식 (8.36)이나 또는 다음 식으로 주어질 때,

[식 (8.29)] $$\mathbf{x}(t) = \mathbf{\Phi}(t)\mathbf{x}(0) + \int_0^t \mathbf{\Phi}(t-\tau)\mathbf{B}\mathbf{u}(\tau)\,d\tau$$

상태 방정식의 완전한 해를 다음과 같이 나타낼 수 있다.

[식 (8.27)] $$\mathbf{\Phi}(t) = \mathscr{L}^{-1}[\mathbf{\Phi}(s)] = \mathscr{L}^{-1}[(s\mathbf{I} - \mathbf{A})^{-1}]$$

식 (8.36)과 다음과 같은 스칼라 지수함수에 대한 테일러 급수 전개식이 비슷하기 때문에

$$e^{kt} = 1 + kt + k^2\frac{t^2}{2!} + k^3\frac{t^3}{3!} + \cdots \tag{8.37}$$

오직 기호 목적으로만, 상태 추이행렬을 종종 다음과 같이 지수 행렬로 쓴다.

$$\mathbf{\Phi}(t) = \exp \mathbf{A}t \tag{8.38}$$

행렬 지수(matrix exponential)는 식 (8.36)과 식 (8.38)로 정의된다. 다음 예제는 식 (8.36)의 급수를 이용하여 상태 천이 행렬을 계산하는 과정을 보여준다.

예제 8.8 이차 상태 방정식의 급수 해

식 (8.36)의 급수가 유한한 개수의 항을 갖는 예를 보여주기 위해, 마찰이 없는 환경에서 한 강체의 움직임을 생각해본다. 시스템 모델은 다음과 같다.

$$f(t) = M\frac{d^2x(t)}{dt^2}$$

여기서 M은 질량, $x(t)$는 변위, $f(t)$는 가해지는 힘이다. 편의상 $M = 1$로 두자. 다음과 같이 되도록 이 질량의 위치와 속도를 상태 변수로 선택한다.

$$x_1(t) = x(t),$$
$$x_2(t) = \dot{x}(t) = \dot{x}_1(t)$$

그리고

$$\dot{x}_2(t) = \ddot{x}(t) = f(t)$$

여기서 마지막 식은 시스템 모델로부터 얻었다. 그러면 상태 방정식은

$$\dot{\mathbf{x}}(t) = \begin{bmatrix} 0 & 1 \\ 0 & 0 \end{bmatrix}\mathbf{x}(t) + \begin{bmatrix} 0 \\ 1 \end{bmatrix}f(t)$$

이다. 그러면 식 (8.36)에서

$$\mathbf{A} = \begin{bmatrix} 0 & 1 \\ 0 & 0 \end{bmatrix}, \quad \mathbf{A}^2 = \begin{bmatrix} 0 & 1 \\ 0 & 0 \end{bmatrix}\begin{bmatrix} 0 & 1 \\ 0 & 0 \end{bmatrix} = \begin{bmatrix} 0 & 0 \\ 0 & 0 \end{bmatrix}$$

그리고

$$\mathbf{A}^3 = \mathbf{A}\mathbf{A}^2 = 0$$

이다. 비슷한 식으로

$$\mathbf{A}^n = \mathbf{A}^2\mathbf{A}^{n-2} = \mathbf{0}; \quad n \geqq 3$$

이다. 따라서 상태 천이 행렬은 식 (8.36)으로부터

$$\mathbf{\Phi}(t) = \mathbf{I} + \mathbf{A}t = \begin{bmatrix} 1 & 0 \\ 0 & 1 \end{bmatrix} + \begin{bmatrix} 0 & 1 \\ 0 & 0 \end{bmatrix}t = \begin{bmatrix} 1 & t \\ 0 & 1 \end{bmatrix}$$

이고, 상태는 다음과 같다.

$$\mathbf{x}(t) = \mathbf{\Phi}(t)\mathbf{x}(0) = \begin{bmatrix} 1 & t \\ 0 & 1 \end{bmatrix}\mathbf{x}(0) = \begin{bmatrix} x_1(0) + tx_2(0) \\ x_2(0) \end{bmatrix}$$

이 예제는 간단한 계산을 위해 선정하였다. 일반적으로 행렬 지수를 계산하는 것은 매우 복잡하다. 이 예에서 $\mathbf{\Phi}(t)$는 라플라스 변환을 이용하여 쉽게 확인할 수 있다(연습문제 8.18 참조). ■

$\mathbf{\Phi}(t)$의 값을 오직 몇 개의 순간에서만 계산하고자 할 때에는 $\mathbf{\Phi}(t)$의 급수 전개가 디지털 컴퓨터에서 계산하기에 딱 들어맞는다. 급수 전개는 또한 디지털 제어 시스템의 분석에서 유용하다 [5, 6]. 그러나 실제적인 문제로서 시스템의 시간 응답은 예제 8.6에서 주어진 것과 같이 시뮬레이션에 의해 계산해야 한다.

이 절에서는, 상태 방정식의 해에 대한 두 가지 표현 방법을 소개하였다. 첫 번째 식 (8.26)은 해를 라플라스 변환으로 나타내었고, 반면에 두 번째 식 (8.29)는 해를 컨볼루션으로 나타내었다. 상태 천이 행렬은 식 (8.27)의 라플라스 변환이나 식 (8.36)의 급수로 구한다.

8.4 상태 천이 행렬의 성질

이제 상태-천이 행렬의 세 가지 성질에 대해 살펴본다. 첫째로, 비인가 시스템에 대해, 식 (8.29)로부터

$$\mathbf{x}(t) = \mathbf{\Phi}(t)\mathbf{x}(0) \Rightarrow \mathbf{x}(0) = \mathbf{\Phi}(0)\mathbf{x}(0) \tag{8.39}$$

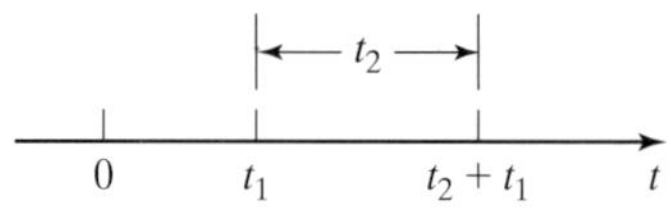

그림 8.7 시간 축

이다. 따라서, 첫 번째 성질은 다음과 같다.

$$\mathbf{\Phi}(0) = \mathbf{I} \tag{8.40}$$

여기서 $\mathbf{I}$는 단위행렬이다. 이 성질은 $\mathbf{\Phi}(t)$의 계산 결과를 확인할 때 사용될 수 있다.

두 번째 성질은 시불변성에 근거한다. 식 (8.39)로부터 $t = t_1$일 때,

$$\mathbf{x}(t_1) = \mathbf{\Phi}(t_1)\mathbf{x}(0) \tag{8.41}$$

이다. $t = t_1$을 초기 시간, $\mathbf{x}(t_1)$을 초기 조건이라고 간주한다고 하자. 그러면 t_1 이후 t_2초가 흘렀을 때, 식 (8.39), 식 (8.41) 그리고 시스템의 시불변성으로부터

$$\mathbf{x}(t_2 + t_1) = \mathbf{\Phi}(t_2)\mathbf{x}(t_1) = \mathbf{\Phi}(t_2)\mathbf{\Phi}(t_1)\mathbf{x}(0)$$

이다. 그림 8.7은 시간 축에서 이 시점들을 보여준다. 또한 식 (8.39)로부터 $t = t_1 + t_2$이면,

$$\mathbf{x}(t_2 + t_1) = \mathbf{\Phi}(t_2 + t_1)\mathbf{x}(0)$$

이다. 마지막 두 개의 식으로부터 다음과 같은 두 번째 성질을 알 수 있다.

$$\mathbf{\Phi}(t_1 + t_2) = \mathbf{\Phi}(t_1)\mathbf{\Phi}(t_2) \tag{8.42}$$

두 번째 성질로부터 $t_1 = t$, $t_2 = -t$로 놓음으로써 세 번째 성질을 유도할 수 있다. 그러면 식 (8.42)에서 식 (8.40)으로부터

$$\mathbf{\Phi}(t - t) = \mathbf{\Phi}(t)\mathbf{\Phi}(-t) = \mathbf{\Phi}(0) = \mathbf{I}$$

이다. 따라서

$$\mathbf{\Phi}^{-1}(t) = \mathbf{\Phi}(-t) \tag{8.43}$$

이다. $\mathbf{\Phi}^{-1}(t)$는 유한한 시간 t에 대해 항상 존재함을 보일 수 있다[7].

요약하면, 상태 천이 행렬의 세 가지 성질은 다음과 같다.

[식 (8.40)] $\mathbf{\Phi}(0) = \mathbf{I};$

[식 (8.40)] $\mathbf{\Phi}(t_1 + t_2) = \mathbf{\Phi}(t_1)\mathbf{\Phi}(t_2)$

[식 (8.40)] $\mathbf{\Phi}^{-1}(t) = \mathbf{\Phi}(-t)$

다음 예제는 이 성질들을 보여준다.

예제 8.9 상태 천이 행렬의 성질들을 보여주는 예

세 가지 성질을 보여주기 위해 예제 8.4에서의 상태 천이 행렬을 사용한다.

$$\mathbf{\Phi}(t) = \begin{bmatrix} 2e^{-t} - e^{-2t} & e^{-t} - e^{-2t} \\ -2e^{-t} + 2e^{-2t} & -e^{-t} + 2e^{-2t} \end{bmatrix}$$

식 (8.40)으로부터

$$\mathbf{\Phi}(0) = \begin{bmatrix} 2e^0 - e^0 & e^0 - e^0 \\ -2e^0 + 2e^0 & -e^0 + 2e^0 \end{bmatrix} = \begin{bmatrix} 1 & 0 \\ 0 & 1 \end{bmatrix} = \mathbf{I}$$

이고, 이것은 첫 번째 성질을 만족한다. 두 번째 성질 식 (8.41)은 다음과 같다.

$$\mathbf{\Phi}(t_1)\mathbf{\Phi}(t_2) = \begin{bmatrix} 2e^{-t_1} - e^{-2t_1} & e^{-t_1} - e^{-2t_1} \\ -2e^{-t_1} + 2e^{-2t_1} & -e^{-t_1} + 2e^{-2t_1} \end{bmatrix} \times \begin{bmatrix} 2e^{-t_2} - e^{-2t_2} & e^{-t_2} - e^{-2t_2} \\ -2e^{-t_2} + 2e^{-2t_2} & -e^{-t_2} + 2e^{-2t_2} \end{bmatrix}$$

곱행렬의 (1, 1) 원소는 다음과 같다.

$$\begin{aligned}(1,1)\ \text{원소} &= [2e^{-t_1} - e^{-2t_1}][2e^{-t_2} - e^{-2t_2}] \\ &\quad + [e^{-t_1} - e^{-2t_1}][-2e^{-t_2} + 2e^{-2t_2}] = [4e^{-(t_1+t_2)} - 2e^{-(2t_1+t_2)} \\ &\quad - 2e^{-(t_1+2t_2)} + e^{-2(t_1+t_2)}] + [-2e^{-(t_1+t_2)} + 2e^{-(2t_1+t_2)} \\ &\quad + 2e^{-(t_1+2t_2)} - 2e^{-2(t_1+t_2)}]\end{aligned}$$

이 항들을 정리하면

$$(1,1)\ \text{원소} = 2e^{-(t_1+t_2)} - e^{-2(t_1+t_2)} \tag{8.44}$$

이고 이것은 $\mathbf{\Phi}(t_1 + t_2)$의 (1, 1) 원소다. 곱행렬의 다른 세 개의 원소도 이와 비슷한 방식으로 확인할 수 있다.

세 번째 성질 식 (8.43)을 보이기 위해, 다음 성질이 참이라고 가정하자. 따라서

$$\mathbf{\Phi}(t)\mathbf{\Phi}(-t) = \begin{bmatrix} 2e^{-t} - e^{-2t} & e^{-t} - e^{-2t} \\ -2e^{-t} + 2e^{-2t} & -e^{-t} + 2e^{-2t} \end{bmatrix} \times \begin{bmatrix} 2e^{t} - e^{2t} & e^{t} - e^{2t} \\ -2e^{t} + 2e^{2t} & -e^{t} + 2e^{2t} \end{bmatrix} = \mathbf{I}$$

이다. 두 번째 성질을 보여줄 때처럼, 이 곱행렬의 (1, 1) 원소만 테스트해본다. 이 곱의 결과는 식 (8.44)와 같다. 이 식에서 $t_1 = t$, $t_2 = -t$라고 하면 그 결과는 기대했던 것과 같이 다음과 같다.

$$(1,1)\ \text{원소} = 2e^{-(t-t)} - e^{-2(t-t)} = 1$$

비슷한 방식으로 곱행렬의 다른 세 개의 원소들도 확인할 수 있다. ■

이 절에서는 상태 천이 행렬의 세 가지 성질들을 유도하였다. 식 (8.40), $\mathbf{\Phi}(0) = \mathbf{I}$는 상태 천이 행렬의 계산을 체크할 때 쉽게 적용해볼 수 있다.

8.5 전달함수

8.2절에서 시스템 전달함수로부터 시스템의 상태 방정식을 작성하는 과정에 대해 소개하였다. 이 절에서는 상태 방정식으로부터 전달함수를 구하는 과정을 살펴보자.

단일-입력 단일-출력 시스템의 상태 방정식의 표준 형태는 다음과 같다.

$$\dot{\mathbf{x}}(t) = \mathbf{A}\mathbf{x}(t) + \mathbf{B}u(t)$$

그리고

$$y(t) = \mathbf{C}\mathbf{x}(t) + Du(t) \tag{8.45}$$

식 (8.45)에 라플라스 변환을 취하하면 다음 식을 얻는다[식 (8.24) 참조].

$$s\mathbf{X}(s) = \mathbf{A}\mathbf{X}(s) + \mathbf{B}U(s) \tag{8.46}$$

전달함수에 관심이 있으므로, 초기 조건은 무시한다. $\mathbf{X}(s)$에 대한 항을 모으면

$$(s\mathbf{I} - \mathbf{A})\mathbf{X}(s) = \mathbf{B}U(s) \tag{8.47}$$

이 되고 따라서 $\mathbf{X}(s)$는 다음과 같다.

$$\mathbf{X}(s) = (s\mathbf{I} - \mathbf{A})^{-1}\mathbf{B}U(s) \tag{8.48}$$

식 (8.45)에서 출력 방정식에 라플라스 변환을 취하면 다음 식을 얻는다.

$$Y(s) = \mathbf{C}\mathbf{X}(s) + DU(s) \tag{8.49}$$

식 (8.48)과 식 (8.49)로부터 시스템의 입력-출력 관계는 다음과 같다.

$$Y(s) = [\mathbf{C}(s\mathbf{I} - \mathbf{A})^{-1}\mathbf{B} + D]U(s) \tag{8.50}$$

식 (8.50)으로부터 시스템의 전달함수는 $Y(s) = H(s)U(s)$로 정의되므로, 전달함수는 다음과 같음을 알 수 있다.

$$H(s) = \frac{Y(s)}{U(s)} = \mathbf{C}(s\mathbf{I} - \mathbf{A})^{-1}\mathbf{B} + D = \mathbf{C}\mathbf{\Phi}(s)\mathbf{B} + D \tag{8.51}$$

행렬 $\mathbf{C}$의 크기는 $(1 \times n)$, $(s\mathbf{I} - \mathbf{A})^{-1}$의 크기는 $(n \times n)$, $\mathbf{B}$의 크기는 $(n \times 1)$이므로, $\mathbf{C}(s\mathbf{I} - \mathbf{A})^{-1}\mathbf{B}$는 요구하는 대로 (1×1) 즉 스칼라이다. 이 결과를 보여주는 예를 보자.

예제 8.10 상태 방정식으로부터 전달함수

다음과 같은 전달함수를 갖는 앞 예제의 시스템을 생각해보자.

$$H(s) = \frac{Y(s)}{U(s)} = \frac{5s + 4}{s^2 + 3s + 2}$$

예제 8.2에서 이 시스템에 대한 상태 방정식은 다음과 같다.

[식 (8.19)]

$$\dot{\mathbf{x}}(t) = \begin{bmatrix} 0 & 1 \\ -2 & -3 \end{bmatrix}\mathbf{x}(t) + \begin{bmatrix} 0 \\ 1 \end{bmatrix}u(t)$$

$$y(t) = [4 \quad 5]\mathbf{x}(t)$$

resolvant 행렬 $(s\mathbf{I} - \mathbf{A})^{-1}$를 예제 8.5에서 계산하였다. 그러면 식 (8.51)과 예제 8.5로부터, $D = 0$일 때,

$$\begin{aligned} H(s) &= \mathbf{C}(s\mathbf{I} - \mathbf{A})^{-1}\mathbf{B} \\ &= [4 \quad 5]\begin{bmatrix} \dfrac{s+3}{s^2+3s+2} & \dfrac{1}{s^2+3s+2} \\ \dfrac{-2}{s^2+3s+2} & \dfrac{s}{s^2+3s+2} \end{bmatrix}\begin{bmatrix} 0 \\ 1 \end{bmatrix} \\ &= [4 \quad 5]\begin{bmatrix} \dfrac{1}{s^2+3s+2} \\ \dfrac{s}{s^2+3s+2} \end{bmatrix} = \frac{5s+4}{s^2+3s+2} \end{aligned}$$

이다. 이 전달함수는 주어진 것과 같음을 확인할 수 있다. ■

고차 시스템에 대한 전달함수를 계산할 때 식 (8.51)은 유용해 보이지는 않지만, resolvant 행렬 $(s\mathbf{I} - \mathbf{A})^{-1}$을 계산하기 위한 상대적으로 간단한 컴퓨터 프로그램이 존재한다[3]. 많은 실제

시스템에 대해, 시스템 미분방정식은 물리 법칙으로부터 작성한다. 그런 다음 상태 방정식을 이 미분방정식으로부터 작성한다. 그런 다음 디지털-컴퓨터 알고리즘을 이용하여 전달함수를 계산한다. 대부분의 시스템 분석 및 설계 소프트웨어 패키지는 전달함수로부터 상태 모델을 구하고 상태 모델로부터 전달함수를 구하는 프로그램을 내장하고 있으며 전달함수 또는 상태 모델을 사용한다. 다음 MATLAB 프로그램은 예제 8.10의 해를 구해준다.

```
A=[0 1;-2 -3];B=[0;1];C=[4 5];D=0;
[n,d]=ss2tf(A,B,C,D)
Hs=tf(n,d)
```

안정성

7.7절에서 유계-입력 유계-출력(BIBO) 안정성을 LTI 시스템의 전달함수로부터 판별할 수 있음을 보았다. 식 (8.51)의 전달함수를 다음과 같이 유리함수로 나타낼 수 있다.

$$H(s) = \mathbf{C}(s\mathbf{I} - \mathbf{A})^{-1}\mathbf{B} + D = \frac{b_n s^n + \cdots + b_1 s + b_0}{s^n + \cdots + a_1 s + a_0} \tag{8.52}$$

7.7절로부터 $H(s)$의 모든 극점들이 좌평면에 있으면 이 시스템은 안정하다. 전달함수의 극점은 식 (8.52)의 분모식의 영점이다.

전달함수 $H(s)$를 다음과 같이 나타낼 수 있다.

$$\mathbf{C}(s\mathbf{I} - \mathbf{A})^{-1}\mathbf{B} + D = \mathbf{C}\left[\frac{\mathrm{adj}(s\mathbf{I} - \mathbf{A})}{\det(s\mathbf{I} - \mathbf{A})}\right]\mathbf{B} + D \tag{8.53}$$

따라서, $H(s)$의 분모식은 $(s\mathbf{I} - \mathbf{A})$의 행렬식이다. 그러므로 전달함수의 극점은 다음 방정식의 근이다.

$$\det(s\mathbf{I} - \mathbf{A}) = 0 \tag{8.54}$$

그런데 이 방정식은 시스템의 특성방정식이다. 시스템의 안정성은 $\mathbf{B}$, $\mathbf{C}$, D 행렬의 영향은 전혀 받지 않고 오직 행렬 $\mathbf{A}$만의 함수인 점에 유의한다. 사실 식 (8.54)는 하나 이상의 입력과 하나 이상의 출력을 갖는 다변수 시스템의 특성방정식이다. 이제 안정성을 보여주는 예를 하나 살펴보자.

예제 8.11 상태 방정식의 안정성

그림 8.8의 이차 시스템을 생각하면서 이 시스템이 안정하기 위한 파라미터 a의 범위를 구하고자 한다. 그림 8.8로부터 다음과 같이 바로 상태 방정식을 쓸 수 있다.

$$\dot{\mathbf{x}}(t) = \begin{bmatrix} -2 & -a \\ 1 & -4 \end{bmatrix}\mathbf{x}(t)$$

여기서 입력과 출력 항은 무시하였는데 안정성은 이 항들과 무관하기 때문이다. 식 (8.54)로부터 상태 방정식은 다음과 같다.

$$\det(s\mathbf{I} - \mathbf{A}) = \det\begin{bmatrix} s+2 & a \\ -1 & s+4 \end{bmatrix} = s^2 + 6s + 8 + a = 0$$

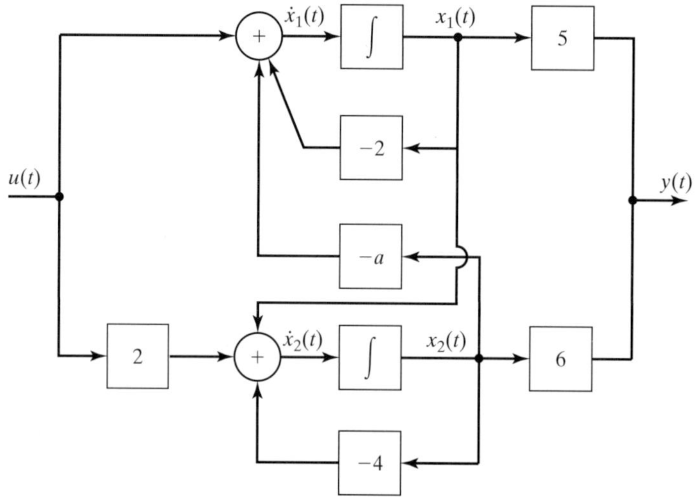

그림 8.8 예제 8.11의 시스템

이 다항식의 근은 다음과 같다.

$$s = \frac{-6 \pm \sqrt{36 - 4(8 + a)}}{2} = \frac{-6 \pm \sqrt{4 - 4a}}{2} = -3 \pm \sqrt{1 - a}$$

이 두 근의 실수 부분이 음수이면, 즉 다음 조건을 만족하면 이 시스템은 안정하다.

$$\sqrt{1 - a} < 3 \Rightarrow 1 - a < 9 \Rightarrow -8 < a$$

이 결과를 $a > -8$로 두고 테스트해보자. 그러면 특성방정식의 근은 다음과 같다.

$$s = -3 \pm \sqrt{1 - (-8)} = -3 \pm 3$$

근들이 0과 6에 존재한다. $s = 0$에 놓인 근은 s-평면에서 안정성 경계에 놓여 있다. a값을 −8보다 더 작게 줄이면, 이 근은 우평면으로 움직이고 시스템은 불안정하다. $a = -8$일 때 근을 계산하는 MATLAB 프로그램은 다음과 같다.

```
A=[-2 8;1 -4];
c=poly (A)
r=roots (c)
result: c=1 6 0 r=0 -6
```

■

이 절에서는, 상태 방정식으로부터 전달함수를 구하는 과정을 살펴보았다. 이 과정은 컴퓨터 상에서 구현될 수 있고 고차 시스템의 전달함수를 계산하는 데에 실제 공학 분야에서 폭넓게 이용된다. 마지막으로 시스템의 특성방정식이 $\det(s\mathbf{I} - \mathbf{A})$와 같음을 보였다. 따라서 이 행렬식을 이용하여 시스템의 모드를 결정할 수 있다. 이 모드는 시스템의 안정성과 안정한 시스템의 과도 특성을 결정한다.

8.6 상사 변환

이 장에서는 시스템 미분방정식과 시스템 전달함수, 그리고 시스템 시뮬레이션 다이어그램으로부터 상태-변수 모델을 구하는 과정들을 소개하고 있다. 이 절에서는, 주어진 상태 모델로부터 또 하나의 다른 상태 모델을 구하는 과정을 소개하고, 어떤 시스템에 대해 무한히 많은 수의 상태 모델이 존재할 수 있음을 보이고자 한다. 상태 모델들이 다르면 내부 특성은 다르겠지만, 입력-출력 특성은 모두 동일하다(동일한 전달함수를 갖는다).

상태 변수 변환

LTI 단일-입력, 단일-출력 시스템의 상태 모델은 다음과 같다.

$$\dot{\mathbf{x}}(t) = \mathbf{A}\mathbf{x}(t) + \mathbf{B}u(t)$$

그리고 (8.55)

$$y(t) = \mathbf{C}\mathbf{x}(t) + Du(t)$$

그리고 식 (8.51)로부터 전달함수는 다음과 같다.

$$H(s) = \frac{Y(s)}{U(s)} = \mathbf{C}(s\mathbf{I} - \mathbf{A})^{-1}\mathbf{B} + D \tag{8.56}$$

이 절에서 보여주겠지만, 주어진 $H(s)$에 대해 식 (8.56)을 만족하는 행렬 $\mathbf{A}$, $\mathbf{B}$, $\mathbf{C}$와 스칼라 D의 무한히 많은 조합이 존재한다.

식 (8.55)와 같은 n차 시스템의 상태 모델이 주어졌다고 가정하자. $\mathbf{v}(t)$의 원소들이 $\mathbf{x}(t)$의 원소들의 선형합이 되도록 다음과 같이 $n \times 1$ 벡터 $\mathbf{v}(t)$를 정의한다.

$$\begin{aligned} v_1(t) &= q_{11}x_1(t) + q_{12}x_2(t) + \cdots + q_{1n}x_n(t) \\ v_2(t) &= q_{21}x_1(t) + q_{22}x_2(t) + \cdots + q_{2n}x_n(t) \\ &\vdots \\ v_n(t) &= q_{n1}x_1(t) + q_{n2}x_2(t) + \cdots + q_{nn}x_n(t) \end{aligned} \tag{8.57}$$

여기서 계수 q_{ij}는 상수다. 이 식을 다음과 같이 행렬 형태로 쓸 수 있다.

$$\mathbf{v}(t) = \mathbf{Q}\mathbf{x}(t) = \mathbf{P}^{-1}\mathbf{x}(t) \tag{8.58}$$

여기서 표준적인 기호를 따르기 위해 행렬 $\mathbf{Q} = [q_{ij}]$는 행렬 $\mathbf{P}$의 역행렬로 정의하였다. $\mathbf{Q}$의 역행렬이 존재해야 하므로 즉, 식 (8.57)에서 n개의 방정식이 서로 독립이 되도록 q_{ij}를 선택해야 한다. 식 (8.58)로부터 상태 벡터 $\mathbf{x}(t)$를 다음과 같이 나타낼 수 있다.

$$\mathbf{x}(t) = \mathbf{P}\mathbf{v}(t) \tag{8.59}$$

여기서 행렬 $\mathbf{P}$를 변환 행렬(transformation matrix) 또는 간단하게 변환이라고 한다. 예를 하나 보자.

예제 8.12 이차 시스템에 대한 상태-변수 변환

다음 전달함수를 갖는 예제 8.2의 시스템을 생각하자.

$$H(s) = \frac{Y(s)}{U(s)} = \frac{5s + 4}{s^2 + 3s + 2}$$

예제 8.2로부터 상태 방정식은 다음과 같다.

[식 (8.19)]

$$\dot{\mathbf{x}}(t) = \begin{bmatrix} 0 & 1 \\ -2 & -3 \end{bmatrix}\mathbf{x}(t) + \begin{bmatrix} 0 \\ 1 \end{bmatrix}u(t)$$

$$y(t) = [4 \quad 5]\mathbf{x}(t)$$

임의로 $\mathbf{v}(t)$의 원소를 다음과 같이 정의한다.

$$v_1(t) = x_1(t) + x_2(t)$$

그리고

$$v_2(t) = x_1(t) + 2x_2(t)$$

따라서 식 (8.58)로부터

$$\mathbf{v}(t) = \mathbf{Q}\mathbf{x}(t) = \begin{bmatrix} 1 & 1 \\ 1 & 2 \end{bmatrix}\mathbf{x}(t)$$

이고

$$\mathbf{P}^{-1} = \mathbf{Q} = \begin{bmatrix} 1 & 1 \\ 1 & 2 \end{bmatrix} \Rightarrow \mathbf{P} = \begin{bmatrix} 2 & -1 \\ -1 & 1 \end{bmatrix}$$

이다. 그러면 $\mathbf{x}(t) = \mathbf{P}\mathbf{v}(t)$의 원소들은

$$x_1(t) = 2v_1(t) - v_2(t)$$
$$x_2(t) = -v_1(t) + v_2(t)$$

이다. 이 예로부터 $\mathbf{v}(t)$와 변환 $\mathbf{P} = \mathbf{Q}^{-1}$이 주어졌을 때, $\mathbf{x}(t)$를 구할 수 있음을 알 수 있다. 또는 벡터 $\mathbf{x}(t)$와 변환 $\mathbf{Q}$가 주어졌을 때, 벡터 $\mathbf{v}(t)$를 구할 수도 있다. ■

예제 8.12는 한 상태 벡터로부터 다른 상태 벡터로 변환하는 것을 보여준다. 이 변환은 시스템의 입력-출력 모델(전달함수)은 바뀌지 않고 그대로 두면서 시스템의 내부 구조(상태 모델)를 바꾼다. 이 변환을 *상사 변환*(similarity transformation)이라 한다. 상사 변환에 대해 좀 더 자세하게 살펴보자.

식 (8.55)의 상태 방정식과 식 (8.59)의 상사 변환이 있다고 가정하자. 두 식을 다시 여기에 반복하면 다음과 같다.

[식 (8.55)]

$$\dot{\mathbf{x}}(t) = \mathbf{A}\mathbf{x}(t) + \mathbf{B}u(t)$$
$$y(t) = \mathbf{C}\mathbf{x}(t) + Du(t)$$

[식 (8.59)]

$$\mathbf{x}(t) = \mathbf{P}\mathbf{v}(t)$$

식 (8.59)를 상태 방정식 (8.55)에 대입하면 다음 식을 얻는다.

$$\mathbf{P}\dot{\mathbf{v}}(t) = \mathbf{A}\mathbf{P}\mathbf{v}(t) + \mathbf{B}u(t) \tag{8.60}$$

$\dot{\mathbf{v}}(t)$에 대해 이 방정식을 풀면 상태 벡터 $\mathbf{v}(t)$에 대한 상태 모델을 다음과 같이 얻는다.

$$\dot{\mathbf{v}}(t) = \mathbf{P}^{-1}\mathbf{A}\mathbf{P}\mathbf{v}(t) + \mathbf{P}^{-1}\mathbf{B}u(t) \tag{8.61}$$

식 (8.59)를 이용하면, 식 (8.55)에서 출력 방정식은 다음과 같이 된다.

$$y(t) = \mathbf{C}\mathbf{P}\mathbf{v}(t) + Du(t) \tag{8.62}$$

우리는 식 (8.55)에서와 같이 상태 방정식을 상태 벡터 $\mathbf{x}(t)$의 함수로도 표현하였고 식 (8.61)과 식 (8.62)에서와 같이 변환된 상태 벡터 $\mathbf{v}(t)$의 함수로도 표현하였다.

$\mathbf{v}(t)$의 함수로서 표현된 상태 방정식을 다음과 같이 표준 형태로 나타낼 수 있다.

$$\dot{\mathbf{v}}(t) = \mathbf{A}_v\mathbf{v}(t) + \mathbf{B}_v u(t)$$

그리고

$$y(t) = \mathbf{C}_v\mathbf{v}(t) + D_v u(t) \tag{8.63}$$

여기서 아래첨자는 변환된 행렬임을 나타낸다. 벡터 $\mathbf{x}(t)$에 대한 행렬은 아래첨자를 붙이지 않았다. 식 (8.61), 식 (8.62), 식 (8.63)으로부터 변환된 행렬은 다음과 같다.

$$\mathbf{A}_v = \mathbf{P}^{-1}\mathbf{AP},\ \mathbf{B}_v = \mathbf{P}^{-1}\mathbf{B}$$
$$\mathbf{C}_v = \mathbf{CP},\ \text{그리고}\ D_v = D \tag{8.64}$$

이 유도 과정을 보여주는 예를 하나 살펴보자.

예제 8.13 이차 시스템의 상사 변환

예제 8.12의 시스템을 생각해보자. 상태 벡터 $\mathbf{v}(t)$에 대한 상태 방정식을 유도하고자 한다. 예제 8.12로부터

$$\dot{\mathbf{x}}(t) = \mathbf{Ax}(t) + \mathbf{B}u(t) = \begin{bmatrix} 0 & 1 \\ -2 & -3 \end{bmatrix}\mathbf{x}(t) + \begin{bmatrix} 0 \\ 1 \end{bmatrix}u(t)$$

이고

$$y(t) = \mathbf{Cx}(t) = [4 \quad 5]\mathbf{x}(t)$$

이다. 다음과 같은 상사 변환을 생각하자.

$$\mathbf{P}^{-1} = \mathbf{Q} = \begin{bmatrix} 1 & 1 \\ 1 & 2 \end{bmatrix} \Rightarrow \mathbf{P} = \begin{bmatrix} 2 & -1 \\ -1 & 1 \end{bmatrix}$$

식 (8.64)로부터 $\mathbf{v}(t)$에 대한 시스템 행렬은 다음과 같다.

$$\mathbf{A}_v = \mathbf{P}^{-1}\mathbf{AP} = \begin{bmatrix} 1 & 1 \\ 1 & 2 \end{bmatrix}\begin{bmatrix} 0 & 1 \\ -2 & -3 \end{bmatrix}\begin{bmatrix} 2 & -1 \\ -1 & 1 \end{bmatrix}$$
$$= \begin{bmatrix} -2 & -2 \\ -4 & -5 \end{bmatrix}\begin{bmatrix} 2 & -1 \\ -1 & 1 \end{bmatrix} = \begin{bmatrix} -2 & 0 \\ -3 & -1 \end{bmatrix}$$
$$\mathbf{B}_v = \mathbf{P}^{-1}\mathbf{B} = \begin{bmatrix} 1 & 1 \\ 1 & 2 \end{bmatrix}\begin{bmatrix} 0 \\ 1 \end{bmatrix} = \begin{bmatrix} 1 \\ 2 \end{bmatrix}$$
$$\mathbf{C}_v = \mathbf{CP} = [4 \quad 5]\begin{bmatrix} 2 & -1 \\ -1 & 1 \end{bmatrix} = [3 \quad 1]$$

그러면 변환된 상태 방정식은

$$\dot{\mathbf{v}}(t) = \mathbf{A}_v\mathbf{v}(t) + \mathbf{B}_v u(t) = \begin{bmatrix} -2 & 0 \\ -3 & -1 \end{bmatrix}\mathbf{v}(t) + \begin{bmatrix} 1 \\ 2 \end{bmatrix}u(t)$$

그리고 (8.65)

$$y(t) = \mathbf{C}_v\mathbf{v}(t) = [3 \quad 1]\mathbf{v}(t)$$

이다. 상사 변환을 수행하는 MATLAB 프로그램은 다음과 같다.

```
A=[0 1;-2 -3];B=[0;1];C=[4 5];D=0;T=[1 1;1 2];
sys=ss(A,B,C,D)
[n,d]=ss2tf(A,B,C,D);
Hs=tf(n,d)
[Av,Bv,Cv,Dv]=ss2ss(A,B,C,D,T)
```

■

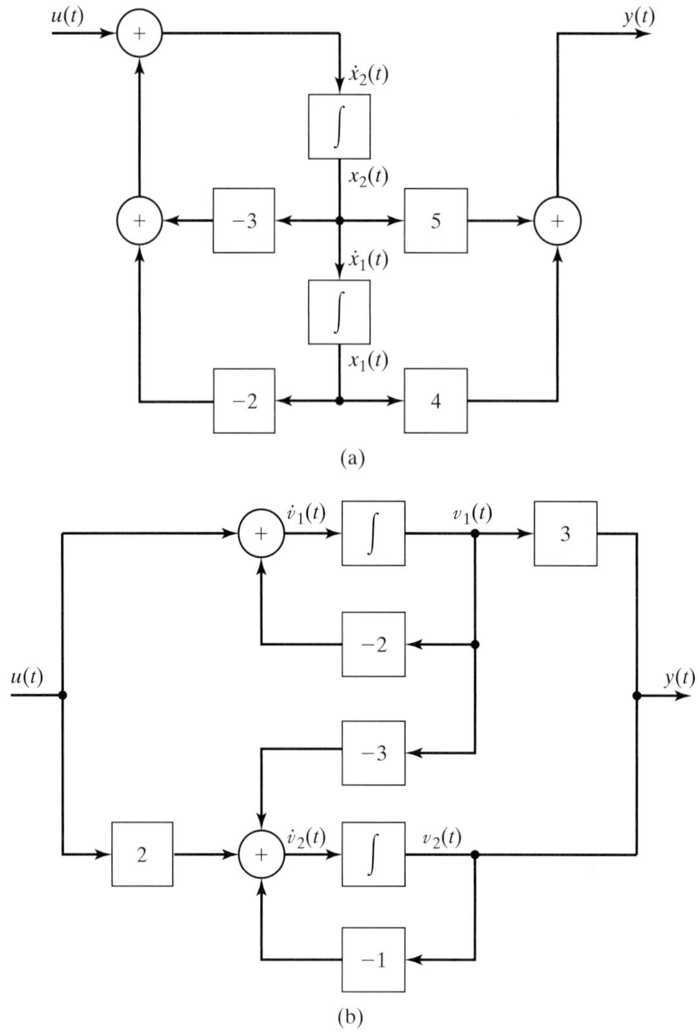

그림 8.9 예제 8.13의 시뮬레이션 다이어그램

예제 8.13의 시스템에 대해, 상태 벡터 $\mathbf{x}(t)$에 대한 시뮬레이션 다이어그램인 그림 8.3을 그림 8.9(a)에 다시 나타내었다. 상태 벡터 $\mathbf{v}(t)$에 대한 시뮬레이션 다이어그램은 그림 8.9(b)에 나타내었다. 이 다이어그램은 $\dot{\mathbf{v}}(t)$−상태 방정식 (8.65)를 만족한다. 나중에 이 두 시뮬레이션 다이어그램의 전달함수가 동일하다는 것을 보일 것이다. 하지만 내부 구조는 다르다는 점에 주목한다.

예제 8.13은 동일한 시스템에 대해 서로 다른 두 개의 상태 모델을 보여준다. (역행렬이 존재하는) 다른 변환 행렬 **P**을 선택한다면, 제3의 모델을 얻어냈을 것이다. 사실, 역행렬이 존재하는 서로 다른 각각의 변환 **P**에 대해 서로 다른 상태 모델들을 얻어내게 된다. 따라서 주어진 하나의 시스템 전달함수에 대해 무한히 많은 수의 상태 모델이 존재한다. 주어진 시스템에 대해 어떤 상태 모델을 선택하는지는 자연스러운 상태 변수(위치, 속도, 전류, 전압 등)에 기반을 둘 수도 있고 분석 및 설계가 쉬운 정도 등에 기반을 둘 수도 있다.

예제 8.13에서 얻은 상태 모델들을 확인해보기 위해 이제 전달함수를 구해보자.

예제 8.14 예제 8.13의 시스템에 대한 전달함수

예제 8.13의 변환된 상태 방정식은 다음과 같다.

$$\dot{\mathbf{v}}(t) = \mathbf{A}_v(t) + \mathbf{B}_v u(t) = \begin{bmatrix} -2 & 0 \\ -3 & -1 \end{bmatrix}\mathbf{v}(t) + \begin{bmatrix} 1 \\ 2 \end{bmatrix}u(t)$$

그리고

$$y(t) = \mathbf{C}_v\mathbf{v}(t) = [3 \quad 1]\mathbf{v}(t)$$

식 (8.56)으로부터 이 시스템에 대한 전달함수는 다음과 같다.

$$H_v(s) = \mathrm{C}_v(s\mathbf{I} - \mathbf{A}_v)^{-1}\mathbf{B}_v$$

먼저, $(s\mathbf{I} - \mathbf{A}_v)^{-1}$을 계산한다.

$$s\mathbf{I} - \mathbf{A}_v = s\begin{bmatrix} 1 & 0 \\ 0 & 1 \end{bmatrix} - \begin{bmatrix} -2 & 0 \\ -3 & -1 \end{bmatrix} = \begin{bmatrix} s+2 & 0 \\ 3 & s+1 \end{bmatrix}$$

따라서,

$$\det(s\mathbf{I} - \mathbf{A}) = (s+2)(s+1) = s^2 + 3s + 2$$

이다. 그러면 편의상 $\det(s\mathbf{I} - \mathbf{A}) = \Delta(s)$로 두면,

$$(s\mathbf{I} - \mathbf{A})^{-1} = \frac{\operatorname{adj}(s\mathbf{I} - \mathbf{A})}{\det(s\mathbf{I} - \mathbf{A})} = \begin{bmatrix} \dfrac{s+1}{\Delta(s)} & 0 \\ \dfrac{-3}{\Delta(s)} & \dfrac{s+2}{\Delta(s)} \end{bmatrix}$$

이고, 전달함수는 다음과 같다.

$$\begin{aligned} H_v(s) &= \mathbf{C}_v(s\mathbf{I} - \mathbf{A}_v)^{-1}\mathbf{B}_v \\ &= [3 \quad 1]\begin{bmatrix} \dfrac{s+1}{\Delta(s)} & 0 \\ \dfrac{-3}{\Delta(s)} & \dfrac{s+2}{\Delta(s)} \end{bmatrix}\begin{bmatrix} 1 \\ 2 \end{bmatrix} \\ &= [3 \quad 1]\begin{bmatrix} \dfrac{s+1}{\Delta(s)} \\ \dfrac{2s+1}{\Delta(s)} \end{bmatrix} = \frac{5s+4}{s^2+3s+2} \end{aligned}$$

이 전달함수는 상태 벡터 $\mathbf{x}(t)$에 대한 모델에서 유도했던 예제 8.2에서의 전달함수와 동일하다. 다음 MATLAB 명령문을 예제 8.13에서의 프로그램에 덧붙여 이 예제에서의 결과를 확인해볼 수 있다.

```
[n d]=ss2tf(Av,Bv,Cv,Dv)
Hs=tf(n,d)
```

■

상사 변환의 성질들

지금까지는 예를 통해 상사 변환에 대해 살펴보았고, 이제 상사 변환의 몇 가지 성질들을 유도해보자. 먼저 $(s\mathbf{I} - \mathbf{A}_v)$의 행렬식을 살펴보자. 식 (8.64)로부터

$$\begin{aligned} \det(s\mathbf{I} - \mathbf{A}_v) &= \det(s\mathbf{I} - \mathbf{P}^{-1}\mathbf{A}\mathbf{P}) = \det(s\mathbf{P}^{-1}\mathbf{I}\mathbf{P} - \mathbf{P}^{-1}\mathbf{A}\mathbf{P}) \\ &= \det[\mathbf{P}^{-1}(s\mathbf{I} - \mathbf{A})\mathbf{P}] \end{aligned} \tag{8.66}$$

이다. 두 정방행렬에 대해 다음 식이 성립하므로,

$$\det \mathbf{R}_1\mathbf{R}_2 = \det \mathbf{R}_1 \det \mathbf{R}_2 \tag{8.67}$$

식 (8.66)은 다음과 같이 된다.

$$\det (s\mathbf{I} - \mathbf{A}_v) = \det \mathbf{P}^{-1}\det (s\mathbf{I} - \mathbf{A}) \det \mathbf{P} \tag{8.68}$$

행렬 $\mathbf{R}$에 대해, $\mathbf{R}^{-1}\mathbf{R} = \mathbf{I}$이다. 그러면,

$$\det \mathbf{R}^{-1}\mathbf{R} = \det \mathbf{R}^{-1}\det \mathbf{R} = \det \mathbf{I} = 1 \tag{8.69}$$

이다. 그러므로 식 (8.68)로부터 다음과 같은 첫 번째 성질을 얻을 수 있다.

$$\det (s\mathbf{I} - \mathbf{A}_v) = \det (s\mathbf{I} - \mathbf{A}) \det \mathbf{P}^{-1}\det \mathbf{P} = \det (s\mathbf{I} - \mathbf{A}) \tag{8.70}$$

$\det (s\mathbf{I} - \mathbf{A})$의 근은 행렬 $\mathbf{A}$의 *특성근*(characteristic values) 또는 *고윳값*(eigenvalue)이다(부록 G 참조). 식 (8.70)으로부터 $\mathbf{A}_v$의 고윳값은 $\mathbf{A}$의 고윳값과 동일하다. 상사 변환에 의해 전달함수가 바뀌지 않고 $\mathbf{A}$의 고윳값은 시스템 전달함수의 극점이므로 이 결과는 당연하다.

두 번째 성질은 다음과 같이 유도할 수 있다. 식 (8.64)로부터

$$\det \mathbf{A}_v = \det \mathbf{P}^{-1}\mathbf{A}\mathbf{P} = \det \mathbf{P}^{-1} \det \mathbf{A} \det \mathbf{P} = \det \mathbf{A} \tag{8.71}$$

이다. $\mathbf{A}_v$의 행렬식은 $\mathbf{A}$의 행렬식과 동일하다. 이 성질도 또한 행렬의 행렬식은 고윳값의 곱과 같다는 사실로부터 알 수 있다(부록 G 참조).

상사 변환의 세 번째 성질 또한 $\mathbf{A}_v$의 고윳값이 $\mathbf{A}$의 고윳값과 동일하다는 사실로부터 알 수 있다. 행렬의 대각합(trace)(대각 원소들의 합)은 고윳값의 합과 같기 때문에,

$$\operatorname{tr} \mathbf{A}_v = \operatorname{tr}\mathbf{A} \tag{8.72}$$

이다. 네 번째 성질은 예제 8.14에서 보여주었다. 전달함수가 상사 변환에 의해 바뀌지 않기 때문에,

$$\mathbf{C}_v(s\mathbf{I} - \mathbf{A}_v)^{-1}\mathbf{B}_v + D_v = \mathbf{C}(s\mathbf{I} - \mathbf{A})^{-1}\mathbf{B} + D \tag{8.73}$$

이다. 이 성질의 증명은 연습문제로 남겨둔다(연습문제 8.25 참조).

상사 변환의 성질들을 요약하기 위해 먼저 $n \times n$ 행렬 $\mathbf{A}$의 고윳값들을 $\lambda_1, \lambda_2, \ldots, \lambda_n$이라 하자. 그러면 다음과 같은 상사 변환에 대해

$$\mathbf{A}_v = \mathbf{P}^{-1}\mathbf{A}\mathbf{P}$$

1. $\mathbf{A}$와 $\mathbf{A}_v$의 고윳값은 동일하다.

$$\begin{aligned}\det (s\mathbf{I} - \mathbf{A}) &= \det (s\mathbf{I} - \mathbf{A}_v)\\ &= (s - \lambda_1)(s - \lambda_2)\cdots(s - \lambda_n)\end{aligned} \tag{8.74}$$

2. $\mathbf{A}$와 $\mathbf{A}_v$의 행렬식은 동일하다.

$$\det\mathbf{A} = \det\mathbf{A}_v = \lambda_1\lambda_2\cdots\lambda_n \tag{8.75}$$

3. $\mathbf{A}$와 $\mathbf{A}_v$의 대각합은 동일하다.

$$\operatorname{tr}\mathbf{A} = \operatorname{tr}\mathbf{A}_v = \lambda_1 + \lambda_2 + \cdots + \lambda_n \tag{8.76}$$

4. 전달함수는 동일하다.

$$\mathbf{C}_v(s\mathbf{I} - \mathbf{A}_v)^{-1}\mathbf{B}_v + D_v = \mathbf{C}(s\mathbf{I} - \mathbf{A})^{-1}\mathbf{B} + D \tag{8.77}$$

네 번째 성질은 예제 8.14에서 보였고, 다음 예는 상사 변환의 성질 1부터 성질 3을 보여준다.

예제 8.15 상사 변환의 성질들 보여주기

예제 8.13의 상사 변환을 이용하여 처음 세 개의 상사 변환의 성질들을 보여주고자 한다. 예제 8.13으로부터 행렬 $\mathbf{A}$와 $\mathbf{A}_v$는 다음과 같다.

$$\mathbf{A} = \begin{bmatrix} 0 & 1 \\ -2 & -3 \end{bmatrix}; \quad \mathbf{A}_v = \begin{bmatrix} -2 & 0 \\ -3 & -1 \end{bmatrix}$$

그러면 첫 번째 성질 식 (8.74)에 대해

$$\det(s\mathbf{I} - \mathbf{A}) = \begin{vmatrix} s & -1 \\ 2 & s+3 \end{vmatrix} = s^2 + 3s + 2$$

$$\det(s\mathbf{I} - \mathbf{A}_v) = \begin{vmatrix} s+2 & 0 \\ 3 & s+1 \end{vmatrix} = s^2 + 3s + 2$$

이다. 다음으로 고윳값을 구한다.

$$\det(s\mathbf{I} - \mathbf{A}) = s^2 + 3s + 2 = (s+1)(s+2)$$

로부터 $\lambda_1 = -1$, $\lambda_2 = -2$를 얻는다.

두 번째 성질 식 (8.75)에 대해, 두 행렬의 행렬식은 다음과 같다.

$$|\mathbf{A}| = \begin{vmatrix} 0 & 1 \\ -2 & -3 \end{vmatrix} = 2; \quad |\mathbf{A}_v| = \begin{vmatrix} -2 & 0 \\ -3 & -1 \end{vmatrix} = 2$$

두 행렬식 모두 고윳값의 곱과 같다.

세 번째 성질 식 (8.76)에 대해, 두 행렬의 대각합인 대각 원소들의 합은

$$\text{tr}\mathbf{A} = 0 + (-3) = -3; \quad \text{tr}\mathbf{A}_v = -2 + (-1) = -3$$

이다. 따라서 대각합은 고윳값들의 합과 같다. ■

$n \times n$ 행렬의 고윳값을 예제 8.11에서의 MATLAB 프로그램으로 구할 수 있다. 다음 MATLAB 프로그램 또한 고윳값을 계산해준다.

```
A=[0 1;-2 -3], Av=[-2 0;-3 -1]
'Compare the coeficients of the characteristic polynomials'
poly(A), poly(Av)
'Compare the eigenvalues of the two matrices'
eig(A), eig(Av)
'Compare the traces of the two matrices'
trace(A), trace(Av)
```

이 절에서는, 상태 방정식에 대한 상사 변환에 대해 다루었고, 임의의 시스템에 대해 무한히 많은 수의 상태 모델이 존재할 수 있음을 보였다. 그러나 주어진 시스템에 대한 모든 상태 모델들은 동일한 전달함수를 갖는다. 마지막으로, 상태 방정식에 대한 상사 변환의 네 가지 성질을 유도하였다.

결론

앞 장들에서, 연속-시간 LTI 시스템의 모델을 미분방정식이나 전달함수로 명시하였다. 두 경우 모두 시스템의 입력-출력 특성이 주어진다. 이 장에서는, 세 번째 모델로서 상태-변수 모델을 다루었다. 이 모델은 연립 일차 미분방정식의 집합이다. 이 상태 모델은 상태 방정식 또는 시뮬레이션 다이어그램으로 명시할 수 있다.

상태 모델은 입력-출력 특성에 더해 시스템의 내부 모델도 제공한다. 이 세 개의 모델로부터 다른 임의의 모델들을 유도하는 방법들을 제시하였다.

이 장에서 또한 주어진 시스템에 대한 상태 모델은 유일하지 않다는 점을 보였다. 상사 변환을 사용하여 주어진 하나의 상태 모델로부터 무한히 많은 개수의 서로 다른 상태 모델을 얻어낼 수 있다. 서로 다른 상태 모델은 내부 모델은 모두 다르더라도 동일한 입력-출력 특성을 갖는다.

연속-시간 LTI 시스템의 상태 모델은 몇몇 종류의 분석 및 설계 과정에서 필요하다[2]. 상태 모델은 특히 컴퓨터-보조 분석 및 설계에서 유용하다.

표 8.1을 참조한다.

표 8.1 8장의 주요 식들

수식 제목	수식 기호	수식
LTI 시스템의 상태 방정식	(8.9)	$\dot{\mathbf{x}}(t) = \mathbf{A}\mathbf{x}(t) + \mathbf{B}\mathbf{u}(t)$
		$\mathbf{y}(t) = \mathbf{C}\mathbf{x}(t) + \mathbf{D}\mathbf{u}(t)$
제어-표준 형태의 상태 방정식	(8.18)	$\dot{x}(t) = \begin{bmatrix} 0 & 1 & 0 & \cdots & 0 & 0 \\ 0 & 0 & 1 & \cdots & 0 & 0 \\ \vdots & \vdots & \vdots & & \vdots & \vdots \\ 0 & 0 & 0 & \cdots & 0 & 1 \\ -a_0 & -a_1 & -a_2 & \cdots & -a_{n-2} & -a_{n-1} \end{bmatrix}\mathbf{x}(t) + \begin{bmatrix} 0 \\ 0 \\ \vdots \\ 0 \\ 1 \end{bmatrix}u(t)$
		$\mathbf{y}(t) = [(b_0 - a_0 b_n)\,(b_1 - a_1 b_n) \cdots (b_{n-1} - a_{n-1}b_n)]\mathbf{x}(t) + b_n u(t)$
상태 천이 행렬	(8.27)	$\boldsymbol{\phi}(t) = \mathscr{L}^{-1}[\boldsymbol{\phi}(s)] = \mathscr{L}^{-1}[(s\mathbf{I} - \mathbf{A})^{-1}]$
상태 방정식의 해	(8.28)	$\mathbf{X}(s) = (s\mathbf{I} - \mathbf{A})^{-1}\mathbf{x}(0) + (s\mathbf{I} - \mathbf{A})^{-1}\mathbf{B}\mathbf{U}(s)$
		$= \boldsymbol{\Phi}(s)\mathbf{x}(0) + \boldsymbol{\Phi}(s)\mathbf{B}\mathbf{U}(s)$
상태 방정식의 컨볼루션 해	(8.29)	$\mathbf{x}(t) = \boldsymbol{\Phi}(t)\mathbf{x}(0) + \int_0^t \boldsymbol{\Phi}(t-\tau)\mathbf{B}\mathbf{u}(\tau)d\tau$
		$= \boldsymbol{\Phi}(t)\mathbf{x}(0) + \int_0^t \boldsymbol{\Phi}(\tau)\mathbf{B}\mathbf{u}(t-\tau)d\tau$
행렬 지수	(8.38)	$\boldsymbol{\Phi}(t) = \exp \mathbf{A}t$
전달함수	(8.51)	$H(s) = \dfrac{Y(s)}{U(s)} = \mathbf{C}(s\mathbf{I} - \mathbf{A})^{-1}\mathbf{B} + D = \mathbf{C}\boldsymbol{\phi}(s)\mathbf{B} + D$
상태벡터 변환	(8.59)	$\mathbf{x}(t) = \mathbf{P}\mathbf{v}(t)$
상태방정식(상사 변환)	(8.63)	$\dot{\mathbf{v}}(t) = \mathbf{A}_v\mathbf{v}(t) + \mathbf{B}_v u(t)$
		$y(t) = \mathbf{C}_v\mathbf{v}(t) + D_v u(t)$
변환된 행렬	(8.64)	$\mathbf{A}_v = \mathbf{P}^{-1}\mathbf{A}\mathbf{P}, \mathbf{B}_v = \mathbf{P}^{-1}\mathbf{B}$
		$\mathbf{C}_v = \mathbf{C}\mathbf{P}$, 그리고 $D_v = D$

연습문제

8.1절

8.1 그림 P8.1과 같은 RL 회로를 생각하자. 이 회로의 입력은 전압 $v_i(t)$이다.

(a) 전류 $i(t)$를 상태 변수로 하고, 저항 양단에 걸리는 전압 $v_R(t)$를 출력으로 하는 이 회로에 대한 상태 방정식을 작성하여라.

(b) 저항 양단에 걸리는 전압 $v_R(t)$을 상태 변수와 출력으로 하는 상태 방정식을 작성하여라.

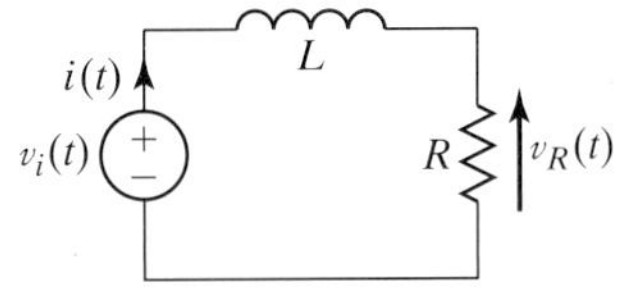

그림 P8.1

8.2 그림 P8.2와 같은 RLC 회로를 생각하자. 이 회로의 입력은 전압 $v_i(t)$이다.

(a) 전류 $i(t)$와 커패시터 전압 $v_C(t)$를 상태 변수로 하고, 커패시터 전압 $v_C(t)$를 출력으로 하는 이 회로에 대한 상태 방정식을 작성하여라.

(b) 전류 $i(t)$와 커패시터 전압 $v_C(t)$를 상태 변수로 하고, 전류 $i(t)$를 출력으로 하는 이 회로에 대한 상태 방정식을 작성하여라.

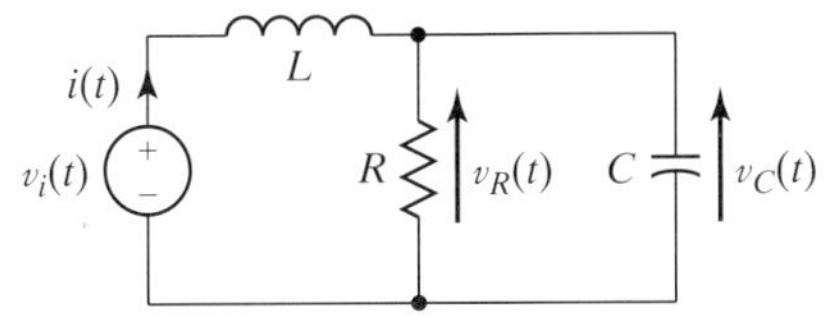

그림 P8.2

8.3 다음 미분방정식으로 기술되는 시스템에 대한 상태 방정식을 구하여라.

(a) $\dot{y}(t) + 2y(t) = 4u(t)$

(b) $\dot{y}(t) - 4y(t) = 8u(t)$

(c) $\ddot{y}(t) + 6\dot{y}(t) + 4y(t) = 4u(t)$

(d) $\ddot{y}(t) + \left(\frac{1}{2}\right)\dot{y}(t) + \left(\frac{1}{6}\right)y(t) = \left(\frac{2}{3}\right)u(t)$

(e) $\ddot{y}_1(t) + 3\dot{y}_1(t) + 6y_1(t) - 9y_2(t) = u_1(t) - 4u_2(t)$
$\dot{y}_2(t) + 2y_2(t) + 4y_1(t) = 3u_1(t) - u_2(t)$

(f) $\dot{y}_1(t) + 2y_1(t) + 4y_2(t) = 5u_1(t) - u_2(t)$
$\ddot{y}_2(t) - 3\dot{y}_2(t) + 6y_2(t) - 1y_1(t) = 3u_1(t) + 2u_2(t)$

8.2절

8.4 **(a)** 다음 전달함수로 기술되는 시스템에 대한 시뮬레이션 다이어그램을 그려라.

$$\frac{Y(s)}{U(s)} = H(s) = \frac{6}{s + 4}$$

(b) (a)에서 그린 시뮬레이션 다이어그램에 대한 상태 방정식을 작성하여라.

(c) (a)에서 그린 시뮬레이션 다이어그램에 대한 시스템 미분방정식을 작성하여라.

(d) 다음 전달함수에 대해 (a), (b), (c)의 질문에 답하여라.

$$\frac{Y(s)}{U(s)} = H(s) = \frac{50s}{s^2 + 3s + 1}$$

(e) 다음 전달함수에 대해 (a), (b), (c)의 질문에 답하여라.

$$\frac{Y(s)}{U(s)} = H(s) = \frac{800}{s^3 + 20s^2 + 80s + 120}$$

8.5 **(a)** 다음 미분방정식으로 기술되는 시스템에 대한 시뮬레이션 다이어그램을 그려라.

$$2\dot{y}(t) + 4y(t) = 8u(t)$$

(b) (a)에서 그린 시뮬레이션 다이어그램에 대한 상태 방정식을 작성하여라.

(c) (a)에서 그린 시뮬레이션 다이어그램에 대한 시스템 전달함수를 구하여라.

(d) MATLAB을 이용하여 (c)의 결과를 검증하여라.

(e) 다음 미분방정식에 대해 (a)부터 (d)까지의 질문에 답하여라.

$$\ddot{y}(t) - 8\dot{y}(t) + 12y(t) = 40u(t)$$

(f) 다음 미분방정식에 대해 (a)부터 (d)까지의 질문에 답하여라.

$$\dddot{y}(t) + 20\ddot{y}(t) + 10\dot{y}(t) + 15y(t) = 50u(t)$$

여기서 $y^{(n)}(t) = \dfrac{d^n y(t)}{dt^n}$이다.

8.3절

8.6 다음과 같은 상태 방정식 모델로 기술되는 시스템을 생각하자.

$$\dot{\mathbf{x}}(t) = \begin{bmatrix} -4 & 5 \\ 0 & 1 \end{bmatrix}\mathbf{x}(t) + \begin{bmatrix} 0 \\ 1 \end{bmatrix}u(t); \quad y(t) = [1 \quad 1]\mathbf{x}(t) + 2u(t)$$

(a) $u(t) = 0$이고 상태 초깃값이 $\mathbf{x}(0) = [10]^T$일 때, 시스템의 출력을 구하여라.

(b) 초깃값이 $\mathbf{x}(0) = [0 \quad 0]^T$일 때, 식 (8.28)을 이용하여 단위 계단 응답을 구하여라.

(c) 초깃값이 $\mathbf{x}(0) = [1 \quad 0]^T$이고 입력이 단위 계단 함수일 때, 시스템의 출력을 구하여라. 이 출력이 초기 조건을 만족함을 확인하여라.

(d) SIMULINK를 이용하여 (c)의 결과를 검증하여라.

8.7 다음과 같은 상태 방정식 모델로 기술되는 시스템을 생각하자.

$$\dot{x}(t) = \begin{bmatrix} -6 & -5 \\ 1 & 0 \end{bmatrix}x(t) + \begin{bmatrix} 0 \\ 2 \end{bmatrix}u(t)$$

$$y(t) = [1 \quad 1]x(t) + 2u(t)$$

(a) $u(t) = 0$이고 상태 초깃값이 $x(0) = [1 \quad 0]^T$일 때, 시스템의 출력을 구하여라.

(b) 초깃값이 $x(0) = [0 \quad 0]^T$일 때, 식 (8.28)을 이용하여 단위 계단 응답을 구하여라.

(c) 초깃값이 $x(0) = [1 \quad 0]^T$이고 입력이 단위 계단 함수일 때, 시스템의 출력을 구하여라.

(d) SIMULINK를 이용하여 (c)의 결과를 검증하여라.

8.8 그림 P8.8과 같은 시스템을 생각하자.

(a) 적분기의 출력을 상태로 선택하고 시스템의 상태 방정식을 작성하여라.

(b) 상태 천이 행렬을 구하여라.

(c) $u(t) = 0$이고 상태 초깃값이 $x(0) = 2$일 때, 시스템의 출력을 구하여라.

(d) 초깃값이 $x(0) = 0$일 때, 식 (8.28)을 이용하여 단위 계단 응답을 구하여라.

(e) 초깃값이 $x(0) = 2$이고 입력이 단위 계단 함수일 때, 시스템의 출력을 구하여라.

(f) SIMULINK를 이용하여 (e)의 결과를 검증하여라.

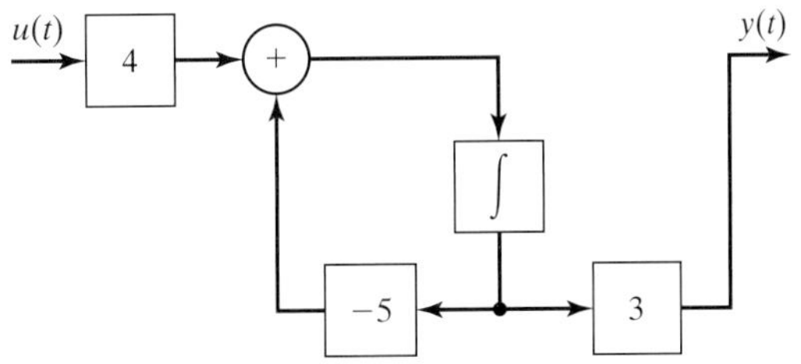

그림 P8.8

8.9 그림 P8.9와 같은 시스템을 생각하자.

(a) 적분기의 출력을 상태로 선택하고 시스템의 상태 방정식을 작성하여라.

(b) 상태 천이 행렬을 구하여라.

(c) $u(t) = 0$이고 상태 초깃값이 $\mathbf{x}(t) = [1 \quad 0]^T$일 때, 시스템의 출력을 구하여라.

(d) 초깃값이 $\mathbf{x}(0) = [0 \quad 0]^T$일 때, 식 (8.28)을 이용하여 단위 계단 응답을 구하여라.

(e) 초깃값이 $\mathbf{x}(t) = [1 \quad 0]^T$이고 입력이 단위 계단 함수일 때, 시스템의 출력을 구하여라.

(f) SIMULINK를 이용하여 (e)의 결과를 검증하여라.

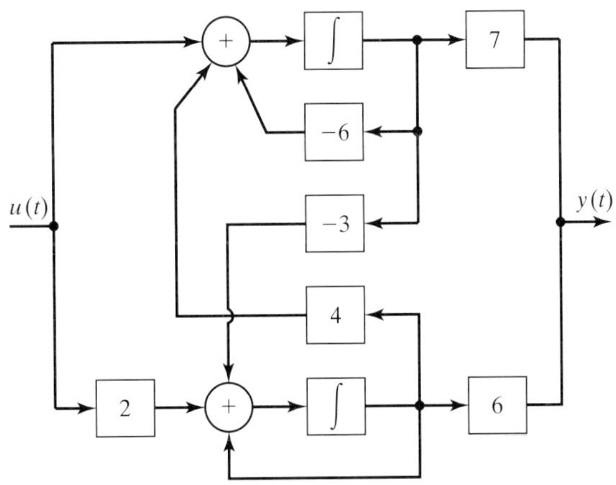

그림 P8.9

8.10 예제 8.8의 시스템에 대해 상태 방정식은 다음과 같다.

$$\dot{\mathbf{x}}(t) = \begin{bmatrix} 0 & 1 \\ 0 & 0 \end{bmatrix}\mathbf{x}(t) + \begin{bmatrix} 0 \\ 1 \end{bmatrix}u(t)$$

라플라스 변환을 이용하여 상태 천이 행렬이 다음과 같음을 보여라.

$$\mathbf{\Phi}(t)\begin{bmatrix}1 & t\\0 & 1\end{bmatrix}$$

8.11 다음 상태 방정식으로 기술되는 시스템을 생각하자.

$$\dot{\mathbf{x}}(t) = \begin{bmatrix}0 & 0\\1 & 0\end{bmatrix}\mathbf{x}(t) + \begin{bmatrix}1\\1\end{bmatrix}u(t);\quad y(t) = [0 \quad 1]\mathbf{x}(t)$$

(a) 상태 천이 행렬을 구하여라.

(b) 급수 식 (8.36)을 이용하여 (a)의 결과를 검증하여라.

(c) 초깃값 $\mathbf{x}(0) = [1 \quad 2]^T$에 대한 초기-조건 응답을 구하여라.

(d) (c)에서 구한 답을 $\dot{\mathbf{x}}(t) = \mathbf{A}\mathbf{x}(t)$에 대입하여 검증하여라.

(e) 초깃값이 $\mathbf{x}(0) = [0 \quad 0]^T$일 때, 식 (8.28)을 이용하여 단위 계단 응답을 구하여라.

(f) SIMULINK를 이용하여 (c)와 (e)의 결과를 검증하여라.

8.12 다음 상태 방정식으로 기술되는 시스템을 생각하자.

$$\dot{x}(t) = -4x(t) + 5u(t)$$
$$y(t) = 3x(t)$$

(a) 상태 천이 행렬을 구하여라.

(b) 급수 식 (8.36)을 이용하여 (a)의 결과를 검증하여라. 지수함수의 급수 전개인 식 (8.37)을 이용하여라.

(c) 초깃값 $x(0) = 1$에 대한 초기-조건 응답을 구하여라.

(d) (c)에서 구한 답을 $x(t) = Ax(t)$에 대입하여 검증하여라.

(e) 초깃값이 $x(0) = 0$일 때, 식 (8.28)을 이용하여 단위 계단 응답을 구하여라.

(f) SIMULINK를 이용하여 (c)와 (e)의 결과를 검증하여라.

8.5절

8.13 **(a)** 그림 P8.8의 시뮬레이션 다이어그램으로 모델링되는 시스템의 상태 방정식을 작성하여라.

(b) (a)의 결과를 이용하여 시스템의 전달함수를 구하여라.

(c) MATLAB을 이용하여 (b)의 결과를 검증하여라.

(d) 시스템의 전달함수를 이용하여 그림 P8.8과는 다른 시뮬레이션 다이어그램을 그려라.

8.14 **(a)** 그림 P8.9의 시뮬레이션 다이어그램으로 모델링되는 시스템의 상태 방정식을 작성하여라.

(b) (a)의 결과를 이용하여 시스템의 전달함수를 구하여라.

(c) MATLAB을 이용하여 (b)의 결과를 검증하여라.

(d) 시스템의 전달함수를 이용하여 그림 P8.9와는 다른 시뮬레이션 다이어그램을 그려라.

(e) (d)의 결과에 대한 상태 방정식을 작성하여라.

(f) (e)의 결과를 이용하여 시스템의 전달함수를 구하여라. 이 결과로 (e)의 결과를 검증할 수 있다.

(g) MATLAB을 이용하여 (f)의 결과를 검토하여라.

8.15 그림 P8.15는 어떤 자동 제어 시스템의 시뮬레이션 다이어그램이다. 플랜트(plant)는 제어하고자 하는 대상 시스템이고, 보상기(compensator)는 폐루프 시스템이 어떤 지정된 특성을 갖도록 해주는 부가

되는 시스템이다.

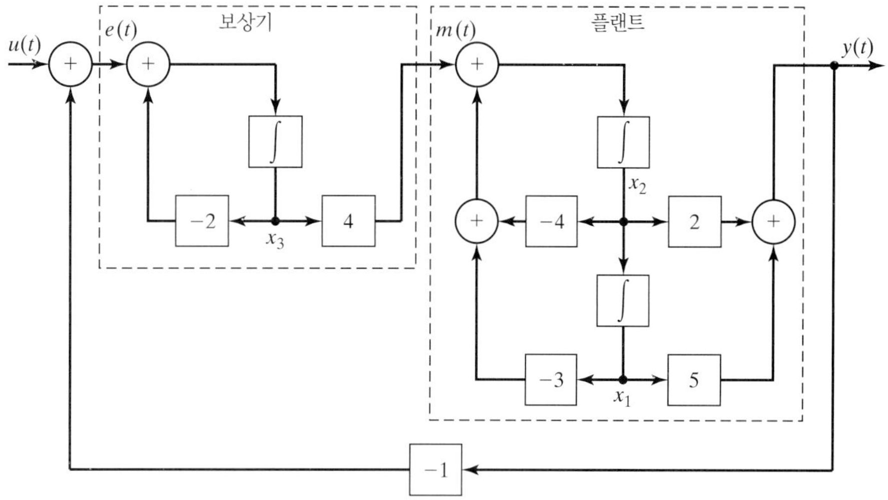

그림 P8.15

(a) $m(t)$를 입력으로 하고 $y(t)$를 출력으로 하는 플랜트에 대한 상태 방정식을 작성하여라.

(b) 플랜트의 전달함수 $H_p(s)$를 구하여라.

(c) 플랜트에 대한 미분방정식을 작성하여라.

(d) $e(t)$를 입력으로 하고 $m(t)$를 출력으로 하는 보상기에 대한 상태 방정식을 작성하여라.

(e) 보상기의 전달함수 $H_c(s)$를 구하여라.

(f) 보상기에 대한 미분방정식을 작성하여라.

(g) $u(t)$를 입력으로 하고 $y(t)$를 출력으로 하는 폐루프 시스템의 상태 방정식을 작성하여라. (a)와 (d)에서의 상태변수를 그대로 상태변수로 선정한다. 이 방정식은 시뮬레이션 다이어그램으로부터 바로 작성할 수 있다.

(h) 폐루프 시스템의 전달함수 $H(s)$를 구하여라

(i) 폐루프 시스템에 대한 미분방정식을 작성하여라.

(j) MATLAB을 이용하여 (h)의 결과를 검증하여라.

(k) 폐루프 전달함수는 나음과 같음을 보일 수 있나.

$$\frac{Y(s)}{U(s)} = H(s) = \frac{H_c(s)H_p(s)}{1 + H_c(s)H_p}$$

(b)와 (e)에서 유도된 전달함수들이 위의 식을 만족함을 보임으로써 (h)의 결과를 검증하여라.

8.16 다음 상태 방정식으로 기술되는 시스템을 생각하자.

$$\dot{\mathbf{x}}(t) = \begin{bmatrix} -4 & 5 \\ 0 & 1 \end{bmatrix}\mathbf{x}(t) + \begin{bmatrix} 0 \\ 1 \end{bmatrix}u(t); \quad y(t) = [1 \quad 1]\mathbf{x}(t) + 2u(t)$$

(a) 이 시스템의 시뮬레이션 다이어그램을 그려라.

(b) 상태 방정식으로부터 전달함수를 구하여라.

(c) MATLAB을 이용하여 (b)의 결과를 검증하여라.

(d) 이 시스템의 또 다른 시뮬레이션 다이어그램을 그려라.

(e) (d)의 시뮬레이션 다이어그램에 대한 상태 방정식을 작성하여라.

(f) (e)의 상태 방정식으로부터 전달함수를 구하여, 이 전달함수가 (b)의 결과와 동일함으로 보임으로써 (d)의 결과를 검증하여라.

(g) MATLAB을 이용하여 (f)의 결과를 검증하여라.

(h) 다음 상태 방정식에 대해 (a)부터 (g)까지의 질문에 답하여라.

$$\dot{\mathbf{x}}(t) = -2x(t) + 4u(t)$$
$$y(t) = x(t)$$

(i) 다음 상태 방정식에 대해 (a)부터 (g)까지의 질문에 답하여라.

$$\dot{\mathbf{x}}(t) = \begin{bmatrix} 0 & 1 & 0 \\ 0 & 0 & 1 \\ 1 & 1 & -1 \end{bmatrix}\mathbf{x}(t)\begin{bmatrix} 0 \\ 0 \\ 2 \end{bmatrix}u(t); \quad y(t) = [1 \quad 0 \quad 0]\mathbf{x}(t)$$

8.17 다음 상태 방정식으로 기술되는 시스템을 생각하자.

$$\dot{\boldsymbol{x}}(t) = \begin{bmatrix} -6 & -5 \\ 1 & 0 \end{bmatrix}\boldsymbol{x}(t) + \begin{bmatrix} 0 \\ 2 \end{bmatrix}u(t)$$
$$y(t) = [1 \quad 1]\boldsymbol{x}(t) + 2u(t)$$

(a) 이 시스템의 시뮬레이션 다이어그램을 그려라.

(b) 상태 방정식으로부터 전달함수를 구하여라.

(c) MATLAB을 이용하여 (b)의 결과를 검증하여라.

(d) 이 시스템의 또 다른 시뮬레이션 다이어그램을 그려라.

(e) (d)의 시뮬레이션 다이어그램에 대한 상태 방정식을 작성하여라.

(f) (e)의 상태 방정식으로부터 전달함수를 구하여, 이 전달함수가 (b)의 결과와 동일함을 보임으로써 (d)의 결과를 검증하여라.

(g) MATLAB을 이용하여 (f)의 결과를 검증하여라.

(h) 다음 상태 방정식에 대해 (a)부터 (g)까지의 질문에 답하여라.

$$\dot{\mathbf{x}}(t) = -4x(t) + 6u(t)$$
$$y(t) = x(t)$$

(i) 다음 상태 방정식에 대해 (a)부터 (g)까지의 질문에 답하여라.

$$\dot{\mathbf{x}}(t) = \begin{bmatrix} 0 & 1 & 0 \\ 0 & 0 & 1 \\ 1 & 0 & 1 \end{bmatrix}\mathbf{x}(t)\begin{bmatrix} 2 \\ 0 \\ 0 \end{bmatrix}u(t); \quad y(t) = [0 \quad 0 \quad 1]\mathbf{x}(t)$$

8.18 그림 P8.1의 RL 회로를 생각하자. 이 연습문제의 일부는 연습문제 8.1의 문제와 중복된다. 필요하면 연습문제 8.1의 결과를 사용한다.

(a) 상태 변수와 출력 변수를 모두 저항 양단에 걸리는 전압 $v_R(t)$로 할 때, 이 회로에 대한 상태 방정식을 작성하여라.

(b) (a)의 결과를 이용하여 이 회로의 전달함수를 구하여라.

(c) s-평면의 임피던스 접근 방법을 이용하여 (b)의 전달함수를 검증하여라. 참고로 임피던스 접근 방법에서는 저항의 임피던스는 R이고 인덕터의 임피던스는 sL이다.

8.19 그림 P8.2의 *RLC* 회로를 생각하자. 이 연습문제의 일부는 연습문제 8.2의 문제와 중복된다. 필요하면 연습문제 8.2의 결과를 사용한다.

(a) 전류 $i(t)$와 커패시터 전압 $v_C(t)$를 상태 변수로 하고 $v_C(t)$를 출력으로 하는 이 회로의 상태 방정식을 작성하여라.

(b) (a)의 결과를 이용하여 회로의 전달함수를 구하여라.

(c) s-평면의 임피던스 접근 방법을 이용하여 (b)의 전달함수를 검증하여라. 참고로 임피던스 접근 방법에서는 인덕터의 임피던스는 sL이고 커패시터의 임피던스는 $1/(sC)$이다.

8.20 연습문제 8.2의 *RLC* 회로를 생각하자. 이 연습문제의 일부는 연습문제 8.2의 문제와 중복된다. 필요하면 연습문제 8.2의 결과를 사용한다.

(a) 전류 $i(t)$와 커패시터 전압 $v_C(t)$를 상태 변수로 하고 $i(t)$를 출력으로 하는 이 회로의 상태 방정식을 작성하여라.

(b) (a)의 결과를 이용하여 회로의 전달함수를 구하여라.

(c) s-평면의 임피던스 접근 방법을 이용하여 (b)의 전달함수를 검증하여라. 참고로 임피던스 접근 방법에서는 인덕터의 임피던스는 sL이고 커패시터의 임피던스는 $1/(sC)$이다.

8.6절

8.21 다음 상태 방정식으로 기술되는 시스템을 생각하자.

$$\dot{\mathbf{x}}(t) = \begin{bmatrix} -4 & 5 \\ 0 & 1 \end{bmatrix}\mathbf{x}(t) + \begin{bmatrix} 0 \\ 1 \end{bmatrix}u(t)$$
$$y(t) = [1 \quad 1]\mathbf{x}(t) + 2u(t)$$

이 시스템은 연습문제 8.16에서의 시스템과 동일하다.

(a) 이 시스템의 전달함수를 구하여라.

(b) 상사 변환을 이용하여 이 시스템의 제어 표준 상태 모델을 구하여라.

(c) MATLAB을 이용하여 (b)의 결과를 확인하여라.

(d) (b)의 전달함수를 구하여라. 이 전달함수는 (a)의 결과와 같아야 한다.

(e) MATLAB을 이용하여 (d)의 결과를 검증하여라.

(f) 위에서 상사 변환의 성질 4인 식 (8.77)이 성립함을 보였다. 다른 세 개의 성질인 식 (8.74), (8.75), (8.76)도 성립함을 보여라.

8.22 다음 상태 방정식으로 기술되는 시스템을 생각하자.

$$\dot{\mathbf{x}}(t) = \begin{bmatrix} 0 & 1 \\ -5 & -4 \end{bmatrix}\mathbf{x}(t) + \begin{bmatrix} 0 \\ 1 \end{bmatrix}u(t); \quad y(t) = [2 \quad 0]\mathbf{x}(t)$$

(a) 이 시스템의 전달함수를 구하여라.

(b) 상사 변환을 이용하여 이 시스템의 또 다른 상태 모델을 구하여라.

(c) MATLAB을 이용하여 (b)의 결과를 확인하여라.

(d) (b)의 전달함수를 구하여라. 이 전달함수는 (a)의 결과와 같아야 한다.

(e) MATLAB을 이용하여 (d)의 결과를 검증하여라.

(f) 위에서 상사 변환의 성질 4인 식 (8.77)이 성립함을 보였다. 다른 세 개의 성질인 식 (8.74), (8.75), (8.76)도 성립함을 보여라.

8.23 다음 상태 방정식으로 기술되는 시스템을 생각하자.

$$\dot{x}(t) = -4x(t) + 5u(t)$$
$$y(t) = 3x(t)$$

(a) 이 시스템의 전달함수를 구하여라.

(b) 상사 변환을 이용하여 이 시스템의 또 다른 상태 모델을 구하여라.

(c) MATLAB을 이용하여 (b)의 결과를 확인하여라.

(d) (b)의 전달함수를 구하여라. 이 전달함수는 (a)의 결과와 같아야 한다.

(e) MATLAB을 이용하여 (d)의 결과를 검증하여라.

(f) 위에서 상사 변환의 성질 4인 식 (8.77)이 성립함을 보였다. 다른 세 개의 성질인 식 (8.74), (8.75), (8.76)도 성립함을 보여라.

(g) 이 문제의 결과들로부터 일차 시스템에 대한 상사 변환의 일반적인 효과를 설명하여라.

8.24 연습문제 8.17(i)에서 살펴보았던 다음과 같은 상태 방정식으로 기술되는 시스템을 생각하자.

$$\dot{\mathbf{x}}(t) = \begin{bmatrix} 0 & 1 & 0 \\ 0 & 0 & 1 \\ 1 & 0 & 1 \end{bmatrix} \mathbf{x}(t) \begin{bmatrix} 2 \\ 0 \\ 0 \end{bmatrix} u(t)$$
$$y(t) = [0 \quad 0 \quad 1]\mathbf{x}(t)$$

(a) 이 시스템의 전달함수를 구하여라.

(b) 다음 변환 행렬을 사용하여 이 시스템의 또 다른 상태 모델을 구하여라.

$$\mathbf{P} = \begin{bmatrix} 1 & 1 & 0 \\ 0 & 0 & 1 \\ 1 & 0 & 0 \end{bmatrix}$$

(c) MATLAB을 이용하여 (b)의 결과를 확인하여라.

(d) (b)의 전달함수를 구하여라. 이 전달함수는 (a)의 결과와 같아야 한다.

(e) 위에서 상사 변환의 성질 4인 식 (8.77)이 성립함을 보였다. 다른 세 개의 성질인 식 (8.74), (8.75), (8.76)도 성립함을 보여라.

(f) MATLAB을 이용하여 (d)의 결과를 검증하여라.

8.25 식 (8.64)의 상사 변환에 대해 다음 식이 성립함을 보여라.

$$\mathbf{C}_v(s\mathbf{I} - \mathbf{A}_v)^{-1}\mathbf{B}_v + D_v = \mathbf{C}(s\mathbf{I} - \mathbf{A})^{-1}\mathbf{B} + D$$

8.26 연습문제 8.21의 시스템을 생각하자.

(a) 이 시스템이 안정한지 여부를 판별하여라.

(b) 시스템의 모드를 구하여라.

(c) MATLAB을 이용하여 시스템의 고윳값들을 구하여라.

8.27 연습문제 8.22의 시스템을 생각하자.

(a) 이 시스템이 안정한지 여부를 판별하여라.

(b) 시스템의 모드를 구하여라.

(c) MATLAB을 이용하여 시스템의 고윳값들을 구하여라.

8.28 연습문제 8.24의 시스템을 생각하자.

(a) 이 시스템이 안정한지 여부를 판별하여라.

(b) 시스템의 모드를 구하여라.

(c) MATLAB을 이용하여 시스템의 고윳값들을 구하여라.

9 이산-시간 신호 및 시스템

Discrete-Time Signals and Systems

이번 장에서는 먼저 띄엄띄엄한 시각에서만 정의되는 *이산-시간 신호*(discrete-time signals) 또는 좀 더 간단하게 *이산 신호*(discrete signals)에 대해 살펴본다. 이산-시간 신호를 $x[n]$으로 나타내며 여기서 독립 변수 n은 정수 값만을 갖는다고 가정한다. 이번 장에서 살펴볼 두 번째 주제는 *이산-시간 시스템*(discrete-time systems) 또는 간단하게는 *이산 시스템*(discrete systems)이다. 이산-시간 시스템은 시스템 내의 모든 신호들이 이산-시간 신호인 시스템으로 정의된다. 이번 장의 차례는 2장의 차례와 거의 동일하다.

앞에서 언급했듯이, 이산 신호는 띄엄띄엄한 시각에서만 정의된다. 예를 들어 어떤 연속-시간 신호 $f(t)$를 디지털 컴퓨터에서 처리하고자 한다고 하자. [이러한 작업을 *디지털 신호처리*(DSP)라 한다.] 컴퓨터는 오직 숫자만을 다룰 수 있으므로, 연속-시간 신호를 먼저 숫자들의 시퀀스로 변환해야만 한다. 이러한 변환 과정을 *샘플링*(sampling)이라 한다. 연속-시간 신호 $f(t)$가 일정한 간격 T만큼씩 샘플링된다면, 숫자 시퀀스 $f(nT)$, $n = \ldots, -2, -1, 0, 1, 2, \ldots$,를 얻는다. 여기서 시간 간격 T를 *샘플링 주기*(sampling period)라 한다(혼동될 우려가 거의 없으므로 5장과 6장에서 사용한 T_S 기호 대신에 이번 장 이후부터는 샘플링 주기를 기호 T로 나타낸다). 샘플링 과정을 나타낸 그림 9.1(a)에서 각 샘플 값은 수직 막대 위의 점으로 표현된다.

그림 9.1(b)는 일반적으로 사용되는 샘플링 하드웨어를 나타낸 것이다. 1장에서 설명한 것과 같이, 아날로그-디지털 변환기(A/D 또는 ADC)는 진입 신호를 샘플링하여 각 샘플을 이진수로 변환해주는 전자회로다. 이렇게 변환된 이진수를 처리하거나 저장하기 위해 디지털 컴퓨터로 보낸다. 따라서 A/D를 사용하여 숫자 시퀀스 $f(nT)$를 생성하고 컴퓨터로 이 시퀀스를 보낸다. 샘플 값을 얻어내는 시각은 컴퓨터로부터 오는 타이밍 펄스에 의해 결정된다.

여기서 기호에 대해 언급하는 것이 적절할 것 같다. 기호 $f(t)$는 연속-시간 신호를 나타내고, 기호 $f(nT)$는 $t = nT$에서 $f(t)$의 값을 나타낸다. 기호 $f[n]$은 정수인 n에서만 정의되는 *이산-시간 신호*를 나타낸다. 둥근 괄호는 연속 시간을 나타내고 꺾인 괄호는 이산 시간을 나타낸다. 그러나 이 기호가 일반적인 것은 아니다. 여기에서는 $f(nT)$와 $f[n]$을 구별하기 위한 노력으로 서로 다른 기호를 사용한다. $f[n]$이 $f(t)$를 T초마다 샘플링하여 얻었다면

$$f(nT) = f(t)|_{t=nT}$$

이고

$$f[n] = f(t)|_{t=nT} \neq f(t)|_{t=n} \tag{9.1}$$

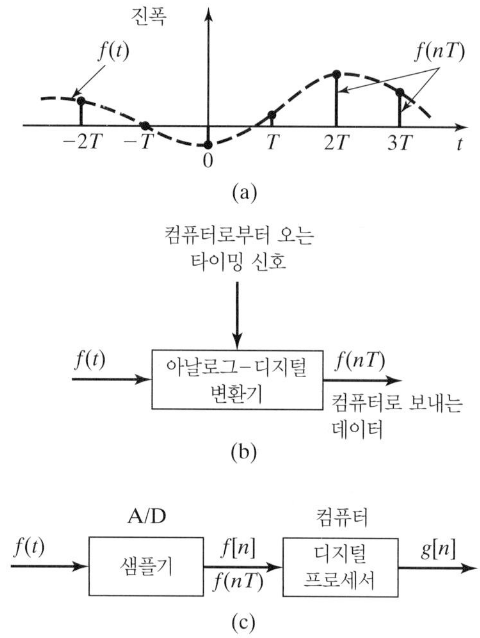

그림 9.1 샘플링 및 처리에 대한 하드웨어 다이어그램

이다. 그림 9.1(c)는 디지털 신호처리에 대한 전체 시스템을 보여준다. 샘플기는 연속-시간 신호 $f(t)$를 이산-시간 신호 $f(nT) = f[n]$으로 변환한다. 프로세서의 출력은 신호 $g[n]$이다. $f(t)$는 모든 시간에 대해서 정의되지만, $g[n]$은 정수 n에 대해서만 정의된다. 예를 들어 $g[1.2]$는 존재하지 않는다.

이산-시간 신호 $x[n]$은 *연속-진폭 신호*(continuous-amplitude signal)가 될 수 있다. 이 경우에 $-\infty < x[n] < \infty$와 같이 진폭은 어떤 값이든 될 수 있다. 두 번째 종류의 이산-시간 신호는 *이산-진폭 신호*(discrete-amplitude signal)다. 이 경우에는 $x[n]$이 어떤 정의된 진폭만을 갖는다. 이산-진폭 이산-신호를 또한 *디지털 신호*(digital signal)라 한다.

이산-진폭 이산-시간 신호의 한 예는 아날로그-디지털 변환기의 출력이다(그림 1.19 참조). 예를 들어, 아날로그-디지털 변환기에서 이진 신호가 8비트로 표현된다면, 출력-신호 진폭은 $2^8 = 256$개의 서로 다른 값만을 가질 수 있다(양자화 오차 참조). 이산-진폭 이산-시간 신호의 두 번째 예는 디지털 컴퓨터 내부의 모든 신호다.

종합하면, 이산-시간 신호는 순서가 있는 숫자들의 시퀀스다. 이 시퀀스를 일반적으로 $\{f[n]\}$으로 표기하고, 여기서 이 기호는 시퀀스 $\ldots, f[-2], f[-1], f[0], f[1], f[2], \ldots$을 나타낸다. 일반적으로 n이 정수가 아니면 $f[n]$은 정의되지 않는 것으로 한다.

엔지니어들이 이산-시간 신호에 관심을 갖는 몇 가지 이유는 다음과 같다.

1. 디지털 신호처리를 사용하기 위해서는 샘플링이 필요하다. 디지털 신호처리가 아날로그 신호처리보다 훨씬 더 다양한 곳에서 활용된다.
2. 수많은 통신 시스템이 매우 다양한 이유로 이산-시간 신호 전송에 기반을 두고 설계되어 있다.
3. 신호를 샘플링하면 이산적인 특성을 가지고 있는 메모리에 신호를 저장할 수 있다.

4. 물리적인 양을 측정하는 센서의 출력이 이산-시간 신호인 경우가 많다.
5. 물리적인 시스템을 자동 제어하는 복잡한 전략은 디지털 컴퓨터로 구현되어야 한다. 이때 컴퓨터로부터의 제어신호가 이산 시간 신호다.
6. CD, DVD, 디지털카메라, MP3 플레이어 등 수많은 소비자 제품들이 디지털 신호를 사용한다.

9.1 이산-시간 신호 및 시스템

이번 절에서는 수치 적분의 예를 통해 이산-시간 신호에 대해 소개한다. 전압 신호 $x(t)$를 디지털 컴퓨터를 사용하여 적분하고 싶다고 해보자. 디지털 컴퓨터로 적분하기 위해서는 수치 알고리즘이 필요하다. 일반적으로 수치 알고리즘은 적분값을 알지 못하는 어떤 신호를 적분값을 이미 알고 있는 신호로 근사시키는 것에 기반을 두고 있다. 그러므로 모든 적분 알고리즘은 특성상 근사적일 수밖에 없다.

그림 9.2에 묘사된 오일러 방법(1.3절에서 논의)을 사용해보자. 오일러 방법은 곡선 $x(t)$의 아랫부분의 면적을 그림에 보이는 것과 같이 사각형들의 면적의 합으로 근사시킨다. 이 그림에서 스텝 간격 H(각 사각형의 밑변)를 *수치-적분 증분*(numerical-integration increment)이라 한다. 이 알고리즘을 구현하는 데에는 $x(t)$를 H초마다 샘플링하여 n이 정수일 때 숫자열 $x(nH)$을 만들어내는 것이 필요하다.

$y(t)$를 다음과 같이 $x(t)$의 적분이라고 하자.

$$y(t) = \int_0^t x(\tau)d\tau \tag{9.2}$$

그림 9.2에서 $x(t)$의 $t = 0$부터 $t = nH$까지 적분을 $t = 0$부터 $t = (n-1)H$까지 적분 더하기 $t = (n-1)H$부터 $t = nH$까지의 적분으로 표현할 수 있다. 그러므로 식 (9.2)에서

$$\begin{aligned} y(t)\big|_{t=nH} = y(nH) &= \int_0^{nH} x(\tau)d\tau \\ &= \int_0^{(n-1)H} x(\tau)d\tau + \int_{(n-1)H}^{nH} x(\tau)d\tau \\ &\approx y[(n-1)H] + Hx[(n-1)H] \end{aligned} \tag{9.3}$$

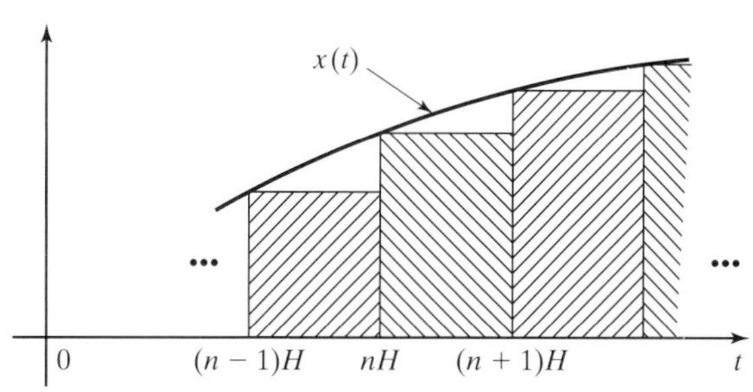

그림 9.2 오일러 적분

이다. 여기에 포함되는 근사 오차를 무시하면, 이 식은 다음과 같이 쓸 수 있다.

$$y(nH) = y[(n-1)H] + Hx[(n-1)H] \tag{9.4}$$

그러나 $y(nH)$는 $t = nH$일 때, $x(t)$의 적분에 대한 근삿값에 불과하다.

앞에서 얘기한 이산-시간 신호에 대한 기호로 나타내면, 식 (9.4)를 다음과 같이 쓴다.

$$y[n] = y[n-1] + Hx[n-1] \tag{9.5}$$

이러한 형태의 방정식을 *차분 방정식*(difference equation)이라 한다. 일반적인 *계수가 상수인 N 차 선형 차분 방정식*은 다음과 같은 형태다.

$$\begin{aligned} y[n] = {} & b_1 y[n-1] + b_2 y[n-2] + \cdots + b_N y[n-N] \\ & + a_0 x[n] + a_1 x[n-1] + \cdots + a_N x[n-N] \end{aligned} \tag{9.6}$$

여기서 $i = 1, 2, \ldots, N$일 때 계수 a_i와 b_i는 상수다. n을 $n + N$으로 바꿔 쓰면, 이 차분 방정식을 다음과 같이 쓸 수도 있다.

$$\begin{aligned} y[n+N] = {} & b_1 y[n+N-1] + b_2 y[n+N-2] + \cdots + b_N y[n] \\ & + a_0 x[n+N] + a_1 x[n+N-1] + \cdots + a_N x[n] \end{aligned} \tag{9.7}$$

차분 방정식을 나타낼 때 식 (9.6)과 식 (9.7) 형식을 모두 사용한다. 이 장에서는 식 (9.6)과 식 (9.7)에서의 $x[n]$과 $y[n]$ 형태의 이산-시간 신호와 차분 방정식으로 기술되는 이산 시스템을 다룬다. 그러나 차분 방정식이 선형인 경우만으로 한정하진 않는다.

예제 9.1 차분 방정식의 해

차분 방정식의 해에 대한 한 예로, 식 (9.5)에서의 오일러 방법을 사용한 단위 계단 함수 $u(t)$의 수치 적분을 생각해보자. 연속-시간 단위 계단 함수는 다음과 같이 정의된다.

$$u(t) = \begin{cases} 1, & t > 0 \\ 0, & t < 0 \end{cases}$$

초기 조건 $y(0)$은 0이라고 가정한다. 즉, $y(0) = 0$이다. 단위 계단 함수를 샘플링하면 $n \geq 0$일 때, $x(nH) = 1$, 그러므로 $x[n] = 1$을 얻는다($x[0] = 1$이라고 가정하였다). 식 (9.5)로부터 풀어야 할 차분 방정식은

$$y[n] = y[n-1] + Hx[n-1]$$

이다. 이 방정식은 $n = 1$부터 시작하여 순차적인 방법으로 푼다.

$$\begin{aligned} y[1] &= y[0] + Hx[0] = 0 + H = H; \\ y[2] &= y[1] + Hx[1] = H + H = 2H; \\ y[3] &= y[2] + Hx[2] = 2H + H = 3H; \\ &\vdots \\ y[n] &= y[n-1] + Hx[n-1] = (n-1)H + H = nH \end{aligned}$$

그러므로 $y(nH) = nH$이다. 단위 계단 함수를 적분하면 다음 결과를 얻는다.

$$y(t) = \int_0^t u(\tau)\,d\tau = \int_0^t d\tau = \tau \Big|_0^t = t, t > 0$$

그리고 $t = nH$에서 $y(t)$의 값을 계산하면 nH이다. 그러므로 오일러 방법은 단위 계단 함수의 적분에 대한

정확한 값을 준다. 일반적으로 오일러 방법은 정확하지 않지만, 단위 계단 함수에 대해서는 그림 9.2와 같은 그래프를 그려봄으로써 왜 이 결과가 정확한 값인지 생각해볼 수 있다. ■

그림 9.2로부터 일반적인 함수 $x(t)$를 오일러 방법을 이용하여 적분하면 다음과 같이 상수 H가 곱해진 $x[k]$의 합이 된다.

$$y[n] = Hx[0] + Hx[1] + Hx[2] + \cdots + Hx[n-1] = H\sum_{k=0}^{n-1} x[k] \tag{9.8}$$

그러므로 이 경우에 연속 시간에서의 적분과 이산 시간에서의 합 사이에 어떤 관련성이 있음을 알 수 있다. 이러한 관련성은 다른 많은 경우에도 똑같이 적용된다.

단위 계단 및 단위 임펄스 함수

두 가지 신호에 대한 정의로부터 이산-시간 신호에 대한 학습을 시작하자. 먼저 *이산-시간 단위 계단 함수* $u[n]$은 다음과 같이 정의된다.

$$u[n] = \begin{cases} 1, & n \geqq 0 \\ 0, & n < 0 \end{cases} \tag{9.9}$$

이 정의는 단지 n이 정수일 때만 성립한다는 사실을 기억하기 바란다. 그림 9.3은 단위 계단 함수의 그래프를 보여준다. 수직으로 그은 선 끝의 검은 점들은 그림 9.3에서 보이는 것과 같이 이산 신호의 값을 나타내는 데에 사용된다. 시간-이동된 단위 계단 함수는 n_0가 정수일 때 $u[n-n_0]$와 같이 표기하고

$$u[n-n_0] = \begin{cases} 1, & n \geqq n_0 \\ 0, & n < n_0 \end{cases} \tag{9.10}$$

이다. n_0이 양수인 경우 이 함수의 그래프를 그림 9.3에 나타내었다.

두 번째로 정의할 함수는 *이산-시간 단위 임펄스 함수* $\delta[n]$이다. 이 신호는 또한 단위 샘플 함수라고도 한다. 정의에 의해, 이산-시간 단위 임펄스 함수는 다음과 같다.

$$\delta[n] = \begin{cases} 1, & n = 0 \\ 0, & n \neq 0 \end{cases} \tag{9.11}$$

그림 9.4는 이 함수의 그래프다. 이산-시간 임펄스 함수는 수학적으로도 문제가 없고 연속-시간 임펄스 함수가 갖는 문제들을 전혀 보여주지 않는다는 점에 유의한다. 사실 이산-시간 임펄스 함수는 다음과 같이 두 계단 함수의 차로 표현할 수 있다.

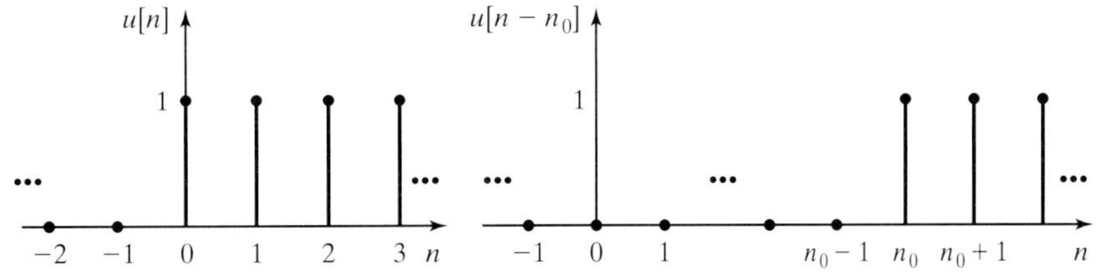

그림 9.3 이산-시간 단위 계단 함수

9.2 이산-시간 신호의 변환

이 절에서는 이산-시간 신호 $x[n]$에 대한 여섯 가지의 변환에 대해 살펴본다. 이 중 세 개는 독립 변수 n에 대해 적용하는 연산이고, 나머지 세 개는 종속 변수 $x[\cdot]$에 대해 적용하는 연산이다.

이산 신호 변환의 용어에서, 이산-증분 변수 n에 대해 '*이산-시간*' 또는 그냥 단순하게 '*시간*'이라는 용어를 계속하여 사용할 것이다. 왜냐하면 일반적으로 샘플링된 신호를 다룰 것이기 때문이다. 샘플링된 신호에 대해 T가 샘플링 주기일 때, n을 사용하여 $t = nT$를 나타낸다.

시간 변환들

먼저 세 가지의 시간 변환을 살펴본다. 이 변환에서는 원신호에서 이산 시간을 나타내는 데에는 변수 m을 사용하고 변환된 신호에서 이산 시간을 나타내는 데에는 변수 n을 사용한다.

시간 역전

신호 $x[m]$을 시간-역전시키기 위해 독립 변수 m을 $-n$으로 대체한다. 그러면

$$y[n] = x[m]\Big|_{m=-n} = x[-n] \tag{9.20}$$

이다. 여기서 $y[n]$은 변환된 신호를 나타낸다. 이 연산은 수직축에 대해 $x[m]$의 대칭 이미지를 만드는 효과를 낸다.

특정한 종류의 시스템에 대한 응답을 계산할 때 이 연산을 적용하는 것을 10장에서 보게 될 것이다.

그림 9.7은 시간 역전의 한 예를 나타낸 것이다. 여기서 위에서와 같이 원신호의 시간 변수를 n에서 m으로 바꾸었다. 식 (9.20)으로부터 이 그림에서 $n = -m$이고 n-축을 m-축 바로 아래에 표시하였다. 그런 다음 n에 대한 $y[n]$을 그리면 변환된 신호의 그래프를 얻게 된다. 이 그래프 또한 그림 9.7에 나타내었다.

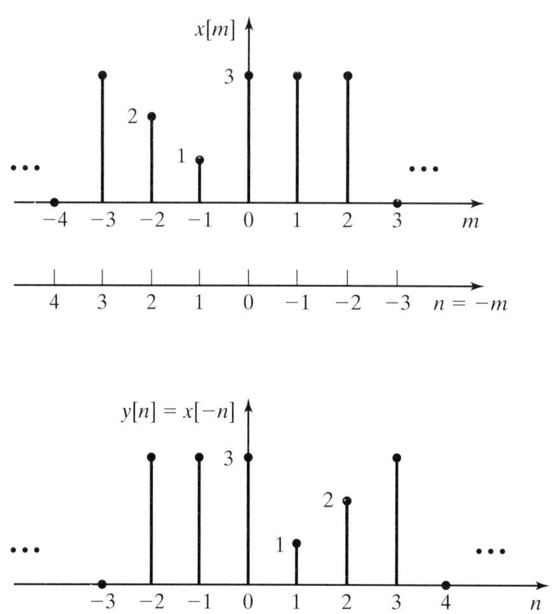

그림 9.7 시간 역전을 보여주는 신호

시간 스케일링

신호 $x[n]$이 주어졌을 때, 이 신호의 시간 스케일링된 버전은

$$y[n] = x[m]\bigg|_{m=an} = x[an] \tag{9.21}$$

이다. 여기서 k가 정수일 때, $a = k$이거나 $a = 1/k$인 경우만 고려한다. 다시 한번, 원신호의 시간 변수를 n에서 m으로 바꾸었음에 유의한다.

그림 9.8(a)는 원신호 $x[m]$을 보여주고 있고, 시간 스케일링된 $y_1[n] = x[2n]$과 $y_2[n] = x\left[\frac{n}{3}\right]$의 그래프를 그리고자 한다. 먼저 첫 번째 변환의 경우,

$$m = 2n \Rightarrow n = \frac{m}{2}$$

그림 9.8(a)의 m-축 바로 아래에 $\frac{m}{2}$축을 나타내었다. $m/2$는 m이 홀수일 때는 정수가 아님에 주의한다. 따라서 $x[m]$의 값은 m이 홀수일 때는 $y[n]$에 나타나지 않는다. 시간-스케일링된 신호 $x[an]$에서는 $a = k \geqq 2$일 때는 신호의 정보를 잃어버린다. 이러한 사실을 그림 9.8(a)와 (b)가 보여주는데, 여기서 m이 홀수일 때 $x[m]$의 값이 $x[2n]$에 나타나지 않는다.

이러한 종류의 시간 스케일링을 응용한 역사적인 하나의 예가 1.3절에서 언급했던 텔레비전 PIP(picture in picture) 기능이다. PIP 기능에 대해 다시 한번 반복해서 살펴보자.

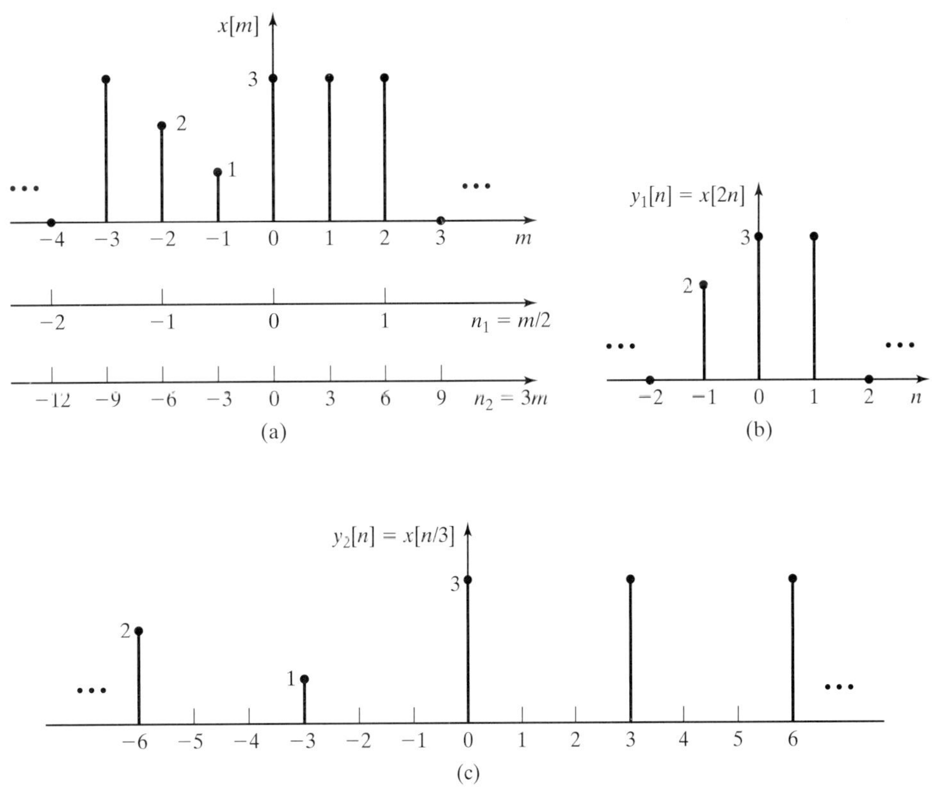

그림 9.8 시간 스케일링을 보여주는 신호

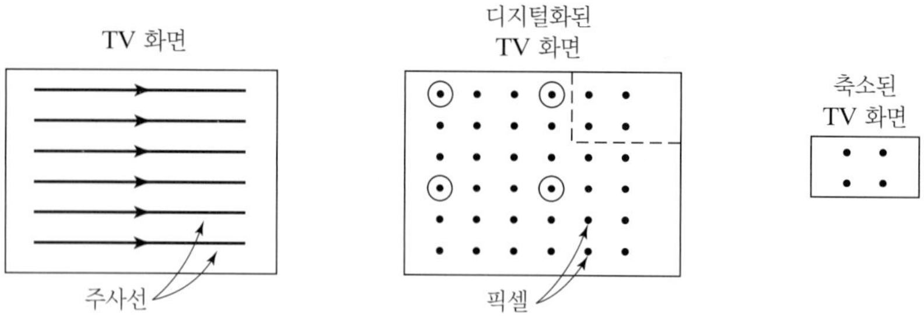

그림 9.9 한 화면 안에 다른 TV 화면 표시

그림 9.9를 보면, 아날로그 TV 화면을 매우 단순화하여 여섯 개의 주사선을 가진 화면으로 도식화하였다. 이 화면을 1/3로 크기를 줄여서 다른 화면 위에 겹쳐서 표시한다고 하자.

먼저, 전압 신호인 화면의 주사선들을 샘플링한다. 그림 9.9에서 각 주사선마다 여섯 개의 샘플을 만든다. 이것을 화소(픽셀)라고 한다. 주사선의 개수와 화소의 개수를 모두 줄여야만 한다. 축소된 화면에 남는 샘플들을 그림 9.9의 동그라미로 표시된 네 개의 점이라고 하자.

이제 그림 9.9에서 디지털화된 전체 화면이 다른 화면을 보여준다고 하자. 축소된 화면의 네 개의 픽셀이 이제 전체 화면의 오른편 위쪽의 네 개의 픽셀을 대체한다. 삽입된 화면을 점선으로 표시하였다. 한 화면 안에 다른 화면을 만들어내는 것은 설명한 것보다 훨씬 복잡하지만, 주사선 안에서 샘플의 수를 줄여야 하는 필요성은 알 수 있다. 그림 9.9에 보이는 샘플의 감소는 시간 스케일링을 실제로 사용한 예를 보여준다.

다음으로, 그림 9.8(a)의 신호에 대해 신호 $y_2[n] = x[n/3]$의 그래프를 그려보자. 이 식에서

$$\frac{n}{3} = m \Rightarrow n = 3m$$

이다. $3m$-축을 그림 9.8(a)의 m-축 바로 아래에 표시하였고, 신호 $y_2[n]$의 그래프는 그림 9.8(c)에 나타내었다. 그러면 $x[an]$에서 $a = 1/k$에 대해, $x[n/k]$의 값은 모든 이산 증분에서 정의되지는 않는다는 것을 알 수 있다. 예를 들어, 그림 9.8(c)에서 $x[n/3]$에 대해, $y_2[n]$의 값은 $n = \pm 1$, ± 2, ± 4, ± 5 등에서는 정의되지 않는다. 그러나 실제로 신호 $x[n/3]$을 사용하려면, 모든 n에서 값을 정의해야만 한다. 정의되지 않은 빠진 값들은 일반적으로 *보간법*(interpolation scheme)과 같은 어떤 논리적인 규칙에 따라 할당된다. 그러나 신호 $x[n/3]$을 실시간으로 사용하려면 *외삽법*(extrapolation)을 사용해야만 한다. 왜냐하면 예를 들어, $n = 0$일 때, $y_2[3]$을 아직 모르는데, $y_2[1]$과 $y_2[2]$의 값은 $y_2[3]$의 값을 모르고서는 보간법으로 계산할 수 없기 때문이다.

시간 이동

신호 $x[m]$이 주어졌을 때, 이 신호의 시간-이동된 버전은 $x[n - n_0]$이다. 여기서 n_0은 정수인 상수다. 그러므로

$$y[n] = x[m]\Big|_{m=n-n_0} = x[n - n_0] \tag{9.22}$$

이다.

10장에서 보게 되듯이, 어떠한 종류의 시스템의 응답을 계산할 때 이 시간 이동을 응용한다.

시간 이동의 예로써, 다음을 생각해보자.

$$x[m] = a^m \cos(\pi m/4)u[m]$$

시간-이동된 신호 $x[n-3]$은 $x[m]$을 세 개의 샘플링 주기만큼 지연시킨 것으로서 다음과 같다.

$$x[n-3] = a^{n-3}\cos\left(\frac{\pi(n-3)}{4}\right)u[n-3] = a^{n-3}\cos\left(\frac{\pi n}{4} - \frac{3\pi}{4}\right)u[n-3]$$

그림 9.10에는 또 다른 신호 $x[n]$이 $y_1[n] = x[n-2]$와 $y_2[n] = x[n+1]$과 함께 나타나 있다. n_1-축과 n_2-축은 다음 식으로부터 얻는다.

$$m = n - 2 \Rightarrow n_1 = m + 2,$$
$$m = n + 1 \Rightarrow n_2 = m - 1$$

n_1-축과 n_2-축을 그림 9.10(a)에 모두 나타내었고, 그림 9.10(b)와 (c)는 변환된 신호를 나타낸 것이다.

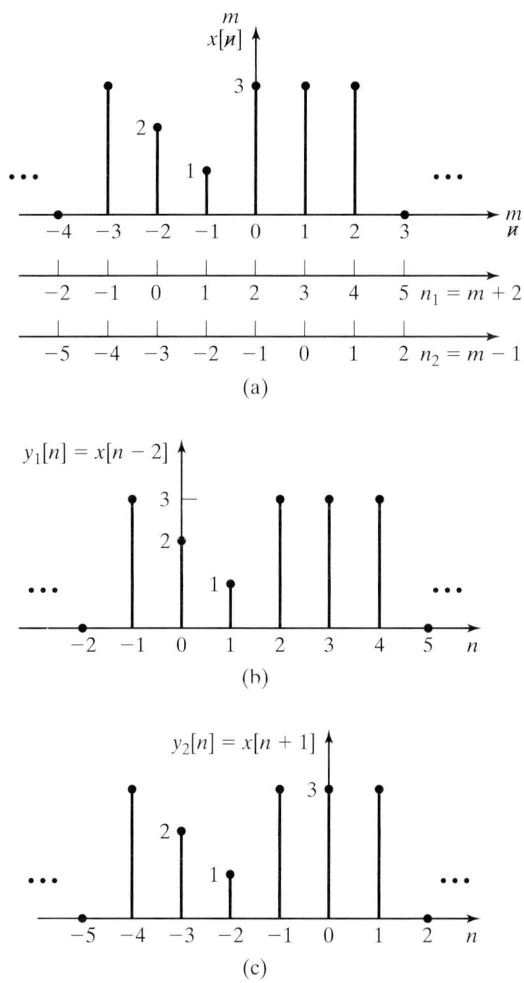

그림 9.10 시간-이동된 신호

시간 이동된 신호 $x[n - n_0]$에 대해, $x[0]$은 $n = n_0$에서 나타난다. 그러므로 n_0가 양수라면, 이 신호는 신호의 그래프상에서 오른쪽으로 이동되고(시간 영역에서 지연되고), n_0가 음수라면, 이 신호는 왼쪽으로 이동된다(시간 영역에서 앞선다).

지금까지 시간 영역에서 세 개의 변환을 정의하였고 일반적인 형태는 다음과 같다.

$$y[n] = x[m]\Big|_{m=an+b} = x[an + b] \tag{9.23}$$

이 식에서, a는 정수이거나 정수의 역수이고, b는 정수다. 예를 들면,

$$y[n] = x[an + b] = x[-3n + 2]$$

일 때, $a = -3$은 시간 역전(마이너스 부호)과 시간 스케일링($|a| = 3$)의 결과를 만든다. $b = 2$의 값은 시간 이동 결과를 만든다. 시간 변환에 대한 예를 살펴보자.

예제 9.2 이산 신호의 시간 변환

그림 9.11(a)와 같은 신호 $x[n]$을 고려하자. 시간 역전과 시간 이동 변환을 포함하는 $m = 2 - n$인 변환에 대해 시간-변환된 신호의 그래프를 그리고자 한다. 그러면

$$y[n] = x[m]\Big|_{m=2-n} = x[2 - n]$$

이다. 이 변환은 다음처럼 표현할 수 있다.

$$m = 2 - n \Rightarrow n = 2 - m$$

표 9.2는 m의 대표적인 몇 가지 값에 대한 n의 값을 보여준다. 단지 네 개의 점만 나타나 있으므로, $y[n]$의 값도 표에 포함되어 있다. 그림 9.11(a)에서 n-축 또한 m-축 바로 아래에 표시되어 있다. 표 9.2의 세 번째 열에 n-축에 대한 값을 나열하였다.

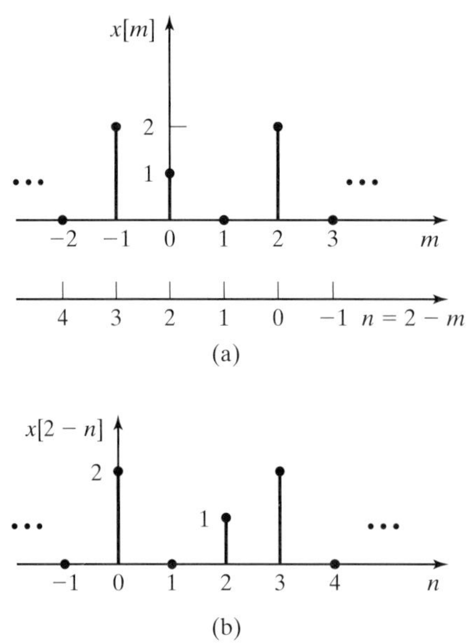

그림 9.11 예제 9.2의 신호들

표 9.2 예제 9.2의 신호의 값들

m	$x[m]$	$n = 2 - m$	$y[n]$
−1	2	3	2
0	1	2	1
1	0	1	0
2	2	0	2

다음으로 변환된 신호를 나타내기 위해 n에 대한 $y[n] = x[2 - n]$의 그래프를 그림 9.11(b)에 나타내었다. 이 그래프는 그림 9.11(a) 또는 표 9.2로부터 직접 그릴 수 있다. ■

예제 9.2는 시간-변환된 신호의 그래프를 나타내기 위한 두 개의 과정을 보여준다. 하나는 그림 9.11(a)에서와 같이 원신호 그래프 바로 아래에 n-축을 그리는 것이고 또 하나는 표 9.2와 같은 표를 만드는 것이다.

진폭 변환

다음으로 진폭 축에 대한 세 개의 변환을 살펴보자. 진폭 변환은 시간 변환과 동일한 규칙을 따른다.

세 개의 진폭 변환은 다음과 같은 일반적인 형태를 갖는다.

$$y[n] = Ax[n] + B \tag{9.24}$$

여기서 A와 B는 상수이고 반드시 정수일 필요는 없다. 예를 들면,

$$y[n] = -3.1x[n] - 5.75$$

에서 $A = -3.1$은 진폭 역전(마이너스 부호)과 진폭 스케일링($|A| = 3.1$)의 결과를 만들고, $B = -5.75$는 진폭 이동을 하여 신호의 dc 레벨(평균값)을 바꾸는 결과를 만든다. 진폭 스케일링에 대한 예를 살펴보자.

예제 9.3 이산 신호의 진폭 변환

다시 예제 9.2와 그림 9.11(a)의 신호를 고려하자. 이 신호를 그림 9.12(a)에 다시 나타내었다. 다음과 같은 변환된 신호의 그래프를 그리고자 한다.

$$y[n] = 3 - 2x[n]$$

그림 9.12(a)에서 진폭 축(세로축)을 $(3 - 2x[n])$-축으로 대체한다. 표 9.3은 $x[n]$의 대표적인 값들에서 이에 해당하는 $y[n]$의 값들을 보여주고 있고, 이 값들을 그림 9.12(a)에 추가된 세로축 위에 나타낸다. 이 정보로부터 그림 9.12(b)에 변환된 신호 $y[m]$에 대한 원하는 그래프를 얻는다. ■

예제 9.4 이산 신호의 시간 및 진폭 변환

다음 신호를 생각해보자.

$$y[n] = 3 - 2x[2 - n]$$

이 신호는 예제 9.2와 그림 9.11의 시간 변환과 예제 9.3과 그림 9.12의 진폭 변환을 모두 포함한다. 이 변환

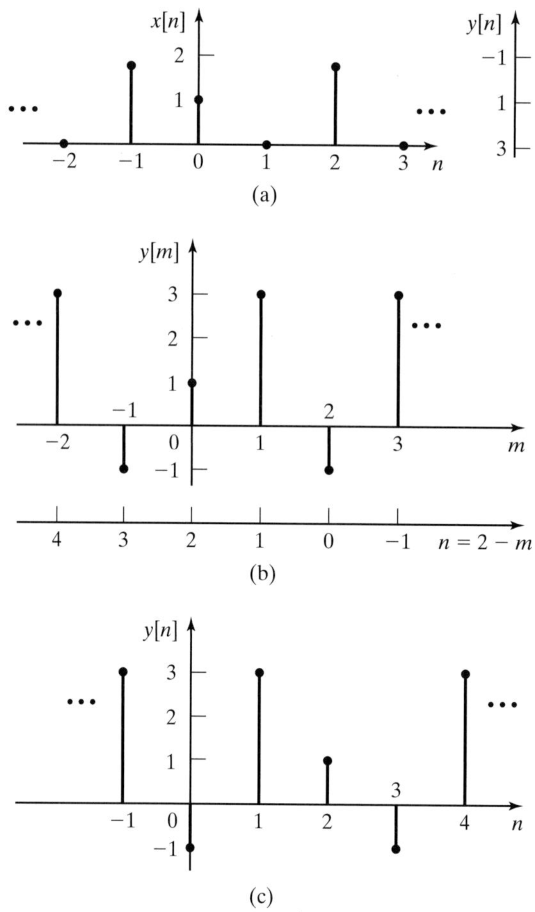

그림 9.12 예제 9.3과 예제 9.4의 신호들

표 9.3 예제 9.3의 신호의 값들

$x[n]$	$3 - 2x[n]$
0	3
1	1
2	−1

된 신호의 그래프를 그리기 위해 먼저 그림 9.12(b)에 보이는 것과 같이 진폭 축을 변환하고 그런 다음 그림 9.12(b)에 보이는 것과 같이 그림 9.11(a)의 n-축을 다시 그린다. 그런 다음 이 신호의 그래프를 그림 9.12(c)에서와 같이 그린다. 이 결과는 n의 값을 변환식에 넣어봄으로써 확인할 수 있다. 예를 들어,

$$n = 0: \quad y[0] = 3 - 2x[2 - 0] = 3 - 2(2) = -1$$

그리고

$$n = 2: \quad y[2] = 3 - 2x[2 - 2] = 3 - 2(1) = 1$$

이고, 그림 9.12(c)에서 이 두 값들을 체크할 수 있다. ■

다음 MATLAB 프로그램은 예제 9.4의 시간 및 진폭 변환을 수행한다.

```
% This MATLAB program performs the time and amplitude transformation for
% Example 9.4.
% Establish vectors of sufficient length for both x(n) and n.
n=[-10:10];
x=zeros(1,length(n));
% Enter nonzero values for x(n).
x(10)=2; x(11)=1; x(13)=2;
% Plot x(n).
figure(1),stem(n(1,5:17),x(1,5:17),'fill'),grid,xlabel('n'),ylabel('x(n)')
for k = 3:21
   xt(k)=3-2*x(13-n(k));
end
figure(2),stem(n(1,5:17),xt(1,5:17),'fill'),grid,xlabel('n'),ylabel('xt(n)')
```

정리하면, 이번 절에서 정의된 여섯 개의 변환은 시간에 대한 역전, 스케일링, 이동과 진폭에 대한 역전, 스케일링, 이동이다. 이 연산들을 표 9.4에 정리하였다.

표 9.4 신호의 변환

이름	$y[n]$
시간 역전	$x[-n]$
시간 스케일링	$x[an]$
시간 이동	$x[n - n_0]$
진폭 역전	$-x[n]$
진폭 스케일링	$\|A\|x[n]$
진폭 이동	$x[n] + B$

9.3 이산 신호의 특성

2.2절에서, 연속-시간 신호의 몇 가지 유용한 특성들을 정의하였다. 이제 이산-시간 신호에 대해 이와 동일한 특성들을 살펴보자.

짝함수 및 홀함수 신호

이 절에서는 짝함수와 홀함수 신호(함수)를 정의한다. 다음 조건을 만족하는 이산-시간 신호 $x_e[n]$을 *짝함수*(even) 신호라 하고,

$$x_e[n] = x_e[-n] \tag{9.25}$$

다음 조건을 만족하는 신호 $x_o[n]$을 *홀함수*(odd) 신호라 한다.

$$x_o[n] = -x_o[-n] \tag{9.26}$$

임의의 이산-시간 신호 $x[n]$을 짝함수 신호와 홀함수 신호의 합으로 나타낼 수 있다.

$$x[n] = x_e[n] + x_o[n] \tag{9.27}$$

이 식이 성립하는 것을 보이기 위해, n을 $-n$으로 대체하면 다음과 같다.

$$x[-n] = x_e[-n] + x_o[-n] = x_e[n] - x_o[n] \tag{9.28}$$

식 (9.27)과 식 (9.28)을 더하면 $x[n]$의 짝함수 부분을 얻는다.

$$x_e[n] = \tfrac{1}{2}(x[n] + x[-n]) \tag{9.29}$$

식 (9.28)을 식 (9.27)로부터 빼면, $x[n]$의 홀함수 부분을 얻는다.

$$x_o[n] = \tfrac{1}{2}(x[n] - x[-n]) \tag{9.30}$$

이 두 식은 이산-신호의 짝함수 부분과 홀함수 부분을 구하고자 할 때 사용한다. 식 (9.29)와 식 (9.30)을 더하면 식 (9.27)이 된다는 점에 주목한다.

이산-시간 신호의 *평균값*(average value 또는 mean value)은 다음과 같다.

$$A_x = \lim_{N\to\infty} \frac{1}{2N+1} \sum_{k=-N}^{N} x[k] \tag{9.31}$$

연속-시간 신호에서와 마찬가지로 이산-시간 신호의 평균값은 짝함수 부분에 담겨 있고, 홀함수 신호의 평균값은 언제나 0이다(연습문제 9.11 참조).

짝함수 신호와 홀함수 신호는 다음과 같은 성질을 갖는다.

1. 두 짝함수 신호의 합은 짝함수 신호다.
2. 두 홀함수 신호의 합은 홀함수 신호다.
3. 짝함수 신호와 홀함수 신호의 합은 짝함수도 아니고 홀함수도 아니다.
4. 두 짝함수 신호의 곱은 짝함수 신호다.
5. 두 홀함수 신호의 곱은 홀함수 신호다.
6. 짝함수 신호와 홀함수 신호의 곱은 홀함수 신호다.

이 성질들은 쉽게 증명할 수 있다(연습문제 9.12 참조). 짝함수 신호와 홀함수 신호에 대한 예제를 살펴보자.

예제 9.5 짝함수 신호와 홀함수 신호

그림 9.13(a)의 이산-시간 신호 $x[n]$의 짝함수 부분과 홀함수 부분을 구하고자 한다. 이 신호는 0이 아닌 값이 단지 여섯 개밖에 없으므로, 엄밀한 수학적인 접근 방식을 사용한다. 표 9.5는 식 (9.29)와 식 (9.30)을 사용한 해를 보여준다. 이 표에 주어져 있지 않은 값들은 모두 0이다. $x[n]$의 짝함수 부분과 홀함수 부분을 그림 9.13에 나타내었다.

표 9.5로부터 다음과 같은 세 가지 특성을 볼 수 있다.

1. $x_o[n]$의 모든 값들을 더하면 0이다. 임의의 n에 대해, 식 (9.26)으로부터 다음 식이 성립하기 때문이다.

$$x_o[n] + x_o[-n] = x_o[n] - x_o[n] = 0$$

$x_o[0]$도 항상 0인 점도 유의한다.

2. 0이 아닌 값들을 모두 더하면

$$\Sigma x[n] = \Sigma x_e[n] = 15$$

이다(연습문제 9.11 참조).

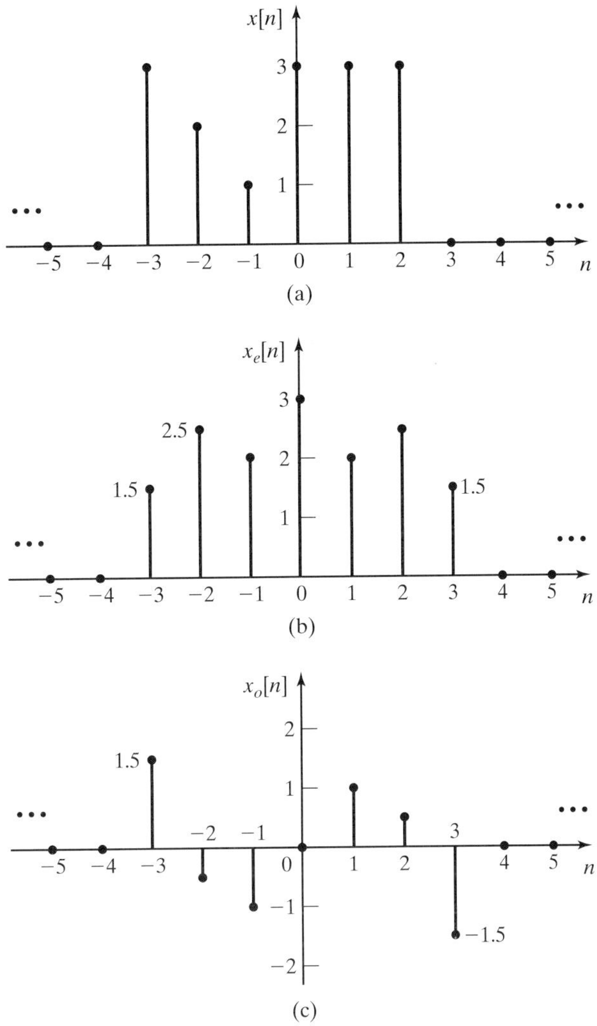

그림 9.13 예제 9.5의 신호들

표 9.5 예제 9.5의 신호의 값들

n	$x[n]$	$x[-n]$	$x_e[n]$	$x_o[n]$
−3	3	0	1.5	1.5
−2	2	3	2.5	−0.5
−1	1	3	2	−1
0	3	3	3	0
1	3	1	2	1
2	3	2	2.5	0.5
3	0	3	1.5	−1.5

3. 식 (9.27)로부터 모든 n의 값에 대해 $x_e[n]$과 $x_o[n]$을 더하면 $x[n]$과 같다.

이 세 개의 특성을 이용하면 이 예제의 결과들을 체크할 수 있다. ■

n에 대해 주기적인 신호

이제 주기적인 이산-시간 신호에 대해 살펴보자. 이산-시간 신호 $x[n]$은 다음 조건을 만족하면 *주기*(periodic) 신호라고 정의한다.

$$x[n + N] = x[n] \tag{9.32}$$

물론 n과 N은 정수다.

먼저 T초마다 사인파 신호 $x(t) = \cos(\omega_0 t)$를 샘플링하여 얻은 신호 $x[n]$의 경우를 생각해보자. 즉, $x[n] = x(nT)$이다. [T는 $x(t)$의 주기가 아니고 샘플링 주기임에 주의한다.] $x[n]$이 주기 신호이려면, 식 (9.32)로부터 어떤 N이 존재하여 모든 n에 대해

$$\begin{aligned} x[n] = \cos(n\omega_0 T) &= x[n + N] = \cos[(n + N)\omega_0 T] \\ &= \cos(n\omega_0 T + N\omega_0 T) \end{aligned}$$

을 만족해야 하고, $\cos(\theta + 2\pi k) = \cos\theta$이기 때문에, k가 정수일 때 $N\omega_0 T$가 $2\pi k$여야 한다. 즉, $x[n]$이 주기 신호이기 위해서는

$$2\pi k = N\omega_0 T = N\frac{2\pi}{T_0}T \Rightarrow \frac{k}{N} = \frac{T}{T_0} \tag{9.33}$$

을 만족해야 한다. 여기서 $T_0 = 2\pi/\omega_0$는 연속-시간 사인파의 기본 주기다. 그렇기 때문에 샘플링 주기 T와 사인파 주기 T_0의 비가 정수비여야만 한다. 즉, T/T_0는 유리수여야 한다.

식 (9.33)에서의 결과를 다음과 같이 표현할 수도 있다.

$$NT = kT_0 \tag{9.34}$$

이 관련식은 신호 $\cos(\omega_0 t)$의 k 주기 안에 정확하게 N개의 샘플링이 존재해야 함을 의미한다. 이 관련식은 임의의 연속-시간 주기 신호 $x(t)$에 대해 적용된다.

정리하면, 샘플링된 신호 $x[n] = \cos(n\omega_0 T)$는 N과 k가 정수일 때, k 주기마다 정확하게 N개의 샘플링을 해야만 주기신호다. 주기적인 연속-시간 신호를 샘플링한다고 해서 반드시 주기적인 이산-시간 신호가 되지는 않는다는 사실에 주의해야 한다. 다음 예를 보자.

예제 9.6 사인파 샘플링

이 예제에서는 주기 신호 $x(t) = \sin \pi t$의 샘플링을 고려한다. 이 신호의 주기는 $T_0 = 2\pi/\omega_0 = 2$ s다. 먼저, $T = 0.5$ s 주기로 샘플링한다. 그러면 이 사인파의 각 주기마다 정확하게 네 개의 샘플링이 존재한다. 식 (9.34)에서, $kT_0 = (1)(2) = 2$ s, $NT = 4(0.5) = 2$ s이다. 이 신호를 그림 9.14(a)에 나타내었다.

다음으로 $T = \frac{3}{8}T_0 = 0.75$ s 주기로 샘플링한다. 이 경우에는 세 주기마다, 즉 6초마다 정확하게 여덟 번의 샘플링이 존재한다($8T = 3T_0$). 이 신호를 그림 9.14(b)에 나타내었다.

마지막 예로, 주기가 $T_0 = 2$ s인 삼각파를 샘플링한다. 이 신호를 그림 9.14(c)에서 보이는 것과 같이 $T = \frac{5}{4}T_0 = 2.5$ s 주기로 샘플링한다. 이 경우에는 삼각파 주기의 한 주기마다 한 개씩 샘플링이 적기는 하지만, 이산-시간 신호는 삼각파의 다섯 주기마다 네 개씩의 샘플링을 갖는 주기 신호다($4T = 5T_0$). 이 마지막 예는 이러한 결과가 사인파에만 적용되는 것이 아니고 임의의 샘플링된 주기 신호에 적용됨을 보여준다. ■

앞서 논의한 것처럼, 샘플링된 신호는 실수 신호다. 그러나 이 결과는 다음과 같이 샘플링된 복소 지수 신호에도 바로 적용된다.

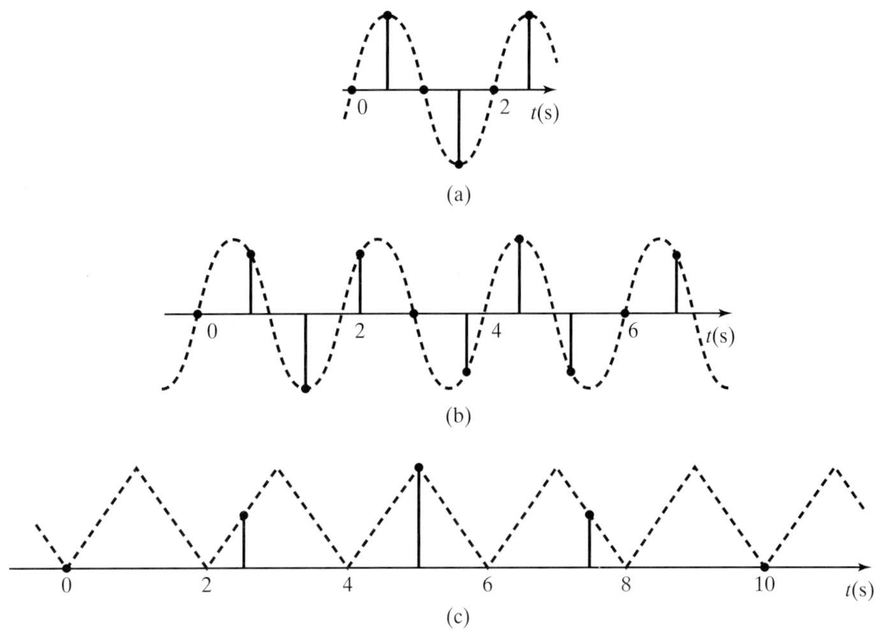

그림 9.14 예제 9.6의 주기 신호들

$$e^{j\omega_0 t}\Big|_{t=nT} = e^{j\omega_0 nT} = x[n] \tag{9.35}$$

이 신호가 주기신호이기 위해서는 다음 식이 성립해야 한다.

$$e^{jn\omega_0 T} = x[n] = x[n + N] = e^{j(n+N)\omega_0 T} = e^{jn\omega_0 T}e^{jN\omega_0 T} \tag{9.36}$$

따라서 주기 신호가 되기 위해서는 $e^{j2\pi k}$가 1이므로 $e^{jN\omega_0 T} = e^{j2\pi k}$이다. 주기 신호가 되기 위한 조건 $N\omega_0 T = 2\pi k$는 식 (9.33)에서와 동일하다.

다음으로 반드시 연속-시간 신호를 샘플링하여 얻을 필요는 없는 이산-시간 복소 지수 신호에 대해 살펴보자. 이 신호를 다음과 같이 표현한다.

$$x[n] = e^{j\Omega_0 n} = 1\underline{/\Omega_0 n} \tag{9.37}$$

이 신호를 그림 9.15에서 보이는 것과 같이 복소 평면에 크기가 1이고 각도가 $\Omega_0 n$인 벡터로 나타낼 수 있다. 이 벡터의 실수축에 대한 정사영은 $\cos(\Omega_0 n)$이고 허수축에 대한 정사영은 $\sin(\Omega_0 n)$이다. 왜냐하면

$$e^{j\Omega_0 n} = \cos(\Omega_0 n) + j\sin(\Omega_0 n)$$

이기 때문이다. 식 (9.37)에서 $\Omega_0 = \omega_0 T$로 변수를 치환하면, 식 (9.35)와 같은 복소 지수 신호를 얻게 되고 위의 모든 결론들을 바로 적용할 수 있다. 변수 Ω의 단위는 라디안이고, Ω를 *정규화된 이산 주파수*(normalized discrete frequency) 또는 간단히 *주파수*라고 일컫는다. 샘플링된 신호에 대해, 실수 주파수 ω와 이산 주파수 Ω는 $\omega T = \Omega$의 관련성을 갖는다.

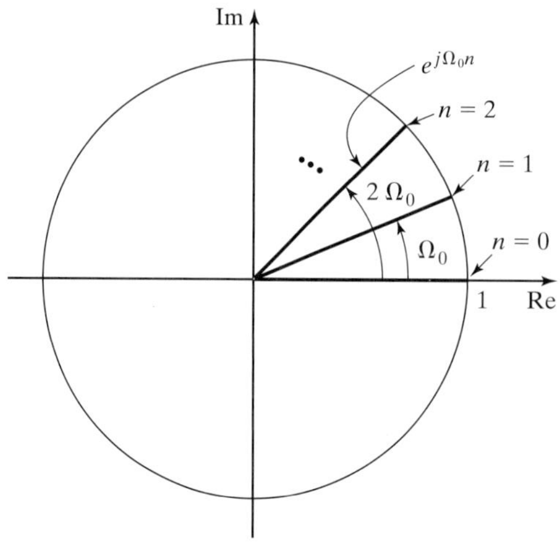

그림 9.15 복소 지수의 표현

이제 식 (9.37)을 다른 방식으로 생각해보자. 식 (9.37)의 복소 지수 신호는 다음 조건을 만족하면 주기신호다.

$$x[n] = e^{j\Omega_0 n} = x[n + N] = e^{j(\Omega_0 n + \Omega_0 N)} = e^{j(\Omega_0 n + 2\pi k)} \tag{9.38}$$

여기서 k는 정수다. 그러므로 주기 신호가 되기 위한 조건은

$$\Omega_0 N = 2\pi k \Rightarrow \Omega_0 = \frac{k}{N}2\pi \tag{9.39}$$

이다. 즉, Ω_0가 2π의 유리수 배가 되어야 한다. 예를 들어, $x[n] = \cos(2n)$은 주기 신호가 아닌데 $\Omega_0 = 2$이기 때문이다. 신호 $x[n] = \cos(0.1\pi n)$은 주기신호인데 $\Omega_0 = 0.1\pi$이기 때문이다. 이 경우에 $k = 1$이고 $N = 20$이 식 (9.39)를 만족시킨다.

마지막으로 식 (9.39)로부터 정수 N이 다음 식을 만족한다면 복소 지수 신호 $e^{j\Omega_0 n}$은 한 주기에 N개의 샘플을 갖는 주기 신호다.

$$N = \frac{2\pi k}{\Omega_0} \tag{9.40}$$

이 식에서 k는 N이 1보다 큰 정수가 되도록 하면서 이 식을 만족시키는 가장 작은 양의 정수다. 예를 들어, 신호 $x[n] = \cos(0.1\pi n)$에 대해 한 주기당 샘플 수는

$$N = \frac{2\pi k}{0.1\pi} = 20k = 20, \quad k = 1 \tag{9.41}$$

이다. 그림 9.15에서와 같이 이 신호의 그래프를 나타내면 한 회전마다($k = 1$) 20개의 벡터 ($N =$ 20)를 만들어낸다.

신호 $x[n] = \cos(5\pi n)$에 대해, 주기당 샘플 수는

$$N = \frac{2\pi k}{5\pi} = 0.4k = 2, \quad k = 5$$

이다. $k < 5$이면 N이 정수가 아니다. 그림 9.15에서와 같이 이 신호의 그래프를 나타내면 다섯 번의 회전당($k = 5$) 두 개의 벡터($N = 2$)를 만들어낸다. $n = 0$에서 출발하여 첫 두 개의 벡터는 $1\underline{/0°}$과 $1\underline{/5\pi}$이다. 다음 벡터는 $1\underline{/10\pi}$인데 첫 번째 벡터의 반복이다.

마지막 예로써, 신호 $x[n] = \cos(2\pi n)$을 생각해보자. 그러면,

$$N = \frac{2\pi k}{2\pi} = k \tag{9.42}$$

이고 $N = k = 1$은 이 식을 만족한다. 이 신호는 다음과 같이 표현할 수 있다.

$$x[n] = \cos(2\pi n) = 1$$

그러므로 이 이산-시간 신호는 상수다.

Ω에 대해 주기적인 신호

복소 지수 신호 $e^{j\Omega_0 n}$이 n에 대해 주기적이기 위한 조건을 방금 구하였다. 그러나 이 신호는 주파수 변수 Ω에 대해서는 언제나 주기적이다. 이 신호에서 Ω_0 대신 $\Omega_0 + 2\pi$를 대신 대입하면

$$e^{j(\Omega_0+2\pi)n} = e^{j\Omega_0 n}e^{j2\pi n} = e^{j\Omega_0 n} \tag{9.43}$$

이다(왜냐하면 $e^{j2\pi n} = 1$이기 때문이다). 그러므로 신호 $e^{j\Omega_0 n}$은 Ω_0의 값에 상관없이 Ω에 대해 주기 2π로써 주기적이다. 물론 사인파 신호 $\cos(\Omega_0 n + \theta)$도 또한 Ω에 대해 주기가 2π로써 주기적이다. 이러한 성질은 5장과 6장에서 보여주었듯이 신호의 샘플링에 커다란 영향을 끼친다.

이에 비해 주기적인 연속-시간 신호는 주파수에 대해서는 주기적이지 않음에 유의한다. 예를 들어 복소 지수 신호에 대해

$$e^{j(\omega+a)t} = e^{j\omega t}\, e^{jat} \neq e^{j\omega t}, \quad a \neq 0$$

이다.

정리하면, 연속-시간 신호에는 없는 이산-시간 신호의 두 가지 성질을 보여주었다. 연속-시간 사인파 $\cos(\omega t + \theta)$은 ω의 값에 상관없이 언제나 주기적이다. 또한 $\omega_1 = \omega_2$일 때에만 $\cos(\omega_1 t) = \cos(\omega_2 t)$이다. 그러나 이산-시간 신호 $\cos(\Omega_0 n)$은 다음 성질을 갖는다.

1. $\cos(\Omega_0 n)$은 식 (9.39)로부터 다음 식을 만족할 때에만 n에 대해 주기적이다.

$$\frac{\Omega_0}{2\pi} = \frac{k}{N}$$

   여기서 k와 N은 정수다.

2. $\cos(\Omega_0 n)$은 주기 2π로써 Ω에 대해 주기적이다. 즉, 임의의 정수 k에 대해,

$$\cos(\Omega_0 n) = \cos(\Omega_0 + 2\pi k)n$$

이다. 물론 동일한 성질이 $\cos(\Omega_0 n + \theta)$와 $e^{j\Omega_0 n}$에 대해 적용된다.

이 절에서는 이산-시간 신호에 대해 짝함수와 홀함수의 성질을 정의하였다. 이 성질은 12장에서 보여주듯이 이산-시간 푸리에 변환을 응용할 때 유용하다. 다음으로 주기적인 이산-시간 신호의 성질들을 살펴보았다. 이산-시간 신호가 주파수 영역에서 주기적이라는 성질은 5장과 6장에서 보여주었듯이 연속-시간 신호의 샘플링 입장에서 큰 의미를 갖는다.

9.4 자주 쓰이는 이산-시간 신호들

2.3절에서 어떤 시스템의 과도 응답에서 나타나는 몇 가지 자주 쓰이는 연속-시간 신호를 정의하였다. 이 절에서는 이와 동등한 이산-시간 신호를 소개한다. 이 신호들은 이산-시간 시스템의 과도 응답에 나타날 수 있다.

그런 신호들 중 하나인 사인파는 9.3절에서 이미 언급하였다. 예를 들어, 컴퓨터가 다양한 주파수의 음성 톤을 발생시키는 이산-시간 사인파를 출력하도록 프로그래밍할 수 있다. 이산-시간 사인파 신호는 컴퓨터로부터 이진수를 연속-시간 전압 신호로 변환하는 전자회로인 디지털-아날로그 변환기로 전송된다(1.3절 참조). 이 전압은 파워앰프를 통해 스피커로 인가된다. 이 과정을 그림 9.16에 도시하였다. 컴퓨터 내부의 타이밍 칩을 사용하여 샘플링 주기 T를 결정하고 결과적으로 톤의 주파수를 결정한다.

이제 한 시스템을 예로 들어 일반적으로 사용되는 이산-시간 신호에 대해 소개한다. 그림 9.17(a)에 보이는 블록은 숫자를 저장하는 메모리 소자를 나타낸다. 디지털 컴퓨터 내부의 이동 레지스터나 주기억 장치가 이러한 소자의 예다. T초마다, 이 소자에 저장되어 있는 수를 하나씩 이동시켜서 꺼내고, 다른 수 하나를 소자로 이동시켜 들어가서 저장된다. 이 소자로 들어가는 수를 $x[n]$으로 표기한다면, 방금 소자에서 나온 수는 $x[n-1]$이어야 한다. 이러한 식으로 사용되는 소자를 *이상적인 시간 지연*(ideal time delay)이라고 한다. '*이상적인*'이라는 용어는 이 수가 어떤 식으로든 바뀌거나 하지 않고 단지 지연만 된다는 점을 나타낸다.

이상적인 시간 지연을 그림 9.17(b)에 보이는 시스템에 연결하였다고 가정하자. 이 지연 소자로부터 나온 수를 상수 a와 곱하여 다음 저장할 수를 만들게 되면 결과적으로 다음과 같은 시스템 방정식을 얻게 된다.

$$x[n] = ax[n-1] \tag{9.44}$$

맨 처음에($n = 0$) 숫자 1이 이 지연 소자에 저장되어 있다고 가정하자. 즉, $x[0] = 1$이다. 이제 식

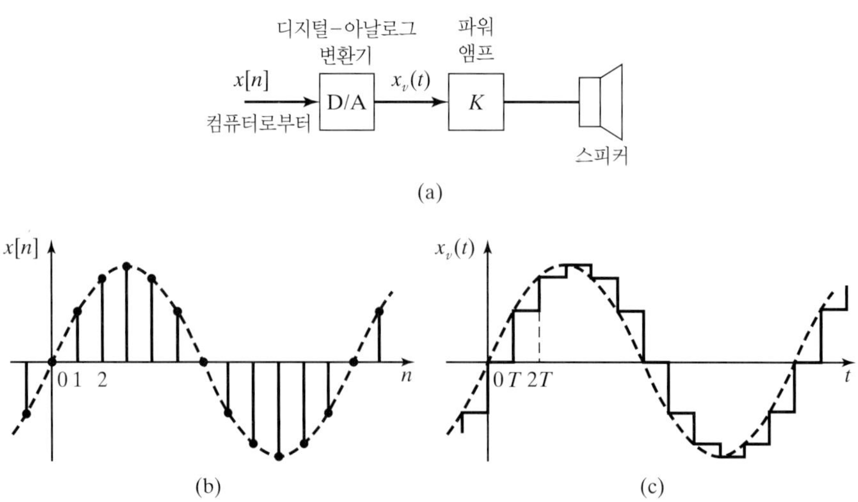

그림 9.16 컴퓨터로 톤 생성하기

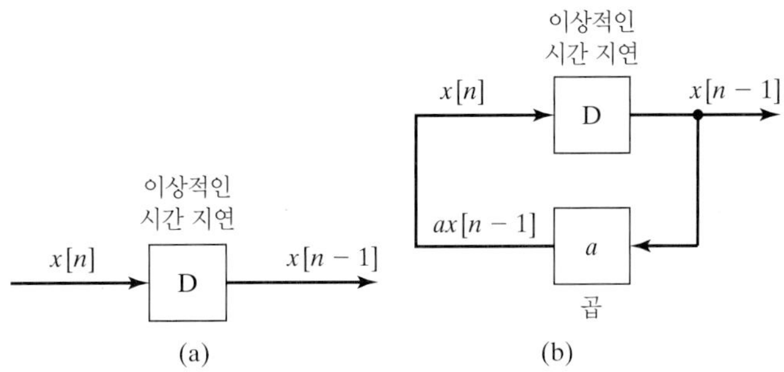

그림 9.17 이산-시간 시스템

(9.44)를 이용하여 $n > 0$에 대해 $x[n]$을 순차적으로 계산하면,

$$\begin{aligned} x[1] &= ax[0] = a; \\ x[2] &= ax[1] = a^2; \\ x[3] &= ax[2] = a^3; \\ &\vdots \\ x[n] &= ax[n-1] = a^n \end{aligned}$$

이다. 그러므로, 이 시스템은 초기 조건이 $x[0] = 1$인 신호 $x[n] = a^n$을 발생시킨다.

$a = 0.9$에 대해 이 시스템을 시뮬레이션하는 MATLAB 프로그램은 다음과 같다.

```
a=0.9;
x(1)=1;
for m=2:5
    x(m)=a*x(m-1);
end
x
result:x=1 0.9 0.81 0.729 0.6561
```

MATLAB이 인자로써 양의 정수를 요구한다는 점을 기억하라. 그러므로 이 프로그램은 $n = 1, 2, 3, 4$ 또는 $m = 2, 3, 4, 5$에 대해 함수 $(0.9)^n$의 값을 계산한다.

이제 이산 신호 $x[n] = a^n$의 특성을 살펴보자. 이 신호는 $a = e^b$로 두면 하나의 이산-시간 지수함수로 나타낼 수 있다. 즉,

$$x[n] = a^n = (e^b)^n = e^{bn} \tag{9.45}$$

예를 들어 $x[n] = 0.9^n$일 때, 이 식을 풀면

$$0.9 = e^b \Rightarrow b = \ln 0.9 = -0.105$$

이고, 따라서

$$x[n] = 0.9^n = e^{-0.105n}$$

이다. 일반적으로 신호 a^n를 *이산-시간 지수 신호*(discrete-time exponential signal)라고 한다.

매우 자주 이산 신호는 연속 신호를 샘플링하여 얻어낸다. $\sigma > 0$일 때, $t = T$초마다 지수 신호 $x(t) = e^{-\sigma t}$를 샘플링한다고 가정하자.

$$x[n] = e^{-\sigma nT} = (e^{-\sigma T})^n = (a)^n \tag{9.46}$$

이 연속-시간 지수 신호는 시상수 τ를 갖는데, 이 시상수 값은 식 (2.25)로부터

$$e^{-\sigma t} = e^{-t/\tau} \Rightarrow \tau = \frac{1}{\sigma} \tag{9.47}$$

와 같다. 그러므로 식 (9.46)에서

$$x[n] = (e^{-T/\tau})^n = a^n \tag{9.48}$$

이다. *시상수당 샘플링 수*(number of samples per time constant)를 나타내는 τ/T는 일반적으로 정수가 아니다. 식 (9.48)로부터

$$e^{-T/\tau} = a \Rightarrow \frac{\tau}{T} = \frac{-1}{\ln a} \tag{9.49}$$

이다. 그러므로 이 이산 신호가 샘플링 과정을 기반으로 얻어진 것이라면, 시상수를 이산 지수 신호 a^n에 다음과 같이 할당할 수 있다.

$$\tau = \frac{-T}{\ln a}$$

예제 9.7 이산 지수 신호의 시상수

이산-시간 신호 $x[n] = (0.8)^n$에 대해, 식 (9.49)로부터

$$\frac{\tau}{T} = \frac{-1}{\ln 0.8} = 4.48 \Rightarrow \tau = 4.48T$$

그러므로 시상수당 4.48개의 샘플이 존재한다. 지수값은 시상수 네 배 이후에는 무시할 만큼 작아진다고 가정하면(2.3절 참조) 이 신호는

$$nT > 4\tau = 4(4.48T) \approx 18T$$

이후 즉 $n > 18$ 샘플 이후에는 무시할 만큼 작아진다. ■

이제 복소수 신호를 다음과 같이 일반화시킨다.

$$x[n] = Ca^n \tag{9.50}$$

여기서 C와 a는 모두 복소수일 수 있다. 물론 복소수 신호는 자연계에서 나타나지 않는다. 그러나 미분방정식에서와 같이 수많은 차분 방정식에서 입력과 해에서 모두 복소수가 나타날 수 있다고 가정하면 해가 간단해진다. 그런 다음 물리적인 세계로 돌아와서 복소수 함수의 실수 부분이나 허수 부분만 사용한다. 이제 이산 복소 지수 신호의 세 가지 경우를 살펴본다.

CASE 1

C와 a가 모두 실수

첫 번째 경우로 신호 $x[n] = Ca^n$에서 C와 a가 모두 실수인 경우를 생각해본다. C와 a가 모두 양수인 경우의 이 신호의 그래프를 그림 9.18에 나타내었다. $a > 1$인 경우, 이 신호는 n이 증가할수록 지수적으로 증가한다.

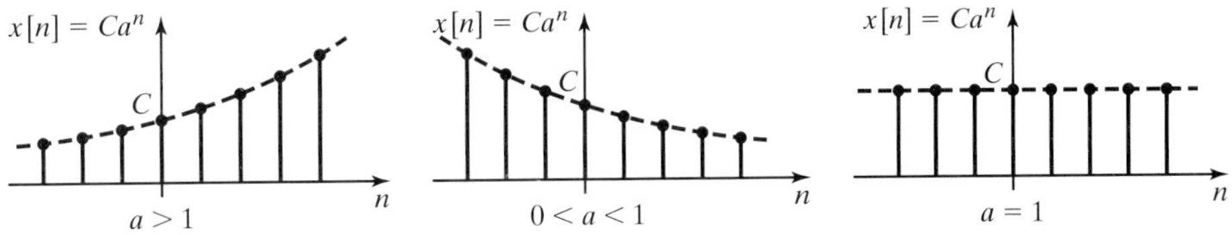

그림 9.18 이산-시간 지수 신호

$0 < a < 1$인 경우, 이 신호는 n이 증가할수록 지수적으로 감소한다. $a = 1$이면, $x[n] = C(1)^n = C$이고 이 신호는 상수다.

그림 9.19는 $a < 0$일 때의 세 가지 경우를 보여준다. 예를 들어 $x[n] = (-2)^n$을 생각해보자. $n = 0$부터 시작하여 $x[n]$의 시퀀스는 1, −2, 4, −8, 16, −32, . . . , 등이다. 그러므로 이 시퀀스는 부호가 번갈아가면서 지수적이다. α가 양수일 때 $a = -\alpha$로 두면, 다음을 얻는다.

$$x[n] = Ca^n = C(-\alpha)^n = C(-1)^n\alpha^n = (-1)^n x_a[n] \tag{9.51}$$

여기서 $x_a[n]$은 그림 9.18에 그린 지수 신호를 나타낸다. 그러므로 그림 9.19의 신호는 그림 9.18의 신호와 동일한 크기를 갖되 부호만 반복한다.

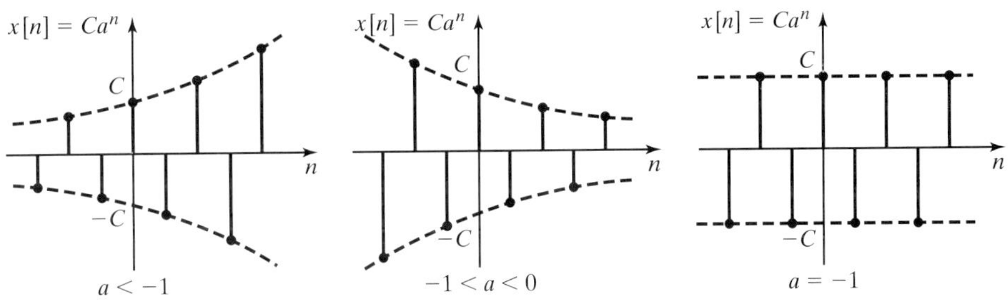

그림 9.19 이산-시간 지수 신호

CASE 2

C와 a가 크기가 1인 복소수

다음으로 C와 a가 복소수인 경우를 생각해보자. 그러면

$$C = Ae^{j\phi} = A\angle\phi, \quad a = e^{j\Omega_0} \tag{9.52}$$

와 같이 쓸 수 있다. 여기서 A, ϕ, Ω_0는 실수인 상수다. 9.3절에서 정의한 대로 Ω는 정규화된 이산-주파수 변수다. 부록 D의 오일러 관계식으로부터 복소 지수 신호 $x[n]$을 다음과 같이 쓸 수 있다.

$$\begin{aligned} x[n] &= Ae^{j\phi}e^{j\Omega_0 n} = Ae^{j(\Omega_0 n + \phi)} \\ &= A\cos(\Omega_0 n + \phi) + jA\sin(\Omega_0 n + \phi) \end{aligned} \tag{9.53}$$

9.3절에서 식 (9.53)과 같은 사인파는 k와 N이 정수일 때 $\Omega_0 = 2\pi k/N$일 때에만 주기적이라는 점을 떠올려보자[식 (9.39) 참조]. $\phi = 0$인 경우 식 (9.53)의 실수 부분의 그래프를 그림 9.20에 나타내었다.

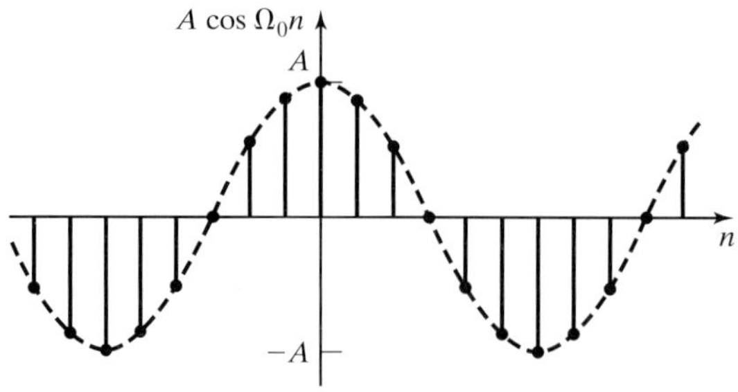

그림 9.20 비감쇠 이산-시간 사인파 신호

CASE 3

***C*와 *a*가 모두 복소수**

이 경우에는 복소 지수 $x[n] = Ca^n$은 다음과 같은 파라미터를 갖는다.

$$C = Ae^{j\phi}, \quad a = e^{\Sigma_0 + j\Omega_0} \tag{9.54}$$

이 복소 지수 신호 $x[n]$을 다음과 같이 쓸 수 있다.

$$\begin{aligned} x[n] &= Ae^{j\phi}e^{(\Sigma_0 + j\Omega_0)n} = Ae^{\Sigma_0 n}e^{j(\Omega_0 n + \phi)} \\ &= Ae^{\Sigma_0 n}\cos(\Omega_0 n + \phi) + jAe^{\Sigma_0 n}\sin(\Omega_0 n + \phi) \end{aligned} \tag{9.55}$$

$\phi = 0$인 경우 식 (9.55)의 실수 부분에 대한 그래프를 그림 9.21에 나타내었다. 그림 9.21(a)는 $\Sigma_0 > 0$인 경우를, 그림 9.21(b)는 $\Sigma_0 < 0$인 경우를 보여준다. 사인파의 *포락선*(envelopes)은 $Ae^{\Sigma_0 n}$이다.

다시 한번 식 (9.51)의 지수 신호를 살펴보자. $\cos(n\pi) = (-1)^n$이므로, 식 (9.51)은 다음과 같이 쓸 수 있다.

$$x[n] = Ca^n = C\alpha^n(-1)^n = C\alpha^n\cos(n\pi) \tag{9.56}$$

여기서 $\alpha = -a > 0$이다. 그러므로 a가 음의 실수라면, 신호 $x[n] = Ca^n$는 정확하게 한 사이클당 두 번 사인파 신호를 샘플링한 결과로 간주할 수 있다.

마지막으로 신호 $x(t)$를 샘플링하여 다음 결과를 얻었다고 가정하자.

$$x[n] = e^{\sigma_0 t}\cos(\omega_0 t)\Big|_{t=nT} = e^{\sigma_0 nT}\cos(\omega_0 nT) \tag{9.57}$$

이 결과를 식 (9.55)의 이산 신호와 비교하면, 연속-시간 신호의 파라미터가 이산-시간의 파라미터들과 다음 식에 의해 관련되어 있음을 알 수 있다.

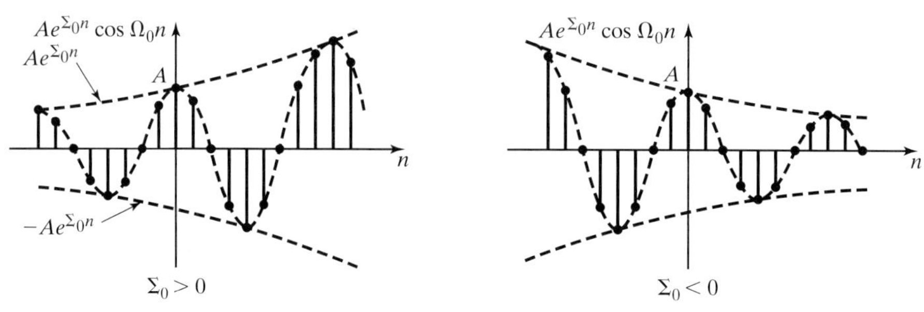

그림 9.21 복소수 지수 신호의 실수 부분

$$\Sigma_0 = \sigma_0 T, \quad \Omega_0 = \omega_0 T \tag{9.58}$$

식 (9.55)의 이산 복소 지수를 다음과 같은 형태의 연속-시간 복소 지수 신호를 T초마다 샘플링하고 식 (9.58)과 같이 변수를 치환한 결과로 볼 수 있다.

$$x(t) = Ae^{(\sigma_0 + j\omega_0)t}$$

이 절에서는 이산-시간 신호를 대부분의 경우 연속-시간 신호를 샘플링한 결과로 보았다. 이러한 경우가 자주 있기는 하지만, 많은 경우에 이산-시간 신호를 (샘플링하지 않고) 이산 형태로 바로 생성한다. 예를 들어 종종 연속-시간 신호를 샘플링하여 디지털 필터의 입력을 얻지만, 이 필터의 출력은 차분 방정식으로부터 계산되고 이것은 연속-시간 형태에서는 존재하지 않는 신호다.

9.5 이산-시간 시스템

이 절에서는 이산-시간 시스템에 대한 몇 가지 일반적인 개념을 정의한다. 이산-시간 시스템을 그 내부의 신호들이 모두 이산-시간 신호(시퀀스)인 것으로 정의하였음을 떠올려보자. 이 절의 내용 전개는 2.6절과 거의 비슷하다.

2.6절에서 했던 시스템에 대한 정의를 반복하는 것으로 시작한다.

> **시스템**
> 시스템이란 작용-효과 관계가 존재하는 하나의 프로세스다.

우리의 목적에 맞게는 작용은 시스템의 입력 신호이고 효과는 시스템의 출력 신호다. 종종 입력 신호와 출력 신호를 간단하게 각각 입력과 출력이라고 부른다.

이산-시간 시스템의 한 예가 9.1절에서 설명한 다음과 같은 차분 방정식으로 표현되는 오일러 적분기다.

[식 (9.5)] $$y[n] = y[n-1] + Hx[n-1]$$

이 방정식에서 $x[n]$은 수치 적분기의 입력 신호이고 $y[n]$은 출력 신호다. 디지털 제어 시스템은 사람이 전혀 개입하지 않고 디지털 컴퓨터에 의해 제어되는 시스템이다. 한 예가 여객기의 자동착륙 장치다. 디지털 제어 시스템에 사용되는 어떤 종류의 디지털 필터는 필터의 기본 소자 중 하나로서 적분기를 사용한다. 오일러 적분기는 이러한 필터들에서 사용된다. 두 번째로 많이 사용되는 적분기는 사다리꼴 법칙에 기반하고 있다(연습문제 9.2 참조).

식 (9.5)로 주어지는 적분기에 대해 입력 신호는 $x[n]$이고 출력 신호는 $y[n]$이다. 이 시스템을 그림 9.22의 *블록 다이어그램*으로 나타낼 수 있다. 또한 이 적분기를 다음과 같이 하나의 변환으로 나타낼 수도 있다.

$$y[n] = T(x[n]) \tag{9.59}$$

이 표기 방식은 함수가 아닌 변환을 나타낸다. 즉, $T(x[n])$은 $x[n]$을 집어넣으면 바로 $y[n]$을 계산해내는 수학적인 함수가 아니다. 입력 $x[n]$과 출력 $y[n]$을 관련지어 주는 방정식의 모음을 시스템

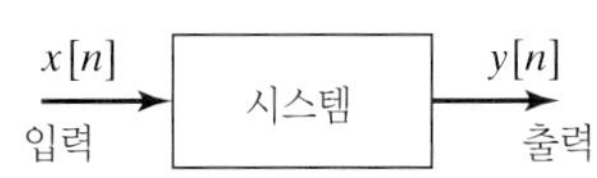

그림 9.22 이산-시간 시스템의 블록 다이어그램

의 *수학적 모델* 또는 *모델*이라고 한다. 입력 $x[n]$이 주어졌을 때, 출력 $y[n]$을 얻기 위해서는 이 방정식을 풀어야만 한다. 이산-시간 시스템의 경우 이 모델은 흔히 차분 방정식의 집합이다.

앞에서 언급하였듯이 우리는 종종 아무 생각 없이 시스템을 말하곤 하는데, 일반적으로 *시스템*이라는 단어를 사용할 때는 물리적 시스템 자체를 말하는 것이 아니라 물리적 시스템의 수학적 모델을 가리킨다. 이렇게 하는 것이 일반적이며 이 책에서도 그러한 용어 사용을 따르도록 한다. 물리적 시스템을 가리킨다면 혼란을 피하기 위해 물리적 시스템이라고 반드시 부르도록 하겠다. 이제 예를 살펴보자.

예제 9.8 저주파-통과 디지털 필터

저주파-통과 필터는 입력 신호에 담겨 있는 상대적으로 높은 주파수 성분을 감쇄시키는 필터다. 그 효과로 이 필터는 신호의 더 낮은 주파수 성분은 통과시키면서 더 높은 주파수 성분은 제거한다. 이 필터를 다음과 같은 변환으로 일반적으로 표현할 수 있다.

$$y[n] = T(x[n])$$

예를 들어, α-필터라고 하는 간단한 저주파-통과 디지털 필터의 차분 방정식은 다음과 같다[1].

$$y[n] = (1 - \alpha)y[n - 1] + \alpha x[n] \tag{9.60}$$

여기서 $0 < \alpha < 1$이다. α값과 샘플링 주기 T를 어떻게 결정하느냐에 따라 필터가 통과시키는 주파수 대역이 결정된다. 이 필터를 사용하는 한 예는 레이더 신호에서 고주파 잡음을 감소시키는 것이다. 예를 들어, 이 필터는 함상기(carrier-based aircraft)의 자동착륙장치에 이용된다[1]. 폐루프 제어 시스템에서 사용되는 한 종류의 디지털 필터는 다음과 같은 차분 방정식으로 표현된다.

$$y[n] = -a_1 y[n - 1] + b_0 x[n] + b_1 x[n - 1]$$

필터의 파라미터 a_1, b_0, b_1은 제어 시스템이 어떤 특성을 띠도록 시스템 설계자가 선택한다. ■

시스템 상호 연결

두 개의 기본적인 시스템 연결을 정의한다. 첫 번째는 그림 9.23에 보이는 *병렬*(parallel) 연결이다. 그림에서 원은 신호의 합을 나타낸다. 시스템 1의 출력을 $y_1[n]$이라고 하고 시스템 2의 출력을 $y_2[n]$이라고 하자. 전체 시스템의 출력 $y[n]$은 다음과 같다.

$$y[n] = y_1[n] + y_2[n] = T_1(x[n]) + T_2(x[n]) = T(x[n]) \tag{9.61}$$

여기서 $y[n] = T(x[n])$은 전체 시스템을 나타내는 표기다.

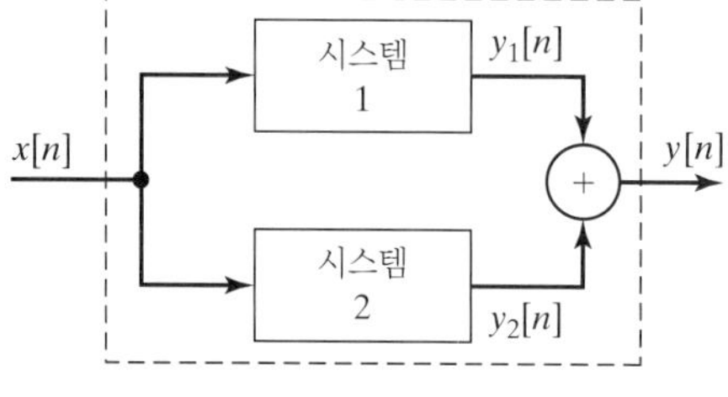

그림 9.23 시스템의 병렬 연결

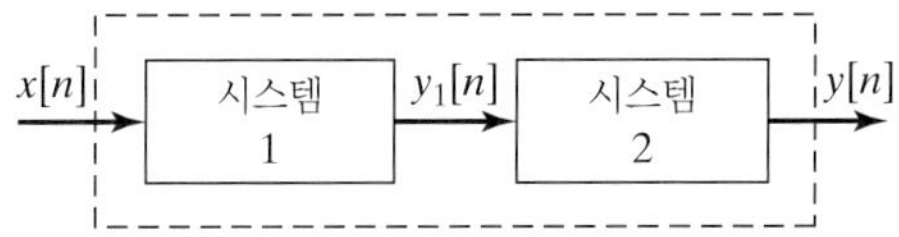

그림 9.24 시스템의 직렬 연결

그림 9.24는 두 번째 기본적인 시스템 연결을 보여준다. 이 연결은 *직렬*(series 또는 cascade) 연결이라고 한다. 이 그림에서 첫 번째 시스템의 출력은 $y_1[n] = T_1(x[n])$이고 전체 시스템의 출력은

$$y[n] = T_2(y_1[n]) = T_2(T_1(x[n])) = T(x[n]) \tag{9.62}$$

이다. 시스템의 상호 연결에 대한 예를 살펴보자.

예제 9.9 이산 시스템의 상호 연결

그림 9.25와 같은 시스템을 생각하자. 각 블록은 하나의 시스템을 나타내고 숫자로 구별되고 있다. 이 시스템에 대한 방정식을 다음과 같이 쓸 수 있다.

$$y_3[n] = T_1(x[n]) + T_2(x[n])$$

그리고

$$y_4[n] = T_3(y_3[n]) = T_3(T_1(x[n]) + T_2(x[n]))$$

이다. 그러므로

$$\begin{aligned} y[n] &= y_2[n] + y_4[n] \\ &= T_2(x[n]) + T_3(T_1(x[n]) + T_2(x[n])) = T(x[n]) \end{aligned}$$

이다. 이 식은 시스템의 상호 연결만을 나타낸다. 전체 시스템의 수학적인 모델은 개별 하위 시스템들의 모델에 의해 결정된다.

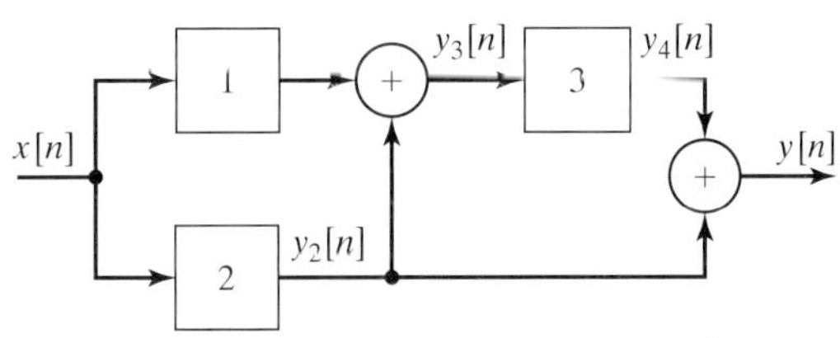

그림 9.25 예제 9.9의 시스템 ■

9.6 이산-시간 시스템의 성질들

9.5절에서 이산-시간 시스템의 예로 오일러 적분기와 α-필터를 소개하였다. 이 절에서는 이산-시간 시스템의 몇 가지 특성과 성질에 대해 살펴본다.

앞으로 $x[n]$은 시스템의 입력을 나타내고 $y[n]$은 시스템의 출력을 나타낸다. 이러한 관계를 다음 기호로 표시한다.

$$x[n] \rightarrow y[n] \tag{9.63}$$

연속-시간 시스템에서와 마찬가지로 이 관계식을 $x[n]$이 $y[n]$을 생성해낸다고 해석한다. 관계식 (9.63)은 다음 식과 같은 의미를 갖는다.

[식 (9.59)] $$y[n] = T(x[n])$$

다음에 나오게 될 정의들은 연속-시간 시스템에 대해 정의했던 2.7절에 나오는 정의와 유사하다.

메모리를 갖는 시스템

먼저 메모리를 갖는 시스템을 정의한다.

> **메모리**
> 시간 n_0일 때 출력 $y[n_0]$이 $x[n_0]$ 이외의 입력값에 의해 결정되면 이 시스템은 메모리를 갖는다. 그렇지 않으면 이 시스템은 메모리가 없다.

이산 신호 $x[n]$에 대해, 시간은 이산 증분 변수 n으로 표현한다. 간단한 메모리가 없는 이산-시간 시스템의 예는 다음 관계식을 갖는 시스템이다.

$$y[n] = 5x[n]$$

메모리가 없는 시스템을 *정적 시스템*(static system)이라 하기도 한다.

메모리를 갖는 시스템은 *동적 시스템*(dynamic system)이라 하기도 한다. 메모리를 갖는 시스템의 예는 식 (9.5)와 같은 오일러 적분기다.

$$y[n] = y[n-1] + Hx[n-1]$$

9.1절과 식 (9.8)에서 이 식을 다음과 같이 쓸 수 있었음을 떠올리면

$$y[n] = H\sum_{k=-\infty}^{n-1} x[k] \tag{9.64}$$

출력이 과거의 모든 입력 값에 의해 결정되는 것을 알 수 있다.

메모리를 갖는 이산 시스템의 두 번째 예는 출력이 마지막 두 입력의 평균인 시스템이다. 이 시스템을 기술하는 차분 방정식은 다음과 같다.

$$y[n] = \tfrac{1}{2}[x[n] + x[n-1]] \tag{9.65}$$

이 시스템은 그림 9.26과 같이 나타낼 수 있다. 이 그림에 이상적인 지연 요소가 있음에 유의한다(그림 9.17 참조). 이 식은 평균 필터식이고, 이것을 이용하는 한 예가 텔레비전에서 PIP 기능을 보여주는 시스템이다(참고문헌과 1.3절 참조).

메모리를 갖는 세 번째 이산-시간 시스템의 예는 미국주식시장에서 최근 20일간의 다우지수(Dow Jones industrial average)를 계산하는 시스템이다. 이 시스템의 차분 방정식은 다음과 같다.

$$y[n] = \tfrac{1}{20}\sum_{k=0}^{19} x[n-k] \tag{9.66}$$

이 식에서 $x[n]$은 오늘 날짜의 다우지수이고, $x[n-1]$은 어제 날짜의 다우지수 등이다. $y[n]$은 최근 20일간의 평균이다. 그림 9.26과 같은 형태의 이러한 시스템에 대한 블록 다이어그램 모델은

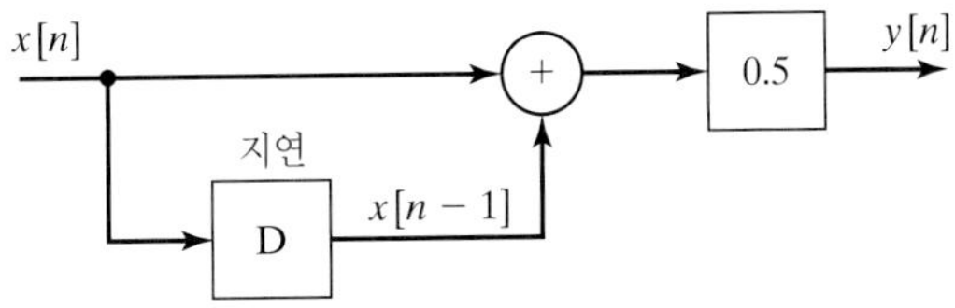

그림 9.26 평균화 시스템

19개의 지연 시간 블록을 갖는다. 이 알고리즘을 디지털-컴퓨터로 구현할 때, 이 지연 시간 블록은 19개의 메모리로 구현된다.

식 (9.66)은 출력이 일간 평균의 필터링된 버전인 하나의 디지털 필터로 볼 수 있다. 이 시스템의 특성을 결정하는 데에 디지털 필터링에 관한 모든 주요한 이론들을 적용해볼 수 있다. 예를 들면, 하루의 평균값에서 랜덤한 출렁거림이 발생했을 때 20일 평균에 미치는 영향은 무엇일까? 하루의 평균값에서 아주 큰 변화가 생겼을 때, 이 변화가 20일 평균에 현저하게 나타나게 될 때까지 얼마나 시간이 걸릴까? 이 절에서 소개하는 정의들은 이런 것들과 같은 질문에 대해 좀 더 잘 답할 수 있도록 시스템을 분류해준다. 게다가 (12장에서 다루게 될) 이산 푸리에 변환을 이용하면 이것과 같은 시스템의 특성을 결정할 수 있다.

가역성

가역성(invertibility)을 다음과 같이 정의한다.

> **가역성**
> 서로 구별되는 입력이 서로 구별되는 출력을 발생시키면 이 시스템은 가역 시스템이다.

가역성에 대한 두 번째 정의는 가역 시스템의 입력은 출력으로부터 결정할 수 있다는 것이다. 예를 들어 다음과 같이 기술되는 메모리가 없는 시스템은 비가역 시스템이다.

$$y[n] = |x[n]|$$

+2와 −2 입력이 모두 동일한 출력 +2를 만들어내기 때문이다.

시스템의 역

가역성은 시스템의 *역*(inverse)과 관련이 있다.

> **시스템의 역**
> 어떤 시스템 T의 역은 이 시스템과 직렬로 연결하였을 때, 전체적으로 항등(identity) 시스템이 되게 하는 시스템 T_1을 말한다.

항등 시스템은 $y[n] = x[n]$으로 정의된다. 그림 9.27의 두 시스템을 생각해보자. 다음 조긴을 만족하면 시스템 T_i는 시스템 T의 역이다.

$$y[n] = T_i[T(x[n])] = x[n] \tag{9.67}$$

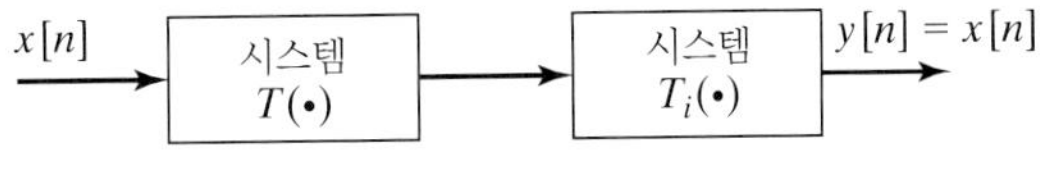

그림 9.27 단위 시스템

인과성

모든 물리적 시스템은 연속-시간이든 이산-시간이든 인과 시스템이다.

> **인과 시스템**
> 임의의 시각에서 출력이 현재와 과거의 입력에 의해서만 결정될 때 이 시스템은 *인과*(causal) 시스템이다.

그림 9.17에서와 같이 단위 지연 시간을 $x[n]$을 입력으로 인가할 때, 출력이 $x[n-1]$인 시스템으로 정의하였다. 비인과 시스템의 한 예는 입력이 $x[n]$일 때, 출력이 $x[n+1]$인 시간 앞섬(advance)이다. 또 하나의 비인과 시스템의 예는 다음과 같은 평균 시스템이다.

$$y[n] = \tfrac{1}{3}[x[n-1] + x[n] + x[n+1]]$$

이 시스템은 출력 신호의 현재 값 $y[n]$을 계산하기 위해 입력 신호의 미래의 값 $x[n+1]$을 필요로 한다.

단위 앞섬을 D^{-1} 기호로 나타낸다. 단위 앞섬을 포함하는 구현 가능한 시스템은 그림 9.28과 같은 시스템이다. 먼저 신호를 지연시키고 이 신호를 다시 앞서게 함으로써 구현하였다. 그러나 신호를 지연시킨 것 이상으로 앞서게 할 수는 없다. 이런 시스템은 사용할 곳이 없어 보이지만, "오프라인" 또는 비실시간으로 신호를 필터링하는 곳에서 사용된다. 신호를 컴퓨터의 메모리에 저장해둔다면, 지금 이 순간 고려하고 있는 값보다 상대적으로 "미래"의 신호 값을 안다고 간주할 수 있다. 또 하나의 예는 하나 이상의 샘플기를 포함하는 물리적 시스템을 모델링하는 것이다. 이 시스템에서는 여러 샘플기들이 동일한 주파수로 동작하기는 하지만 동기화가 안 되어 있거나 서로 다른 주파수로 동작할 수 있다[1]. 이런 경우에는 시간 앞섬을 말할 수 있다. 그러나 전체 시스템에서 나오는 신호는 이 시스템에 들어가는 신호보다 상대적으로 앞설 수 없다.

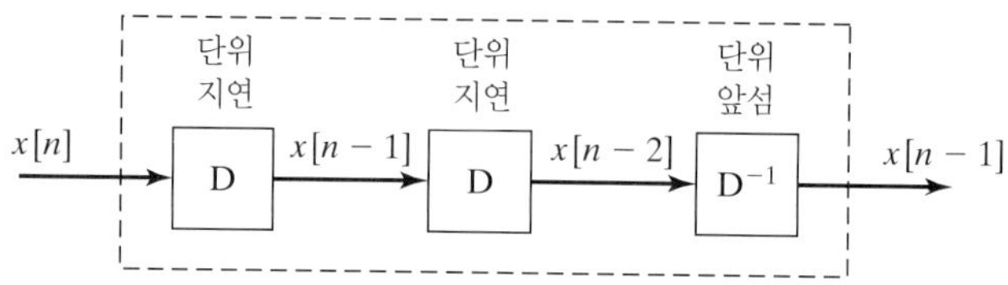

그림 9.28 단위 앞섬을 가진 구현 가능한 시스템

안정성

연속-시간 시스템에서 내린 동일한 정의를 이산-시간 시스템에 대해서도 내린다.

> **BIBO 안정성**
> 임의의 유계인 입력에 대해 출력이 유계이면 시스템은 안정하다.

이것은 안정성에 대한 BIBO 정의다. 정의에서 어떤 신호 $x[n]$은 다음을 만족하는 수 M이 존재하면 유계다.

$$\text{모든 } n\text{에 대해 } |x[n]| \leq M \tag{9.68}$$

그러므로 어떤 시스템은 식 (9.68)을 만족하는 모든 $x[n]$에 대해, 다음 식을 만족하는 수 R이 존재하면 BIBO 안정하다.

$$\text{모든 } n\text{에 대해 } |y[n]| \leqq R \tag{9.69}$$

BIBO 안정성을 판별하기 위해서는 식 (9.69)를 만족시키는 R[일반적으로 식 (9.68)에서의 M의 함수]을 찾아야만 한다.

식 (9.5)의 오일러 적분기는

[식 (9.5)] $$y[n] = y[n-1] + Hx[n-1]$$

BIBO 안정하지 않음에 유의한다. 적분하는 신호의 크기가 1인 상수이면, n이 증가할수록 출력은 한없이 커진다[식 (9.64) 참조]. 2장에서 연속-시간 적분기도 안정하지 않음을 보였다.

시불변성

이산-시간 시스템에 대한 시불변성 정의도 연속-시간 시스템에 대한 정의와 동일하다.

> **시불변 시스템**
> 어떤 시스템의 입력이 시간 이동되었을 때, 출력도 이와 동일한 시간 지연만이 발생하면 이 시스템을 *시불변*(time-invariant)이라 한다.

이 정의에서 이산 증분 n은 시간을 나타낸다. 입력 $x[n]$이 출력 $y[n]$을 발생시키는 시불변 시스템에 대해, 입력 $x[n-n_0]$은 출력 $y[n-n_0]$을 생성해 낸다. 즉,

$$x[n] \rightarrow y[n]$$

그리고

$$x[n-n_0] \rightarrow y[n-n_0] \tag{9.70}$$

시불변성을 테스트하는 방법은 $y[n]$이 $x[n]$에 대한 식으로 주어졌을 때, 다음 식의 성립 여부를 살펴보는 것이다.

$$y[n]\Big|_{n-n_0} = y[n]\Big|_{x[n-n_0]} \tag{9.71}$$

이 테스트 방법을 그림 9.29에 나타내었다. 신호 $y[n-n_0]$은 $y[n]$을 n_0만큼 지연시켜서 얻는다. 다음과 같이 지연된 입력 $x[n-n_0]$에 대한 시스템 출력을 $y_d[n]$으로 정의한다.

$$x[n-n_0] \rightarrow y_d[n]$$

그러면 다음 식이 만족하면 이 시스템은 시불변이다.

$$y[n-n_0] = y_d[n] \tag{9.72}$$

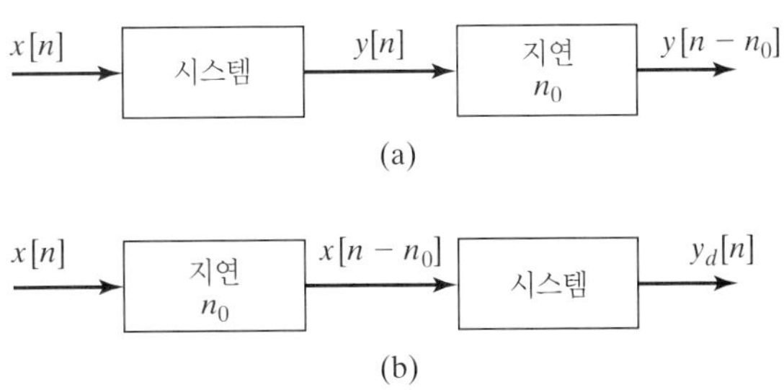

그림 9.29 시불변성 테스트

시불변이 아닌 시스템은 시변(time-varying)이다. 시불변 시스템의 한 예는 $y_1[n] = e^{x}[n]$이고 $y_2[n] = e^{n}x[n]$은 시변 시스템이다.

선형성

선형성(linearity)은 가장 중요한 성질 중 하나다. 다시 한번 시스템 입력을 $x[n]$이라 하고 출력을 $y[n]$이라고 하자.

> **선형 시스템**
>
> 어떤 시스템이 다음 두 가지 조건을 만족하면 *선형* 시스템이다.
>
> **1.** 가산성(Additivity). 만일 $x_1[n] \to y_1[n]$이고, $x_2[n] \to y_2[n]$이면
>
> $$x_1[n] + x_2[n] \to y_1[n] + y_2[n] \tag{9.73}$$
>
> **2.** 항등성(Homogeneity). 만일 $x[n] \to y[n]$이면, 상수 a에 대해
>
> $$ax[n] \to ay[n] \tag{9.74}$$
>
> 이 조건은 모든 $x[n]$과 모든 a에 대해 만족해야 한다.

이 두 조건을 하나로 합치면 *중첩의 원리*(principle of superposition)가 된다. a_1과 a_2가 임의의 상수일 때 다음을 만족하면 시스템이 중첩의 원리를 만족한다.

$$a_1x_1[n] + a_2x_2[n] \to a_1y_1[n] + a_2y_2[n] \tag{9.75}$$

어떤 시스템이 중첩의 원리를 만족하면 이 시스템은 선형이다. 어떤 시스템이든 모든 동작 조건에서 선형인 시스템은 없다. 그러나 식 (9.75)를 사용하여 테스트해봄으로써 어떤 물리적 시스템이 근사적으로 선형이 되는 동작 범위를 결정할 수 있다.

선형 동작(시스템)의 한 예는 $y[n] = Kx[n]$으로 기술되는 상수배 시스템이다. 비선형 시스템의 한 예는 다음과 같이 신호를 제곱하는 동작이다.

$$y[n] = x^2[n]$$

입력 $x_1[n]$과 $x_2[n]$에 대해, 제곱 시스템의 출력은

$$x_1[n] \to y_1[n] = x_1^2[n]$$

이다. 그리고

$$x_2[n] \to y_2[n] = x_2^2[n] \tag{9.76}$$

이다. 그러나 입력 $(x_1[n] + x_2[n])$은 다음 출력을 만들어낸다.

$$\begin{aligned} x_1[n] + x_2[n] \to (x_1[n] + x_2[n])^2 &= x_1^2[n] + 2x_1[n]x_2[n] \\ &+ x_2^2[n] = y_1[n] + y_2[n] + 2x_1[n]x_2[n] \end{aligned} \tag{9.77}$$

선형 시불변(LTI) 시스템은 선형이면서 또한 시불변인 시스템이다. 이 책에서는 연속-시간과 이산-시간 모두에서 LTI 시스템에 초점을 맞추고 있다.

이산-시간 LTI 시스템의 중요한 한 종류는 계수가 상수인 선형 차분 방정식으로 모델링되는 시스템이다. 이러한 형태의 시스템의 한 예는 이 절의 앞부분에서 이미 소개한 오일러 적분기다.

$$y[n] - y[n-1] = Hx[n-1]$$

이 식에서 $x[n]$은 입력이고 $y[n]$은 출력이고, 수치 적분 증분 H는 상수다.

계수가 상수인 n-차 선형 차분 방정식의 일반적인 형태는 식 (9.6)과 식 (9.7)과 같다. 식 (9.6)을 다시 쓰면

$$y[n] = b_1y[n-1] + b_2y[n-2] + \cdots + b_Ny[n-N] + a_0x[n] + a_1x[n-1] + \cdots + a_Nx[n-N]$$

와 같고 이 차분 방정식의 차수는 N이다. 이러한 일반적인 방정식의 두 번째 버전은 n을 $(n+N)$으로 바꿈으로써 얻을 수 있다[식 (9.7) 참조].

예제 9.10 이산-시스템의 성질들 보여주기

다음 방정식으로 기술되는 시스템의 성질들을 살펴볼 것이다.

$$y[n] = \left[\frac{n+2.5}{n+1.5}\right]^2 x[n]$$

출력 $y[n]$은 입력 $x[n]$에 시간 n에 따라 변하는 값을 곱한 것과 같음에 주목한다. $n = 0$이면 2.778을 곱하고, $|n|$이 커질수록 곱하는 값은 1에 가까워진다.

1. 이 시스템은 메모리가 없다. 출력이 현재 시간의 입력에 의해서만 결정되기 때문이다.
2. 이 시스템은 가역 시스템이다. $x[n]$에 대하여 풀면

$$x[n] = \left[\frac{n+1.5}{n+2.5}\right]^2 y[n]$$

   이다. 임의의 n에 대하여 $y[n]$이 주어지면 $x[n]$을 구할 수 있기 때문이다.
3. 이 시스템은 인과 시스템이다. 출력이 미래의 입력에 의해 결정되지 않기 때문이다.
4. 이 시스템은 안정하다. 모든 유계인 입력에 대해 출력이 유계이기 때문이다. $|x[n]| \leqq M$에 대해 다음을 쉽게 보일 수 있다(연습문제 9.26 참조).

$$|y[n]| \leqq R = 9M$$

5. 이 시스템은 시변이다. $n = 0$일 때 인가한 입력은 $n = 1$일 때 동일한 입력을 인가했을 때의 출력과 다른 출력을 만들어내기 때문이다.
6. 이 시스템은 선형이다. 왜냐하면 중첩의 원리에 의해

$$a_1x_1[n] + a_2x_2[n] \rightarrow \left[\frac{n+2.5}{n+1.5}\right]^2 (a_1x_1[n] + a_2x_2[n])$$
$$= a_1\left[\frac{n+2.5}{n+1.5}\right]^2 x_1[n] + a_2\left[\frac{n+2.5}{n+1.5}\right]^2 x_2[n]$$
$$= a_1y_1[n] + a_2y_2[n]$$

이기 때문이다. ■

이 절에서는 이산-시간 시스템에 대한 몇 가지 성질들을 정의하였다. 아마도 가장 중요한 성질은 선형성과 시불변성일 것이다. 차분 방정식으로 기술되는 LTI 시스템의 BIBO 안정성은 언제나 판별할 수 있다. 다른 모델에 대해서는 이러한 언급을 할 수 없다. 게다가 대부분의 디지털-필터 설계 과정은 오직 LTI 필터에 대해서만 적용된다.

결론

이 장에서는 이산-시간 신호와 시스템에 대해 소개하였다. 이산-시간 신호 $x[n]$에 대해, 이산 증분 n은 시간을 나타낸다. 먼저, 독립 변수 n에 대한 세 가지의 변환인 시간 역전, 시간 스케일링, 시간 이동을 정의하였다. 다음으로 동일한 변환을 신호의 진폭에 대해 정의하였다. 이러한 여섯 개의 변환의 효과를 결정할 수 있는 일반적인 과정을 소개하였다. 이러한 변환은 신호 입장에서 매우 중요하며, 주파수 함수에 대한 변환만큼이나 중요하다. 주파수 변환은 12장에서 이산 푸리에 변환을 정의할 때 다룬다.

다음으로 신호의 짝함수, 홀함수, 주기성을 정의하였다. 이 세 가지 특성은 신호와 시스템을 공부할 때 매우 자주 등장한다.

다음으로 어떤 종류의 물리적 시스템에 자주 나타나는 신호들에 대한 모델을 정의하였다. 여기에는 지수 신호와 크기가 지수적으로 변하는 사인파가 포함된다. 임펄스 함수를 이산-시간 신호에 대해 정의하고 일반 함수처럼 다루었다. 이 이산-시간 신호들은 연속-시간 신호들을 샘플링하여 얻어내는 것으로 볼 수 있음을 보였다. 주기적인 이산 신호를 다루는 것은 주기적인 연속 신호보다 좀 더 복잡함을 볼 수 있었다.

하위 시스템들을 상호 연결한 이산-시간 시스템의 출력을 표현하는 일반적인 기법을 소개하였다. 마지막 주제로서 몇 가지 일반적인 이산-시간 시스템의 성질들을 정의하였다. 즉, 메모리, 가역성, 인과성, 안정성, 시불변성, 선형성에 대해 정의하였다. 이 책의 나머지 부분에서는 선형성과 시불변성을 특히 강조할 것이다.

표 9.6을 참조하기 바란다.

표 9.6 9장의 주요 식들

수식 제목	수식 기호	수식
이산-시간 단위 계단 함수	(9.9)	$u[n] = \begin{cases} 1, & n \geqq 0 \\ 0, & n < 0 \end{cases}$
이산-시간 단위 임펄스 함수	(9.11)	$\delta[n] = \begin{cases} 1, & n = 0 \\ 0, & n \neq 0 \end{cases}$
이산-시간 독립-변수 변환	(9.23)	$y[n] = x[m]\Big\rvert_{m=an+b} = x[an + b]$
이산-시간 신호의 진폭 변환	(9.24)	$y[n] = Ax[n] + B$
이산-시간 신호의 짝함수 부분	(9.29)	$x_e[n] = \frac{1}{2}(x[n] + x[-n])$
이산-시간 신호의 홀함수 부분	(9.30)	$x_o[n] = \frac{1}{2}(x[n] - x[-n])$
이산-시간 신호의 주기성 정의	(9.32)	$x[n + N] = x[n]$
주기적인 이산-신호의 조건	(9.39)	$\Omega_0 N = 2\pi k \Rightarrow \Omega_0 = \dfrac{k}{N} 2\pi$
이산-시간 지수함수	(9.50)	$x[n] = Ca^n$
이산-시간의 시불변성 테스트	(9.70)	$x[n] \rightarrow y[n]; x[n - n_0] \rightarrow y[n - n_0]$
이산-시간의 선형성 테스트	(9.75)	$a_1x_1[n] + a_2x_2[n] \rightarrow a_1y_1[n] + a_2y_2[n]z$

연습문제

9.1절

9.1 다음 이산-시간 함수 중 같지 않은 것은 어떤 것인가?

(a) $x_1[n] = \delta[n] + \delta[n-1] + \delta[n-2]$

(b) $x_2[n] = \Sigma_{k=0}^{2}\delta[n-k]$

(c) $n \in [0, 1, 2]$일 때는 $x_3[n] = 1$, 그렇지 않을 때는 $x_3[n] = 0$

(d) $x_4[n] = u[n] - u[n-2]$

9.2 **(a)** 단위 계단 함수 $u[n+4]$와 시간 스케일링된 함수 $u[4n+8]$의 차는 무엇인가?

(b) $u[n]$과 $u[n/4]$의 차는 무엇인가?

9.2절

9.3 그림 P9.3의 이산-시간 신호는 표시된 것 외에는 모두 0이다.

(a) 그림 P9.3(a)의 신호 $x_a[n]$에 대해, 다음 신호의 그래프를 그려라.

(i) $x_a[3n]$ **(ii)** $x_a[-n/3]$

(iii) $x_a[-n]$ **(iv)** $x_a[3-n]$

(v) $x_a[n-3]$ **(vi)** $x_a[-3-n]$

(b) 그림 P9.3(b)의 신호 $x_b[n]$에 대해, (a)의 질문에 답하여라.

(c) 그림 P9.3(c)의 신호 $x_c[n]$에 대해, (a)의 질문에 답하여라.

(d) 그림 P9.3(d)의 신호 $x_d[n]$에 대해, (a)의 질문에 답하여라.

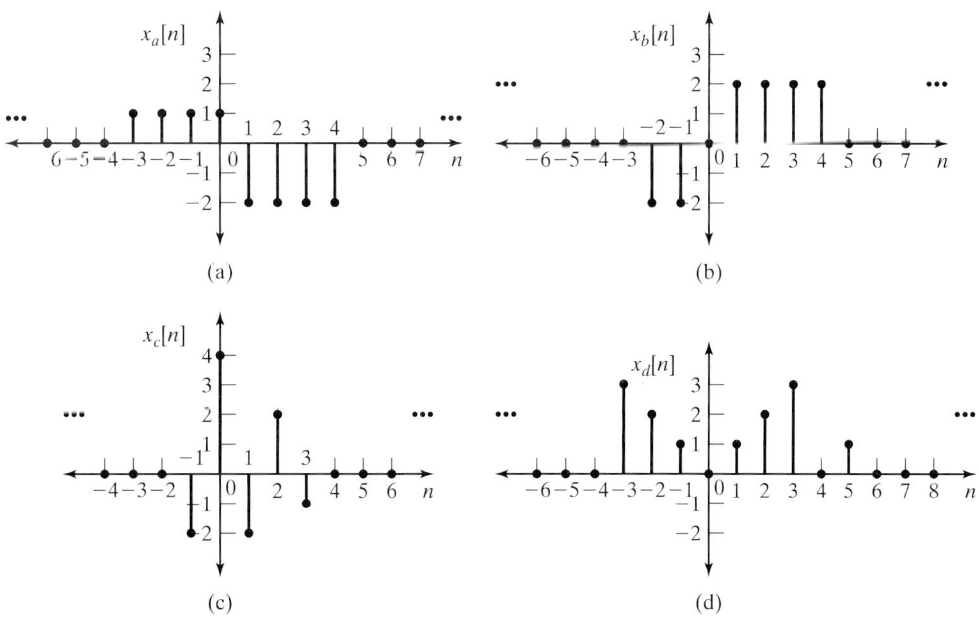

그림 P9.3

9.4 그림 P9.4의 신호들은 표시된 것 외에는 모두 0이다.

(a) 그림 P9.4(a)의 신호 $x_a[n]$에 대해, 다음 신호의 그래프를 그려라.

(i) $x_a[-n]$	**(ii)** $x_a[-2n]$
(iii) $x_a[n-3]$	**(iv)** $x_a[3-n]$
(v) $x_a[-1+n/2]$	**(vi)** $x_a[n/2]$
(vii) $x_a[2n+1]$	**(viii)** $x_a[-1-n]$

(b) 그림 P9.4(b)의 신호 $x_b[n]$에 대해, (a)의 질문에 답하여라.

(c) 그림 P9.4(c)의 신호 $x_c[n]$에 대해, (a)의 질문에 답하여라.

(d) 그림 P9.4(d)의 신호 $x_d[n]$에 대해, (a)의 질문에 답하여라.

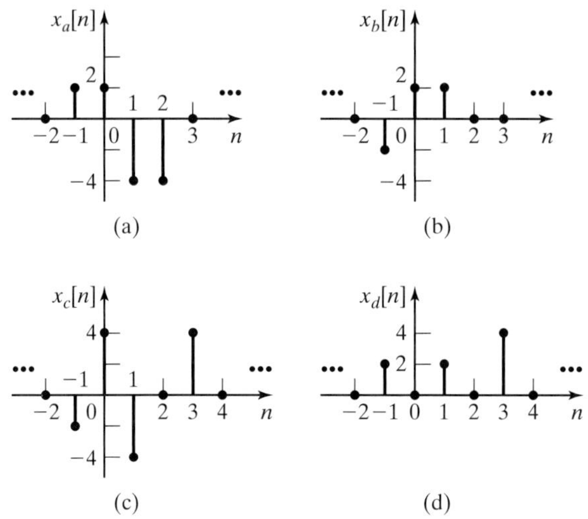

그림 P9.4

9.5 그림 P9.4의 신호들은 표시된 것 외에는 모두 0이다.

(a) 그림 P9.4(a)의 신호 $x_a[n]$에 대해, 다음 신호의 그래프를 그려라.

(i) $x_a[-n]u[n]$	**(ii)** $x_a[n]u[-n]$
(iii) $x_a[n]u[n-2]$	**(iv)** $x_a[n]u[2-n]$
(v) $x_a[n]\delta[n-1]$	**(vi)** $x_a[n]\,(\delta[n]+\delta[n-2])$

(b) 그림 P9.4(b)의 신호 $x_b[n]$에 대해, (a)의 질문에 답하여라.

(c) 그림 P9.4(c)의 신호 $x_c[n]$에 대해, (a)의 질문에 답하여라.

(d) 그림 P9.4(d)의 신호 $x_d[n]$에 대해, (a)의 질문에 답하여라.

9.6 다음 차분 방정식으로 기술되는 재귀 이산-시간 시스템을 생각하자.

$$y(n) = -a_1 y(n-1) - a_2 y(n-2) + b_o x(n)$$

여기서 $a_1 = -0.8$, $a_2 = 0.64$, $b_0 = 0.866$이다.

(a) $0 \le n \le 49$에 대해 이 시스템의 임펄스 응답 $h[n]$의 그래프를 그려라.

(b) $0 \le n \le 100$에 대해 이 시스템의 0-상태 계단 응답 $s[n]$의 그래프를 그려라.

9.7 (a) 이산 신호 $x[n]$의 변환을 $x_t[n]$이라고 할 때, 일반적인 경우 다음과 같이 쓸 수 있다.

$$x_t[n] = Ax[an + n_0] + B$$

여기서 a는 유리수이고 n_0는 정수다. 이 식을 $x[n]$에 대해 나타내어라.

(b) 그림 P9.7의 신호에 대해, $x_2[n]$을 $x_1[n]$의 함수로 나타내어라.

(c) 그림 P9.7의 신호에 대해 다음 관계가 만족한다고 하자.

$$x_1[n] = 0.5x_3[-n + 1] + 2$$

$x_3[n]$의 그래프를 그려라.

(d) 시간 축의 최소 세 개의 점에서 (b)의 결과를 검증하여라.

(e) 시간 축의 최소 세 개의 점에서 (c)의 결과를 검증하여라.

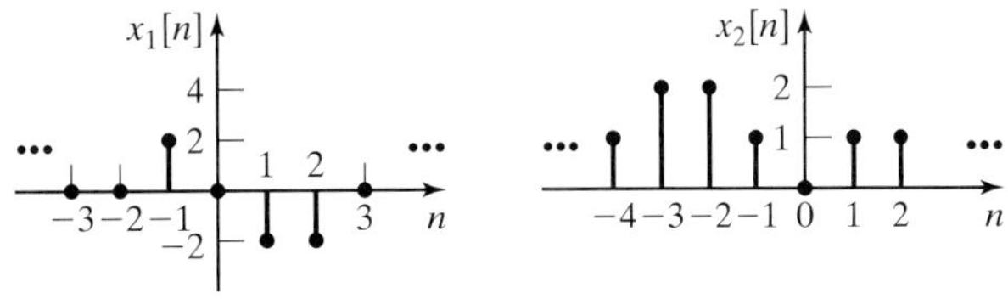

그림 P9.7

9.3절

9.8 (a) 그림 P9.7에서 $x_1[n]$의 짝함수 부분과 홀함수 부분을 구하여라.

(b) 그림 P9.7에서 $x_2[n]$의 짝함수 부분과 홀함수 부분을 구하여라.

9.9 (a) 그림 P9.4(a)의 신호의 짝함수 부분과 홀함수 부분을 그려라.

(b) 그림 P9.4(b)의 신호의 짝함수 부분과 홀함수 부분을 그려라.

(c) 그림 P9.4(c)의 신호의 짝함수 부분과 홀함수 부분을 그려라.

(d) 그림 P9.4(d)의 신호의 짝함수 부분과 홀함수 부분을 그려라.

9.10 (a) 다음 각 신호가 짝함수인지, 홀함수인지, 또는 짝함수도 홀함수도 아닌지 판별하여라.

(i) $x[n] = 6u[n - 3]$ **(ii)** $-n$

(iii) $x[n] = 0.2^{|n|}$ **(iv)** $x[n] = 6 + 0.2^n + 0.2^{-n}$

(v) $\sin(2n)$ **(vi)** $\sin\left(n - \frac{\pi}{6}\right)$

(b) (a)의 신호들을 개형을 그려서 결과를 검증하여라.

(c) 각 신호들의 짝함수 부분과 홀함수 부분을 구하여라.

9.11 (a) $n \geqq 0$에 대해, 어떤 신호 $x[n]$의 일부분과 이 신호의 짝함수 부분 $x_e[n]$가 그림 P9.11에 나와 있다. $n \geqq 0$일 때, $x_e[n] = 1$임에 유의한다. $x[n]$과 $x_e[n]$을 전체 n에 대해 완성하고, 이 신호의 홀함수 부분 $x_o[n]$의 개형을 그려라. 신호의 각 부분의 개형을 그릴 때 사용한 식을 제시하여라.

(b) 그림 P9.11에서, 다른 모든 값은 변하지 않고 $x[0] = 0$이라고 하자. 이 경우 (a)의 결과가 어떻게 달라지는지 답하여라.

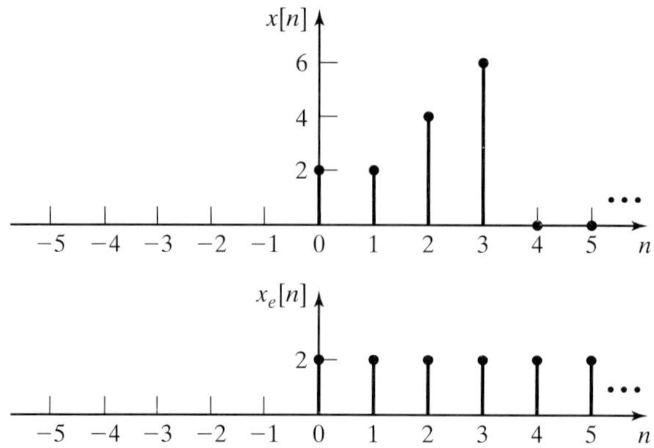

그림 P9.11

9.12 $x_e[n]$과 $x_o[n]$을 신호 $x[n]$의 짝함수 부분과 홀함수 부분이라고 하자.

(a) $x_o[0] = 0$이고 $x_e[0] = x[0]$임을 보여라.

(b) 다음 식이 성립함을 보여라.

$$\sum_{n=-\infty}^{\infty} x_o[n] = 0$$

(c) 다음 식이 성립함을 보여라.

$$\sum_{n=-\infty}^{\infty} x[n] = \sum_{n=-\infty}^{\infty} x_e[n]$$

(d) n_1과 n_2가 임의의 정수일 때, (c)의 결과는 다음 식이 성립함을 의미하는가?

$$\sum_{n=n_1}^{n_2} x[n] = \sum_{n=n_1}^{n_2} x_e[n]$$

그 이유와 함께 답하여라.

9.13 다음 각 문장이 참임을 증명하여라.

(a) $x_{e1}[n] = n$과 $x_{e2}[n] = n$의 합은 짝함수다.

(b) $x_{o1}[n] = -n$과 $x_{o2}[n] = -n$의 합은 홀함수다.

(c) $x_e[n] = n$과 $x_o[n] = -n$의 합은 짝함수도 아니고 홀함수도 아니다.

(d) $x_{e1}[n] = n$과 $x_{e2}[n] = n$의 곱은 짝함수다.

(e) $x_{o1}[n] = -n$과 $x_{o2}[n] = -n$의 곱은 홀함수다.

(f) $x_e[n] = n$과 $x_o[n] = -n$의 곱은 홀함수다.

9.14 **(a)** 다음 주어진 신호 중 주기함수를 골라라.

(i) $x[n] = \cos(2\pi n)$ **(ii)** $x[n] = \cos(0.2\pi n)$

(iii) $x[n] = \cos(0.25\pi n)$ **(iv)** $x[n] = \cos(0.26\pi n)$

(v) $x[n] = \cos(10\pi n)$ **(vi)** $x[n] = \cos\left(\frac{8}{3}\pi n\right)$

(b) (a)의 신호 중 주기 신호에 대해, 주기당 샘플의 수를 구하여라.

9.15 신호 $x_1[n]$, $x_2[n]$, $x_3[n]$가 다음과 같다고 하자.

$$x_1[n] = \cos(4\pi n/20), \quad x_2[n] = \sin(6\pi n/75), \text{ 그리고 } x_3[n] = e^{j\frac{2\pi n}{20}}$$

(a) $x_1[n]$이 주기 신호인지 여부를 판별하여라. 만일 주기 신호라면, 기본 주기당 샘플의 수를 구하여라.

(b) $x_2[n]$이 주기 신호인지 여부를 판별하여라. 만일 주기 신호라면, 기본 주기당 샘플의 수를 구하여라.

(c) $x_3[n]$이 주기 신호인지 여부를 판별하여라. 만일 주기 신호라면, 기본 주기당 샘플의 수를 구하여라.

(d) $x_1[n] + x_2[n] + x_3[n]$이 주기 신호인지 여부를 판별하여라. 만일 주기 신호라면, 기본 주기당 샘플의 수를 구하여라.

9.16 다음과 같은 이산 시간 신호들을 생각하자. 각 신호에 대해, 주기 신호이면 기본 주기 N_0을 구하고, 주기 신호가 아니면 주기 신호가 아님을 증명하여라.

(a) $x[n] = e^{j5\pi n/4}$

(b) $x[n] = e^{j5n}$

(c) $x[n] = e^{j2\pi n}$

(d) $x[n] = e^{j0.3n/\pi}$

(e) $x[n] = \cos(3\pi n/7)$

(f) $x[n] = e^{j0.3n}$

(g) $x[n] = e^{j5\pi n/4} + e^{j2\pi n}$

(h) $x[n] = e^{j5\pi n/4} + e^{j2\pi n} + \cos(3\pi n/7)$

(i) $x[n] = e^{j0.3n} + e^{j2\pi n}$

9.17 (a) $x[n]$과 $y[n]$을 입력 신호와 출력 신호라고 하자. $x[n] = (1, 2, 3, 4, 5, 6, 7, 8, 9)$; $h_1[n] = (1, 1)$; $h_2[n] = (1, 2, 1)$; $h_3[n] = (1/2, 1/2)$; $h_4[n] = (1/4, 1/2, 1/4)$; $h_5[n] = (1/4, -1/2, 1/4)$이다. 다음 각 경우의 신호들을 같은 스케일로 그 개형을 그려라.

(i) $x[n]$

(ii) $y_1[n] = x[n] * h_1[n]$

(iii) $y_2[n] = \mathrm{x}[n] * h_2[n]$

(iv) $y_3[n] = x[n] * \mathrm{h}_3[n]$

(v) $y_4[n] = \mathrm{x}[n] * h_4[n]$

(vi) $y_5[n] = x[n] * \mathrm{h}_5[n]$

(b) 출력 신호 $y_1[n]$과 $y_2[n]$의 차는 무엇인가? 또한 출력 신호 $y_3[n]$과 $y_4[n]$의 차는 무엇인가?

(c) 출력 신호 $y_2[n]$과 $y_4[n]$의 평탄함에 대해 언급하여라. 어떤 요소가 $y_3[n]$와 $y_4[n]$의 평탄함에 영향을 미치는가?

9.18 연속 시간 신호 $x(t)$를 10-Hz 빠르기로 샘플링하여 다음과 같은 이산-시간 신호를 얻는다. 각 신호에 대해 시상수 τ값을 찾고 사인파 신호에 대해서는 주파수 ω를 구하여라.

(a) $x[n] = 0.3^n$

(b) $x[n] = (0.3)^n\cos(\pi n)$

(c) $x[n] = (0.8^n)$

(d) $x[n] = (0.8)^n\cos(\pi n)$

9.19 수치 적분을 위한 사다리꼴 규칙이 그림 P9.19에 정의되어 있다. $t = kT$에서의 적분값은 $t = (k - 1)T$에서의 적분값 더하기 그림에 보이는 사다리꼴의 면적이다.

(a) $x(t)$의 수치 적분인 $y[k]$를 $x[k]$와 관련짓는 이 적분기에 대한 차분 방정식을 작성하여라.

(b) 사다리꼴 적분을 이용하여 $T = 0.1$일 때, $0 \leq t \leq 5$ s인 구간에서 e^{-t}를 적분하는 MATLAB 프로그램을 작성하여라.

(c) (b)의 코드를 실행시켜 그 결과를 검증하여라.

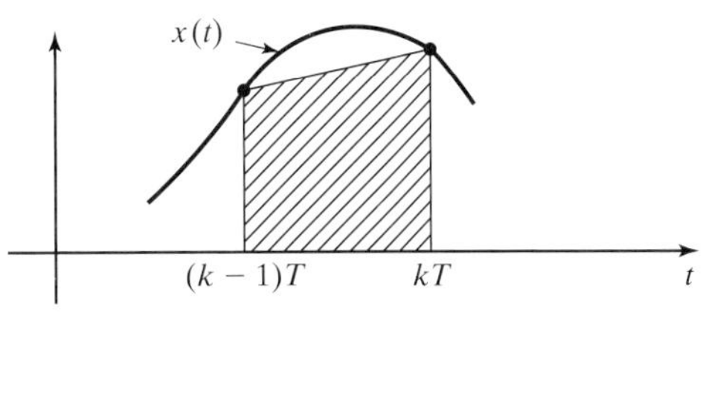

그림 P9.19

9.4절

9.20 그림 P9.20에는 네 개의 이산-시간 신호의 개형이 그려져 있다. 아래 나오는 각 사인파와 그림 P9.20에 그려져 있는 신호들 중 하나를 짝지어라.

(a) $x_1[n] = 3\cos(4\pi n)$

(b) $x_2[n] = 5\cos(3\pi n)$

(c) $x_3[n] = 5\cos(4\pi n/8)$

(d) $x_4[n] = 5\sin(3\pi n)$

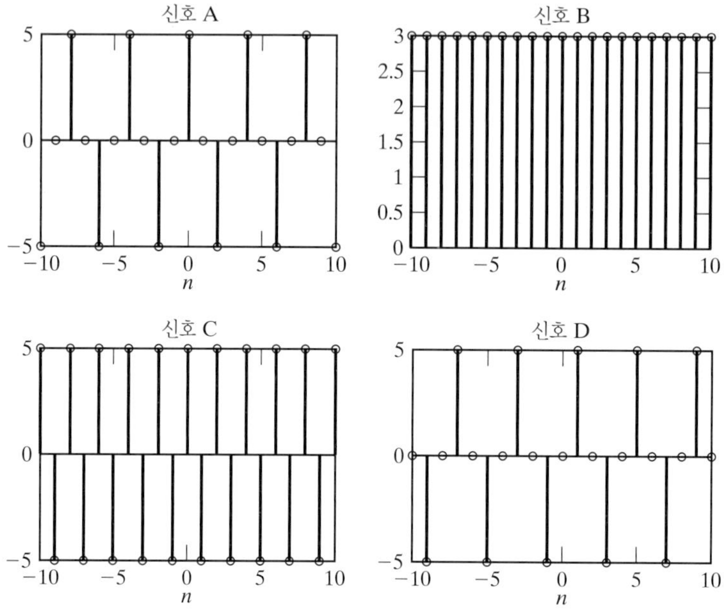

그림 P9.20

9.5절

9.21 **(a)** 그림 P9.21의 피드백 시스템을 생각하자. 신호 $m[n]$을 입력 신호의 변환 함수인 식 (9.61)과 같은 형태로 나타내어라.

(b) 다음 식으로 기술되는 시스템에 대해 그림 P9.21과 같은 블록 다이어그램을 그려라.

$$y[n] = T_2(T_1(x[n] + y[n]) + y[n])$$

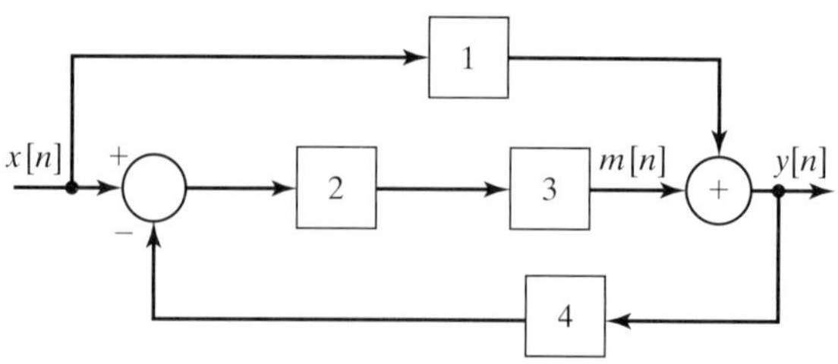

그림 P9.21

9.22 (a) 다음 식으로 기술되는 시스템에 대해 그림 9.25와 같은 블록 다이어그램을 그려라.

$$y_a[n] = T(x[n]) = T_2(x[n] + T_1(x[n])) + T_3(T_1(x[n]))$$

(b) 다음 식으로 기술되는 시스템에 대해 그림 9.25와 같은 블록 다이어그램을 그려라.

$$y_b[n] = y_a[n] + x[n]$$

9.23 (a) 그림 P9.23(a)의 시스템에 대해 출력 $y_3[n] + y_5[n]$을 입력과 시스템의 변환의 함수인 식 (9.61)과 같은 형태로 나타내어라.

(b) 그림 P9.23(b)의 시스템에 대해, (a)의 질문에 답하여라.

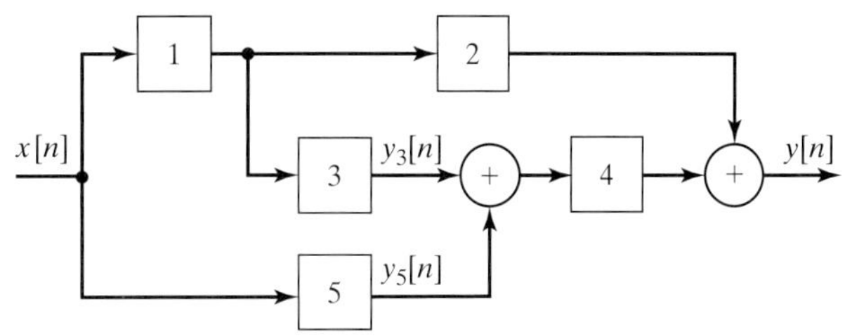

(a)

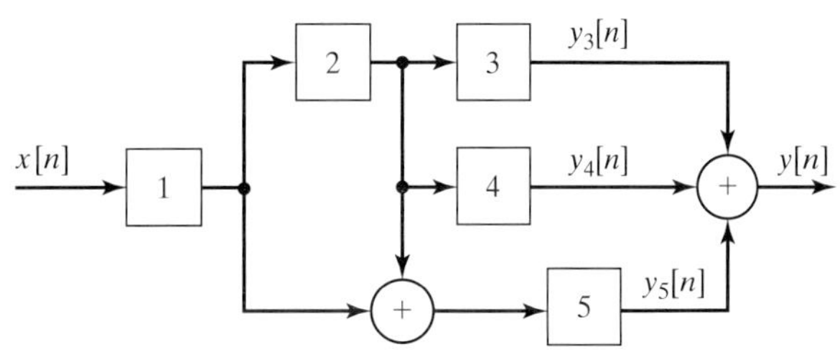

(b)

그림 P9.23

9.24 그림 P9.24의 피드백 시스템을 생각하자. 출력을 입력과 시스템의 변환의 함수인 식 (9.61)과 같은 형태로 나타내어라.

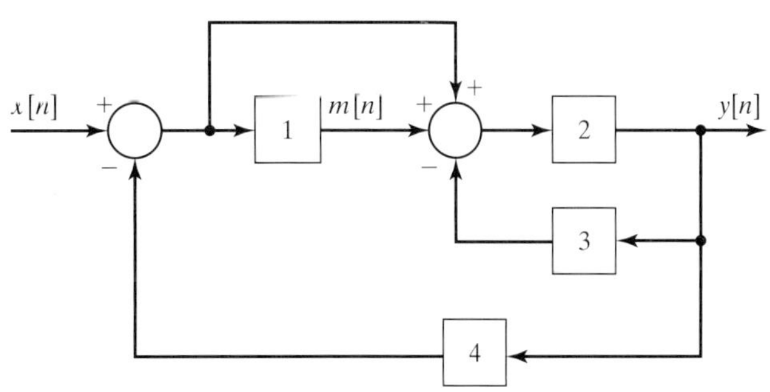

그림 P9.24

9.6절

9.25 **(a)** 다음 식으로 기술되는 시스템이 아래 성질을 만족하는지 여부를 판별하여라.

$$y[n] = nx[an + 1] + 5$$

(i) 메모리 없음 **(ii)** 가역성
(iii) 인과성 **(iv)** 안정성
(v) 시불변성 **(vi)** 선형성

(b) $y[n] = x[-n + 2]$에 대해 (a)의 질문에 답하여라.

(c) $y[n] = \cos(x[n - n_o])$에 대해 (a)의 질문에 답하여라.

(d) $y[n] = e^{x[n]}$에 대해 (a)의 질문에 답하여라.

(e) $y[n] = \log(nx[n])$에 대해 (a)의 질문에 답하여라.

(f) $y[n] = 4x[n - 3] + 3$에 대해 (a)의 질문에 답하여라.

9.26 계수가 상수인 다음과 같은 선형 차분 방정식으로 기술되는 시스템은 가역 시스템이고 안정하지 않다는 것을 보일 수 있다.

$$y[n] + 3y[n - 1] = 2x[n], \qquad n \geq 0$$

이 시스템이 다음 성질을 만족하는지 여부를 판별하여라.

(a) 메모리 없음

(b) 시불변성

(c) 선형성

9.27 **(a)** 다음과 같이 정의된 합 연산이 다음 성질을 만족하는지 여부를 판별하여라.

$$y[n] = \sum_{-n}^{n} x[k + a]$$

(i) 메모리 없음 **(ii)** 가역성
(iii) 인과성 **(iv)** 안정성
(v) 시불변성 **(vi)** 선형성

(b) 다음과 같은 평균 필터에 대해 (a)의 질문에 답하여라.

$$y[n] = \frac{1}{2}x[n] + x[n - 1]$$

(c) 다음과 같은 이동 평균 필터($M > 0$은 정수)에 대해 (a)의 질문에 답하여라.

$$y[n] = \frac{1}{3}\sum_{-1}^{1} x[n - k]$$

9.28 예제 9.10의 시스템에 대해, $|x[n]| \leqq M$에 대해, $|y[n]| \leqq 9M$임을 보여라.

9.29 **(a)** $y[n] = -3|x[n]|$으로 기술되는 시스템에 대해, 이 시스템이 다음 성질들을 만족하는지 여부를 판별하여라.

(i) 메모리 없음

(ii) 가역성

(iii) 인과성

(iv) 안정성

(v) 시불변성

(vi) 선형성

(b) 다음 시스템에 대해 (a)의 질문에 답하여라.

$$y[n] = \begin{cases} 2x[n], & x[n] < 0 \\ 0, & x[n] \geq 0 \end{cases}$$

(c) 다음 시스템에 대해 (a)의 질문에 답하여라.

$$y[n] = \begin{cases} -9, & x[n] < -1 \\ 9x[n], & |x[n]| \leq 1 \\ 9, & x[n] \geq 1 \end{cases}$$

(d) 다음 시스템에 대해 (a)의 질문에 답하여라.

$$y[n] = \begin{cases} 2, & 2 < x[n] \\ 1, & 1 < |x[n]| \leq 2 \\ 0, & 0 < x[n] \leq 1 \\ -1 & -1 < x[n] \leq 0 \\ -2, & x[n] \leq -1 \end{cases}$$

9.30 이산-시간 신호 $x[n]$이 아래와 같이 정의된다. $x[n]$의 개형을 그려라. $x[n]$을 접어 올린 신호의 개형을 그려라. 그런 다음 그 신호를 네 샘플만큼 지연시킨다. $x[n]$을 네 샘플만큼 지연시킨 다음 그 신호를 접어 올린다. 신호 $x[n]$을 신호 $\delta[n]$과 $u[n]$으로 나타내어라.

$$x(n) = \begin{cases} 1 + \dfrac{n}{3} & -3 \leq n \leq 1 \\ 1 & 0 \leq n \leq 3 \\ 0 & \text{나머지 구간} \end{cases}$$

10 이산-시간 선형 시불변 시스템

Discrete-Time Linear Time-Invariant Systems

3장에서, 연속-시간 선형 시불변 시스템의 중요한 성질들을 살펴보았다. 그 결과들은 이번 장의 이산-시간 LTI 시스템에도 적용된다. 한편으로는 연속-시간 시스템보다 이산-시간 시스템을 분석하고 설계하는 것이 더 쉬운데, 차분 방정식이 미분방정식보다 더 풀기 쉽기 때문이다. 그러나 다른 한편으로는 이산-시간 시스템이 분석하고 설계하기가 더 어려운 점도 있는데, 시스템 특성이 주파수 영역에서 주기적이기 때문이다(9.3절 참조).

9장에서, 이산-시간 시스템의 몇 가지 성질들을 정의하였다. 이 성질들 중 두 가지를 여기에서 다시 반복한다.

먼저 *시불변성*(time invariance)을 생각해보자. 입력이 $x[n]$이고 출력이 $y[n]$인 이산-시간 시스템을 다음과 같이 나타낸다.

$$x[n] \rightarrow y[n] \tag{10.1}$$

입력 신호에서의 시간 이동이 출력 신호를 동일한 양만큼 이동시키는 결과만을 나타내면 이 시스템은 시불변이다. 즉, 식 (10.1)에서

$$x[n - n_0] \rightarrow y[n - n_0] \tag{10.2}$$

이 성립한다. n_0는 임의의 정수다.

다음으로 *선형성*(litearity)을 다시 살펴보자. 식 (10.1)의 시스템에 대해, 다음을 가정한다.

$$x_1[n] \rightarrow y_1[n], \quad x_2[n] \rightarrow y_2[n] \tag{10.3}$$

다음과 같은 중첩의 원리가 적용되면, 이 시스템은 선형이다.

$$a_1x_1[n] + a_2x_2[n] \rightarrow a_1y_1[n] + a_2y_2[n] \tag{10.4}$$

이 성실은 모든 상수 a_1과 a_2, 그리고 모든 신호 $x_1[n]$과 $x_2[n]$에 대해 적용된다.

이 장에서는 선형이면서 시불변인 이산-시간 시스템만을 다룬다. 이러한 시스템을 이산-시간 LTI 시스템이라 한다. 이 시스템을 강조하는 몇 가지 이유가 있다.

1. 많은 물리적인 시스템들을 LTI 시스템으로 정확하게 모델링할 수 있다. 예를 들어, 대부분의 디지털 필터는 선형이면서 시불변이 되도록 설계된다.
2. 연속-시간과 이산-시간 시스템 모두 LTI 시스템을 모델링하는 방정식을 풀 수 있다.

LTI 시스템이 아닌 시스템을 기술하는 방정식을 풀 수 있는 일반적인 방법은 존재하지 않는다.

3. LTI 시스템을 분석하고 설계하기 위한 많은 정보를 얻을 수 있다. 특히나 LTI 디지털 필터를 설계할 때 더욱 그렇다.

이 장에서의 결과들은 연속-시간 시스템을 다룬 3장의 내용과 유사하다. 어떤 결과는 3장의 결과와 동일하고 다른 어떤 결과들은 매우 다르기도 하다. 이 장의 대부분의 모든 신호들과 시스템이 이산-시간이기 때문에 설명에서 이산-시간이라는 용어를 생략하기도 한다.

10.1 이산-시간 신호를 임펄스로 표현하기

이 절에서는 일반적인 신호 $x[n]$을 임펄스 신호의 함수로써 표현하는 관계식을 얻어내고자 한다. 이 관계식은 LTI 이산-시간 시스템의 성질들을 유도해내는 데에 유용하다.

다음과 같은 이산-시간 임펄스 함수(단위 샘플링 함수)의 정의를 상기해본다.

$$\delta[n - n_0] = \begin{cases} 1, & n = n_0 \\ 0, & n \neq n_0 \end{cases} \tag{10.5}$$

임펄스 함수는 인자가 0이면 1의 값을 갖고 그렇지 않으면 값이 0이다. 이 정의로부터 다음을 알 수 있다.

$$x[n]\delta[n - n_0] = x[n_0]\delta[n - n_0]$$

그림 10.1(a)에 주어진 신호 $x[n]$을 생각해보자. 간단한 설명을 위해, 이 신호는 오직 세 개만 0이 아닌 값을 갖는다. 식 (10.5)를 사용하여 다음과 같은 신호를 정의한다.

$$x_{-1}[n] = x[n]\delta[n + 1] = x[-1]\delta[n + 1] = \begin{cases} x[-1], & n = -1 \\ 0, & n \neq -1 \end{cases}$$

비슷한 방식으로 다음 신호들을 정의한다.

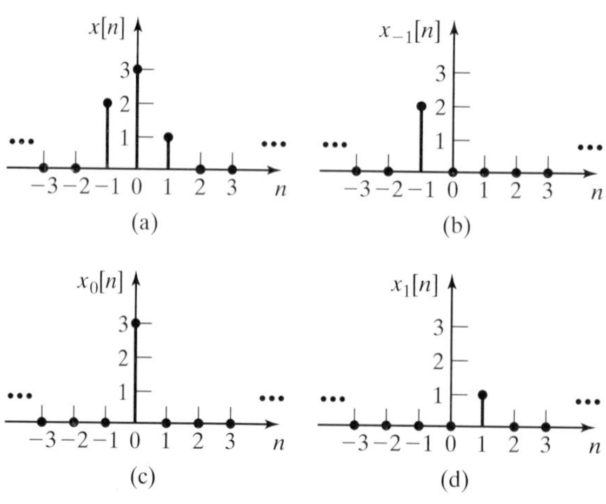

그림 10.1 이산-시간 임펄스 함수들을 이용한 신호 표현

$$x_0[n] = x[n]\delta[n] = x[0]\delta[n] = \begin{cases} x[0], & n = 0 \\ 0, & n \neq 0 \end{cases}$$

$$x_1[n] = x[n]\delta[n-1] = x[1]\delta[n-1] = \begin{cases} x[1], & n = 1 \\ 0, & n \neq 1 \end{cases}$$

이 세 개의 신호도 그림 10.1에 나타내었다. $x[n]$의 0이 아닌 값들이 이 세 개의 신호에 담겨 있다. 그러므로 신호 $x[n]$을 다음과 같이 표현할 수 있다.

$$\begin{aligned} x[n] &= x_{-1}[n] + x_0[n] + x_1[n] \\ &= x[-1]\delta[n+1] + x[0]\delta[n] + x[1]\delta[n-1] \\ &= \sum_{k=-1}^{1} x[k]\delta[n-k] \end{aligned} \tag{10.6}$$

다음으로 이 결과를 다음 항을 이용하여 일반화시킨다.

$$x[k]\delta[n-k] = \begin{cases} x[k], & n = k \\ 0, & n \neq k \end{cases} \tag{10.7}$$

모든 k에 대하여 더하면, 일반적인 신호 $x[n]$을 얻는다.

$$x[n] = \sum_{k=-\infty}^{\infty} x[k]\delta[n-k] \tag{10.8}$$

이 관계식은 다음 절의 결과들을 얻어내는 데에 유용하다.

함수 $\delta[n]$은 단위 샘플링 함수 또는 단위 임펄스 함수라고 한다. 이산-시간 임펄스 함수 및 시스템과 연속-시간 임펄스 함수 및 시스템 사이의 대칭성을 강조하기 위해 *임펄스 함수*라는 용어를 사용한다.

10.2 이산-시간 시스템의 컨볼루션

이제 이산 LTI 시스템의 출력과 입력을 관련시키는 식 하나를 유도해보고자 한다. 그림 10.2와 같은 시스템을 생각하자. 단위 임펄스 함수 $\delta[n]$을 시스템 입력으로 인가한다. 이 입력은 $n = 0$일 때에는 1이고 나머지 모든 n의 값에서는 0이다.

임펄스 함수 $\delta[n]$을 입력으로 할 때, 그림 10.2의 LTI 시스템 응답을 $h[n]$으로 나타낸다. 즉, 표준적인 기호로 다음과 같이 쓴다.

$$\delta[n] \rightarrow h[n] \tag{10.9}$$

이 시스템은 시불변이므로

$$\delta[n-k] \rightarrow h[n-k] \tag{10.10}$$

이다. 기호 $h[\cdot]$은 언제나 단위 임펄스 응답을 나타낼 것이다. 이 시스템은 선형이므로 식 (10.10)

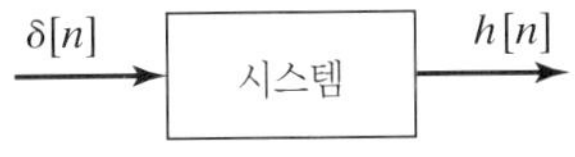

그림 10.2 시스템의 임펄스 응답

의 양변에 $x[k]$를 곱할 수 있고, 그 결과 다음과 같은 관련 식을 얻는다.

$$x[k]\delta[n-k] \to x[k]h[n-k] \tag{10.11}$$

앞 절에서 일반적인 입력 $x[n]$을 다음과 같이 임펄스 함수의 합으로 표현할 수 있었다.

[식 (10.8)] $$x[n] = \sum_{k=-\infty}^{\infty} x[k]\delta[n-k]$$

이 입력 신호는 임펄스 함수의 합이므로 출력 신호는 식 (10.4)의 선형 성질에 의해 식 (10.11)의 임펄스 응답의 합이 되고 따라서

$$x[n] = \sum_{k=-\infty}^{\infty} x[k]\delta[n-k] \to y[n] = \sum_{k=-\infty}^{\infty} x[k]h[n-k] \tag{10.12}$$

이다. 이 결과를 *컨볼루션 합*(convolution sum)이라고 하고 이산-시간 LTI 시스템을 파악하고 다루는 데에 기초가 된다. 이 합을 별 모양 기호를 이용하여 다음과 같이 표시한다.

$$y[n] = \sum_{k=-\infty}^{\infty} x[k]h[n-k] = x[n]*h[n] \tag{10.13}$$

컨볼루션 합의 성질을 살펴보기 위해 $n = 0$에서의 출력을 계산해본다.

$$\begin{aligned} y[0] = {} & \cdots + x[-2]h[2] + x[-1]h[1] + x[0]h[0] \\ & + x[1]h[-1] + x[2]h[-2] + \cdots \end{aligned} \tag{10.14}$$

$h[\cdot]$에 대한 이산-시간 변수가 줄어들수록 $x[\cdot]$에 대한 이산-시간 변수는 늘어나는 점에 유의한다. 일반적인 출력 $y[n]$은 다음과 같다.

$$\begin{aligned} y[n] = {} & \cdots + x[-2]h[n+2] + x[-1]h[n+1] + x[0]h[n] \\ & + x[1]h[n-1] + \cdots + x[n-1]h[1] + x[n]h[0] \\ & + x[n+1]h[-1] + x[n+2]h[-2] + \cdots \end{aligned} \tag{10.15}$$

$y[n]$에 대한 이 합에서, 각 항의 인자들의 합은 항상 n이다. 식 (10.15)에서 $x[\cdot]$과 $h[\cdot]$의 대칭성에 주의한다. 그러면 이 컨볼루션 합을 다음 두 식 중 하나로 표현할 수 있다.

$$\begin{aligned} y[n] &= \sum_{k=-\infty}^{\infty} x[k]h[n-k] = x[n]*h[n] \\ &= \sum_{k=-\infty}^{\infty} h[k]x[n-k] = h[n]*x[n] \end{aligned} \tag{10.16}$$

두 번째 형태는 또한 변수 치환을 통해 첫 번째 식으로부터 유도해낼 수 있다(연습문제 10.1 참조).

이제 컨볼루션 합의 성질 중 하나에 주목한다. $y[n]$에 대한 컨볼루션 합인 식 (10.15)에서, 일반항은 $x[k_1]h[k_2]$이고 $k_1 + k_2$는 *항상* n이다. 예를 들어, $y[5]$를 계산할 때, $x[10]h[-5]$는 항에 포함되어 있지만, $x[10]h[-6]$은 포함되어 있지 않다.

컨볼루션 합의 두 번째 성질은 $x[n] = \delta[n]$으로 놓음으로써 얻을 수 있다.

$$y[n] = \delta[n]*h[n] = h[n] \tag{10.17}$$

정의로부터, 이 출력은 임펄스 응답이어야 하기 때문이다. $h[n]$에서 n을 $n - n_0$으로 바꾸면 다음

결과를 얻는다.

$$\delta[n]*h[n-n_0] = h[n-n_0]$$

또한 시불변 성질 때문에 식 (10.17)의 일반적인 형태는 다음과 같다.

$$\delta[n-n_0]*h[n] = h[n-n_0]$$

마지막 두 식으로부터

$$\delta[n]*h[n-n_0] = h[n-n_0] = \delta[n-n_0]*h[n]$$

이다. $h[n]$에 대해 어떠한 조건도 달지 않았기 때문에, $h[n]$은 일반적인 함수 $g[n]$으로 바꿀 수 있고 다음과 같은 컨볼루션 합에 대한 두 번째 성질을 얻는다.

$$\delta[n]*g[n-n_0] = \delta[n-n_0]*g[n] = g[n-n_0] \tag{10.18}$$

컨볼루션을 곱과 혼동하면 안 된다. 임펄스 함수의 곱의 성질은 다음과 같다.

$$\delta[n]g[n-n_0] = g[-n_0]\delta[n]$$

그리고

$$\delta[n-n_0]g[n] = g[n_0]\delta[n-n_0]$$

$-\infty < n < \infty$에서 $\delta[0]$만 0이 아닌 값이기 때문이다.

식 (10.16)의 컨볼루션 합으로부터, $h[n]$을 안다면 임의의 입력 $x[n]$에 대한 시스템 출력을 계산할 수 있음을 알 수 있다. 그러므로 이산 LTI 시스템의 임펄스 응답 $h[n]$은 시스템의 입력-출력을 완전하게 기술한다. 컨볼루션 합을 이용하는 두 가지 예제를 살펴보자.

예제 10.1 유한 임펄스 응답 시스템

그림 10.3과 같은 시스템을 생각하자. 이 그림에서 D 블록은 단위 지연을 나타낸다. 이 그림으로부터 다음과 같이 바로 시스템의 차분 방정식을 작성할 수 있다.

$$y[n] = (x[n] + x[n-1] + x[n-2])/3 \tag{10.19}$$

이 시스템은 최근 세 개의 입력을 평균한다. 이러한 시스템을 이동-평균 필터라고 하는데 여러 곳에서 응용된다. 입력 $x[n] = \delta[n]$을 인가함으로써 이 시스템의 임펄스 응답 $h[n]$을 구한다.

$$y[n] = h[n] = (\delta[n] + \delta[n-1] + \delta[n-2])/3 \tag{10.20}$$

그러므로

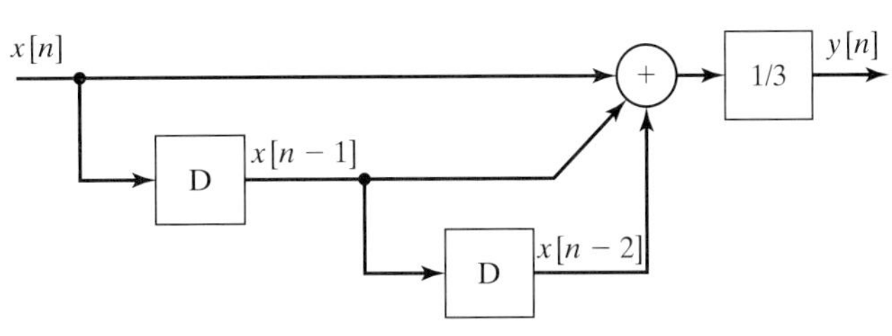

그림 10.3 이산 시스템

$$h[0] = (\delta[n] + \delta[n-1] + \delta[n-2])/3|_{n=0} = (1+0+0)/3 = 1/3$$
$$h[1] = (\delta[n] + \delta[n-1] + \delta[n-2])/3|_{n=1} = (0+1+0)/3 = 1/3$$
$$h[2] = (\delta[n] + \delta[n-1] + \delta[n-2])/3|_{n=2} = (0+0+1)/3 = 1/3$$
$$h[n] = 0, \text{ 나머지 모든 } n$$

이것은 *유한 임펄스 응답*(finite impulse response, FIR) 시스템이다. 즉, 임펄스 응답이 유한 개수의 0이 아닌 항으로 이루어져 있다. 연습 삼아 신호 $x[n] = \delta[n]$을 넣고 그림 10.3의 시스템을 따라 쭉 따라가면서 $h[n]$을 확인해보는 것도 좋다. (초기에 두 개의 지연 블록에 저장된 수는 0이어야만 한다. 그렇지 않으면 출력은 중첩에 의해 임펄스 응답뿐만 아니라 초기-조건 응답도 포함하게 된다.) ■

예제 10.2 컨볼루션에 의한 LTI 시스템의 응답

예제 10.1을 그대로 사용하여 컨볼루션 합을 어떻게 사용하는지 보여주고자 한다. 입력 신호가 다음과 같다고 하자.

$$x[1] = 3; \quad x[2] = 4.5$$
$$x[3] = 6; \quad x[n] = 0, \text{ 나머지 모든 } n$$

신호 $x[n]$의 그래프를 그림 10.4(a)에 나타내었다. 식 (10.16)으로부터 응답 $y[n]$은 다음과 같다.

$$y[n] = \sum_{k=-\infty}^{\infty} x[n-k]h[k]$$

이제 인수 $x[n-k]$를 그린다. 먼저, 그림을 쉽게 그리기 위해 그림 10.4(a)에서 인자를 n에서 m으로 바꾸어서 $x[m]$을 만든다. 컨볼루션 합에서 n은 상수로 간주한다는 점을 상기하자. 이제 9.2절로부터

$$x_t[k] = x[m]|_{m=n-k} = x[n-k]$$

이다. 그러므로

$$m = n - k \Rightarrow k = n - m$$

이다. 다음으로 그림 10.4(a)에서 m-축 바로 아래에 k-축을 그리면 그림 10.4(b)와 같이 $x[n-k]$의 그래프를 얻는다. 컨볼루션 합에서 두 번째 인수 $h[k]$는 예제 10.1에서 계산하였고 그림 10.4(a)에 다시 나타내었다.

먼저, 컨볼루션 합의 두 인수 $x[n-k]$와 $h[k]$를 $n = 0$에 대해 그림 10.4(c)에 그린다. 두 신호 중 하나에서 0이 아닌 모든 값에 대해, 나머지 신호의 값은 0임을 알 수 있다. 그러므로 곱 $x[n-k]h[k]$는 $n = 0$과 모든 k에 대해 0이고 따라서 $y[0] = 0$이다. 더군다나 $n < 0$이면 $x[n-k]$의 그래프는 왼쪽으로 이동하므로 모든 $n < 0$에 대해 $y[n] = 0$이다.

그림 10.4(d)는 $n = 1$에 대해 $x[n-k]$와 $h[k]$를 보여준다. 이 n값에 대해서는

$$x[n-k]h[k]|_{n=1,\,k=0} = x[1]h[0] = (1/3)(3) = 1$$

이고 다른 모든 k에 대해서는 이 곱이 0이다. 그러므로 $y[1] = 1$이다.

그림 10.4(e)는 $n = 2$에 대해 $x[n-k]$와 $h[k]$를 보여준다. 컨볼루션 합의 각 항들은 $k = 0$과 $k = 1$인 경우를 제외하고 모두 0이다. 그러면

$$y[2] = x[2]h[0] + x[1]h[1] = 1.5 + 1 = 2.5$$

동일한 과정을 따르면 $y[3] = 4.5$, $y[4] = 3.5$, $y[5] = 2$이고 $n > 5$에 대해서는 $y[n] = 0$임을 알 수 있다. 그러면 출력은

$$y[n] = \delta[n-1] + 2.5\delta[n-2] + 4.5\delta[n-3] + 3.5\delta[n-4] + 2\delta[n-5]$$

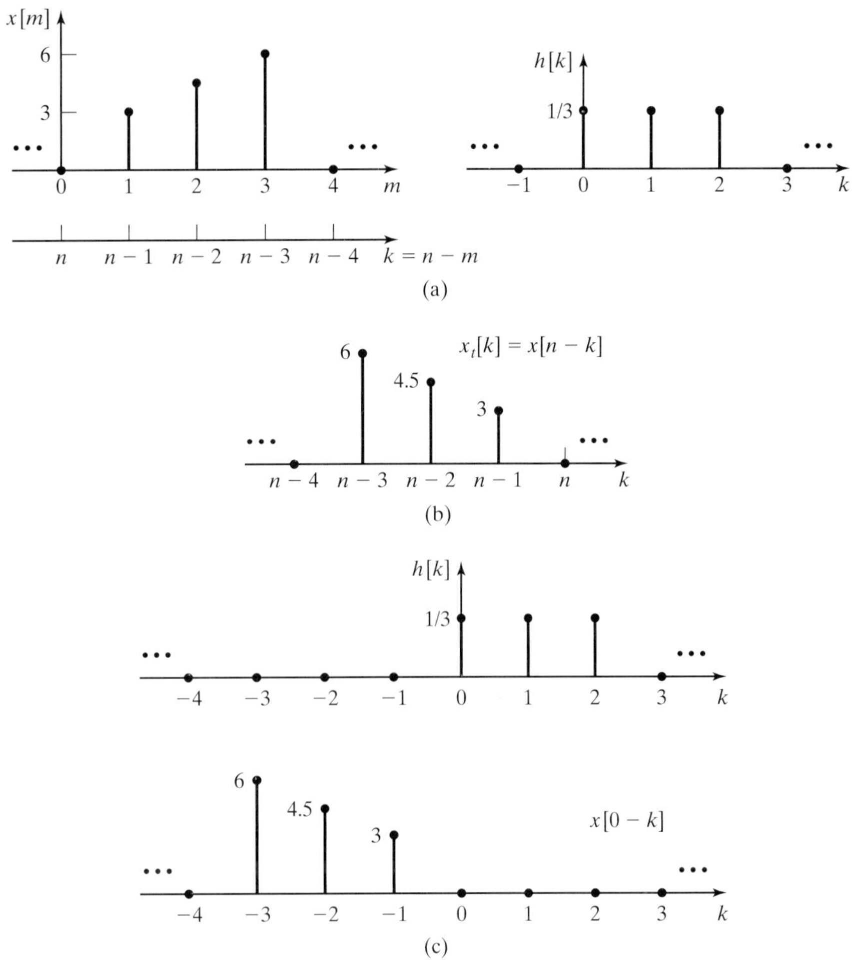

그림 10.4 예제 10.2의 신호들

이다. 출력 신호 $y[n]$의 그래프를 그림 10.4(f)에 나타내었다.

이 출력은 다음처럼 컨볼루션 합을 전개한 식으로부터 계산할 수도 있다.

$$
\begin{aligned}
y[n] &= \cdots + x[n-3]h[3] + x[n-2]h[2] \\
&\quad + x[n-1]h[1] + x[n]h[0] + x[n+1]h[-1] + \cdots \\
&= x[n-2]h[2] + x[n-1]h[1] + x[n]h[0]
\end{aligned}
$$

이 전개식에서 단지 세 개 항만이 0이 아니다. $h[n]$이 $n = 0, 1, 2$일 때만 0이 아니기 때문이다. 세 번째 계산 방법은 예제 10.1에서 제시한 것처럼 그림 10.3의 시스템을 따라 입력 신호를 쭉 따라가 보는 것이다. 마지막으로 아래 MATLAB 프로그램으로 결과를 확인할 수 있다.

```
n=1:5;
x=[3 4.5 6];
h=[1/3 1/3 1/3];
y=conv(x,h)
stem(n,y,'fill'), grid
```

■

예제 10.1과 예제 10.2에서 시스템을 세 가지 방법으로 다르게 표현한 것에 주목한다.

1. 식 (10.20)의 임펄스 응답
2. 식 (10.19)의 차분 방정식
3. 그림 10.3의 블록 다이어그램

현실적으로는 기술적인 문헌들에서 차분 방정식과 블록 다이어그램으로 이산-시간 시스템을 표현한다. 임펄스 응답은 직접적으로는 거의 사용되지 않는다. 대신 임펄스 응답의 z-변환을 명시한다. 이 주제에 대해서는 10.7절에서 소개하고 11장에서 자세하게 다루게 될 것이다.

예제 10.2는 유한 임펄스 응답을 가진 시스템에 관한 것이었다. 다음 예제는 무한 임펄스 응답을 가진 시스템을 살펴본다.

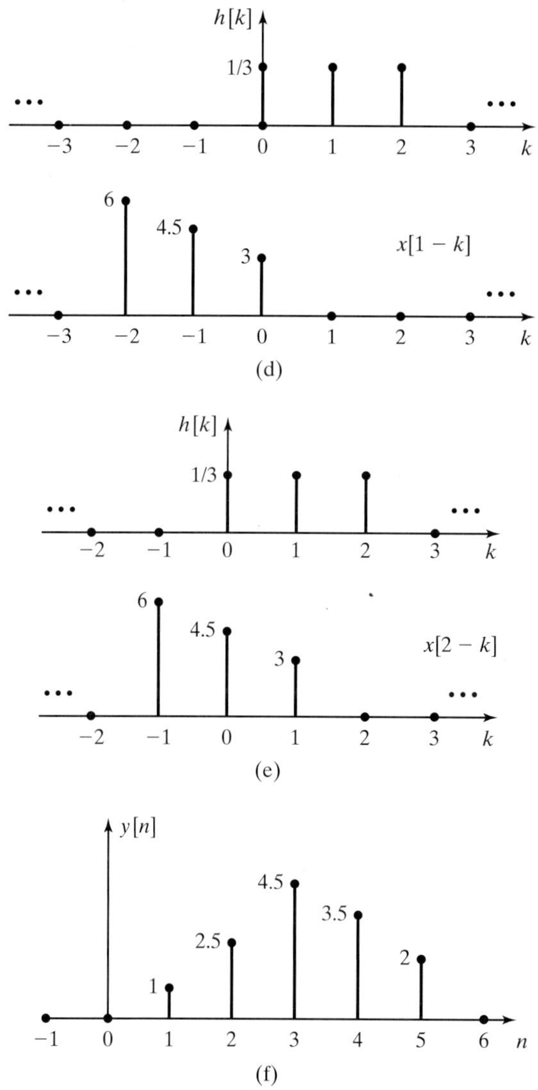

그림 10.4 *(계속)*

예제 10.3 이산 시스템의 임펄스 응답 계산

그림 10.5의 시스템을 생각해보자. 이 시스템은 9.4절에서도 살펴본 적이 있다. 그림 10.5로부터 바로 다음과 같이 시스템의 차분 방정식을 작성할 수 있다.

$$y[n] = ay[n-1] + x[n]$$

이 시스템에 $x[0] = 1$이고 $n \neq 0$일 때는 $x[n] = 0$인 단위 임펄스 함수를 인가하여 위 식으로부터 이 시스템의 단위 임펄스 응답을 얻는다. 이 시스템은 인과 시스템이다. 출력이 현재의 입력과 과거의 입력만으로 결정되기 때문이다. $x[n]$은 $n < 0$일 때 0이므로 $y[n]$도 또한 같은 범위의 n에 대해 0이다. 그러므로 $n = 0$일 때 그림 10.5의 이상적인 지연 블록에 저장된 값은 0이다. 그러면

$$\begin{aligned} y[0] &= h[0] = ay[-1] + x[0] = a(0) + 1 = 1, \\ y[1] &= h[1] = ay[0] + x[1] = a(1) + 0 = a, \\ y[2] &= h[2] = ay[1] + x[2] = a(a) + 0 = a^2, \\ y[3] &= h[3] = ay[2] + x[3] = a(a^2) + 0 = a^3, \\ &\vdots \end{aligned}$$

이고, 이 시스템의 단위 임펄스 응답은

$$h[n] = \begin{cases} a^n, & n \geqq 0 \\ 0, & n < 0 \end{cases}$$

즉, $h[n] = a^n u[n]$이다. 단위 임펄스 응답은 무한 개의 항으로 이루어져 있다. 이 시스템을 *무한 임펄스 응답*(infinite impulse response, IIR) 시스템이라 한다.

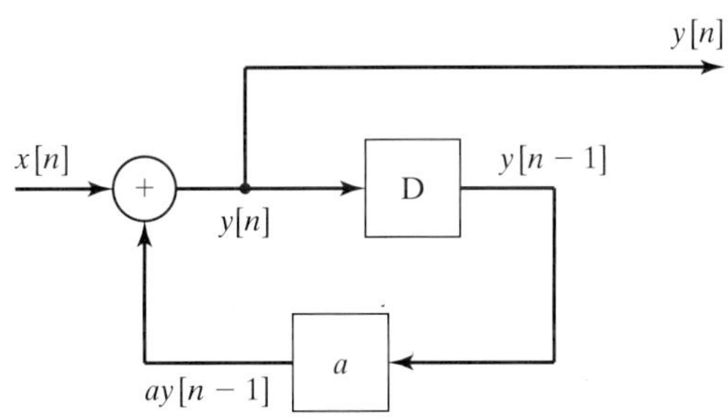

그림 10.5 이산 시스템 ■

예제 10.4 이산 시스템의 계단 응답

마지막 예제의 시스템에 대해, $a = 0.6$이라고 하자. 그러면 임펄스 응답은 $h[n] = (0.6)^n u[n]$이다. 이제 $x[n] = u[n]$일 때의 출력에 해당하는 시스템의 단위 계단 응답을 구해보자. 식 (10.16)으로부터 시스템의 출력 신호는 다음과 같다.

$$y[n] = \sum_{k=-\infty}^{\infty} x[n-k]h[k] = \sum_{k=-\infty}^{\infty} u[n-k](0.6)^k u[k] = \sum_{k=0}^{n} (0.6)^k \tag{10.21}$$

$k < 0$일 때 $u[k] = 0$이고 $k > n$일 때, $u[n-k] = 0$이기 때문이다.

식 (10.21)은 예상대로 $y[n]$을 합기호로 나타내고 있다. 그러나 어떤 합은 간결한 식으로 표현할 수 있다. 부록 C에서 합 공식에 대한 표를 찾아볼 수 있다. 이 표에서 첫 번째 항은 다음과 같다.

$$\sum_{k=0}^{n} a^k = \frac{1 - a^{n+1}}{1 - a} \tag{10.22}$$

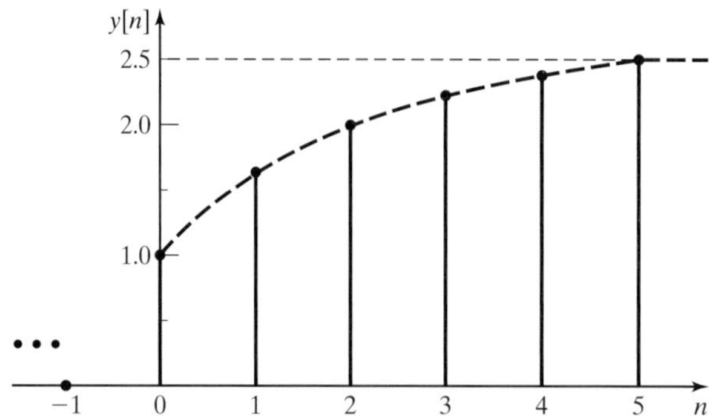

그림 10.6 예제 10.4의 응답

이 식의 우변은 $a = 1$에 대해서는 정의될 수 없음에 주의한다. 그러나 식 (10.22)로부터 $a = 1$일 때 이 합은 $(n + 1)$이다. 식 (10.22)와 $y[n]$에 대한 식 (10.21)로부터 다음 식을 얻는다.

$$y[n] = \sum_{k=0}^{n} (0.6)^k = \frac{1 - (0.6)^{n+1}}{1 - 0.6} = 2.5[1 - (0.6)^{n+1}], \quad n \geqq 0$$

$y[n]$의 값을 계산하면 다음을 얻는다.

$$\begin{aligned} y[0] &= 1, & y[5] &= 2.383, \\ y[1] &= 1.6, & &\vdots \\ y[2] &= 1.96, & y[10] &= 2.485, \\ y[3] &= 2.176, & &\vdots \\ y[4] &= 2.306, & y[\infty] &= 2.5 \end{aligned}$$

$y[n]$의 정상상태 값은 2.5임에 유의한다. 그림 10.6은 $y[n]$의 그래프를 보여주는데, 이 응답의 지수적인 성격이 잘 보인다(9.4절에서 보여주었듯이 신호 a^n는 지수적임을 상기하라). 이 예제의 결과를 다음 MATLAB 프로그램으로 확인할 수 있다.

```
% This MATLAB program performs the convolution operation of
% Example 10.4.
% Establish the input unit-step function.
x=ones (1,11);
% Compute the system impulse response.
for k = 1:10;
h(k) = 0.6^(k-1);
end
% Convolve the input with the impulse response and plot.
c=conv (x,h);
for k=1:11;
    n(k)=k-1;
    y(k)=c(k);
end
 [n' y']
 stem(n, y, 'fill')
```

■

컨볼루션의 성질들

시스템과 관련된 컨볼루션 합의 성질들을 살펴보자.

1. *교환성질.* 컨볼루션 합은 $x[n]$과 $h[n]$에 대해 대칭이다.

그림 10.7 교환 성질

$$x[n]*h[n] = h[n]*x[n] \tag{10.23}$$

이 성질은 식 (10.16)에서 유도되었고 그림 10.7에 나타내었다. 이 그림에서 LTI 시스템이 임펄스 응답을 포함한 하나의 블록으로 표현되고 있다. 각 시스템의 출력은 식 (10.23)으로부터 동일하다.

2. *결합성질*. 세 신호의 컨볼루션의 결과는 컨볼루션을 수행하는 순서와 상관없이 동일하다. 예를 들어

$$(f[n]*g[n])*h[n] = f[n]*(g[n]*h[n]) = (h[n]*f[n])*g[n] \tag{10.24}$$

이다. 이 성질에 대한 증명은 생략한다(연습문제 10.13 참조).

이 성질에 대한 예로써, 그림 10.8(a)의 시스템 출력을 생각해보자. 출력은 다음과 같다.

$$y[n] = y_1[n]*h_2[n] = (x[n]*h_1[n])*h_2[n]$$

그러면 위 성질 2에 의해,

$$(x[n]*h_1[n])*h_2[n] = x[n]*(h_1[n]*h_2[n]) = x[n]*(h_2[n]*h_1[n]) \tag{10.25}$$

이다. 그러므로 그림 10.8(a)에 나타낸 것과 같이, 전체 시스템의 입력-출력 특성을 바꾸지 않으면서 그림 10.8(a)의 두 시스템의 순서를 서로 바꿀 수 있다.

또한 식 (10.25)로부터 그림 10.8(a)의 두 개의 직렬 연결된 시스템을 입력-출력 특성을 유지하면서 다음과 같은 임펄스 응답을 가진 하나의 시스템으로 대체할 수 있다.

$$h[n] = h_1[n]*h_2[n] \tag{10.26}$$

이 성질을 그림 10.8(b)에 나타내었다. 따라서 m개의 직렬 연결된 LTI 시스템에 대해 전체 시스템의 임펄스 응답은 다음과 같다.

$$h[n] - h_1[n]*h_2[n]*\cdots*h_m(n)$$

3. *분배성질*. 컨볼루션 합은 다음과 같은 관계식을 만족한다.

$$x[n]*h_1[n] + x[n]*h_2[n] = x[n]*(h_1[n] + h_2[n]) \tag{10.27}$$

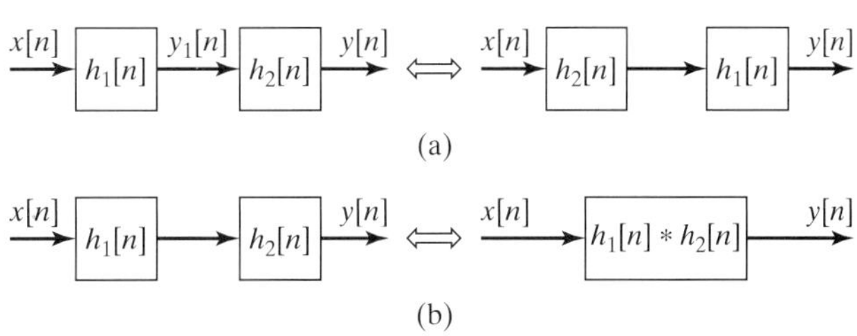

그림 10.8 결합 성질

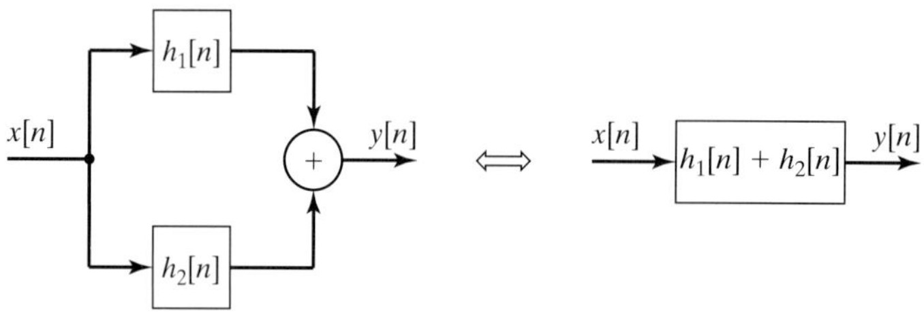

그림 10.9 분배 성질

식 (10.13)의 컨볼루션 합을 이용하여 다음과 같이 이 관계식을 증명한다.

$$\begin{aligned} x[n]*h_1[n] + x[n]*h_2[n] &= \sum_{k=-\infty}^{\infty} x[k]h_1[n-k] + \sum_{k=-\infty}^{\infty} x[k]h_2[n-k] \\ &= \sum_{k=-\infty}^{\infty} x[k](h_1[n-k] + h_2[n-k]) \\ &= x[n]*(h_1[n] + h_2[n]) \end{aligned}$$

이 성질은 그림 10.9에서와 같이 병렬로 연결된 두 개의 시스템으로 보일 수 있다. 이 그림에서 출력은 다음과 같다.

$$y[n] = x[n]*h_1[n] + x[n]*h_2[n] = x[n]*(h_1[n] + h_2[n]) \tag{10.28}$$

그러므로 전체 시스템의 임펄스 응답은 각 임펄스 응답의 합이다.

$$h[n] = h_1[n] + h_2[n] \tag{10.29}$$

이 성질을 이용한 예제를 살펴보자.

예제 10.5 상호 연결된 시스템의 임펄스 응답

그림 10.10(a)와 같은 시스템의 임펄스 응답을 하위 시스템들의 임펄스 응답으로 나타내고자 한다. 먼저 그림 10.10(b)에서와 같이 시스템 1과 시스템 2가 직렬 연결된 시스템의 임펄스 응답은 다음과 같다.

$$h_a[n] = h_1[n]*h_2[n]$$

시스템 a와 시스템 3을 병렬로 연결한 효과는 그림 10.10(c)에서와 같이 다음과 같다.

$$h_b[n] = h_a[n] + h_3[n] = h_1[n]*h_2[n] + h_3[n]$$

시스템 b를 시스템 4와 직렬로 연결한 효과를 더하면 그림 10.10(d)에서와 같이 전체 시스템의 임펄스 응답을 얻는다.

$$h[n] = h_b[n]*h_4[n] = (h_1[n]*h_2[n] + h_3[n])*h_4[n]$$

■

이 절에서는 시스템의 임펄스 응답을 알 때, 이산-시간 LTI 시스템의 응답을 컨볼루션 합인 식 (10.16)으로 계산할 수 있음을 보였다. 그러므로 시스템의 입력-출력 특성을 임펄스 함수에 대한 응답으로 완전하게 명시할 수 있다. 다음으로 하위 시스템들의 임펄스 응답을 알 때, 하위 시스템들로 이루어진 LTI 시스템의 응답을 계산하는 과정을 소개하였다. 어떤 시스템의 입력-출력 특성을 하위 시스템들의 입력-출력 특성으로 표현하는 동등하면서도 좀 더 간단한 방법은 변환 접근 방법이다. 이 과정은 11장에서 z-변환을 다룰 때에 소개한다.

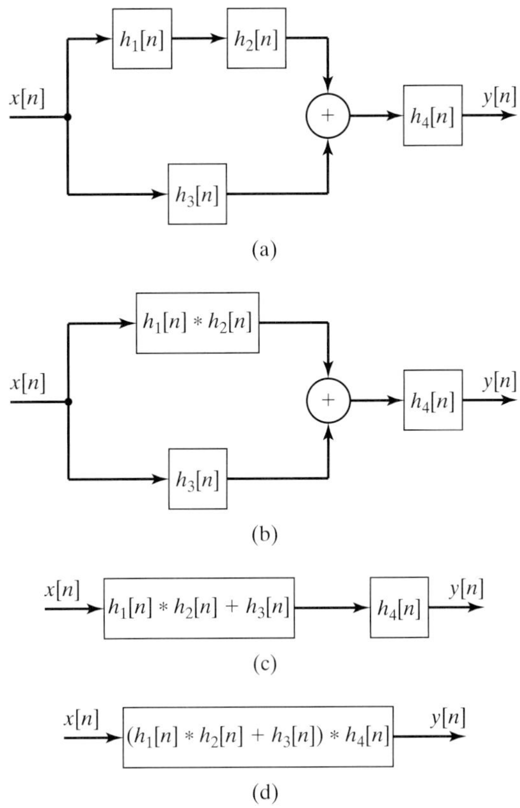

그림 10.10 예제 10.5의 시스템

10.3 이산-시간 LTI 시스템의 성질들

9.6절에서 이산-시간 시스템의 몇 가지 성질들을 정의하였다. 이 절에서는 LTI 시스템과 관련지어 이 성질들을 살펴본다.

이산-시간 LTI 시스템의 입력-출력 특성은 임펄스 응답 $h[n]$으로 완전하게 기술된다. 입력 신호 $x[n]$에 대해, 출력 신호 $y[n]$은 식 (10.16)의 컨볼루션 합으로 주어진다.

$$y[n] = \sum_{k=-\infty}^{\infty} x[k]h[n-k] = \sum_{k=-\infty}^{\infty} x[n-k]h[k] \tag{10.30}$$

이 식을 이용하여 이제 몇 가지 LTI 시스템에 대한 성질을 유도한다.

메모리

메모리가 없는(memoryless) 또는 정적 시스템은 출력의 현재 값이 오직 입력의 현재 값에 의해서만 결정되는 시스템이다. 메모리를 갖는 시스템을 동적 시스템이라 한다. 식 (10.30)의 컨볼루션 합을 전개하면, 메모리가 없는 시스템에 대해

$$\begin{aligned} y[n] &= \cdots + x[n+2]h[-2] + x[n+1]h[-1] \\ &\quad + x[n]h[0] + x[n-1]h[1] + \cdots = h[0]x[n] \end{aligned}$$

임을 알 수 있다. 오직 $x[n]$만이 출력 $y[n]$에 반영될 수 있기 때문이다. 그러면 $n \neq 0$일 때 $h[n]$

은 0이어야만 한다. 그러므로 $h[n] = K\delta[n]$이고 여기서 $K = h[0]$은 상수다. LTI 시스템이 메모리가 없는 것과 $h[n] = K\delta[n]$인 것은 필요충분조건이다. 그러면 메모리가 없는 LTI 시스템은 $y[n] = Kx[n]$으로 기술되는 순수 이득 시스템이다. 이득 K가 1이면($h[n] = \delta[n]$) 시스템은 항등(identity) 시스템이 된다.

가역성

시스템의 입력을 출력으로부터 결정할 수 있다면 이 시스템은 가역 시스템이다. (임펄스 응답이 $h[n]$인) 가역 시스템을 (임펄스 응답이 $h_i[n]$인) 이 시스템의 역시스템과 직렬로 연결하면 그림 10.11(a)에 나타낸 것과 같이 항등 시스템을 형성한다. 그러므로 임펄스 응답이 $h[n]$인 LTI 시스템은 다음과 같은 함수 $h_i[n]$이 존재하면 가역 시스템이다.

$$h[n]*h_i[n] = \delta[n] \tag{10.31}$$

왜냐하면 항등 시스템의 임펄스 응답은 $\delta[n]$이기 때문이다.

$h[n]$이 주어졌을 때, 임펄스 응답 $h_i[n]$을 찾는 과정에 대해서는 설명하지 않는다. 이 문제는 11장의 z-변환을 이용하여 해결할 수 있다.

그림 10.11(b)의 시스템은 비가역적인 이산-시간 LTI 시스템의 간단한 한 예다. n이 짝수일 때 출력은 0이므로, n이 짝수면 출력으로부터 입력을 결정할 수 없다.

인과성

이산-시간 LTI 시스템의 출력의 현재 값이 입력의 현재 값과 과거 값에 의해서만 결정된다면 이 시스템은 인과 시스템이다. 이러한 성질은 n_1이 임의의 정수일 때, 9.5절에서의 기호를 사용하면 다음과 같이 표현할 수 있다.

$$y[n_1] = T(x[n]), \quad n \leqq n_1$$

LTI 시스템의 임펄스 응답 $h[n]$이 시스템의 입력-출력을 완전하게 묘사한다는 사실을 떠올리자. 단위 임펄스 함수 $\delta[n]$은 $n = 0$일 때에만 0이 아니므로, 인과 시스템의 임펄스 응답 $h[n]$은 $n < 0$일 때 반드시 0이어야 한다. 그러면 인과적인 LTI 시스템의 컨볼루션 합을 다음과 같이 표현할 수 있다.

$$\begin{aligned} y[n] &= \sum_{k=-\infty}^{\infty} x[n-k]h[k] = \sum_{k=0}^{\infty} x[n-k]h[k] \\ &= x[n]h[0] + x[n-1]h[1] + \cdots + x[0]h[n] + x[-1]h[n+1] + \cdots \end{aligned} \tag{10.32}$$

인과 시스템의 임펄스 응답을 $h[n-k]$로 나타낸다면, 이 응답은 $n - k < 0$, 즉 $k > n$일 때는

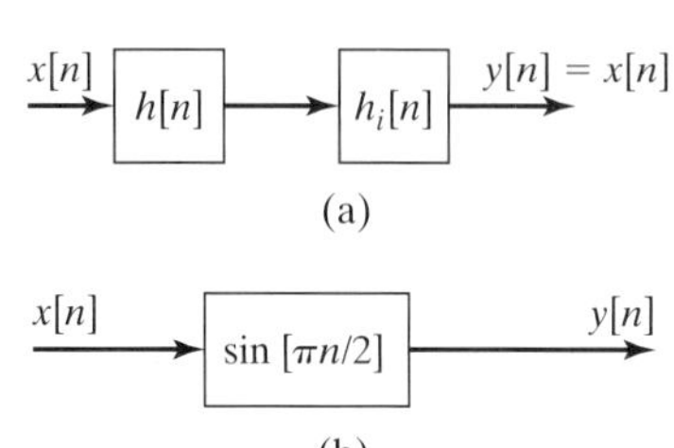

그림 10.11 가역성 설명

0이다. 식 (10.30)의 컨볼루션 합에 대한 또 다른 형태는 다음과 같이 표현할 수 있다.

$$y[n] = \sum_{k=-\infty}^{n} x[k]h[n-k] = x[n]h[0] + x[n-1]h[1] + x[n-2]h[2] + \cdots \tag{10.33}$$

식 (10.32)와 식 (10.33)에서 전개된 합은 동일하다는 점에 유의한다. 식 (10.33)은 출력 $y[n]$이 입력 $x[n]$의 미래의 값에 영향을 받지 않음을 더욱 명확하게 보여준다.

정리하면, 인과적인 이산-시간 LTI 시스템에 대해 $h[n]$은 $n < 0$일 때 0이고 컨볼루션 합은 다음과 같이 표현할 수 있다.

$$y[n] = \sum_{k=0}^{\infty} x[n-k]h[k] = \sum_{k=-\infty}^{n} x[k]h[n-k] \tag{10.34}$$

부가적으로 $n < 0$일 때 0인 신호를 인과 신호라고 한다.

안정성

임의의 유계인 입력에 대해 출력이 유계이면 시스템이 BIBO 안정하다는 사실을 떠올려보자. 입력의 유계성은 다음과 같이 표현된다.

$$|x[n]| < M$$

여기서 M은 실수인 상수다. 그러면 다음과 같이 쓸 수 있다.

$$|y[n]| = \left| \sum_{k=-\infty}^{\infty} x[n-k]h[k] \right| \leqq \sum_{k=-\infty}^{\infty} |x[n-k]h[k]| = \sum_{k=-\infty}^{\infty} |x[n-k]|\,|h[k]| \leqq \sum_{k=-\infty}^{\infty} M|h[k]| = M \sum_{k=-\infty}^{\infty} |h[k]| \tag{10.35}$$

M이 유한하기 때문에, $y[n]$이 유계이기 위한 *충분조건*은 다음과 같다.

$$\sum_{k=-\infty}^{\infty} |h[k]| < \infty \tag{10.36}$$

이 관계식이 성립한다면, $h[n]$은 *절대합가능*(absolutely summable)이라 한다.

이제 식 (10.36)이 *필요조건*임을 보인다. 식 (10.36)의 합이 유계가 아니라고 가정하자. $x[n] = (x_+[n] + x_-[n])$와 같은 유계인 입력을 선택할 수 있다. 여기서

$$x_+[n] = \begin{cases} 1, & h[n] \geqq 0 \\ 0, & h[n] < 0; \end{cases} \qquad x_-[n] = \begin{cases} -1, & h[n] < 0 \\ 0, & h[n] \geqq 0 \end{cases} \tag{10.37}$$

이다. 그러므로 $x[n]$은 모든 n에 대해 -1 아니면 1이다. 이 입력에 대한 출력은

$$y[n] = \sum_{k=-\infty}^{\infty} (x_+[n-k] + x_-[n-k])h[k] = \sum_{k=-\infty}^{\infty} |h[k]| \tag{10.38}$$

이다. 식 (10.37)과 같은 유계인 입력에 대해 이 출력은 유계가 아니고 따라서 이 시스템은 안정하지 않다. 그러므로 LTI 시스템이 BIBO 안정하기 위한 필요충분조건은 식 (10.36)에서 주어진 것과 같이 임펄스 응답이 절대합가능해야 하는 것이다. LTI 인과 시스템에 대해서는 이 조건이 다음과 같이 축소된다.

$$\sum_{k=0}^{\infty} |h[k]| < \infty \tag{10.39}$$

예제 10.6 이산 LTI 시스템의 안정성

이제 몇 개의 예를 통해 앞의 성질들을 살펴본다. 먼저 $h[n] = (\frac{1}{2})^n u[n]$이라고 하자. 이 시스템은

1. 메모리를 갖는다(동적 시스템이다). $h[n] \neq K\delta[n]$이기 때문이다.
2. 인과 시스템이다. $n < 0$일 때, $h[n] = 0$이기 때문이다.
3. 안정하다. 부록 C로부터

$$\sum_{n=-\infty}^{\infty} |h[n]| = \sum_{n=0}^{\infty} \left(\frac{1}{2}\right)^n = \frac{1}{1 - 1/2} = 2$$

이기 때문이다.

다음으로 $h[n] = 2^n u[n]$을 생각해보자. 이 시스템은 위의 첫 번째 시스템에서와 같은 이유로 메모리를 갖는 인과 시스템이다. 그러나 이 시스템은 안정하지 않다. 왜냐하면

$$\sum_{n=-\infty}^{\infty} |h[n]| = \sum_{n=0}^{\infty} 2^n = 1 + 2 + 4 + 8 + \cdots$$

이기 때문이다. 이 합은 명확하게 유계가 아니다.

마지막 예로써, $h[n] = (\frac{1}{2})^n u[n+1]$을 생각해보자. 이 시스템은 메모리를 갖는다. $h[-1] = 2 \neq 0$이므로 이 시스템은 인과 시스템이 아니다. 이 시스템은 안정한데, 앞에서와 같이

$$\sum_{n=-\infty}^{\infty} |h[n]| = \sum_{n=-1}^{\infty} \left(\frac{1}{2}\right)^n = 2 + \frac{1}{1 - 1/2} = 4$$

이기 때문이다. ■

단위 계단 응답

이제 LTI 시스템에 대해 단위 계단 응답을 단위 임펄스 응답과 관련지어 보자. 시스템 입력이 단위 계단 함수 $u[n]$이라고 가정하자. 단위 계단 응답을 $s[n]$이라고 표기한다. 그러면 식 (10.30)으로부터

$$s[n] = \sum_{k=-\infty}^{\infty} u[n-k]h[k] = \sum_{k=-\infty}^{n} h[k] \tag{10.40}$$

이다. $(n - k) < 0$ 즉 $k > n$일 때, $u[n-k]$가 0이기 때문이다. 그러므로 단위 계단 응답을 단위 임펄스 응답으로부터 바로 계산할 수 있다.

식 (10.40)으로부터 $s[n]$에 대한 일차 차분식을 써본다.

$$s[n] - s[n-1] = \sum_{k=-\infty}^{n} h[k] - \sum_{k=-\infty}^{n-1} h[k] = h[n] \tag{10.41}$$

그러므로 임펄스 응답을 단위 계단 응답으로부터 직접적으로 얻어낼 수 있다. 따라서 단위 계단 응답도 한 시스템의 입력-출력 특성을 완벽하게 기술한다.

예제 10.7 임펄스 응답으로부터 계단 응답

다시 예제 10.4의 시스템을 생각한다. 이 시스템의 임펄스 응답은 다음과 같다.

$$h[n] = 0.6^n u[n] \tag{10.42}$$

이 시스템은 안정한 동적 인과 시스템이다. 그러면 식 (10.40)으로부터 단위 계단 응답은

$$s[n] = \sum_{k=-\infty}^{n} h[k] = \sum_{k=0}^{n} 0.6^k$$

이다. 부록 C로부터 이 급수를 다음과 같이 하나의 닫힌 형태로 표현할 수 있다.

$$s[n] = \sum_{k=0}^{n} 0.6^k = \frac{1 - 0.6^{n+1}}{1 - 0.6} u[n] = 2.5(1 - 0.6^{n+1})u[n]$$

인수 $u[n]$은 꼭 필요한데 $n < 0$일 때 $s[n] = 0$이기 때문이다(인과 시스템). 이 결과는 계단 응답을 컨볼루션 합을 이용하여 계산했던 예제 10.4의 결과를 다시 한번 확인해준다. 임펄스 응답을 식 (10.41)에 의해 얻을 수 있음에 유의한다. 즉, $n \geqq 0$에 대해,

$$\begin{aligned} h[n] &= s[n] - s[n-1] \\ &= 2.5(1 - 0.6^{n+1})u[n] - 2.5(1 - 0.6^n)u[n-1] \end{aligned}$$

$n = 0$일 때는

$$h[0] = 2.5(1 - 0.6) = 1$$

$n \geqq 1$일 때는

$$\begin{aligned} h[n] &= 2.5(1 - 0.6^{n+1} - 1 + 0.6^n) \\ &= 2.5(0.6^n)(1 - 0.6) = 0.6^n \end{aligned}$$

그러므로,

$$h[n] = 0.6^n u[n]$$

이고 이것은 앞서 주어진 함수다. ■

이 절에서는 메모리, 가역성, 인과성, 안정성에 대한 성질들을 이산-시간 LTI 시스템에 대해 살펴보았다. 시스템이 메모리가 없으면, 이 시스템의 임펄스 응답은 K가 상수일 때, $h[n] = K\delta[n]$이다. 인과 시스템의 임펄스 응답은 $n < 0$일 때 0이다. 시스템의 임펄스 응답이 식 (10.36)에서와 같이 절대합가능하면 이 시스템은 안정하다. 가역성에 대해 논의는 하였지만, 이 성질을 테스트할 수 있는 수학적인 방법은 소개하지 않았다.

10.4 차분 방정식 모델

10.1절에서 10.3절까지 LTI 이산-시간 시스템의 몇 가지 성질들을 살펴보았다. 이제 이러한 종류의 시스템에 대한 가장 자주 사용되는 모델을 살펴본다. LTI 이산-시간 시스템은 일반적으로 *계수가 상수인 선형 차분 방정식*으로 모델링된다. 다시 한번 물리적인 시스템 자체가 아닌 물리적인 시스템의 *모델*을 대상으로 하고 있다는 점을 강조한다. 자주 사용되는 이산-시간 LTI 물리적 시스템은 디지털 필터다. 디지털 필터는 차분 방정식을 풀기 위해 제작된 디지털 하드웨어나 차분 방정식을 풀기 위해 프로그래밍된 디지털 컴퓨터로 구현된다. 어느 경우이든, 컴퓨터의 워드[1] 길이가 수치적인 문제가 발생하지 않을 만큼 충분히 길다면 차분 방정식 모델은 흔히 정확하다.

이 절에서는 LTI 이산-시간 시스템에 대한 차분 방정식 모델을 소개한다. 그런 다음 계수가 상수인 선형 차분 방정식을 푸는 두 가지 방법을 제시한다. 첫 번째 방법은 고전적인 방법이고 두 번째 방법은 반복 과정이다.

차분 방정식 모델

예제 10.1과 그림 10.3에서 다음과 같은 차분 방정식으로 주어진 이산-시간 시스템을 고려하였다.

$$y[n] = (x[n] + x[n-1] + x[n-2])/3 \tag{10.43}$$

이 모델은 우리가 고려할 수 있는 간단한 모델 중 하나다. 즉 출력 신호 $y[n]$의 현재 값은 입력 신호 $x[n]$의 현재 값과 그 이전 두 개의 값만의 함수이고, 과거 출력 값의 함수는 아니다.

이제 다음 식과 같이 출력 신호 $y[n]$의 현재 값이 출력의 가장 최근 이전 값 $y[n-1]$과 입력의 현재 값 $x[n]$의 함수인 일차 이산-시간 시스템 모델을 생각해보자.

$$y[n] = ay[n-1] + bx[n] \tag{10.44}$$

파라미터 a와 b는 상수다. 식 (10.44)는 *계수가 상수인 선형 차분 방정식*이다. 계수 중 하나는 1이고, 하나는 a이며 또 다른 하나는 b이다.

식 (10.44)가 선형임을 보이기 위해 중첩을 사용한다. $i = 1, 2$일 때, $y_i[n]$을 $x_i[n]$을 인가했을 때의 식 (10.44)의 해라고 가정하자. 이것은 다음을 의미한다.

$$y_i[n] = ay_i[n-1] + bx_i[n], \quad i = 1, 2 \tag{10.45}$$

이제 해 $(a_1y_1[n] + a_2y_2[n])$가 $(a_1x_1[n] + a_2x_2[n])$을 인가했을 때 식 (10.44)를 만족함을 보인다. 이 신호들을 식 (10.44)에 대입하면

$$(a_1y_1[n] + a_2y_2[n]) = a(a_1y_1[n-1] + a_2y_2[n-1]) + b(a_1x_1[n] + a_2x_2[n])$$

이다.

이 식을 다시 정리하면,

$$a_1(y_1[n] - ay_1[n-1] - bx_1[n]) + a_2(y_2[n] - ay_2[n-1] - bx_2[n]) = 0 \tag{10.46}$$

을 얻는다. 좌변의 각 항들은 식 (10.45)로부터 0이다. 그러므로 차분 방정식 (10.44)는 중첩의 원리를 만족하고 선형이다. 또한 식 (10.44)에서 n을 $n - n_0$로 바꾸면 다음 식을 얻는다.

---

[1] 컴퓨터에서 중앙처리장치가 한 번에 처리할 수 있는 이진 데이터의 단위로서 일반적으로 8비트, 16비트, 32비트, 또는 64비트의 크기를 갖는다.

$$y[n-n_0]=ay[n-n_0-1]+bx[n-n_0] \tag{10.47}$$

그러므로 $x[n-n_0]$을 인가하면 응답 $y[n-n_0]$을 출력하고 식 (10.44)는 시불변이기도 하다.

계수가 상수인 선형 차분 방정식의 간단한 예는 다음과 같은 일차 방정식이다.

$$y[n]=0.6y[n-1]+x[n]$$

이 방정식은 종속 변수의 현재 값이 단지 종속 변수의 가장 최근의 바로 앞 값 $y[n-1]$의 명시적인 함수이기 때문에 일차 방정식이다.

계수가 상수인 N-차 선형 차분 방정식의 일반적인 형태는 다음과 같다.

$$\begin{aligned}a_0y[n]+a_1y[n-1]+\cdots+a_{N-1}y[n-N+1]+a_Ny[n-N]\\=b_0x[n]+b_1x[n-1]+\cdots+b_{M-1}x[n-M+1]+b_Mx[n-M]\end{aligned}$$

여기서 $a_0,\ldots,a_N$과 $b_0,\ldots,b_N$은 상수이고 $a_0\neq 0$이다. 이 상수들이 실수인 경우만 생각한다. 이 방정식은 종속 변수의 현재 값이 종속 변수의 가장 최근 N 이전의 값들에 대한 명시적인 함수이기 때문에 N-차 방정식이다. 일반적인 N-차 방정식은 다음과 같이 좀 더 단순한 형태로 표현할 수 있다.

$$\sum_{k=0}^{N}a_ky[n-k]=\sum_{k=0}^{M}b_kx[n-k],\quad a_0\neq 0 \tag{10.48}$$

위의 방법을 통해 이 방정식이 선형이고 시불변임을 보일 수 있다.

고전적인 방법

식 (10.48)의 해를 구하는 몇 가지 방법이 있다. 이 절에서는 고전적인 방법 중 하나를 소개한다. 이 방법은 부록 E에 나와 있는 내용을 미분방정식에 대해 복습했던 3.5절의 내용과 유사한 방법이다. 11장에서는 변환 방법(z-변환)을 이용하여 해를 구할 것이다.

실제 상황에서는 컴퓨터를 이용하여 미분방정식과 차분방정식을 푼다. 시스템이 방정식으로 모델링되었다면, 이 방정식의 해를 *시스템 시뮬레이션*(system simulation)이라 한다. 컴퓨터 시뮬레이션은 선형 상수-계수 차분 방정식에만 한정되지는 않는다. 비선형 시변 방정식의 해를 구하는 것은 선형 시불변 방정식의 해를 구하는 것에 비해 그다지 더 크게 어렵지는 않다. 그러나 비선형 시변 차분 방정식에 대해서는 (선형 시불변 차분 방정식과 다르게) $y[n]$을 n에 대한 명시적인 함수 형태가 되도록 해를 구하는 일반적인 해석적인 기법이 존재하지 않는다.

여기서 소개하는 식 (10.48)의 해를 구하는 방법은 일반해 $y[n]$을 다음과 같이 두 함수의 합으로 표현해야 한다[1].

$$y[n]=y_c[n]+y_p[n] \tag{10.49}$$

이 식에서 $y_c[n]$은 *여함수*(complementary function)라 하고 $y_p[n]$은 *특수해*(particular solution)라 한다. 차분 방정식이 어떤 시스템을 모델링한 경우에는 여함수를 종종 *자연 응답*(natural response)이라고 하고 특수해를 *인가 응답*(forced response)이라고 하는데, 여기에서는 이 용어를 사용한다. 자연 응답을 찾는 과정을 먼저 소개하고 그다음으로 인가 응답을 살펴본다.

자연 응답. 자연 응답을 구하기 위해, 먼저 식 (10.48)의 좌변을 0으로 둔 다음과 같은 제차 방정식(homogeneous equation)을 쓴다.

$$a_0 y[n] + a_1 y[n-1] + \cdots + a_{N-1} y[n-N+1] + a_N [n-N] = 0 \quad (10.50)$$

여기서 $a_0 \neq 0$이다. 자연 응답 $y_c[n]$은 이 방정식을 만족해야 한다. 이 제차 방정식의 해의 형태가 $y_c[n] = Cz^n$이라고 *가정한다*. 여기서 C와 z는 해를 찾는 과정에서 결정될 상수다.

이제 해를 찾는 과정을 살펴보자. 다음 식들이 성립하는 것에 주목한다.

$$\begin{aligned} y_c[n] &= Cz^n, \\ y_c[n-1] &= Cz^{n-1} = Cz^{-1}z^n, \\ y_c[n-2] &= Cz^{n-2} = Cz^{-2}z^n, \\ &\vdots \\ y_c[n-N] &= Cz^{n-N} = Cz^{-N}z^n \end{aligned} \quad (10.51)$$

이 항들을 식 (10.50)에 대입하면

$$\begin{aligned} &(a_0 + a_1 z^{-1} + \cdots + a_{N-1} z^{-(N-1)} + a_N z^{-N}) Cz^n \\ &\quad = (a_0 z^N + a_1 z^{N-1} + \cdots + a_{N-1} z + a_N) Cz^{-N} z^n = 0 \end{aligned} \quad (10.52)$$

를 얻는다. 구하고자 하는 해 $y_c[n] = Cz^n$이 자명하지 않다(nontrivial)고 가정한다($C \neq 0$). 그러면, 식 (10.52)로부터

$$a_0 z^N + a_1 z^{N-1} + \cdots + a_{N-1} z + a_N = 0 \quad (10.53)$$

이 성립한다. 이 방정식을 차분 방정식 (10.48)의 *특성방정식*(characteristic equation) 또는 *보조방정식*(auxiliary equation)이라 한다. 이 특성방정식은 값을 0으로 둔 z에 대한 다항식이다. 이 다항식을 다음과 같이 인수분해할 수 있다.

$$a_0 z^N + a_1 z^{N-1} + \cdots + a_{N-1} z + a_N = a_0 (z - z_1)(z - z_2) \cdots (z - z_N) = 0 \quad (10.54)$$

그러므로 z_i, $i = 1, 2, \ldots, N$으로 나타낸 N개의 z값은 이 방정식을 만족한다. 중근이 없는 경우에, 제차 방정식 (10.50)의 해는 방정식이 선형이므로 다음과 같이 표현된다.

$$y_c[n] = C_1 z_1^n + C_2 z_2^n + \cdots + C_N z_N^n \quad (10.55)$$

이 해를 차분 방정식 (10.48)의 *자연 응답(여함수)*이라고 하고 N개의 미지의 계수 $C_1, C_2, \ldots, C_N$을 포함하고 있다. 이 계수들은 해를 구하는 과정의 후반부에서 결정하게 된다. 예를 하나 들어 보자.

예제 10.8 LTI 이산 시스템의 자연 응답(여함수)

한 예로써, 이 절 초반부에 나왔던 일차 차분 방정식을 생각해보자.

$$y[n] - 0.6y[n-1] = x[n]$$

식 (10.53)으로부터 특성방정식은 다음과 같다.

$$a_0 z + a_1 = z - 0.6 = 0 \Rightarrow z = 0.6;$$

그러므로 자연 응답은

$$y_c[n] = C(0.6)^n$$

이다. 여기서 C는 아직 결정하지 않았다. ■

미지의 상수 C는 일반해(완전해)를 구할 때까지는 결정할 수 없다. 일반해의 두 번째 부분을 살펴보자.

인가 응답. 다음과 같은 계수가 상수인 선형 차분 방정식에 대해

[식 (10.48)] $$\sum_{k=0}^{N} a_k y[n-k] = \sum_{k=0}^{M} b_k x[n-k]$$

일반해의 두 번째 부분은 *인가 응답(특수해)*이라고 하고 $y_p[n]$으로 나타낸다. 인가 응답은 식 (10.48)을 만족하는 임의의 함수 $y_p[n]$이다. 즉, 다음을 만족한다.

$$\sum_{k=0}^{N} a_k y_p[n-k] = \sum_{k=0}^{M} b_k x[n-k] \tag{10.56}$$

식 (10.48)의 일반해는 다음과 같이 식 (10.50)의 해인 자연 응답 $y_c[n]$과 식 (10.56)의 해인 인가 응답 $y_p[n]$의 합이다.

[식 (10.49)] $$y[n] = y_c[n] + y_p[n]$$

인가 응답을 구하는 한 가지 과정은 인가 함수 $x[n]$과 동일한 수학적인 형태의 함수들과, $x[n]$과는 다른 형태인 지연된 인가함수 $x[n-k]$의 합으로 이 해가 이루어져 있다고 가정하는 것이다. *미정계수법*(method of undetermined coefficients)이라고 하는 이 과정은 인가 응답이 유한한 개수의 항으로 이루어져 있을 때 적용된다. 예를 들어

$$x[n] = 3(0.2)^n$$

라고 하면, 특수해를 다음과 같이 가정한다.

$$y_p[n] = P(0.2)^n$$

여기서 P는 나중에 결정할 계수다. 두 번째 예로써, $x[n] = n^3$이라면, $x[n-k] = (n-k)^3$이고 n^3, n^2, n^1, n^0과 같은 함수 형태로 전개된다. 이 경우에 인가 응답은 다음과 같이 선택한다.

$$y_p[n] = P_1 + P_2 n + P_3 n^2 + P_4 n^3$$

여기서 $P_i, i = 1, \ldots, 4$는 아직 결정되지 않은 미지의 상수다. 세 번째 예로써, $x[n] = \cos 2n$이면, 인가 응답은 다음과 같이 선택한다.

$$y_p[n] = P_1 \cos 2n + P_2 \sin 2n$$

지연된 코사인 함수는 코사인 함수와 사인 함수의 합으로 표현할 수 있기 때문이다.

$y_p[n]$의 아직 결정되지 않은 계수들은 인가 응답을 차분 방정식 (10.56)에 직접 대입하고 방정식의 양변에 나타나는 동일한 형태의 수학식의 계수들끼리 같다고 놓음으로써 구할 수 있다. 예를 살펴보자.

예제 10.9 LTI 이산 시스템의 전체 응답

이 예는 예제 10.8의 연속이다. 다음과 같은 차분 방정식을 생각하자.

$$y[n] - 0.6y[n-1] = 4u[n]$$

인가 함수가 상수이기 때문에, 인가 응답은 다음과 같이 선택한다.

$$y_p[n] = P$$

여기서 P는 상수다. 이 인가 응답을 차분 방정식에 대입하면 다음 결과를 얻는다.

$$y_p[n] - 0.6y_p[n-1] = P - 0.6P = 4 \Rightarrow P = 10$$

즉, $y_p[n] = P = 10$이다. 식 (10.49)로부터 일반해는 $n \geq 0$에 대해,

$$y[n] = y_c[n] + y_p[n] = C(0.6)^n + 10$$

이다. $y_c[n]$은 예제 10.8에서 구했다. 이제 계수 C를 결정하는 문제만 남았다. 이 과정은 다음에 설명할 것인데, 이렇게 C를 결정하게 되면 완전한 해를 얻게 된다. ■

일단 예제 10.9에서와 같이 일반해를 구하면, 자연 응답 식 (10.55)의 남아 있는 N개의 계수 $C_1, C_2, \ldots, C_N$을 구해야 한다. 그러므로 이 값들을 구하기 위해서는 N개의 서로 독립인 조건이 있어야 한다. 이 N개의 조건은 초기 조건들이다. 일반적으로 초기 조건들은 $y[m], y[m+1], \ldots, y[m+N-1]$과 같이 표현될 수 있는데 여기서 m은 방정식과 함께 주어진다. 그러면 $n \geqq m + N$일 때, $y[n]$에 대한 해를 구할 수 있다. 많은 경우에 m이 0이고, $n \geqq N$일 때, $y[n]$에 대한 해를 구한다. 다음 예제에서 예제 10.9를 완결 지음으로써 이 과정을 보인다.

예제 10.10 예제 10.9를 위한 계산

예제 10.8과 예제 10.9의 시스템에 대해, 시스템이 초기에 평온하였다고 가정한다. 즉, 초기 조건은 0이다. 입력은 $u[n]$이고 시스템은 일차이므로, 필요한 초기 조건은 $y[0] = 0$이다. 예제 10.9로부터 전체 해는

$$y[n] = C(0.6)^n + 10$$

이다. 그러므로

$$y[0] = 0 = C + 10 \Rightarrow C = -10$$

이고, 전체 해는 다음과 같다.

$$y[n] = 10[1 - (0.6)^n]u[n]$$

이 해가 맞는지 체크해보기 위해, 처음 세 개의 값에 대해 반복적으로 차분 방정식을 풀어보면,

$$\begin{aligned}
&y[0] = 0;\\
&y[1] = 0.6y[0] + 4 = 0.6(0) + 4 = 4;\\
&y[2] = 0.6y[1] + 4 = 0.6(4) + 4 = 6.4;\\
&y[3] = 0.6y[2] + 4 = 0.6(6.4) + 4 = 7.84
\end{aligned}$$

이다. 이제 해로부터 첫 세 개의 값을 구해보면

$$\begin{aligned}
&y[0] = 10[1 - 0.6^0] = 0;\\
&y[1] = 10[1 - 0.6^1] = 4;\\
&y[2] = 10[1 - 0.6^2] = 6.4;\\
&y[3] = 10[1 - 0.6^3] = 7.84
\end{aligned}$$

이다. 이 세 개 값에 대해서는 해가 검증된다. 다음 MATLAB 프로그램으로 차분 방정식의 값들을 구할 수 있다.

```
n=[0:9];
y(1)=0;
for m=2:10;
  y(m)=0.6*y(m-1)+4;
end
y
stem(n,y,'fill'),grid
```

이 프로그램에서 m과 $y[n]$의 n은 어떤 관련성이 있을까?

정상-상태 출력 $y_{ss}[n]$도 또한 검증할 수 있다. 해로부터

$$y[n] = 10[1 - (0.6)^n]u[n] \Rightarrow \lim_{n\to\infty} y[n] = y_{ss}[n] = 10$$

이다. 차분 방정식에서 $n \to \infty$이면 $y_{ss}[n-1] \to y_{ss}[n]$이고 차분 방정식은 다음과 같다.

$$y_{ss}[n] - 0.6y_{ss}[n] = 0.4y_{ss}[n] = 4 \Rightarrow y_{ss}[n] = 10$$

그러므로 정상-상태 값도 또한 검증되었다. ■

다음과 같은 계수가 상수인 선형 차분 방정식의 일반해에서 자연 응답 부분은

[식 (10.48)] $$\sum_{k=0}^{N} a_k y[n-k] = \sum_{k=0}^{M} b_k x[n-k]$$

인가 함수 $x[n]$과는 무관하고 오직 시스템의 구조[식 (10.48)의 좌변]에 의해서만 결정된다. 그러므로 자연 응답이라고 한다. 자연 응답은 또한 *비인가*(unforced) *응답* 또는 *영-입력 응답*이라고도 한다. 앞 예에서,

$$y_c[n] = C(0.6)^n$$

이다. 여기에 포함되어 있는 $(0.6)^n$의 *형태*는 입력과 초기 조건에 모두 무관하다. 이것은 오직 시스템의 구조에 의해 결정된다. 그러나 아직 정해지지 않은 계수 C는 인가 함수와 초기 조건 모두로부터 영향을 받는다.

인가 응답은 또한 *영-상태*(zero-state) *응답*이라고도 한다. 이렇게 부를 때에 영-상태라는 용어는 초기 조건이 0임을 의미한다. 인가 응답은 시스템의 구조와 함께 인가 함수에 따라 달라지지만, 초기 조건과는 무관하다. 대부분의 모든 물리적인 시스템의 모델에서 자연 응답은 시간이 갈수록 0으로 다가가고 전체 응답에서 오직 인가 응답 부분만 남는다(LTI 시스템에 대해 이렇게 되는 조건은 시스템이 BIBO 안정해야 한다는 것이다). 이러한 이유로 때때로 인가 응답을 예제 10.10에서와 같이 *정상-상태 응답*(steady-state response)이라고 하고 자연 응답을 *과도 응답*(transient response)이라고 한다. 어떤 시스템의 정상-상태 응답이라고 하면, 차분 방정식의 인가 응답을 말하고 있는 것이다. 물론 입력을 인가하고 시스템이 정상 상태에 도달하게 한 다음 그 응답을 측정함으로써 물리적인 시스템의 정상-상태 응답을 구할 수 있다.

특성방정식의 해가 중근인 경우. 다음 형태의 자연 응답은

[식 (10.55)] $$y_c[n] = C_1 z_1^n + C_2 z_2^n + \cdots + C_N z_N^n$$

다음과 같은 특성방정식이

[식 (10.54)]
$$a_0z^N + a_1z^{N-1} + \cdots + a_{N-1}z + a_N = a_0(z - z_1)(z - z_2)\cdots(z - z_N) = 0,$$

중근을 가지면 적용되지 않는다. 예를 들어, 어떤 사차 차분 방정식의 특성방정식이 다음과 같다고 하자.

$$z^4 + a_1z^3 + a_2z^2 + a_3z + a_4 = (z - z_1)^3(z - z_4) \tag{10.57}$$

그러면 자연 응답은 다음과 같은 형태여야 한다.

$$y_c[n] = (C_1 + C_2n + C_3n^2)z_1^n + C_4z_4^n \tag{10.58}$$

일반해를 찾기 위한 나머지 과정은 변함이 없다. 특성방정식에서 z_i가 r번 겹치게 되면, 자연 응답에서 이에 해당하는 항은 다음과 같다.

$$(C_1 + C_2n + C_3n^2 + \cdots + C_rn^{r-1})z_i^n \tag{10.59}$$

반복법에 의한 해 구하기

차분 방정식의 해는 반복법(iteration)으로 *언제나* 구할 수 있다. 이 과정에 대해 예제 10.10에서 이미 보였고 좀 더 자세하게 살펴보기로 한다.

N차 차분 방정식 (10.48)은 다음과 같이 쓸 수 있다.

$$\begin{aligned} y[n] &= -\sum_{k=1}^{N} a_ky[n-k] + \sum_{k=0}^{M} b_kx[n-k] \\ &= -a_1y[n-1] - \cdots - a_Ny[n-N] \\ &\quad + b_0x[n] + b_1x[n-1] + \cdots + b_Mx[n-M], \end{aligned} \tag{10.60}$$

여기서 편의를 위해 a_0를 1로 정규화시켰다. 이전에 언급하였듯이 이 방정식의 초기 조건은 N개의 값 $y[m], y[m+1], \ldots, y[m+N-1]$이다. 반복법을 이용하여 해를 구하는 과정을 보여주기 위해 $m = 0$이라고 하자. 식 (10.60)으로부터 $y[N]$에 대해 풀면,

$$\begin{aligned} y[N] &= -a_1y[N-1] - a_2y[N-2] - \cdots - a_Ny[0] \\ &\quad + b_0x[N] + b_1x[N-1] + \cdots + b_Mx[N-M] \end{aligned}$$

이다. 우변의 모든 항들은 아는 값임에 유의한다. $y[N]$을 구했으므로, 이제 $y[N+1]$을 계산할 수 있다.

$$\begin{aligned} y[N+1] &= -a_1y[N] - a_2y[N-1] - \cdots - a_Ny[1] \\ &\quad + b_0x[N+1] + b_1x[N] + \cdots + b_Mx[N-M+1] \end{aligned}$$

다시 한번, 우변의 모든 항들은 아는 값이다. $y[N+1]$을 알기 때문에 $y[N+2]$를 구할 수 있다.

$$\begin{aligned} y[N+2] &= -a_1y[N+1] - a_2y[N] - \cdots - a_Ny[2] \\ &\quad + b_0x[N+2] + b_1x[N+1] + \cdots + b_Mx[N-M+2] \end{aligned}$$

이러한 과정을 이용하여, 임의의 n의 값에 대해 $y[n]$을 구할 수 있다. 이러한 과정은 매우 큰 n의 값에 대해 $y[n]$을 구하고자 한다면 매우 긴 과정이 된다. 그러나 이 과정은 디지털 컴퓨터로 해

를 구하는 데에는 이상적이고 잘 맞는다. 이산-시간 시스템에 대해 시뮬레이션을 하는 것은 예제 10.10의 MATLAB 프로그램이 보여주는 것처럼 반복법에 의해 시스템의 차분 방정식을 컴퓨터로 푸는 과정이다.

이 절에서는, 이산-시간 LTI 시스템을 계수가 상수인 선형 차분 방정식으로 모델링하는 것에 대해 살펴보았다. 이 차분 방정식을 푸는 고전적인 방법 한 가지를 소개하였다. 이 과정의 결과로 n에 대한 명시적인 함수로 $y[n]$을 얻는다. 마지막 주제로, 반복법을 이용하여 차분 방정식의 해를 구하는 것에 대해 소개하였다. 이 방법은 n에 대한 명시적인 함수로 $y[n]$을 얻을 수 없는 반면에 디지털 컴퓨터로 쉽게 구현할 수 있다. 이렇게 구현한 것을 시스템 시뮬레이션이라 한다. 게다가 반복법을 이용하여 해를 구하는 과정은 시변 비선형 차분 방정식에도 적용할 수 있다.

10.5 자연 응답의 항들

이제 9.4절에서 배웠던 신호들에 대한 이산-시간 LTI 시스템의 자연 응답(여함수)의 항들을 살펴보자. 자연 응답에서 각 항들의 수학적인 형태는 다음과 같은 특성방정식의 근에 의해 결정된다.

[식 (10.54)]
$$a_0z^N + a_1z^{N-1} + \cdots + a_{N-1}z + a_N = a_0(z - z_1)(z - z_2)\cdots(z - z_N) = 0$$

모든 근들이 개별적이면, 자연 응답은 다음과 같다.

[식 (10.55)]
$$y_c[n] = C_1z_1^n + C_2z_2^n + \cdots + C_Nz_N^n$$

그러므로 일반항은 $C_iz_i^n$이다. 여기서 z_i^n을 *시스템 모드*(system mode)라 한다. 특성방정식의 근 z_i는 실수일 수도 있고 복소수일 수도 있다. 그러나 특성방정식의 계수가 실수이므로, 복소수 근은 반드시 켤레로 나타난다. 이제 자연 응답에서 나타날 수 있는 다른 형태의 모드에 대해 살펴보자.

z_i가 양의 실수

z_i가 실수이면, Σ_i가 실수일 때, $z_i = e^{\Sigma_i}$라고 하자. 그러면

$$C_iz_i^n = C_i(e^{\Sigma_i})^n = C_ie^{\Sigma_i n} \tag{10.61}$$

이다. 여기서 $\Sigma_i = \ln z_i$다. 이 항은 지수 형태다.

z_i가 복소수이거나 음의 실수

z_i가 복소수이면

$$z_i = |z_i|e^{j\theta_i} = e^{\Sigma_i}e^{j\Omega_i}, \tag{10.62}$$

라고 하자. 여기서 $\Sigma_i = \ln|z_i|$이고 $\Omega_i = \theta_i$다. 자연 응답 $y_c[n]$은 실수여야 하므로, $y_c[n]$의 두 항은 다음과 같이 쓸 수 있다.

$$\begin{aligned} C_iz_i^n + C_i^*(z_i^*)^n &= |C_i|e^{j\beta_i}e^{\Sigma_i n}e^{j\Omega_i n} + |C_i|e^{-j\beta_i}e^{\Sigma_i n}e^{-j\Omega_i n} \\ &= |C_i|e^{\Sigma_i n}e^{j(\Omega_i n+\beta_i)} + |C_i|e^{\Sigma_i n}e^{-j(\Omega_i n+\beta_i)} \\ &= 2|C_i|e^{\Sigma_i n}\cos(\Omega_i n + \beta_i), \end{aligned} \tag{10.63}$$

여기서 $C_i = |C_i|e^{j\beta_i}$다. Σ_i가 0이면, 이 항은 무감쇠(undamped) 사인파다. Σ_i가 실수인데 음수이면, 이 항은 감쇠(damped) 사인파이고 이 항은 n이 무한대로 커질 때 0으로 다가간다. Σ_i가 실수이면서 양수이면, 이 항은 n이 무한대로 커질 때 발산한다.

그러면 9.4절에서 상세하게 논의하였던 항들이 LTI 이산-시간 시스템의 자연 응답에서 나타나는 것을 알 수 있다. 자연-응답 항들은 시스템의 인가 함수의 종류에 상관없이 언제나 존재한다.

안정성

이제 *인과적인* 이산-시간 LTI 시스템의 안정성과 시스템 특성방정식의 근과의 관련성을 살펴보자. 앞에서 언급했듯이, 자연 응답에서 일반항은 $C_i z_i^n$ 형태이고, 여기서 z_i는 시스템 특성방정식의 근이다. 이 항의 크기는 $|C_i||z_i|^n$이다. $|z_i|$가 1보다 작으면 n이 무한대로 커질 때 이 항의 크기는 0으로 다가간다. $|z_i|$가 1보다 크면, n이 무한대로 커질 때 이 항의 크기는 발산한다.

상수-계수 선형 차분 방정식의 해는 다음과 같다.

[식 (10.49)] $$y[n] = y_c[n] + y_p[n]$$

또한 인가 응답 $y_p[n]$의 형태는 시스템 입력 $x[n]$과 동일한 수학적 형태임을 떠올리자. 그러므로 $x[n]$이 유계이면 $y_p[n]$ 또한 유계다. 특성방정식의 모든 근이 $|z_i| < 1$을 만족하면, 자연 응답 $y_c[n]$의 모든 항들도 또한 유계다. 그러므로 인과적인 이산-시간 LTI 시스템이 BIBO 안정할 필요충분조건은 $|z_i| < 1$이다. 다음 예는 안정성 판별 방법을 보여준다.

예제 10.11 이산 시스템의 안정성

다음과 같은 차분 방정식으로 기술되는 시스템을 생각하자.

$$y[n] - 1.25y[n-1] + 0.375y[n-2] = x[n]$$

식 (10.48)과 식 (10.54)로부터 이 시스템의 특성방정식은

$$z^2 - 1.25z + 0.375 = (z - 0.75)(z - 0.5) = 0$$

이다. 다음 MATLAB 프로그램은 이 방정식의 근을 계산해준다.

```
p=[1 -1.25 .375];
r=roots(p)
results: r=0.75 0.5
```

모든 근의 크기가 1보다 작기 때문에 이 시스템은 안정하다. 자연 응답은 다음과 같다.

$$y_c[n] = C_1(0.75)^n + C_2(0.5)^n$$

이 함수는 n이 무한대로 커질 때, 0으로 다가간다.

다음 차분 방정식으로 기술되는 두 번째 인과 시스템을 생각해보자.

$$y[n] - 2.5y[n-1] + y[n-2] = x[n]$$

이 시스템의 특성방정식은 다음과 같다.

$$z^2 - 2.5z + 1 = (z - 2)(z - 0.5)$$

근 $z_1 = 2$가 1보다 크기 때문에 이 시스템은 불안정하다. 자연 응답은 다음과 같다.

$$y_c[n] = C_1(2)^n + C_2(0.5)^n$$

$C_1(2)^n$항에서 불안정성이 뚜렷이 보인다. ■

10.6 블록 다이어그램

9.5절에서 이산-시간 시스템을 블록 다이어그램으로 표현하는 것에 대해 소개하였다. 이번 절에서는 이러한 표현 방법을 차분 방정식에 의해 기술되는 LTI 시스템으로 확장한다.

차분 방정식을 블록 다이어그램으로 표현하려면 앞서 논의한 것과 같이 이상적인 시간 지연이 필요하다. 이 시간 지연을 표현하는 데에 그림 10.12에 보이는 것과 같은 블록을 사용한다. 이상적인 시간 지연에 들어가는 신호가 $x[n]$이면, 이 순간 나오는 신호는 $x[n-1]$임을 기억하자.

그림 10.12의 연산을 다음과 같은 표준 형태로 나타낸다.

$$x[n] \to y[n] = x[n-1] \tag{10.64}$$

이상적인 시간 지연을 구현하는 한 방법은 디지털 컴퓨터 내부의 메모리를 이용하는 것이다. 이러한 구현을 보여주는 디지털-컴퓨터 프로그램 코드는 다음과 같은 두 개의 명령문이다.

```
        ⋮
XNMINUS1 = X
X = XN
        ⋮
```

수많은 고수준 프로그래밍 언어에서 이 코드를 사용할 수 있다. 이 코드에서 X는 메모리의 위치를 나타내고, XNMINUS1은 시프트되어 나오는 수를, XN은 시프트되어 들어가는 수를 나타낸다. 위 두 명령문의 순서가 바뀌면 이 시간 지연이 구현되지 않는다는 점에 유의한다. 왜냐하면 XN이 먼저 시프트되어 들어가면, 메모리 위치에 저장되어 있던 숫자 X가 덮어씌워지게 되고 이전 정보를 잃어버리기 때문이다. 이 시간 지연을 다음 예에서 사용한다.

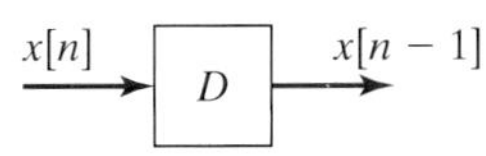

그림 10.12 시간 지연 표현

예제 10.12 이산 시스템을 위한 시뮬레이션 다이어그램

10.4절에서 다음과 같은 차분 방정식으로 기술되는 이산-시간 시스템을 생각하였다.

$$y[n] - 0.6y[n-1] = x[n] \tag{10.65}$$

이제 이 방정식을 만족하는 몇몇 지정된 요소들로 구성된 블록 다이어그램을 구한다. 차분 방정식을 다음과 같이 쓸 수 있다.

$$y[n] = 0.6y[n-1] + x[n]$$

$y[n]$ 값을 얻을 수 있다면, 0.6이 곱해지는 하나의 시간 지연과 합 교차점(junction)을 이용하여 우변을 구현할 수 있다. 이것을 그림 10.13의 블록 다이어그램에서 구현하였고, 식 (10.65)를 만족하도록 루프를 완성하면 주어진 차분 방정식을 만족하는 블록 다이어그램을 구축하게 된다. ■

그림 10.13의 블록 다이어그램을 디지털 컴퓨터 프로그램으로 구현할 수 있다. $x[n] = 4$로 할 때, MATLAB 프로그램의 한 예는 다음과 같다.

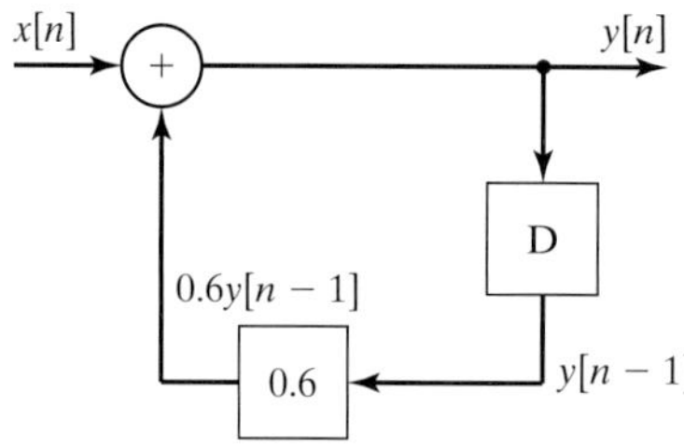

그림 10.13 예제 10.12의 시스템

```
ynminus1=0;
for n=0:3
   yn=0.6*ynminus1+4
   ynminus1=yn;
end
result: yn=4 6.4 7.84 8.704
```

첫 번째 명령문은 $y[0]$ 값을 세팅한다. 프로그램에서 인자값을 명시적으로 사용하지 않았기 때문에 n의 첫 번째 값은 0일 수 있다. 변수 *yn*은 $y[n]$의 현재 값이고, 변수 *ynminus1*은 $y[n-1]$의 현재 값이다. for문 안의 첫 번째 명령문은 차분 방정식을 풀고 두 번째 명령문은 다음 반복을 위해 $y[n-1]$을 저장한다. 각 명령문 끝의 세미콜론은 그 문장이 인쇄되지 않도록 막아준다. 그러므로 반복문이 매번 반복될 때마다 오직 *yn*만 인쇄된다. 연습 삼아 각 명령문을 그림 10.13의 블록 다이어그램과 연결시켜볼 수 있다.

이 시뮬레이션을 예제 10.10에서의 시뮬레이션과 비교해보자. 예제 10.10에서의 시뮬레이션에서는 변수들의 인자들을 나타내었지만 바로 위의 시뮬레이션에서는 인자들을 따로 나타내지 않았다. 복잡한 시뮬레이션은 일반적으로 바로 위의 방식으로 작성되는데, 변수들에 인자를 부여하면 각 인자들의 값마다 변수들의 값을 저장해야 하기 때문이다. 위 시뮬레이션에서는 오직 두 개의 변수 *yn*과 *ynminus1*의 값만 저장된다.

일반적인 이산-시간 시스템의 한 예가 디지털 필터다. 예제 10.12의 차분 방정식이 디지털 필터의 방정식이라면, 위 컴퓨터 프로그램은 이 필터를 구현한 것이다.

앞에서 언급하였듯이, 그림 10.13의 블록 다이어그램은 때때로 시뮬레이션 다이어그램이라고 한다. 위 MATLAB 프로그램은 차분 방정식을 기계가 푼 것이다. 그러므로 이 프로그램은 한 시스템에 대한 디지털 시뮬레이션이다. 복잡한 이산-시간 시스템에 대한 시뮬레이션을 구축하는 한 가지 방법은 먼저 상수가 곱해지는 이상적인 시간 지연과 합 교차점에 기반한 시뮬레이션 다이어그램을 그리는 것이다. 그런 다음 이 시뮬레이션 다이어그램으로부터 바로 컴퓨터 프로그램을 작성한다. 이 차분 방정식이 디지털 필터를 나타내는 경우에는 이 시뮬레이션 다이어그램을 또한 *프로그래밍 형태*라고 한다.

두 가지 표준 형태

하나의 주어진 차분 방정식에 대해 수없이 많은 시뮬레이션 다이어그램을 그릴 수 있음을 보일 수 있다. 여기에서는 두 개의 표준 형태를 소개하고, 다른 형태는 13장에서 고려한다.

10.5절에서 언급하였듯이, $a_0 \neq 0$일 때, 계수가 상수인 N-차 선형 차분 방정식은 다음과 같다.

$$\sum_{k=0}^{N} a_k y[n-k] = \sum_{k=0}^{M} b_k x[n-k] \quad [식 (10.48)]$$

표준 형태를 소개하기 위해 이차 차분 방정식을 생각할 것이다. 그런 다음 식 (10.48)과 같은 N-차 방정식에 대한 형태로 발전시킬 것이다.

이차 시스템에 대한 차분 방정식을 다음과 같이 표현할 수 있다.

$$a_0y[n] + a_1y[n - 1] + a_2y[n - 2] = b_0x[n] + b_1x[n - 1] + b_2x[n - 2] \quad (10.66)$$

이 방정식의 우변을 다음과 같이 나타낸다.

$$w[n] = b_0x[n] + b_1x[n - 1] + b_2x[n - 2]$$

그림 10.14(a)는 이 방정식을 블록 다이어그램으로 표현한 것이다. 그러면 식 (10.66)은 다음과 같이 된다.

$$a_0y[n] + a_1y[n - 1] + a_2y[n - 2] = w[n]$$

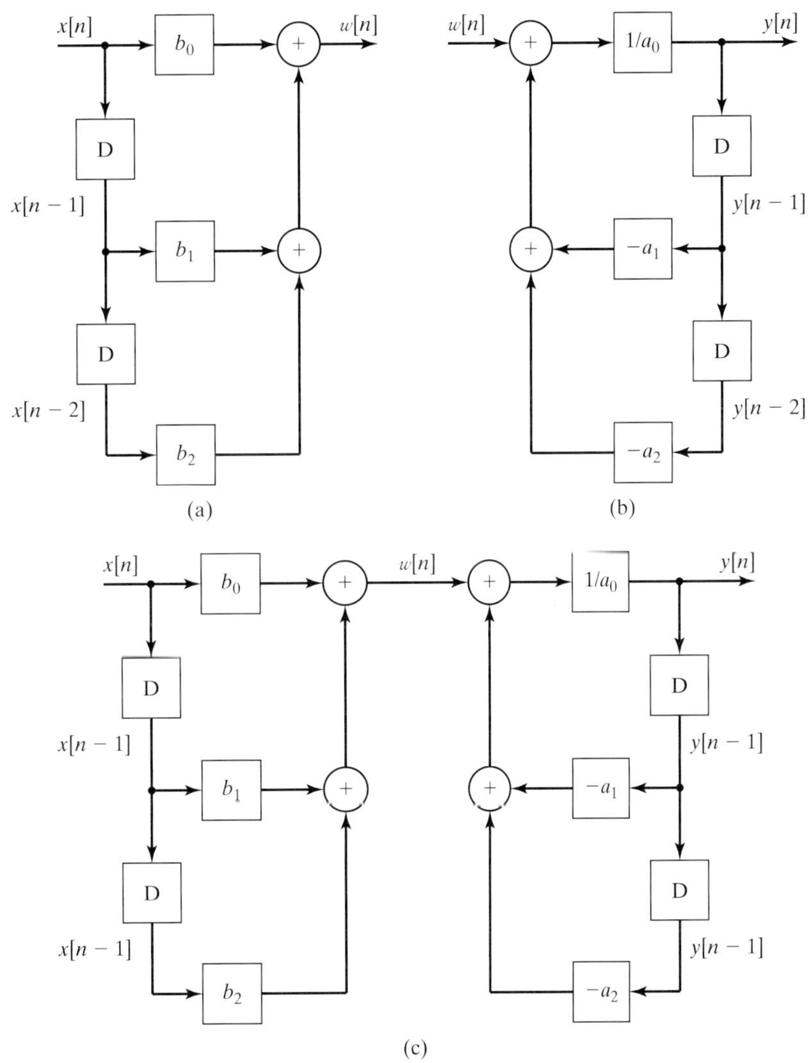

그림 10.14 이차 시스템의 직접 형태 I 구현

$a_0 \neq 0$일 때, $y[n]$에 대해 풀면

$$y[n] = \frac{1}{a_0}[w[n] - a_1 y[n-1] - a_2 y[n-2]] \tag{10.67}$$

을 얻는다. 이 방정식은 그림 10.14(b)의 시스템으로 구현할 수 있다. 전체 구현은 그림 10.14(a)와 (b)의 시스템을 직렬로 연결한 그림 10.14(c)와 같다. 이 블록 다이어그램은 식 (10.66)을 구현한 것이고 *직접 형태 I*(direct form I)이라 한다.

차분 방정식을 구현하는 두 번째 형태는 그림 10.14(c)의 형태 I을 바꾸어서 얻을 수 있다. 이 그림의 시스템은 직렬로 연결된 두 개의 시스템으로 볼 수 있다. 첫 번째 시스템은 입력이 $x[n]$이고 출력이 $w[n]$이다. 두 번째 시스템은 입력이 $w[n]$이고 출력이 $y[n]$이다. 이 시스템들은 선형이기 때문에, 전체 시스템의 입력-출력 특성을 바꾸지 않고서도 두 시스템의 순서를 바꿀 수 있다. 그 결과를 그림 10.15(a)에 나타내었다.

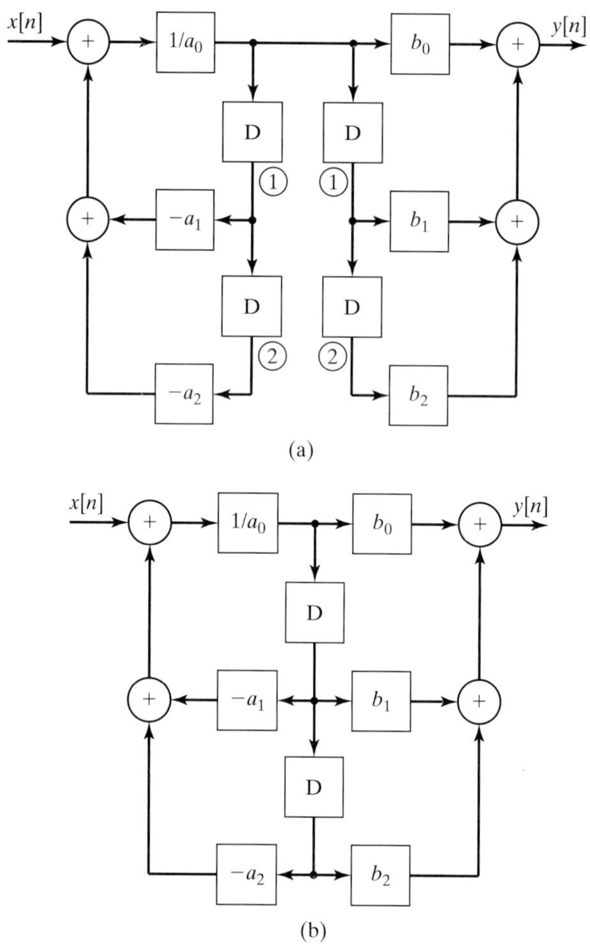

그림 10.15 이차 시스템의 직접 형태 II 구현

그림 10.15(a)에서 동일한 신호가 두 집합의 직렬로 연결된 시간 지연 블록에 의해 지연되고 있음에 유의한다. 그러므로 2로 표기된 시간 지연의 출력과 1로 표기된 시간 지연의 출력은 서로 같다. 그렇기 때문에 직렬로 연결된 한 집합의 시간 지연은 제거할 수 있다. 그렇게 하여 얻은 시스템이 그림 10.15(b)에 나타나 있고 단지 두 개의 시간 지연만 필요함을 알 수 있다. 이 블록 다이어그램을 *직접 형태 II*라 한다.

이제 N-차 차분 방정식

[식 (10.48)] $$\sum_{k=0}^{N} a_k y[n-k] = \sum_{k=0}^{M} b_k x[n-k]$$

을 생각한다. $a_0 \neq 0$일 때, 이 식을 $y[n]$에 대해 풀면

$$y[n] = \frac{1}{a_0}\left[\sum_{k=0}^{M} b_k x[n-k] - \sum_{k=1}^{N} a_k y[n-k]\right] \tag{10.68}$$

이다. 이차 시스템에서 보여준 방법을 이용하여 직접 형태 I과 직접 형태 II의 블록 다이어그램을 구축한다. $M = N$인 경우에 이 블록 다이어그램을 그림 10.16과 그림 10.17에 나타내었다. $M \neq N$일 때에는 그림에서 적당한 블록들을 0으로 놓는다.

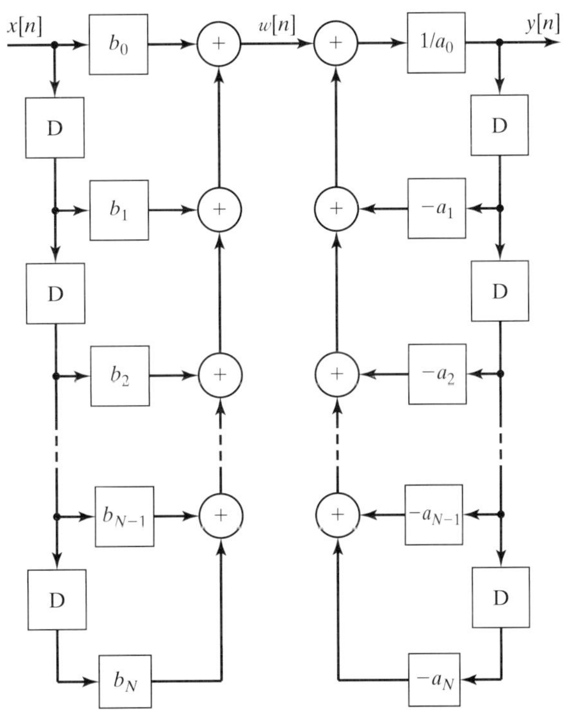

그림 10.16 N-차 시스템의 직접 형태 I 구현

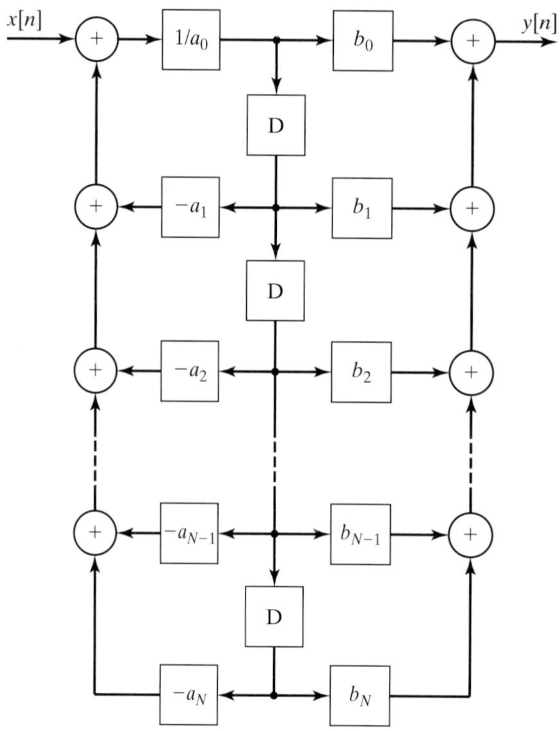

그림 10.17 N-차 시스템의 직접 형태 II 구현

예제 10.13 저주파-통과 디지털 필터

9.5절의 예제 9.8의 α-필터를 다시 고려해보자. 이 필터는 레이더 신호처리와 자동 비행기-착륙 시스템 등에 이용된다. 이 필터의 목적은 입력 신호로부터 고주파 잡음을 제거하고 신호에 담겨 있는 더 낮은 주파수 정보를 통과시키는 것이다. 필터 방정식은 다음과 같다.

$$y[n] - (1 - \alpha)y[n - 1] = \alpha x[n]$$

종종 이 방정식을 실시간으로 풀기도 하고 그러면 다음과 같이 표현한다.

$$y(nT) - (1 - \alpha)y(nT - T) = \alpha x(nT)$$

파라미터 α와 샘플링 주기 T는 노이즈를 제거할 주파수 영역을 결정한다. 이 필터의 모드는 $(1 - \alpha)^n$이므로 안정하기 위해서는 $|1 - \alpha|$가 1보다 작아야 한다. 예를 들어, $\alpha = 0.1$로 두면 필터 방정식은 다음과 같다.

$$y[n] - 0.9y[n - 1] = 0.1x[n]$$

직접 형태 I과 직접 형태 II를 그림 10.18에 나타내었다. 이 필터에 대한 이 두 가지 형태의 유일한 차이점은 필터의 입력으로부터 출력으로 이득 0.1을 옮긴 것뿐이다. ■

이 절에서는 계수가 상수인 차분 방정식의 구현을 위한 두 가지 형태를 소개하였다. 이 구현은 또한 시뮬레이션 다이어그램 또는 프로그래밍 형태라고 하는데, 이상적인 시간 지연과 상수배 그리고 합 교차점으로 이루어져 있다. 13장에서 상태 변수를 소개할 때, 구현에 대해 좀 더 자세하게 논의한다.

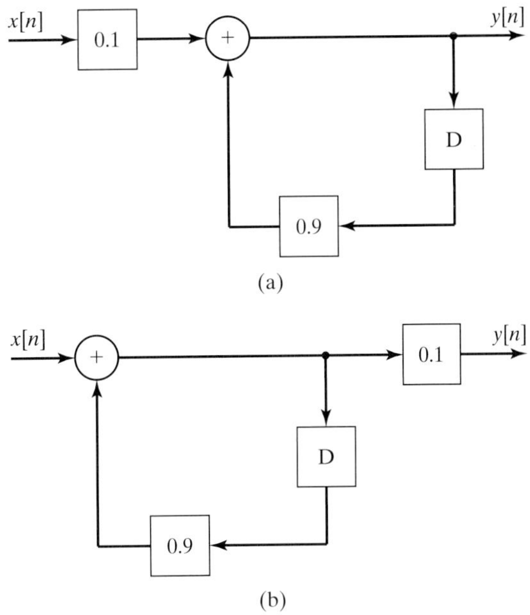

그림 10.18 α-필터의 구현
(a) 형태 I (b) 형태 II

10.7 복소-지수 입력에 대한 시스템 응답

먼저, 이 절에서는 시스템의 선형성을 좀 더 깊게 살펴본다. 그런 다음 어떤 특정한 한 종류의 입력 신호에 대한 이산-시간 LTI 시스템의 응답을 유도한다.

선형성

그림 10.19로 표시된 이산-시간 LTI 시스템을 생각하자. 이 시스템을 다음과 같이 나타낸다.

$$x[n] \to y[n] \tag{10.69}$$

식 (10.16)으로부터 이 관계는 또한 컨볼루션 합으로 표현할 수 있다.

$$y[n] = \sum_{k=-\infty}^{\infty} x[n-k]h[k] \tag{10.70}$$

함수 $x[n]$, $y[n]$, $h[n]$은 모두 물리적 시스템에 대한 실함수다.

다음으로 두 개의 실수 입력 $x_i[n]$, $i = 1, 2$를 생각하자. 식 (10.69)에서

$$x_i[n] \to y_i[n], \quad i = 1, 2, \tag{10.71}$$

이고 $y_i[n]$, $i = 1, 2$는 식 (10.70)으로부터 실수다. 식 (10.69)의 시스템은 선형이므로, 중첩의 원리가 적용되고

$$a_1x_1[n] + a_2x_2[n] \to a_1y_1[n] + a_2y_2[n] \tag{10.72}$$

이다. 식 (10.72)에서 계수 a_1과 a_2에 대해서는 아무런 제약 조건이 없다. 그러므로 이 계수는 복소수가 될 수도 있다. 설명을 위해 다음과 같이 상수를 선택한다.

$$a_1 = 1, \quad a_2 = j = \sqrt{-1}$$

식 (10.72)의 중첩 성질은 다음과 같이 된다.

$$x_1[n] + jx_2[n] \rightarrow y_1[n] + jy_2[n] \tag{10.73}$$

이 결과를 다음과 같이 해석할 수 있다. LTI 시스템에 복소수 입력 함수가 인가되는 경우, 입력의 실수 부분은 출력의 실수 부분을 만들어내고, 입력의 허수 부분은 출력의 허수 부분을 만들어낸다.

LTI 시스템에 대한 복소수 입력

X와 z가 상수일 때, 복소-지수 입력(9.4절 참조)에 대한 다음과 같은 LTI 시스템의 응답에 대해 살펴보자.

$$x[n] = Xz^n \tag{10.74}$$

일반적인 경우에, X와 z는 모두 복소수다. 식 (10.70)과 그림 10.19의 시스템이 안정하고 계수가 상수인 N-차 선형 차분 방정식으로 모델링되는 중요한 경우에 대해 살펴본다. 식 (10.74)의 지수 입력은 모든 시간 영역에서 인가되고 있다고 가정한다. 그러므로 정상-상태 시스템 응답을 구할 것이다. 즉, 복소-지수 인가 함수에 대해 계수가 상수인 차분 방정식의 인가 응답을 구할 것이다.

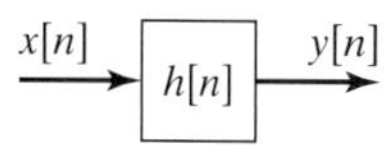

그림 10.19 LTI 시스템

$a_N \neq 0$일 때, N-차 LTI 시스템에 대한 차분-방정식 모델은 다음과 같다.

[식 (10.48)]
$$\sum_{k=0}^{N} a_k y[n-k] = \sum_{k=0}^{M} b_k x[n-k]$$

여기서 $a_0, \dots, a_N$과 $b_0, \dots, b_M$은 실수 계수다. 편의를 위해 $M = N$이라고 하자. $M \neq N$인 경우에는 적당한 계수를 0으로 놓으면 된다.

식 (10.74)의 복소-지수함수가 인가될 때, 10.4절에서 식 (10.48)의 인가 응답(정상-상태 응답)은 인가 함수와 동일한 수학식 형태를 갖는다는 점을 떠올리면 정상-상태 응답 $y_{ss}[n]$은 다음과 같다.

$$y_{ss}[n] = Yz^n \tag{10.75}$$

여기서 Y는 결정해야 할 복소수 상수다. [z는 식 (10.74)에서 알 수 있다.] 명확하게 하기 위해 인가 응답을 $y_p[n]$ 대신 $y_{ss}[n]$으로 표기한다. 식 (10.74)와 식 (10.75)로부터 식 (10.48)의 항들은 다음과 같이 된다.

$$\begin{aligned}
a_0 y_{ss}[n] &= a_0 Yz^n; & b_0 x[n] &= b_0 Xz^n;\\
a_1 y_{ss}[n-1] &= a_1 Yz^{n-1} & b_1 x[n-1] &= b_1 Xz^{n-1}\\
&= a_1 z^{-1} Yz^n; & &= b_1 z^{-1} Xz^n;\\
a_2 y_{ss}[n-2] &= a_2 Yz^{n-2} & b_2 x[n-2] &= b_2 Xz^{n-2}\\
&= a_2 z^{-2} Yz^n; & &= b_2 z^{-2} Xz^n;\\
&\vdots & &\vdots\\
a_N y_{ss}[n-N] &= a_N Yz^{n-N} & b_N x[n-N] &= b_N Xz^{n-N}\\
&= a_N z^{-N} Yz^n; & &= b_N z^{-N} Xz^n
\end{aligned} \tag{10.76}$$

이 항들을 식 (10.48)에 대입한 결과는 다음과 같다.

$$(a_0 + a_1 z^{-1} + \cdots + a_{N-1} z^{-N+1} + a_N z^{-N}) Y z^n \\ = (b_0 + b_1 z^{-1} + \cdots + b_{N-1} z^{-N+1} + b_N z^{-N}) X z^n \quad (10.77)$$

식 (10.75)의 정상-상태 응답 $y_{ss}[n]$에서 유일하게 정해지지 않은 값은 Y뿐이다. 식 (10.77)에서 인수 z^n을 약분하면 Y는 다음과 같다.

$$Y = \left[\frac{b_0 + b_1 z^{-1} + \cdots + b_{N-1} z^{-N+1} + b_N z^{-N}}{a_0 + a_1 z^{-1} + \cdots + a_{N-1} z^{-N+1} + a_N z^{-N}} \right] X = H(z) X \quad (10.78)$$

표준적인 관례로 다항식의 비를 다음과 같이 나타낸다.

$$H(z) = \frac{b_0 + b_1 z^{-1} + \cdots + b_{N-1} z^{-N+1} + b_N z^{-N}}{a_0 + a_1 z^{-1} + \cdots + a_{N-1} z^{-N+1} + a_N z^{-N}} \quad (10.79)$$

(나중에 이 함수가 임펄스 응답 $h[n]$과 관련이 있음을 보일 것이다.) 전달함수를 지정하는 두 번째 일반적인 방법은 식 (10.79)의 분자와 분모에 z^N을 곱한 다음 식이다.

$$H(z) = \frac{b_0 z^N + b_1 z^{N-1} + \cdots + b_{N-1} z + b_N}{a_0 z^N + a_1 z^{N-1} + \cdots + a_{N-1} z + a_N} \quad (10.80)$$

함수 $H(z)$를 *전달함수*(*t*ransfer function)라 하고 식 (10.80)을 N-차 전달함수라고 한다. 전달함수의 차수는 이 전달함수가 기반으로 하는 차분 방정식의 차수와 동일하다.

지금까지의 결과를 정리해보자. 식 (10.79)와 식 (10.80)과 같은 전달함수 $H(z)$를 갖는 LTI 시스템을 생각해보자. 시스템의 인가 함수가 복소 지수 함수 $x[n] = X z_1^n$이면, 식 (10.74), (10.75), (10.78)로부터 정상-상태 응답은 다음과 같다.

$$x[n] = X z_1^n \rightarrow y_{ss}[n] = X H(z_1) z_1^n \quad (10.81)$$

이제 식 (10.81)에서 주어진 복소-지수 해가 또한 사인파 입력에도 적용됨을 보인다. 식 (10.81)에서 ϕ와 Ω_1이 실수일 때, $X = |X| e^{j\phi}$이고 $z_1 = e^{j\Omega_1}$라고 가정하자. 그러면

$$x[n] = X z_1^n = |X| e^{j\phi} e^{j\Omega_1 n} = |X| e^{j(\Omega_1 n + \phi)} \\ = |X| \cos(\Omega_1 n + \phi) + j |X| \sin(\Omega_1 n + \phi) \quad (10.82)$$

이다. 일반적으로 $H(z_1) = H(e^{j\Omega_1})$ 또한 복소수이므로, $H(e^{j\Omega_1}) = |H(e^{j\Omega_1})| e^{j\theta_H}$라고 하자. 식 (10.81)의 우변은 다음과 같이 표현할 수 있다.

$$y_{ss}[n] = X H(e^{j\Omega_1}) e^{j\Omega_1 n} = |X| |H(e^{j\Omega_1})| e^{j(\Omega_1 n + \phi + \theta_H)} \\ = |X| |H(e^{j\Omega_1})| [\cos(\Omega_1 n + \phi + \theta_H) + j \sin(\Omega_1 n + \phi + \theta_H)]$$

식 (10.73)과 식 (10.82)로부터 입력 신호의 실수 부분은 출력 신호의 실수 부분을 만들어내기 때문에,

$$|X| \cos(\Omega_1 n + \phi) \rightarrow |X| |H(e^{j\Omega_1})| \cos(\Omega_1 n + \phi + \theta_H) \quad (10.83)$$

이다. 이 결과는 LTI 시스템에 대해 일반적인 결과이고 입력이 주기 신호인 LTI 시스템을 분석하

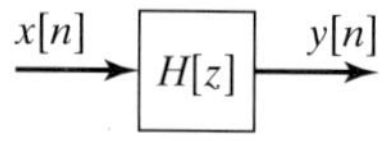

그림 10.20 LTI 시스템

는 기초가 된다.

어떤 시스템이 전달함수 $H(z)$로 명시된다고 하자. 시스템의 차분 방정식을 얻기 위해, 식 (10.76)에서 식 (10.79)까지의 과정들을 거꾸로 한다. 사실 $H(z)$에서 분자의 계수 b_i는 $x[n - i]$의 계수이고, 분모의 계수 a_i는 $y[n - i]$의 계수이므로 전달함수를 차분 방정식의 간단한 표기로 간주할 수 있다. 그렇기 때문에 시스템 차분 방정식을 전달함수 $H(z)$로부터 바로 작성할 수 있고, 결과적으로 $H(z)$는 *입력 함수와 상관없이 시스템을 완전하게 기술한다*. 이러한 이유로, LTI 시스템을 그림 10.20의 블록 다이어그램으로 나타낼 수 있고, 블록 안에 시스템의 전달함수를 표기한다. 이런 식으로 LTI 시스템을 명시하는 것이 공학에서는 일반적인 방법이다.

식 (10.79)[그리고 식 (10.80)]의 전달함수 형태는 다항식의 비인데, 이런 형태를 *유리함수*(rational function)라 한다. 계수가 상수인 선형 차분 방정식으로 기술되는 이산-시간 LTI 시스템의 전달함수는 언제나 유리함수다.

앞 내용을 확인할 수 있는 세 개의 예제를 보자.

예제 10.14 이산 시스템의 전달함수

이 예제에서는 예제 10.13의 α-필터를 이용하여 전달함수를 보여주고자 한다. α-필터의 차분 방정식은 다음과 같다.

$$y[n] - (1 - \alpha)y[n - 1] = \alpha x[n]$$

계수들은 식 (10.48)에서와 같이

$$a_0 = 1, \quad a_1 = -(1 - \alpha), \quad b_0 = \alpha$$

이다. 필터의 전달함수는 일반적으로 식 (10.79)와 식 (10.80)으로부터 다음 두 가지 중 하나로 주어진다.

$$H(z) = \frac{\alpha}{1 - (1 - \alpha)z^{-1}} = \frac{\alpha z}{z - (1 - \alpha)}$$

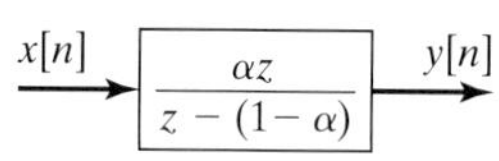

그림 10.21 α-필터

이 전달함수는 일차이다. 그림 10.21은 α-필터를 블록 다이어그램으로 보여준다. ■

예제 10.15 이산 시스템의 사인파 응답

이 예제에서는 사인파 인가 함수에 대한 LTI 시스템의 응답을 계산한다. 예제 10.14의 α-필터에서 $\alpha = 0.1$인 경우를 생각하자. 전달함수는 다음과 같다.

$$H(z) = \frac{0.1z}{z - 0.9}$$

시스템에 사인파 신호 $x[n] = 5\cos(0.01n + 20°)$을 인가한다고 가정하자. 식 (10.83)에서 $e^{j\Omega_1} = e^{j0.01} = 1\angle 0.573°$이고,

$$H(z)|_{z=e^{j0.01}}X = \frac{0.1(e^{j0.01})}{e^{j0.01} - 0.9}(5\angle 20°)$$

$$= \frac{0.5\angle 20.573°}{0.99995 + j0.0100 - 0.9}$$

$$= \frac{0.5\angle 20.573°}{0.1004\angle 5.71°}$$

$$= 4.98\angle 14.86°$$

이다. 이 계산을 수행하는 MATLAB 프로그램은 다음과 같다.

```
n = [.1 0];
d = [1 -.9];
z = exp(.01*j);
h = polyval(n,z)/polyval(d,z);
ymag = 5*abs(h)
yphase = 20 + angle(h)*180/pi
result: ymag = 4.9777 yphase = 14.8596
```

그러므로 식 (10.83)으로부터 시스템 응답은 다음과 같다.

$$y_{ss}[n] = 4.98\cos(0.01n + 14.86°)$$

위 식 전개에서 다음 계산이 필요했었다.

$$H(e^{j0.01}) = \frac{0.1(e^{j0.01})}{e^{j0.01} - 0.9} = 0.996\angle -5.14°$$

정상-상태 응답은 전달함수에 대한 이 값으로부터 바로 쓸 수 있는데, 식 (10.83)으로부터

$$y_{ss}[n] = (0.996)(5)\cos(0.01n + 20° - 5.14°)$$
$$= 4.98\cos(0.01n + 14.86°)$$

이다. ■

예제 10.16 예제 10.15에서 이어짐

이 예제는 예제 10.15의 연속이다. α-필터의 저주파-통과 특성을 보여주고자 한다. 사인파 입력이 이산 주파수 $\Omega = 3$인, $x[n] = \cos(3n)$이라고 가정하자. 그러면 $z = e^{j3} = 1\angle 171.9°$이고

$$H(e^{j3}) = \frac{0.1(e^{j3})}{e^{j3} - 0.9} = \frac{0.1\angle 171.9°}{1\angle 171.9° - 0.9}$$

$$= \frac{0.1\angle 171.9°}{1.895\angle 175.7°} = 0.0528\angle -3.8°$$

이다. 그러므로,

$$H(e^{j0.01}) = 0.996\angle{-5.14°}, \quad H(e^{j3}) = 0.0528\angle{-3.8°}$$

이다. 이산 주파수 $\Omega = 0.01$일 때의 이득은 근사적으로 1이고, $\Omega = 3$일 때의 이득은 근사적으로 $\frac{1}{20}$ 정도다. 그러므로 이 필터는 $\Omega = 0.01$ 근방의 주파수는 통과시키고 $\Omega = 3$ 근방의 주파수는 차단한다. 이산-시간 시스템의 한 성질은 시스템 주파수 응답이 $\Omega = 2\pi$ 주기로 주기적이라는 것이다(9.3절 참조). 그러므로 이 예제로부터 일반적인 결론을 이끌어낼 때 주의해야만 한다. 주파수 응답의 주기적인 특성은 12장에서 자세하게 다룬다. ■

이제 입력 신호가 복소 지수의 합인 경우를 생각하자.

$$x[n] = \sum_{k=1}^{M} X_k z_k^n \tag{10.84}$$

중첩과 식 (10.81)로부터 전달함수가 $H(z)$인 LTI 시스템의 응답은 다음과 같다.

$$y_{ss}[n] = \sum_{k=1}^{M} X_k H(z_k) z_k^n \tag{10.85}$$

안정성

10.5절에서 인과적인 LTI 시스템은 특성방정식 (10.54)의 모든 근의 크기가 1보다 작으면 안정하다는 것을 보았다. 식 (10.54)에서의 다항식은 식 (10.80)에서의 $H(z)$의 분모의 다항식과 동일하다. 그러므로 전달함수 식 (10.80)은 다음과 같이 표현할 수 있다.

$$\begin{aligned} H(z) &= \frac{b_0 z^N + b_1 z^{N-1} + \cdots + b_{N-1} z + b_N}{a_0 z^N + a_1 z^{N-1} + \cdots + a_{N-1} z + a_N} \\ &= \frac{b_0 z^N + b_1 z^{N-1} + \cdots + b_{N-1} z + b_N}{a_0 (z - z_1)(z - z_2) \cdots (z - z_N)} \end{aligned} \tag{10.86}$$

값 z_i(특성방정식의 근)를 전달함수의 *극점*(pole)이라 한다. 그러므로 전달함수 $H(z)$로 기술되는 이산-시간 시스템은 전달함수의 모든 극점의 크기가 1보다 작으면 안정하다.

샘플링된 신호

앞서 논의된 결과는 이산-시간 신호가 연속-시간 신호를 샘플링하여 얻어진 경우에도 적용된다. 이 경우에 이산 주파수 Ω와 연속 주파수 ω는 $\Omega = \omega T$로 관련된다. 여기서 T는 샘플링 주기다. 이 관련성은 9.4절에서 유도되었다. 그러므로 앞 식에서 Ω가 ωT일 때, 샘플링된 신호에 대해서도 모든 식들이 직접 적용된다.

임펄스 응답

LTI 시스템의 임펄스 응답을 소개할 때, 임펄스 응답을 기호 $h[\cdot]$로 나타내었음을 기억하자. 식 (10.78)에서 $H(\cdot)$은 LTI 시스템의 전달함수를 나타낸다. 이제 전달함수 $H(z)$가 임펄스 응답 $h[n]$과 직접적으로 관련되어 있고 둘 중 하나를 알면 다른 하나를 구할 수 있음을 보인다.

복소 지수 인가 함수 $x[n] = z^n$에 대해, 컨볼루션 합을 하면 시스템 응답을 얻는다.

$$\begin{aligned} y_{ss}[n] &= \sum_{k=-\infty}^{\infty} h[k]x[n-k] = \sum_{k=-\infty}^{\infty} h[k]z^{n-k} \\ &= z^n \sum_{k=-\infty}^{\infty} h[k]z^{-k} \end{aligned} \tag{10.87}$$

식 (10.81)에서 z_1의 값에 대해 제한 조건이 없고 변수 z로 간주할 수 있다. 식 (10.81)로부터 $X = 1$로 두고 식 (10.81)로부터

$$y_{ss}[n] = H(z)z^n = z^n \sum_{k=-\infty}^{\infty} h[k]z^{-k}$$

이다. 이산-시간 LTI 시스템의 임펄스 응답과 전달함수가 다음 식에 의해 관련되어 있음을 알 수 있다.

$$H(z) = \sum_{k=-\infty}^{\infty} h[k]z^{-k} \tag{10.88}$$

이 식이 우리가 찾던 결과다. 표 10.1은 이 절에서 나온 결과들을 정리하였다.

양방향 z-변환을 아는 독자라면 식 (10.88)의 $H(z)$는 $h[n]$의 z-변환임을 눈치챌 것이다. 더군다나 $z = e^{j\Omega}$로 두면 식 (10.88)에서 $H(j\Omega)$는 $h[n]$의 이산-시간 푸리에 변환이다. 그러면 z-변환(11장에서 다룸)과 이산-시간 푸리에 변환(12장에서 다룸)이 이산-시간 LTI 시스템에 대해 학습할 때 자연스럽게 등장함을 알 수 있다.

실제로는 LTI 시스템을 임펄스 응답 $h[n]$보다는 전달함수 $H(z)$로 기술하는 것이 더 일반적이다. 그러나 LTI 시스템을 그림 10.22에 주어진 두 개의 블록 다이어그램 중 어느 것으로든 표현

표 10.1 LTI 시스템의 입력-출력 함수들

$H(z) = \sum_{k=-\infty}^{\infty} h[k]z^{-k}$
$Xz_1^n \to XH(z_1)z_1^n, \quad X = \lvert X\rvert e^{j\phi}$
$\lvert X\rvert \cos(\Omega_1 n + \phi) \to \lvert X\rvert \lvert H(e^{j\Omega_1})\rvert \cos(\Omega_1 n + \phi + \theta_H)$

할 수 있고 $H(z)$와 $h[n]$은 식 (10.88)로 서로 연관되어 있다.

이 절에서는 복소-지수 인가 함수에 대한 LTI 시스템의 응답을 생각하면서 전달함수 개념까지 살펴보았다. 전달-함수 접근방식을 이용하여 사인파 입력에 대한 정상-상태 응답을 쉽게 구할 수 있다. 마지막으로 시스템의 전달함수와 임펄스 응답 사이의 연관성을 살펴보았다.

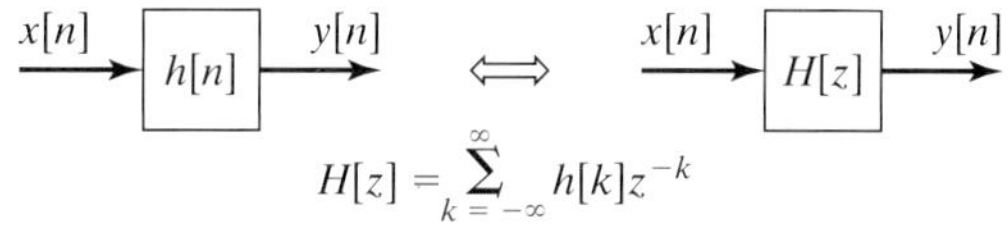

그림 10.22 LTI 시스템

결론

이 장에서는 이산-시간 선형 시불변(LTI) 시스템을 다루었다. 먼저 이산-시간 신호를 가중치가 적용된 이산-시간 임펄스 함수의 합으로 나타낼 수 있음을 보였다. 이러한 표현 방법은 LTI 시스템을 임펄스 응답으로 모델링할 수 있게 해준다.

시스템을 임펄스 응답으로 모델링하는 것은 LTI 시스템을 분석하고 설계하는 데에 기초가 된다. 임펄스 응답은 LTI 시스템의 입력과 출력을 완전하게 기술한다. 컨볼루션 합을 통해 입력 $x[n]$, 임펄스 응답 $h[n]$, 출력 $y[n]$이 다음과 같이 관련되어 있음을 보였다.

$$y[n] = \sum_{k=-\infty}^{\infty} x[k]h[n-k] = \sum_{k=-\infty}^{\infty} x[n-k]h[k]$$

LTI 시스템의 임펄스 응답의 중요성은 아무리 강조해도 지나치지 않다. 또한 LTI 시스템의 임펄스 응답을 계단 응답으로부터 유도할 수 있음을 보였다. 그러므로 시스템의 입력-출력 묘사가 계단 응답에도 담겨 있다.

다음으로 몇 가지 일반적인 LTI 시스템의 성질들에 대해 논의하였다. 이 성질들에는 메모리, 가역성, 인과성, 안정성 등이 포함된다.

LTI 시스템을 모델링하는 가장 많이 사용되는 방법은 계수가 상수인 선형 차분 방정식을 이용하는 것이다. 이 방법은 이 방정식으로 정확하게 모델링할 수 있는 물리적 시스템에 대해 사용된다. 선형 시불변 디지털 필터는 하나의 LTI 이산-시간 시스템이고 일반적으로 계수가 상수인 선형 차분 방정식으로 매우 정확하게 모델링된다.

계수가 상수인 선형 차분 방정식을 푸는 일반적인 방법 하나를 소개하였다. 이 과정으로 인과적인 이산-시간 LTI 시스템의 안정성을 판별할 수 있는 테스트 방법을 얻을 수 있다.

다음으로, 시스템 모델을 시뮬레이션 다이어그램으로 나타내는 과정을 소개하였다. 직접 형태 I과 직접 형태 II, 두 개의 시뮬레이션 다이어그램을 소개하였다. 그러나 하나의 주어진 LTI 시스템에 대한 무수히 많은 수의 시뮬레이션 다이어그램이 존재함을 알아야 한다. 많은 경우에 이 시뮬레이션 다이어그램을 프로그래밍 형태라 부른다.

마지막 주제로서, 사인파 입력 신호에 대한 LTI 시스템의 응답을 유도하였다. 이 유도 과정의 결과로써 LTI 시스템을 전달함수로 기술하는 방법을 얻었다. 11장에서는 이 전달함수를 이용하여 임의의 입력 신호에 대한 LTI 시스템의 응답을 구할 수 있음을 보일 것이다. 그러므로 전달함수는 LTI 시스템의 입력과 출력을 완전하게 기술한다.

표 10.2를 참조한다.

표 10.2 10장의 주요 식들

수식 제목	수식 기호	수식
이산-시간 단위 임펄스 응답	(10.9)	$\delta[n] \rightarrow h[n]$
이산-시간 컨볼루션 식	(10.16)	$y[n] = \sum_{k=-\infty}^{\infty} x[k]h[n-k] = x[n]*h[n]$ $= \sum_{k=-\infty}^{\infty} h[k]x[n-k] = h[n]*x[n]$
이산-시간 단위 임펄스와의 컨볼루션	(10.18)	$\delta[n]*g[n-n_0] = \delta[n-n_0]*g[n] = g[n-n_0]$
이산-시간 지수함수의 부분합	(10.22)	$\sum_{k=0}^{n} a^k = \frac{1-a^{n+1}}{1-a}$
이산-시간 역시스템의 컨볼루션 합	(10.31)	$h[n]*h_i[n] = \delta[n]$
이산-시간 인과 시스템의 컨볼루션 합	(10.34)	$y[n] = \sum_{k=0}^{\infty} x[n-k]h[k] = \sum_{k=-\infty}^{n} x[k]h[n-k]$
BIBO 안정하기 위한 이산-시간 임펄스 응답의 조건	(10.36)	$\sum_{k=-\infty}^{\infty} \lvert h[k] \rvert < \infty$
이산-시간 임펄스 응답으로부터 이산-시간 계단 응답 구하기	(10.40)	$s[n] = \sum_{k=-\infty}^{\infty} u[n-k]h[k] = \sum_{k=-\infty}^{n} h[k]$
이산-시간 계단 응답으로부터 이산-시간 임펄스 응답 구하기	(10.41)	$s[n] - s[n-1] = \sum_{k=-\infty}^{n} h[k] - \sum_{k=-\infty}^{n-1} h[k] = h[n]$
계수가 상수인 선형 차분방정식	(10.48)	$\sum_{k=0}^{N} a_k y[n-k] = \sum_{k=0}^{M} b_k x[n-k], \quad a_0 \neq 0$
특성방정식	(10.53)	$a_0 z^N + a_1 z^{N-1} + \cdots + a_{N-1} z + a_N = 0$
제차 차분방정식의 해	(10.55)	$y_c[n] = C_1 z_1^n + C_2 z_2^n + \cdots + C_N z_N^n$

연습문제

10.1절

10.1 그림 P10.1과 같은 신호를 생각하자.

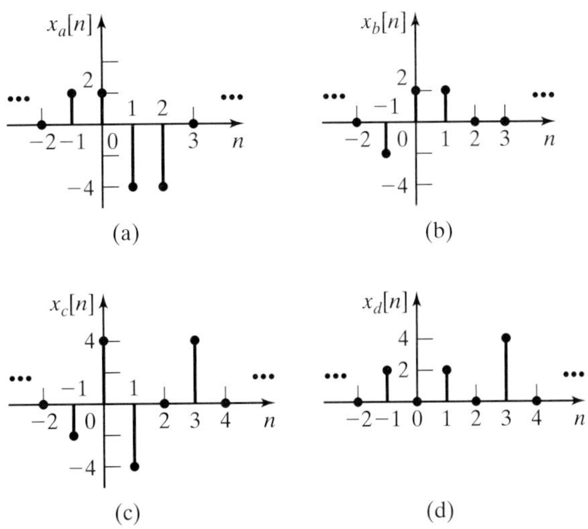

그림 P10.1

(a) $x_a[n]$에 대한 식을 이산 임펄스 함수들의 합으로 나타내어라.
(b) $x_b[n]$에 대한 식을 이산 임펄스 함수들의 합으로 나타내어라.
(c) $x_c[n]$에 대한 식을 이산 임펄스 함수들의 합으로 나타내어라.
(d) $x_d[n]$에 대한 식을 이산 임펄스 함수들의 합으로 나타내어라.

10.2 그림 P10.2와 같은 신호를 생각하자.

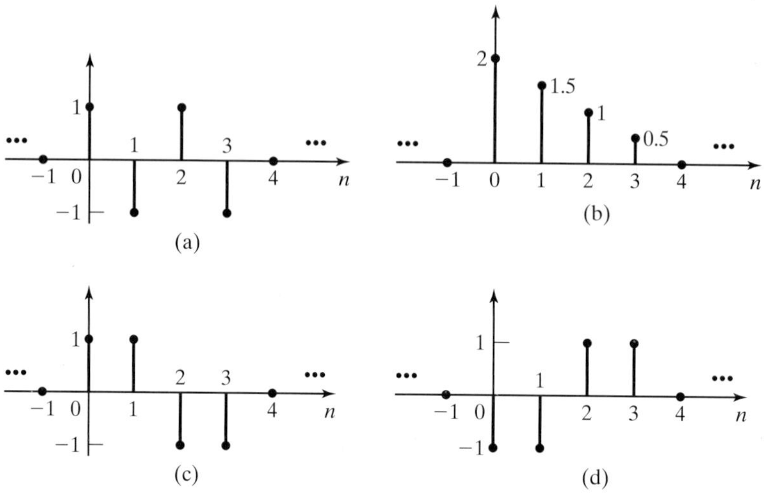

그림 P10.2

(a) $x_a[n]$에 대한 식을 이산 임펄스 함수들의 합으로 나타내어라.
(b) $x_b[n]$에 대한 식을 이산 임펄스 함수들의 합으로 나타내어라.
(c) $x_c[n]$에 대한 식을 이산 임펄스 함수들의 합으로 나타내어라.
(d) $x_d[n]$에 대한 식을 이산 임펄스 함수들의 합으로 나타내어라.

10.3 그림 P10.3에 나타낸 각 신호에 대한 식을 작성하여라.

10.2절

10.4 임의의 함수 $g[n]$에 대해 다음 식이 성립함을 보여라.

$$g[n]*\delta[n] = g[n]$$

10.5 다음과 같은 컨볼루션 합을

$$y[n] = x[n]*h[n] = \sum_{k=-\infty}^{\infty} x[k]h[n-k]$$

또한 다음 식으로도 나타낼 수 있음을 보여라.

$$y[n] = h[n]*x[n] = \sum_{k=-\infty}^{\infty} h[k]x[n-k]$$

(힌트: 변수 치환을 사용한다.)

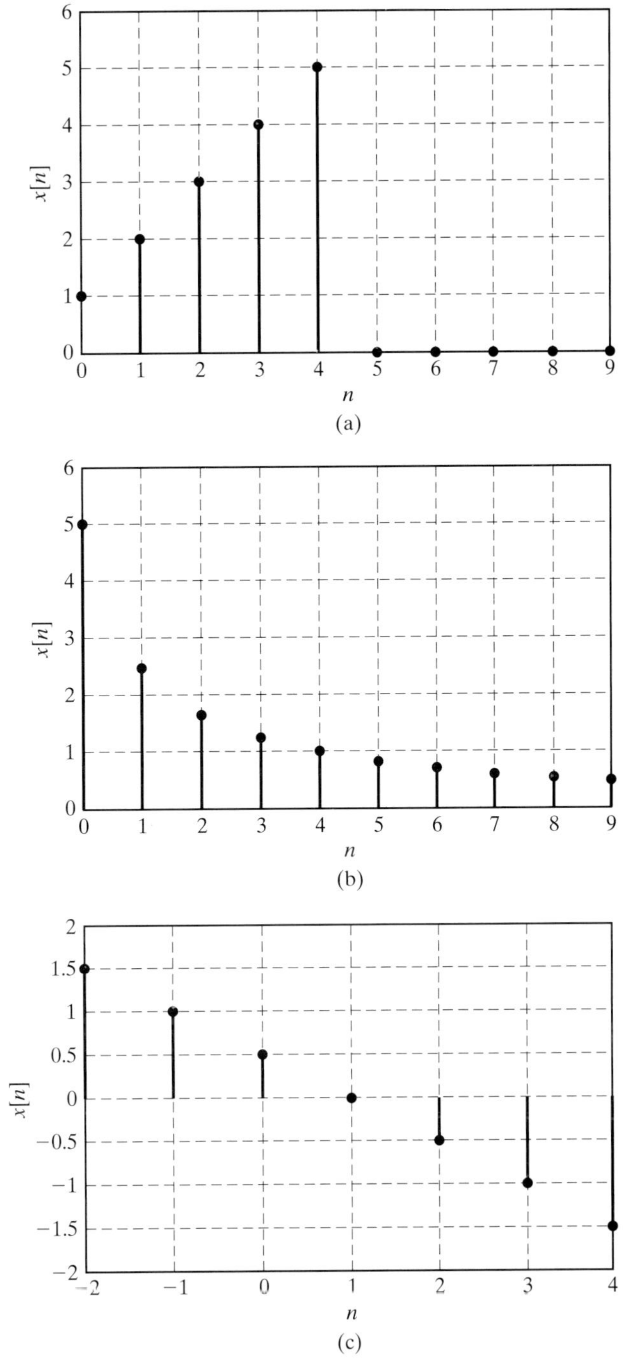

그림 P10.3

10.6 α가 상수일 때, 임펄스 응답이 $h[n] = \alpha^n u[n]$인 그림 P10.6과 같은 LTI 시스템이 있다. 이 시스템에 β가 상수이고 $\beta \neq \alpha$일 때, 입력 $x[n] = \beta^n u[n]$을 인가한다.

(a) 시스템 출력 $y[n]$을 구하여라. 부록 C의 기하 급수에 대한 식을 사용하여 $y[n]$을 닫힌 형태로 표현하여라.

(b) (a)의 결과를 이용하여 $y[4]$의 값을 구하여라.

(c) 식 (10.15)에서와 같이 $y[4]$에 대한 컨볼루션 합을 전개하여 (b)의 결과를 검증하여라.

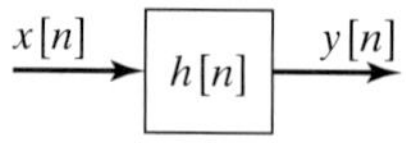

그림 P10.6

10.7 입력 $x[n]$과 임펄스 응답 $h[n]$이 다음과 같은 그림 P10.6의 LTI 시스템이 있다.

$$x[n] = \begin{cases} 1, & 1 \leqq n \leqq 6 \\ 0, & \text{나머지 구간} \end{cases} \qquad h[n] = \begin{cases} 2, & -2 \leqq n \leqq 1 \\ 0, & \text{나머지 구간} \end{cases}$$

(a), (b), (c)는 모든 n에 대한 $y[n]$을 구하지 않고 풀 것이다.

(a) $n = 5$에서 시스템의 출력, 즉 $y[5]$를 구하여라.

(b) 출력 $y[n]$의 최댓값을 구하여라.

(c) 출력이 최대가 되는 n의 값을 구하여라.

(d) 모든 n에 대한 $y[n]$을 구하여 위의 결과를 검증하여라.

(e) MATLAB을 이용하여 이 문제의 결과를 검증하여라.

10.8 입력 $x[n]$과 임펄스 응답 $h[n]$이 다음과 같은 그림 P10.6의 LTI 시스템이 있다.

$$x[n] = \begin{cases} 2, & 1 \leq n \leq 10 \text{ 그리고 } 20 \leq n \leq 29 \\ 0, & \text{나머지 구간} \end{cases}$$

$$h[n] = \begin{cases} 1, & 2 \leq n \leq 20 \\ 0, & \text{나머지 구간} \end{cases}$$

(a), (b), (c)는 모든 n에 대한 $y[n]$을 구하지 않고 풀 것이다.

(a) $n = 8$에서 시스템의 출력, 즉 $y[8]$를 구하여라.

(b) 출력 $y[n]$의 최댓값을 구하여라.

(c) 출력이 최대가 되는 n의 값을 구하여라.

(d) 모든 n에 대한 $y[n]$을 구하여 위의 결과를 검증하여라.

(e) MATLAB을 이용하여 이 문제의 결과를 검증하여라.

10.9 그림 P10.6의 이산-시간 LTI 시스템을 생각하자. 이 시스템의 임펄스 응답은 다음과 같고,

$$h[n] = u[n] - u[n-2]$$

입력 신호는 다음과 같다.

$$x[n] = \delta[n+2] + 3(0.7)^n(u[n] - u[n-5])$$

시스템의 출력 $y[n]$을 구하여라.

10.10 (a) 그림 P10.6의 이산-시간 시스템의 임펄스 응답 $h[n]$이 그림 P10.10(a)와 같다고 하자. 시스템의 입력은 단위 계단 함수인 $x[n] = u[n]$이다. 출력 $y[n]$을 구하여라.

(b) 시스템의 입력 $x[n]$이 그림 P10.10(b)와 같을 때 (a)의 물음에 답하여라.

(c) MATLAB을 이용하여 (b)의 결과를 검증하여라.

(d) 시스템의 입력 $x[n]$이 그림 P10.10(c)와 같을 때 (a)의 물음에 답하여라.

(e) MATLAB을 이용하여 (d)의 결과를 검증하여라.

(f) $h[n]$과 $x[n]$이 모두 그림 P10.10(b)과 같을 때 (a)의 물음에 답하여라.

(g) MATLAB을 이용하여 (f)의 결과를 검증하여라.

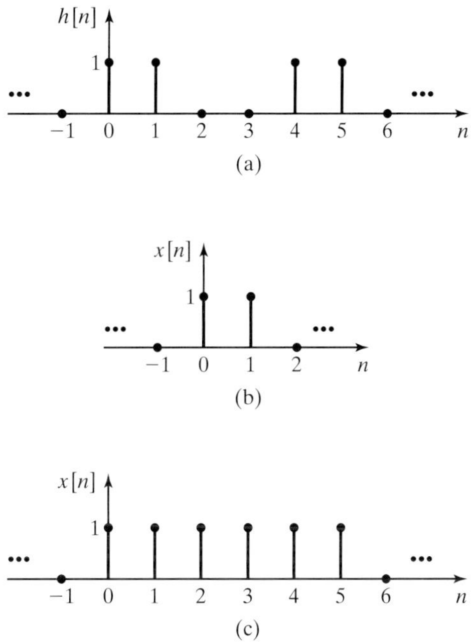

그림 P10.10

10.11 그림 P10.6과 같은 LTI 시스템의 임펄스 응답은 다음과 같다.

$$h[n] = u[n + 2] - u[n - 2]$$

입력 신호가 다음과 같을 때 시스템의 출력 신호를 구하여라.

$$x[n] = (0.7)^n u[n]$$

10.12 그림 P10.6의 LTI 시스템에 대해, 입력 신호는 $x[n]$, 출력 신호는 $y[n]$, 임펄스 응답은 $h[n]$이다. 다음 각 경우에 대해, 출력 $y[n]$을 구하여라. 관련된 신호들은 그림 P10.12에 나와 있다.

(a) $x[n]$은 (a)의 신호이고 $h[n]$은 (b)의 신호

(b) $x[n]$은 (a)의 신호이고 $h[n]$은 (d)의 신호

(c) $x[n]$은 (a)의 신호이고 $h[n]$은 (f)의 신호

(d) $x[n]$은 (c)의 신호이고 $h[n]$은 (b)의 신호

(e) $x[n]$은 (e)의 신호이고 $h[n]$은 (d)의 신호

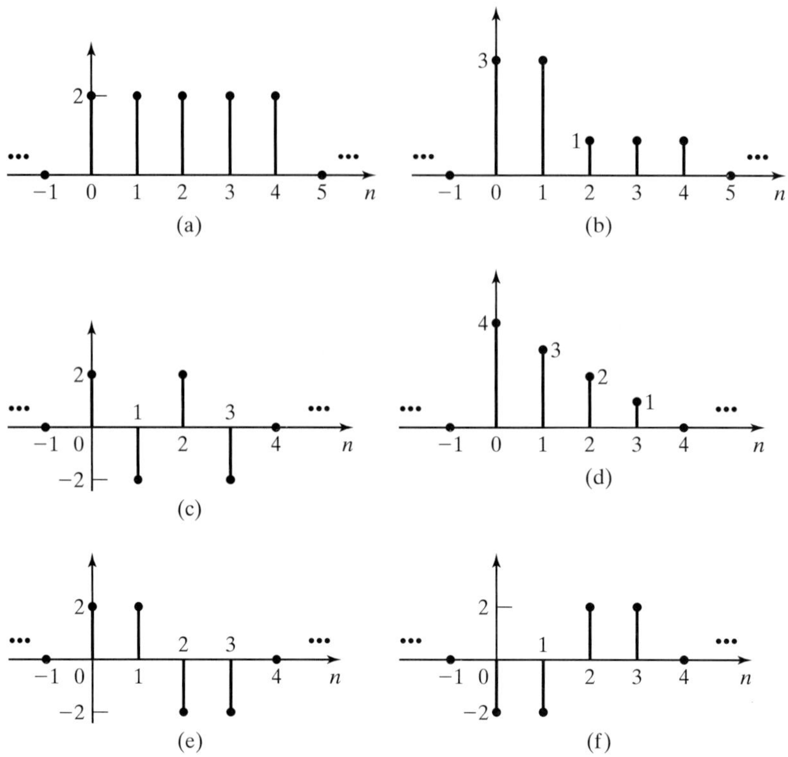

그림 P10.12

(f) $x[n]$은 (α)의 신호이고 $h[n]$은 (β)의 신호. 여기서 α와 β는 강의자가 지정

(g) MATLAB을 이용하여 위의 결과들을 검증하여라.

10.13 그림 P10.6의 시스템에 대해, $x[n]$과 $h[n]$이 그림 P10.12(f)에 보이는 것과 같이 동일한 신호라고 하자.

(a) 모든 n에 대해 출력 $y[n]$을 구하여라.

(b) 식 (10.15)의 전개된 컨볼루션 합을 생각하자. (a)에서 0이 아닌 값들만 포함하는 각 n에 대해 이 전개식을 작성하여라. 이 전개식의 값으로 (a)의 결과를 검증하여라.

(c) MATLAB을 이용하여 결과들을 검증하여라.

10.14 (a) 그림 P10.14와 같이 직렬로 연결된 두 개의 LTI 시스템을 생각하자. 두 시스템의 임펄스 응답은 동일하고 $h_1[n] = h_2[n] = (0.9)^n u[n]$이다. 전체 시스템의 임펄스 응답을 구하여라.

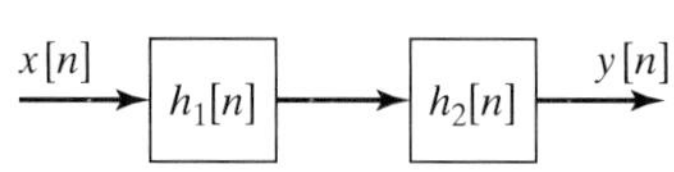

그림 P10.14

(b) $h_1[n] = h_2[n] = \delta[n-2]$일 때, (a)의 질문에 답하여라.

(c) $h_1[n] = h_2[n] = u[n-1] - u[n-3]$일 때, (a)의 질문에 답하여라.

10.15 어떤 LTI 시스템의 임펄스 응답이 다음과 같다.

$$h[n] = (1.2)^n u[n]$$

(a) 이 시스템이 인과 시스템인지 여부를 판별하여라.

(b) 이 시스템이 안정한지 여부를 판별하여라.

(c) 단위 계단 입력 $x[n] = u[n]$에 대한 시스템의 응답을 구하여라.

(d) MATLAB을 이용하여 $n = 0, 1, 2, 3$에서 (c)의 결과를 검증하여라.

(e) $h[n] = (1.2)^n u[-n]$일 때 (a)부터 (c)까지의 질문에 답하여라.

(f) $h[n] = (0.3)^n u[-n]$일 때 (a)부터 (b)까지의 질문에 답하여라.

(g) $h[n] = u[-n]$일 때 (a)부터 (b)까지의 질문에 답하여라.

10.16 다음 식이 성립함을 보임으로써 세 신호의 컨볼루션은 순서에 상관없음을 보여라.

$$(f[n]*g[n])*h[n] = f[n]*(g[n]*h[n])$$

(힌트: 합의 식으로 나타내고 변수 치환을 사용한다.)

10.3절

10.17 입력과 출력이 다음 식으로 관련된 시스템을 생각하자.

$$y[n] = 0.5(x[n + 1] + x[n])$$

(a) 시스템의 임펄스 응답 $h[n]$을 구하여라.

(b) 이 시스템은 인과 시스템인가? 그 이유는 무엇인가?

(c) 그림 P10.17(a)와 같은 입력 신호에 대한 이 시스템의 출력 $y[n]$을 구하여라.

(d) 그림 P10.17(b)와 같이 LTI 시스템들이 연결된 시스템을 생각하자. 여기서 $h[n]$은 (a)에서 구한 임펄스 응답이다. 전체 시스템의 임펄스 응답을 구하여라.

(e) 그림 P10.17(a)와 같은 입력 신호에 대한 (d)의 시스템의 응답을 구하여라.

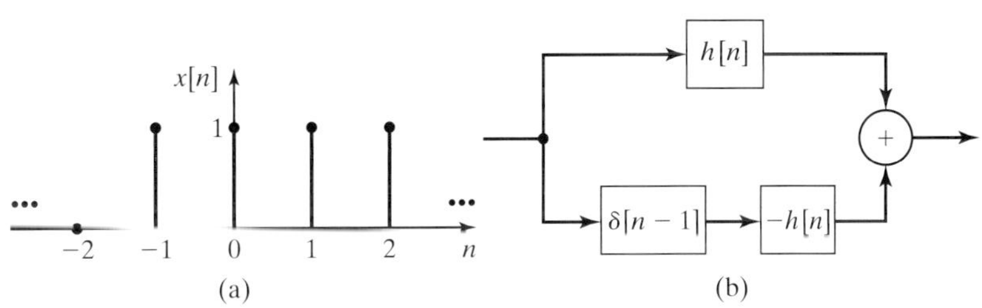

그림 P10.17

10.18 다음 방정식으로 기술되는 시스템을 생각하자.

$$y[n] = \cos(0.1\pi n)x[n]$$

(a) 이 시스템은 선형인가?

(b) 이 시스템은 시불변인가?

(c) 임펄스 응답 $h[n]$을 구하여라.

(d) 입력 $\delta[n-1]$에 대한 응답을 구하여라.

(e) 선형 시변 시스템은 임펄스 응답 $h[n]$으로 기술할 수 있는가? 그 이유는 무엇인가?

10.19 다음과 같은 임펄스 응답을 갖는 시스템의 인과성과 안정성 여부를 판별하여라.

(a) $h[n] = e^{-3n}u[n - 1]$

(b) $h[n] = e^{3n}u[1 - n]$

(c) $h[n] = e^{3n}u[n]$

(d) $h[n] = \cos(3n)u[n]$

(e) $h[n] = ne^{-3n}u[n]$

(f) $h[n] = e^{-n}\cos(3n)u[n]$

10.20 (a) 출력이 다음 식으로 계산되는 LTI 시스템을 생각하자.

$$y[n] = \sum_{k=0}^{\infty} e^{-2(n-k)}x[k-1]$$

$x[n] = \delta[n]$으로 두고 $y[n] = h[n]$을 구함으로써 이 시스템의 임펄스 응답을 구하여라.

(b) 이 시스템은 인과 시스템인가? 그 이유는 무엇인가?

(c) 이 시스템은 안정한가? 그 이유는 무엇인가?

(d) 출력이 다음 식으로 계산될 때, (a), (b), (c)의 질문에 답하여라.

$$y[n] = \sum_{k=-\infty}^{0} e^{-2k}x[n-k]$$

10.4절

10.21 그림 P10.6의 시스템이 다음과 같은 시스템 방정식으로 기술된다고 하자. $x[n] = \delta[n]$으로 두고 $y[n] = h[n]$을 구함으로써 시스템의 임펄스 응답을 구하여라.

(a) $y[n] = x[n+7] + x[n-7]$

(b) $y[n] = \sum_{k=-\infty}^{n-3} \sum_{k=n}^{\infty} x[k-2]$

10.22 그림 P10.6의 시스템이 다음과 같은 시스템 방정식으로 기술된다고 하자. $x[n] = \delta[n]$으로 두고 $y[n] = h[n]$을 구함으로써 시스템의 임펄스 응답을 구하여라.

(a) $y[n] = x[n-2]$

(b) $y[n] = \sum_{k=-\infty}^{n} x[k-5]$

(b) $y[n] = \sum_{k=-\infty}^{n} \sum_{m=-\infty}^{k} x[m-5]$

10.23 (a) 초기 조건이 주어진 다음 차분 시스템으로 기술되는 시스템의 응답을 구하여라.

(i) $y[n] - \frac{5}{6}y[n-1] = 2^n u[n],\ y[-1] = 0$

(ii) $y[n] = 0.7y[n-1] = u[n],\ y[-1] = -3$

(iii) $y[n] - 0.7y[n-1] = \mathrm{e}^{-n}u[n],\ y[-1] = 0$

(iv) $y[n] + 1.7y[n-1] + 0.72y[n-2] = u[n],\ y[-1] = 0,\ y[-2] = 1$

(v) $y[n] - 0.7y[n-1] = \cos(n)u[n],\ y[-1] = -1$

(b) (a)에서 구한 답이 초기 조건과 차분 방정식을 만족함을 확인하여라.

(c) MATLAB을 이용하여 $n = 0, 1, 2, 3$에서 $y[n]$을 구함으로써 (a)와 (b)에서 구한 답을 검증하여라.

10.5절

10.24 다음 방정식으로 기술되는 각 시스템들의 안정성 여부를 판별하여라. 필요하면 MATLAB을 이용하여도 된다.

(a) $2y[n] - y[n-1] + 4y[n-2] = 5x[n]$

(b) $y[n] = 0.5(x[n] + x[n-1] + 2x[n-2] + 3x[n-3])$

(c) $y[n] - 1.88y[n-1] + 0.99y[n-3] = 1.5x[n] - 2.5x[n-1] + 3.3x[n-2]$

(d) $y[n] - y[n-1] + 2y[n-2] - 3y[n-3] = 3x[n] - 4x[n-1] + 5x[n-2] - 6x[n-3]$

(e) $y[n] - 4y[n-1] + y[n-2] = 2x[n] - 5x[n-2]$

10.25 아래와 같은 특성방정식을 갖는 인과 시스템을 생각하자.

(a) 각 시스템의 모드를 구하여라.

(b) 각 시스템의 자연 응답을 구하여라.

(i) $z - 0.9 = 0$

(ii) $z^2 + 1.5z - 1 = 0$

(iii) $z^2 - 2z + 1 = 0$

(iv) $z^2 - 1.7z + 0.72 = 0$

(v) $z^3 - 1 = 0$

(vi) $(z - 0.9)^3 = 0$

(vii) $(z - 0.9)(z - 1.2)(z + 0.85) = 0$

10.26 연습문제 10.25의 각 시스템들의 안정성 여부를 판별하여라.

10.6절

10.27 다음 차분 방정식으로 기술되는 LTI 시스템을 생각하자.

$$y[n] - 0.9y[n-1] = 2.5x[n] - 2x[n-2]$$

(a) 이 시스템에 대한 형태 I 구현(블록 다이어그램)을 그려라.

(b) $0 \leqq n \leqq 4$에서 이 시스템의 임펄스 응답 $h[n]$을 구하여라.

(c) (a)의 블록 다이어그램에서 임펄스 함수를 따라가 봄으로써 (b)의 결과를 검증하여라.

(d) 시스템의 입력이 다음과 같다고 하자.

$$x[n] = \begin{cases} 1, & n = -2 \\ -3, & n = 0 \\ 2, & n = 1 \end{cases}$$

출력 $y[n]$을 $h[n]$의 함수로 나타내어라.

(e) (b)의 결과를 이용하여 (d)에서와 같은 $x[n]$에 대해 $n = -3, -1, 1$에서의 출력 $y[n]$을 구하여라.

10.28 연습문제 10.24에 나오는 차분 방정식으로 기술되는 시스템에 대해 형태 I과 형태 II 다이어그램을 그려라.

10.29 그림 P10.29와 같은 시스템을 생각하자. 이 형태는 종종 자동 제어에서 사용된다.

(a) 이 시스템의 차분 방정식을 구하여라.

(b) 이 형태는 10.6절에 나오는 두 가지 형태 중 어느 하나에 해당하는가? 해당한다면, 어느 형태인지 답하여라.

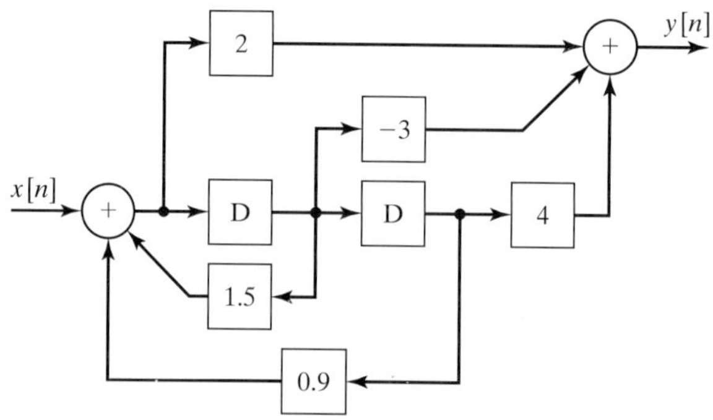

그림 P10.29

10.30 다음 차분 방정식으로 기술되는 시스템을 생각하자.

$$y[n] - 0.7y[n-1] = 3x[n] - 2.2x[n-1]$$

(a) 이 시스템에 대한 형태 I 다이어그램을 그려라.

(b) 이 시스템에 대한 형태 II 다이어그램을 그려라.

(c) $x[n] = 0.8^n u[n]$이고 $y[-1] = 0$이라고 하자. $y[n]$을 n에 대한 함수로 구하여라.

(d) 형태 I 다이어그램을 이용하여 $0 \leqq n \leqq 5$에서 $y[n]$을 구하는 MATLAB 프로그램을 작성하여라. 이 프로그램을 실행하여 (c)의 결과를 검증하여라.

10.31 어떤 LTI 시스템의 시뮬레이션을 위한 다음과 같은 MATLAB 프로그램을 생각하자.

```
y(1) = 0;
for n =1:6; x(n)=0.8^(n-1); end
for n = 2:6
   y(n)=0.7*y(n-1)+3*x(n)-2.2*x(n-1);
end
y
```

(a) 시스템의 차분 방정식을 작성하여라.

(b) 이 시스템에 대한 형태 I 다이어그램을 그려라.

(c) 이 시스템에 대한 형태 II 다이어그램을 그려라.

(d) 입력 신호 $x[n]$을 n에 대한 함수식으로 구하여라.

(e) 출력 신호 $y[n]$을 n에 대한 함수식으로 구하여라.

(f) MATLAB 프로그램을 실행하여 (e)의 결과를 검증하여라.

10.32 연습문제 10.31의 MATLAB 프로그램으로 기술되는 시스템에 대해

(a) 시스템의 차분 방정식을 구하여라.

(b) 입력 $x[n] = u[n]$에 대한 차분 방정식의 특수해를 구하여라.

(c) 시스템의 전달함수를 구하여라.

(d) 전달함수를 이용하여 (b)의 결과를 검증하여라.

(e) $x[n] = u[n]$이 되도록 MATLAB 프로그램을 수정하여라.

(f) MATLAB 프로그램을 실행하여 (b)와 (d)의 결과를 검증하여라. 단지 정상-상태 응답만 계산된다는 점에 유의한다.

10.33 그림 P10.33과 같은 시뮬레이션 다이어그램을 생각하자. 시뮬레이션 다이어그램으로 표현되는 전달함수는 다음과 같다.

$$H(z) = \frac{0.1z}{z - 0.9}$$

시뮬레이션 다이어그램에 보이는 상수 a와 b의 값을 구하여라.

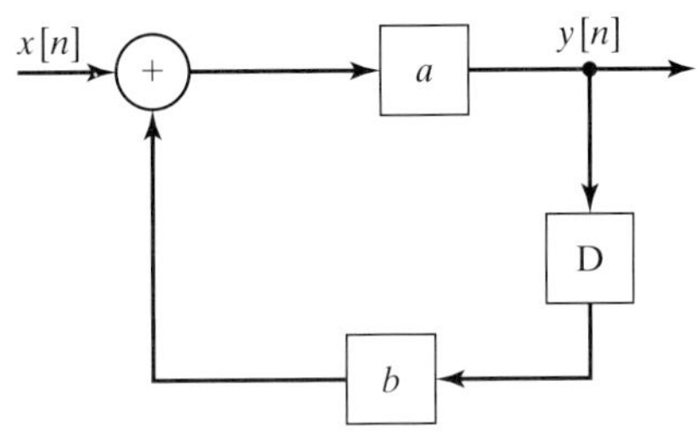

그림 P10.33

10.7절

10.34 (a) 다음 차분 방정식에 대한 전달함수를 구하여라.

$$y[n] - 0.7y[n-1] = x[n]$$

(b) 전달함수를 이용하여 입력 $x[n] = \cos(n)u[n]$에 대한 이 시스템의 정상-상태 응답을 구하여라.

(c) MATLAB을 이용하여 (b)의 결과를 검증하여라.

(d) 이 응답이 시스템의 차분 방정식을 만족함을 보여라.

10.35 (a) 다음 차분 방정식에 대한 전달함수를 구하여라.

$$y[n] - 1.7y[n-1] + 0.72y[n-2] = u[n],\ y[-2] = 1,\ y[-1] = 0$$

(b) 전달함수를 이용하여 이 시스템의 정상-상태 응답을 구하여라.

(c) 전달함수를 이용하여 다음 입력에 대한 이 시스템의 정상-상태 응답을 구하여라.

$$x[n] = \cos(n)$$

(d) MATLAB을 이용하여 (b)의 계산 결과를 검증하여라.

(e) (b)와 (c)에서 구한 응답이 시스템의 차분 방정식을 만족함을 보여라.

10.36 다음과 같은 전달함수를 갖는 시스템이 있다.

$$H(z) = \frac{0.1z}{(z - 0.9)^2}$$

(a) 시스템의 차분 방정식을 구하여라.

(b) 시스템의 모드를 구하여라.

(c) (b)의 결과를 이용하여 시스템의 자연 응답을 구하여라. (미지의 상수를 구할 필요는 없다.)

(d) $x[n] = \cos(0.2n)$일 때, 시스템의 정상-상태 응답을 구하여라.

(e) MATLAB을 이용하여 (d)의 결과를 검증하여라.

(f) (d)에서 구한 응답이 시스템의 차분 방정식을 만족함을 보여라.

(g) $x[n] = \cos[(0.2\pi + 0.2)n]$일 때, 시스템의 정상-상태 응답을 구하여라.

(h) MATLAB을 이용하여 (g)의 결과를 검증하여라.

(i) (d)와 (g)의 결과를 비교 분석하여라.

11 z-변환

The z-Transform

이 장에서는 선형 시스템의 분석 및 설계에서 활용되는 몇 가지 중요한 변환 중 하나인 *z-변환*을 공부한다. z-변환은 시간-영역 방법에 비해 상당한 장점을 가지고 있다. 우리는 가능하다면 이산-시간 물리 시스템을 계수가 상수인 선형 차분 방정식으로 모델링하는데, 그 한 예가 선형 시불변 디지털 필터다. 차분 방정식에 대한 z-변환은 이 방정식(모델)을 잘 기술할 수 있게 해주고 그러므로 또한 물리적인 시스템도 잘 기술할 수 있게 해준다. 게다가 변환된 차분 방정식은 대수 방정식이기 때문에 다루기도 더 쉽다. 특히, 변환된 방정식의 해를 구하는 것이 더 쉽다.

차분 방정식을 푸는 데에 z-변환을 이용하면 변환 변수 z에 대한 함수로써 해를 얻는다. 그 결과 변환 변수의 함수를 이산-시간 변수의 함수로 되돌리는 방법이 필요하다. 이러한 목적을 위해 *역z-변환*을 사용한다.

z-변환의 몇 가지 중요한 성질들을 이번 장에서 유도한다. 이 유도 과정은 수학적으로 엄밀하지는 않다. 일반적으로 이러한 유도 과정은 이 책의 범위를 넘는다. 그러므로 몇몇 성질들에 대해서는 유도 과정에서 명확하지 않은 몇몇 제한 조건들을 적용한다. z-변환의 모든 것들과 관련된 엄밀한 수학적인 유도 과정을 보기 위해서는 참고문헌 1과 참고문헌 2를 참조하길 바란다.

11.1 z-변환의 정의

먼저 직접 z-변환과 역z-변환을 정의한다. *직접*이라는 용어를 흔히 생략하고 간단하게 z-변환이라고만 부르다. 정의에 의해, 이산-시간 함수 $f[n]$의 (직접) *z-변환* $F(z)$는 다음과 같은 합이다.

$$\mathscr{Z}_b[f[n]] = F_b(z) = \sum_{n=-\infty}^{\infty} f[n]z^{-n} \tag{11.1}$$

여기서 $\mathscr{Z}_b[\cdot]$은 z-변환을 나타낸다. z-변환식을 전개하면

$$F_b(z) = \cdots + f[-2]z^2 + f[-1]z + f[0] + f[1]z^{-1} + f[2]z^{-2} + \cdots$$

이다. 일반적으로 z는 복소수다. 즉, $z = \Sigma + j\Omega$. (라플라스 변환 변수 s도 또한 복소수였음을 상기하라. 그러므로 $s = \sigma + j\omega$)

z-변환을 정의하는 식 (11.1)을 양방향(bilateral) z 변환이라고 하고 따라서 아래첨자 b를 사용하였다. 역z-변환은 다음과 같다.

$$\mathcal{Z}_b^{-1}[F_b(z)] = f[n] = \frac{1}{2\pi j}\oint_\Gamma F_b(z)z^{n-1}dz, \quad j = \sqrt{-1} \tag{11.2}$$

여기서 $\mathcal{Z}_b^{-1}[\cdot]$은 역$z$-변환을 나타내고 Γ는 z-평면에서 시계방향으로의 하나의 특수한 폐곡선이다. 식 (11.2)를 *복소 역변환 적분*(complex inversion integral)이라 한다. 이 적분을 실제로 계산하는 것은 어렵기 때문에, 역변환을 구하더라도 이 식은 거의 사용하지 않는다. 대신에 다른 변환에서 하는 것과 마찬가지로 표를 사용한다.

식 (11.1)과 식 (11.2)를 *양방향 z-변환 쌍*이라 한다. 이제 식 (11.1)을 수정하여 많은 응용에서 유용한 z-변환의 한 형태를 얻고자 한다. 먼저 식 (11.1)을 다음과 같이 나타낸다.

$$\mathcal{Z}_b[f[n]] = F_b(z) = \sum_{n=-\infty}^{-1} f[n]z^{-n} + \sum_{n=0}^{\infty} f[n]z^{-n} \tag{11.3}$$

다음으로 식 (11.3)에서 첫 번째 합이 0이 되도록 $n < 0$일 때는 $f[n]$이 0이라고 정의한다. 그 결과 얻게 되는 변환을 *단방향*(unilateral 또는 single-sided) *z-변환*이라고 하고 다음 멱급수가 된다.

$$\mathcal{Z}[f[n]] = F(z) = \sum_{n=0}^{\infty} f[n]z^{-n} \tag{11.4}$$

여기서 $\mathcal{Z}[\cdot]$는 단방향 z-변환을 나타낸다. 일반적으로 이 변환을 간단히 z-변환이라고 한다. 혼란이 발생할 가능성이 있을 때에는 식 (11.1)을 양방향 z-변환이라고 별도로 언급할 것이다. 여기에서는 단방향 변환을 양방향 변환의 하나의 특수한 경우로 간주하는 접근 방식을 사용하는데 이러한 접근 방식이 필수적인 것은 아니고, 식 (11.1)을 처음부터 $n < 0$일 때, $f[n] = 0$으로 정의할 수도 있다.

역z-변환식 (11.2)는 양방향과 단방향 z-변환에서 모두 동일하다. 그러므로 식 (11.2)는 $F_b(z)$를 $F(z)$로 대체하면 역 단방향 z-변환식이 된다. 또한 단방향 z-변환의 역z-변환은 모든 시간에서의 함수 $f[n]$이 되고 특히 $n < 0$일 때에는 $f[n] = 0$이 된다[1].

$f[n]$이 z-변환이 가능하면[식 (11.4)의 합이 존재하면], 식 (11.4)를 계산하여 함수 $F(z)$를 얻는다. 복소 역변환 적분식 (11.2)에 의해 $F(z)$의 역변환을 계산하면 $f[n]$을 얻게 된다. 이 관계를 다음과 같이 표현한다.

$$f[n] \xleftrightarrow{\mathcal{Z}} F(z) \tag{11.5}$$

z-변환의 두 가지 중요한 성질을 보여주고자 한다. 이 성질들은 (단방향) z-변환을 사용하여 보여줄 것이지만, 양방향 z-변환에 대해서도 똑같이 적용될 수 있음을 알 수 있다.

합 $f[n] = f_1[n] + f_2[n]$을 생각해보자. 식 (11.4)로부터, $f[n]$의 z-변환은 다음과 같다.

$$\begin{aligned}\mathcal{Z}[f[n]] &= \mathcal{Z}[f_1[n] + f_2[n]] = \sum_{n=0}^{\infty}[f_1[n] + f_2[n]]z^{-n} \\ &= \sum_{n=0}^{\infty} f_1[n]z^{-n} + \sum_{n=0}^{\infty} f_2[n]z^{-n} = F_1(z) + F_2(z)\end{aligned} \tag{11.6}$$

그러므로 두 함수의 합의 z-변환은 두 함수의 z-변환의 합과 같다(각각의 z-변환이 존재한다고 가정한다). 이 성질을 앞의 식에서 $f_2[n]$을 $f_3[n] + f_4[n]$ 등으로 바꿈으로써 임의의 수의 함수의 합으로 확장할 수 있다.

z-변환의 두 번째 성질을 유도하기 위해, a가 상수일 때, 다음과 같이 $af[n]$의 z-변환을 생각해본다.

$$\mathscr{Z}[af[n]] = \sum_{n=0}^{\infty} af[n]z^{-n} = a\sum_{n=0}^{\infty} f[n]z^{-n} = aF(z) \tag{11.7}$$

그러므로 상수배인 함수의 z-변환은 함수의 z-변환의 상수배와 같다. 식 (11.6)과 식 (11.7)의 성질을 갖는 변환을 *선형 변환*(linear transform)이라 한다. 그러므로 z-변환은 선형 변환이다. 이 두 성질을 다음과 같이 하나의 식으로 말하기도 한다.

$$\mathscr{Z}[a_1f_1[n] + a_2f_2[n]] = a_1F_1(z) + a_2F_2(z) \tag{11.8}$$

식 (11.7)에서 상수 a를 $g[n]$으로 바꾼다고 하면,

$$\mathscr{Z}[f[n]g[n]] = \sum_{n=0}^{\infty} f[n]g[n]z^{-n} \neq \sum_{n=0}^{\infty} f[n]z^{-n}\sum_{n=0}^{\infty} g[n]z^{-n}$$

이다. 그러므로

$$\mathscr{Z}[f[n]g[n]] \neq \mathscr{Z}[f[n]]\mathscr{Z}[g[n]] \tag{11.9}$$

이다. 두 함수의 곱의 z-변환은 각 함수의 z-변환의 곱과 같지 *않다*.

이 절에서는 양방향 및 단방향 z-변환을 정의하였다. 이 변환은 변수 z에 대한 급수이고, 많은 유용한 신호에 대해 이 급수가 닫힌 형태로 표현될 수 있음을 보게 될 것이다. 역z-변환을 위한 복소 역변환 적분 또한 정의하였지만, 일반적으로 역변환을 구할 때에는 표를 사용한다. 이 절에서 z-변환의 선형 성질을 유도하였고, 이 장의 남은 부분에서는 여기에서 소개한 정의로부터 z-변환을 분석해볼 것이다.

11.2 여러 가지 예들

이 절에서는 간단한 응용으로 z-변환 시스템 분석에 대해 소개한다. 먼저 z-변환을 유도하는 두 개의 예를 소개하고, 그런 다음 일차 디지털 필터의 계단 응답을 구하는 데에 z-변환을 이용할 것이다. 그리고 뒤따라 나오는 절에서 z-변환에 대해 좀 더 자세하게 살펴볼 것이다.

두 개의 z-변환

첫 번째 예를 소개하기 전에, 부록 C에 나오는 수렴하는 멱급수를 생각해보자.

$$\sum_{n=0}^{\infty} a^n = 1 + a + a^2 + \cdots = \frac{1}{1-a}; \quad |a| < 1 \tag{11.10}$$

부록 C의 모든 함수는 분자를 분모로 나누어서 확인해볼 수 있다. 식 (11.10)의 경우에는 나눗셈을 해보면 다음과 같다.

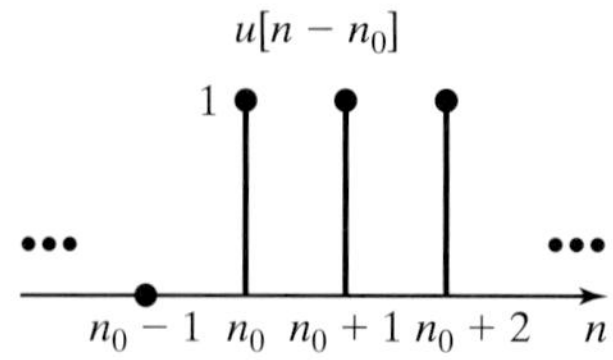

그림 11.1 이산-시간 단위 계단 함수

$$
\begin{array}{r@{}l}
 & 1 + a + a^2 + a^3 + \cdots \\
\cline{2-2}
1 - a \big) & 1 \\
 & \underline{1 - a} \\
 & \quad a \\
 & \quad \underline{a - a^2} \\
 & \qquad a^2 \\
 & \qquad \underline{a^2 - a^3} \\
 & \qquad\quad a^3 \\
 & \qquad\quad \cdots
\end{array}
\tag{11.11}
$$

식 (11.10)의 급수는 나중에 보여주듯이 몇몇 z-변환을 (급수 형태가 아닌) 닫힌 형태로 표현하는 데에 유용하다. 이렇게 닫힌 형태가 변환식을 다룰 때 간단하기 때문에, z-변환을 닫힌 형태로 표현하는 것을 선호한다.

다음과 같은 단위 계단 함수 $u[n-n_0]$을 떠올려보자.

$$u[n-n_0] = \begin{cases} 1, & n \geqq n_0 \\ 0, & n < n_0 \end{cases} \tag{11.12}$$

이 함수의 그래프를 그림 11.1에 나타내었고 다음 예제에서 이 함수를 사용한다.

예제 11.1 단위 계단 함수의 z-변환

$n = 0$에서 계단 형태의 값의 변화가 발생하는 단위 계단 함수의 z-변환을 유도한다. 식 (11.4)와 식 (11.12)로부터

$$\mathscr{Z}[u[n]] = \sum_{n=0}^{\infty} u[n] z^{-n} = \sum_{n=0}^{\infty} (1) z^{-n} = 1 + z^{-1} + z^{-2} + \cdots$$

이다. 급수 식 (11.10)에서 $a = z^{-1}$로 하면 닫힌 형태의 z-변환을 얻는다.

$$\sum_{n=0}^{\infty} z^{-n} = \frac{1}{1 - z^{-1}} = \frac{z}{z-1}$$

그러므로 단위 계단 함수의 z-변환은 $|z^{-1}| < 1$일 때만 존재한다. 즉, 단위원의 바깥쪽에 있는 z값에 대해서만 존재한다. 그러면 다음과 같은 z-변환 쌍을 얻는다.

$$u[n] \overset{\mathscr{Z}}{\longleftrightarrow} \frac{1}{1 - z^{-1}}; \quad |z^{-1}| < 1$$

■

단위 계단 함수의 z-변환은 기호에서 문제 하나를 보여준다. z-변환의 정의, 식 (11.4)는 z^{-1}의 함수가 된다. 몇몇 저자들은 모든 z-변환을 음의 지수로 두기도 하지만, 우리는 일반적으로 양

의 지수로 표현된 변수들을 다룬 경험들이 있다. 여기에서는 이러한 경험에 맞춰 $F(z)$를 z의 양의 지수로 표현하기 위해 추가적인 단계를 취할 것이다. 이 기호가 좀 더 흔하고 실수가 더 적기 때문이다. 그러면 예제 11.1로부터 단위 계단 함수의 z-변환을 다음과 같이 표현할 수 있다.

$$u[n] \overset{\mathscr{Z}}{\longleftrightarrow} \frac{z}{z-1}; \quad |z| > 1$$

예제 11.2 지수함수의 z-변환

이제 $f[n] = a^n$의 z-변환을 유도한다. 9.4절로부터 a^n은 지수함수임을 상기하라. 식 (11.4)로부터

$$\begin{aligned} F(z) &= \sum_{n=0}^{\infty} a^n z^{-n} = 1 + az^{-1} + a^2 z^{-2} + \cdots \\ &= 1 + az^{-1} + (az^{-1})^2 + \cdots \end{aligned}$$

이 급수는 $|az^{-1}| < 1$일 때, 식 (11.10)의 형태다. 그러므로 z-변환은 다음과 같다.

$$\mathscr{Z}[a^n] = \sum_{n=0}^{\infty} (az^{-1})^n = \frac{1}{1 - az^{-1}} = \frac{z}{z-a}; \quad |z| > |a|,$$

그리고 다음과 같은 z-변환 쌍을 얻는다.

$$a^n \overset{\mathscr{Z}}{\longleftrightarrow} \frac{z}{z-a}; \quad |z| > |a|$$

이 변환 쌍은 다음 MATLAB 프로그램으로 검증할 수 있다.

```
syms n a f F
f=a^n;
F=ztrans(f);
'f= ', pretty(f)
'F = ', pretty(F)
```

■

예제 11.2에서 $f[n]$을 $a^n u[n]$으로 표현할 수도 있었다. 그러나 단방향 z-변환은 $n < 0$일 때, $f[n] = 0$*이어야 한다*. $u[n]$이 명확하게 나타나 있지 않더라도 존재하는 것처럼 이해해야 한다.

예제 11.1과 예제 11.2에서 볼 수 있는 것처럼, 단위 계단 함수 $u[n]$과 지수함수 a^n의 z-변환은 변환이 존재하기 위한 조건이 있다. 임의의 함수 $f[n]$의 z-변환 $F(z)$은 다음 무한 급수가 수렴하여 변환이 존재하기 위한 이와 유사한 조건을 가지고 있다.

$$\mathscr{Z}[f[n]] = F(z) = \sum_{n=0}^{\infty} f[n] z^{-n}$$

z의 그기가 크면 임의의 함수 $f[n]$에 대해 수렴할 가능성이 더 커진다. $|z^{-n}|$이 z가 무한대로 갈수록 더 작아지기 때문이다. 그러므로 수렴 조건은 $|z| > |r|$ 형태이고, r은 $f[n]$에 따라 정해진다.

수렴 조건은 역변환 적분식 (11.2)에서 경로 Γ를 결정한다. 역z-변환을 구하는 데에 식 (11.2)를 사용하지 않기 때문에 일반적으로 이러한 수렴 조건을 무시한다. 또한 아래에서 변환식들을 유도할 때 수렴 조건을 일반적으로 언급하지 않는다. 이 조건은 유도 과정으로부터 바로 보이기 때문이다. 그러나 11.7절에서 양방향 z-변환을 소개할 때에는 이 수렴 조건을 반드시 고려해야 한다.

예제 11.1과 예제 11.2로부터 표 11.1과 같이 z-변환에 대한 간단한 표를 얻을 수 있다. 이 표

표 11.1 두 신호의 z-변환

$f[n], n \geqq 0$	$F(z)$
$u[n]$	$\dfrac{z}{z-1}$
a^n	$\dfrac{z}{z-a}$

에서 함수 $f[n]$은 $n < 0$일 때 0임에 주의한다. 복소 역변환 적분식 (11.2)를 계산하면 $n < 0$일 때 $f[n] = 0$이 된다는 것을 기억해야 한다.

일반적으로 역z-변환을 구하는 데에 식 (11.2)의 역변환 적분 대신 z-변환표를 사용한다. 임의의 변환 쌍에서

$$f[n] \overset{\mathscr{Z}}{\longleftrightarrow} F(z)$$

$f[n]$이 주어졌을 때, 변환은 $F(z)$이다. $F(z)$이 주어졌을 때, 역변환은 $f[n]$이다. 예를 들어, 지수함수에 대해

$$a^n \overset{\mathscr{Z}}{\longleftrightarrow} \frac{z}{z-a}$$

a^n의 z-변환은 $z/(z-a)$이고 $z/(z-a)$의 역변환은 $n \geqq 0$에 대해 a^n이다.

디지털 필터 예

이제 일차 차분 방정식을 푸는 데에 z-변환을 이용해보자. 먼저 z-변환의 실수-이동(real-shifting) 성질을 유도해야 한다. $n_0 \geqq 0$일 때, 지연된 함수 $f[n-n_0]u[n-n_0]$의 z-변환을 생각해보자.

$$\begin{aligned}\mathscr{Z}[f[n-n_0]u[n-n_0]] &= \sum_{n=0}^{\infty} f[n-n_0]u[n-n_0]z^{-n} \\ &= \sum_{n=n_0}^{\infty} f[n-n_0]z^{-n} \\ &= f[0]z^{-n_0} + f[1]z^{-n_0-1} + f[2]z^{-n_0-2} + \cdots \\ &= z^{-n_0}[f[0] + f[1]z^{-1} + f[2]z^{-2} + \cdots] = z^{-n_0}F(z)\end{aligned}$$

$n_0 \geqq 0$일 때, 다음 성질이 성립한다.

$$\mathscr{Z}[f[n-n_0]u[n-n_0]] = z^{-n_0}F(z) \tag{11.13}$$

물론 n_0은 정수여야 한다. $n_0 < 0$일 때 실수 이동 성질은 11.5절에서 고려한다.

α-필터의 차분 방정식은

$$y[n] - (1-\alpha)y[n-1] = \alpha x[n] \tag{11.14}$$

이다. 여기서 α는 상수다. α의 값은 필터에 대한 설계 요구 사항으로 결정된다. 이 방정식은 레이더 신호처리에서 사용되는 저주파-통과 디지털 필터를 기술하고 있다. 이 필터는 10장의 몇몇 예제에서 사용한 적이 있다.

먼저, 필터 방정식 (11.4)의 z-변환을 취한다. 식 (11.8)의 선형성과 식 (11.13)의 실수-이동

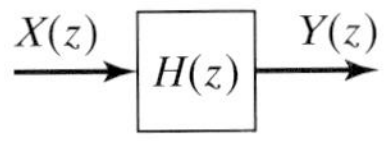

그림 11.2 이산-시간 LTI 시스템

성질을 이용하면 다음 식을 얻는다.

$$Y(z) - (1 - \alpha)z^{-1}Y(z) = \alpha X(z) \tag{11.15}$$

여기서 $Y(z) = \mathscr{Z}[y[n]]$이고 $X(z) = \mathscr{Z}[x[n]]$이다. $Y(z)$에 대해 풀면

$$Y(z) = \frac{\alpha}{1 - (1 - \alpha)z^{-1}} X(z) = \frac{\alpha z}{z - (1 - \alpha)} X(z)$$

이다. 10장에서는 입력과 출력의 비를 유도하는 데에 다른 접근 방식을 사용하였고, 이 비를 $H(z)$로 나타내고 *시스템 전달함수*라고 하였다. 여기에서도 동일한 기호를 사용하면

$$\frac{Y(z)}{X(z)} = H(z) = \frac{\alpha z}{z - (1 - \alpha)} \tag{11.16}$$

이다. 이 선형 시불변 이산-시간 시스템을 그림 11.2의 블록 다이어그램으로 나타낸다.

이제 α-필터의 단위 계단 응답을 구해보자. 입력 신호는 표 11.1로부터 $X(z) = \mathscr{Z}[u[n]] = z/(z - 1)$이다. 그러면 식 (11.16)으로부터 α-필터의 출력은 다음과 같다.

$$Y(z) = \frac{\alpha z}{z - (1 - \alpha)} X(z) = \frac{\alpha z}{z - (1 - \alpha)} \frac{z}{z - 1} \tag{11.17}$$

출력 $y[n]$은 이 함수의 역z-변환이다. 계산을 간단히 하기 위해 $\alpha = 0.1$라고 하자.

식 (11.17)의 함수는 표 11.1에 포함되어 있지 않다는 점을 알 수 있다. 라플라스 변환과 푸리에 변환을 이용할 때와 같이, $Y(z)$를 표 11.1에 나타나는 항들의 합으로 나타내도록 *부분 분수 분해*를 사용해야 한다. 부분 분수 분해 과정은 부록 F에 나와 있다.

부록 F의 부분 분수 분해 과정을 사용할 때 한 가지 문제점이 발생한다. 다음과 같은 지수함수 a^n에 대한 z-변환으로 이 문제점을 보이고자 한다.

$$a^n \overset{\mathscr{Z}}{\longleftrightarrow} \frac{z}{z - a}$$

이 변환은 분자에 변수 z가 있지만, 부록 F의 과정은 분자에는 오직 상수만 존재하는 결과를 낸다. 이 문제를 식 (11.17)에서 $Y(z)/z$에 대한 부분 분수 분해를 함으로써 해결한다. $\alpha = 0.1$일 때,

$$\frac{Y(z)}{z} = \frac{0.1z}{(z - 0.9)(z - 1)} = \frac{k_1}{z - 0.9} + \frac{k_2}{z - 1}$$

이다. 부분 분수 분해로 상수 k_1과 k_2를 구한다.

$$k_1 = (z - 0.9)\left[\frac{0.1z}{(z - 0.9)(z - 1)}\right]_{z=0.9} = \left.\frac{0.1z}{z - 1}\right|_{z=0.9} = -0.9,$$

$$k_2 = (z - 1)\left[\frac{0.1z}{(z - 0.9)(z - 1)}\right]_{z=1} = \left.\frac{0.1z}{z - 0.9}\right|_{z=1} = 1$$

그러면,

$$\frac{Y(z)}{z} = \frac{-0.9}{z - 0.9} + \frac{1}{z - 1}$$

이다. 양변에 z를 곱하고 정리하면 다음과 같다.

$$Y(z) = \frac{z}{z - 1} - \frac{0.9z}{z - 0.9}$$

이 항들은 표 11.1에 나타나 있다. 그러면 α-필터의 단위 계단 응답은

$$y[n] = 1 - 0.9^{n+1}, \quad n \geqq 0$$

이다. 이 결과를 $\alpha = 0.1$, $y[-1] = 0$으로 할 때 차분 방정식 (11.14)의 반복해를 구해봄으로써 처음 몇 개의 n값에 대해 검증해볼 수 있다. 부분 분수 분해를 수행하는 MATLAB 프로그램은 다음과 같다.

```
n=[.1 0];d=[1 -1.9 .9];
[r,p,k]=residue(n,d)
```

다음 MATLAB 프로그램으로 역z-변환을 검증해볼 수 있다.

```
syms Y z
Y=0.1*z^2/ ((z-0.9) * (z-1));
y=iztrans (Y);
'Y(z) = ', pretty(Y)
'y(n) = ', pretty(y)
```

앞 예에서 다음 점들을 알 수 있다.

1. 계수가 상수인 차분 방정식이 대수 방정식 (11.15)로 변환된다.
2. 대수 방정식을 풀어서 변환변수 z와 $X(z)$의 함수로서 $\mathcal{Z}[y[n]] = Y(z)$를 구한다.
3. 역변환 적분식 (11.2)를 사용하는 대신 변환표를 이용하여 역변환을 구한다.
4. 일반적으로 z에 대한 복잡한 함수를 z-변환표에 나오는 좀 더 간단한 함수로 전개하기 위해 $Y(z)/z$를 부분 분수 분해할 필요가 있다.

다음 절에서 이 결과들을 더욱 확장할 것이다.

이 절에서는 단위 계단 함수와 이산-지수함수의 z-변환을 구하였다. 두 경우 모두 변환식이 닫힌 형태로 표현된다. 다음으로 z-변환을 이용하여 일차 차분 방정식을 풀었다. 다음 절에서는 추가적인 함수에 대한 z-변환을 유도할 것이다.

11.3 여러 함수들의 z-변환

직접 단방향 z-변환은 다음과 같이 정의되고,

[식 (11.4)] $$\mathcal{Z}[f[n]] = F(z) = \sum_{n=0}^{\infty} f[n]z^{-n}$$

역z-변환은 식 (11.2)로부터 다음 역변환 적분으로 정의된다.

$$f[n] = \frac{1}{2\pi j}\oint_{\Gamma} F(z) z^{n-1}\, dz$$

닫힌 적분 경로 Γ는 식 (11.4)의 합이 존재하는 수렴 영역이 결정한다.

앞에서 언급하였듯이 역변환을 구하는 데에 역변환 적분을 거의 사용하지 않는다. 그러므로 수렴 영역은 부차적인 중요성만 갖는다. 실제로 z-변환을 제시할 때 수렴 영역에 대해 거의 언급하지 않는다. 그러나 어떤 특정 z-변환에 대해 수렴 영역이 존재한다는 사실을 알고는 있어야 한다. 또한 양방향 z-변환식 (11.1)을 적용할 때에는 이 수렴 영역을 꼭 알아야 한다.

이제 자주 사용되는 몇 가지 z-변환들을 유도한다. 먼저 9.1절에서 정의한 이산-임펄스 함수를 생각해보자. 식 (9.13)으로부터

$$\delta[n - n_0] = \begin{cases} 1, & n = n_0 \\ 0, & n \neq n_0 \end{cases} \tag{11.18}$$

$n_0 \geqq 0$일 때, 단위 임펄스 함수(단위 샘플링 함수)의 z-변환은

$$\mathscr{Z}[\delta[n - n_0]] = \sum_{n=0}^{\infty} \delta[n - n_0] z^{-n} = z^{-n_0}$$

이고, 다음과 같은 z-변환 쌍이 된다.

$$\delta[n - n_0] \overset{\mathscr{Z}}{\longleftrightarrow} z^{-n_0} \tag{11.19}$$

$n = 0$에서 임펄스가 발생하는 단위 임펄스 함수 ($n_0 = 0$)일 때에는,

$$\delta[n] \overset{\mathscr{Z}}{\longleftrightarrow} 1 \tag{11.20}$$

이다.

추가적인 변환 쌍을 구해보자. 표 11.1에 있는 다음 z-변환 쌍을 생각해보자.

$$u^n \overset{\mathscr{Z}}{\longleftrightarrow} \frac{z}{z - a} \tag{11.21}$$

a^n은 지수이고 다음과 같이 표현할 수 있었다.

$$a^n = (e^{\beta})^n = e^{\beta n}, \beta = \ln a$$

그러면 변환 쌍 (11.21)은 다음과 같이 표현할 수 있다.

$$a^n - c^{\beta n} \overset{\mathscr{Z}}{\longleftrightarrow} \frac{z}{z - a} = \frac{z}{z - e^{\beta}} \tag{11.22}$$

사인파

이제 사인파 함수를 생각하자. 오일러 관계식에 의해

$$\cos bn = \frac{e^{jbn} + e^{-jbn}}{2}$$

이다. 그러므로 선형 성질 식 (11.8)에 의해 다음과 같다.

$$\mathcal{Z}[\cos bn] = \tfrac{1}{2}[\mathcal{Z}[e^{jbn}] + \mathcal{Z}[e^{-jbn}]]$$

그러면 식 (11.22)로부터 $\beta = jb$일 때,

$$\mathcal{Z}[\cos bn] = \frac{1}{2}\left[\frac{z}{z - e^{jb}} + \frac{z}{z - e^{-jb}}\right] = \frac{z}{2}\left[\frac{z - e^{-jb} + z - e^{jb}}{(z - e^{jb})(z - e^{-jb})}\right]$$
$$= \frac{z}{2}\left[\frac{2z - (e^{jb} + e^{-jb})}{z^2 - (e^{jb} + e^{-jb})z + 1}\right] = \frac{z(z - \cos b)}{z^2 - 2z\cos b + 1}$$

이다. 여기서 마지막 단계에서 오일러 관계식을 사용하였다. 동일한 과정을 따라 $\sin bn = (e^{jbn} - e^{-jbn})/2j$이므로,

$$\mathcal{Z}[\sin bn] = \frac{1}{2j}\left[\frac{z}{z - e^{jb}} - \frac{z}{z - e^{-jb}}\right] = \frac{z}{2j}\left[\frac{z - e^{-jb} - z + e^{jb}}{(z - e^{jb})(z - e^{-jb})}\right]$$
$$= \frac{z}{2j}\left[\frac{e^{jb} - e^{-jb}}{z^2 - (e^{jb} + e^{-jb})z + 1}\right] = \frac{z\sin b}{z^2 - 2z\cos b + 1}$$

이다.

앞의 과정은 크기가 지수적으로 변하는 사인파에도 적용할 수 있다. 다음 식이 성립하기 때문에,

$$e^{-an}\cos bn = e^{-an}\left[\frac{e^{jbn} + e^{-jbn}}{2}\right] = \frac{e^{-an+jbn} + e^{-an-jbn}}{2}$$

다음 결과를 얻는다.

$$\mathcal{Z}[e^{-an}\cos bn] = \frac{1}{2}\left[\frac{z}{z - e^{-a+jb}} + \frac{z}{z - e^{-a-jb}}\right]$$
$$= \frac{z}{2}\left[\frac{z - e^{-a-jb} + z - e^{-a+jb}}{(z - e^{-a+jb})(z - e^{-a-jb})}\right]$$
$$= \frac{z}{2}\left[\frac{2z - e^{-a}(e^{jb} + e^{-jb})}{z^2 - e^{-a}(e^{jb} + e^{-jb})z + e^{-2a}}\right]$$
$$= \frac{z(z - e^{-a}\cos b)}{z^2 - 2ze^{-a}\cos b + e^{-2a}}$$

정리하면 다음 변환 쌍을 얻을 수 있다.

$$\cos bn \overset{\mathcal{Z}}{\longleftrightarrow} \frac{z(z - \cos b)}{z^2 - 2z\cos b + 1},$$
$$e^{-an}\cos bn \overset{\mathcal{Z}}{\longleftrightarrow} \frac{z(z - e^{-a}\cos b)}{z^2 - 2ze^{-a}\cos b + e^{-2a}}$$
$$= \frac{ze^{a}(ze^{a} - \cos b)}{(ze^{a})^2 - 2ze^{a}\cos b + 1}$$

이 두 함수에서 $\cos(bn)$에 지수함수 e^{-an}을 곱하면 z-변환에서 z를 ze^{a}로 바꾸는 효과가 나타남을 알 수 있다. 이제 이 성질이 일반적임을 보이고자 한다.

$$\begin{aligned}\mathscr{Z}[e^{-an}f[n]] &= \sum_{n=0}^{\infty} e^{-an}f[n]z^{-n} = \sum_{n=0}^{\infty} f[n](ze^{a})^{-n} \\ &= F(z)\Big|_{z \leftarrow ze^{a}} = F(ze^{a})\end{aligned} \tag{11.23}$$

기호 $z \leftarrow ze^a$는 z를 ze^a로 바꾸라는 의미다. sin (bn)에 대한 z-변환식과 식 (11.23)을 이용하면, 다음을 알 수 있다.

$$\sin bn \overset{\mathscr{Z}}{\longleftrightarrow} \frac{z \sin b}{z^2 - 2z\cos b + 1},$$

$$e^{-an}\sin bn \overset{\mathscr{Z}}{\longleftrightarrow} \frac{ze^{a}\sin b}{(ze^{a})^2 - 2ze^{a}\cos b + 1}$$

$$= \frac{ze^{-a}\sin b}{z^2 - 2ze^{-a}\cos b + e^{-2a}}$$

이제 예를 통해 추가적으로 변환식을 구해보자.

예제 11.3 단위 램프 함수의 z-변환

단위 램프 함수 $f[n] = n$에 대한 z-변환을 유도한다.

$$\mathscr{Z}[n] = \sum_{n=0}^{\infty} nz^{-n} = 0 + z^{-1} + 2z^{-2} + 3z^{-3} + \cdots$$

부록 C에 다음 급수의 합 공식이 있다.

$$\sum_{n=0}^{\infty} na^{n} = \frac{a}{(1-a)^2}; \quad |a| < 1$$

그러므로 $a = z^{-1}$로 두고 다음과 같은 z-변환식을 얻는다.

$$\mathscr{Z}[n] = \sum_{n=0}^{\infty} nz^{-n} = \frac{z^{-1}}{(1-z^{-1})^2} = \frac{z}{(z-1)^2}$$

그러므로 변환 쌍은 다음과 같다.

$$n \overset{\mathscr{Z}}{\longleftrightarrow} \frac{z}{(z-1)^2}$$ ■

다음 MATLAB 프로그램은 Symbolic Math Toolbox를 이용하여 단위 램프 함수의 z-변환을 구한다.

```
syms n y Y
y=n;
Y=ztrans(y);
'y(n) = ',pretty(y)
'Y(z) = ', pretty(Y)
```

이 절에서는 몇 가지 z-변환 쌍을 유도하였고, 이 쌍들을 다른 몇 가지 다른 쌍들과 함께 표 11.2에 정리하였다. 또한 수렴 영역(region of convergence, ROC)을 각 변환에 대해 표시하였다. 이 정보는 나중에 양방향 z-변환을 고려할 때 필요하다.

표 11.2 z-변환

$f[n], n \geqq 0$	$F(z)$	ROC
1. $\delta[n]$	1	All z
2. $\delta[n-n_0]$	z^{-n_0}	$z \neq 0$
3. $u[n]$	$\dfrac{z}{z-1}$	$\|z\| > 1$
4. n	$\dfrac{z}{(z-1)^2}$	$\|z\| > 1$
5. n^2	$\dfrac{z(z+1)}{(z-1)^3}$	$\|z\| > 1$
6. a^n	$\dfrac{z}{z-a}$	$\|z\| > \|a\|$
7. na^n	$\dfrac{az}{(z-a)^2}$	$\|z\| > \|a\|$
8. n^2a^n	$\dfrac{az(z+a)}{(z-a)^3}$	$\|z\| > \|a\|$
9. $\sin bn$	$\dfrac{z \sin b}{z^2 - 2z\cos b + 1}$	$\|z\| > 1$
10. $\cos bn$	$\dfrac{z(z-\cos b)}{z^2 - 2z\cos b + 1}$	$\|z\| > 1$
11. $a^n \sin bn$	$\dfrac{az \sin b}{z^2 - 2az\cos b + a^2}$	$\|z\| > \|a\|$
12. $a^n \cos bn$	$\dfrac{z(z - a\cos b)}{z^2 - 2az\cos b + a^2}$	$\|z\| > \|a\|$

11.4절과 11.5절에서는 z-변환의 몇 가지 성질들을 살펴볼 것이다. 그런 다음 이 성질들을 이용하여 다른 추가적인 변환 쌍들을 유도할 수 있음을 보일 것이다. 또한 이 성질들은 계수가 상수인 선형 차분 방정식을 푸는 데에 도움을 준다.

11.4 z-변환 성질들

11.1절부터 11.3절까지에서 세 가지 z-변환의 성질들을 유도하였다. 그 세 가지 성질들은 다음과 같다.

[식 (11.8)] $$\mathscr{Z}[a_1 f_1[n] + a_2 f_2[n]] = a_1 F_1(z) + a_2 F_2(z)$$

[식 (11.13)] $$\mathscr{Z}[f[n-n_0]u[n-n_0]] = z^{-n_0}F(z);\ n_0 \geqq 0$$

그리고

[식 (11.23)] $$\mathscr{Z}[e^{-an} f[n]] = F(z)\Big|_{z \leftarrow ze^a} = F(ze^a)$$

여기서 $F(z) = \mathscr{Z}[f[n]]$이다. 식 (11.8)의 성질은 *선형성*이고, 식 (11.13)의 성질은 *실수-이동 성*

질이다. 식 (11.23)의 성질은 때때로 *복소수-스케일링* 또는 *주파수-스케일링 성질*이라고 한다. 시간 영역에서 e^{-an}을 곱하면 z-평면 변수에서 복소수 스케일링 결과로 나타나기 때문이다. 식 (11.23)의 성질을 또한 *변조*(modulation) *성질*이라고도 한다. 일반적으로 $z = \Sigma + j\Omega$는 복소수이고 a도 또한 복소수가 될 수 있다.

실수 이동

식 (11.13)의 이동 성질은 시간 영역에서 시간 *지연*에 적용되었다. 이 절에서는 시간 *앞섬*에 대한 이동 성질을 유도한다.

먼저, 그림 11.3(a)의 이산-시간 함수 $f[n]$을 생각하자. $n < 0$일 때 $f[n] = -1$, $f[0] = f[1] = 1$, 그리고 $n \geqq 2$일 때 $f[n] = 1.5$임에 유의한다. 이제 이 시간 함수를 이동시키는 다양한 방식들을 고려한다.

그림 11.3(b)는 $u[n]$이 단위 계단 함수일 때, $f[n]u[n]$의 그래프를 보여준다. 이 식은 흔히 인자 $u[n]$이 생략되어 있음에도 불구하고 단방향 z-변환에 필요한 함수 형태다. 그림 11.3(c)는 $n_0 \geqq 0$이 시간 지연량을 나타낼 때 함수 $f[n - n_0]$의 그래프를 보여준다. 함수 $f[n - n_0]u[n]$의 그래프는 그림 11.3(d)에 나타나 있고, 함수 $f[n - n_0]u[n - n_0]$의 그래프는 그림 11.3(e)에 나타나 있다. 마지막 함수는

$$f[n - n_0]u[n - n_0] = \begin{cases} f[n - n_0]; & n \geqq n_0 \\ 0; & n < n_0 \end{cases} \tag{11.24}$$

이다. 그림 11.3(f)는 나중에 고려한다.

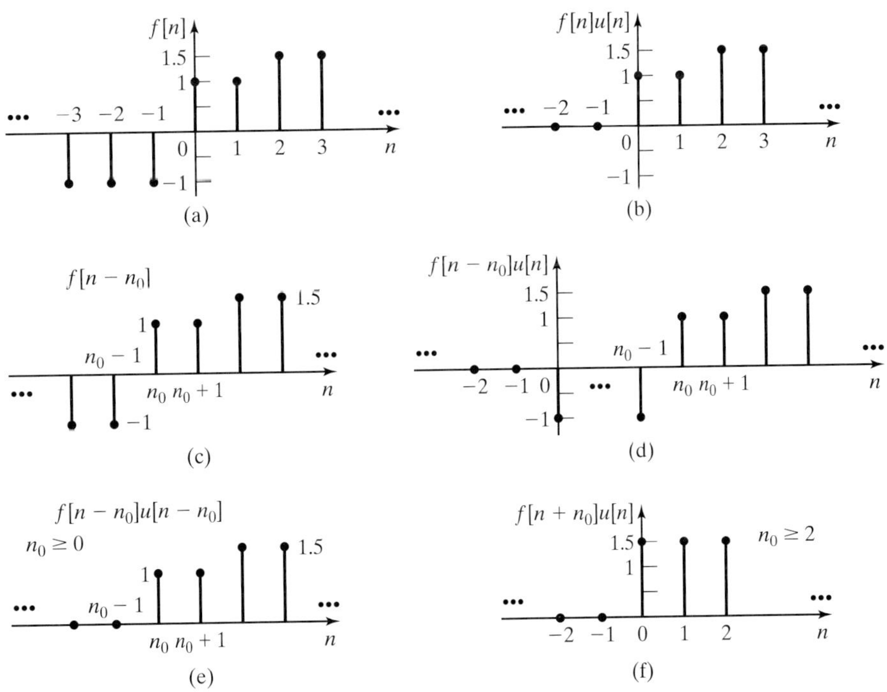

그림 11.3 시간-이동된 함수들

그림 11.3에 있는 함수들 사이의 차이점에 신중하게 주의해야 한다. 그림 11.3(b)의 함수는 $f[n]$의 단방향 z-변환에 필요하다. 그림 11.3(e)는 식 (11.13)의 실수–이동 성질을 위한 함수를 보여준다.

이제 $n_0 > 0$일 때, 이동된 함수 $f[n + n_0]u[n]$을 생각해보자. 이 함수를 $n_0 \geqq 2$에 대해 그림 11.3(f)에 나타내었다. 이러한 이동은 시간 앞섬임을 알 수 있다. 식 (11.4)로부터 이 함수의 z-변환은 다음과 같다.

$$\begin{aligned}\mathscr{Z}[f[n + n_0]u[n]] &= \sum_{n=0}^{\infty}[f[n + n_0]u[n]z^{-n} \\ &= f[n_0] + f[n_0 + 1]z^{-1} + f[n_0 + 2]z^{-2} + \cdots\end{aligned}$$

마지막 식에 $z^{n_0}z^{-n_0}$을 곱하면 다음 식이 된다.

$$\begin{aligned}\mathscr{Z}[f[n + n_0]u[n]] &= z^{n_0}[f[n_0]z^{-n_0} + f[n_0 + 1]z^{-(n_0+1)} + f[n_0 + 2]z^{-(n_0+2)} + \cdots] \\ &= z^{n_0}\sum_{n=n_0}^{\infty} f[n]z^{-n}\end{aligned}$$

마지막 합은 $f[n]$에 대한 z-변환의 일부분이다. 이 변환을 완료하기 위해 $\Sigma f[n]z^{-n}$, $n = 0, 1, \ldots, (n_0 - 1)$을 더했다가 뺀다. 그러면

$$\begin{aligned}\mathscr{Z}[f[n + n_0]u[n]] &= z^{n_0}[\sum_{n=n_0}^{\infty} f[n]z^{-n} + \sum_{n=0}^{n_0-1} f[n]z^{-n} - \sum_{n=0}^{n_0-1} f[n]z^{-n}] \\ &= z^{n_0}[F(z) - \sum_{n=0}^{n_0-1} f[n]z^{-n}], \quad n_0 > 0\end{aligned} \tag{11.25}$$

이고 시간 앞섬에 대한 실수–이동 성질을 유도하였다. 단방향 z-변환을 생각하고 있기 때문에 인자 $u[n]$은 생략해도 된다.

식 (11.25)의 성질은 그림 11.3(f)에 보이는 것과 같은 형태의 시간 앞섬에 대해서만 적용되고 식 (11.13)의 성질은 그림 11.3(e)에 보이는 것과 같은 형태의 시간 지연에 대해서만 적용된다.

예제 11.4 시간–이동 성질

z-변환의 시간–이동 성질을 보여주고자 한다. 첫 여섯 개의 값이 표 11.3에 나타난 것과 같은 이산–시간 함수 $f[n]$을 생각하자. $f[n]$이 함수 형태로 주어져 있지 않기 때문에 닫힌 형태로 z-변환을 표현할 수 없다.

이제 $\mathscr{Z}[f[n]]$, $\mathscr{Z}[f[n - 2]u[n - 2]]$, $\mathscr{Z}[f[n + 2]u[n]]$을 구해보자.

$$\begin{aligned}F(z) = \mathscr{Z}[f[n]] &= \sum_{n=0}^{\infty} f[n]z^{-n} \\ &= 1 - z^{-1} - 0.5z^{-2} + 1.5z^{-4} + 3.5z^{-5} + \cdots; \\ \mathscr{Z}[f[n - 2]u[n - 2]] &= \sum_{n=0}^{\infty} f[n - 2]u[n - 2]z^{-n} \\ &= z^{-2} - z^{-3} - 0.5z^{-4} + 1.5z^{-6} + 3.5z^{-7} + \cdots; \\ \mathscr{Z}[f[n + 2]] &= \sum_{n=0}^{\infty} f[n + 2]z^{-n} \\ &= -0.5 + 1.5z^{-2} + 3.5z^{-3} + \cdots\end{aligned} \tag{11.26}$$

표 11.3 예제 11.4의 함수들

n	$f[n]$	$f[n-2]u[n-2]$	$f[n+2]u[n]$
0	1	0	−0.5
1	−1	0	0
2	−0.5	1	1.5
3	0	−1	3.5
4	1.5	−0.5	⋮
5	3.5	0	
⋮	⋮	⋮	

두 개의 이산 증분만큼 시간 앞섬을 하면 처음 두 개의 샘플 값을 잃어버린다는 점에 유의한다.

두 개의 이동된 함수의 z-변환은 식 (11.13)과 식 (11.25)로부터 다음과 같다.

$$\mathscr{Z}[f[n-2]u[n-2]] = z^{-2}F(z)$$

그리고

$$\mathscr{Z}[f[n+2]] = z^2[F(z) - 1 + z^{-1}]$$

식 (11.26)의 결과는 이 관계식을 검증해준다. ■

초깃값과 최종값

초깃값 성질은 어떤 함수의 z-변환으로부터 바로 이 함수의 초깃값 $f[0]$을 구하는 것과 관련된다. z-변환의 정의 식 (11.4)로부터

$$F(z) = f[0] + f[1]z^{-1} + f[2]z^{-2} + \cdots$$

이다. $F(z)$에서 z를 무한대로 하는 극한을 취하여 $f[0]$를 구한다.

$$\lim_{z\to\infty} F(z) = \lim_{z\to\infty}\left[f[0] + \frac{f[1]}{z} + \frac{f[2]}{z^2} + \cdots\right] = f[0]$$

그러므로 초깃값 성질은 다음과 같다.

$$f[0] = \lim_{z\to\infty} F(z) \tag{11.27}$$

최종값 성질은 어떤 함수의 z-변환으로부터 바로 이 함수의 최종값(정상-상태 값)을 구하는 것과 관련된다. 이 성질을 유도하는 것은 초깃값 성질을 유도하는 것보다 복잡하다.

다음 변환을 먼저 생각해보자.

$$\begin{aligned}\mathscr{Z}[f[n+1] - f[n]] &= \lim_{k\to\infty}\left[\sum_{n=0}^{k} f[n+1]z^{-n} - \sum_{n=0}^{k} f[n]z^{-n}\right] \\ &= \lim_{k\to\infty}[-f[0] + f[1](1 - z^{-1}) + f[2](z^{-1} - z^{-2}) + \ldots \\ &\quad + f[k](z^{-k+1} - z^{-k}) + f[k+1]z^{-k}]\end{aligned}$$

이제 양변을 z가 무한대로 커지는 극한을 취하면 $(z^{-i+1} - z^{-i})$항이 0으로 접근한다. 그러므로

$$\lim_{z\to 1} \mathscr{Z}[f[n+1]-f[n]] = \lim_{n\to\infty} [f[n+1]-f[0]] \tag{11.28}$$

이다. 이후 전개를 명확하기 하기 위해 우변의 변수 n을 k로 치환한다.

식 (11.25)의 이동 성질로부터

$$\mathscr{Z}[f[n+1]-f[n]] = z[F(z)-f[0]] - F(z) = (z-1)F(z) - zf[0]$$

이고 그러므로

$$\lim_{z\to 1} \mathscr{Z}[f[n+1]-f[n]] = \lim_{z\to 1} [(z-1)F(z) - zf[0]] \tag{11.29}$$

이다. 식 (11.28)과 식 (11.29)를 같다고 놓으면 다음 식을 얻는다.

$$\lim_{n\to\infty} [f[n+1]-f[0]] = \lim_{z\to 1} [(z-1)F(z) - zf[0]]$$

$f[0]$은 상수이기 때문에 이 항은 상쇄되고 극한값 $\lim_{z\to 1}(z-1)F(z)$가 존재할 때 즉, $f[n]$이 최종값을 가질 때, 최종값 정리는 다음과 같다.

$$\lim_{n\to\infty} f[n] = f[\infty] = \lim_{z\to 1} (z-1)F(z) \tag{11.30}$$

[$z = 1$에 유일한 극점이 있는 경우를 제외하고, $F(z)$의 모든 극점이 단위원 *내부에* 있다면 $f[n]$이 최종값을 갖는다는 사실을 나중에 보일 것이다. 게다가 식 (11.30)으로부터 $f[n]$이 최종값을 갖는다면 그 값은 $F(z)$가 $z = 1$에 극점을 갖는 경우에만 0이 아니다.]

예제 11.5 초깃값 성질과 최종값 성질

예를 가지고 초깃값 성질과 최종값 성질을 보여주고자 한다. 단위 계단 함수를 생각하자.

$$\mathscr{Z}[u[n]] = \frac{z}{z-1}$$

식 (11.27)의 초깃값 성질로부터

$$f[0] = \lim_{z\to\infty} \frac{z}{z-1} = \lim_{z\to\infty} \frac{1}{1-1/z} = 1$$

이다. $u[n]$의 최종값이 존재한다는 것을 알기 때문에 식 (11.30)의 최종값 성질로부터

$$f[\infty] = \lim_{z\to 1} (z-1)\frac{z}{z-1} = \lim_{z\to 1} z = 1$$

이다. 두 값 모두 올바른 것임을 알 수 있다. ■

예제 11.6 예제 11.5의 연속

이제 사인파 함수 $\sin(\pi n/2)$를 생각해보자. 표 11.2로부터

$$\mathscr{Z}[\sin(\pi n/2)] = \frac{z\sin(\pi/2)}{z^2 - 2z\cos(\pi/2) + 1} = \frac{z}{z^2+1}$$

이다. 식 (11.27)의 초깃값 성질로부터

$$f[0] = \lim_{z\to\infty} \frac{z}{z^2+1} = 0$$

이고 이 값은 맞는다. 식 (11.30)의 최종값 성질로부터

$$f[\infty] = \lim_{z\to 1} (z-1)\frac{z}{z^2+1} = 0$$

인데, 이 값은 틀리다. $\sin(\pi n/2)$는 계속하여 진동하고 그렇기 때문에 최종값이 없기 때문이다. ■

z-변환의 몇 가지 성질을 유도하여보았다. 다음 절에서는 z-변환의 다른 성질들을 추가적으로 유도한다.

11.5 추가 성질들

z-변환의 두 개의 추가 성질을 유도한 다음 이 성질들을 정리한 표를 제시할 것이다.

시간 스케일링

독립 변수 변환에 대해 9장에서 소개하였다. 이제 이러한 이산-시간 변환이 z-변환에 미치는 영향에 대해 살펴본다.

먼저 $f[m]$의 z-변환을 생각해보자. 편의를 위해 이산-시간 변수로 m을 사용하였다.

$$F(z) = \mathscr{Z}[f[m]] = \sum_{m=0}^{\infty} f[m]z^{-m} = f[0] + f[1]z^{-1} + f[2]z^{-2} + \cdots$$

$f[m]$의 한 예를 그림 11.4(a)에 나타내었다. 이제 k가 양의 정수일 때, 시간 스케일링 변환 $m = n/k$ $(n = mk)$을 고려하고 9.2절에서와 같이 다음 기호를 사용한다.

$$f_t[n] = f[m]\bigg|_{m=n/k} = f[n/k] \tag{11.31}$$

n-축 $(n = mk)$을 그림 11.4(a)에 그리고 $f[n/k]$를 그림 11.4(b)에 n에 대해 그린다.

이제 $f[n/k]$의 z-변환을 다음과 같이 *정의*한다.

$$\begin{aligned}\mathscr{Z}[f_t[n]] &= F_t(z) = \mathscr{Z}[f[n/k]]\\ &= f[0] + f[1]z^{-k} + f[2]z^{-2k} + \cdots = \sum_{n=0}^{\infty} f[n]z^{-kn}\end{aligned} \tag{11.32}$$

이 *정의*는 n이 양의 정수일 때, $n \neq mk$일 때는 $f_t[n]$을 0으로 세팅한다는 점에 유의한다. 그러면 나음을 일 수 있다.

$$\begin{aligned}F_t(z) &= \mathscr{Z}[f[n/k]] = \sum_{n=0}^{\infty} f[n]z^{-kn}\\ &= \sum_{n=0}^{\infty} f[n](z^k)^{-n} = F(z)\bigg|_{z\leftarrow z^k} = F(z^k)\end{aligned} \tag{11.33}$$

여기서 $\mathscr{Z}[f[n]] = F(z)$이다. 그러므로 다음과 같이 k가 양의 정수일 때, 시간-스케일링 성질을 얻는다.

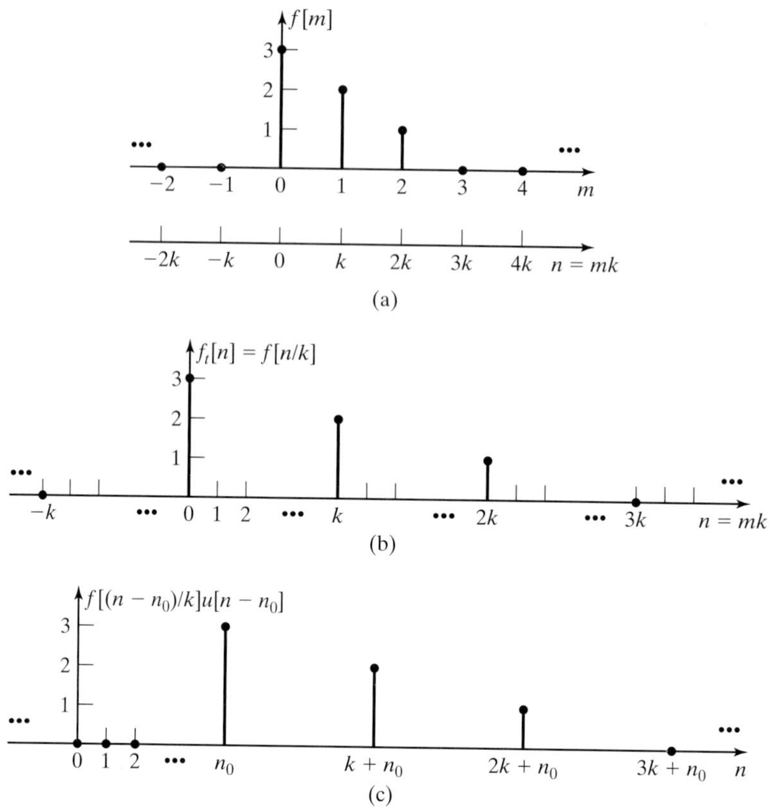

그림 11.4 시간 이동 및 스케일링 예들

$$f[n/k] \overset{\mathscr{Z}}{\longleftrightarrow} F(z^k) \tag{11.34}$$

시간 스케일링을 $m = n/k$와 같이 하면 추가적으로 샘플값들이 생기고 여기에서는 이 값들을 0으로 선택한다. 여기에서 유도한 식은 이렇게 선택하는 경우에만 적용된다. 이렇게 추가적으로 생기는 샘플값들에 대해 다른 규칙을 적용할 수 있고 그러면 식 (11.34)는 적용되지 않는다.

k가 양의 정수일 때, 시간 스케일링 $f[nk]$는 다루지 않는다. 9장에서 이러한 변환은 샘플값들을 잃어버렸다는 점을 기억하라. 다음 예에서 이러한 시간 스케일링을 살펴보자.

예제 11.7 시간-스케일링 성질

지수함수 $f[n] = a^n$을 생각해보자. 표 11.2로부터

$$f[n] = a^n \overset{\mathscr{Z}}{\longleftrightarrow} \frac{z}{z-a} = F(z)$$

이다. 여기서는 $f_t[n] = f[n/2]$의 z-변환을 구하고자 한다. 먼저 정의로부터 $F_t(z)$을 구하고 검증을 위해 식 (11.33) 성질을 이용한다.

식 (11.32)의 정의로부터

$$\mathcal{Z}[f[n/2]] = 1 + az^{-2} + a^2z^{-4} + \cdots = \sum_{n=0}^{\infty} a^n z^{-2n} = \sum_{n=0}^{\infty} (az^{-2})^n$$

이다. 부록 C로부터

$$\sum_{n=0}^{\infty} b^n = \frac{1}{1-b}; \quad |b| < 1$$

이므로 $b = az^{-2}$이면,

$$\mathcal{Z}[f[n/2]] = \frac{1}{1 - az^{-2}} = \frac{z^2}{z^2 - a} \tag{11.35}$$

이다. $k = 2$일 때 식 (11.33)의 스케일링 성질에 직접 대입하면 이 결과를 확인할 수 있다. ■

시간 영역에서 컨볼루션

이제 컨볼루션 합에 대한 변환을 유도한다. 식 (10.13)과 컨볼루션의 정의로부터

$$x[n]*y[n] = \sum_{k=-\infty}^{\infty} x[k]y[n-k] = \sum_{k=0}^{\infty} x[k]y[n-k] \tag{11.36}$$

이다. 왜냐하면 $k < 0$일 때 $x[k]$는 0이기 때문이다. 그러면 식 (11.4)로부터

$$\begin{aligned} \mathcal{Z}[x[n]*y[n]] &= \sum_{n=0}^{\infty} [\sum_{k=0}^{\infty} x[k]y[n-k]]z^{-n} \\ &= \sum_{k=0}^{\infty} x[k][\sum_{n=0}^{\infty} y[n-k]z^{-n}] \end{aligned} \tag{11.37}$$

이다. 위 식의 마지막 단계에서 합의 순서를 바꾸었다. 다음으로 안쪽에 있는 합에서 변수를 치환하여 $m = (n-k)$라고 두면 $n = m + k$이고

$$\begin{aligned} \mathcal{Z}[x[n]*y[n]] &= \sum_{k=0}^{\infty} x[k]\left[\sum_{m=-k}^{\infty} y[m]z^{-m-k}\right] \\ &= \sum_{k=0}^{\infty} x[k]z^{-k} \sum_{m=0}^{\infty} y[m]z^{-m} = X(z)Y(z) \end{aligned} \tag{11.38}$$

이다. $m < 0$일 때 $y[m]$이 0이기 때문에 합에서 첫 항 $m = -k$를 $m = 0$으로 바꾸었다. 그러므로 컨볼루션은 z-영역에서 곱으로 변환된다. 이 장의 뒷부분에서 선형시스템을 다룰 때 컨볼루션에 대한 예가 있다.

z-변환에 대한 몇 가지 성질들을 살펴보았다. 이 성질들은 z-변환에 대한 표를 생성하고 계수가 상수인 선형 차분 방정식의 해를 구하는 과정에 z-변환을 응용할 때 유용하다. 가능하다면 이산-시간 물리적 시스템을 계수가 상수인 선형 차분 방정식으로 모델링한다. 그러므로 이러한 성질들은 선형 시불변 물리적 시스템을 분석하고 설계할 때 모두 유용하다. 표 11.4는 z-변환의 성질들을 나열하고 있고 여기에서 유도된 성질들에 추가된 성질들도 포함하고 있다.

표 11.4 z-변환의 성질들

이름	성질
1. 선형성, (11.8)	$\mathscr{Z}[a_1 f_1[n] + a_2 f_2[n]] = a_1 F_1(z) + a_2 F_2(z)$
2. 실수 이동, (11.13)	$\mathscr{Z}[f[n - n_0]u[n - n_0]] = z^{-n_0}F(z), \quad n_0 \geqq 0$
3. 실수 이동, (11.25)	$\mathscr{Z}[f[n + n_0]u[n]] = z^{n_0}[F(z) - \sum_{n=0}^{n_0-1} f[n]z^{-n}]$
4. 복소수 이동, (11.23)	$\mathscr{Z}[a^n f[n]] = F(z/a)$
5. n으로 곱하기	$\mathscr{Z}[nf[n]] = -z\dfrac{dF(z)}{dz}$
6. 시간 스케일링, (11.33)	$\mathscr{Z}[f[n/k]] = F(z^k)$, k는 양의 정수
7. 컨볼루션, (11.38)	$\mathscr{Z}[x[n]*y[n]] = X(z)Y(z)$
8. 합	$\mathscr{Z}[\sum_{k=0}^{n} f[k]] = \dfrac{z}{z-1}F(z)$
9. 초깃값, (11.27)	$f[0] = \lim_{z\to\infty} F(z)$
10. 최종값, (11.30)	$f[\infty] = \lim_{z\to 1}(z-1)F(z)$ 단, $f[\infty]$가 존재할 때

11.6 LTI 시스템 응용

이 절에서는 z-변환을 선형 시불변 시스템에 응용하는 것을 보여준다. 먼저 전달함수를 고려하고 그런 다음 몇 가지 시스템의 성질들을 살펴본다.

전달함수

가능하다면, 이산-시간 시스템을 계수가 상수인 선형 차분 방정식으로 모델링한다. 그러면 이 모델은 선형이고 시불변이다(10.4절 참조). 식 (10.48)로부터 이 모델의 일반적인 방정식은 다음과 같다.

$$\sum_{k=0}^{N} a_k y[n-k] = \sum_{k=0}^{M} b_k x[n-k] \tag{11.39}$$

여기서 $x[n]$은 입력, $y[n]$은 출력이고 N은 시스템의 차수 그리고 계수들 a_k, b_k와 N, M 등은 시스템의 파라미터들이다. 편의를 위해 $M = N$이라 하자(그렇지 않은 경우에는 적당한 계수들을 0으로 두어야 한다). 식 (11.39)를 풀어서 쓰면

$$\begin{aligned} a_0 y[n] + a_1 y[n-1] + \cdots + a_{N-1} y[n-(N-1)] + a_N y[n-N] \\ = b_0 x[n] + b_1 x[n-1] + \cdots + b_{N-1} x[n-(N-1)] + b_N x[n-N] \end{aligned} \tag{11.40}$$

이다. 식 (11.13)으로부터, $n_0 \geqq 0$에 대해 시간-지연 성질은 다음과 같다.

$$\mathscr{Z}[f[n-n_0]] = z^{-n_0}F(z), \quad f[n] = 0, \quad n < 0 \tag{11.41}$$

그러므로 식 (11.39)를 z-변환하면, $M = N$일 때,

$$\sum_{k=0}^{N} a_k z^{-k} Y(z) = \sum_{k=0}^{N} b_k z^{-k} X(z) \tag{11.42}$$

여기서 $n < 0$일 때, $x[n] = y[n] = 0$이다. 식 (11.42)를 전개하면

$$[a_0 + a_1 z^{-1} + \cdots + a_{N-1}z^{-N+1} + a_N z^{-N}]Y(z) = [b_0 + b_1 z^{-1} + \cdots + b_{N-1}z^{-N+1} + b_N z^{-N}]X(z) \tag{11.43}$$

이다. 이 방정식은 또한 식 (11.40)으로부터도 바로 알 수 있다.

정의에 의해, 시스템 전달함수 $H(z)$는 비 $Y(z)/X(z)$이다. 그러므로 식 (11.43)으로부터

$$H(z) = \frac{Y(z)}{X(z)} = \frac{b_0 + b_1 z^{-1} + \cdots + b_{N-1}z^{-N+1} + b_N z^{-N}}{a_0 + a_1 z^{-1} + \cdots + a_{N-1}z^{-N+1} + a_N z^{-N}} = \frac{b_0 z^N + b_1 z^{N-1} + \cdots + b_{N-1}z + b_N}{a_0 z^N + a_1 z^{N-1} + \cdots + a_{N-1}z + a_N} \tag{11.44}$$

이다. 마지막 단계에서 변수 z를 양의 지수로 표현하는 것이 필요하다. 이 전달함수는 10장에서 유도했던 전달함수와 동일하다는 점에 유의한다. 10장에서는 복소-지수 입력 신호에 대해 적용한 전달함수였다. 식 (11.44)의 전달함수는 z-변환을 가지는 임의의 입력에 대해 적용되기 때문에 10장에서 유도한 전달함수를 일반화시킨 것이다. 예를 하나 살펴보자.

예제 11.8 이산 시스템의 전달함수

다시 그림 11.5(a)에 나타낸 식 (11.14)의 α-필터를 생각한다(그림 10.18 참조). 필터 방정식은 다음과 같다.

$$y[n] - (1 - \alpha)y[n-1] = \alpha x[n]$$

이 예에서 $\alpha = 0.1$로 둔다. 그러면

$$y[n] - 0.9y[n-1] = 0.1x[n]$$

이다. 이 방정식을 z-변환하면 다음 식을 얻는다.

$$(1 - 0.9z^{-1})Y(z) = 0.1X(z)$$

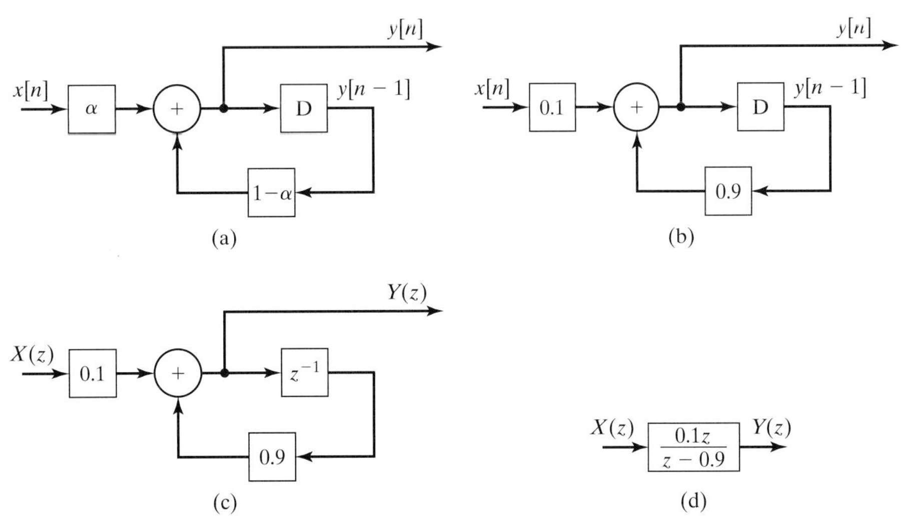

그림 11.5 α-필터 구현

그리고 전달함수는

$$H(z) = \frac{Y(z)}{X(z)} = \frac{0.1}{1 - 0.9z^{-1}} = \frac{0.1z}{z - 0.9} \tag{11.45}$$

이다. 식 (11.39)와 식 (11.44)로부터 바로 전달함수를 쓸 수도 있었음에 주목한다. ■

디지털 필터를 명시할 때 필터의 전달함수를 제시하거나 차분 방정식을 제시하는 것이 일반적이다. 예를 들어 마지막 예의 α-필터를 블록 다이어그램으로 나타내는 것은 그림 11.5에서 보여주는 네 개의 형태 중 어느 것이든 될 수 있다. 전달함수 z^{-1}로 시간 지연을 나타내는 것은 다음 성질에 기반을 둔 것이다.

$$\mathscr{Z}[y[n-1]] = z^{-1}\mathscr{Z}[y[n]] = z^{-1}Y(z)$$

역z-변환

이제 역z-변환을 구하는 세 가지 방법을 소개할 것이다. 첫 번째 방법은 식 (11.2)로부터 복소 역변환 적분을 이용하는 것이다.

$$f[n] = \frac{1}{2\pi j}\oint_{\Gamma} F(z)z^{n-1}\,dz$$

이 적분은 복소 평면에서 계산하고 실질적인 가치를 갖기에는 너무 복잡하므로 여기에서는 이 방법을 사용하지 않을 것이다(참고문헌 3 참조).

역z-변환을 구하는 두 번째 방법은 부분 분수 전개를 이용하는 것인데, 여기에서 z-변환표에 나타나 있지 않은 함수를 표에 나타나 있는 함수들의 합으로 표현한다. 부분 분수 전개는 부록 F에서 소개하고 있다. 이 주제에 대해 익숙하지 않은 독자는 반드시 부록을 참조하기 바란다. 이제 역z-변환을 구하는 데에 어떻게 부분 분수 전개를 이용하는지 보이고자 한다.

예제 11.9 부분 분수 전개에 의한 역z-변환

단위 계단 입력에 대해 예제 11.8의 α-필터의 시간 응답을 구하고자 한다. 표 11.2로부터 $X(z) = z/(z-1)$이다. 식 (11.45)로부터 변환된 출력은 다음과 같다.

$$Y(z) = H(z)X(z) = \frac{0.1z}{z-0.9}\frac{z}{z-1}$$

$Y(z)/z$를 부분 분수로 전개하면

$$\frac{Y(z)}{z} = \frac{0.1z}{(z-0.9)(z-1)} = \frac{k_1}{z-0.9} + \frac{k_2}{z-1}$$

이다. 그러면 (부록 F 참조)

$$k_1 = (z-0.9)\left[\frac{0.1z}{(z-0.9)(z-1)}\right]_{z=0.9} = \left.\frac{0.1z}{z-1}\right|_{z=0.9} =$$

k_1이고

$$k_2 = (z-1)\left[\frac{0.1z}{(z-0.9)(z-1)}\right]_{z=1} = \left.\frac{0.1z}{z-0.9}\right|_{z=1} =$$

k_2이다. 그러므로 $Y(z)$는 다음과 같다.

$$Y(z) = \frac{0.1z^2}{(z-0.9)(z-1)} = \frac{z}{z-1} - \frac{0.9z}{z-0.9}$$

표 11.2로부터 $n \geqq 0$일 때, 역변환을 얻을 수 있다.

$$y[n] = 1 - 0.9(0.9)^n = 1 - 0.9^{n+1}$$

이 부분 분수 전개는 11.2절의 MATLAB 프로그램을 수정하여 확인해볼 수 있다.

z-변환으로 구한 해로부터 $y[0] = 0.1$임을 알 수 있다. 이것은 또한 다음과 같은 초깃값 성질로도 구할 수 있다.

$$y[0] = \lim_{z\to\infty} Y(z) = \lim_{z\to\infty} \frac{0.1z^2}{(z-0.9)(z-1)} = 0.1$$

마지막으로, 필터의 차분 방정식을 반복해로 구하면 $y[n]$에 대한 첫 세 개의 값을 확인해볼 수 있다.

$$\begin{aligned} & y[n] = 0.9y[n-1] + 0.1x[n]; \\ n = 0:\quad & y[0] = 0.9(0) + 0.1(1) = 0.1; \\ n = 1:\quad & y[1] = 0.9(0.1) + 0.1(1) = 0.19; \\ n = 2:\quad & y[2] = 0.9(0.19) + 0.1(1) = 0.271. \end{aligned}$$

해로 찾은 값으로는

$$\begin{aligned} & y[n] = 1 - 0.9^{n+1}, \\ n = 0:\quad & y[0] = 1 - 0.9 = 0.1, \\ n = 1:\quad & y[1] = 1 - 0.81 = 0.19 \end{aligned}$$

그리고

$$n = 2:\quad y[2] = 1 - 0.729 = 0.271$$

이고 이 값들이 서로 동일함을 확인할 수 있다. 이 값들은 또한 다음과 같은 MATLAB 프로그램으로도 확인할 수 있다.

```
ynminus1 = 0;
xn = 1;
for n = 0:2;
    yn = 0.9*ynminus1 + 0.1*xn
    ynminus1 = yn;
end
result:yn=0.1 0.19 0.271
```

이 프로그램에서 $yn = y[n]$, $ynminus1 = y[n-1]$, $xn = x[n]$이다. 그림 11.6은 이 응답을 확인할 수 있는 SIMUNLINK 시뮬레이션을 보여준다. ■

역변환을 구하는 세 번째 방법은 장제법(긴 나눗셈)을 통해 변환식을 적당한 형태의 멱급수로 전개하는 것이다. 이 방법은 이 장의 앞부분에서 이미 보여주었다시피 변환식의 분자를 분모로 나누는 과정을 포함하고 있다. 이러한 나눗셈의 결과는 다음과 같이 멱급수가 된다.

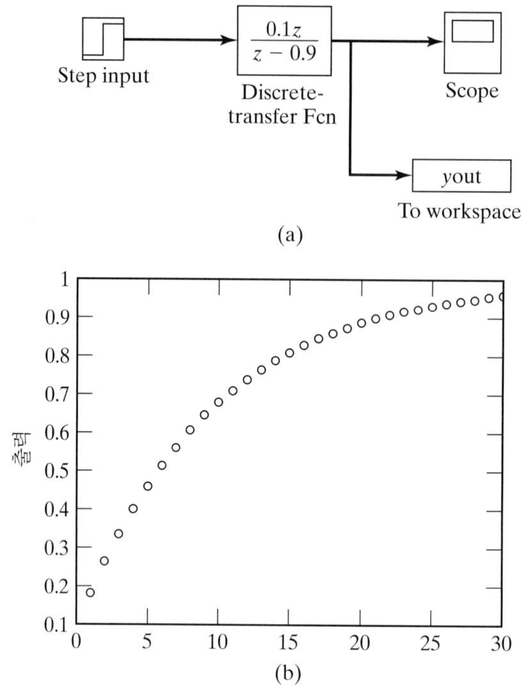

그림 11.6 예제 11.9의 SIMULINK 시뮬레이션

$$F(z)=\frac{N(z)}{D(z)}=f_0+f_1z^{-1}+f_2z^{-2}+\cdots \tag{11.46}$$

이 급수를 단방향 z-변환의 정의와 비교하면, 식 (11.4)에서 $f[n]$은 식 (11.46)에서 f_n과 동일함을 알 수 있다. 다음 예에서 이 방법을 보여준다.

예제 11.10 장제법에 의한 역z-변환

예제 11.9에서의 역변환을 이제 장제법으로 확인해보자. 예제 11.9로부터

$$Y(z)=\frac{0.1z}{z-0.9}\frac{z}{z-1}=\frac{0.1z^2}{z^2-1.9z+0.9}$$

이다. 분자를 분모로 나누면 다음과 같다.

$$\begin{array}{r|l}
 & 0.1 \quad +0.19z^{-1}+0.271z^{-2}+\cdots \\
\hline
z^2-1.9z+0.9 & 0.1z^2 \\
 & \underline{0.1z^2-0.19z+0.09} \\
 & \quad 0.19z-0.09 \\
 & \quad \underline{0.19z-0.361+0.171z^{-1}} \\
 & \qquad 0.271-0.171z^{-1} \\
 & \qquad \vdots
\end{array}$$

그러므로 $y[0]=0.1$, $y[1]=0.19$, $y[2]=0.271$이고 예제 11.9에서 구했던 값들과 동일하다. ■

긴 나눗셈을 디지털 컴퓨터상에서 구현하지 않으면 위 멱급수 방법은 함수의 첫 몇 개의 값만을 구할 때에만 실용적이라는 사실을 알 수 있다.

복소수 극점

지금까지는 실수 극점을 갖는 함수들에 대한 역변환만을 고려하였다. 동일한 부분 분수 전개 방법을 복소수 극점을 갖는 경우에도 적용할 수 있다. 하지만 그 결과 얻게 되는 역변환은 복소함수를 포함하게 된다. 물론 이 함수들의 합은 실수다. 이 절에서는 역변환을 실함수의 합으로 표현하는 또 하나의 다른 방법을 소개한다.

먼저, 다음과 같은 실함수를 생각하자.

$$\begin{aligned} y[n] &= Ae^{\Sigma n}\cos(\Omega n + \theta) = \frac{Ae^{\Sigma n}}{2}[e^{j\Omega n}e^{j\theta} + e^{-j\Omega n}e^{-j\theta}] \\ &= \frac{A}{2}[e^{(\Sigma + j\Omega)n}e^{j\theta} + e^{(\Sigma - j\Omega)n}e^{-j\theta}] \end{aligned} \tag{11.47}$$

여기서 Σ와 Ω는 실수다. 표 11.2로부터 이 함수의 z-변환은 다음과 같다.

$$\begin{aligned} Y(z) &= \frac{A}{2}\left[\frac{e^{j\theta}z}{z - e^{\Sigma + j\Omega}} + \frac{e^{-j\theta}z}{z - e^{\Sigma - j\Omega}}\right] \\ &= \frac{(Ae^{j\theta}/2)z}{z - e^{\Sigma + j\Omega}} + \frac{(Ae^{-j\theta}/2)z}{z - e^{\Sigma - j\Omega}} = \frac{k_1 z}{z - p_1} + \frac{k_1^* z}{z - p_1^*} \end{aligned} \tag{11.48}$$

여기서 별표는 켤레 복소수를 나타낸다.

일반적인 부분 분수 전개를 수행하면 식 (11.48) 형태의 항들을 얻는다. 그러므로 식 (11.48)에서 k_1과 p_1을 알면, 식 (11.48)로부터 다음 관계식을 이용하여 식 (11.47)의 이산-시간 함수에 대한 해를 구할 수 있다.

$$p_1 = e^{\Sigma}e^{j\Omega} = e^{\Sigma}\underline{/\Omega} \Rightarrow \Sigma = \ln|p_1|; \quad \Omega = \arg p_1 \tag{11.49}$$

그리고

$$k_1 = \frac{Ae^{j\theta}}{2} = \frac{A}{2}\underline{/\theta} \Rightarrow A = 2|k_1|; \quad \theta = \arg k_1 \tag{11.50}$$

그러므로 극점으로부터 Σ와 Ω를 계산하고 부분 분수 전개로부터 A와 θ를 계산한다. 그러면 식 (11.47)의 사인파로 역변환을 나타낼 수 있다. 다음 예는 이 방법을 보여준다.

예제 11.11 복소수 극점을 갖는 역z-변환

다음 함수의 역z-변환을 구하고자 한다.

$$\begin{aligned} Y(z) &= \frac{-2.753z}{z^2 - 1.101z + 0.6065} = \frac{-2.753z}{(z - 0.550 - j0.550)(z - 0.550 + j0.550)} \\ &= \frac{k_1 z}{z - 0.550 - j0.550} + \frac{k_1^* z}{z - 0.550 + j0.550} \end{aligned}$$

양변을 z로 나누면 k_1을 계산할 수 있다.

$$k_1 = (z - 0.550 - j0.550)\left[\frac{-2.753}{(z - 0.550 - j0.550)(z - 0.550 + j0.550)}\right]_{z=0.550+j0.550}$$
$$= \frac{-2.753}{2(j0.550)} = 2.50\angle 90°$$

식 (11.49)와 식 (11.50)으로부터

$$p_1 = 0.550 + j0.550 = 0.7778\angle 45°,$$
$$\Sigma = \ln|p_1| = \ln(0.7778) = -0.251; \quad \Omega = \arg p_1 = \frac{\pi}{4}$$

이고

$$A = 2|k_1| = 2(2.50) = 5; \quad \theta = \arg k_1 = \frac{\pi}{2}$$

이다. 그러므로 식 (11.47)로부터

$$y[n] = Ae^{\Sigma n}\cos(\Omega n + \theta) = 5e^{-0.251n}\cos\left(\frac{\pi}{4}n + \frac{\pi}{2}\right)$$

이다. 이 결과를 표 11.2를 이용하여 이 함수에 대한 z-변환을 구해봄으로써 확인해볼 수 있다. 이 부분 분수 전개식은 다음 MATLAB 프로그램으로 확인할 수 있다.

```
n = [0 0 -2.753];
d = [1 -1.101 0.6065];
[r,p,k]=residue(n,d)
result: r=0+2.5001i 0-2.5001i
        p=0.5505+0.5509i 0.5505-0.5509i
```

■

인과성

다음으로 인과적인 LTI 시스템을 살펴보고자 한다. 그림 11.7(a)의 시스템을 생각한다. 이 시스템은 출력이 이산-시간에서 한 증분만큼 앞선 입력과 동일한 단위 시간 앞섬이다. 즉, $y[n] = x[n + 1]$이다. 일단 초기 조건은 무시한다. 그러면 출력은 표 11.4로부터 다음과 같다.

$$Y(z) = \mathscr{Z}[x[n + 1]] = z[X(z) - x[0]] = zX(z) \tag{11.51}$$

단위 앞섬의 전달함수는 $H(z) = z$이고 그림 11.7(b)의 블록 다이어그램으로 표현할 수 있다. 비슷한 방식으로 N개의 직렬 연결된 단위 앞섬의 전달함수는 $H(z) = z^N$임을 보일 수 있다. N이 음수여도 된다면 이 전달함수는 $|N|$ 단위의 지연에도 적용될 수 있다. 예를 들어, 세 개의 직렬 연결된 단위 앞섬의 전달함수는 z^3이고 세 개의 직렬 연결된 시간 지연의 전달함수는 z^{-3}이다.

단위 시간 앞섬은 인과적이지 않다. 그림 11.7의 시스템은 물리적으로 구현이 불가능하다. 다음과 같은 전달함수를 생각하자.

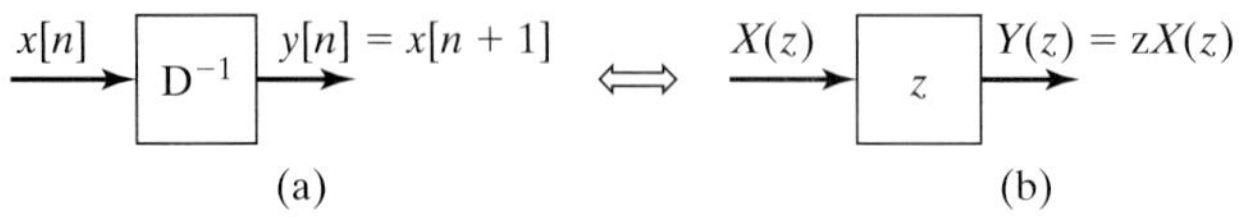

그림 11.7 단위 앞섬

$$H(z) = \frac{z^2 + 0.4z + 0.9}{z - 0.6} = z + \frac{z + 0.9}{z - 0.6} \tag{11.52}$$

여기서 마지막 식은 $H(z)$의 분자를 분모로 나누어서 얻은 것이다. 이 시스템은 인과적이지 않다. 물리적으로 구현이 가능한 한 시스템과 단위 앞섬이 병렬로 연결된 것으로 이 시스템을 나타낼 수 있기 때문이다. $H(z)$의 분자식이 분모식보다 차수가 더 높기 때문에 단위 앞섬이 나타난다.

앞의 결과로부터 *인과적인 시스템*에 대해 전달함수를 지수가 양수인 비로 나타낼 때, 식 (11.44)의 전달함수 $H(z)$의 분자는 분모보다 차수가 높을 수 없다는 것을 알 수 있다. 전달함수 $H(z)$를 식 (11.44)에서와 같이 지수가 음수인 형태로 표현한다면, 즉,

$$H(z) = \frac{Y(z)}{X(z)} = \frac{b_0 + b_1 z^{-1} + \cdots + b_{N-1} z^{-N+1} + b_N z^{-N}}{a_0 + a_1 z^{-1} + \cdots + a_{N-1} z^{-N+1} + a_N z^{-N}} \tag{11.53}$$

이고, $a_0 \neq 0$이면 이 시스템은 인과적이다.

안정성

이제 인과적인 시스템의 유계-입력 유계-출력(BIBO) 안정성을 시스템의 전달함수와 관련지어 본다. BIBO 안정성의 정의를 떠올려본다.

> **BIBO 안정성**
> 어떤 시스템의 출력이 임의의 유계인 입력에 대해 유계인 채로 남아 있으면 이 시스템은 안정하다.

인과적인 N-차 이산-시간 LTI 시스템에 대해, 전달함수를 다음과 같이 나타낼 수 있다.

[식 (11.44)] $$H(z) = \frac{Y(z)}{X(z)} = \frac{b_0 z^N + b_1 z^{N-1} + \cdots + b_{N-1} z + b_N}{a_0 z^N + a_1 z^{N-1} + \cdots + a_{N-1} z + a_N}$$

여기서 $a_0 \neq 0$이다. 이 전달함수의 분모를 다음과 같이 인수분해할 수 있다.

$$a_0 z^N + a_1 z^{N-1} + \cdots + a_{N-1} z + a_N = a_0 (z - p_1)(z - p_2) \cdots (z - p_N) \tag{11.54}$$

이 다항식의 영점이 전달함수의 *극점*이다. 여기서 정의상 극점은 $H(z)$가 유계가 되지 않도록 하는 z값들이다.

먼저 $H(z)$에 반복되는 극점이 없다고 가정하자. 그러면 식 (11.44)에서 출력 $Y(z)$를 다음과 같이 나타낼 수 있다.

$$\begin{aligned} Y(z) = H(z) X(z) &= \frac{b_0 z^N + b_1 z^{N-1} + \cdots + b_{N-1} z + b_N}{a_0 (z - p_1)(z - p_2) \cdots (z - p_N)} X(z) \\ &= \frac{k_1 z}{z - p_1} + \frac{k_2 z}{z - p_2} + \cdots + \frac{k_N z}{z - p_N} + Y_x(z) \end{aligned} \tag{11.55}$$

여기서 $Y_x(z)$는 부분 분수 전개식에서 입력 함수 $X(z)$의 극점으로부터 비롯된 항들의 합이다. 따라서 $Y_x(z)$는 *인가 응답*이다.

식 (11.55)의 부분 분수 전개식에서 $H(z)$의 분자의 차수는 분모의 차수보다 낮다고 가정한다. 분자 다항식의 차수가 분모 다항식의 차수보다 크거나 같으면, 부분 분수 전개식은 추가적인 항들을 포함하게 된다[식 (F.1) 참조].

식 (11.55)의 역변환은 다음과 같다.

$$y[n] = k_1 p_1^n + k_2 p_2^n + \cdots + k_N p_N^n + y_x[n] = y_n[n] + y_x[n] \tag{11.56}$$

$y_n[n]$ 항은 전달함수의 극점으로부터 기인한 것이고 *자연 응답*에 해당한다. 자연 응답은 입력 신호 $x[n]$의 형태와 상관없이 항상 시스템의 출력에 존재한다. 자연 응답의 각 항에 있는 인수 p_i^n를 시스템의 *모드*(mode)라고 한다.

입력 $x[n]$이 유계이면, 인가 응답 $y_x[n]$도 또한 유계로 남아 있을 것이다. $y_x[n]$은 $x[n]$과 동일한 함수 형태를 갖기 때문이다. [$Y_x(z)$는 $X(z)$와 동일한 극점을 갖는다.] 그러므로 만일 출력이 유계가 아니라면, 이것은 최소한 하나 이상의 무한히 커지는 자연 응답 항, $k_i p_i^n$의 결과여야 한다. 이렇게 무한히 커지는 것은 최소한 하나의 극점의 크기, $|p_i|$가 1보다 클 때에만 발생할 수 있다.

앞 논의로부터 BIBO 안정성을 위한 필요조건을 알 수 있다.

> LTI 이산-시간 시스템은 시스템의 전달함수의 모든 극점이 z-평면에서 단위원 내부에 놓여 있으면 BIBO 안정하다.

z-평면의 안정한 영역을 그림 11.8에 나타내었다. 이러한 결과는 다른 접근 방식으로 10장에서도 도달한 적이 있다.

이 안정성 조건을 다른 방식으로 말할 수도 있다. 어떤 시스템이 안정하다면, 전달함수 $H(z)$의 극점들이 단위원 내부로 한정된다. $h[n]$이 인과적인 함수이기 때문에 $H(z)$의 수렴 영역은 그림 11.9에서 나타낸 것과 같이 단위원과 단위원 바깥의 유한한 평면 전체 영역을 포함한다. 그러므로 안정성 판별 조건을 다음과 같이 말할 수 있다.

> 인과적인 이산-시간 LTI 시스템은 이 시스템의 전달함수의 수렴 영역이 단위원을 포함하면 안정하다.

*시스템의 특성방정식*은 정의상 전달함수의 분모를 0으로 놓은 식이다. 그러므로 특성방정식은 식 (11.44)의 분모를 0으로 놓은 식이다. 즉, 다음 식이 시스템의 특성방정식이다.

$$a_0 z^N + a_1 z^{N-1} + \cdots + a_{N-1} z + a_N = a_0(z - p_1)(z - p_2)\cdots(z - p_n) = 0 \tag{11.57}$$

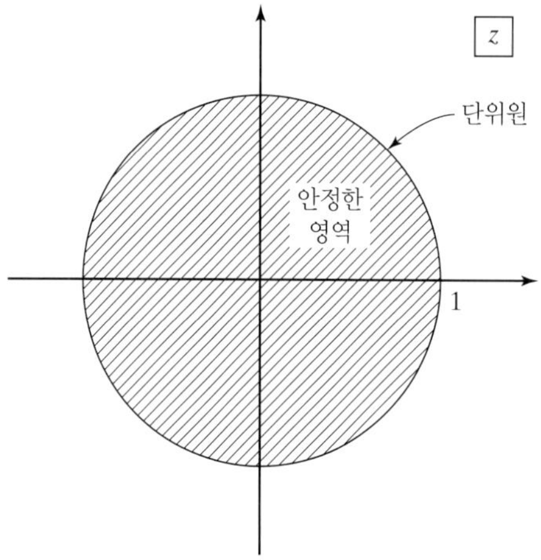

그림 11.8 z-평면의 안정한 영역

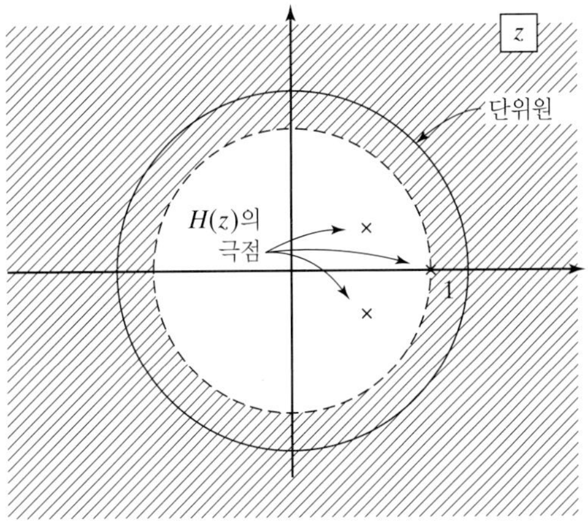

그림 11.9 안정한 시스템의 수렴 영역

이 시스템의 특성방정식의 모든 근들이 단위원 안에 있으면 이 시스템은 안정하다. $H(z)$가 중근을 갖더라도 똑같은 조건이 적용되는 것을 비슷한 과정을 통해 보일 수 있다. 이제 예를 통해 시스템의 안정성을 보여주고자 한다.

예제 11.12 이산 시스템의 안정성

LTI 시스템의 전달함수가 다음과 같다고 하자.

$$H(z) = \frac{2z^2 - 1.6z - 0.90}{z^3 - 2.5z^2 + 1.96z - 0.48}$$

이 시스템의 특성방정식은

$$z^3 - 2.5z^2 + 1.96z - 0.48 = (z - 0.5)(z - 0.8)(z - 1.2) = 0$$

이다. 전달함수의 극점은 그림 11.10에 나타낸 것과 같이 0.5, 0.8, 1.2이다. 그러므로 $z = 1.2$에 있는 극점이 단위원 바깥에 있기 때문에 이 시스템은 불안정하다. 이 시스템의 모드는 0.5^n, 0.8^n, 1.2^n이다. $\lim_{n\to\infty} 1.2^n$가 발산하기 때문에 이 시스템은 불안정하다. 다음 MATLAB 프로그램으로 특성방정식의 근을 계산할 수 있다.

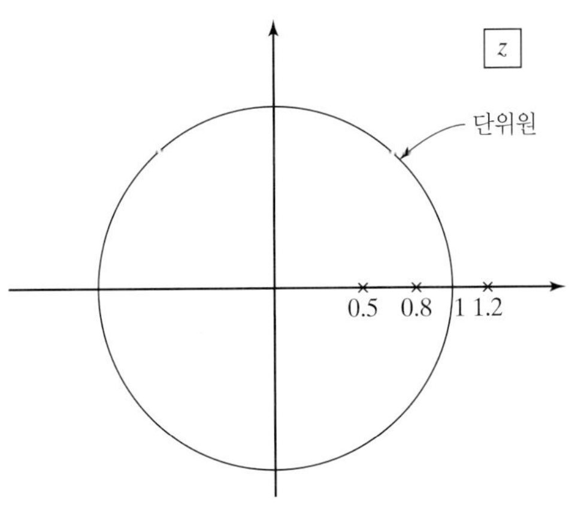

그림 11.10 예제 11.12의 극점 위치

```
P = [1 -2.5 1.96 -.48];
r = roots(P)
result: r = 1.2 0.8 0.5
```

■

가역성

9.6절에서 시스템의 역에 대해 다음과 같이 정의하였다.

시스템의 역

시스템 $H(z)$의 역은 $H(z)$와 직렬로 연결하여 전체가 항등(identity) 시스템이 되게 하는 또 하나의 시스템 $H_i(z)$이다.

그러므로 $H_i(z)$는 다음 방정식으로 정의된다.

$$H(z)H_i(z) = 1 \Rightarrow H_i(z) = \frac{1}{H(z)} \tag{11.58}$$

이 시스템을 그림 11.11에 나타내었다.

이제 역시스템의 특성방정식을 살펴보자. 인과적인 시스템의 전달함수 $H(z)$를 다음과 같이 표현할 수 있다.

$$H(z) = \frac{b_0 z^M + b_1 z^{M-1} + \cdots + b_M}{a_0 z^N + a_1 z^{N-1} + \cdots + a_N} \tag{11.59}$$

여기서 분자의 차수는 분모의 차수보다 작거나 같다. 즉, $M \leqq N$이다. 그러면 역시스템의 전달함수는 다음과 같다.

$$H_i(z) = \frac{a_0 z^N + a_1 z^{N-1} + \cdots + a_N}{b_0 z^M + b_1 z^{M-1} + \cdots + b_M} \tag{11.60}$$

이 시스템은 $N \leqq M$이면 인과적이다. 그러므로 시스템과 역시스템이 모두 인과적이기 위해서는 $M = N$이어야 한다.

다음으로 안정성을 살펴본다. 식 (11.59)의 시스템이 안정하기 위해서는 전달함수의 극점들이 단위원 내부에 있어야 한다. 식 (11.60)의 역시스템이 안정하기 위해서는 $H_i(z)$의 극점들 [$H(z)$의 영점들]이 단위원 내부에 있어야 한다. 그러므로 그림 11.11의 시스템이 안정하기 위해서는 시스템의 극점과 영점이 모두 단위원 내부에 있어야 한다.

이 절에서는 z-변환을 사용하여 LTI 시스템의 시간 응답을 구하는 것에 대해 살펴보았다. 일반적으로 역변환에서 부분 분수 전개를 사용하지만 장제법을 이용할 수도 있다. 그런 다음 LTI 시스템에 대해 인과성, 안정성 그리고 가역성에 대해 살펴보았다. 계수가 상수인 선형 차분 방정식으로 모델링되는 시스템의 안정성은 언제나 판별할 수 있음을 보였다. 시스템 전달함수의 극점들이

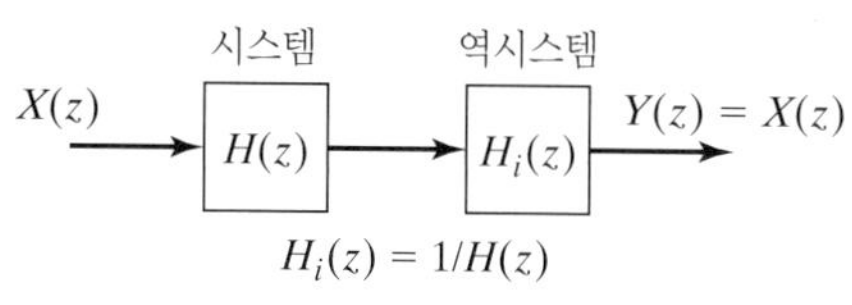

그림 11.11 역시스템과 연결된 시스템

모두 z-평면상의 단위원 내부에 존재하는 그런 시스템은 안정하다.

주파수 응답

6.4절에서 샘플링된 함수의 주파수 스펙트럼이 다음과 같음을 보았다.

[식 (6.17)]
$$X_s(\omega) = \sum_{n=-\infty}^{\infty} x(nT_s)e^{-jn\omega T_s}$$

식 (6.17)과 양방향 z-변환식을 정의하는 식 (11.1)을 비교해보면 다음 경우에 두 식이 동일하다는 것을 알 수 있다.

$$z = e^{j\omega T_s}$$

그리고 이 경우에 z가 z-평면상에서 단위원 위의 점으로 한정된다. z-평면상에서 원점으로부터 단위원 위의 점까지의 벡터는 다음과 같을 것이다.

$$v = 1\angle\Omega = e^{j\Omega}, \quad \Omega = \omega T_s$$

z-변환 전달함수로 기술되는 시스템의 주파수 응답을 구하기 위해 $z = e^{j\Omega}$라 두고 $0 \le \Omega \le \pi$에서의 전달함수 값들을 구한다. 이렇게 하는 근거에 대해서는 12장에서 좀 더 상세하게 설명할 것이다. 일단은 z-평면상에서 다음 식의 그래프는 단위원의 위쪽 반원에 해당한다는 것에 주목한다.

$$z = e^{j\Omega}, \quad 0 \le \Omega \le \pi \tag{11.61}$$

또한 Ω의 정의로부터 다음 식들도 성립함을 알 수 있다.

$$\Omega = \omega T_s = \omega \frac{2\pi}{\omega_s} = \pi \quad \text{여기서} \quad \omega = \frac{\omega_s}{2}$$

그러므로 주파수 변수의 영역인 $0 \le \Omega \le \pi$는 섀넌(Shannon)의 샘플링 정리가 허용하는 전체 주파수 영역이 된다.

주파수 응답 함수는 다음과 같다.

$$H(e^{j\Omega}) = H(z)\big|_{z=e^{j\Omega}} \tag{11.62}$$

예제 11.13 z-변환 전달함수로부터 주파수 응답

MATLAB을 사용하여 이산-시간 시스템과 역시스템의 주파수 응답을 계산하고 그래프를 그린다.

0.01 s의 샘플링 주기를 사용한 이산-시간 시스템이 다음 전달함수로 기술된다.

$$H_1(z) - \frac{z-0.5}{z-0.9}, \quad T = 0.01s$$

역시스템은

$$H_2(z) = H_1^{-1}(z) = \frac{z-0.9}{z-0.5}$$

이다. 다음 **MATLAB** 프로그램은 효과적으로 $z \to e^{j\Omega}$로 치환하고 크기 주파수 응답을 데시벨 단위로 계산하고 위상 주파수 응답을 도 단위로 계산하여 rad/s 단위의 주파수에 대한 보드도(Bode plot)로 그래프를 보여준다.

```
% enter the numerator and denominator coefficient arrays.
num = [1 -0.5], den = [1 -0.9]
%enter the sample period
T = 0.01;
% Form the transfer function.
H1 = tf(num, den, T)
%Calculate and plot the Bode plot of the frequency response of H1(z).
figure(1), bode(H1)
% Form the inverse system H2(z).
H2 = tf(den, num, T)
% Calculate and plot the Bode plot of the frequency response of H2(z).
figure(2), bode(H2)
```

그림 11.12(a)와 (b)는 시스템 $H_1(z)$와 역시스템 $H_2(z)$의 주파수 응답에 대한 보드도를 보여준다. 그림 11.12(a)의 그래프는 $H_1(z)$로 기술되는 시스템이 낮은 주파수에서는 이득이 1이고 주파수가 높아질수록 이득이 감소하는 것을 보여준다. 이것은 $H_1(z)$로 기술되는 이 시스템이 저주파-통과 시스템임을 나타낸다. 그림 11.12(b)의 그래프는 $H_2(z)$로 기술되는 시스템이 낮은 주파수에서는 이득이 작고 주파수가 높아질수록 이득이 커지는 것을 보여준다. 이것은 $H_2(z)$가 고주파-통과 시스템임을 나타낸다.

어떠한 주파수에서의 시스템의 응답을 계산하기 위해, 예를 들면 $\omega = 25\pi$ (rad/s)를 선택한다면 다음과 같이 z를 계산하고,

$$z = e^{j\Omega} = e^{j\omega T_s} = e^{j(25\pi)(0.01)} = e^{j\pi/4}$$

주파수 응답을 구한다.

$$\begin{aligned} H_1(e^{j\pi/4}) &= \frac{e^{j\pi/4} - 0.5}{e^{j\pi/4} - 0.9} = \frac{\cos(\pi/4) + j\sin(\pi/4) - 0.5}{\cos(\pi/4) + j\sin(\pi/4) - 0.9} = \frac{0.207 + j0.707}{-1.93 + j0.707} \\ &= 1.005\angle -0.551(\text{rad}) \end{aligned}$$

그림 11.12(a)의 그래프와 결과를 비교하기 위해 크기를 데시벨로 바꾸고 위상각을 도로 바꾼다.

$$\text{크기(dB)} = 20\log_{10}(1.005) = 0.43\,\text{dB}$$
$$\text{위상(deg)} = -0.551(\text{rad}) \times 180°/\pi(\text{rad}) = -31.6°$$

■

11.7 양방향 z-변환

11.1절에서 다음과 같이 양방향 z-변환 쌍을 정의하였다.

[식 (11.1)] $$\mathscr{Z}_b[f[n]] = F_b(z) = \sum_{n=-\infty}^{\infty} f[n]z^{-n}$$

그리고

[식 (11.2)] $$\mathscr{Z}_b^{-1}[F_b(z)] = f[n] = \frac{1}{2\pi j}\oint_{\Gamma} F_b(z)z^{n-1}\,dz, \quad j = \sqrt{-1}$$

여기서 $\mathscr{Z}_b[\cdot]$는 양방향 z-변환을 나타낸다. 역변환에서 적분 경로 Γ는 $F_b(z)$의 수렴 영역에 의해 결정된다. 그러나 단방향 z-변환에서처럼 역변환을 구하기 위해 식 (11.2)를 사용하지는 않는다. 대신 표를 사용한다. 그럼에도 불구하고 앞으로 보여주겠지만, 역변환을 구하기 위해서는 $F_b(z)$의 수렴 영역을 알아야만 한다.

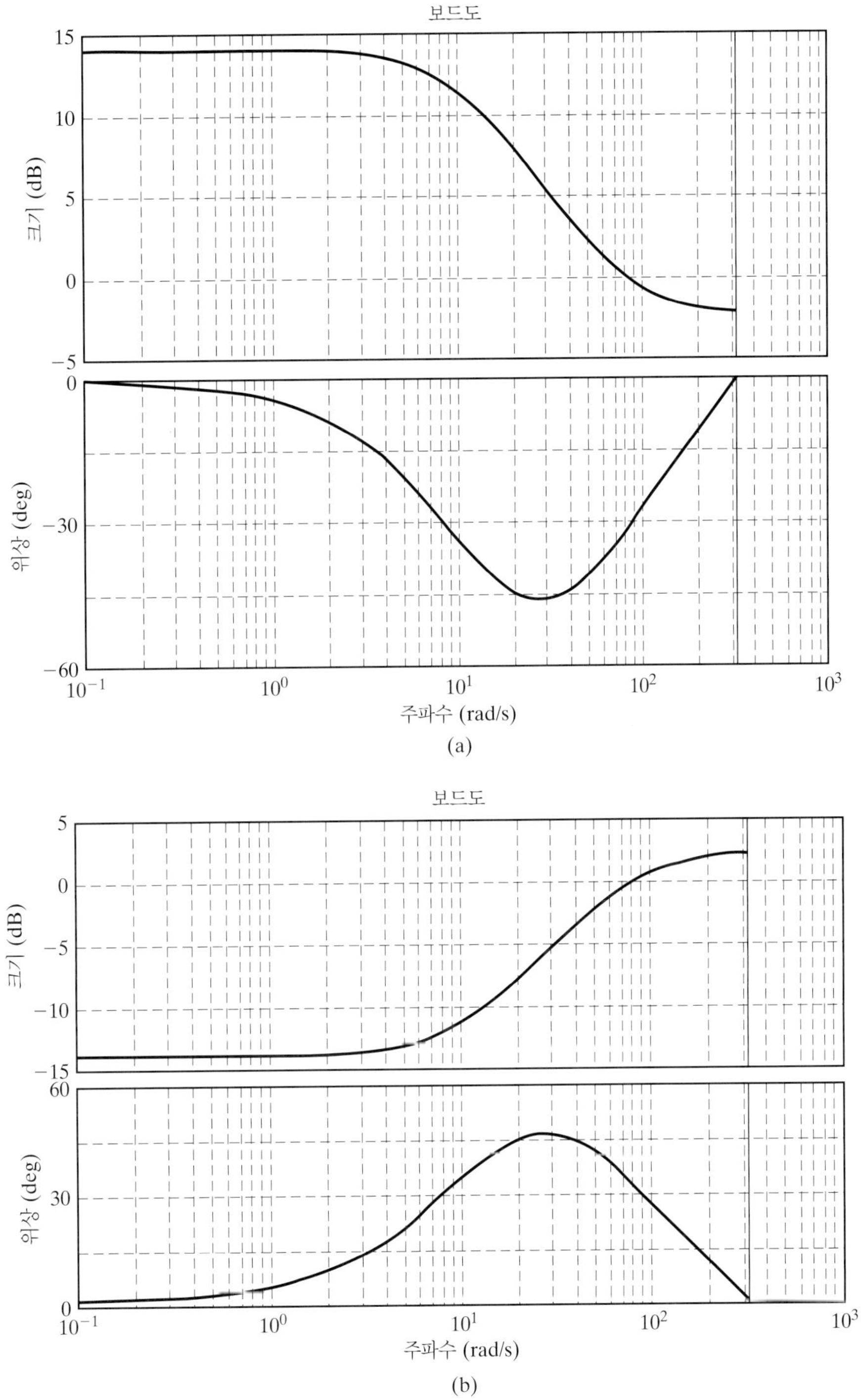

그림 11.12 예제 11.13의 주파수 응답 그래프

단방향 z-변환은 양방향 변환의 특수한 경우이므로 표 11.2는 $n < 0$일 때 $f[n] = 0$인 함수, 즉 인과 함수에 대한 양방향 z-변환에 적용된다. 예를 들어, 표 11.2에서 인과 함수 $a^n\, u[n]$에 대한 양방향 z-변환 쌍은 다음과 같다.

$$a^n u[n] \overset{\mathscr{Z}_b}{\longleftrightarrow} \frac{z}{z-a}; \quad |z| > |a| \tag{11.63}$$

식에서 나타내었듯이, 양방향 변환에서는 항상 ROC를 포함해야만 한다.

식 (11.63)의 지수함수의 그래프를 a가 실수일 때, ROC와 함께 그림 11.13(a)에 나타내었다. ROC를 지정할 필요가 있음을 보여주기 위해, $-a^n u[-n-1]$의 양방향 변환을 유도해본다. a가 실수일 때, 이 지수함수의 그래프를 그림 11.13(b)에 나타내었다. 식 (11.1)로부터

$$\begin{aligned}\mathscr{Z}_b[-a^n u[-n-1]] &= \sum_{n=-\infty}^{\infty} -a^n u[-n-1] z^{-n} = \sum_{n=-\infty}^{-1} -a^n z^{-n} \\ &= -(a^{-1}z + a^{-2}z^2 + a^{-3}z^3 + \cdots) = \sum_{n=1}^{\infty} -(a^{-1}z)^n\end{aligned} \tag{11.64}$$

$u[-n-1]$이 $n \geqq 0$일 때 0이기 때문이다. 부록 C로부터, 다음과 같은 수렴하는 급수가 있다.

$$\sum_{n=k}^{\infty} b^n = \frac{b^k}{1-b}; \quad |b| < 1 \tag{11.65}$$

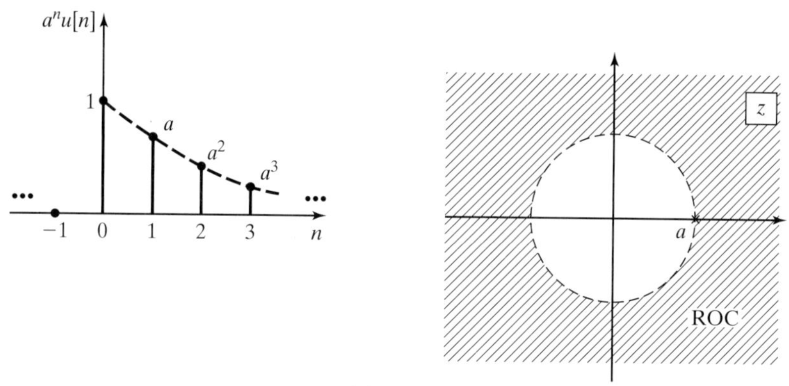

(a)

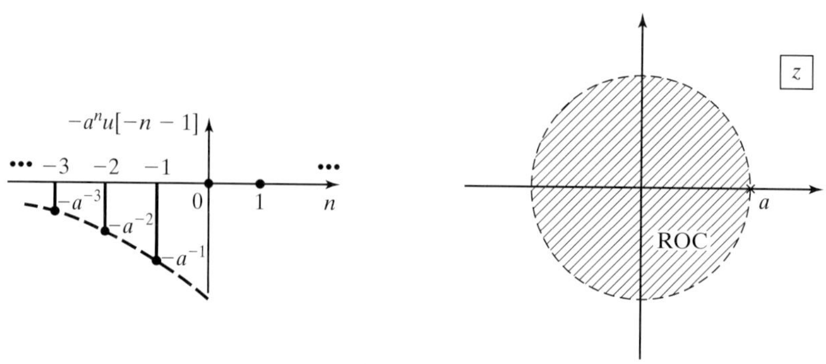

(b)

그림 11.13 지수함수

식 (11.64)에서 $b = a^{-1}z$ 그리고 $k = 1$이라고 하면 다음 z-변환을 얻는다.

$$\mathscr{Z}_b[-a^n u[-n-1]] = \frac{-a^{-1}z}{1 - a^{-1}z} = \frac{z}{z-a}; \quad |a^{-1}z| < 1 \tag{11.66}$$

이 변환의 ROC를 $|z| < |a|$로 표현할 수도 있고, 이것을 그림 11.13(b)에 나타내었다.

식 (11.63)과 식 (11.66)의 양방향 변환 쌍을 함께 나타내보자.

$$a^n u[n] \overset{\mathscr{Z}_b}{\longleftrightarrow} \frac{z}{z-a}; \quad |z| > |a|$$
$$-a^n u[-n-1] \overset{\mathscr{Z}_b}{\longleftrightarrow} \frac{z}{z-a}; \quad |z| > |a|$$

두 변환이 동일하고 다만 ROC만 다른 점에 유의한다. 그러므로 이 경우에 역변환을 구하기 전에 ROC를 먼저 알아야만 한다. 이 사실은 모든 역양방향 z-변환을 구하는 경우에 일반적으로 성립한다.

예를 들어 이 사실을 보여주기 위해, ROC가 명시되지 않은 채로 다음과 같은 양방향 z-변환이 주어졌다고 하자.

$$F_b(z) = \frac{z}{z - 0.5} \tag{11.67}$$

ROC가 $|z| > 0.5$이면, 역변환은 식 (11.63)으로부터 함수 $f[n] = 0.5^n u[n]$이다. ROC가 $|z| < 0.5$이면, 역변환은 식 (11.66)으로부터 함수 $f[n] = -(0.5)^n u[-n-1]$이다. ROC는 $z = 0.5$에서 극점을 가질 수 없음에 주의한다. 정의상 $F_b(z)$가 이 극점에서 무한대이기 때문이다(즉, 급수가 수렴하지 않기 때문이다). 두 번째 예를 살펴보자.

예제 11.14 단위 계단 함수의 양방향 z-변환

인과적인 단위 계단 함수 $u[n]$을 생각하자. 식 (11.63)으로부터 $a = 1$로 두면 다음 변환 쌍을 얻는다.

$$u[n] \overset{\mathscr{Z}_b}{\longleftrightarrow} \frac{z}{z-1}; \quad |z| > 1 \tag{11.68}$$

이 계단 함수의 그래프를 그림 11.14(a)에 나타내었다.

다음으로 비인과적인 단위 계단 함수 $-u[-n-1]$을 생각하자. 식 (11.66)으로부터 다음 변환 쌍을 얻는다.

$$\mathscr{Z}_b[-u[-n-1]] = \frac{z}{z-1}; \quad |z| < 1 \tag{11.69}$$

이 계단 함수의 그래프를 그림 11.14(b)에 나타내었다. 두 함수의 z-변환은 ROC만 다르고 동일하다.

마지막 단계로, 식 (11.68)과 식 (11.69)로 주어지는 누 계난 함수의 차를 생긱해보자.

$$u[n] - [-u[-n-1]] = u[n] + u[-n-1] = 1 \tag{11.70}$$

이 함수의 그래프를 그림 11.14(c)에 나타내었다. 그러나 z-변환은 선형 변환임에도 불구하고, 식 (11.70)에서 두 함수의 합의 z-변환은 각 z-변환의 합과 같지 않다. 즉,

$$\mathscr{Z}_b[u[n] + u[-n-1]] \neq \mathscr{Z}_b[u[n]] + \mathscr{Z}_b[u[-n-1]] \tag{11.71}$$

우변의 두 변환의 ROC는 z-평면상에 공통 영역이 없다. 그러므로 $\mathscr{Z}_b[1]$이 수렴하는 z의 값이 존재하지 않는다. 그 결과 모든 n에 대해 $f[n] = 1$인 함수의 z-변환은 존재하지 않는다. ■

표 11.5 양방향 z−변환

$f[n]$	$F(z)$	ROC
1. $\delta[n]$	1	All z
2. $\delta[n-n_0]$	z^{-n_0}	$z \neq 0, n_0 \geqq 0$ $z \neq \infty, \quad n_0 < 0$
3. $u[n]$	$\dfrac{z}{z-1}$	$\lvert z\rvert > 1$
4. $nu[n]$	$\dfrac{z}{(z-1)^2}$	$\lvert z\rvert > 1$
5. $a^n u[n]$	$\dfrac{z}{z-a}$	$\lvert z\rvert > \lvert a\rvert$
6. $na^n u[n]$	$\dfrac{az}{(z-a)^2}$	$\lvert z\rvert > \lvert a\rvert$
7. $a^n \sin(bn)u[n]$	$\dfrac{az\sin b}{z^2 - 2az\cos b + a^2}$	$\lvert z\rvert > \lvert a\rvert$
8. $a^n \cos(bn)u[n]$	$\dfrac{z(z-a\cos b)}{z^2 - 2az\cos b + a^2}$	$\lvert z\rvert > \lvert a\rvert$
9. $-u[-n-1]$	$\dfrac{z}{z-1}$	$\lvert z\rvert < 1$
10. $-a^n u[-n-1]$	$\dfrac{z}{z-a}$	$\lvert z\rvert < \lvert a\rvert$
11. $-na^n u[-n-1]$	$\dfrac{az}{(z-a)^2}$	$\lvert z\rvert < \lvert a\rvert$
12. $a^{\lvert n\rvert}, \lvert a\rvert < 1$	$\dfrac{z}{z-a} - \dfrac{z}{z-1/a}$	$\lvert a\rvert < z < \lvert 1/a\rvert$

예제 11.15 지수함수에 대한 양방향 z-변환

이제 식 (11.72)와 표 11.5를 이용하여 양측 함수 $f[n] = a^{|n|}$의 양방향 z-변환을 구해보자. $0 < a < 1$일 때 이 함수의 그래프는 그림 11.16에 나와 있다. 그래프를 그리기 위해 a를 실수라고 가정하였지만 아래 식들은 a가 복소수인 경우에도 적용된다.

식 (11.72)와 같이 $f[n]$을 다음과 같이 나타낸다.

$$\begin{aligned} f[n] = a^{|n|} &= a^{|n|}[u[n] + u[-n-1]] \\ &= a^n u[n] + a^{-n}u[-n-1] = f^+[n] + f^-[n] \end{aligned}$$

표 11.5로부터

$$F_b^+(z) = \mathscr{Z}_b[f^+[n]] = \mathscr{Z}[a^n u[n]] = \frac{z}{z-a}; \quad |z| > |a|$$

이고 좌측 함수에 대해서는

$$F_b^-(z) = \mathscr{Z}_b[f^-[n]] = \mathscr{Z}_b[a^{-n}u[-n-1]] = \frac{-z}{z-1/a}, \quad |z| < 1/|a|$$

이다. 그러므로 양측 함수 $f[n] = a^{|n|}$의 z-변환은 다음과 같다.

$$\mathscr{Z}_b[a^{|n|}] = \frac{z}{z-a} - \frac{z}{z-1/a}; \quad |a| < z < 1/|a|$$

이 변환은 $|a| < 1$일 때에만 존재한다. 이 예는 표 11.5의 마지막 항을 확인해준다. ■

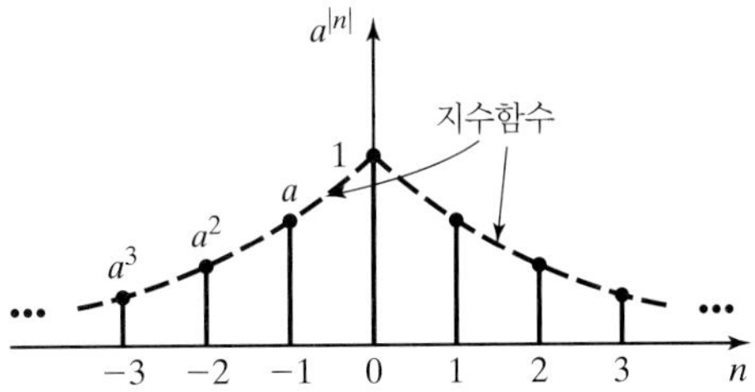

그림 11.16 양측 지수함수

수렴 영역

역양방향 변환을 생각하기 전에 수렴 영역을 좀 더 살펴보자. 먼저 특별한 경우 하나를 생각한다. n이 0과 1인 경우를 제외하고는 모든 n에 대해 $f[n] = 0$인 함수를 가정하자. 그러므로 $f[n]$은 유한 지속 함수이고

$$F_b(z) = f[0] + f[1]z^{-1} \tag{11.73}$$

이다. 이 함수는 $z = 0$인 점을 제외한 모든 곳에서 존재한다. 그러므로 수렴 영역(ROC)는 원점을 제외한 z-평면 전체다.

이제 $n = -1$과 $n = 0$을 제외하고는 모든 n에서 $f[n] = 0$인 함수를 생각하자. 그러므로 $f[n]$은 유한 지속 함수이고

$$F_b(z) = f[-1]z + f[0] \tag{11.74}$$

이다. 이 함수는 유한한 평면 어디에서나 존재한다. 그러므로 ROC는 유한한 평면이다.

다음으로 $f[n]$이 유한 지속 함수인 임의의 급수인 경우를 생각하자. 일반적으로 $F_b(z)$는 [식 (11.73)에서와 같이] 원점에서와 [식 (11.74)에서와 같이] 무한점에서만 극점을 갖는다. 그러면 유한 급수의 양방향 z-변환은 원점을 제외하고 유한한 z-평면 어디에서나 존재한다는 결론을 내릴 수 있다.

이번 절의 결과로부터 ROC의 경계는 중심이 원점인 원이고 원점은 ROC에서 제외된다는 것을 알 수 있다. 따라서 양방향 z-변환의 ROC는 다음 네 가지 형태 중 하나다.

1. 그림 11.17(a)에 나타낸 것과 같이 중심이 원점인 원의 외부 (우측 함수)
2. 그림 11.17(b)에 나타낸 것과 같이 원점은 제외하고 중심이 원점인 원의 내부 (좌측 함수)
3. 그림 11.17(c)에 나타낸 것과 같이 중심이 원점인 동심원의 사이 (양측 함수)
4. 원점을 제외하고 유한한 평면 전체 (유한 지속 함수)

이 모든 경우에 ROC는 열린 영역이다. 즉, ROC의 경계는 이 영역에 포함되지 않는다. 모든 ROC들은 그림 11.17(c)의 특수한 경우로 간주할 수도 있음에 유의한다.

마지막으로 변환된 함수의 모든 극점들은 ROC의 외부에 있다는 성질이 있다. 어떤 함수의 극점에서는 이 함수가 무한이기 때문이다. ROC의 경계선은 언제나 극점을 포함하고 다른 극점들은 ROC 바깥에 놓인다.

역양방향 변환

위에서 언급하였듯이 양방향 변환의 일반적인 ROC는 그림 11.17(c)와 같은 형태다. ROC 내부

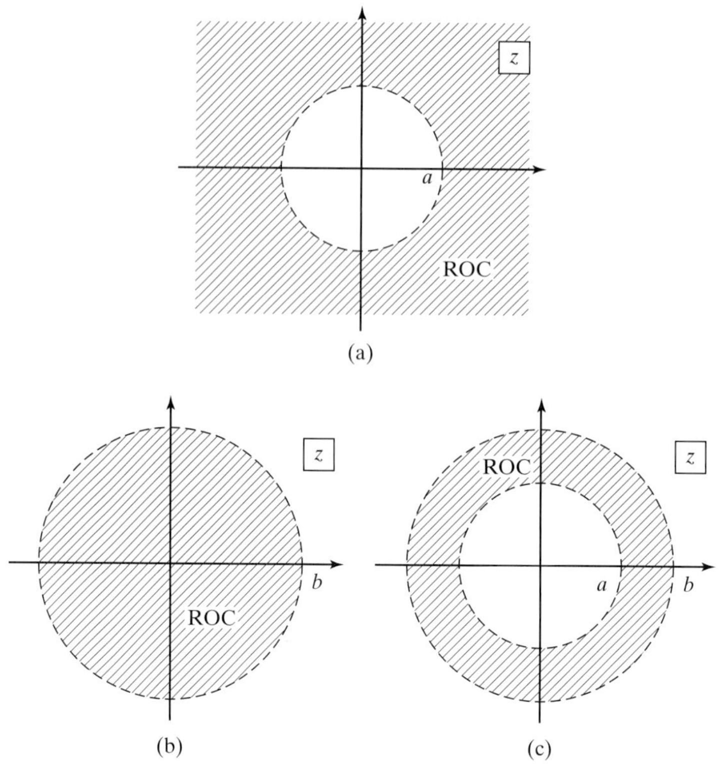

그림 11.17 가능한 수렴 영역들

에 있는 극점들은 우측 함수에 속하고, ROC 바깥 쪽에 있는 극점들은 좌측 함수에 속한다.

역양방향 변환을 구하기 위해 먼저 $F_b(z)$의 부분 분수 전개를 구한다. 그런 다음 $F_b(z)$를 식 (11.72)에서와 같이 두 함수의 합으로 나타낸다.

$$F_b(z) = F_b^+(z) + F_b^-(z) \Rightarrow f[n] = f^+[n] + f^-[n] \tag{11.75}$$

여기서 $F_b^+(z)$는 ROC 내부에 있는 극점들을 가진 항을 포함하고 $F_b^-(z)$는 ROC 외부에 있는 극점들을 가진 항들을 포함한다. 그러면 역변환은 표 11.5로부터 바로 구할 수 있다.

세 개의 예를 살펴본다. 이 예들에서 양방향 z-변환들은 모두 동일하다. 다만 ROC만 다르다. 이 예에서 사용되는 양방향 변환은 다음과 같다.

$$F_b(z) = \frac{2z^2 - 0.75z}{(z - 0.25)(z - 0.5)} = \frac{z}{z - 0.25} + \frac{z}{z - 0.5}$$

예제 11.16 역양방향 z-변환

먼저 다음 함수를 생각해보자.

$$F_b(z) = \frac{z}{z - 0.25} + \frac{z}{z - 0.5}; \quad |z| > 0.5$$

극점과 ROC를 그림 11.18에 나타내었다. 그러므로 $f[n]$은 우측 함수이고 표 11.5로부터

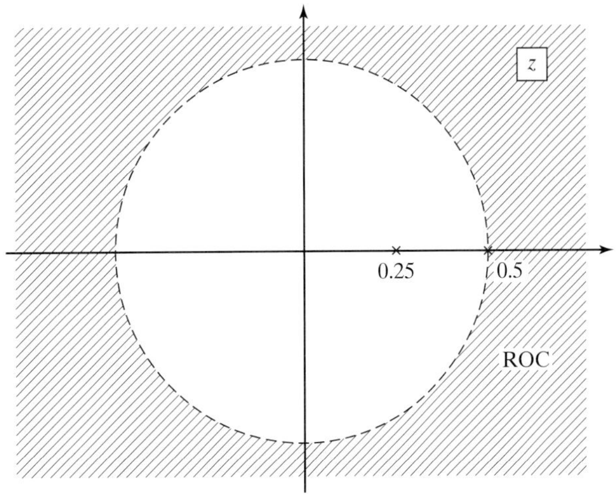

그림 11.18 예제 11.16의 ROC

$$f[n] = \mathscr{Z}_b^{-1}[F_b(z)] = [0.25^n + 0.5^n]u[n]$$

이다. ■

예제 11.17 예제 11.16 연속

다음 함수를 생각해보자.

$$F_b(z) = \frac{z}{z - 0.25} + \frac{z}{z - 0.5}; \quad |z| < 0.25$$

극점과 ROC를 그림 11.19에 나타내었다. 그러므로 $f[n]$은 좌측 함수이고 표 11.5로부터

$$f[n] = \mathscr{Z}_b^{-1}[F_b(z)] = [-0.25^n - 0.5^n]u[-n - 1]$$

이다. ■

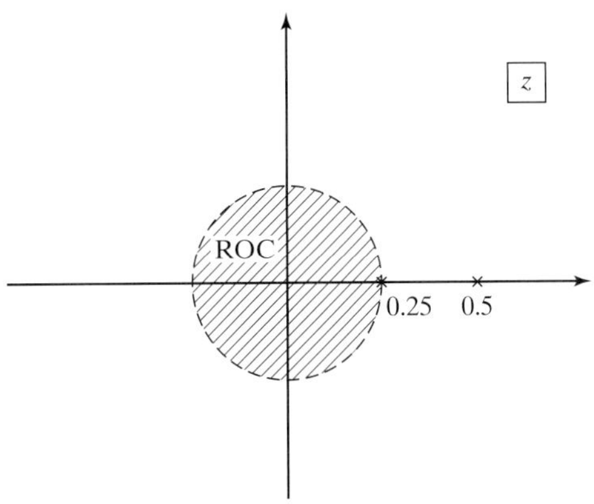

그림 11.19 예제 11.17의 ROC

예제 11.18 예제 11.17 연속

마지막으로 다음 함수를 생각해보자.

$$F_b(z) = \frac{z}{z - 0.25} + \frac{z}{z - 0.5}; \quad 0.25 < |z| < 0.5$$

극점과 ROC를 그림 11.20에 나타내었다. 함수 $z/(z - 0.25)$는 우측 함수의 변환이고, 함수 $z/(z - 0.5)$는 좌측 함수의 변환이다. 표 11.5로부터

$$f[n] = \mathscr{Z}_b^{-1}[F_b(z)] = 0.25^n u[n] - 0.5^n u[-n - 1]$$

이다. ■

이 절에서는 양방향 z-변환을 소개하였다. 양방향 z-변환에서 수렴 영역의 중요성은 매우 명확하다. 양방향 변환에서는 일반적으로 함수를 우측 함수와 좌측 함수의 합으로 나눈다. 그런 다음 표를 사용하여 양방향 변환과 역양방향 변환을 구한다.

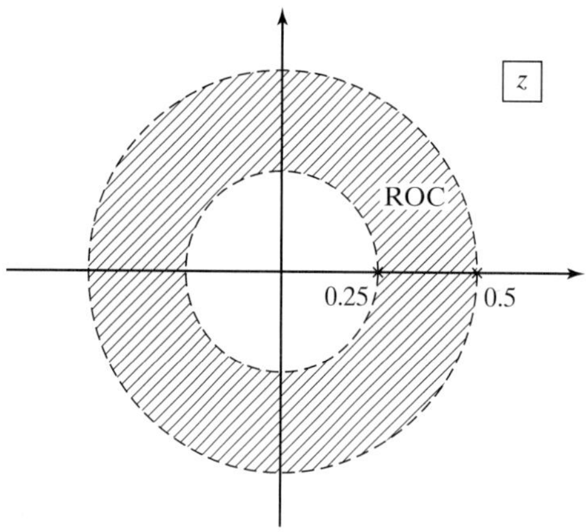

그림 11.20 예제 11.18의 ROC

결론

이번 장에서는 단방향 z-변환과 양방향 z-변환에 대해 소개하였다. 단방향 변환은 인과적인 선형 시불변(LTI) 이산-시간 시스템의 분석과 설계에 사용된다. 단방향 z-변환은 특히 인과적인 디지털 필터를 설계하고 그 특성을 이해하는 데에 매우 유용하다. 단방향 z-변환은 또한 스위칭되는 LTI 이산-시간 시스템의 분석에 유용하다. 이 변환으로 초기 조건을 포함시킬 수 있기 때문이다.

양방향 z-변환은 LTI 이산-시간 시스템의 정상 상태 분석과 비인과적인 시스템의 설계 및 분석에 유용하다. 비인과 시스템은 실제에서는 구현이 불가능하다. 그러나 비인과 시스템은 기록된 신호의 디지털 처리에 대해서는 구현이 가능하다.

다음 장에서는 이산-시간 푸리에 변환을 다룬다. 이 변환은 4장부터 6장까지의 푸리에 기법을 이산-시간 신호 특히 샘플링된 신호에 적용된 결과다.

표 11.6을 참조한다.

표 11.6 11장의 주요 수식들

수식 제목	수식 기호	수식
역방향 z-변환	(11.1)	$\mathscr{Z}_b[f[n]] = F_b(z) = \sum_{n=-\infty}^{\infty} f[n]z^{-n}$
역양방향 z-변환	(11.2)	$\mathscr{Z}_b^{-1}[F_b(z)] = f[n] = \frac{1}{2\pi j}\oint_{\Gamma} F_b(z)z^{n-1}\,dz, \quad j = \sqrt{-1}$
단방향 z-변환	(11.4)	$\mathscr{Z}[f[n]] = F(z) = \sum_{n=0}^{\infty} f[n]z^{-n}$
전달함수	(11.44)	$H(z) = \frac{Y(z)}{X(z)} = \frac{b_0 + b_1z^{-1} + \cdots + b_{N-1}z^{-N+1} + b_Nz^{-N}}{a_0 + a_1z^{-1} + \cdots + a_{N-1}z^{-N+1} + a_Nz^{-N}} = \frac{b_0z^N + b_1z^{N-1} + \cdots + b_{N-1}z + b_N}{a_0z^N + a_1z^{N-1} + \cdots + a_{N-1}z + a_N}$
우측 이산-시간 지수 신호의 z-변환	(11.63)	$a^nu[n] \overset{\mathscr{Z}_b}{\longleftrightarrow} \frac{z}{z-a}; \lvert z\rvert > \lvert a\rvert$
좌측 이산-시간 지수 신호의 z-변환	(11.66)	$\mathscr{Z}_b[-a^nu[-n-1]] = \frac{-a^{-1}z}{1-a^{-1}z} = \frac{z}{z-a}; \quad \lvert a^{-1}z\rvert < 1$

연습문제

11.1절

11.1 식 (11.4)를 이용하여 다음 각 함수들의 z-변환을 z에 대한 다항식의 비로 표현하여라.

(a) $x[n] = 0.5^n(u[n] - u[n-3])$

(b) $x[n] = 0.7\cos(n\pi/2)(u[n] - u[n-4])$

(c) $x[n] = u[n-2] - u[n-5]$

11.2 $\mathscr{Z}\{0.5^nu[n]\} = \frac{z}{z-0.5}$ 이고 $\mathscr{Z}\{nu[n]\} = \frac{z}{(z-1)^2}$ 일 때, $\mathscr{Z}\{(2(0.5)^n + 0.5n)u[n]\}$을 구하여라. z-변환을 z에 대한 다항식의 비로 표현하여라.

11.2절

11.3 다음 함수들의 단방향 z-변환을 구하여라.

(a) 0.9^n

(b) $2(0.8)^n + 3(1.1)^n$

(c) $3e^{-0.1n}$

(d) $3e^{-j0.1n}$

(e) $0.5(e^{j0.5n} + e^{-j0.5n})$

(f) $(-0.9)^n$

11.4 다음 함수들의 단방향 z-변환을 z에 대한 다항식의 비로 구하여라.

(a) $u[n-1]$

(b) $u[n-m]$

(c) $0.3^{n-2}u[n-2]$

(d) 0.3^{n+2}

(e) $0.3^{n+2}u[n-2]$

11.5 **(a)** 신호 e^{-5t}를 $t = 0$부터 시작하여 0.2초마다 샘플링한다. 샘플링된 신호의 z-변환을 구하여라.

(b) 신호 e^{-t}를 $t = 0$부터 시작하여 초마다 샘플링한다. 샘플링된 신호의 z-변환을 구하여라.

(c) (a)와 (b)에서 구한 z-변환은 왜 동일한가?

(d) 세 번째 함수 e^{at}를 T초마다 샘플링한다. (a)와 (b)에서와 같이 샘플링된 함수의 z-변환이 동일하게 되는 서로 다른 (a, T) 값을 구하여라.

11.3절

11.6 다음 각 함수들의 단방향 z-변환을 z에 대한 다항식의 비로 구하여라.

(a) $\cos(0.5n)$

(b) $\sin(0.5n)$

(c) $20\cos(0.5n - \pi/4)$

(d) $10e^{-.2n}\cos(0.5n)$

(e) $10e^{-0.2n}\cos(0.5n - \pi/4)$

(f) $5(-0.9)^n\cos(0.5n)$

11.7 아래 신호들을 $t = 0$에서 시작하여 0.1초마다 샘플링한다. 샘플링된 신호의 단방향 z-변환을 유리식의 형태로 구하여라.

(a) e^{-t}

(b) $2e^{-2t} + 3e^{t}$

(c) $e^{-0.1t}$

(d) $3e^{-jt}$

(e) $\cos(t)$

(f) $10e^{-t}\cos(t)$

11.8 **(a)** 함수 $f[n] = A\cos(\Omega n)$의 z-변환이 다음과 같다.

$$F(z) = \frac{5z(z - 0.5)}{z^2 - z + 1}$$

A와 Ω 값을 구하여라.

(b) 함수 $f(t) = A\cos(\omega t)$를 $t = 0$에서 시작하여 $T = 0.001$초마다 샘플링한다. 샘플링된 함수의 z-변환이 (a)와 같을 때, A와 ω의 값을 구하여라.

11.9 **(a)** 함수 $nA^n u[n]$의 z-변환이 $\dfrac{0.25z}{(z - 0.25)^2}$이다. A의 값을 구하여라.

(b) 함수 $ne^{-An}u[n]$의 z-변환이 $\dfrac{0.25z}{(z - 0.25)^2}$이다. A의 값을 구하여라.

(c) 함수 $A^n\cos(\Omega n)u[n]$의 z-변환이 $\dfrac{z(z - 2.5981)}{z^2 - 5.1962z - 9}$이다. A와 Ω 값을 구하여라.

(d) 함수 $e^{-An}\cos(\Omega n)u[n]$의 z-변환이 $\dfrac{z(z - 2.5981)}{z^2 - 5.1962z - 9}$이다. A와 Ω 값을 구하여라.

11.10 **(a)** z-변환을 이용하여 다음 급수의 값을 구하여라.

(i) $x = \sum_{n=0}^{\infty} 0.5^n$

(ii) $x = \sum_{n=2}^{\infty} 0.5^n$

(b) z-변환을 이용하여 다음 급수의 값을 구하여라.

$$x = \sum_{n=0}^{\infty} 0.5^n\cos(0.5n)$$

11.4절

11.11 어떤 이산-시간 함수의 z-변환이 다음과 같다.

$$F(z) = \frac{z}{(z-1)(z+1)}$$

(a) $F(z)$에 최종값 성질을 적용하여라.

(b) $F(z)$의 역z-변환을 구하고 (a)의 결과를 확인하여라.

(c) (a)와 (b)의 결과가 만일 다르다면, 그 이유를 설명하여라.

11.12 어떤 이산-시간 함수 $f[n]$의 z-변환이 다음과 같다.

$$F(z) = \frac{6z(z-0.5)}{(z-1)(z-0.4)(z+0.4)} = \frac{6z^2-3z}{z^3-z^2-0.16z+0.16}$$

(a) $F(z)$에 최종값 성질을 적용하여라.

(b) $F(z)$의 역z-변환을 구하고 (a)의 결과를 확인하여라.

(c) MATLAB을 이용하여 (b)에서 수행했던 부분 분수 전개를 검증하여라.

11.13 $f[n] = a^n u[n]$일 때, 다음 함수들의 z-변환을 구하여라.

(a) $f[n-3]u[n-3]$; 멱급수 전개를 이용하여 결과를 검증하여라.

(b) $f[n+3]u[n]$; 멱급수 전개를 이용하여 결과를 검증하여라.

(c) 각 z-변환 함수를 멱급수로 변환하여 $n=0$과 $n=3$에서 $f[n]$의 값을, $n=3$에서 $f[n-3]u[n-3]$의 값을, $n=0$에서 $f[n+3]u[n]$의 값을 구하여라.

(d) (c)에서 구한 값들이 일관적인가? 그 이유와 함께 답하여라.

11.14 함수 $y[n]$의 단방향 z-변환이 다음과 같다.

$$Y(z) = \frac{2z^3}{z^3-4z^2+6z-8}$$

(a) $y_1[n] = y[n-2]u[n-2]$의 z-변환을 구하여라.

(b) $y_2[n] = y[n+2]u[n]$의 z-변환을 구하여라.

(c) 각 z-변환 함수를 멱급수로 변환하여 $n=0$과 $n=2$에서 $y[n]$의 값을, $n=2$에서 $y[n-2]u[n-2]$의 값을, $n=0$에서 $y[n+2]u[n]$의 값을 구하여라.

(d) (c)에서 구한 값들이 일관적인가? 그 이유와 함께 답하여라.

11.15 다음과 같은 이산-시간 함수들의 z-변환을 생각하자.

$$X_1(z) = \frac{0.7z}{(z-1)(z-0.7)};$$

$$X_2(z) = \frac{0.7}{(z-1)(z-0.7)};$$

$$X_3(z) = \frac{0.7}{z(z-1)(z-0.7)}$$

(a) 역변환을 계산하지 말고, $x_1[n]$, $x_2[n]$, $x_3[n]$가 어떻게 관련되는가?

(b) 역변환을 구하여 (a)의 결과를 검증하여라.

(c) MATLAB을 이용하여 (b)에서 수행한 부분 분수 전개를 검증하여라.

11.16 (a) 다음과 같은 단방향 z-변환에 대해, 각 함수의 역z-변환을 구하여라.

(i) $X(z) = \dfrac{0.5z}{(z-1)(z-0.5)}$

(ii) $X(z) = \dfrac{0.5}{(z-1)(z-0.5)}$

(iii) $X(z) = \dfrac{0.5(z+1)}{(z-1)(z-0.5)}$

(iv) $X(z) = \dfrac{0.5z(z+1)}{(z-1)(z-0.5)}$

(v) $X(z) = \dfrac{0.5}{z(z-1)(z-0.5)}$

(vi) $X(z) = \dfrac{\sqrt{2}z}{z^2 - \sqrt{2}z + 1}$

(b) MATLAB을 이용하여 (a)에서 수행한 부분 분수 전개를 검증하여라.

(c) (a)에서 첫 0이 아닌 값 $x[n]$의 값을 구하여라.

(d) 장제법을 이용하여 (a)의 $X(z)$를 전개함으로써 (c)의 결과를 검증하여라.

(e) (a)의 각 함수에 대해 최종값 성질을 이용하여 $x[\infty]$의 값을 구하여라.

(f) (a)에서 구한 각 $x[n]$을 이용하여 (e)의 결과를 확인하여라.

11.5절

11.17 $f[n] = a^n u[n]$일 때, 다음 각 함수들의 z-변환을 구하여라.

(a) $f[n/2]$

(b) $f[n-2]u[n-2]$; 멱급수 전개로 결과를 검증하여라.

11.18 $f[n] = 3e^{-2n}u[n]$일 때, 다음 각 함수들의 z-변환을 구하여라.

(a) $f[n/3]$

(b) $f[n+3]u[n]$; 멱급수 전개로 결과를 검증하여라.

11.19 함수 $y[n]$의 단방향 z-변환이 다음과 같다.

$$Y(z) = \frac{2z^3}{z^3 - 4z^2 + 6z - 8}$$

$y_1[n] = y[n/2]$의 z-변환을 구하여라.

11.20 $z[4^n] = z/(z-4)$일 때, z-변환의 성질만을 이용하여 다음 함수의 z-변환을 구하여라.

(a) $f_a[n] = n4^n$

(b) $f_b[n] = n(n-1)\,4^n$

z-변환표를 이용하여 (a)와 (b)의 결과를 검증하여라.

11.21 함수 $f[n]$, $g[n]$, $q[n]$이 다음과 같다.

$$f[n] = 2^{-n}u[n],\ g[n] = 3nu[n],\ q[n] = n3^{n}u[n]$$

z-변환을 이용하여 다음 식을 유도하여라.

(a) $f[n]*g[n]$

(b) $f[n]*q[n]$

(c) $q[n]*g[n]$

(d) $f[n]*g[n]*q[n]$

11.22 웨이블릿 변환(wavelet transform)은 최근 다양한 신호-처리 연산에서 인기를 얻고 있다[4]. 분석 단계에서는 입력 신호에 저주파-통과 필터를 순차적으로 적용한다. 각 필터를 적용한 후에는, 남게 되는 웨이블릿 변환 계수의 수가 입력 신호의 포인트 수와 같아지도록, 하나 건너 하나씩의 샘플 포인트만을 유지하도록 신호를 다운샘플링한다.

합성 단계에서는 이 웨이블릿 계수들을 반복적으로 업샘플링하고 필터링시켜 입력 신호를 복원해 낸다. 이 연습문제에서는 웨이블릿 변환의 필터링과 업샘플링 단계를 서로 순서를 바꿀 수 있음을 볼 수 있다.

신호 $x[n]$을 업샘플링하기 위해, 다음 신호를 만든다.

$$x_M[n] = \begin{cases} x[\frac{n}{M}], & n\text{이 } M\text{의 정수배} \\ 0, & \text{나머지 구간} \end{cases}$$

(a) 임펄스 함수가 $h[n]$인 필터를 신호 $x[n]$에 적용하여 $y[n]$을 만들어낸다. 그런 다음 신호 $y[n]$을 M만큼 업샘플링시켜 $y_M[n]$을 만든다. $Y_M(z)$를 구하여라.

(b) 다음으로 입력 신호 $x[n]$을 M만큼 업샘플링시켜 $x_M[n]$을 만든다. 필터의 임펄스 함수 $h[n]$도 또한 M만큼 업샘플링시켜 $h_M[n]$을 만들고 이 임펄스 응답을 갖는 필터를 $x_M[n]$에 적용한다. $x_M[n]*h_M[n]$의 z-변환을 구하여라.

11.6절

11.23 그림 P11.23과 같은 디지털 필터를 생각하자.

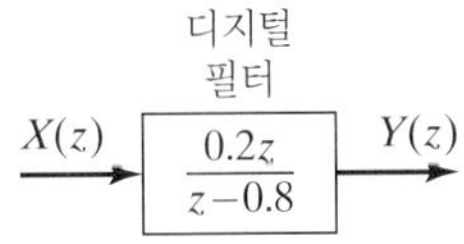

그림 P11.23

(a) 단위-계단 응답의 z-변환, $Y(z)$을 유도하여라.

(b) 단위-계단 입력에 대한 응답의 정상-상태 출력을 구하여라.

(c) 시간 영역에서의 단위-계단 응답, $y[n]$을 구하여라.

(d) (c)의 결과를 이용하여 (b)의 결과를 검증하여라.

(e) MATLAB을 이용하여 이 시스템의 단위 계단 응답을 계산하고 그 개형을 그려라.

11.24 그림 P11.23과 같은 디지털 필터를 생각하자.

(a) 입력 신호가 다음과 같을 때, 출력의 z-변환인 $Y(z)$을 유도하여라.

$$x[n] = \cos(\pi n/2)u[n]$$

(b) 입력이 (a)에서와 같을 때, 시간-영역에서의 응답 $y[n]$을 구하여라.

(c) MATLAB을 이용하여 (a)에서와 같은 입력에 대한 시스템의 응답을 계산하고 그 개형을 그려라.

(d) 초깃값 성질을 이용하여 (b)에서 구한 $x[0]$의 값을 검증하여라.

(e) (a)로부터 구한 값과 (d)의 결과를 비교하여라.

11.25 어떤 LTI 시스템의 차분 방정식 모델과 입력 신호가 다음과 같다고 하자.

$$y[n] - .75y[n-1] + 0.125y[n-2] = x[n];$$

$$\text{여기서 } x[n] = \begin{cases} 1, & n = 0, 1 \\ 0, & \text{나머지 구간} \end{cases}$$

(a) 시스템의 전달함수 $H(z)$를 구하여라.

(b) 단위-계단 응답 $y[n]$을 구하여라.

(c) MATLAB을 이용하여 시스템의 단위-계단 응답을 구하고 그 개형을 그려라.

(d) 초깃값 성질을 이용하여 (b)에서 구한 $y[0]$의 값을 검증하여라. 이 값이 (c)에서 도시한 값과 일치하는가?

(e) 최종값 성질로 올바른 $y[\infty]$의 값을 얻을 수 있을까? 만일 그렇다면 최종값을 구하고, 그렇지 않다면 왜 최종값 성질을 사용할 수 없는지 이유를 설명하여라.

11.26 다음과 같은 차분 방정식과 입력 신호를 생각하자.

$$y[n] - 0.75y[n-1] + 0.125y[n-2] = x[n];$$

$$\text{여기서 } x[n] = \begin{cases} 1, & n = 0 \\ 0, & \text{나머지 구간} \end{cases}$$

(a) z-변환을 이용하여 $y[n]$을 구하여라.

(b) MATLAB을 이용하여 (a)에서 수행한 부분 분수 전개를 확인하여라.

(c) 반복법을 차분 방정식을 풀어 $n = 0, 1, 2, 3, 4$에서의 (a)의 결과를 검증하여라.

(d) MATLAB을 이용하여 (c)의 결과를 검증하여라.

(e) 초깃값 성질을 이용하여 (a)에서 $y[0]$의 값을 검증하여라.

(f) 최종값 성질로 올바른 $y[\infty]$의 값을 얻을 수 있을까? 만일 그렇다면 최종값을 구하고, 그렇지 않다면 왜 최종값 성질을 사용할 수 없는지 이유를 설명하여라.

11.27 (a) 다음 차분 방정식이 어떤 LTI 시스템을 모델링한다.

$$y[n] - y[n-1] + 0.5y[n-2] = x[n]$$

시스템의 전달함수를 구하여라.

(b) (a) 시스템의 단위 계단 응답을 구하여라.

(c) MATLAB을 이용하여 (b)에서의 부분 분수 전개를 확인하여라.

(d) (b)의 결과로부터 $y[0]$, $y[1]$, $y[2]$의 값을 구하여라.

(e) 반복법으로 차분 방정식을 풀어서 (d)의 결과를 검증하여라.

(f) MATLAB을 이용한 시스템의 단위-계단 응답을 계산하여 (e)의 결과를 검증하여라.

11.28 그림 P11.28과 같은 블록 다이어그램을 생각하자.

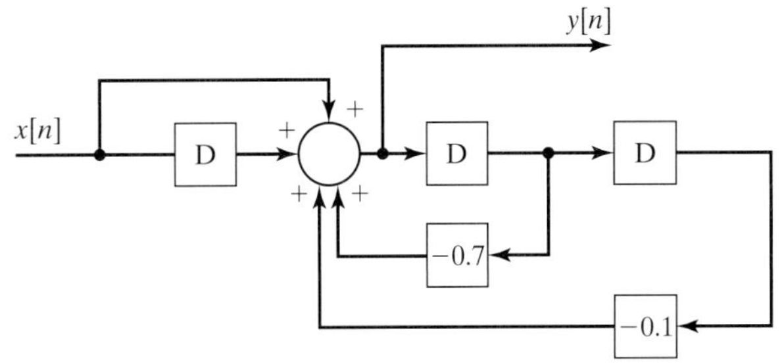

그림 P11.28

(a) 이 시스템에 대한 차분 방정식을 구하여라.

(b) 시스템의 전달함수를 구하여라.

(c) 시스템의 안정성 여부를 판별하여라.

(d) 시스템의 단위−계단 응답을 구하여라.

(e) 단위−계단 응답이 유한한 최종값을 갖는다면, 그 값을 구하여라.

(f) MATLAB을 이용하여 단위 계단 응답을 계산하고 그 개형을 그려라. 이 결과와 (d)와 (e)로부터의 결과를 비교하여라.

11.29 그림 P11.29와 같은 이산−시간 시스템의 블록 다이어그램을 생각하자.

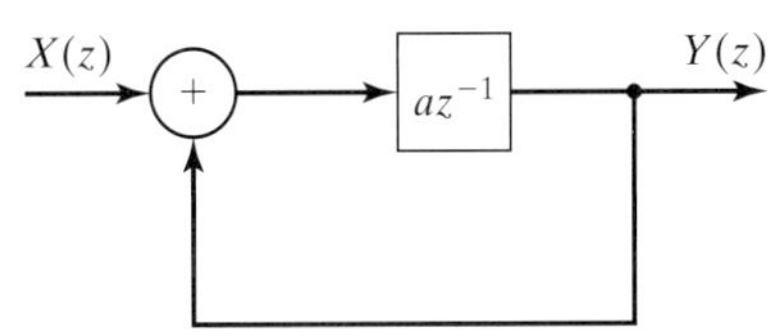

그림 P11.29

(a) 이 시스템의 차분 방정식 모델을 구하여라.

(b) 이 시스템의 전달함수를 구하여라.

(c) 이 시스템이 BIBO 안정하기 위한 파라미터 a의 값을 구하여라.

(d) 이 시스템의 임펄스 응답을 구하여라. 이 임펄스 응답으로부터 (c)에서의 결과가 드러나는가? 그 이유와 함께 답하여라.

(e) $a = 0.5$라고 하자. 이 시스템의 단위 계단 응답을 구하여라.

(f) $a = 2.0$이라고 하자. 이 시스템의 단위 계단 응답을 구하여라.

(g) MATLAB을 이용하여 (e)와 (f)의 결과를 확인하여라.

11.30 데이터를 부드럽게 만드는 한 가지 간단한 방법은 수많은 샘플들이 가중치가 적용된 평균값을 취하는 것이다. 입력과 출력이 다음 식으로 관련되어 있는 LTI 시스템을 생각하자.

$$y[n] = ax[n-1] + (1-a)x[n]$$

모든 초기 조건은 0이라고 가정한다.

(a) 시스템의 임펄스 응답 $h[n]$을 구하여라.

(b) $y[n]$으로부터 $x[n]$을 복원하는 데에 필요한 시스템의 임펄스 응답을 구하여라. (힌트: 역시스템을 생각한다.)

11.31 전달함수가 $H(z)$인 시스템을 생각한다.

(a) 인과적이지만 안정하지는 않은 삼차 전달함수를 하나 제시하여라.

(b) 인과적이지는 않지만 안정한 삼차 전달함수를 하나 제시하여라.

(c) 인과적이지도 않고 안정하지도 않은 삼차 전달함수를 하나 제시하여라.

(d) 인과적이면서 안정한 삼차 전달함수를 하나 제시하여라.

11.32 (a) 다음과 같은 전달함수를 갖는 인과적인 시스템의 안정성 여부를 판별하여라.

(i) $H(z) = \dfrac{3(z + 0.9)}{z(z - 0.9)(z - 1.2)}$

(ii) $H(z) = \dfrac{3(z - 1)^2}{z^3 - 1.8z^2 + 0.81z}$

(iii) $H(z) = \dfrac{9(z - 0.9)}{z(z + 0.9)(z - 1)}$

(iv) $H(z) = \dfrac{6(z - 1.2)}{(z + 1)(z - 0.9)}$

(v) $H(z) = \dfrac{z - 0.75}{z^3 - 2.05z^2 + z}$

필요하면 MATLAB을 사용한다.

(b) 위 시스템 중 불안정한 시스템에 대해 출력이 유계가 되지 않는 유계인 입력을 제시하여라.

(c) (b)에서 제시한 입력에 대해 응답에서 유계가 아닌 항을 찾아 (b)의 결과를 검증하여라.

11.33 다음과 같은 일반적인 전달함수에 대해,

$$H(z) = \frac{b_0 + b_1 z^{-1} + \cdots + b_M z^{-M}}{a_0 + a_1 z^{-1} + \cdots + a_N z^{-N}}$$

$a_0 \neq 0$이면 이 시스템이 인과적임을 보여라. (힌트: 임펄스 응답을 생각한다.)

11.34 MATLAB을 이용하여 다음 시스템의 주파수 응답을 계산하고 그 개형을 그려라.

(a) 연습문제 11.23

(b) 연습문제 11.27

(c) 연습문제 11.28

(d) 연습문제 11.29(e)

(e) 연습문제 11.29(f)

11.7절

11.35 다음과 같은 이산-시간 함수에 대해

$$f[n] = a^n u[n] - b^{2n} u[-n - 1]$$

(a) 양방향 z-변환이 존재하기 위한 a와 b의 조건은 무엇인가?

(b) (a)의 조건이 만족한다고 할 때, $f[n]$의 양방향 z-변환과 수렴 영역을 구하여라.

11.36 다음 함수들의 양방향 z-변환과 수렴 영역을 구하여라.

(a) $0.7^n u[n]$

(b) $0.7^n u[n-7]$

(c) $0.7^n u[n+7]$

(d) $-0.7^n u[-n-1]$

11.37 다음 함수들의 양방향 z-변환과 수렴 영역을 구하여라.

(a) $0.8^n u[n]$

(b) $0.8^n u[n-1]$

(c) $0.8^n u[n+1]$

(d) $0.8^n u[-n]$

(e) $0.8^n u[-n-1]$

(f) $0.8^n u[-n+1]$

11.38 (a) 다음 각 수렴 영역에 대해, 다음 양방향 z-변환의 역변환을 구하여라.

$$F_b(z) = \frac{0.6z}{(z-1)(z-.6)}$$

(i) $|z| < 0.6$

(ii) $|z| > 1$

(iii) $0.6 < |z| < 1$

(b) (a)의 (i)에서 (iii)까지의 함수의 최종값을 구하여라.

(c) 최종값 정리를 이용하여 (b)의 결과를 검증하여라.

11.39 (a) 다음 각 수렴 영역에 대해, 다음 양방향 z-변환의 역변환을 구하여라.

$$F_b(z) = \frac{1.5z^2 - 1.3}{(z-1)(z-.6)}$$

(i) $|z| < 0.9$

(ii) $|z| > 1$

(iii) $0.9 < |z| < 1$

(b) (a)의 (i)에서 (iii)까지의 함수의 최종값을 구하여라.

(c) 최종값 정리를 이용하여 (b)의 결과를 검증하여라.

11.40 (a) 다음 이산-시간 함수에 대해

$$f[n] = \begin{cases} (\frac{1}{2})^n, & -10 \leqq n \leqq 20 \\ 0, & \text{나머지 구간} \end{cases}$$

이 함수의 양방향 z-변환을 (멱급수 형태가 아닌) 닫힌 형태로 나타내어라.

(b) (a) 변환의 수렴 영역을 구하여라.

(c) 다음 이산-시간 함수에 대해, (a)와 (b)의 질문에 답하여라.

이 식에서 $x(nT) = x[n]$으로 치환하고 $\omega T = \Omega$로 바꾸면, 다음과 같이 *이산-시간 푸리에 변환*을 정의하는 식을 얻는다.

$$X(\Omega) = \mathcal{DTF}(x[n]) = \sum_{n=-\infty}^{\infty} x[n]e^{-jn\Omega} \tag{12.1}$$

이 식에서 $\mathcal{DTF}(\cdot)$는 이산-시간 푸리에 변환을 나타내고 Ω는 *이산-주파수 변수*다. 그러면 이산-시간 푸리에 변환은 그림 6.29에서의 샘플링 과정에 대한 푸리에 변환 모델에 내재되어 있음을 알 수 있다.

역이산-시간 푸리에 변환은 다음과 같이 정의된다.

$$x[n] = \mathcal{DTF}^{-1}[X(\Omega)] = \frac{1}{2\pi}\int_{\Omega_1}^{\Omega_1+2\pi} X(\Omega)e^{jn\Omega}d\Omega = \frac{1}{2\pi}\int_{2\pi} X(\Omega)e^{jn\Omega}d\Omega \tag{12.2}$$

여기서 Ω_1은 임의의 값이고 이러한 사실을 적분 기호 바로 아래에 2π를 써서 나타낸다. 나중에 피적분함수가 주기가 2π인 주기함수임을 보일 것이다. 이 역변환 적분은 푸리에 변환의 역변환 적분식 (5.2)로부터 바로 유도할 수 있다[3]. 이산-시간 푸리에 변환 쌍을 다음과 같이 나타낸다.

$$x[n] \xleftrightarrow{\mathcal{DTF}} X(\Omega) \tag{12.3}$$

$x[n]$은 *이산* 변수 n의 함수이고 반면에 식 (12.1)에서 변환된 $X(\Omega)$는 *연속* 변수 Ω의 함수임에 주의해야 한다. 따라서 $X(\Omega)$는 주파수에 대한 연속 함수인 반면에 $x[n]$은 시간에 대한 이산 함수다.

일반적으로 연속-시간 신호 $x(t)$를 샘플링하여 이산 시퀀스 $x[n]$을 얻어내거나 이 시퀀스를 연속-시간 신호의 샘플로 해석한다. 이 경우에, 이산-주파수 변수 Ω는 실-주파수 변수 ω와 식 $\Omega = \omega T$로 서로 관련된다. 따라서, 이산 주파수 Ω는 실-주파수 ω의 *스케일링된* 버전임을 알 수 있다. 이 스케일링은 또한 9장과 10장에서 이산-시간 신호와 시스템을 학습할 때 나타났음을 기억할 것이다. 이산-시간 푸리에 변환은 샘플링된 신호를 분석할 때 주로 응용된다.

다음으로, 이산-시간 푸리에 변환에 대한 두 개의 예를 살펴보자.

예제 12.1 신호의 이산-시간 푸리에 변환(DTFT)

이제 $a^n u[n]$이 다음과 같을 때 $x[n] = a^n u[n]$에 대한 이산-시간 푸리에 변환을 구해보자.

$$a^n u[n] = \begin{cases} a^n, & n \geqq 0 \\ 0, & n < 0 \end{cases}$$

9.4절로부터 이 함수는 그 특성상 지수적이었다. 식 (12.1)로부터

$$\begin{aligned} X(\Omega) &= \sum_{n=-\infty}^{\infty} x[n]e^{-jn\Omega} = \sum_{n=0}^{\infty} a^n e^{-jn\Omega} \\ &= 1 + ae^{-j\Omega} + a^2e^{-j2\Omega} + \cdots = 1 + ae^{-j\Omega} + (ae^{-j\Omega})^2 + \cdots \end{aligned}$$

이다. 이제 $X(\Omega)$를 닫힌 형태로 구해보자. 부록 C에서 다음 기하급수를 볼 수 있다.

$$\sum_{n=0}^{\infty} b^n = 1 + b + b^2 + \cdots = \frac{1}{1-b}; \quad |b| < 1$$

$X(\Omega)$에서 $ae^{-j\Omega} = b$로 두면, 다음 변환 결과를 얻는다.

$$X(\Omega) = \frac{1}{1 - ae^{-j\Omega}}; \quad |ae^{-j\Omega}| < 1$$

$|e^{-j\Omega}| = |\cos\Omega - j\sin\Omega| = 1$이기 때문에, 이 변환은 $|a| < 1$일 때 존재한다. 그러면 다음과 같은 변환 쌍을 얻는다.

$$a^n u[n] \overset{\mathcal{DTF}}{\longleftrightarrow} \frac{1}{1 - ae^{-j\Omega}}, \quad |a| < 1$$

이 변환은 a가 실수이거나 복소수이거나 모두 유효하다. 그러나 $|a| > 1$일 때는 $a^n u[n]$에 대한 이산-시간 푸리에 변환은 존재하지 않는다. ■

예제 12.2 DTFT의 선형성

이산-시간 함수 $x[n] = a^{|n|}$에 대해 생각해보자. a가 실수이고 $0 < a < 1$일 때 이 함수의 그래프를 그림 12.1에 나타내었다. 이 함수는 다음과 같이 나타낼 수 있다.

$$x[n] = a^n u[n] + a^{-n} u[-n-1] = x_1[n] + x_2[n]$$

$x_1[n] = a^n u[n]$의 변환은 예제 12.1에서 구했다. 두 번째 항 $x_2[n]$에 대해서는

$$\begin{aligned}\mathcal{DTF}[a^{-n}u[-n-1]] &= \sum_{n=-\infty}^{\infty} [a^{-n}u[-n-1]]e^{-nj\Omega} \\ &= \sum_{n=-\infty}^{-1} (ae^{j\Omega})^{-n} = ae^{j\Omega} + (ae^{j\Omega})^2 + (ae^{j\Omega})^3 + \cdots \\ &= \sum_{n=1}^{\infty} (ae^{j\Omega})^n\end{aligned}$$

이다. $n > -1$일 때 $u[-n-1] = 0$이기 때문이다. 부록 C에서 다음 기하 급수를 찾을 수 있다.

$$\sum_{n=k}^{\infty} b^n = b^k + b^{k+1} + \cdots = \frac{b^k}{1-b}, \quad |b| < 1$$

$X(\Omega)$에서 $ae^{j\Omega} = b$로 두면 다음 변환 결과를 얻는다.

$$X(\Omega) = \frac{ae^{j\Omega}}{1 - ae^{j\Omega}}, \quad |ae^{j\Omega}| < 1$$

$|e^{j\Omega}| = 1$이기 때문에 이 변환은 $|a| < 1$일 때 존재한다. 함수들의 합에 대한 변환은 각 함수들의 변환이 존재한다면 그 변환들의 합이라는 사실, 즉 (다음 절에서 증명할) 이산-시간 푸리에 변환의 선형성을 이용하면 다음 결과를 얻는다.

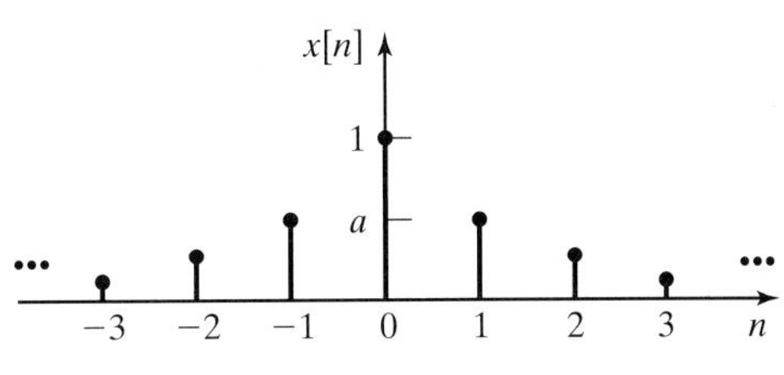

그림 12.1 $a^{|n|}$의 그래프

$$X(\Omega) = X_1(\Omega) + X_2(\Omega) = \frac{1}{1 - ae^{-j\Omega}} + \frac{a^{j\Omega}}{1 - ae^{j\Omega}}, \quad |a| < 1$$

$|a| > 1$일 때에는 $a^{|n|}$에 대한 변환은 존재하지 않는다. ■

z-변환

이산-시간 푸리에 변환을 z-변환과 관련시켜보자. 양방향 z-변환은 11장에서 다음과 같이 정의되었다.

[식 (11.1)] $$\mathscr{Z}[x[n]] = X(z) = \sum_{n=-\infty}^{\infty} x[n]z^{-n}$$

표 11.5는 몇 가지 이산-시간 함수에 대한 z-변환들을 나열하고 있다. 이 절의 앞부분에서 이산-시간 푸리에 변환은 다음과 같았다.

[식 (12.1)] $$X(\Omega) = \mathscr{DTF}[x[n]] = \sum_{n=-\infty}^{\infty} x[n]e^{-jn\Omega}$$

식 (11.1)과 식 (12.1)을 비교해보면, z-변환과 이산-시간 푸리에 변환 사이에 다음과 같은 관련성을 얻어낼 수 있다.

$$\mathscr{DTF}[x[n]] = \mathscr{Z}[x[n]]_{z=e^{j\Omega}} \tag{12.4}$$

이산-시간 푸리에 변환이 존재한다면, 이산-시간 푸리에 변환을 구하는 데에 z-변환의 표를 사용할 수 있음을 이 식으로부터 알 수 있다.

표 12.1은 표 11.5에서 가져온 몇 가지 이산-시간 푸리에 변환을 보여준다. z-변환표로부터는 가져올 수 없는 몇 가지 추가적인 변환들도 포함되어 있다.

$x[n]$이 *절대합가능*(absolutely summable)이면 $\mathscr{DTF}[x[n]]$가 존재하는데 그 증명은 생략한다[4]. 즉, $x[n]$이 다음 조건을 만족하면 $\mathscr{DTF}[x[n]]$가 존재한다.

$$\sum_{n=-\infty}^{\infty} |x[n]| < \infty \tag{12.5}$$

이 조건은 충분조건이다. 즉, 이 조건을 만족하지 못하는 몇몇 함수에 대한 이산-시간 푸리에 변환이 존재한다. 일반적으로 이런 함수들은 Ω에 대한 임펄스 함수를 포함하고 있다. 이러한 변환에 대해서는 추후에 논의하기로 한다.

z-변환의 수렴 영역이 표 11.5에 주어져 있다. 이 영역은 두 동심원 사이의 형태로서 $a < |z| < b$와 같이 표현된다. 이산-시간 푸리에 변환으로 이 표를 사용하기 위해 식 (12.4)와 같이 $z = e^{j\Omega}$로 치환한다. 그러면 수렴 영역이 다음과 같이 바뀐다.

$$a < |z| < b \Rightarrow a < |e^{j\Omega}| < b$$

$|e^{j\Omega}| = 1$|이므로 $|e^{j\Omega}|$의 그래프는 Ω 평면에서 단위원이 된다. 따라서 표 11.5는 수렴 영역이 단위원을 포함하는 그런 함수들에 대한 이산-시간 푸리에 변환표가 된다. 그림 12.2는 이 성질을 보여주고 있다. 그림 12.2(a)에서 단위원은 수렴 영역 안에 들어가 있고 이산-시간 푸리에 변환이

표 12.1 이산-시간 푸리에 변환

$f[n]$	$F(\Omega)$
1. $\delta[n]$	1
2. 1	$2\pi \sum_{k=-\infty}^{\infty} \delta(\Omega - 2\pi k)$
3. $u[n]$	$\frac{1}{1 - e^{-j\Omega}} + \sum_{k=-\infty}^{\infty} \pi\delta(\Omega - 2\pi k)$
4. $a^n u[n]$; $\lvert a \rvert < 1$	$\frac{1}{1 - ae^{-j\Omega}}$
5. $na^n u[n]$; $\lvert a \rvert < 1$	$\frac{ae^{j\Omega}}{(e^{j\Omega} - a)^2}$
6. $a^{-n}u[-n-1]$; $\lvert a \rvert < 1$	$\frac{ae^{j\Omega}}{1 - ae^{j\Omega}}$
7. $e^{j\Omega_0 n}$	$2\pi \sum_{k=-\infty}^{\infty} \delta(\Omega - \Omega_0 - 2\pi k)$
8. $\cos[\Omega_0 n]$	$\pi \sum_{k=-\infty}^{\infty} [\delta(\Omega - \Omega_0 - 2\pi k) + \delta(\Omega + \Omega_0 - 2\pi k)]$
9. $\sin[\Omega_0 n]$	$\frac{\pi}{j} \sum_{k=-\infty}^{\infty} [\delta(\Omega - \Omega_0 - 2\pi k) - \delta(\Omega + \Omega_0 - 2\pi k)]$
10. $x[n]$ 주기가 N인 주기 신호	
$x[n] = \sum_{k=-\infty}^{\infty} x_0[n - kN]$	$X_0(\Omega) = \sum_{n=0}^{N-1} x_0[n]e^{-jn\Omega}$
$x[n] = \frac{1}{N} \sum_{k=0}^{N-1} X_0\left(\frac{2\pi k}{N}\right) e^{j2\pi k/N}$	$X(\Omega) = \frac{2\pi}{N} \sum_{k=-\infty}^{\infty} X_0\left(\frac{2\pi k}{N}\right) \delta(\Omega - 2\pi k/N)$

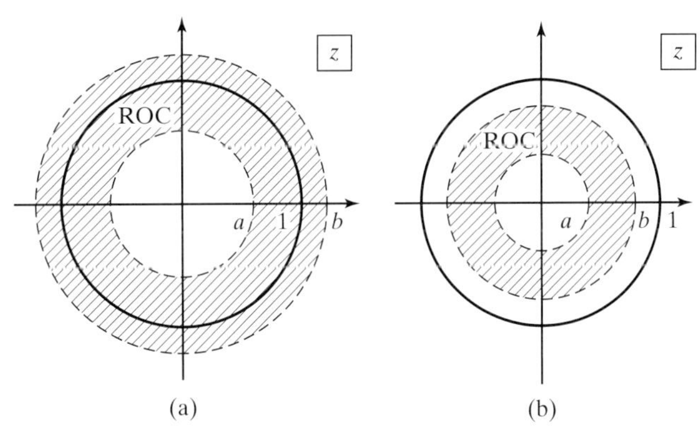

그림 12.2 z-평면에서 수렴 영역

존재한다. 그림 12.2(b)에서는 단위원이 수렴 영역 바깥에 놓여 있고 이산-시간 푸리에 변환이 존재하지 않는다. 예를 하나 살펴보자.

예제 12.3 DTFT를 구하는 데에 z-변환표를 사용하기

$x[n] = na^n u[n]$에 대한 이산-시간 푸리에 변환을 구하고자 한다. 표 11.5로부터

$$\mathscr{Z}[na^n u[n]] = \frac{az}{(z-a)^2}; \quad |z| > |a|$$

이다. 따라서, $na^n u[n]$의 이산-시간 푸리에 변환이 존재하기 위해서는 $|e^{j\Omega}| = 1 > |a|$이어야 하고 그러면 다음 변환을 얻는다.

$$\mathscr{DTF}[na^n u[n]] = \frac{ae^{j\Omega}}{(e^{j\Omega}-a)^2}; \quad |a| < 1$$

다음으로 $\cos(bn)u[n]$의 이산-시간 푸리에 변환을 생각해보자. 표 11.5로부터

$$\mathscr{Z}[\cos(bn)u[n]] = \frac{z^2 - z\cos b}{z^2 - 2z\cos b + 1}; \quad |z| > 1$$

이다. 단위원이 주어진 수렴 영역 안에 없기 때문에 $\cos(bn)u[n]$의 이산-시간 푸리에 변환은 표 11.5에서 주어진 것은 아니지만, 나중에 알게 되듯이 이 변환은 존재한다. ■

예제 12.4 FIR 필터의 DTFT 분석

그림 12.3은 유한 지속 임펄스 응답 (FIR) 필터의 블록 다이어그램을 보여준다. D를 포함하는 각 블록은 한 샘플-주기 지연을 나타낸다. 세 개의 전달 경로에 표시된 b_i는 필터가 설계 명세를 만족하도록 선정된다. 그림 12.3의 필터는 설명을 하기 위한 매우 간단한 예이고 대부분의 실제적인 필터들은 훨씬 더 많은 시간 지연 블록들과 이에 따른 전달 경로로 구성된다.

이 예제에서는 간단한 이차 평균 필터를 분석하고자 한다. 이 필터를 현재의 입력 샘플값과 가장 최근의 두 샘플값의 평균을 계산하도록 설계할 것이다. 출력 신호는

$$y[n] = b_0 x[n] + b_1 x[n-1] + b_2 x[n-2]$$

이다.

세 개의 샘플값의 간단한 평균을 계산하고 있기 때문에 $b_0 = b_1 = b_2 = \frac{1}{3}$을 선정한다. 샘플링 주기는 $T = 0.01$ s로 선정한다. 그러면

$$y[n] = \frac{1}{3}(x[n] + x[n-1] + x[n-2])$$

이다.

출력 신호의 z-변환은

$$Y(z) = \frac{1}{3}[1 + z^{-1} + z^{-2}]X(z) = \frac{z^2 + z + 1}{3z^2}X(z)$$

이다.

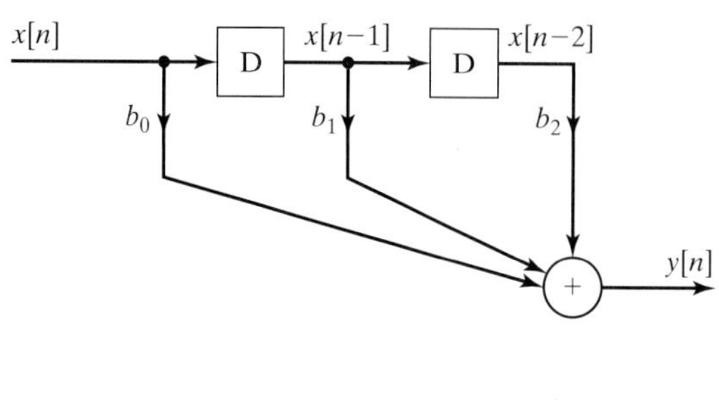

그림 12.3 예제 12.4의 FIR 필터

이 식으로부터 z-변환 전달함수는 다음과 같음을 알 수 있다.

$$H(z) = \frac{z^2 + z + 1}{3z^2} = \frac{1}{3}(1 + z^{-1} + z^{-2})$$

필터의 주파수 응답을 분석하기 위해 $z \rightarrow e^{j\Omega}$로 치환하여 전달함수를 DTFT 주파수-응답 함수로 바꾸면 다음 식을 얻는다.

$$H(\Omega) = \frac{1}{3}(1 + e^{-j\Omega} + e^{-j2\Omega}) = \frac{e^{-j\Omega}}{3}(1 + e^{-j\Omega} + e^{-j\Omega})$$

오일러 관계식을 적용하면 이 식을 다음과 같이 쓸 수 있다.

$$H(\Omega) = \frac{2e^{-j\Omega}}{3}\left(\frac{1}{2} + \cos(\Omega)\right)$$

이 DTFT 주파수-응답 함수를 이용하면 특정 주파수에서 시스템의 크기와 위상을 상대적으로 간단하게 계산할 수 있다. 몇 개의 특정 주파수에서 필터 응답의 크기와 위상을 표 12.2에 정리하였다. 이 계산 결과를 보면 이 시스템이 반-파워 차단 주파수가 약 97.6 rad/s인 저주파-통과 필터임을 알 수 있다.

표 12.2 예제 12.4의 주파수 응답 데이터

Ω (rad/sample)	$\omega = \Omega$ (rad/s)	$\lvert H(\Omega)\rvert$	$\angle H(\Omega)$
0	0.0	1	0°
0.976	97.6	0.7071	−55.9°
$\frac{\pi}{3}$	104.7	0.66	−60°
$\frac{\pi}{2}$	157.1	0.333	−90°
$\frac{2\pi}{3}$	209.4	0.0	−120°
2.80	280.0	2.948	−160.4°
π	314.2	0.333	−180°

다음 MATLAB 프로그램으로 이 필터의 주파수 응답을 계산하고 그래프를 그릴 수 있다.

```
% This MATLAB program computes the frequency response of an averaging FIR
filter for
%Example 12.3.
% Enter the numerator and denominator coefficients.
n=[1 1 1], d=[1 0 0]
% Enter the sampling period.
T=0.01
% Derive the transfer function.
Hz = tf(n,d,T)/3
% Create a vector of frequencies 0<=Omega<= pi.
W=[0:pi*T:pi];
% Compute the frequency response of the filter.
M=freqz(n,d,W);
% Compute the magnitude of the frequency response.
mag=abs(M);
% Compute the phase of the frequency response in degrees.
phdeg=angle(M)*180/pi;
% Create the magnitude and phase frequency response plots.
figure(1),plot(W,mag)
figure(2),plot(W,phdeg)
```

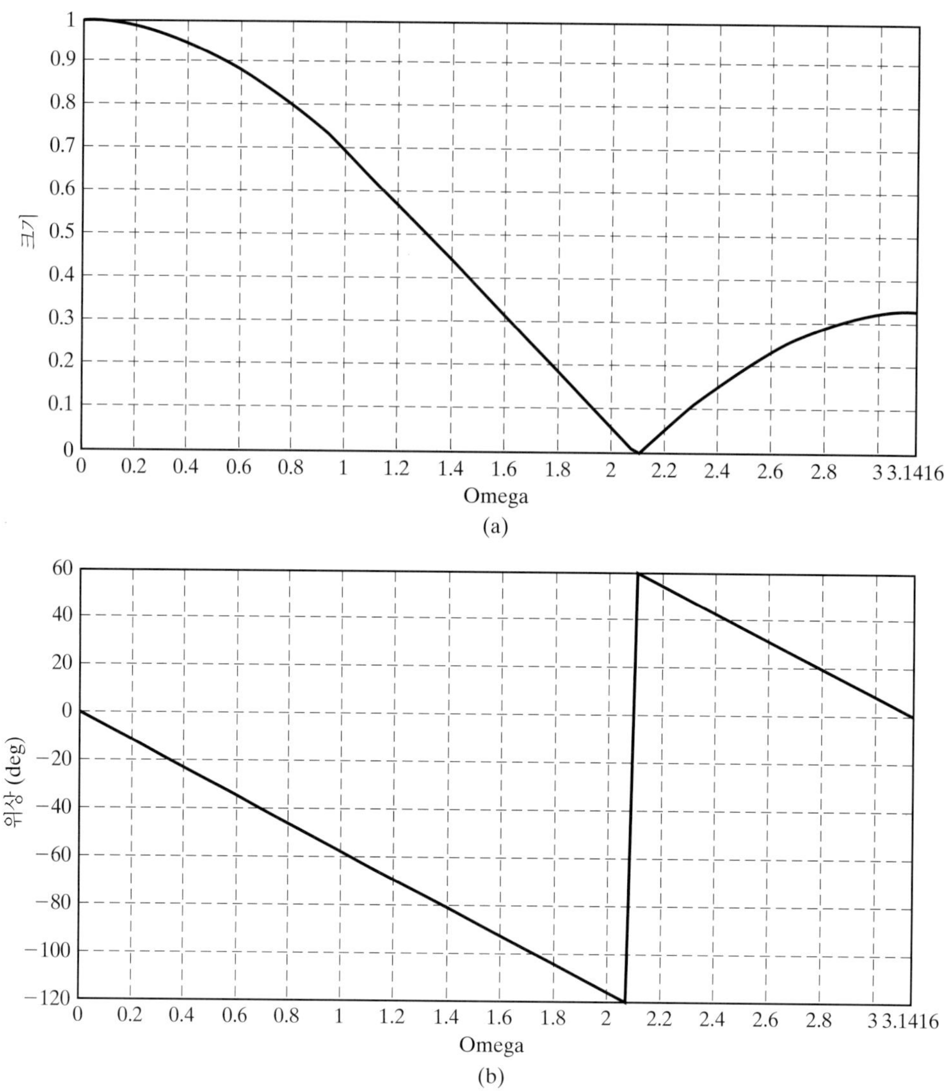

그림 12.4 예제 12.4의 주파수 응답 그래프

■

12.2 이산-시간 푸리에 변환의 성질

이 절에서는 이산-시간 푸리에 변환의 몇 가지 성질들을 보여준다. 이 성질들은 변환을 정의하는 다음 식에 기반을 둔 것이다.

[식 (12.1)]
$$X(\Omega) = \sum_{n=-\infty}^{\infty} x[n]e^{-jn\Omega}$$

그리고

[식 (12.2)]
$$x[n] = \frac{1}{2\pi}\int_{2\pi} X(\Omega)e^{jn\Omega}d\Omega$$

그러나 먼저 푸리에 변환과 이산-시간 푸리에 변환 사이의 관련성을 검토해보자. 식 (5.40)으로부터 다음 식을 떠올려보자.

$$\mathscr{F}[x_s(t)]_{\omega T=\Omega} = \mathscr{F}\left[\sum_{n=-\infty}^{\infty} x(nT)\delta(t-nT)\right]_{\omega T=\Omega} = \mathscr{DTF}[x(nT) = x[n]] \quad (12.6)$$

이산-시간 푸리에 변화는 가중치가 적용된 임펄스 함수의 푸리에 변환으로 해석할 수 있음을 알 수 있다. 따라서 5장에서 주어진 푸리에 변환의 성질들은 식 (12.6)과 같이 변수 치환을 하면 바로 이산-시간 푸리에 변환에 적용된다. 몇 가지 성질들에 대한 증명은 5장을 참고하고, 나머지 성질들에 대한 증명은 여기에서 제시한다.

5장에서 제시된 성질들에 대해 논의하기 전에, 이산-시간 푸리에 변환에만 적용되는 특별한 성질 하나를 살펴보자.

주기성

이산-시간 푸리에 변환 $X(\Omega)$는 Ω에 대해 주기적이고 주기는 2π다. 주기성에 대한 정의 $X(\Omega) = X(\Omega + 2\pi)$로부터 이러한 성질을 보여줄 수 있다. 식 (12.1)로부터, 다음 식이 성립한다.

$$\begin{aligned} X(\Omega + 2\pi) &= \sum_{n=-\infty}^{\infty} x[n]e^{-jn(\Omega+2\pi)} = \sum_{n=-\infty}^{\infty} x[n]e^{-jn\Omega}e^{-j2\pi n} \\ &= \sum_{n=-\infty}^{\infty} x[n]e^{-jn\Omega} = X(\Omega) \end{aligned} \quad (12.7)$$

여기서 $e^{-j2\pi n} = \cos 2\pi n - j\sin 2\pi n = 1$이기 때문이다. 그러므로 주기성이 증명되었다. 이 성질은 매우 중요하고 이것이 의미하는 것에 대해 이 장의 뒷부분에서 더 자세하게 논의할 것이다. 이 성질을 다음 예로 확인해보자.

예제 12.5 DTFT 주기성 보이기

표 12.1로부터 $|a| < 1$일 때 $x[n] = a^n u[n]$에 대해

$$X(\Omega) = \frac{1}{1 - ae^{-j\Omega}}$$

이다. 그러면

$$X(\Omega + 2\pi) = \frac{1}{1 - ae^{-j(\Omega+2\pi)}} = \frac{1}{1 - ae^{-j\Omega}e^{-j2\pi}}$$

이다. $e^{-j2p} = \cos 2\pi - j\sin 2\pi = 1$이기 때문에,

$$X(\Omega + 2\pi) = \frac{1}{1 - ae^{-j\Omega}} = X(\Omega)$$

이다. ■

선형성

푸리에 변환의 선형성은 함수들의 합의 푸리에 변환은 각 함수들의 푸리에 변환이 존재할 때, 각 푸리에 변환의 합과 같다는 것을 의미한다. 이 성질은 이산-시간 푸리에 변환에도 바로 적용된다.

$$\mathscr{DTF}[a_1x_1[n] + a_2x_2[n]] = a_1X_1(\Omega) + a_2X_2(\Omega)$$

이 성질은 이미 예제 12.2에서 보였다.

시간 이동

이산-시간 푸리에 변환의 정의로부터 시간-이동 성질을 유도할 수 있다. 식 (12.1)로부터

$$\mathscr{DTF}[x[n - n_0]] = \sum_{n=-\infty}^{\infty} x[n - n_0]e^{-jn\Omega}$$

이다. 이 식의 우변에서 $(n - n_0) = k$로 변수치환을 하면, $n = (k + n_0)$이므로

$$\begin{aligned}\mathscr{DTF}[x[n - n_0]] &= \sum_{k=-\infty}^{\infty} x[k]e^{-j\Omega(k+n_0)} \\ &= e^{-j\Omega n_0}\sum_{k=-\infty}^{\infty} x[k]e^{-j\Omega k} = e^{-j\Omega n_0}X(\Omega)\end{aligned}$$

이다. 그러므로 시간-이동 성질은 다음과 같다.

$$x[n - n_0] \overset{\mathscr{DTF}}{\longleftrightarrow} e^{-j\Omega n_0}X(\Omega) \tag{12.8}$$

또한 이 성질을 표 5.1로부터 바로 쓸 수도 있다는 점에 유의한다. 이 성질을 실제 계산 예를 통해 확인해본다.

예제 12.6 DTFT의 시간-이동 성질 보이기

그림 12.5에 나타낸 것과 같은 시퀀스에 대한 이산-시간 푸리에 급수를 구해보자. 이 시퀀스를 다음과 같이 수학적으로 기술한다.

$$\begin{aligned}x[n] &= \delta[n - 3] + 0.5\delta[n - 4] + 0.25\delta[n - 5] + \cdots = \sum_{k=3}^{\infty} (0.5)^{k-3}\delta[n - k] \\ &= (0.5)^{n-3}u[n - 3]\end{aligned}$$

표 12.1로부터 $|a| < 1$일 때,

$$\mathscr{DTF}[a^nu[n]] = \frac{1}{1 - ae^{-j\Omega}}$$

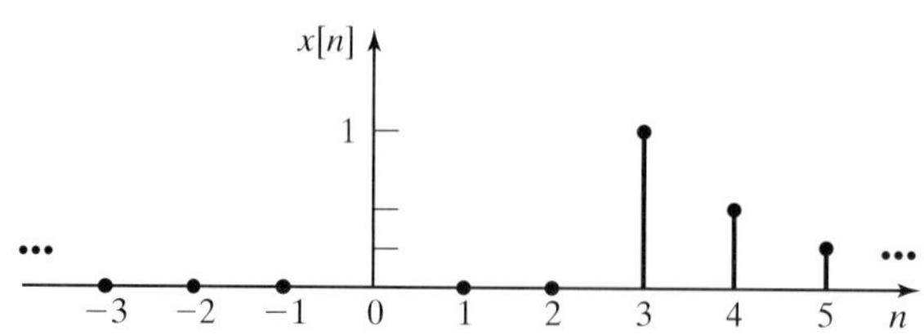

그림 12.5 이산-시간 시퀀스

이다. 그러면 이 변환과 식 (12.8)로부터

$$\mathscr{DTF}[(0.5)^{n-3}u[n-3]] = \frac{e^{-j3\Omega}}{1-0.5e^{-j\Omega}}$$

이다. ■

주파수 이동

시간-이동 성질은 시간 영역에서의 이동만큼 주파수 영역에서 위상 지연 효과가 나타나게 한다. 이제 시간 영역에서의 조작을 통해 주파수 영역에서 이동 효과가 나타나도록 해보자.

$$\begin{aligned}\mathscr{DTF}[e^{j\Omega_0 n}x[n]] &= \sum_{n=-\infty}^{\infty} e^{jn\Omega_0}x[n]e^{-jn\Omega} \\ &= \sum_{n=-\infty}^{\infty} x[n]e^{-jn(\Omega-\Omega_0)} = X(\Omega-\Omega_0)\end{aligned}$$

그러면 이 성질은 다음과 같다.

$$e^{jn\Omega_0}x[n] \overset{\mathscr{DTF}}{\longleftrightarrow} X(\Omega-\Omega_0) \tag{12.9}$$

따라서 시간-영역 신호에 복소 지수 $e^{jn\Omega_0}$를 곱하면 주파수 영역에서 Ω_0만큼 이동한 결과가 된다.

예제 12.7 DTFT의 주파수-이동 성질 응용

예제 12.1로부터

$$a^n u[n] \overset{\mathscr{DTF}}{\longleftrightarrow} \frac{1}{1-ae^{-j\Omega}}, \quad |a| < 1$$

이다. 그러면 식 (12.9)로부터

$$e^{jn\Omega_0}a^n u[n] \overset{\mathscr{DTF}}{\longleftrightarrow} \frac{1}{1-ae^{-j(\Omega-\Omega_0)}}, \quad |a| < 1$$

이다. ■

대칭성

이산-시간 푸리에 변환의 대칭 성질을 증명 없이 제시하고자 한다. $X(\Omega)$를 실수부와 허수부로 나타내면 다음 식과 같다.

$$X(\Omega) = \mathrm{Re}[X(\Omega)] + j\,\mathrm{Im}[X(\Omega)]$$

$x[n]$이 실수값으로 이루어진 수열인 경우, 대칭 성질은 다음과 같다.

$$\begin{aligned}&\mathrm{Re}[X(\Omega)]\text{는 짝함수} \\ &\mathrm{Im}[X(\Omega)]\text{는 홀함수} \\ &|X(\Omega)|\text{는 짝함수} \\ &\arg X(\Omega)\text{는 홀함수}\end{aligned} \tag{12.10}$$

시간 역전

시간-역전된 신호 $x[-n]$을 생각해보자. 그러면

$$\mathscr{DTF}[x[-n]] = \sum_{n=-\infty}^{\infty} x[-n]e^{-jn\Omega}$$

이다. 이제 $-n = k$로 두면 다음 식을 얻는다.

$$\mathscr{DTF}[x[-n]] = \sum_{k=-\infty}^{\infty} x[k]e^{jk\Omega} = \sum_{k=-\infty}^{\infty} x[k]e^{-jk(-\Omega)} = X(-\Omega)$$

그러면 시간-역전 성질은 다음과 같다.

$$x[-n] \longleftrightarrow X(-\Omega) \tag{12.11}$$

시간 역전의 효과는 주파수 역전이다.

시간 영역에서 컨볼루션

시간-컨볼루션 관계식은 다음과 같다.

$$\mathscr{DTF}[x[n]*y[n]] = X(\Omega)Y(\Omega) \tag{12.12}$$

이 관계식은 중요하기 때문에 여기에서 유도해본다. 컨볼루션 정의를 생각하면, 식 (10.16)으로부터

$$x[n]*y[n] = \sum_{k=-\infty}^{\infty} x[k]y[n-k]$$

이다. 그러면,

$$\mathscr{DTF}[x[n]*y[n]] = \sum_{n=-\infty}^{\infty}\left[\sum_{k=-\infty}^{\infty} x[k]y[n-k]\right]e^{-jn\Omega}$$

이다. 합 순서를 바꾸면 다음 식을 얻는다.

$$\mathscr{DTF}[x[n]*y[n]] = \sum_{k=-\infty}^{\infty} x[k]\left[\sum_{n=-\infty}^{\infty} y[n-k]e^{-jn\Omega}\right]$$

다음으로 변수의 순서를 바꾸어 $m = n - k$라고 두면,

$$\begin{aligned}\mathscr{DTF}[x[n]*y[n]] &= \sum_{k=-\infty}^{\infty} x[k]\left[\sum_{m=-\infty}^{\infty} y[m]e^{-j(m+k)\Omega}\right] \\ &= \sum_{k=-\infty}^{\infty} x[k]e^{-jk\Omega}\sum_{m=-\infty}^{\infty} y[m]e^{-jm\Omega} = X(\Omega)Y(\Omega)\end{aligned}$$

이고, 위의 성질이 증명되었다.

주파수 영역에서 컨볼루션

변조에서와 마찬가지로, 이산-시간 신호를 곱하는 과정은 곱신호의 DTFT에 대한 *원형 컨볼루션*(circular convolution) 또는 *주기적 컨볼루션*(periodic convolution)의 결과가 된다.

$$x[n]y[n] \overset{\mathscr{DTF}}{\longleftrightarrow} \sum_{n=-\infty}^{\infty} x[n]y[n]e^{-jn\Omega} \tag{12.13}$$

역이산-시간 푸리에 변환식 (12.2)를 사용하여 다음과 같이 쓴다.

$$x[n] = \frac{1}{2\pi}\int_{2\pi} X(\Omega)e^{jn\Omega}d\Omega$$

적분에서 변수를 $\Omega \to \theta$로 치환한 후 이 결과를 이용하여 식 (12.13)을 다음과 같이 다시 쓴다.

$$\begin{aligned} x[n]y[n] &\overset{\mathscr{DTF}}{\longleftrightarrow} \sum_{n=-\infty}^{\infty}\left[\frac{1}{2\pi}\int_{2\pi} X(\theta)e^{jn\theta}d\theta\right]y[n]e^{-jn\Omega} \\ &= \frac{1}{2\pi}\sum_{n=-\infty}^{\infty} y[n]\left[\int_{2\pi} X(\theta)e^{-jn(\Omega-\theta)}d\theta\right] \\ &= \frac{1}{2\pi}\int_{2\pi} X(\theta)\left[\sum_{n=-\infty}^{\infty} y[n]e^{-jn(\Omega-\theta)}\right]d\theta \end{aligned}$$

주파수-이동 성질로부터

$$\sum_{n=-\infty}^{\infty} y[n]e^{-jn(\Omega-\theta)} = Y(\Omega-\theta)$$

이고, 주파수 영역에서 컨볼루션 성질을 다음과 같이 쓸 수 있다.

$$\begin{aligned} x[n]y[n] &\overset{\mathscr{DTF}}{\longleftrightarrow} \frac{1}{2\pi}\int_{2\pi} X(\theta)Y(\Omega-\theta)d\theta \\ &= \frac{1}{2\pi}X(\Omega) \circledast Y(\Omega) \end{aligned} \tag{12.14}$$

여기서 수학 기호 $\circledast$는 원형 컨볼루션을 나타낸다.

그러면 시간 영역에서 곱이 주파수 영역에서는 원형 컨볼루션이 되는 것을 알 수 있다. 원형 컨볼루션은 12.6절에서 더 자세하게 설명할 것이다.

*n*으로 곱하기

이 성질은 다음과 같다.

$$\mathscr{DTF}[nx[n]] = j\frac{dX(\Omega)}{d\Omega} \tag{12.15}$$

이 성질에 대한 증명은 연습문제로 남겨둔다.

파르세발의 정리

이산-시간 신호에 대한 파르세발(Parseval)의 정리는 다음과 같다.

$$\sum_{n=-\infty}^{\infty} |x[n]|^2 = \frac{1}{2\pi}\int_{2\pi} |X(\Omega)|^2 d\Omega \tag{12.16}$$

여기서 우변의 적분 구간은 구간의 길이가 2π인 임의의 구간이다. [$X(\Omega)$가 주기가 2π인 주기

표 12.3 이산-시간 푸리에 변환의 성질들

신호	변환
$x[n]$	$X(\Omega) = \sum_{n=-\infty}^{\infty} x[n]e^{-jn\Omega}$
$x[n]$	$X(\Omega) = X(\Omega + 2\pi)$
$a_1x_1[n] + a_2x_2[n]$	$a_1X_1(\Omega) + a_2X_2(\Omega)$
$x[n - n_0]$	$e^{-j\Omega n_0}X(\Omega)$
$e^{jn\Omega_0}x[n]$	$X(\Omega - \Omega_0)$
$x[n]$ real	$\mathrm{Re}[X(\Omega)]$가 짝함수 $\mathrm{Im}[X(\Omega)]$가 홀함수 $\lvert X(\Omega)\rvert$가 짝함수 $\arg X(\Omega)$가 홀함수
$x[-n]$	$X(-\Omega)$
$x[n]*y[n]$	$X(\Omega)Y(\Omega)$
$x[n]y[n]$	$\frac{1}{2\pi}X(\Omega)*Y(\Omega)$
$nx[n]$	$j\frac{dX(\Omega)}{d\Omega}$
파르세발 정리: $\sum_{n=-\infty}^{\infty} \lvert x(n)\rvert^2 = \frac{1}{2\pi}\int_{2\pi} \lvert X(\Omega)\rvert^2 d\Omega$	

신호임을 상기하라.] 좌변은 신호의 에너지이고 $|X(\Omega)|^2$은 신호의 에너지-밀도 스펙트럼이라 한다.

편의를 위해 이 절에서 소개한 성질들을 표 12.3에 정리하였다.

12.3 주기적인 시퀀스의 이산-시간 푸리에 변환

이 절에서는 주기적인 시퀀스의 이산-시간 푸리에 변환에 대해 살펴본다. 여기에서 얻은 결과는 이산 푸리에 변환과 고속 푸리에 변환으로 이어진다.

$x[n] = x[n + N]$과 같이 주기가 N인 주기적인 시퀀스 $x[n]$을 생각해보자. 물론 N은 정수여야 한다. $x_0[n]$을 다음과 같이 $n = 0$에서 시작하는 한 주기 내에서 $x[n]$의 값으로 정의한다.

$$x_0[n] = \begin{cases} x[n], & 0 \leqq n \leqq N-1 \\ 0, & \text{나머지 구간} \end{cases} \tag{12.17}$$

$N = 3$인 주기적인 시퀀스의 한 예가 그림 12.6에 나와 있다. 이 경우에, $x_0[n]$은 $x_0[0] = 0$, $x_0[1] = 1$, $x_0[2] = 1$ 그리고 나머지 모든 n에 대해서는 $x_0[n] = 0$으로 이루어진 시퀀스다.

식 (12.1)과 식 (12.17)로부터 $x_0[n]$의 이산-시간 푸리에 변환은 다음과 같다.

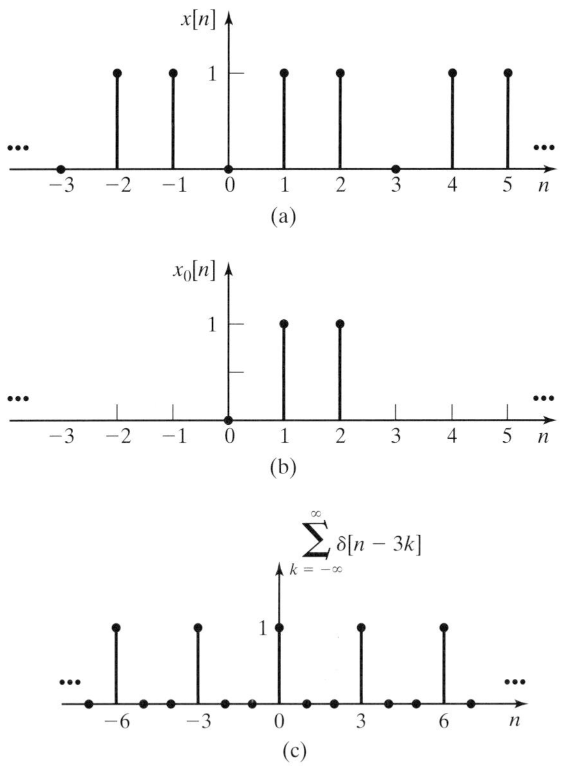

그림 12.6 주기적인 이산-시간 시퀀스

$$
\begin{aligned}
X_0(\Omega) &= \sum_{n=-\infty}^{\infty} x_0[n]e^{-jn\Omega} \\
&= x_0[0] + x_0[1]e^{-j\Omega} + x_0[2]e^{-j2\Omega} + \cdots + x_0[N-1]e^{-j(N-1)\Omega} \\
&= \sum_{n=0}^{N-1} x_0[n]e^{-jn\Omega}
\end{aligned} \tag{12.18}
$$

따라서 $X_0(\Omega)$는 연속-주파수 변수 Ω에 대한 유한 급수다.

이제 주기적인 시퀀스 $x[n]$의 이산-시간 푸리에 변환을 식 (12.18)의 $X_0(\Omega)$의 함수로 구해보자.

이 주기적인 시퀀스를 다음과 같이 나타낼 수 있다.

$$x[n] = x_0[n] * \sum_{k=-\infty}^{\infty} \delta[n-kN] \tag{12.19}$$

이산 임펄스열

$$\sum_{k=-\infty}^{\infty} \delta[n-kN]$$

($N = 3$인 경우를 그림 12.6(c)에 나타내었다)은 크기가 1인 상수 신호를 샘플링 주기 NT로 샘플링함으로써 생성해낸 시퀀스로 볼 수 있다. 표 5.2로부터

$$f_s(t) = \sum_{k=-\infty}^{\infty} \delta(t-kNT) \overset{\mathscr{F}}{\longleftrightarrow} \frac{2\pi}{NT} \sum_{k=-\infty}^{\infty} \delta\left(\omega - \frac{2\pi k}{NT}\right) = F_s(\omega)$$

이다. $\Omega = \omega T$로 변수를 치환하면 다음 식을 얻는다.

$$F(\Omega) = F_s(\omega)\Big|_{\Omega=\omega T} = \frac{2\pi}{NT}\sum_{k=-\infty}^{\infty}\delta\left(\frac{1}{T}\left[\Omega - \frac{2\pi k}{N}\right]\right)$$

임펄스 함수의 정의로부터 다음 관계식을 얻는다.

$$\int_{-\infty}^{\infty}\delta(ax)dx = \int_{-\infty}^{\infty}\delta(\lambda)d\frac{\lambda}{a}\Big|_{\lambda=ax} = \frac{1}{a}\int_{-\infty}^{\infty}\delta(\lambda)d\lambda = \frac{1}{a} \Rightarrow \delta(ax) = \frac{1}{a}\delta(x),\ a > 0$$

이 식으로부터 다음과 같이 쓸 수 있다.

$$F(\Omega) = \frac{2\pi}{NT}\sum_{k=-\infty}^{\infty}T\delta\left(\Omega - \frac{2\pi k}{N}\right) = \frac{2\pi}{N}\sum_{k=-\infty}^{\infty}\delta\left(\Omega - \frac{2\pi k}{N}\right)$$

이제 다음과 같은 DTFT 쌍을 얻는다.

$$\sum_{k=-\infty}^{\infty}\delta[n - kN] \xleftrightarrow{\mathscr{DTF}} \frac{2\pi}{N}\sum_{k=-\infty}^{\infty}\delta\left(\Omega - \frac{2\pi k}{N}\right) \tag{12.20}$$

함수 $\delta[\cdot]$는 *이산* 임펄스 함수이고 $\delta(\cdot)$는 *연속* 임펄스 함수임에 주의한다. 따라서 이산 임펄스 함수열의 이산-시간 푸리에 변환은 연속 임펄스 함수열이 된다.

표 12.3으로부터 이산-시간 n에서의 컨볼루션은 주파수 Ω에서의 곱으로 변환된다는 사실을 떠올리면, 식 (12.19)와 식 (12.20)으로부터 $x[n]$의 이산-시간 푸리에 변환은 다음과 같이 쓸 수 있다.

$$X(\Omega) = \mathscr{DTF}[x[n]] = \mathscr{DTF}\left[x_0[n]*\left[\sum_{k=-\infty}^{\infty}\delta[n - kN]\right]\right]$$

그리고 (12.21)

$$X(\Omega) = \frac{2\pi}{N}\sum_{k=-\infty}^{\infty}X_0(\Omega)\delta\left(\Omega - \frac{2\pi k}{N}\right)$$

여기서 $X_0(\Omega)$ 항은 합 기호 안으로 옮겨졌다. 표 2.3으로부터 연속 임펄스 함수의 다음 성질을 이용하면

$$f(t)\delta(t - t_0) = f(t_0)\delta(t - t_0) \tag{12.22}$$

식 (12.21)을 다음과 같이 쓸 수 있다.

$$X(\Omega) = \frac{2\pi}{N}\sum_{k=-\infty}^{\infty}X_0\left(\frac{2\pi k}{N}\right)\delta\left(\Omega - \frac{2\pi k}{N}\right) \tag{12.23}$$

표 12.3으로부터 이산-시간 푸리에 변환은 *언제나* 주기가 2π인 주기함수이므로, $X_0(\Omega)$는 주기적이다. 그렇기 때문에 주기가 N인 주기 신호인 시퀀스 $x[n]$의 푸리에 변환은 주기가 2π인 주기함수인 $X(\Omega)$가 된다. 더군다나 $0 \leqq n \leqq N - 1$에 대해, 시간 영역에서 N개의 $x[n]$의 개별적인 값들은 주파수 영역에서 $0 \leqq k \leqq N - 1$에 대해 N개의 $X_0(2\pi k/N)$의 개별적인 값으로 변환된다.

그림 12.7은 식 (12.23)의 $X(\Omega)$의 한 예를 보여준다. 편의상 $X_0(\Omega)$를 실수인 삼각파 형태로 가정하였다. 또한 이 예에서 $N = 3$으로 가정한다. 그러면 $x[n]$의 이산-시간 푸리에 변환인 식 (12.23)의 $X(\Omega)$는 그림 12.7(b)에 보이는 것과 같다. 이 그림에서, 화살표의 길이는 임펄스 함수의 가중치를 나타낸다. $X(\Omega)$의 주기는 2π이고, 임펄스 함수가 매 $\Omega = 2\pi/3$마다 발생한다. 따라서, $x[0]$, $x[1]$, $x[2]$ 값은 주기함수인 $x[n]$을 완전하게 기술하고 $X(0)$, $X(2\pi/3)$, $X(4\pi/3)$ 값은 주기함수인 $X(\Omega)$를 완전하게 기술한다.

다음으로, 식 (12.23)의 역이산-시간 푸리에 변환을 구해본다. 식 (12.2)로부터

$$\begin{aligned} \mathscr{DTF}^{-1}[X(\Omega)] = x[n] &= \frac{1}{2\pi}\int_0^{2\pi} X(\Omega)e^{j\Omega n}d\Omega \\ &= \frac{1}{2\pi}\int_0^{2\pi}\left[\frac{2\pi}{N}\sum_{k=-\infty}^{\infty} X_0\left(\frac{2\pi k}{N}\right)\delta\left(\Omega - \frac{2\pi k}{N}\right)\right]e^{j\Omega n}d\Omega \qquad (12.24) \\ &= \frac{1}{N}\sum_{k=0}^{N-1} X_0\left(\frac{2\pi k}{N}\right)e^{j2\pi kn/N} \end{aligned}$$

이다. 이 결과는 임펄스 함수의 다음 성질로부터 얻었다.

$$\int_a^b f(t)\delta(t - t_0)dt = \begin{cases} f(t_0), & a \leqq t_0 \leqq b \\ 0, & \text{나머지 구간} \end{cases}$$

식 (12.24)에서 오직 임펄스 함수 $\delta(\Omega)$, $\delta(\Omega - 2\pi/N)$, $\ldots$, $\delta(\Omega - 2\pi[N - 1]/N)$만이 $0 \leqq \Omega \leqq 2\pi$ 구간에서 발생한다.

정리하면, 주기적인 시퀀스 $x[n] = x[n + N]$에 대해

[식 (12.23)] $$X(\Omega) = \frac{2\pi}{N}\sum_{k=-\infty}^{\infty} X_0\left(\frac{2\pi k}{N}\right)\delta\left(\Omega - \frac{2\pi k}{N}\right)$$

이고,

[식 (12.24)] $$x[n] = \frac{1}{N}\sum_{k=0}^{N-1} X_0\left(\frac{2\pi k}{N}\right)e^{j2\pi kn/N}$$

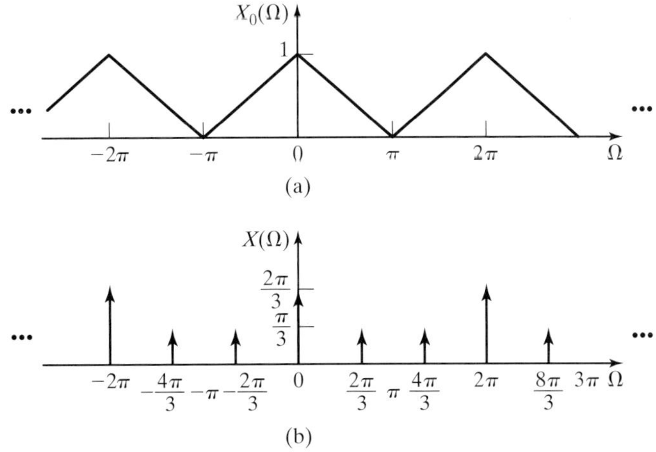

그림 12.7 주기 신호의 이산-시간 푸리에 변환

이다. 여기서 식 (12.18)로부터

$$X_0(\Omega) = \sum_{n=0}^{N-1} x_0[n]e^{-jn\Omega} \tag{12.25}$$

이다. N개의 개별적인 $x[n]$의 값들과 N개의 개별적인 $X_0(2\pi k/N)$의 값들이 존재한다. 이 결과를 보여주는 예를 하나 살펴보자.

예제 12.8 주기적인 시퀀스의 DTFT 계산

다시 한번 그림 12.6의 주기 신호 $x[n]$을 생각해보자. 이 신호는 $N = 3$, $x_0[0] = 0$, $x_0[1] = 1$, $x_0[2] = 1$이다. 식 (12.25)로부터 $x_0[n]$의 이산-시간 푸리에 변환은 다음과 같다.

$$\begin{aligned} X_0(\Omega) &= \sum_{n=0}^{N-1} x_0[n]e^{-jn\Omega} = 0e^{-j0} + (1)e^{-j\Omega} + (1)e^{-j2\Omega} \\ &= e^{-j\Omega} + e^{-j2\Omega} \end{aligned}$$

이 변환은 주기적이고 $X_0(\Omega)$의 실수 부분은 그림 12.8에 나타낸 것과 같다. 그러면 식 (12.23)으로부터 $x[n]$의 이산-시간 푸리에 변환은

$$X(\Omega) = \frac{2\pi}{3}\sum_{k=-\infty}^{\infty} X_0\left(\frac{2\pi k}{3}\right)\delta\left(\Omega - \frac{2\pi k}{3}\right)$$

이다. 여기서 $X_0(\cdot)$의 세 개의 개별적인 값들은 다음과 같다.

$$\begin{aligned} X_0(0) &= e^{j(0)} + e^{j2(0)} = 2 \\ X_0\left(\frac{2\pi}{3}\right) &= e^{-j2\pi/3} + e^{-j4\pi/3} = 1\angle -120^\circ + 1\angle -240^\circ \\ &= -0.5 - j0.866 - 0.5 + j0.866 = -1 \end{aligned}$$

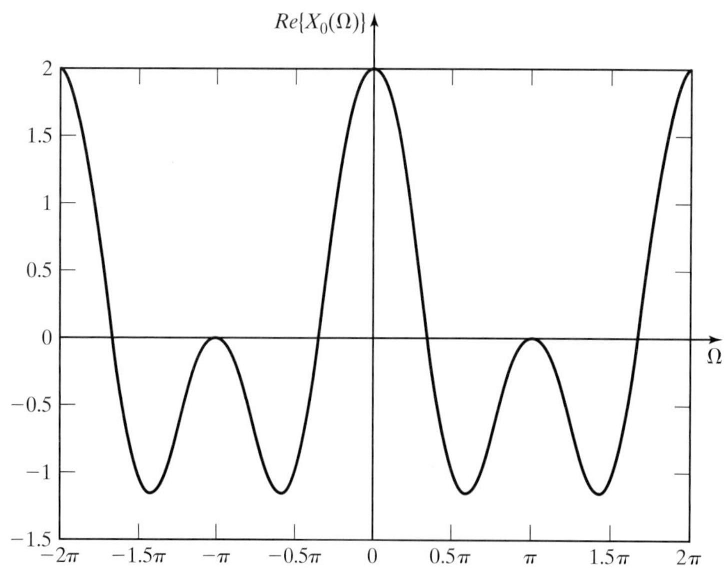

그림 12.8 예제 12.8의 $X_0(\Omega)$

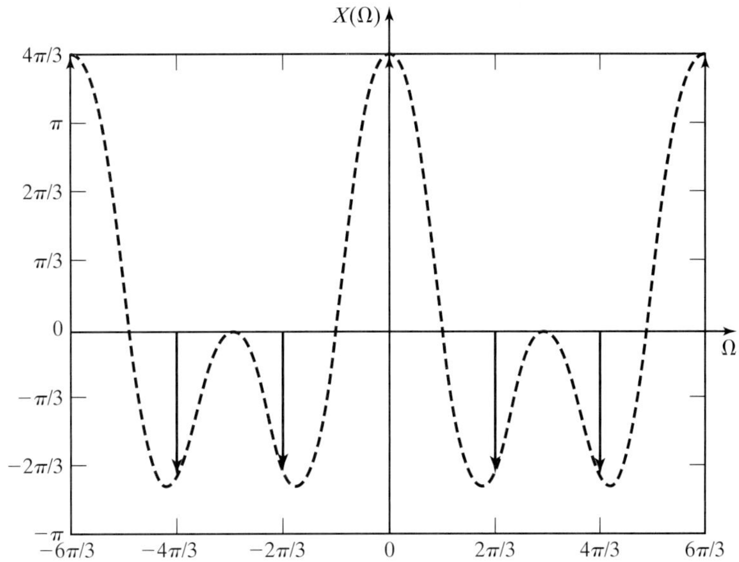

그림 12.9 예제 12.8의 $X(\Omega)$

그리고

$$X_0\left(\frac{4\pi}{3}\right) = e^{-j4\pi/3} + e^{-j8\pi/3}$$
$$= -0.5 - j0.866 - 0.5 + j0.866 = -1$$

$X(\Omega)$의 주파수 스펙트럼을 그림 12.9에 나타내었다. 이 경우에 $X_0(2\pi k/N)$는 모두 실수다.

이제 역변환을 이용하여 $x[n]$을 계산하여 보자. 식 (12.24)로부터

$$x[n] = \frac{1}{N}\sum_{k=0}^{N-1} X_0\left(\frac{2\pi k}{N}\right)e^{j2\pi kn/N}$$

이다. 그러므로

$$x[0] = \frac{1}{3}\left[X_0(0) + X_0\left(\frac{2\pi}{3}\right) + X_0\left(\frac{4\pi}{3}\right)\right] = \frac{1}{3}[2 - 1 - 1] = 0;$$
$$x[1] = \frac{1}{3}\left[X_0(0) + X_0\left(\frac{2\pi}{3}\right)e^{j2\pi/3} + X_0\left(\frac{4\pi}{3}\right)e^{j4\pi/3}\right]$$
$$= \frac{1}{3}[2 + (-1)\angle 120^\circ + (-1)\angle 240^\circ]$$
$$= \frac{1}{3}[2 + 0.5 - j0.866 + 0.5 + j0.866] = 1;$$
$$x[2] = \frac{1}{3}\left[X_0(0) + X_0\left(\frac{2\pi}{3}\right)e^{j4\pi/3} + X_0\left(\frac{4\pi}{3}\right)e^{j8\pi/3}\right]$$
$$= \frac{1}{3}[2 + 0.5 - j0.866 + 0.5 + j0.866] = 1$$

이고, 이 값들은 모두 맞는다. ■

다음 절에서는 이산 푸리에 변환이라고 하는 변환을 개별적인 값들 $x_0[0], x_0[1], \ldots, x_0[N - 1]$에 대해 정의할 것이다. 이 변환의 유도식은 이번 절에서 유도한 식과 별개다. 그러나 $x_0[n]$의

값들을 연속-시간 신호를 샘플링하여 얻은 경우, 이 유도식을 통하여 $x_0[n]$의 이산 푸리에 변환에 대한 해석을 할 수 있다.

12.4 이산 푸리에 변환

5장과 6장 그리고 이번 장의 앞부분에서, 푸리에 변환을 계산하는 공식을 제시하였다. 연속-시간 푸리에 변환과 이산-시간 푸리에 변환 모두 그 변환된 식은 주파수 영역에서 연속 함수다. 이 절에서는, 아날로그 신호를 샘플링한 유한한 이산-신호 샘플들의 집합으로부터 유한한 이산-주파수 스펙트럼 값들의 집합을 계산해내는 푸리에 변환의 한 근사식을 유도한다. 이 푸리에 변환 근사는 디지털 컴퓨터가 계산하는 데에 적합하다. 이것을 *이산 푸리에 변환*(discrete Fourier transform, DFT)이라 한다.

연속-시간 신호의 푸리에 변환을 디지털 컴퓨터를 이용하여 구하기 위해서는 이산-시간 신호 $x[n]$ 형태의 $x(t)$의 샘플링된 값들을 사용해야만 한다. 12.1절에서는 다음과 같은 이산-시간 푸리에 변환을 소개하였다.

[식 (12.1)] $$X(\Omega) = \mathscr{DTF}(x[n]) = \sum_{n=-\infty}^{\infty} x[n]e^{-jn\Omega}$$

DTFT는 이산-시간 신호로부터 계산되지만, $X(\Omega)$는 주파수 변수의 연속 함수이고 디지털 컴퓨터로 정확하게 표현할 수 없다. 그러나 디지털 계산을 통해 이 연속-주파수 함수를 이산-주파수로 샘플링함으로써 $X(\Omega)$를 근사시킬 수 있다.

이산-주파수 샘플을 생성하기 위해 실제적인 이유로 이산-시간 샘플들로 이루어진 유한한 집합으로 한정시켜야 한다. 이 목적을 달성하기 위해 이산-시간 신호를 나타내는 데 선택된 샘플들의 수를 N으로 표현할 것이다. 샘플들이 $x[n]$을 모두 적절하게 표현할 수 있도록 N의 값을 충분히 크게 선택한다. 무한 집합인 $x[n]$에 다음과 같은 사각 형태의 윈도우 함수를 곱하여 유한한 샘플을 얻는다[5].

$$w_R[n] = \begin{cases} 1, n = 0, 1, 2, \ldots, N-1 \\ 0, \quad \text{나머지 구간} \end{cases}$$

그러면 주파수 스펙트럼을 계산하는 데 사용될 샘플들의 집합은

$$x_N[n] = x[n]w_R[n] = \begin{cases} x[n], & n = 0, 1, 2, \ldots, N-1 \\ 0, & \text{나머지 구간} \end{cases} \tag{12.26}$$

이 된다. 이 신호 $x_N[n]$의 주파수 스펙트럼은 식 (12.1)로부터 다음과 같다.

$$X_N(\Omega) = \mathscr{DTF}(x_N[n]) = \sum_{n=-\infty}^{\infty} x_N[n]e^{-jn\Omega} = \sum_{n=0}^{N-1} x[n]e^{-jn\Omega} \tag{12.27}$$

이후의 식 전개에서는 N개의 샘플 집합인 $x_N[n]$이 완전한 신호라고 생각한다. 따라서 $x_N[n]$에서 아래첨자를 생략하고 유한한 이산-시간 시퀀스를 단순히 $x[n]$으로 나타낸다. 이렇게 생각하는 것은 전체 신호를 유한한 샘플 집합으로 적절하게 표현하도록 선택하였다고 가정하였으므로 정당화될 수 있다.

이제 주파수 스펙트럼을 표현하는 $X_N(\Omega)$의 N개의 샘플을 고른다. 역변환에서 오류가 발생하는 것을 피하기 위해서는 최소 N개의 샘플을 선택해야만 하고 N개 이상의 샘플을 선택할 수도 있다(이것에 대한 더 자세한 설명은 참고문헌 3을 참조한다). 하지만 관례적으로 $x[n]$을 나타내는 데 사용되었던 동일한 개수(N)만큼의 주파수 스펙트럼의 샘플을 계산한다. DTFT는 주기가 2π인 주기적인 성질을 가지고 있으므로 N개의 샘플을 $X_N(\Omega)$의 한 주기 안에서 선택한다. 이상적으로 샘플링된 주파수 스펙트럼은 다음과 같다.

$$\begin{aligned} X_S(\Omega) &= X_N(\Omega)\sum_{k=0}^{N-1}\delta(\Omega - 2\pi k/N) \\ &= \sum_{k=0}^{N-1}X_N(2\pi k/N)\delta(\Omega - 2\pi k/N) \end{aligned} \tag{12.28}$$

$X_S(\Omega)$에서 각 샘플 주파수마다 주파수 스펙트럼의 값은 주파수 영역에서 임펄스의 가중치로 나타난다. 이산-주파수 값 $X_N(2\pi k/N)$들의 집합이 이산-시간 시퀀스 $x[n]$의 주파수 스펙트럼을 표현하기 위해 선택한 정보가 된다. 앞서 이산-시간 시퀀스에 적용한 관례를 따라 이 이산-주파수 스펙트럼을 다음과 같이 표현한다.

$$X[k] = X_N(2\pi k/N), \quad k = 0, 1, 2, \ldots, N - 1$$

식 (12.23)에서 주어진 $X_S(\Omega)$에 대한 식과 비교해보면, 주파수 스펙트럼 $X_S(\Omega)$는 주기 신호에 대해 12.3절에서 유도하였던 식과 동일한 형태임을 알 수 있다($k \neq 0, 1, 2, \ldots, N - 1$일 때, $X[k] = 0$이기 때문에 $X_S(\Omega)$에 대한 식의 합 기호에서 합의 구간을 $-\infty < k < \infty$로 바꿀 수 있다). 사실 $X_S(\Omega)$의 역변환을 구하는 데에 식 (12.24)를 사용한다면 각 주기마다 N개의 샘플을 갖는 주기적인 이산-시간 시퀀스 $x_p[n]$을 생성하게 될 것이다. 그러나 여기서 얻어낸 샘플링된 주파수 스펙트럼을 유한하고 비주기적인 이산-시간 시퀀스로부터 생성하였다는 것을 알고 있기 때문에 식 (12.24)로부터 역변환을 $x_p[n]$의 한 주기에서 얻어낸 N개의 샘플로 한정 지을 수 있다. 시간 영역의 신호가 다음과 같이 되도록 정한다.

$$x[n] = \frac{1}{N}\sum_{k=0}^{N-1}X[k]e^{j2\pi kn/N}, \quad n = 0, 1, 2, \ldots, N - 1 \tag{12.29}$$

N개의 이산-시간 신호 샘플 집합으로부터 계산된 N개의 이산-주파수 샘플 집합에 대해 얻어낸 이 변환 쌍을 각각 *이산 푸리에 변환*(discrete Fourier transform, DFT)과 *역이산 푸리에 변환*(inverse discrete Fourier transform, IDFT)이라고 한다.

$$X[k] = \mathscr{DF}[x[n]] = \sum_{n=0}^{N-1}x[n]e^{-j2\pi kn/N}, \quad k = 0, 1, 2, \ldots, N - 1;$$

$$x[n] = \mathscr{DF}^{-1}[X[k]] = \frac{1}{N}\sum_{k=0}^{N-1}X[k]e^{j2\pi kn/N}, \quad n = 0, 1, 2, \ldots, N - 1 \tag{12.30}$$

기호 $\mathscr{DF}$는 이산 푸리에 변환을 나타낸다. 또한 이 변환 쌍을 나타내기 위해 다음 기호를 사용하기도 한다.

$$x[n] \overset{\mathscr{DF}}{\longleftrightarrow} X[k]$$

예제 12.9 DFT 계산

세 개의 데이터 포인트가 있는 경우를 생각해보자. 따라서 $N = 3$이고 이산 푸리에 변환식 (12.30)은 다음과 같다.

$$\begin{aligned} X[0] &= x[0] + x[1] + x[2]; \\ X[1] &= x[0] + x[1]e^{-j2\pi/3} + x[2]e^{-j4\pi/3}; \\ X[2] &= x[0] + x[1]e^{-j4\pi/3} + x[2]e^{-j2\pi/3} \end{aligned} \tag{12.31}$$

세 번째 식의 마지막 항에서 $e^{\frac{-j8\pi}{3}} = e^{\frac{-j6\pi}{3}}e^{\frac{-j2\pi}{3}} = e^{\frac{-j2\pi}{3}}$이다. 그러면 역이산 푸리에 변환식 (12.30)은

$$\begin{aligned} x[0] &= 1/3(X[0] + X[1] + X[2]); \\ x[1] &= 1/3(X[0] + X[1]e^{j2\pi/3} + X[2]e^{j4\pi/3}); \\ x[2] &= 1/3(X[0] + X[1]e^{j4\pi/3} + X[2]e^{j2\pi/3}) \end{aligned} \tag{12.32}$$

이다. 두 방정식들의 대칭성에 주목하라. 이 식들은 일반적으로 컴퓨터로 계산하는데, 순방향 이산 푸리에 변환식 (12.31)을 계산하기 위해 작성된 컴퓨터 프로그램을 역이산 푸리에 변환식 (12.32)를 계산하도록 쉽게 수정할 수 있다. 일반적인 컴퓨터 프로그램은 N이 임의의 값이 될 수 있도록 한다. ■

DFT에서의 간략 기호

이산 푸리에 변환에서 일반적으로 사용되는 간략 기호에 대해 소개한다. 기호 $W_N = e^{-j2\pi/N}$을 정의하면, 식 (12.30)을 다음과 같이 나타낼 수 있다.

$$X[k] = \mathscr{DF}[x[n]] = \sum_{n=0}^{N-1} x[n]W_N^{kn}, k = 0, 1, \ldots, N-1;$$

$$x[n] = \mathscr{DF}^{-1}[X[k]] = \frac{1}{N}\sum_{k=0}^{N-1} X[k]W_N^{-kn}, n = 0, 1, \ldots, N-1 \tag{12.33}$$

일반적으로 이산 푸리에 변환을 언급할 때 이 형태를 사용한다.

DFT의 주파수 해상도

N개의 샘플을 얻어내었던 DTFT는 주기가 2π로써 주기적이기 때문에, DFT를 사용하여 계산한 이산 주파수 스펙트럼은 다음과 같은 해상도(주파수 사이의 분리 정도)를 갖는다.

$$\Delta\Omega = 2\pi/N \tag{12.34}$$

이것을 $N = 8$인 경우에 그림 12.10에 나타내었다. 여기서 단위원은 신호의 이산-시간 푸리에 변환의 한 주기(2π)를 나타낸다. 이 그림으로부터 계산에 사용된 $x[n]$의 샘플 수를 어떻게 결정하느냐에 따라 주파수 스펙트럼의 해상도가 결정된다는 것을 알 수 있다. 또는 반대로 주파수 스펙트럼에서 요구되는 해상도가 사용해야 할 $x[n]$의 샘플 수를 결정한다는 것을 알 수 있다. 시간-영역에서 고정된 수의 N_1개의 샘플만 사용할 수 있으나, 적절한 해상도를 제공하는 데 필요한 주파수-영역의 샘플 수가 이보다 큰 N_2인 경우에는, $(N_2 - N_1)$개의 0을 시간-영역 시퀀스에 덧붙일 수 있다. 이러한 과정을 *영-덧댐*(zero padding)이라 하고, 이 과정을 응용하는 것에 대해서는 12.6절에서 논의한다.

그림 12.10은 복소 평면에서 $k = 0, 1, 2, \ldots, 7$에 대한 W_8^k의 극좌표 그래프를 보여준다. 이

그림으로부터 세 가지 중요한 관찰을 할 수 있다.

1. 시퀀스에서 바로 옆의 벡터는 $2\pi/N$ 라디안 각도만큼 떨어져 있다($N = 8$).
2. 그림에서 각 벡터에 대해 크기는 같고 부호는 반대인 벡터가 존재하여 이 두 벡터의 합은 0이 된다. 이것을 전체로 확장하면 다음과 같이 말할 수 있다.

$$\sum_{k=0}^{7} W_8^k = 0$$

3. 모든 벡터들은 켤레여서 각 벡터들은 각의 크기는 같으나 부호가 반대인 켤레 복소수를 가지고 있다.

그림 12.10에 그려져 있는 복소수 벡터들의 시퀀스는 다음과 같다.

$$W_8^0 = 1;\ W_8^1 = 1e^{-j\pi/4};\ W_8^2 = 1e^{-j\pi/2};\ W_8^3 = 1e^{-j3\pi/4};\ \ldots;\ W_8^7 = 1e^{-j7\pi/4}$$

$n = 0, 1, 2, \ldots, N - 1$일 때, $W_8^{kn} = (W_8^k)^n$을 계산하면, 다음 시퀀스를 얻는다.

$$(W_8^0)^n = 1;\ (W_8^1)^n = 1e^{-jn\pi/4};\ (W_8^2)^n = 1e^{-jn\pi/2};$$
$$(W_8^3)^n = 1e^{-j3n\pi/4};\ \ldots;\ (W_8^7)^n = 1e^{-j7n\pi/4}$$

$n = 0$일 때, 모든 벡터들의 값은 1이다. $n = 1$일 때의 벡터들이 그림 12.10에 나타나 있다. $n > 1$일 때, 벡터들은 그림 12.10의 패턴을 반복한다. 예를 들어, $n = 5$일 때 벡터들을 살펴보면,

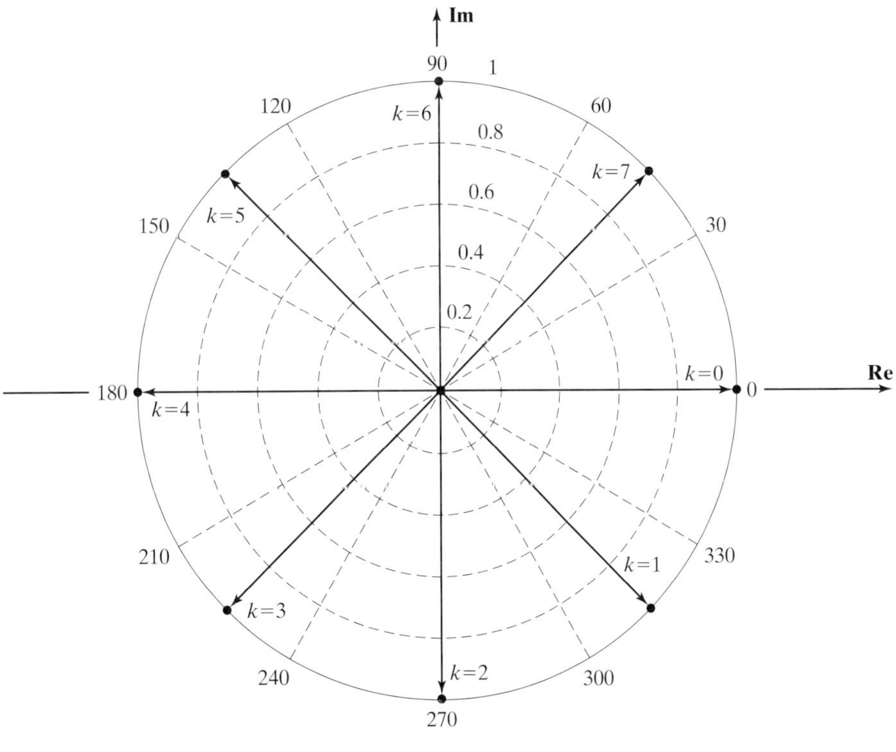

그림 12.10 W_8^k의 극좌표 그래프

$$(W_8^0)^5 = 1;\ (W_8^1)^5 = 1e^{-j5\pi/4};\ (W_8^2)^5 = 1e^{-j5\pi/2} = 1e^{-j\pi/2};$$
$$(W_8^3)^5 = 1e^{-j15\pi/4} = 1e^{-j7\pi/4};\ (W_8^4)^5 = 1e^{-j20\pi/4} = 1e^{-j\pi};$$
$$(W_8^5)^5 = 1e^{-j25\pi/4} = 1e^{-j\pi/4};\ (W_8^6)^5 = 1e^{-j30\pi/4} = 1e^{-j3\pi/2};\ (W_8^7)^5 = 1e^{-j3\pi/4}$$

이다. 이것을 $0 \le k \le N-1$과 $0 \le n \le N-1$인 모든 정수 k와 n에서 해보면 다음을 알 수 있다.

$$\sum_{n=0}^{N-1} W_N^{0n} = N \text{ and } \sum_{n=0}^{N-1} W_N^{kn} = 0,\ k = 1, 2, \ldots, N-1 \qquad (12.35)$$

DFT 검증

이산 푸리에 변환의 유효성을 보이고자 한다. 즉, N개의 $x[n]$ 값이 주어졌을 때, 식 (12.30)의 순방향 변환은 N개의 값 $X[k]$를 만들어내고, 이 N개의 값 $X[k]$를 식 (12.30)의 역변환식에 대입하면 원래의 N개의 값 $x[n]$을 얻을 수 있다.

먼저 식 (12.30)에서 첫 번째 식을 두 번째 식에 대입해본다. 첫 번째 식에서 n은 합을 계산하는 데에 사용하는 변수이므로 두 번째 식에서의 변수 n과 혼동하지 않기 위해 m으로 변수를 바꾼다. 그러면

$$x[n] = \frac{1}{N}\sum_{k=0}^{N-1} X[k]W_N^{-kn} = \frac{1}{N}\sum_{k=0}^{N-1}\left[\sum_{m=0}^{N-1} x[m]W_N^{km}\right]W_N^{-kn} \qquad (12.36)$$

이다. 다음으로 합의 순서를 바꾸면

$$x[n] = \frac{1}{N}\sum_{m=0}^{N-1} x[m]\sum_{k=0}^{N-1} W_N^{k(m-n)} \qquad (12.37)$$

이다. 식 (12.35)로부터 다음과 같이 쓸 수 있다.

$$\sum_{k=0}^{N-1} W_N^{k(m-n)} = \begin{cases} N, & n = m \\ 0, & n \ne m \end{cases}$$

그러므로 식 (12.37)은

$$x[n] = \frac{1}{N}\sum_{m=0}^{N-1} x[m]N|_{n=m} = x[n] \qquad (12.38)$$

이 되고 이산 푸리에 변환의 유효성이 검증되었다.

다음 예들을 보면 DFT 계산에 대해 이해할 수 있다.

예제 12.10 MATLAB 프로그램으로 DFT 계산하기

표 12.4에 주어진 데이터를 갖는 시퀀스 $x[n]$의 이산 푸리에 변환을 구하고자 한다. 이 경우에 $N = 4$이다. 식 (12.30)으로부터 $N = 4$, $W_4 = e^{-j2\pi/4} = 1\angle -90^\circ = -j$로 두면,

$$
\begin{aligned}
X[0] &= x[0] + x[1] + x[2] + x[3] = 1 + 2 + 3 + 4 = 10, \\
X[1] &= x[0] + x[1](-j) + x[2](-j)^2 + x[3](-j)^3 \\
&= 1 - j2 + -3 + j4 = -2 + j2, \\
X[2] &= x[0] + x[1](-j)^2 + x[2](-j)^4 + x[3](-j)^6 \\
&= 1 - 2 + 3 - 4 = -2,
\end{aligned}
$$

그리고

$$
\begin{aligned}
X[3] &= x[0] + x[1](-j)^3 + x[2](-j)^6 + x[3](-j)^9 \\
&= 1 + j2 - 3 - j4 = -2 - j2
\end{aligned}
$$

이다. 다음 MATLAB 프로그램을 사용하여 위의 결과를 확인해볼 수 있다.

```
% This MATLAB program computes the DFT using the defining
% equations (12.30) for the transform pair.
N = input ('How many discrete-time samples are in the sequence?')
x = input ('Type the vector of samples, in brackets[...]:')
% Compute the DFT from (12.30)
for k1 = 1:N
   X(k1) = 0;
   k = k1 - 1;
   for n1 = 1:N;
         n = n1 - 1;
         X(k1) = X(k1) + x(n1)*exp(-j*2*pi*k*n/N);
   end
end
x
X
```

이산 푸리에 변환 결과를 표 12.4에 함께 나타내었다. 지금은 이 값들을 계산만 할 뿐 값의 의미는 해석하지 않는다. ■

표 12.4 예제 12.10의 신호의 값들

n	$x[n]$	k	$X[k]$
0	1	0	10
1	2	1	$-2 + j2$
2	3	2	-2
3	4	3	$-2 - j2$

예제 12.11 역DFT를 계산하고 MATLAB으로 확인하기

이 예제는 바로 위 예제의 연속이다. 이제 표 12.4의 $X[k]$의 역이산 푸리에 변환을 구해보자. 식 (12.30)으로부터

$$
\begin{aligned}
x[0] &= [X[0] + X[1] + X[2] + X[3]]/4 \\
&= [10 + (-2 + j2) + (-2) + (-2 - j2)]/4 = 1, \\
x[1] &= [X[0] + X[1](j) + X[2](j)^2 + X[3](j)^3]/4 \\
&= [10 - j2 - 2 + 2 + j2 - 2]/4 = 2, \\
x[2] &= [X[0] + X[1](j)^2 + X[2](j)^4 + X[3](j)^6]/4 \\
&= [10 + 2 - j2 - 2 + 2 + j2]/4 = 3
\end{aligned}
$$

그리고

$$x[3] = [X[0] + X[1](j)^3 + X[2](j)^6 + X[3](j)^9]/4$$
$$= [10 + j2 + 2 + 2 - j2 + 2]/4 = 4$$

이고 모두 올바른 값들이다. DFT와 역DFT를 계산할 때 대칭성에 주목한다. 앞에서 언급하였듯이, 이 대칭성 덕분에 순방향 변환을 구하는 데에 사용하였던 동일한 프로그램을 아주 조금만 수정하여 역변환을 구하는 데에 사용할 수 있다.

```
% This MATLAB program computes the IDFT using the defining
% equations (12.30) for the transform pair.
N = input ('How many discrete-frequency samples are in the sequence?')
X = input ('Type the vector of samples, enclosed in brackets[...]:')
% Compute the IDFT from (12.30)
for n1 = 1:N
    x(n1) = 0;
n = n1 - 1;
    for k1 = 1:N;
       k = k1 - 1;
       x(n1) = x(n1) + X(k1)*exp(j*2*pi*k*n/N)/N;
    end
end
x
X
```

■

역이산 푸리에 변환(IDFT)을 계산하는 또 하나의 방법이 있다. 이 방법을 사용하면 DFT와 IDFT에 모두 동일한 알고리즘을 사용할 수 있다. 표준적인 IDFT 식은 다음과 같다.

[식 (12.30)] $$x[n] = \mathscr{DF}^{-1}[X[k]] = \frac{1}{N}\sum_{k=0}^{N-1} X[k]e^{j2\pi kn/N}$$

이 대체 방법은 다음 성질을 이용한다. 즉, 두 복소수의 합의 켤레 복소수는 각 켤레 복소수의 합과 같고 두 복소수의 곱의 켤레 복소수는 각 켤레 복소수의 곱과 같다. 수식으로 나타내면 다음과 같다.

$$[X + Y]^* = X^* + Y^* \text{ and } [XY]^* = X^*Y^*$$

이 성질을 IDFT 식에 적용하면 다음과 같이 쓸 수 있다.

$$x^*[n] = \frac{1}{N}\sum_{k=0}^{N-1} X^*[k][e^{j2\pi kn/N}]^* = \frac{1}{N}\sum_{k=0}^{N-1} X^*[k]e^{-j2\pi kn/N}$$

이 식으로부터 또 하나의 역변환 공식을 다음과 같이 쓸 수 있다.

$$x[n] = [x^*[n]]^* = \frac{1}{N}\left[\sum_{k=0}^{N-1} X^*[k]e^{-j2\pi kn/N}\right]^* \tag{12.39}$$

여기서 괄호 안의 인수는, IDFT를 계산할 때 $x[n]$ 대신 $X[k]^*$의 값을 입력으로 사용한다는 점만 제외한다면, DFT를 계산하는 데 사용되는 동일한 알고리즘으로 계산할 수 있다. IDFT를 계산하는 또 하나의 과정을 단계별로 보면 다음과 같다.

1. $X[k]$의 허수 부분의 부호를 반대로 한다(켤레 복소수를 구한다).

2. DFT 알고리즘을 사용하여 $X^*[k]$의 DFT를 구한다.
3. 각 n값에 대해 2단계에서의 결과에 대한 켤레 복소수를 구한다.
4. 3단계에서의 결과를 N으로 나눈다.

예제 12.12 역DFT를 구하는 또 다른 방법

표 12.4의 데이터를 이용하여 IDFT를 계산하는 또 다른 방법을 소개한다. 표 12.4로부터

$$X[k] = [10, -2 + j2, -2, -2 - j2]$$

이다. 역과정의 첫 단계로부터 다음을 얻는다.

$$X^*[k] = [10, -2 - j2, -2, -2 + j2]$$

두 번째 단계는 $X^*[k]$의 DFT를 다음과 같이 계산하는 것이다.

$$\begin{aligned}
4x^*[n] &= \sum_{k=0}^{3} X^*[k]e^{-j2\pi kn/4};\\
4x^*[0] &= 10 + (-2 - j2) + (-2) + (-2 + j2) = 4;\\
4x^*[1] &= 10 + (-2 - j2)e^{-j\pi/2} + (-2)e^{-j\pi} + (-2 + j2)e^{-j3\pi/2}\\
&= 10 + (-j)(-2 - j2) + (-1)(-2) + j(-2 + j2) = 8;\\
4x^*[2] &= 10 + (-2 - j2)e^{-j\pi} + (-2)e^{-j2\pi} + (-2 + j2)e^{-j3\pi}\\
&= 10 + (-1)(-2 - j2) + (1)(-2) + (-1)(-2 + j2) = 12;\\
4x^*[3] &= 10 + (-2 - j2)e^{-j3\pi/2} + (-2)e^{-j3\pi} + (-2 + j2)e^{-j9\pi/2}\\
&= 10 + (j)(-2 - j2) + (-1)(-2) + (-j)(-2 + j2) = 16
\end{aligned}$$

2단계에서의 결과가 모두 실수값이므로 3단계의 켤레 복소수를 구하는 작업은 필요하지 않다. 2단계의 결과를 4로 나누면 최종 계산 결과를 얻는다.

$$x[n] = [1, 2, 3, 4]$$

이 결과는 표 12.4에 나와 있다. ■

요약

DFT에서 이산-시간 푸리에 변환의 이산-주파수 근사식을 유도하였다. 이 변환은 디지털 신호처리에서 폭넓게 사용된다. DFT의 실제적인 의미뿐만 아니라 수학적인 근원에 대해서도 살펴보았다. DFT와 IDFT를 계산하는 방법을 소개하였고 예제를 통해 그 방법을 보였다.

다음 절에서는 이산-시간 시퀀스의 DFT를 좀 더 효율적으로 계산하는 방법에 대해 학습한다.

12.5 고속 푸리에 변환

12.4절에서 본 것처럼 이산 푸리에 변환 쌍은 다음과 같다.

[식 (12.33)] $$X[k] = \sum_{n=0}^{N-1} x[n]W_N^{kn}, \quad k = 0, 1, 2, \ldots, N - 1$$

그리고

$$x[n] = \frac{1}{N}\sum_{k=0}^{N-1} X[k]W_N^{-kn}, \quad W_N = e^{-j2\pi/N}, \quad n = 0, 1, \ldots, N-1$$

이 식은 디지털 컴퓨터로 계산할 수 있도록 바로 프로그래밍된다. 식 (12.33)을 살펴보면, 각 k 값에 대해, $X[k]$를 계산하려면 N번의 곱셈이 필요하다는 것을 알 수 있다. $x[n]$ 특히 $X[k]$는 복소수가 될 수 있기 때문에 N-포인트 DFT 또는 역DFT는 일반적으로 N^2번의 복소수 곱셈이 필요하다. 이 절의 취지는 좀 더 효율적으로 이산 푸리에 변환을 계산하는 알고리즘을 만드는 것이다. 일반적으로 이산 푸리에 변환을 계산하는 데 사용되는 효율적인 알고리즘의 집합은 *고속 푸리에 변환*(fast Fourier transform)이라고 알려져 있다[6].

시분할 고속 푸리에 변환 알고리즘

계산해야 할 샘플의 수가 2의 거듭제곱($N = 2^m$)인 경우에 대한 이산 푸리에 변환을 계산하는 알고리즘을 유도해보고자 한다. 먼저 $N = 2$인 경우로부터 출발하여 $N = 2^3 = 8$인 경우로 나아가고 이를 일반적인 경우로 확장한다. 이러한 과정의 결과는 *시분할 기수 2(radix-2) FFT*로 알려져 있다.

2-포인트 DFT에서 출발하면, DFT 식은 다음과 같다.

$$X[k] = \sum_{n=0}^{1} x[n]W_2^{nk} = x[0]W_2^{0k} + x[1]W_2^{1k}, k = 0, 1$$

$W_2^{0k} = e^{-j0} = 1$이고 $W_2^{1k} = \mathrm{e}^{-j\pi k} = (-1)^k$이므로 다음과 같이 쓴다.

$$X[0] = x[0] + x[1];$$
$$X[1] = x[0] - x[1]$$

일반적으로, 2-포인트 DFT이면 다음과 같다.

$$X[k] = x[0] + (-1)^k x[1]$$

그림 12.11의 신호 흐름도는 2-포인트 DFT를 계산하는 과정을 보여준다. 이 신호 흐름도는 그 모양 때문에 *나비 다이어그램*(butterfly diagram)으로 알려져 있다.

그다음 4-포인트 DFT는 다음과 같다.

$$X[k] = \sum_{n=0}^{3} x[n]W_4^{nk} = x[0]W_4^{0k} + x[1]W_4^{1k} + x[2]W_4^{2k} + x[3]W_4^{3k}$$

가중치 인자의 주기성 때문에 이 식을 다음과 같이 간단히 할 수 있다.

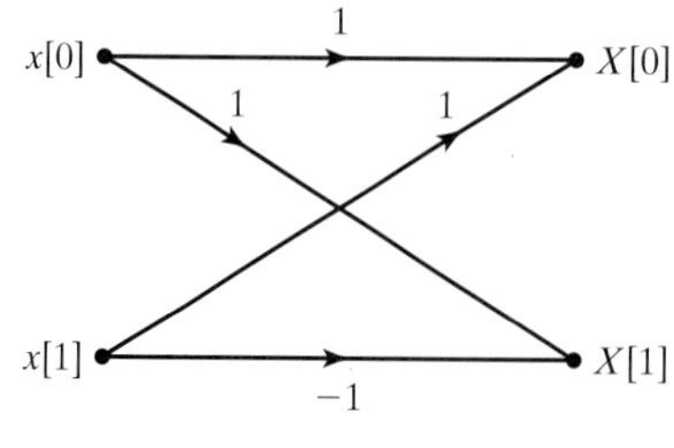

그림 12.11 2-포인트 DFT의 나비 다이어그램

$$\begin{aligned} W_N^{nk} &= e^{-j(2\pi/N)nk}; \\ W_4^{0k} &= 1; \\ W_4^{1k} &= e^{-j(\pi/2)k} = (-j)^k; \\ W_4^{2k} &= e^{-j\pi k} = (-1)^k; \\ W_4^{3k} &= W_4^{2k}W_4^{1k} = (-1)^k W_4^{1k} \end{aligned}$$

이 결과를 사용하여 다시 쓰면,

$$\begin{aligned} X[k] &= x[0] + x[1]W_4^{1k} + x[2](-1)^k + x[3](-1)^k W_4^{1k}, \\ X[k] &= [x[0] + x[2](-1)^k] + [x[1] + x[3](-1)^k]W_4^{1k} \end{aligned}$$

이다. 다음 단계를 명확하게 하기 위해, 다음과 같이 두 개의 변수를 정의한다.

$$\begin{aligned} x_e[n] &= x[2n], \quad n = 0, 1; \\ x_o[n] &= x[2n+1], \quad n = 0, 1 \end{aligned}$$

그러면,

$$X[k] = [x_e[0] + x_e[1](-1)^k] + [x_o[0] + x_o[1](-1)^k]W_4^{1k}$$

이다. 이 식에서 괄호 안의 인자들은 2-포인트 DFT로 볼 수 있다.

$$\begin{aligned} X_e[m] &= x_e[0] + x_e[1](-1)^m, \quad m = 0, 1; \\ X_o[m] &= x_o[0] + x_o[1](-1)^m, \quad m = 0, 1 \end{aligned}$$

$X_e[k]$와 $X_o[k]$는 주기적이라는 사실에 유의한다. 예를 들면,

$$X_e[2] = x_e[0] + x_e[1](-1)^2 = X_e[0]$$

이고

$$X_e[3] = x_e[0] + x_e[1](-1)^3 = X_e[1]$$

이다. 그러면 4-포인트 DFT는 다음과 같다.

$$\begin{aligned} X[0] &= X_e[0] + X_o[0]W_4^{1(0)} = X_e[0] + X_o[0]; \\ X[1] &= X_e[1] + X_o[1]W_4^{1(1)} = X_e[1] + X_o[1]W_4^1; \\ X[2] &= X_e[0] - X_o[0]W_4^{1(2)} = X_e[0] - X_o[0]; \\ X[3] &= X_e[1] - X_o[1]W_4^{1(3)} = X_e[1] - X_o[1]W_4^1 \end{aligned} \tag{12.40}$$

여기서 k값에 따라 $W_4^{1(k)}$ 항이 바뀌었다.

4-포인트 DFT를 그림 12.12의 신호 흐름도에서 보인 것과 같이, 두 개의 2-포인트 DFT를 생성하고 항들을 *재조합*(recomposition)함으로써 계산할 수 있음을 알 수 있다. 다시 말하면,

$$[x[n]\text{의 4-포인트 DFT}] = [x_e[n]\text{의 2-포인트 DFT}] + W_4^{1k}[x_o[n]\text{의 2-포인트 DFT}]$$

이다. 식 (12.40)은 4-포인트 DFT의 *재조합 방정식*으로 알려져 있다.

이제 다음과 같은 8-포인트 DFT로 나아간다.

$$X[k] = \sum_{n=0}^{7} x[n]W_8^{nk}$$

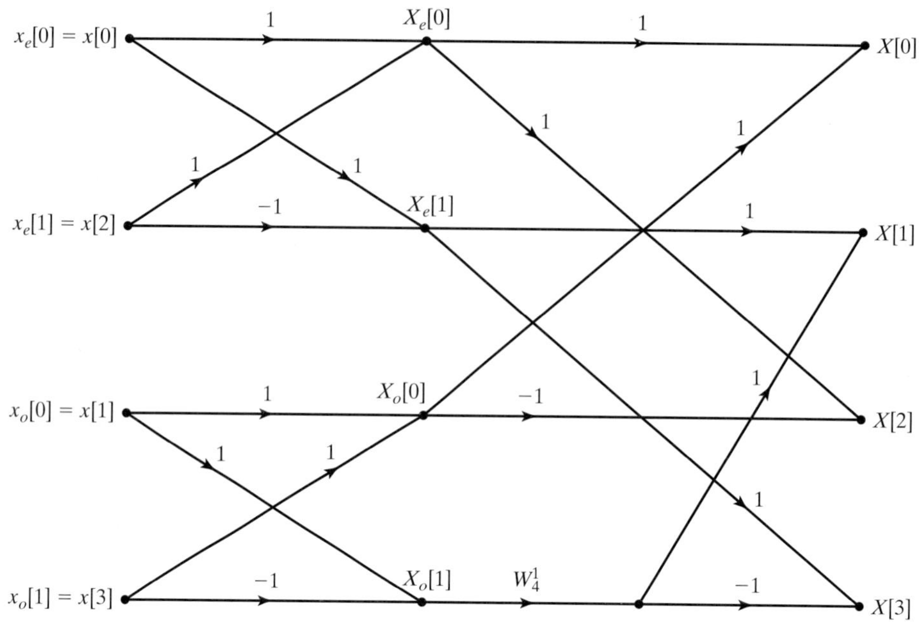

그림 12.12 4-포인트 DFT의 신호 흐름도

8-포인트 DFT에서 가중치 인자들은 다음과 같다.

$$\begin{aligned}
W_8^{0k} &= 1;\\
W_8^{1k} &= e^{-j(\pi/4)k};\\
W_8^{2k} &= e^{-j(\pi/4)2k} = e^{-j(\pi/2)k} = W_4^{1k};\\
W_8^{3k} &= e^{-j(\pi/4)3k} = [e^{-j(\pi/4)2k}]e^{-j(\pi/4)k} = W_8^{1k}W_4^{1k};\\
W_8^{4k} &= e^{-j(\pi/4)4k} = e^{-j\pi k} = W_4^{2k};\\
W_8^{5k} &= e^{-j(\pi/4)5k} = e^{-j(\pi/4)4k}e^{-j(\pi/4)k} = W_8^{1k}W_4^{2k};\\
W_8^{6k} &= e^{-j(\pi/4)6k} = W_4^{3k};\\
W_8^{7k} &= e^{-j(\pi/4)7k} = e^{-j(\pi/4)k}e^{-j(\pi/4)6k} = W_8^{1k}W_4^{3k}
\end{aligned}$$

앞서 주어진 형태로 가중치 인자들을 사용하면, 8-포인트 DFT를 다음과 같이 쓸 수 있다.

$$\begin{aligned}
X[k] = x[0] &+ x[1]W_8^{1k} + x[2]W_4^{1k} + x[3]W_8^{1k}W_4^{1k} + x[4]W_4^{2k}\\
&+ x[5]W_8^{1k}W_4^{2k} + x[6]W_4^{3k} + x[7]W_8^{1k}W_4^{3k}
\end{aligned} \tag{12.41}$$

4-포인트 DFT 식을 유도했을 때와 마찬가지로 다음을 정의한다.

$$x_e[n] = x[2n], \quad n = 0, 1, 2, 3$$

그리고

$$x_o[n] = x[2n+1], \quad n = 0, 1, 2, 3$$

이렇게 새로 정의된 변수를 사용하여 식 (12.41)을 다시 쓴다.

$$\begin{aligned}
X[k] = &[x_e[0] + x_e[1]W_4^{1k} + x_e[2]W_4^{2k} + x_e[3]W_4^{3k}]\\
&+ W_8^{1k}[x_o[0] + x_o[1]W_4^{1k} + x_o[2]W_4^{2k} + x_o[3]W_4^{3k}]
\end{aligned}$$

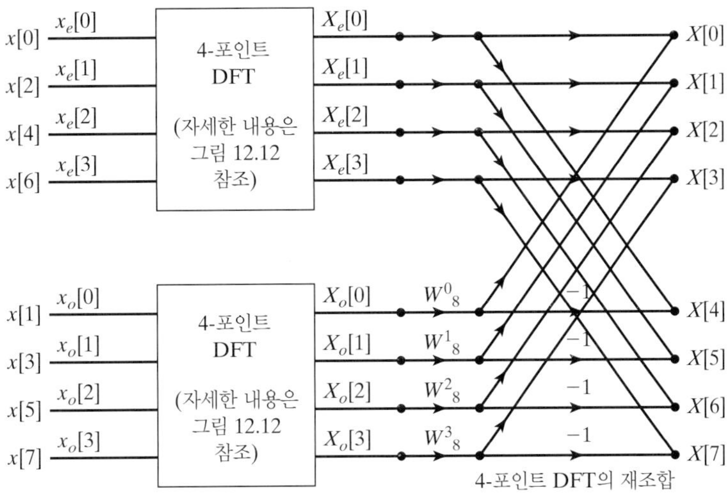

그림 12.13 시분할 고속 푸리에 변환

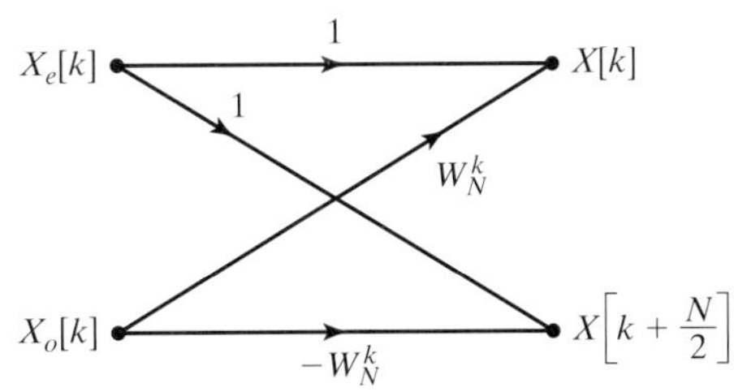

그림 12.14 N-포인트 FFT의 나비 다이어그램

이 형태에서, 괄호 안의 인자들은 각각 $x_e[n]$의 4-포인트 DFT와 $x_0[n]$의 4-포인트 DFT로 간주한다. 따라서 8-포인트 FFT를 두 개의 4-포인트 FFT의 재조합으로 구할 수 있음을 알 수 있다. 그림 12.13은 8-포인트 FFT를 계산하는 과정을 보여준다.

일반적으로 N-포인트, 기수 2 FFT를 두 개의 ($N/2$)-포인트 FFT의 재조합으로 계산한다. 그림 12.14는 이러한 일반적인 과정을 나타내고 있다.

이 절의 시작 부분에서 언급하였듯이, FFT 알고리즘을 유도하고자 하는 이유는 DFT를 계산할 때 계산 효율성 때문이다. 표 12.5는 몇 가지 n값에 대해 DFT와 FFT에 필요한 복소수 곱셈

표 12.5 DFT와 FFT 비교 (요구되는 복소수 곱 연산량)

N	표준 DFT	FFT
2	4	1
4	16	4
8	64	12
16	256	32
32	1,024	80
64	4,096	192
128	16,384	448
256	65,536	1,024
512	262,144	2,304
1,024	1,048,576	5,120
N (2의 거듭제곱)	N^2	$\frac{N}{2}\log_2 N$[6]

횟수를 보여준다. DFT에서의 포인트 수가 증가할수록 기수 2 FFT 알고리즘의 효율성이 좀 더 크게 나타나는 것을 알 수 있다.

예제 12.13 FFT 계산을 위한 시분할 방법

FFT의 시분할 방법을 사용하여 표 12.4에 나와 있는 이산 시퀀스에 대한 DFT를 계산하고자 한다.

$$x[n] = [1, 2, 3, 4]$$

4-포인트 FFT에 대한 그림 12.12를 참고하면, 다음을 얻는다.

$$\begin{aligned} X_e[0] &= x[0] + x[2] = 1 + 3 = 4; \\ X_e[1] &= x[0] - x[2] = 1 - 3 = -2; \\ X_o[0] &= x[1] + x[3] = 2 + 4 = 6; \\ X_o[1] &= x[1] - x[3] = 2 - 4 = -2 \end{aligned}$$

그러므로

$$\begin{aligned} X[0] &= X_e[0] + X_o[0] = 4 + 6 = 10, \\ X[1] &= X_e[1] + W_4^1 X_o[1] = -2 + (-j)(-2) = -2 + j2, \\ X[2] &= X_e[0] - X_o[0] = 4 - 6 = -2 \end{aligned}$$

그리고

$$X[3] = X_e[1] - W_4^1 X_o[1] = -2 - (j)(-2) = -2 - j2$$

이다. 이 결과들은 예제 12.10에서 얻었던 결과와 표 12.4에 나열된 결과들과 일치한다. ■

주파수-분할 고속 푸리에 변환

주파수-분할(decomposition-in-frequency, DIF) FFT 알고리즘의 바탕 아이디어는 앞의 시분할(DIT) FFT의 아이디어와 비슷하다. DIT FFT와 DIF FFT는 계산 과정에서 필요한 곱셈 횟수가 동일하다. 다음과 같은 표준적인 DFT 방정식을 가지고 DIF FFT를 유도하는 것으로부터 시작한다.

$$X[k] = \sum_{n=0}^{N-1} x[n] W_N^{kn}, \quad k = 0, 1, 2, \ldots, N-1$$

이 식에서 합을 반으로 나누면 다음과 같다.

$$X[k] = \sum_{n=0}^{(N/2)-1} x[n] W_N^{kn} + \sum_{n=(N/2)}^{N-1} x[n] W_N^{kn}, \quad k = 0, 1, 2, \ldots, N-1$$

다음으로 두 번째 합을 다음과 같이 쓴다.

$$\sum_{n=(N/2)}^{N-1} x[n] W_N^{kn} = \sum_{n=0}^{(N/2)-1} x[n + N/2] W_N^{k(n+N/2)} = \sum_{n=0}^{(N/2)-1} x[n + N/2] W_N^{kn} W_N^{kN/2}$$

여기서

$$W_N^{kN/2} = e^{-j(2\pi k/N)N/2} = e^{-j\pi k} = (-1)^k = \begin{cases} 1, & k\text{는 짝수} \\ -1, & k\text{는 홀수} \end{cases}$$

이다. 이제 다음 식을 얻는다.

$$X[k] = \sum_{n=0}^{(N/2)-1} [x[n] + (-1)^k x[n + N/2]]W_N^{kn}, \quad k = 0, 1, 2, \ldots, N - 1$$

이 식을 다음과 같이 두 개의 주파수 시퀀스로 나눈다.

$$X[2k] = \sum_{n=0}^{(N/2)-1} [x[n] + x[n + N/2]]W_N^{2kn}, \quad k = 0, 1, 2, \ldots, \frac{N}{2} - 1$$

그리고

$$X[2k + 1] = \sum_{n=0}^{(N/2)-1} [x[n] - x[n + N/2]]W_N^{(2k+1)n}, \quad k = 0, 1, \ldots, \frac{N}{2} - 1$$

이제 두 시퀀스의 가중치를 살펴보면,

$$W_N^{2kn} = W_{N/2}^{kn} \text{ 그리고 } W_N^{(2k+1)n} = W_{N/2}^{kn}W_N^n$$

이다. 그러면

$$X[2k] = \sum_{n=0}^{(N/2)-1} [x[n] + x[n + N/2]]W_{N/2}^{kn}, \qquad k = 0, 1, 2, \ldots, \frac{N}{2} - 1;$$

$$X[2k + 1] = \sum_{n=0}^{(N/2)-1} [[x[n] - x[n + N/2]]W_N^n]W_{N/2}^{kn}, \quad k = 0, 1, \ldots, \frac{N}{2} - 1 \quad (12.42)$$

이다. 식 (12.42)의 각 주파수 시퀀스는 (N/2)-포인트 DFT로 볼 수 있다.

$$X[2k] = [x[n] + x[n + N/2]] \text{의 } \frac{N}{2}\text{-포인트 DFT};$$

$$X[2k + 1] = [x[n] - x[n + N/2]]W_N^n \text{의 } \frac{N}{2}\text{-포인트 DFT}$$

그림 12.15는 DIF FFT 알고리즘에 대한 나비 다이어그램을 보여준다. 그림 12.16은 4-포인트 DIF FFT에 대한 DIF FFT 과정을 보여준다.

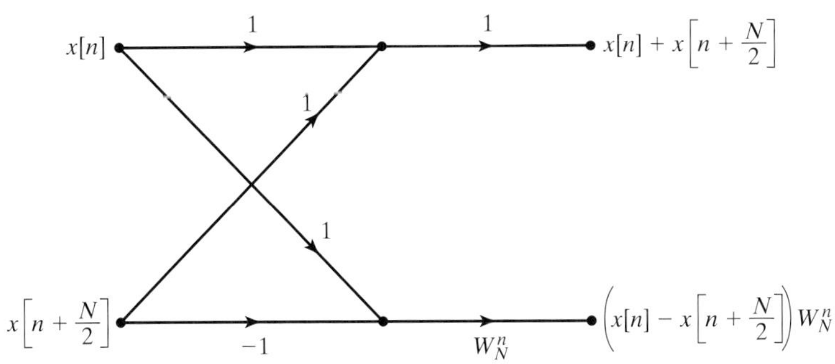

그림 12.15 주파수-분할 FFT 신호 흐름도

예제 12.14 FFT 계산을 위한 주파수-분할 방법

FFT의 주파수 분할 방법을 사용하여 표 12.4에 나와 있는 다음 이산 시퀀스의 DFT를 구해본다.

$$x[n] = [1, 2, 3, 4]$$

4-포인트 DIF FFT에 대한 그림 12.16을 참조하면 다음을 얻는다.

$$\begin{aligned} X_1[0] &= x[0] + x[2] = 1 + 3 = 4; \\ X_1[1] &= W_4^0[x[1] + x[3]] = 2 + 4 = 6; \\ X_2[0] &= x[0] - x[2] = 1 - 3 = -2; \\ X_2[1] &= W_4^1[x[1] - x[3]] = -j[2 - 4] = j2 \end{aligned}$$

따라서,

$$\begin{aligned} X[0] &= X_1[0] + X_1[1] = 4 + 6 = 10, \\ X[1] &= X_2[0] + X_2[1] = -2 + j2 = -2 + j2, \\ X[2] &= X_1[0] - X_1[1] = 4 - 6 = -2 \end{aligned}$$

그리고

$$X[3] = X_2[0] - X_2[1] = -2 - j2 = -2 - j2$$

이다. 이 결과는 예제 12.10과 12.13에서의 결과 및 표 12.4에서 나열한 결과와 일치한다. ■

요약

이 절에서는 이산 푸리에 변환(DFT)을 효율적으로 계산하는 몇 가지 알고리즘을 소개하였다. 이 알고리즘들을 *고속 푸리에 변환*(FFT)이라고 한다. 다음 절에서 살펴볼 것처럼 대부분의 실제적인 응용에서는 FFT를 이용하여 DFT를 계산한다.

12.6 이산 푸리에 변환의 응용

이 절에서는 이산 푸리에 변환을 응용하는 몇 가지 대표적인 응용들을 살펴본다. 가장 주요한 응용은 신호의 푸리에 변환을 근사시키는 것이다. 살펴볼 다른 응용들인 컨볼루션, 필터링, 상관, 에너

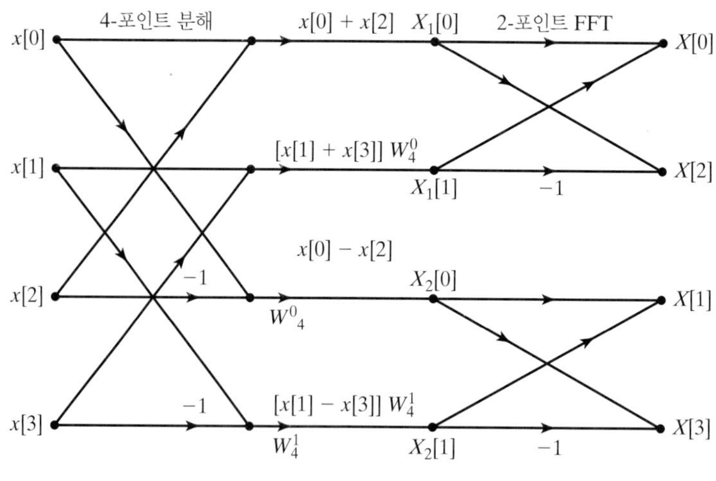

그림 12.16 4-포인트 주파수-분할 FFT

지 스펙트럼 밀도 추정은 모두 푸리에 변환의 근사인 DFT에 기반하고 있다.

푸리에 변환 계산

12.4절에서 이산-시간 푸리에 변환(DTFT)의 이산-주파수 근사로서 DFT를 소개하였다. DFT는 또한 아날로그 신호의 푸리에 변환에 대한 근사식을 계산할 때에도 사용된다.

푸리에 변환의 근사로서 DFT를 계산하는 데 필요한 과정은 다음과 같다(1단계와 2단계는 순서를 서로 바꾸어도 된다).

1. 목적에 맞는 DFT의 필요한 해상도를 결정한다. 이산 주파수 해상도는 다음 식으로 결정되고,

$$\Delta\Omega = \frac{2\pi}{N}$$

   DFT 계산에 필요한 신호의 샘플 값의 수인 N에 대한 하한값을 설정한다.

2. 주파수 중복(aliasing)을 피하기 위해 아날로그 신호를 샘플링하는 데 필요한 샘플링 주파수를 결정한다. 섀넌(Shannon)의 샘플링 정리는 다음 식이 만족해야 함을 요구한다.

$$\omega_s > 2\omega_M$$

   여기서 ω_M은 아날로그 신호에서 가장 높은 주요 주파수 성분이다.

3. 한 주기인 NT초($T = 2\pi/\omega_s$) 동안 N개의 아날로그 신호 샘플을 모은다. 4단계에서 DFT를 계산할 때 기수 2 DFT를 사용할 것이라면, N은 2의 거듭제곱이어야 한다[샘플 집합이 고정되어 있는 몇몇의 경우에는 총 N개의 샘플을 만들기 위해 영-덧댐(zero padding)을 할 수 있다].

4. DFT를 계산한다. 이것은 식 (12.33)을 바로 이용해서 할 수도 있지만, 12.5절에서 설명한 FFT를 좀 더 자주 사용한다.

이 단계들을 잘 수행하였다면, 그 결과 얻게 되는 DFT는 아날로그 신호의 푸리에 변환을 잘 근사시킨 것이 되어야 한다. 이 과정을 보여주는 몇 예제와 반드시 고려해야 할 몇 가지 사항들에 대해 살펴보자.

예제 12.15 푸리에 변환을 근사시키는 데 FFT 사용하기

그림 12.17(a)에 보이는 사각 펄스의 푸리에 변환을 계산하고자 한다. 이전에 푸리에 변환을 학습할 때 이 파형은 다음과 같이 나타낼 수 있음을 알았다.

$$f(t) = \text{rect}[(t-1)/2]$$

표 5.1과 표 5.2로부터 다음을 얻는다.

$$F(\omega) = 2\,\text{sinc}(\omega)e^{-j\omega}$$

$F(\omega)$의 그래프를 그림 12.17(b)에 나타내었다. 그림 12.17(b)로부터 이 주파수 스펙트럼이 $\omega = \pi$ rad/s에서 처음으로 0의 값을 갖는다는 사실을 알 수 있다. 또한 이 주파수 스펙트럼이 절대 대역폭을 가지고 있지는 않지만 주파수에 따라 사이드 로브의 크기가 줄어드는 것을 알 수 있다. 샘플링 주파수 ω_s는 10π rad/s로 선정하였다. 그러면 샘플링 주기는 $T = 0.2$ s가 된다. 또한 계산을 위해 16개의 샘플을 사용하기로 선택하였다. 따라서 계산된 주파수 스펙트럼의 이산-주파수 해상도는 $\frac{2\pi}{16}$이 될 것이다. $f[n]$의 이산-시간 시퀀스 샘플을

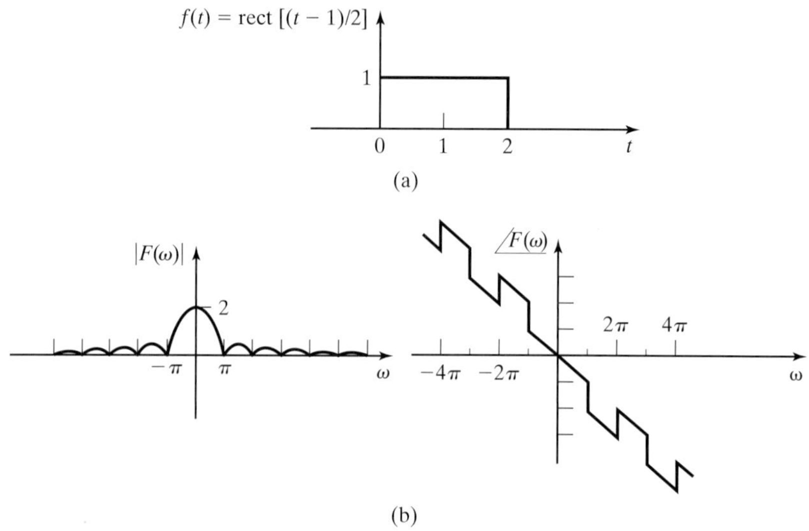

그림 12.17 사각 펄스와 푸리에 변환

그림 12.18(a)에 나타내었다. 16-포인트 기수 2 FFT를 사용하여 DFT를 계산한다. 이산-주파수 시퀀스의 크기를 그림 12.18(b)에 나타내었다.

DFT를 이산-시간 샘플로부터 계산하기 때문에, 샘플링된 신호의 푸리에 변환에 내재되어 있는 $1/T$ 인수를 없애기 위해 샘플링 주기 T를 $|F[k]|$에 곱해야 한다.

이제 $f(t)$의 16개의 샘플로 계산한 $TF[k]$가 $F(\omega)$를 얼마나 잘 근사하는지 살펴보고자 한다. 이 판단은 $F[k]$에서 k값에 해당하는 몇 개의 주파수 $(\omega < \omega_s/2)$에서 $y[m]$의 값을 계산해봄으로써 해볼 수 있다. 표 12.6은 이 값들을 비교한 결과를 나열한 것이다.

표 12.6과 그림 12.19로부터 DFT를 계산하여 푸리에 변환을 근사시킨 것이 완벽하지 않다는 것을 알 수 있다. $\omega < \omega_s/2 = 15.708$ rad/s인 샘플들에 대해서는 이 근사가 어느 정도 정확하지만 크기와 위상에서 약간의 오차가 존재한다.

표 12.6과 그림 12.19의 결과는 다음 MATLAB 프로그램으로 재현할 수 있다.

```
% This MATLAB program reproduces the results of
% Example 12.15.
Ts=0.2
fn=[1 1 1 1 1 1 1 1 1 1 1 0 0 0 0 0];
n=[0:length(fn)-1];
figure(1),stem(n,fn,'fill'),grid
Fk=fft(fn,length(fn));
w=2*pi/length(fn)/Ts*n;
Ft=2*sin(w).*exp(j*w)./w;
Ft(1)=2;
' k omega (w) |F(w)| Ts*|F[k]| phase(F(w)) phase(F[k])'
[n', w', abs(Ft)', Ts*abs(Fk)', angle(Ft)', angle(Fk)']
figure(2),stem(w,Ts*abs(Fk),'filled'),hold,plot(w,abs(Ft),'r+'),
title('Fast Fourier Transform')
grid, xlabel('omega'), ylabel('magnitude'),hold
```

■

예제 12.15에서 볼 수 있는 오차의 한 가지 원인은 DFT 식에 내재되어 있는 이산-시간 시퀀스의 주기적인 확장을 윈도윙(windowing) 즉 잘라내는 것에서 기인한다. 이러한 윈도윙은

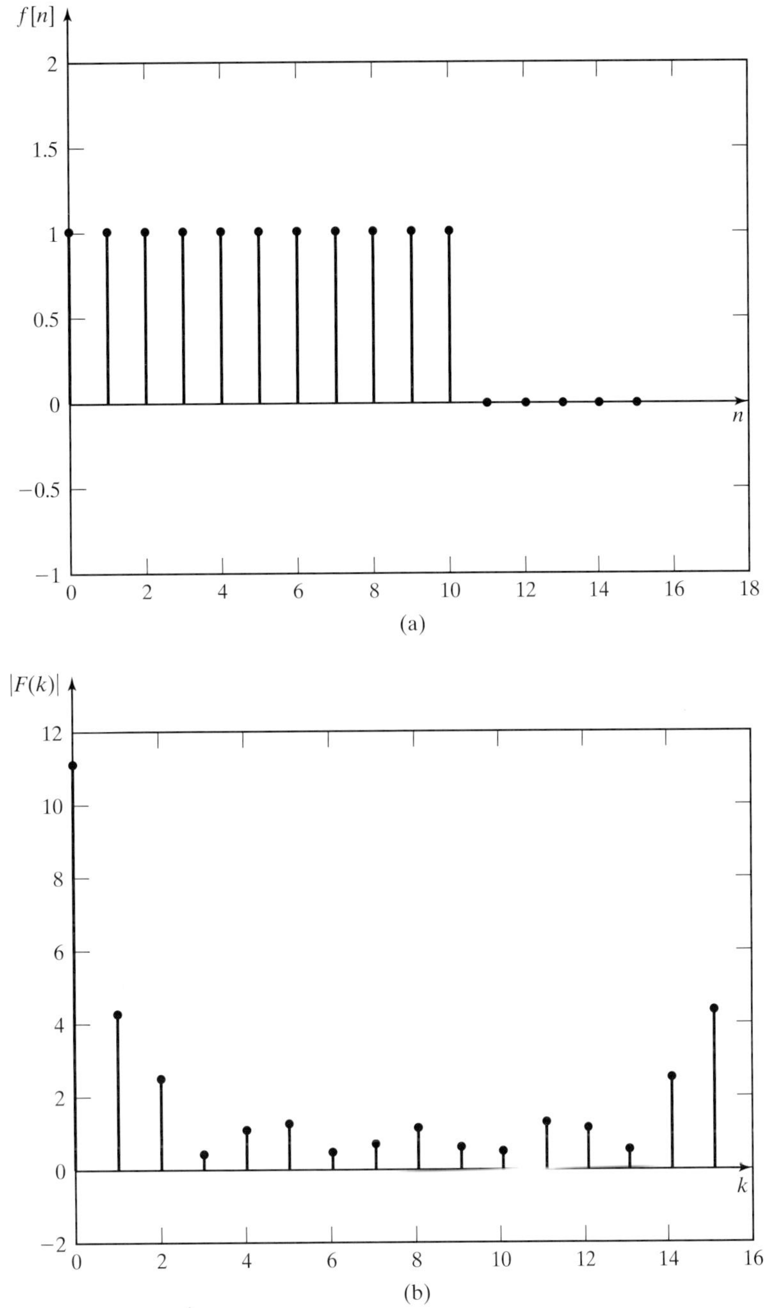

그림 12.18 샘플링된 사각 펄스와 16-포인트 DFT

표 12.6 푸리에 변환과 DFT 근사

k	ω	$\lvert F(\omega)\rvert$	$T\lvert F[k]\rvert$	% Error	$\angle F(\omega)$	$\angle F[k]$
0	0	2.000	2.2000	10.0	0	0
1	1.9635	0.9411	0.8524	9.4	−1.9635	−1.9635
2	3.9270	0.3601	0.4828	34.1	−0.7854	−0.7854
3	5.8905	0.1299	0.0702	45.9	−2.7489	0.3927
4	7.8540	0.2546	0.2000	21.5	−1.5708	−1.5708
5	9.8175	0.0780	0.2359	202.6	−0.3927	−0.3927
6	11.7810	0.1200	0.0828	31.0	−2.3562	0.7854
7	13.7445	0.1344	0.1133	15.7	−1.1781	−1.1781

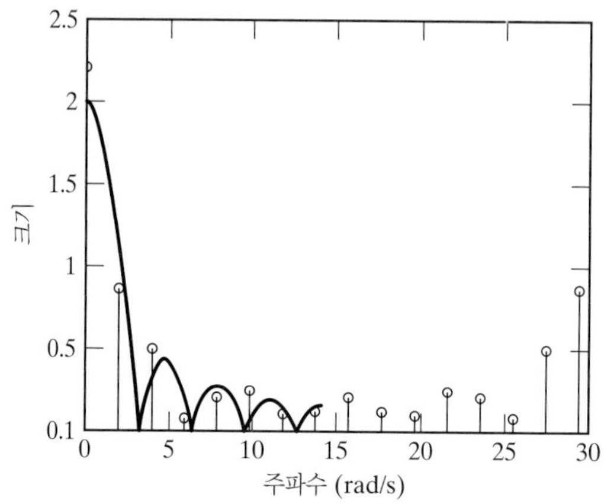

그림 12.19 DFT와 푸리에 변환 비교

시퀀스 $x[n]$의 주기적인 확장에 유지 시간이 NT인 사각 펄스의 샘플을 나타내는 시퀀스들과 곱하는 효과를 갖는다. 이 효과를 그림 12.20에 나타내었다. 그림 12.20(a)에서는 비주기적이고 이상적으로 샘플링된 $x(nT)$를 볼 수 있다. 그림 12.20(b)에서는 DFT 식에 내재되어 있는 이 신호의 주기적인 확장을 볼 수 있다. 사각 펄스 윈도윙 함수를 그림 12.20(c)에 나타내었다. 이 윈도윙 함수와 주기적 확장의 결과는 이산-시간 시퀀스 $x[n]$이다. 시퀀스 $x[n]$은 $0 \leqq n \leqq N - 1$일 때, $x_p(nT)$의 값을 포함하고 있다. $x[n]$은 원래 신호를 주기적으로 확장한 것의 한 주기를 나타낸다. 이것이 식 (12.33)에서 $X[k]$를 계산할 때 사용되는 값이다. 이 표현식으로부터 우리가 계산하는 DFT는 아날로그 신호의 샘플링된 값에 기반을 두고 있을 뿐만 아니라 윈도윙 함수의 푸리에 변환과의 컨볼루션도 포함하고 있음을 알 수 있다.

샘플링된 신호의 주기적인 확장과 윈도윙 함수의 내재된 곱셈은 *스펙트럼-누설 왜곡*(spectrum-leakage distortion)이라고 하는 현상을 야기한다. 이 현상은 신호를 잘라냄으로써 나타나는 스펙트럼 퍼짐(spectrum spreading)으로부터 발생한다. 이 현상을 그림 12.21(a)에서 보여주는 것과 같이 잘라내어진 코사인으로 볼 수 있다. 잘라내어진 코사인은 그림 12.21(b)에서 볼 수 있는 것처럼 코사인파와 사각 펄스의 곱으로 만들어진 신호다. 푸리에 변환에 대해 학습한 것과 표 5.2로부터 그림 12.21(c)에 보이는 것과 같이 다음 관계를 알고 있다.

$$\cos(\omega_1 t) \overset{\mathscr{F}}{\longleftrightarrow} \pi[\delta(\omega - \omega_1) + \delta(\omega + \omega_1)]$$

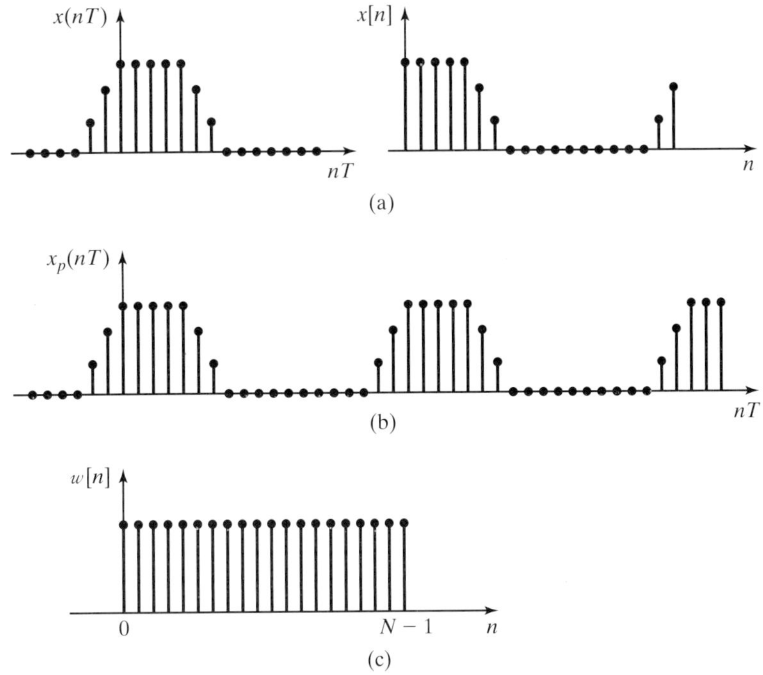

그림 12.20 주기 확장과 시퀀스 잘라내기

그리고

$$\text{rect}(t/T) \overset{\mathscr{F}}{\longleftrightarrow} T\text{sinc}(T\omega/2)$$

이다. 푸리에 변환 성질로부터(표 5.1) 다음 관계가 성립한다.

$$f_1(t)f_2(t) \overset{\mathscr{F}}{\longleftrightarrow} \frac{1}{2\pi}F_1(\omega)*F_2(\omega)$$

잘라내어진 코사인의 주파수 스펙트럼을 그림 12.21(d)에 나타내었다. 이 그림으로부터 잘라내어진 코사인의 주파수 스펙트럼은 모든 주파수에 퍼져 있음을 알 수 있다. DFT에서 스펙트럼-누설 왜곡을 야기하는 것이 바로 신호를 잘라냄으로써 나타나는 이러한 퍼짐이다.

스펙트럼-누설 왜곡을 줄이기 위해 우리가 사용했던 사각 펄스 윈도윙 외에 다른 형태의 윈도우에 대해 연구되어왔다. 가장 잘 알려져 있는 것은 Richard W. Hamming이 제안한 해밍 윈도우(Hamming window)와 Julius von Hann의 이름을 딴 해닝 윈도우(Hanning window)다[5].

해밍 윈도우는 다음 식으로 주어지다.

$$w[n] = 0.54 - 0.46\cos\left(\frac{2\pi n}{N-1}\right), \quad 0 \leqq n \leqq N-1 \tag{12.43}$$

그리고 해닝 윈도우는 다음 식으로 주어진다.

$$w[n] = 0.50 - 0.50\cos\left(\frac{2\pi n}{N-1}\right), \quad 0 \leqq n \leqq N-1 \tag{12.44}$$

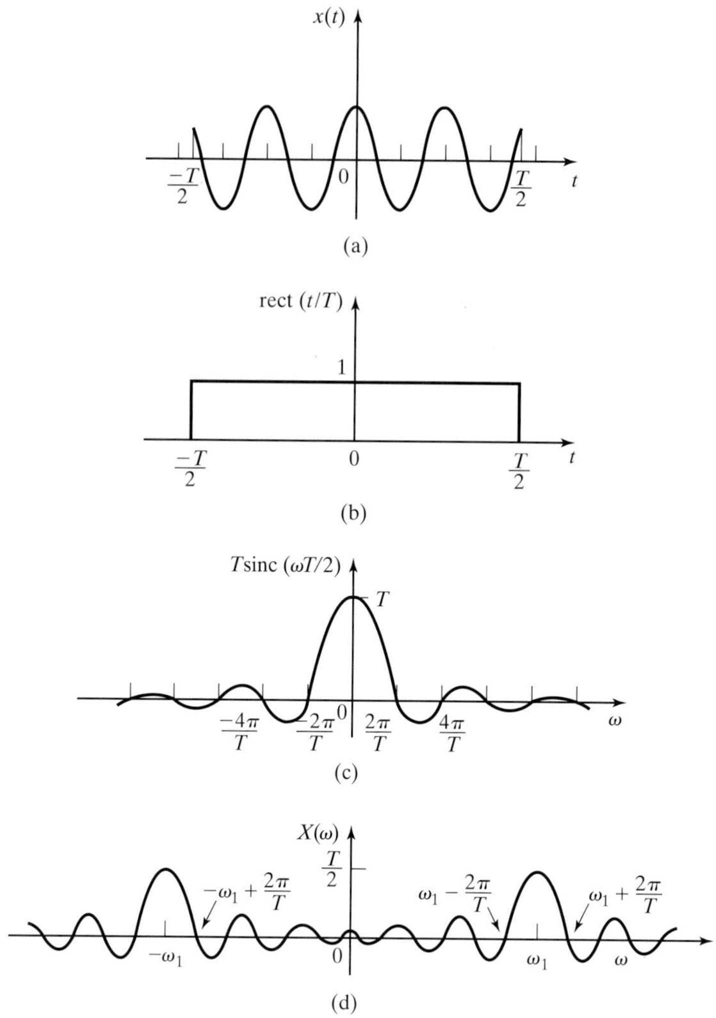

그림 12.21 잘라내기의 스펙트럼 퍼짐 효과

그림 12.22는 32-포인트 시퀀스에 대한 해밍 윈도우와 해닝 윈도우의 예를 보여준다. 이 두 윈도윙 함수는 모두 사각 펄스 윈도우가 급격하게 값이 떨어지는 것과 다르게 시퀀스에 따라 점차 0으로 다가가고 있음을 볼 수 있다. 시간 영역에서 이러한 점진적인 변화가 주파수 영역에서 좀 더 좁은 대역폭의 결과가 되고 따라서 DFT에서 스펙트럼-누설 왜곡이 덜 나타나게 된다. 다음 예제는 스펙트럼-누설 왜곡 효과와 윈도우의 형태를 바꿈에 따라 스펙트럼-누설 왜곡이 어떻게 차이가 나는지 보여준다.

예제 12.16 윈도윙 함수가 FFT의 정확성에 미치는 결과 비교

신호 $x(t) = \cos(10\pi t)$의 푸리에 변환을 DFT를 계산하여 근사시키고자 한다.

1. 필요한 이산-주파수 해상도가 $\Delta\Omega \leqq 0.1$로 결정되었다고 하자. 이것은 $\Delta\Omega = 2\pi/62.83$에 해당한다. DFT를 계산할 때 기수 2 FFT를 사용할 계획이기 때문에, 64-포인트 FFT를 선택한다. 이

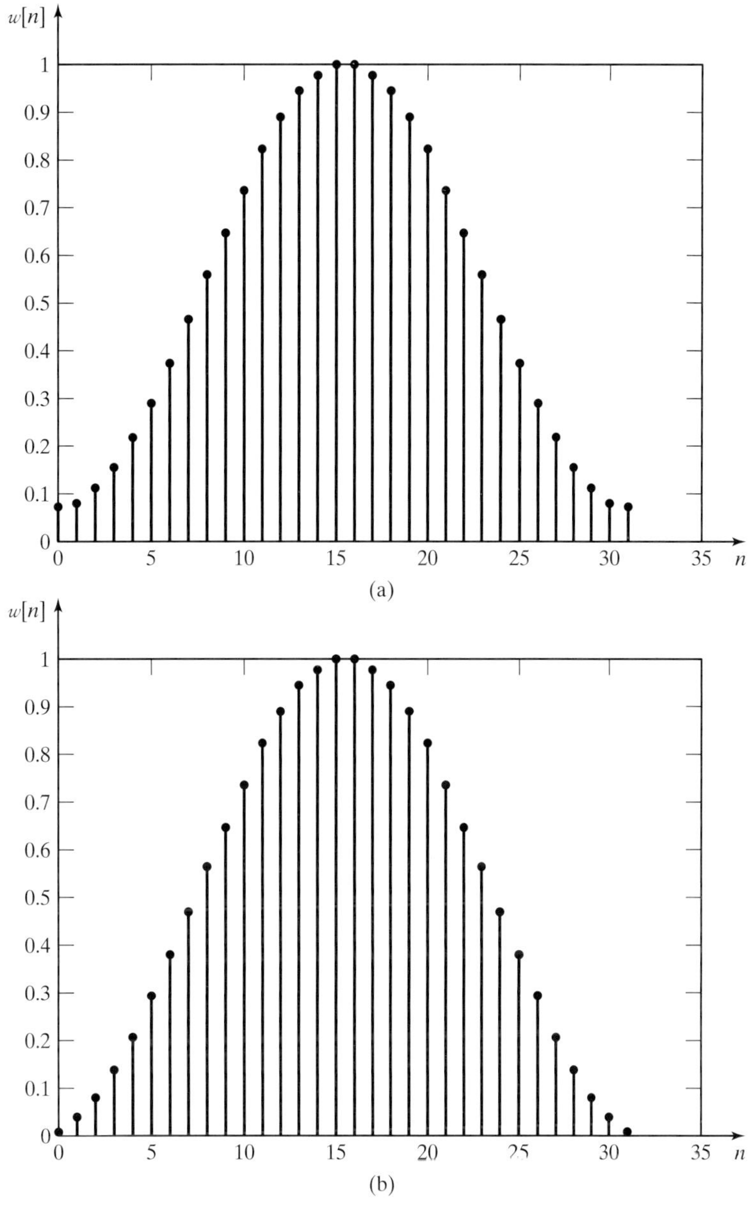

그림 12.22 (a) 해밍 윈도우 (b) 해닝 윈도우

렇게 선택하면 이산-주파수 해상도는 $\Delta\Omega = \pi/32$가 될 것이다. 64-포인트 FFT를 계산하기 위해서는 신호의 64개의 샘플($N = 64$)을 사용해야 한다.

2. 신호는 절대적으로 대역 한정이다. 실제로 $\omega = 10\pi$ rad/s에서 오직 하나의 주파수 성분만을 갖는다. 이 신호에 대한 나이퀴스트(Nyquist) 주파수는 20π rad/s이다. 임의로 $\omega_S = 100\pi$ rad/s (T = 0.02 s)로 신호를 샘플링하도록 선정한다. 이 주파수는 최소 샘플링 주파수의 다섯 배에 해당한다.
3. 그림 12.23(a)는 샘플링된 데이터 시퀀스를 보여준다. 이제 유지 시간이 $NT = (64)\ (0.02) =$ 1.28 s인 사각 윈도우를 가정한다.
4. 64-포인트 FFT 알고리즘을 이용하여 DFT를 계산한다. 그림 12.23(b)는 이산-주파수 시퀀스를

보여준다. 그림 12.23(b)에서 스펙트럼 퍼짐에 대한 증거를 볼 수 있다. 원래의 아날로그 신호의 주파수 스펙트럼은 $\omega = 10\pi$에서만 이산-주파수 성분을 갖는다는 것을 우리는 알고 있다. DFT는 스펙트럼 전체에서 0이 아닌 주파수 성분을 갖는다.

스펙트럼 퍼짐에 의해 나타나는 DFT에서의 오차를 줄이기 위해 해닝 윈도우를 사용할 것이다. 그림 12.23(c)는 해닝 윈도우를 사용하여 얻어낸 이산-시간 시퀀스 $x[n]$을 보여준다. 그림 12.23(d)는 새로운 이산-주파수 스펙트럼을 보여준다. 이 그림은 또한 사각 펄스 윈도우 대신 해닝 윈도우를 사용하여 스펙트럼-누설 왜곡이 줄어들었음을 보여준다.

이 예제에서 보여준 결과는 다음 MATLAB 프로그램으로 재현할 수 있다.

```
% This MATLAB program reproduces the results of
% Example 12.16.
win = input ('Is window to be:(1) rectangular or (2) Hanning?')
Ts=1/50;
t = Ts*(0:63);
for n = 1:64
    xn(n) = cos(10*pi*t(n));
end
if win == 2
xw = hanning(64)'.*xn;
else
    xw = xn;
end
figure(1), stem(t,xw,'filled'), title('Windowed Time Sequence')
grid, xlabel('seconds'), ylabel('magnitude')
X = fft(xw,64);
w = 2/Ts*(-32:31)/64;
figure(2),stem(w, Ts*abs(fftshift(X)),'filled'),title('Magnitude of
T*F[k]')
grid,xlabel('omega/pi'),ylabel('magnitude')
```

■

DFT가 푸리에 변환을 잘 근사시키는 것을 보았다. 푸리에 변환을 근사시킬 때 오차는 스펙트럼-누설 왜곡을 덜 발생시키는 윈도윙 함수를 사용하여 줄일 수 있다. 계산에서 사용되는 샘플의 수를 늘리고 샘플링 빠르기를 증가시키는 것도 오차를 줄이는 경향이 있다. 이 장 끝에 나오는 연습문제에서 푸리에 변환을 근사시키는 데에 DFT를 사용할 때 나타나는 오차를 줄이는 다양한 방법을 탐구해 볼 수 있는 기회를 가질 수 있다.

컨볼루션

두 개의 이산-시간 신호의 컨볼루션은 다음 식으로 기술된다.

[식 (10.16)]
$$x[n]*h[n] = \sum_{m=-\infty}^{\infty} x[m]h[n-m]$$

이것을 DFT를 이용한 *선형 컨볼루션*(linear convolution)이라 한다. 이번 절에서는 *원형 컨볼루션*(circular convolution)이라고 하는 이산-시간 시퀀스에 대한 또 하나의 컨볼루션 연산에 대해 논의한다.

먼저, 두 개의 이산 푸리에 변환의 곱에 해당하는 시간-영역에서의 과정이 무엇인지 결정한다. 즉, 만일 다음과 같다면,

$$Y[k] = X[k]H[k]$$

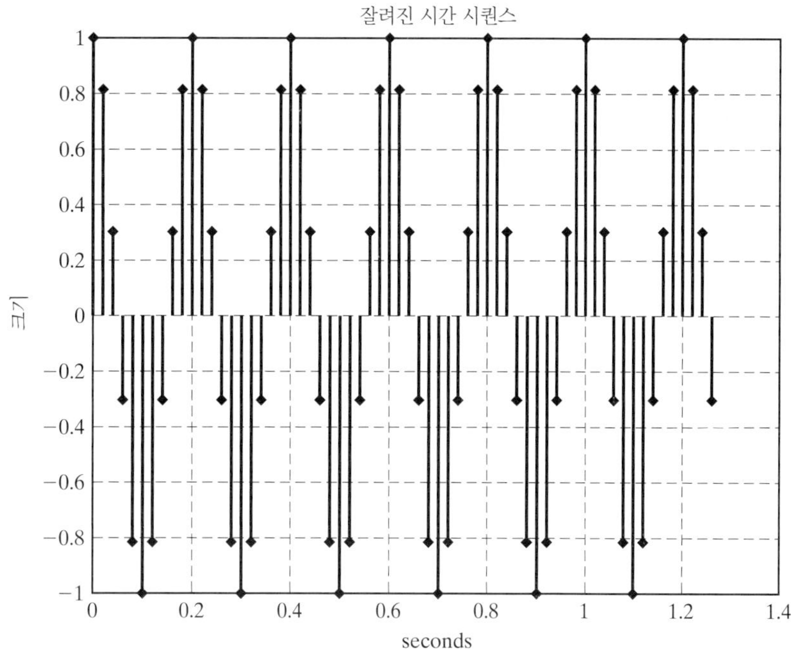

(a)

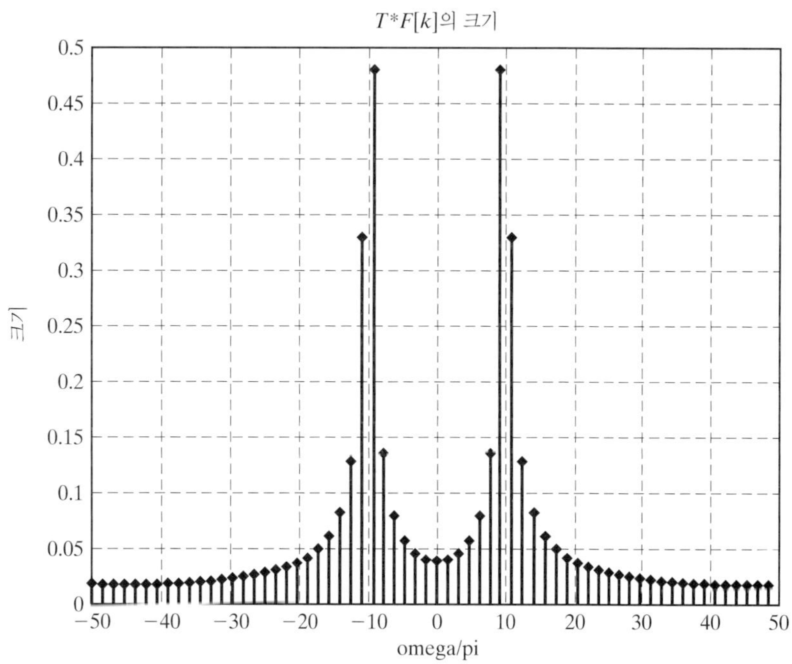

(b)

그림 12.23 예제 12.26의 그래프

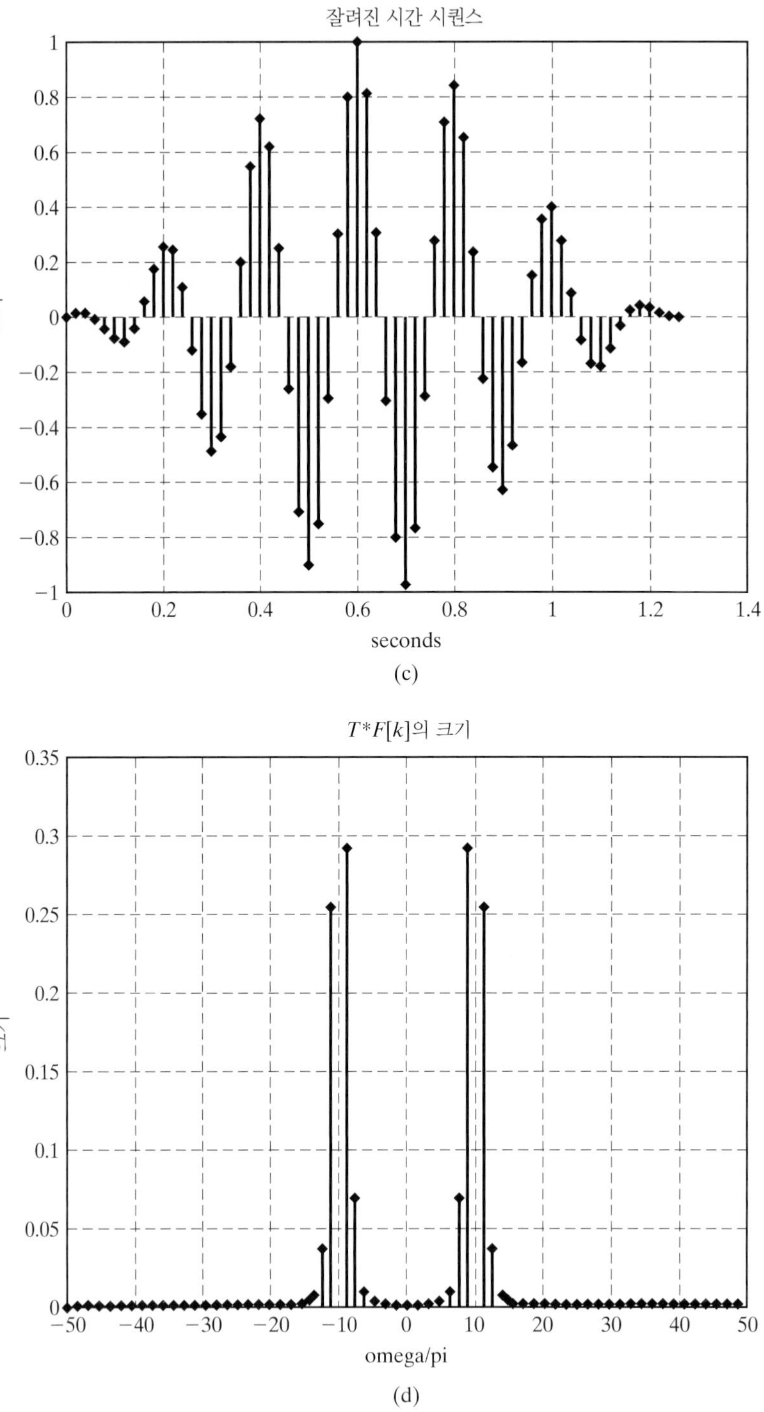
잘려진 시간 시퀀스
크기
seconds
1
0.8
0.6
0.4
0.2
0
−0.2
−0.4
−0.6
−0.8
−1
0
0.2
0.4
0.6
0.8
1
1.2
1.4
(c)
T*F[k]의 크기
크기
omega/pi
0.35
0.3
0.25
0.2
0.15
0.1
0.05
0
−50
−40
−30
−20
−10
0
10
20
30
40
50
(d)

그림 12.23 *(계속)*

$y[n]$, $x[n]$, $h[n]$ 사이의 관련성은 무엇일까? 이 물음에 대한 답을 얻기 위해 DFT의 다음 정의로부터 출발한다.

$$X[k] = \mathscr{DF}[x[n]] = \sum_{n=0}^{N-1} x[n]e^{-j2\pi kn/N};$$

[식 (12.30)]

$$x[n] = \mathscr{DF}^{-1}[X[k]] = \frac{1}{N}\sum_{k=0}^{N-1} X[k]e^{j2\pi kn/N}$$

식 (12.30)을 이용하여 $H[k]$에 대한 변환식을 쓴다. 다음 식을 얻을 수 있다.

$$H[k] = \sum_{m=0}^{N-1} h[m]e^{-j2\pi km/N}, \quad m = 0, 1, 2, \ldots, N-1;$$

$$Y[k] = \left[\sum_{n=0}^{N-1} x[n]e^{-j2\pi kn/N}\right]\left[\sum_{m=0}^{N-1} h[m]e^{-j2\pi km/N}\right];$$

$$y[n] = \frac{1}{N}\sum_{k=0}^{N-1}\left[\sum_{l=0}^{N-1} x[l]e^{-j2\pi kl/N}\right]\left[\sum_{m=0}^{N-1} h[m]e^{-j2\pi km/N}\right]e^{j2\pi kn/N};$$

$$y[n] = \frac{1}{N}\sum_{l=0}^{N-1} x[l]\sum_{m=0}^{N-1} h[m]\left[\sum_{k=0}^{N-1} e^{j2\pi k(n-l-m)/N}\right]$$

식 (12.35)로부터 괄호 안의 항들을 다음과 같이 계산할 수 있다.

$$\sum_{k=0}^{N-1} e^{j2\pi k(n-l-m)/N} = \begin{cases} N, & n-l-m=0 \\ 0, & \text{나머지 구간} \end{cases}$$

따라서

$$y[n] = \frac{1}{N}\sum_{l=0}^{N-1} x[l]\sum_{m=0}^{N-1} h[m]N\delta[n-l-m]$$

이다. 임펄스 함수는 $m = n - l$일 때를 제외하고는 0이기 때문에 이 식을 다음과 같이 다시 쓸 수 있다.

$$y[n] = \sum_{l=0}^{N-1} x[l]h[n-l] \tag{12.45}$$

이 식은 선형 컨볼루션 식 (10.16)에 대한 방정식과 분명 관련이 있으나, 합을 전체 시간 영역이 아니라 한 주기에서만 수행한다. 이 식은 *주기 컨볼루션*(periodic convolution) 또는 *원형 컨볼루션*이라고 하는 과정을 나타낸 것이고, 이 책에서는 원형 컨볼루션이라는 용어를 사용하기로 한다.

다음과 같이 기호 ⊛는 식 (12.45)로 기술되는 원형 컨볼루션 연산을 나타내는 데에 사용된다.

$$y[n] = x[n] \circledast h[n] = \sum_{l=0}^{N-1} x[l]h[n-l] \tag{12.46}$$

그 결과 다음과 같은 이산 푸리에 변환 쌍을 얻는다.

$$x[n] \circledast h[n] \xleftrightarrow{\mathscr{DF}} X[k]H[k] \tag{12.47}$$

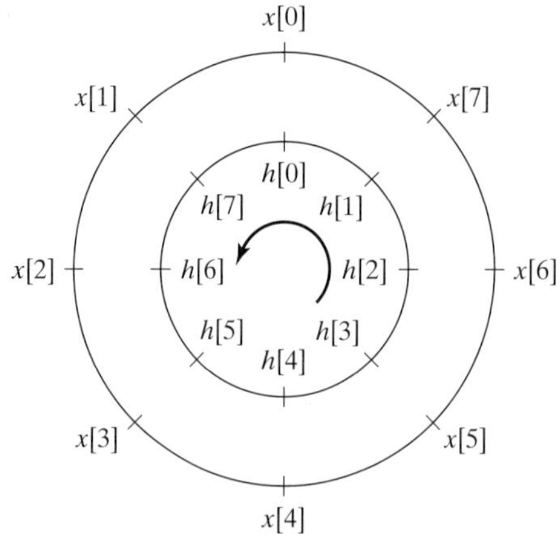

그림 12.24 원형 컨볼루션

식 (12.46)의 과정을 원형 컨볼루션이라고 부르는 이유는 그림 12.24에서 보인 것과 같이 두 개의 동심원을 이용하여 쉽게 (때때로 귀찮기는 하지만) 계산할 수 있기 때문이다. 바깥쪽 원 주변에 시계 반대방향으로 N개의 $x[n]$의 값을 $2\pi/N$ 각도만큼씩 동일하게 떨어지게 적는다. 그런 다음 N개의 $h[n]$의 값을 안쪽 원 주변에 시계방향으로 $2\pi/N$ 각도만큼씩 동일하게 떨어지게 적는다. $y[0]$은 중심에서 바깥으로 향하는 직선에 놓인 각 값들을 곱하고 이것들을 더한 값으로 계산한다. 이후 계속되는 $y[n]$의 값은 같은 방식으로 안쪽 원을 시계 반대방향으로 $2\pi n/N$만큼 회전시킨 후 역시 바깥으로 향하는 직선에 놓인 각 값들을 곱하고 이것들을 더한 값으로 계산한다. 원형 컨볼루션 과정을 다음 예제에서 확인할 수 있다.

예제 12.17 두 개의 이산 시퀀스의 원형 컨볼루션

다음 시퀀스의 원형 컨볼루션을 계산하고 싶다고 하자.

$$x_1[n] = [1, 2, 3, 4]; \quad x_2[n] = [0, 1, 2, 3];$$
$$y[n] = x_1[n] \circledast x_2[n]$$

이 계산을 두 가지 방법으로 수행하는데, 첫 번째는 앞서 설명한 원형 컨볼루션 과정을 사용하여 수행하고 두 번째로는 DFT와 IDFT를 사용하여 수행한다.

컨볼루션 시퀀스에서 첫 번째 항 $y[0]$은 그림 12.25(a)로부터 계산한다.

$$y[0] = (1)(0) + (2)(3) + (3)(2) + (1)(4) = 16$$

두 번째 항을 계산하기 위해 안쪽 원을 시계 반대방향으로 $2\pi/4 = \pi/2$만큼 돌려서 그림 12.25(b)가 되게 한 후 다음과 같이 계산한다.

$$y[1] = (1)(1) + (2)(4) + (3)(3) + (0)(2) = 18$$

세 번째 항을 계산하기 위해 안쪽 원을 시계 반대방향으로 $2\pi/4 = \pi/2$만큼 더 돌려서 그림 12.25(c)가 되게 한 후 다음과 같이 계산한다.

$$y[2] = (2)(1) + (3)(4) + (0)(3) + (1)(2) = 16$$

네 번째 항에 대해서도 이와 같은 과정을 반복하여 다음을 얻는다.

$$y[3] = (3)(1) + (0)(4) + (1)(3) + (2)(2) = 10$$

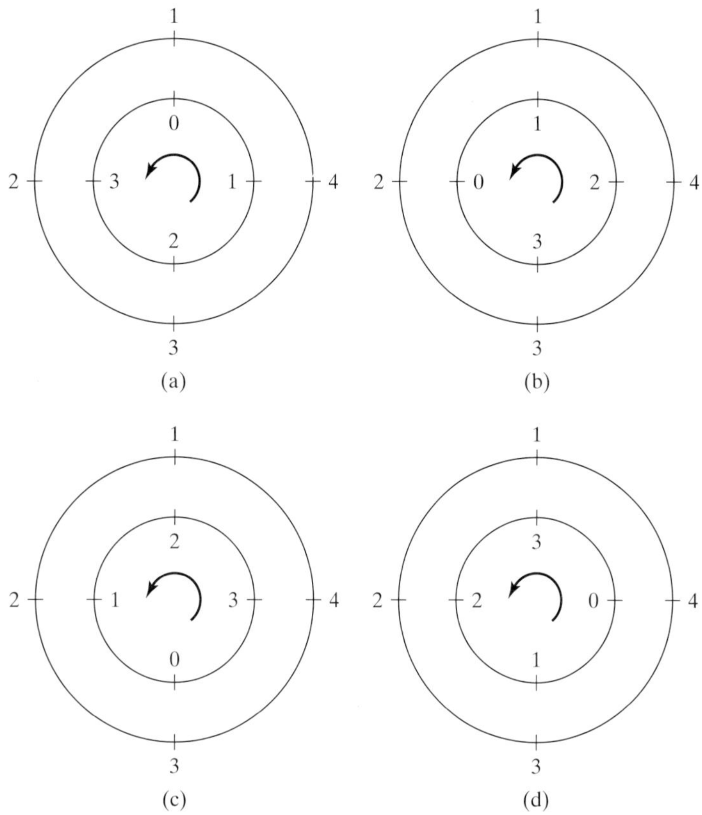

그림 12.25 예제 12.17의 원형 컨볼루션

이렇게 얻어낸 시퀀스

$$y[n] = [16, 18, 16, 10]$$

은 두 시퀀스의 선형 컨볼루션으로 얻는 결과와 같지 않음에 유의한다. 참고로 선형 컨볼루션을 수행하면 다음 결과를 얻는다.

$$x_1[n]*x_2[n] = [0, 1, 4, 10, 16, 17, 12]$$

원형 컨볼루션으로는 세 개의 원소로 이루어진 시퀀스를 얻고, 선형 컨볼루션으로는 일곱 개의 원소를 얻어내는 것을 볼 수 있다.

두 시퀀스의 선형 컨볼루션을 계산하는 데에 DFT와 IDFT를 사용할 수 있다. 식 (12.47)로부터

$$Y[k] = X_1[k]X_2[k]$$

이다. 여기서 예제 12.10에서 구하였듯이

$$X_1[k] = \mathscr{DF}\{x_1[n]\} = [10, -2 + j2, -2, -2 - j2]$$

이고

$$X_2[k] = \mathscr{DF}\{x_2[n]\} = [6, -2 + j2, -2, -2 - j2]$$

이다. 이 두 이산-주파수 시퀀스를 각 항마다 곱하면 다음을 얻는다.

$$Y[k] = [(10)(6), (-2 + j2)(-2 + j2), (-2)(-2), (-2 - j2)(-2 - j2)]$$
$$= [60, -j8, 4, j8]$$

그러므로

$$y[n] = \mathcal{IDF}\{Y[k]\} = [16, 18, 16, 10]$$

이다. 이것은 이산-시간 시퀀스에 대한 원형 컨볼루션으로 구했던 것과 같다. ■

예제 12.17에서 원형 컨볼루션과 선형 컨볼루션의 결과가 다르다는 사실을 보았다. 이것은 일반적인 경우인데 N개의 샘플로 이루어진 두 시퀀스의 원형 컨볼루션은 N개의 샘플을 가진 시퀀스를 만들고, N_1개의 샘플로 이루어진 시퀀스와 N_2개의 샘플로 이루어진 시퀀스의 선형 컨볼루션은 $(N_1 + N_2 - 1)$개의 샘플로 이루어진 시퀀스를 만들어낸다(이 결과는 예제 12.17에서 확인할 수 있다.)

각각 길이가 N_1이고 N_2인 두 개의 시퀀스에 대해, 두 시퀀스가 모두 $(N_1 + N_2 - 1)$개의 샘플로 이루어지도록 영 덧댐 원형 컨볼루션을 수행하면 그 결과를 선형 컨볼루션 수행 결과와 동일하게 만들 수 있다.

예제 12.18 0을 덧대고 원형 컨볼루션

예제 12.17에 주어진 다음 두 시퀀스에 대해

$$x_1[n] = [1, 2, 3, 4] \text{ 그리고 } x_2[n] = [0, 1, 2, 3]$$

두 시퀀스 모두 $4 + 4 - 1 = 7$개의 샘플로 이루어지도록 다음과 같이 0을 덧대어

$$x'_1[n] = [1, 2, 3, 4, 0, 0, 0] \text{ 그리고 } x'_2[n] = [0, 1, 2, 3, 0, 0, 0]$$

원형 컨볼루션의 결과를 선형 컨볼루션 결과와 같게끔 할 것이다. 이러한 선형 컨볼루션 과정을 그림 12.26에 나타내었고 다음 결과를 얻는다.

$$y'[n] = [0, 1, 4, 10, 16, 17, 12]$$

이것은 예제 12.17에서 보여주었듯이 4개의 샘플로 이루어진 두 시퀀스에 대한 선형 컨볼루션 결과다. ■

원형 컨볼루션 결과가 원래 시퀀스의 선형 콘볼루션 결과와 같아지도록 0을 덧대어 시퀀스를 만드는 과정은 신호처리를 응용하는 분야에서 중요하다. 이 과정 덕분에 두 시퀀스의 DFT를 사용하여 선형 컨볼루션을 계산할 수 있다.

예제 12.19 DFT를 사용한 선형 컨볼루션

DFT를 사용하여 예제 12.17에 주어진 다음 두 시퀀스의 선형 컨볼루션을 계산할 것이다.

$$x_1[n] = [1, 2, 3, 4] \text{ 그리고 } x_2[n] = [0, 1, 2, 3]$$

먼저 각 시퀀스가 $N_1 + N_2 - 1 = 7$개의 샘플로 이루어지도록 다음과 같이 0을 덧댄다.

$$x'_1[n] = [1, 2, 3, 4, 0, 0, 0] \text{ 그리고 } x'_2[n] = [0, 1, 2, 3, 0, 0, 0]$$

이 두 시퀀스의 DFT는

$$X'_1[k] = [10, -2.0245 - j6.2240, 0.3460 + j2.4791, 0.1784 - j2.4220$$
$$0.1784 + j2.4220, 0.3460 - j2.4791, -2.0245 - j6.2240]$$

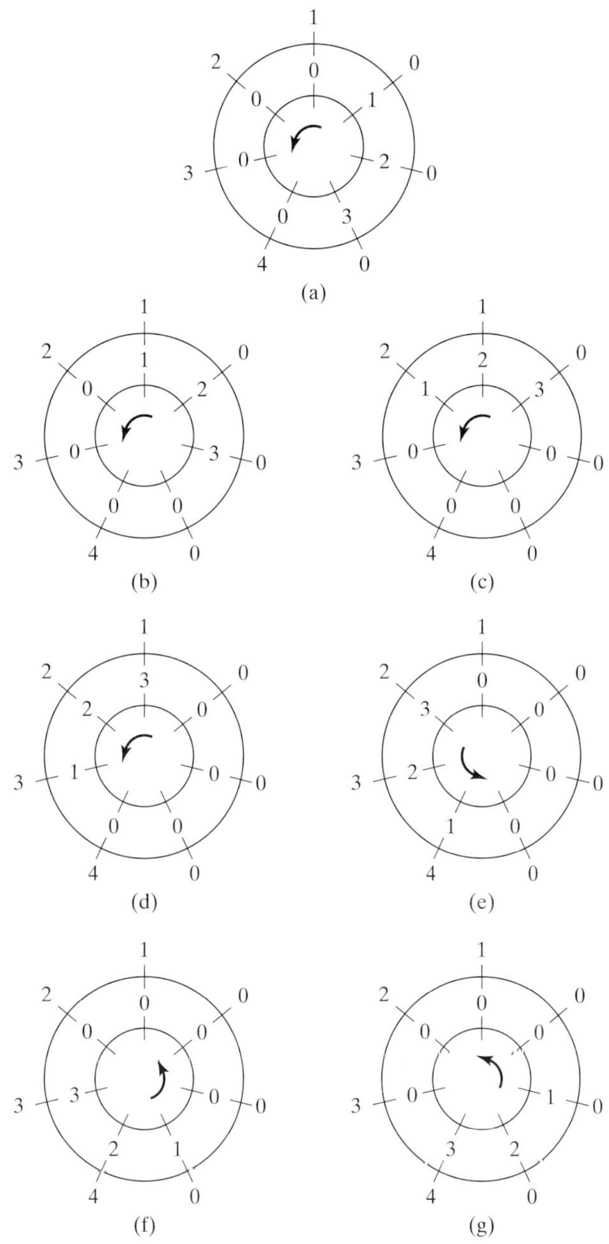

그림 12.26 예제 12.18의 원형 컨볼루션

이나. 두 개의 이산-주파수 시퀀스의 각각의 원소들을 곱하여 $Y'[k]$를 구한다.

$$X_2'[k] = [6, -2.5245 - j4.0333, -0.1540 + j2.2383, -0.3216 - j1.7950, -0.3216 + j1.7950, -0.1540 - j2.2383, -2.5245 + j4.0333]$$

그리고

$$Y'[k] = [60, -19.9928 + j23.8775, -5.6024 + j0.3927, -5.8342 - j0.8644, -4.4049 + j0.4585, -5.6024 - j0.3927, -19.9928 + j23.8775]$$

이제 컨볼루션 계산을 완료하기 위해 IDFT를 구한다.

$$\mathcal{TDF}\{Y'[k]\} = y'[n] = [0, 1, 4, 10, 16, 17, 12]$$

다음 MATLAB 프로그램을 사용하여 이 예제의 결과를 재현할 수 있다.

```
% This MATLAB program reproduces the results of
% Example 12.19.
x1 = [1 2 3 4];
x2 = [0 1 2 3];
y = conv(x1,x2);
% Zero-pad the vectors to 7 elements each.
x1p = zeros(1:7);, x1p(1:4) = x1(1:4);
x2p = zeros(1:7);, x2p(1:4) = x2(1:4);
X1 = fft(x1p,7);
X2 = fft(x2p,7);
Y = X1.*X2;
yp = ifft(Y);
y
yp
```
■

다음에 나올 예제에서 보여주듯이 두 시퀀스의 컨볼루션을 계산하는 데에 각 신호의 DFT를 이용할 수 있다는 발견은 신호처리에서 매우 중요한 결과다. 이제 직접적인 방법 대신 DFT를 이용하여 컨볼루션을 계산할 때의 계산 효율성을 고려해보자. 그림 12.27은 DFT 방법을 이용한 컨볼루션 과정을 나타내는 블록 다이어그램이다. 이 시스템에서 DFT와 IDFT는 모두 기수 2 FFT 알고리즘을 이용하여 계산한다. 컨볼루션 대상인 이 두 개의 N개 샘플로 이루어진 시퀀스를 각각 확장된 시퀀스가 $2N$-1개의 원소를 포함하도록 0을 덧대어 확장한다. 정확도를 심각하게 떨어트리지 않고 계산을 간단하게 하기 위해, 컨볼루션 계산을 완료하는 데 필요한 곱셈의 횟수를 계산할 때 각 시퀀스가 $2N$개의 원소를 갖고 있다고 생각한다. 이 이산-시간 시퀀스가 복소수를 값으로 가질 수 있다고 가정한다면, 각 확장된 시퀀스의 FFT를 계산하는 데에는 $N\log_2(2N)$번의 복소수 곱셈이 필요하다. IDFT 계산도 또한 $N\log_2(2N)$번의 복소수 곱셈이 필요하다. 이 두 이산-주파수 시퀀스의 곱 $X_1[k] \times X_2[k]$을 계산하는 데에는 $2N$번의 복소수 곱셈이 필요하다. 이것을 모두 더하면 N개의 샘플로 이루어진 두 시퀀스를 DFT 방법으로 컨볼루션을 계산하는 데에는 총 다음 횟수만큼의 복소수 곱셈이 필요하다.

$$3N\log_2(2N) + 2N$$

이 두 시퀀스를 직접 컨볼루션하는 데에는 N^2번의 복소수 곱셈이 필요하다. N을 기수 2 FFT를 사용할 수 있도록 2의 거듭제곱으로 선택한다면, $N \geqq 32$일 때 DFT 방법이 더 효율적이다.

매우 긴 이산-시간 시퀀스에 대해서는 푸리에 변환을 추정할 목적으로 임의의 길이를 가진

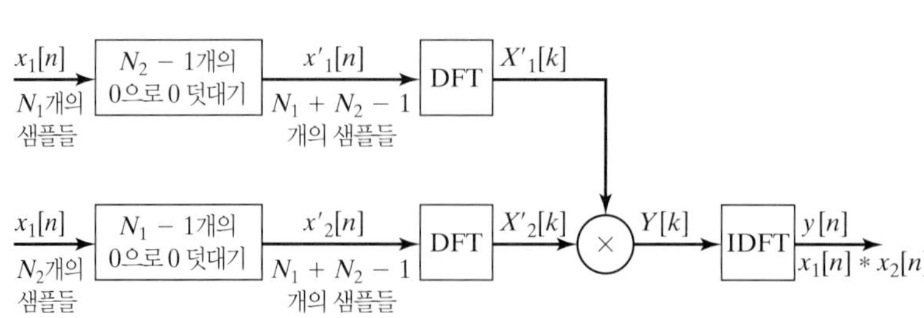

그림 12.27 DFT를 이용한 컨볼루션의 블록 다이어그램

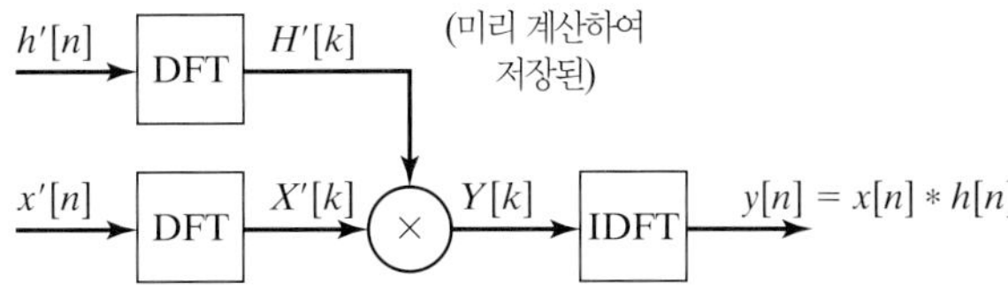

그림 12.28 DFT를 이용한 필터링의 블록 다이어그램

블록을 선택할 수 있다. 즉, 임의의 N개의 연속된 값을 사용하여 DFT를 계산할 수 있다. 이 개념을 다음 절에서 좀 더 구체적으로 논의할 것이다.

DFT를 이용한 필터링

DFT의 중요한 응용 중 하나는 신호의 필터링이다. 컨볼루션 과정을 다시 살펴보면, $x[n]$이 이산-시간 임펄스 응답 $h[n]$을 가진 필터의 입력을 나타낸다면 출력 신호는 다음 선형 컨볼루션으로 계산할 수 있다는 것을 알고 있다.

[식 (10.16)] $$y[n] = x[n]*h[n] = \sum_{m=-\infty}^{\infty} x[m]h[n-m]$$

입력 신호 $x[n]$이 N_1개의 샘플을 가지고 임펄스-응답 시퀀스는 N_2개의 샘플을 갖는다면, 먼저 두 시퀀스를 모두 $N_1 + N_2 - 1$개의 원소를 포함하도록 0을 덧대고 DFT를 이용하여 컨볼루션을 계산할 수 있다. 이것은 컨볼루션에 대한 이 절의 앞부분에서 논의한 내용이다. $x'[n]$과 $h'[n]$이 각각 입력 신호와 임펄스 응답의 확장된 시퀀스를 나타낸다면, DFT의 컨볼루션 성질을 이용하여 다음을 구할 수 있다.

$$x[n]*h[n] = x'[n]*h'[n] \stackrel{\text{DF}}{\longleftrightarrow} X'[k]H'[k]$$

그러므로 그림 12.28에 보인 것과 같이

$$Y[k] = X'[k]H'[k]$$

이고

$$y[n] = \mathscr{IDF}\{X'[k]H'[k]\}$$

이다.

예제 12.20 필터링에 DFT 응용하기

신호를 부드럽게 하기 위해 그림 12.3에 보인 것과 같이 예제 12.4의 FIR 평균 필터를 DFT를 사용하여 적용하여보자.

평균 필터의 차분 방정식은 다음과 같다.

$$y[n] = \frac{1}{3}(x[n] + x[n-1] + x[n-2])$$

이 필터의 임펄스 응답은 $x[n] = \delta[n]$으로 두고 구한다.

$$h[n] = \frac{1}{3}(\delta[n] + \delta[n-1] + \delta[n-2])$$

이 필터의 임펄스 응답을 그림 12.29(a)에 나타내었다.

그림 12.29(b)에 나타낸 신호 시퀀스 $w[n]$이 원하는 신호인데 입력 신호 $x[n]$이 그림 12.29(c)에 보이는 것과 같이 간섭에 의해 변질되었다. 고주파의 간섭을 줄이기 위해 이 평균 필터를 적용한다.

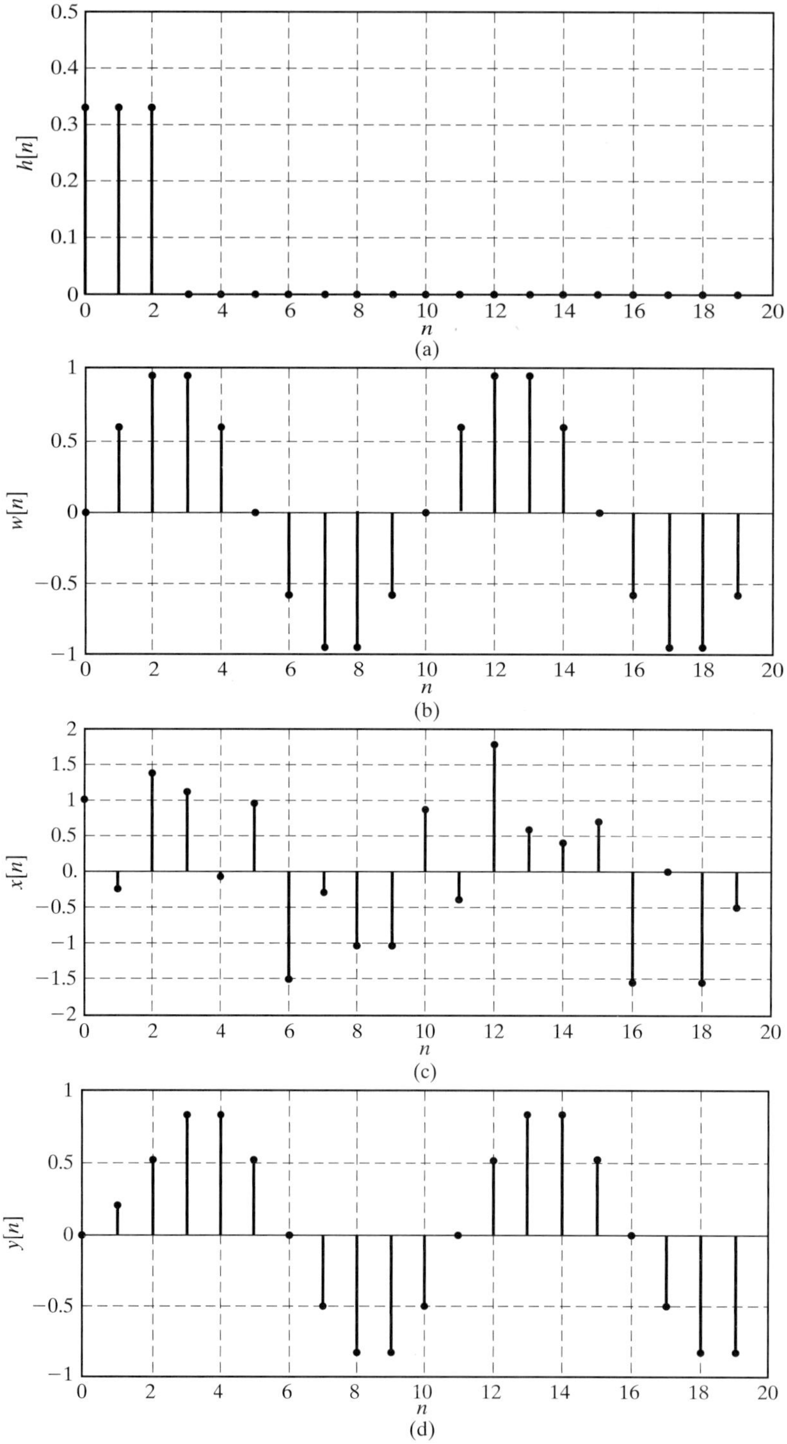

그림 12.29 예제 12.20의 이산-시간 시퀀스

DFT를 사용하여 필터링을 하기 위해 먼저 $N \geq N_h + N_x - 1$이 되도록 시퀀스에 0을 덧댄다. 두 시퀀스가 모두 20개의 원소로 이루어져 있으므로 이 경우 $N \geq 39$가 요구된다. DFT를 계산하는 데에 기수 2 FFT를 사용하기 위해, $N = 64$를 선택한다. 이 필터의 임펄스 응답과 입력 신호의 DFT를 계산하는 식은 다음과 같다.

$$H'(k) = \mathscr{DFT}\{h'[n]\} = \sum_{n=0}^{63} h'[n]W_{64}^{kn}, \quad k = 0, 1, \ldots, 63$$

$$X'(k) = \mathscr{DFT}\{x'[n]\} = \sum_{n=0}^{63} x'[n]W_{64}^{kn}, \quad k = 0, 1, \ldots, 63$$

출력 신호의 DFT를 계산하기 위해 식 (12.47)을 적용하여 0이 덧대어진 시퀀스들의 DFT를 곱하면

$$Y(k) = H'(k)X'(k)$$

이다. 그러면 출력 시퀀스는 $Y[k]$의 역DFT를 계산하여 구한다.

$$y[n] = \frac{1}{N}\sum_{k=0}^{63} Y[k]W_N^{kn}, \quad n = 0, 1, \ldots, 63$$

그림 12.23(d)에 나타낸 $y[n]$의 첫 20개의 값을 보면 필터에 의해 간섭이 많이 제거되었고 원하는 대로 $y[n] \approx [n]$인 것을 알 수 있다.

이 예제에서 설명한 계산 결과와 그림 12.20에 나타낸 그래프들은 다음 MATLAB 프로그램으로 얻을 수 있다.

```
% This MATLAB program performs the calculations and plots for Example 12.20.
% Select a sampling period, a number of samples, and create a sample number
vector,; generate the desired signal w[n] and the
% corrupted signal x[n].
T=0.01;
N=20;
m = [0:N-1];
for k=1:N
w(k)=sin(20*pi*m(k)*T);
x(k)=w(k)+cos(1000*m(k)*T);
end
% Create the impulse sequence for the FIR averaging filter.
h=zeros(size(m));
for k=1:3;
  h(k)=1/3;
end
figure(1), stem(m, h)
figure(2), stem(m, w)
figure(3), stem(m, x)
% Zero pad the filter sequence and the input signal to N = 64 and compute
their DFTs,
H(k) and % W(k), using a radix 2 fft algorithm
Hk=fft(h, 64);
Wk=fft(w, 64);
% Compute the convolution y[n[=x[n]*h[n] by multiplying W(k)H(k) and
computing the IDFT.
Y=Wk.*Hk;
y= ifft(Y);
% Select the first N elements of y[n] for plotting.
for n=1:N
yN(n)=y(n);
end
figure(4),stem(m, yN)
```

■

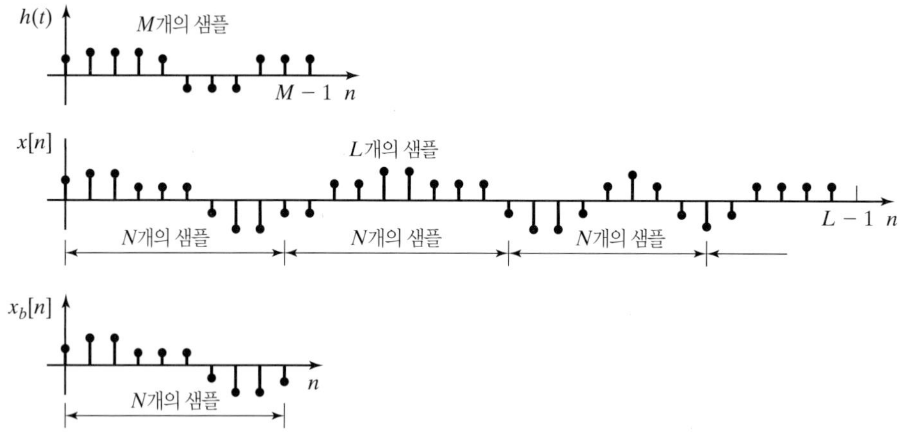

그림 12.30 블록 필터링을 위한 신호 준비

필터링에 DFT를 어떻게 사용하는지 보여주는 예는 상대적으로 짧은 신호 시퀀스에 국한된다. 필터링 시작 전에 신호의 모든 샘플값들이 쌓여 있어야 하기 때문에, 긴 유지 시간을 갖는 신호에서 얻는 샘플들을 저장하기 위해 매우 큰 용량의 메모리가 필요할 것이다. 또한 입력 시퀀스 전체가 쌓이고 처리될 때까지는 출력 신호가 발생하지 않기 때문에, 출력을 생성하는 데에 긴 시간 지연이 발생할 것이다. 이러한 한계를 완화시키는 한 방법이 *블록 필터링*(block filtering)이다.

블록 필터링에서는 긴 입력 신호를 DFT 계산을 위한 적당한 길이의 블록들로 나눈다. 그림 12.30은 *겹침-덧셈*(overlap-add) *기법*을 이용한 블록 필터링을 위해 데이터 블록들을 어떻게 준비하는지 보여준다. 입력 데이터의 블록들은 시간 영역에서 겹치지 않도록 선택한다. 각 입력 시퀀스의 블록들은 N개의 샘플을 포함한다.

그림 12.30에서 보여주듯이 필터의 단위 임펄스 응답은 M개의 샘플로 이루어진 시퀀스다. $h[n]$과 $x_b[n]$의 컨볼루션을 하면 $M + N - 1$개의 샘플을 가진 시퀀스가 만들어진다. 따라서 계산을 하는 데에 (두 시퀀스의 DFT를 사용하는) 원형 컨볼루션을 적용할 수 있도록 두 시퀀스가 모두 $M + N - 1$개의 샘플을 포함하도록 0을 덧대야 한다. 출력 시퀀스 $y_b[n]$의 길이는 $M + N - 1$이 되고 한정된 NT-유지 시간 주기 안에 끼워 맞춰지면 서로 겹치게 된다. 다음과 같은 각 구간에서

$$\begin{aligned} n &= N \quad \text{to} \quad N + M - 2, \\ n &= 2N \quad \text{to} \quad 2N + M - 2, \\ &\vdots \\ n &= kN \quad \text{to} \quad kN + M - 2 \end{aligned}$$

원소들은 시간 영역에서 서로 겹치게 되고, 출력 시퀀스 $y[n]$을 형성하기 위해서는 이것들을 함께 더해야 한다.

예제 12.21 블록 필터링

다음과 같은 단위 임펄스 응답을 갖는 필터에 대해,

$$h[n] = [1, 1]$$

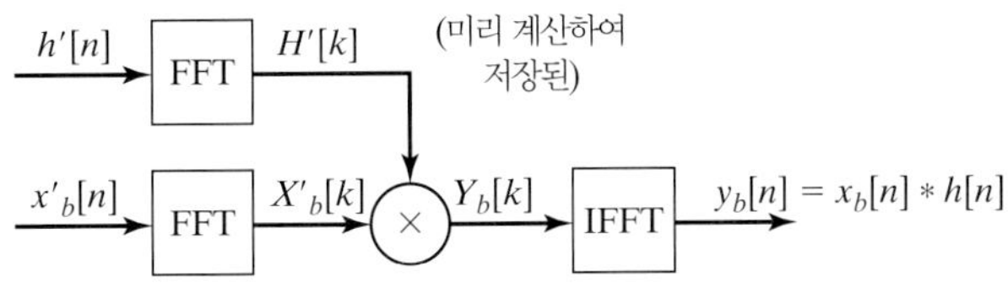

그림 12.31 블록 필터링 시스템

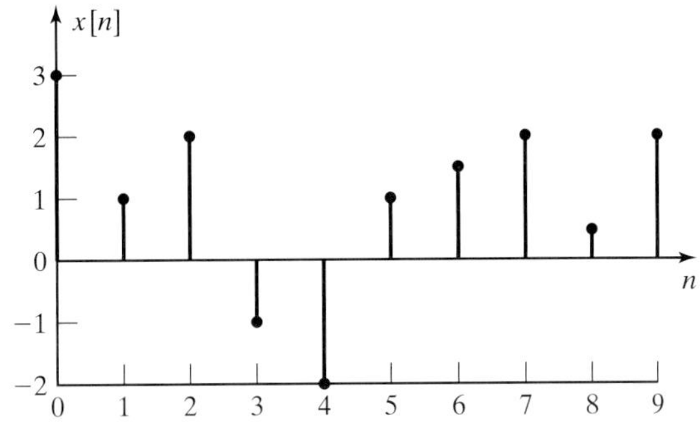

그림 12.32 블록 필터링될 이산-시간 시퀀스

블록 필터링을 사용하여 출력 시퀀스를 계산하고자 한다. 그림 12.31은 블록 필터 시스템을 나타낸 것이고, 여기서 FFT 연산에 대한 입력은 0이 덧대어진 임펄스 응답과 0이 덧대어진 신호 데이터의 블록이다.

그림 12.32는 입력 신호 시퀀스 $x[n] = [3, 1, 2, -1, -2, 1, 1.5, 2, 0.5, 2]$를 나타낸 것이다.

4-포인트 DFT를 이용하여 블록 필터링을 수행하고자 한다. 상대적으로 계산이 여전히 쉽고 기수 2 FFT를 이용하여 계산할 수 있도록 하기 위해 이 예제에서 4-포인트 DFT를 선택하였다.

단위 임펄스 응답은 $M = 2$개의 원소를 갖고 있기 때문에, 입력 시퀀스를 $N = 3$개의 원소를 갖는 블록들로 쪼갠다. 그러면 컨볼루션 결과 4개의 원소를 갖는 시퀀스가 되고 이것은 4-포인트 FFT로 계산할 수 있다. DFT를 이용하여 컨볼루션 결과를 계산하기 위해 먼저 두 개의 시퀀스를 각각 다음 개수만큼의 원소를 갖도록 확장한다.

$$N + M - 1 = 3 + 2 - 1 = 4$$

이것은 확장된 원형 컨볼루션이 결과가 원래 신호의 선형 컨볼루션의 결과와 동일함을 의미한다. 수학 기호로는 만일 다음 식이 만족한다면

$$h'[n] \xleftrightarrow{\mathcal{DF}} H'[k] \quad \text{and} \quad x_b'[n] \xleftrightarrow{\mathcal{DF}} X'_b[k]$$

각 입력 블록들에 대한 출력 시퀀스는 다음과 같다.

$$y_b[n] = h[n] * x_b[n] = h'[n] * x_b'[n] \xleftrightarrow{\mathcal{DF}} H'[k]X'_b[k]$$

우리는 우선 필터의 단위 임펄스 응답에 0을 덧대어 네 개의 원소를 갖도록 확장함으로써 블록 필터링을 구현하였다. 그런 다음 4-포인트 DFT를 계산하여 각 입력 신호 블록에 사용하기 위해 어떤 것을 저장해야 할지 찾았다.

입력 시퀀스를 수신하면서 입력 시퀀스의 3개의 원소를 각각의 블록에 0을 덧대어 4개의 원소로 확장함으로써 진행해나간다. 그런 다음 입력 데이터의 각각의 블록의 DFT를 계산한다. 마지막으로 각 입력 데이터 블록에 대한 출력 시퀀스의 DFT를 다음과 같이 계산한다.

$$Y_b[k] = H'[k]X_b'[k]$$

그리고 각 입력 데이터 블록에 대한 출력 시퀀스는 다음과 같다.

$$y_b[n] = \mathcal{IDF}\{Y_b[k]\}$$

$y_b[k]$가 4-포인트 DFT이기 때문에, $y_b[n]$은 네 개의 원소를 갖는 시퀀스다. 따라서 전체 출력 시퀀스를 구하기 위해 이 블록 출력들을 하나로 끼워 맞추면 세 개의 원소가 들어가는 시간 슬롯에 이 네 개의 원소를 갖는 시퀀스를 끼워 넣어야 한다. 각 시퀀스의 네 번째 원소가 다음 시퀀스의 첫 번째 원소와 더해지는데 이때 원소들의 겹침이 발생한다. 그림 12.33은 이러한 과정을 보여준다. 그림 12.33(a)와 (b)는 첫 두 개의 블록에 대한 블록 필터링된 출력 시퀀스를 보여준다. 그림 12.33(c)는 블록 출력으로부터 계산된 전체 출력 시퀀스를 보여준다. 그림 12.33(c)에 나타낸 $y[n]$에 대한 시퀀스는 원래의 입력 시퀀스 $x[n]$과 필터의 단위 임펄스 응답 $h[n]$과의 컨볼루션으로 계산하여 얻어낸 시퀀스와 동일하다.

다음 MATLAB 프로그램은 이 예제에서 기술한 계산들을 수행한다.

```
% Enter the input sequence.
xn=[3 1 2 -1 -2 1 1.5 2 0.5 2]
% Enter the impulse response.
hn=[1 1]
% Select the 3-element blocks of input data.
xb1=[xn(1) xn(2) xn(3)]
xb2=[xn(4) xn(5) xn(6)]
xb3=[xn(7) xn(8) xn(9)]
% zero pad the blocks to 4 elements
xb1p=[xb1 0]
xb2p=[xb2 0]
xb3p=[xb3 0]
% zero pad hn to 4 elements
hp=[hn 0 0]
% Compute the DFT of each zero-padded block of input data.
X1=fft(xb1p);
X2=fft(xb2p);
X3=fft(xb3p);
% Compute the DFT of the zero-padded impulse response.
Hp=fft(hp)
% Multiply the H[k] and X[k]to calculate Y[k] for each block.
Y1=Hp.*X1;
Y2=Hp.*X2;
Y3=Hp.*X3;
% Compute IDFT[Y[k]] = y[n], for each block of output data.
y1=ifft(Y1);
y2=ifft(Y2);
y3=ifft(Y3);
% Shift each block of output into the proper time slot.
y1s=[y1 0 0 0 0 0 0];
y2s=[0 0 0 y2 0 0 0];
y3s=[0 0 0 0 0 0 y3];
% Add the shifted, zero-padded output blocks to form the output signal.
y=y1s+y2s+y3s;
% Display the first 9 elements of the output signal.
yp=y(1,1:9)
% Calculate the output signal using convolution to compare results.
yn=conv(hn,xn)
% Prepare data for plotting.
y1sp=y1s(1,1:9);
y2sp=y2s(1,1:9);
n=0:8;
stem(n,y1sp,'filled')
figure(2)
stem(n,y2sp, 'filled')
figure(3)
stem(n,yp,'filled')
```

■

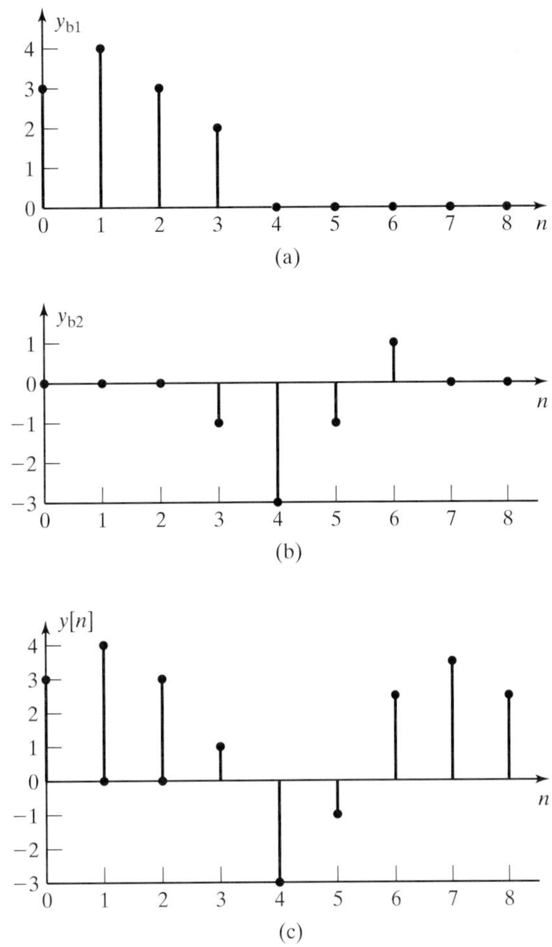

그림 12.33 블록 필터 출력 시퀀스

DFT가 이산-시간 시퀀스를 필터링하는 데에 유용함을 보았다. 입력 시퀀스가 직접적으로 컨볼루션 연산을 하기에는 너무 긴 경우에 적용할 수 있는 블록 필터링의 겹침-덧셈 방법에 대해 논의하였다. 블록 필터링은 입력 시퀀스를 필터의 단위 임펄스 응답과 콘볼루션할 수 있는, 다룰 수 있는 길이의 시퀀스로 쪼갤 수 있게 해준다.

상관

신호의 *상관*(correlation)은 잡음이 낀 신호의 주파수 성분을 추정하는 데 종종 사용되는 신호-처리 기법 중 하나다. 레이더 신호나 초음파 신호에서 목표물을 찾는 데에도 상관을 사용한다. 상관은 두 가지 경우로 나뉘는데, 하나는 두 개의 서로 다른 신호 사이의 상관인 *교차-상관*(cross-correlation)이고 다른 하나는 신호 자체의 상관인 *자가 상관*(autocorrelation)이다.

교차-상관 연산을 다음 방정식으로 기술한다.

$$R_{xy}[p] = \sum_{m=-\infty}^{\infty} x[m]y[p+m] \tag{12.48}$$

식 (12.48)은 이산-시간 컨볼루션을 정의할 때 사용한 식 (10.16)과 매우 닮아 있음을 알 수 있다. 그래프를 이용하여 상관을 계산할 때, $y[m]$을 시간 영역에서 이동시키기 전에 반전을 시키지 않는다는 점만 제외하고 근본적으로는 컨볼루션 연산과 동일하다.

예제 12.22 그래프 기법을 이용한 교차 상관

그래프 기법을 이용하여 다음 두 시퀀스의 교차-상관을 계산하고자 한다.

$$x_1[n] = [1, 2, 3, 4] \quad \text{그리고} \quad x_2[n] = [0, 1, 2, 3]$$

그림 12.34는 이 과정을 보여준다. 그림에서 다음을 알 수 있다.

$$R_{x_1x_2}[p] = 0, |p| > 3$$

$-3 \leqq p \leqq 3$일 때 축을 따라 $x_2[p + m]$을 이동시키면서 0이 아닌 값을 찾고 겹치는 값들의 곱을 합한다.

$$\begin{aligned}
R_{x_1x_2}[0] &= (3)(4) + (2)(3) + (1)(2) + (0)(1) = 20;\\
R_{x_1x_2}[4] = R_{x_1x_2}[-3] &= (3)(0) + (2)(0) + (1)(0) + (0)(0) = 0;\\
R_{x_1x_2}[3] &= (3)(1) + (2)(0) + (1)(0) + (0)(0) = 3;\\
R_{x_1x_2}[2] &= (3)(2) + (2)(1) + (1)(0) + (0)(0) = 8;\\
R_{x_1x_2}[1] &= (3)(3) + (2)(2) + (1)(1) + (0)(1) = 14;\\
R_{x_1x_2}[-1] &= (3)(0) + (2)(4) + (1)(3) + (0)(2) = 11;\\
R_{x_1x_2}[-2] &= (3)(0) + (2)(0) + (1)(4) + (0)(3) = 4
\end{aligned}$$

■

상관 연산은 컨볼루션과 매우 비슷하다는 것을 보았다. 원형 컨볼루션과 마찬가지로 두 시퀀스의 상관을 구하기 위해 확장된 시퀀스의 원형 상관(circular correlation)을 사용할 수 있다. 두 개의 시퀀스가 각각 N개의 샘플을 갖는다면, 0을 덧대어 $2N - 1$개의 샘플을 갖도록 확장한다. 원형 상관의 계산 과정은 다음 예제에서 자세하게 설명한다.

예제 12.23 원형 상관에 의한 교차-상관

원형 상관 기법을 이용하여 다음 두 시퀀스의 교차-상관을 계산하고자 한다.

$$x_1[n] = [1, 2, 3, 4] \quad \text{그리고} \quad x_2[n] = [0, 1, 2, 3]$$

첫 번째 단계는 두 개의 시퀀스를 0을 덧대어 각각 $N_1 + N_2 - 1$개의 원소를 갖도록 확장하는 것이다.

$$x'_1[n] = [1, 2, 3, 4, 0, 0, 0] \quad \text{그리고} \quad x'_2[n] = [0, 1, 2, 3, 0, 0, 0]$$

그림 12.35는 원형 상관의 계산 과정을 보여준다. 두 개의 동심원을 $2\pi/(N_1 + N_2 - 1)$ 라디안이 중심각인 호들로 나눈다. 그런 다음 이 두 개의 확장된 이산-시간 시퀀스를 그림 12.35(a)에 나타낸 것과 같이 두 개의 원둘레에 나열한다. 두 시퀀스 모두 시계방향으로 $x'_1[n]$은 바깥쪽 원에 $x'_2[n]$은 안쪽 원에 나열한다. 그림 12.35(a)로부터 $p = 0$일 때 서로 상응하는 원소들끼리 곱하고 모두 더하는 계산을 수행한다.

그런 다음 계속되는 p값에 대해, 안쪽 원을 한 번에 한 스텝씩 시계 반대방향으로 돌리고 다음과 같이 곱하고 더하는 과정을 반복한다[그림 12.35(b)부터 (g)까지 참조].

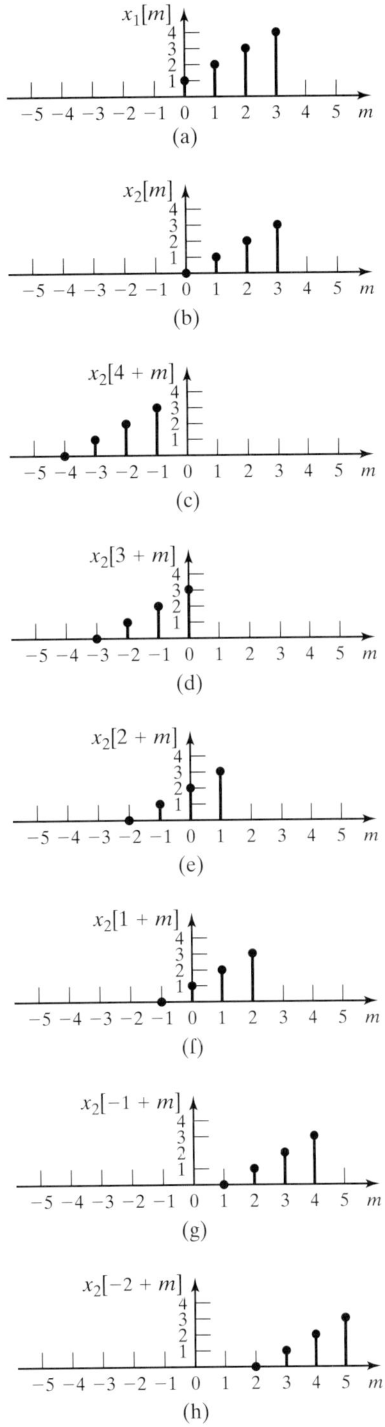

그림 12.34 교차 상관 계산 과정

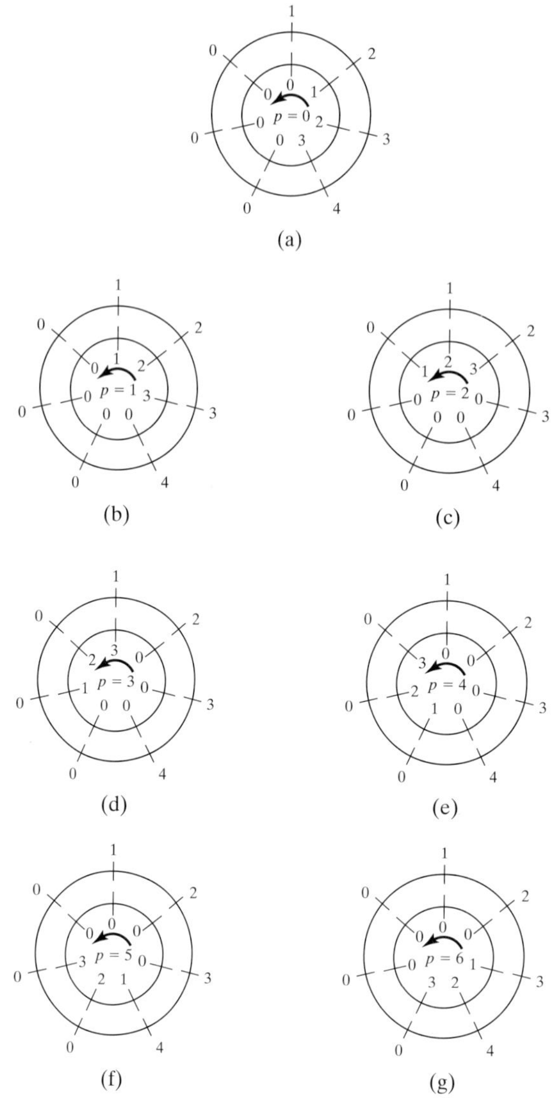

그림 12.35 원형 상관 계산 과정

$$R_{x_1x_2}[0] = (0)(1) + (1)(2) + (2)(3) + (3)(4) + (0)(0) + (0)(0) + (0)(0) = 20;$$
$$R_{x_1x_2}[1] = (1)(1) + (2)(2) + (3)(3) + (0)(4) + (0)(0) + (0)(0) + (0)(0) = 14;$$
$$R_{x_1x_2}[2] = (2)(1) + (3)(2) + (0)(3) + (0)(4) + (0)(0) + (0)(0) + (1)(0) = 8;$$
$$R_{x_1x_2}[3] = (3)(1) + (0)(2) + (0)(3) + (0)(4) + (0)(0) + (1)(0) + (2)(0) = 3;$$
$$R_{x_1x_2}[4] = (0)(1) + (0)(2) + (0)(3) + (0)(4) + (1)(0) + (2)(0) + (3)(0) = 0;$$
$$R_{x_1x_2}[5] = (0)(1) + (0)(2) + (0)(3) + (1)(4) + (2)(0) + (3)(0) + (0)(0) = 4;$$
$$R_{x_1x_2}[6] = (0)(1) + (0)(2) + (1)(3) + (2)(4) + (3)(0) + (0)(0) + (0)(0) = 11$$

원형 상관으로 계산한 교차-상관 시퀀스가 예제 12.22에서 계산한 선형 상관의 결과와 다른 것처럼 보인다. 그러나 원형 컨볼루션과 마찬가지로 원형 상관은 주기적인 시퀀스 결과를 만들어낸다. 이 경우에 상관 시퀀스의 주기는 $N_1 + N_2 - 1 = 7$이다. 따라서 $R_{x1x2}[p - 7] = R_{x1x2}[p]$이고 이 시퀀스를 $p = 4$부터 시작하여 선형 상관 결과와 일치하도록 $R_{x1x2}[p - 7]$에 대해 다시 쓸 수 있다. ■

식 (12.48)은 다음과 같이 다시 쓸 수 있다.

$$R_{xy}[p] = \sum_{n=-\infty}^{\infty} x[n]y[p-(-n)] = x[-n]*y[n] \tag{12.49}$$

이산-시간 시퀀스를 다룰 때 일반적으로 유한한 개수인 N개의 샘플을 사용한다. 이렇게 할 때, 은연중에 앞에서 논의하였듯이 이 신호가 주기가 NT인 주기 신호인 것으로 가정한다. 신호가 주기적이라면,

$$x[-n] = x[N-n], \quad 0 \leqq n \leqq N-1$$

이다. 식 (12.49)로부터 이산 컨볼루션을 위해 우리가 사용한 알고리즘으로 계산을 시작하기 전에 적절하게 시퀀스를 다시 배치한다면 상관을 계산할 수 있음을 보았다.

컨볼루션 계산을 위해 DFT를 이용한 것처럼 상관을 계산하는 데에 DFT를 이용할 수 있다. 컨볼루션을 계산하는 데 사용하는 DFT 방법이 유효하기 위해, 각 이산-시간 시퀀스가 $2N-1$개의 원소들을 포함하도록 0을 덧대었음을 떠올려보자. 상관을 계산하는 데에 DFT를 사용할 수 있으려면 이와 동일하게 0을 덧대는 것이 필요하다. 두 시퀀스에 0을 덧댄 후 식 (12.49)의 양변에 DFT를 취하면 다음 식을 얻는다.

$$\mathcal{DF}\{R_{xy}[p]\} = \mathcal{DF}\{x[-n]*y[n]\} = \mathcal{DF}\{x'[-n]\} \times \mathcal{DF}\{y'[n]\}$$

$m = -n$이라고 두면

$$\mathcal{DF}\{x'[-n]\} = \sum_{k=0}^{N-1} x'[m]e^{-j2\pi k(-m)/N} = X'[-k]$$

과

$$\mathcal{DF}\{R_{xy}[p]\} = X'[-k]Y'[k]$$

이다. 물리적인 신호를 샘플링한 값으로 이루어진 시퀀스가 언제나 그렇듯이 이산-시간 시퀀스 $x[n]$이 실수값 시퀀스라면, 다음 관계식이 성립함을 보일 수 있다.

$$X'[-k] = X'^*[k]$$

그러므로 상관 함수를 다음 식으로부터 유도할 수 있다.

$$\begin{aligned} R_{xy}[p] &= \mathcal{TDF}\{X'[-k]Y'[k]\} \\ &= \mathcal{TDF}\{X'^*[k]Y'[k]\} \end{aligned} \tag{12.50}$$

$R_{yx} \neq R_{xy}$라는 사실에 유의해야만 한다. 상관 방정식에서 신호의 순서를 바꾸면 다음과 같고,

$$R_{yx}[p] = \sum_{n=-\infty}^{\infty} y[n]x[p-(-n)] = x[n]*y[-n] \tag{12.51}$$

이 계산을 DFT로 수행한다면 다음과 같다.

$$R_{yx}[p] = \mathcal{TDF}\{X'[k]Y'[-k]\} = \mathcal{TDF}\{X'[k]Y'^*[k]\} \tag{12.52}$$

예제 12.24 DFT를 이용한 교차-상관

예제 12.22에 주어진 두 개의 이산-시간 시퀀스의 교차-상관을 DFT를 이용하여 계산하고자 한다.

다음과 같이 되도록 두 시퀀스에 0을 덧대어 확장한다.

$$x'_1[n] = [1, 2, 3, 4, 0, 0, 0] \quad \text{그리고} \quad x'_2[n] = [0, 1, 2, 3, 0, 0, 0]$$

FFT 알고리즘을 이용하여 각 시퀀스의 DFT를 계산하면 다음을 얻는다.

$$\begin{aligned} X'_1[k] &= [10, -2.0245 - j6.2240, 0.3460 + j2.4791, 0.1784 - j2.4220, \\ &\quad 0.1784 - j2.4220, 0.3460 - j2.4791, -2.0245 + j6.2240]; \\ X'_2[k] &= [6, -2.5245 - j4.0333, -0.1540 + j2.2383, -0.3216 - j1.7950, \\ &\quad -0.3216 + j1.7950, -0.1540 - j2.2383, -2.5245 + j4.0333] \end{aligned}$$

식 (12.51)과 식 (12.52)를 구현할 때 사용하기 위해 이 두 이산-주파수 시퀀스의 켤레 복소수를 구한다.

$$\begin{aligned} X_1'^*[k] &= [10, -2.0245 + j6.2240, 0.3460 - j2.4791, 0.1784 + j2.4220, \\ &\quad 0.1784 - j2.4220, 0.3460 + j2.4791, -2.0245 - j6.2240]; \\ X_2'^*[k] &= [6, -2.5245 + j4.0333, -0.1540 - j2.2383, -0.3216 + j1.7950, \\ &\quad -0.3216 - j1.7950, -0.1540 + j2.2383, -2.5245 - j4.0333] \end{aligned}$$

$R_{x1x2}[p]$를 계산하기 위해 두 시퀀스에서 각각 대응되는 원소들끼리 곱하여 $X'_1{}^*[k]X_2[k]$를 계산하면 다음을 얻는다.

$$\begin{aligned} DF\{R_{x_1x_2}[p]\} &= [60, 30.2141 - j7.5469, 5.458 + j1.1562, 4.2901 - j1.0991, \\ &\quad 4.201 + j1.0991, 5.458 - j1.1562, 30.2141 + j7.5469] \end{aligned}$$

IFFT 알고리즘을 이용하여 다음과 같이 역이산 푸리에 변환을 얻는다.

$$R_{x_1x_2}[p] = [20, 14, 8, 3, 0, 4, 11]$$

이 결과는 예제 12.23에서 원형 컨볼루션으로 구한 결과와 동일하다는 것을 알 수 있다. $R_{x1x2}[p-7] = R_{x1x2}[p]$라는 사실을 기억한다면, 예제 12.22에서 선형 컨볼루션으로 구한 결과와 동일한 결과가 되도록 이 결과를 다시 쓸 수 있음을 알 수 있다.

여기서 설명한 계산 결과를 다음 MATLAB 프로그램으로 확인할 수 있다.

```
% This MATLAB program confirms the results of
% Example 12.24.
% Type in the vectors end zero-pad them.
x1 = [1 2 3 4];
x1p = [1 2 3 4 0 0 0];
x2 = [0 1 2 3];
x2p = [0 1 2 3 0 0 0];
% Form x2(-n)
N = length(x1);
for n = 1:N
    x1r(n) = x1(N + 1 - n);
end
% Use the convolution method to compute
% the correlation.
ypc = conv(x1r,x2);
% Use the DFT method to compute the correlation.
X2 = fft(x2p,7);
X1 = fft(x1p,7);
X1c = conj(X1);
Y = X1c.*X2;
```

```
y = ifft(Y);
% Compare the results of the two solutions.
ypc
y
```

다음으로 $R_{x2x1}[p]$를 계산해보자. 식 (12.52)로부터 다음을 얻는다.

$$\mathscr{DF}\{R_{x_2x_1}[p]\} = X'_1[k]X'_2{}^*[k];$$
$$R_{x_2x_1}[p] = \mathscr{TDF}\{[60, 30.2141 + j7.5469, 5.458 - j1.1562, 4.2901 + j1.0991, 4.201 - j1.0991, 5.458 + j1.562, 3.2141 - j7.5469]\}$$
$$= [20, 11, 4, 0, 3, 8, 14]$$

이결과는 $R_{x1x2}[p]$와 동일한 시퀀스가 아님을 알 수 있다. ■

상관의 몇 가지 성질은 앞에서 논의하였고, 몇 가지 더 중요한 성질들은 표 12.7에 나열하였다.

표 12.7 상관의 성질들

$R_{xy}[p] = R_{yx}[-p]$
$R_{xx}[p] = R_{xx}[-p]$
$R_{xy}[p] = x[-n]*y[n]$
$R_{yx}[p] = x[n]*y[-n]$

에너지 스펙트럼 밀도 추정

자가 상관의 한 가지 중요한 응용은 신호의 에너지 스펙트럼 밀도를 추정할 때다. 에너지 스펙트럼 밀도로부터 신호를 이루는 다양한 주파수 성분들과 그들 사이의 상대적인 크기를 알아낼 수 있다. 자가 상관의 처리는 신호의 주파수 스펙트럼의 유효한 성분들은 강조하면서 잡음 신호의 랜덤한 성분들은 제거할 수 있도록 도와준다.

이런 응용을 위해, 다음과 같이 *자가 상관 샘플 추정*(sample estimate of the autocorrelation)이라는 또 하나의 함수를 정의한다.

$$r_N[p] = \frac{1}{N}\sum_{n=0}^{N-1} x[n]x[p+n], \quad p = 0, 1, \ldots, N-1 \tag{12.53}$$

이 식은 N으로 나누고 n의 범위가 $0 \leqq n \leqq N-1$로 한정된다는 사실을 제외하면 상관 함수식 (12.48)과 유사함을 알 수 있다.

*에너지 스펙트럼 밀도 추정*은 다음과 같다.

$$S_x[k] = \mathscr{DF}\{r_N[p]\} = \frac{1}{N}X[k]X^*[k] \tag{12.54}$$

식 (12.54)에서 정의한 함수를 *주기성 도표 스펙트럼 추정*(periodogram spectrum estimate)이라고 한다.

실제로는 식 (12.53)의 시퀀스 $x[n]$을 연속-시간 신호의 샘플링된 긴 시퀀스로부터 자주 선택한다. 이 긴 시퀀스를 윈도윙 함수를 사용하여 더 짧은 시퀀스 $x_m[n]$의 집합들로 쪼갠다. 이 과정은 블록 필터링에 대한 절에서 논의하였던 방식과 비슷하다. 그러나 일반적으로 짧은 시퀀스

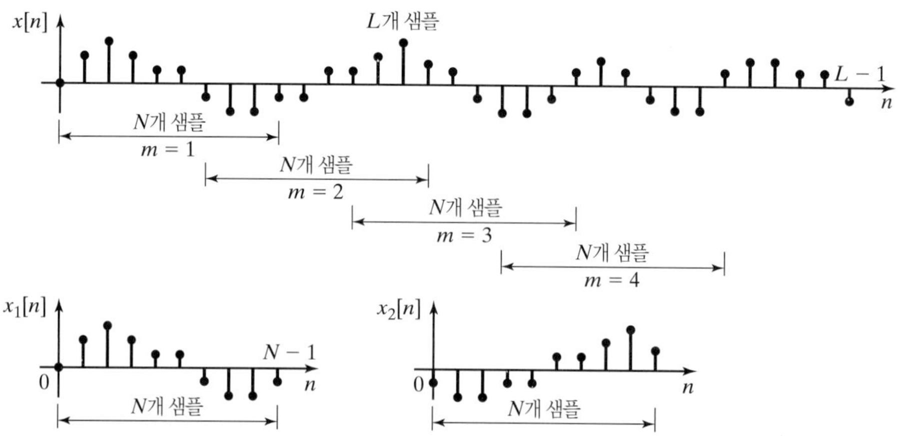

그림 12.36 주기성 도표 스펙트럼 추정을 위한 데이터 블록들

$x_m[n]$을 그림 12.36에 나타낸 것처럼 시간 영역에서 겹치도록 선택한다. 그러면 짧은 시퀀스의 자가 상관이 계산 가능해지고 자가 상관의 샘플 추정은 각 $x_m[n]$에 대해 식 (12.53)으로부터 다음과 같이 계산된다.

$$r_{Nm}[p] = \frac{1}{N}\sum_{n=0}^{N-1} x_m[n]x_m[p + n], \quad p = 0, 1, \ldots, N - 1$$

그런 다음 FFT 알고리즘을 사용하여 샘플 시퀀스에 대한 에너지 스펙트럼 밀도 추정인 식 (12.54)를 계산할 수 있다.

$$S_{xm}[k] = \mathcal{DF}\{r_{Nm}[p]\}$$

평균 주기성 도표 방법(averaging periodogram method)에서는, 몇 개의 샘플 시퀀스에 대해 에너지 스펙트럼 밀도 시퀀스 $S_{xm}[k]$를 평균하여 주기성 도표 추정을 얻는다.

$$\overline{S}_x = \frac{1}{M}\sum_{m=0}^{\infty} S_{xm}[k] \tag{12.55}$$

요약

이 절에서는 DFT의 응용에 대해 살펴보았다. 신호의 푸리에 변환을 추정하고 디지털 신호처리에 DFT를 이용하는 방법들을 살펴보았다.

12.7 이산 코사인 변환

이산 코사인 변환(discrete cosine transform, DCT)은 DFT와 밀접하게 관련되어 있다. DFT의 다음과 같은 지수 커널(또는 기저함수) 대신

$$e^{-j2\pi kn/N}$$

DCT는 다음과 같은 코사인 커널(또는 기저함수)를 사용한다.

$$\cos(2\pi kn/N)$$

이차원 DCT는 Joint Photografc Experts Group (JPEG)에서 발행하는 이미지-압축 표준의 기초다. JPEG 알고리즘은 World Wide Web에서 이미지를 압축하는 데에 흔히 사용되고 있다. 확장자가 .jpg인 다운로드한 모든 이미지는 JPEG으로 압축되어 있다. DCT는 또한 비디오 압축을 위한 MPEG과 수많은 스트리밍 비디오 플레이어에서 사용된다.

$f[i, j]$를 크기가 $M \times N$인 픽셀 블록이라고 하자. 이 블록의 이차원 DCT, $F[u, v]$는 다음과 같다.

$$F[u, v] = \frac{2}{\sqrt{MN}} \times C(u)C(v) \sum_{i=0}^{M-1}\sum_{j=0}^{N-1} f[i, j] \times \cos((2i+1)u\pi/2M)\cos((2j+1)v\pi/2N) \tag{12.56}$$

여기서

$$C(x) = \begin{cases} \frac{1}{\sqrt{2}}, & x = 0 \\ 1, & x \neq 0 \end{cases}$$

이다. $M \times N$ 크기의 역DCT $f[i, j]$는 다음과 같이 복원된다.

$$f[i, j] = \frac{2}{\sqrt{MN}} \sum_{u=0}^{M-1}\sum_{v=0}^{N-1} C(u)C(v)F[u, v] \times \cos((2i+1)u\pi/2M)\cos((2j+1)v\pi/2N) \tag{12.57}$$

JPEG 표준에서 $f[i, j]$는 8×8 픽셀 블록이다. 그러면 식 (12.56)으로부터 이 블록의 이차원 DCT, $F[u, v]$는 다음과 같다.

$$f[u, v] = \frac{1}{4} \times C(u)C(v) \sum_{i=0}^{7}\sum_{j=0}^{7} F[i, j]\cos((2i+1)u\pi/16) \times \cos((2j+1)v\pi/16) \tag{12.58}$$

역 8×8 DCT $f[i, j]$는 다음과 같이 복원된다.

$$f[i, j] = \frac{1}{4}\sum_{u=0}^{7}\sum_{v=0}^{7} C(u)C(v)F[u, v] \times \cos((2i+1)u\pi/16)\cos((2j+1)v\pi/16) \tag{12.59}$$

JPEG 표준에서는 먼저 입력 이미지를 레벨 이동시킨다(8비트 이미지의 경우, 각 픽셀값에서 128을 뺀다). 그런 다음 이미지를 8×8 픽셀 블록으로 쪼갠다. 그러면 64개의 DCT 계수 $F[u, v]$는 균일하게 스칼라로 양자화된다. 가장 낮은 주파수인 DC 항인 $F[0, 0]$은 이전 8×8 이미지 블록으로부터의 DC 항을 기반으로 예측하여 코딩된다. 그리고 나머지 63개의 DCT 계수는 무손실 압축에 의해 지그재그 패턴으로 코딩된다.

DCT는 *에너지 압축*을 제공하기 때문에 이미지 압축에 잘 동작한다. 이것은 공간 영역 또는 이미지 영역에서 에너지가 흔히 더 작은 수의 DCT 계수에 집중된다는 것을 의미한다. 따라서 낮

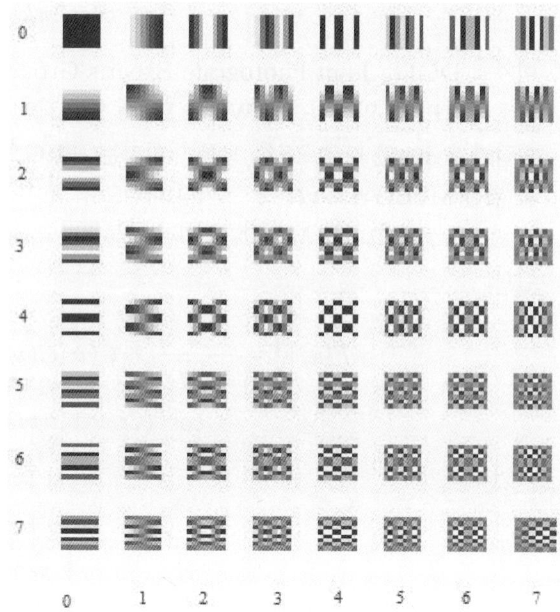

그림 12.37 이차원 이산 코사인 변환을 위한 기저 함수들

은 크기의 DCT 계수를 화질을 크게 떨어트리지 않으면서도 매우 작은 비트율로 코딩할 수 있다.

한 예로써, 그림 12.37은 8 × 8 이미지 픽셀 매트릭스에 대한 이차원 DCT의 기저함수들을 보여준다[8]. (왼쪽 가장 위 구석에 있는) 가장 낮은 주파수 기저함수는 완전하게 부드럽고, 반면에 (오른쪽 가장 아래 구석에 있는) 가장 높은 주파수 기저함수는 수평방향과 수직방향 모두 어둡고 밝은 변화가 가장 심하다는 점에 유의한다. DCT 계수는 이 기저함수들에 할당한 "가중치"로 볼 수 있다.

그림 12.38(a)와 (b)는 이름이 Bean인 얼룩 고양이의 이미지를 복원하는 데에 한 개의 가장 낮은 주파수의 DCT 계수를 포함할 때보다 여섯 개까지의 낮은 주파수의 DCT를 포함하면 화질이 개선되는 것을 보여준다. 심지어 단 한 개의 DCT 계수를 포함하더라도 이미지를 얼룩 고양이로 뚜렷하게 인식할 수 있음에 유의한다. 단지 여섯 개의 복원된 DCT 계수만을 갖는 이미지와 그림 12.38(c)에 나타낸 Bean의 원래 이미지를 거의 구분할 수 없는 수준이다.

JPEG 표준에 대한 좀 더 자세한 정보는 *www.jpeg.org*를 참조한다. DCT에 대한 상세한 설명은 참고문헌 7을 참조한다.

그림 12.38 (a) 가장 낮은 하나의 DCT 계수만을 이용하여 복원된 Bean의 이미지

그림 12.38 (b) 가장 낮은 여섯 개의 DCT 계수를 이용하여 복원된 Bean의 이미지

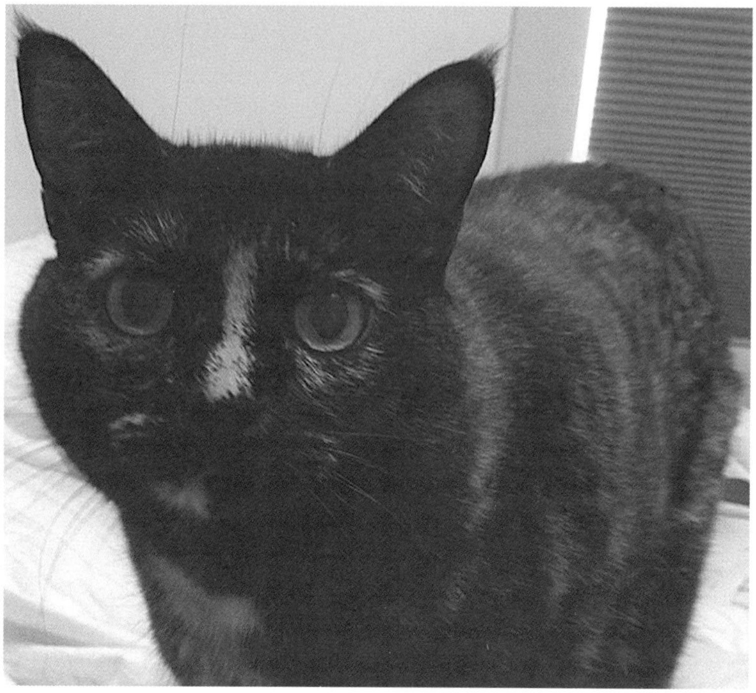

그림 12.38 (c) 10메가 픽셀의 Bean의 원본 이미지

결론

이 장에서는 이산-시간 신호의 주파수 스펙트럼에 대해 살펴보았다. 먼저, 이산-시간 푸리에 변환(DTFT)을 살펴보았다. DTFT는 이산-시간 신호의 푸리에 변환에 대한 스케일링된 버전임을 알게 되었다. 또한 DTFT는 주파수에 대한 연속 함수이고 따라서 디지털 컴퓨터 계산에는 유용하지 않음을 알 수 있었다. 이러한 한계 때문에 DTFT의 이산-주파수 근사를 좀 더 자주 사용한다.

이산 푸리에 변환(DFT)은 DTFT의 이산-주파수 근사다. 이것은 DTFT의 계산된 샘플들로 이루어져 있다. DFT는 N개의 이산-시간 값들로 이루어진 시퀀스로부터 계산되고 그 결과 N개의 이산 주파수 값들을 만든다. DCT의 이산-주파수 값들은 T가 이산-시간 시퀀스의 샘플링 주기일 때, $2\pi/NT$만큼씩 떨어져 있다.

디지털 컴퓨터상에서 DFT를 계산하는 몇 가지 잘 알려져 있는 효율적인 알고리즘이 있다. 이것들을 모두 고속 푸리에 변환(FTT)이라고 한다.

신호처리와 분석에 DFT를 응용하는 몇 가지 사례를 살펴보았다. 여기에는 푸리에 변환 근사, 컨볼루션, 필터링 그리고 스펙트럼 추정이 포함된다.

이 장의 마지막 절에서는 이산 코사인 변환을 소개하였다.

표 12.8을 참조한다.

표 12.8 12장의 주요 식들

수식 제목	수식 기호	수식
이산-시간 푸리에 변환	(12.1)	$X(\Omega) = \mathcal{DTF}(x[n]) = \sum_{n=-\infty}^{\infty} x[n]e^{-jn\Omega}$
역이산-시간 푸리에 변환	(12.2)	$x[n] = \mathcal{DTF}^{-1}[X(\Omega)] = \frac{1}{2\pi}\int_{\Omega_1}^{\Omega_1+2\pi} X(\Omega)e^{jn\Omega}d\Omega = \frac{1}{2\pi}\int_{2\pi} X(\Omega)e^{jn\Omega}d\Omega$
샘플링된 신호의 푸리에 변환의 DTFT와의 관련성	(12.6)	$\mathcal{F}[x_s(t)]_{\omega T=\Omega} = \mathcal{F}\left[\sum_{n=-\infty}^{\infty} x(nT)\delta(t-nT)\right]\Big\vert_{\omega T=\Omega} = \mathcal{DTF}[x(nT) = x[n]]$
DTFT의 주기성	(12.7)	$X(\Omega + 2\pi) = X(\Omega)$
주기 신호의 한 주기($x_0[n]$)	(12.17)	$x_0[n] = \begin{cases} x[n], & 0 \leqq n \leqq N-1 \\ 0, & \text{나머지 구간} \end{cases}$
$x_0[n]$로 표현한 주기 신호	(12.19)	$x[n] = x_0[n] * \sum_{k=-\infty}^{\infty} \delta[n-kN]$
이산-시간 임펄스열의 DTFT	(12.20)	$\sum_{k=-\infty}^{\infty} \delta[n-kN] \overset{\mathcal{DTF}}{\longleftrightarrow} \frac{2\pi}{N}\sum_{k=-\infty}^{\infty} \delta\left(\Omega - \frac{2\pi k}{N}\right)$
주기 신호의 DTFT	(12.23)	$X(\Omega) = \frac{2\pi}{N}\sum_{k=-\infty}^{\infty} X_0\left(\frac{2\pi k}{N}\right)\delta\left(\Omega - \frac{2\pi k}{N}\right)$
DFT와 IDFT	(12.30)	$X[k] = \mathcal{DF}[x[n]] = \sum_{n=0}^{N-1} x[n]e^{-j2\pi kn/N}, \quad k = 0, 1, 2, \ldots, N-1$ $x[n] = \mathcal{DF}^{-1}[X[k]] = \frac{1}{N}\sum_{k=0}^{N-1} X[k]e^{j2\pi kn/N}, \quad n = 0, 1, 2, \ldots, N-1$
간략 기호로 나타낸 DFT와 IDFT	(12.33)	$X[k] = \mathcal{DF}[x[n]] = \sum_{n=0}^{N-1} x[n]W_N^{kn}, \quad k = 0, 1, \ldots, N-1$ $x[n] = \mathcal{DF}^{-1}[X[k]] = \frac{1}{N}\sum_{k=0}^{N-1} X[k]W_N^{-kn}, \quad n = 0, 1, \ldots, N-1$
이산-시간 지수함수의 직교성	(12.35)	$\sum_{n=0}^{N-1} W_N^{0n} = N \text{ and } \sum_{n=0}^{N-1} W_N^{kn} = 0, \quad k = 1, 2, \ldots, N-1$
원형 컨볼루션	(12.46)	$y[n] = x[n] * h[n] = \sum_{l=0}^{N-1} x[l]h[n-l]$
원형 컨볼루션의 DFT	(12.47)	$x[n] * h[n] \overset{\mathcal{DF}}{\longleftrightarrow} X[k]H[k]$

연습문제

12.1절

12.1 그림 P12.1에 보이는 각 신호들의 이산-시간 푸리에 변환(DTFT)을 구하여라.

12.2 다음과 같은 임펄스 응답을 가진 필터가 있다.

$$h[n] = \delta[n] + 2\delta[n-1] + \delta[n-2]$$

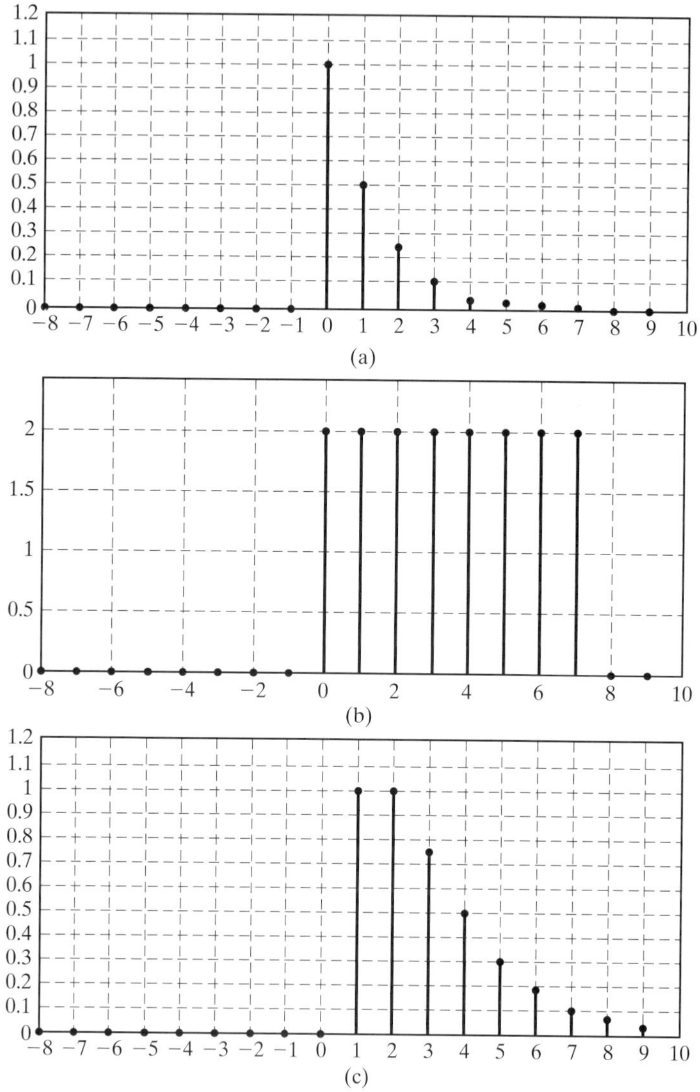

그림 P12.1

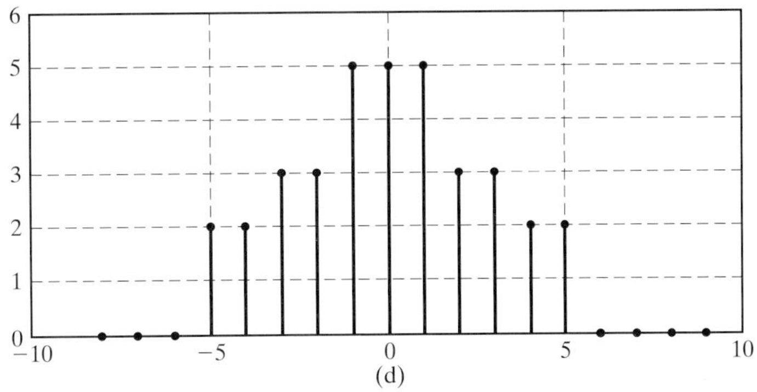

그림 P12.1 *(계속)*

(a) $h[n]$의 DTFT인 $H(\Omega)$를 구하여라.

(b) $H(\Omega)$의 위상을 구하고 가능한 간단히 하여라. [$h[n]$이 대칭인 유한 임펄스 응답(FIR) 필터이므로, $H(\Omega)$는 선형 위상을 갖는다.]

12.3 다음 차분 방정식으로 기술되는 FIR 필터가 있다.

$$y[n] = 0.25x[n-1] + 0.5x[n-2] + 0.25x[n-3]$$

(a) $h[n]$의 DTFT인 $H(\Omega)$를 구하여라.

(b) $H(\Omega)$의 위상을 구하고 가능한 간단히 하여라. 이 필터는 선형–위상 필터인가?

12.2절

12.4 **(a)** 이산–시간 푸리에 변환 표 12.1과 표 12.3을 이용하여 아래 나열된 신호들의 주파수 스펙트럼을 구하여라.

(i) $f_1(t) = 8\cos(2\pi t) + 4\sin(4\pi t)$을 $T_s = 0.1$초로 샘플링

(ii) $f_2[n] = 5\cos(0.5\pi n)u[n]$

(iii) $f_3(t) = 2\sin(3\pi t) + 3\cos(5\pi t)$를 $T_s = 0.1$초로 샘플링

(iv) $f_4[n] = 3\cos(0.6\pi n)$

(b) 위에 나열된 각 신호들의 크기 주파수 스펙트럼과 위상 주파수 스펙트럼의 개형을 $|\omega| \leqq 2\,\omega_s$의 범위에서 그려라.

12.5 DTFT의 선형성을 증명하여라.

12.6 다음을 증명하여라.

$$DTFT\{nx(n)\} = j\frac{dX(\Omega)}{d\Omega}$$

12.7 **(a)** $x[n]$의 DTFT가 $X(\Omega)$이고 이산–시간 신호 $y[n] = x[n-2]$일 때, $y[n]$의 DTFT인 $Y(\Omega)$를 $X(\Omega)$의 식으로 구하여라.

(b) 이산–시간 신호 $y[n] = x[-n]$에 대해 (a)의 질문에 답하여라.

(c) 이산–시간 신호 $y[n] = x[-n+3]$에 대해 (a)의 질문에 답하여라.

12.3절

12.8 $x_0[n] = \delta[n] + \delta[n-2] + \delta[n-4]$일 때, $X_0(\Omega)$와 ($x_0[n]$의 주기 버전의 DTFT인) $X(\Omega)$를 구하여라. $N = 5$라고 가정한다.

12.9 다음 신호의 DTFT를 구하여라.

$$x[n] = \sum_{k=-\infty}^{\infty} (2\delta[n-8k] + \delta[n-8k+2])$$

12.10 다음과 같은 DTFT를 갖는 이산-시간 주기함수 $x[n]$을 생각하자.

$$X(\Omega) = \frac{2\pi}{4}\sum_{-\infty}^{\infty} X_0\left(\frac{2\pi k}{4}\right)\delta\left(\Omega - \frac{2\pi k}{4}\right)$$

$X_0(\frac{2\pi k}{4})$의 값은 다음과 같다.

$$X_0\left(\frac{2\pi k}{4}\right) = \begin{cases} 4, & k = 0 \\ 0, & k = 1 \\ 4, & k = 2 \\ 0, & k = 3 \end{cases}$$

$x_0[n]$이 $x[n]$의 한 주기 부분, 즉 다음과 같을 때, $x_0[n]$을 구하여라.

$$x_0[n] = \begin{cases} x[n], & 0 \le n \le N-1 \\ 0, & \text{나머지 구간} \end{cases}$$

12.11 다음과 같은 DTFT를 갖는 이산-시간 주기함수 $x[n]$을 생각하자.

$$X(\Omega) = \frac{2\pi}{4}\sum_{-\infty}^{\infty} X_0\left(\frac{2\pi k}{4}\right)\delta\left(\Omega - \frac{2\pi k}{4}\right)$$

$X_0(\frac{2\pi k}{4})$의 값은 다음과 같다.

$$X_0\left(\frac{2\pi k}{4}\right) = \begin{cases} 7, & k = 0 \\ 3 - j2, & k = 1 \\ 3, & k = 2 \\ 3 + j2, & k = 3 \end{cases}$$

$x_0[n]$이 $x[n]$의 한 주기 부분, 즉 다음과 같을 때, $x_0[n]$을 구하여라.

$$x_0[n] = \begin{cases} x[n], & 0 \le n \le N-1 \\ 0, & \text{나머지 구간} \end{cases}$$

12.12 임펄스 응답이 $h[n]$인 유한 임펄스 응답(FIR) 필터를 설계하고자 한다. 이 필터의 $H(\Omega)$에 대한 제한 조건은 다음과 같다.

$$H(\Omega) = \begin{cases} 0, & \Omega = 0 \\ 1, & \Omega = \frac{\pi}{2} \\ 0, & \Omega = \pi \\ 1, & \Omega = \frac{-\pi}{2} \end{cases}$$

이 조건을 만족하는 $h[n]$을 구하여라. 이것은 주파수 샘플링(frequency sampling)으로 알려져 있다.

12.4절

12.13 (a) 그림 P12.1(a)와 같은 신호의 8-포인트 DFT를 계산하여라.
(b) MATLAB을 이용하여 (a)의 결과를 확인하여라.

12.14 (a) 그림 P12.1(b)와 같은 신호의 8-포인트 DFT를 계산하여라.
(b) MATLAB을 이용하여 (a)의 결과를 확인하여라.

12.15 (a) 그림 P12.1(c)와 같은 신호의 8-포인트 DFT를 계산하여라.
(b) MATLAB을 이용하여 (a)의 결과를 확인하여라.

12.16 (a) 그림 P12.1(d)와 같은 신호의 8-포인트 DFT를 계산하여라.
(b) MATLAB을 이용하여 (a)의 결과를 확인하여라.

12.17 신호 $x(t) = \text{rect}[(t-2)/4]$를 그림 P12.17에 나타내었다.

(a) 이 신호를 $T_s = 2$ ms의 빠르기로 샘플링했을 때 얻는 신호의 4-포인트 DFT를 계산하여라. 크기 스펙트럼과 위상 스펙트럼의 개형을 그려라.

(b) MATLAB을 이용하여 이 신호를 $T_s = 1$ ms의 빠르기로 샘플링했을 때 얻는 신호의 8-포인트 DFT를 계산하여라. 크기 스펙트럼과 위상 스펙트럼의 개형을 그려라.

(c) MATLAB을 이용하여 이 신호를 $T_s = 0.5$ ms의 빠르기로 샘플링했을 때 얻는 신호의 16-포인트 DFT를 계산하여라. 크기 스펙트럼과 위상 스펙트럼의 개형을 그려라.

(d) MATLAB을 이용하여 이 신호를 $T_s = 0.25$ ms의 빠르기로 샘플링했을 때 얻는 신호의 32-포인트 DFT를 계산하여라. 크기 스펙트럼과 위상 스펙트럼의 개형을 그려라.

(e) (a), (b), (c), (d)의 결과들을 비교하여라. 이들 사이의 관련성에 대해 언급하여라.

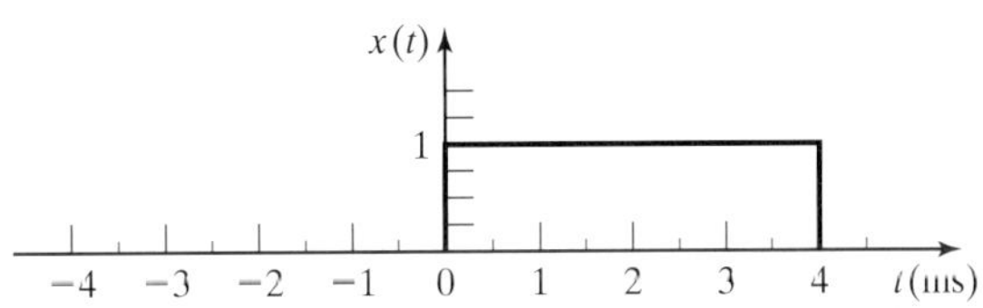

그림 P12.17

12.5절

12.18 (a) 4-포인트 FFT 신호-흐름 다이어그램을 그리고 이를 이용하여 그림 P12.18과 같은 신호의 DFT를 구하여라.
(b) MATLAB을 이용하여 (a)의 결과를 확인하여라.

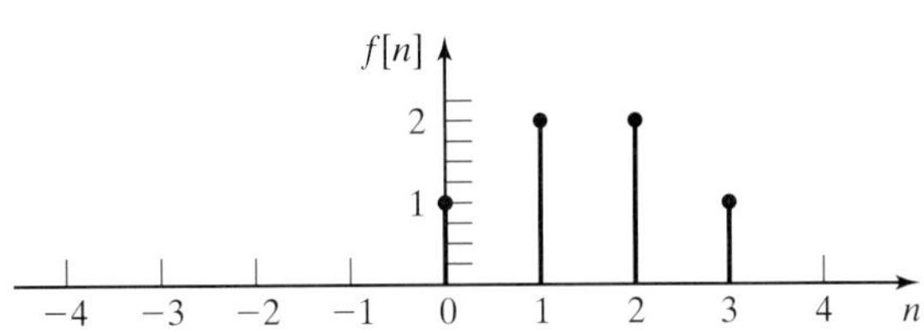

그림 P12.18

12.19 (a) 이산-시간 신호의 네 샘플 값이 $x[n] = [4, 2, 1, 0]$이다. 4-포인트 FFT 신호-흐름 다이어그램을 그리고 이를 이용하여 그림 P12.18과 같은 신호의 DFT를 구하여라.

(b) MATLAB을 이용하여 (a)의 결과를 확인하여라.

12.20 (a) 8-포인트 DIT FFT 신호-흐름 다이어그램을 그리고 이를 이용하여 그림 P12.1(a)와 같은 신호의 DFT를 구하여라.

(b) MATLAB을 이용하여 (a)의 결과를 확인하여라.

12.21 (a) 8-포인트 DIF FFT 신호-흐름 다이어그램을 그리고 이를 이용하여 그림 P12.1(a)와 같은 신호의 DFT를 구하여라.

(b) MATLAB을 이용하여 (a)의 결과를 확인하여라.

12.22 (a) 8-포인트 DIT FFT 신호-흐름 다이어그램을 그리고 이를 이용하여 그림 P12.1(c)와 같은 신호의 DFT를 구하여라.

(b) MATLAB을 이용하여 (a)의 결과를 확인하여라.

12.23 (a) 8-포인트 DIF FFT 신호-흐름 다이어그램을 그리고 이를 이용하여 그림 P12.1(c)와 같은 신호의 DFT를 구하여라.

(b) MATLAB을 이용하여 (a)의 결과를 확인하여라.

12.6절

12.24 신호 $x(t) = 5\cos(8\pi t)$을 샘플링 주기 $T = 0.1$초로 $t = 0$에서 시작하여 여덟 번 샘플링하였다.

(a) 샘플링된 신호의 DFT를 구하여라.

(b) MATLAB을 이용하여 (a)의 결과를 확인하여라.

(c) $x(t)$의 푸리에 변환을 구하여 (a) 및 (b)의 결과와 비교하여라. 차이점을 설명하여라.

12.25 신호 $x(t) = 3\sin(10\pi t)$을 샘플링 주기 $T = 0.05$초로 $t = 0$에서 시작하여 네 번 샘플링하였다.

(a) 샘플링된 신호의 DFT를 구하여라.

(b) MATLAB을 이용하여 (a)의 결과를 확인하여라.

(c) $x(t)$의 푸리에 변환을 구하여 (a) 및 (b)의 결과와 비교하여라. 차이점을 설명하여라.

12.26 $x[n]$에 8-포인트 해닝 윈도우를 곱한 후 연습문제 12.24(a)와 (b)의 물음에 답하여라. 여기서 얻은 DFT와 연습문제 12.24에서 얻는 DFT의 차이점에 대해 논의하여라.

12.27 $x[n]$에 8-포인트 해닝 윈도우를 곱한 후 연습문제 12.25(a)와 (b)의 물음에 답하여라. 여기서 얻은 DFT와 연습문제 12.24에서 얻는 DFT의 차이점에 대해 논의하여라.

12.28 아날로그 신호 $f(t) = 7\cos(100t)\cos(40t)$의 DFT를 계산하고자 한다.

(a) 주파수 중복(aliasing)을 피하기 위한 최소 샘플링 주파수는 얼마인가?

(b) 샘플링 주파수가 $\omega_s = 300$ rad/s일 때, 1 rad/s의 주파수 해상도를 얻기 위해서는 얼마나 많은 샘플을 취득해야 하는가?

12.29 아날로그 신호 $f(t) = 12\cos(120\pi t)\cos(20\pi t)$의 DFT를 계산하고자 한다.

(a) 주파수 중복(aliasing)을 피하기 위한 최소 샘플링 주파수는 얼마인가?

(b) 샘플링 주파수가 $\omega_s = 300\pi$ rad/s일 때, 1 rad/s의 주파수 해상도를 얻기 위해서는 얼마나 많은 샘플을 취득해야 하는가?

12.30 어떤 아날로그 신호를 1초에 동등하게 떨어진 2048개의 시점에서 샘플링하여 DFT를 계산한다.

(a) 연속된 주파수 성분들끼리 몇 rad/s만큼씩 떨어져 있는가?

(b) 주파수 중복(aliasing)을 피하고자 한다면, 아날로그 신호 내에서 허용되는 가장 높은 주파수는 얼마인가?

12.31 다음 두 개의 4-포인트 시퀀스에 대해 아래 값들을 구하여라.

$$x[n] = [-2, -1, 0, 2],\ y[n] = [-1, -2, -1, -3]$$

(a) 선형 컨볼루션 $x[n]*y[n]$

(b) 원형 컨볼루션 $x[n]\circledast y[n]$

(c) $x[n]$과 $y[n]$의 교차-상관 $R_{xy}[p]$

(d) $y[n]$과 $x[n]$의 교차-상관 $R_{yx}[p]$

(e) $x[n]$의 자가-상관 $R_{xx}[p]$

(f) MATLAB을 이용하여 (a)부터 (e)까지의 결과를 확인하여라.

12.32 다음 두 개의 4-포인트 시퀀스에 대해 아래 값들을 구하여라.

$$x[n] = [-1, -2, 1, 3],\ y[n] = [-2, -1, 0, 2]$$

(a) 선형 컨볼루션 $x[n]*y[n]$

(b) 원형 컨볼루션 $x[n]\circledast y[n]$

(c) $x[n]$과 $y[n]$의 교차-상관 $R_{xy}[p]$

(d) $y[n]$과 $x[n]$의 교차-상관 $R_{yx}[p]$

(e) $x[n]$의 자가-상관 $R_{xx}[p]$

(f) MATLAB을 이용하여 (a)부터 (e)까지의 결과를 확인하여라.

12.33 연습문제 12.31의 시퀀스를 0을 덧대어 확장하고 확장된 시퀀스에 대한 원형 컨볼루션의 결과가 원래 신호에 대한 선형 컨볼루션과 같아지도록 확장된 시퀀스에 대해 원형 컨볼루션을 수행하여라.

12.34 연습문제 12.32의 시퀀스를 0을 덧대어 확장하고 확장된 시퀀스에 대한 원형 컨볼루션의 결과가 원래 신호에 대한 선형 컨볼루션과 같아지도록 확장된 시퀀스에 대해 원형 컨볼루션을 수행하여라.

12.35 $x[n]$과 $h[n]$의 4-포인트 DFT가 다음과 같다.

$$X[k] = [12, -2 - j2, 0, -2 + j2]$$

그리고

$$H[k] = [2.3, 0.51 - j0.81, 0.68, 0.51 + j0.81]$$

$y[n] = x[n]*h[n]$일 때, $y[2]$의 값을 구하여라.

12.36 두 개의 이산-시간 신호의 4-포인트 DFT가 다음과 같다.

$$X[k] = [22, -4 + j2, -6, -4 - j2]$$

그리고

$$Y[k] = [8, -2 - j2, 0, -2 + j2]$$

(a) $v[n] = x[n]*y[n]$일 때, $v[2]$의 값을 구하여라.

(b) $w[n] = x[n]⊛y[n]$일 때, $w[2]$의 값을 구하여라.

(c) $R_{xy}[2]$를 구하여라.

(d) $R_{yx}[2]$를 구하여라.

(e) $R_{xx}[2]$를 구하여라.

(f) 신호 $x[n]$의 주기성 도표 스펙트럼 추정을 계산하여라.

12.7절

12.37 풀-프레임, 2차원 이산 코사인 변환(2D-DCT)을 이용하여 간단한 이미지 압축 알고리즘을 구현하여라. (2D-DCT와 역2D-DCT는 MATLAB에서 각각 *dct2*와 *idct2*로 구현되어 있다.)

(a) 흑백 영상을 하나 선택하여 MATLAB으로 읽어들여라.

(b) *dct2* 명령어를 이용하여 이미지의 DCT 계수를 계산하여라.

(c) *idct2* 명령어를 이용하여 역DCT를 구하여라. 복원된 영상을 unit8 형식으로 변환하여 디스플레이해봄으로써 영상을 제대로 복원했는지 확인한다.

(d) 유지되는 가장 낮은 수평 및 수직 주파수(즉, DCT 계수 행렬의 왼쪽 가장 윗부분)에 해당하는 DCT 계수의 퍼센트를 입력 인자로 받는 MATLAB 함수를 작성하여라. 매우 조잡한 형태의 신호 압축을 위해 나머지 계수들은 모두 0으로 세팅한다. 입력 인자가 차례대로 50, 25, 15, 10, 5, 1%가 되도록 이 함수를 사용하여, 역DCT를 계산하고 각각의 경우에 대해 이미지를 디스플레이한다.

(i) 몇 퍼센트에서 이미지의 화질 저하가 눈에 띄게 나타나는가?

(ii) 왜 가장 높은 주파수 계수 대신 가장 낮은 주파수 계수를 유지하는가?

(e) 다음 결과들을 출력하여 제출하여라.

(i) 원본 이미지

(ii) DCT 계수가 1%인 이미지

(iii) 이미지의 화질 저하가 눈에 띄는 이미지

13 이산-시간 시스템에 대한 상태 변수

State Variables for Discrete-Time Systems

8장에서 연속-시간 시스템에 대한 상태-변수 모델을 소개하였다. 이 장에서는 이산-시간 시스템에 대한 상태-변수 모델을 소개한다. 이 장의 내용은 8장의 내용과 거의 유사하지만, 8장 내용을 반드시 알아야 하는 것은 아니다.

10장에서, 이산-시간 선형 시불변(LTI) 시스템을 계수가 상수인 선형 차분 방정식으로 모델링하는 것에 대해 논의하였다. 이 시스템을 형태 I과 형태 II 시뮬레이션 다이어그램을 이용하여 블록 다이어그램으로 표현하는 것에 대해서도 살펴보았다. 형태 I 표현은 N차 시스템에 대해 $2N$개의 시간 지연 블록이 필요하고, 반면에 형태 II 표현은 N개의 시간 지연 블록이 필요하다. 이 장에서는 이 표현 방법을 크게 확장하여 N차 시스템을 나타내는 N개의 연립 일차 차분 방정식의 집합인 시스템 모델을 얻는다. 이 모델을 *상태-변수 모델*(state-variable model) 또는 간단하게 *상태 모델*이라고 한다.

상태-변수 모델은 다음과 같은 장점이 있다.

1. 입력-출력 모델에 더해 시스템의 내부 구조를 알려준다. 따라서 상태-변수 모델은 전달 함수와 같은 입력-출력 모델보다 더 일반적이다.
2. 상태 변수를 사용한 비선형 시변(time-varying) 시스템의 모델은 선형 시불변(LTI) 시스템의 상태-변수 모델을 상대적으로 간단하게 확장한 것이다.
3. 몇몇 분석 및 설계 과정에서 상태-변수 모델이 필요하다. 이 모델은 컴퓨터 기반으로 제어되는 연속-시간 시스템의 설계에서 폭넓게 이용된다[1-2].
4. 상태-변수 이론을 이용하면 하나의 주어진 디지털 필터를 서로 다른 다양한 방법으로 구현할 수 있다. 이렇게 다양한 방법으로 구현하게 되면, 주어진 필터에 대해, 어떤 구현은 다른 구현에 비해 수치 계산의 정확도, 랜덤-잡음 생성 등의 면에서 장점을 가질 수 있다.

상태-변수 모델을 통한 분석 및 설계는 행렬 연산이 필요하다. 필요한 기초적인 수학 내용이 부록 G에 정리되어 있다. 이 장에서 사용되는 행렬과 관련된 용어들도 또한 부록에 정의되어 있다.

13.1 차분 방정식

9장과 10장에서, 이산-시간 시스템을 차분 방정식으로 모델링하는 것에 대해 소개하였다. 이산-시간 시스템이 선형이고 시불변이면(LTI), 이 시스템을 전달함수로 나타낼 수 있다. 기호 $\mathscr{Z}[\cdot]$는 z-변환을 나타낸다고 하자. 입력이 $U(z) = \mathscr{Z}[u[n]]$이고 출력이 $Y(z) = \mathscr{Z}[y[n]]$인 LTI 시스템에 대해, 10장으로부터 다음과 같이 쓸 수 있었다.

$$Y(z) = H(z)U(z) \tag{13.1}$$

여기서 $H(z)$는 시스템 전달함수다. 이 이산-시간 시스템은 그림 13.1의 두 가지 블록 다이어그램 중 하나로 표현할 수 있다. 임펄스 응답 $h[n]$과 전달함수 $H(z)$는 $H(z) = \mathscr{Z}[h[n]]$으로 관련되어 있다. 변수 $x[n]$은 상태 변수를 나타내는 데 사용하므로 식 (13.1)에서 입력을 나타내는 데에 변수 $u[n]$을 사용하였다. 일반적인 입력 함수로서 기호 $u[n]$을 사용하는데 $u[n]$을 또한 이산-시간 단위 계단 함수로도 사용하기 때문에 혼동을 일으킬 수도 있다. 그러나 이러한 혼동에도 불구하고 상태-변수 모델에서 입력 신호를 나타내는 데에 이 기호를 흔히 사용한다.

먼저 예를 통해 상태 변수를 소개하고, 그런 다음 일반적인 내용을 다룰 것이다. 다음과 같이 계수가 상수인 이차 선형 차분 방정식을 생각해보자.

$$y[n+2] - 0.7y[n+1] + 0.9y[n] = 2u[n] \tag{13.2}$$

이 식에서, $u[n]$은 입력이고 $y[n]$은 출력이다. 일반적으로 상태 모델에서는 시간 지연보다는 시간 앞섬으로 차분 방정식을 작성한다. 물론, 식 (13.2)에서 n을 $(n-2)$로 대신 써서, 식 (13.2)를 또한 다음과 같이 쓸 수 있다.

$$y[n] - 0.7y[n-1] + 0.9y[n-2] = 2u[n-2] \tag{13.3}$$

초기 조건을 무시하면, 표 11.4로부터 식 (13.2)의 z-변환을 다음과 같이 구할 수 있다.

$$(z^2 - 0.7z + 0.9)Y(z) = 2U(z)$$

따라서 전달함수는 다음과 같다.

$$H(z) = \frac{Y(z)}{U(z)} = \frac{2}{z^2 - 0.7z + 0.9} \tag{13.4}$$

식 (13.2)와 식 (13.4)는 시스템에 대해 각각 차분 방정식 모델과 전달함수 모델이 된다. 이제 세 번째 모델을 유도해보자.

식 (13.2)에 대해 다음 두 개의 상태 변수를 정의한다.

$$x_1[n] = y[n]$$

그리고 (13.5)

$$x_2[n] = y[n+1] = x_1[n+1]$$

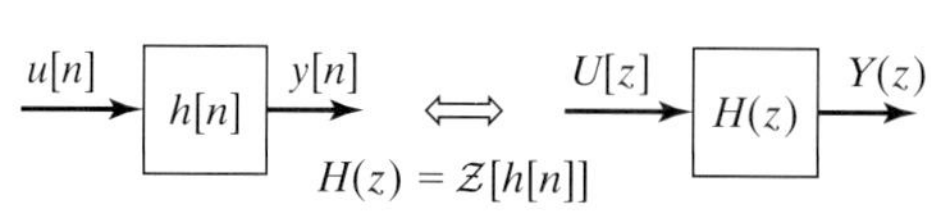

그림 13.1 LTI 시스템

이제 식 (13.2)를 다음과 같이 쓴다.

$$y[n+2] = 0.7y[n+1] - 0.9y[n] + 2u[n]$$

식 (13.5)를 사용하면, 이 식을 다음과 같이 나타낼 수 있다.

$$\begin{aligned} x_2[n+1] = y[n+2] &= 0.7y[n+1] - 0.9y[n] + 2u[n] \\ &= 0.7x_2[n] - 0.9x_1[n] + 2u[n] \end{aligned} \tag{13.6}$$

따라서 식 (13.5)와 식 (13.6)으로부터 다음과 같은 상태 방정식을 얻는다.

$$\begin{aligned} x_1[n+1] &= x_2[n]; \\ x_2[n+1] &= -0.9x_1[n] + 0.7x_2[n] + 2u[n]; \\ y[n] &= x_1[n] \end{aligned} \tag{13.7}$$

이 과정을 거꾸로 하여 식 (13.7)로부터 식 (13.2)와 같은 차분 방정식을 유도해낼 수도 있다. 따라서 식 (13.7)은 식 (13.2)와 동일한 입력-출력 특성을 갖는 시스템의 모델이다.

식 (13.7)에서 첫 두 개의 방정식은 연립 일차 차분 방정식이고 세 번째 방정식은 상태 변수와 출력 변수를 연결한다. 이 방정식들은 일반적으로 다음과 같이 벡터-행렬 형태로 쓴다.

$$\begin{aligned} \begin{bmatrix} x_1[n+1] \\ x_2[n+1] \end{bmatrix} &= \begin{bmatrix} 0 & 1 \\ -0.9 & 0.7 \end{bmatrix} \begin{bmatrix} x_1[n] \\ x_2[n] \end{bmatrix} + \begin{bmatrix} 0 \\ 2 \end{bmatrix} u[n]; \\ y[n] &= [1 \quad 0] \begin{bmatrix} x_1[n] \\ x_2[n] \end{bmatrix} \end{aligned} \tag{13.8}$$

이 식은 식 (13.2)의 시스템에 대한 하나의 완전한 상태 방정식 집합을 이룬다. 13.6절에서 논의하겠지만, 이 집합이 유일한 것은 아니다. 즉, 시스템의 상태로 다른 변수들을 정의할 수 있다.

이산-시간 LTI 시스템의 상태 방정식의 표준적인 형태는 다음과 같다.

$$\mathbf{x}[n+1] = \mathbf{A}\mathbf{x}[n] + \mathbf{B}\mathbf{u}[n]$$

그리고

$$\mathbf{y}[n] = \mathbf{C}\mathbf{x}[n] + \mathbf{D}\mathbf{u}[n] \tag{13.9}$$

여기서 볼드체는 벡터와 행렬을 나타낸다. 이 식에서,

$\mathbf{x}[n]$ = N차 시스템에 대한 $(N \times 1)$ 상태 벡터
$\mathbf{u}[n]$ = 시스템의 입력 신호들로 이루어진 $(r \times 1)$ 벡터
$\mathbf{y}[n]$ = 정의된 출력 신호들로 이루어진 $(p \times 1)$ 벡터
$\mathbf{A}$ = $(N \times N)$ 시스템 행렬
$\mathbf{B}$ = $(N \times r)$ 입력 행렬
$\mathbf{C}$ = $(p \times N)$ 출력 행렬
$\mathbf{D}$ = 입력과 출력 사이의 직접적인 연결을 나타내는 $(p \times r)$ 행렬

식 (13.9)에서의 벡터를 전개하면 다음과 같다.

$$\mathbf{x}[n+1] = \begin{bmatrix} x_1[n+1] \\ x_2[n+1] \\ \vdots \\ x_N[n+1] \end{bmatrix}, \qquad \mathbf{x}[n] = \begin{bmatrix} x_1[n] \\ x_2[n] \\ \vdots \\ x_N[n] \end{bmatrix},$$
$$\mathbf{u}[n] = \begin{bmatrix} u_1[n] \\ u_2[n] \\ \vdots \\ u_r[n] \end{bmatrix}, \quad \text{그리고} \quad \mathbf{y}[n] = \begin{bmatrix} y_1[n] \\ y_2[n] \\ \vdots \\ y_p[n] \end{bmatrix} \tag{13.10}$$

앞에서 언급하였듯이, 입력 함수를 $u_i[n]$으로 나타내는 것이 표준적인 기호 방법이다. 식 (13.9)에서 i번째 상태 방정식을 보면 다음과 같다.

$$\begin{aligned} x_i[n+1] = a_{i1}x_1[n] + a_{i2}x_2[n] + \cdots + a_{iN}x_N[n] \\ + b_{i1}u_1[n] + \cdots + b_{ir}u_r[n] \end{aligned} \tag{13.11}$$

i번째 출력 방정식은

$$\begin{aligned} y_i[n] = c_{i1}x_1[n] + c_{i2}x_2[n] + \cdots + c_{iN}x_N[n] \\ + d_{i1}u_1[n] + \cdots + d_{ir}u_r[n] \end{aligned} \tag{13.12}$$

이다.

이제 시스템의 *상태*(state)를 정의한다.

> 임의의 시각 n_0에서 시스템의 상태는 $n \geqq n_0$에 대한 모든 입력과 함께 $n \geqq n_0$에 대한 시스템의 행동을 결정하는 정보다.

표준 형태의 상태-변수 방정식 (13.9)의 상태 벡터 $\mathbf{x}[n]$은 이 정의를 만족한다는 것을 보일 것이다.

식 (13.9)의 두 개의 행렬 방정식을 시스템의 *상태 방정식*(state equation)이라고 한다. 첫 번째 차분 방정식은 *상태 방정식*이라 하고 두 번째 대수 방정식은 *출력 방정식*이라 한다. 상태 방정식은 일차 행렬 차분 방정식이고 상태 벡터 $\mathbf{x}[n]$은 이 방정식의 해다. $\mathbf{x}[n]$과 입력 벡터 $\mathbf{u}[n]$에 대한 정보가 주어졌을 때, 대수 방정식인 출력 방정식은 출력 $\mathbf{y}[n]$을 만들어낸다.

식 (13.9)에서의 상태 방정식에서 식의 좌변에 나타날 수 있는 유일한 변수는 $x_i[n+1]$이고 우변에 나타날 수 있는 변수는 $x_i[n]$과 $u_i[n]$이다. 출력 방정식에는 오직 $y_i[n]$, $x_i[n]$, $u_i[n]$만 나타날 수 있다($x_i[n+1]$나 $u_i[n+1]$은 나타날 수 없다). LTI 시스템을 모델링하는 유효한 방정식이 꼭 이러한 규칙을 따라서 작성되어야 하는 것은 아니지만, 이런 규칙을 따르지 않는다면 표준 형태라고 할 수는 없다.

표준 형태의 상태 방정식 (13.9)는 하나 이상의 입력과 하나 이상의 출력을 가질 수 있다. 하나 이상의 출력과 하나 이상의 출력을 갖는 시스템을 *다변수 시스템*(multivariable system)이라 한다. 단일-입력 시스템에 대해, 행렬 $\mathbf{B}$는 $(N \times 1)$인 열벡터이고 입력은 스칼라 $u[n]$이다. 단일-출력 시스템에 대해, 행렬 $\mathbf{C}$는 $(1 \times N)$인 행벡터이고 출력은 스칼라 $y[n]$이다. 다음 예는 다변수 시스템에 대한 예다.

예제 13.1 삼차 이산 시스템의 상태 변수

다음 연립 차분 방정식으로 기술되는 시스템을 생각해보자.

$$y_1[n+2] + 2y_1[n] + 3y_2[n] = u_1[n] + 9u_2[n]$$

그리고

$$y_2[n+1] + 4y_2[n] - 6y_1[n+1] = 5u_1[n]$$

여기서 $u_1[n]$과 $u_2[n]$은 입력 신호이고 $y_1[n]$과 $y_2[n]$은 출력 신호다. 출력을 상태로 정의하고 필요하다면 시간 앞섬 출력도 상태로 정의한다. 따라서

$$x_1[n] = y_1[n]; \quad x_2[n] = y_1[n+1] = x_1[n+1]; \quad x_3[n] = y_2[n]$$

이다. 시스템 차분 방정식으로부터 다음과 같이 쓴다.

$$\begin{aligned} y_1[n+2] = x_2[n+1] &= -2y_1[n] - 3y_2[n] + u_1[n] + 9u_2[n] \\ &= -2x_1[n] - 3x_3[n] + u_1[n] + 9u_2[n]; \\ y_2[n+1] = x_3[n+1] &= -4y_2[n] + 6y_1[n+1] + 5u_1[n] \\ &= 6x_2[n] - 4x_3[n] + 5u_1[n] \end{aligned}$$

상태 방정식을 다음 순서로 다시 쓴다.

$$\begin{aligned} x_1[n+1] &= x_2[n]; \\ x_2[n+1] &= -2x_1[n] - 3x_3[n] + u_1[n] + 9u_2[n]; \\ x_3[n+1] &= 6x_2[n] - 4x_3[n] + 5u_1[n] \end{aligned}$$

출력 방정식은

$$y_1[n] = x_1[n]$$

그리고

$$y_2[n] = x_3[n]$$

이다. 이 방정식을 다음과 같이 벡터-행렬 형태로 쓸 수 있다.

$$\mathbf{x}[n+1] = \begin{bmatrix} 0 & 1 & 0 \\ -2 & 0 & -3 \\ 0 & 6 & -4 \end{bmatrix}\mathbf{x}[n] + \begin{bmatrix} 0 & 0 \\ 1 & 9 \\ 5 & 0 \end{bmatrix}\mathbf{u}[n]$$

그리고

$$\mathbf{y}[n] = \begin{bmatrix} 1 & 0 & 0 \\ 0 & 0 & 1 \end{bmatrix}\mathbf{x}[n]$$

따라서 주어진 시스템에 대한 상태 방정식 집합을 유도하였다. ■

이 절에서는 표준 형태의 LTI 이산-시간 시스템 상태 모델을 소개하였다. 차분 방정식으로 기술되는 두 개의 시스템으로 상태 모델을 보였다. 다음 절에서는 시스템 전달함수 $H(z)$로부터 직접 상태 모델을 얻어내는 과정에 대해 설명한다.

13.2 시뮬레이션 다이어그램

13.1절에서, 시스템 차분 방정식으로부터 시스템의 상태 모델을 구하는 두 가지 예를 보였는데, 그 예에서 보여준 상태 모델 유도 과정은 유용하다. 이 절에서는 그 과정을 확장하여 시스템의 전달함수로부터 직접 얻어지는 상태 모델을 제시하고자 한다.

제시하고자 하는 과정은 10.6절에서 보여준 형태 II 표현 또는 시뮬레이션 다이어그램에 기반을 둔다. 그림 13.2에 반복하여 다시 보여주고 있는 이 시뮬레이션 다이어그램은 다음 전달함수로 N차 시스템을 나타낸다.

$$H(z) = \frac{Y(z)}{U(z)} = \frac{b_0 z^N + b_1 z^{N-1} + \cdots + b_{N-1} z + b_N}{z^N + a_1 z^{N-1} + \cdots + a_{N-1} z + a_N} \tag{13.13}$$

여기서 $U(z)$는 입력(입력의 변환)이고 $Y(z)$는 출력이다. 분모식에서 계수 a_0은 1로 정규화되어 있음에 유의한다. 이 계수가 주어진 전달함수에서 1이 아니면, 분자식과 분모식을 a_0으로 나누면 식 (13.13)을 얻어낼 수 있다. 따라서 식 (13.13)은 일반적인 식이다.

식 (13.13)을 다음과 같이 나타낼 수 있다.

$$\begin{aligned}&(z^N + a_1 z^{N-1} + \cdots + a_{N-1} z + a_N) Y(z)\\ &= (b_0 z^N + b_1 z^{N-1} + \cdots + b_{N-1} z + b_N) U(z)\end{aligned} \tag{13.14}$$

10장에서 보여준 과정을 사용하거나 또는 역z-변환을 사용하여, 시스템 차분 방정식을 다음과 같이 쓴다.

$$\begin{aligned}&y[n+N] + a_1 y[n+N-1] + \cdots + a_{N-1} y[n+1] + a_N y[n]\\ &= b_0 u[n+N] + b_1 u[n+N-1] + \cdots + b_{N-1} u[n+1] + b_N u[n]\end{aligned}$$

이 방정식은 합 기호를 써서 다음과 같이 쓸 수 있다.

$$\sum_{k=0}^{N} a_k y[n+N-k] = \sum_{k=0}^{N} b_k u[n+N-k] \tag{13.15}$$

여기서 $a_0 = 1$이다. 따라서 전달함수 식 (13.13)으로 모델링되는 시스템은 식 (13.15)의 차분 방정식으로 기술된다. 전달함수 식 (13.13)을 유도할 때 초기 조건은 무시하였음을 기억해야 한다. 따라서 역z-변환을 구할 때에도 초기 조건은 무시해야 한다.

이제 식 (13.13)과 그림 13.2의 시스템에 대해 상태 모델을 작성하는 과정을 설명하고자 한다. 먼저, 그림 13.2에서 보여주는 것처럼 각 시간 지연마다 상태 변수를 표기한다. 시간 지연의 출력이 $x_i[n]$이면 이 시간 지연의 입력은 $x_i[n+1]$이어야 한다. 다음으로, 그림에 나타낸 것과 같이 신호 $x_i[n+1]$을 시뮬레이션 다이어그램에 추가한다. 그런 다음 그림 13.2의 시간 지연의 입력 신호에 대한 방정식을 작성한다.

$$\begin{aligned}x_1[n+1] &= x_2[n];\\ x_2[n+1] &= x_3[n];\\ &\vdots\\ x_{N-1}[n+1] &= x_N[n];\\ x_N[n+1] &= -a_N x_1[n] - a_{N-1} x_2[n] - \cdots - a_2 x_{N-1}[n] - a_1 x_N[n] + u[n]\end{aligned} \tag{13.16}$$

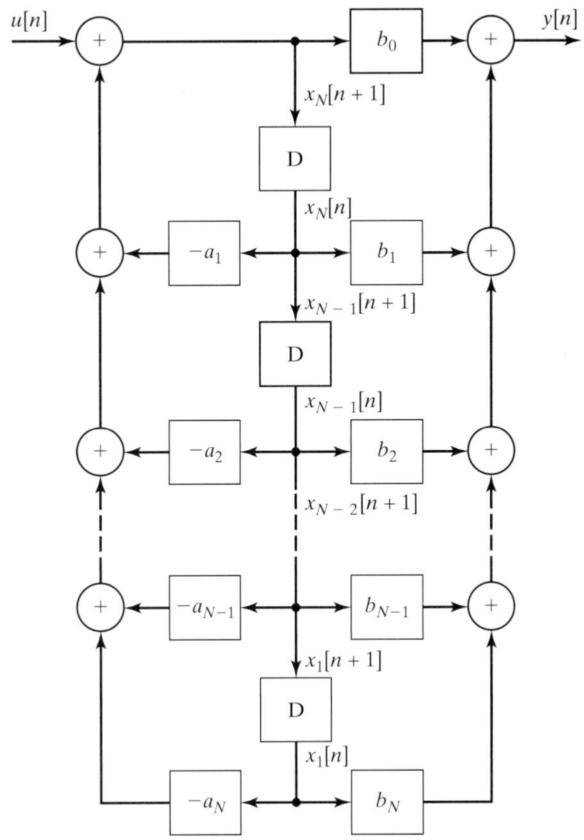

그림 13.2 N-차 시스템의 직접 형태 II

그림 13.2로부터 출력 신호에 대한 방정식은

$$\begin{aligned} y[n] &= (b_N - a_N b_0)x_1[n] + (b_{N-1} - a_{N-1}b_0)x_2[n] \\ &\quad + \cdots + (b_1 - a_1 b_0)x_N[n] + b_0 u[n] \end{aligned} \tag{13.17}$$

이다. 이제 식 (13.16)과 식 (13.17)을 행렬 방정식으로 쓴다.

$$\mathbf{x}[n+1] = \begin{bmatrix} 0 & 1 & 0 & \cdots & 0 & 0 \\ 0 & 0 & 1 & \cdots & 0 & 0 \\ \vdots & \vdots & \vdots & & \vdots & \vdots \\ 0 & 0 & 0 & \cdots & 0 & 1 \\ -a_N & -a_{N-1} & -a_{N-2} & \cdots & -a_2 & -a_1 \end{bmatrix} \mathbf{x}[n] + \begin{bmatrix} 0 \\ 0 \\ \vdots \\ 0 \\ 1 \end{bmatrix} u[n]; \tag{13.18}$$

$$\mathbf{y}[n] = [(b_N - a_N b_0)\,(b_{N-1} - a_{N-1}b_0)\,\cdots\,(b_1 - a_1 b_0)]\mathbf{x}[n] + b_0 u[n]$$

계수 a_i와 b_i들이 전달함수 식 (13.13)과 차분 방정식 (13.15)에 모두 나타나 있기 때문에, 시뮬레이션 다이어그램을 그리는 중간 단계가 필요 없이, 이 두 식으로부터 바로 상태 방정식을 작성할 수 있음에 주목하길 바란다. 다음 예에서 이러한 사실을 확인해보자.

예제 13.2 전달함수로부터 상태 방정식 구하기

다음과 같은 전달함수를 갖는 시스템이 있다고 가정하자.

$$H(z) = \frac{2z^2 + 3z + 1.5}{z^2 - 1.1z + 0.8} = \frac{b_0 z^2 + b_1 z + b_2}{z^2 + a_1 z + a_2}$$

이 시스템의 상태 방정식을 식 (13.18)로부터 다음과 같이 바로 쓸 수 있다.

$$\begin{aligned} \mathbf{x}[n+1] &= \begin{bmatrix} 0 & 1 \\ -0.8 & 1.1 \end{bmatrix}\mathbf{x}[n] + \begin{bmatrix} 0 \\ 1 \end{bmatrix}u[n]; \\ y[n] &= [(1.5 - 0.8 \times 2)(3 + 1.1 \times 2)]\mathbf{x}[n] + 2u[n] \\ &= [-0.1 \quad 5.2]x[n] + 2u[n] \end{aligned} \tag{13.19}$$

■

시스템에 대한 임의의 형태의 시뮬레이션 다이어그램이 주어졌을 때, 그림 13.2로부터 식 (13.9)를 작성하는 과정을 사용하여 상태 방정식을 쓸 수 있다. 즉, 형태 II 표현이 꼭 필요한 것은 아니다. 이 과정에서, 시간 지연의 출력을 상태로 선정한다. 따라서 시간 지연의 입력은 이산-시간 증분 하나만큼의 시간이 앞선 상태다. 그러면 시간 지연의 입력 $x_i[n+1]$과 출력 $y[n]$을 시스템의 입력 $u[n]$과 시간 지연 출력 $x_i[n]$, 그리고 시스템의 파라미터의 함수로 작성한다. 이제 이 과정을 좀 더 살펴보자.

시뮬레이션 다이어그램에서 어떤 신호가 시간 지연을 통과할 때 그 신호는 바뀌게 된다. 따라서 신호에 대한 표기가 바뀐다. 시간 지연의 입력을 $x_i[n+1]$로 나타내면 출력은 $x_i[n]$이 된다. 다이어그램에서 시간 지연 블록들을 생략하면 상태-방정식 작성 과정이 간단해진다. 즉, 시간 지연 블록들을 생략하고 남은 다이어그램으로부터 바로 상태 방정식을 작성한다. 복잡한 시뮬레이션 다이어그램이라면 특히나 이렇게 생략하는 과정이 유용하다. 그림 13.3의 시스템에서 시간 지연들을 생략한 시스템을 그림 13.4에 나타내었다. 시간 지연 블록들을 생략하였더라도 이 그림에 모든 신호들이 나타나 있다는 점에 유의한다. 또한 $x_i[n+1]$과 $x_i[n]$을 표기함으로써 시간 지연 블록들의 효과도 포함되어 있다.

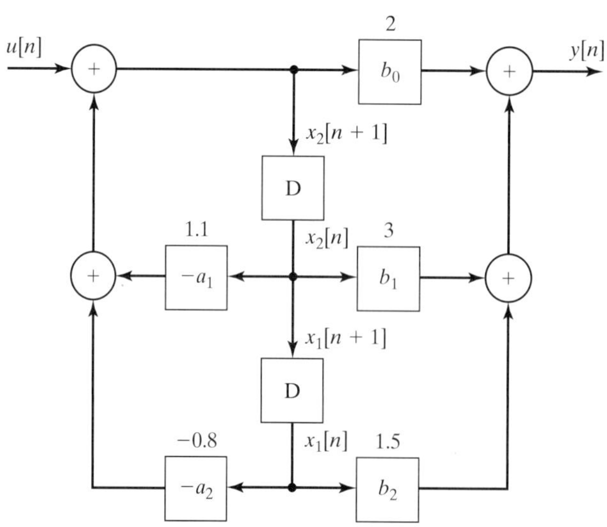

그림 13.3 이차 시스템

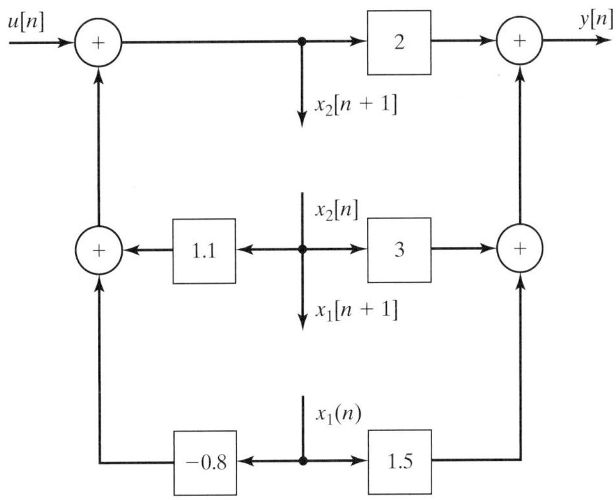

그림 13.4 이차 시스템

이 과정의 마지막 단계는 다이어그램에서 시간 지연의 입력과 시스템의 출력을 시스템의 입력, 시간 지연의 출력, 그리고 시스템의 파라미터의 함수로 방정식을 작성하는 것이다. 그림 13.4에 대해 이렇게 작성한 결과는 다음과 같다.

$$\begin{aligned} x_1[n+1] &= x_2[n]; \\ x_2[n+1] &= -0.8x_1[n] + 1.1x_2[n] + u[n]; \\ y[n] &= (1.5 - 1.6)x_1[n] + (3 + 2.2)x_2[n] + 2u[n] \\ &= -0.1x_1[n] + 5.2x_2[n] + 2u[n] \end{aligned}$$

이 식들은 식 (13.18)을 이용한 예제 13.2에서 얻었던 결과를 확인시켜준다. 이 과정에 대한 두 번째 예를 살펴보자.

예제 13.3 시뮬레이션 다이어그램으로부터 상태 방정식 작성하기

이제 그림 13.5(a)의 시뮬레이션 다이어그램에 대한 상태 방정식을 작성하여 보자. 이 다이어그램은 10장에서 설명한 두 가지의 표준 형태가 아님에 유의한다. 이 시스템은 두 개의 시간 지연 블록을 가지고 있고 이차 시스템이다. 먼저, 상태 변수를 나타내고 시간 지연 블록을 생략하여 이 시뮬레이션 다이어그램을 다시 그린다. 그 결과가 그림 13.5(b)이다. 이 다이어그램으로부터 행렬 형태로 다음과 같이 상태 방정식을 작성한다.

$$\begin{aligned} \mathbf{x}[n+1] &= \begin{bmatrix} 0.9 & 0.7 \\ 0 & 0.96 \end{bmatrix}\mathbf{x}[n] + \begin{bmatrix} 1 \\ 2 \end{bmatrix}u[n]; \\ y[n] &= [1.5 \quad 2.5]\mathbf{x}[n] \end{aligned}$$ ■

13.1절에서, 차분 방정식으로부터 상태 방정식을 작성하는 한 가지 과정을 소개하였다. 이 절에서는 전달함수로부터 상태 방정식을 작성하는 과정을 소개하였다. 그런 다음 시뮬레이션 다이어그램으로부터 바로 상태 방정식을 작성하는 방법으로까지 이 과정을 확장하였다.

정리하면, 이산-시간 물리적 시스템의 모델은 다음 방법으로 명시할 수 있다.

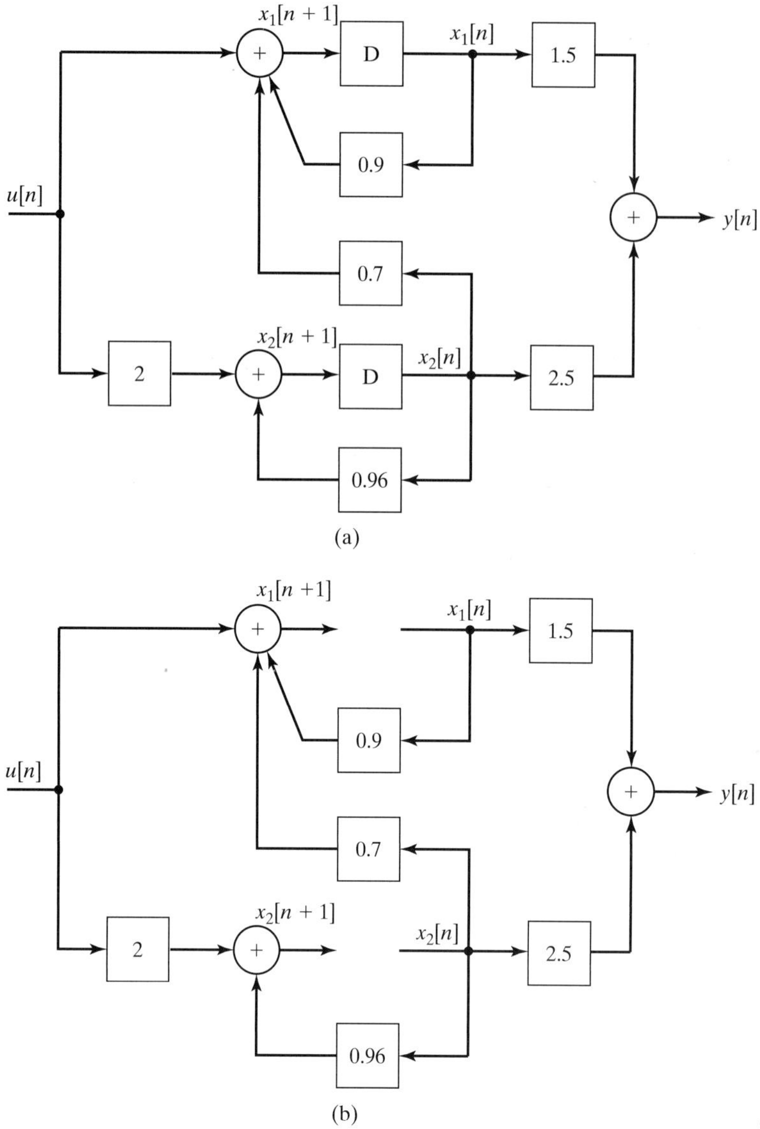

그림 13.5 예제 13.3의 시스템

1. 차분 방정식
2. 전달함수
3. 시뮬레이션 다이어그램
4. 상태 방정식

이 절에서 위 네 모델을 모두 보여주었다. 13.5절에서는 상태 방정식으로부터 전달함수를 얻는 과정을 설명할 것인데, 그 전에 상태 방정식의 해를 구하는 과정을 먼저 생각해보자.

13.3 상태 방정식의 해 구하기

시스템의 차분 방정식, 전달함수 또는 시뮬레이션 다이어그램이 주어졌을 때, 시스템에 대한 상태 방정식을 작성하는 과정을 설명하였다. 이 절에서는 상태 방정식의 해를 구하는 두 가지 방법에 대해 소개한다.

재귀적인 방법

다음과 같은 상태 방정식을 생각하자.

$$\mathbf{x}[n+1] = \mathbf{A}\mathbf{x}[n] + \mathbf{B}\mathbf{u}[n]$$

그리고 (13.20)

$$\mathbf{y}[n] = \mathbf{C}\mathbf{x}[n] + \mathbf{D}\mathbf{u}[n]$$

초기 상태 벡터 $\mathbf{x}[0]$을 알고 있고, $n \geqq 0$일 때 입력 벡터 $\mathbf{u}[n]$에 대해서도 안다고 가정한다. 재귀적인 방법으로 $n = 1$일 때 다음과 같이 쓴다.

$$\mathbf{x}[1] = \mathbf{A}\mathbf{x}[0] + \mathbf{B}\mathbf{u}[0]$$

그리고 $n = 2$일 때는 다음과 같이 쓸 수 있다.

$$\begin{aligned}\mathbf{x}[2] &= \mathbf{A}\mathbf{x}[1] + \mathbf{B}\mathbf{u}[1] \\ &= \mathbf{A}(\mathbf{A}\mathbf{x}[0] + \mathbf{B}\mathbf{u}[0]) + \mathbf{B}\mathbf{u}[1] \\ &= \mathbf{A}^2\mathbf{x}[0] + \mathbf{A}\mathbf{B}\mathbf{u}[0] + \mathbf{B}\mathbf{u}[1]\end{aligned}$$

비슷한 방식으로 다음과 같음을 보일 수 있다.

$$\begin{aligned}\mathbf{x}[3] &= \mathbf{A}^3\mathbf{x}[0] + \mathbf{A}^2\mathbf{B}\mathbf{u}[0] + \mathbf{A}\mathbf{B}\mathbf{u}[1] + \mathbf{B}\mathbf{u}[2]; \\ \mathbf{x}[4] &= \mathbf{A}^4\mathbf{x}[0] + \mathbf{A}^3\mathbf{B}\mathbf{u}[0] + \mathbf{A}^2\mathbf{B}\mathbf{u}[1] + \mathbf{A}\mathbf{B}\mathbf{u}[2] + \mathbf{B}\mathbf{u}[3]\end{aligned}$$

이러한 패턴으로부터 일반해는 다음과 같다는 것을 알 수 있다.

$$\begin{aligned}\mathbf{x}[n] &= \mathbf{A}^n\mathbf{x}[0] + \mathbf{A}^{n-1}\mathbf{B}\mathbf{u}[0] + \mathbf{A}^{n-2}\mathbf{B}\mathbf{u}[1] + \cdots + \mathbf{A}\mathbf{B}\mathbf{u}[n-2] + \mathbf{B}\mathbf{u}[n-1] \\ &= \mathbf{A}^n\mathbf{x}[0] + \sum_{k=0}^{n-1}\mathbf{A}^{(n-1-k)}\mathbf{B}\mathbf{u}[k]\end{aligned} \quad (13.21)$$

여기서 $\mathbf{A}^0 = \mathbf{I}$다. 이 해로부터 다음과 같은 *상태-천이 행렬*(state-transition matrix) $\mathbf{\Phi}[n]$을 정의한다.

$$\mathbf{\Phi}[n] = \mathbf{A}^n \quad (13.22)$$

이 행렬을 또한 *기본 행렬*(fundamental matrix)이라 하기도 한다. 식 (13.21)로부터 해를 다음과 같이 나타낼 수 있다.

$$\mathbf{x}[n] = \mathbf{\Phi}[n]\mathbf{x}[0] + \sum_{k=0}^{n-1}\mathbf{\Phi}[n-1-k]\mathbf{B}\mathbf{u}[k] \quad (13.23)$$

그리고 식 (13.20)으로부터 출력 벡터는 다음과 같다.

$$\begin{aligned}\mathbf{y}[n] &= \mathbf{C}\mathbf{x}[n] + \mathbf{D}\mathbf{u}[n] \\ &= \mathbf{C}\mathbf{\Phi}[n]\mathbf{x}[0] + \sum_{k=0}^{n-1}\mathbf{C}\mathbf{\Phi}[n-1-k]\mathbf{B}\mathbf{u}[k] + \mathbf{D}\mathbf{u}[n]\end{aligned} \tag{13.24}$$

식 (13.24)에서 합은 컨볼루션 합임에 유의한다. 이것은 놀라운 사실이 아닌데 LTI 시스템에 대한 출력 신호 $y[n]$은 식 (10.13)에서와 같이 컨볼루션 합으로 표현되기 때문이다.

상태 방정식의 완전한 해가 식 (13.24)로 주어지지만, 실제로는 $\mathbf{\Phi}[n]$을 일반적으로 n에 대한 함수로 구하지는 않는다. 대신 상태 방정식을 이용하여 디지털 컴퓨터상에서 상태 방정식의 해를 재귀적으로 구한다. 다음 예는 해의 재귀적인 성질을 보여준다.

예제 13.4 상태 방정식의 재귀적인 해

다음 전달함수를 갖는 이산-시간 시스템을 생각해보자.

$$H(z) = \frac{z+3}{z^2-5z+6} = \frac{b_1 z + b_2}{z^2 + a_1 z + a_2}$$

식 (13.18)로부터 상태 방정식을 다음과 같이 쓴다.

$$\begin{aligned}\mathbf{x}[n+1] &= \begin{bmatrix} 0 & 1 \\ -6 & 5 \end{bmatrix}\mathbf{x}[n] + \begin{bmatrix} 0 \\ 1 \end{bmatrix}u[n]; \\ y[n] &= [3 \quad 1]\mathbf{x}[n]\end{aligned}$$

초기 조건이 $\mathbf{x}[0] = [2 \quad 2]^T$이고 입력 신호는 $n \geqq 0$일 때, $u[n] = 1$인 단위 계단 함수라고 가정한다. $n = 1$일 때부터 그다음엔 $n = 2$, $n = 3$ 등등에서 상태 방정식의 값을 계산하여 재귀적으로 해를 구할 수 있다.

$$\begin{aligned}\mathbf{x}[1] &= \begin{bmatrix} 0 & 1 \\ -6 & 5 \end{bmatrix}\mathbf{x}[0] + \begin{bmatrix} 0 \\ 1 \end{bmatrix}u[0] = \begin{bmatrix} 0 & 1 \\ -6 & 5 \end{bmatrix}\begin{bmatrix} 2 \\ 2 \end{bmatrix} + \begin{bmatrix} 0 \\ 1 \end{bmatrix}(1) = \begin{bmatrix} 2 \\ -1 \end{bmatrix}; \\ y[1] &= [3 \quad 1]\begin{bmatrix} 2 \\ -1 \end{bmatrix} = 5\end{aligned}$$

그리고

$$\begin{aligned}\mathbf{x}[2] &= \begin{bmatrix} 0 & 1 \\ -6 & 5 \end{bmatrix}\begin{bmatrix} 2 \\ -1 \end{bmatrix} + \begin{bmatrix} 0 \\ 1 \end{bmatrix} = \begin{bmatrix} -1 \\ -16 \end{bmatrix}; \\ y[2] &= [3 \quad 1]\begin{bmatrix} -1 \\ -16 \end{bmatrix} = -19\end{aligned}$$

따라서,

$$\begin{aligned}\mathbf{x}[3] &= \begin{bmatrix} 0 & 1 \\ -6 & 5 \end{bmatrix}\begin{bmatrix} -1 \\ -16 \end{bmatrix} + \begin{bmatrix} 0 \\ 1 \end{bmatrix} = \begin{bmatrix} -16 \\ -73 \end{bmatrix}; \\ y[3] &= [3 \quad 1]\begin{bmatrix} -16 \\ -73 \end{bmatrix} = -121\end{aligned}$$

연달아 이어지는 시각에 상태와 출력값을 재귀적으로 결정할 수 있다. 이 과정은 디지털 컴퓨터로 구현하는 상황에 잘 들어맞는다. ■

예제 13.4에서 출력값이 발산하는 것처럼 보인다. 즉, 불안정한 시스템임을 암시한다. 10.5절에서 시스템의 특성방정식은 전달함수의 분모식을 0으로 놓은 것임을 떠올리면, 즉 특성방정식은

$$z^2 - 5z + 6 = (z - 2)(z - 3) = 0$$

이다. 전달함수의 극점이 $z = 2$와 $z = 3$에서 나타나는 것을 알 수 있다. 이 점들은 단위원 바깥에 놓여 있다. 따라서 이 시스템은 불안정하다. 시스템의 모드(mode)는 $(2)^n$과 $(3)^n$으로 주어지고, 불안정성이 명확히 드러난다.

마지막 예에서 이렇게 재귀적으로 해를 구하는 과정을 수행하는 MATLAB 프로그램은 다음과 같다.

```
A = [0 1;-6 5] ;B = [0;1] ;C = [3 1] ;
xn = [2;2] ;
for n = 0:3
   yn = C*xn
    xnplus1 = A*xn+B*1;
    xn = xnplus1;
end
result: y = 8 5 -19 -121
```

z-변환 해 구하기

이전에 구했던 다음 상태 방정식의

$$\mathbf{x}[n + 1] = \mathbf{A}\mathbf{x}[n] + \mathbf{B}\mathbf{u}[n] \tag{13.25}$$

일반해는 다음과 같다.

[식 (13.23)]
$$\mathbf{x}[n] = \mathbf{\Phi}[n]\mathbf{x}[0] + \sum_{k=0}^{n-1} \mathbf{\Phi}[n - 1 - k]\mathbf{B}\mathbf{u}[k]$$

여기서 상태-천이 행렬 $\mathbf{\Phi}[n] = \mathbf{A}^n$이다. 이제 이 해를 z-변환을 이용하여 구할 수도 있음을 보이고자 한다.

표 11.4의 z-변환 성질로부터 다음 사실을 떠올린다.

$$\mathcal{Z}(x_i[n + 1]) = zX_i(z) - zx_i[0]$$

식 (13.25)의 첫 번째 스칼라 방정식은 다음과 같다.

$$\begin{aligned} x_1[n + 1] = {} & a_{11}x_1[n] + a_{12}x_2[n] + \cdots + a_{1N}x_N[n] \\ & + b_{11}u_1[n] + \cdots + b_{1r}u_r[n] \end{aligned} \tag{13.26}$$

이 방정식에 z-변환을 취하면 다음을 얻는다.

$$\begin{aligned} zX_1(z) - zx_1[0] = {} & a_{11}X_1(z) + a_{12}X_2(z) + \cdots + a_{1N}X_N(z) \\ & + b_{11}U_1(z) + \cdots + b_{1r}U_r(z) \end{aligned} \tag{13.27}$$

완전한 해를 구하고자 하기 때문에 초기 조건 $x_1[0]$이 포함되어 있다. 식 (13.25)에서 두 번째 방정식은 다음과 같다.

$$x_2[n+1] = a_{21}x_1[n] + a_{22}x_2[n] + \cdots + a_{2N}x_N[n] \\ + b_{21}u_1[n] + \cdots + b_{2r}u_r[n] \tag{13.28}$$

이 방정식의 z-변환은

$$zX_2(z) - zx_2[0] = a_{21}X_1(z) + a_{22}X_2(z) + \cdots + a_{2N}X_N(z) \\ + b_{21}U_1(z) + \cdots + b_{2r}U_r(z) \tag{13.29}$$

이다.

식 (13.25)에서 나머지 $(n-2)$개의 방정식의 z-변환은 이와 동일한 형태의 방정식이다. 그러면 이렇게 변환된 방정식을 다음과 같은 행렬 형태로 쓸 수 있음을 알 수 있다.

$$z\mathbf{X}(z) - z\mathbf{x}[0] = \mathbf{AX}(z) + \mathbf{BU}(z)$$

$\mathbf{X}(z)$에 대해 풀고자 하기 때문에, 식의 좌변에 $\mathbf{X}(z)$를 포함하는 항들을 모은다.

$$z\mathbf{X}(z) - \mathbf{AX}(z) = z\mathbf{x}[0] + \mathbf{BU}(z) \tag{13.30}$$

이 방정식을 풀기 위해서는 $\mathbf{X}(z)$ 인수를 묶어낼 필요가 있다. 먼저, $z\mathbf{X}(z)$ 항을 $z\mathbf{IX}(z)$로 쓴다. 여기서 $\mathbf{I}$는 단위행렬이다(부록 G 참조).

$$z\mathbf{IX}(z) - \mathbf{AX}(z) = (z\mathbf{I} - \mathbf{A})\mathbf{X}(z) = z\mathbf{x}[0] + \mathbf{BU}(z) \tag{13.31}$$

이 추가적인 단계가 필요한 이유는 행렬 $\mathbf{A}$를 스칼라 z로부터 빼는 것이 정의되지 않기 때문이다. 따라서 식 (13.30)에서 바로 $\mathbf{X}(z)$를 인수로 묶을 수가 없다. 이제 식 (13.31)을 $\mathbf{X}(z)$에 대하여 풀면

$$\mathbf{X}(z) = z(z\mathbf{I} - \mathbf{A})^{-1}\mathbf{x}[0] + (z\mathbf{I} - \mathbf{A})^{-1}\mathbf{BU}(z) \tag{13.32}$$

이다. 해 $\mathbf{x}[n]$은 이 식의 역z-변환이다.

식 (13.32)와 식 (13.23)을 비교해보면, 상태 천이 행렬 $\mathbf{\Phi}[n]$이 다음과 같다는 것을 알 수 있다.

$$\mathbf{\Phi}[n] = \mathscr{Z}^{-1}[\mathbf{\Phi}(z)] = \mathscr{Z}^{-1}[z(z\mathbf{I} - \mathbf{A})^{-1}] \tag{13.33}$$

행렬 $\mathbf{\Phi}(z) = z(z\mathbf{I} - \mathbf{A})^{-1}$을 $\mathbf{A}$의 *resolvant*라고 한다[3]. N차 시스템에 대해, 상태 천이 행렬은 $N \times N$ 행렬임에 유의한다. 식 (13.32)에서와 같이 어떤 행렬의 역z-변환은 행렬의 각 원소들의 역변환으로 정의된다. $z(z\mathbf{I} - \mathbf{A})^{-1}$를 계산하는 데에 컴퓨터 알고리즘을 사용할 수 있다[3].

식 (13.32)의 역z-변환을 구하는 것은 일반적으로 어렵고, 시간이 많이 걸리며 틀리기 쉽다. 상태 벡터 $\mathbf{x}[n]$을 계산하는 좀 더 실용적인 방법은 앞에서 언급한 것과 같이 재귀적으로 컴퓨터로 푸는 것이다. 다음 예제에서 상태 천이 행렬의 계산 과정을 볼 수 있다.

예제 13.5 이차 시스템의 상태 천이 행렬

예제 13.4의 시스템을 이용한다. 이 예로부터, 상태 방정식은 다음과 같다.

$$\mathbf{x}[n+1] = \begin{bmatrix} 0 & 1 \\ -6 & 5 \end{bmatrix}\mathbf{x}[n] + \begin{bmatrix} 0 \\ 1 \end{bmatrix}u[n]$$

그리고

$$y[n] = [3 \quad 1]\mathbf{x}[n]$$

상태 천이 행렬을 구하기 위해, 먼저 행렬 $(z\mathbf{I} - \mathbf{A})$를 계산한다.

$$z\mathbf{I} - \mathbf{A} = z\begin{bmatrix} 1 & 0 \\ 0 & 1 \end{bmatrix} - \begin{bmatrix} 0 & 1 \\ -6 & 5 \end{bmatrix} = \begin{bmatrix} z & -1 \\ 6 & z-5 \end{bmatrix}$$

이 행렬의 역행렬을 구하기 위해, 이 행렬의 수반행렬을 구한다(부록 G 참조).

$$\mathrm{Adj}(z\mathbf{I} - \mathbf{A}) = \begin{bmatrix} z-5 & 1 \\ -6 & z \end{bmatrix}$$

$(z\mathbf{I} - \mathbf{A})$의 행렬식은 다음과 같다.

$$\begin{aligned} \det(z\mathbf{I} - \mathbf{A}) &= z(z-5) - (-1)(6) \\ &= z^2 - 5z + 6 = (z-2)(z-3) \end{aligned}$$

나중에 보여주겠지만, 이 행렬식은 언제나 전달함수의 분모식과 동일하다. 한 행렬의 역행렬은 수반행렬을 행렬식으로 나눈 것이다.

$$\begin{aligned} z(z\mathbf{I} - \mathbf{A})^{-1} &= \begin{bmatrix} \dfrac{z(z-5)}{(z-2)(z-3)} & \dfrac{z}{(z-2)(z-3)} \\ \dfrac{-6z}{(z-2)(z-3)} & \dfrac{z^2}{(z-2)(z-3)} \end{bmatrix} \\ &= \begin{bmatrix} \dfrac{3z}{z-2} + \dfrac{-2z}{z-3} & \dfrac{-z}{z-2} + \dfrac{z}{z-3} \\ \dfrac{6z}{z-2} + \dfrac{-6z}{z-3} & \dfrac{-2z}{z-2} + \dfrac{3z}{z-3} \end{bmatrix} \end{aligned}$$

상태 천이 행렬은 이 행렬의 역z-변환이다. 따라서 표 11.2로부터

$$\mathbf{\Phi}[n] = \begin{bmatrix} 3(2)^n - 2(3)^n & -(2)^n + (3)^n \\ 6(2)^n - 6(3)^n & -2(2)^n + 3(3)^n \end{bmatrix}$$

이다. 이차 시스템에 대한 상태 천이 행렬은 2×2 행렬임을 알 수 있다. 비슷한 식으로 N차 시스템에 대한 상태 천이 행렬은 $N \times N$ 행렬이다.

다음 MATLAB 프로그램으로 $\mathbf{\Phi}[n]$을 계산할 수 있다.

```
syms z n A I2 Phiz phin
A=[0 1;-6 5]
I2=[1 0;0 1];
Phiz=z*inv(z*I2-A)
phin=iztrans(Phiz)
```

■

예제 13.5에서, 시스템의 모드가 상태 천이 행렬에서 바로 눈에 보인다. 이것은 항상 그러한데 resolvant 행렬 $(z\mathbf{I} - \mathbf{A})^{-1}$의 원소들의 분모식이 항상 전달함수의 분모식이기 때문이다. 상태 천이 행렬의 이러한 성질을 13.4에서 증명할 것이다.

상태 방정식의 완전한 해는 다음과 같다.

[식 (13.32)] $$\mathbf{X}(z) = z(z\mathbf{I} - \mathbf{A})^{-1}\mathbf{x}[0] + (z\mathbf{I} - \mathbf{A})^{-1}\mathbf{B}\mathbf{U}(z)$$

다음 예는 이 완전한 해를 보여준다.

예제 13.6 상태 방정식의 z-변환 해

예제 13.4와 예제 13.5에서 기술된 시스템을 생각해보자. 상태 방정식은 다음과 같다.

$$\mathbf{x}[n+1] = \begin{bmatrix} 0 & 1 \\ -6 & 5 \end{bmatrix}\mathbf{x}[n] + \begin{bmatrix} 0 \\ 1 \end{bmatrix}u[n];$$

$$y[n] = [3 \quad 1]\mathbf{x}[n]$$

그러므로 resolvant 행렬 $(z\mathbf{I} - \mathbf{A})^{-1}$은

$$(z\mathbf{I} - \mathbf{A})^{-1} = \begin{bmatrix} \dfrac{z-5}{(z-2)(z-3)} & \dfrac{1}{(z-2)(z-3)} \\ \dfrac{-6}{(z-2)(z-3)} & \dfrac{z}{(z-2)(z-3)} \end{bmatrix}$$

이다. 단위 계단 함수를 입력으로 인가했다고 가정하자. 그러면 표 11.2로부터 $U(z) = z/(z-1)$이고 식 (13.32)에서 두 번째 항은 다음과 같이 된다.

$$(z\mathbf{I} - \mathbf{A})^{-1}\mathbf{B}U(z) = \begin{bmatrix} \dfrac{z-5}{(z-2)(z-3)} & \dfrac{1}{(z-2)(z-3)} \\ \dfrac{-6}{(z-2)(z-3)} & \dfrac{z}{(z-2)(z-3)} \end{bmatrix}\begin{bmatrix} 0 \\ 1 \end{bmatrix}\frac{z}{z-1}$$

$$= \begin{bmatrix} \dfrac{z}{(z-1)(z-2)(z-3)} \\ \dfrac{z^2}{(z-1)(z-2)(z-3)} \end{bmatrix} = \begin{bmatrix} \dfrac{z/2}{z-1} + \dfrac{-z}{z-2} + \dfrac{z/2}{z-3} \\ \dfrac{z/2}{z-1} + \dfrac{-2z}{z-2} + \dfrac{3z/2}{z-3} \end{bmatrix}$$

이 행렬의 역z-변환은 표 11.2로부터 $n \geqq 0$일 때,

$$\mathscr{Z}^{-1}[(z\mathbf{I} - \mathbf{A})^{-1}\mathbf{B}U(z)] = \begin{bmatrix} \dfrac{1}{2} - (2)^n + \dfrac{1}{2}(3)^n \\ \dfrac{1}{2} - 2(2)^n + \dfrac{3}{2}(3)^n \end{bmatrix}$$

이다. 상태 천이 행렬을 예제 13.4에서 유도하였다. 따라서 식 (13.32)로부터 상태 방정식의 완전한 해는

$$\mathbf{x}[n] = \mathscr{Z}^{-1}[z(z\mathbf{I} - \mathbf{A})^{-1}\mathbf{x}[0] + (z\mathbf{I} - \mathbf{A})^{-1}\mathbf{B}\mathbf{U}(z)]$$

$$= \begin{bmatrix} 3(2)^n - 2(3)^n & -(2)^n + (3)^n \\ 6(2)^n - 6(3)^n & -2(2)^n + (3)^n \end{bmatrix}\begin{bmatrix} x_1[0] \\ x_2[0] \end{bmatrix} + \begin{bmatrix} \dfrac{1}{2} - (2)^n + \dfrac{1}{2}(3)^n \\ \dfrac{1}{2} - 2(2)^n + \dfrac{3}{2}(3)^n \end{bmatrix}$$

이고, 상태 변수는 다음과 같다.

$$x_1[n] = [3(2)^n - 2(3)^n]x_1[0] + [-(2)^n + (3)^n]x_2[0] + \frac{1}{2} - (2)^n + \frac{1}{2}(3)^n$$

$$= \frac{1}{2} + (3x_1[0] - x_2[0] - 1)(2)^n + \left(-2x_1[0] + x_2[0] + \frac{1}{2}\right)(3)^n$$

그리고

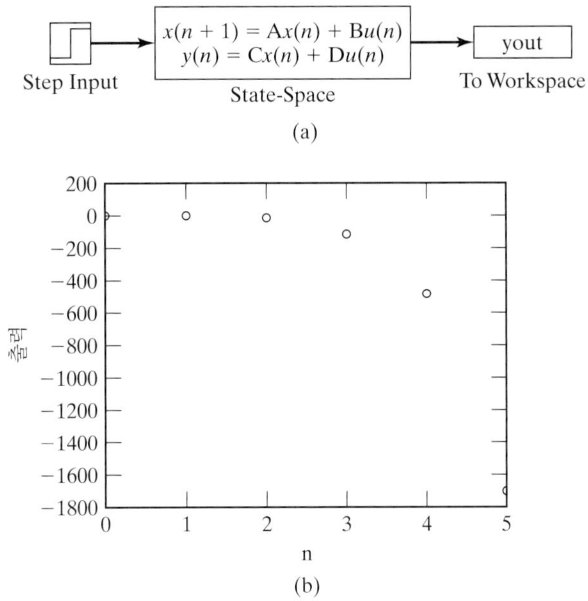

그림 13.6 예제 13.6의 SIMULINK 시뮬레이션

$$x_2[n] = [6(2)^n - 6(3)^n]x_1[0] + [-2(2)^n + 3(3)^n]x_2[0] + \frac{1}{2} - 2(2)^n + \frac{3}{2}(3)^n$$
$$= \frac{1}{2} + (6x_1[0] - 2x_2[0] - 2)(2)^n$$
$$+ \left(-6x_1[0] + 3x_2[0] + \frac{3}{2}\right)(3)^n$$

예를 들어, 예제 13.4에서와 같이 $\mathbf{x}[0] = [2 \quad 2]^T$에 대해 $n = 3$일 때,

$$x_1[3] = \frac{1}{2} + (3(2) - 2 - 1)(2)^3 + \left(-2(2) + 2 + \frac{1}{2}\right)(3)^3$$
$$= \frac{1}{2} + 24 - \frac{81}{2} - -16;$$
$$x_2[3] = \frac{1}{2} + (6(2) - 2(2) - 2)(2)^3 + \left(-6(2) + 3(2) + \frac{3}{2}\right)(3)^3$$
$$= \frac{1}{2} + 48 - \frac{243}{2} = -73;$$
$$y[3] = 3x_1[3] + x_2[3] = 3(-16) + (-73) = -121$$

이다. 이 값들은 예제 13.4에서 계산한 값들을 확인해준다. z-변환으로 상태 방정식의 해를 구하는 과정은 이차 시스템임에도 불구하고 매우 길고 복잡함을 알 수 있다. 따라서 디지털 컴퓨터를 이용한 신뢰할 만한 해를 구하는 방법이 필요하다는 것은 명확하다. SIMULINK 시뮬레이션을 그림 13.6에 나타내었다. 출력의 크기가 매우 큰 점에 주목한다. 이것은 시스템이 불안정한 데에서 기인한 것이다. ■

이 절에서는, 상태 방정식의 해를 표현하는 두 가지 방법을 유도하였다. 첫 번째 방법인 식 (13.23)은 이산-시간 영역에서 해를 표현하고, 두 번째 방법인 식 (13.32)는 z-변환으로서 해를 표현한다. 상태 천이 행렬은 행렬의 곱인 식 (13.22)나 z-변환인 식 (13.33)으로 구한다.

13.4 상태 천이 행렬의 성질

이 절에는 상태 천이 행렬의 세 가지 성질을 유도한다. 첫 번째로, 비인가(unforced) 시스템에 대해, 식 (13.23)으로부터

$$\mathbf{x}[n] = \mathbf{\Phi}[n]\mathbf{x}[0] \Rightarrow \mathbf{x}[0] = \mathbf{\Phi}[0]\mathbf{x}[0]$$

이고 따라서

$$\mathbf{\Phi}[0] = \mathbf{I} \tag{13.34}$$

이다. 여기서 $\mathbf{I}$는 단위행렬이다. 이 성질을 $\mathbf{\Phi}[n]$의 계산을 검증할 때 사용할 수 있다.

다음으로, 식 (13.22)로부터 $\mathbf{\Phi}[n] = \mathbf{A}^n$이다. 따라서 두 번째 성질은 다음과 같다.

$$\mathbf{\Phi}[n_1 + n_2] = \mathbf{A}^{n_1+n_2} = \mathbf{A}^{n_1}\mathbf{A}^{n_2} = \mathbf{\Phi}[n_1]\mathbf{\Phi}[n_2] \tag{13.35}$$

세 번째 성질은 다음 관계식으로부터 나온다.

$$\mathbf{\Phi}[-n] = \mathbf{A}^{-n} = [\mathbf{A}^n]^{-1} = \mathbf{\Phi}^{-1}[n]$$

그 결과,

$$\mathbf{\Phi}^{-1}[n] = \mathbf{\Phi}[-n] \tag{13.36}$$

이다.

요약하면, 상태 천이 행렬의 세 가지 성질은 다음 식들과 같다.

[식 (13.34)] $\qquad \mathbf{\Phi}[0] = \mathbf{I};$

[식 (13.35)] $\qquad \mathbf{\Phi}[n_1 + n_2] = \mathbf{\Phi}[n_1]\mathbf{\Phi}[n_2];$

[식 (13.36)] $\qquad \mathbf{\Phi}^{-1}[n] = \mathbf{\Phi}[-n]$

다음 예는 이 세 가지 성질을 보여준다.

예제 13.7 상태 천이 행렬의 성질 보여주기

세 가지 성질을 보여주기 위해 예제 13.6으로부터 다음과 같은 상태 천이 행렬을 생각해보자.

$$\mathbf{\Phi}[n] = \begin{bmatrix} 3(2)^n - 2(3)^n & -(2)^n + (3)^n \\ 6(2)^n - 6(3)^n & -2(2)^n + 3(3)^n \end{bmatrix}$$

식 (13.34)로부터 첫 번째 성질을 만족한다.

$$\mathbf{\Phi}[0] = \begin{bmatrix} 3(2)^0 - 2(3)^0 & -(2)^0 + (3)^0 \\ 6(2)^0 - 6(3)^0 & -2(2)^0 + 3(3)^0 \end{bmatrix} = \begin{bmatrix} 1 & 0 \\ 0 & 1 \end{bmatrix} = \mathbf{I}$$

두 번째 성질인 식 (13.35)으로부터 다음 식을 얻는다.

$$\mathbf{\Phi}[n_1]\mathbf{\Phi}[n_2] = \begin{bmatrix} 3(2)^{n_1} - 2(3)^{n_1} & -(2)^{n_1} + (3)^{n_1} \\ 6(2)^{n_1} - 6(3)^{n_1} & -2(2)^{n_1} + 3(3)^{n_1} \end{bmatrix}$$

$$\times \begin{bmatrix} 3(2)^{n_2} - 2(3)^{n_2} & -(2)^{n_2} + (3)^{n_2} \\ 6(2)^{n_2} - 6(3)^{n_2} & -2(2)^{n_2} + 3(3)^{n_2} \end{bmatrix}$$

행렬곱의 (1,1) 원소는 다음과 같다.

$$\begin{aligned}(1,1)\text{ 원소} &= [3(2)^{n_1} - 2(3)^{n_1}][3(2)^{n_2} - 2(3)^{n_2}] \\ &\quad + [-(2)^{n_1} + (3)^{n_1}][6(2)^{n_2} - 6(3)^{n_2}] = 9(2)^{n_1+n_2} \\ &\quad - 6(2)^{n_1}(3)^{n_2} - 6(2)^{n_2}(3)^{n_1} + 4(3)^{n_1+n_2} - 6(2)^{n_1+n_2} \\ &\quad + 6(2)^{n_1}(3)^{n_2} + 6(2)^{n_2}(3)^{n_1} - 6(3)^{n_1+n_2}\end{aligned}$$

이 항들을 정리하면

$$(1,1)\text{ 원소} = 3(2)^{n_1+n_2} - 2(3)^{n_1+n_2} \tag{13.37}$$

이고 이것은 $\mathbf{\Phi}[n_1 + n_2]$의 (1,1) 원소다. 비슷한 식으로 행렬곱의 나머지 원소들도 검증할 수 있다.

세 번째 성질인 식 (13.36)을 보여주기 위해, 이 예에 대해 이 성질이 참이라고 가정한다. 따라서

$$\begin{aligned}\mathbf{\Phi}[n]\mathbf{\Phi}[-n] &= \begin{bmatrix} 3(2)^n - 2(3)^n & -(2)^n + (3)^n \\ 6(2)^n - 6(3)^n & -2(2)^n + 3(3)^n \end{bmatrix} \\ &\quad \times \begin{bmatrix} 3(2)^{-n} - 2(3)^{-n} & -(2)^{-n} + (3)^{-n} \\ 6(2)^{-n} - 6(3)^{-n} & -2(2)^{-n} + 3(3)^{-n} \end{bmatrix} = \mathbf{I}\end{aligned}$$

이다. 위 두 번째 성질을 보여줄 때와 같이, 행렬곱의 (1,1) 원소만을 테스트한다. 식 (13.37)로부터 $n_1 = n$, $n_2 = -n$이라고 하면

$$\begin{aligned}(1,1)\text{ 원소} &= 3(2)^{n-n} - 2(3)^{n-n} \\ &= 3 - 2 = 1\end{aligned}$$

이다. 비슷한 식으로, 행렬곱의 나머지 원소들도 검증할 수 있다. ■

이 절에서는, 상태 천이 행렬의 세 가지 성질들을 살펴보았다. 첫 번째 성질인 $\mathbf{\Phi}[0] = \mathbf{I}$는 상태 천이 행렬의 계산을 검토할 때 쉽게 적용해볼 수 있다.

13.5 전달함수

13.2절에서 전달함수로부터 시스템의 상태 방정식을 작성하는 한 과정을 설명하였다. 이 절에서는 상태 방정식으로부터 전달함수를 계산하는 과정을 살펴본다.

단일-입력 단일-출력 시스템에 대한 표준적인 형태의 상태 방정식은 다음과 같다.

$$\mathbf{x}[n+1] = \mathbf{A}\mathbf{x}[n] + \mathbf{B}u[n]$$

그리고

$$y[n] = \mathbf{C}\mathbf{x}[n] + Du[n] \tag{13.38}$$

식 (13.38)에서 첫 번째 방정식에 z-변환을 취하면 다음 식을 얻는다[식 (13.30) 참조].

$$z\mathbf{X}(z) = \mathbf{A}\mathbf{X}(z) + \mathbf{B}U(z) \tag{13.39}$$

전달함수를 구하고자 하기 때문에 초기 조건을 무시한다. $\mathbf{X}(z)$에 대한 항들을 모으면

$$(z\mathbf{I} - \mathbf{A})\mathbf{X}(z) = \mathbf{B}U(z) \tag{13.40}$$

이 되고, $\mathbf{X}(z)$는 다음과 같다.

$$\mathbf{X}(z) = (z\mathbf{I} - \mathbf{A})^{-1}\mathbf{B}U(z) \tag{13.41}$$

식 (13.38)에서 출력 방정식에 z-변환을 취하면 다음 식을 얻는다.

$$Y(z) = \mathbf{C}\mathbf{X}(z) + DU(z) \tag{13.42}$$

식 (13.41)과 (13.42)로부터 시스템의 입력-출력 관계식은 다음과 같다.

$$Y(z) = [\mathbf{C}(z\mathbf{I} - \mathbf{A})^{-1}\mathbf{B} + D]U(z) \tag{13.43}$$

시스템 전달함수는 $Y(z) = H(z)U(z)$로 정의되기 때문에, 전달함수는 다음과 같음을 알 수 있다.

$$H(z) = \frac{Y(z)}{U(z)} = \mathbf{C}(z\mathbf{I} - \mathbf{A})^{-1}\mathbf{B} + D = \mathbf{C}\mathbf{\Phi}(z)\mathbf{B} + D \tag{13.44}$$

$\mathbf{C}$는 $1 \times N$ 행렬, $(z\mathbf{I} - \mathbf{A})^{-1}$은 $N \times N$ 행렬, $\mathbf{B}$는 $N \times 1$ 행렬이기 때문에 행렬곱 $\mathbf{C}(z\mathbf{I} - \mathbf{A})^{-1}\mathbf{B}$는 1×1 즉, 요구하는 대로 스칼라가 된다. 다음 예는 이 결과를 보여준다.

예제 13.8 상태 방정식으로부터 전달함수

다음과 같은 전달함수를 갖는 예제 13.4와 예제 13.5의 시스템을 생각하자.

$$H(z) = \frac{Y(z)}{U(z)} = \frac{z + 3}{z^2 - 5z + 6}$$

상태 방정식을 다음과 같이 구하였다.

$$\mathbf{x}[n+1] = \begin{bmatrix} 0 & 1 \\ -6 & 5 \end{bmatrix}\mathbf{x}[n] + \begin{bmatrix} 0 \\ 1 \end{bmatrix}u[n];$$

$$y[n] = [3 \quad 1]\mathbf{x}[n]$$

resolvant 행렬 $(z\mathbf{I} - \mathbf{A})^{-1}$을 예제 13.5에서 계산하였다. 그러면 식 (13.44)와 예제 13.5로부터 $D = 0$일 때,

$$\begin{aligned} H(z) &= \mathbf{C}(z\mathbf{I} - \mathbf{A})^{-1}\mathbf{B} \\ &= [3 \quad 1]\begin{bmatrix} \dfrac{z-5}{z^2 - 5z + 6} & \dfrac{1}{z^2 - 5z + 6} \\ \dfrac{-6}{z^2 - 5z + 6} & \dfrac{z}{z^2 - 5z + 6} \end{bmatrix}\begin{bmatrix} 0 \\ 1 \end{bmatrix} \\ &= [3 \quad 1]\begin{bmatrix} \dfrac{1}{z^2 - 5z + 6} \\ \dfrac{z}{z^2 - 5z + 6} \end{bmatrix} = \frac{z+3}{z^2 - 5z + 6} \end{aligned}$$

이다. 이 전달함수는 주어진 전달함수와 일치함을 알 수 있다. ■

식 (13.44)가 고차 시스템에 대한 전달함수를 계산하는 데에는 유용해 보이지 않지만, resolvant 행렬 $(z\mathbf{I} - \mathbf{A})^{-1}$을 계산하는 상대적으로 간단한 컴퓨터 알고리즘이 존재한다[3]. 예제 13.8의 계산을 해주는 MATLAB 프로그램은 다음과 같다.

```
A=[0 1;-6 5],B=[0;1],C=[3 1],D=0
[num,den]=ss2tf(A,B,C,D)
Hz=tf(num,den, -1)
```

안정성

11.6절에서 유계-입력 유계-출력(BIBO) 안정성을 LTI 전달함수로부터 판별할 수 있음을 보았다. 식 (13.13)으로부터 식 (13.44)의 전달함수를 다음과 같이 유리함수로 나타낼 수 있다.

$$H(z) = \mathbf{C}(z\mathbf{I} - \mathbf{A})^{-1}\mathbf{B} + D = \frac{b_0 z^N + \cdots + b_{N-1}z + b_N}{z^N + \cdots + a_{N-1}z + a_N} \tag{13.45}$$

11.6절로부터 $H(z)$의 모든 극점이 단위원 내부에 있으면 이 시스템은 BIBO 안정하다. 여기서 전달함수의 극점은 식 (13.45)의 분모 다항식의 영점이다.

전달함수 $H(z)$를 다음과 같이 나타낼 수 있다.

$$\mathbf{C}(z\mathbf{I} - \mathbf{A})^{-1}\mathbf{B} + D = \mathbf{C}\left[\frac{\text{adj}(z\mathbf{I} - \mathbf{A})}{\det(z\mathbf{I} - \mathbf{A})}\right]\mathbf{B} + D \tag{13.46}$$

따라서 $H(z)$의 분모 다항식은 $(z\mathbf{I} - \mathbf{A})$의 행렬식이다. 그러므로 전달함수의 극점은 다음 식의 근이다.

$$\det(z\mathbf{I} - \mathbf{A}) = 0 \tag{13.47}$$

그러면 이 방정식은 시스템의 특성방정식이다. 안정성은 **B**, **C**, **D**에는 영향을 받지 않고 오직 **A**만의 함수인 점에 유의한다. 사실, 식 (13.47)은 또한 한 개 이상의 입력과 한 개 이상의 출력을 갖는 다변수 시스템의 특성다항식이다. 다음 예는 상태 방정식으로 기술된 시스템의 안정성을 보여준다.

예제 13.9 상태 방정식으로부터 안정성

예제 13.8의 시스템을 고려한다. 상태 방정식은 다음과 같다.

$$\mathbf{x}[n+1] = \begin{bmatrix} 0 & 1 \\ -6 & 5 \end{bmatrix}\mathbf{x}[n]$$

안정성은 입력 및 출력과 무관하기 때문에 입력 항과 출력 항은 무시하였다. 식 (13.47)로부터 특성방정식은 다음과 같다.

$$\det(z\mathbf{I} - \mathbf{A}) = \det\begin{bmatrix} z & -1 \\ 6 & z-5 \end{bmatrix}$$
$$= z^2 - 5z + 6 = (z-2)(z-3) = 0$$

두 근은 $z = 2$와 $z = 3$에 위치한다. 두 극점이 모두 단위원 바깥쪽에 있다. 따라서 이 시스템은 예제 13.4에서 지적한 것과 같이 불안정하다. 이 시스템의 특성방정식을 계산하는 MATLAB 프로그램은 다음과 같다.

```
A=[0,1;-6 5]
charpoly=poly(A)
charroots=roots (charpoly)
```

■

이 절에서는 상태 방정식으로부터 전달함수를 계산하는 과정을 살펴보았다. 이 방법은 컴퓨터상에서 구현할 수 있고 고차 시스템의 전달함수를 구하는 실제 공학 현장에서 널리 사용된다. 마지막으로 시스템의 특성다항식은 $\det(z\mathbf{I} - \mathbf{A})$와 동일하다는 것을 보였다. 이 행렬식은 시스템의 모드를 계산한다. 이 모드는 시스템의 안정성과 안정한 시스템의 과도 응답 특성을 결정한다.

13.6 상사 변환

지금까지 이 장에서는 시스템의 차분 방정식, 시스템의 전달함수 또는 시스템의 시뮬레이션 다이어그램으로부터 상태-변수 모델을 구하는 과정에 대해 소개하였다. 이 절에서는 하나의 주어진 상태 모델로부터 다른 상태 모델을 구하는 과정을 제시한다. 이 과정을 통해 한 시스템은 무한히 많은 상태 모델을 갖는다는 것을 알게 될 것이다. 이 상태 모델들은 내부 특성은 다르지만, 입력-출력 특성은 모두 동일하다(즉, 전달함수들은 동일하다).

한 상태 모델로부터 다른 상태 모델을 얻어내는 과정은 연속-시간 시스템에 대한 8.6절에서 보여준 방법과 동일하므로, 단지 결과만 복습하기로 한다. 단일 입력 단일 출력의 이산-시간 상태 모델은 다음과 같다.

$$\begin{aligned}\mathbf{x}[n+1] &= \mathbf{A}\mathbf{x}[n] + \mathbf{B}u[n];\\ y[n] &= \mathbf{C}\mathbf{x}[n] + Du[n]\end{aligned} \tag{13.48}$$

그리고 식 (13.44)로부터 이 모델에 대한 전달함수는

$$H(z) = \frac{Y(z)}{U(z)} = \mathbf{C}(z\mathbf{I} - \mathbf{A})^{-1}\mathbf{B} + D \tag{13.49}$$

이다. 상사 변환은 다음과 같이 정의된다.

$$\mathbf{v}[n] = \mathbf{Q}\mathbf{x}[n] = \mathbf{P}^{-1}\mathbf{x}[n] \Rightarrow \mathbf{x}[n] = \mathbf{P}\mathbf{v}[n] \tag{13.50}$$

여기서 $\mathbf{v}[n]$은 새로운 상태 변수다. 그러면 변환된 상태 방정식은

$$\mathbf{v}[n+1] = \mathbf{A}_v\mathbf{v}[n] + \mathbf{B}_v u[n]$$

그리고

$$y[n] = \mathbf{C}_v\mathbf{v}[n] + D_v u[n] \tag{13.51}$$

이다. 여기서 $\mathbf{v}[n]$ 상태에 대한 변환된 행렬들은

$$\begin{aligned}&\mathbf{A}_v = \mathbf{P}^{-1}\mathbf{A}\mathbf{P}, \quad \mathbf{B}_\mathbf{v} = \mathbf{P}^{-1}\mathbf{B},\\ &\mathbf{C}_\mathbf{v} = \mathbf{C}\mathbf{P}, \text{ 그리고 } \quad D_v = D\end{aligned} \tag{13.52}$$

이다. 다음 세 개의 예제는 이산-시간 시스템에 대한 상사 변환을 보여준다. 이 예제들의 결과를 계산해주는 MATLAB 프로그램은 예제 13.12에서 제시한다.

예제 13.10 이차 시스템에 대한 상태-변수 변환

다음과 같은 전달함수를 갖는 예제 13.4의 시스템을 고려하자.

$$H(z) = \frac{Y(z)}{U(z)} = \frac{z+3}{z^2 - 5z + 6}$$

예제 13.4로부터 상태 방정식은 다음과 같다.

$$\mathbf{x}[n+1] = \begin{bmatrix} 0 & 1 \\ -6 & 5 \end{bmatrix}\mathbf{x}[n] + \begin{bmatrix} 0 \\ 1 \end{bmatrix}u[n]$$

그리고

$$y[n] = [3 \quad 1]\mathbf{x}[n]$$

임의로 다음처럼 $\mathbf{v}[n]$의 원소를 정의한다.

$$v_1[n] = x_1[n];$$
$$v_2[n] = x_1[n] + x_2[n]$$

그러면 식 (13.50)으로부터

$$\mathbf{v}[n] = \mathbf{Q}\mathbf{x}[n] = \begin{bmatrix} 1 & 0 \\ 1 & 1 \end{bmatrix}\mathbf{x}[n]$$

이고

$$\mathbf{P}^{-1} = \mathbf{Q} = \begin{bmatrix} 1 & 0 \\ 1 & 1 \end{bmatrix} \Rightarrow \mathbf{P} = \begin{bmatrix} 1 & 0 \\ -1 & 1 \end{bmatrix}$$

이다. 따라서 $\mathbf{x}[n] = \mathbf{P}\mathbf{v}[n]$의 원소들은 다음과 같이 표현된다.

$$x_1[n] = v_1[n];$$
$$x_2[n] = -v_1[n] + v_2[n]$$

이 예제로부터 벡터 $\mathbf{v}[n]$과 변환 $\mathbf{P} = \mathbf{Q}^{-1}$이 주어졌을 때, 벡터 $\mathbf{x}[n]$에 대해 풀 수 있다. 또는 벡터 $\mathbf{x}[n]$과 변환 $\mathbf{Q}$가 주어졌을 때, 벡터 $\mathbf{v}[n]$에 대해 풀 수 있다. ■

예제 13.11 이차 시스템에 대한 상사 변환

이 예제는 예제 13.12의 연속이다. 식 (13.52)로부터 변환된 행렬에 대한 시스템 행렬은 다음과 같이 된다.

$$\mathbf{A}_v = \mathbf{P}^{-1}\mathbf{A}\mathbf{P} = \begin{bmatrix} 1 & 0 \\ 1 & 1 \end{bmatrix}\begin{bmatrix} 0 & 1 \\ -6 & 5 \end{bmatrix}\begin{bmatrix} 1 & 0 \\ -1 & 1 \end{bmatrix}$$
$$= \begin{bmatrix} 0 & 1 \\ -6 & 6 \end{bmatrix}\begin{bmatrix} 1 & 0 \\ 1 & 1 \end{bmatrix} = \begin{bmatrix} -1 & 1 \\ -12 & 6 \end{bmatrix},$$
$$\mathbf{B}_v = \mathbf{P}^{-1}\mathbf{B} = \begin{bmatrix} 1 & 0 \\ 1 & 1 \end{bmatrix}\begin{bmatrix} 0 \\ 1 \end{bmatrix} = \begin{bmatrix} 0 \\ 1 \end{bmatrix}$$

그리고

$$\mathbf{C}_v = \mathbf{C}\mathbf{P} = [3 \quad 1]\begin{bmatrix} 1 & 0 \\ -1 & 1 \end{bmatrix} = [2 \quad 1]$$

그러면 변환된 상태 방정식은

$$\mathbf{v}[n+1] = \mathbf{A}_v\mathbf{v}[n] + \mathbf{B}_v u[n] = \begin{bmatrix} -1 & 1 \\ -12 & 6 \end{bmatrix}\mathbf{v}[n] + \begin{bmatrix} 0 \\ 1 \end{bmatrix}u[n]$$

이다.

$$y[n] = \mathbf{C}_v\mathbf{v}[n] = [2 \quad 1]\mathbf{v}[n]$$ ■

예제 13.12 예제 13.11의 시스템에 대한 전달함수

예제 13.11의 상태 모델을 검증하기 위해, 전달함수를 유도해보자. 식 (13.44)로부터

$$H_v(z) = \mathbf{C}_v(z\mathbf{I} - \mathbf{A}_v)^{-1}\mathbf{B}_v$$

이다. 먼저 $(z\mathbf{I} - \mathbf{A}_v)^{-1}$을 계산한다.

$$z\mathbf{I} - \mathbf{A}_v = z\begin{bmatrix} 1 & 0 \\ 0 & 1 \end{bmatrix} - \begin{bmatrix} -1 & 1 \\ -12 & 6 \end{bmatrix} = \begin{bmatrix} z+1 & -1 \\ 12 & z-6 \end{bmatrix}$$

그러므로

$$\det(z\mathbf{I} - \mathbf{A}) = z^2 - 5z - 6 + 12 = z^2 - 5z + 6$$

이다. 그러면, $\det(z\mathbf{I} - \mathbf{A}) = \Delta(z)$로 두면, 다음 식을 얻는다.

$$(z\mathbf{I} - \mathbf{A})^{-1} = \frac{\operatorname{adj}(z\mathbf{I} - \mathbf{A})}{\det(z\mathbf{I} - \mathbf{A})} = \begin{bmatrix} \dfrac{z-6}{\Delta(z)} & \dfrac{1}{\Delta(z)} \\ \dfrac{-12}{\Delta(z)} & \dfrac{z+1}{\Delta(z)} \end{bmatrix}$$

따라서 전달함수는 다음과 같다.

$$\begin{aligned} H_v(z) &= \mathbf{C}_v(z\mathbf{I} - \mathbf{A}_v)^{-1}\mathbf{B}_v \\ &= [2 \quad 1]\begin{bmatrix} \dfrac{z-6}{\Delta(z)} & \dfrac{1}{\Delta(z)} \\ \dfrac{-12}{\Delta(z)} & \dfrac{z+1}{\Delta(z)} \end{bmatrix}\begin{bmatrix} 0 \\ 1 \end{bmatrix} \\ &= \begin{bmatrix} \dfrac{2z-24}{\Delta(z)} & \dfrac{z+3}{\Delta(z)} \end{bmatrix}\begin{bmatrix} 0 \\ 1 \end{bmatrix} = \frac{z+3}{z^2 - 5z + 6} \end{aligned}$$

이 전달함수는 예제 13.10에서 주어진 전달함수와 같다. 다음 MATLAB 프로그램은 예제 13.11과 예제 13.12의 결과를 계산해준다.

```
A=[0 1;-6 5];B=[0;1];C=[3 1];D=0;P=[1 0;1 1];
sys1=ss(A,B,C,D,-1)
sys2=ss2ss(sys1,P)
[num,den]=ss2tf(A,B,C,D,1);
Hz=tf(num,den,-1)
```

■

상사 변환의 성질들

예제들을 통해 상사 변환을 보여주었다. 다음으로 이 변환의 몇 가지 중요한 성질들을 유도해본다. 먼저 $(z\mathbf{I} - \mathbf{A}_v)$의 행렬식을 생각해보자. 식 (13.52)로부터

$$\begin{aligned} \det(z\mathbf{I} - \mathbf{A}_v) &= \det(z\mathbf{I} - \mathbf{P}^{-1}\mathbf{A}\mathbf{P}) = \det(z\mathbf{P}^{-1}\mathbf{I}\mathbf{P} - \mathbf{P}^{-1}\mathbf{A}\mathbf{P}) \\ &= \det[\mathbf{P}^{-1}(z\mathbf{I} - \mathbf{A})\mathbf{P}] \end{aligned} \tag{13.53}$$

이다. 두 정방행렬(square matrix)에 대해 다음 식이 성립한다.

$$\det \mathbf{R}_1\mathbf{R}_2 = \det \mathbf{R}_1 \det \mathbf{R}_2 \tag{13.54}$$

그러면 식 (13.53)을 다음과 같이 표현할 수 있다.

$$\det(z\mathbf{I} - \mathbf{A}_v) = \det \mathbf{P}^{-1} \det(z\mathbf{I} - \mathbf{A}) \det \mathbf{P} \tag{13.55}$$

왜냐하면 행렬 $\mathbf{R}$에 대해, $\mathbf{R}^{-1}\mathbf{R} = \mathbf{I}$이기 때문이다. 따라서

$$\det \mathbf{R}^{-1}\mathbf{R} = \det \mathbf{R}^{-1} \det \mathbf{R} = \det \mathbf{I} = 1 \tag{13.56}$$

이다. 그러므로 식 (13.55)는 다음과 같은 첫 번째 성질을 말해준다.

$$\det(z\mathbf{I} - \mathbf{A}_v) = \det(z\mathbf{I} - \mathbf{A}) \tag{13.57}$$

$\det(z\mathbf{I} - \mathbf{A})$의 근은 $\mathbf{A}$의 *특성값*(characteristic value) 또는 *고윳값*(eigenvalue)이다(부록 G 참조). 그러므로 식 (13.57)로부터 $\mathbf{A}_v$의 고윳값은 $\mathbf{A}$의 고윳값과 동일하다. 상사 변환에 의해 전달함수는 바뀌지 않고 고윳값은 전달함수의 극점이므로, 고윳값들이 상사 변환에 의해 바뀌지 않는다는 사실은 놀랍지 않다.

이제 두 번째 성질을 유도하자. 식 (13.57)로부터 $z = 0$일 때,

$$\det \mathbf{A}_v = \det \mathbf{A} \tag{13.58}$$

이다. $\mathbf{A}_v$의 행렬식은 $\mathbf{A}$의 행렬식과 같다. 이 성질은 또한 행렬의 행렬식은 그 행렬의 고윳값들의 곱이라는 사실로부터 알 수 있다(부록 G 참조).

상사 변환의 세 번째 성질도 또한 $\mathbf{A}_v$의 고윳값이 $\mathbf{A}$의 고윳값과 동일하다는 사실로부터 알 수 있다. 어떤 행렬의 대각합(행렬의 대각 원소들의 합)은 고윳값들의 합과 같다. 따라서

$$\operatorname{tr} \mathbf{A}_v = \operatorname{tr} \mathbf{A} \tag{13.59}$$

이다.

네 번째 성질은 예제 13.12에서 보여주었다. 상사 변환에 의해 전달함수가 변하지 않기 때문에

$$\mathbf{C}_v(z\mathbf{I} - \mathbf{A}_v)^{-1}\mathbf{B}_v + D_v = \mathbf{C}(z\mathbf{I} - \mathbf{A})^{-1}\mathbf{B} + D \tag{13.60}$$

이다. 이 성질에 대한 증명은 연습문제로 남겨둔다.

상사 변환의 성질들을 요약하기 위해 먼저 행렬 $\mathbf{A}$의 고윳값들을 $\lambda_1, \lambda_2, \ldots, \lambda_N$으로 나타낸다. 그러면 식 (13.51)과 식 (13.52)의 상사 변환에 대해 다음 명제들은 참이다.

1. $\mathbf{A}$와 $\mathbf{A}_v$의 고윳값은 동일하다.

$$\begin{aligned}\det(z\mathbf{I} - \mathbf{A}) &= \det(z\mathbf{I} - \mathbf{A}_v) \\ &= (z - \lambda_1)(z - \lambda_2)\cdots(z - \lambda_N)\end{aligned} \tag{13.61}$$

2. $\mathbf{A}$와 $\mathbf{A}_v$의 행렬식은 동일하다.

$$\det \mathbf{A} = \det \mathbf{A}_v = \lambda_1\lambda_2\cdots\lambda_N \tag{13.62}$$

3. $\mathbf{A}$와 $\mathbf{A}_v$의 대각합은 동일하다.

$$\operatorname{tr} \mathbf{A} = \operatorname{tr} \mathbf{A}_v = \lambda_1 + \lambda_2 + \cdots + \lambda_N \tag{13.63}$$

4. 다음 전달함수는 동일하다.

$$\mathbf{C}_v(z\mathbf{I} - \mathbf{A}_v)^{-1}\mathbf{B}_v + D_v = \mathbf{C}(z\mathbf{I} - \mathbf{A})^{-1}\mathbf{B} + D \tag{13.64}$$

결론

앞 장들에서, 이산-시간 LTI 시스템의 모델을 차분 방정식이나 전달함수로 명시하였다. 두 경우 모두 시스템의 입력-출력 특성이 주어진다. 이 장에서는 세 번째 모델로써 상태-변수 모델을 소개하였다. 이 모델은 연립 일차 차분 방정식의 집합이다. 상태 모델은 상태 방정식이나 시뮬레이션 다이어그램으로 명시할 수 있다.

상태 모델은 입력-출력 특성뿐만 아니라 시스템 내부 모델도 보여준다. 이 장에서는 임의의 이 세 개의 모델로부터 다른 모델을 유도하는 방법들을 설명하였다.

주어진 시스템의 상태 모델이 유일하지 않음을 보였다. 상사 변환을 이용하여 하나의 주어진 상태 모델로부터 무수히 많은 다른 상태 모델을 만들어낼 수 있다. 서로 다른 상태 모델들은 내부 모델은 모두 다르지만, 입력-출력 특성은 모두 동일하다.

이산-시간 LTI 시스템의 상태 모델은 몇몇 종류의 분석 및 설계 방법을 적용할 때 필수적이다[1, 2]. 상태 모델은 특히 컴퓨터-보조 분석 및 설계에서 유용하다.

표 13.1을 참조한다.

표 13.1 13장의 주요 식들

수식 제목	수식 기호	수식
이산-시간 LTI 시스템의 상태 방정식	(13.9)	$\mathbf{x}[n+1] = \mathbf{A}\mathbf{x}[n] + \mathbf{B}\mathbf{u}[n]$ 그리고 $\mathbf{y}[n] = \mathbf{C}\mathbf{x}[n] + \mathbf{D}\mathbf{u}[n]$
행렬 형태의 상태 방정식	(13.18)	$\mathbf{x}[n+1] = \begin{bmatrix} 0 & 1 & 0 & \cdots & 0 & 0 \\ 0 & 0 & 1 & \cdots & 0 & 0 \\ \vdots & \vdots & \vdots & & \vdots & \vdots \\ 0 & 0 & 0 & \cdots & 0 & 1 \\ -a_N & -a_{N-1} & -a_{N-2} & \cdots & -a_2 & -a_1 \end{bmatrix}\mathbf{x}[n] + \begin{bmatrix} 0 \\ 0 \\ \vdots \\ 0 \\ 1 \end{bmatrix}u[n]$ $\mathbf{y}[n] = [(b_N - a_N b_0)(b_{N-1} - a_{N-1}b_0)\cdots(b_1 - a_1 b_0)]\mathbf{x}[n] + b_0 u[n]$
상태 천이 행렬	(13.22)	$\mathbf{\Phi}[n] = \mathbf{A}^n$
상태 방정식의 해	(13.23)	$\mathbf{x}[n] = \mathbf{\Phi}[n]\mathbf{x}[0] + \sum_{k=0}^{n-1}\mathbf{\Phi}[n-1-k]\mathbf{B}\mathbf{u}[k]$
상태 방정식의 컨볼루션 해	(13.24)	$\mathbf{y}[n] = \mathbf{C}\mathbf{x}[n] + \mathbf{D}\mathbf{u}[n]$ $= \mathbf{C}\mathbf{\Phi}[n]\mathbf{x}[0] + \sum_{k=0}^{n-1}\mathbf{C}\mathbf{\Phi}[n-1-k]\mathbf{B}\mathbf{u}[k] + \mathbf{D}\mathbf{u}[n]$
상태 천이 행렬	(13.33)	$\mathbf{\Phi}[n] = \mathscr{Z}^{-1}[\mathbf{\Phi}(z)] = \mathscr{Z}^{-1}[z(z\mathbf{I} - \mathbf{A})^{-1}]$
전달함수	(13.44)	$H(z) = \dfrac{Y(z)}{U(z)} = \mathbf{C}(z\mathbf{I} - \mathbf{A})^{-1}\mathbf{B} + D = \mathbf{C}\mathbf{\Phi}(z)\mathbf{B} + D$
상사 변환	(13.50)	$\mathbf{v}[n] = \mathbf{Q}\mathbf{x}[n] = \mathbf{P}^{-1}\mathbf{x}[n] \Rightarrow \mathbf{x}[n] = \mathbf{P}\mathbf{v}[n]$
변환된 상태 방정식	(13.51)	$\mathbf{v}[n+1] = \mathbf{A}_v\mathbf{v}[n] + \mathbf{B}_v u[n]$ 그리고 $y[n] = \mathbf{C}_v\mathbf{v}[n] + D_v u[n]$
변환된 행렬들	(13.52)	$\mathbf{A}_v = \mathbf{P}^{-1}\mathbf{A}\mathbf{P}, \quad \mathbf{B}_\mathbf{v} = \mathbf{P}^{-1}\mathbf{B}$ $\mathbf{C}_\mathbf{v} = \mathbf{C}\mathbf{P}$, 그리고 $D_v = D$

연습문제

13.1절

13.1 다음 차분 방정식으로 기술되는 각 시스템에 대한 상태 방정식을 작성하여라.

(a) $y[n+1] - 0.8y[n] = 1.9u[n]$

(b) $y[n] + 0.8y[n-2] = u[n-2]$

(c) $y[n] - 1.75y[n-1] + 0.72y[n-2] = 2u[n-2]$

(d) $5y[n+2] - 8y[n+1] + 4y[n] = 6u[n]$

(e) $y_1[n+2] - 1.7y_1[n+1] + 0.72y_1[n] - 2y_2[n] = 4u_1[n] - u_2[n]$
$y_2[n+1] - 0.85y_2[n] + 3y_1[n] = 2u_1[n] + 3u_2[n]$

(f) $y_1[n+2] - 1.92y_1[n] + 0.94y_2[n] = u_1[n] - 2u_2[n]$
$y_2[n+2] - 1.82y_2[n+1] + 0.91y_2[n] - 1.7y_1[n] = 3u_1[n] + 2u_2[n]$

13.2절

13.2 (a) 다음 전달함수로 기술되는 시스템에 대한 시뮬레이션 다이어그램을 그려라.

$$\frac{Y(z)}{U(z)} = \frac{4(z-0.9)}{z-0.8}$$

(b) (a)의 시뮬레이션 다이어그램에 대한 상태 방정식을 작성하여라.

(c) 시스템의 차분 방정식을 작성하여라.

(d) 다음 MATLAB 프로그램은 (a)에서의 시스템에 대한 상태 방정식을 생성한다.

```
n = [4 -3.6] ;
d = [1 -0.8] ;
[A,B,C,D] = tf2ss(n,d)
```

(i) 이 프로그램을 실행하여라.

(ii) 이 상태 방정식에 대한 시뮬레이션 다이어그램을 그려라.

(e) 다음 전달함수에 대해 (a)부터 (d)까지의 질문에 답하여라.

$$\frac{Y(z)}{U(z)} = H(z) = \frac{3z^2+5}{z^2-1.7z+0.72}$$

(f) 다음 전달함수에 대해 (a)부터 (d)까지의 질문에 답하여라.

$$\frac{Y(z)}{U(z)} = H(z) = \frac{1.72z^2-2.95z+1.81}{z^3+2.5z^2-2.4z+0.72}$$

13.3 (a) 다음 방정식으로 기술되는 α-필터에 대한 상태 모델을 구하여라.

$$y[n+1] - (1-\alpha)y[n] = \alpha x[n+1]$$

여기서 $x[n]$은 입력 신호다. (힌트: 먼저 시뮬레이션 다이어그램을 그려라.)

(b) (i) 위 방정식으로부터 전달함수를 구하여 (a)의 결과를 검증하여라.

(ii) 상태 방정식으로부터 전달함수를 구하여 (a)의 결과를 검증하여라.

13.4 그림 P13.4는 $\alpha - \beta$필터에 대한 시뮬레이션 다이어그램이다. 이 필터는 이차 시스템이고 레이더-신호처리에 사용된다. 입력 $u[n]$은 필터링되지 않은 목표물-위치 데이터, 출력 $y[n]$은 필터링된 위치 데이터, 출력 $v[n]$은 목표물의 추정 속도다. 파라미터 T는 샘플링 주기다. 파라미터 α와 β는 상수이고 필터의 설계 사양에 따라 정해진다.

(a) 지연 블록의 출력을 상태 변수로 하고 시스템의 출력을 $y[n]$과 $v[n]$으로 하는 이 필터에 대한 상태 방정식을 작성하여라.

(b) (a)에서 $\beta = 0$이라고 하자. 그 결과 얻게 되는 방정식은 연습문제 13.3의 α-필터의 방정식과 등가임을 보여라.

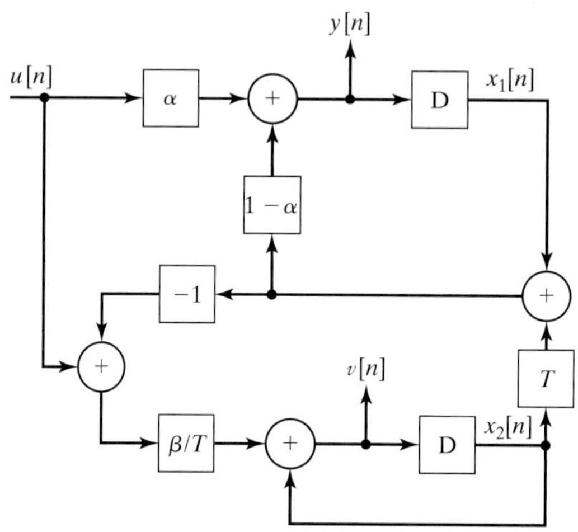

그림 P13.4

13.5 **(a)** 다음 차분 방정식으로 기술되는 시스템에 대한 시뮬레이션 다이어그램을 그려라.

$$2y[n + 1] - 1.7y[n] = 2.5u[n + 1]$$

(b) (a)의 시뮬레이션 다이어그램에 대한 상태 방정식을 작성하여라.

(c) (a)의 시뮬레이션 다이어그램에 대한 시스템의 전달함수를 구하여라.

(d) (b)의 결과와 MATLAB을 이용하여 (c)의 결과를 검증하여라.

(e) 다음 차분 방정식에 대해 (a)부터 (d)까지의 질문에 답하여라.

$$y[n + 2] - 1.9y[n + 1] + 0.9y[n] = 1.5u[n]$$

(f) 다음 차분 방정식에 대해 (a)부터 (d)까지의 질문에 답하여라.

$$y[n + 3] - 1.7y[n + 2] + 2.8y[n + 1] - 0.83y[n] = 2u[n]$$

13.3절 및 13.4절

13.6 그림 P13.6의 시스템을 생각하자.

(a) 지연 블록의 출력을 상태 변수로 하는 상태 방정식을 작성하여라.

(b) 상태-천이 행렬을 구하여라.

(c) $u[n] = 0$이고 초기 상태값이 $\mathbf{x}(0) = [1 \quad 2]^T$에 대한 시스템의 출력을 구하여라.

(d) 식 (13.32)를 이용하여 $\mathbf{x}(0) = \mathbf{0}$일 때, 단위 계단 응답을 구하여라.

(e) z-변환과 시스템 전달함수를 이용하여 (d)의 결과를 검증하여라.

(f) 초기 상태 값이 $\mathbf{x}(0) = [1 \quad 2]^T$이고 입력이 단위 계단 신호일 때 시스템의 응답을 구하여라.

(g) SIMULINK를 이용하여 (f)의 결과를 검증하여라.

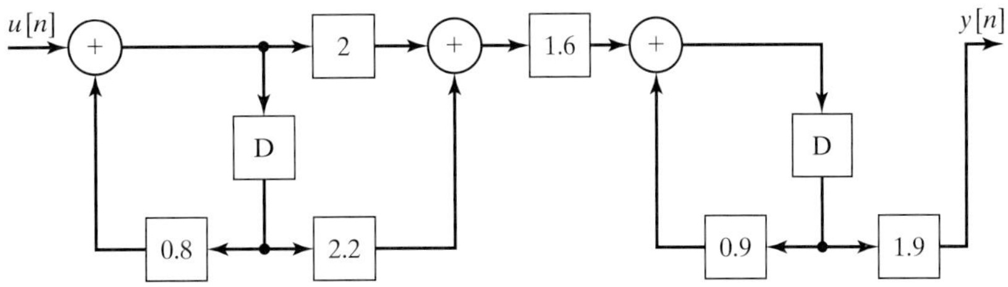

그림 P13.6

13.7 그림 P13.7의 시스템을 생각하자. 이 문제에서는 이득 값 1.5와 2.4를 0으로 두고 푼다.

(a) 지연 블록의 출력을 상태 변수로 하는 상태 방정식을 작성하여라.

(b) 상태－천이 행렬을 구하여라.

(c) $u[n] = 0$이고 초기 상태값이 $\mathbf{x}(0) = [1 \quad 5]^T$에 대한 시스템의 출력을 구하여라.

(d) 식 (13.32)에서와 같이 z-변환을 이용하여 $\mathbf{x}(0) = \mathbf{0}$일 때, 단위 계단 응답을 구하여라.

(e) z-변환과 시스템 전달함수를 이용하여 (d)의 결과를 검증하여라.

(f) 초기 상태 값이 $\mathbf{x}(0) = [1 \quad 5]^T$이고 입력이 단위 계단 신호일 때 시스템의 응답을 구하여라.

(g) SIMULINK를 이용하여 (f)의 결과를 검증하여라.

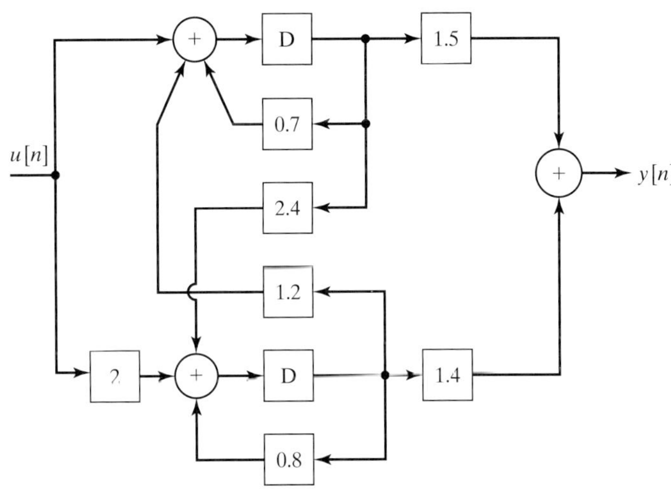

그림 P13.7

13.8 **(a)** 다음 식으로 기술되는 시스템을 생각하자.

$$\mathbf{x}[n+1] = \begin{bmatrix} 0 & 1 \\ 0 & 0 \end{bmatrix}\mathbf{x}[n] + \begin{bmatrix} 0 \\ 1 \end{bmatrix}u[n];$$
$$y[n] = [1 \quad 0]\mathbf{x}[n]$$

두 가지 다른 방법으로 상태 천이 행렬을 구하여라.

(b) 이 시스템에 대한 시뮬레이션 다이어그램을 그리고 이 시스템을 물리적으로 어떻게 구현할 수 있는지 설명하여라.

13.9 다음 식으로 기술되는 시스템을 생각하자.

$$\mathbf{x}[n+1] = \begin{bmatrix} 0 & 0 \\ 1 & 0 \end{bmatrix}\mathbf{x}[n] + \begin{bmatrix} 1 \\ 1 \end{bmatrix}u[n];$$
$$y[n] = [0 \quad 1]\mathbf{x}[n]$$

(a) 상태 천이 행렬을 구하여라.

(b) (a)에서와 다른 방법으로 상태 천이 행렬을 구하여 (a)의 결과를 검증하여라.

(c) $\mathbf{x}(0) = [1 \quad 2]^T$에 대한 초기 조건 응답을 구하여라.

(d) (c)에서 구한 상태 벡터 $\mathbf{x}[n]$을 $\mathbf{x}[n+1] = \mathbf{A}\mathbf{x}[n]$에 대입하여 계산이 제대로 되었는지 검증하여라.

(e) 반복법을 이용하여 $\mathbf{x}(0)= \mathbf{0}$일 때, 시스템의 단위 계단 응답을 구하여라.

(f) 식 (13.32)를 이용하여 $\mathbf{x}(0)= \mathbf{0}$일 때, 시스템의 단위 계단 응답을 구하여라.

(g) 시스템 전달함수와 z-변환을 이용하여 (e)와 (f)의 결과를 검증하여라.

(h) MATLAB을 이용하여 (g)의 결과를 검증하여라.

13.10 다음 식으로 기술되는 시스템을 생각하자.

$$x[n+1] = 0.9x[n] + u[n];$$
$$y[n] = 2x[n]$$

(a) 상태 천이 행렬을 구하여라.

(b) $x(0) = 1$에 대한 초기 조건 응답을 구하여라.

(c) (b)에서 구한 상태 벡터 $x[n]$을 $x[n+1] = Ax[n]$에 대입하여 계산이 제대로 되었는지 검증하여라.

(d) 식 (13.32)를 이용하여 $x(0) = 0$일 때, 시스템의 단위 계단 응답을 구하여라.

(e) 시스템 전달함수와 z-변환을 이용하여 (d)의 결과를 검증하여라.

(f) MATLAB을 이용하여 (e)의 결과를 검증하여라.

13.11 연습문제 13.9에서의 시스템을 생각하자.

(a) 이 시스템이 안정한지 여부를 판별하여라.

(b) 시스템의 모드를 구하여라.

(c) MATLAB을 이용하여 (a)에서의 결과를 확인하여라.

13.5절

13.12 (a) 그림 P13.6의 시뮬레이션 다이어그램으로 모델링되는 시스템에 대한 상태 방정식을 작성하여라.

(b) (a)의 결과를 이용하여 시스템의 전달함수를 구하여라.

(c) MATLAB을 이용하여 (b)의 결과를 확인하여라.

(d) 시스템의 전달함수를 이용하여 그림 P13.6과는 다른 또 하나의 시뮬레이션 나이어그램을 그려라.

(e) (d)에서의 시뮬레이션 다이어그램에 대한 상태 방정식을 작성하여라.

(f) (e)의 결과를 이용하여 시스템의 전달함수를 구하여라. 이렇게 얻은 답으로 (d)와 (e)의 결과를 검증할 수 있다.

(g) MATLAB을 이용하여 (f)의 결과를 검증하여라.

13.13 (a) 그림 P13.7의 시뮬레이션 다이어그램으로 모델링되는 시스템에 대한 상태 방정식을 작성하여라.

(b) (a)의 결과를 이용하여 시스템의 전달함수를 구하여라.

(c) MATLAB을 이용하여 (b)의 결과를 확인하여라.

(d) 시스템의 전달함수를 이용하여 그림 P13.7과는 다른 또 하나의 시뮬레이션 다이어그램을 그려라.

(e) (d)에서의 시뮬레이션 다이어그램에 대한 상태 방정식을 작성하여라.

(f) MATLAB을 이용하여 (d)와 (e)의 결과를 검증하여라.

13.14 다음 상태 방정식으로 기술되는 시스템을 생각하자.

$$x[n+1] = \begin{bmatrix} 1.9 & 0.8 \\ -1 & 0 \end{bmatrix}\mathbf{x}[n] + \begin{bmatrix} 0 \\ 0.95 \end{bmatrix}u[n];$$
$$y[n] = [1.5 \quad -1.3]\mathbf{x}[n] + 2u[n]$$

(a) 이 시스템에 대한 시뮬레이션 다이어그램을 그려라.

(b) 상태 방정식으로부터 바로 전달함수를 구하여라.

(c) MATLAB을 이용하여 (b)의 결과를 검증하여라.

(d) (a)와는 다른 또 하나의 시뮬레이션 다이어그램을 그려라.

(e) (d)의 시뮬레이션 다이어그램에 대한 상태 방정식을 작성하여라.

(f) (d)의 시뮬레이션 다이어그램에 대한 전달함수가 (b)의 결과와 같음을 보임으로써 (d)의 결과를 검증하여라.

(g) MATLAB을 이용하여 (f)의 결과를 검증하여라.

(h) 다음 상태 방정식에 대해 (a)부터 (g)까지의 질문에 답하여라.

$$x[n+1] = 0.9x[n] + 1.1u[n];$$
$$y[n] = x[n]$$

(i) 다음 상태 방정식에 대해 (a)부터 (g)까지의 질문에 답하여라.

$$\mathbf{x}[n+1] = \begin{bmatrix} 0 & 1 & 0 \\ 0 & 0 & 1 \\ 1 & 1 & 1 \end{bmatrix}\mathbf{x}[n] + \begin{bmatrix} 0 \\ 0 \\ 4 \end{bmatrix}u[n];$$
$$y[n] = [1 \quad 2 \quad 0]\mathbf{x}[n]$$

13.15 연습문제 13.14(i)의 시스템을 생각하자.

(a) MATLAB을 이용하여 이 시스템의 안정성 여부를 판별하여라.

(b) 시스템의 모드를 구하여라.

13.16 그림 P13.16은 어떤 자동 제어 시스템에 대한 시뮬레이션 다이어그램이다. 플랜트는 제어하고자 하는 시스템이고 연속-시간 시스템에 대한 이산-시간 시스템으로 모델링되어 있다. 일종의 디지털 필터인 보상기는 폐루프 시스템이 어떤 지정된 특성을 갖도록 덧붙여지는 시스템이다. 이러한 종류의 시스템을 참고문헌 [1]에서 보여주는 것과 같이 모델링할 수 있음을 알 수 있다.

(a) 플랜트에 대해서만, 입력을 $m[n]$으로 하고 출력을 $y[n]$으로 하는 상태 방정식을 작성하여라.

(b) 플랜트에 대한 전달함수 $H_p(z)$를 구하여라.

(c) 플랜트에 대한 차분 방정식을 작성하여라.

(d) 보상기에 대해서만, 입력을 $e[n]$으로 하고 출력을 $m[n]$으로 하는 상태 방정식을 작성하여라.

(e) 보상기에 대한 전달함수 $H_c(z)$를 구하여라.

(f) 보상기에 대한 차분 방정식을 작성하여라.

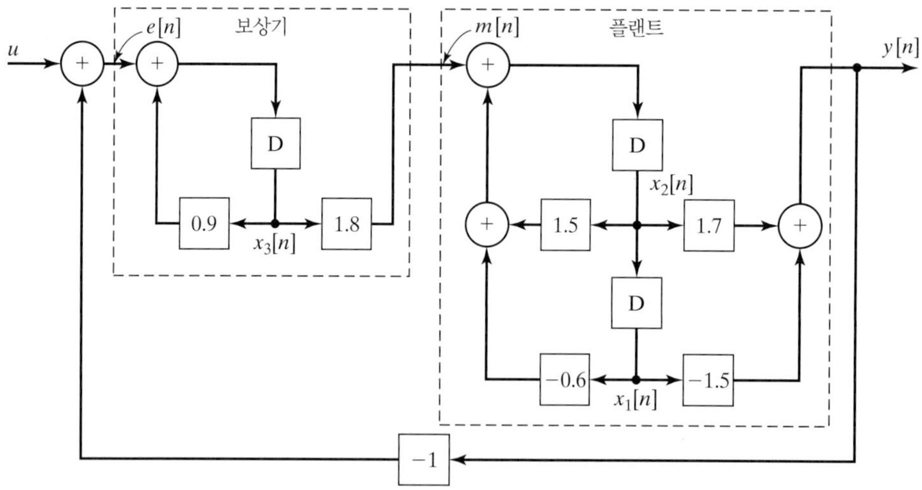

그림 P13.16

(g) 입력을 $u[n]$으로 하고 출력을 $y[n]$으로 하는 폐루프 시스템에 대한 상태 방정식을 작성하여라. 상태 변수는 (a)와 (d)에서의 상태 변수로 선택하여라.

(h) 폐루프 시스템에 대한 전달함수 $H(z)$를 구하여라.

(i) MATLAB을 이용하여 (h)의 결과를 검증하여라.

(j) 폐루프 시스템에 대한 차분 방정식을 작성하여라.

(k) 폐루프 시스템의 전달함수는 다음과 같음을 보일 수 있다.

$$\frac{Y(z)}{U(z)} = H(z) = \frac{H_c(z)H_p(z)}{1 + H_c(z)H_p(z)}$$

(b)와 (e)에서 얻은 전달함수가 이 식을 만족함을 보임으로써 (h)의 결과를 검증하여라.

13.17 연습문제 13.3의 α-필터를 생각하자. 이 문제의 일부분은 연습문제 13.3과 겹치므로 필요하다면 그 결과를 이용하도록 한다.

(a) 상태 변수를 출력 $y[n]$으로 하는 이 필터에 대한 상태 방정식을 작성하여라.

(b) (a)의 결과를 이용하여 필터의 전달함수를 구하여라.

13.18 그림 P13.4의 $\alpha - \beta$ 필터를 생각하자. 이 문제의 일부분은 연습문제 13.4와 겹치므로 필용하다면 그 결과를 이용하도록 한다.

(a) 상태 변수는 지연 블록의 출력으로 하고 출력은 $y[n]$인 이 필터에 대한 상태 방정식을 작성하여라.

(b) (a)의 결과를 이용하여 필터의 전달함수 $H(z) = Y(z)/U(z)$를 구하여라.

(c) $\beta = 0$일 때, 이 전달함수는 연습문제 13.17(b)에서의 α-필터의 전달함수임을 보여라.

13.6절

13.19 다음 상태 방정식으로 기술되는 연습문제 13.9의 시스템을 생각하자.

$$\mathbf{x}[n+1] = \begin{bmatrix} 0 & 0 \\ 1 & 0 \end{bmatrix}\mathbf{x}[n] + \begin{bmatrix} 1 \\ 1 \end{bmatrix}u[n];$$
$$y[n] = [0 \quad 1]\mathbf{x}[n]$$

(a) 이 시스템의 전달함수를 구하여라.

(b) 상사 변환을 이용하여 이 시스템에 대한 또 다른 상태 모델을 구하여라.

(c) MATLAB을 이용하여 (a)와 (b)의 결과를 검증하여라.

(d) (b)의 상태 모델에 대한 전달함수를 구하여라. 이 전달함수는 (a)의 결과와 일치하여야 한다.

(e) MATLAB을 이용하여 (d)의 결과를 검증하여라.

(f) 위에서 상사 변환의 성질 4인 식 (13.64)가 성립함을 보였다. 나머지 세 성질인 식 (13.61), (13.62), (13.63)도 성립함을 보여라.

13.20 다음 상태 방정식으로 기술되는 연습문제 13.14의 시스템을 생각하자.

$$\mathbf{x}[n+1] = \begin{bmatrix} 1.9 & 0.8 \\ -1 & 0 \end{bmatrix}\mathbf{x}[n] + \begin{bmatrix} 0 \\ 0.95 \end{bmatrix}u[n];$$
$$y[n] = [1.5 \quad -1.3]\mathbf{x}[n] + 2u[n]$$

(a) 이 시스템의 전달함수를 구하여라.

(b) 상사 변환을 이용하여 이 시스템에 대한 또 다른 상태 모델을 구하여라.

(c) MATLAB을 이용하여 (a)와 (b)의 결과를 검증하여라.

(d) (b)의 상태 모델에 대한 전달함수를 구하여라. 이 전달함수는 (a)의 결과와 일치하여야 한다.

(e) MATLAB을 이용하여 (d)의 결과를 검증하여라.

(f) 위에서 상사 변환의 성질 4인 식 (13.64)가 성립함을 보였다. 나머지 세 성질인 식 (13.61), (13.62), (13.63)도 성립함을 보여라.

13.21 그림 P13.6의 시스템을 생각하자.

(a) 지연 블록의 출력을 상태 변수로 하는 상태 방정식을 작성하여라.

(b) 이 시스템에 대한 전달함수를 구하여라.

(c) 상사 변환을 이용하여 이 시스템에 대한 또 다른 상태 모델을 구하여라.

(d) MATLAB을 이용하여 (a)와 (b)의 결과를 검증하여라.

(e) (c)의 상태 모델에 대한 전달함수를 구하여라. 이 전달함수는 (b)의 결과와 일치하여야 한다.

(f) MATLAB을 이용하여 (c)의 결과를 검증하여라.

(g) 위에서 상사 변환의 성질 4인 식 (13.64)가 성립함을 보였다. 나머지 세 성질인 식 (13.61), (13.62), (13.63)도 성립함을 보여라.

13.22 (a) 그림 P13.7의 시뮬레이션 다이어그램으로 모델링되는 시스템의 상태 방정식을 작성하여라.

(b) (a)의 결과를 이용하여 시스템 전달함수를 구하여라.

(c) 상사 변환을 이용하여 이 시스템에 대한 또 다른 상태 모델을 구하여라.

(d) MATLAB을 이용하여 (b)의 결과를 검증하여라.

(e) (c)의 상태 모델에 대한 전달함수를 구하여라. 이 전달함수는 (b)의 결과와 일치하여야 한다.

(f) MATLAB을 이용하여 (d)의 결과를 검증하여라.

(g) 위에서 상사 변환의 성질 4인 식 (13.64)가 성립함을 보였다. 나머지 세 성질인 식 (13.61), (13.62), (13.63)도 성립함을 보여라.

A 적분 및 삼각함수 공식

Integrals and Trigonometric Identities

적분 공식

1. $\int u\,dv = uv - \int v\,du$

2. $\int e^u\,du = e^u + C$

3. $\int \cos u\,du = \sin u + C$

4. $\int \sin u\,du = -\cos u + C$

5. $\int ue^u\,du = e^u(u-1) + C$

6. $\int e^{au}\cos bu\,du = \dfrac{e^{au}(a\cos bu + b\sin bu)}{a^2+b^2} + C$

7. $\int e^{au}\sin bu\,du = \dfrac{e^{au}(a\sin bu - b\cos bu)}{a^2+b^2} + C$

8. $\int u\cos u\,du = \cos u + u\sin u + C$

9. $\int u\sin u\,du = \sin u - u\cos u + C$

삼각함수 공식

1. $\cos(a \pm b) = \cos a \cos b \mp \sin a \sin b$
2. $\sin(a \pm b) = \sin a \cos b \pm \cos a \sin b$
3. $\cos a \cos b = \frac{1}{2}[\cos(a + b) + \cos(a - b)]$
4. $\sin a \sin b = \frac{1}{2}[\cos(a - b) - \cos(a + b)]$
5. $\sin a \cos b = \frac{1}{2}[\sin(a + b) + \sin(a - b)]$
6. $\cos 2a = \cos^2 a - \sin^2 a = 2\cos^2 a - 1 = 1 - 2\sin^2 a$
7. $\sin 2a = 2 \sin a \cos a$
8. $\cos^2 a = \frac{1}{2}(1 + \cos 2a)$
9. $\sin^2 a = \frac{1}{2}(1 - \cos 2a)$

B 라이프니츠 규칙과 로피탈의 정리

Leibnitz's and L'Hôpital's Rules

라이프니츠 규칙

$$g(t) = \int_{a(t)}^{b(t)} f(t, x)\, dx$$

$a(t)$와 $b(t)$가 t에 대해 적분가능하고 $f(t, x)$와 $\partial f(t, x)/\partial t$가 t와 x에 대해 모두 연속일 때, 위와 같은 적분에 대해, 다음 식이 성립한다.

$$\frac{dg(t)}{dt} = \int_{a(t)}^{b(t)} \frac{\partial f(t, x)}{\partial t}\, dx + f[b(t), t]\frac{db(t)}{dt} - f[a(t), t]\frac{da(t)}{dt}$$

예제 B.1

$$s(t) = \int_{-\infty}^{t} h(\tau)\, d\tau$$

라고 하자. 그러면,

$$\frac{ds(t)}{dt} = \int_{-\infty}^{t} \frac{\partial h(\tau)}{\partial t}\, d\tau + h(t)\frac{dt}{dt} - h(\alpha)\frac{d\alpha}{dt}\bigg|_{\alpha \to -\infty}$$

이다. 우변의 첫 번째 항과 세 번째 항은 0이고, 그 결과는 다음과 같다.

$$\frac{ds(t)}{dt} = h(t)$$

■

로피탈의 정리

함수 $f(x)$와 $g(x)$가 모두 $x = a$에서 0이 되어, $f(x)/g(x)$가 0/0의 부정형이면, x가 a로 한 방향 또는 양방향에서 접근할 때 극한이 존재한다는 가정 아래에서 다음 식이 성립한다.

$$\lim_{x \to a} \frac{f(x)}{g(x)} = \lim_{x \to a} \frac{f'(x)}{g'(x)}$$

이 정리는 또한 ∞/∞의 부정형에도 적용된다.

C 기하 급수 식

Summation Formulas for Geometric Series

1. $$\sum_{k=0}^{n} a^k = \frac{1 - a^{n+1}}{1 - a}$$

2. $$\sum_{k=0}^{\infty} a^k = \frac{1}{1 - a}; \quad |a| < 1$$

3. $$\sum_{k=n}^{\infty} a^k = \frac{a^n}{1 - a}; \quad |a| < 1$$

4. $$\sum_{k=n_1}^{n_2} a^k = \frac{a^{n_1} - a^{n_2+1}}{1 - a}; n_2 > n_1$$

5. $$\sum_{k=0}^{\infty} k a^k = \frac{a}{(1 - a)^2}; \quad a < 1$$

D 복소수와 오일러 관계식

Complex Numbers and Euler's Relation

부록 D에서는 복소수, 복소 함수, 그리고 오일러 관계식에 대해 간단하게 복습한다. 독자들이 이 내용에 대해 바탕 지식을 가지고 있다고 가정한다.

제일 먼저 복소 평면을 정의하면서 복소수에 대해 복습한다[1, 2]. 복소 평면을 그림 D.1에 나타내었다. 이 평면의 가로축은 실수축이고 Re로 나타내며 세로축은 허수축이고 Im으로 나타낸다. 다음 수는 복소수의 한 예다.

$$s = 3 + j2, \quad j = \sqrt{-1} \tag{D.1}$$

이 책에서는 $\sqrt{-1}$을 표기할 때, 수학자들이 사용하는 i 대신 공학자들이 주로 사용하는 j를 사용한다. 그림 D.1에 나타낸 복소수 s를 또한 다음과 같이 나타낼 수 있다.

$$s = 3 + j2 = 3 + \sqrt{-4}$$

s를 나타내는 세 번째 방법은 $s = (3, 2)$와 같이 표현하는 것이다.

일반적으로, 복소수 s를 다음과 같이 표현할 수 있다.

$$s = a + jb \tag{D.2}$$

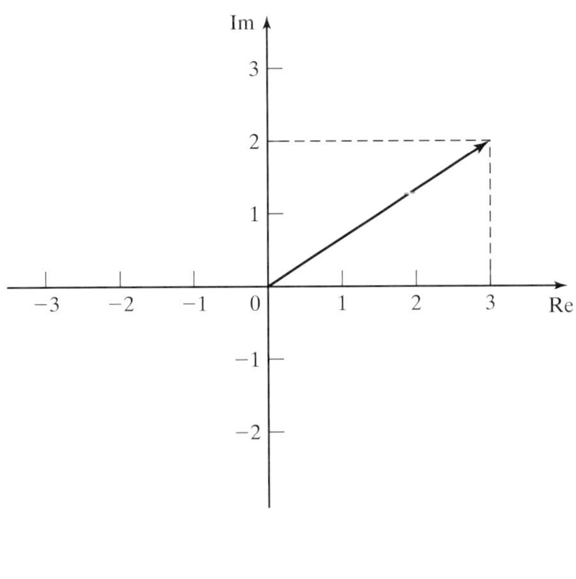

그림 D.1 복소 평면

여기서 a와 b는 모두 실수다. 실수 a는 s의 실수부라고 하고 $a = \mathrm{Re}(s)$와 같이 표기한다. 실수 b는 s의 허수부라고 하고 $b = \mathrm{Im}(s)$와 같이 표기한다. s의 허수부는 jb가 아닌 b임에 주의한다. 즉, 복소수의 허수부는 실수다. 식 (D.2)를 복소수를 *직교좌표계 형태*(rectangular form)로 나타냈다고 한다. 뒤에서 복소수의 다른 형태도 정의할 것이다.

j의 정의로부터 다음 관계식들이 성립함을 알 수 있다.

$$\begin{aligned}
&j = \sqrt{-1}; & &j^5 = j(j^4) = j;\\
&j^2 = -1; & &j^6 = j^2(j^4) = -1;\\
&j^3 = j(j^2) = -j; & &j^7 = -j;\\
&j^4 = (j^2)^2 = 1; & &j^8 = 1;\\
& & &j^9 = j\\
& & &\vdots
\end{aligned} \tag{D.3}$$

또한, j의 역수는 $-j$이다. 즉,

$$\frac{1}{j} = \frac{1}{j}\frac{j}{j} = \frac{j}{-1} = -j \tag{D.4}$$

복소수 연산

모든 산술 연산은 복소수 연산에도 적용된다. 다만 j의 정의를 기억해야만 한다. 먼저, 복소수 $s_1 = a - jb$와 $s_2 = c + jd$에 대해 $s_1 = s_2$이면 $a = c$이고 $b = d$이고, 또한 $a = c$이고 $b = d$이면 $s_1 = s_2$이다. 즉,

$$s_1 = s_2 \quad \therefore a + jb = c + jd \tag{D.5}$$

의 필요충분조건은 $a = c$이고 $b = d$이다. 따라서, 복소수가 관련된 방정식은 사실은 실수가 관련된 두 개의 방정식이다. 복소수의 실수부가 동일해야 하고 복소수의 허수부가 동일해야 한다.

$s_1 = 2 + j2$이고 $s_2 = 3 - j1$일 때, 복소수 s_3을 s_1과 s_2의 합이라고 하자. 그러면 s_3은 다음과 같다.

$$s_3 = s_1 + s_2 = 2 + j2 + 3 - j1 = 5 + j1$$

이 덧셈은 그림 D.2(a)에 나타낸 것과 같이 복소 평면에서 표현할 수 있다. 복소수의 덧셈에서 덧셈 결과의 실수 부분은 각 복소수의 실수 부분들의 합이고, 덧셈 결과의 허수 부분은 각 복소수의 허수 부분의 합이다.

두 복소수의 뺄셈은 다음 예로 알 수 있다.

$$s_4 = s_1 - s_2 = (2 + j2) - (3 - j1) = -1 + j3$$

뺄셈 결과의 실수 부분은 두 복소수의 실수 부분의 차이고, 허수 부분은 두 복소수의 허수 부분의 차다. 복소 평면에서 이 뺄셈을 그림 D.2(b)에 나타내었고 s_1과 $-s_2$의 합으로 생각할 수 있다. 복소 평면에서 복소수의 음수는 복소수를 180°만큼 돌린 것이다.

실수의 곱셈에 적용되는 규칙이 그대로 복소수의 곱셈에도 적용된다. 다만 식 (D.3)의 j의 거

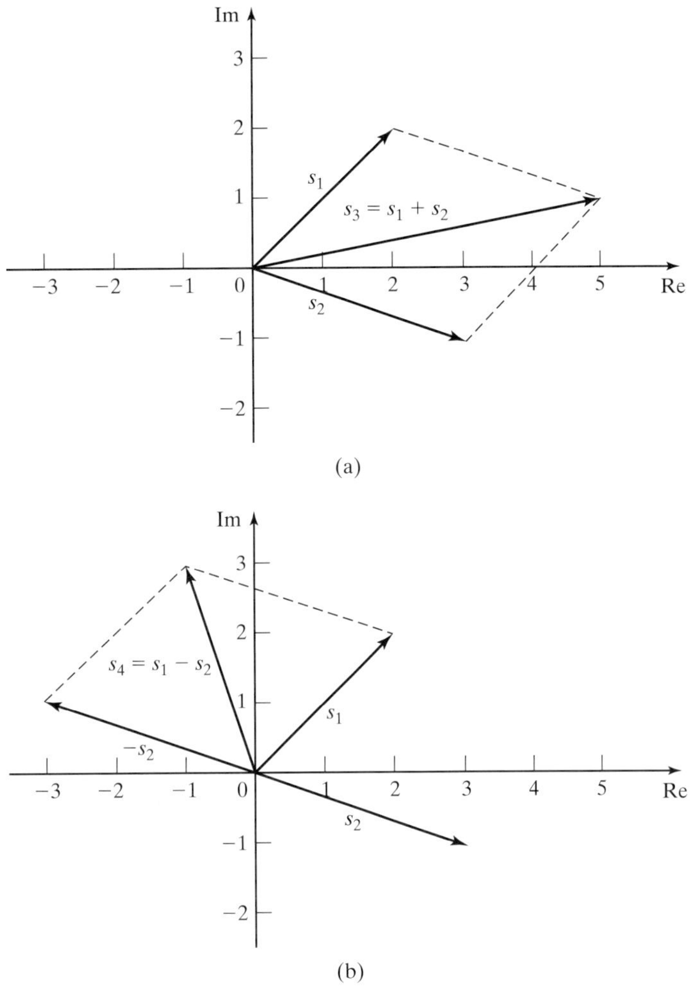

그림 D.2 복소수 덧셈과 뺄셈

듭제곱만 주의한다. 예를 들어, s_5를 위에서 정의된 s_1과 s_2의 곱이라고 하자. 그러면,

$$\begin{aligned} s_5 = s_1 s_2 &= (2 + j2)(3 - j1) = 6 - j2 + j6 - (j)^2 2 \\ &= (6 + 2) + j(6 - 2) = 8 + j4 \end{aligned}$$

이다. 이 곱셈은 다음 프로그램으로 MATLAB에서 실행된다.

```
s1 = 2 + j*2; s2 = 3 - j ;
s5 = s1*s2
result: s5 = 8 + 4i
```

실수의 나눗셈에 적용되는 규칙도 그대로 복소수의 나눗셈에 적용된다. 그러나 분모에 있는 j가 연산을 복잡하게 만든다. 우리는 자주 두 복소수의 비를 직교좌표계 형태의 하나의 복소수로 나타내고자 한다. 먼저 *켤레*(conjugate) 복소수를 정의한다. $s = a + jb$의 켤레 복소수는 s^*로 나타내고 다음과 같이 정의된다.

$$s^* = (a + jb)^* = a - jb$$

복소수의 허수 부분의 부호만 바꾸면 켤레 복소수를 얻을 수 있다. 복소수의 성질 중 하나는 어떤 복소수와 그 수의 켤레 복소수의 곱은 실수라는 것이다. 즉,

$$ss^* = (a + jb)(a - jb) = a^2 + b^2 \tag{D.6}$$

이다.

두 복소수의 나눗셈에서, 비를 직교좌표 형태로 표현하기 위해서는 분모의 켤레 복소수를 분자와 분모에 곱한다. 즉,

$$\frac{a + jb}{c + jd} = \frac{a + jb}{c + jd}\frac{c - jd}{c - jd} = \frac{ac + bd}{c^2 + d^2} + j\frac{bc - ad}{c^2 + d^2} \tag{D.7}$$

예를 들어, 위에서 정의된 s_1과 s_2에 대해,

$$\frac{s_1}{s_2} = \frac{2 + j2}{3 - j1} = \frac{2 + j2}{3 - j1}\frac{3 + j1}{3 + j1} = \frac{6 - 2}{9 + 1} + j\frac{6 + 2}{9 + 1} = 0.4 + j0.8$$

다음 MATLAB 명령문들은 이 나눗셈을 수행한다.

```
s1 = 2+j*2; s2 = 3-j;
s6 = s1/s2
result: s6 = 0.4 + 0.8i
```

일반적으로, 두 복소수의 비를 다음과 같이 표현할 수 있다.

$$\frac{s_1}{s_2} = \frac{s_1 s_2^*}{s_2 s_2^*} = \frac{\mathrm{Re}(s_1 s_2^*)}{s_2 s_2^*} + j\frac{\mathrm{Im}(s_1 s_2^*)}{s_2 s_2^*} \tag{D.8}$$

오일러 관계식

복소수에 대한 복습을 계속하기 전에, 중요한 하나의 관계식을 살펴볼 필요가 있다. 미적분학에서 다음과 같은 멱급수를 배웠다[1].

$$e^x = 1 + x + \frac{x^2}{2!} + \frac{x^3}{3!} + \cdots;$$

$$\cos x = 1 - \frac{x^2}{2!} + \frac{x^4}{4!} - \frac{x^6}{6!} + \cdots;$$

그리고

$$\sin x = x - \frac{x^3}{3!} + \frac{x^5}{5!} - \frac{x^7}{7!} + \cdots \tag{D.9}$$

이 각 함수들에서 x는 단위가 없는 변수다. 삼각함수에 대해서는 x에 라디안의 단위를 부여하지만 라디안은 단위가 없다. 식 (D.9)의 급수는 x가 실수이거나 또는 복소수이거나 모두 유효하다. 따라서 복소수 인자를 갖는 삼각함수가 정의된다. 식 (D.9)의 함수들은 복소수 인자를 갖는 복소수 함수들이다.

복소 지수 함수 e^{jy}를 생각해보자. 식 (D.9)로부터

$$e^{jy} = 1 + jy + \frac{(jy)^2}{2!} + \frac{(jy)^3}{3!} + \frac{(jy)^4}{4!} + \frac{(jy)^5}{5!} + \cdots$$

이다. 식 (D.3)으로부터 이 복소 지수 함수를 다음과 같이 쓸 수 있다.

$$e^{jy} = \left[1 - \frac{y^2}{2!} + \frac{y^4}{4!} - \cdots\right] + j\left[y - \frac{y^3}{3!} + \frac{y^5}{5!} - \cdots\right]$$

그리고 식 (D.9)로부터

$$e^{jy} = \cos y + j \sin y \tag{D.10}$$

이다. 이 방정식은 오일러 관계식으로 알려져 있다. 만일 식 (D.10)에서 y를 $-y$로 치환하면, cos y는 짝함수이고 sin y는 홀함수이므로 다음 관계식을 얻는다.

$$e^{-jy} = \cos y - j \sin y \tag{D.11}$$

식 (D.10)과 식 (D.11)을 더하면 다음 식을 얻는다.

$$\cos y = \frac{e^{jy} + e^{-jy}}{2} \tag{D.12}$$

그리고 식 (D.10)으로부터 식 (D.11)을 빼면 다음 식을 얻는다.

$$\sin y = \frac{e^{jy} - e^{-jy}}{2j} \tag{D.13}$$

식 (D.10)부터 식 (D.13)까지의 네 식은 매우 중요하므로 꼭 기억해야만 한다. 이 네 식을 공학에서 사용할 때, y는 흔히 실수다. 그러나 이 표현식은 y가 복소수일 때에도 유효하다.

다시 s가 복소수라고 하자. 그러면

$$\begin{aligned} e^s = e^{a+jb} &= e^a e^{jb} = e^a(\cos b + j \sin b) \\ &= e^a \cos b + je^a \sin b \end{aligned} \tag{D.14}$$

그렇기 때문에 지수가 복소수인 지수함수는 실수 부분과 허수 부분이 식 (D.14)와 같은 그 자체가 복소수다. 예를 들어, 앞에서 정의했던 s_1에 대해, 1 rad = 57.30°이므로

$$\begin{aligned} e^{s_1} = e^{2+j2} &= e^2(\cos 2 + j \sin 2) \\ &= e^2 \cos 114.6° + je^2 \sin 114.6° = -3.076 + j6.718 \end{aligned}$$

이다. 이 계산은 다음 명령어로 MATLAB에서 실행된다.

```
exp (2+2*j)
result: -3.0749 + 6.7188i
```

두 형태 사이의 변환

이제 앞에서의 내용을 바탕으로 복소수를 직교좌표계 형태가 아닌 다른 형태로 표현하는 것을 생각해 본다. 오일러 관계식은 다음과 같다.

$$e^{j\theta} = \cos\theta + j\sin\theta$$

A와 θ가 실수라고 하면 다음을 알 수 있다.

$$\begin{aligned} Ae^{j\theta} &= A(\cos\theta + j\sin\theta) = A\cos\theta + jA\sin\theta \\ &= a + jb = s \end{aligned} \tag{D.15}$$

그렇기 때문에 복소수 s를 실수 곱하기 복소 지수로 나타낼 수 있다. 이 형태를 *지수 형태*(exponential form)라고 한다. 예를 들어,

$$5e^{j\pi/6} = 5\cos 30° + j5\sin 30° = 4.33 + j2.50$$

이다. 이 계산은 다음 명령어로 MATLAB에서 실행된다.

```
5*exp(j*pi/6)
result: 4.3301 + 2.5i
```

식 (D.15)는 복소수를 지수 형태로부터 직교좌표계 형태로 변환하는 과정을 보여준다. 이제 직교좌표계 형태로부터 지수 형태로 변환하는 과정을 살펴보자. 식 (D.15)로부터 $s = a + ib$일 때,

$$a^2 + b^2 = A^2\cos^2\theta + A^2\sin^2\theta = A^2$$

이고 따라서

$$A = (a^2 + b^2)^{1/2} = ([\text{Re}(s)]^2 + [\text{Im}(s)]^2)^{1/2} \tag{D.16}$$

이다. 또한

$$\frac{b}{a} = \frac{A\sin\theta}{A\cos\theta} = \tan\theta$$

그리고

$$\theta = \tan^{-1}\frac{b}{a} = \tan^{-1}\frac{\text{Im}(s)}{\text{Re}(s)} \tag{D.17}$$

이다. 복소 평면에서 직교좌표계 형태와 지수 형태의 관련성을 그림 D.3에 나타내었다. 그림 D.3은 1사분면에 대해 나타내었지만 관계식은 사분면과 무관하다.

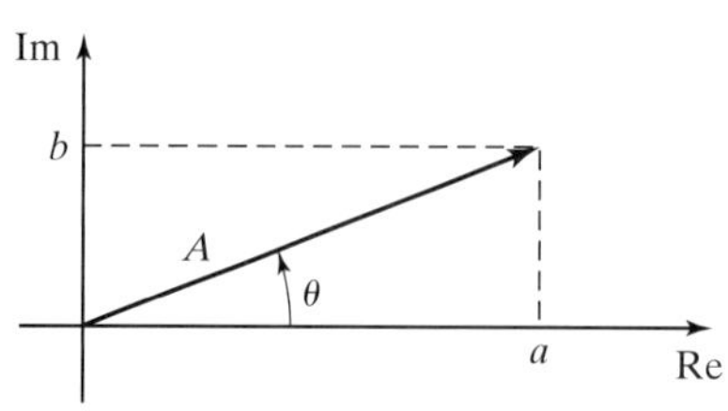

그림 D.3 직교좌표 형태와 지수 형태

E 미분방정식의 해

Solution of Differential Equations

이 부록에서는 다음과 같이 표현되는 계수가 상수인 선형 미분방정식의 해를 구하는 방법을 설명한다.

$$\sum_{k=0}^{n} a_k \frac{d^k y(t)}{dt^k} = \sum_{k=0}^{m} b_k \frac{d^k x(t)}{dt^k} \tag{E.1}$$

여기서 a_k와 b_k는 상수다. 여기서 설명하는 방법은 *미정계수법*(method of undetermined coefficient)이라고 한다.

미정계수법에서는 일반해 $y(t)$를 다음과 같이 두 함수의 합으로 나타내는 것이 필요하다[1].

$$y(t) = y_c(t) + y_p(t) \tag{E.2}$$

이 식에서, $y_c(t)$를 *여함수*(complementary function)라고 하고 $y_p(t)$를 *특수해*(particular solution)라고 한다. 먼저 여함수를 구하는 과정을 설명하고 이어서 특수해를 고려하도록 한다.

여함수

여함수를 구하기 위해서는 먼저 식 (E.1)의 우변을 0으로 둔, 다음과 같은 식인 제차 방정식 (homogeneous equation)을 작성한다.

$$a_n \frac{d^n y(t)}{dt^n} + a_{n-1} \frac{d^{n-1} y(t)}{dt^{n-1}} + \cdots + a_1 \frac{dy(t)}{dt} + a_0 y(t) = 0 \tag{E.3}$$

여기서 $a_n \neq 0$이다. 여함수 $y_c(t)$는 이 방정식을 만족해야만 한다. 제차 방정식의 해는 C와 s가 아직 정해지지 않은 상수일 때, $y(t) = Ce^{st}$의 형태라고 가정한다. 그러면

$$\begin{aligned} y(t) &- Ce^{st}; \\ \frac{dy(t)}{dt} &= Cse^{st}; \\ \frac{d^2y(t)}{dt^2} &= Cs^2e^{st}; \\ &\vdots \\ \frac{d^ny(t)}{dt^n} &= Cs^ne^{st} \end{aligned} \tag{E.4}$$

이다. 이 항들을 식 (E.3)에 대입하면 다음 식을 얻는다.

$$(a_n s^n + a_{n-1} s^{n-1} + \cdots + a_1 s + a_0) C e^{st} = 0 \qquad \text{(E.5)}$$

구하고자 하는 해 $y(t) = Ce^{st}$가 자명해가 아니라고 한다면(즉, $C \neq 0$) 식 (E.5)로부터 다음 식이 성립한다.

$$a_n s^n + a_{n-1} s^{n-1} + \cdots + a_1 s + a_0 = 0 \qquad \text{(E.6)}$$

이 방정식을 미분방정식 (E.1)에 대한 *특성방정식*(characteristic equation) 또는 *보조 방정식*(auxiliary equation)이라고 한다. 다항식은 다음과 같이 인수분해할 수 있다.

$$a_n s^n + a_{n-1} s^{n-1} + \cdots + a_1 s + a_0 = a_n(s - s_1)(s - s_2)\cdots(s - s_n) = 0 \quad \text{(E.7)}$$

따라서, n개의 s의 값은 이 방정식을 만족하고 s_i, $1 \leqq i \leqq n$으로 표시한다. 즉, 식 (E.7)에서의 n개의 s_i의 값에 대해 C_i가 상수일 때 $y_i(t) = C_i e^{s_i t}$는 제차 방정식 (E.3)을 만족한다. 미분방정식이 선형이므로 이 해들의 합 또한 해다. 중근이 없는 경우, 제차 방정식 (E.3)의 해는 다음과 같이 나타낼 수 있다.

$$y_c(t) = C_1 e^{s_1 t} + C_2 e^{s_2 t} + \cdots + C_n e^{s_n t} \qquad \text{(E.8)}$$

이 해를 미분방정식 (E.1)의 여함수라고 하고, n개의 미지의 계수 $C_1, C_2, \ldots, C_n$가 포함되어 있다. 이 계수는 추후 과정에서 결정된다.

특수해

다음과 같은 계수가 상수인 선형 미분방정식의 일반해의 두 번째 부분은 *특수해* 또는 *특수 적분*이라고 부르고 식 (E.2)에서 $y_p(t)$ 나타내었다.

[(E.1)]
$$\sum_{k=0}^{n} a_k \frac{d^k y(t)}{dt^k} = \sum_{k=0}^{m} b_k \frac{d^k x(t)}{dt^k}$$

특수해는 식 (E.1)을 만족하는 임의의 함수다. 즉, $y_p(t)$는 다음 식을 만족한다.

$$\sum_{k=0}^{n} a_k \frac{d^k y_p(t)}{dt^k} = \sum_{k=0}^{m} b_k \frac{d^k x(t)}{dt^k} \qquad \text{(E.9)}$$

그러면 식 (E.1)의 일반해는 식 (E.2)에서와 같이 여함수 식 (E.8)과 특수해 식 (E.9)의 합이다.

[(E.2)]
$$y(t) = y_c(t) + y_p(t)$$

특수해를 구하는 한 가지 방법은 특수해를 인가 함수 $x(t)$와 $x(t)$의 모든 미분 함수의 합으로 가정하는 것이다. 이 과정을 미정계수법이라고 하고 특수해가 유한한 개수의 항으로 이루어져 있을 때 적용된다. 예를 들어, 인가 함수가 다음과 같다면,

$$x(t) = 5e^{-7t}$$

특수해를 다음과 같은 함수로 가정한다.

$$y_p(t) = Pe^{-7t}$$

여기서 (상수인) 계수 P는 아직 정해지지 않은 값이다. 또 다른 예로써, 만일 $x(t) = 170 \cos 377t$이면, 특수해를 다음과 같이 가정한다.

$$y_p(t) = P_1 \cos 377t + P_2 \sin 377t$$

여기서 (상수인) 계수 P_1과 P_2는 아직 정해지지 않은 값이다. $y_p(t)$에서 미지의 계수들은 특수해를 직접 식 (E.9)와 같은 미분방정식에 대입하고 양변에 비슷한 형태의 함수들의 계수들끼리 같다고 놓음으로써 구한다.

일반해

일단 일반해를 구하면, 아직 남아 있는 여함수의 n개의 미지의 계수인 $C_1, C_2, \ldots C_n$를 계산해야 한다. 따라서 이 값들을 구하기 위해서는 n개의 독립적인 조건이 필요하고, 이것이 n개의 초기 조건이다.

$$y(0), \left.\frac{dy(t)}{dt}\right|_{t=0}, \ldots, \left.\frac{dy^{n-1}(t)}{dt^{n-1}}\right|_{t=0}$$

중복근

다음과 같은 여함수는

[(E.8)] $$y_c(t) = C_1e^{s_1t} + C_2e^{s_2t} + \cdots + C_ne^{s_nt}$$

다음과 같은 특성방정식이

[(E.7)] $$a_ns^n + a_{n-1}s^{n-1} + \cdots + a_1s + a_0 = a_n(s - s_1)(s - s_2)\cdots(s - s_n) = 0$$

중근을 갖는 경우에는 적용되지 않는다. 예를 들어, 사차 특성방정식이 다음과 같다고 하자.

$$s^4 + a_3s^3 + a_2s^2 + a_1s + a_0 = (s - s_1)^3(s - s_4) \tag{E.10}$$

여함수는 다음과 같은 형태여야 한다.

$$y_c(t) = (C_1 + C_2t + C_3t^2)e^{s_1t} + C_4e^{s_4t} \tag{E.11}$$

이 후의 일반해를 구하는 나머지 과정은 변하지 않는다. 특성방정식에서 r번 겹친 해 s_i에 대해, 이에 해당하는 여함수에서의 항은 다음과 같다.

$$항 = (C_1 + C_2t + C_3t^2 + \cdots + C_rt^{r-1})e^{s_it} \tag{E.12}$$

F 부분 분수 전개

Partial-Fraction Expansions

어떤 문제를 푸는 데에 변환을 사용하는 경우, 흔히 변환표에 나타나 있지 않은 변환 함수를 만나게 된다. 대부분의 경우에 이 함수는 변환 변수에 대한 다항식의 비의 형태다. 두 다항식의 비를 *유리함수*(rational function)라고 한다. 이 유리함수를 변환표에 보이는 더 낮은 차수의 함수들의 합으로 표현하는 과정이 필요하다. 이렇게 하는 방법 중의 하나인 *부분-분수 전개*(partial-fraction expansion)에 대해 설명한다.

부분-분수 전개의 하나의 예가 다음과 같은 식이다.

$$\frac{c}{(s+a)(s+b)} = \frac{k_1}{s+a} + \frac{k_2}{s+b}$$

a, b, c의 값을 알 때, k_1과 k_2의 값을 구하고자 한다. 이 식의 우변을 부분-분수 전개라고 한다. 부분-분수 전개를 구하는 일반적인 과정을 설명할 것이다. 이 설명 과정에서 라플라스 변환 변수인 s를 사용하지만, 변수가 무엇인지는 아무런 상관이 없고 어떠한 변환에서든 사용 가능하다.

분모의 차수가 분자의 차수보다 높은 경우 유리함수의 일반적인 형태는 다음과 같다.

$$\begin{aligned} F(s) &= \frac{\beta_m s^m + \beta_{m-1}s^{m-1} + \cdots + \beta_1 s + \beta_0}{s^n + a_{n-1}s^{n-1} + \cdots + a_1 s + a_0} \\ &= \alpha_{m-n}s^{m-n} + \alpha_{m-n-1}s^{m-n-1} + \cdots + \alpha_1 s + \alpha_0 \\ &\quad + \frac{b_{n-1}s^{n-1} + \cdots + b_1 s + b_0}{s^n + a_{n-1}s^{n-1} + \cdots + a_1 s + a_0} \end{aligned} \tag{F.1}$$

분모의 차수가 분자의 차수보다 낮을 때는 파라미터 α_i의 값들이 모두 0이다. 식 (F.1)과 같은 전개는 장제법(long division)으로 할 수 있다.

부분-분수 전개는 식 (F.1)의 우변에 있는 유리함수의 역변환을 구할 때 사용된다. 유리함수를 부분 분수로 전개하는 과정을 소개하고자 한다. 일반적인 경우로,

$$F(s) = \frac{b_m s^m + \cdots + b_1 s + b_0}{s^n + a_{n-1}s^{n-1} + \cdots + a_1 s + a_0} = \frac{N(s)}{D(s)}, \quad m < n \tag{F.2}$$

여기서 $N(s)$는 분자 다항식이고 $D(s)$는 분모 다항식이다. 부분-분수 전개를 하기 위해서는 먼저 분모 다항식 $D(s)$의 근을 구해야만 한다. 그러면 다음 분모 다항식을 다음과 같이 나타낼 수 있다.

$$D(s) = (s - p_1)(s - p_2)\cdots(s - p_n) = \prod_{i=1}^{n}(s - p_i) \tag{F.3}$$

여기서 Π는 항들의 곱을 의미하고 p_i를 $F(s)$의 극점(pole)[$F(s)$가 무한대가 되게 하는 s의 값]이라고 부른다.

우선 $D(s)$근이 모두 개별적인 경우를 생각한다. (즉, 중근이 없는 경우) 그러면 식 (F.2)에서 함수 $F(s)$를 다음과 같이 쓸 수 있다.

$$F(s) = \frac{N(s)}{D(s)} = \frac{N(s)}{\prod_{i=1}^{n}(s - p_i)} = \frac{k_1}{s - p_1} + \frac{k_2}{s - p_2} + \cdots + \frac{k_n}{s - p_n} \tag{F.4}$$

부분-분수 전개는 상수 $k_1, k_2, \ldots, k_n$을 구해야 완료된다. k_j, $1 \leqq j \leqq n$을 구하기 위해 먼저 $F(s)$를 항 $(s - p_j)$로 곱하면,

$$(s - p_j)F(s) = \frac{k_1(s - p_j)}{s - p_1} + \cdots + k_j + \cdots + \frac{k_n(s - p_j)}{s - p_n} \tag{F.5}$$

가 된다. $s - p_j$에서 이 식의 값을 계산하면, 우변에서 k_j 항을 제외한 모든 항들은 0이다. 따라서

$$k_j = (s - p_j)F(s)|_{s=p_j}, \quad j = 1, 2, \ldots, n \tag{F.6}$$

이고, 이것이 우리가 원하던 결과다.

다음으로, 분모 다항식이 중근을 갖는 경우를 생각하자. 예를 들어, 유리함수가 다음과 같다고 하자.

$$\begin{aligned} F(s) &= \frac{N(s)}{(s - p_1)(s - p_2)^r} \\ &= \frac{k_1}{s - p_1} + \frac{k_{21}}{s - p_2} + \frac{k_{22}}{(s - p_2)^2} + \cdots + \frac{k_{2r}}{(s - p_2)^r} \end{aligned} \tag{F.7}$$

이 식의 우변의 모든 항들이 모두 포함되어야 하는데, 우변의 모든 항들을 더하여 좌변이 되기 때문이다. 개별 근에 대한 항의 계수는 식 (F.6)으로부터 계산하고, 중근에 대한 항의 계수들은 다음 식으로 계산된다.

$$k_{2j} = \frac{1}{(r - j)!}\frac{d^{r-j}}{ds^{r-j}}[(s - p_2)^r F(s)]\bigg|_{s=p_2} \tag{F.8}$$

여기서 $0! = 1$이고, 임의의 함수 $G(s)$에 대해 $d^0G(s)/ds^0 = G(s)$다. 이 식에 대한 증명은 생략한다[1].

앞의 과정은 실근뿐만 아니라 허근에도 적용된다. $F(s)$가 $s = a \pm jb$에서 한 쌍의 복소 극점을 갖는다고 하자. $F(s)$의 분자 다항식의 차수가 분모 다항식의 차수보다 작고 $p_1 = a - jb$, $p_2 = a + jb$라고 하면, 식 (F.4)는 다음과 같이 쓸 수 있다.

$$F(s) = \frac{k_1}{s - a + jb} + \frac{k_2}{s - a - jb} + \frac{k_3}{s - p_3} + \cdots + \frac{k_n}{s - p_n} \tag{F.9}$$

계수 k_1과 k_2는 앞에서와 마찬가지로 식 (F.6)으로부터 계산된다. 그런데 k_1과 k_2는 복소수이고 k_2는 k_1의 켤레 복소수임을 알 수 있다. 나머지 모든 계수들은 실수다.

G 행렬 복습
Review of Matrices

이 부록은 행렬의 정의, 성질, 연산 등을 간단히 요약하고자 한다. 독자들이 이미 이 분야에 대해 배경 지식을 가지고 있다고 가정한다. 더 상세한 내용을 원하는 독자는 참고문헌 1부터 참고문헌 3까지 참고하길 바란다. 수학적인 연산에 대한 MATLAB 명령문들을 적절하게 제시할 것이다.

행렬에 대한 연구는 선형 연립 방정식으로부터 출발하였다. 예를 들어 다음과 같은 연립 방정식을 생각하자.

$$\begin{aligned} x_1 + x_2 + x_3 &= 3; \\ x_1 + x_2 - x_3 &= 1; \\ 2x_1 + x_2 + 3x_3 &= 6 \end{aligned} \tag{G.1}$$

벡터-행렬 형태로는 위의 방정식을 다음과 같이 쓴다.

$$\begin{bmatrix} 1 & 1 & 1 \\ 1 & 1 & -1 \\ 2 & 1 & 3 \end{bmatrix} \begin{bmatrix} x_1 \\ x_2 \\ x_3 \end{bmatrix} = \begin{bmatrix} 3 \\ 1 \\ 6 \end{bmatrix} \tag{G.2}$$

다음과 같은 행렬을 정의하면

$$\mathbf{A} = \begin{bmatrix} 1 & 1 & 1 \\ 1 & 1 & -1 \\ 2 & 1 & 3 \end{bmatrix}; \quad \mathbf{x} = \begin{bmatrix} x_1 \\ x_2 \\ x_3 \end{bmatrix}; \quad \mathbf{u} = \begin{bmatrix} 3 \\ 1 \\ 6 \end{bmatrix} \tag{G.3}$$

식 (G.2)를 다음과 같이 간략하게 쓸 수 있다.

$$\mathbf{AX} = \mathbf{u} \tag{G.4}$$

이 식에서 **A**는 3 × 3(행이 세 개, 열이 세 개) **행렬**(matrix), **x**는 3 × 1 행렬, **u**는 3 × 1 행렬이다. 흔히 행이 하나이거나 열이 하나인 행렬을 **벡터**(vector)라고 부른다. 행과 열이 모두 한 개인 행렬은 스칼라(scalar)다. 예를 들면, 식 (G.1)에서 x_1은 스칼라다. 행렬 **A**를 MATLAB에서 입력하는 명령어는 다음과 같다.

```
A = [1 1 1; 1 1 -1; 2 1 3];
```

일반적인 행렬 **A**는 다음과 같이 쓴다.

$$\mathbf{A} = \begin{bmatrix} a_{11} & a_{12} & \cdots & a_{1n} \\ a_{21} & a_{22} & \cdots & a_{2n} \\ \vdots & \vdots & \vdots & \vdots \\ a_{m1} & a_{m2} & \cdots & a_{mn} \end{bmatrix} = [a_{ij}] \tag{G.5}$$

여기서 $[a_{ij}]$는 행렬 $\mathbf{A}$에 대한 하나의 편리한 기호다. 이 행렬은 행이 m개이고 열이 n개이며 따라서 $m \times n$ 행렬이다. 원소 a_{ij}는 i번째 행과 j번째 열에 있는 원소다.

다음으로 몇 가지 정의를 소개한다.

단위행렬(identity matrix)

단위행렬은 대각 원소 a_{ii}는 1이고 $i \neq j$인 나머지 모든 원소 $a_{ij}n$는 0인 $n \times n$ (정방)행렬이다. 예를 들어, 3×3 단위행렬은 다음과 같다.

$$\mathbf{I} = \begin{bmatrix} 1 & 0 & 0 \\ 0 & 1 & 0 \\ 0 & 0 & 1 \end{bmatrix} \tag{G.6}$$

3×3 단위행렬을 선언하는 MATLAB 명령문은 다음과 같다.

```
I3 = eye(3);
```

만일 행렬 $\mathbf{A}$도 $n \times n$ 행렬이라면, 다음 식이 성립한다.

$$\mathbf{AI} = \mathbf{IA} = \mathbf{A} \tag{G.7}$$

대각행렬(diagonal matrix)

대각행렬은 다음과 같이 대각 원소가 아닌 모든 원소들이 0인 $n \times n$ 행렬이다.

$$\mathbf{D} = \begin{bmatrix} d_{11} & 0 & 0 \\ 0 & d_{22} & 0 \\ 0 & 0 & d_{33} \end{bmatrix} \tag{G.8}$$

대칭행렬(symmetric matrix)

정방행렬 $\mathbf{A}$는 모든 i, j에 대해 $a_{ij} = a_{ji}$이면 대칭 행렬이다.

전치행렬(transpose)

전치행렬을 얻기 위해서는, 행과 열을 서로 바꾼다. 예를 들면,

$$\mathbf{A} = \begin{bmatrix} a_{11} & a_{12} & a_{13} \\ a_{21} & a_{22} & a_{23} \\ a_{31} & a_{32} & a_{33} \end{bmatrix} \text{ 그리고 } \mathbf{A}^T = \begin{bmatrix} a_{11} & a_{21} & a_{31} \\ a_{12} & a_{22} & a_{32} \\ a_{13} & a_{23} & a_{33} \end{bmatrix} \tag{G.9}$$

여기서 $\mathbf{A}^T$는 행렬 $\mathbf{A}$의 전치행렬을 나타낸다. 전체 행렬의 한 특성은 다음과 같다.

$$(\mathbf{AB})^T = \mathbf{B}^T\mathbf{A}^T \tag{G.10}$$

MATLAB에서 전치행렬은 아포스트로피(′)로 나타낸다. 즉, $\mathbf{A}'$는 행렬 $\mathbf{A}$의 전치행렬이다.

대각합(trace)

정방행렬의 대각합은 대각 원소들의 합이다. $n \times n$ 행렬 $\mathbf{A}$에 대해,

$$\text{trace}\,\mathbf{A} = \text{tr}\,\mathbf{A} = a_{11} + a_{22} + \cdots + a_{nn} \tag{G.11}$$

이다. MATLAB에서는 대각합을 다음 명령문으로 구한다.

```
t = trace(A)
```

고윳값(eigenvalue)

정방행렬 **A**의 **고윳값** 또는 **특성값**(eigenvalue, characteristic value)은 다음 다항식의 근이다.

$$|\lambda\mathbf{I} - \mathbf{A}| = 0 \tag{G.12}$$

여기서 $|\cdot|$는 행렬식(determinant)을 가리킨다. 식 (G.12)를 정방행렬 **A**의 **특성 방정식**(characteristic equation)이라 한다.

고유벡터(eigenvector)

정방행렬 **A**의 **고유벡터** 또는 **특성 벡터**(eigenvector, characteristic vector)는 다음 식을 만족하는 벡터 $\mathbf{x}_i$다.

$$\lambda_i\mathbf{x}_i = \mathbf{A}\mathbf{x}_i \tag{G.13}$$

여기서 λ_i는 **A**의 고윳값이다.

고윳값과 고유벡터는 MATLAB에서 다음 명령문으로 구한다.

```
[v,d] = eig(A)
```

여기서 d는 고윳값을 대각 원소로 갖는 대각행렬이고 v는 각 고윳값에 해당하는 고유벡터다.

성질들(Properties)

$n \times n$ 행렬 **A**의 두 가지 성질은 다음과 같다.

$$|\mathbf{A}| = \prod_{i=1}^{n}\lambda_i$$

이고 (G.14)

$$\text{tr}\,\mathbf{A} = \sum_{i=1}^{n}\lambda_i$$

여기서 Π는 각 항들의 곱을, Σ은 각 항들의 합을 가리킨다.

행렬식(Determinants)

A와 **B**가 모두 $n \times n$ 행렬일 때,

$$|\mathbf{AB}| = |\mathbf{A}||\mathbf{B}| \tag{G.15}$$

이다. 행렬식에 대한 MATLAB의 명령문은 다음과 같다.

```
d = det(A)
```

소행렬(minor)

$n \times n$ 행렬 **A**의 원소 a_{ij}의 소행렬 m_{ij}는 행렬 **A**의 i번째 행과 j번째 열을 지우고 남은 $(n - 1) \times (n - 1)$ 행렬의 행렬식이다. 예를 들면, 식 (G.9)의 행렬 **A**의 m_{21}은 다음과 같다.

$$m_{21} = \begin{vmatrix} a_{12} & a_{13} \\ a_{32} & a_{33} \end{vmatrix} = a_{12}a_{33} - a_{13}a_{32} \tag{G.16}$$

여인자(cofactor)

정방행렬 **A**의 원소 a_{ij}의 여인자 c_{ij}는 다음과 같다.

$$c_{ij} = (-1)^{i+j} m_{ij} \tag{G.17}$$

식 (G.16)에 대해

$$c_{21} = (-1)^{2+1}(a_{12}a_{33} - a_{13}a_{32}) = -a_{12}a_{33} + a_{13}a_{32} \tag{G.18}$$

수반행렬(adjoint matrix)

행렬 **A**의 수반행렬(adj **A**)은 **A**의 여인자로 이루어진 행렬의 전치행렬이다. 식 (G.3)의 행렬 **A**에 대해,

$$\text{adj}\,\mathbf{A} = \begin{bmatrix} c_{11} & c_{12} & c_{13} \\ c_{21} & c_{21} & c_{23} \\ c_{32} & c_{32} & c_{33} \end{bmatrix}^T = \begin{bmatrix} 4 & -5 & -1 \\ -2 & 1 & 1 \\ -2 & 2 & 0 \end{bmatrix}^T \tag{G.19}$$

역행렬(inverse)

정방행렬 **A**의 역행렬은 다음과 같다.

$$\mathbf{A}^{-1} = \frac{adjA}{|A|} \tag{G.20}$$

여기서 $\mathbf{A}^{-1}$은 **A**의 역행렬을 나타내고 $|\mathbf{A}|$는 **A**의 행렬식이다. 식 (G.3)과 식 (G.19)의 **A**에 대해 $|\mathbf{A}| = -2$이고

$$\mathbf{A}^{-1} = \begin{bmatrix} -2 & 1 & 1 \\ \frac{5}{2} & -\frac{1}{2} & -1 \\ \frac{1}{2} & -\frac{1}{2} & 0 \end{bmatrix} \tag{G.21}$$

이다. 역행렬에 대한 MATLAB 명령문은 다음과 같다.

```
ainv = inv(A)
```

역행렬과 관련된 두 가지 성질은

$$\mathbf{A}^{-1}\mathbf{A} = \mathbf{A}\mathbf{A}^{-1} = \mathbf{I}$$

이고

$$(\mathbf{AB})^{-1} = \mathbf{B}^{-1}\mathbf{A}^{-1} \tag{G.22}$$

이다. 여기서 **A**와 **B**는 모두 $n \times n$ 행렬이다. 역행렬은 오직 정방행렬에 대해서만 정의되고 행렬식이 0이 아닐 때에만 존재한다는 점에 주의한다. **A**의 역행렬이 존재한다면, $\mathbf{A}^{-1}$의 역행렬도 존재한다. $(\mathbf{A}^{-1})^{-1} = \mathrm{A}$이다. $|\mathbf{A}| \neq 0$인 정방행렬 **A**에 대해,

$$(\mathbf{A}^{-1})^T = (\mathbf{A}^T)^{-1} = \mathbf{A}^{-T} \tag{G.23}$$

이고

$$|\mathbf{A}^{-1}| = \frac{1}{|\mathbf{A}|} \tag{G.24}$$

이다. 여기서 기호 $\mathbf{A}^{-T}$는 식 (G.23)으로 정의된다.

행렬의 사칙 연산

행렬의 사칙 연산은 식 (G.2)에 보이는 연산과 추가적인 연산들이 다시 식 (G.1)이 나올 수 있도록 정의되어야 한다.

덧셈(Addition)
동일한 크기의 행렬 **A**와 **B**의 덧셈은 모든 i, j에 대해 각각의 원소들을 더하면 된다. 예를 들면,

$$\begin{bmatrix} 1 & 2 \\ 3 & 4 \end{bmatrix} + \begin{bmatrix} 5 & 6 \\ 7 & 8 \end{bmatrix} = \begin{bmatrix} 6 & 8 \\ 10 & 12 \end{bmatrix} \tag{G.25}$$

상수배(Multiplication by a Scalar)
행렬 **A**에 스칼라 k의 곱은 **A**의 각 원소들에 k를 곱한다. 즉, $k\mathbf{A} = [ka_{ij}]$.

벡터의 곱(Multiplication of Vectors)
$1 \times n$ (행) 벡터 **x**와 $n \times 1$ (열) 벡터 **y**의 곱은 다음과 같이 정의된다.

$$[x_1 x_2 \cdots x_n]\begin{bmatrix} y_1 \\ y_2 \\ \vdots \\ y_n \end{bmatrix} = x_1y_1 + x_2y_2 + \cdots + x_ny_n \tag{G.26}$$

행렬의 곱(Multiplication of Matrices)
$m \times p$ 행렬 **A**는 $p \times n$ 행렬 **B**만 곱할 수 있다. 즉, **A**의 열의 수와 **B**의 행의 수가 같아야만 한다. **C**를 다음과 같다고 하자.

$$\mathbf{AB} = \mathbf{C}$$

여기서 **C**는 $m \times n$ 행렬이다. 그러면 **C**의 i, j번째 원소는 **A**의 i번째 행과 **B**의 j번째 열의 곱이다.

MATLAB에서 행렬의 곱은 다음 명령문으로 실행된다.

```
C = A*B
```

예로써, 식 (G.3)과 식 (G.21)로부터 곱 $\mathbf{AA}^{-1}$은 다음과 같다.

$$\mathbf{AA}^{-1} = \begin{bmatrix} 1 & 1 & 1 \\ 1 & 1 & -1 \\ 2 & 1 & 3 \end{bmatrix}\begin{bmatrix} -2 & 1 & 1 \\ \frac{5}{2} & -\frac{1}{2} & -1 \\ \frac{1}{2} & -\frac{1}{2} & 0 \end{bmatrix} = \begin{bmatrix} 1 & 0 & 0 \\ 0 & 1 & 0 \\ 0 & 0 & 1 \end{bmatrix} \tag{G.27}$$

추가 내용

추가로 중요한 행렬 관련 내용들을 정리한다.

선형 대수 방정식의 해(Solution of Linear Algebraic Equations)

식 (G.1)의 선형 방정식이 다음과 같이 식 (G.4)의 벡터-행렬 형태로 주어졌을 때,

$$\mathbf{Ax} = \mathbf{u}$$

이 방정식의 해는 다음과 같다.

$$\mathbf{x} = \mathbf{A}^{-1}\mathbf{u} \tag{G.28}$$

이 연산은 MATLAB에서 다음 명령문으로 수행한다.

```
x = inv(A)*u
```

예를 들어, 식 (G.21)로부터 식 (G.1)에 대해

$$\mathbf{x} = \mathbf{A}^{-1}\mathbf{u} = \begin{bmatrix} -2 & 1 & 1 \\ \frac{5}{2} & -\frac{1}{2} & -1 \\ \frac{1}{2} & -\frac{1}{2} & 0 \end{bmatrix} \begin{bmatrix} 3 \\ 1 \\ 6 \end{bmatrix} = \begin{bmatrix} 1 \\ 1 \\ 1 \end{bmatrix} \tag{G.29}$$

이 해는 다시 원래 식 (G.1)에 대입하여 쉽게 검증할 수 있다.

크래머의 법칙(Cramer's Rule)

n개의 선형 연립 방정식이 다음과 같이 벡터-행렬 형태로 주어졌을 때,

$$\mathbf{Ax} = \mathbf{u}$$

여기서 $\mathbf{A}$는 $n \times n$, $\mathbf{x}$는 $n \times 1$ $\mathbf{u}$는 $n \times 1$이고, $\mathbf{x}$의 i번째 원소는 다음과 같다.

$$x_i = \frac{|\mathbf{A}_i|}{|\mathbf{A}|} \tag{G.30}$$

이 식에서, $|\mathbf{A}|$는 행렬 $\mathbf{A}$의 행렬식이고 $|\mathbf{A}_i|$는 행렬 $\mathbf{A}$의 i번째 열을 벡터 $\mathbf{u}$로 대체한 행렬의 행렬식이다. 식 (G.30)을 크래머의 법칙이라고 한다.

미분(Differentiation)

행렬의 미분은 행렬의 각 원소들을 미분한 것으로 정의된다. 예를 들면,

$$\mathbf{x}(t) = \begin{bmatrix} x_1(t) \\ x_2(t) \end{bmatrix} \tag{G.31}$$

라고 할 때, 정의로부터

$$\frac{dx(t)}{dt} = \dot{\mathbf{x}}(t) = \begin{bmatrix} \frac{dx_1(t)}{dt} \\ \frac{dx_2(t)}{dt} \end{bmatrix} \tag{G.32}$$

이다.

적분(Integration)

행렬의 적분은 행렬의 각 원소들을 적분한 것으로 정의된다. 식 (G.31)에 대해,

$$\int \mathbf{x}(t)dt = \begin{bmatrix} \int x_1(t)\ dt \\ \int x_2(t)\ dt \end{bmatrix} \tag{G.33}$$

H 부분 답

Answers to Selected Problems

Chapter 2

2.1. **(a)** **(ii)**

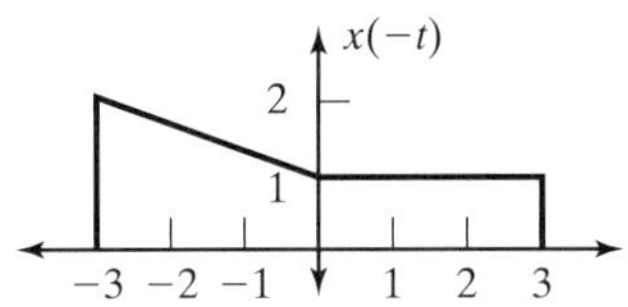

(iii)

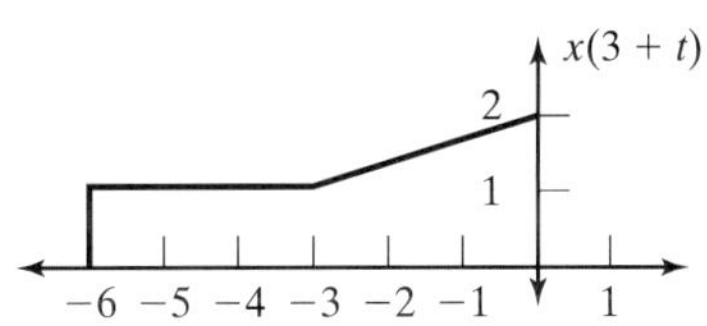

2.3. **(a)** $y(t) = x[-2[-2t + 2] + 2]$

2.6. **(a)** 홀함수

(b) 짝함수

(c) 짝함수

2.10. **(a)** $T_3 = 2\pi/(7/6), \omega_o = 1$

(b) $T_o = 2\pi, \omega_o = \dfrac{2\pi}{T_o} = 1$

(c) $T_o = \dfrac{2\pi}{4}, \omega_o = 4$

2.11. **(a)** 주기적이고, $T_0 = 2\pi, \omega_0 = 1$

(b) π와 1 사이에 공통인수가 없으므로 주기적이 아님

2.16. **(a)** $3.162 \cos(2t + 18.4°)$

2.17. **(a)** $\frac{1}{b}\cos^2\left(\frac{a}{b} - c\right)$

2.19. **(c)** **(i)** 1

(ii) 1

2.20. **(a)** $u(t+3)$

2.21. **(a)** $1 - u(t)$

(b) $t[1 - u(t)]$

2.25. **(a)** $x_1(t) = 2t[u(t) - u(t-1)] + (-2t+4)[u(t-1) - u(t-2)]$
$= 2tu(t) - 4(t-1)u(t-1) + 2(t-2)u(t-2)$

(c) $x(t) = \sum_{k=-\infty}^{\infty} x_1(t - kT_0) = \sum_{k=-\infty}^{\infty} x_1(t-2k)$

2.27. **(a)** $y_2(t) = T_2[T_1[x(t)]], y_3(t) = T_3[T_1[x(t)]]$
$y(t) = T_2[T_1[x(t)]] + T_4[T_3[T_1[x(t)]]] + T_5[x(t)]$

(b) $y(t) = T_3[T_2[T_1[x(t)]]] + T_4[T_2[T_1[x(t)]]] + T_5[T_1[x(t)]]$

2.30. **(a)** (i) 메모리를 가짐 (ii) 비가역적 (iii) 안정적 (iv) 시불변 (v) 선형

(b) 이 시스템은 인과적이다.

2.32. **(a)** $4y_1(t+1) + 2y_1(t)$

2.33. (i) 메모리가 없음 (ii) 가역 (iii) 안정하며 $t_o \geq 0$이면 인과적이고 그렇지 않으면 인과적이지 않음 (iv) 안정 (v) 시불변 (vi) 선형

2.34. $h(t) = 2t[u(t) - u(t-1)] + 4u(t-2)$

2.35. **(a)** (i) 메모리가 없음 (ii) 비가역 (iii) 인과적임 (iv) 안정 (v) 시불변 (vi) 비선형

(c) (i) 메모리가 없음 (ii) 비가역 (iii) 인과적임 (iv) 안정 (v) 시불변 (vi) 비선형

Chapter 3

3.1. **(a)** **(i)** $(t-2)u(t-2)$

3.4. $(t - t_0 - t_1)u(t - t_0 - t_1)$

3.5. **(a)** $y(t) = \begin{cases} 0, & t < 0 \\ t, & 0 < t < 1 \\ 1, & 1 < t < 2 \\ t-1, & 2 < t < 3 \\ 2, & 3 < t \end{cases}$

3.8. **(a)** $(1 - e^{t-2})[u(t-1) - u(t-2)] + (2 - e^{t-1} - e^{t-2})$
$[u(t) - u(t-1)] + (2e^t - e^{t-1} - e^{t-2})u(-t)$

(b) $e^{-1}u(2-t) + e^{-(t-1)}u(t-2)$

(c) $(1 - e^{-400})u(-t) + (e^{-t} - e^{-400})[u(t) - u(t-400)]$

3.11. **(a)** $4te^{-t}u(t)$

(b) $\delta(t)$

3.12. **(a)** $h(t) = h_1(t) * h_2(t) + h_1(t) * h_3(t) * h_4(t) + h_4(t) * h_5(t)$

(b) $h(t) = 5u(t) + 5tu(t) + \frac{1}{2}(1 - e^{-2t})u(t)$

3.14. **(a)** $\delta(t - 7)$

(b) $u(t - 7)$

3.16. **(a)** $h(t) = \delta(t - 9)$

(b) $h(t) = u(t - 9)$

(c) $t < 9, \quad h(t) = 0$

$t > 9, \quad h(t) = \int_9^t d\sigma = (t - 9)$

3.18. **(a)** 안정, 인과적임

(b) 불안정, 인과적임

(c) 안정, 비인과적임

3.20. **(a)** (i) $e^{-4(t-1)}u(t - 1)$, (ii) 인과적임 (iii) 안정

3.21. **(a)** 비인과적임

(b) 안정

(c) $x(t) = \delta(t - 2) - 2\delta(t + 2)$
$y(t) = x(t) * h(t) = h(t - 2) - 2h(t + 2)$

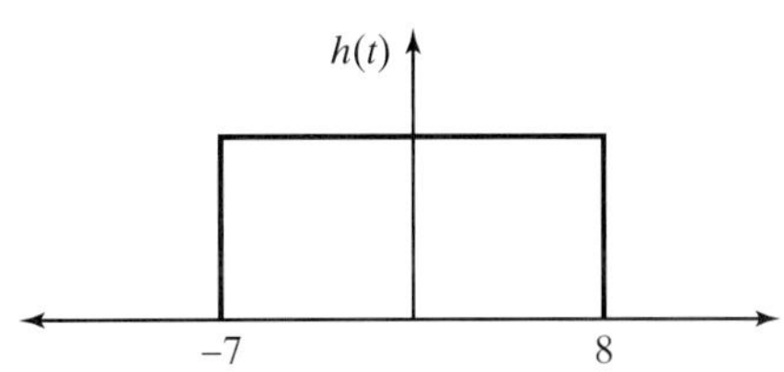

3.24. **(a)** $t < 0$일 때 $h(t) = 0$이므로 인과적임

(b) 안정

(c) 비인과적이고 불안정

3.25. **(i)** $y(t) = (-2e^{-3t} + 1)u(t)$

(ii) $y(t) = (3e^{-2t} - e^{-3t})u(t)$

3.27. **(a)** 특성방정식은 $s^2 - 2.5s + 1 = 0$, 근은 2와 0.5, 모드는 e^{2t}와 $e^{0.5t}$, 불안정
(b) 특성방정식은 $s^2 + 9 = 0$, 근은 $3j$와 $-3j$, 모드는 e^{3jt}와 e^{-3jt}, 불안정

3.28. **(a)** 근은 −1, −2, −4, 안정

(b) 근은 −2, 0.5, 불안정

3.32. **(a)** $a = 4$ 그리고 $K = 14.14$

3.36. **(a)** $H(s) = H_1(s)H_2(s) + H_1(s)H_3(s)H_4(s) + H_4(s)H_5(s)$

Chapter 4

4.1. (i) $f(t) = a_0 + \sum_{n=1}^{\infty}(a_n \cos n\omega_o t + B_n \sin n\omega_o t)$

$a_n = 0; b_n = 0$ n이 짝수일 때

(ii) $a_o = \frac{1}{2\pi}\int_{-\pi}^{\pi} x^2 dx,\ a_n = \frac{1}{\pi}\int_{-\pi}^{\pi} x^2 \cos nxdx,\ b_n = \frac{1}{\pi}\int_{-\pi}^{\pi} x^2 \sin nxdx$

$a_o = \frac{\pi^2}{3},\ b_n = (-1)^n \frac{4}{n^2},\ c_n = 0$

4.3. (i) (a) 예 **(b)** $C_3 = 0.5,\ C_{-3} = 0.5,\ C_5 = 0.5j,\ C_{-5} = 0.5j$, 다른 모든 k일 때 $C_k = 0$

(ii) (a) 비주기적임

4.4. (a) $\pi/2$

(b) $\pi/2$

(c) 0

4.6. (a) $C_k = \frac{3j}{k\pi}\left[1 - \cos\left(\frac{k\pi}{2}\right)\right]$ 그리고

$C_0 = \lim_{k\to 0} C_k = \frac{1}{\pi}\left(3j\left(-\frac{\pi}{2}\sin\left(k\frac{\pi}{2}\right)\right)\right)$

(c) $C_k = \frac{-1}{k^2\pi^2}[e^{-jk\pi}(-jk\pi - 1) + 1]$ 그리고 $C_0 = \frac{1}{2}$

(e) $C_k = \frac{1}{\pi(1 - k^2)}\left[e^{j\frac{\pi}{2}k} - jk\right]$

4.8. (a) $x(t) = \sum_{\substack{k=1 \\ k \text{ odd}}}^{\infty} \frac{4X_0}{\pi k}\cos(k\omega_0 t - 90°)$

4.14. (a) $C_k = 10$, k가 홀수일 때, $C_k = 0$, k가 짝수일 때

(b) $C_k = 5[1 - e^{-jk\pi}]$

4.15. (a)

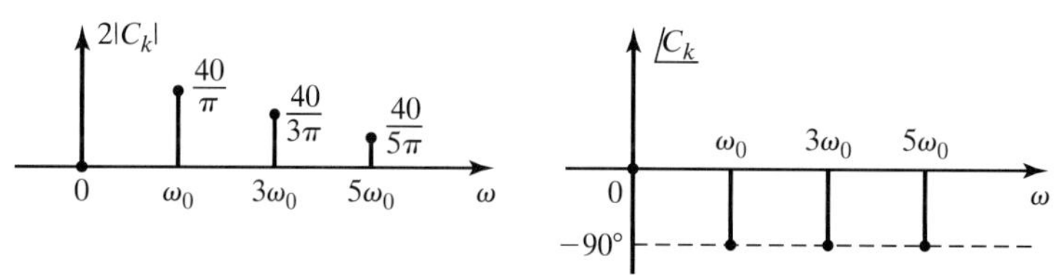

4.18. $2 + e^{j\pi t} + \cos\left(3\pi t + \frac{\pi}{4}\right)$

4.20. **(a)** $m = 2$

(b) $m = 1$

(c) $m = 2$

4.21. $C_{yk} = H(jk\omega_0); C_{xk} = \dfrac{10}{jk\omega_0 + 5} C_{xk}$

4.23. **(a)** $C_{1y} = 5.6939\angle - 116.6°, C_{3y} = 1.1771\angle - 146.3°,$
$C_{5y} = 0.4729\angle - 158.2°$

4.26. **(a)** $y(t) = \dfrac{1}{2} - \dfrac{1}{4}\dfrac{\alpha}{\alpha + j\omega_0} e^{j4t} - \dfrac{1}{4}\dfrac{\alpha}{\alpha - j\omega_0} e^{-j4t}$

4.31. **(a)** $C_{yk} = C_{xk}e^{-jk\pi}$

4.32. **(a)** $C_k = \dfrac{-8}{(\pi k)^2}$, k가 홀수일 때, $C_k = 0$, k가 짝수일 때

(b) $C_0 = 0, C_k = \dfrac{4j}{\pi k}, k \neq 0$

(c) $C_0 = \dfrac{12}{\pi}, C_k = \dfrac{-12}{\pi(4k^2 - 1)}, k \neq 0$

Chapter 5

5.1. **(a)** $\dfrac{-b\omega^2 + j\omega b^2}{\omega^4 + \omega^2 b}$

(b) $A\pi e^{j\phi}\delta(\omega - \omega_0) + A\pi e^{-j\phi}\delta(\omega + \omega_0)$

(c) $\dfrac{1}{\alpha - j\omega}$

(d) $Ce^{j\omega t_0}$

5.9. **(a)** $u(t) \stackrel{\mathscr{F}}{\longleftrightarrow} \pi\delta(\omega) + \dfrac{1}{j\omega}$

(b) $\cos \omega_c t \stackrel{\mathscr{F}}{\longleftrightarrow} \pi\delta(\omega - \omega_c) + \pi\delta(\omega + \omega_c)$

5.11. **(a)** $\dfrac{(1 - e^{-6})\, e^{-3(t-15)}}{3}$

(b) $e^{-3(t-3)}u(t - 3) - e^{-3(t-5)}u(t - 5)$

(c) $\dfrac{dy}{dt}$

5.13. **(a)** $F(\omega) = aAsinc^2\left(\dfrac{a\omega}{2}\right)$

5.15. **(a)** 진폭은 왜곡, 위상은 왜곡 없음

5.16. 아니오

5.18. **(a)** $g(t) = \frac{50}{\pi}\text{sinc}(100t)$

5.19. **(a)** $\frac{j0.25\omega}{-0.25\omega^2 + 2.5j\omega + 6}$

5.23. **(a)** **(i)** $H(\omega) = \frac{10}{j\omega + 10}$

(ii) $|H(\omega)| = \frac{10}{\sqrt{\omega^2 + 100}}, \angle H(\omega) = -\tan^{-1}\left(\frac{\omega}{10}\right)$

(iii) $h(t) = 10e^{-10t}u(t)$

5.24. **(a)** $V_2(\omega) = V_1(\omega)H(\omega) = \frac{\pi}{j}\left[\frac{10}{10 + j50}\delta(\omega - 50) - \frac{10}{10 - j50}\delta(\omega + 50)\right]$

5.27. **(a)** 53.2%

5.28. **(a)** $P_y(\omega) = 200\delta(\omega + 200) + 648(\omega + 150) + 648(\omega - 150) + 200(\omega - 200)$

Chapter 6

6.2. **(a)** $Y(\omega) = \pi\sum_{n=-3}^{3}\text{sinc}\left(\frac{n}{2}\pi\right)\delta(\omega - n50\pi)$

$y(t) = \frac{1}{2} + \frac{2}{\pi}\cos(50\pi t) + \frac{2}{3\pi}\cos(150\pi t)$

(b) $Y(\omega) = \pi\sum_{n=-1}^{1}\text{sinc}\left(\frac{n}{2}\pi\right)\delta(\omega - n100\pi)$

$y(t) = \frac{1}{2} + \frac{2}{\pi}\cos(100\pi t)$

6.3. **(a)** 고주파 통과다. 출력은 고주파 성분은 포함하고 있지만 저주파 성분은 제거되고 DC값은 0인 것처럼 보인다.

(b) 저주파 통과다. 출력의 모양은 입력의 모양과 대충 같지만, 좀 더 부드러워지고 주로 저주파-성분을 포함하고 있다.

6.5. $H(\omega) = \frac{1}{1 + j\left(\frac{\omega L}{R} - \frac{1}{\omega RC}\right)}$

6.7. $H(\omega) = \frac{V_o(\omega)}{V_i(\omega)} = \frac{1}{1 - \frac{\omega^2}{\omega_c^2} + j\frac{\sqrt{2}\omega}{\omega_c}}$

$|H(\omega)| = \frac{1}{\sqrt{1 - \frac{2\omega^2}{\omega_c^2} + \frac{\omega^4}{\omega_c^4} + \frac{2\omega^2}{\omega_c^2}}} = \frac{1}{\sqrt{1 + \left[\left(\frac{\omega}{\omega_c}\right)^2\right]^2}}$

이것은 2차 버터워스 주파수 응답 함수다.

6.8. (a) for $R_0 = 1\ k\Omega$: $L = 70.7\ mH$, $C = 0.141\ \mu F$

6.13. (b) 더 짧은 시간 유지가 더 넓은 대역폭의 결과를 가져온다.

6.16. (a) $\omega_s > 400$ rad/s

6.22. (a) 그렇다. $k = 5$에 대해 $x(t)$의 사인파 항을 고려하면 이 경우에 주파수 겹침이 발생한다.

(b) $x_r(t) = \sum_{k=-4}^{4} a_k e^{-j(k\pi/t)}$

6.26. (a) 40 Hz 그리고 50 Hz

6.28.

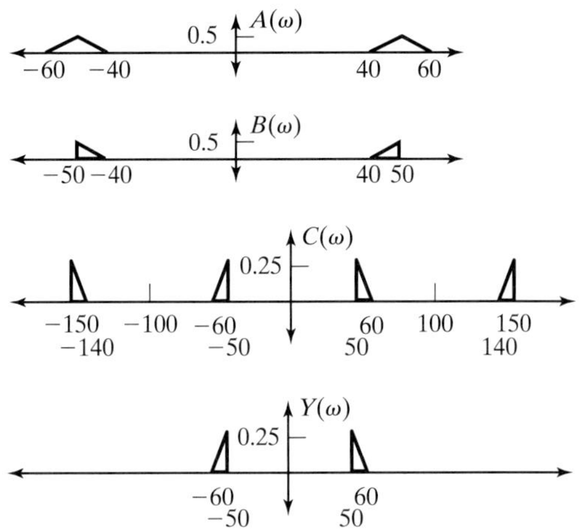

6.35. (a) 19개의 신호가 멀티플렉싱될 수 있다.

(b) 785.4 (k-rad/s)

Chapter 7

7.1. (a) $\dfrac{5e^{-2s}}{s}$

7.2. (a) $f(t) = 5tu(t) - 5(t-2)u(t-2) - 15u(t-2) + 5u(t-4)$

(b) $F(s) = \dfrac{5}{s^2} - \dfrac{5}{s^2}e^{-2s} - \dfrac{15}{s}e^{-2s} + \dfrac{5}{s}e^{-4s}$

7.6. (a) $F(s) = \dfrac{s}{s^2 - a^2}$

(b) $\cos(bt)\Big|_{b=aj} = \dfrac{e^{jbt} + e^{-jbt}}{2}\Big|_{b=aj} - \dfrac{e^{-at} + e^{at}}{2} = \cosh(at)$

$$\mathcal{L}\Big[\cos(bt)\Big]\Big|_{b=aj} = \frac{s}{s^2 + b^2}\Big|_{b=aj} = \frac{s}{s^2 - a^2}$$

(c) $F(s) = \dfrac{a}{s^2 - a^2}$

$\sin(bt)|_{b=aj} = j\sinh(at)$

$j\mathcal{L}\Big[\sin(bt)\Big]_{b=aj} = \dfrac{-jb}{s^2 + b^2}\Big|_{b=aj} = \dfrac{a}{s^2 - a^2}$

7.10. **(a)** $5\left[\dfrac{e^{-2s}}{s} - \dfrac{e^{-3s}}{s}\right]$

(b) $3\dfrac{e^{-2s}}{s^2}$

7.13. **(a)** $a = 0, c = 0$

7.14. **(a)** $t \neq 3$에 대해 동일하지 않다.

(b) $L[f(t)] = L[g(t)] = (1 - e^{-3s})/s, s > 0$

7.17. **(a)** $2.5(1 - e^{-2t})u(t)$

7.24. **(i)** **(a)** 안정

(b) e^{-t}, e^{-4t}

(c) $H_i(s) = \dfrac{1}{2}(s^2 + 5s + 4)$

7.29. **(a)** $\dfrac{1}{s + 4}$, $\text{Re}(s) > -4$

(b) $\dfrac{1}{2 + s}e^{-(s+2)}$, $\text{Re}(s) > -2$

(c) $\dfrac{1}{s - 4}$, $\text{Re}(s) < 4$

7.32. **(a)** $f(t) = -7u(-t) + 6e^{-t}u(-t)$

(b) $f(t) = 7u(t) - 6e^{-t}u(t)$

(c) $f(t) = -7u(-t) - 6e^{-t}u(t)$

(d) (a) $f(\infty) = 0$ (b) $f(\infty) = 7$ (c) $f(\infty) = 0$

7.35. **(a)** $\text{Re}(-1) > 0$ 그리고 $\text{Re}(-2) > 0$

(b) $\text{Re}(2) < 0$이고 $\text{Re}(1) > 0$이거나 $\text{Re}(1) < 0 < \text{Re}(-2)$

(c) $\text{Re}(1) < 0$ 그리고 $\text{Re}(2) < 0$

7.36. $f(t) = -e^tu(-t) - tu(t)$

7.37. -9와 -4의 오른편으로 수렴하고 3의 왼편으로 수렴한다.

Chapter 8

8.1. (a) $x_1 = i,\ v_i = u,\ y = v_R$

$$\dot{x} = -\frac{R}{L}x + \frac{1}{L}u$$

$$y = Rx$$

8.3. (b) $x = y;\ \dot{x}_1 = 4x_1 + 8u$

8.4. (d-b) $\underline{\dot{x}} = \begin{bmatrix} 0 & 1 \\ -1 & -3 \end{bmatrix}\underline{x} + \begin{bmatrix} 0 \\ 1 \end{bmatrix}u$

$$y = [0\ \ 50]\underline{x}$$

(d-c) $\ddot{y} + 3\dot{y} + y = 50\dot{u}$

8.6. (a) $y(t) = e^{-4t},\ t > 0$

(b) $y(t) = -\frac{1}{4} + 2e^{t} + \frac{1}{4}e^{-4t},\ t > 0$

8.13. (a) $\dot{x} = -5x + 4u$

$y = 3x$

(b) $H(s) = \dfrac{12}{s + 5}$

8.16. (b) $H(s) = \dfrac{2s^2 + 7s + 1}{s^2 + 3s - 4}$

8.18. (a)

$$\dot{x} = -\frac{R}{L}x + \frac{1}{L}u$$

$$y = Rx$$

(b) $H(s) = \dfrac{\frac{R}{L}}{s + \frac{R}{L}}$

(c) $\dfrac{V_R(s)}{V_i(s)} = \dfrac{\frac{R}{L}}{s + \frac{R}{L}}$

8.21. (a) $H(s) = \dfrac{2s^2 + 7s + 1}{s^2 + 3s - 4}$

8.26. (a) 불안정

(b) $e^{-4t},\ e^{t}$

(c) $A = [-4\ \ \ 5; 0\ \ \ 1];\ \mathrm{eig}(A)$

Chapter 9

9.3. **(a)** **(i)** $\delta[n] - 2\delta[n-1] + \delta[n+1]$

(ii) $\delta[n] + \delta[n-3] + \delta[n-6] + \delta[n-9] + \delta[n+3] + \delta[n+6] + \delta[n+9] + \delta[n+12]$

(v) $\delta[n] + \delta[n-1] + \delta[n-2] + \delta[n-3] + \delta[n+3] + \delta[n-4] + \delta[n-5] + \delta[n-6] + \delta[n-7]$

9.8. **(a)** $x_e[n] = -\delta[n+2] - \delta[n-2]$ 그리고 $x_o[n] = \delta[n+2] + 2\delta[n+1] - 2\delta[n-1] - \delta[n-2]$

(b) $x_e[n] = \frac{1}{2}\delta[n+4] + \delta[n+3] + \frac{3}{2}\delta[n+2] + \delta[n+1] + \delta[n-1] + \frac{3}{2}\delta[n-2] + \delta[n-3] + \frac{1}{2}\delta[n-4]$ and $x_o[n] = \frac{1}{2}\delta[n+4] + \delta[n+3] + \frac{1}{2}\delta[n+2] - \frac{1}{2}\delta[n-2] - \delta[n-3] - \frac{1}{2}\delta[n-4]$

9.10. **(a)** **(i)** 어느 것도 아님

(ii) 홀함수

(iii) 짝함수

(iv) 짝함수

(v) 홀함수

(vi) 어느 것도 아님

9.14. **(i)** 주기적임, $N_0 = 1$

(iv) 주기적임

9.15. **(a)** 주기적임, $N_0 = 10$

9.16. **(a)** 주기적임, $N_0 = 8$

(b) 비주기적임

9.21. **(a)** $m[n] = T_3[T_2\{x[n] + T_4(y[n])\}]$

9.25. **(a)** 메모리를 가진, 비가역, 비인과, 불안정, 시변, 비선형

Chapter 10

10.1. **(a)** $x_a[n] = 2\delta[n+1] + 2\delta[n] - 4\delta[n-1] - 4\delta[n-2]$

10.7. **(a)** $y[5] = 6$

(b) $y[3] = 8$

(c) $n = 2, 3, 4$

(d) $y[n] = 2\delta[n+1] + 4\delta[n] + 6\delta[n-1] + 8\delta[n-2] + 8\delta[n-3] + 8\delta[n-4] + 6\delta[n-5] + 4\delta[n-6] + 2\delta[n-7]$

10.9. $y[n] = \delta[n+2] + \delta[n+1] + 3(0.7)^n(u[n] - u[n-5]) + 3(0.7)^n(u[n-1] - u[n-6])$

10.14. **(a)** $h[n] = (n+1)(0.9)^n u[n]$

(b) $h[n] = \delta[n+4]$

(c) $h[n] = \delta[n] + 2\delta[n-1] + 3\delta[n-2] + 2\delta[n-3] + \delta[n-4]$

10.15. **(a)** 인과적

(b) 안정

10.17. **(a)** $h[n] = .5\delta[n-1] + .7\delta[n]$

(b) 인과적

(c) $y[n] = 0.7u[n+1] + 0.5u[n]$

10.19. **(a)** 인과적, 안정

(c) 인과적, 불안정

10.21. **(a)** $h[n] = \delta[n+7] + \delta[n-7]$

(b) $h[n] = u[n-3] + u[-n+2]$

10.23. **(i)** $y[n] = -\dfrac{5}{7}\left(\dfrac{5}{6}\right)^n + \dfrac{12}{7}(2)^n, n \geq 0$

(ii) $y[n] = 2.108(0.7)^n - 1.108e^{-n}, n \geq -1$

10.24. **(a)** 불안정

(b) 불안정

10.27. **(b)** $y[0] = 2.5$

$y[1] = 2.25$

$y[2] = 0.025$

$y[3] = 0.0225$

$y[4] = 0.02025$

10.34. **(a)** $H(z) = \dfrac{z}{z-0.7}$

(b) $y_{ss}[n] = 1.168\cos(n - 43.5°)$

(d) $y_{ss}[n] = 0.847\cos n + 0.804\sin n + 0.153\cos n - 0.803\sin n \approx \cos n$

Chapter 11

11.1. **(a)** $x(z) = 1 + 0.5z^{-1} + 0.25z^{-2}$

11.3. **(a)** $\dfrac{z}{z-0.9}$

(b) $\dfrac{5z - 4.6}{z^2 - 1.9z + 0.88}$

11.7. **(a)** $\dfrac{z}{z-0.95}$

(b) $\dfrac{5z^2 - 4.617z}{z^2 - 1.856z + 0.861}$

11.11. **(a)** $f(\infty) = \dfrac{1}{2}$

(b) $f[n] = \dfrac{1}{2} - \dfrac{1}{2}(-1)^n$

11.16. **(a)** **(i)** $x[n] = u[n] - 0.5^n u[n]$

11.17. **(a)** $\dfrac{z^2}{z^2 - a}$

(b) $\dfrac{1}{z(z - a)}$

11.23. **(a)** $y(z) = \dfrac{0.2z^2}{(z - 1)(z - 0.8)}$

(b) $y[\infty] = 1$

(c) $y[n] = 1 - (0.8)^{n+1}, n \geq 0$

11.25. **(a)** $(2(0.5)^n - (0.25)^n)u[n]$

11.31. **(a)** $H(z) = \dfrac{z^3}{(z - 1.1)^3}, |z| > 1.1$

(b) $H(z) = \dfrac{z^4}{(z - 1.1)^3}, |z| < 1.1$

(c) $H(z) = \dfrac{z^4}{(z - 0.9)^3}, |z| < 0.9$

(d) $H(z) = \dfrac{z^3}{(z - 0.9)^3}, |z| > 0.9$

11.36. **(a)** $\dfrac{z}{z - 0.7}, |z| > 0.7$

(b) $0.7^7 \dfrac{z^{-6}}{z - 0.7}, |z| > 0.7$

(c) $0.7^{-7} \dfrac{z^8}{z - 0.7}, |z| > 0.7$

(d) $\dfrac{z}{z - 0.7}, |z| < 0.7$

(e) $\dfrac{(0.7z)^8}{0.7z - 1}, |z| > \dfrac{1}{0.7}$

(f) $\dfrac{-0.7}{z - 0.7}, |z| < 0.7$

11.38. **(a)** **(i)** $\dfrac{3}{2}(-u[-n - 1] + (0.6)^n u[-n - 1])$

(ii) $\dfrac{3}{2}(u[n] - (0.6)^n u[n])$

(iii) $\dfrac{3}{2}(-u[-n - 1] - 0.6^n u[n])$

Chapter 12

12.1. **(a)** $X(\Omega) = \dfrac{1}{1 - 0.5e^{-j\Omega}}$

12.4. **(a)** $F_1(\Omega) = 8\pi \sum_{k=-\infty}^{\infty} [\delta(\Omega - 0.2\pi - 2\pi k + \delta(\Omega + 0.2\pi - 2\pi k)]$

$$- j4\pi \sum_{k=-\infty}^{\infty} [\delta(\Omega - 0.4\pi - 2\pi k - \delta(\Omega + 0.4\pi - 2\pi k)]$$

12.10. $[2, 0, 2, 0]$

12.12. $\left[\frac{1}{2}, 0, -\frac{1}{2}, 0\right]$

12.13. **(a)** $X[k] \sum_{n=0}^{7} 0.5^n e^{-j}\dfrac{2\pi nk}{8}, k = 0, 1, \ldots, 7$

12.18. **(a)** $[6, \ -1 - j1, 0, \ -1 + j1]$

12.24. **(a)** $X[k] = [2.50, 2.65 + j0.81, 3.46 + j2.14, 15.44 + j11.99, -5.59,$
$15.44 - j11.99, 3.46 - j2.14, 2.65 - j0.81]$

12.31. **(a)** $[2, 5, 4, 5, -1, -2, -6]$
(b) $[1, 3, -2, 5]$
(c) $[-2, -4, -1, -2, 5, 5, 6]$
(d) $[6, 5, 5, -2, -1, -4, -2]$
(e) $[-4, -2, 2, 9, 2, -2, -4]$

12.36. **(a)** 30
(b) 38
(c) 12
(d) 30
(e) 60
(f) $[121, 5, 9, 5]$

Chapter 13

13.1. **(b)** $\underline{x}[n + 1] = \begin{bmatrix} 0 & 1 \\ -0.8 & 0 \end{bmatrix} \underline{x}[n] + \begin{bmatrix} 0 \\ 1 \end{bmatrix} u[n]$

$$y[n] = [1 \quad 0]\, \underline{x}[n]$$

13.2. **(b)** $x[n + 1] = 0.8x[n] + u[n]$
$y[n] = -0.4x[n] + 4u[n]$

13.6. **(a)** $\underline{x}[n + 1] = \begin{bmatrix} 0.8 & 0 \\ 6.08 & 0.9 \end{bmatrix} \underline{x}[n] + \begin{bmatrix} 1 \\ 3.2 \end{bmatrix} u[n]$

$$y[n] = [0 \quad 1.9]\, \underline{x}[n]$$

(b) $\Phi[n] = \begin{bmatrix} 0.8^n & 0 \\ 6.08[0.9^n - 0.8^n] & 0.9^n \end{bmatrix}$

(c) $\underline{x}[n] = \begin{bmatrix} 0.8^n \\ 62.8(0.9)^n - 60.8(0.8)^n \end{bmatrix}$

$y[n] = 119.3(0.9)^n - 115.5(0.8)^n, n \geq 0$

(d) $y[n] = 638.4 + 577.6(0.8)^n - 1216(0.9)^n, n \geq 0$

(f) $y[n] = 638.5 + 462.2(0.8)^n - 1096.9(0.9)^n, n \geq 0$

13.12. **(b)** $H(z) = \dfrac{6.08z + 6.69}{(z - 0.8)(z - 0.9)}$

13.17. **(a)** $x_1[n + 1] = (1 - \alpha)x_1[n] + \alpha u[n]$

(b) $y[n] = (1 - \alpha)x_1[n] + \alpha u[n]$

(c) $H(z) = \dfrac{\alpha z}{z - (1 - \alpha)}$

13.19. **(a)** $H(z) = \dfrac{z + 1}{z^2}$

참고문헌

Signals and Systems References

이 책 전반에서의 특정 주제에 대한 몇몇 참고문헌을 아래에 제시했다. 신호 및 시스템에 대한 일반적인 분야에 대한 수많은 좋은 책들이 있는데, 아래 1장의 참고문헌 12부터 참고문헌 20까지가 이에 대한 완전하진 않지만 하나의 목록이다. 이 목록에서 혹시 책이 빠져 있다면 일부러 뺀 것은 아님을 밝혀둔다.

Chapter 1

1. W. A. Gardner, *Introduction to Random Processes*. New York: Macmillan, 1986.
2. C. L. Phillips and R. D. Harbor, *Feedback Control Systems*, 4th ed. Upper Saddle River, NJ: Prentice Hall, 1999.
3. J. Millman, *Microelectronics*, 2d ed. New York: McGraw–Hill, 1999.
4. C. L. Phillips and H. T. Nagle, *Digital Control System Analysis and Design*, 3d ed. Upper Saddle River, NJ: Prentice Hall, 1996.
5. S. D. Conte and C. deBoor, *Elementary Numerical Analysis: An Algorithmic Approach*. New York: McGraw-Hill, 1982.
6. M. Burkert et al., "IC Set for a Picture-in-Picture System with On-Chip Memory," *IEEE Transactions on Consumer Electronics*, February 1990.
7. L. Buddine and E. Young, *The Brady Guide to CD-ROM*. Englewood Cliffs, NJ: Prentice Hall, 1988.
8. B. E. Keiser and E. Strange, *Digital Telephony and Network Integration*. New York: Van Nostrand Reinhold, 1995.
9. J. D. Irwin, *Basic Engineering Circuit Analysis*, 6th ed. New York: Macmillan, 1999.
10. Learning MATLAB 6, Natick, MA: The Mathworks, Inc., 2001
11. Learning Simulink 4, Natick, MA: The Mathworks, Inc., 2001.
12. R. A. Gabel and R. A. Roberts, *Signals and Linear Systems*. New York: Wiley, 1987.
13. L. B. Jackson, *Signals, Systems, and Transforms*. Reading, MA: Addison–Wesley, 1991.
14. B. P. Lathi, *Linear Systems and Signals*, New York: Berkeley-Cambridge, 1992.
15. R. J. Mayhan, *Discrete-Time and Continuous-Time Linear Systems*, 2d ed. Reading, MA: Addison–Wesley, 1998.
16. C. D. McGillem and G. R. Cooper, *Continuous and Discrete Signal and System Analysis*, 3d ed. New York: Holt, Rinehart and Winston, 1995.

17. M. O'Flynn and E. Moriarty, *Linear Systems Time Domain and Transform Analysis*. New York: Harper & Row, 1987.
18. A. V. Oppenheim and A. S. Willsky, *Signals and Systems*, 2d ed. Upper Saddle River, NJ: Prentice Hall, 1996.
19. S. S. Soliman and M. D. Srinath, *Continuous and Discrete Signals and Systems*, 2d ed. Upper Saddle River, NJ: Prentice Hall, 1997.
20. R. E. Ziemer, W. H. Tranter, and S. R. Fannin, *Signals and Systems Continuous and Discrete*, 4th ed. New York: Macmillan, 1998.

Chapter 2

1. G. Carlson, *Signal and Linear System Analysis*, 2d ed. New York, John Wiley & Sons, 1998.
2. G. Doetsch, *Guide to the Applications of the Laplace and z-Transforms*. London: Van Nostrand Reinhold, 1971.
3. W. Kaplan, *Operational Methods for Linear Systems*. Reading, MA: Addison–Wesley, 1962.
4. R. V. Churchill, *Operational Mathematics*, 3d ed. New York: McGraw–Hill, 1977.
5. G. Doetsch, *Guide to the Applications of Laplace Transforms*. London: Van Nostrand Reinhold, 1961.
6. G. Doetsch, *Introduction to the Theory and Application of the Laplace Transform*. New York: Springer–Verlag, 1974.
7. R. F. Wigginton, *Evaluation of OPS-II Operational Program for the Automatic Carrier Landing System*. Saint Inigoes, MD: Naval Electronic Systems Test and Evaluation Facility, 1971.

Chapter 3

1. F. B. Hildebrand, *Advanced Calculus and Applications*, 2d ed. Englewood Cliffs, NJ: Prentice-Hall, 1976.
2. G. Birkhoff and G.-C. Rota, *Ordinary Differential Equations*, 4th ed. New York: Wiley, 1994.
3. C. L. Phillips and R. D. Harbor, *Feedback Control Systems*, 4th ed. Upper Saddle River, NJ: Prentice Hall, 1999.
4. G. Doetsch, *Guide to the Applications of the Laplace and z-Transforms*. London: Van Nostrand Reinhold, 1971.

Chapter 4

1. C. L. Phillips and R. D. Harbor, *Feedback Control Systems*, 4th ed. Upper Saddle River, NJ: Prentice Hall, 1999.
2. D. Jackson, *Fourier Series and Orthogonal Polynomials*. Menosha, WI: Collegiate Press, 1981.
3. A. V. Oppenheim and A. S. Willsky, *Signals and Systems*. Upper Saddle River, NJ: Prentice Hall, 1996.
4. W. Kaplan, *Operational Methods for Linear Systems*. Reading, MA: Addison–Wesley, 1962.
5. R. V. Churchill, *Operational Mathematics*, 2d ed. New York: McGraw–Hill, 1972.

Chapter 5

1. R. Bracewell, *The Fourier Transform and Its Applications*, 2d ed. New York: McGraw–Hill, 1986.
2. M. J. Lighthill, *Fourier Analysis and Generalised Functions*. Cambridge: Cambridge University Press, 1958.
3. A. Papoulis, *The Fourier Integral and Its Applications*. New York: McGraw–Hill, 1962.
4. R. A. Gabel and R. A. Roberts, *Signals and Linear Systems*. New York: Wiley, 1987.
5. H. P. Hsu, *Fourier Analysis*. New York: Simon & Schuster, 1970.
6. B. P. Lathi, *Signals, Systems and Communication*. New York: Wiley, 1965.
7. N. K. Sinha, *Linear Systems*. New York: Wiley, 1991.
8. S. S. Soliman and M. D. Srinath, *Continuous and Discrete Signals and Systems*, 2d ed. Upper Saddle River, NJ: Prentice Hall, 1997.
9. A. V. Oppenheim and A. S. Willsky, *Signals and Systems*, 2d ed. Upper Saddle River, NJ: Prentice Hall, 1996.

Chapter 6

1. L. W. Couch II, *Modern Communication Systems*, Upper Saddle River, NJ: Prentice Hall, 1995.
2. G. E. Carlson, *Signal and Linear System Analysis*. Boston: Houghton Mifflin, 1992.
3. International Telephone and Telegraph Corporation, *Reference Data for Radio Engineers*, 5th ed. Indianapolis, IN: Howard W. Sams, 1973.
4. C. J. Savant, Jr., M. S. Roden, and G. L. Carpenter, *Electronic Design: Circuits and Systems*, 2d ed. Redwood City, CA: Benjamin/Cummings, 1991.
5. A. B. Williams, *Electronic Filter Design Handbook*. New York: McGraw–Hill, 1981.
6. S. Haykin, *An Introduction to Analog and Digital Communications*. New York: Wiley, 1989.
7. A. J. Jerri, "The Shannon Sampling Theorem—Its Various Extensions and Applications: A Tutorial Review," *Proceedings of IEEE*, vol. 65, pp. 1565–1596, 1977.

Chapter 7

1. R. V. Churchill, *Operational Mathematics*, 3d ed. New York: McGraw–Hill, 1977.
2. G. Doetsch, *Introduction to the Theory and Application of the Laplace Transform*. New York: Springer–Verlag, 1970.
3. G. Doetsch, *Guide to the Applications of the Laplace and z-Transforms*. New York: Van Nostrand Reinhold, 1971.
4. W. Kaplan, *Operational Methods for Linear Systems*. Reading, MA: Addison–Wesley, 1962.

Chapter 8

1. D. Graupe, *Identification of Systems*. Huntington, NY: Robert E. Kreiger, 1976.

2. C. L. Phillips and R. D. Harbor, *Feedback Control Systems*, 4th ed. Upper Saddle River, NJ: Prentice Hall, 1999.
3. B. Friedlander, *Control System Design*. New York: McGraw–Hill, 1986.
4. G. H. Golub and C. F. Van Loan, *Matrix Computations*, 2d ed. Baltimore, MD: Johns Hopkins University Press, 1996.
5. C. L. Phillips and H. T. Nagle, *Digital Control System Analysis and Design*, 3d ed. Upper Saddle River, NJ: Prentice Hall, 1996.
6. G. F. Franklin and J. D. Powell, *Digital Control of Dynamic Systems*. 3d ed. Reading, MA: Addison–Wesley, 1997.
7. W. L. Brogan, *Modern Control Theory*, 3d ed. Upper Saddle River, NJ: Prentice Hall, 1991.

Chapter 9

C. L. Phillips and H. T. Nagle, *Digital Control System Analysis and Design*, 3d ed. Upper Saddle River, NJ: Prentice Hall, 1996.

Chapter 10

L. A. Pipes, *Applied Mathematics for Engineers*. New York: McGraw–Hill, 1946.

Chapter 11

1. G. Doetsch, *Guide to the Applications of the Laplace and z-Transforms*. New York: Van Nostrand Reinhold, 1971.
2. E. I. Jury, *Theory and Application of the z-Transform Method*. New York: Krieger, 1973.
3. C. L. Phillips and H. T. Nagle, *Digital Control System Analysis and Design*, 3d ed. Upper Saddle River, NJ: Prentice Hall, 1996.
4. Martin Vetterli and Jelena Kovačević, *Wavelets and Subband Coding*, Upper Saddle River, NJ: Prentice Hall, 1995.

Chapter 12

1. H. Nyquist, "Certain Topics in Telegraph Transmission Theory," *Transactions of AIEE*, vol. 47, April 1928.
2. C. E. Shannon, "Communication in the Presence of Noise," *Proceedings of the IRE*, vol. 37, January 1949.
3. G. E. Carlson, *Signal and Linear System Analysis*, 2d ed. New York: John S. Wiley & Sons, 1998.
4. S. S. Soliman and M. D. Srinath, *Continuous and Discrete Signals and Systems*, 2d ed. Upper Saddle River, NJ: Prentice Hall, 1997.
5. L. B. Jackson, *Signals, Systems and Transforms*, Reading, MA: Addison–Wesley, 1991.

6. R. D. Strum and D. E. Kirk, *First Principles of Discrete Systems and Digital Signal Processing*. Reading, MA: Addison–Wesley, 1988.
7. K. Sayood, *Introduction to Data Compression*, 2d ed. San Francisco: Morgan Kaufmann Publishers, 2000.
8. http://ftp.math.hkbu.edu.hk/help/toolbox/images/transfo6.html

Chapter 13

1. C. L. Phillips and H. T. Nagle, *Digital Control Systems*, 3d ed. Upper Saddle River, NJ: Prentice Hall, 1996.
2. G. F. Franklin and J. D. Powell, *Digital Control of Dynamic Systems*, 3d ed. Reading, MA: Addison–Wesley, 1997.
3. B. Friedlander, *Control System Design*. New York: McGraw–Hill, 1986.

부록 D

1. R. V. Churchill, J. W. Brown, and R. F. Verkey, *Complex Variables and Applications*, 4th ed. New York: McGraw–Hill, 1989.
2. R. E. Larson and R. P. Hostetler, *Algebra and Trigonometry*, 2d ed. Lexington, MA: D.C. Heath, 1993.

부록 E

1. W. E. Boyce and R. C. DePrima, *Elementary Differential Equations and Boundary Value Problems*, 2d ed. New York: Wiley, 1992.

부록 F

1. R. V. Churchill, *Operations Mathematics*, 2d ed. New York: McGraw-Hill, 1972.

부록 G

1. F. R. Gantmacher, *Theory of Matrices*, Vols. I and II. New York: Chelsea, 1959.
2. G. Strang, *Linear Algebra and Its Applications*, 2d ed. New York: Academic Press, 1988.
3. G. H. Golub and C. F. Van Loan, *Matrix Computations*, 2d ed. Baltimore, MD: Johns Hopkins University Press, 1996.

찾아보기

ㅁ

ㅂ

ㅅ

ㅇ

ㅈ

ㅎ

기타